WÖRTERBUCH
Korrosion und Korrosionsschutz
Englisch-Deutsch/Deutsch-Englisch

DICTIONARY
Corrosion and Corrosion Control
English-German/German-English

WÖRTERBUCH

Korrosion und Korrosionsschutz

Englisch-Deutsch
Deutsch-Englisch

Herausgegeben von der
Technischen Universität Dresden
Zentrum für Angewandte Sprachwissenschaft

Mit je etwa 13 500 Wortstellen

2., bearbeitete Auflage

Verlag Technik GmbH Berlin

DICTIONARY

Corrosion and Corrosion Control

English-German
German-English

Edited by
Technische Universität Dresden
Zentrum für Angewandte Sprachwissenschaft

with about 13,500 entries in each part

2nd revised edition

Verlag Technik GmbH Berlin

Begründet von Dipl.-Sprachlehrer *Helmut Gross*

Erarbeitet in der Entwicklungsstelle für Fachwörterbücher des Zentrums für Angewandte Sprachwissenschaft von
Dr. rer. nat. *Wolfgang Borsdorf*
Dipl.-Chem. *Joachim Knepper*

Mitarbeit bei der 2. Auflage
Dr. rer. nat. *Harald Spindler*
von der Zentralstelle für Korrosionsschutz Dresden-Klotzsche

Fachliche Beratung durch
Doz. Dr. rer. nat. *Hans Joachim Bär*
von der Sektion Chemie der Technischen Universität Dresden
Dipl.-Chem. *Joachim Krause*
Dr. rer. nat. *Wolf-Dieter Schulz*
Dipl.-Chem. *Manfred Seidel*
von der Zentralstelle für Korrosionsschutz Dresden-Klotzsche

Eingetragene (registrierte) Warenzeichen sowie Gebrauchsmuster und Patente sind in diesem Wörterbuch nicht ausdrücklich gekennzeichnet. Daraus kann nicht geschlossen werden, daß die betreffenden Bezeichnungen frei sind oder frei verwendet werden können.

Korrosion und Korrosionsschutz : engl.-dt., dt.-engl. : mit je etwa 13 500 Wortstellen / hrsg. von d. Techn. Univ. Dresden, Zentr. f. Angewandte Sprachwissenschaft. – 2., bearb. Aufl. – Berlin : Verl. Technik, 1991. – 412 S. –
ISBN 3-341-00957-4

ISBN 3-341-00957-4

2., bearbeitete Auflage
© Verlag Technik GmbH Berlin 1991
VT 201 · 4/5479-2 (98)
Printed in Germany
Satz: Druckhaus Friedrichshain, Druckerei- und Verlags-GmbH Berlin
Druck und Buchbinderei: Druckhaus „Thomas Müntzer" GmbH, Bad Langensalza
Lektor: *Helga Kautz*
Einband: *Klaus Herrmann*
LSV 3017

Preface to the 2nd Edition

The first edition of this dictionary was very well received at home and abroad. It has been possible to enlarge this edition by adding numerous entries, taking into account especially the German standards DIN 50 900, DIN 50 902 as well as the recommendations of ISO 8044: 1989. We are indepted to Dr. H. Spindler of the Dresden Zentralstelle für Korrosionsschutz for proof-reading large portions of the manuscript, for proposing numerous additions and for his helpful criticism.

W. Borsdorf

Vorwort zur 2. Auflage

Die erste Auflage dieses Werkes hat im In- und Ausland freundliche Aufnahme gefunden. Die vorliegende Neuauflage konnte um zahlreiche Fachbegriffe erweitert werden, wobei besonders die einschlägigen DIN 50 900, DIN 50 902 und ISO 8044:1989 berücksichtigt wurden. Unser Dank gilt Herrn Dr. rer. nat. *H. Spindler*, Zentralstelle für Korrosionsschutz, für kritische Durchsicht weiter Teile des Manuskripts und zahlreiche Ergänzungsvorschläge.

W. Borsdorf

Aus dem Vorwort zur 1. Auflage

Experten schätzen, daß etwa ein Drittel der jährlichen Stahl- und Eisenproduktion der Welt durch Korrosion zerstört wird. Im Hinblick auf diese Tatsache gewinnt der Korrosionsschutz immer mehr an Bedeutung.

Das Wörterbuch behandelt die auf der Rückseite des Buches ausführlich dargestellten Teilgebiete. Der englisch-deutsche Teil wendet sich an alle Wissenschaftler, Techniker, Dokumentalisten und Übersetzer, die sich in den verschiedenen Zweigen der Volkswirtschaft oder an wissenschaftlichen Instituten mit der Auswertung englischsprachiger Literatur dieses Fachgebiets befassen.

Der deutsch-englische Teil soll nicht nur dem englischsprachigen Nutzer zur Auswertung deutscher Fachliteratur dienen, sondern auch dem deutschsprachigen Fachmann helfen, deutsche Texte in die Fremdsprache zu übertragen. Zu diesem Zweck wurden den englischen Benennungen in vielen Fällen Erläuterungen beigefügt oder die Ausdrücke durch Hinweise zum Gebrauch präzisiert.

Wir möchten nicht versäumen, unseren Fachberatern für die gewissenhafte Durchsicht aller Termini recht herzlich zu danken, desgleichen Frau Dr.-Ing. *Helga Worch*, Herrn Dr.-Ing. *Hartmut Worch*, Herrn Dr. rer. nat. *Dietmar Rahner* von der Technischen Universität Dresden sowie Herrn Dipl.-Chem. *Klaus Törker* von der Ingenieurhochschule Dresden, die uns bei der Klärung schwieriger Sachverhalte halfen. Gedankt sei auch Herrn Dr. rer. nat. *Harald Spindler* und Frau Dipl.-Bibl. *Irene Noack* von der Zentralstelle für Korrosionsschutz, die uns bei der Beschaffung der umfangreichen Literatur großzügig unterstützten, sowie dem Wörterbuchlektorat des Verlags für viele wertvolle Hinweise zur Gestaltung des Manuskripts. Vorschläge zur Verbesserung des Wörterbuchs nehmen Autoren und Verlag gern entgegen. Wir bitten, diese dem Verlag Technik, O-1020 Berlin, Oranienburger Straße 13/14, zu übermitteln.

Helmut Gross

Directions for Use · Benutzungshinweise

1. **Examples of Alphabetization ·
   Beispiele für die alphabetische Ordnung**

C-ring	abscheiden
CAB	~/galvanisch
captive blast plant	~/sich elektrolytisch
~ blasting	Abscheiden
cathode	~ aus der Gasphase
~ rail	~/reduktiv-chemisches
cathodic	Abscheidung
● under ~ control	Abscheidungsgalvanispannung
~ cleaning	Abscheidungsgeschwindigkeit
~ electrocoating	Abstand Ware – Anode
chloro-rubber paint	Abstandhalter
chloroplatinic acid	AES
copper/to	A-Harz
~-plate	Airless-Düse
copper	Anode
~-clad	● als ~ wirken
~-depleted	~/inerte
CORR test	Anodenbehälter
corrosion	Anstrich
~-promoting	~/zinkstaubreicher
~ system	Anstrichdicke
corrosive	Anstrichstoff
corrosive	~ für Schutzanstriche
~ attack	Anstrichstoffauftrag

2. **Signs · Zeichen**

/	electrolyze/to = to electrolyze
	ansetzen/Rost = Rost ansetzen
( )	decorative coating (deposit) = decorative coating *or* decorative deposit
	die Korrosion beschleunigen (fördern) = die Korrosion beschleunigen *oder* die Korrosion fördern
[ ]	initiation of pitting [attack] = initiation of pitting attack *or* initiation of pitting
	Kurz[zeit]test = Kurzzeittest *oder* Kurztest
{ }	Diese Klammern enthalten Erklärungen
	These brackets contain explanations

3. Abbreviations · Abkürzungen

English-German Part · Englisch-deutscher Teil

Am	Amerikanisches Englisch
Anstr	Anstrichtechnik
f	Femininum
Galv	Galvanotechnik
i. e. S.	im engeren Sinne
i. w. S.	im weiteren Sinne
Kat	katodischer Schutz
Krist	Kristallographie
m	Maskulinum
n	Neutrum
pl	Plural
Prüf	Korrosionsprüfung
s.	siehe
s. a.	siehe auch
z. B.	zum Beispiel

German-English Part · Deutsch-englischer Teil

Am	American English
cath	cathodic protection
cryst	crystallography
e. g.	exempli gratia, for example
esp	especially
f	feminine
m	masculine
n	neuter
paint	painting technology
pl	plural
plat	electroplating
s.	see
s. a.	see also
specif	specifically
test	corrosion testing

Englisch-Deutsch
English-German

A

AAS s. atomic absorption spectroscopy
Abel-Pensky flash-point tester Flammpunktprüfgerät n nach Abel-Pensky
abhesive abhäsiv, adhäsionsfeindlich, antiadhäsiv
ability to penetrate Eindringvermögen n; Durchdringvermögen n
ablate/to abgetragen werden (durch Schmelzen, Verdampfen oder Zersetzen bei hohen Temperaturen)
ablation Ablation f (Materialabtrag durch Schmelzen, Verdampfen oder Zersetzen bei hohen Temperaturen)
ablative ablativ
~ **coating** Ablationsschicht f
ablator ablatives Material n
abrade/to 1. abreiben; abschleifen; abschaben; 2. verschleißen
abrasion 1. Abreiben n; Abschleifen n; Abschaben n; 2. Abrieb m; Abnutzung f [durch Abrieb], Abriebsabnutzung f, [reibender] Verschleiß m, Reibungsverschleiß m, Schleifabnutzung f
~ **resistance** Abriebfestigkeit f, Abriebbeständigkeit f, Abriebwiderstand m
~**-resistant, ~-resisting** abriebfest, abriebbeständig
~ **test** Abriebversuch m, Abriebtest m
~ **tester** Abriebprüfgerät n
abrasive abschleifend, Schleif...
abrasive Schleifmittel n; Strahlmittel n
~ **action** Schleifwirkung f
~ **belt** Schleifband n
~ **belt polishing** Bandschleifen n, Kontaktbandschleifen n
~ **blast cleaning** Strahlen n, Reinigungsstrahlen n
~ **blast-cleaning machine** Strahlanlage f
~ **blast technique** Strahlverfahrenstechnik f
~ **blasting** s. ~ blast cleaning
~ **chip** Schleifkörper m (beim Vibrationsgleitschleifen)
~ **cleaning** mechanische Reinigung f
~ **cloth** Schleifleinen n
~ **compound** Schleifcompound m(n)
~ **dust** Schleifstaub m
~**-flow valve** Strahlmittelventil n
~ **grain** Schleif[mittel]korn n
~**-grain size** Schleifmittelkörnung f
~ **granule** Schleif[mittel]korn n

accelerated

~ **grit blasting** Strahlen n mit Kies
~ **material** Schleifmittel n; Strahlmittel n
~ **media burnishing** Gleitschleifen n
~ **medium** Schleifmittel n; Strahlmittel n
~ **paper** Schleifpapier n
~ **particle** Strahlmittelteilchen n
~ **pattern** Strahlbild n
~ **powder** Schleifpulver n
~ **purity** Strahlmittelreinheit f
~ **recovery** Strahlmittelrückgewinnung f
~ **tank** Strahlkessel m, Strahlmittelkammer f
~ **wear** s. abrasion 2.
~ **wheel** Schleifscheibe f
abrasiveness Schleifleistung f (eines Schleifmittels)
absence of air Luftabwesenheit f
~ **of porosity** Porenfreiheit f
absorb/to absorbieren, aufnehmen
absorption Absorption f, Absorbieren n, Aufnehmen n, Aufnahme f
absorptive force Absorptionskraft f
abstraction of water Wasserentzug m
a.c., ac., A.C., AC, a-c (alternating current) Wechselstrom m
a.c. component (Galv) Wechselstromanteil m, Restwelligkeit f, Welligkeit f
a.c. corrosion Wechselstromkorrosion f, Korrosion f durch Wechselstrom
a.c. electrolysis Wechselstromelektrolyse f
a.c. power supply s. a.c. supply
a.c. ripple (Galv) Restwelligkeit f, Welligkeit f, Wechselstromanteil m
a.c. stray-current corrosion Wechselstromkorrosion f, Korrosion f durch Wechselstrom
a.c. supply 1. Wechselstromversorgung f; 2. Wechselstromquelle f
accelerate/to beschleunigen
accelerated ag[e]ing beschleunigte (künstliche) Alterung f
~ **ag[e]ing test** beschleunigter (künstlicher) Alterungsversuch m
~ **corrosion test** Kurzzeitkorrosionsversuch m, Kurzzeitkorrosionstest m
~ **corrosion testing** Kurzzeitkorrosionsprüfung f, Korrosionskurzprüfung f
~ **oxidation** katastrophale Oxydation f
~ **phosphate treatment** Kurzzeitverfahren n (zum Phosphatieren von Metallen)
~ **process** s. ~ phosphate treatment
~ **test** Kurzzeitversuch m, Kurz[zeit]test m, Kurzzeitprüfung f

accelerated

~ **testing** Kurz[zeit]prüfung f, beschleunigte (zeitraffende) Prüfung f
~ **weathering** Schnellbewitterung f, Kurz[zeit]bewitterung f, künstliche Bewitterung f
~ **weathering device** Schnellbewitterungsapparatur f
~ **weathering test** Schnellbewitterungsversuch m, Kurz[zeit]bewitterungsversuch m, beschleunigter Bewitterungsversuch m
accelerating agent s. accelerator
acceleration Beschleunigung f
accelerator Beschleuniger m, Akzelerator m, Aktivator m
acceptance test Abnahmeversuch m
~ **testing** Abnahmeprüfung f, Zulassungsprüfung f
access of air Luftzutritt m
~ **of oxygen** Sauerstoffzutritt m
accessibility Zugänglichkeit f (korrosionsschutzgerechtes Konstruieren)
accessible zugänglich (korrosionsschutzgerechtes Konstruieren)
accumulator Bandspeicher m, Speicherturm m, Schlingenturm m (einer Bandbeschichtungsanlage)
acetic acid Essigsäure f, Ethansäure f
~-acid salt-fog testing s. ~-acid salt-spray testing
~-acid salt-spray test Essigsäure-Salzsprühtest m, Test m in saurem Salznebel, Salzwasser-Essigsäure-Sprühversuch m
~-acid salt-spray testing Essigsäure-Salzsprüh[nebel]prüfung f, ESS
~ **salt test** s. ~-acid salt-spray test
acetone Aceton n
acicular nadelförmig
acid sauer
acid Säure f
~ **attack** Säureangriff m
~-base theory Säure-Base-Theorie f
~ **bath** (Galv) saurer Elektrolyt m
~ **brittleness** Wasserstoffsprödigkeit f, Wasserstoffbrüchigkeit f
~ **catalysis** Säurekatalyse f, Reaktionsbeschleunigung f durch Säuren, (Anstr auch) Säurehärtung f
~ **catalyst** Säurekatalysator m, saurer Katalysator m, (Anstr auch) Säurehärter m
~-catalyzed säurekatalysiert, sauer (durch Säure) katalysiert
~-catalyzed cure (Anstr) Säurehärtung f

~ **cleaner** saures Reinigungsmittel n, saurer Reiniger m
~ **cleaning** saure Reinigung f
~ **concentration** Säurekonzentration f
~ **consumption** Säureverbrauch m
~-containing säurehaltig
~ **copper sulphate test** Strauß-Test m (mit Kupfersulfat und Schwefelsäure auf interkristalline Korrosion)
~ **corrosion** Korrosion f in Säuren (sauren Lösungen), Säurekorrosion f, Korrosion f unter Wasserstoffentwicklung, Wasserstoffkorrosion f
~-cured (Anstr) säurehärtend, durch (mittels) Säure gehärtet
~ **deoxidation** s. ~ pickling
~ **dew point** Säuretaupunkt m
~ **dip** 1. Metallbrenne f, Brenne f (Säuregemisch zum Beizen von Messing); 2. s. ~ pickle 1.; 3. s. ~ pickling
~ **dipping** s. ~ pickling
~ **embrittlement** Beizversprödung f, Beizsprödigkeit f
~ **ferric sulphate test** Streicher-Test m [II], Eisen(III)-sulfat-Schwefelsäure-Test m nach Streicher (auf interkristalline Korrosion)
~ **fumes** Säuredämpfe mpl, Säuredunst m
~ **inhibitor** Beizinhibitor m, Sparbeizzusatz m
~ **mist** Säurenebel m
~ **mixture** Säuregemisch n
~ **number** s. ~ value
~ **paste** Beizpaste f
~ **pickle** 1. Beize f, Beiz[mittel]lösung f, Säurebeize f, Beiz[säure]bad n (zum Entfernen von Rost und Zunder); Dekapierlösung f (zum Entfernen sehr dünner Oxid- und Flugrostschichten); 2. s. ~ pickling
~ **pickling** Säurebeizen n, Beizen n (zum Entfernen von Rost und Zunder); Säuredekapieren n, Dekapieren n (zum Entfernen sehr dünner Oxid- und Flugrostschichten)
~ **pickling bath (solution)** s. ~ pickle 1.
~ **preplating treatment** (Galv) Beizvorbehandlung f
~-proof s. ~ resistant
~ **ratio** Säureverhältnis n (einer Phosphatierlösung)
~ **reclamation (regeneration) plant** Säureregenerationsanlage f
~ **residues** Säurerückstände mpl, Säurereste mpl

~ **resistance** Säurebeständigkeit f, Säurefestigkeit f, Säureresistenz f
~-**resistant** säurebeständig, säurefest, säureresistent
~-**resistant paint** säurebeständiger Anstrichstoff m
~-**sensitive** säureempfindlich
~-**soluble** säurelöslich
~ **spray** Säuresprühnebel m
~ **theory** Säuretheorie f (der Korrosion)
~ **tin bath** (Galv) saurer Zinnelektrolyt m
~ **treatment** Säurebehandlung f
~ **value** Säurezahl f, SZ, Neutralisationszahl f
~ **zinc bath** (Galv) saurer Zinkelektrolyt m
acidic azid (Zusammensetzungen s. unter acid)
acidification Ansäuern n; Ansäuerung f (spontan)
acidified copper sulphate test s. acid copper sulphate test
acidify/to ansäuern
acidity Azidität f
~ **constant** (Galv) Säurekonstante f
acidize/to ansäuern
acrylate resin s. acrylic resin
acrylic s. ~ resin
~ **baking enamel** s. ~ stoving enamel
~ **emulsion** Polyacrylatdispersion f, Acrylatdispersion f
~ **emulsion paint** Polyacrylat-Dispersionsanstrichstoff m, Polyacrylat-Dispersionsfarbe f, Polyacrylat-Latexfarbe f
~ **emulsion paint primer** Polyacrylat-Dispersionsgrundfarbe f
~ **enamel** Polyacrylatharzlack m, Acrylatharzlack m, Acryl[harz]lack m
~ **lacquer** Polyacrylatharzlack m, Acrylatharzlack m, Acryl[harz]lack m (physikalisch trocknend)
~-**modified** acrylmodifiziert, acryliert
~ **powder** Acrylatpulver n, Acrylharzpulver n
~ **resin** Polyacryl[at]harz n, Polyacrylat n, Acryl[at]harz n
~ **stoving enamel** Polyacrylat-Einbrennlack m, ofentrocknender Polyacrylatharzlack m
~ **water emulsion paint** s. ~ emulsion paint
actinometer Aktinometer n (Gerät zum Messen der Strahlungsenergie)
activable aktivierbar
activate/to 1. aktivieren; aktiviert werden; 2. (Galv) aktivieren, aufrauhen (Oberflächen)
activated carbon Aktivkohle f

activating treatment (Galv) Aktivierungsbehandlung f, Aktivieren n, Aufrauhen n
activation 1. Aktivierung f; 2. (Galv) Aktivierung f, Aufrauhung f (von Oberflächen); Palladiumaktivierung f (für Plastartikel)
● **under ~ control** s. ~-controlled
~ **acid dipping** Dekapieren n, Säuredekapieren n (zum Entfernen sehr dünner Oxid- und Flugrostschichten)
~-**controlled** aktivitätsabhängig, durchtrittsbestimmt (Elektrodenreaktion)
~ **dissolution** aktive Auflösung f
~ **energy [hump]** Aktivierungsenergie f
~ **overpotential (overvoltage)** s. ~ polarization
~ **polarization** Aktivierungspolarisation f, chemische Polarisation f, Abscheidungspolarisation f, Durchtrittspolarisation f, Durchtrittsüberspannung f
~-**polarization resistance** Durchtrittswiderstand m
~ **potential** Aktivierungspotential n, Flade-Potential n, Aktivierungsspannung f
~-**site density** Aktivstellendichte f
activator 1. s. accelerator; 2. Adhäsionsaktivator m (zur Verbesserung der Haftfestigkeit von Schutzschichten)
active aktiv, wirksam; unedel (Metall)
~ **alkali** aktives Alkali n (einer alkalischen Reinigungslösung)
~ **behaviour** Aktivverhalten n
~ **centre** s. ~ site
~ **corrosion** aktive Korrosion f, Aktivkorrosion f, aktiver Zustand m [der Korrosion] (Gegensatz: passiver und transpassiver Zustand)
~ **current** Wirkstrom m, Aktivstrom m
~ **mass** aktive Masse f
~-**passive border line** s. ~-passive boundary
~-**passive boundary** Aktiv-Passiv-Übergangsbereich m, Aktiv-Passiv-Bereich m
~-**passive cell** Aktiv-Passiv-Zelle f, Aktiv-Passiv-Kurzschlußzelle f, Aktiv-Passiv-Korrosionselement n, Aktiv-Passiv-Lokalelement n
~-**passive metal** passivierbares Metall n
~-**passive system** aktiv-passives System n
~-**passive transition** Aktiv-Passiv-Übergang m, Übergang m aktiv-passiv
~ **path** Pfad m leichter Korrosion, Pfad m erhöhter Korrosionsfähigkeit
~-**path corrosion (cracking)** rein elektroche-

active

mische Spannungsrißkorrosion mit plastischer Verformung der Rißspitze
~ **range (region)** Aktivbereich m, aktiver Bereich m
~ **site** Aktivstelle f, Aktivzentrum n, aktive Stelle f, aktives Zentrum n
~ **solvent** aktives (echtes) Lösungsmittel n, aktiver (echter) Löser m
~ **spot** s. ~ site
~ **state** aktiver Zustand m
~ **to passive transition** s. ~-passive transition
activity 1. [chemische] Aktivität f; 2. Aktivität f (wirksame Konzentration)
~ **coefficient** Aktivitätskoeffizient m
~ **energy** Aktivierungsenergie f
actual exposure (service) test Versuch m unter Einsatzbedingungen
adatom ad-Atom n, adsorbiertes Atom n
addition Zusatzmittel n, Zusatz[stoff] m
~ **polymerization** Polymerisation f, Kettenpolymerisation f, Polyaddition f
~ **reaction** Additionsreaktion f
additional cathode (Galv) Blindkatode f (zum Abfangen von Verunreinigungen)
additive Zusatzmittel n, Zusatz[stoff] m, Additiv n; Hilfsmittel n, Hilfsstoff m, (Anstr auch) Additiv n, Anstrichstoffhilfsmittel n, Lackhilfsmittel n
~-**free** zusatzfrei
adhere/to [an]haften, adhärieren
adherence 1. Haftvermögen n, Haftfähigkeit f, Haftfestigkeit f, Haftkraft f, Adhäsionsvermögen n; Kleb[e]fähigkeit f, Kleb[e]kraft f; 2. s. adhesion 1.
adherent [an]haftend, haftfähig, haftfest, festhaftend, adhäsiv; klebend, klebfähig
adhesion 1. Adhäsion f, Haftung f, Anhaften n; 2. s. adherence 1.
~ **between coatings** Zwischenschichthaftfestigkeit f
~ **measurement** Haftfestigkeitsmessung f
~ **promoter** Haftvermittler m
~ **properties** Hafteigenschaften fpl
~ **strength** s. adherence 1.
~ **test** Haftfestigkeitsversuch m
~ **testing** Haftfestigkeitsprüfung f
~ **value** Haftfestigkeitswert m
adhesional work Adhäsionsarbeit f
adhesive [an]haftend, haftfähig, haftfest, festhaftend, adhäsiv; klebend, klebfähig
adhesive [agent] Klebstoff m, Kleber m
~ **bonding** Haftung f

~ **capacity** s. adherence 1.
~ **failure** Haft[ungs]verlust m
~ **power (strength)** s. adherence 1.
~ **strip (tape)** Kleb[e]streifen m, Klebeband n
~-**tape test** Klebestreifentest m (zur Prüfung der Haftfestigkeit von Schutzschichten); Klebebandtest m (zur Prüfung der Reinheit von Oberflächen)
~ **wear** adhäsiver Verschleiß m
adhesiveness s. adherence 1.
adion ad-Ion n, adsorbiertes Ion n
adipic acid (Galv) Adipinsäure f
adjustment of the consistency Konsistenzeinstellung f
~ **of the pH value** pH-Wert-Einstellung f, pH-Wert-Korrektur f
~ **of the viscosity** Viskositätseinstellung f
admiralty brass (metal) Admiralitätsmessing n, Admiralitätslegierung f (ein Sondermessing mit 0,75 bis 1,20 % Zinn)
adsorb/to adsorbieren; sich adsorptiv anlagern
adsorbability Adsorbierbarkeit f
adsorbable adsorbierbar
adsorbed layer Adsorptionsschicht f
adsorption Adsorption f
~ **inhibitor** Adsorptionsinhibitor m, Sparbeize f
~ **isotherm** Adsorptionsisotherme f
~ **theory** Adsorptionstheorie f, Chemisorptionstheorie f (der Passivität)
adsorptive adsorptiv, adsorptionsfähig
~ **force** Adsorptionskraft f
~ **mechanism** Adsorptionsmechanismus m (z. B. der Inhibitorwirkung)
aerate/to belüften
aerated concrete Porenbeton m, Gasbeton m
~ **total-immersion test** Tauchversuch m mit Belüftung
aeration Belüftung f
~ **attack** s. ~-cell corrosion
~ **cell** Belüftungselement n, Belüftungszelle f, Sauerstoffkonzentrationszelle f, Evans-Korrosionselement n, Evans-Element n
~-**cell corrosion** Belüftungskorrosion f, Korrosion f durch unterschiedliche Belüftung
aerator Belüftungsanlage f
aerobic aerob
aerosol container Aerosol[druck]dose f, Sprühdose f, Spraydose f
~ **paint** Aerosollack m, Sprühdosenlack m, Dosensprühlack m

~ propellant Treibmittel *n*, Treibgas *n (für Spraydosen)*
aerugo Grünspan *m (Gemisch aus basischen Kupferazetaten)*
AES *s.* Auger electron spectroscopy
affinity Affinität *f*, Triebkraft *f*, treibende Kraft *f (einer Reaktion)*
afterrusting Nachrosten *n*
aftertreat/to nachbehandeln
aftertreatment Nachbehandlung *f*
~ rinse Nachspülen *n*
~ zone Nachbehandlungsabschnitt *m*
afteryellowing Vergilben *n*, Gilben *n*, Gelbwerden *n*
~ resistance Vergilbungsbeständigkeit *f*, Vergilbungsfestigkeit *f*, Vergilbungsresistenz *f*, Gilbungsbeständigkeit *f*
~-resistant [ver]gilbungsbeständig, vergilbungsfest, vergilbungsresistent
agar[-agar] *(Galv)* Agar[-Agar] *m(n)*, Gelose *f*
age/to altern
~-harden aus[scheidungs]härten
age-hardenable aus[scheidungs]härtbar
~-hardening Aus[scheidungs]härten *n*
ageing Altern *n*, Alterung *f*
~ phenomenon Alterungserscheinung *f*
~ process Alterungsvorgang *m*
~ resistance (stability) Alterungsbeständigkeit *f*, Alterungswiderstand *m*
~ test Alterungsversuch *m*
agglomerate/to agglomerieren, sich zusammenballen, klumpen
agglomeration Agglomerieren *n*, Agglomeration *f*, Zusammenballen *n*, Klumpen *n*
aggravate corrosion/to die Korrosion verschärfen
aggregate Zuschlagstoff *m (für Beton)*
aggression zone Aggressionszone *f*
aggressive aggressiv, angriffsfreudig, *(i.e.S.)* korrosionsaggressiv
~ carbon dioxide aggressives (überschüssiges) Kohlendioxid *n*
aggressiveness, aggressivity [of attack] Aggressivität *f*, Angriffsfreudigkeit *f*, Angriffsvermögen *n*, *(i.e.S.)* Korrosionsaggressivität *f*
aging *s.* ageing
agitate/to [um]rühren, durchrühren
agitation Rühren *n*, Umrühren *n*, Durchrühren *n*
agitator Rührgerät *n*, Rührer *m*, Mischgerät *n*, Mischer *m*

air/to lüften; belüften
~-dry an der Luft trocknen
air Luft *f* ● **in the absence of** ~ unter Luftabschluß ● **in the presence of** ~ in Gegenwart von Luft
~ adjusting valve Luftventil *n*
~-agitated bath *(Galv)* luftbewegter Elektrolyt *m*
~ agitation 1. Druckluftrührung *f*, Luftdurchwirbelung *f*, Durchmischen *n* mit Druckluft; 2. *(Galv)* Lufteinblasung *f*
~ atomization Luftzerstäubung *f*
~ atomization spraying *s.* ~ spraying
~-atomizing spray gun *s.* ~ spray gun
~ blast cleaning Druckluftstrahlen *n*
~ blast cleaning in the field Freistrahlen *n*
~ blast-cleaning machine Druckluftstrahlanlage *f*
~ blasting Druckluftstrahlen *n*
~-blown asphalt geblasenes Bitumen *n*, Blasbitumen *n*
~-borne ammonia Ammoniak *n* der Luft
~-borne contaminant Schweb[e]stoff *m*
~-borne inhibitor *s.* vapour-phase inhibitor
~-borne particle Schwebeteilchen *n*
~ bubble Luftblase *f*, Luftbläschen *n*
~ cap Luftkappe *f*, Luftdüse *f (einer Spritzpistole)*
~ circulation Luftumwälzung *f*, Luftumlauf *m*
~ conditioning Luftkonditionierung *f*
~-conditioning plant (system) Klimaanlage *f*
~ consumption Luftverbrauch *m*
~-containing lufthaltig *(Flüssigkeit)*
~ content Luftgehalt *m (von Flüssigkeiten)*
~-cooled luftgekühlt
~ cooling Luftkühlung *f*
~ demand Luftbedarf *m*
~-drying lufttrocknend
~ drying Lufttrocknung *f*
~-drying lacquer lufttrocknender Lack *m*; lufttrocknende Lackfarbe *f*
~-drying varnish lufttrocknender Lack *m*
~ electrostatic gun elektrostatisch-pneumatische Spritzpistole *f*
~ electrostatic spraying Hochdruck-Elektrostatiksprühen *n*
~-entrained concrete Luftporenbeton *m*, LP-Beton *m*
~ entraining agent Luftporenbildner *m*, LP
~ entrainment 1. Mitreißen *n* von Luft *(in strömenden Flüssigkeiten)*; 2. Lufteinschluß *m*

air

- ~ **entrapment** Lufteinschluß *m*
- ~ **exposure** *s.* atmospheric exposure
- ~ **filter** Luftfilter *n*
- ~-**formed oxide film** sich an der Luft ausbildende Oxidschicht *f*, an der Luft gewachsene Oxidschicht *f*, Luftoxidhaut *f*, Luftoxidfilm *m*
- ~-**free** luftfrei
- ~ **hardening** Lufthärten *n*
- ~-**hardening steel** lufthärtender Stahl *m*, Lufthärtestahl *m*
- ~ **hose** Druckluftschlauch *m*, Luftschlauch *m*
- ~ **humidity** Luftfeuchte *f*
- ~ **inhibition** Polymerisationsverzögerung *f* durch Luftsauerstoff *(bei UP-Harz-Beschichtungen)*
- ~ **jet** Luftabstreifdüse *f*, Luftabstreifvorrichtung *f (beim Feuerverzinnen und -verzinken)*
- ~ **nozzle** Luftdüse *f, (bei Spritzpistolen auch)* Luftkappe *f*
- ~ **oven** [Konvektions-]Umluftofen *m*, Luftofen *m*
- ~ **pollutant** Luftverunreinigung *f*, Verunreinigung *f* (Schmutzstoff *m*) in der Luft, luftverunreinigender Stoff *m*
- ~ **pollution** Luftverunreinigung *f*, Luftverschmutzung *f*
- ~ **pollution control** Luftreinhaltung *f*
- ~ **pressure blasting** Druckluftstrahlen *n*
- ~ **receiver** Windkessel *m*, Druckkessel *m*
- ~-**saturated** luftgesättigt
- ~-**sensitive** luftempfindlich
- ~-**spray electrostatic gun** elektrostatisch-pneumatische Spritzpistole *f*
- ~-**spray gun** Druckluftspritzpistole *f*, pneumatische Spritzpistole *f*
- ~ **spraying** Druckluftspritzen *n*, pneumatisches Spritzen *n*, Luftspritzen *n*
- ~-**supplied hood** Schutzhelm *m* mit Frischluftzuleitung
- ~-**temperature-formed** bei Lufttemperatur gebildet
- ~-**tight** luftundurchlässig, luftdicht
- ~ **tightness** Luftundurchlässigkeit *f*, Luftdichtigkeit *f*
- ~ **transformer** Reduzierventil *n*
- ~ **valve** Luftventil *n*
- ~ **void** Luftpore *f (z. B. in Beton)*
- ~ **volume** Luftmenge *f*
- ~ **volume requirements** Luftbedarf *m*
- **aircraft paint** Flugzeuganstrichstoff *m*

- **airless atomization** Zerstäubung *f* ohne Druckluft
- ~ **blast cleaning** Schleuder[rad]strahlen *n*
- ~ **blast-cleaning machine** Schleuderradstrahlanlage *f*
- ~-**electrostatic spraying** Airless-Elektrostatiksprühen *n*
- ~ **fluid hose** Airless-Hochdruckschlauch *m*
- ~ **gun** *s.* ~-spray gun
- ~ **hose** Airless-Hochdruckschlauch *m*
- ~ **nozzle** Airless-Düse *f*
- ~ **pump** *s.* ~-spray pump
- ~ **spray** *s.* ~-spraying
- ~-**spray apparatus** Airless-Lackspritzgerät *n*
- ~-**spray application** Airless-Spritzen *n*
- ~-**spray cap** Airless-Düse *f*
- ~-**spray gun** Airless-Spritzpistole *f*, Höchstdruckspritzpistole *f*
- ~-**spray nozzle** Airless-Düse *f*
- ~-**spray painting** *s.* ~ spraying
- ~-**spray pattern** Airless-Spritzbild *n*
- ~-**spray plant** Airless-Spritzanlage *f*
- ~-**spray pump** Airless-Lackpumpe *f*, Airless-Hochdruckpumpe *f*
- ~-**spray tip** Airless-Düse *f*
- ~-**spray unit** Airless-Spritzanlage *f*
- ~ **spraying** Airless-Spritzen *n*, hydraulisches (druckluftloses, luftloses) Spritzen *n*, Höchstdruckspritzen *n*, luftloses Hochdruckspritzen *n*
- ~ **tip** Airless-Düse *f*
- **airtight** *s.* air-tight
- **AISI** = American Iron and Steel Institute
- **akaganeite** Akaganeit *m (eine Modifikation von Eisenoxidhydroxid)*
- **alclad** aluminiumplattiert
- **aldehydic brightener** *(Galv)* aldehydischer Glanzbildner *m*
- **aliphatic hydrocarbons** aliphatische Kohlenwasserstoffe *mpl*, Aliphaten *pl*
- ~ **solubility** Aliphatenlöslichkeit *f*
- **aliphatics** *s.* aliphatic hydrocarbons
- **alitize/to** kalorisieren, pulveralitieren, *(i.w.S.)* alitieren
- **alitizing** Kalorisieren *n*, Pulveralitieren *n* *(Glühen in Aluminium-Aluminiumoxidpulver), (i.w.S.)* Alitieren *n*
- **alkalescent** schwach alkalisch
- **alkali** Alkali *n (Zusammensetzungen s. a. unter alkaline)*
- ~-**ash attack (corrosion)** Hochtemperaturkorrosion *f* unter Alkalisulfatablagerungen

~ **attack** Alkaliangriff m, Laugenangriff m
~-**containing** alkalihaltig
~ **corrosion** Korrosion f durch Alkalien (Laugen), Laugenkorrosion f
~ **resistance** Alkali[en]beständigkeit f, Laugenbeständigkeit f, Alkalifestigkeit f, Alkaliresistenz f
~-**resistant** alkali[en]beständig, laugenbeständig, alkalifest, alkaliresistent
alkalify/to alkalisieren, alkalisch machen
alkaline alkalisch, basisch
~ **bath** alkalisches Bad n; (Galv) alkalischer Elektrolyt m
~ **blackening treatment** Schwarzoxydieren n, Schwarzoxydation f
~ **cleaner** alkalisches Reinigungsmittel n, alkalischer Reiniger m
~ **cleaning** alkalische Reinigung f
~ **cleaning agent (compound)** s. ~ cleaner
~ **cleaning solution** alkalische Reinigungslösung f
~ **degreaser** alkalisches Entfettungsmittel n, alkalischer Entfetter m
~ **degreasing** alkalische Entfettung f
~ **derusting solution** alkalische Entrostungslösung f
~ **detergent** s. ~ cleaner
~ **detergent cleaning** s. ~ cleaning
~ **oxide removal** Laugenbeizen n
~ **paint stripper** s. ~ stripper
~ **reserve** Alkalireserve f (eines alkalischen Reinigers)
~ **solution degreasing** s. ~ degreasing
~ **stannate bath** (Galv) alkalischer Zinnelektrolyt m
~ **stripper** alkalisches Abbeizmittel (Entlakkungsmittel) n
~ **washing** alkalische Reinigung f
alkalinity Alkalität f, Basizität f
alkalinization Alkalisierung f
alkalinize/to alkalisieren, alkalisch machen
alky s. alkalinity
alkyd Alkyd[harz] n
~ **amino baking (stoving) enamel** Alkyd-Aminharz-Einbrennlack m, ofentrocknender Alkyd-Aminharz-Lack m
~ **baking enamel** s. ~ stoving enamel
~ **coating** 1. Alkydharzanstrichstoff m; 2. Alkydharzanstrich m
~ **enamel** Alkydharzlack m
~-**modified** alkydharzmodifiziert
~ **paint** Alkydharzanstrichstoff m, Alkydharzfarbe f

~ **paint film** Alkydharzanstrichfilm m
~ **resin** Alkyd[harz] n
~ **stoving enamel** Alkydharzeinbrennlack m, ofentrocknender Alkydharzlack m
~ **varnish** Alkydharzklarlack m
~ **vehicle** Alkydharzbindemittel n
all-chloride bath (solution) (Galv) Nur-Chlorid-Elektrolyt m, All-Chlorid-Elektrolyt m, Chlorid-Elektrolyt m nach Wesley
~-**manual operation** rein manuelle Betriebsweise (Bedienung) f
~-**or-none law** Alles-oder-Nichts-Gesetz n
~-**plastic** Vollplast...
~-**purpose paint** Universalanstrichstoff m
~-**purpose primer** Universalgrundanstrichstoff m, Universalprimer m
alligator/to reißen (unter Ausbildung einer Krokodilhautstruktur)
alligatoring (Anstr) Krokodilhautbildung f, Reißen n, Rißbildung f
allotriomorphic allotriomorph, xenomorph, fremdgestaltig
allotropic form allotrope Modifikation f
allowance for corrosion s. corrosion allowance
alloy/to legieren; zusammenschmelzen; sich legieren lassen, eine Legierung eingehen
alloy Legierung f
~ **addition** s. alloying addition
~ **bond layer** s. ~ layer
~ **coating** Legierungsschutzschicht f
~ **composition** Legierungszusammensetzung f
~ **element** s. alloying element
~ **formation** Legierungsbildung f
~ **layer** Legierungs[zwischen]schicht f, Mischkristallschicht f, intermetallische Schicht f (bei feuermetallisierten Metallen)
~ **matrix** Legierungsgrundmasse f, Matrix f
~ **phase** Legierungsphase f
~ **plating** Abscheiden n von Legierungen (meist elektrochemisch)
~ **powder** Legierungspulver n
~ **steel** legierter Stahl m
~ **system** Legierungssystem n
~-**tin couple test** Test zur Qualitätsbestimmung von Weißblech durch Messung des Stromflusses zwischen der Eisen-Zinn-Diffusionsschicht und einer Reinzinnelektrode in der jeweiligen Konservenflüssigkeit
alloying addition Legierungszusatz m, Legierungszuschlag m

alloying

~ **component (constituent)** s. ~ element
~ **element** Legierungselement n, Legierungsbestandteil m, Legierungskomponente f, Legierungspartner m
~ **ingredient** s. ~ element
allyl resin Allylharz n
alpha brass Alphamessing n, α-Messing n (mit maximal 30 % Zink)
~ **phase** α-Phase f
alternate immersion test Wechseltauchversuch m, Wechseltauchtest m, Wechseltauchprüfung f
~ **immersion testing** Wechseltauchprüfung f
alternating current Wechselstrom m (Zusammensetzungen s. unter a.c.)
~ **immersion** (Prüf) Wechseltauchen n
~ **immersion test** s. alternate immersion test
~ **load** Wechselbelastung f, Wechsellast f
~ **stress** Wechsel[last]beanspruchung f
alumetizing Alumetieren n, Spritzalitieren n, Spritzaluminieren n
alumiliting s. anodization
alumina Aluminiumoxid n
~ **former** Aluminiumoxid bildende Legierung
aluminide Aluminid n
~ **coating** elektrolytisch über eine Aluminiumfluoridzwischenstufe erzeugte Aluminiumdiffusionsschicht
aluminiding elektrolytisches Diffusionsbeschichten mit Aluminium über Aluminiumfluorid als Zwischenstufe
aluminium bath 1. Aluminiumschmelze f; 2. s. ~ plating bath
~-**bearing** aluminiumhaltig
~ **brass** Aluminiumbronze f
~-**coated** aluminiert
~-**dip coating** Feueraluminieren n, Schmelztauchaluminieren n, Heißaluminieren n, Tauchalitieren n, Tauchaluminieren n
~-**dipped** feueraluminiert, schmelztauchaluminiert, heißaluminiert, tauchalitiert, tauchaluminiert
~-**enriched** mit Aluminium angereichert
~ **finishing coat** aluminiumpigmentierter Deckanstrich m
~ **flakes** Aluminiumschuppen fpl
~-**killed** aluminiumberuhigt, Al-beruhigt (Stahl)
~ **oxide** Aluminiumoxid n
~ **oxide film** [dünne] Aluminiumoxidschicht f
~ **paint** Aluminiumanstrichstoff m, aluminiumpigmentierter Anstrichstoff m

~ **paste** Aluminiumpaste f
~ **pigment** Aluminiumpigment n
~ **pigmentation** Aluminiumpigmentierung f
~-**pigmented** aluminiumpigmentiert
~ **plating bath (solution)** (Galv) Aluminiumelektrolyt m
~-**poor** aluminiumarm, arm an Aluminium
~ **powder** Aluminiumpulver n
~-**rich** aluminiumreich, reich an Aluminium
~-**spray coating** Aluminiumspritz[schutz]schicht f
~-**sprayed** spritzaluminiert
~ **spraying** Spritzaluminieren n
~-**vacuum-coated** aluminiumbedampft
aluminize/to alitieren; [ver]aluminieren (ohne Ausbildung von Legierungsschichten)
aluminous oxide s. aluminium oxide
aluminum ... (Am) s. aluminium ...
amalgam gilding Feuervergolden n
amalgamate/to amalgamieren
amalgamation Amalgamierung f
amalgamize/to s. amalgamate/to
ambient temperature Umgebungstemperatur f; Raumtemperatur f, Zimmertemperatur f
ambiodic inhibitor anodisch-katodischer Inhibitor m (gleichzeitig anodisch und katodisch wirkend)
amine adduct Aminaddukt n
~-**adduct-cured** aminaddukthärtend; aminaddukthärtet
~ **bath** (Galv) Aminelektrolyt m
~-**cured** aminhärtend; amingehärtet
~ **curing agent** Aminhärter m
~ **level** Amingehalt m
amino resin Amin[o]harz n
ammonia Ammoniak n
ammonium chloride Ammoniumchlorid n, Salmiaksalz n, Salmiak m
amount of corrosion Korrosionsstärke f
~ **of damage** Schad[ens]ausmaß n, Schadensumfang m
anaerobic anaerob
anaphoresis Anaphorese f (Wanderung positiv geladener Teilchen zur Anode)
anatase Anatas m (als Passivschicht auftretendes tetragonal kristallisiertes Titandioxid)
anchor/to verankern (z. B. Schutzschichten); sich verankern
anchor depth Verankerungstiefe f
~ **pattern** Ankerstellenprofil n, Rauhigkeit f, Rauheit f (einer Oberfläche)

~ **pattern depth** Verankerungstiefe *f*
anchorage Verankerung *f (z. B. von Schutzschichten)*
ancillary equipment Hilfseinrichtung *f*, Hilfsausrüstung *f*
~ **material** Hilfsmittel *n*, Hilfsstoff *m*
angle notch *(Prüf)* Spitzkerb *m*, Spitzkerbe *f*
~ **of exposure** *(Prüf)* Auslagerungswinkel *m*
~ **of incidence** Einfallswinkel *m*
Angus Smith's solution aus Teer und Kalk bestehender Korrosionsschutzanstrichstoff
anhydrous wasserfrei, entwässert
aniline point Anilin[trübungs]punkt *m*
animal fat Tierfett *n*, tierisches Fett *n*
~ **oil** Tieröl *n*, tierisches Öl *n*
anion Anion *n*, negatives (negativ geladenes) Ion *n*
~-**active material** anion[en]aktive Substanz *f*
~ **defect lattice** *(Krist)* Anionendefektgitter *n*
~-**defective** mit Anionenleerstelle
~ **exchange** Anionenaustausch *m*
~ **exchange resin** Anionenaustausch[er]harz *n*
~ **exchanger** Anionenaustauscher *m*
~ **sublattice** Anionenteilgitter *n*
~ **vacancy** Anionenleerstelle *f*, Anionenfehlstelle *f*, Anionenlücke *f*
anionic movement Anionenbewegung *f*
~ **surfactant** anion[en]aktives Tensid *n*
anionite Anionenaustauscher *m*, Anionit *m*
anisaldehyde *(Galv)* Anisaldehyd *m* *(Glanzmittel)*
anisotropic *(Krist)* anisotrop
anisotropy *(Krist)* Anisotropie *f*
anneal/to glühen *(Metalle)*, *(i.e.S.)* stabilglühen, spannungsfrei (spannungsarm) glühen; spannungsfrei machen, tempern *(Plaste)*
annealing out of line Glühen *n* außerhalb der Verzinkungslinie *(beim Cook-Norteman-Verfahren)*
~ **scale** Glühzunder *m*, Glühhaut *f*
annihilate/to *(Krist)* auslöschen *(Versetzungen)*
anode Anode *f*, Lösungselektrode *f*, *(Kat auch)* Erder *m* *(Zusammensetzungen s.a. unter anodic)*
~ **assembly** *(Kat)* Anodenanordnung *f*
~ **bag** *(Galv)* Anodentasche *f*, Anodensack *m*, Anodenbeutel *m*, Sparanodentasche *f*
~ **bar** *(Galv)* Anodenstange *f*
~ **basket** *(Galv)* Anodenkorb *m*, Anodenbehälter *m*, Anodensparhalter *m*, Sparanodenhalter *m*
~ **bracelet** *(Kat)* Anodenkette *f*, Bracelet *n* *(Kette aus Anodensegmenten)*
~ **cage** s. ~ basket
~-**cathode [area] ratio** Verhältnis (Flächenverhältnis, Oberflächenverhältnis) *n* Anode/Katode, Anoden-Katoden-Flächenverhältnis *n*
~-**cathode spacing** *(Galv)* Abstand *m* Ware-Anode
~ **compartment** *(Galv)* Anodenraum *m*
~-**controlled** s. anodically controlled
~ **corrosion** *(Galv)* Anodenauflösung *f*
~ **current** Anodenstrom *m*
~ **current density** Anodenstromdichte *f*, anodische Stromdichte *f*
~ **[current] efficiency** *(Galv)* anodische Stromausbeute *f*
~ **film** 1. Anodenbelag *m*, Anodenfilm *m* *(aus Reaktionsprodukten des Anodenmaterials)*; 2. Anodenfilm *m*, [dünne] Anodenschicht *f* *(aus der die Anode unmittelbar umgebenden Flüssigkeit)*
~ **inhibitor** s. anodic inhibitor
~ **installation** *(Kat)* Anodenanlage *f*
~ **output** *(Kat)* Schutzstromabgabe *f*
~ **potential** Anodenpotential *n*
~ **rail** *(Galv)* Anodenschiene *f*
~ **rod** *(Galv)* Anodenstange *f*
~ **shield** 1. *(Galv)* leitfähige Blende *f* *(zum Abschirmen von Kanten)*; 2. *(Kat)* Anodenschild *m*
~ **sludge** *(Galv)* Anodenschlamm *m*
~ **spacing** *(Kat)* Anodenabstand *m*
~ **tail** Anodenbettverlängerung *f*
anodic anodisch; Anoden... *(Zusammensetzungen s. a. unter anode)* ● **under ~ control** anodisch gesteuert (kontrolliert, bestimmt)
~ **area** Anodenfläche *f*, anodischer Bezirk (Flächenbezirk, Teilbezirk, Bereich) *m*, Anodenbereich *m*
~ **attack** anodischer Angriff *m*
~ **brightening** s. ~ polishing
~ **cleaning** anodische Reinigung *f*; anodische Entfettung *f*
~ **coating** 1. anodisch wirksame Schicht *f*; 2. Anodisier[ungs]schicht *f*, anodisch hergestellte Schicht *f*
~-**coating formation** Oxidschichtbildung *f* *(beim Anodisieren)*

anodic

- **~ control** anodische Steuerung (Kontrolle) *f*
- **~-conversion coating** *s.* 1. anodization; 2. ~ coating
- **~ corrosion** anodische Korrosion *f*
- **~ current** Anodenstrom *m*; anodischer Strom *m*
- **~ current density** Anodenstromdichte *f*, anodische Stromdichte *f*
- **~ deposition** anodisches Abscheiden *n*
- **~ dissolution** anodische Auflösung *f*
- **~ electrocleaning** *s.* ~ cleaning
- **~ electrocoating (electropainting)** anodische Elektrotauchlackierung *f*
- **~ film** 1. [dünne] Anodisierungsschicht *f*, Anodisierschicht *f*, anodisch erzeugte Schicht *f*; 2. *s.* anode film 2.
- **~ inhibition** anodische Inhibition *f*
- **~ inhibitor** anodischer (anodisch wirksamer) Inhibitor *m*
- **~ oxidation** anodisches (elektrochemisches, elektrolytisches) Oxydieren *n*, anodische Oxydation *f*, Anodisieren *n*, *(bei Aluminium auch)* Aloxydieren *n*, Eloxieren *n*
- **~-oxidation coating** *s.* ~ coating
- **~-oxidation process** *s.* anodizing process
- **~-oxidation tank** anodische Oxydationszelle *f*
- **~ oxide coating** *s.* ~ coating 2.
- **~ oxide film** anodische (anodisch erzeugte) Oxidschicht *f*
- **~ passivator** anodischer Passivator *m*
- **~ passivity** anodische Passivität *f*, Metallpassivität *f*
- **~ path dissolution** *s.* ~ dissolution
- **~ pickling** anodisches Beizen *n*
- **~ point** anodische Stelle *f*
- **~ polarization** anodische Polarisation *f*, Anodenpolarisation *f*, Passivwerden *n*
- **~ polishing** Elektropolieren *n*, elektrolytisches (anodisches) Polieren (Glänzen) *n*
- **~ potential** Anodenpotential *n*
- **~ process** Anodenvorgang *m*
- **~ protection** anodischer Schutz (Korrosionsschutz) *m*, Anodenschutz *m*
- **~-protection installation (system)** anodische Schutzanlage (Korrosionsschutzanlage) *f*
- **~ reaction** anodische Reaktion *f*, Anodenreaktion *f*
- **~ region** *s.* ~ area
- **~ site** anodische Stelle *f*
- **~ treatment** anodische Behandlung *f*
- **~ zone** Anodenzone *f*
- **anodically controlled** anodisch gesteuert (kontrolliert, bestimmt)
- **~ effective** anodisch wirksam
- **anodization** Anodisieren *n*, anodisches (elektrochemisches, elektrolytisches) Oxydieren *n*, anodische Oxydation *f*, *(bei Aluminium auch)* Aloxydieren *n*, Eloxieren *n*
- **anodize/to** anodisieren, anodisch (elektrochemisch, elektrolytisch) oxydieren
- **anodized aluminium coating** anodisch hergestellte Aluminiumoxidschicht *f*
- **~ film** [dünne] Anodisierschicht *f*, anodisch hergestellte Schicht *f*
- **~ finish** *s.* anodic coating
- **anodizing** *s.* anodization
- **~ conditions** Anodisierbedingungen *fpl*, Oxydationsbedingungen *fpl*
- **~ current density** anodische Stromdichte *f (beim Anodisieren)*
- **~ electrolyte** Oxydationselektrolyt *m*
- **~ process** Anodisierverfahren *n*, Anodisationsverfahren *n*, anodisches Oxydationsverfahren *n*; Anodisiervorgang *m*
- **~ rack** Anodisiergestell *n*
- **~ solution** Oxydationselektrolyt *m*
- **~ tank** anodische Oxydationszelle *f*
- **~ time** Anodisierdauer *f*
- **~ treatment** *s.* anodization
- **~ voltage** Anodisierspannung *f*, Badspannung *f*
- **anolyte** Anolyt *m (Elektrolyt des Anodenraums)*
- **anomalous deposition** *(Galv)* anomale Abscheidung *f (von Legierungen)*
- **anti-corrosion** Korrosionsschutz *m (Zusammensetzungen s. a. unter ~-corrosive)*
- **~-corrosion additive** chemischer Korrosionsinhibitor *m*
- **~-corrosion engineering** Korrosionsschutztechnik *f*
- **~-corrosion finish** *s.* ~-corrosive coating 1.
- **~-corrosion measure** Korrosionsschutzmaßnahme *f*
- **~-corrosion method** Korrosionsschutzmethode *f*
- **~-corrosion process** Korrosionsschutzverfahren *n*
- **~-corrosion properties** Korrosionsschutzeigenschaften *fpl*
- **~-corrosion protection** Korrosionsschutz *m*
- **~-corrosion protection system** Korrosionsschutzsystem *n*
- **~-corrosion protection treatment** Korrosionsschutzbehandlung *f*

~-corrosion scheme Korrosionsschutzplan *m*
~-corrosion specification Korrosionsschutzvorschrift *f*
~-corrosion system Korrosionsschutzsystem *n*
~-corrosion tape Korrosionsschutzbinde *f*
~-corrosion technique Korrosionsschutztechnik *f*
~-corrosion technology Korrosionsschutztechnik *f*; Korrosionsschutztechnologie *f*
~-corrosion treatment Korrosionsschutzbehandlung *f*
~-corrosive antikorrosiv, Korrosionsschutz..., korrosionshemmend, korrosionshindernd, korrosionsmindernd, korrosionsverringernd
~-corrosive action Korrosionsschutzwirkung *f*
~-corrosive agent Korrosionsschutzmittel *n*, Korrosionsinhibitor *m*, Korrosionshemmer *m*, Korrosionshemmstoff *m*, Korrosionsverzögerer *m*
~-corrosive bandage Korrosionsschutzbinde *f*
~-corrosive capacity Korrosionsschutzvermögen *n*
~-corrosive chemical chemischer Korrosionsinhibitor *m*
~-corrosive cladding Korrosionsschutzüberzug *m*
~-corrosive coat *s.* ~-corrosive coating 1.
~-corrosive coating 1. Korrosionsschutzschicht *f*; Korrosionsschutzanstrich *m*; 2. Korrosionsschutzanstrichstoff *m*, *(bei Eisen und Stahl auch)* Rostschutzanstrichstoff *m*
~-corrosive coating material Korrosionsschutzmaterial *n*
~-corrosive effect Korrosionsschutzwirkung *f*
~-corrosive film Korrosionsschutzfilm *m*, [dünne] Korrosionsschutzschicht *f*
~-corrosive finish *s.* ~-corrosive coating 1.
~-corrosive grease Korrosionsschutzfett *n*, Konservierungsfett *n*, *(bei Eisen und Stahl auch)* Rostschutzfett *n*
~-corrosive lacquer Korrosionsschutzlack *m* *(physikalisch trocknend)*
~-corrosive oil Korrosionsschutzöl *n*, Konservierungsöl *n*, *(bei Eisen und Stahl auch)* Rostschutzöl *n*
~-corrosive paint Korrosionsschutzanstrichstoff *m*, Korrosionsschutz[anstrich]farbe *f*, *(bei Eisen und Stahl auch)* Rostschutzanstrichstoff *m*, Rostschutzfarbe *f*
~-corrosive paper Korrosionsschutzpapier *n*, korrosionsschützendes Papier *n*, *(bei Eisen und Stahl auch)* Rostschutzpapier *n*
~-corrosive pigment [aktives] Korrosionsschutzpigment *n*, korrosionsschützendes (aktives, inhibierendes, passivierendes) Pigment *n*, *(bei Eisen und Stahl auch)* [inhibierendes] Rostschutzpigment *n*, rostschützendes Pigment *n*
~-corrosive primer Korrosionsschutz-Grundanstrichstoff *m*, Korrosionsschutzgrundierung *f*, *(pigmentiert auch)* Korrosionsschutzgrundfarbe *f*, *(bei Eisen und Stahl auch)* Rostschutz-Grundanstrichstoff *m*, Rostschutzgrundierung *f*, *(pigmentiert auch)* Rostschutzgrundfarbe *f*
~-corrosive properties Korrosionsschutzeigenschaften *fpl*
~-corrosive protective coating system Korrosionsschutzanstrichsystem *n*
~-corrosive treatment Korrosionsschutzbehandlung *f*
~-corrosive undercoat 1. Korrosionsschutzvorstreichfarbe *f*, Korrosionsschutzvoranstrichstoff *m*, Korrosionsschutz-Zwischenanstrichstoff *m*; 2. Korrosionsschutzvoranstrich *m*, Korrosionsschutzzwischenanstrich *m*
~-floating agent Antiausschwimmittel *n*, Ausschwimmverhinderungsmittel *n* *(gegen vertikales Ausschwimmen)*
~-flooding agent Antiausschwimmittel *n*, Ausschwimmverhinderungsmittel *n* *(gegen horizontales Ausschwimmen)*
~-foam[er] *s.* ~-foaming agent
~-foaming agent Entschäumer *m*, Entschäumungsmittel *n*, Antischaummittel *n*, Schaumverhütungsmittel *n*
~-fouling *s.* ~-fouling composition
~-fouling agent bewuchsverhinderndes (anwuchsverhinderndes) Mittel *n*
~-fouling coating 1. Antifoulingschicht *f*; 2. Antifoulinganstrich *m*; 3. *s.* ~-fouling composition
~-fouling composition (compound) Antifoulinganstrichstoff *m*, Antifouling-Beschichtungsmaterial *n*, Antifouling *n*
~-fouling cover coat Antifoulinganstrich *m*
~-fouling [marine] paint Antifoulingfarbe *f*, bewuchsverhindernde (anwuchsverhindernde) Farbe (Schiffsbodenfarbe) *f*

anti

~-**freeze [agent, compound]** Gefrierschutzmittel *n*, Frostschutzmittel *n*
~-**frictional properties** Abriebfestigkeit *f*, Abriebbeständigkeit *f*, Abriebwiderstand *m*, Verschleißfestigkeit *f*
~-**fungal** *(Anstr)* pilzwidrig
~-**oxidant [agent]** Antioxydans *n*, Antioxydationsmittel *n*
~-**oxidizer**, ~-**oxidizing agent** *s.* ~-oxidant
~-**pit [agent]**, ~-**pitter** *s.* ~-pitting agent
~-**pitting agent** *(Galv)* Porenverhütungsmittel *n*
~-**rust oil** Rostschutzöl *n*
~-**rust paint** Rostschutzanstrichstoff *m*, Rostschutzfarbe *f*
~-**rust primer** Rostschutz-Grundanstrichstoff *m*, Rostschutzgrundierung *f*, *(pigmentiert auch)* Rostschutzgrundfarbe *f*
~-**rust treatment** Rostschutzbehandlung *f*
~-**sag agent** Antiablaufmittel *n*
~-**settling agent** Absetzverhinderungsmittel *n*, Antiabsetzmittel *n*, absetzverhinderndes Mittel *n*, Schwebemittel *n*
~-**skinning agent** Hautverhinderungsmittel *n*, Hautverhütungsmittel *n*, Antihautmittel *n*, Hautbildungsinhibitor *m*
~-**stress agent** *(Galv)* Entspanner *m*, Antistreßmittel *n*
~-**tarnish application** Anlaufschutz *m*
~-**tarnish paper** *s.* ~-corrosive paper
antimony Antimon *n*
~ **coating** Antimon[schutz]schicht *f*
antioxygen *s.* anti-oxidant
antiphase *(Krist)* Antiphase *f*
~ **domain** *(Krist)* Domäne *f (geordneter Bezirk beiderseits einer Antiphasengrenze)*
appearance 1. Aussehen *n*; 2. Auftreten *n* (z. B. von Rost)
~ **rating** Bewertung *f* durch Sichtprüfung
applicability Anwendbarkeit *f*; Auftragbarkeit *f (von Schutzschichten)*
applicable anwendbar; auftragbar *(Schutzschicht)*
application Anwendung *f*, Einsatz *m*, Applikation *f*, Applizierung *f*, *(Anstr auch)* Auftragen *n*, Auftrag *m*, Aufbringen *n*, Aufbringung *f*; Verarbeiten *n*, Verarbeitung *f*
~ **by brush** Streichauftrag *m*, Pinselauftrag *m*, Pinselanstrich *m*
~ **characteristics** Verarbeitungsmerkmale *npl*
~ **conditions** Verarbeitungsbedingungen *fpl*

~ **consistency** Verarbeitungsviskosität *f*
~ **costs** Verarbeitungskosten *pl*, Ausführungskosten *pl*
~ **fault** Verarbeitungsfehler *m*
~ **method (procedure)** Anwendungsverfahren *n*, Applikationsverfahren *n*, *(Anstr auch)* Auftragsverfahren *n*, Aufbringungsverfahren *n*; Verarbeitungsverfahren *n*
~ **properties** Verarbeitungseigenschaften *fpl*
~ **roll[er]** Auftragswalze *f (zum Walzlackieren)*
~ **technique** Anwendungstechnik *f*, Applikationstechnik *f*, *(Anstr auch)* Auftragstechnik *f*, Aufbringetechnik *f*, Verarbeitungstechnik *f*
~ **technology** *(Anstr)* Auftragstechnologie *f*, Verarbeitungstechnologie *f*
~ **temperature** Verarbeitungstemperatur *f*
~ **viscosity** Verarbeitungsviskosität *f*
~ **work** Anstricharbeiten *fpl*
applicator 1. Auftragsgerät *n*; 2. Anwender *m*, Verarbeiter *m (z. B. von Anstrichstoffen)*
~ **roll[er]** Auftragswalze *f (zum Walzlackieren)*
applied current Außenstrom *m*, zugeführter (äußerer) Strom *m*
~ **stress** äußere Spannung *f*
apply/to anwenden, einsetzen, applizieren *(Anstr auch)* auftragen, aufbringen; verarbeiten
~ **a tin strike** vorverzinnen
aqua regia Königswasser *n (Salzsäure-Salpetersäure-Gemisch)*
aqueous wäßrig
~ **corrosion** Wasserkorrosion *f*, Korrosion *f* in Wässern (wäßrigen Medien, wäßrigen Lösungen)
aquo-complex Aquokomplex *m*
~-**ion** Aquoion *n*, hydratisiertes Ion *n*
arc metal spraying *s.* ~ spraying
~ **plasma device** Plasmaspritzgerät *n*
~ **plasma spraying** Plasmaspritzen *n*, Spritzen *n* nach dem Plasmaverfahren
~ **plasma spraying process** Plasmaspritzverfahren *n*
~ **plasma spraying torch** Plasma[spritz]pistole *f*, Plasmabrenner *m*, Plasmatron *n*
~-**sprayed** lichtbogengespritzt
~ **spraying** Lichtbogenspritzen *n*
~ **welding** Lichtbogenschweißen *n*
architectural enamel Bauten[schutz]lack *m*
arcspray *s.* arc spraying

A.R.E. salt droplet test Standardsalzsprühversuch *m* *(entwickelt vom Armament Research Establishment)*
area of contact Kontaktfläche *f*
~ **of dissolution** Auflösungsbezirk *m*
~ **of stability** Stabilitätsfeld *n*, Stabilitätsbereich *m* *(im Pourbaix-Diagramm)*
~ **ratio** Flächenverhältnis *n*
~ **ratio of anodes and cathodes** Verhältnis (Oberflächenverhältnis) *n* Anode/Katode, Anoden-Katoden-Flächenverhältnis *n*
~ **relationship** s. ~ ratio
argillaceous tonig, tonhaltig
armour wrapping Armierungsbandage *f*
aromatic hydrocarbons aromatische Kohlenwasserstoffe *mpl*, Aromaten *pl*
~ **solvent** aromatisches Lösungsmittel *n*
aromatics s. aromatic hydrocarbons
array Anordnung *f* *(z.B. im Kristallgitter)*
Arrhenius [reaction-rate] equation Arrhenius-Gleichung *f*, Arrheniussche Gleichung (Beziehung) *f*
~ **relation** s. Arrhenius [reaction-rate] equation
arrival Zuwanderung *f*, Andiffusion *f*, Herandiffusion *f*, Herandiffundieren *n*
arsenic 1. Arsen *n*; 2. s. white arsenic
arsenically inhibited brass durch geringen Arsenzusatz gegen Entzinkung geschütztes Messing
article being coated Beschichtungsobjekt *n* *(während der Behandlung)*
~ **being tested** Prüfgegenstand *m* *(während der Prüfung)*
~ **tested** Prüfgegenstand *m* *(nach der Prüfung)*
~ **to be coated** Beschichtungsobjekt *n* *(vor der Behandlung)*
~ **to be tested** Prüfgegenstand *m* *(vor der Prüfung)*
~ **under test** s. ~ being tested
articles being cleaned Reinigungsgut *n* *(während der Behandlung)*
~ **being galvanized** Verzinkungsgut *n*
~ **being plated** Galvanisiergut *n*
~ **being polished** Poliergut *n*
~ **being treated** Behandlungsgut *n*
~ **to be coated** Beschichtungsgut *n*
~ **to be plated** Galvanisiergut *n*
~ **to be tinned** Verzinnungsgut *n*
~ **to be treated** Behandlungsgut *n*
artifical abrasive künstliches Schleifmittel *n*, künstliches Strahlmittel *n*

~ **ag[e]ing** künstliche (beschleunigte) Alterung *f*
~ **ag[e]ing test** künstlicher (beschleunigter) Alterungsversuch *m*
~ **alumina (corundum)** Elektrokorund *m*
~ **petrolatum** synthetische (künstliche) Vaseline *f*, Kunstvaseline *f*
~ **sea-water** künstliches Meerwasser *n*
~ **weathering** künstliche Bewitterung *f*, Schnellbewitterung *f*, Kurz[zeit]bewitterung *f*
artificially aged künstlich (beschleunigt) gealtert
as-received im Anlieferzustand
~ **-rolled** im Anlieferzustand *(Metallbarren)*
ash corrosion Belagskorrosion *f* durch Verbrennungsrückstände, *(i.e.S.)* Ölaschenkorrosion *f*
asperity rauhe Stelle *f*, Unebenheit *f*
asphalt Asphalt *m*, Naturasphalt *m*; Erdölasphalt *m*
~ **coating** 1. Asphaltanstrichstoff *m*; 2. Asphaltanstrich *m*
~ **enamel** Asphaltlack *m*
~ **paint** Asphaltanstrichstoff *m*
~ **paper** Asphaltpapier *n*, Bitumenpapier *n*, bituminiertes Papier *n*, Teerpapier *n*
~ **varnish [paint]** Asphaltlack *m*
asphaltic coating s. asphalt coating
ASS test s. acetic acid salt spray test
assembly mismatch Paßfehler *m*
~ **stress** Montagespannung *f*
assess/to *(Prüf)* bewerten
assessment *(Prüf)* Bewertung *f*
ASTM = American Society for Testing Materials
ASTM cup *(Anstr)* Auslaufbecher *m* nach ASTM, ASTM-Becher *m*
ATC test s. alloy-tin couple test
atmosphere Atmosphäre *f*
atmospheric attack atmosphärischer Angriff *m*
~ **constituents** Atmosphärilien *pl*
~ **corrosion** atmosphärische Korrosion *f*
~ **-corrosion program[me]** s. ~ -exposure program[me]
~ **-corrosion protection** Schutz *m* gegen atmosphärische Korrosion
~ **-corrosion rack** s. ~ test rack
~ **-corrosion resistance** Beständigkeit *f* gegen atmosphärische Korrosion
~ **-corrosion test** s. ~ -exposure test

atmospheric

~-**corrosion test rack** s. ~ test rack
~-**corrosion testing** s. ~-exposure testing
~-**corrosion testing station** s. ~-exposure station
~ **exposure** Frei[luft]bewitterung f, Naturbewitterung f, Außenbewitterung f, Bewitterung f, Bewitterungsbeanspruchung f, atmosphärische Beanspruchung f, Außenbeanspruchung f, (Prüf auch) Auslagerung f im Freiluftklima, Freiluftauslagerung f, Naturauslagerung f
~-**exposure panel** Bewitterungstafel f, (aus Metall auch) Auslagerungsblech n
~-**exposure program[me]** Freiluftauslagerungsprogramm n, Naturauslagerungsprogramm n, Auslagerungsprogramm n
~-**exposure station** Bewitterungsstation f (der Aufstellungskategorie I)
~-**exposure test** Frei[luft]bewitterungsversuch m, Naturbewitterungsversuch m, Bewitterungsversuch m
~-**exposure testing** Frei[luft]bewitterungsprüfung f, Naturbewitterungsprüfung f, Bewitterungsprüfung f
~ **humidity (moisture)** Luftfeuchte f
~ **oxygen** Luftsauerstoff m
~ **pollutant** Verunreinigung f (Schmutzstoff m) in der Luft, Luftverunreinigung f
~ **pollution** Luftverunreinigung f, Luftverschmutzung f
~ **rusting** atmosphärisches Rosten n
~ **specimen** Bewitterungsprobe f, Auslagerungsprobe f
~ **test** s. ~-exposure test
~ **test installation** Bewitterungs[prüf]stand m, Wetterstand m, Auslagerungsstand m, Landprüfstand m
~ **test location** Auslagerungsort m, Expositionsort m, Aufstellungsort m, Versuchsort m, Prüfort m
~ **test panel** Bewitterungstafel f
~ **test program[me]** s. ~-exposure program[me]
~ **test rack** Bewitterungsgestell n, Auslagerungsgestell n
~ **test specimen** s. ~ specimen
~ **testing** s. ~-exposure testing
~ **weathering** s. ~ exposure
atomic absorption spectroscopy Atomabsorptionsspektroskopie f, AAS
~ **hydrogen** atomarer Wasserstoff m
atomistics atomare (atomistische) Struktur f, atomarer Aufbau m

atomization Versprühen n, Verspritzen n (in feine Tröpfchen); Zerstäuben n (von Feststoffen)
~ **pressure** Spritzdruck m
atomize/to versprühen, verspritzen (Flüssigkeiten); zerstäuben (Feststoffe)
atomizer Sprüher m, Versprüher m (für Flüssigkeiten), (als Teil der Anlage auch) Sprühorgan n; Zerstäuber m (für Feststoffe)
~ **test** Atomizertest m, Zerstäubungsversuch m (auf Oberflächenreinheit durch Bedüsen mit destilliertem Wasser)
atomizing s. atomization
~ **air** Spritzluft f, Zerstäubungsluft f, Zerstäuberluft f
~ **air pressure** Spritzdruck m
~ **bell** Sprühglocke f
~ **disk** Sprühscheibe f
~ **head** Sprühkopf m, Spritzkopf m (einer Spritzpistole)
~ **pressure** Spritzdruck m
attack/to angreifen (chemisch oder elektrochemisch)
attack Angriff m, (bei gleichmäßiger Korrosion auch) Abtrag m
attackability Angreifbarkeit f
attackable angreifbar
attrition 1. Abreiben n; Abschleifen n; Abschaben n; 2. Abrieb m; Abnutzung f [durch Abrieb], Abriebsabnutzung f, [reibender] Verschleiß m, Reibungsverschleiß m, Schleifabnutzung f
Auger analysis s. ~ electron spectroscopy
~ **electron** Auger-Elektron n
~ **electron spectroscopy** Auger-Elektronenspektroskopie f, Auger-Spektroskopie f, AES
~ **spectrometer** Auger-Elektronenspektrometer n, Auger-Spektrometer n
~ **spectroscopy** s. ~ electron spectroscopy
~ **spectrum** Auger-Spektrum n
aurous cyanide (Galv) Gold(I)-cyanid n
ausforming Austenitformhärten n
austempering Zwischenstufenvergüten n
austenite Austenit m (kubisch-flächenzentrierter Mischkristall in Eisen-Kohlenstoff-Legierungen)
~ **phase** Austenitphase f, γ-Phase f
~ **range** Austenitbereich m
~ **temperature** Austenitisierungstemperatur f
austenitic austenitisch

~ **manganese steel** Mangan[hart]stahl *m*
~ **steel** Austenitstahl *m*
austenitization Austenitisierung *f*
austenitize/to austenitisieren
austenoferritic steel Duplexstahl *m*
autocatalysis Autokatalyse *f*
autocatalytic autokatalytisch
~ **plating** autokatalytisches (stromloses) Metallabscheiden *n*
autoclave immersion test Druckgefäßversuch *m*, Autoklavenversuch *m*
automatic barrel machine *(Galv)* Trommelautomat *m*
~ **chromium plating machine** Verchromungsautomat *m*
~ **electroplating machine** Galvanisierautomat *m*
~ **nickel plating machine** Vernick[e]lungsautomat *m*
~ **plater** Galvanisierautomat *m*
~ **plating** Beschichten *n* in Galvanisierautomaten
~ **plating line** Galvanisierstraße *f*, Straßenautomat *m*
~ **plating machine** Galvanisierautomat *m*
~ **polishing** automatisches Polieren *n*
~ **polishing machine** Polierautomat *m*
~ **rack-plating machine** Galvanisierautomat *m* für Gestellteile
~-**return installation** Umkehrautomat *m*
~ **spray machine** *s.* ~ spraying machine
~ **spray[-painting] plant** *s.* ~ spraying plant
~ **spraying** automatisches Spritzen *n*
~ **spraying machine** Spritz[lackier]automat *m*
~ **spraying plant** automatische Spritzanlage *f*
automobile finish 1. Lackfarbe *f* (Lack *m*) für PKW-Lackierung, Autolackfarbe *f*, Auto[mobil]lack *m*; 2. PKW-Lackierung *f*, Auto[mobil]lackierung *f*
~ **topcoat** Auto[mobil]decklack *m*
automotive finish 1. Fahrzeuglack *m*, Fahrzeuglackfarbe *f*; 2. Fahrzeuglackierung *f*
autooxidation *s.* autoxidation
autoxidation Autoxydation *f*, spontane Oxydation *f*
auxiliary anode *(Galv)* Hilfsanode *f*, *(Kat auch)* Hilfserder *m*
~ **cathode** Hilfskatode *f* *(anodischer Schutz, Elektrotauchlackierung)*
~ **electrode** Hilfselektrode *f*; *(Prüf)* Gegenelektrode *f*
~ **equipment** Hilfseinrichtung *f*, Hilfsausrüstung *f*

~ **material** Hilfsmittel *n*, Hilfsstoff *m*
A.V. *s.* acid value
availability Verfügbarkeit *f*
available verfügbar
~ **alkali** aktives Alkali *n*
average penetration mittlere Eindringtiefe *f*
~ **thickness** mittlere Schichtdicke *f*
azeotrope Azeotrop *n*, azeotrope Mischung *f*
azeotropic azeotrop
~ **mixture** *s.* azeotrope

B

B *s.* blistering
b nickel *s.* bright nickel
back emf Gegen-EMK *f*, gegenelektromotorische Kraft *f*, Gegenurspannung *f*
~ **reaction** *s.* backward reaction
~-**reflection technique** Rückstrahlverfahren *n* *(zur Untersuchung von Korrosionsprodukten durch Röntgenbeugung)*
backfill Bettungs[masse] *f*, Einbettungsmasse *f*, Hinterfüllung *f* *(z. B. für erdverlegte Schutzanoden)*
backing plate Grundwerkstoff *m* *(plattierter Bleche)*
backscatter Rückstreuung *f*
~ **method (radiography)** Rückstreuverfahren *n* *(zur Schichtdickenmessung)*
backscattered electron Rückstreuelektron *n*
backscattering Rückstreuung *f*
β-backscattering technique Betarückstreuverfahren *n* *(zur Schichtdickenmessung)*
backward reaction Rückreaktion *f*, Gegenreaktion *f*
bacterial corrosion bakterielle Korrosion *f*
~ **degradation** bakterieller Abbau *m*
bactericide Bakterizid *n*, bakterizides (bakterientötendes) Mittel *n*
bacteriostat[ic] Bakteriostatikum *n*, bakterienhemmendes Mittel *n*
baffle [plate] Prallblech *n*, Prallfläche *f*, Prallplatte *f*, Leitblech *n*
bainite Bainit *m* *(grobnadliges Zwischenstufengefüge bei Stahl)*
~ **formation** Bainitbildung *f*, Bildung *f* von Zwischenstufengefüge
bake/to 1. *(Galv)* backen; 2. *(Anstr)* einbrennen, im Ofen trocknen (härten)
bake *s.* baking
baking 1. *(Galv)* Backen *n*; 2. *(Anstr)* Ein-

baking

brennen *n*, Ofentrocknung *f*, Ofenhärtung *f*; 3. *(Galv)* Ausheizen *n (zum Abbau von Restspannungen oder Austreiben versprödender Gase)*
~ **alkyd [resin]** ofentrocknendes Alkydharz *n*
~ **conditions** Einbrennbedingungen *fpl*
~ **enamel** Einbrennemaillelack *m*, *(i.w.S.)* ofentrocknende Lackfarbe *f*
~ **finish** 1. Einbrennlack *m*, ofentrocknender Lack *m*; Einbrenndecklack *m*; 2. Einbrennlackierung *f*
~ **industrial finish** Industrie-Einbrennlack *m*
~ **lacquer** Einbrennlack *m*, ofentrocknender Lack *m (physikalisch trocknend)*; ofentrocknende Lackfarbe *f*
~ **oven** Einbrennofen *m*, Trockenofen *m*
~ **paint** Einbrennanstrichstoff *m*, ofentrocknender Anstrichstoff *m*
~ **primer** Einbrenngrundanstrichstoff *m*, Einbrenngrundierung *f*, Einbrennprimer *m*
~ **range** Einbrennbereich *m*
~ **resin** Einbrennharz *n*
~ **schedule** Einbrennbedingungen *fpl (gemäß Vorschrift)*
~ **synthetic** Alkyd-Aminharz-Einbrennlack *m*, ofentrocknender Alkyd-Aminharz-Lack *m*
~ **temperature** Einbrenntemperatur *f*
~ **varnish** Einbrennlack *m*, ofentrocknender Lack *m*
~ **zone** Einbrennzone *f*
balance Rest *m (in Legierungsanalysen)*
ball anode *(Galv)* Kugelanode *f*
~ **burnishing** Kugelpolieren *n*
bar anode Stabanode *f*, *(Galv auch)* Knüppelanode *f*
~ **compound** Polierpaste *f*
bare/to freilegen *(z. B. das Grundmetall)*
bare ungeschützt
barrel/to trommeln, rommeln *(Kleinteile)*
barrel 1. Faß *n*, Tonne *f*; 2. Trommel *f*, Rommelfaß *n (zur Behandlung von Kleinteilen)*; 3. *(Galv)* Galvanisiertrommel *f*, *(i.w.S.)* Trommel[galvanisier]apparat *m*, Galvanisiertrommelapparat *m*; 4. *s.* 45° barrel
~ **burnishing** Trommelpolieren *n*
~ **cleaning** Trommelreinigung *f*
~ **coater** Lackiertrommel *f*
~ **coating** Trommellackieren *n*
~ **electroplating** *s.* ~ plating 1.
~ **finishing** *s.* barrelling
~ **painting** Trommellackieren *n*
~ **phosphating** Phosphatieren *n* in umlaufenden Trommelbehältern
~ **plant** Trommelanlage *f*
~ **plater** *s.* ~ plating machine
~ **plating** 1. Massengalvanisieren *n (Trommel- oder Glockengalvanisieren)*; 2. Kaltauftrag *m* (Kaltverschweißung *f*) im Trommelverfahren
~ **plating machine** 1. Trommel[galvanisier]apparat *m*; Glocken[galvanisier]apparat *m*, Galvanisierglockenapparat *m*; 2. *Trommelapparat zum Kaltauftrag von Metallpulvern*
~ **polishing** Trommelpolieren *n*
~ **process** Trommelverfahren *n*
~ **tumbling** *s.* barrelling
45° barrel Galvanisierglocke *f*, Glocke *f*, *(i.w.S.)* Glocken[galvanisier]apparat *m*, Galvanisierglockenapparat *m*
barrelling Trommeln *n*, Rommeln *n*, Trommelbearbeitung *f*, Trommelbehandlung *f (von Kleinteilen)*
~ **method** Trommelverfahren *n (zur Behandlung von Kleinteilen)*
~ **time** Rolldauer *f*
barrier *s.* ~ layer
~ **coat** Absperranstrich *m*
~ **effect** Sperrwirkung *f*, Barrierenwirkung *f*
~ **film** [dünne] Sperrschicht *f*, Grenzschicht *f*
~ **layer** Sperrschicht *f*, Grenzschicht *f*, Barriereschicht *f*
~ **material** Sperr[schicht]material *n*, Sperrstoff *m*
base unedel *(Metall)*
base 1. Untergrund *m*, Substrat *n*; Anstrichuntergrund *m*, Anstrichträger *m*; 2. Base *f*
~ **box** standardisierter Kasten für 112 Bleche der Abmessung 14 × 20 inch, entsprechend einer Gesamtoberfläche von 62.720 square inch = 40,46 m^2, Bezugsbasis für Auftragsmengen beim Schmelztauchbeschichten
~ **material** Grundwerkstoff *m*, Trägerwerkstoff *m*, Substratwerkstoff *m*, Substratmaterial *n*
~ **metal** 1. Unedelmetall *n*, unedles Metall *n*; 2. Grundmetall *n*, Substratmetall *n (unter einer Deckschicht)*; 3. Basismetall *n*, Grundmetall *n (einer Legierung)*
~-**oriented** basisorientiert *(Kristallwachstum)*
~ **solution** Stammlösung *f*
basic 1. basisch, alkalisch; 2. Grund...
~ **alloy** Vorlegierung *f*
~-**carbonate white lead** Bleiweiß *n*, Carbonatbleiweiß *n*

~ **lead silicochromate** Bleisilicochromat n
~ **lead sulphate** Sulfatbleiweiß n
~ **metal** Grundmetall n, Substratmetall n (unter einer Deckschicht)
~ **pigment** basisches Pigment n
~ **sulphate white lead** Sulfatbleiweiß n
~ **zinc chromate** Zinktetraoxychromat n
basis box s. base box
~-**coating interface** Grenzfläche f Substrat zu Deckschicht
~ **metal** Grundmetall n, Substratmetall n (unter einer Deckschicht)
basket 1. Korb m (zur Aufnahme von Behandlungsgut); 2. s. anode basket
~ **plating** Galvanisieren n mit Anodenkörben
batch-coated [einzel]stückbeschichtet
~-**coating** Stückbeschichten n
~ **dummying** (Galv) selektives Niederschlagen von Verunreinigungen an Blindkatoden
~ **galvanizing** diskontinuierliches Verzinken n, Stück[gut]verzinken n
~ **loading** diskontinuierliche Beschickung f
bath 1. Bad n (Behälter mit Behandlungsflüssigkeit); 2. (Galv) Elektrolyt m; Schmelze f (beim Feuermetallisieren)
~ **carburizing** Badaufkohlen n, Salzbadaufkohlen n, Salzbadzementieren n
~ **characteristics** Badwerte mpl
~ **composition** Badzusammensetzung f; (Galv) Elektrolytzusammensetzung f
~ **constituent** Badkomponente f; (Galv) Elektrolytbestandteil m
~ **control** Badführung f; (Galv) Elektrolytführung f
~ **fluid** Badflüssigkeit f
~ **formulation** Badansatz m; (Galv) Elektrolytansatz m (vorgeschriebene Zusammensetzung oder Tätigkeit)
~ **ingredient** s. ~ constituent
~-**insoluble** (Galv) im Elektrolyten unlöslich
~ **life** (Galv) Lebensdauer (Betriebsdauer) f des Elektrolyten
~ **liquid** Badflüssigkeit f
~ **operation** s. ~ control
~ **resistance** Badwiderstand m
~ **solids** Badfestkörper m
~ **stability** Badstabilität f
~ **voltage** Bad[betriebs]spannung f
~ **volume** Badinhalt m, Badvolumen n
battery-operated, ~-powered batteriegespeist
bayerite Bayerit m (als Passivschicht auftretendes kristallines α-Aluminiumhydroxid)

bcc, BCC s. body-centred cubic
bead blasting Strahlen n mit Perlen
beading Tropfenbildung f (beim Tauchlackieren)
~ **test** Sickentiefungsversuch m
bearing metal Lagermetall n
Beilby [amorphous] layer Beilby-Schicht f, (beim mechanischen Polieren auch) Bearbeitungsschicht f (hypothetische flüssigkeitsähnliche Schicht an Großwinkelkorngrenzen)
bell bronze Glockenbronze f
below-ground unterirdisch; erdverlegt (Anlage, Rohrleitung)
belt grinding Bandschleifen n, Kontaktbandschleifen n
bend fatigue strength Biegewechselfestigkeit f, Biegewechselbeständigkeit f
~ **test** Biegeversuch m, Biegeprüfung f
bending deflection Biegewinkel m
~ **strength** Biegefestigkeit f
~ **stress** Biegebeanspruchung f, Biegespannung f
~ **test** Biegeversuch m
Bengough-Stuart process Bengough-Stuart-Verfahren n (zur anodischen Oxydation von Aluminium in Chromsäure)
bent-beam [specimen] Biegeprobe f
~ **panel** Flachbiegeprobe f
benzaldehyde (Galv) Benzaldehyd m (Glanzmittel)
benzoguanamine resin (Anstr) Benzoguanaminharz n
berylliding elektrolytisches Diffusionsbeschichten mit Beryllium über Berylliumfluorid als Zwischenstufe
beta backscatter Betarückstreuung f
~ **backscatter method** Betarückstreuverfahren n (zur Schichtdickenmessung)
~ **brass** Betamessing n, β-Messing n (mit 45,5 bis 50 % Zink)
~ **phase** β-Phase f
Bethanizing process ein Verfahren der Bethlehem Steel Company zum elektrochemischen Verzinken von Stahldraht
bevel/to brechen, abschrägen (Kanten)
B.H.N. s. Brinell hardness [number]
bias buff Polierring m
~ **sputtering** Biassputtern n (Sonderform des Vakuumzerstäubens)
billet Knüppel m
bimetal Bimetall n

bimetal

~ **corrosion** s. bimetallic corrosion
bimetallic bimetallisch, Bimetall ...
~ **corrosion** Kontaktkorrosion f, galvanische Korrosion f (durch Kontakt zweier Metalle)
~ **couple** Paarung f zweier Metalle, Metallpaarung f
binary alloy binäre Legierung f, Zweistofflegierung f
~ **system** binäres System n, Zweistoffsystem n, Zweikomponentensystem n
binder 1. (Anstr) Bindemittel n; 2. Zwischenschicht f (zur Haftvermittlung bei Metallschutzschichten)
binding agent (Anstr) Bindemittel n
~ **force** bindende Kraft f, Bindungskraft f, Bindekraft f
~ **medium** (Anstr) Bindemittel n
biocide Biozid n (Mittel zur Bekämpfung von Mikroorganismen)
biocompatible körperverträglich (implantierte Werkstoffe)
biodegradable biologisch abbaubar, bioabbaubar
biodegradation biologischer Abbau m
biofouling s. biological corrosion
biological corrosion biologische (biogene, mikrobiologische, mikrobielle) Korrosion f, Biokorrosion f
~ **degradation** biologischer Abbau m
Biot number Biot-Zahl f (zur Charakterisierung des Stoffübergangs)
bipolar anode (cathode, electrode) bipolare Elektrode f (inmitten einer abgestuften Elektrodenserie)
bitumastic s. bituminous coating 1.
bitumen Bitumen n
~ **paint** s. bituminous coating 1.
~ **tape** s. bituminous tape
bituminous bituminös, Bitumen ...
~ **coating** 1. Bitumenanstrichstoff m, bituminöser Anstrichstoff m; bituminöser Schutzstoff m; 2. Bitumenanstrich m, bituminöser Anstrich m; Bitumen[schutz]schicht f; bituminöse Schutzschicht f, (bei Rohren auch) Bitumenisolierung f
~ **coating material** s. ~ coating 1.
~ **emulsion** Bitumenemulsion f
~ **enamel** Bitumenlack m, bituminöser Lack m
~ **lacquer** Bitumenlack m, bituminöser Lack m (physikalisch trocknend)
~ **paint** s. ~ coating 1.

~ **pipewrap** bituminöse Rohrumhüllung f
~ **tape** Bitumenbinde f, bituminierte Binde f, Bitumenband n
~ **varnish** Bitumenlack m, bituminöser Lack m
black chromium Schwarzchrom n
~ **chromium plate** Schwarzchrom[schutz]schicht f
~ **chromium plating** 1. Schwarzverchromen n; 2. Schwarzchrom[schutz]schicht f
~ **chromium plating bath** Schwarzchromelektrolyt m
~ **emitter** Dunkelstrahler m
~ **finishing** Brünieren n, Schwarzoxydieren n
~ **nickel coating** Schwarznickel[schutz]schicht f
~ **nickel plating** 1. Schwarzvernickeln n; 2. Schwarznickel[schutz]schicht f
~ **nickel plating solution** Schwarznickelelektrolyt m
~ **oxide coating** Schwarzoxydationsschicht f
~ **pigment** Schwarzpigment n
~ **plate** Schwarzblech n
~ **specking** Schwarzfleckigkeit f (Emaillierfehler)
~ **varnish** Schwarzlack m
blackening Schwarzfärben n (von Eisen und Stahl)
~ **process** Schwarzfärbeverfahren n (für Eisen und Stahl)
blacking s. blackening
blank/to abdecken (Teile der Metalloberfläche vor Behandlung)
blank [experiment] Blindversuch m, Nullversuch m
~ **specimen** Vergleichsprobe f
blanket of foam (Galv) Schaumschicht f (gegen Badnebel)
blast angle Strahlwinkel m, Blaswinkel m
~ **cabinet** Strahlkabine f
~ **-clean/to** strahlen
~ **cleaning** Reinigungsstrahlen n, Strahlen n
~ **-cleaning abrasive** Strahlmittel n
~ **-cleaning machine** Strahlanlage f
~ **-cleaning nozzle** Strahldüse f
~ **cleaning on site** Strahlen n auf der Baustelle
~ **-furnace cement** Hochofenzement m
~ **gun** Strahlpistole f
~ **medium** Strahlmittel n
~ **nozzle** Strahldüse f
~ **of sand** Sandstrahl m

~ **pattern** Strahlbild *n*
~ **primer** 1. Fertigungsanstrichstoff *m*, Anstrichstoff *m* für Fertigungsanstriche *(zur Walzstahlkonservierung nach dem Strahlen)*; 2. Fertigungsanstrich *m*
~ **wheel** Schleuderrad *n*, Schaufelrad *n (einer Strahlanlage)*
blasting Strahlen *n*
~ **nozzle** Strahldüse *f*
~ **plant** Strahlanlage *f*
~ **pressure** Strahldruck *m*
~ **process** Strahlverfahren *n (zur Oberflächenvorbehandlung)*
bleach [out]/to *(Anstr)* ausbleichen, verbleichen, verblassen
bleaching *(Anstr)* Ausbleichen *n*, Verbleichen *n*, Verblassen *n*
bleed/to 1. *(Anstr)* ausbluten, durchbluten, durchschlagen; 2. Passungsrost bilden, bluten *(durch Reibkorrosion)*
bleeding 1. *(Anstr)* Ausbluten *n*, Durchbluten *n*, Durchschlagen *n*; 2. Passungsrostbildung *f*, Bluten *n (durch Reibkorrosion)*
blind hole Sackloch *n*
blister/to Blasen bilden; sich blasig (blasenartig) abheben *(Deckschichten)*
blister Blase *f (in Schutzschichten oder Werkstoffen)*
~-**free** blasenfrei
~ **liquid** Blasenflüssigkeit *f*
blistering Blasenbildung *f*
Bloch wall *(Krist)* Blochsche Wand *f*, Bloch-Wand *f*, Antiphasengrenze *f (zwischen zwei ferromagnetischen Domänen)*
block/to blockieren *(eine Reaktion)*; blockieren, absperren *(Oberflächenbereiche)*
block anode Blockanode *f*
~ **coat** Absperranstrich *m*
~ **tin** Reinzinn *n*
bloom/to anlaufen, beschlagen *(besonders Öllackanstriche)*
bloom Beschlag *m*, Belag *m*, Hauch *m*, Schleier *m (besonders auf Öllackanstrichen)*
blooming Anlaufen *n*, Weißanlaufen *n*, Beschlagen *n*, Hauchbildung *f*, Rauchbildung *f*, Schleierbildung *f (besonders bei Öllacken durch Feuchtigkeit)*
blow/to:
~ **off** abblasen
blow-back *s.* bounce-back
~**[-off] section** Abblaszone *f*, Blaszone *f (einer Tauchlackieranlage)*

blown asphalt (bitumen) geblasenes Bitumen *n*, Blasbitumen *n*
~ **oil** geblasenes Öl *n*, Blasöl *n*
blue dip *(Galv)* Quickbeize *f*
~ **lead** Bleigrau *n*, Sulfatbleiweiß *n*
~ **powder** handelsübliches Zinkpulver zum Diffusionsverzinken
blueing Inoxydieren *n*, Blauglühen *n*, Blaufärben *n*, Bläuen *n*
blush/to anlaufen, beschlagen *(besonders Nitrolackanstriche)*
blush Beschlag *m*, Belag *m*, Hauch *m*, Schleier *m (besonders auf Nitrolackanstrichen)*
blushing Anlaufen *n*, Weißanlaufen *n*, Beschlagen *n*, Hauchbildung *f*, Rauchbildung *f*, Schleierbildung *f (besonders bei Nitrolacken durch Feuchtigkeit)*
boat Verdampfungstiegel *m (Vakuumbedampfen)*
~ **varnish** Bootslack *m*
bob schleifkornbelegte (schleifkornbeleimte) Scheibe *f*
Bockris-Kelly mechanism Bockris-Mechanismus *m (unkatalysierte Korrosion)*
bodied oil *(Anstr)* Dicköl *n*, eingedicktes (polymerisiertes) Öl *n*
body/to verdicken, eindicken, dick[flüssig] machen; eindicken, dickflüssig werden
body 1. Konsistenz *f*; 2. Schichtdicke *f*
~-**centred** *(Krist)* raumzentriert, innenzentriert
~-**centred cubic** kubisch-raumzentriert, krz, kubisch-innenzentriert
~ **enamel (finish)** Karosserielack *m*
bodying Verdicken *n*; Eindicken *n*
~ **agent** Verdickungsmittel *n*, Verdicker *m*, viskositätserhöhendes Mittel *n*
boehmite Böhmit *m (als Passivschicht auftretendes kristallines Aluminiummetahydroxid)*
~ **coating** Böhmitschicht *f*
~ **process** Böhmitverfahren *n (zur chemischen Oxydation von Aluminium)*
bohmite *s.* boehmite
boiled linseed oil Leinölfirnis *m*
~ **oil** Ölfirnis *m*, Firnis *m*
boiler cracking *s.* caustic cracking
~ **feed[ing] water** Kesselspeisewasser *n*
~ **scale** Kesselstein *m*
~ **water** Kesselinhaltswasser *n*
boiling-nitric-acid test Huey-Test *m*, Salpe-

boiling

tersäurekochversuch *m*, Prüfung *f* in siedender Salpetersäure *(auf interkristalline Korrosion)*
~ **point** Siedetemperatur *f*, Siedepunkt *m*, Kochpunkt *m*
~ **range** Siedebereich *m*
~ **seal** Heißwasserverdichtung *f*, Kochendwasserverdichtung *f (beim Anodisieren)*
~ **sulphuric acid-copper sulphate test** Strauß-Test *m (mit Kupfersulfat und Schwefelsäure auf interkristalline Korrosion)*
~ **temperature** s. ~ point
~ **test** Kochversuch *m*, Siedeversuch *m*
bold exposure s. atmospheric exposure
boldly exposed s. exposed outdoors
bolted joint Schraubverbindung *f*
Boltzmann constant Boltzmannsche Konstante *f*, Boltzmann-Konstante *f*
bond 1. [chemische] Bindung *f (Zustand)*; 2. s. ~ cable
~ **cable** *(Kat)* Drainageleitung *f (zur Ableitung von Streuströmen)*
~ **fission** Bindungsspaltung *f*
~ **strength** Haftfestigkeit *f*, Haftkraft *f*, Haftvermögen *n*, Haftfähigkeit *f*
bonded abrasive gebundenes Schleifmittel *n*
bonding 1. [chemische] Bindung *f (Vorgang)*; 2. Streustromableitung *f*, Drainage *f*
booster *(Kat)* Zusatzelektrode *f*, Booster-Anode *f*
borate inhibitor Boratinhibitor *m*
bore Bohrung *f (einer Spritzdüse)*
borehole groundbed *(Kat)* Vertikalerderanlage *f*
boric acid Borsäure *f*
boriding elektrolytisches Diffusionsbeschichten mit Bor über Borfluorid als Zwischenstufe
boron Bor *n*
~-**containing** borhaltig
~-**implanted layer** mit Bor angereicherte Schicht *f*
~ **steel** Borstahl *m*
boronize/to borieren *(Stahl)*
bottom of the pit Lochboden *m*, Grübchengrund *m*, Lochgrund *m (Lochfraß)*
~ **paint** Schiffsbodenanstrichstoff *m*, Schiffsbodenfarbe *f*
bounce-back Rückprall *m (zurückprallendes Material beim Farbspritzen)*
boundary layer Grenzschicht *f*
~-**[-layer] reaction** Grenzflächenreaktion *f*, Phasengrenzreaktion *f*

box annealing Kastenglühen *n*, Kistenglühen *n*
~ **oven** Kammerofen *m*
~-**type rack** Galvanisiergestell (Gestell) *n* mit geschlossenem Rahmen *(und etagenförmig angeordneten Werkstückträgern)*
boxing Mischen von Anstrichstoffen durch abwechselndes Ein- und Ausgießen von einem Behälter in den anderen
bracelet anode *(Kat)* Anodenkette *f*, Bracelet *n (Kette aus Anodensegmenten)*
brackish water Brackwasser *n*
Bragg angle *(Prüf)* Braggscher Winkel *m*, Glanzwinkel *m*
branch point Verzweigungsstelle *f (z. B. von Makromolekülen)*
branner s. branning machine
branning machine Kleieputzmaschine *f (einer Feuerverzinnungsanlage)*
brass/to vermessingen
brass messingen, aus Messing, Messing ...
brass Messing *n*
~ **coating (deposit)** Messing[schutz]schicht *f*
~ **plating** Vermessingen *n (elektrochemisch)*
~ **plating bath** *(Galv)* Messingelektrolyt *m*
~ **strike** *(Galv)* 1. Vorvermessingungselektrolyt *m*; 2. Vorvermessingungsschicht *f*; 3. Vorvermessingen *n*
braze/to hartlöten
braze, brazing alloy Hartlot *n*
break away/to aufreißen *(oxidische Deckschichten)*
~ **down** zerstört (durchbrochen) werden *(Passivität)*; zusammenbrechen *(Potential)*; abgebaut (zerstört) werden *(Passivschichten)*
break-away 1. Aufreißen *n (der oxidischen Deckschicht)*; 2. s. ~-away oxidation
~-**away corrosion** katastrophale (schnelle, rapide) Korrosion *f*
~-**away effect** Breakaway-Effekt *m (Zunahme der Oxydationsgeschwindigkeit nach längerer Zeit)*
~-**away oxidation** katastrophale Oxydation *f*
~-**down** s. breakdown
~-**through potential** Durchbruchpotential *n*
breakdown Zerstörung *f*, Durchbrechen *n (der Passivität)*; Zusammenbrechen *n (des Potentials)*; Abbau *m*, Zerstörung *f (einer Passivschicht)*
~ **potential** Durchbruch[s]potential *n*, Durchbruchsspannung *f*

~ **product** Abbauprodukt n, Spaltprodukt n
~ **voltage** s. ~ potential
Brenner-Morgan test Brenner-Morgan-Test m *(zur Messung der Haftfestigkeit galvanischer Schutzschichten)*
bridge [over]/to überbrücken *(z. B. Risse)*
bridging Brückenbildung f *(Selbstheilung)*; Überbrücken n *(z. B. von Rissen durch Anstriche)*
bright glänzend
~ **anneal[ing]** Blankglühen n, Schutzgasglühen n, Glühen n in Schutzgas
~ **bath** s. ~ plating bath
~ **blast** metallisch blank, metallblank *(Reinigungsgrad beim Strahlen entsprechend Säuberungsgrad SG 3)*
~ **cadmium plating bath** *(Galv)* Glanzcadmiumelektrolyt m
~ **chromium** Glanzchrom n
~ **chromium coating (deposit)** Glanzchrom[schutz]schicht f
~ **chromium plating** Glanzverchromen n, Glanzchromabscheidung f
~ **chromium plating bath** *(Galv)* Glanzchromelektrolyt m
~ **coat[ing]** Glanzschicht f
~ **copper** Glanzkupfer n
~ **copper coating (deposit)** Glanzkupfer[schutz]schicht f
~ **copper plating** Glanzverkupfern n, Glanzkupferabscheidung f
~ **copper plating bath** *(Galv)* Glanzkupferelektrolyt m
~ **copper solution** s. ~ copper plating bath
~ **cyanide copper bath** *(Galv)* cyanidischer Glanzkupferelektrolyt m
~ **deposit** Glanzschicht f
~ **dip** 1. Glänzlösung f, *(für Kupfer und Kupferlegierungen auch)* Glanzbrenne f; 2. s. ~ dipping
~-**dip bath (solution)** s. ~ dip 1.
~ **dipping** chemisches Glänzen n, *(bei Kupfer und Kupferlegierungen auch)* Glanzbrennen n
~ **electroplate** *(Galv)* Glanzschicht f
~ **finish** Glanzschicht f
~ **layer** Glanzschicht f *(eines Mehrschichtsystems)*
~ **metal coating** metallische Glanzschicht f
~ **nickel** Glanznickel n
~ **nickel bath** *(Galv)* Glanznickelelektrolyt m
~ **nickel coat** s. ~ nickel coating

brightening

~ **nickel coating (deposit)** Glanznickel[schutz]schicht f
~ **nickel electroplate (finish, plate)** s. ~ nickel coating
~ **nickel plating** Glanzvernickeln n
~ **nickel plating bath** *(Galv)* Glanznickelelektrolyt m
~ **pickling** Weißbrennen n *(von Zink)*
~ **plate** Glanzschicht f
~-**plated zinc** Glanzzink n
~ **plating** Glanzabscheidung f
~ **plating bath** *(Galv)* Hochglanzelektrolyt m, Glanzelektrolyt m
~-**plating current-density range** s. ~ plating range
~ **plating range** *(Galv)* Glanz[abscheidungs]bereich m, Stromdichteglanzbereich m, Glanzstromdichtebereich m
~ **plating solution** s. ~ plating bath
~ **platinum plating** Glanzplatinieren n
~ **range** s. ~ plating range
~ **silver** Glanzsilber n
~ **silver bath** *(Galv)* Glanzsilberelektrolyt m
~ **silver coating (deposit)** Glanzsilber[schutz]schicht f
~ **silver plating** Glanzversilbern n
~ **solution** s. ~ plating bath
~-**throwing power** Glanztiefenstreuung f
~ **tin** s. tin-plate
~ **tin coating (deposit)** Glanzzinn[schutz]schicht f
~ **tin plating** Glanzverzinnen n
~ **tin plating bath** *(Galv)* Glanzzinnelektrolyt m
~ **zinc** Glanzzink n
~ **zinc coating (deposit)** Glanzzink[schutz]schicht f
~ **zinc plating** Glanzverzinken n
~ **zinc plating bath** *(Galv)* Glanzzinkelektrolyt m
brighten/to glänzen *(chemisch oder elektrochemisch)*; auf Hochglanz polieren *(mechanisch)*
brightener *(Galv)* Glanzmittel n, Glanzbildner m *(i.w.S.)*
~ **of the first class** Glanzmittel n 1. Klasse, primäres Glanzmittel n, Glanzträger m
~ **of the second class** Glanzmittel n 2. Klasse, sekundäres Glanzmittel n, Glanzbildner m *(i.e.S.)*
brightening glanzbildend
brightening Glänzen n *(chemisch oder elek-*

brightening

trochemisch); Polieren *n* auf Hochglanz *(mechanisch)*
~ **action** Glänzwirkung *f*
~ **additive (agent)** *s.* brightener
~ **bath** *s.* 1. ~ electrolyte; 2. ~ dip
~ **compound** *s.* brightener
~ **dip** Glänzlösung *f*, *(für Kupfer und Kupferlegierungen auch)* Glanzbrenne *f*
~ **effect** Glanzwirkung *f*, Glanzeffekt *m*
~ **electrolyte** *(Galv)* Glanzelekrolyt *m*
~ **solution** 1. *(Galv)* Glanzzusatzlösung *f*; 2. *s.* ~ dip

brightness Glanz *m*
brilliant nickel Glanznickel *n*, Brillantnickel *n*
Brillouin zone *(Krist)* Brillouin-Zone *f*
brine Sole *f*, Salzlösung *f*
~ **fog** Salznebel *m*
~ **solution** *s.* brine
~ **spray** Salznebel *m*
Brinell hardness [number] Brinellhärte *f*, HB
~ **hardness test** Härteprüfung *f* nach Brinell
bristle brush Borstenpinsel *m*
Britannia metal Britannia-Metall *n* *(eine Zinnlegierung)*
British degree englischer Härtegrad *m* *(des Wassers)*
~ **Navy boiler compound** Kesselspeisewasserzusatz als Inhibitor aus 39 % Natriumcarbonat, 48 % Dinatriumhydrogenphosphat und 13 % Weizenstärke
brittle spröde, brüchig
~ **failure** sprödes Versagen *n*, *(i.e.S.)* Sprödbruch *m*
~ **fracture** Sprödbruch *m*
brittleness Sprödigkeit *f*, Spröde *f*; Brüchigkeit *f*
brochantite Brochantit *m* *(ein basisches Kupfersulfat)*
broken surface Bruchfläche *f*
bronze Bronze *f* *(Legierung mit mehr als 60 % Kupfer)*, *(i.e.S.)* Bronze *f*, Zinnbronze *f* *(Kupfer-Zinn-Legierung)*
~ **plating bath** *(Galv)* Bronzeelektrolyt *m*
bronzing Bronzieren *n*
brown/to brünieren, brunieren, bräunen
brown rust Eisen(III)-oxidhydrat *n* *(eine Rostform)*
browning treatment Brünieren *n*, Brunieren *n*, Bräunen *n*
brush/to 1. abbürsten *(z. B. Rost)*; 2. [an]streichen
~-**apply** steichen, mit dem Pinsel auftragen (aufbringen)

~-**coat** [an]streichen
~ **off** abbürsten
~ **on** aufstreichen, mit dem Pinsel auftragen (aufbringen)
~ **out** ausstreichen *(Anstrichstoff)*
brush 1. Bürste *f*; Pinsel *m*; 2. Abstreifer *m* *(aus Fettstein oder Asbest in Feuerverzinnungsanlagen)*
~ **application** Pinselauftrag *m*, Pinselanstrich *m*, Streichauftrag *m*
~ **blast** *s.* ~-off blast
~ **filler** Streichspachtel *m*
~ **marks** Pinselstriche *mpl*, Pinselspuren *fpl*, Pinselfurchen *fpl*, Pinselstriemen *fpl* *(Anstrichfehler)*
~-**off blast** leicht gereinigt, überstrahlt *(Reinigungsgrad beim Strahlen entsprechend Säuberungsgrad SG 1)*
~-**off blast cleaning** Überstrahlen *n*, Überblasen *n* *(bis zum Säuberungsgrad SG 1)*
~ **paint** Streichanstrichstoff *m*, Streichfarbe *f*
~ **painting** Streichen *n*, Anstreichen *n*, Pinselanstrich *m*
~ **plating** Pinselgalvanisieren *n*, Bürstengalvanisieren *n*
~ **recoating** Überstreichen *n*
brushability Streichbarkeit *f*, Verstreichbarkeit *f*
brushable [ver]streichbar
brushing 1. Abbürsten *n*; 2. Streichen *n*, Anstreichen *n*
~ **ability** *s.* brushability
~ **filler** Streichspachtel *m*
~ **lacquer** Streichlack *m* *(physikalisch trocknend)*
~-**out** Ausstreichen *n* *(des Anstrichstoffs)*
~ **paint** Streichanstrichstoff *m*, Streichfarbe *f*
bubble Blase *f*, Bläschen *n*
~-**cup corrosion** becherförmige Korrosion *f*
~ **formation** Blasenbildung *f*
bubbling Blasenbildung *f*
buff/to schwabbeln
buff Schwabbelscheibe *f*
buffer/to [ab]puffern
buffer Puffersubstanz *f*; Pufferlösung *f*
~ **ion** Pufferion *n*
~ **solution** Pufferlösung *f*
buffering action Pufferwirkung *f*
~ **agent** Puffersubstanz *f*
~ **capacity (power)** Puffer[ungs]kapazität *f*, Puffer[ungs]vermögen *n*
~ **substance** Puffersubstanz *f*

buffing Schwabbeln *n*
~ **compound** Poliermittel *n*
~ **wheel** Schwabbelscheibe *f*
build/to:
~ **in** einbauen *(z. B. Partikel in Schutzschichten)*
~ **up** 1. aufbauen, abscheiden *(Schichten)*; sich bilden, sich abscheiden; 2. zusetzen *(Gewinde, Bohrungen)*; sich zusetzen; 3. regenerieren *(verschlissene Maschinenteile), (i.e.S.)* aufchromen, maßverchromen; 4. sich bedecken *(mit überschüssigem Metall)*; *(Galv)* auswachsen *(an Kanten)*
build *(Anstr)* Schichtdicke *f*
~-**up** 1. Aufbau *m*, Abscheidung *f (von Schichten)*; 2. Zusetzen *n (von Gewinden, Bohrungen)*; 3. Maßgalvanisieren *n*, Regenerieren *n (verschlissener Maschinenteile), (i.e.S.)* Aufchromen *n*, Maßverchromen *n*; 4. *(Galv)* Auswachsen *n (an Kanten)*
~-**up of protective films** Schutzschichtbildung *f*
building-up *s.* build-up
bulk attack *s.* general attack
~ **immersion** stromloses Kleinteilgalvanisieren *n* (Massengalvanisieren)
~ **modulus** Kompressionsmodul *m*
~ **plating** Massenteil-Galvanisieren *n*, Massengalvanisieren *n*, Kleinteilgalvanisieren *n*
~-**plating machine** Massengalvanisiergerät *n*, Kleinteilgalvanisierapparat *m*
Bullard-Dunn process Bullard-Dunn-Verfahren *n (zum elektrolytischen Beizen)*
Burgers vector *(Krist)* Burgers-Vektor *m*
burial 1. Erdverlegung *f*, Einerdung *f*; 2. *(Prüf)* Vergraben *n*
buried 1. erdverlegt, eingeerdet; 2. *(Prüf)* vergraben
~ **anode** *(Kat)* Erder *m*
~-**metal location instrument** *(Kat)* Metalldetektor *m*
~ **pipeline** erdverlegte (unterirdische) Rohrleitung *f*
burn/to 1. *(Galv)* anbrennen *(durch Abscheidung zu großer Partikel dunkle, rauhe Stellen ausbilden)*; 2. [ein]brennen *(Emaille)*; 3. abbrennen *(alter Anstriche)*
~ **off** 1. abbrennen *(alte Anstriche)*; 2. verbrennen *(Anstriche bei hohen Temperaturen)*

C-ring

~ **on** aufschmelzen, schmelzflüssig aufbringen *(z. B. Blei)*
burn *(Galv)* Anbrennung *f (Fehler)*
burner bar *(Galv)* Abblendstab *m (zum Abschirmen von Kanten)*
~ **rig test** Rig-Test *m (Heißgaskorrosionsprüfung)*
burning 1. *(Galv)* Anbrennen *n (Ausbildung dunkler, rauher Stellen durch Abscheiden zu großer Partikel)*; 2. Einbrennen *n*, Brennen *n (von Emaille)*; 3. Abbrennen *n (alter Anstriche)*
~-**off** 1. Abbrennen *n (alter Anstriche)*; 2. Verbrennen *n (von Anstrichen bei hohen Temperaturen)*
burnish/to polieren, *(i.e.S.)* mit Polierstahl polieren
burnishing Polieren *n*, *(i.e.S.)* Druckpolieren *n*
~ **agent** Poliermittel *n (zum Vibrationsgleitschleifen)*
~ **barrel** Poliertrommel *f*
~ **composition (compound)** Polierpaste *f*, Poliermasse *f*, Polierkomposition *f*; Glanzcompound *m(n) (zum Vibrationsgleitschleifen)*
burnt *(Galv)* angebrannt
burr/to entgraten
burr Grat *m*
burring Entgraten *n*
bury/to 1. in Erde verlegen, einerden; 2. *(Prüf)* vergraben
burying 1. Erdverlegung *f*, Einerdung *f*; 2. *(Prüf)* Vergraben *n*
bus[-bar] *(Galv)* Stromleiter *m*, Kontaktarm *m*
butt joint Stumpfstoß *m*, Stumpfverbindung *f*
button contact *(Galv)* Knopfkontakt *m*
butyl titanate coating (paint) Butyltitanatanstrichstoff *m*
butylation partielle Veretherung mit Butanol zur Herstellung plastifizierter Phenol- und Harnstoffharze
by-pass/to überfahren *(Behandlungsstationen im Galvanisierautomaten)*
by-pass Überfahren *n (von Behandlungsstationen im Galvanisierautomaten)*

C

C-ring [specimen] *(Prüf)* Halbring *m*, Halbringprobe *f*

CAB

CAB s. cellulose acetate butyrate
cabinet blasting Strahlen n in Kabinen, Kabinenstrahlen n
~ **dryer** Trockenschrank m
cable connection *(Kat)* Kabelverbindung f
~ **paper** Kabelpapier n
~ **sheath** Kabelmantel m, Kabelhülle f
~ **tile** *(Kat)* Kabelabdeckplatte f
cadmium coat[ing] Cadmium[schutz]schicht f
~ **cyanide** Cadmiumcyanid n
~-**cyanide plating bath** *(Galv)* cyanidischer Cadmiumelektrolyt m
~ **deposit** Cadmium[schutz]schicht f
~ **electroplating bath** *(Galv)* Cadmiumelektrolyt m
~ **plating** 1. Verkadmen n, Kadmieren n; 2. s. ~ deposit
~ **plating bath (solution)** *(Galv)* Cadmiumelektrolyt m
caking *(Anstr)* Bildung f eines harten (festen) Bodensatzes, hartes Absetzen n
calcareous kalkig; kalkhaltig; kalkreich
~ **soil** Kalkboden m
calcium hardness Kalkhärte f *(des Wassers)*
~ **plumbate** Calciumplumbat n *(Korrosionsschutzpigment)*
calibrated microscope Mikroskop n mit kalibrierter Mikrometerschraube
calomel electrode (half-cell) Kalomelelektrode f
calorize/to kalorisieren, pulveralitieren *(in Aluminium-Aluminiumoxid-Pulver glühen)*, *(i.w.S.)* alitieren
can coating (lining) Konservendosenlack m
~-**lining coating** s. can coating
canopy hood *(Galv)* Absaugrahmen m *(für schädliche Gase und Dämpfe)*
cantilever Probenschenkel m
capacitance Kapazität f, kapazitiver Widerstand m
capillary action Kapillarwirkung f
~-**active** kapillaraktiv
~ **activity** Kapillaraktivität f
~ **condensation** Kapillarkondensation f, kapillare Kondensation f
~ **probe** *(Prüf)* [Haber-]Luggin-Kapillare f, [kapillare] Haber-Luggin-Sonde f, Kapillarsonde f
captive blast plant Strahlkabine f
~ **blasting** Strahlen n in Kabinen, Kabinenstrahlen n

capture of electrons Elektroneneinfang m
car-body under-floor protection Unterbodenschutz m
~ **finish** 1. PKW-Lackierung f, Auto[mobil]lackierung f; 2. s. ~ paint
~ **looper** Bandspeicher m *(einer kontinuierlichen Feuermetallisierungsanlage)*
~ **paint** Lackfarbe f (Lack m) für PKW-Lackierung, Autolackfarbe f, Auto[mobil]lack m
~ **refinishing lacquer** Autolackfarbe f, Auto[mobil]lack m *(für Neulackierungen)*
carbide Carbid n, *(i.e.S.)* Eisencarbid n, Zementit m
~ **coating** Carbid[schutz]schicht f
~-**decorated** mit Carbidausscheidungen *(Korngrenzen)*
~ **formation** Carbidbildung f
~ **former** Carbidbildner m
~-**forming** carbidbildend
~-**forming element** Carbidbildner m
~ **precipitation** Carbidausscheidung f *(Vorgang)*
carbon-bearing kohlenstoffhaltig
~-**boiling** Aufkochen n *(Fehler beim Emaillieren)*
~ **brick** Kohlenstoffstein m
~-**containing** kohlenstoffhaltig
~ **disulphide** Schwefelkohlenstoff m, Kohlen[stoff]disulfid n
~-**enriched** mit Kohlenstoff angereichert
~ **getter** den Kohlenstoff bindende Legierungskomponente
~ **pick-up** Kohlenstoffaufnahme f
~ **pigment** Kohlenstoffpigment n
~ **steel** Kohlenstoffstahl m, C-Stahl m, unlegierter Stahl m *(mit bis zu 2 % C)*
carbonaceous kohlenstoffhaltig; kohlenstoffreich
~ **backfill** *(Kat)* Koks[ein]bettung f, Koksgrusbettung f
carbonate-containing carbonathaltig
~ **hardness** Carbonathärte f, temporäre (vorübergehende) Härte f *(des Wassers)*
~ **scale** Carbonatkesselstein m
carbonation s. carbonatization
carbonatization Karbonatisierung f *(z. B. von Beton)*
carbonic acid Kohlensäure f
carbonitride/to karbonitrieren
carbonitride Carbonitrid n
carbonitriding Karbonitrieren n
~ **atmosphere** Karbonitrieratmosphäre f

carburization Aufkohlen *n*, Kohlen *n*, Einsetzen *n* (von Stahl)
carburize/to [auf]kohlen, einsetzen
carburized case Aufkohlungsschicht *f*, Zementationsschicht *f*, Einsatzschicht *f*
~ **steel** aufgekohlter (zementierter, einsatzgehärteter) Stahl *m*, Einsatzstahl *m*
carburizing atmosphere Aufkohlungsatmosphäre *f*, aufkohlende Atmosphäre *f*
~ **bath** Aufkohlungsbad *n*
~ **box** Einsatzkasten *m*
~ **compound** Aufkohlungsmittel *n*, Kohlungsmittel *n*, Einsatzmittel *n*
~ **furnace** Aufkohlungsofen *m*
~ **medium** Aufkohlungsmedium *n*
~ **steel** Stahl *m* für Einsatzhärtung, Einsatzstahl *m*
carrier 1. Ladungsträger *m*; 2. (Anstr) Bindemittellösung *f*; 3. (Galv) Stützträger *m* (Vorrichtung); 4. (Galv) sekundäres Glanzmittel *n*, Glanzmittel *n* 2. Klasse, Glanzbildner *m* (i.e.S.)
~ **arm** Tragarm *m* (eines Galvanisiergestells); Ausleger *m* (eines Galvanisierautomaten)
~ **bar** Mitnehmerbolzen *m* (in Galvanisierautomaten)
~ **gas** Trägergas *n*
carry/to:
~ **off** abführen (z.B. Korrosionsprodukte)
~ **over** verschleppen
carry-over Verschleppen *n*, Verschleppung *f*
cascade/to [ver]rieseln (Wasseraufbereitung)
cascade rinse (rinsing) Kaskadenspülung *f* (mehrfach wiederholtes Sparspülen)
cascading Rieselung *f* (Wasseraufbereitung)
case Randschicht *f*, Randzone *f*, Rand *m*
~ **depth** 1. Diffusionstiefe *f* (beim Diffusionsbeschichten); 2. Einsatzhärtetiefe *f*, Zementationstiefe *f*, Aufkohlungstiefe *f* (Stahl)
~-**hardened steel** einsatzgehärteter (aufgekohlter, zementierter) Stahl *m*, Einsatzstahl *m*
~-**hardening** Einsatzhärten *n*, (i.w.S.) Oberflächenhärten *n*, Randhärten *n*
~-**hardening carburizer** Aufkohlungsmittel *n*, (beim Pulveraufkohlen auch) Einsatzmittel *n*
~-**hardening steel** Stahl *m* für Einsatzhärtung, Einsatzstahl *m*
~ **hardness** Einsatzhärte *f*, (i.w.S.) Oberflächenhärte *f*, Randhärte *f*

casein paint Kaseinfarbe *f*
CASS ... *s.* copper-accelerated acetic-acid salt spray ...
cast/to:
~ **around** umgießen (Metallplatten oder -knüppel mit flüssigem Plattierungsmetall)
cast alloy Gußlegierung *f*
~ **anode** Gußanode *f*
~ **grit** Gußkies *m*
~ **iron** Gußeisen *n*
~-**iron enamel** Gußemail *n*
~ **shot** Gußgranulat *n*
~ **steel** Gußstahl *m*
~-**steel grit** Stahlgußkies *m*
~-**steel shot** Stahlgußgranulat *n*, Stahlgußschrot *m*
~ **zinc** Zinkguß *m*
casting 1. Gießen *n*, Guß *m*; 2. Gußstück *n*, Gußteil *n*, Formgußstück *n*, Gießling *m*
~ **fault** Gießfehler *m*
~ **resin** Gießharz *n*
~ **skin** Gußhaut *f*
castor oil Rizinusöl *n*
catalyst 1. Katalysator *m*; 2. (Galv) Fremdsäure *f*, Katalysatorsäure *f* (beim Verchromen)
~ **poison** Katalysatorgift *n*, Kontaktgift *n*
~ **spray gun** Zweikomponenten-Spritzpistole *f*
~ **spray plant** Zweikomponenten-Spritzanlage *f*
catalytic copper plating [reduktives] chemisches Abscheiden *n* von Kupfer; Reduktionsverkupfern *n*, [reduktives] chemisches Verkupfern *n* (des Werkstücks)
catalytically-curing katalytisch härtend
catalyzed coating Reaktionsanstrichstoff *m*, reaktiv härtender Anstrichstoff *m*
~ **spraying** Spritzen *n* von Reaktionsanstrichstoffen
catalyzing effect Katalysatorwirkung *f*
cataphoresis Kataphorese *f*
catastrophic corrosion katastrophale (schnelle, rapide) Korrosion *f*
~ **failure** katastrophaler Bruch *m*
~ **oxidation** katastrophale Oxydation (Verzunderung) *f*
catchment area Einfangfläche *f*
~ **[area] principle** Flächenregel *f*, Prinzip *n* der Einfangfläche
cathode Katode *f* (Zusammensetzungen s.a. unter cathodic)

cathode

~ **agitation** *(Galv)* Katodenbewegung *f*, Warenbewegung *f*
~-**anode [area] ratio** Verhältnis (Oberflächenverhältnis) *n* Katode/Anode, Katoden-Anoden-Flächenverhältnis *n*
~-**anode spacing** *(Galv)* Abstand *m* Katode zu Anode, Abstand *m* Ware-Anode
~ **bar** *s.* ~ rod
~ **compartment** *(Galv)* Katodenraum *m*
~ **contact** *(Galv)* Kontaktelement *n*, Kontakt *m*, Stromübertragungskontakt *m*
~-**controlled** *s.* cathodically controlled
~ **copper** Katodenkupfer *n*
~ **current** Katodenstrom *m*
~ **current density** Katodenstromdichte *f*, katodische Stromdichte *f*
~ **current efficiency** *s.* ~ efficiency
~ **dark space** Dunkelraum *m*, Totraum *m* (einer Katodenzerstäubungsanlage)
~ **efficiency** *(Galv)* katodische Stromausbeute *f*
~ **film** Katodenfilm *m* (der Katode anhaftender Flüssigkeitsfilm)
~ **potential** Katodenpotential *n*
~ **potential versus current density curve** Polarisationskurve *f*
~ **rail** *(Galv)* Katodenschiene *f*, Warenschiene *f*
~-**ray oscillograph** Katodenstrahloszillograph *m*, Elektronenstrahloszillograph *m* (mit Aufzeichnungseinrichtung)
~-**ray oscilloscope** Katodenstrahloszillograph *m*, Elektronenstrahloszillograph *m*, Oszilloskop *n*
~ **rod** *(Galv)* Katodenstange *f*, Warenstange *f*
~-**rod agitation** *(Galv)* Katodenbewegung *f*, Warenbewegung *f*
~ **sputtering** Katodenzerstäuben *n*, Vakuumzerstäuben *n*, Ionen-Plasma-Zerstäuben *n*, Sputtern *n*; katodisches Bestäuben *n*, Vakuumbestäuben *n*
~ **track** *(Galv)* Gestellbahn *f*
cathodic katodisch; Katoden... (Zusammensetzungen *s.a.* unter cathode) ● **under** ~ **control** katodisch gesteuert (kontrolliert, bestimmt)
~-**arc plasma deposition** Beschichten *n* mittels katodischen Lichtbogens
~ **area** Katodenfläche *f*, katodischer Bezirk (Flächenbezirk, Teilbezirk, Bereich) *m*, Katodenbereich *m*
~ **cleaning** katodisches Reinigen *n*; katodisches Entfetten *n*

~ **coating** katodisch wirksame Schicht *f*
~ **control** katodische Steuerung (Kontrolle) *f*
~ **current** Katodenstrom *m*; katodischer Strom *m*
~ **current density** Katodenstromdichte *f*, katodische Stromdichte *f*
~ **deposition** katodisches Abscheiden *n*
~ **disbonding** *(Kat)* Lockerung oder Abhebung der Schutzschicht durch Wasserstoffentwicklung
~ **dissolution** katodische Auflösung *f*
~ **electrocleaning** *s.* ~ cleaning
~ **electrocoating (electropainting)** katodische Elektrotauchlackierung *f*
~ **inhibition** katodische Inhibition *f*
~ **inhibitor** katodischer (katodisch wirksamer) Inhibitor *m*
~ **pickling** katodisches Beizen *n*
~ **point** katodische Stelle *f*
~ **polarization** katodische Polarisation *f*, Katodenpolarisation *f*
~ **potential** Katodenpotential *n*
~ **process** Katodenvorgang *m*
~ **protection** katodischer Schutz (Korrosionsschutz) *m*, Katodenschutz *m*
~-**protection anode** Schutzanode *f*
~-**protection criteria** Kriterien *npl* für den katodischen Korrosionsschutz
~-**protection installation** *s.* ~-protection system
~-**protection interaction (interference)** *(Kat)* Streustrombeeinflussung *f*, Streustromeinfluß *m* (von benachbarten Fremdstromanlagen), Beeinflussung *f* durch katodische Schutzanlagen
~-**protection station** *s.* ~-protection system
~-**protection system** katodische Schutzanlage (Korrosionsschutzanlage) *f*, EKS-Anlage *f*, Katodenschutzanlage *f*
~ **reaction** katodische Reaktion *f*, Katodenreaktion *f*
~ **region** *s.* ~ area
~ **site** katodische Stelle *f*
~ **station** *s.* ~ protection system
~ **zone** Katodenzone *f*
cathodically controlled katodisch gesteuert (kontrolliert, bestimmt)
~ **effective** katodisch wirksam
~ **protected** katodisch geschützt
catholyte Katolyt *m* (Elektrolyt des Katodenraums)
cation Kation *n*, positives (positiv geladenes) Ion *n*

~-**active material** kation[en]aktive Substanz f
~-**defective** mit Kationenleerstelle
~ **exchange** Kationenaustausch m
~-**exchange resin** Kationenaustausch[er]harz n
~ **exchanger** Kationenaustauscher m, Kationit m
~ **hole** s. ~ vacancy
~ **replenishment** Kationennachlieferung f, Kationennachschub m
~ **sublattice** Kationenteilgitter n
~ **supply** s. ~ replenishment
~ **vacancy** Kationenleerstelle f, Kationenfehlstelle f, Kationenlücke f
cationic movement Kationenbewegung f
~ **surfactant** kation[en]aktives Tensid n
caulking compound (material) Dichtungsmasse f
cause of corrosion Korrosionsursache f
caustic ätzend, kaustisch
caustic Alkali n, (i.e.S.) Natriumhydroxid n, Ätznatron n
~ **cracking** Laugensprödigkeit f, Laugenbrüchigkeit f, Laugen[riß]korrosion f *(Form der Spannungsrißkorrosion)*
~ **embrittlement [cracking]** s. ~ cracking
~ **paint stripper** alkalisches Abbeizmittel (Entlackungsmittel) n
~ **potash** Kaliumhydroxid n, Ätzkali n
~ **soda** Natriumhydroxid n, Ätznatron n
~ **stress-corrosion cracking** s. ~ cracking
~ **stripper** s. ~ paint stripper
causticized ash Gemisch aus Soda und Natriumhydroxid
cavitate/to der Kavitation unterliegen
cavitation Kavitation f
~ **attack** Kavitationsangriff m
~ **bubble** Kavitationsblase f, Kavitationsbläschen n
~-**corrosion** Kavitationskorrosion f
~ **damage** Kavitationsschaden m
~-**erosion** Kavitation[serosion] f
~ **test** Kavitationsversuch m
cavity Hohlraum m
~ **formation** Hohlraumbildung f
cd, c. d., CD s. current density
cell 1. [galvanische, elektrochemische] Zelle f, galvanisches Element n, galvanische Kette f; 2. *(Krist)* Zelle f, versetzungsarmes Gebiet n
~ **boundary** *(Krist)* Zellgrenze f, Versetzungszellwand f *(annähernd lineares versetzungsreiches Gebiet)*

centrifugal

~ **current** Zell[en]strom m, Elementstrom m, Kettenstrom m
~ **formation** 1. Elementbildung f; 2. *(Krist)* Zellbildung f *(durch Wandern von Versetzungen)*
~ **potential** Zell[en]spannung f, Elementspannung f, Kettenspannung f
~ **type of corrosion** s. electrochemical corrosion
~ **voltage** s. ~ potential
cellular structure Zellenstruktur f
cellulose acetate butyrate Celluloseacetatbutyrat n, CAB, Acetylbutyrylcellulose f
cement/to [aus]zementieren, ausfällen *(ein Metall durch ein unedleres aus seiner Lösung)*
cement 1. Zement m; 2. Klebstoff m
~ **coating** 1. Zement[schutz]schicht f; 2. Zementanstrichstoff m
~ **finish** s. ~ coating
~ **mortar** Zementmörtel m
~-**mortar lining** Zementmörtelauskleidung f
~ **paint** Zementanstrichstoff m
~ **paste** Zementleim m
~ **plaster** s. ~ mortar
cementation 1. Oberflächenhärten n durch Diffusion, *(mit Kohlepulver auch)* Aufkohlen n, Einsetzen n, Einsatzhärten n, Zementieren n; 2. Zementation f, Auszementierung f, Metallverdrängung f *(Ausfällen eines Metalls aus seiner Lösung durch ein unedleres)*
~-**coated** oberflächengehärtet, zementiert *(durch Diffusion)*
~ **coating** 1. aufdiffundierte Schicht f; 2. Aufdiffundieren n *(von Schutzschichten)*
~-**coating pack** Einsatzgut n für die Diffusionsbeschichtung
cemented carbide Hartmetall n
~ **wheel** beleimte Scheibe f
cementing material (medium, metal) Zementationsmittel n, Einsatzmittel n *(zum Oberflächenhärten durch Diffusion)*
cementite Zementit m *(ein Eisencarbid)*
central spline *(Galv)* Gestellhauptleiter m
centre-line-average Mittenrauhwert m, R_a
centrifugal abrasive-cleaning plant s. ~ cleaning plant
~ **blast-cleaning plant** s. ~ cleaning plant
~ **blast wheel** Schleuderrad n, Schaufelrad n *(einer Strahlanlage)*
~ **blasting** s. ~ cleaning

centrifugal 38

~ **cleaning** Schleuder[rad]strahlen *n*
~ **cleaning plant** Schleuder[rad]strahlanlage *f*
~ **dryer** Trockenzentrifuge *f*, Trockenschleuder *f*
~ **finishing** *(Anstr)* Zentrifugieren *n*
~ **force separator** Fliehkraftabscheider *m*
~ **painting** *(Anstr)* Zentrifugieren *n*
~-**wheel blast cleaning** *s.* ~ cleaning
~-**wheel plant** *s.* ~ cleaning plant
centrifuging method *(Anstr)* Zentrifugierverfahren *n*, Schleuderverfahren *n*
ceramal *s.* cermet
ceramic-bonded wheel Schleifscheibe *f* mit keramisch gebundenem Schleifmittel
~ **coating** Keramik[schutz]schicht *f*, keramische Schutzschicht *f*; Email[schutz]schicht *f*
cermet Cermet *n*, Mischkeramik *f*, mischkeramischer (metallkeramischer, keramometallischer) Werkstoff *m*
~ **coating (enamelling)** Cermet[schutz]schicht *f*
CERT *s.* constant-extension-rate test
cessation of current Stromunterbrechung *f*
cessing *(Anstr)* Perlen *n*, Kriechen *n*
chafing [corrosion, fatigue] Reibkorrosion *f*, Reiboxydation *f*, Tribokorrosion *f*, tribomechanische Anregung *f*
chain Kette *f*
~ **breakage** *s.* ~ termination
~ **polymerization** Kettenpolymerisation *f*
~ **reaction** Kettenreaktion *f*
~ **scission** Kettenspaltung *f*, Kettensprengung *f*
~ **segment** Kettenbruchstück *n*, Kettensegment *n*
~ **splitting** *s.* ~ scission
~ **stopper** Kettenabbrecher *m*, Kettenabbruchmittel *n*, Stopper *m*
~ **termination** Kettenabbruch *m*
~ **transfer** Kettenübertragung *f*
~ **unzipping reaction** Reißverschlußreaktion *f (bei Polymeren)*
chalk/to *(Anstr)* [ab]kreiden
chalk resistance *(Anstr)* Kreidungsbeständigkeit *f*, Kreidungsresistenz *f*
~-**resistant** kreidungsbeständig, kreidungsresistent
chalking *(Anstr)* Kreiden *n*, Kreidung *f*, Abkreiden *n*
chalky rust Kalkrost *m*

~-**rust film** Kalkrost[schutz]schicht *f*, Rost-Schutzschicht *f (in Wasserleitungen)*
chamfer/to brechen, abschrägen *(Kanten)*
change in colour Farb[ver]änderung *f*, Verfärbung *f*
~ **in enthalpy** Enthalpieänderung *f*
~ **in entropy** [molare] Reaktionsentropie *f*, Entropieänderung *f*
~ **in free energy** 1. Änderung *f* der freien Enthalpie, freie Reaktionsenthalpie *f*; 2. Änderung *f* der freien Energie
~ **in potential** Potentialänderung *f*, Potentialverschiebung *f*
~ **in resistance** Widerstandsänderung *f*
~ **in weight** Masse[nver]änderung *f*; Gewichts[ver]änderung *f*
~ **of shape** Gestaltänderung *f*, Formänderung *f*
~ **of state** Zustandsänderung *f*
channel[-type] porosity *(Galv)* kanalartige Porosität *f (von Poröschromschichten)*
charcoal [tin] plate Weißblech mit einer Zinnauflage von etwa 0,03 bis 0,04 mm
~ **wiper** wenig abtragender Abstreifer beim Feuerverzinnen für Weißblech mit hoher Zinnschicht
charge carrier Ladungsträger *m*
~ **conservation** Ladungserhaltung *f*
~ **density** Ladungsdichte *f*
~ **exchange** Ladungsaustausch *m*
~ **transfer** Ladungsübertragung *f*; Ladungstransport *m*; Ladungsdurchtritt *m*
check Riß *m*, Oberflächenriß *m*
checking Reißen *n*, Rißbildung *f (an der Oberfläche von Anstrichen unter Ausbildung eines Musters)*
chelate [complex, compound] Chelat *n*, Chelatverbindung *f*, Scherenverbindung *f*, Chelatkomplex *m*
chelating Chelatbildung *f*, Chelation *f*
~ **agent** Chelatbildner *m*
chemical brightening chemisches Glänzen *n*
~ **change** chemische Umwandlung *f*
~ **cleaning** chemisches Reinigen *n*
~ **conversion coating** chemische Konversionsschicht *f*
~ **corrosion** nichtelektrochemische Korrosion *f*, *(veraltet)* chemische Korrosion *f*
~ **degradation** chemischer Abbau *m*
~ **deposit** chemisch hergestellte Schutzschicht *f*, *(i.e.S.)* reduktiv-chemisch hergestellte Schutzschicht *f*

- **deposition** chemisches (stromloses) Abscheiden (Metallabscheiden) *n*, fremdstromloses Abscheiden *n*, *(i.e.S.)* reduktives chemisches Abscheiden (Metallabscheiden) *n*
- **derusting** chemisches Entrosten *n*
- **descaling** chemisches Entzundern *n*
- **drying** *(Anstr)* chemische Trocknung *f*, Trocknung *f* durch chemische Reaktion
- **exposure** chemische Beanspruchung *f*
- **kinetics** chemische Kinetik *f*, Reaktionskinetik *f*
- **lead** *schwach silber- und kupferhaltiges Werkblei*
- ~-**mechanical corrosion** elektrochemischmechanische Korrosion *f*, mechanischelektrolytische Korrosion *f*
- **paint remover** verseifendes (alkalisches) Abbeizmittel *n*
- **passivity** chemische Passivität *f*
- **pickling** chemisches Beizen *n*
- **plating** chemisches Abscheiden *n*; chemisches Metallbeschichten *n*
- **polishing** chemisches Polieren *n*
- **polishing solution** Polierlösung *f*
- **potential** chemisches Potential *n*
- **pre-treatment** chemische Vorbehandlung *f*
- **resistance** Chemikalienbeständigkeit *f*, Chemikalienfestigkeit *f*, Chemikalienresistenz *f*
- ~-**resistant** chemikalienbeständig, chemikalienfest, chemikalienresistent
- **sputtering** reaktives Zerstäuben (Vakuumzerstäuben) *n* *(in chemisch aktiven Gasen)*
- **stability** *s.* ~ resistance
- **stripping** verseifendes (alkalisches) Abbeizen *n (alter Anstriche)*
- **stripping method** chemisches Ablöseverfahren *n (zur Schichtdickenmessung)*
- **treatment** chemische Behandlung *f*
- **vapour deposition** CVD-Verfahren *n*, CVD-Beschichtungstechnik *f*, CVD-Technik *f*, Abscheiden *n* aus der Gasphase *(über zersetzliche gasförmige Zwischenstufen, meist Halogenide)*

chemism Chemismus *m (Gesamtheit der Reaktionsabläufe)*

chemisorb/to chemisch adsorbieren, chemisorbieren, chemosorbieren

chemisorption, chemosorption Chemisorption *f*, Chemosorption *f*, chemische (aktivierte) Adsorption *f*

chief component Hauptkomponente *f*, Hauptbestandteil *m*
- **reaction** Hauptreaktion *f*

chilled-iron grit Hartgußkies *m*

china clay Kaolin *m*, Porzellanerde *f*, Weißerde *f*, weißer Bolus *m*, China clay *m(n)*

chinawood oil Tungöl *n*, China-Holzöl *n*, [chinesisches] Holzöl *n*

chip off/to abschlagen, abstoßen *(alte Anstriche)*; abplatzen

chip-off Abschlagen *n*, Abstoßen *n (alter Anstriche)*; Abplatzen *n*
- **resistance** *(Anstr)* Schlagfestigkeit *f, (i.e.S.)* Steinschlagfestigkeit *f*
- **resistant** *(Anstr)* schlagfest, *(i.e.S.)* steinschlagfest

chipping *s.* chip-off

chiselling test Meißelversuch *m (zur Bestimmung der Haftfestigkeit von Schutzschichten)*

chloride-bearing chloridhaltig
- ~-**carrying** chloridbeladen
- ~-**containing** chloridhaltig
- **corrosion** Chloridkorrosion *f*
- ~-**free** chloridfrei
- **level** Chloridgehalt *m*
- **zinc bath** *(Galv)* Zinkchloridelektrolyt *m*

chlorinated hydrocarbon chlorierter Kohlenwasserstoff *m*, Chlorkohlenwasserstoff *m*
- **rubber** Chlorkautschuk *m*
- ~-**rubber coating** 1. Chlorkautschukanstrichstoff *m*, CK-Anstrichstoff *m*; 2. Chlorkautschukanstrich *m*
- ~-**rubber lacquer** Chlorkautschuklack *m (physikalisch trocknend)*
- ~-**rubber paint** Chlorkautschukanstrichstoff *m*, CK-Anstrichstoff *m*
- ~-**rubber primer** Chlorkautschuk-Grundanstrichstoff *m*, Chlorkautschukgrundierung *f*
- ~-**rubber priming coat** Chlorkautschukgrundanstrich *m*, Chlorkautschukgrundierung *f*
- ~-**rubber zinc-rich paint** Chlorkautschuk-Zinkstaub-Anstrichstoff *m*
- **solvent** Chlorkohlenwasserstoff *m (Lösungsmittel)*

chlorination Chlorierung *f*

chlorine Chlor *n*

chlorinity Chloridgehalt *m (in %)*

chloro-rubber paint *s.* chlorinated rubber paint

chloroplatinic

chloroplatinic acid *(Galv)* Platinchlorwasserstoffsäure *f*
chlorosulphonated polyethylene chlorsulfoniertes Polyethylen *n*
chord method Schleifverfahren *n (zur Schichtdickenbestimmung)*
chromaluminizing Chromaluminierung *f (Diffusionsbeschichten mit Chrom und Aluminium)*
chromate/to chromatieren
chromate coating 1. Chromat[schutz]schicht *f*, Chromatierungsschicht *f*; 2. *s.* ~ conversion treatment
~ **-coating bath** Chromatier[ungs]bad *n*
~ **conversion coating film** *s.* chromate coating 1.
~ **conversion (dip) treatment** Chromatieren *n*, Chromatbehandlung *f*
~ **film** *s.* chromate coating 1.
~ **passivation** *s.* ~ conversion treatment
~ **passivation rinse** *s.* ~ rinsing
~ **-phosphate process** Grünchromatier[ungs]verfahren *n*
~ **-phosphate treatment** Grünchromatierung *f*
~ **pigment** Chromatpigment *n*
~ **rinsing** Nachchromatieren *n (beim Phosphatieren)*
~ **sealing** Dichromatverdichtung *f (beim Anodisieren)*
~ **-treated** chromatiert
~ **treating bath** Chromatier[ungs]bad *n*
~ **treating process** Chromatier[ungs]verfahren *n*
~ **treatment** *s.* ~ conversion treatment
chromating Chromatieren *n*
~ **bath** Chromatier[ungs]bad *n*
~ **solution** Chromatier[ungs]lösung *f*
chromatize/to *s.* chromate/to
chrome/to *s.* plate with chromium/to
chrome *s.* chromium
~ **conversion coating** *s.* chromate coating 1.
chromia Chrom(III)-oxid *n*, Dichromtrioxid *n*
~ **former** *Chromoxid bildende Legierung*
chromic acid Chromsäure *f*
~ **acid anodizing process** Chromsäure[anodisations]verfahren *n*, BK-Anodisationsverfahren *n*
~ **acid electrolyte** Chromsäureelektrolyt *m (beim Anodisieren)*
~ **acid process** *s.* ~ acid anodizing process
~ **acid rinse** Chromsäure[nach]spülung *f (beim Phosphatieren)*

chrominiding elektrolytisches Diffusionsbeschichten mit Chrom über Chromfluorid als Zwischenstufe
chromium Chrom *n*
~ **bath** *s.* ~ plating bath
~ **-bearing** chromhaltig
~ **carbide** Chromcarbid *n*
~ **cementation** Chromzementieren *n*, Einsatzverchromen *n (Inchromieren in Chrompulver)*
~ **coat[ing]** Chrom[schutz]schicht *f*
~ **-containing** chromhaltig
~ **-depleted** chromverarmt, an Chrom verarmt
~ **depletion** Chromverarmung *f*
~ **depletion model (theory)** Chromverarmungstheorie *f (der interkristallinen Korrosion)*
~ **deposit** Chrom[schutz]schicht *f*
~ **electroplate** elektrochemisch abgeschiedene Chrom[schutz]schicht *f*
~ **-free** chromfrei
~ **-like** chromähnlich
~ **lining** Innenverchromen *n*
~ **plate** 1. Chrom[schutz]schicht *f*; 2. Elektrolytchrom *n (als Handelsware)*
~ **-plated** verchromt
~ **plating** 1. Verchromen *n*; 2. Chrom[schutz]schicht *f*
~ **plating bath** *(Galv)* Chrom[säure]elektrolyt *m*, Verchromungselektrolyt *m*
~ **plating line** Verchromungsanlage *f (als Straßenautomat ausgelegt)*
~ **plating solution** *s.* ~ plating bath
~ **-poor** chromarm
~ **-rich** chromreich, hochchromhaltig
~ **strike** 1. Vorverchromungselektrolyt *m*; 2. Vorverchromungsschicht *f*; 3. Vorverchromen *n*
~ **trioxide** Chromtrioxid *n*, Chrom(VI)-oxid *n*
r chromium *s.* regular chromium
chromize/to inchromieren, chromdiffundieren, diffusionsverchromen, diffusionschromieren, einsatzverchromen *(mittels Chrompulvers oder Chromsalzschmelzen)*
chromized coating Inchromierschicht *f*, Chromdiffusionsschicht *f*
~ **steel** Inchromierstahl *m*, Inkrom-Stahl *m*, IK-Stahl *m*
chromizing Inchromieren *n*, Chromdiffundieren *n*, Diffusionsverchromen *n*, Diffusionschromieren *n*, Einsatzverchro-

men n *(mittels Chrompulvers oder Chromsalzschmelzen)*
~ **powder** Einbettungsmasse f *(beim Inchromieren)*
chronopotentiogram Potential-Standzeit-Diagramm n
cinnamic acid *(Galv)* Zimtsäure f
circular nozzle Runddüse f
~ **specimen** Scheibenprobe f
circulating system Kreislaufsystem n, Zirkulationssystem n, *(Anstr auch)* Umlaufsystem n
cissing *(Anstr)* Perlen n, Kriechen n
citrate bath *(Galv)* Citratelektrolyt m
city air Großstadtluft f
~ **atmosphere** Großstadtatmosphäre f
~ **climate** Großstadtklima n
CLA value s. centre-line-average
clad/to plattieren, *(i.w.S.)* verkleiden, umhüllen, überziehen
clad [metal] sheet plattiertes Blech n
cladding 1. Plattieren n, *(i.e.S.)* Verkleiden n, Umhüllen n, Überziehen n; 2. Plattierung f, Plattierüberzug m, *(i.w.S.)* Verkleidung f, Umhüllung f, Überzug m, Auflage f
~ **by rolling** Walz[schweiß]plattieren n
~ **material** Plattier[ungs]werkstoff m, Auflagewerkstoff m, Überzugswerkstoff m; Verkleidungswerkstoff m, Umhüllungswerkstoff m
~ **metal** Plattier[ungs]metall n, *(i.w.S.)* Auflagewerkstoff m, Überzugsmetall n
~ **thickness** Plattierschichtdicke f
Clark degree s. English degree
Clarke's solution Clarkesche Lösung f *(Rostentferner aus 20 g Antimon(III)-oxid und 50 g Zinn(II)-chlorid auf 1 l Salzsäure)*
class of corrosiveness Aggressivitätsklasse f
clay soil Lehmboden m; Tonboden m
clean/to reinigen, säubern
clean rein, sauber
~ **water** Reinwasser n
cleaner 1. Reiniger m, Reinigungsmittel n, *(für Beschichtungswerkzeuge auch)* Auswaschmittel n; 2. Putzmaschine f
~ **bath** Reinigungsbad n
~ **mixture** Reinigermischung f
cleaning Reinigen n, Reinigung f, Säubern n, Säuberung f
~ **action** Reinigungswirkung f
~ **agent** Reinigungsmittel n, Reiniger m
~ **bath** Reinigungsbad n

~ **composition** Reinigungslösung f, Reinigerlösung f
~ **compound** Reinigungscompound m(n) *(beim Trommeln)*
~ **fluid (liquid)** Reinigungsflüssigkeit f
~ **liquor** Reinigungslauge f
~ **medium** Reinigungsmittel n, Reiniger m
~ **method** Reinigungsverfahren n
~ **mixture** Reinigermischung f
~ **plant** Reinigungsanlage f
~ **solution** Reinigungslösung f, Reinigerlösung f
~ **solvent** Reinigungsmittel n, Auswaschmittel n *(z. B. für Beschichtungswerkzeuge)*
~ **tank** Reinigungsbehälter m
clean[li]ness Reinheit f, Sauberkeit f
cleanse/to reinigen, säubern
cleansing action Reinigungswirkung f
clear chromate coating 1. Transparentchromatieren n; 2. Transparentchromatierungsschicht f
~ **coating** 1. unpigmentierter Anstrichstoff m, Klarlack m, Lack m; 2. unpigmentierter Anstrich m, Klarlackanstrich m, Lackschicht f
~ **lacquer** Klarlack m, Lack m *(physikalisch trocknend)*
~ **varnish** Klarlack m, Lack m *(i.e.S.)* oxydativ trocknender Klarlack (Lack) m
cleavage crack Spaltriß m
~ **face[t]** Spaltfläche f
~ **failure (fracture)** Spaltbruch m
~ **plane** Spaltebene f
cleaved face s. cleavage face
climate chamber Klimaprüfkammer f
climatic classification Klimaklassifizierung f
~ **conditions** klimatische Bedingungen fpl, Klimabedingungen fpl
~ **element** Klimaelement n
~ **factor** Klimaeinflußgröße f, Klimafaktor m
~ **region** Klimagebiet n
~ **test** Klimaversuch m
~ **testing** Klimaprüfung f, Umgebungsprüfung f
~ **type** Klimatyp m
~ **zone** Klimazone f
cling/to haften
clinging [fest]haftend
~ **rust** stationäre Rostschicht f
clog [up]/to verstopfen, zusetzen; [sich] verstopfen, sich zusetzen
clogging[-up] Verstopfen n, Zusetzen n

close

close-packed *(Krist)* dichtgepackt
~ **packing** *(Krist)* dichte[ste] Kugelpackung *f*
~ **plating** Lötplattieren *n*
closed system geschlossenes System *n*, Kreislaufsystem *n*, Zirkulationssystem *n*, Umlaufsystem *n*
closest packing *s.* close packing
cluster *(Krist)* Cluster *m*, Agglomerat *n* *(Atom- oder Molekülaggregation)*
~ **barrel** Glockengalvanisierapparat mit mehreren gemeinsam angetriebenen Glocken
clustering *(Krist)* Clusterbildung *f*, Nahentmischung *f*
co-operative effect synergistischer (synergetischer) Effekt *m*
coal tar Steinkohlenteer *m*
~-**tar coating** 1. Teeranstrichstoff *m*; 2. Teeranstrich *m*
~-**tar enamel** Teerlack *m*
~-**tar epoxy coating** 1. Teer-Epoxidharz-Anstrichstoff *m*, TE-Anstrichstoff *m*; 2. Teer-Epoxidharz-Anstrich *m*
~-**tar epoxy paint** Teer-Epoxidharz-Anstrichstoff *m*, TE-Anstrichstoff *m*, Teer-Epoxidharzfarbe *f*
~-**tar pitch** Steinkohlen[teer]pech *n*
~-**tar pitch coating** 1. Teerpechanstrichstoff *m*; 2. Teerpechanstrich *m*
~-**tar pitch emulsion** Teerpechemulsion *f*
~-**tar pitch paint** Teerpechanstrichstoff *m*
~-**tar urethane coating** 1. Teer-Polyurethanharz-Anstrichstoff *m*; 2. Teer-Polyurethanharz-Anstrich *m*
~-**tar urethane paint** Teer-Polyurethanharz-Anstrichstoff *m*
coalesce/to zusammenfließen, koaleszieren, sich vereinigen, verschweißen *(z. B. von Polymerteilchen bei Dispersionsanstrichstoffen)*
coalescence Zusammenfließen *n*, Koaleszenz *f*, Vereinigung *f*, Verschweißung *f* *(z. B. von Polymerteilchen bei Dispersionsanstrichstoffen)*
coalescing agent (aid) Filmbildungshilfsmittel *n* *(für Dispersionsanstrichstoffe)*
~ **solvent** Lösungsmittel, das die minimale Filmbildetemperatur von Dispersionsanstrichstoffen herabsetzt
~ **temperature** Filmbildungstemperatur *f*, Filmbildetemperatur *f*
coarse grain annealing Grobkornglühen *n*
~-**grained** grobkörnig

coastal atmosphere Küstenatmosphäre *f*
~ **exposure** Auslagerung *f* in Küstenatmosphäre
coat/to beschichten
coat 1. Anstrich *m*; 2. *s.* coating 3.
~ **of paint** Anstrich *m*
coater Beschichtungsmaschine *f*
coating 1. Beschichten *n*; 2. Beschichtungsstoff *m*, Beschichtungsmaterial *n*, Schutzschichtstoff *m*; Anstrichstoff *m*; 3. Schicht *f*, Schutzschicht *f*; Deckschicht *f (spontan entstanden)*; Anstrich *m*
~ **adherence (adhesion)** Haftung (Haftfestigkeit) *f* der Schutzschicht, *(Anstr auch)* Anstrichhaftung *f*
~ **application** Anstrichstoffauftrag *m*, Anstrichstoffverarbeitung *f*
~ **bath** Beschichtungsbad *n*; Schmelze *f* *(beim Feuermetallisieren)*
~ **bath solids** Badfestkörper *m*
~ **chemism (chemistry)** Chemismus *m* der Beschichtung
~ **defect** Beschichtungsschaden *m*; Anstrichschaden *m*, Anstrichmangel *m*
~ **deposit** Schutzschicht *f*
~ **deterioration** Anstrichabbau *m*
~ **distribution** Schichtdickenverteilung *f*
~ **failure** Versagen *n* des Anstrichs
~ **fault** Beschichtungsfehler *m*
~ **flaw** Beschichtungsschaden *m*
~ **formation** Schichtbildung *f*
~-**formation mechanism** Schichtbildungsmechanismus *m*
~-**formation rate** Schichtbildungsgeschwindigkeit *f*
~ **formulation** 1. Anstrichstoffformulierung *f* *(Ausarbeitung einer Rezeptur)*; Anstrichstoffrezeptur *f (feststehende Zusammensetzung)*; 2. Anstrichstoff *m (nach Rezeptur hergestellt)*
~ **front** Schichtfront *f*
~ **growth** Schichtwachstum *n*
~ **head** *(Anstr)* Gießkopf *m*
~ **imperfection** Beschichtungsschaden *m*
~ **life** Lebensdauer (Schutzdauer, Haltbarkeitsdauer) *f* der Schutzschicht
~ **line** Beschichtungsstraße *f*
~ **material** Beschichtungs[werk]stoff *m*, Beschichtungsmaterial *n*, Schutzschichtstoff *m*; Anstrichstoff *m*
~ **metal** Schutzschichtmetall *n*, Beschichtungsmetall *n*, Schichtmetall *n*

~ **nozzle** Spritzdüse f *(beim Flow-Coating)*
~ **operation** Beschichten n
~ **phosphate** schichtbildendes Phosphat n
~ **powder** Beschichtungspulver n
~ **properties** Schichteigenschaften *fpl*
~ **range** Schichtdickenbereich m
~ **re-formation** Schichtnachbildung f
~ **resin** Lackharz n
~ **resistivity** spezifischer Umhüllungswiderstand m
~ **roller** *(Anstr)* Auftragswalze f
~ **section** Beschichtungsabschnitt m
~ **solvent** Lösungsmittel n für Anstrichstoffe, Anstrichlösungsmittel n, Lacklösungsmittel n
~-**substrate interface** Grenzfläche f Grundmetall zu Schutzschicht, Grenzfläche f Substrat-Schutzschicht
~ **system** Beschichtungssystem n, Schutzschichtsystem n, Schichtsystem n, *(Anstr auch)* Anstrichsystem n, Anstrichaufbau m
~ **tank** Beschichtungstank m
~ **technology** Beschichtungstechnik f
~ **thickness** Schutzschichtdicke f, Schichtdicke f, *(Anstr auch)* Anstrich[schicht]dicke f
~-**thickness determination** Schichtdickenbestimmung f, Schichtdickenmessung f
~-**thickness gauge (instrument)** Schichtdickenmeßgerät n, Schichtdickenmesser m
~-**thickness range** Schichtdickenbereich m
~ **vehicle** Bindemittellösung f; Anstrich[stoff]bindemittel n
~ **voltage** Beschichtungsspannung f, Abscheidespannung f *(bei der Elektrotauchlackierung)*
~ **weight** Schichtmasse f, Schichtgewicht n, Schichtauflage f, Auflagegewicht n, Auflage f *(je Flächeneinheit)*, Flächengewicht n
~ **zone** Flutzone f *(einer Flutlackieranlage)*
cobalt accelerator Cobaltbeschleuniger m
~-**base alloy** Cobalt[basis]legierung f
~ **bath** *(Galv)* Cobaltelektrolyt m
~ **coating** Cobalt[schutz]schicht f
~-**containing** cobalthaltig
~ **drier** Cobalttrockner m
cobweb/to Fäden ziehen *(beim Farbspritzen)*
cobwebbing Fadenziehen n, Fadenbildung f *(beim Farbspritzen)*
cocoa Passungsrost m, Reibrost m, Schleifstaub m

COD *s.* crack opening displacement
codeposit/to gemeinsam abscheiden; mitabscheiden; sich gemeinsam abscheiden
codeposition gemeinsame Abscheidung f; Mitabscheidung f
codiffusion Mehrstoffdiffusion f
codissolution Mitlösung f
coefficient of expansion Ausdehnungskoeffizient m
~ **of friction** Reibungskoeffizient m, Reib[ungs]faktor m, Reib[bei]wert m
coexist/to nebeneinander bestehen, koexistieren *(z. B. von zwei Phasen)*
coexistence Koexistenz f *(z. B. zweier Phasen)*
coherence, coherency Zusammenhalt m
cohesion Kohäsion f
cohesive energy density kohäsive Energiedichte f
~ **failure** Kohäsionsverlust m, Zerfall m
~ **force** Kohäsionskraft f
~ **strength** Reißfestigkeit f, Zerreißfestigkeit f, Kohäsionsfestigkeit f; theoretische Trennfestigkeit f
coil/to aufhaspeln, aufwickeln *(Metallband)*
coil coater *s.* ~-coating line
~ **coating** 1. Bandbeschichtung f, [kontinuierliches] Metallbandbeschichten n; 2. Beschichtungsstoff m (Beschichtungsmaterial n) für Bandbeschichtung
~-**coating line** Bandbeschichtungsanlage f
coiled hairline gewundener Faden m *(bei Filigrankorrosion)*
~ **material** Bund n *(z. B. von Stahlblech)*
coke backfill (breeze bed) Koks[ein]bettung f *(für erdverlegte Schutzanoden)*
~ **plate** Weißblech mit einer Zinnauflage von etwa 0,15 bis 0,3 µm
cold adhesive Kaltleim m
~ **airless plant** *(Anstr)* Airless-Kaltspritzanlage f
~ **airless spray** *(Anstr)* Airless-Kaltspritzen n
~-**airless-spray unit** *(Anstr)* Airless-Kaltspritzanlage f
~ **airless spraying** *(Anstr)* Airless-Kaltspritzen n
~ **application** Kaltauftrag m, Kaltverarbeitung f
~-**applied coating** 1. Kaltanstrich m; 2. *s.* ~-applied coating material
~-**applied coating material** Kaltanstrichstoff m, kaltverarbeitbarer Anstrichstoff m
~ **bath** unter 430°C gehaltene Zinkschmelze

cold 44

~ **cement** Kaltleim *m*
~ **cleaner** Kaltreiniger *m*
~ **cleaning** Kaltreinigung *f*, Kaltentfettung *f*
~-**curing** *(Anstr)* kalthärtend
~ **deformation** *s*. ~ work[ing]
~-**draw/to** kaltziehen
~ **drawing** Kaltziehen *n*
~-**drawn steel** kaltgezogener Stahl *m*
~ **flow** kaltes Fließen *n*, kalter Fluß *m (bei Plastwerkstoffen)*
~ **forming** *s*. ~ work[ing]
~ **galvanizing** 1. elektrochemisches (galvanisches) Verzinken *n*; 2. Kaltverzinken *n (mit zinkstaubpigmentierten Anstrichstoffen)*
~-**hardening** *(Anstr)* kalthärtend
~ **phosphate surface treatment** Kaltphosphatieren *n*
~-**reduced** kaltreduziert *(z. B. Blech)*
~ **reduction** Kaltreduzieren *n (z. B. von Blechen)*
~ **rinse** Kaltspülen *n*
~ **rinse tank** Kaltwasserspülbehälter *m*
~ **roll-bonding** Kaltschweißplattieren *n*
~-**rolled** kaltgewalzt
~ **rolling** Kaltwalzen *n*
~-**setting** *(Anstr)* kalthärtend
~-**setting cement** Kaltleim *m*
~-**solvent cleaner** Kaltreiniger *m*
~-**solvent cleaning** Kaltreinigung *f*, Kaltentfettung *f*
~ **spot** Stelle verminderter Korrosionsgefährdung
~ **spray [application]** *s*. ~ spraying
~ **spraying** *(Anstr)* Kaltspritzen *n*
~ **spraying process** *(Anstr)* Kaltspritzverfahren *n*
~ **strip** Kaltband *n*
~ **trichloroethylene plant** Tri-Kalttauchanlage *f*
~-**water rinse** Spülen *n* in kaltem Wasser, Kaltspülen *n* in fließendem Wasser, Kaltwasserspülen *n*
~-**water rinse tank** Kaltwasserspülbehälter *m*
~ **welding** Kaltverschweißung *f*
~ **work[ing]** Kaltbearbeitung *f*, Kalt[um]formung *f*, Kaltformgebung *f*, *(inkorrekt)* Kaltverformung *f*
collection of water Wasseransammlung *f*
collide/to kollidieren, zusammenstoßen *(z. B. Teilchen)*
collision Kollision *f*, Zusammenstoß *m (z. B. von Teilchen)*

colophony Kolophonium *n*
colour change Farb[ver]änderung *f*, Verfärbung *f*
~ **fastness** *s*. ~ retention
~ **pigment** Buntpigment *n*
~ **retention** Farbtonbeständigkeit *f*, Farbtonstabilität *f*, Farb[ton]echtheit *f*
~-[-**shade**] **stability** *s*. ~ retention
coloured pigment Buntpigment *n*
colourless passivation farblose Passivierung *f*, *(bei Verwendung von Chromsalzen auch)* Transparentchromatierung *f*
columnar säulenförmig, stengelförmig, stengelkristalinisch, palisadenartig, kolumnar *(Schichtstruktur)*
~ **grain** Stengelkorn *n*, Stengelkristall *m (z. B. beim Feuerverzinken)*
~ **grain structure** Säulenstruktur *f*, säulenförmige (stäbchenförmige, stengelförmige) Struktur *f*, Stäbchenstruktur *f (abgeschiedener Metallschichten)*
combat corrosion/to die Korrosion bekämpfen
combination electrolyte Mischelektrolyt *m (beim Anodisieren)*
combined deposit Mehrfachschicht *f*, Schichtsystem *n*
combustion spray gun Flamm[en]spritzpistole *f*
~-**sprayed** flammgespritzt
~ **spraying** Flamm[en]spritzen *n*, *(bei Plasten auch)* Wärmespritzen *n*, *(bei Metallen auch)* Metallspritzen (Spritzmetallisieren) *n* nach dem Flammverfahren
commercial blast metallisch rein, wolkig *(Reinigungsgrad beim Strahlen entsprechend Säuberungsgrad SG 2)*
~ **blast cleaning** metallisch reines Strahlen *n*, wolkiges Strahlen *n (bis zum Säuberungsgrad SG 2)*
~ **stage** Industriereife *f*
commercially available im Handel erhältlich
~ **pure** handelsüblich; technisch rein
common ion Eigenion *n*
~-**ion effect** Wirkung *f* gleichioniger Zusätze, Löslichkeitsverminderung *f*, Löslichkeitsverringerung *f*, Aussalzeffekt *m (durch gleichartige Ionen)*
~ **salt** Kochsalz *n*, Natriumchlorid *n*
compact/to verdichten *(z. B. Beton)*
compact double layer Helmholtzsche Doppelschicht *f*, Helmholtz-Schicht *f*

compaction Verdichtung *f*
comparison electrode Bezugselektrode *f*, Vergleichselektrode *f*, Referenzelektrode *f*
compatibility Verträglichkeit *f*, Kompatibilität *f*, Kombinierbarkeit *f*
~ **with pigments** Pigmentverträglichkeit *f*
compatible verträglich, kompatibel, kombinierbar
compensating current Ausgleichsstrom *m*
competing (competitive) reaction Konkurrenzreaktion *f*, Parallelreaktion *f*
complete protection Vollschutz *m*
~ **rusting** Durchrosten *n*, Durchrostung *f*
complex/to komplexieren
complex formation Komplexbildung *f*, Komplexierung *f*
~-**formation constant** Komplexbildungskonstante *f*
~-**forming** komplexbildend
~ **ion** Komplex-Ion *n*, komplexes Ion *n*
complexant *s*. complexing agent
complexation Komplexbildung *f*, Komplexierung *f*
complexing komplexbildend
~ **agent** Komplexbildner *m*, komplexbildender Stoff *m*
~ **energy** Komplexbildungsenergie *f*
compliance Nachgiebigkeit *f*
component Komponente *f*, Bestandteil *m*, Anteil *m*
composite Verbundwerkstoff *m*
~ **billet** zusammengesetztes Paket (Plattierpaket) *n*
~ **coating** 1. Komposit[schutz]schicht *f*, Dispersionsschutzschicht *f (aus oxidischen oder keramischen und metallischen Komponenten)*; 2. *s.* electrodeposited composite coating
~ **plate** *s.* ~ billet
composition applicator Pastenzuführungsgerät *n (beim Polieren)*
~ **bar** Pastenstange *f (beim Polieren)*
~-**dependent** von der Zusammensetzung abhängig
compound 1. Mischung *f*, Compound *m(n)*; 2. [chemische] Verbindung *f*
compressed air Druckluft *f*, Preßluft *f*
~-**air line** Druckluftleitung *f*
~-**air spray gun** Druckluftspritzpistole *f*
~-**air spraying** pneumatisches Spritzen *n*; Druckluftspritzen *n*, Luftdruckspritzen *n*
compressional strain Druckbeanspruchung *f*; Druckspannung *f*

~ **stress** Druckspannung *f*
compressive strength Druckfestigkeit *f*
~ **stress** Druckspannung *f*
compressively stressed unter Druckspannung
compressor Kompressor *m*, Verdichter *m*
compromise potential Mischpotential *n*, Misch[galvani]spannung *f*
concentration cell Konzentrationskette *f*, Konzentrationszelle *f*, Konzentrationselement *n*
~-**cell corrosion** *s.* ~ corrosion
~ **change** Konzentrationsänderung *f*
~ **corrosion** konzentrationsbedingte Korrosion *f*, Korrosion *f* durch Konzentrationsketten
~ **corrosion cell** *s.* concentration cell
~ **gradient** Konzentrationsgradient *m*, Konzentrationsgefälle *n*
~ **overpotential (overvoltage)** Konzentrationsüberspannung *f*
~ **polarization** Konzentrationspolarisation *f*
~ **polarization resistance** Konzentrationswiderstand *m*
concomitant process Begleitvorgang *m*
concrete Beton *m*, Normalbeton *m*
~ **cover** Beton[über]deckung *f (Betonschicht über der Bewehrung bei Stahlbeton)*
~-**lined** betonausgekleidet, mit Beton ausgekleidet
~ **steel** Bewehrungsstahl *m*
~ **surface** Betonoberfläche *f*
concurrent reaction Konkurrenzreaktion *f*, Parallelreaktion *f*; Nebenreaktion *f*, Begleitreaktion *f*
condensability Kondensierbarkeit *f*
condensable kondensierbar
condensate Kondensat *n*
condensation nucleus Kondensationszentrum *n*; Kondensationskeim *m (aus gleichem Material)*; Kondensationskern *m (aus fremdem Material)*
~ **polymerization** Polykondensation *f*
~ **resin** Polykondensationsharz *n*
~ **water** Kondenswasser *n*, Niederschlagswasser *n*, Schwitzwasser *n*
condense/to [sich] kondensieren, sich niederschlagen
condensed phosphates Natriummetaphosphat *n (Lochfraßinhibitor für Wasserleitungen)*
~ **water** *s.* condensation water

condensing

condensing coil Kühlschlange f
~-humidity cabinet (chamber) Schwitzwassergerät n
~-humidity test Schwitzwasser[klima]versuch m, Schwitzwassertest m
condition of exposure Aufstellungskategorie f, Beanspruchungsart f
conditions of deposition Abscheidebedingungen fpl, Abscheidungsbedingungen fpl
~ of exposure 1. Beanspruchungsbedingungen fpl, (Prüf auch) Auslagerungsbedingungen fpl; Versuchsbedingungen fpl; 2. s. ~ of use
~ of storage Lagerungsbedingungen fpl
~ of use Einsatzbedingungen fpl, Gebrauchsbedingungen fpl, Betriebsbedingungen fpl, Anwendungsbedingungen fpl, Praxisbedingungen fpl
conductance Leitfähigkeit f, Leitvermögen n
conducting band s. conduction band
~ button (Galv) Kontaktknopf m, Knopfkontakt m
~ electron Leitungselektron n
~ layer (Galv) Leitschicht f
~ salt (Galv) Leitsalz n
conduction band Leitungsband n, Leitfähigkeitsband n, L-Band n
~ mechanism Leitungsmechanismus m
conductive primer [elektrisch] leitfähiger Grundanstrich m, [elektrisch] leitfähige Grundierung f, Leitgrund m
conductivity Leitfähigkeit f, Leitvermögen n, (i.e.S.) spezifische [elektrische] Leitfähigkeit f, spezifisches Leitvermögen n, Einheitsleitfähigkeit f
~ measurement Leitfähigkeitsmessung f, Konduktometrie f
~ salt (Galv) Leitsalz n
conductometric konduktometrisch
conductor rail (Kat) Rückleitungssammelschiene f
Congo copal (gum) Kongokopal m
conical mandrel test Dornbiegeversuch m (mit konischem Dorn zur Prüfung der Dehnbarkeit von Anstrichen)
conjoint action Verbundwirkung f, kombinierte Einwirkung f, synergetische Wirkung f
consecutive reaction Folgereaktion f
consistence, consistency Konsistenz f
constant-acting couple Lokalelement ohne Platzwechsel der Pole

~-deformation-loaded specimen Probe f mit konstanter Gesamtdehnung (Verformung)
~-deformation loading (Prüf) Belastung f mit konstanter Gesamtdehnung (Verformung)
~-deformation test Versuch m mit konstanter Gesamtdehnung (Verformung) (Spannungskorrosionsprüfung)
~-extension-rate test Zugversuch m mit konstanter Dehngeschwindigkeit
~ load konstante Belastung f
~-load test Versuch m mit konstanter Belastung (Spannungskorrosionsprüfung)
~-strain-rate test Versuch m bei konstanter Dehngeschwindigkeit
~-strain-rate testing Prüfung f bei konstanter Dehngeschwindigkeit
~-voltage method Konstantspannungsverfahren n (der Elektrotauchlackierung)
constitution[al] diagram Zustandsdiagramm n, Phasendiagramm n, Zustandsschaubild n
consumable electrode abschmelzende Elektrode f (beim Auftragschweißen)
consume/to aufzehren, aufbrauchen (Metall); aufnehmen, verbrauchen, ziehen (Elektronen); verbrauchen (Strom)
consumption Aufzehrung f, Verbrauch m, Materialverlust m (z. B. von Opferanoden); Aufnahme f, Verbrauch m (von Elektronen); Verbrauch m (von Strom)
~ of oxygen Sauerstoffverbrauch m
contact Kontakt m; (Galv) Kontakt m, Kontaktelement n, Stromübertragungskontakt m
~ angle Kontaktwinkel m, Randwinkel m
~ coating (Galv) im Kontaktverfahren erzeugte Schutzschicht f (stromlos)
~ copper plating (Galv) Kontaktverkupfern n (stromlos)
~ corrosion Kontaktkorrosion f, Berührungskorrosion f (durch Kontakt zweier Metalle), galvanische Korrosion f
~ gilding (Galv) Kontaktvergolden n (stromlos)
~ hook (Galv) Kontakthaken m
~ metal kontaktierendes Metall n, Kontaktpartner m
~ plating (Galv) Kontaktabscheidung f, Abscheidung f im Kontaktverfahren (stromlos)
~ point (Galv) Anschlußpunkt m
~ potential Berührungspotential n, Kontaktpotential n

~ **resistance** Übergangswiderstand *m*
~ **silver plating** *(Galv)* Kontaktversilbern *n* *(stromlos)*
~ **time** Behandlungsdauer *f*
~ **tinning** *(Galv)* Kontaktverzinnen *n* *(stromlos)*
~ **voltage** Berührungsspannung *f*, Kontaktspannung *f*
~ **wheel** Kontaktscheibe *f (einer Bandschleifmaschine)*
contacting *(Galv)* Kontaktgabe *f*
~ **device** *(Galv)* Kontaktelement *n*, Kontakt *m*, Stromübertragungskontakt *m*
contaminant Schmutzstoff *m*, Verunreinigung *f*
contamination Verschmutzung *f*, Verunreinigung *f*
~ **of the environment** Umweltverschmutzung *f*
continental climate Landklima *n*, Kontinentalklima *n*, kontinentales Klima *n*, Binnenklima *n*
continuity Geschlossenheit *f (von Schutzschichten)*
continuous anode *(Kat)* Banderder *m*; Staberder *m*, Stabanode *f*
~ **blast-cleaning machine** Durchlaufstrahlmaschine *f*
~ **filtration** *(Galv)* Dauerfiltration *f*
~ **galvanizing** kontinuierliches Verzinken *n*, Durchlaufverzinken *n (Band- oder Drahtverzinken)*
~ **galvanizing line** kontinuierliche Verzinkungsanlage *f*, Durchlaufverzinkungsanlage *f*
~ **hot-dip galvanizing line** kontinuierliche Feuerverzinkungsanlage *f*
~ **hot-dipping line** kontinuierliche Feuermetallisierungsanlage *f*
~-**immersion test** Dauertauchversuch *m*, Tauchversuch *m*
~ **mill** *s.* ~ hot-dipping line
~ **phase** geschlossene (zusammenhängende) Phase *f*, Dispersionsphase *f*, Dispergens *n*
~ **plant** Durchlaufanlage *f*, Durchzugsanlage *f*
~ **process** kontinuierliches Verfahren *n*, Durchlaufverfahren *n*
~-**rod anode** *(Kat)* Stabanode *f*, Staberder *m*, Erdungsstab *m*
~ **sheet galvanizing** Breitbandverzinken *n*
~-**sheet galvanizing line (plant)** Breitbandverzinkungsanlage *f*

~ **spray test** Dauersprühversuch *m*
~ **strip coating** Bandbeschichten *n*
~ **strip galvanizing** Bandverzinken *n*
~ **strip plating** Bandgalvanisieren *n*
contractive stress innere Zugspannung *f*
control/to 1. steuern; 2. regeln; 3. überwachen; bekämpfen; 4. prüfen, kontrollieren
~ **corrosion** die Korrosion bekämpfen
control 1. Steuerung *f*; 2. Regelung *f*; 3. Überwachung *f*; Bekämpfung *f*; 4. Prüfung *f*, Kontrolle *f* ● **under anodic** ~ anodisch gesteuert (kontrolliert, bestimmt) ● **under cathodic** ~ katodisch gesteuert (kontrolliert, bestimmt) ● **under mixed** ~ gemischt gesteuert (kontrolliert, bestimmt) ● **under potentiostatic** ~ potentiostatisch gesteuert (kontrolliert) ● **under resistance** ~ durch den ohmschen Widerstand bestimmt
~ **current** Steuerstrom *m*
~ **electrode** Versuchselektrode *f*; Steuerelektrode *f*
~ **panel** Vergleichstafel *f*
~ **potential** Steuerpotential *n*
~ **specimen** Vergleichsprobe *f*
~ **unit** Steuergerät *n*
controlled by potential regulation *(Kat)* potentialgeregelt
~ **[film] chalking** gesteuertes Kreiden *n*
~-**humidity cabinet** Feuchtkammer *f*, Feuchtraumkammer *f*, Klimakammer *f*, Wetterkammer *f*
~-**potential test** Korrosionsversuch *m* bei kontrolliertem Potential
~-**volume pump** Dosierpumpe *f*
~ **weathering** künstliche Bewitterung *f*, Schnellbewitterung *f*, Kurz[zeit]bewitterung *f*
convection Konvektion *f*
~ **current** Konvektionsströmung *f*
~ **drying** Konvektionstrocknung *f*
~ **heating** Konvektionsheizung *f*
~ **oven** Konvektionsofen *m*
conventional air spray[ing] pneumatisches Spritzen *n*, Druckluftspritzen *n*
~ **chromium** *(Galv)* rißarm abgeschiedene Chromschutzschicht *f*
~ **spray painting** *s.* conventional air spray[ing]
conversion Umwandlung *f*, Überführung *f*
~ **coating** Konversions[schutz]schicht *f*, Umwandlungsschicht *f*
~ **product** Umwandlungsprodukt *n*

convert

convert/to umwandeln, überführen
converter *(Anstr)* Härter *m*; Beschleuniger *m*; Katalysator *m*
convertible chemisch (durch chemische Reaktion) trocknend, chemisch härtend *(Anstrichstoff)*
conveyor *(Galv)* Förderer *m*
~-belt spray washing machine Bandwäscher *m*
conveyorized machine Durchlaufanlage *f*, Durchzugsanlage *f*
cook/to kochen, verkochen *(Harze mit Ölen)*
Cook-Norteman continuous strip line *s.* ~-Norteman installation
~-Norteman installation Breitbandverzinkungsanlage *f* nach Cook-Norteman
~-Norteman process Cook-Norteman-Verfahren *n (zur kontinuierlichen Feuerverzinkung)*
cooking Kochen *n*, Verkochen *n*, Verkochung *f (von Harzen mit Öl)*
coolant Kühlmittel *n*, Kältemittel *n*
cooling agent *s.* coolant
~ **liquid** Kühlflüssigkeit *f*
~ **medium** *s.* coolant
~ **section** Kühlzone *f (einer Tauchlackieranlage)*
~ **water** Kühlwasser *n*
~ **water system** Kühlwassersystem *n*
copal [resin] Kopal *m*
copolymer Copolymer[es] *n*, Copolymerisat *n*
copper/to verkupfern
~-plate verkupfern *(meist elektrochemisch)*
copper Kupfer *n*
~-accelerated acetic-acid salt-fog (salt-spray) test CASS-Test *m (im Salznebel mit Zusatz von Essigsäure und Kupferchlorid)*
~-accelerated acetic-acid salt-fog (salt-spray) testing CASS-Prüfung *f*, Kupferchlorid-Essigsäure-Salzsprühnebelprüfung *f*
~-base[d] alloy Kupferlegierung *f*
~-bearing kupferhaltig
~-clad kupferplattiert, *(i.w.S.)* verkupfert
~-coated verkupfert
~ **coating** Kupfer[schutz]schicht *f*
~ **contact plating** Kontaktverkupfern *n*
~ **cyanide bath** *(Galv)* Kupfercyanid-Elektrolyt *m*, cyanidischer Kupferelektrolyt *m*
~-depleted an Kupfer verarmt
~ **electrode** Kupferelektrode *f*

· 48

~ **flash** *s.* ~ strike
~ **fluoborate bath** *(Galv)* Kupferfluoroborat-elektrolyt *m*
~ **heads** Kupferköpfe *mpl (Emailfehler)*
~-lean kupferarm *(z. B. Legierung)*
~-nickel-chromium sequence *(Galv)* System *n* Kupfer-Nickel-Chrom, Cu-Ni-Cr-System *n*
~ **plate** Kupfer[schutz]schicht *f*
~ **plating** 1. Verkupfern *n*; 2. *s.* ~ plate
~ **plating bath** *(Galv)* Kupferelektrolyt *m*
~ **plus nickel plus chromium coating** *s.* ~-nickel-chromium sequence
~ **pyrophosphate bath** *(Galv)* Kupferdiphosphatelektrolyt *m*, Kupferpyrophosphatelektrolyt *m*
~ **recovery** Kupferrückgewinnung *f (z. B. aus Beizlösungen)*
~-rich kupferreich
~ **steel** Kupferstahl *m*, gekupferter Stahl *m (mit bis zu 0,3 % Cu)*
~ **strike** *(Galv)* 1. Vorverkupfern *n*, Anschlagverkupferung *f*; 2. Vorverkupferungsschicht *f*; 3. *s.* ~-strike bath
~-strike bath *(Galv)* Vorverkupferungselektrolyt *m*
~ **sulphate bath** *(Galv)* Kupfersulfatelektrolyt *m*
~ **sulphate dip test** Kupfersulfat-Test *m (zur Bestimmung der Porosität und Oberflächenreinheit)*
~ **sulphate solution** *s.* ~ sulphate bath
~ **sulphate test** *s.* ~ sulphate dip test
~ **undercoat (undercoating, underlayer)** *(Galv)* Kupferzwischenschicht *f (beim System Cu-Ni-Cr)*
~ **wire** Kupferdraht *m*
coppering 1. Verkupfern *n*; 2. Abscheidung *f* von Schwammkupfer *(infolge selektiver Korrosion von Messing)*
core Kern *m*, Kernzone *f (beim Einsatzhärten)*; 2. *s.* ~ metal
~ **hardness** Kernhärte *f*
~ **metal** 1. Grundmetall *n*, Grundwerkstoff *m (beim Plattieren)*; 2. Kernwerkstoff *m (beim Einsatzhärten)*
~ **strength** Kernfestigkeit *f*
cored pigment Kernpigment *n*
~ **solder** Hohldraht *m* mit Flußmittelfüllung *(Schweißtechnik)*
CORR test *s.* Corrodkote test
corrective measure Abhilfemaßnahme *f*

corrodable s. corrodible
corrode/to korrodieren, *(im Anfangsstadium auch)* anfressen; korrodiert werden, der Korrosion unterliegen, korrodieren, *(bei Eisen und Stahl auch)* rosten
~ **away** abwittern, *(bei Eisen und Stahl auch)* abrosten
~ **out** auskorrodieren *(z. B. Furchen)*
corrodent Korrosionsmedium *n*, Korrosionsmittel *n*, korrosives (korrodierendes, aggressives) Medium *n*, Korrosionsverursacher *m*, Angriffsmittel *n*
corrodibility Korrosionsanfälligkeit *f*, Korrosionsfähigkeit *f (eines Werkstoffs)*
corrodible korrosionsanfällig, korrosionsfähig *(Werkstoff)*
corroding ... s. a. corrosion ...
~ **region** Korrosionsbezirk *m*
Corrodkote coating *(Prüf)* Corrodkote-Schicht *f*
~ **paste (slurry)** *(Prüf)* Corrodkote-Paste *f*
~ **test** Corrodkote-Test *m*, Corrodkote-Versuch *m (zur Prüfung metallischer Schutzschichten)*
corrosible s. corrodible
corrosion Korrosion *f*, *(im Anfangsstadium auch)* Anfressung *f*, *(bei Eisen und Stahl auch)* Rosten *n (Zusammensetzungen s. a. unter* corrosive*)* ● **to aggravate** ~ die Korrosion verschärfen ● **to combat (control, counter)** ~ die Korrosion bekämpfen ● **to initiate** ~ Korrosion auslösen ● **to protect against (from)** ~ vor Korrosion schützen ● **to suffer** ~ Korrosion erleiden, korrodiert werden, korrodieren ● **to undergo** ~ der Korrosion unterliegen, korrodiert werden, korrodieren
~-**accelerating** korrosionsbeschleunigend
~ **acceleration** Korrosionsbeschleunigung *f*
~ **accelerator** Korrosionsstimulator *m*, Korrosionsbeschleuniger *m*
~ **activities** Korrosions[schutz]arbeiten *fpl*
~ **activity** Korrosionsaktivität *f*, Korrosivität *f*
~ **advice** Korrosionsschutzempfehlungen *fpl*
~-**affected** korrosionsbeeinflußt
~ **agent** s. corrodent
~ **allowance** Korrosionszuschlag *m*, Sicherheitszuschlag *m*, Dickenzuschlag *m*, Dickenreserve *f*, Wanddickenzuschlag *m (bei Eisen und Stahl auch)* Abrostungszuschlag *m*, Rostzuschlag *m*
~-**assisted** durch Korrosion begünstigt

~ **behaviour** Korrosionsverhalten *n*
~ **by molten salts** Korrosion *f* in Salzschmelzen
~ **by soils** Bodenkorrosion *f*, Erdbodenkorrosion *f*
~ **by water** Wasserkorrosion *f*, Korrosion *f* in Wässern
~ **cause** Korrosionsursache *f*
~-**caused** korrosionsbedingt, korrosionsinduziert
~-**causing** korrosionsverursachend, korrosionswirksam
~-**causing factor** Korrosionsfaktor *m*
~ **cell** Korrosionselement *n*, Korrosions[kurzschluß]zelle *f*
~-**cell action** Korrosionselementwirkung *f*
~ **characteristic** Korrosionskennziffer *f*, Korrosions[kenn]größe *f*, Korrosionsparameter *m*
~ **conditions** Korrosionsbedingungen *fpl*
~ **consultant** s. ~ expert
~ **control** Korrosionsschutz *m (Zusammensetzungen s. a. unter* ~-protection, ~-protective*)*
~-**control engineer** Korrosions[schutz]ingenieur *m*
~-**control measure** Korrosionsschutzmaßnahme *f*
~-**control method** Korrosionsschutzmethode *f*
~-**control principles** Grundsätze *mpl* des Korrosionsschutzes
~-**control problem** Korrosionsschutzaufgabe *f*
~-**control technician** Korrosionsschutztechniker *m*
~-**control technique** Korrosionsschutztechnik *f (besonders im Labormaßstab)*
~-**control technology** Korrosionsschutztechnik *f (im industriellen Maßstab)*; Korrosionsschutztechnologie *f*
~ **couple** s. ~ cell
~ **coupon** Korrosionsprobe *f (für Versuche unter Betriebsbedingungen)*
~ **crack** Korrosionsriß *m*
~ **creep** Kriechen *n* unter Korrosionsbeanspruchung
~ **criterion** s. ~ characteristic
~ **current** Korrosionsstrom *m*
~ **current density** Korrosionsstromdichte *f*
~ **damage** Korrosionsschaden *m*
~ **data** Korrosionsangaben *fpl*, Korrosionsda-

corrosion

ten *pl*, Korrosions[kenn]größen *fpl*, Korrosionskennziffern *fpl*
~ **defect** Korrosionsschaden *m*
~ **depth** Korrosionstiefe *f*, Eindringtiefe *f* [der Korrosion]
~ **design** korrosionsschutzgerechtes Projektieren *n* und Konstruieren *n*
~ **difficulty** Korrosionsproblem *n*
~ **dissolution current density** Auflösungsstromdichte *f*
~ **distribution pattern** Korrosionsbild *n*
~ **effect** Korrosionswirkung *f*
~ **effort** *s.* ~ activities
~ **electrical potential** *s.* ~ potential
~ **endurance** *s.* ~ resistance
~ **engineer** Korrosions[schutz]ingenieur *m*
~ **engineering** Korrosionsschutztechnik *f*
~ **environment** *s.* corrosive environment
~-**erosion** Erosionskorrosion *f*, Strömungskorrosion *f*
~ **experiment** Korrosionsversuch *m*
~ **expert** Korrosions[schutz]fachmann *m*, Korrosionsspezialist *m*, Korrosionsschutzsachverständiger *m*
~ **exposure** Korrosionsbeanspruchung *f*, korrodierende (korrosive) Beanspruchung *f*
~ **factor** Korrosionsfaktor *m*
~ **failure** Ausfall *m* (Versagen *n*) durch Korrosion, *(bei Spannungs- und Schwingungsrißkorrosion auch)* Korrosionsbruch *m*
~ **fatigue** Schwingungs[riß]korrosion *f*, ScRK, Dauerschwingkorrosion *f*, Ermüdungskorrosion *f*, Korrosionsermüdung *f*
~-**fatigue crack** Korrosionsermüdungsriß *m*
~-**fatigue cracking** *s.* ~ fatigue
~-**fatigue failure** Korrosionsdauerbruch *m*
~-**fatigue life** Grenzschwingspielzahl *f* bei Ermüdungskorrosion
~-**fatigue limit** Korrosionszeitfestigkeit *f*, Korrosionsschwingfestigkeit *f*
~-**fatigue resistance** Korrosionsermüdungsbeständigkeit *f*
~-**fatigue test** Schwingungsrißkorrosionsversuch *m*
~-**fatigue testing** Schwingungsrißkorrosionsprüfung *f*
~ **filament** Korrosionsfaden *m*, Filigrankorrosionsfaden *m*
~ **film** [dünner] Korrosionsbelag *m*, *(bei Eisen und Stahl auch)* [dünner] Rostbelag *m*
~ **fissure** Korrosionsriß *m*
~ **form** Korrosionsform *f*, Korrosionstyp *m*

~ **hazard** Korrosionsgefahr *f*
~ **in the passive state** Korrosion *f* im passiven Zustand
~-**induced** korrosionsbedingt, korrosionsinduziert
~-**inhibiting** *s.* ~-inhibitive
~ **inhibition** Korrosionshemmung *f*, Korrosionsinhibition *f*
~-**inhibition efficiency** Inhibitorwirksamkeit *f*
~-**inhibitive** korrosionshemmend, korrosionsinhibierend, korrosionsmindernd
~-**inhibitive capacity** Korrosionsschutzvermögen *n*
~-**inhibitive pigment** [aktives] Korrosionsschutzpigment *n*, korrosionsschützendes (aktives, inhibierendes, passivierendes) Pigment *n*, *(bei Eisen und Stahl auch)* [inhibierendes] Rostschutzpigment *n*, rostschützendes Pigment *n*
~-**inhibitive primer** 1. Korrosionsschutz-Grundanstrichstoff *m*, Korrosionsschutzgrundierung *f*, *(bei Eisen und Stahl auch)* Rostschutzgrundanstrichstoff *m*, Rostschutzgrundierung *f*; 2. *s.* ~ inhibitive priming coat
~-**inhibitive priming coat** Korrosionsschutzgrundanstrich *m*
~-**inhibitive properties** Korrosionsschutzeigenschaften *fpl*
~-**inhibitive undercoat** 1. Korrosionsschutzvorstreichfarbe *f*, Korrosionsschutz-Voranstrichstoff *m*, Korrosionsschutz-Zwischenanstrichstoff *m*; 2. Korrosionsschutzvoranstrich *m*, Korrosionsschutzzwischenanstrich *m*
~ **inhibitor** Korrosionsinhibitor *m*, Korrosionshemmstoff *m*, Korrosionshemmer *m*, Korrosionsverzögerer *m*
~-**initiating** korrosionsauslösend
~ **initiation** Korrosionsauslösung *f*
~ **intensity** Korrosionsintensität *f*, Korrosionsstärke *f*
~ **interaction (interference)** *(Kat)* Streustrombeeinflussung *f*, Streustromeinfluß *m* *(von benachbarten Fremdstromanlagen)*, Beeinflussung *f* durch katodische Schutzanlagen
~ **investigator** Korrosions[schutz]forscher *m*
~ **kinetics** Korrosionskinetik *f*
~ **laboratory** Korrosionslabor[atorium] *n*
~ **loss** Korrosionsverlust *m*, *(als Meßgröße auch)* Flächengewichtsverlust *m*, Abtrags-

rate f, Wanddickenverlust m (in in./Jahr bzw. mm/Jahr)
~ **maintenance** Korrosionsverhütungsmaßnahmen fpl, Korrosionsschutzmaßnahmen fpl
~ **maintenance cost[s]** Korrosionsschutzinstandhaltungskosten pl
~ **measurement** Korrosionsmessung f
~ **measurement probe** Korrosionssonde f
~ **mechanism** Korrosionsmechanismus m, Angriffsmechanismus m
~ **medium** s. corrodent
~ **meter** Korrosimeter n
~ **microcouple** Lokalelement n
~ **minimization (mitigation)** Korrosionsminderung f
~ **morphology** Korrosionsbild n
~ **nucleation site** Korrosionszentrum n, Ansatzpunkt m der Korrosion
~ **of metals** Korrosion f der Metalle, Metallkorrosion f
~ **path** Korrosionsverlauf m
~ **pattern** Korrosionsbild n
~ **penetration** Eindringen n der Korrosion; Linearabtragung f, Linearabtrag m (quantitativ)
~ **penetration rate** s. penetration rate
~ **performance** Korrosionsverhalten n
~ **phenomenon** Korrosionserscheinung f
~ **picture** Korrosionsbild n
~ **piece** galvanische Anode f, Aktivanode f, Opferanode f
~ **pit** Korrosionsgrube f, Korrosionsgrübchen n; (weit und flach) Korrosionsmulde f, Korrosionsnarbe f; (Endstadium) Korrosionsloch n
~ **pitting** s. pitting 1.
~ **potential** Korrosionspotential n
~-**preventative** s. ~-preventive
~ **preventative** Korrosionsschutzmittel n, Korrosionsschutzstoff m, Korrosionsschutzmaterial n
~ **prevention** Korrosionsverhütung f, Korrosionsverhinderung f
~ **prevention facility** Korrosionsschutzanlage f
~ **prevention technique** Korrosionsschutztechnik f
~-**preventive** korrosionsverhütend, korrosionsverhindernd, korrosionsschützend (Zusammensetzungen s. a. unter ~-protective)

corrosion

~-**preventive coating** 1. Korrosionsschutzschicht f, Korrosionsschutzanstrich m; 2. Korrosionsschutzanstrichstoff m, (bei Eisen und Stahl auch) Rostschutzanstrichstoff m
~-**preventive fluid** Korrosionsschutzlösung f
~-**preventive oil** Korrosionsschutzöl n, (bei Eisen und Stahl auch) Rostschutzöl n
~-**preventive wax** Korrosionsschutzwachs n, Konservierungswachs n
~ **principles** 1. Grundlagen fpl der Korrosion; 2. s. ~-control principles
~ **probability** Korrosionswahrscheinlichkeit f, Korrosionsgefahr f
~ **process** Korrosionsvorgang m
~-**produced** korrosionsbedingt, durch Korrosion verursacht
~ **product** Korrosionsprodukt n
~ **product layer** Korrosions[produkt]schicht f
~ **product tail** Fadenkörper m, Körper m des Korrosionsfadens (Filigrankorrosion)
~ **programme (project)** s. ~ research project
~-**promoting** korrosionsfördernd, korrosionsbegünstigend, korrosionsbeschleunigend, korrosionsverstärkend, korrosionsverschärfend, korrosionsstimulierend
~-**prone** korrosionsanfällig, korrosionsempfindlich
~-**proof** korrosionssicher, korrosionsschutzgerecht (Konstruktion)
~ **proofing** Korrosionsschutzbehandlung f
~ **propensity** Korrosionsneigung f, Korrosionstendenz f, Korrosionsbestreben n
~ **properties** Korrosionseigenschaften fpl (eines Werkstoffs)
~ **property** Korrosions[kenn]größe f, Korrosionskennziffer f
~ **protection** Korrosionsschutz m (Zusammensetzungen s. a. unter ~ control)
~ **protection research** Korrosionsschutzforschung f
~ **protection system** Korrosionsschutzsystem n
~-**protective** korrosionsschützend, Korrosionsschutz... (Zusammensetzungen s. a. unter ~-preventive)
~ **protective** Korrosionsschutzmittel n, Korrosionsschutzstoff m
~-**protective action** Korrosionsschutzwirkung f
~-**protective agent** s. ~ protective
~-**protective capacity** Korrosionsschutzvermögen n

corrosion

~-protective film Korrosionsschutzfilm *m*, [dünne] Korrosionsschutzschicht *f*
~-protective paint Korrosionsschutz[anstrich]farbe *f*
~-protective paper Korrosionsschutzpapier *n*, korrosionsschützendes Papier *n*, *(bei Eisen und Stahl auch)* Rostschutzpapier *n*
~-protective primer Korrosionsschutz-Grundanstrichstoff *m*
~-protective priming coat Korrosionsschutzgrundanstrich *m*
~-protective properties Korrosionsschutzeigenschaften *fpl*
~-protective tape Korrosionsschutzbinde *f*
~-protective undercoat *s.* **~-inhibitive undercoat**
~-protective value Korrosionsschutzwert *m*
~ rack Bewitterungsgestell *n*, Auslagerungsgestell *n*
~ rate Korrosionsgeschwindigkeit *f*, Korrosionsrate *f*
~ rate curve *s.* **~ rate vs time curve**
~ rate monitor Korrosimeter *n*
~ rate vs time curve Korrosions-Zeit-Kurve *f*
~ rating Bewertung *f* der Korrosionsstärke
~ reaction Korrosionsreaktion *f*
~-related korrosionsbedingt
~ requirements Erfordernisse *npl* (Belange *mpl*) des Korrosionsschutzes
~ research Korrosions[schutz]forschung *f*
~ research centre Korrosionsforschungszentrum *n*
~ research project Korrosionsforschungsprogramm *n*
~ researcher Korrosions[schutz]forscher *m*
~ resistance Korrosionsbeständigkeit *f*, Korrosionsfestigkeit *f*, Korrosionssicherheit *f*; Korrosionswiderstand *m*, Korrosionsbeständigkeit *f (quantitativ)*
~-resistant, ~-resisting korrosionsbeständig, korrosionsfest, korrosionssicher
~ risk Korrosionsgefahr *f*, Korrosionsrisiko *n*
~ science Korrosionswissenschaft *f*, Korrosionskunde *f*, Korrosionslehre *f*
~ scientist Korrosions[schutz]forscher *m*, Korrosionswissenschaftler *m*
~ sensing probe Korrosionssonde *f*
~-sensitive korrosionsempfindlich, korrosionsanfällig
~ sensitivity Korrosionsempfindlichkeit *f*
~ service 1. Einsatz *m* in korrosivem Milieu; 2. Korrosionsschutzfunktion *f*, Korrosionsschutzaufgabe *f (eines Werkstoffs)*

~ site Korrosionsstelle *f*, Korrosionsort *m*, Korrosionspunkt *m*, Fraßstelle *f*
~ situation Korrosionsverhältnisse *npl*
~ specialist *s.* **~ expert**
~ specimen Korrosions[prüf]probe *f*
~ sponge Eisenschwamm *m*, Eisenkrebs *m* (Ergebnis der Graphitierung)
~ spot *s.* **~ site**
~ stage Korrosionsstadium *n*
~-stifling korrosionshemmend
~ stimulant (stimulator) Korrosionsstimulator *m*, Korrosionsanreger *m*
~-stress rupture Spannungskorrosionsbruch *m*
~ studies Korrosionsuntersuchungen *fpl*
~ system Korrosionssystem *n*, korrodierendes System *n*
~ technician Korrosionsschutztechniker *m*
~ technologist Korrosionsschutzingenieur *m*; Korrosionsschutzbeauftragter *m*
~ technology Korrosionsschutztechnik *f (im industriellen Maßstab)*; Korrosionsschutztechnologie *f*
~ tendency Korrosionstendenz *f*, Korrosionsbestreben *n*, Korrosionsneigung *f*
~ test Korrosionsversuch *m*, Korrosionstest *m*, Korrosionsprüfung *f*
~ test apparatus Korrosionsprüfgerät *n*, Korrosionstestapparatur *f*
~ test specimen Korrosions[prüf]probe *f*
~ testing Korrosionsprüfung *f*
~-testing laboratory Korrosionsprüflabor[atorium] *n*
~ testing method Korrosionsprüfverfahren *n*, Korrosionsprüfungsmethode *f*
~ testing station Korrosionsprüfstation *f*; Korrosionsprüfstand *m*
~ theory Korrosionslehre *f*, Theorie *f* der Korrosion
~ time Korrosionsdauer *f*
~ treatment Korrosionsschutzbehandlung *f*
~ trench Korrosionsfurche *f*
~ trouble[s] Korrosionsprobleme *npl*
~ tunnel Korrosionstunnel *m*
~ type Korrosionsart *f*
~ velocity Korrosionsgeschwindigkeit *f*
~ work Korrosionsschutzarbeiten *fpl*
~ zone Korrosionszone *f (am Werkstoff)*
corrosional Korrosions...
corrosionist *s.* 1. corrosion expert; 2. corrosion scientist
corrosive korrosiv, korrosionsaktiv, korro-

sionswirksam, korrodierend [wirkend], angriffsfreudig, angreifend; korrosionsbeschleunigend, korrosionsbegünstigend, korrosionsstimulierend *(Umgebung) (Zusammensetzungen s.a. unter corrosion)*
corrosive *s.* corrodent
~ action Korrosions[ein]wirkung *f*, korrosive Einwirkung *f*
~ agent *s.* corrodent
~ attack Korrosionsangriff *m*, korrosiver Angriff *m*
~ conditions korrosive Bedingungen *fpl*, Korrosionsmilieu *n*, Korrosionsumgebung *f*
~ degradation korrosiver Abbau *m*
~ effect Korrosionswirkung *f*
~ environment korrosive Umgebung *f*, Korrosionsmilieu *n*, Korrosionsumgebung *f*, *(i.e.S.)* Korrosionsklima *n*
~ factor Korrosionsfaktor *m*
~ influence Korrosionseinfluß *m*
~ medium *s.* corrodent
~ properties Korrosionseigenschaften *fpl (eines Mediums)*
~ range Korrosionsbereich *m (z. B.* pH-Bereich*)*
~ reagent *s.* corrodent
~ situation Korrosionsverhältnisse *npl*
~ system Korrosionssystem *n*, korrosives System *n*
corrosiveness *s.* corrosivity
corrosivity Korrosivität *f*, Korrosionsvermögen *n*, korrodierende Wirkung *f*, Aggressivität *f*
corrugation Riffelung *f*; Wellung *f*
corundum Korund *m (α-Aluminiumoxid)*
Coslett process Coslett-Verfahren *n (zum Phosphatieren von Stahl)*
coslettize/to nach dem Coslett-Verfahren phosphatieren
cosmetic corrosion kosmetische Korrosion *f (nur das Aussehen, nicht die Funktionsfähigkeit verschlechternd)*
cost of corrosion prevention (protection) Korrosionsschutzkosten *pl*
cotton buff Baumwollscheibe *f (zum Polieren)*
cottonseed oil Baumwollsamenöl *n*, Baumwollkernöl *n*, Cottonöl *n (Galvanisierhilfsmittel)*
Coulomb law Coulombsches Gesetz *n*, Coulomb-Gesetz *n*
coulombmetric *s.* coulometric
coulometric coulometrisch

~ plating thickness meter *s.* ~ thickness tester
~ thickness tester coulometrisches Schichtdickenmeßgerät *n*
coulometry Coulometrie *f*
coumarone[-indene] resin Cumaron-Inden-Harz *n*, Cumaronharz *n*
counter electrode *s.* counterelectrode
~ emf Gegen-EMK *f*, gegenelektromotorische Kraft *f*, Gegenurspannung *f*
countercurrent rinse (rinsing) Gegenstromspülen *n*
counterelectrode Gegenelektrode *f*
counterflow rinse (rinsing) Gegenstromspülen *n*
counterion Gegenion *n*
country air Landluft *f*
~ atmosphere ländliche Atmosphäre *f*, Landatmosphäre *f*
couple Werkstoffkombination *f*, Werkstoffpaarung *f*, *(besonders)* Metallkombination *f*, Metallpaarung *f*
~ action Korrosionselementwirkung *f*
coupling Kombination *f*, Paarung *f (von Werkstoffen)*
coupon Probe *f*, Coupon *m*, Prüfling *m*
course in corrosion Korrosions[schutz]lehrgang *m*
~ of corrosion Korrosionsverlauf *m*, Korrosionsablauf *m*, Korrosionsfortgang *m*
~ of drying Trocknungsverlauf *m*
cover/to bedecken, überziehen *(mit vorgefertigten Folien)*
~ oneself sich bedecken *(z.B. mit einer Oxidhaut)*
cover Deckung *f (Betonschicht über der Bewehrung bei Stahlbeton)*
~ coat[ing] Deckschicht *f*, *(Anstr auch)* Deckanstrich *m*, Schlußanstrich *m*
~ depth Betondeckung *f (Dicke der Betonschicht über dem Bewehrungsstahl)*
coverage 1. Bedeckung *f*; 2. *s.* covering power 1.
~ rate *s.* covering power 2.
covering Belag *m*; Belagmaterial *n*
~ coat *s.* cover coat[ing]
~ layer Schutzschicht *f*; Überzug *m (vorgefertigt)*
~ passivity *s.* salt passivity
~ power 1. Deckvermögen *n*, Deckfähigkeit *f*, Deckkraft *f*; 2. *(Anstr)* Ergiebigkeit *f*, Ausgiebigkeit *f*

CP

CP s. cathodic protection
CPVC s. critical pigment-volume concentration
crack/to reißen, rissig werden
crack Riß m
~ **advance** s. ~ propagation
~ **arrest** Behinderung f der Rißausbreitung
~-**arrest line** Rastlinie f
~ **base** Rißgrund m, Rißboden m
~ **blunting** s. ~ extension
~ **depth** Rißtiefe f
~ **extension** Rißaufweitung f, Rißausweitung f
~ **face** Rißflanke f, Rißseitenfläche f, Rißwand f
~ **formation** Rißbildung f
~-**free** rißfrei
~ **front** Rißfront f, Rißspitze f, Rißende n
~ **growth** s. ~ propagation
~ **heal** Rißausheilung f
~-**heal-crack-heal sequence** wiederholte Selbstausheilung (Nachbildung) f der Deckschicht
~ **increment** s. ~ propagation
~-**initiating** rißauslösend
~ **initiation** Rißauslösung f, Riß[keim]bildung f
~ **initiation site** Rißkeim m
~ **length** Rißlänge f
~ **mode** Rißart f
~ **mouth** Rißmündung f
~-**nucleating** rißauslösend
~ **nucleation** Riß[keim]bildung f, Rißauslösung f
~-**nucleation mechanism** Rißbildungsmechanismus m
~ **nucleus** Rißkeim m
~ **opening displacement** Rißöffnungsverschiebung f, Rißaufweitung f
~-**opening displacement approach** COD-Konzept n, COD-Verfahren n (der Fließbruchmechanik)
~ **orientation** Rißrichtung f
~ **path** Rißverlauf m, Rißpfad m
~ **pattern** Rißbild n, Rißanordnung f, Riß[netz]werk n (z. B. in Chromschichten)
~ **penetration** Rißtiefe f
~ **plane** Rißfläche f, Rißebene f
~ **propagation** Rißausbreitung f, Rißfortpflanzung f, Rißwachstum n, Rißfortschritt m
~-**propagation mechanism** Rißausbreitungsmechanismus m, Reißmechanismus m
~-**propagation rate (velocity)** Rißausbreitungsgeschwindigkeit f, Rißfortpflanzungsgeschwindigkeit f, Rißwachstumsgeschwindigkeit f
~ **route** Rißpfad m, Rißverlauf m
~ **starter** Rißursache f
~ **throw** (Galv) erwünschtes Durchdringen der Mikrorisse in Chromschichten bis zur Nickelschicht
~ **tip** Rißspitze f, Rißfront f, Rißende n
~-**[-tip] velocity** s. ~ propagation rate
cracked rissig; gerissen
crackedness Rissigkeit f
cracking Reißen n, Aufreißen n, Rissigwerden n (metallischer Schutzschichten); Reißen n, Rißbildung f, Sprungbildung f (in Anstrichfilmen bis zum Anstrichträger)
~ **failure** Zubruchgehen n (nach Rißbildung)
~ **path** Rißverlauf m, Rißpfad m
~ **resistance** Rißbeständigkeit f, Rißwiderstand m (quantitativ)
~ **susceptibility** Rißbeständigkeit f, Rißempfindlichkeit f, Rißneigung f
cracklike rißartig
cracky rissig
cradle (Galv) Schaukel f
~ **plater** Schaukelapparat m
cranny Spalt m
Crapo process Crapo-Verfahren n (zur Feuerverzinkung)
crater Krater m
~ **corrosion** kraterförmige Lochfraßkorrosion f
crateriform kraterförmig
cratering 1. Kraterbildung f; 2. s. crater corrosion
crawling (Anstr) Perlen n, Kriechen n
craze 1. Haarriß m, (in metallischen Schutzschichten auch) Geist m; 2. Fließzone f, Craze (in Metallen)
crazing Haarrißbildung f (in metallischen Schutzschichten); Reißen n, Rißbildung f (größere Risse im Deckanstrich mit Ausbildung eines Musters)
cream of tartar (Galv) Weinstein m (gereinigt)
creep/to kriechen
creep Kriechen n (von Werkstoffen), Kriechvorgang m
~ **behaviour** Kriechverhalten n
~ **curve** Kriechkurve f
~ **mode** Kriechart f, Kriechtyp m

~ **properties** s. ~ behaviour
~ **rate** Kriechgeschwindigkeit f
~ **resistance** Kriechfestigkeit f, Kriechwiderstand m
~ **resistant** kriechfest
~ **strain** Kriechverformung f, Kriechdehnung f
~ **strength** s. ~ resistance
creepage, creeping *(Anstr)* Kriechen n
cresol (cresylic) resin Cresolharz n, Cresol-Formaldehyd-Harz n
crevice Spalt m
~ **attack** s. ~ corrosion
~ **corrosion** Spaltkorrosion f, *(i.w.S)* Berührungskorrosion f
~-**corrosion test** Spaltkorrosionsversuch m
~-**corrosion testing** Spaltkorrosionsprüfung f
~ **width** Spaltbreite f
crinkling *(Anstr)* Runzeln n, Runzelbildung f
criterion of protection Schutzkriterium n
critical breakdown potential Durchbruchpotential n, Durchbruchspannung f
~ **crack-opening displacement** kritische Rißaufweitung f
~ **crevice temperature** kritische Spaltkorrosionstemperatur f
~ **current density** kritische Stromdichte f, Passivierungsstromdichte f
~ **diffusion current density** Diffusionsgrenzstromdichte f
~ **humidity** kritische Feuchte (Feuchtigkeit, Luftfeuchte) f
~ **moisture content** Knickpunktfeuchte f, Knickpunkt-Feuchtebeladung f, kritische Feuchte[beladung] f *(von Feststoffen)*
~ **passivating current density** Passivierungsstromdichte f
~ **pigment-volume concentration** kritische Pigment-Volumen-Konzentration f, KPVK
~ **pitting potential** [kritisches] Lochfraßpotential n, Lochbildungspotential n
~ **pitting temperature** kritische Lochfraßtemperatur f
~ **potential** kritisches Potential n, Grenzpotential n, *(i.e.S.)* Repassivierungspotential n
~ **relative humidity** s. ~ humidity
~ **resolved shear stress** kritische Schubspannung f
~ **r.h.** s. ~ humidity
~ **shear stress** kritische Schubspannung f
~ **stress intensity** Bruchzähigkeit f
~ **temperature** kritische Temperatur f, Grenztemperatur f

crocodiling *(Anstr)* Krokodilhautbildung f, Reißen n, Rißbildung f
Cronak process Cronak-Verfahren n *(Chromatierung von Zink mit sauren Alkalichromatlösungen)*
Crookes dark space Dunkelraum m, Totraum m *(einer Katodenzerstäubungsanlage)*
crop/to brechen *(Kanten, Ecken)*
cross/to:
~-**link** vernetzen
~-**slip** *(Krist)* quergleiten
cross-cut test s. ~-hatching adhesion test
~-**hatch technique** Kreuzverfahren n, Kreuzgang m *(beim Streichen oder Farbspritzen)*
~-**hatching adhesion test** Gitterschnittversuch m *(zur Prüfung der Haftfestigkeit von Schutzschichten)*
~-**link** Vernetzungsstelle f
~-**linkage** 1. Vernetzen n, Vernetzung f; 2. Vernetzungsstelle f
~-**linker** s. ~-linking agent
~-**linking** Vernetzen n, Vernetzung f
~-**linking agent** Vernetzungsmittel n, Vernetzer m
~-**linking point** Vernetzungsstelle f
~-**linking polymerization** Vernetzungspolymerisation f, vernetzende Polymerisation f
~-**linking reaction** Vernetzungsreaktion f
~-**sectional area** Querschnittsfläche f, Querschnitt m
~-**slip** *(Krist)* Quergleiten n, Quergleitung f
~-**spline** *(Galv)* Gestellarm m
~-**spray** *(Anstr)* Kreuzgangspritzen n
crossing s. cross-hatch technique
crow's foot *(Galv)* fehlerhafter, krähenfußähnlicher Schutzschichtbezirk aus dendritischen Strukturen
C.R.P. s. chlorinated rubber paint
c.r.s.s. s. critical resolved shear stress
crucible test Tiegelversuch m *(für Salzschmelzen)*
crude lead Rohblei n
~ **tin** Rohzinn n
crushing strength Druckfestigkeit f
cryptocrystalline kryptokristallin
cryptometer Deckvermögenprüfer m
crystal coating s. crystalline coating
~ **face** Kristallfläche f, Kristallebene f
~ **form** Kristallform f
~ **growth** Kristallwachstum n; Kristallzüchtung f

crystal

- ~ **habit** Kristallhabitus *m*
- ~ **imperfection** Kristallstörung *f*, Kristall[bau]fehler *m*
- ~ **lattice** Kristallgitter *n*
- ~ **nucleus** Kristallisationskern *m (aus fremdem Material)*; Kristallisationskeim *m (aus gleichem Material)*
- ~ **orientation** Kristallorientierung *f*, kristallographische Orientierung *f*
- ~ **plane** Kristallfläche *f*, Kristallebene *f*
- ~ **structure** Kristallstruktur *f*, Kristallbau *m*

crystalline coating kristalline Schicht *f (aufgebracht)*
- ~ **layer** kristalline Schicht *f (von selbst entstanden)*

crystallinity Kristallinität *f*
crystallite Kristallit *m*
crystallizability Kristallisationsfähigkeit *f*, Kristallisationsvermögen *n*; Kristallisierbarkeit *f*
crystallizable kristallisationsfähig; kristallisierbar
crystallization retardation Kristallisationshemmung *f*
- ~-**retarding** kristallisationshemmend

crystallize [out]/to [aus]kristallisieren, Kristalle bilden; auskristallisieren, zur Kristallisation bringen
crystallographic corrosion (cracking) kristalline Korrosion *f (Sammelbezeichnung für interkristalline Korrosion, Spannungsrißkorrosion und Schwingungsrißkorrosion)*
- ~ **orientation** kristallographische Orientierung *f*, Kristallorientierung *f*
- ~ **plane** Kristallebene *f*, Kristallfläche *f*

cubic equation (law, relationship) kubisches Zeitgesetz *n*
cubical expansion Volumenausdehnung *f*
cup test s. cupping test
cupping test 1. Tiefungsversuch *m*; 2. Näpfchenziehversuch *m (zur Prüfung der Dehnbarkeit von Schutzschichten)*
cupric oxide Kupfer(II)-oxid *n*
cupro-cyanide bath Kupfer(I)-cyanidelektrolyt *m*
cupronickel Kupfer-Nickel-Legierung *f*, Kupfernickel *n*
cuprous oxide Kupfer(I)-oxid *n*
cure/to *(Anstr)* [aus]härten
cure s. curing
- ~ **time to recoat** Zwischentrocknungszeit *f (besonders bei Reaktionsanstrichstoffen)*

curing *(Anstr)* Härten *n*, Härtung *f*, Aushärten *n*, Aushärtung *f*
- ~ **accelerator** Härtungsbeschleuniger *m*
- ~ **agent** Härtungsmittel *n*, Härter *m*
- ~ **catalyst** Härtungskatalysator *m*
- ~ **reactant** s. ~ agent
- ~ **schedule** [festgelegte] Aushärtebedingungen *fpl*

current adjustment s. ~ control
- ~ **attenuation** Stromschattenbildung *f*
- ~-**carrying** stromführend
- ~-**consuming** stromverbrauchend
- ~ **control** Stromsteuerung *f*, Stromkontrolle *f*; Stromdichtekonstanthaltung *f*
- ~-**control device** Stromwächter *m*
- ~ **controller** s. ~-control device
- ~ **demand** Strombedarf *m*
- ~ **density** Stromdichte *f*
- ~-**density range** Stromdichtebereich *m*
- ~ **dissipation** s. ~ distribution
- ~ **distribution** Stromverteilung *f*
- ~ **drainage** Streustromableitung *f*, Stromableitung *f*, Drainage *f*, *(i.e.S.)* unmittelbare (direkte) Streustromableitung *f*
- ~ **efficiency** Stromausbeute *f*
- ~ **entry** Stromeintritt *m*
- ~ **flow** Stromfluß *m*
- ~ **increase** Stromanstieg *m*
- ~ **input required** Strombedarf *m*
- ~ **interruption** Stromunterbrechung *f*
- ~ **leakage** Stromaustritt *m*, Abwandern *n* von Streuströmen
- ~-**limit control** s. ~ limitation
- ~ **limitation** Strombegrenzung *f*
- ~-**measuring instrument** Strommesser *m*, Amperemeter *n*
- ~-**off time** Abschaltdauer *f*
- ~-**on time** Einschaltdauer *f*
- ~ **output** Stromabgabe *f*, Stromlieferung *f*
- ~-**output capacity** *(Kat)* Stromabgabekapazität *f*
- ~ **passage** Stromdurchgang *m*
- ~ **path** Stromweg *m*, Strompfad *m*, Strombahn *f*
- ~-**potential curve** Strom-Potential-Kurve *f*, SPK, Strom-Potential-Kennlinie *f*, Strom-Spannungs-Kurve *f*, I/U-Kurve *f*, I-U-Kennlinie *f*
- ~-**producing** stromabgebend, stromliefernd, stromspendend
- ~ **regulation** s. ~ control
- ~ **requirement[s]** Strombedarf *m*

~ **reversal** Umpolen *n*, Stromwende *f*
~ **rise** Stromanstieg *m*
~ **source** Stromquelle *f*
~ **strength** Stromstärke *f*
~ **supply** Stromversorgung *f*, Stromzufuhr *f*, Stromeinspeisung *f*
~ **thief** *(Galv)* leitfähige Blende *f* *(zum Abschirmen von Kanten)*
~-**time curve** Strom-Zeit-Kurve *f*
curtain/to *(Anstr)* laufen, absacken
curtain Vorhang *m*, Gardine *f*, Läufer *m* *(Anstrichfehler)*; Lackvorhang *m*, Anstrichstoffschleier *m* *(beim Gießen)*
~ **coater** Lackgießmaschine *f*, Gießmaschine *f*
~ **coating** Lackgießen *n*, Gießlackieren *n*, Gießen *n*
~ **coating machine** *s*. ~ coater
~ **coating process** Lackgießverfahren *n*, Gießverfahren *n*
curtaining *(Anstr)* Vorhangbildung *f*, Gardinenbildung *f*, Läuferbildung *f*, Ablaufen *n*, Laufen *n*, Absacken *n*
cut/to:
~ **down** schleifen
cut-back bitumen Verschnittbitumen *n*
~ **edge** Schnittkante *f*
~-**length galvanizing** diskontinuierliches Bandverzinken *n*
~ **steel wire** *s*. ~ wire shot
~-**wire shot** Stahldrahtkorn *n*
cutting action Schleifwirkung *f*, Schneidwirkung *f* *(von Schleifmitteln)*
~ **composition (compound)** Schleifcompound *m(n)*
~ **down** Schleifen *n*
~ **fluid** Schneidflüssigkeit *f*
~ **power** Schleiffähigkeit *f*, Schleifvermögen *n*, Schneidfähigkeit *f*, Schnittfähigkeit *f* *(von Schleifmitteln)*
CVD *s*. chemical vapour deposition
c.w. rinse *s*. cold-water rinse
cyanide Cyanid *n*
~ **bath** *s*. ~ electrolyte
~ **case-hardening** Karbonitrierhärten *n*
~ **copper** Kupfercyanid *n*
~ **copper bath** *(Galv)* cyanidischer Kupferelektrolyt *m*
~ **electrolyte** *(Galv)* cyanidischer Elektrolyt *m*, Cyanidelektrolyt *m*
~-**free** cyanidfrei
~ **silver bath** *(Galv)* cyanidischer Silberelektrolyt *m*

~ **strike** *(Galv)* aus cyanidischem Elektrolyt abgeschiedene dünne Zwischenschicht
~ **zinc [plating] bath** *(Galv)* cyanidischer Zinkelektrolyt *m*
cycle ratio Schwingspielzahlverhältnis *n*, Lastwechselverhältnis *n*
~ **time** Durchlaufdauer *f*, Gesamtdurchlaufdauer *f*
cyclic fatigue stress zyklische Beanspruchung *f*
~ **loading** zyklische Belastung *f*
~ **oxidation test** zyklischer Oxydationsversuch *m*
~ **oxidation testing** zyklische Oxydationsprüfung *f*
~ **stress** zyklische Spannung *f*
cylinder oil Zylinderöl *n*

D

D-gun coating *s*. detonation gun coating
d nickel *s*. duplex nickel
damage/to [be]schädigen; schadhaft werden
damage 1. Schaden *m*; 2. Schädigung *f*
damaged schadhaft
damaging Schädigung *f*; Schadhaftwerden *n*
~ **effect** Schadwirkung *f*
dammar [gum] Dammar[harz] *n*
damp feucht, naß
~ **atmosphere** feuchte Atmosphäre *f*
~ **atmospheric corrosion** Korrosion *f* in feuchter Atmosphäre *(ohne Beteiligung tropfbar flüssigen Wassers)*
~ **storing** Feuchtlagerung *f*
dampness Feuchtigkeit *f*, Feuchte *f*
danger spot gefährdete Stelle *f*
dangerous inhibition gefährliche Inhibition *f*
~ **inhibitor** gefährlicher Inhibitor *m*
dangler *(Galv)* Kontakthaken *m*, Aufhängehaken *m*
Daniell battery *s*. ~ cell
~ **cell** Daniell-Element *n*, Daniell-Kette *f*, Daniell-Zelle *f*
dark space Dunkelraum *m*, Totraum *m* *(einer Katodenzerstäubungsanlage)*
darken/to *(Anstr)* sich dunkel färben, dunkel werden, nachdunkeln
darkening *(Anstr)* Dunkelfärbung *f*, Dunkelwerden *n*, Nachdunkeln *n*
d.c., dc, D.C., DC, d-c *(direct current)* Gleichstrom *m*

d.c. cleaning katodische Reinigung *f*; katodische Entfettung *f*
d.c. current Gleichstrom *m*
d.c. power Gleichstromleistung *f*
d.c. power source *s.* d.c. source
d.c. power supply *s.* d.c. supply
d.c. source Gleichstromquelle *f*
d.c. sputtering Ionen-Plasma-Zerstäuben *n* im Gleichstromdiodenverfahren
d.c. supply 1. Gleichstromversorgung *f*; 2. Gleichstromquelle *f*
d.c. traction system Gleichstrombahnnetz *n*
d.c. voltage source Gleichspannungsquelle *f*
DCB specimen *s.* double cantilever-beam specimen
d.c.o. *s.* dehydrated castor oil
de-embrittling *(Galv)* Warmnachbehandlung zum Austreiben von Wasserstoff
de-wet/to sich zusammenziehen *(Schmelztauchschutzschichten)*
deacidification Entsäuerung *f (z. B. des Wassers)*
deacidify/to entsäuern *(z. B. Wasser)*
deactivate/to desaktivieren, inaktivieren; inaktiv werden
deactivation Desaktivierung *f*, Inaktivierung *f*
deactivator Desaktivator *m*
dead load Dauerbelastung *f*
~-load experiment Versuch *m* mit Dauerbelastung (konstanter Belastung)
~-loaded dauerbelastet, unter Dauerbelastung
~-weight loading statische Belastung *f*
deaerate/to entlüften; entgasen
deaeration Entlüftung *f*; Entgasung *f*
~ plant Entlüftungsanlage *f*, Lüftungsanlage *f*; Entgasungsanlage *f*
deaerator Entlüfter *m*, Entlüftungsapparat *m*, Entlüftungseinrichtung *f*, Lüfter *m*, Entgaser *m*, Entgasungsgerät *n*
deal with/to *(Galv)* durcharbeiten, einarbeiten, einfahren *(Elektrolyte mit Gleichstrom)*
dealloying Seigerung *f*; selektive Korrosion *f*
dealumi[ni]fication, dealuminization Entaluminierung *f*
debris layer Zone *f* mit Versetzungsanreicherungen
deburr/to entgraten
deburring Entgraten *n*
~ compound Entgratungscompound *m(n)*
Debye-Hückel-Onsager equation Debye-Hückel-Onsagersche Gleichung *f*

~-Scherrer diagram Debye-Scherrer-Diagramm *n*, Debye-Scherrer-Aufnahme *f*, Röntgendiagramm *n* nach Debye-Scherrer
~-Scherrer powder diffraction pattern *s.* ~-Scherrer diagram
decarbonization Entkarbonisierung *f (Entfernen der Karbonathärte des Wassers)*
decarbonize/to entkarbonisieren *(Wasser)*
decarburization Entkohlung *f*, Entkohlen *n*
decarburize/to entkohlen
decarburized steel entkohlter Stahl *m (zum Emaillieren)*
decay of materials Werkstoffzerstörung *f*
decobaltification Entkobaltung *f*
decohesion Dekohäsion *f*
decompose/to sich zersetzen, zerfallen
decomposition Zersetzung *f*, Zerfall *m*, Abbau *m*
~ mechanism Abbaumechanismus *m*
~ potential Zersetzungspotential *n*, Zersetzungsspannung *f*
~ product Zersetzungsprodukt *n*, Zerfallsprodukt *n*, Abbauprodukt *n*
~ reaction Zersetzungsreaktion *f*, Zerfallsreaktion *f*, Abbaureaktion *f*
~ voltage Zersetzungsspannung *f*
decontaminate/to reinigen, säubern
decopperize/to entkupfern
decopperizing Entkupfern *n*, Entkupferung *f*
decorative chromium plating dekoratives Verchromen *n*
~ coating (deposit) dekorative Schutzschicht *f*
~ finish 1. dekorative Schutzschicht *f*; dekorativer Anstrich *m*; 2. *s.* ~ finishing
~ finishing dekorativer Oberflächenschutz *m*
~ nickel plating dekorative Vernick[e]lung *f*
~ plating dekorativer galvanischer Oberflächenschutz *m*
dedusting Entstaubung *f*
deep-drawing Tiefziehen *n*
~-etch[ing] Makroätzung *f*
~ groundbed *(Kat)* Tieferder *m*
~ localized corrosion *s.* ~ pitting
~ pitting Lochfraß *m*
deepwell groundbed *(Kat)* Tieferder *m*
defect-conducting defektleitend, p-leitend
~ detection Fehlerortung *f*
~ electron Defektelektron *n*, Mangelelektron *n*, Elektronenloch *n*, Elektronendefektstelle *f*, [positives] Loch *n*
~-free *(Krist)* fehlerfrei, streng geordnet, ideal

dehumidification

~ **in chromium plating** Verchromungsfehler m
~ **structure** Defektstruktur f
defective fehlerhaft, schadhaft
defectoscope Fehlersuchgerät n
deferrization Enteisenung f *(des Wassers)*
deferrize/to enteisenen *(Wasser)*
deficit semiconducting p-leitend
deflocculant s. **deflocculating agent**
deflocculate/to peptisieren, dispergieren, zerteilen, entflocken *(geflockte Kolloide)*
deflocculating agent Peptisationsmittel n, Peptisator m, Dispergiermittel n *(für Kolloide)*
~ **power** Peptisationsvermögen n, Dispergiervermögen n
defloccuIation Peptisation f, Dispergierung f, Zerteilung f, Entflockung f *(geflockter Kolloide)*
defoamer s. **defoaming agent**
defoaming agent Entschäumer m, Entschäumungsmittel n, Antischaummittel n, Schaumverhütungsmittel n
deform/to deformieren, verformen; sich verformen
deformability Verformbarkeit f
deformable verformbar
deformation Verformung f ● **to undergo** ~ sich verformen
~ **bands** Lüders-Bänder npl, Lüders-Hartmannsche Linien fpl
~ **curve** Beanspruchungs-Dehnungs-Linie f, Spannungs-Dehnungs-Linie f
~ **twin** *(Krist)* Deformationszwilling m
degas/to entgasen
degasification Entgasen n, Entgasung f
degasify/to entgasen
degasser Entgasungsgerät n, Entgaser m
degassing Entgasen n, Entgasung f
degradation Abbau m, Zerlegung f *(Tätigkeit)*; Abbau m, Zersetzung f *(Vorgang)*
~ **behaviour** Abbauverhalten n
~ **product** Abbauprodukt n, Zersetzungsprodukt n
degradative process Abbauvorgang m
~ **reaction** Abbaureaktion f
degrade/to abbauen, zerlegen; [sich] abbauen, sich zersetzen
degrease/to entfetten
degreaser 1. Entfettungsanlage f; 2. Entfettungsmittel n
degreasing Entfetten n, Entfettung f

~ **action** Entfettungswirkung f
~ **agent** Entfettungsmittel n
~ **fluid** Entfettungslösung f
~ **plant** Entfettungsanlage f
~ **solution** Entfettungslösung f
degree 1. Grad m; 2. s. ~ **of hardness**
~ **Clark (English)** englischer Härtegrad m *(des Wassers)*
~ **of aeration** Belüftungsgrad m
~ **of attack** Angriffsgrad m
~ **of backscattering** Rückstreuintensität f *(Schichtdickenmessung)*
~ **of blistering** Blasenbildungsgrad m
~ **of brightness** Glanzgrad m
~ **of chalking** Kreidungsgrad m
~ **of checking** Rißbildungsgrad m *(für Oberflächenrisse)*
~ **of cleanliness** Säuberungsgrad m, Reinheitsgrad m, Reinigungsgrad m
~ **of corrosion** 1. Korrosionsgrad m; 2. s. ~ **of corrosiveness**
~ **of corrosiveness** Korrosivitätsgrad m, Aggressivitätsgrad m, Aggressivitätsstufe f
~ **of cracking** Rißbildungsgrad m *(für Risse bis zum Anstrichträger)*
~ **of dispersion** Dispersionsgrad m
~ **of dissociation** Dissoziationsgrad m
~ **of flaking** Abblätterungsgrad m
~ **of hardness** Härtegrad m *(des Wassers)*
~ **of hydration** Hydratationsgrad m
~ **of ionization** Dissoziationsgrad m
~ **of levelling** *(Galv)* Einebnungsgrad m
~ **of lustre** Glanzgrad m
~ **of moisture** Feuchtegrad m
~ **of polymerization** Polymerisationsgrad m
~ **of porosity** Porositätsgrad m, Porigkeitsgrad m
~ **of protection** Schutzgrad m
~ **of purity** Reinheitsgrad m
~ **of resistance** Beständigkeitsgrad m
~ **of rusting** Rostgrad m, Verrostungsgrad m *(bei Eisen- und Stahloberflächen)*; Rostgrad m, Durchrostungsgrad m *(bei Anstrichen)*
~ **of scaling** s. ~ **of flaking**
~ **of sealing** Verdichtungsgrad m
~ **of severity** Schweregrad m *(der Schädigung)*
45-degree barrel Galvanisierglocke f, Glocke f, *(i.w.S.)* Galvanisierglockenapparat m, Glocken[galvanisier]apparat m
dehumidification Entfeuchtung f, Trocknung f

dehumidify 60

dehumidify/to entfeuchten, trocknen
dehydrate/to entwässern, *(bei Hydrathüllen auch)* dehydratisieren
dehydrated castor oil Ricinenöl *n*
~ **castor oil alkyd** Ricinenölalkydharz *n*, Ricinen[öl]alkyd *n*
dehydrating agent wasserentziehendes Mittel *n*, Entwässerungsmittel *n*
dehydration Entwässerung *f, (bei Hydrathüllen auch)* Dehydratation *f*
dehydrator *s.* dehydrating agent
deicing chemical Enteisungsmittel *n*, Auftaumittel *n*
~ **salt** Tausalz *n*, Enteisungssalz *n*, Streusalz *n*
deionization Deionisation *f*, Deionisierung *f*, Entionisierung *f*, Vollentsalzung *f (des Wassers)*
deionize/to deionisieren, entionisieren, vollentsalzen *(Wasser)*
delaminate/to aufblättern, sich schichtenweise aufspalten; aufspalten *(Schichtstoffe)*
delamination Aufblättern *n*, Aufspaltung *f*, Abschichtung *f (von Schichtstoffen)*; Schichtentrennung *f*, Schicht[en]spaltung *f*
delayed failure Zeit[stand]bruch *m*
deleterious effect Schadwirkung *f*
Delhi pillar Kutubsäule *f* in Delhi
deliquescent zerfließlich
delta [alloy] layer Deltaphase *f*, δ-Phase *f (intermetallische Phase)*
demanganization Entmanganung *f (des Wassers)*
demanganize/to entmanganen *(Wasser)*
demineralization Demineralisation *f*, Entmineralisierung *f*, Entsalzung *f (des Wassers)*
demineralize/to demineralisieren, entmineralisieren, entsalzen, von mineralischen Substanzen befreien *(Wasser)*
dendrite Dendrit *m*, Baumkristall *m*, Tannenbaumkristall *m*, Kristallskelett *n*
dendritic *(Krist)* dendritisch, verzweigt, verästelt
~ **growths** *(Galv)* dendritische Auswüchse *mpl*, Dendriten *mpl*
denickelification Entnick[e]lung *f*
denseness dichtes Gefüge *n*
densification Verdichtung *f*
densimeter Dichtemesser *m*
density 1. Dichte *f*, Raumdichte *f (Masse je Volumeneinheit)*; 2. Wichte *f*, spezifisches Gewicht *n (Gewicht je Volumeneinheit)*

denuded zone verarmte Zone *f (beim Kornzerfall)*
deoxidant Desoxydationsmittel *n*, Reduktionsmittel *n*
deoxidation Desoxydation *f*, Reduktion *f*
deoxidize/to desoxydieren, reduzieren
deoxidizer, deoxidizing agent *s.* deoxidant
deoxygenate/to von Sauerstoff befreien, den Sauerstoff entziehen *(z. B. Flüssigkeiten)*
deoxygenation Sauerstoffentzug *m (z. B. aus Flüssigkeiten)*
depassivate/to entpassivieren, depassivieren
depassivation Entpassivieren *n*, Entpassivierung *f*, Depassivierung *f*
deplate/to *(Galv)* entmetallisieren *(die Anode)*
deplate portion *s.* deplating time
deplating *(Galv)* Entmetallisierung *f (der Anode)*
~ **bath** Entmetallisierungselektrolyt *m*
~ **time** anodische Periode (Schaltungsperiode) *f (beim Stromumpolverfahren)*
deplete/to verarmen
depleted in (of) chromium chromverarmt, an Chrom verarmt
depletion Verarmung *f*
depolarization Depolarisation *f*, Depolarisierung *f*
depolarize/to depolarisieren
depolarizer, depolarizing agent Depolarisator *m*, depolarisierender Zusatz *m*
depolymerization Depolymerisation *f*, Depolymerisierung *f*
depolymerize/to depolymerisieren
deposit/to abscheiden; sich abscheiden; sich ablagern
~ **by immersion** stromlos (fremdstromlos, chemisch) abscheiden; sich [fremd-]stromlos abscheiden
~ **electrolessly** reduktiv-chemisch abscheiden
~ **in vacuo** im Vakuum aufdampfen
~ **preferentially** selektiv abscheiden
deposit 1. Schicht *f*, Schutzschicht *f*; 2. Belag *m*, Ablagerung *f (von Partikeln aus der Umgebung)*
~ **attack** *s.* ~ corrosion
~ **corrosion** Belagskorrosion *f*, Korrosion *f* unter Ablagerungen
~ **growth** Schichtwachstum *n*

~ **metal** Abscheidungsmetall *n*, Beschichtungs[werk]stoff *m*, Beschichtungsmaterial *n*
~ **pitting** s. ~ corrosion
~ **thickness** Schichtdicke *f*
depositable abscheidbar
deposition Abscheidung *f*, Ablagerung *f*
~ **characteristics** s. ~ parameters
~ **conditions** Abscheidungsbedingungen *fpl*
~ **corrosion** s. deposit corrosion
~ **from the vapour phase** Aufdampfen *n*
~ **from vapour** Aufdampfen *n*
~ **parameters** Abscheidungsparameter *mpl*, Abscheidungskennwerte *mpl*, Abscheidungscharakteristik *f*
~ **potential** Abscheidungspotential *n*, Abscheidepotential *n*
~ **rate** Abscheidungsgeschwindigkeit *f*, Abscheidungsrate *f*
~ **time** Abscheidungsdauer *f*, Abscheidezeit *f*
~ **voltage** Abscheidungsspannung *f*, Abscheidespannung *f*
depth of attack (corrosion) Korrosionstiefe *f*, Eindringtiefe *f* [der Korrosion]
~ **of cover** Betondeckung *f (Dicke der Betonschicht über dem Bewehrungsstahl)*
~ **of cracking** Rißtiefe *f*
~ **of immersion** Eintauchtiefe *f*
~ **of penetration** Eindringtiefe *f*
~ **of pit[ting]** Grübchentiefe *f*; Lochtiefe *f (in fortgeschrittenem Stadium)*
~ **of subsurface penetration** Eindringtiefe *f*
derust/to entrosten
deruster Entrostungsmittel *n*, Entroster *m*, Rostentferner *m*
derusting Entrosten *n*, Entrostung *f*, Rostentfernung *f*
~ **solution** Entrostungslösung *f*
desalination Entsalzung *f*
~ **of sea water** Meerwasserentsalzung *f*
desalt/to entsalzen
desalter Wasserentsalzungsapparat *m*
descale/to 1. entzundern; 2. von Kesselstein befreien
descaling 1. Entzundern *n*, Entzunderung *f*; 2. Befreien *n* von Kesselstein, Kesselsteinentfernung *f*, Kesselsteinbeseitigung *f*
~ **agent** 1. Entzunderungsmittel *n*; 2. Kesselsteingegenmittel *n*, Mittel *n* gegen Kesselstein, Kesselsteinlösemittel *n*
~ **bath** Entzunderungsbad *n*; *(Galv)* Entzunderungselektrolyt *m*

~ **salt bath** Salzschmelze *f* zum Beizen
desensitize/to desensibilisieren; desensibilisiert werden
desiccant, desiccating agent Trockenmittel *n*, Trocknungsmittel *n*, Entfeuchtungsmittel *n*
design Entwurf *m*, Plan *m*; konstruktive Gestaltung *f*, Bauteilgestaltung *f*, Formgestaltung *f*, Formgebung *f*
~ **failure** Ausfall *m* durch Fehlkonstruktion, Versagen *n* durch konstruktive Mängel
~ **life** geplante Lebensdauer *f*
desorb/to desorbieren; desorbiert werden
desorption Desorption *f (Entweichen oder Entfernen sorbierter Gase vom Sorptionsmittel)*
destannification Entzinnung *f (zinnhaltiger Legierungen)*
destannify/to sich entzinnen *(zinnhaltige Legierungen)*
destruction Zerstörung *f*
destructive zerstörend
~ **analysis (examination, testing)** zerstörende Prüfung *f*
desulphurization Entschwefelung *f*
detach/to ablösen
detachment Ablösung *f*
detergency Reinigungsvermögen *n*, Reinigungskraft *f*
detergent Reinigungsmittel *n*; Waschmittel *n*; Detergens *n*, Syndet *n*, synthetisches Reinigungsmittel *n*; synthetisches Waschmittel *n*
~ **action** Reinigungswirkung *f*; Waschwirkung *f*
~ **cleaner** *Reinigungsmittel mit verseifender, dispergierender und emulgierender Wirkung*
~ **cleaning** *Reinigung mit verseifend, dispergierend und emulgierend wirkenden Reinigungsmitteln*
~ **resistance** Waschmittelbeständigkeit *f*, Waschmittelfestigkeit *f*
~ **solution** Reinigungslösung *f*, Reinigerlösung *f*, Waschlauge *f*
deterioration Wertminderung *f*
detin/to entzinnen; Entzinnung erleiden, der Entzinnung unterliegen
detonation coating s. ~-gun coating
~ **flame-plated coating** Explosions[schutz]schicht *f*
~ **flame-spray gun** Explosionsspritzgerät *n*, Detonationsspritzgerät *n*

detonation

~ **flame spraying** Explosionsspritzen *n*, Detonationsspritzen *n*, Flammschockspritzen *n*, Flammplattieren *n*, Explosionsauftrag *m*, Detonationsauftrag *m*
~ **front** Detonationsfront *f (beim Explosionsspritzen und -plattieren)*
~ **gun** Explosionsspritzgerät *n*
~-**gun applied** explosionsgespritzt
~ **gun coating** 1. Explosions[schutz]schicht *f*; 2. *s.* ~ flame spraying
~ **spraying** *s.* ~ flame spraying
~ **wave front** *s.* ~ front
detoxicate/to *(Galv)* entgiften
detoxication *(Galv)* Entgiftung *f*
detrimental schädlich
~ **effect** Schadwirkung *f*
devitrified glass Glaskeramik *f*
dew Tau *m*
~ **cycle test** Wechselbetauungsversuch *m*
~ **detector** Befeuchtungsmeßgerät *n*
~ **formation** Taubildung *f*
~ **point** Taupunkt *m*
~-**point corrosion** Taupunktkorrosion *f*, Säurekondensatkorrosion *f*
dewatering agent Wasserverdränger *m*
~ **fluid** wasserverdrängendes Lösungsmittelgemisch *n*, wasserverdrängende Lösung *f*, Dewatering-Fluid *n*
dezincification Entzinkung *f*
~ **plug** Entzinkungspropfen *m*
dezincify/to entzinken; entzinkt werden, Entzinkung erleiden
diamond dust (powder) Diamantstaub *m*, Diamantpulver *n*
~-**pyramid hardness** Vickershärte *f*, HV
diatomaceous earth Diatomeenerde *f*, Infusorienerde *f*, Kieselgur *f (Poliermittel)*
diaxial loading zweiachsige Belastung *f*
~ **stress** zweiachsige Beanspruchung *f*; zweiachsiger Spannungszustand *m*
dibenzyl sulphide Dibenzylsulfid *n (Inhibitor)*
~ **sulphoxide** Dibenzylsulfoxid *n*; DBSO *(Inhibitor)*
dichromate sealing Dichromatverdichtung *f (beim Anodisieren)*
die/to:
~ **away** erlöschen *(z. B. Stromfluß)*
~ **down** zum Stillstand kommen *(Reaktion)*
die ringförmige Luftabstreifdüse *f (beim Drahtverzinnen)*
~ **casting** 1. Druckgießen *n*, Druckguß *m (i.e.S.)* Kokillenguß *m*; 2. Druckgußstück *n*, Druckgußteil *n*, Dauerformgußstück *n*

dielectric Dielektrikum *n*, Nichtleiter *m*
~ **constant** Dielektrizitätskonstante *f*
~ **material** *s.* dielectric
~ **strength** Durchschlag[s]festigkeit *f*, dielektrische Festigkeit *f*
differential aeration unterschiedliche (differentielle) Belüftung *f*
~-**aeration cell** Belüftungselement *n*, Belüftungszelle *f*, Sauerstoffkonzentrationszelle *f*, Evans-Korrosionselement *n*, Evans-Element *n*
~-**aeration corrosion** Belüftungskorrosion *f*
~-**aeration current** Kurzschlußstrom *m* der Belüftungszelle
~ **coating (plating)** Bandbeschichten mit unterschiedlicher Schichtdicke der beiden Seiten, *z. B.* Differenzverzinken
~ **salt concentration corrosion** [örtliche] Korrosion *f* durch Konzentrationselemente
~-**temperature cell** Temperaturdifferenz-Element *n*, Temperaturdifferenz-Zelle *f*
~ **thermal analysis** Differentialthermoanalyse *f*, DTA
~ **thermogravimetric analysis** Differentialthermogravimetrie *f*, DTG
differentially coated (plated) auf beiden Seiten unterschiedlich dick beschichtet, *z. B.* differenzverzinkt
difficult to dissolve schwerlöslich
~ **to reach** schwerzugänglich
diffraction pattern Beugungsbild *n*
diffractometer Diffraktometer *n*
diffractometric diffraktometrisch
diffuse/to [ein]diffundieren, eindringen *(in feiner Verteilung)*; eindiffundieren lassen
~ **away** abdiffundieren, wegdiffundieren
~ **back** nachdiffundieren
~ **inward[s]** [hin]eindiffundieren
~ **outward[s]** [her]ausdiffundieren
diffuse[d] double layer diffuse Doppelschicht *f*
diffusible diffusionsfähig; diffundierbar
diffusion Diffusion *f* ● **under ~ control** *s.* ~-controlled
~ **annealing** Diffusionsglühen *n*
~ **barrier** Diffusionsbarriere *f*
~-**barrier film** Diffusionssperrschicht *f*, Diffusionsgrenzfilm *m*, Nernstsche Diffusionsschicht *f*
~ **coating** 1. Diffusionsbeschichten *n*, Diffusionslegieren *n*, *(i.e.S.)* Diffusionsmetallisieren *n*; 2. Diffusions[schutz]schicht *f*

~ **coefficient** Diffusionskoeffizient *m*, Diffusionskonstante *f*
~ **control** Diffusionssteuerung *f*, Diffusionskontrolle *f (Steuerung durch Diffusionsvorgänge)*
~-**controlled** diffusionsgesteuert, diffusionskontrolliert, diffusionsbedingt, diffusionsbestimmt
~ **current** Diffusionsstrom *m*
~ **gradient** Konzentrationsgefälle *n (Diffusion bewirkend)*
~ **heat treatment** Diffusionsglühen *n*
~ **in solids** Festkörperdiffusion *f*, Diffusion *f* von (in) festen Stoffen
~ **into the substrate** *s.* ~ inwards
~ **inwards** Eindiffundieren *n*, Eindiffusion *f*
~ **layer** Diffusionsschicht *f*
~ **limitation** Diffusionshemmung *f*
~ **outwards** Ausdiffundieren *n*, Aus[wärts]diffusion *f*
~ **overpotential** Diffusionsüberspannung *f*
~ **path** Diffusionsweg *m*
~ **potential** Diffusionspotential *n*, Flüssigkeits[diffusions]potential *n*, Diffusions[galvani]spannung *f*
~ **process** Diffusionsverfahren *n*; Diffusionsvorgang *m*
~ **rate** Diffusionsgeschwindigkeit *f*
~ **to depleted regions** Nachdiffusion *f*
~ **zone** Diffusionszone *f*
diffusional ... *s. a.* diffusion ...
~ **boundary layer** Diffusionssperrschicht *f*, Diffusionsgrenzfilm *m*, Nernstsche Diffusionsschicht *f*
diffusivity Diffusionsfähigkeit *f*, Diffusionsvermögen *n*
dig [down]/to sich einfressen
dihydrogen orthophosphate Dihydrogen[ortho]phosphat *n*, Dihydrogenmonophosphat *n (Phosphatiermittel)*
dilatancy Dilatanz *f (von Anstrichstoffen)*
diluent Verschneidmittel *n*, Verschnittmittel *n*, Streckmittel *n*, Verschnittlöser *m*, Verdünnungsmittel *n*, Verdünner *m (für Lösungsmittel)*
dilutability Verdünnbarkeit *f*; Verschneidbarkeit *f*
dilutable verdünnbar; verschneidbar
dilute/to verdünnen; verschneiden *(Lösungsmittel)*
diluting agent *s.* diluent
dilution 1. Verdünnen *n*, Verdünnung *f*; Verschneiden *n*; 2. Verdünnung *f (Zustand)*

~ **ratio** Verdünnungsverhältnis *n*, Verschneidbarkeit *f*
dimensional stability Formbeständigkeit *f*, Formstabilität *f*
~ **tolerance** Maßtoleranz *f*
dimethyl ketone Dimethylketon *n*, Aceton *n*
dimethylformamide Dimethylformamid *n*, DMF *(Galvanisierhilfsmittel)*
dimple fracture Wabenbruch *m*, ebener Zähbruch *m*
dioctyl sebacate Dioctylsebacat *n (Inhibitor)*
dip/to [ein]tauchen
~-**aluminize** tauch[ver]aluminieren, tauchalitieren
~-**coat** durch Tauchen beschichten, tauchen
~-**patent** tauchpatentieren
dip 1. Tauchbad *n*; 2. Tauchbehandlung *f*
~ **application** 1. Tauchen *n (Anwendung einer Behandlungslösung)*; 2. Tauchauftrag *m*
~-**calorized** feueraluminiert, schmelztauchaluminiert, heißaluminiert, tauchalitiert, tauchaluminiert
~ **coat** *(Anstr)* Tauchschicht *f*
~ **coating** 1. Tauchbeschichten *n*; Tauchlakkieren *n*; 2. Tauchanstrichstoff *m*; 3. Tauchschicht *f*
~ **degreasing** Tauchentfetten *n*
~ **gilding** stromloses Vergolden *n*
~-**hardening** Tauchhärten *n*
~ **paint** Tauchanstrichstoff *m*, Tauchfarbe *f*
~ **painting** Tauchlackieren *n*
~ **rinse** Tauchspülen *n*
~ **section** Tauchzone *f (einer Tauchlackieranlage)*
~ **tank** Tauchbecken *n*, Tauchwanne *f*
diphase cleaner Zweiphasenreiniger *m*, 2-Phasen-Reiniger *m*
~ **cleaning** Zweiphasenreinigung *f*
~ **emulsion cleaner** *s.* diphase cleaner
dipole Dipol *m*
dipping Tauchen *n*, Tauchbehandlung *f*
~ **bath** Tauchbad *n*
~ **enamel** Tauchlack *m*
~ **machine** *(Anstr)* Tauchapparat *m*
~ **paint** Tauchanstrichstoff *m*, Tauchfarbe *f*
~ **period** Tauchdauer *f*
~ **plant** Tauchanlage *f*
~ **time** *s.* ~ period
direct chemical corrosion chemische (trockene) Korrosion *f*, Trockenkorrosion *f*, *(bei Oberflächen auch:)* trockenes Anlaufen *n*

direct

~ **chemical displacement** Abscheidung f im Tauchverfahren, Abscheidung f durch Ionenaustausch (Ladungsaustausch)
~ **cleaning** s. d.c. cleaning
~ **current** Gleichstrom m *(Zusammensetzungen s. unter d.c.)*
~ **drying** Konvektionstrocknung f
~ **logarithmic equation (law)** logarithmisches Gesetz (Zeitgesetz) n
~-**on enamelling** Direktemaillierung f
~-**on PE application** s. ~-on enamelling
~ **oxidation** Hochtemperaturoxydation f, *(i.w.S.)* trockene (chemische) Korrosion f
direction of flow Strömungsrichtung f, Stromrichtung f, Fließrichtung f
~ **of reaction** Reaktionsrichtung f
dirt Schmutz m
~ **particles** Schmutzteilchen npl
disarray Fehlordnung f
disarrayed fehlgeordnet
disastrous corrosion katastrophale (schnelle, rapide) Korrosion f
discharge/to entladen; sich entladen
discharge Entladung f
~ **potential** Entladungspotential n
disclosure Freilegung f *(von Oberflächen)*
discoloration Verfärbung f, Farb[ver]änderung f
discolour/to sich verfärben
discontinuity Fehlstelle f *(in Schutzschichten)*
discontinuous phase disperse (innere, offene) Phase f, Dispersum n *(einer Emulsion)*
disintegrate/to zerfallen
disintegration Zerfall m
disk buff vollrunde Polierscheibe f
~ **electrode** Scheibenelektrode f
~-**[-shaped] specimen** Scheibenprobe f
dislocation *(Krist)* Versetzung f
~ **activity** s. ~ mobility
~ **arrangement (array)** Versetzungsanordnung f, Versetzungskonfiguration f
~ **cell** Versetzungszelle f, Zelle f
~ **climb** Klettern n von Versetzungen
~ **core** Versetzungskern m
~ **creep** Wandern n von Versetzungen
~ **density** Versetzungsdichte f, Flächendichte f der Versetzungen
~ **dipole** s. ~ loop
~ **distribution** s. ~ arrangement
~ **egress** Durchstoßen n einer Versetzung
~ **etch pit** Versetzungsätzgrube f

~-**free** versetzungsfrei
~ **generation** Versetzungsbildung f
~ **generator** Versetzungsquelle f
~ **group** Versetzungsgruppe f
~ **half-loop** Versetzungsbogen m
~ **jog** Versetzungssprung m
~ **line** Versetzungslinie f
~ **loop** Versetzungsschleife f, Versetzungsdipol m
~ **mobility** Versetzungsbeweglichkeit f
~ **motion (movement)** Versetzungsbewegung f
~ **multiplication** Versetzungsvervielfachung f, Versetzungsmultiplikation f, Vervielfältigung f von Versetzungen
~ **network** Versetzungsnetzwerk n
~ **pair** Versetzungspaar n
~ **pairing** Versetzungspaarbildung f
~ **pile-up** Versetzungs[auf]stau m, Versetzungsaufstauung f, Versetzungsanhäufung f
~ **pipe** Versetzungsschlauch m, Versetzungsstrang m
~ **pop-out** s. ~ egress
~ **production** Versetzungsbildung f
~-**rich** versetzungsreich
~ **ring** Versetzungsring m
~ **segment** Versetzungsstück n
~ **site** Versetzungsstelle f
~ **source** Versetzungsquelle f
~ **structure** Versetzungsstruktur f
~ **tangle** Versetzungsknäuel n(m)
~ **tangling** Versetzungsknäuelbildung f
disodium phosphate Dinatriumhydrogenphosphat n, Natriumhydrogen[ortho]phosphat n
disorder/to *(Krist)* fehlordnen
disorder *(Krist)* Fehlordnung f
disordering energy *(Krist)* Fehlordnungsenergie f
disorganization s. disorder
dispersant *(Galv)* Dispergier[hilfs]mittel n, Dispersionsmittel n, Dispergens n
disperse/to dispergieren
disperse phase disperse (innere, offene) Phase f, Dispersum n *(einer Emulsion)*
dispersibility Dispergierbarkeit f
dispersible dispergierbar
dispersing agent s. dispersant
~ **power** Dispergiervermögen n, *(für feste Stoffe auch)* Suspendiervermögen n
dispersion 1. Dispersion f; 2. Dispergieren n, Dispergierung f

double

~ **hardening** Dispersionshärtung f
~ **properties** Dispergierungseigenschaften fpl
~ **strengthening** s. ~ hardening
displace/to verdrängen
displacement Verdrängen n, Verdrängung f
~ **deposition** Abscheidung f im Tauchverfahren (stromlos), Abscheidung f durch Ionenaustausch (Ladungsaustausch)
~ **nickel** im Tauchverfahren abgeschiedenes Nickel n
~ **of potential** Potentialverschiebung f, Potentialänderung f
~ **plating** s. ~ deposition
disproportionation Disproportionierung f
~ **reaction** Disproportionierungsreaktion f
disruption Aufreißen n (von Deckschichten)
dissimilar metals corrosion s. galvanic corrosion
dissociation constant Dissoziationskonstante f
~ **energy** Dissoziationsenergie f
~ **equilibrium** Dissoziationsgleichgewicht n
~ **pressure** Dissoziationsdruck m
dissolution Lösen n, Auflösen n; Inlösunggehen n, Auflösung f
~ **current** Auflösungsstrom m
~ **current density** Auflösungsstromdichte f, Auflösestromdichte f
~ **efficiency** (Galv) anodische Stromausbeute f
~ **equilibrium** Lösungsgleichgewicht n
~ **rate** Auflösungsgeschwindigkeit f
~ **site** Auflösungsstelle f
dissolve/to [auf]lösen; sich [auf]lösen, in Lösung gehen
~ **anodically** sich anodisch auflösen
dissolving power Lösevermögen n, Lösungsvermögen n, Lösefähigkeit f, Lösekraft f
distensibility Dehnbarkeit f
distensible dehnbar
distil off/to abtreiben, austreiben (Gase); entweichen
distilled water destilliertes Wasser n
distribution of dislocations s. dislocation arrangement
~ **ratio** Verteilungsverhältnis n
disturbed site Störstelle f
ditch structure Grabenstruktur f (eine Ätzstruktur)
divacancy (Krist) Doppelleerstelle f
DMF s. dimethylformamide

domain (Krist) Domäne f, (bei Ferromagnetika auch) Weiß-Bezirk m, Weißscher Bezirk (Bereich) m, ferromagnetische Domäne f
~ **of corrosion** Korrosionsbereich m (im Korrosionsschaubild)
~ **of stability** Beständigkeitsbereich m, Beständigkeitsgebiet n (im Korrosionsschaubild)
Donnan effect Donnan-Effekt m
~ **[membrane] equilibrium** Donnan-Gleichgewicht n
~ **potential** Donnan-Potential n
donor electron Donatorelektron n
dopant Zuschlagmetall n, Zusatz m (zu Legierungen)
dope/to zusetzen (Stoffe); versetzen, dotieren (z.B. mit korrosionshemmenden Stoffen)
dosage figure Einsatzmenge f
~ **rate** Dosisleistung f (Dosis einer Strahlung je Zeiteinheit)
dose rate s. dosage rate
dosing pump Dosierpumpe f
double base box standardisierter Kasten für 112 Bleche der Abmessung 20 × 28 in., entsprechend einer Gesamtoberfläche von 135 440 squ. in. = 80,92 m^2, als Bezugsbasis für Auftragsmengen beim Feuerverzinnen
~ **beam** s. ~-beam specimen
~-**beam specimen** Doppelbiegeprobe f
~ **box** s. double base box
~ **cantilever-beam specimen** Doppelhebelprobe f, DCB-Probe f (etwa der Gabelprobe entsprechender Prüfkörper)
~ **chromium plate** Doppelchrom[schutz]schicht f
~-**clad** doppelseitig plattiert
~ **cyanide of zinc** (Galv) Zinkcyanid n
~ **electrode** zweifache Elektrode f, Zweifachelektrode f
~-**galvanized** mittels Holzkohle abstreifverzinkt
~-**lane machine (system)** (Galv) Doppelstraßen-Umkehrautomat m
~-**layer** zweischichtig; zweilagig
~ **layer** Doppelschicht f
~-**layer nickel [coating, plate]** s. duplex nickel [coating, plate]
~-**layered** s. ~-layer
~ **oxide** Doppeloxid n

double

~ plate Silberauflage von etwa 14 µm Dicke
~-reduced tin-plate s. ~-rolled tin-plate
~ reduction s. ~ rolling
~-rolled tin-plate doppelt reduziertes Weißblech n, Leichtgewichtsweißblech n (0,15 bis 0,20 mm dick)
~ rolling Doppeltreduzieren n (zur Herstellung von Leichtgewichtsweißblech)
~-sweep tinning Zweibadverzinnung f, Hochglanzverzinnung f, Zweikesselverfahren n
~-track plant (Galv) zweistraßige (zweipfadige) Anlage f
~-track return-type plant (Galv) Doppelstraßen-Umkehrautomat m
down-quench [thermal treatment] Abschrecken n, rasches Abkühlen n
downtime Betriebsunterbrechung f, Betriebsstillstand m, Stillstandszeit f, Ausfallzeit f
~ corrosion Stillstandskorrosion f
downward penetration Eindringen n
D.P.H. s. diamond pyramid hardness
drag in/to (Galv) einschleppen
~ out (Galv) ausschleppen
~ over (Galv) überschleppen
drag-in (Galv) 1. Einschleppen n; 2. eingeschleppte Elektrolytmenge f
~-out (Galv) 1. Ausschleppen n; 2. ausgeschleppte Elektrolytmenge f
~-out losses Ausschleppverluste mpl, Verschleppungsverluste mpl
~-out [recovery] tank Sparspülbehälter m, Spar[spül]wanne f (erste Spülstufe nach dem Beizen oder Galvanisieren)
~-over (Galv) 1. Überschleppen n; 2. übergeschleppte Elektrolytmenge f
drain [off]/to 1. ablaufen; abtropfen; ablaufen lassen; abtropfen lassen; 2. ableiten (Streuströme)
drain ... s. drainage ...
drainage 1. Ablaufen n; Abtropfen n; Ablaufenlassen n; Abtropfenlassen n; 2. abgelaufener Anstrichstoff m; 3. Streustromableitung f, Drainage f, Ableitung f, (i.e.S.) direkte (unmittelbare) Streustromableitung f
~ area Abtropfzone f, Abtropfstrecke f, Drainkanal m
~ bond (Kat) Kabelverbindung f
~ current (Kat) Drainagestrom m
~ hole Ablauföffnung f
~ point Anschlußpunkt m zur Streustromableitung, Rückleiteranschlußpunkt m

~ section s. ~ area
~ water Sickerwasser n
~ zone s. ~ area
draining ... s. drainage ...
draw marks Ziehspuren fpl
drawing compound Zieh[hilfs]mittel n
dress/to mit Schleifkorn beleimen (Schleifscheiben)
dressed abrasive wheel schleifkornbelegte (schleifkornbeleimte) Scheibe f
dressing Beleimen n mit Schleifkorn (Schleifscheiben)
dried film Trockenfilm m
drier (Anstr) Trockenstoff m, Trocknungsstoff m, Trockner m, Sikkativ n
drip [off]/to abtropfen
drip 1. Abtropfen n; 2. (Galv, Anstr) abtropfende Flüssigkeit f, Tropfen mpl
drive roll[er] Antriebswalze f
driving e.m.f. s. ~ potential
~ force Triebkraft f, treibende Kraft f, Affinität f (einer Reaktion)
~ potential (voltage) (Kat) Treibspannung f, treibende Spannung f (wirksame Spannung nach Abzug der Polarisation)
drop/to 1. tropfen; 2. [ab]sinken, [ab]fallen (z.B. Meßwerte); [ab]senken (z.B. Spannung)
~ out ausbröckeln (z.B. aus Spannungsrissen)
drop 1. Tropfen m; 2. Sinken n, Abfallen n, Abfall m (z.B. von Meßwerten)
~ corrosion Tropfenkorrosion f
~ in voltage Spannungs[ab]fall m
~ test s. dropping test
iR drop, IR drop s. iR drop
droplet Tröpfchen n
dropping test Tropfversuch m (zur Bestimmung der Schichtdicke)
dropwise condensation Tropfenkondensation f
dross 1. Metallschaum m; 2. Hartzink n (meist unerwünschte Fe-Zn-Legierung beim Feuerverzinken)
drum dryer Trommeltrockner m
~ enamel Trommellack m
dry/to trocknen
~-cyanide gaskarbonitrieren
~-finish trocken bearbeiten (Oberflächen)
~ out austrocknen
~ through durchtrocknen
~ up eintrocknen

dry atmospheric corrosion trockene (chemische) Korrosion f, Trockenkorrosion f, *(bei Oberflächen auch)* trockenes Anlaufen n
~-**back [spray] booth** trockene Spritzkabine f
~ **blast cleaning** trockenes Strahlen n
~ **blasting** s. ~ blast cleaning
~ **cell** Trockenelement n
~ **climate** trockenes Klima n
~ **corrosion** Hochtemperaturkorrosion f, *(i.w.S.)* trockene (chemische) Korrosion f
~ **cyaniding (cyanization)** Gaskarbonitrieren n
~ **enamelling** Trockenemaillieren n, Puderemaillieren n, Pulveremaillieren n
~ **film** Trockenfilm m
~-**film thickness** Trockenfilmdicke f
~-**film thickness gauge** Trockenfilmdickenmesser m
~ **galvanizing** Trockenverzinken n *(Schmelztauchverzinken mit Trocknung der Flußmittelschicht)*
~ **opacity** Trockendeckvermögen n
~ **oxidation** Hochtemperaturoxydation f, *(i.w.S.)* trockene (chemische) Korrosion f
~-**spray** Trockenspritzen n *(Fehler beim Farbspritzen)*
~ **spray booth** trockene Spritzkabine f
~ **time** Trocknungsdauer f, Trocknungszeit f, Trockenzeit f
~ **time between coats** s. ~ time to recoat
~ **time to recoat** Zwischentrocknungsdauer f, Zwischentrocknungszeit f
~ **to touch** *(Anstr)* griffest
dryer cabinet *(Galv)* Trockenschrank m
drying Trocknen n, Trocknung f
~ **alkyd** trocknendes Alkydharz n
~ **bath** Trockenkammer f *(mit flüssigem Trockenmittel)*
~ **chamber** Trockenkammer f
~ **characteristics** Trocknungseigenschaften fpl
~ **conditions** Trocknungsbedingungen fpl
~ **furnace** Trockenofen m *(einer Trockenverzinkungsanlage)*
~ **oil** trocknendes Öl n
~-**oil fatty acid** trocknende Fettsäure f
~-**oil finish** 1. Ölanstrichstoff m; 2. Ölanstrich m
~-**oil paint** Ölanstrichstoff m, Ölfarbe f
~-**oil primer** Öl-Grundfarbe f
~-**oil undercoat** Öl-Vorstreichfarbe f
~ **oven** Trockenofen m

duplex

~ **properties** Trocknungseigenschaften fpl
~ **requirements** [erforderliche] Trocknungsbedingungen fpl
~ **room** Trockenraum m
~ **time** Trocknungsdauer f, Trocknungszeit f, Trockenzeit f
~ **unit** Trocknungsanlage f
DSP s. disodium phosphate
DTA s. differential thermal analysis
dual chromium s. duplex chromium
~ **layer** Doppelschicht f
~-**layer nickel plating system** s. duplex nickel system
ductile duktil, dehnbar, streckbar, formbar
~ **fracture (rupture)** Gleitbruch m, Zähbruch m, zäher Bruch m, Verformungsbruch m
ductility Duktilität f, Dehnbarkeit f, Streckbarkeit f, Formbarkeit f
ductilizer *(Galv)* sekundäres Glanzmittel n, Glanzmittel n 2. Klasse, Glanzbildner m *(i.e.S.)*
dull/to mattieren; matt werden
dull matt, stumpf, glanzlos
~ **bath** *(Galv)* mattarbeitender Elektrolyt m, *(i.e.S.)* Mattnickelelektrolyt m
~ **finish** 1. mattes Aussehen n, Matteffekt m; 2. matte Schicht f
~ **nickel** Mattnickel n
~ **nickel bath** Mattnickelelektrolyt m
~ **nickel coating (deposit)** Mattnickel[schutz]schicht f
dulling 1. Mattieren n; 2. Mattwerden n, Stumpfwerden n
dullness Mattheit f, Stumpfheit f, Glanzlosigkeit f
dummy/to *(Galv)* einarbeiten, durcharbeiten, einfahren *(Elektrolyte mit Gleichstrom)*
dummy cathode *(Galv)* Blindkatode f *(zum Abfangen von Verunreinigungen)*
~ **specimen** Vergleichsprobe f
duplex billet zweischichtiges Paket (Plattierpaket) n
~ **carriage system** *(Galv)* Zweiwagensystem n
~ **chromium [coating, plate]** Doppelchrom n, Doppelchrom[schutz]schicht f
~ **chromium plating** *(Galv)* Doppelverchromen n
~ **coating** Duplex-Schicht f, Duplex-System n *(durch Kombination zweier verschiedener Verfahren erzeugte Schutzschicht)*
~ **ingot** Verbundblock m *(zum Plattieren)*

duplex

~ nickel [coating, plate] Doppelnickel *n*, Doppelnickel[schutz]schicht *f*, Duplex-Nikkel[schutz]schicht *f*
~ nickel plating *(Galv)* Doppelvernickeln *n*
~ nickel system Doppelvernicklung *f*, Duplexvernicklung *f*, Bivernicklung *f*, Dualvernicklung *f*, Dur-Vernicklung *f*
~ steel Duplexstahl *m*
Duplex process *Phosphatieren von Rohren nach gründlicher Oberflächenreinigung*
duplicate specimen Parallelprobe *f*
durability Beständigkeit *f*, Haltbarkeit *f*, Dauerhaftigkeit *f*, Lebensdauer *f*
~ test Beständigkeitstest *m*, Beständigkeitsprüfung *f*
durable beständig, haltbar, dauerhaft
duration of exposure Expositionsdauer *f*, *(Prüf auch)* Auslagerungsdauer *f*, Prüfdauer *f*
~ of immersion Tauchdauer *f*
~ of protection Schutzdauer *f*
~ of wetness Befeuchtungsdauer *f*
dust/to 1. aufstäuben, aufpudern *(z. B. Email- oder Plastpulver)*; pudern, bestäuben *(Werkstücke)*; 2. abstauben; entstauben
~ off abstauben
dust Staub *m*
~ brush Abstauber *m*
~-dry staubtrocken *(Anstrich)*
~ elimination Staubabscheidung *f*
~ extraction Staubabsaugung *f*
~ extraction hood Absaughaube *f*
~ extractor Staubabsaugeanlage *f*, Staubentfernungsanlage *f*
~ formation Staubbildung *f*
~-free staubfrei
~ removal Staubabscheidung *f*
~ respirator Staubfilter-Atemschutzmaske *f*
~ separator Entstaubungsanlage *f*
~-tight *s.* dustproof
dusting 1. Aufstäuben *n*, Aufpudern *n* *(z. B. von Email- oder Plastpulver)*; Pudern *n*, Bestäuben *n* *(von Werkstücken)*; 2. Abstauben *n*; Entstauben *n*
dustproof staubdicht, staubundurchlässig, staubgeschützt
dwell time *(Galv)* Expositionsdauer *f*
dye/to einfärben *(z. B. Oxidschichten)*
dye Farbstoff *m*
~-penetrant method Farbeindringverfahren *n* *(zur Feststellung von Rissen und anderen Oberflächenfehlern)*
dynamic equilibrium dynamisches Gleichgewicht *n*, Fließgleichgewicht *n*
~ test Wechseltest *m* *(als Gegensatz zum Dauertest)*

E

E-I curve Potential-Strom-Kurve *f*
early stage Frühstadium *n*
earth/to erden
earth colour *s.* ~ pigment
~ current Erdstrom *m*
~ pigment Erdpigment *n*, natürliches [anorganisches] Pigment *n*
~ resistance Erd[boden]widerstand *m*, Bodenwiderstand *m*
~ resistivity spezifischer Erdbodenwiderstand (Bodenwiderstand) *m*
earthing Erdung *f*
~ conductor Erd[ungs]leiter *m*
~ resistance Erdungswiderstand *m*, Erdausbreitungswiderstand *m*, Ausbreitungswiderstand *m*
~ system Erdungssystem *n*
easy path Pfad *m* leichter Korrosion, Pfad *m* erhöhter Korrosionsfähigkeit
eat/to zerfressen, anfressen, [oberflächlich] zerstören
~ away abtragen
~ through durchfressen
eating away Abtragung *f*, Abtrag *m*, *(i.e.S.)* Korrosionsabtrag *m*, Korrosionsabtragung *f*
ebonite Hartgummi *m*
ECCS *s.* electrolytic chromium-chromium oxide coated steel
eddy current Wirbelstrom *m*
~-current instrument Wirbelstromgerät *n*
~-current method Wirbelstromverfahren *n* *(zur Bestimmung der Schichtdicke)*
edge coverage Kanten[be]deckung *f*
~ dislocation *(Krist)* Stufenversetzung *f*, Kantenversetzung *f*, Taylor-Orowan-Versetzung *f*
~ effect Kanteneffekt *m*, Randeffekt *m*, Randwirkung *f*
~ protection Kantenschutz *m*
~ radiusing Kantenverrunden *n*
edging Aufbringen *n* eines Kantenschutzanstrichs
EDTA *s.* ethylenediamine tetraacetic acid

EEW s. esterification equivalent weight
effectiveness (efficiency) of inhibition Inhibitorwirksamkeit f
effloresce/to ausblühen
efflorescence Ausblühung f, Effloreszenz f
effluent 1. Abfluß m, Ablauf m; 2. Abwasser n
~ **disposal** Abwasserbeseitigung f
eggshell mattglänzend
elastic deformation elastische Verformung f
~ **limit** Elastizitätsgrenze f
~ **modulus** Elastizitätsmodul m, E-Modul m, Youngscher Modul m
~-**plastic boundary** Elastizitätsgrenze f
~ **strain** elastische Dehnung f
elasticity 1. Elastizität f; 2. s. flexibility
electric arc gun Lichtbogen[spritz]pistole f
~ **arc metallizing** Lichtbogenspritzen n (mit Metalldraht oder -pulver)
~ **arc spraying** Lichtbogenspritzen n
~ **arc welding** Lichtbogenschweißen n; Lichtbogenauftragsschweißen n (zum Erzeugen von Metallschichten)
~ **arcspray** Lichtbogenspritzen n
~ **charge** elektrische Ladung f
~ **field strength** elektrische Feldstärke f
~-**field transport** Transport m im elektrischen Feld
~ **glow discharge** Glimmentladung f (z.B. zum Reinigen von Metalloberflächen)
~ **potential** elektrisches Potential n
~ **potential gradient** [elektrischer] Potentialgradient m, Potentialgefälle n
~ **power source** Stromquelle f
~ **spray gun (pistol)** Lichtbogen[spritz]pistole f
electrical conductivity elektrische Leitfähigkeit f, elektrisches Leitvermögen n
~ **conductivity measurement** Leitfähigkeitsmessung f
~ **connection** (Galv) Stromübertragungskontakt m
~ **double layer** elektrische (elektrochemische) Doppelschicht f, Ladungsdoppelschicht f
~ **drainage** Streustromableitung f
~ **drainage protection** Schutz (Korrosionsschutz) m durch Streustromableitung
~ **earthing system** Erdungssystem n
~ **insulator** Nichtleiter m, Dielektrikum n
~ **neutrality** Elektroneutralität f
~ **output** Stromabgabe f

~ **potential** elektrisches Potential n
~ **precipitator** Elektrofilter n
~-**resistance corrosion monitor** Korrosimeter n
~-**resistance measuring instrument** Widerstandsmeßgerät n
~-**resistance method** Widerstands[meß]methode f
electrically insulating flange Isolierflansch m
electricity supply Stromversorgung f
electro tin-plate elektrochemisch (galvanisch) verzinntes Blech n, elektrochemisch erzeugtes Weißblech n
~ **tin plating** elektrochemisches (galvanisches) Verzinnen n
~ **zinc-plated** elektrochemisch (galvanisch) verzinkt
~ **zinc plating** elektrochemisches (galvanisches) Verzinken n
electrobrighten/to s. electropolish/to
electrocapillary curve Elektrokapillarkurve f
~ **maximum** s. zero-charge potential
electrochemical elektrochemisch ● **by an** ~ **route** auf elektrochemischem Wege
~ **cell** [galvanische, elektrochemische] Zelle f, galvanisches Element n, galvanische Kette f
~ **corrosion** elektrochemische (elektrochemisch-anodische, elektrolytische) Korrosion f
~ **cycle** elektrochemischer Mechanismus m (des Korrosionsablaufs)
~ **kinetics** elektrochemische Kinetik f
~ **noise** elektrochemisches Rauschen n
~ **noise measurement** elektrochemische Rauschmessung f
~ **potential** elektrochemisches Potential n
~ **potentiodynamic reactivation test** elektrochemischer potentiodynamischer Reaktivierungstest m
~ **reaction** elektrochemische Reaktion f
~ **reactivation test** elektrochemischer Reaktivierungstest m
~ **series** [elektrochemische] Spannungsreihe f
electrochemistry Elektrochemie f
electrocleaner s. electrolytic cleaner
electrocleaning s. electrolytic cleaning
electrocoagulation Elektrokoagulation f
electrocoat/to elektrophoretisch beschichten, (i.e.S.) elektrotauchlackieren, elektrophoretisch lackieren

electrocoat

electrocoat s. electrocoating paint film
electrocoating 1. elektrophoretische Beschichtung f, Elektro[phorese]beschichtung f, (i.e.S.) Elektrotauchlackierung f, ETL, elektrophoretische Lackierung (Tauchlackierung) f, Elektrophoreselackierung f, Elektrotauchen n, elektrophoretisches Tauchen n; 2. s. ~ paint; 3. s. ~ paint film
~ **bath** Elektrophoresebad n, (i.e.S.) Elektrotauch[lackier]bad n; ETL-Bad n
~ **installation** s. ~ plant
~ **line** Elektrotauchlackierstraße f
~ **paint** Elektrotauchanstrichstoff m, ET-Anstrichstoff m, Elektrophorese-Anstrichstoff m, elektrophoretischer Anstrichstoff m, Elektrotauchlackfarbe f, Elektrotauchlack m, Elektrophoreselack m
~ **paint film** Elektrotauchlack[ierungs]film m, [dünne] Elektrotauchlackschicht f
~ **plant** Elektrophoreseanlage f, (i.e.S.) Elektrotauch[lackier]anlage f, ETL-Anlage f
~ **process** Elektrotauch[lackier]verfahren n
~ **tank** Elektrophoresebecken n, (i.e.S.) Elektrotauchbecken n, ETL-Tauchbecken n, ETL-Becken n
~ **vehicle** ETL-Bindemittel n
electrocrystallization Elektrokristallisation f
electrode Elektrode f
~ **kinetics** Elektrodenkinetik f, Kinetik f von Elektrodenvorgängen
~ **placement** Elektrodenanordnung f
~ **potential** Elektrodenpotential n
~ **reaction** Elektrodenreaktion f
electrodepolishing s. electropolishing
electrodeposit/to 1. elektrochemisch (galvanisch) abscheiden; 2. elektrophoretisch abscheiden
electrodeposit 1. elektrochemisch (galvanisch) hergestellte Schicht (Schutzschicht) f, galvanische Schicht (Schutzschicht) f; 2. elektrophoretisch abgeschiedene (aufgebrachte) Schicht (Schutzschicht) f
electrodepositable 1. elektrochemisch (galvanisch) abscheidbar; 2. elektrophoretisch abscheidbar
~ **paint** s. electrocoating paint
electrodeposited alloy elektrochemisch (galvanisch) abgeschiedene Legierung f
~ **coating** s. electrodeposit
~ **composite coating** Komposit[ions]schicht f, elektrochemische Dispersionsschicht f,

ECD; elektrochemisch (galvanisch) hergestellte Legierungsschutzschicht f (bei metallischen Komponenten)
~ **paint film** Elektrotauchlack[ierungs]film m, [dünne] Elektrotauchlackschicht f
~ **system** elektrochemisch (galvanisch) hergestelltes Schichtsystem n
electrodeposition 1. elektrochemisches (galvanisches, elektrolytisches katodisches) Abscheiden n, galvanisches Auftragen n; 2. elektrophoretisches Abscheiden n, (i.e.S.) elektrophoretisches Lackabscheiden n, Lackelektrophorese f (Zusammensetzungen s. a. unter electrocoating)
~ **coating** s. electrodeposit
~ **of paint** elektrophoretisches Lackabscheiden n, Lackelektrophorese f
~ **primer (priming paint)** Elektrotauchgrundfarbe f, Elektrotauchgrundierung f, Elektrotauchgrundanstrichstoff m
electrodepositor s. electroplater
electrodip plant s. electrocoating plant
electroendosmosis Elektro[end]osmose f
electrofluidized bed elektrostatisches Wirbelbett n
electroformed galvanoplastisch (durch Galvanoformung) hergestellt
electroforming Galvanoplastik f, Galvanoformung f
electrogalvanize/to elektrochemisch (galvanisch) verzinken
electrogalvanizing elektrochemisches (galvanisches) Verzinken n
~ **line** elektrochemische (galvanische) Verzinkungslinie f
electrographic porosity testing elektrographische Porositätsprüfung f
electrokinetic potential elektrokinetisches Potential n, ζ-Potential n, Zeta-Potential n
electroless [fremd]stromlos, außenstromlos, ohne äußere Stromquelle, (Galv i.e.S.) auf reduktiv-chemischem Wege
~ **coating 1.** [reduktives] chemisches Metallisieren n, [reduktives] chemisches Metallbeschichten n; 2. chemisch (reduktiv-chemisch) hergestellte Schicht (Schutzschicht) f
~ **copper plating** [reduktives] chemisches Abscheiden n von Kupfer; [reduktives] chemisches Verkupfern n, Reduktionsverkupfern n
~ **deposit** chemisch (reduktiv-chemisch) hergestellte Schicht (Schutzschicht) f

~ **deposition** chemische (reduktive chemische) Abscheidung (Metallabscheidung) f *(Vorgang oder Tätigkeit)*
~ **gold plating** [reduktives] chemisches Abscheiden n von Gold; [reduktives] chemisches Vergolden n
~ **nickel [plate]** [reduktiv-]chemisch hergestellte Nickelschicht f
~ **nickel plating** [reduktives] chemisches Abscheiden n von Nickel; [reduktives] chemisches Vernickeln n
~ **plate** [reduktiv-]chemisch hergestellte Metallschicht f
~ **plating** s. ~ deposition
electrolysis Elektrolyse f
electrolyte Elektrolyt m, *(Galv auch)* Badflüssigkeit f
~ **anode** Elektrolytanode f
~ **composition** Elektrolytzusammensetzung f
electrolytic elektrolytisch, *(Galv bei Stromzuführung besser)* elektrochemisch
~ **alkaline cleaning** s. ~ cleaning
~ **brightening** s. electropolishing
~ **chromium-chromium oxide coated steel** elektrolytisch spezialverchromter Stahl m
~ **cleaner** Reinigungselektrolyt m; Entfettungselektrolyt m
~ **cleaning** elektrochemische (elektrolytische) Reinigung f; elektrochemisches (elektrolytisches) Entfetten n
~ **cleaning bath** 1. elektrochemisches (elektrolytisches) Reinigungsbad n; elektrochemisches (elektrolytisches) Entfettungsbad n; 2. s. ~ cleaner
~ **conductance** elektrolytische Leitfähigkeit f, elektrolytisches Leitvermögen n
~ **conductivity** [spezifische] elektrolytische Leitfähigkeit f, [spezifisches] elektrolytisches Leitvermögen n
~ **copper** Elektrolytkupfer n, E-Kupfer n
~ **copper anode** Elektrolytkupferanode f
~ **corrosion** elektrochemische (elektrochemisch-anodische, elektrolytische) Korrosion f
~ **deburring** elektrochemisches (elektrolytisches) Entgraten n
~ **degreasing** elektrochemisches (elektrolytisches) Entfetten n
~ **deposition** s. electrodeposition 1.
~ **iron** Elektrolyteisen n, E-Eisen n
~ **lead** Elektrolytblei n, E-Blei n
~ **nickel** Elektrolytnickel n, E-Nickel n, Katodennickel n

~ **oxalic acid etch test** Streicher-Test m I, Oxalsäuretest m *(auf interkristalline Korrosion)*
~ **oxidation** anodisches (elektrochemisches, elektrolytisches) Oxydieren n, anodische Oxydation f
~ **phosphating** Elektrophosphatierung f
~ **pickler** elektrolytische Beize f *(Teil einer Feuerverzinnungsanlage)*
~ **pickling** elektrolytisches Beizen n
~ **polishing** s. electropolishing
~ **protection** s. cathodic protection
~ **salt bath** Salzschmelze f zum elektrolytischen Beizen
~ **silver** Elektrolytsilber n, E-Silber n
~ **solution** Elektrolytlösung f
~ **tin-plate** elektrochemisch (galvanisch) verzinntes Blech n, elektrochemisch erzeugtes Weißblech n
~ **tin-plate No. 75** Weißblech mit 0,75 pounds/base box = 1,2 µm Zinnschichtdicke
~ **tin-plate No. 100** Weißblech mit 1.00 pounds/base box = 1,5 µm Zinnschichtdicke
~ **tin-plate No. 100/25** elektrochemisch differenzverzinntes Weißblech mit einseitig 1.00 bzw. 0.25 pounds/base box = 1,5 bzw. 0,4 µm Zinnschichtdicke
~ **tinning** elektrochemisches (galvanisches) Verzinnen n
~ **tinning line** elektrochemische (galvanische) Verzinnungslinie f
~ **zinc** Elektrolytzink n, E-Zink n
electrolyze/to elektrolysieren, elektrolytisch zersetzen (zerlegen)
electromotive force elektromotorische Kraft f, EMK, [elektrische] Urspannung f, chemische Spannung f, Leerlaufspannung f
~**[-force] series** [elektrochemische] Spannungsreihe f
electron acceptance Elektronenaufnahme f
~**-accepting** elektronenaufnehmend, elektronenziehend, elektronenverbrauchend
~ **acceptor** Elektronenakzeptor m, Elektronen[auf]nehmer m, Elektronenverbraucher m, Elektronenschlucker m
~ **backscattering** *(Prüf)* Betarückstreuung f, β-Rückstreuung f
~ **backscattering spectroscopy** Betarückstreuverfahren n *(zur Schichtdickenmessung)*

electron

- **beam** Elektronenstrahl *m*
- **~-beam curing** *(Anstr)* Elektronenstrahlhärtung *f*, Elektronenstrahltrocknung *f*
- **~-beam evaporation** Elektronenstrahlverdampfung *f*
- **~-beam melting** Elektronenstrahlschmelzen *n*
- **~ bombardment** Elektronenbeschuß *m*, Elektronenbombardement *n*
- **~ capture** Elektroneneinfang *m*
- **~-conducting** elektronenleitend
- **~ conduction** Elektronenleitung *f*
- **~ conductivity** Elektronenleitfähigkeit *f*
- **~ configuration** Elektronenkonfiguration *f*, Elektronenanordnung *f*
- **~-configuration theory** Elektronenkonfigurationstheorie *f (der Passivität)*
- **~-consuming** elektronenverbrauchend, elektronenaufnehmend, elektronenziehend
- **~ consumption** Elektronenverbrauch *m*
- **~ defect** Elektronendefekt *m*
- **~ diffraction** Elektronenbeugung *f*, Elektronenstrahldiffraktion *f*
- **~-diffraction camera** Elektronenstrahldiffraktograph *m*
- **~-diffraction examination** Elektronenbeugungsuntersuchung *f*
- **~-diffraction pattern** Elektronenbeugungsbild *n*, Elektronenbeugungsdiagramm *n*
- **~-donating** elektronenabgebend, elektronenspendend, elektronenliefernd
- **~ donation** Elektronenabgabe *f*
- **~ donor** Elektronendon[at]or *m*, Elektronen[ab]geber *m*, Elektronenspender *m*
- **~ energy** Elektronenenergie *f*
- **~ exchange** Elektronenaustausch *m*
- **~ flow** Elektronenfluß *m*, Elektronenstrom *m*
- **~ fractograph** Mikrofraktographie *f (Abbildung)*
- **~ fractography** Mikrofraktographie *f (Methode)* ● **by electron fractography** mikrofraktographisch
- **~ gun** Elektronenkanone *f*
- **~ hole** Elektronendefektstelle *f*, Elektronenloch *n*, [positives] Loch *n*, Defektelektron *n*, Mangelelektron *n*
- **~ microgram** *s.* ~ micrograph
- **~ micrograph** elektronenmikroskopische Abbildung (Aufnahme) *f*
- **~ microprobe** Elektronen[strahl]mikrosonde *f*, Mikrosonde *f*
- **~-microscope examination (investigation)** elektronenoptische (elektronenmikroskopische) Untersuchung *f*
- **~ migration** Elektronenwanderung *f*
- **~ movement** Elektronenbewegung *f*
- **~ paramagnetic resonance spectroscopy** *s.* ~ spin resonance spectroscopy
- **~ probe** *s.* ~ microprobe
- **~-probe microanalysis** Elektronenstrahlmikroanalyse *f*, Mikrosondenverfahren *n*, Mikrosondentechnik *f*, ESMA
- **~-probe microanalyser** Elektronenstrahlmikroanalysator *m*, Elektronenstrahl-Mikroanalyseapparatur *f*
- **~-probe microscope** Rasterelektronenmikroskop *n*
- **~-providing** *s.* ~-donating
- **~ spectroscopy for chemical analysis** röntgenstrahlangeregte Photoelektronenspektroskopie *f*
- **~ spin resonance spectroscopy** Elektronen[spin]resonanzspektroskopie *f*, ESR-Spektroskopie *f*, EPR-Spektroskopie *f*
- **~ transfer** Elektronenübertragung *f*; Elektronenübertritt *m*, Elektronenübergang *m*
- **~ transmission microscope** Durchstrahlungs[elektronen]mikroskop *n*
- **~ transport** Elektronentransport *m*
- **~ work function** *s.* electronic work function

electronegative elektronegativ
electronegativity Elektronegativität *f*
electroneutral elektroneutral
electroneutrality Elektroneutralität *f*
electronic conduction Elektronenleitung *f*
- **~ conductivity** Elektronenleitfähigkeit *f*, elektronische Leitfähigkeit *f*
- **~ conductor** Elektronenleiter *m*, Leiter *m* erster Ordnung
- **~ probe microanalyser** *s.* electron-probe microanalyser
- **~ resistance** Elektronenwiderstand *m*
- **~ transition** Elektronenübergang *m*, Elektronenübertritt *m*
- **~ transport number** Überführungszahl *f* des Elektrons
- **~ work function** Elektronenaustrittsarbeit *f*, Austrittsarbeit *f*, Ablösearbeit *f*, Abtrennungsarbeit *f*

electroosmosis Elektro[end]osmose *f*
electroosmotic elektroosmotisch
electropaint/to elektrotauchlackieren, elektrophoretisch lackieren
electropaint Elektrotauchanstrichstoff *m*, ET-Anstrichstoff *m*, Elektrophorese-Anstrich-

stoff m, elektrophoretischer Anstrichstoff m, Elektrotauchlackfarbe f, Elektrotauchlack m, Elektrophoreselack m
~ **primer** Elektrotauchgrundfarbe f, Elektrotauchgrundierung f, Elektrotauchgrundanstrichstoff m
electropainting Elektrotauchlackierung f, ETL, elektrophoretische Lackierung (Tauchlackierung) f, Elektrophoreselackierung f, Elektrotauchen n, elektrophoretisches Tauchen n
~ **bath** Elektrotauch[lackier]bad n, ETL-Bad n
~ **line** Elektrotauchlackierstraße f
~ **plant** Elektrotauch[lackier]anlage f, ETL-Anlage f
~ **tank** Elektrotauchbecken n, ETL-Tauchbecken n, ETL-Becken n
electrophoresis Elektrophorese f
electrophoretic elektrophoretisch
~ **coating** s. electrocoating 1.
~ **deposition** elektrophoretisches Abscheiden n
~ **dipping** s. electropainting
~ **migration** elektrophoretische Wanderung f
~ **paint application** elektrophoretischer Anstrichstoffauftrag m
~ **painting** s. electropainting
~ **primer** s. electropaint primer
electrophosphating Elektrophosphatierung f
electroplate/to 1. galvanisieren, elektroplattieren, elektrochemisch (galvanisch) beschichten; 2. s. electrodeposit/to 1.
electroplate s. electroplated coating
electroplated alloy coating elektrochemisch (galvanisch) hergestellte Legierungsschicht f
~ **coating (deposit)** elektrochemisch (galvanisch) hergestellte Schicht (Schutzschicht) f, galvanische Schicht (Schutzschicht) f
~ **tin-plate** elektrochemisch (galvanisch) verzinntes Blech n, elektrochemisch erzeugtes Weißblech n
electroplater Galvanotechniker m, Galvaniseur m
electroplating Galvanostegie f; Galvanisieren n, Elektroplattieren n, elektrochemisches (galvanisches) Beschichten n (Tätigkeit) ● **by** ~ elektrochemisch, galvanotechnisch, galvanisch
~ **and electroforming technology** Galvanotechnik f
~ **barrel** Galvanisiertrommel f, (i.e.S.) Galva-

nisiertrommelapparat m, Trommel[galvanisier]apparat m; Galvanisierglocke f, (i.w.S.) Galvanisierglockenapparat m, Glocken-[galvanisier]apparat m
~ **bath** 1. Galvanisierbehälter m, Elektrolytbehälter m; Galvanisierbad n (flüssigkeitsgefüllter Behälter); 2. s. ~ solution
~ **engineering** Galvanotechnik f
~ **jig** Federklemme f
~ **plant** Galvanisieranlage f, Galvanik f; Galvanisierbetrieb m, Galvanikbetrieb m, Galvanik f
~ **rectifier unit** Galvanikgleichrichter m
~ **room** Galvanisierraum m, Galvanikraum m, Galvanik f
~ **shop** galvanische Werkstatt f, Galvanisieranstalt f, Galvanikbetrieb m, Galvanik f
~ **solution** Elektrolyt m, Elektrolytflüssigkeit f, Galvanisierelektrolyt m
~ **tank** Galvanisierbehälter m, Elektrolytbehälter m
~ **technology** Galvanotechnik f
electropolish/to 1. elektrochemisch (elektrolytisch) polieren, elektropolieren, elektrochemisch (elektrolytisch, anodisch) glänzen; 2. elektropoliert werden, den Elektropoliereffekt zeigen (Korrosionsgrübchen beim Lochfraß)
electropolishing 1. elektrochemisches (elektrolytisches) Polieren n, Elektropolieren n, elektrochemisches (elektrolytisches, anodisches) Glänzen n; 2. Elektropoliereffekt m, Poliereffekt m (Vorgang in Korrosionsgrübchen)
~ **bath (electrolyte)** Polierelektrolyt m
~ **installation** elektrochemischer (elektrolytischer) Polierapparat m
~ **solution** Polierelektrolyt m
electropositive elektropositiv
electropositivity Elektropositivität f
electropriming Elektrotauchgrundieren n
electrorefining elektrochemische (elektrolytische) Raffination f, Elektroraffination f
electrosmosis s. electroosmosis
electrostatic application elektrostatischer Auftrag m, elektrostatisches Auftragen n
~ **atomization** elektrostatische Versprühung f
~ **detearing** elektrostatisches Tropfenabziehen n, elektrostatische Enttropfung f
~ **filter** Elektrofilter n
~ **fluidized bed** elektrostatisches Wirbelbett n

electrostatic

- ~ **[hand] gun** elektrostatische Handspritzpistole (Spritzpistole) f, Elektrostatik-Handspritzpistole f
- ~ **[hand] gun spraying** elektrostatisches Handspritzen n
- ~ **painting plant** elektrostatische Lackieranlage f
- ~ **powder** elektrostatisch versprühbares Pulver n, ES-Pulver n
- ~ **powder coating** elektrostatische Pulverbeschichtung f
- ~ **powder coating plant** elektrostatische Pulverbeschichtungsanlage f
- ~ **powder hand (spray) gun** elektrostatische Pulversprühpistole f
- ~ **powder spraying** elektrostatisches Pulversprühen n, EPS
- ~ **precipitator** Elektrofilter n
- ~ **spray [application, coating]** s. ~ spraying
- ~ **spray gun** s. ~ [hand] gun
- ~ **spray installation** elektrostatische Spritzlackieranlage f
- ~ **spray painting** elektrostatisches Spritzlackieren n
- ~ **spraying** elektrostatisches Spritzen n, Elektrostatikspritzen n
- ~ **spraying process** elektrostatisches Spritzverfahren n

electrostriction Elektrostriktion f (Deformierung z. B. der Hydrathüllen im elektrischen Feld)
electrotin/to elektrochemisch (galvanisch) verzinnen
electrotin elektrochemisch (galvanisch) abgeschiedenes Zinn n
- ~ **plate** s. electro tin-plate

electrotinning elektrochemisches (galvanisches) Verzinnen n
- ~ **line** elektrochemische (galvanische) Verzinnungslinie f

electrotinplate s. electro tin-plate
electrotinplating line s. electrotinning line
electrozinc elektrochemisch (galvanisch) abgeschiedenes Zink n
elemental partitioning Seigerung f (von Legierungsbestandteilen); Entmischung f (der Schmelze)
ELF s. ellipsometry
elimination test Auswahlprüfung f
ellipsometer Ellipsometer n
ellipsometric ellipsometrisch
ellipsometry Ellipsometrie f (zur Untersuchung von Oberflächen)

elongation Verlängerung f
- ~ **strain** Längsdehnung f

embrittle/to spröd[e] machen, verspröden, brüchig machen; spröd[e] werden, verspröden, brüchig werden
embrittlement Versprödung f, Sprödwerden n, Brüchigwerden n
embrittling tendency Versprödungsneigung f
embryonic crack Rißkeim m
emerge/to (Krist) durchstoßen (zur Oberfläche)
emergence (Krist) Durchstoßen n (einer Versetzung)
- ~ **point** Durchstoßpunkt m, Durchstoßstelle f (von Gitterstörungen)

emergent dislocation (Krist) die Oberfläche erreichende (durchstoßende) Versetzung f
emery/to [ab]schmirgeln, [ab]schleifen
emery Schmirgel m
- ~ **cloth** Schmirgelleinen n, Schmirgelleinwand f
- ~ **paper** Schmirgelpapier n
- ~ **powder** Schmirgelpulver n
- ~ **wheel** Schmirgelscheibe f

emf, E.M.F. s. electromotive force
emission source Emissionsquelle f (z. B. für Schadstoffe)
emulsifiable emulgierbar
- ~ **solvent detergent** s. emulsion cleaner

emulsification Emulgieren n, Emulgierung f
- ~ **properties** emulgierende Eigenschaften fpl

emulsifier Emulgator m, Emulgiermittel n
emulsify/to emulgieren
emulsifying action Emulgierwirkung f
- ~ **agent** s. emulsifier
- ~ **power** Emulgiervermögen n, Emulgierfähigkeit f
- ~ **properties** emulgierende Eigenschaften fpl

emulsion cleaner Emulsionsreiniger m
- ~ **cleaning** Emulsionreinigung f
- ~ **coating** Dispersionsanstrichstoff m; Emulsionsanstrichstoff m
- ~ **degreaser** Emulsionsentfetter m
- ~ **degreasing** Emulsionsentfetten n, Emulgierentfetten n, Emulsionsentfettung f
- ~ **paint** Dispersionsfarbe f; Emulsionsfarbe f
- ~ **vehicle** Dispersionsbindemittel n; Emulsionsbindemittel n

enamel/to 1. emaillieren; 2. lackieren (mit Emaillelackfarbe)
enamel 1. Email n, Emaille f; 2. Emaillelackfarbe f, (i.w.S.) Lackfarbe f

~ **adhesion** 1. Emailhaftung *f*; 2. Lackhaftung *f*
~ **coating** 1. Email[schutz]schicht *f*; 2. Lackschicht *f*, Lack[farben]anstrich *m*
~ **film** Lackfilm *m*, [dünne] Lackschicht *f*
~ **finish** 1. Emaillierung *f*; 2. Lackierung *f*
~ **loss** Lackverlust *m* (beim Spritzen)
~ **paint** s. enamel 2.
~ **undercoater** Vorlack *m*
~ **vehicle** Lackbindemittel *n*
enameller Emaillierer *m*
enamelling 1. Emaillieren *n*, Emaillierung *f*; 2. Lackieren *n*, Lackierung *f*; 3. s. enamel
~ **furnace** Emaillierofen *m*, Emailbrennofen *m*
end phase Endphase *f*
endanger/to gefährden
endoscope Inspektionsgerät *n*, Innensehgerät *n* (z. B. für Rohre)
endoscopy Inneninspektion *f* (z. B. von Rohren)
endurance limit Dauer[schwing]festigkeit *f*, Ermüdungsgrenze *f*
~ **values** Beständigkeitskenndaten *pl*, Beständigkeitskennwerte *mpl*
energetic energiereich, hochenergetisch
energetically favourable energetisch begünstigt
energize/to speisen (z. B. katodische Schutzanlagen)
energizer Aktivierungsmittel *n*, Verstärker *m*, Aktivator *m* (beim Pulveraufkohlen)
energy balance Energiebilanz *f*
~ **barrier** Energieschranke *f*, Energiebarriere *f*, Energieberg *m*, Energieschwelle *f*
~ **consumption** Energieverbrauch *m*
~ **hump** s. ~ barrier
~ **of formation** Bildungsenergie *f*
~-**rich** energiereich
~ **state** Energiezustand *m*
~ **well** Energiequelle *f*
engineering corrosion durch konstruktive Mängel begünstigte Korrosion
~ **stress** Beanspruchung *f* (Kraft geteilt durch ursprüngliche Querschnittsfläche)
English degree englischer Härtegrad *m* (des Wassers)
engobe/to engobieren
ennoble/to veredeln (z. B. Potentiale)
ennoblement, ennobling Vered[e]lung *f* (z. B. von Potentialen)
enrich/to anreichern

enriched layer angereicherte Schicht *f*, Anreicherungsschicht *f*
enrichment Anreicherung *f*
entering section Einfahrbereich *m* (eines Elektrotauchbeckens)
enthalpy Enthalpie *f*, Wärmeinhalt *m*, Gibbssche Wärmefunktion *f*
~ **change** Enthalpieänderung *f*
~ **of formation** Bildungsenthalpie *f*
entrap/to einschließen
entrapment Einschließen *n*, Einschluß *m*
entropy Entropie *f*
~ **change** [innere] Reaktionsentropie *f*, Entropieänderung *f*
entry Eindringen *n*, Einwanderung *f*
~ **section (stage)** Einlaufabschnitt *m* (einer Feuermetallisierungsanlage)
environmental chamber Klimaprüfkammer *f*
~ **conditions** Umweltbedingungen *fpl*, Umgebungsbedingungen *fpl*
~ **dependence** Umweltabhängigkeit *f*
~ **effect** Umwelteinfluß *m*, (i.e.S.) Klimaeinfluß *m*
~ **factor** Umweltfaktor *m*
~ **impact** Umweltbelastung *f*
~ **pollution** Umweltverschmutzung *f*
~ **protection** Umweltschutz *m*
~ **test** Klimaversuch *m*
~ **testing** Umgebungsprüfung *f*, Klimaprüfung *f*
~ **testing procedure** Umgebungsprüfverfahren *n*, Klimaprüfverfahren *n*
~ **testing program[me]** Klimaschutz-Prüfprogramm *n*
epitaxial epitaktisch, fremdorientiert (Kristallabscheidung), (i.e.S.) topotaktisch (bei zusätzlicher Anpassung des Gittertyps)
~ **growth** epitaktisches Aufwachsen *n*
epitaxic s. epitaxial
epitaxy Epitaxie *f*, Orientierungsbeziehung *f* (orientierte Kristallabscheidung auf Fremdkristallen), (i.e.S.) Topotaxie *f* (bei zusätzlicher Anpassung des Gittertyps)
epoxide equivalent [weight] Epoxidäquivalent[gewicht] *n*
~ **paint** s. epoxy paint
~ **resin ester** s. epoxy ester
epoxidized alkyd Epoxidalkydharz *n*, Alkydepoxidharz *n*, epoxidharzmodifiziertes (epoxidiertes) Alkydharz *n*
~ **oil** epoxidiertes Öl *n*
epoxy amine [paint] Epoxid-Amin-Anstrichstoff *m*

epoxy

~-coal tar coating 1. Teer-Epoxidharz-Anstrichstoff m, TE-Anstrichstoff m; 2. Teer-Epoxidharz-Anstrich m
~-coal tar paint Teer-Epoxidharz-Anstrichstoff m, TE-Anstrichstoff m, Teer-Epoxidharzfarbe f
~ coating 1. Epoxidharzanstrichstoff m; 2. Epoxidharzanstrich m; Epoxidharzschutzschicht f
~ enamel Epoxid[harz]lack m
~ ester Epoxid[harz]ester m
~ ester enamel Epoxidharzesterlack m
~ ester paint Epoxidharzester-Anstrichstoff m
~ isocyanate paint Epoxidharz-Isocyanat-Anstrichstoff m
~ paint Epoxidharzanstrichstoff m
~ polyamide paint Epoxidharz-Polyamid-Anstrichstoff m
~ powder Epoxidharzpulver n
~ resin Epoxidharz n
~-resin ester s. ~ ester
~-resin paint Epoxidharzanstrichstoff m
~ stopper Epoxidharzspachtel m, EP-Spachtel m
EPR spectroscopy s. electron spin resonance spectroscopy
EPRT s. electrochemical potentiodynamic reactivation test
equation of state Zustandsgleichung f
equilibrium concentration Gleichgewichtskonzentration f
~ condition Gleichgewichtsbedingung f
~ constant Gleichgewichtskonstante f, Massenwirkungskonstante f
~ deposition (Galv) Gleichgewichtsabscheidung f (von Legierungen)
~ diagram s. ~ phase diagram
~ electrode potential s. ~ potential
~ fugacity Gleichgewichtsfugazität f, Fugazität f unter Gleichgewichtsbedingungen
~ phase diagram Zustandsdiagramm n, Phasendiagramm n, Gleichgewichtsdiagramm n
~ potential Gleichgewichtspotential n, Gleichgewichtsgalvanispannung f, Nernst-Potential n
~ pressure Gleichgewichtsdruck m
~ state Gleichgewichtszustand m
~ water Gleichgewichtswasser n
equipment cleaner Reinigungsmittel n, Auswaschmittel n (z. B. für Beschichtungswerkzeuge)

equipotential mit gleichem Potential, Äquipotential...
~ line Äquipotentiallinie f
~ plane (surface) Äquipotentialfläche f
equivalent conductivity Äquivalentleitfähigkeit f
~-energy method Methode f der Äquivalentenergie (Fließbruchmechanik)
~ weight Äquivalentmasse f, (veraltet) Äquivalentgewicht n
~ weight of the amine Aminäquivalent n
Erftwerk process Erftwerk-Verfahren n, EW-Verfahren n (zur chemischen Oxydation von Aluminium); Erftwerk-Glänzverfahren n
Erichsen cup test Erichsen-Tiefziehversuch m, Tiefungsversuch m (Tiefung f) nach Erichsen, Erichsen-Tiefung f
~ impression 1. Erichsen-Tiefung f, Tiefung f nach Erichsen; 2. s. Erichsen cup test
~ test s. Erichsen cup test
~ value Erichsen-Tiefung f, Tiefung f nach Erichsen (Meßwert)
erosion Erosion f
~ attack 1. Erosionsangriff m (mechanisch); 2. s. ~-corrosion
~-corrosion Erosionskorrosion f, Strömungskorrosion f
~ resistance Erosionsbeständigkeit f
~-resistant erosionsbeständig
ERT s. electrochemical reactivation test
ESCA s. electron spectroscopy for chemical analysis
ESR spectroscopy s. electron spin resonance spectroscopy
ester gum Harzester m
esterification Verestern n, Veresterung f
~ equivalent weight Veresterungsäquivalentgewicht n
estuarine water Brackwasser n
eta phase (Krist) η-Phase f
etch/to [an]ätzen
~ away wegätzen
etch figure Ätzfigur f, Lösungsfigur f
~ pattern Ätzmuster n
~ pit Ätzgrübchen n, Ätzgrube f
~ pitting (Prüf) Anätzen n
~ primer Washprimer m, Reaktionsprimer m, Aktivprimer m, Ätzprimer m, Reaktionsgrundiermittel n
~ solution Ätzlösung f
~ structure Ätzstruktur f

etchant Ätzmittel *n*
etching Ätzen *n*, Anätzen *n*
~ **action** Ätzwirkung *f*
~ **primer** *s.* etch primer
~ **solution** Ätzlösung *f*
ethylenediamine tetraacetic acid Ethylendiamintetraessigsäure *f*, EDTA
eutectic [mixture] Eutektikum *n*, eutektisches Gemisch *n*
eutectoid eutektoid[isch]
eutectoid Eutektoid *n*
~ **reaction** eutektoide Reaktion (Umwandlung) *f*
evaluate/to bewerten
evaluation Bewertung *f*
~ **test** Auswahlprüfung *f*
Evans diagram Potential-Strom-Diagramm *n* nach Evans *(mit Schnittpunkt der anodischen und katodischen Potentialgeraden am Korrosionspotential)*
evaporability Verdampfbarkeit *f*
evaporable verdampfbar
evaporant Verdampfungsgut *n*
evaporate/to verdampfen; verdunsten *(unterhalb des normalen Siedepunkts)*; verdampfen lassen; verdunsten lassen
evaporation Verdampfen *n*, Verdampfung *f*; Verdunsten *n*, Verdunstung *f (unterhalb des normalen Siedepunkts)*
~ **in vacuo** Vakuumverdampfen *n*, Verdampfen *n* im Vakuum
~ **loss** Verdampfungsverlust *m*
~ **rate** Verdampfungsgeschwindigkeit *f*; Verdunstungsgeschwindigkeit *f*
~ **source** Dampfquelle *f (z. B. zur Vakuumbedampfung)*
even/to:
~ **out** einebnen
even general corrosion ebenmäßige Korrosion (Oberflächenkorrosion) *f*, ebenmäßiger Abtrag *m*, ebenmäßig (gleichmäßig) abtragende Korrosion *f*, gleichmäßiger Flächenabtrag (Abtrag) *m*
~ **local corrosion** fleckige Korrosion *f*
evenness Ebenheit *f (von Oberflächen)*
evolution of hydrogen Wasserstoffentwicklung *f*
EW process *s.* Erftwerk process
exacerbate/to verschärfen *(z. B. die Korrosion)*
exaltant *(Galv)* Beschleuniger *m (beim reduktiv-chemischen Metallabscheiden)*

excess charge Überschußladung *f*
~ **conducting** *s.* n-type conducting
excessive grain growth Kornvergröberung *f*
~ **pickling** Überbeizen *n*
~ **polarization** übermäßige Polarisation *f*
~ **stress** Überbeanspruchung *f*
~ **thinning** übermäßiges Verdünnen *n*
exchange CD *s.* ~ current density
~ **current** Austauschstrom *m*
~ **current density** Austauschstromdichte *f*
~ **process** Austauschvorgang *m*
~ **reaction** Austauschreaktion *f*
exchangeability Austauschbarkeit *f*, Auswechselbarkeit *f*
exchangeable austauschbar, auswechselbar
exclusion of air Ausschluß *m* von Luft, Luftabschluß *m*
~ **of oxygen** Ausschluß *m* (Fernhaltung *f*) von Sauerstoff
excrescence Auswuchs *m*
exfoliate/to abblättern; aufblättern
exfoliation 1. Abblättern *n*; Aufblättern *n*; 2. *s.* ~ corrosion
~ **attack** *s.* ~ corrosion
~ **corrosion** Schichtkorrosion *f*, schichtförmige Korrosion *f (Korrosionstyp)*
~-**corrosion resistance** Schichtkorrosionsbeständigkeit *f*, Beständigkeit *f* gegen[über] Schichtkorrosion
~-**corrosion-resistant** schichtkorrosionsbeständig, beständig gegen[über] Schichtkorrosion
~-**corrosion susceptibility** Schichtkorrosionsanfälligkeit *f*
~ **resistance** *s.* ~-corrosion resistance
~ **susceptibility** Schichtkorrosionsanfälligkeit *f*
exhalation Exhalation *f*, Aushauchung *f (von Vulkanen)*
exhaust/to 1. aufbrauchen *(z. B. gelösten Sauerstoff)*; erschöpfen *(z. B. Ionenaustauscher)*; 2. auspumpen; ablassen
exhaust ducting Absaugleitung *f*
~ **ventilation** Absaugung *f*, *(Galv auch)* Dunstabsaugung *f*, Badnebelabsaugung *f*
exhausting device Absaugvorrichtung *f*, Absaugeinrichtung *f*
exhaustion Aufbrauchen *n (z. B. von gelöstem Sauerstoff)*; Erschöpfung *f (z. B. von Ionenaustauschern)*
exhibit passivity/to Passivität zeigen (aufweisen), passiv sein, sich passiv verhalten

exit

exit end Austragseite *f (einer Fließstrecke)*
~ recoiler Aufwickelhaspel *f(m) (einer kontinuierlichen Feuermetallisierungsanlage)*
~ roll Abstreiferrolle *f*, Abstreifwalze *f (beim Feuermetallisieren)*
expansion mismatch *zu großer Unterschied der Ausdehnungskoeffizienten*
expansive stress innere Druckspannung *f*, Druckeigenspannung *f*
expendable anode *(Kat)* Aktivanode *f*, Opferanode *f*
~ material *(Kat)* Opfermetall *n*
experimental cell Versuchszelle *f*; Prüfzelle *f*
~ period Versuchsdauer *f*
~ run Probelauf *m*
~ set-up Versuchsapparatur *f*, Versuchsaufbau *m*, Versuchsanordnung *f*
experimentation Erprobung *f*
exploring calomel half-cell Normalkalomelelektrode *f*
explosion cladding *s.* explosive cladding
explosive bonding *s.* ~ cladding
~-clad explosionsplattiert
~ cladding 1. Explosionsplattieren *n*, Sprengplattieren *n*; 2. Explosionsüberzug *m (aus vorgefertigtem Material)*
~ limits Explosionsgrenzen *fpl*
explosively clad explosionsplattiert
expose/to exponieren, aussetzen *(z. B. korrosiven Einflüssen)*, *(Prüf auch)* auslagern; beanspruchen; freilegen *(Metalloberflächen)*
~ to the atmosphere der Atmosphäre aussetzen, *(Prüf auch)* im Freiluftklima auslagern
exposed indoors dem Innenraumklima ausgesetzt, im Innenraumklima beansprucht
~ outdoors freibewittert, naturbewittert
exposure Exponierung *f*, Exposition *f*, *(Prüf auch)* Auslagerung *f*; Beanspruchung *f*
~ angle Auslagerungswinkel *m*
~ condition Beanspruchungsart *f*; Aufstellungskategorie *f*
~ conditions Beanspruchungsbedingungen *fpl*, Einsatzbedingungen *fpl*, Betriebsbedingungen *fpl*, Gebrauchsbedingungen *fpl*, Anwendungsbedingungen *fpl*, Praxisbedingungen *fpl*; *(Prüf)* Auslagerungsbedingungen *fpl*, Versuchsbedingungen *fpl*
~ cycle Beanspruchungszyklus *m*, Prüfzyklus *m (mit wechselnder Feuchte und Temperatur)*
~ direction Auslagerungsrichtung *f*

~ environment Beanspruchungsmedium *n*; Umgebung *f*, Umwelt *f*, Milieu *n*
~ location *s.* ~ test site
~ panel [flache] Auslagerungsprobe *f*, Bewitterungstafel *f*, *(aus Metall auch)* Auslagerungsblech *n*
~ period Expositionsdauer *f*, Beanspruchungsdauer *f*, *(Prüf auch)* Auslagerungsdauer *f*, Bewitterungsdauer *f*, Prüfdauer *f*
~ program[me] Auslagerungsprogramm *n*
~ rack Auslagerungsgestell *n*, Bewitterungsgestell *n*
~ site *s.* ~ test site
~ specimen Auslagerungsprobe *f*
~ station *s.* ~ testing station
~ structure [großes] Auslagerungsgestell *n*
~ test Auslagerungsversuch *m*, Bewitterungsversuch *m*
~ test site Auslagerungsort *m*, Bewitterungsort *m*, Expositionsort *m*, Aufstellungsort *m*, Versuchsort *m*, Prüfort *m*
~ testing Auslagerung *f*, Bewitterungsprüfung *f*
~ testing station Bewitterungsstation *f (der Aufstellungskategorie I)*
~ time *s.* ~ period
~ to moisture Feuchtigkeitsbeanspruchung *f*
~ type Beanspruchungsart *f*
45° exposure *(Prüf)* Auslagerung *f* unter 45°
extend/to verschneiden *(Pigmente)*
extender *(Anstr)* Extender *m*, Füllstoff *m*, Verschneidmittel *n*, Verschnittmittel *n*, Streckmittel *n*
~-pigment *s.* extender
extent of damage Schadausmaß *n*, Schadensumfang *m*
exterior atmospheric exposure *s.* ~ exposure
~ coating 1. Außenbeschichtung *f*; 2. Außenschutzschicht *f*
~ durability Außenbeständigkeit *f*
~ emulsion paint Dispersionsanstrichstoff *m* für außen
~ enamel Lackfarbe *f* für außen (Außenanstriche)
~ exposed atmosphere (environment) Freiluftklima *n*
~ exposure Frei[luft]bewitterung *f*, Naturbewitterung *f*, Außenbewitterung *f*, Bewitterung *f*, Bewitterungsbeanspruchung *f*, atmosphärische Beanspruchung *f*, Außenbeanspruchung *f*, *(Prüf auch)* Auslagerung *f* im Freiluftklima, Freiluftauslagerung *f*, Naturauslagerung *f*

~ **exposure test** Frei[luft]bewitterungsversuch m, Naturbewitterungsversuch m, Bewitterungsversuch m
~ **exposure testing** Frei[luft]bewitterungsprüfung f, Naturbewitterungsprüfung f, Bewitterungsprüfung f
~ **finish** 1. Anstrichstoff m für außen, Außenanstrichstoff m; 2. Außenanstrich m
~ **lacquer** Lack m für Außenanstriche, Außenlack m *(physikalisch trocknend)*; Lackfarbe f für außen (Außenanstriche)
~ **latex paint** Latexfarbe f für außen
~ **paint** Anstrichstoff m für außen, Außenanstrichstoff m, Außenanstrichfarbe f
~ **paint system** Anstrichsystem n (Anstrichaufbau m) für außen
~ **pipe coating** 1. Rohraußenbeschichtung f; 2. Rohraußenschutzschicht f
~ **sheltered atmosphere (environment)** Außenraumklima n
~ **surface** Außenfläche f
~ **weathering** s. ~ exposure
~ **weathering resistance** Witterungsbeständigkeit f, Wetterbeständigkeit f, Wetterfestigkeit f
external corrosion äußere Korrosion f, Außenkorrosion f *(z. B. von Behältern, Rohren)*
~ **current** äußerer (zugeführter) Strom m, Außenstrom m
~ **loading** äußere Belastung f
~ **paint coating** Außenschutzanstrich m
~ **phase** geschlossene (zusammenhängende) Phase f, Dispersionsphase f, Dispergens n
~ **power supply** *(Kat)* Fremd[strom]einspeisung f
~ **protection** Außenschutz m, *(i.e.S.)* Außenkorrosionsschutz m
~ **resistance** Außenwiderstand m
~ **stress** äußere Spannung f, Beanspruchungsspannung f *(mechanisch)*
~ **stress-corrosion cracking** Spannungsrißkorrosion f durch äußere Spannungen
~ **voltage** Fremdspannung f
~ **wrap[ping]** äußere Bandage f
externally applied current s. external current
extra corrosion thickness s. ~ thickness
~ **low carbon steel** Stahl m mit extrem niedrigem Kohlenstoffgehalt, ELC-Stahl m, entkohlter Stahl m *(Kohlenstoffgehalt unter 0,03 %)*
~ **thickness** Korrosionszuschlag m, Sicherheitszuschlag m, Dickenzuschlag m, Dickenreserve f, Wanddickenzuschlag m, *(bei Stahl und Eisen auch)* Abrostungszuschlag m, Rostzuschlag m
extractor cowl Absaughaube f
extraneous ion Fremdion n
~ **material (substance)** Fremdstoff m
extreme-pressure lubricant Höchstdruckschmiermittel n, Extreme-pressure-Schmiermittel n
extrusion Materialauspressung f, Extrusion f *(in Gleitbändern)*

F

f chromium rißfrei abgeschiedenes Chrom
fabric tape Textilgewebebinde f
~ **wheel** Stoffscheibe f, Tuchscheibe f
fabrication code Beschaffenheitsstandard m, Lieferstandard m *(unverbindlich)*
~ **primer** 1. Fertigungsanstrichstoff m, Grundanstrichstoff m für Fertigungsanstriche; 2. Fertigungsanstrich m
~ **standard** Beschaffenheitsstandard m, Lieferstandard m
~ **stress** Fertigungsspannung f
face-centred cubic kubisch-flächenzentriert, kfz
~ **shield** Gesichtsschutz m
facet *(Krist)* Kristallfläche f, Facette f; Schlifffläche f; Bruchfläche f
~ **formation** Facettenbildung f, Facettenwachstum n
facet[t]ing Facettierung f, thermisches Ätzen n
facing Auflagewerkstoff m *(beim Plattieren)*
~ **concrete** Sichtbeton m
~ **metal** Auflagemetall n, Überzugsmetall n *(beim Plattieren)*
factory application 1. Fertigungsanstrich m; 2. s. ~ coating 1.
~-**applied coating** im Werk aufgebrachte Schutzschicht f, Werksbeschichtung f; Fertigungsanstrich m
~-**coated** werksbeschichtet; mit einem Fertigungsanstrich versehen
~ **coating** 1. Beschichten n in der Werkstatt; 2. s. ~-applied coating
~-**sheathed** mit Werksumhüllung
~ **sheathing** Werksumhüllung f
fade/to ausbleichen, verbleichen, verblassen

fade

fade resistance Farbechtheit *f*, Lichtechtheit *f*
~-resistant farbecht, lichtecht
fadeometer Fadeometer *n*, Farbechtheitsprüfer *m*, Lichtechtheitsmesser *m*
fading Ausbleichen *n*, Verbleichen *n*, Verblassen *n*
fail/to ausfallen, versagen, unbrauchbar werden; zerstört werden, zu Bruch gehen *(bei Spannungsrißkorrosion)*
failure Ausfall *m*, Versagen *n*, Unbrauchbarwerden *n*; Zubruchgehen *n (bei Spannungsrißkorrosion)*
~ **mode** Art *f* des Versagens; Bruchform *f (bei Spannungsrißkorrosion)*
~ **point** Schwachstelle *f*
~ **time** Lebensdauer *f*, Standzeit *f*
fall apart/to zerfallen
fall in potential Potentialabfall *m*
false brinelling s. fretting corrosion
fan angle Spritzwinkel *m*
~ **nozzle** Flach[sprühkegel]düse *f*
~ **[spray] pattern** Flachstrahlbild *n*
~ **spread (width)** Spritzbreite *f*
Faraday s. Faraday's constant
~ **equivalent** Faraday-Äquivalent *n*, elektrochemisches Äquivalent *n*
Faraday's constant Faraday-Konstante *f*, Faraday-Zahl *f*, Faradaysche Zahl *f*
~ **law** Faradaysches Gesetz *n*, Faraday-Gesetz *n*
~ **number** s. Faraday's constant
fast cooling Abschrecken *n*
~-curing *(Anstr)* schnellhärtend
~-drying *(Anstr)* schnelltrocknend
~ **[mechanical] fracture** Gewaltbruch *m*
~ **solvent** leichtflüchtiges (schnellflüchtiges) Lösungsmittel *n*
~ **to light** lichtbeständig, lichtecht
fat edge Fettkante *f (aus herabgelaufenem Anstrichstoff)*
fatigue/to ermüden
fatigue Ermüdung[serscheinung] *f*
~ **band** F-Band *n*, persistentes Gleitband *n*
~ **behaviour** Dauerschwingverhalten *n*
~ **crack** Ermüdungsriß *m*
~ **cracking** Ermüdungsrißbildung *f*
~ **curve** s. ~-life curve
~ **cycle (cycling)** Schwingspiel *n*, Lastspiel *n*
~ **damage** Ermüdungsschaden *m*; Ermüdungsschädigung *f*
~ **experiment** s. ~ test
~ **failure** Dauer[schwing]bruch *m*, zeitabhängiger Bruch *m*, Ermüdungsbruch *m*, Schwingbruch *m*, *(bei Mitwirken von Korrosion auch)* Korrosionsdauerbruch *m*
~ **life** Grenzschwingspielzahl *f*
~-life curve Wöhler-Kurve *f*, σ/N-Kurve *f*
~ **limit** Ermüdungsgrenze *f*, Dauerschwingfestigkeit *f*; Korrosionswechselfestigkeit *f*, Korrosionszeitfestigkeit *f*
~ **loading** Ermüdungsbelastung *f*, Schwingbelastung *f*
~ **machine** s. ~ testing machine
~ **precrack** Ermüdungsanriß *m*, Dauerbruchanriß *m*
~-precracked mit Ermüdungsanrissen
~ **resistance (strength)** 1. Ermüdungsbeständigkeit *f*, Ermüdungsfestigkeit *f*, Ermüdungswiderstand *m (gegen mechanische und thermische Beanspruchung)*; 2. s. ~ limit
~ **striations** Schwingungsstreifen *mpl*, Schwingungsfurchen *fpl*, Bruchlinien *fpl*
~ **test** Ermüdungsversuch *m*, *(bei mechanischer Beanspruchung auch)* Schwingversuch *m*, Dauerschwingversuch *m*
~ **testing** Ermüdungsprüfung *f*, *(bei mechanischer Beanspruchung auch)* Schwingprüfung *f*
~ **testing machine** Ermüdungsmaschine *f*, Schwingprüfmaschine *f*
fattening Eindickung *f*, Dick[flüssig]werden *n (von Anstrichstoffen während der Lagerung)*
fatty acid Fettsäure *f*
~ **edge** s. fat edge
faying surface Paßfläche *f*
~-surface corrosion Spaltkorrosion *f*
fcc s. face-centred cubic
federal specification plate Silberauflage von etwa 32 µm Dicke
feed end Eintragseite *f*
~ **potential** *(Kat)* Einspeisepotential *n*
~ **water** Speisewasser *n*
feeding Eindickung *f*, Dick[flüssig]werden *n (von Anstrichstoffen bis zur Unbrauchbarkeit)*
~ **wire** Spritzdraht *m (beim Spritzmetallisieren)*
felt down/to *(Anstr)* mit dem Filz mattschleifen
felt wheel Filzscheibe *f*
ferric Eisen..., *(i.e.S.)* Eisen(III)-...; eisenhaltig
~ **hydroxide** Eisen(III)-oxidhydrat *n*, Eisen(III)-hydroxid *n*

~ **iron** dreiwertiges Eisen *n*
~ **phosphate** Eisen(III)-phosphat *n*, *(i.e.S.)* Eisen(III)-orthophosphat *n*
~ **rust** Eisen(III)-oxidhydrat *n (Rostform)*
~ **sulphate-sulphuric acid test** *s.* ~ sulphate test
~ **sulphate test** Streicher-Test *m*, Streicher-Test *m* II, Eisen(III)-sulfat-Schwefelsäure-Test *m* nach Streicher *(auf interkristalline Korrosion)*
ferrite Ferrit *m (Eisen-Kohlenstoff-Mischkristall im α- und γ-Bereich)*
~-**free** ferritfrei
ferritic ferritisch
ferro-alloy Ferrolegierung *f*
ferrochromium Ferrochrom *n*
ferroconcrete Stahlbeton *m*, bewehrter Beton *m*
ferromagnetic [material, substance] ferromagnetischer Werkstoff *m*, Ferromagnetikum *n*
ferromanganese Ferromangan *n*
ferrosilicon Ferrosilicium *n*, Siliciumeisen *n*
ferroso-ferric compound Eisen(II,III)-Verbindung *f*
Ferrostan bath *(Galv)* Verzinnungselektrolyt aus Zinn(II)-sulfat und Phenolsulfonsäure
~ **line** Ferrostan-Linie *f (zur elektrochemischen Verzinnung von Stahlband in saurem Medium)*
ferrous Eisen..., *(i.e.S.)* Eisen(II)-...; eisenhaltig; eisern
~-**based alloy** *s.* iron-base[d] alloy
~ **dihydrogen phosphate** Eisen(II)-dihydrogenphosphat *n*
~ **iron** zweiwertiges Eisen *n*
~ **metal** Eisenmetall *n*
~ **sulphate** Eisen(II)-sulfat *n*
~ **wastage plate** *(Kat)* Eisenschrottanode *f*
ferroxyl indicator Ferroxylindikator *m*
~ **print method** *s.* ~ test
~ **test** Ferroxyltest *m (zur Porigkeitsbestimmung)*
FGD *s.* flue-gas desulphurization
fibre glass Glasfaserstoff *m*
fibrous fracture *s.* ductile fracture
~ **structure** Faserstruktur *f*
Fick's [diffusion] law Ficksches Gesetz (Diffusionsgesetz) *n*
field application Beschichten *n* auf der Baustelle; Baustellenanstrich *m*
~ **corrosion test** Naturkorrosionsversuch *m*,

(bei Stahl und Eisen auch) Naturrostversuch *m*
~ **data** Freilandwerte *mpl*
~ **effect** Feldeffekt *m*, Feldwirkung *f*
~-**electron emission microscopy** Feldelektronenmikroskopie *f*
~ **exposure** Naturauslagerung *f*, *(an der Luft auch)* Naturbewitterung *f*, Frei[luft]bewitterung *f*, Außenbewitterung *f*, *(Prüf auch)* Auslagerung *f* im Freiluftklima, Freiluftauslagerung *f*
~-**exposure panel** *s.* ~-test panel
~-**exposure test** *s.* ~ test
~-**ion microscopy** Feldionenmikroskopie *f*
~ **of application** Anwendungsgebiet *n*, Anwendungsbereich *m*
~ **painting** Baustellenanstrich *m*
~ **panel** *s.* ~ test panel
~ **panel test** Auslagerungsversuch *m* mit Probeplatten
~-**reversing contactor** Reversiergerät *n*, Schaltgerät *n*, Umpolgerät *n (beim Stromumpolverfahren)*
~ **strength** Feldstärke *f*
~ **test** Feldversuch *m*, Naturversuch *m*, *(an der Luft auch)* Naturbewitterungsversuch *m*, Frei[luft]bewitterungsversuch *m*, Bewitterungsversuch *m*
~-**test panel** [flache] Auslagerungsprobe *f*, *(aus Metall auch)* Auslagerungsblech *n*, *(für atmosphärische Beanspruchung auch)* Bewitterungstafel *f*
~-**test specimen** Auslagerungsprobe *f*, *(für atmosphärische Beanspruchung auch)* Bewitterungsprobe *f*
~-**tested** im Feldversuch (Freilandversuch) geprüft
~ **testing** Auslagerung *f*, Naturauslagerung *f*, *(an der Luft auch)* Frei[luft]bewitterungsprüfung *f*, Naturbewitterungsprüfung *f*, Bewitterungsprüfung *f*
~ **testing program[me]** Auslagerungsprogramm *n*, Naturauslagerungsprogramm *n*
~ **trial** *s.* ~ test
filament head Fadenkopf *m*, Kopf *m* des Fadens (Korrosionsfadens) *(Filigrankorrosion)*
filamentary corrosion *s.* filiform corrosion
file test Feilversuch *m (zur Prüfung der Haftfestigkeit von Schutzschichten)*
filiform attack *s.* ~ corrosion
~ **corrosion** Filigrankorrosion *f*, fadenförmige Korrosion *f*, Fadenkorrosion *f*

filing

filing test s. file test
fill in/to ausfüllen *(Hohlräume, Risse, Poren)*
filler 1. Spachtelmasse f, Spachtel m; 2. Füller m *(z. B. zum Füllen von Hohlräumen, Rissen, Poren)*; 3. *(Anstr)* Extender m, Füllstoff m, Verschneidmittel n, Verschnittmittel n, Streckmittel n
fillet Kehle f, Auskehlung f
~ **weld** Kehlnahtschweißung f, Kehlnahtverbindung f
film/to mit einem Film bedecken; sich mit einem Film bedecken
film Film m, [dünne] Schicht f
~ **blistering** Blasenbildung f *(im Anstrich)*
~ **breakdown** Abbau m (Zerstörung f) der Passivschicht
~ **build** Filmdicke f, Schichtdicke f
~ **build-up** Filmbildung f
~ **-building** filmbildend
~ **building** Filmbildung f
~ **-covered** filmbedeckt, mit einer dünnen Schicht bedeckt
~ **defect** Anstrichschaden m, Anstrichmangel m
~ **destruction** Schichtabbau m, Schichtzerstörung f
~ **fault** Anstrichschaden m, Anstrichmangel m
~ **formation** Filmbildung f
~ **former** Filmbildner m
~ **-forming** filmbildend, schichtbildend
~ **-forming agent** Filmbildner m
~ **-forming inhibitor** filmbildender Inhibitor m, Deckschichtenbildner m
~ **-forming material** Filmbildner m
~ **-forming protection** Schutz m durch Filmbildung (Deckschichtbildung)
~ **-free** deckschicht[en]frei
~ **growth** Schichtwachstum n
~ **hardener** Härter m, Härtungsmittel n
~ **of moisture** Feuchtigkeitsfilm m
~ **properties** Filmeigenschaften fpl
~ **repair** Filmnachbildung f *(Oxidhaut)*
~ **resistance** Filmwiderstand m
~ **rupture** Aufreißen n dünner Schichten *(z. B. von Passivfilmen)*
~ **-rupture mechanism** Deckschichtaufreißmechanismus m *(der Spannungsrißkorrosion)*
~ **-solution interface** Grenzfläche f Schutzfilm-Lösung
~ **-stripping technique** Ablöseverfahren n *(zur Schichtdickenbestimmung)*

~ **theory** Bedeckungstheorie f *(der Passivität)*
~ **thickness** Filmdicke f, Schichtdicke f
~ **thickness gauge** Filmdickenmesser m, Schichtdickenmesser m
~ **weight** Schichtgewicht n, Flächengewicht n
filmed[-over] filmbedeckt, mit einer dünnen Schicht bedeckt
filming filmbildend
~ **aid** Filmbildungshilfsmittel n *(bei Dispersionsanstrichstoffen)*
~ **inhibitor** s. film-forming inhibitor
~ **temperature** Filmbildungstemperatur f, Filmbildetemperatur f
filter aid *(Galv)* Filterhilfsmittel n, Filterhilfe f
~ **medium** *(Galv)* Filtermedium n, Filtermittel n
fin 1. Rippe f; 2. Grat m *(an Formgußstücken)*
final cleaning Feinreinigung f, Nachreinigung f
~ **coat[ing]** Deckschicht f, *(Anstr auch)* Deckanstrich m, Schlußanstrich m
~ **degreasing** Feinentfettung f
~ **polishing** Nachpolieren n
~ **product** Endprodukt n
~ **rinse (rinsing)** Schlußspülung f, Endspülung f
~ **stage** Endstadium n
~ **wash** s. ~ rinse
~ **wrap[ping]** äußere Bandage f
fine-grain[ed] feinkörnig, feinkristallin
~ **graininess** Feinkörnigkeit f
~ **-pored** feinporig
~ **silver** Feinsilber n, Elektrolytsilber n, E-Silber n
~ **slip** Feingleitung f
~ **steel** Edelstahl m
finely crystalline feinkristallin
~ **dispersed** feindispers
fineness of grind Mahlfeinheit f *(von Pigmenten)*
finger Finger m *(Fehler beim Airless-Spritzen)*
~ **mark (print)** Fingerabdruck m *(Galvanisierfehler)*
~ **-print cracking** Spannungsrißkorrosion von Titan in Gegenwart von heißen Halogeniden, z. B. von anhaftendem Handschweiß
fingering Auftreten von Fingern im Spritzstrahl
fingerlike structure stengelförmige Struktur f
finish 1. Oberflächenzustand m, Oberflächenbeschaffenheit f, Oberflächengüte f,

Finish *n*; 2. Deckanstrichstoff *m*, Deckfarbe *f*; 3. Deckanstrich *m*, Schlußanstrich *m*; 4. s. finishing
~ **coat** s. finish 1.
~ **paint** s. finishing paint
~ **polishing** Nachpolieren *n*
~ **system** s. finishing system
~ **vehicle** Bindemittellösung *f*; Anstrich[stoff]bindemittel *n*
finisher Deckanstrichstoff *m*
finishing Oberflächenveredeln *n*, Verbesserung *f* der Oberflächenbeschaffenheit (Oberflächengüte); Deckanstrich *m*, Schlußanstrich *m* *(Tätigkeit)*
~ **coat** Deckanstrich *m*, Schlußanstrich *m*; Deckschicht *f*
~ **enamel** Decklack *m*
~ **layer** Endschicht *f* *(z. B. in Cu-Ni-Cr-Systemen)*
~ **paint** Deckanstrichstoff *m*, Deckfarbe *f*
~ **system** Anstrichsystem *n*, Anstrichaufbau *m*
finned anode *(Kat)* Anode *f* mit angegossenen Rippen
fire/to [ein]brennen *(Emaille)*
~ **on** aufbrennen
fire gilding Feuervergolden *n*
~-**off dip** Brenne *f* *(aus Salpeter- und Schwefelsäure zum Vorbehandeln von Kupfer und seinen Legierungen)*
~ **point** Brennpunkt *m*, BP
~ **retardant** Feuerschutzmittel *n*
~-**retardant paint, ~-retarding paint** Brandschutzfarbe *f*, feuerhemmender Anstrichstoff *m*
~ **scale** Glühzunder *m*, Glühhaut *f*
fireside corrosion rauchgasseitige Korrosion *f* *(an Kesselanlagen)*
firing Einbrennen *n*, Brennen *n* *(von Emaille)*
first-class brightener *(Galv)* Glanzmittel *n* 1. Klasse, primäres Glanzmittel *n*, Glanzträger *m*
~-**surface coating** Nur-Außen-Beschichtung *f*, Außenbeschichtung *f*
fish oil Fischöl *n*, Fischtran *m*
~ **scales** Fischschuppen *fpl* *(Emaillefehler)*
fisheye s. flake 2.
fishscaling Fischschuppenbildung *f* *(Emaillierfehler)*
fissure/to rissig werden
fissure Riß *m* *(schmal und tief)*
fit Passung *f*

~-**up stress** Fertigungsspannung *f*
fixed double layer Helmholtzsche Doppelschicht *f*, Helmholtz-Schicht *f*
~ **load** konstante Belastung *f*
Flade potential Flade-Potential *n*, Flade-Spannung *f*, Aktivierungspotential *n*, Aktivierungsspannung *f*, *(manchmal auch)* Passivierungspotential *n*
flake [off]/to abblättern, abschuppen, abplatzen, abspringen
flake 1. Schuppe *f*; 2. Fischauge *n* *(durch Freiwerden von Wasserstoff bedingter Materialfehler in Stahl)*
~ **pigment** Schuppenpigment *n*
flaking Abblättern *n*, Abschuppen *n*, Schuppenbildung *f*, Abplatzen *n*, Abspringen *n*
flaky schuppenförmig, schuppig
flame cleaning Flammstrahlen *n*, Flamm[strahl]entrostung *f*, Flammenentrostung *f*, Flämmen *n*
~-**cleaning device** Flammstrahler *m*
~-**cleaning torch** Flammstrahlbrenner *m*
~ **gun** Flammspritzpistole *f*
~ **hardening** Flammhärten *n*
~ **metal spraying** Metallspritzen (Spritzmetallisieren) *n* nach dem Flammverfahren, Flamm[en]spritzen *n*
~ **resistance** Flammbeständigkeit *f*, Flammwidrigkeit *f*
~-**resistant** flammbeständig, flammwidrig
~-**retardant** flammenhemmend
~ **retardant** Flammschutzmittel *n*
~-**retardant paint, ~-retarding paint** Flammschutzfarbe *f*
~ **spray coating** s. ~ spraying
~-**sprayed** flammgespritzt
~ **spraying** Flamm[en]spritzen *n*, *(bei Plasten auch)* Wärmespritzen *n*, *(bei Metallen auch)* Metallspritzen (Spritzmetallisieren) *n* nach dem Flammverfahren
flammability Entflammbarkeit *f*; Brennbarkeit *f*
flammable entflammbar; brennbar
flash/to:
~ **off** abdunsten, ablüften
flash evaporation Flash-Verdampfung *f*, Entspannungsverdampfung *f*, Blitzverdampfung *f*
~ **melting** s. flow brightening
~ **metallic coating** hauchdünne Metallschutzschicht *f*
~-**off** Abdunsten *n*, Ablüften *n*, Ablüftung *f*

flash	84

~-**off period** Ablüftdauer f, Ablüftzeit f
~-**off section** s. ~-off zone
~-**off time** s. ~-off period
~-**off zone** Abdunstzone f (einer Flutanlage)
~ **plate** s. ~ metallic coating
~ **point** Flammpunkt m, FP
~-**point tester** Flammpunktprüfgerät n, Flammpunktprüfer m
~ **rust** Flugrost m
~ **rusting** Flugrostbildung f, Flugrostbefall m
flashing off s. flash-off
flat 1. flach, eben; 2. matt, stumpf, glanzlos
~ **brush** Flachpinsel m
~ **bus** (Galv) Kontaktband n, Kontaktleiste f
~ **enamel** Mattlackfarbe f
~ **panel** Probeplatte f, Probetafel f, Prüfplatte f, Prüftafel f, Versuchstafel f, Plattenmuster n; Prüfblech n
~ **specimen** Flachprobe f
~ **transducer** Plattenschwinger m (Ultraschallreinigung)
~ **varnish** Mattlack m
flatten out/to einebnen
flattening-out Einebnen n, Einebnung f
flatting agent Mattierungsmittel n
~-**down** Mattschleifen n
flaw Materialfehler m, Fehler m, Defekt m, (i.e.S.) Riß m
~ **depth** Rißtiefe f
flawless fehlerfrei, (i.e.S.) rißfrei
flexibility Biegsamkeit f, Flexibilität f
flexible biegsam, flexibel
~ **abrasive wheel** elastische Schleifscheibe f
~ **polyvinyl chloride** weichgemachtes (plastifiziertes) Polyvinylchlorid n, Weich-PVC n, PVC-weich n
flexing life Dauerbiegefestigkeit f
flexural loading Biegebelastung f
~ **strength** Biegefestigkeit f
flight bar Mitnehmerbolzen m (in Galvanisierautomaten)
floating vertikales Ausschwimmen n, Pigmentausschwimmen (Ausschwimmen) n in vertikaler Richtung (Entmischen der Pigmente)
~ **agent** Suspensionsmittel n (für Emailmassen)
~ **potential** gleitendes Potential n, Eigenbias m
flocculate/to flokkulieren, [aus]flocken, sich zusammenballen
flocculation Flokkulation f, Ausflocken n, Ausflockung f, Flockung f, Zusammenballung f
flood rinse Flutspülen n
flooding horizontales Ausschwimmen n, Pigmentausschwimmen (Ausschwimmen) n in horizontaler Richtung (Entmischen der Pigmente)
~-**on** (Anstr) Fluten n von Hand
floor-level conveyor Bodenförderer m (für Einbrennöfen)
flow/to 1. fließen, strömen; 2. s. ~ out
~ **out** (Anstr) verlaufen
flow 1. Fließen n, Fluß m, Strömen n, Strömung f; Strom m; 2. Verlauf m (eines Anstrichstoffs)
~ **behaviour** Fließverhalten n, Fließeigenschaft f
~ **brightening** Aufschmelzen n, Anschmelzen n (z. B. galvanisch hergestellter Zinnschutzschichten)
~-**coat plant**, ~-**coater** s. ~-coating plant
~ **coating** (Anstr) Fluten n, Flutlackierung f; Flow-Coating n (weiterentwickeltes automatisches Flutverfahren)
~-**coating chamber** (Anstr) Flutkanal m, Fluttunnel m
~-**coating paint** (Anstr) Flutlack m
~-**coating plant** (Anstr) Flutanlage f, Flutungsanlage f; Flow-Coating-Anlage f (zum automatischen Flutlackieren)
~-**coating section (zone)** (Anstr) Flutzone f (einer Flutanlage)
~ **control agent** (Anstr) Verlaufmittel n
~ **corrosion** s. erosion-corrosion
~ **cup** (Anstr) Auslaufbecher m
~ **direction** Strömungsrichtung f, Stromrichtung f, Fließrichtung f
~ **melting** s. ~ brightening
~-**out** (Anstr) Verlauf m
~-**out section (zone)** (Anstr) Verlaufzone f (einer Flutanlage)
~ **production** kontinuierliche Fertigung f, Fließfertigung f
~ **rate** Strömungsgeschwindigkeit f, Fließgeschwindigkeit f, (in Rohren auch) Durchflußgeschwindigkeit f, Durchlaufgeschwindigkeit f
~ **stress** Fließspannung f (mechanisch)
~ **time** (Anstr) Auslaufdauer f, Auslaufzeit f
flowability Fließfähigkeit f, Fließvermögen n; Rieselfähigkeit f, Rieselvermögen n (von Schüttgütern)

flower-like spangle Blumenmuster *n*, Eisblumenmuster *n*, Eisblumenstruktur *f*, *(bei Zink auch)* Zinkblumenmuster *n*
fluctuating corrosion couple Lokalelement *n* mit fluktuierender Ladung *(unter Platzwechsel der Pole)*
fluctuation of current Stromschwankung *f*
~ **of potential** Potentialschwankung *f*
flue dust Flugstaub *m*
~ **gas** Rauchgas *n*, Ofengas *n*, Verbrennungsgas *n*, Abgas *n*
~-**gas analyser** Rauchgasprüfgerät *n*, Rauchgasprüfer *m*
~-**gas desulphurization** Rauchgasentschwefelung *f*
fluffy flockig, locker *(Oxidschichten)*
fluid Fluid *n*
~ **bed** Wirbelbett *n*, Wirbelschicht *f*
~-**bed coater** Wirbelsintergerät *n*
~-**bed coating** Wirbelsintern *n*, Wirbelsinterbeschichten *n*, WS-Beschichten *n*, Pulverbeschichten *n* im Wirbelbett
~-**bed [coating] powder** Wirbelsinterpulver *n*, WS-Pulver *n*
~ **hose** Farbschlauch *m*
~ **needle** Farbnadel *f*
~-**needle adjustment** Nadelstellschraube *f*
~ **nozzle** Farbdüse *f*
~ **pressure** Anstrichstoffdruck *m* *(beim Spritzen)*
~ **tip** Farbdüse *f*
~ **viscosity** Anstrichstoffviskosität *f*
fluidity Fließvermögen *n*, Fließverhalten *n*
fluidized bed *s.* fluid bed
fluoborate bath *(Galv)* Fluoroboratelektrolyt *m*
fluoboric *(Galv)* fluor[o]borsauer
~ **acid** Fluoroborsäure *f*, Tetrafluoroborsäure *f*
fluorescence spectroscopy Fluoreszenzspektroskopie *f*
~ **spectrum** Fluoreszenzspektrum *n*
~ **test** Fluoreszenztest *m* *(zur Reinheitsprüfung von Oberflächen)*
fluoride bath *(Galv)* Elektrolyt *m* auf Basis Fluorwasserstoffsäure
~-**containing** fluoridhaltig
fluorination Fluorierung *f*
fluorocarbon Fluorkohlenwasserstoff *m*, fluorierter Kohlenwasserstoff *m*
fluosilicate bath *(Galv)* Fluorosilicatelektrolyt *m*

fogging

fluosilicic acid Fluorokieselsäure *f*
~-**sulphuric acid catalyzed electrolyte** *(Galv)* Chromelektrolyt auf Basis eines Gemischs von Fluorokieselsäure und Schwefelsäure
flush/to [ab]spülen *(Gegenstände)*
~ **away** abspülen, fortspülen *(z. B. Verunreinigungen)*
flute Riefe *f*, Rille *f*
flux/to mit Flußmittel behandeln, fluxen
flux Flußmittel *n*, Fluß *m*, Schmelzmittel *n*
~ **blanket** Flußmitteldecke *f (beim Naßverzinken)*
~ **box** Flußmittelkasten *m*, Salmiakkasten *m*, Profilrahmen *m (Feuerverzinken und -verzinnen)*
~ **cover** *s.* ~ blanket
~ **film** Flußmittelfilm *m*
~ **fume[s]** Flußmitteldämpfe *mpl*
~ **inclusions** Flußmitteleinschlüsse *mpl (Fehler)*
~ **layer** Flußmittelschicht *f*
~ **pick-up** *s.* ~ inclusions
~ **procedure** *s.* fluxing
~ **residues** Flußmittelrückstände *mpl*, Flußmittelablagerungen *fpl*
fluxing Flußmittelbehandlung *f*, Fluxen *n*
~ **bath** Flußmittelschmelze *f*, Fluxbad *n (beim Feuermetallisieren)*
~ **material (reagent)** Flußmittel *n*, Schmelzmittel *n*
~ **stage** Flußmittelstrecke *f*
~ **treatment** *s.* fluxing
fly ash Flugasche *f*
~-**ash precipitator** Rauchgasentstauber *m*
foam/to [auf]schäumen, sich mit Schaum bedecken; [ver]schäumen *(Plaste)*
foam blanket Schaumdecke *f*
~ **control agent** Schaumdämpfer *m*
~ **depressant** Schaumdämpfer *m*
~ **pitting** *(Galv)* Porenbildung in Glanznickelschutzschichten durch angesaugte Luftbläschen
foaming Schäumen *n*, Schaumbildung *f*; Schäumen *n*, Verschäumung *f (von Plasten)*
focus of corrosion Korrosionsherd *m*, Korrosionsnest *n*
fog/to anlaufen, Schleier bilden *(Nickel)*
fog Nebel *m*; *(Prüf)* Sprühnebel *m*
~ **cabinet (chamber)** *(Prüf)* Sprühkammer *f*
~ **film** Schleier *m (auf Nickel)*
fogging Schleierbildung *f*, Anlaufen *n (von Nickel)*

foil

foil Folie f, (i.e.S.) Metallfolie f
foliation Abblättern n; Aufblättern n; Schichtkorrosion f (Korrosionstyp)
Footner process Footner-Verfahren n (Beizen von Stahl in 5 bis 15%iger Schwefelsäure mit anschließendem Heißspülen und Tauchen in 2%ige Phosphorsäure)
force-dry/to beschleunigt (forciert) trocknen
~ **up** aufwölben (z.B. Oberflächenschichten)
force-drying s. forced drying
~-**extension curve** Kraft-Verlängerungs-Kurve f
forced-convection oven [Konvektions-]Umluftofen m
~ **drainage** s. ~ electrical drainage
~-**draught [box, convection] oven** [Konvektions-]Umluftofen m
~ **drying** beschleunigte (forcierte, wärmeforcierte) Trocknung f
~ **electrical drainage** erzwungene Streustromableitung (Irrstromableitung) f, Streustromabsaugung f, Soutirage f
~ **rupture** Gewaltbruch m
Ford cup Ford-Becher m (ein Auslaufbecher nach ASTM)
foreign atom Fremdatom n, (im Kristallgitter auch) Stör[stellen]atom n
~ **electrolyte** Fremdelektrolyt m
~ **ion** Fremdion n
~ **matter** Fremdstoff m, artfremder Stoff m, Verunreinigung f
~ **metal** Fremdmetall n
~ **molecule** Fremdmolekül n
forge/to schmieden
forgeability Schmiedbarkeit f
forgeable schmiedbar
forged anode geschmiedete Anode f
forging 1. Schmieden n; 2. Schmiedestück n
~ **alloy** Schmiedelegierung f
form of attack Angriffsart f
~ **of corrosion** Korrosionsform f, Korrosionsart f, Korrosionstyp m, Erscheinungsform f der Korrosion
formability Formbarkeit f
formable formbar
formation of blisters Blasenbildung f
~ **of oxide** Oxidbildung f
formic acid Ameisensäure f
formula Rezept n
formulate/to 1. formulieren, rezeptieren; 2. sachgemäß (nach Rezeptur) zubereiten, ansetzen, formulieren

formulation 1. Formulierung f, Rezepturformulierung f, Rezeptierung f; 2. Rezeptur f, Ansatz m, Zusammensetzung f (feststehend); 3. Formulierung f, Zubereitung f (Ansetzen n) nach Rezeptur, Ansatz m
forty-five degree exposure (Prüf) Auslagerung f unter 45°
forward reaction Hinreaktion f
fossil resin fossiles Harz n
fouling Bewuchs m, Anwuchs m
foundry [pig] iron Gießerei[roh]eisen n
fountain roll[er] Schöpfwalze f, Tauchwalze f
four-coat paint system vierschichtiges (vierfaches) Anstrichsystem n, vierschichtiger (vierfacher) Anstrichaufbau m, Vierschichtaufbau m
~-**component alloy** Vierstofflegierung f, quaternäre Legierung f
~-**point bend (loaded) specimen** Vierpunkt-Biegeprobe f
~-**point loading** Vierpunkt-Belastung f, 4-Punkt-Belastung f
fractograph (Prüf) fraktographische Aufnahme f
fractographic (Prüf) fraktographisch
~ **analysis** Fraktographie f
fractography (Prüf) Fraktographie f
fracture Bruch m
~ **edge** Bruchkante f
~ **face** Bruchbild n
~ **facet** Bruchfläche f
~ **mechanics** Bruchmechanik f
~ **path** Bruchweg m, Bruchverlauf m
~ **plane** Bruchebene f
~ **strength** s. ~ toughness
~ **stress** Bruchspannung f
~ **surface** Bruchfläche f
~ **surface energy** Bruchflächenenergie f
~ **toughness** Bruchzähigkeit f, Rißzähigkeit f, kritischer Spannungsintensitätsfaktor m
fragile brüchig
fragility Brüchigkeit f
fragment/to zerfallen
fragmentation Zerfall m
Francis test Francis-Test m (Gewichtsbestimmung von Zinnschichten auf Stahl durch Messung des Potentialverlaufs bei anodischer Auflösung in 10%iger NaOH)
Frank-Read [type of dislocation] source (Krist) Frank-Read-Quelle f, Frank-Read-Versetzungsquelle f
free alkalinity freie Alkalität f

~ **corrosion potential** freies Korrosionspotential *n*
~ **cyanide** *(Galv)* freies Cyanid *n (nicht komplex gebunden)*
~ **cyanide content** *(Galv)* Gehalt *m* an freiem Cyanid
~ **energy** 1. [Gibbssche] freie Enthalpie *f*, Gibbs-Energie *f*, thermodynamisches Potential *n*, Gibbssche Funktion *f*, G; 2. freie Energie *f*, Helmholtzsche Funktion *f*, F
~-**energy change** 1. Änderung *f* der freien Enthalpie, freie Reaktionsenthalpie *f*; 2. Änderung *f* der freien Energie
~-**energy decrease** 1. Abnahme *f* der freien Enthalpie; 2. Abnahme *f* der freien Energie
~ **energy G** s. ~ energy 1.
~ **from cracks** rißfrei
~ **from porosity** porenfrei, porendicht
~ **from rust** rostfrei
~ **path** freie Weglänge *f*
freedom from porosity Porenfreiheit *f*
~ **from rust** Rostfreiheit *f*
~ **from toxicity** Ungiftigkeit *f*
freely corroding leicht korrodierend, korrosionsempfindlich
~ **soluble** leicht löslich, leichtlöslich
French degree französischer Härtegrad *m (des Wassers)*
frequency of pit generation [in unit time] Loch[keim]bildungshäufigkeit *f*
fresh water 1. Frischwasser *n*; 2. Süßwasser *n*
~-**water immersion test** Wassertauchversuch *m (in Süßwasser)*
freshly formed neugebildet
fretting [attack, corrosion] Reibkorrosion *f*, Reiboxydation *f*, Tribokorrosion *f*, tribomechanische Anregung *f*
~ **damage** Schaden *m* durch Reibkorrosion
~ **fatigue** Reibermüdung *f*
~ **rust** Passungsrost *m*
Freundlich [adsorption] **isotherm** Freundlichsche Adsorptionsisotherme (Isotherme) *f*
friability Bröcklichkeit *f*
friable bröck[e]lig
friction Reibung *f*
~ **oxidation** s. fretting corrosion
frostiness Mattheit *f (von Chromschichten)*
frosting *(Anstr)* Eisblumenbildung *f*
frosty matt *(Chromschicht)*
frothing Schäumen *n*, Schaumbildung *f*
Frumkin [adsorption] **isotherm** Frumkinsche Isotherme (Adsorptionsisotherme) *f*, Frumkin-Isotherme *f*
fuel ash Ölasche *f*
~-**ash corrosion** Ölasche[n]korrosion *f*, Vanadiumkorrosion *f*, Vanadiumpentoxid-Korrosion *f (eine Sonderform der Belagskorrosion)*
~ **gas** Brenngas *n*
fugacity Fugazität *f*, Flüchtigkeit *f*
full annealing Hochglühen *n*
~ **bath** *(Galv)* Elektrolytansatz mit üblichem Cyanidgehalt
~ **brightness (gloss)** Hochglanz *m*
~-**immersion exposure** s. ~-immersion test
~-**immersion test** Tauchversuch *m*, Dauertauchversuch *m (mit vollständig eingetauchter Probe)*
~ **protection** *(Kat)* Vollschutz *m*
~-**scale conditions** Betriebsbedingungen *fpl*, Einsatzbedingungen *fpl*, Praxisbedingungen *fpl (im Gegensatz zu Bedingungen in Labor und Pilotanlage)*
~-**scale plant** Betriebsanlage *f*, Anlage *f* zur Großproduktion *(im Gegensatz zur Pilotanlage)*
fully automatic plant vollautomatische Anlage *f*
~ **automatic plating line** Galvaniservollautomat *m*
~ **bright** hochglänzend
~ **bright bath** *(Galv)* Hochglanzelektrolyt *m*, Hochglanzbad *n*
~ **bright coating (deposit)** *(Galv)* Hochglanzschicht *f*
~ **bright nickel** *(Galv)* Hochglanznickel *n*
~ **bright nickel coating** *(Galv)* Hochglanznikkel[schutz]schicht *f*
~ **exposed outdoors** freibewittert, naturbewittert
~ **killed steel** beruhigter (beruhigt vergossener) Stahl *m*
~ **protective** Vollschutz gewährend
fume 1. Dampf *m (meist geruchsintensiv)*; 2. Rauch *m (Suspension von Schwebeteilchen in Gas)*
~ **dispersal (disposal)** Säuredunstvernichtung *f (beim Beizen)*
~ **extraction** Säuredunstabsaugung *f*
~ **[extraction] hood** Abzug *m*
fuming nitric acid rauchende Salpetersäure *f*
functional life Nutzungsdauer *f*
fungicidal fungizid, pilztötend

fungicide

fungicide Fungizid *n*, pilztötendes Mittel *n*
fungitoxic fungitoxisch
fungitoxicity Fungitoxizität *f*
fungus growth Pilzwachstum *n*; Pilzbewuchs *m*
~ **repellent** Fungizid *n*
furane resin Furanharz *n*
furnace cooling Ofenkühlung *f*
~ **section (zone)** Ofenabschnitt *m*, Wärmebehandlungsabschnitt *m*, Wärmebehandlungsstrecke *f (einer Feuermetallisierungsanlage)*
fuse/to verschmelzen, aufschmelzen
fused bath Schmelze *f*
~ **salt** Salzschmelze *f*
~-**salt bath** geschmolzenes Salzbad *n*, Salzschmelze *f*
~-**salt corrosion** Korrosion *f* in Salzschmelzen
~ **spray coating** durch Spritzschweißen hergestellte Schutzschicht *f*
fusible schmelzbar
fusion-coated aufgeschmolzen *(z. B. Harze, Schutzschichten)*
~ **temperature** Schmelztemperatur *f, (bei Pulverbeschichtung auch)* Sintertemperatur *f*
~ **treatment** Aufschmelzen *n (z. B. von Harzen oder Schutzschichten)*
~-**welded** schmelzgeschweißt
~ **welding** Schmelzschweißen *n*; Schweißplattieren *n*, Schmelzschweißplattieren *n*

G

gain in energy Energiegewinn *m*
~ **in weight** Masse[n]zunahme *f*; Gewichtszunahme *f*
galling Reiben *n*, Scheuern *n (gleitender oder rollender Teile aneinander)*; Fressen *n*, Festfressen *n*, Verschweißen *n (infolge übermäßiger Reibung aneinander)*
Galvani potential Galvani-Potential *n*, inneres elektrisches (elektrostatisches) Potential *n*
galvanic anode galvanische Anode *f*, Aktivanode *f*, Opferanode *f (Zusammensetzungen s. unter sacrificial anode)*
~ **attack** *s*. ~ corrosion
~ **cell** galvanisches Element *n*, galvanische Zelle (Kette) *f, (bei Kontaktkorrosion auch)* Makrokorrosionselement *n*

~ **coating** Opfermetallschicht *f*, anodisch wirksame Schutzschicht *f*
~ **copper plating test** Kupfersulfat-Test *m (zur Bestimmung der Porosität und Oberflächenreinheit)*
~ **corrosion** Kontaktkorrosion *f*, Berührungskorrosion *f (durch Kontakt zweier Metalle), (i.w.S.)* elektrochemische Korrosion *f*
~ **couple** *s*. ~ cell
~ **couple action** Elementwirkung *f*
~ **coupling** Kontaktkorrosion begünstigende Metallpaarung
~ **current** Elementstrom *m*, galvanischer Strom *m*
~ **displacement** Verdrängung *f* durch Ladungsaustausch
~ **microcell** Mikro[korrosions]element *n*, [galvanische] Mikrozelle *f*, Korrosionsmikroelement *n*
~ **protection** katodischer Schutz *m, (i.e.S.)* katodischer Schutz *m* durch Aktivanoden (galvanische Anoden, Opferanoden)
~ **series** praktische (galvanische) Spannungsreihe *f*
galvanically protected durch Aktivanoden (galvanische Anoden, Opferanoden) geschützt
galvanization Verzinken *n, (i.e.S.)* Feuerverzinken *n*, schmelzflüssiges Verzinken *n*
galvanize/to verzinken, *(i.e.S.)* feuerverzinken, schmelzflüssig verzinken
galvanized coat[ing] Zinkschutzschicht *f, (i.e.S.)* Feuerzink[schutz]schicht *f*
~ **products** verzinktes Gut *n, (i.e.S.)* feuerverzinktes Gut *n*
~ **sheet** verzinktes Blech *n, (i.e.S.)* feuerverzinktes Blech *n*
galvanizer Verzinker *m, (i.e.S.)* Feuerverzinker *m (Arbeiter)*
galvanizing Verzinken *n, (i.e.S.)* Feuerverzinken *n*, schmelzflüssiges Verzinken *n*
~ **bath** Zinkschmelze *f (beim Feuerverzinken)*
~ **defect** Verzinkungsfehler *m*
~ **equipment** Verzinkungsvorrichtung *f*
~ **factory** Verzinkereibetrieb *m*
~ **installation** Verzinkungsanlage *f*, Verzinkungsvorrichtung *f, (i.e.S.)* Feuerverzinkungsanlage *f*
~ **kettle** Verzinkungskessel *m*, Zinkkessel *m*, Zinkwanne *f (zum Feuerverzinken)*
~ **line** Verzinkungslinie *f*, Verzinkungsstraße *f, (i.e.S.)* Feuerverzinkungslinie *f*

~ **pit** Zinkwanne f (einer kontinuierlichen Feuerverzinkungslinie)
~ **plant** Verzinkerei f, (i.e.S.) Feuerverzinkerei f
~ **pot** s. ~ kettle
~ **shop** s. ~ plant
galvannealing thermisches Nachbehandeln von feuerverzinktem Blech
galvanodynamic galvanodynamisch, galvanokinetisch, intensiokinetisch
galvanostat Galvanostat m
galvanostatic galvanostatisch, amperostatisch
gamma [alloy] layer Legierungsphase f Γ, Γ- Schicht f, Γ-Phase f, Großgammaschicht f (eine intermetallische Phase in feuerverzinktem Blech)
~ **phase** γ-Phase f, (bei Eisen auch) Austenitphase f
gap Spalt m; Gießspalt m
gas bubble Gasbläschen n, Gasblase f
~-**carburize/to** gasaufkohlen, gaszementieren, gaseinsetzen, in gasförmigen Mitteln aufkohlen (zementieren, einsetzen)
~ **carburizing** Gasaufkohlen n, Gaszementieren n, Gaseinsetzen n
~ **cavity** Gaseinschluß m, Gasblase f
~ **checking** Eisblumenbildung f (durch Ofengase bei der Trocknung von Anstrichen)
~-**chromatographic** gaschromatographisch
~ **chromatography** Gaschromatographie f
~ **chromizing** Gasinchromieren n, Inchromieren n aus der Gasphase
~-**cyanide/to** gaskarbonitrieren
~ **cyaniding (cyanization)** Gaskarbonitrieren n
~ **electrode** Gaselektrode f
~ **evolution** Gasentwicklung f, Gasabscheidung f
~-**fired spray gun (pistol)** Flamm[en]spritzpistole f
~-**fired two-wire gun** Flamm[en]duopistole f
~-**fired wire gun** Flamm[en]drahtspritzpistole f
~ **flow streaks** Gasbahnen fpl (Fehler beim Glänzen)
~ **knife [jet]** Preßluftabstreifvorrichtung f, Luftabstreifvorrichtung f (zum Entfernen überschüssigen Zinks beim Feuerverzinken)
~-**liquid interface** Grenzfläche f gasförmigflüssig, Grenzfläche f Gas-Flüssigkeit
~ **metal arc welding** Schutzgas-Lichtbogenschweißen n, (als Korrosionsschutzmaßnahme auch) Auftragschweißen n mit Schutzgas im offenen Lichtbogen
~ **nitriding** Gasnitrieren n
~ **nitrocarburizing** Gasnitrokarburieren n
~-**phase pickling** Beizen n in der Gasphase, Gasbeizen n
~ **pipe** Gas[leitungs]rohr n
~ **pit** (Galv) Wasserstoffpore f (in Nickelschichten)
~ **pitting** (Galv) Wasserstoffporenbildung f (in Nickelschichten bei fehlendem Netzmittel)
~ **plating** Gasplattieren n, Reaktionsbeschichten n aus der Gasphase, Beschichten n nach dem CVD-Verfahren, CVD-Beschichten n; (vom abzuscheidenden Metall) Abscheiden n aus der Gasphase
~ **pocket** Gasblase f (im Metall)
~-**solid interface** Grenzfläche f gasförmig-fest, Grenzfläche f Gas-Festkörper
~-**sprayed** flammgespritzt
~-**tight** gasdicht, gasundurchlässig
gaseous chromizing Gasinchromieren n, Inchromieren n aus der Gasphase
~ **corrosion** Gaskorrosion f
gasket Dichtungsmanschette f, Dichtung f (für nicht gegeneinander bewegte Teile)
~ **corrosion** Spaltkorrosion f
gasoline resistance Benzinbeständigkeit f, Benzinfestigkeit f
~-**resistant** benzinbeständig, benzinfest
gastightness Gasdichtigkeit f
gel/to gelieren
gel Gel n
~-**like** gelartig
~ **time** (Anstr) Filmgelierdauer f
gelatin Gelatine f
gelation Gelieren n, Gelierung f
gelling s. gelation
~ **agent** Geliermittel n
general attack Allgemeinangriff m, Gesamtangriff m, flächenabtragender Angriff m, Allgemeinabtragung f, Allgemeinabtrag m
~ **corrosion** flächenhafte (abtragende) Korrosion f, Flächenkorrosion f, Flächenfraß m
~-**line can** Weißblechbehälter unterschiedlicher Form für nichtlebensmitteltechnische Zwecke
~ **overall corrosion** s. ~ corrosion
generator method (Kat) Fremdstrom[schutz]verfahren n

German

German degree deutscher Härtegrad m, °dH *(des Wassers)*
ghost *(Krist)* Geist m *(sichtbare Zone veränderter Struktur)*
Gibbs-Duhem equation Gleichung f von Gibbs-Duhem
~ **free energy** [Gibbssche] freie Enthalpie f, Gibbssche Funktion f, Gibbs-Energie f, thermodynamisches Potential n
~ **function** *s.* ~ free energy
gilding Vergolden n
gilsonite Gilsonit-Asphalt m
glass/to verglasen *(Metalloberflächen)*
glass-bead blasting Strahlen n mit Glasperlen
~ **beads** Glaskugeln *fpl*, Glasperlen *fpl* *(Strahlmittel)*
~ **ceramic** Glaskeramik f, glaskeramischer Stoff m
~ **cloth laminate** Glasgewebeschichtstoff m
~-**coated** mit Glas beschichtet; emailliert
~ **coating** Glasschutzschicht f; Emailschutzschicht f
~ **electrode** *(Galv)* Glaselektrode f
~ **enamel** Glasemail n
~-**fibre laminate** Glasfaserlaminat n, Glasfaserschichtstoff m
~-**fibre reinforced plastic** glasfaserverstärkter Plast m, Glasfaserplast m, GFP
~-**forming** glasbildend
~-**forming substance** Glasbildner m
~-**lined** mit Glas ausgekleidet; emailliert
~ **lining** Glasauskleidung f; Emailauskleidung f
glassed *s.* glass-coated
glassy phosphate Hexametaphosphat n *(Inhibitor)*
glaze/to 1. glasieren; 2. schmieren *(Schleifscheiben)*
glaze coating Glasurschicht f
glide dislocation *(Krist)* Stufenversetzung f
~ **plane** *(Krist)* Gleitebene f
~ **process** *(Krist)* Gleitvorgang m
gliding plane *s.* glide plane
gloss Glanz m, glänzendes Aussehen n, Oberflächenglanz m
~ **measurement** Glanzmessung f, Glanzbestimmung f
~ **meter** Glanzmesser m, Glanzmeßgerät n
~ **retention** Glanzhaltung f, Glanzbeständigkeit f
~ **value** Glanzwert m

glossy glänzend
glow discharge Glimmentladung f *(z. B. zum Reinigen von Metalloberflächen)*
glue-bonded abrasive belt Schleifband n mit Leimbindung
glued abrasive wheel beleimte Schleifscheibe f
go into solution/to in Lösung gehen, sich lösen
~ **passive** sich [selbst] passivieren
goethite Goethit m *(α-Eisenoxidhydroxid)*
gold-alloy deposition *(Galv)* Legierungsvergolden n
~ **amalgam** Goldamalgam n
~ **anode** *(Galv)* Goldanode f
~ **bath** *(Galv)* Goldelektrolyt m, Vergoldungselektrolyt m
~ **coating (deposit)** Goldschicht f, Goldniederschlag m
~ **electroplating solution** *(Galv)* Goldelektrolyt m, Vergoldungselektrolyt m
~-**filled** d[o]ubliert
~-**filled plate** Dublee n, Doublé n
~-**filling** D[o]ublieren n
~ **foil** Goldfolie f
~ **immersion deposit** *(Galv)* [stromlos] im Tauchverfahren hergestellte Goldschicht f
~ **leaf** Blattgold n
~-**plate/to** galvanisch vergolden
~ **plate** 1. vergoldetes Blech n; 2. elektrochemisch (galvanisch) hergestellte Goldschicht f
~ **plating** Vergolden n *(meist elektrochemisch)*
~ **plating bath (solution)** *(Galv)* Goldelektrolyt m, Vergoldungselektrolyt m
~ **strike** *(Galv)* 1. Vorvergoldungsschicht f; 2. *s.* ~ strike solution
~ **strike solution** *(Galv)* Vorvergoldungselektrolyt m
Gouy-Chapman diffuse layer diffuse Doppelschicht f
grade of protection [festgelegter] Schutzgrad m
Graham's salt Grahamsches Salz n *(ein Natriumpolyphosphat)*
grain Korn n, Körnchen n; *(Krist)* Korn n
~ **body** *s.* ~ interior
~ **boundary** Korngrenze f
~-**boundary area** Kornbegrenzungsfläche f
~-**boundary attack** interkristalliner Angriff m, Korngrenzenangriff m

~-**boundary carbides** Korngrenzencarbidausscheidungen *fpl*
~-**boundary channel** Korngrenzengraben *m*, Korngrenzenfurche *f*
~-**boundary corrosion (cracking)** interkristalline Korrosion *f*, Korngrenzenkorrosion *f*, Kornzerfall *m*
~-**boundary diffusion** Korngrenzendiffusion *f*
~-**boundary energy** Korngrenzenenergie *f*
~-**boundary facet** Kornbegrenzungsfläche *f*
~-**boundary groove** Korngrenzengraben *m*, Korngrenzenfurche *f*
~-**boundary impurities** Korngrenzenverunreinigungen *fpl*
~-**boundary margin** *s.* ~-boundary region
~-**boundary precipitates** Korngrenzenausscheidungen *fpl*
~-**boundary region** Korngrenzengebiet *n*, Korngrenz[en]bereich *m*, Kornrandzone *f*, korngrenzennaher Bereich *m*, Korngrenzensaum *m*
~-**boundary segregation (separation)** Korngrenzensegregation *f*, Korngrenzenseigerung *f*
~-**boundary sliding [creep]** Korngrenzengleiten *n*, Korngrenzen[ab]gleitung *f*, Korngrenzenwanderung *f*
~-**boundary strengthening** Korngrenzenverfestigung *f*
~-**boundary zone** *s.* ~-boundary region
~ **centre** *s.* ~ interior
~ **coarsening** Kornvergröberung *f*
~ **dropping** Ausbröckelung *f*
~ **face** Kornfläche *f*
~-**face corrosion** *s.* ~-boundary corrosion
~ **flow** Gußtextur *f*, Gußgefüge *n*
~ **interior** Korninneres *n*, korngrenzenferner Bereich *m*
~ **margin** *s.* ~-boundary region
~ **matrix** Grundmasse *f*, Matrix *f (einer Legierung)*
~ **orientation** Kristallorientierung *f*, kristallographische Orientierung *f*
~ **refinement** Kornverfeinerung *f*
~-**refinement material** Schichtverfeinerer *m (beim Phosphatieren)*
~-**refining** kornverfeinernd
~-**refining addition** kornverfeinernder Zusatz *m*
~ **size** Korngröße *f*
~ **structure** *(Krist)* Gefüge *n*
graininess Körnigkeit *f*

granularity Körnigkeit *f*
graph of current versus potential Strom-Potential-Kurve *f*, SPK, Strom-Potential-Kennlinie *f*, Strom-Spannungs-Kurve *f*, I/U-Kurve *f*
graphite Graphit *m*
~ **corrosion** *s.* graphitic corrosion
~ **electrode** Graphitelektrode *f*
~ **formation** Graphitbildung *f*
~ **network** Graphitgerüst *n (bei Spongiose)*
~ **paint** Graphitanstrichstoff *m*, Graphitfarbe *f*
graphitic graphitisch
~ **corrosion** Spongiose *f*, graphitische Korrosion (Zersetzung) *f*, Graphitierung *f*, Eisenschwammbildung *f (selektive Korrosion von Grauguß)*
graphitization *s.* graphitic corrosion
graphitize/to 1. graphitieren; 2. graphitisierend glühen *(Stahl)*; 3. Spongiose erleiden, der Graphitisierung unterliegen *(Eisen-Kohlenstoff-Legierungen)*
graphitizing Graphitglühen *n*, graphitisierendes Glühen *n*
gravity feed *(Anstr)* Fließspeisung *f*
~-**feed spray gun** Spritzpistole *f* mit Fließbecher (Fließspeisung), Fließbecherspritzpistole *f*
gray ... *(Am) s.* grey ...
grease/to [ein]fetten, *(i.w.S.)* [ein]schmieren
grease Fett *n*, Schmierfett *n*
~ **film** Fettfilm *m*, [dünne] Fettschicht *f*
~-**free** fettfrei
~ **paint** Fettfluid *n*
~ **pot** Fettkessel *m (beim Feuerverzinnen)*
~ **pot roll[er]** Abstreifwalze *f*, Abstreiferrolle *f (im Fettkessel einer Feuerverzinnungslinie)*
~ **resistance** Fettbeständigkeit *f*
~-**resistant** fettbeständig
~ **solvent** Fettlösungsmittel *n*
greaseless composition fettfreie Schleifpaste *f*
green rot Grünfäule *f (von Chrom-Nickel-Legierungen)*
~ **rust** grüner Rost *m*
~ **vitriol** Eisenvitriol *n*, Eisen(II)-sulfat-7-Wasser *n*
grey bar siliciumhaltige Feuerzinkschutzschicht *f*
~ **blast** metallisch rein, wolkig *(Reinigungsgrad beim Strahlen entsprechend Säuberungsgrad SG 2)*

grey

- **~ cast iron** Grauguß *m*
- **~ sheet** *verzinktes Blech ohne Zinkblumen*
- **greyness** *graues Aussehen n (Verzinnungs- und Verzinkungsfehler)*
- **grid** *(Prüf)* Gitternetz *n*
- **~ test** Gitterschnittversuch *m (zur Prüfung der Haftfestigkeit von Schutzschichten)*
- **grime** Schmutz *m (fest haftend)*
- **grind/to** schleifen; anreiben *(Pigmente)*
- **grind gauge** Kornfeinheitsmesser *m*
- **grindability** Schleifbarkeit *f*
- **grindable** schleifbar
- **grinder** Schleifer *m*, Schleifmaschine *f*
- **grinding** Schleifen *n*; Anreiben *n (von Pigmenten)*
- **~ abrasive** Schleifmittel *n*
- **~ aid** Pigment-Netzmittel *n (zum Anreiben)*
- **~ machine** Schleifmaschine *f*, Schleifer *m*
- **~ oil** Schleiföl *n*
- **~ scratches** Schleifriefen *fpl*, Schleifstriche *mpl*, Schleifrisse *mpl*, Schleifspuren *fpl*
- **~ wheel** Schleifscheibe *f*
- **grit** Kies *m*
- **~-blast/to** mit Kies strahlen
- **~ blasting** Strahlen *n* mit Kies
- **gritblast** *s.* grit blasting
- **groove** Rinne *f*, Furche *f*, Riefe *f*
- **grooving** Rinnenfraß *m*, Furchenbildung *f*, Furchungserosion *f*
- **gross porosity** Gesamtporosität *f*
- **ground/to** *(Am)* erden
- **ground** 1. Boden *m*, Erdboden *m*; 2. Untergrund *m*, Substrat *n*; 3. Anstrichuntergrund *m*, Anstrichträger *m*
- **~ anode** *(Kat)* Erder *m*
- **~ bed** *s.* groundbed
- **~ coat** Grundanstrich *m*, Grundierung[sschicht] *f*; Grundschicht *f*; Grundemail *n*
- **~-coat enamelled** grundemailliert
- **~-coat enamelling** Grundemaillierung *f*
- **~ conditions** Bodenverhältnisse *npl*
- **~ potential** *s.* standard electrode potential
- **~ resistance** Erd[boden]widerstand *m*, Bodenwiderstand *m*
- **~ resistivity** spezifischer Erdbodenwiderstand (Bodenwiderstand) *m*
- **groundbed** *(Kat)* Bettung *f*, Grundbett *n*, Anodenfeld *n*, Anodeneinbettung *f*; Erderanlage *f*, Erdungsanlage *f (aus Anoden und Anodenbett)*
- **~ resistance** Erdungswiderstand *m*

- **groundrod** *(Kat)* Erdungsstab *m*, Staberder *m*, Stabanode *f*
- **grown-in dislocation** *(Krist)* vorgebildete (vorhandene, präexistente) Versetzung *f*
- **growth kink site** *(Krist)* Knick *m*, Mikrostufe *f*
- **~ law** Zeitgesetz *n (des Wachstums von Schichten)*, Wachstumsgesetz *n*
- **~ nucleus** *(Krist)* Keim *m*
- **~ pattern** Wachstumsform *f*, Wachstumstyp *m*, räumliche Anordnung *f (abgeschiedener Schichten)*
- **~ rate** Wachstumsgeschwindigkeit *f*
- **~ site** *(Krist)* Wachstumsstelle *f*
- **guide apron** Leitblech *n (im Feuerverzinnungskessel)*
- **~ roll** Führungsrolle *f (einer Bandbeschichtungsanlage)*
- **~ sheave** [schmale] Führungsrolle *f (einer Bandbeschichtungsanlage)*
- **Guinier-Preston zone** Guinier-Preston-Zone *f (bei Korngrenzenausscheidungen)*
- **gum rosin** Balsamkolophonium *n*, Balsamharz *n*
- **~ turpentine** Balsamterpentinöl *n*
- **gun body** Pistolenkörper *m (Spritztechnik)*
- **~ distance** Spritzabstand *m*
- **gypsum plaster** Gipsmörtel *m*

H

- **Haber-Luggin capillary** *s.* Luggin capillary
- **haematite** Hämatit *m (Eisen(III)-oxid)*
- **hair crack** Haarriß *m*
- **~-[-line] cracking** Haarrißbildung *f*
- **half bath** *(Galv)* Elektrolytansatz mit nur der Hälfte der üblichen Cyanidmenge
- **~-cell** Halbelement *n*, Halbzelle *f*, Halbkette *f*, Einzelelektrode *f*
- **~-cell potential** Elektrodenpotential *n*, Einzelelektrodenpotential *n*, Galvani-Spannung *f*
- **~-cell reaction** Elektrodenreaktion *f*
- **~ dislocation** *(Krist)* Halbversetzung *f*, Teilversetzung *f*, unvollständige Versetzung *f*
- **~-element** *s.* ~-cell
- **~-hour synthetic** Halbstundenlack *m (aus Cellulosenitrat und Alkydharz)*
- **~-loop** *(Krist)* Versetzungsbogen *m*
- **~-plate** Silberauflage von etwa 4 µm Dicke
- **~-reaction** Teilreaktion *f*
- **halide** Halogenid *n*
- **halogen-containing** halogenhaltig

halogenation Halogenierung f
hammer peening Oberflächenhämmerung f, Hämmern n (zur Oberflächenverfestigung)
~ **scale** Hammerschlag m (Eisen(II,III)-oxid)
hand application Handauftrag m
~ **blast gun** Handstrahlpistole f
~ **brushing** Streichen n
~-**cleaned** handgereinigt; handentrostet
~ **cleaning** Handreinigung f, Reinigen n von Hand; Handentrostung f, Entrosten n von Hand
~ **dipping** Tauchen n von Hand
~ **gun** Handspritzpistole f
~-**held electrostatic gun** elektrostatische Handspritzpistole f
~-**operated plating line** Galvanisierstandanlage f, Standanlage f
~ **painting** Streichen n
~ **polishing** Handpolieren n, Polieren n von Hand
~ **roller** Streichroller m, Farbroller m, Roller m, Malerrolle f, Rolle f
~ **rolling** Rollen n (Beschichten mit Streichroller)
~ **scraper** Kratzeisen n; Entrostungsschaber m, Rostschaber m
~ **spray gun** Handspritzpistole f
~ **sprayer** Handspritzgerät n
~ **spraying** Handspritzen n, Spritzen n von Hand
~ **tool cleaning** s. ~ cleaning
~-**wipe/to** von Hand abreiben (abwischen, abwaschen)
hanger Ständer m (eines Glockengalvanisierapparats)
hard anodic (anodized) coating Hartoxidschicht f
~ **anodizing** Hartanodisieren n, Hartanodisation f, Hartoxydation f
~ **chrome** ... s. ~-chromimum ...
~ **chromium** Hartchrom n
~ **chromium coating (plate)** Hartchromschicht f
~-**chromium plate/to** hartverchromen
~-**chromium plating** Hartverchromen n, technisches Verchromen n, Starkverchromen n, Dickverchromen n
~-**chromium surface finish** s. 1. ~-chromium plating; 2. ~ chromium coating
~ **coating** Hartstoffschicht f
~-**face/to** auftragschweißen, (i.w.S.) hartpanzern (härtere Schutzschichten aufbringen)

~-**face welding** Auftragschweißen n
~-**facing** Auftragschweißen n, (i.w.S.) Aufbringen härterer Schutzschichten
~-**facing alloy** Hartauftragslegierung f
~-**gloss paint** Emaillelackfarbe f
~ **lead** Hartblei n
~-**nickel coating** Hartnickelschicht f
~-**nickel plating** Hartvernick[e]lung f
~-**nickel plating bath (solution)** (Galv) Hartnickelelektrolyt m
~ **oil** Harttrockenöl n
~ **pitch** Hartpech n
~ **resin** Hartharz n
~-**rubber-lined** hartgummiert, mit Hartgummi ausgekleidet
~ **sedimentation (settling)** hartes Absetzen n, Bildung f eines harten (festen) Bodensatzes
~ **solder** Hartlot n, Schlaglot n, Strenglot n
~ **soldering** Hartlöten n
~ **stopping** [durchhärtender] Kitt m
~-**surface/to** s. ~-face/to
~ **water** hartes (kalkhaltiges) Wasser n, Hartwasser n
~ **zinc** Hartzink n (meist unerwünschte Eisen-Zink-Legierung)
harden/to härten, (bei Anstrichstoffen und Plasten auch) aushärten
hardenability Härtbarkeit f
hardenable härtbar
hardener Härter m, Härtungsmittel n
~ **bath** Härtebad n
hardening Härtung f, (bei Anstrichstoffen und Plasten auch) Aushärtung f
~ **agent** s. hardener
~ **bath** Härtebad n
hardness Härte f
~ **constituent (element)** Härtebildner m (im Wasser)
~ **measurement** Härtemessung f
~ **producing** härtebildend (Wasserchemie)
~-**producing substance** Härtebildner m (im Wasser)
~ **tester** Härteprüfer m
~ **testing** Härteprüfung f
Haring and Blum's formula (Galv) Formel f von Haring und Blum
~-**[-Blum] cell** (Galv) Haring-[Blum-]Zelle f (zur Messung der Streukraft eines Elektrolyten)
harp test Umlaufversuch m
Hartmann lines Lüders-Hartmannsche Linien fpl, Lüders-Bänder npl

Hatfield

Hatfield test s. Strauss test
HAZ s. heat-affected zone
hazing Mattwerden n, Stumpfwerden n
HPC s. haxagonal close-packed
header-pipe Verteilerrohr n *(Flow-Coating-Verfahren)*
heal/to zuheilen, ausheilen *(z. B. Lücken in der Passivschicht)*; von selbst ausheilen *(Passivschichten)*
healing layer durch Selbstausheilung neugebildete Oxidschicht
heat/to erwärmen, erhitzen; [be]heizen; glühen; sich erwärmen (erhitzen)
~-treat wärmebehandeln, warmbehandeln, tempern
heat-affected wärmebeeinflußt
~-affected zone Wärmeeinflußzone f *(längs der Schweißnaht)*
~ ag[e]ing Wärmealterung f, thermische Alterung f
~-applied ... s. hot-applied ...
~-bodied oil durch Erhitzen eingedicktes Öl n
~-curing *(Anstr)* heißhärtend, hitzehärtend
~ of adsorption Adsorptionswärme f
~ of dissociation Dissoziationswärme f
~ polymerization Wärmepolymerisation f
~-reactive resin wärmehärtbares (hitzehärtbares, thermoreaktives) Harz n
~ resistance Hitzebeständigkeit f, Wärmebeständigkeit f, Wärmestabilität f, thermische Beständigkeit (Stabilität) f
~-resistant, ~-resisting hitzebeständig, wärmebeständig
~-resisting alloy hitzebeständige Legierung f
~-resisting paint hitzebeständiger Anstrichstoff m
~-resisting steel hitzebeständiger Stahl m
~-sensitive wärmeempfindlich
~ sensitivity Wärmeempfindlichkeit f
~ stabilizer Wärmestabilisator m *(z. B. für Plaste)*
~-tinted mit Anlaßfarben (Anlauffarben)
~-treat scale Glühzunder m, Glühhaut f
~-treatable wärmebehandelbar, warmbehandelbar
~ treatment Wärmebehandlung f, Warmbehandlung f, thermische Behandlung f, Tempern n
heating coil Heizschlange f
heavily polished auf Hochglanz poliert, hochglänzend

heavy alloy s. ~ metal alloy
~-bodied *(Anstr)* zähflüssig, [hoch]viskos
~ coating dicke Schutzschicht f
~ concrete Schwerbeton m
~ deposit dicke Schutzschicht f
~-duty coating Anstrichstoff m für harte Beanspruchung
~-duty gun Hochleistungsspritzpistole f
~-duty paint s. ~-duty coating
~ filming inhibitor Deckschichtenbildner m *(chemischer Korrosionsinhibitor)*
~ metal Schwermetall n
~-metal alloy Schwermetallegierung f, Schwerlegierung f
~-metal-containing schwermetallhaltig
~-metal phosphate Schwermetallphosphat n
~ nickel plating Dickvernickeln n
~ plate *(Galv)* Silberauflage von 16,8 mg/cm²
~-walled dickwandig
heavyweight coating 1. Dickbeschichten n; 2. Dickschicht f
HEED s. high-energy electron diffraction
height of lift *(Galv)* Hubhöhe f
~ of profile Profiltiefe f
Helmholtz double layer Helmholtzsche Doppelschicht f, Helmholtz-Schicht f
~ free energy [Helmholtzsche] freie Energie f, Helmholtzsche Funktion f
~ function s. ~ free energy
~ part of the double layer Helmholtz-Anteil m der Doppelschicht
~ potential s. ~ free energy
hematite s. haematite
hemispherical pit halbkugelförmige Lochfraßstelle f
Henry's law Henrysches Gesetz (Absorptionsgesetz) n
heterogeneity Heterogenität f
heterogeneous alloy heterogene (ausscheidungsfähige) Legierung f
~ reaction heterogene Reaktion f
Heusler mechanism Heusler-Mechanismus m *(katalysierte Korrosion)*
hexagonal close-packed in hexagonal dichtester Kugelpackung (Packung)
HIC s. hydrogen-induced cracking
hiding power Deckvermögen n, Deckfähigkeit f, Deckkraft f
high-activity hochaktiv *(z. B. hinsichtlich der Haftkraft)*
~-alloy hochlegiert
~-altitude climate Höhenklima n, Gebirgsklima n

~~-alumina cement** Tonerde[schmelz]zement *m*
~~-aluminium** aluminiumreich, hochaluminiumhaltig
~~-angle grain boundary** Großwinkelkorngrenze *f*
~ **boiler**, ~~-boiling solvent** Hochsieder *m*, hochsiedendes Lösungsmittel *n*
~ **brass** Gelbmessingsorte mit einem Zinkgehalt von 35 %
~~-build coating** 1. Dickschichtanstrichstoff *m*; Dickschichtanstrich *m*; 2. dickschichtiger Anstrich *m*
~~-build coating system** Dickschichtanstrichsystem *n*, dickschichtiges Anstrichsystem *n*
~~-build paint** Dickschichtanstrichstoff *m*, Dickschichtfarbe *f*
~~-build undercoat** Dickschicht-Zwischenanstrichstoff *m*, Zwischendickschichter *m*
~~-capacity spray gun** Hochleistungsspritzpistole *f*
~~-carbon[-content]** hochgekohlt, hochkohlenstoffhaltig, kohlenstoffreich, mit hohem Kohlenstoffgehalt (C-Gehalt)
~~-chloride** chloridreich, hochchloridhaltig
~~-chromium** chromreich, hochchromhaltig
~~-conducting** hochleitfähig
~~-conductivity** von (mit) hoher spezifischer Leitfähigkeit
~~-copper** kupferreich, hochkupferhaltig
~~-cyanide** *(Galv)* hochcyanidisch
~~-density bath (solution)** *(Galv)* hochkonzentrierter (metallreicher) Elektrolyt *m*
~~-duty coating** *s*. heavy-duty coating
~~-efficiency bath (solution)** *(Galv)* Hochleistungselektrolyt *m*
~~-energy electron diffraction** Beugung *f* schneller (hochenergetischer) Elektronen
~~-frequency induction heating** induktive Hochfrequenzerwärmung *f*
~~-frequency plasma torch** Hochfrequenzplasmatron *n*
~ **gloss** Hochglanz *m*
~~-gloss enamel** hochglänzende Lackfarbe *f*
~~-gloss finish** 1. Hochglanzlack *m*; 2. Hochglanzlackierung *f*
~~-gloss lacquer** hochglänzende Lackfarbe *f* (physikalisch trocknend)
~~-grade steel** Edelstahl *m*
~~-iron** eisenreich
~ **light** Rauhigkeitsspitze *f*, Profilspitze *f*, Rauheitspeak *m*, Peak *m*, Protuberanz *f*, Erhebung *f* (im Mikroprofil einer Oberfläche)
~~-low lacquer** besonders zum Spritzen verwendeter Nitrolack mit hoch- und niedrigsiedenden Lösungsmitteln
~~-low solvent blend** Gemisch aus hoch- und niedrigsiedenden Lösungsmitteln
~~-magnesium** magnesiumreich, hochmagnesiumhaltig
~~-melting[-point]** hochschmelzend, schwerschmelzend, schwerschmelzbar
~~-molybdenum** molybdänreich, hochmolybdänhaltig
~~-nickel** nickelreich, hochnickelhaltig
~~-oxygen** sauerstoffreich
~~-performance spray gun** Hochleistungsspritzpistole *f*
~~-phosphorus** phosphorreich, hochphosphorhaltig
~~-porosity concrete** Porenbeton *m*
~~-precision measurement** Präzisionsmessung *f*
~~-pressure airless spraying** hydraulisches (druckluftloses, luftloses) Spritzen *n*, Airless-Spritzen *n*, Höchstdruckspritzen *n*
~~-pressure hose** Hochdruckschlauch *m*
~~-pressure pump** Hochdruckpumpe *f*
~~-purity** hochrein
~~-purity zinc** Feinzink *n*
~~-quality steel** Edelstahl *m*
~~-resistance** hochohmig
~~-resistivity** von (mit) hohem spezifischem Widerstand
~~-silicon** siliciumreich, hochsiliciumhaltig, (bei Legierungen auch) hochsiliziert
~~-silicon iron** Ferrosilicium *n*, Siliciumeisen *n*
~~-solids lacquer** lösungsmittelarmer Lack *m*, High-solids-Lack *m* (physikalisch trocknend)
~~-solids paint** lösungsmittelarmer Anstrichstoff *m*
~~-speed bath** *(Galv)* Hochleistungselektrolyt *m*
~~-speed flame spraying** Hochgeschwindigkeitsflammspritzen *n*
~~-speed plating process** elektrochemisches (galvanotechnisches) Hochleistungsverfahren *n*
~ **spot** *s*. ~ light
~~-strength** hochfest
~~-sulphide** sulfidreich, hochsulfidhaltig
~~-sulphur** schwefelreich, hochschwefelhaltig

high

~-temperature alloy Hochtemperaturlegierung f
~-temperature coating Hochtemperatur-Schutzschicht f
~-temperature corrosion Hochtemperaturkorrosion f
~-temperature durability Hochtemperaturbeständigkeit f
~-temperature material Hochtemperaturwerkstoff m
~-temperature oxidation Hochtemperaturoxydation f
~-temperature resistance Hochtemperaturbeständigkeit f, Hochhitzebeständigkeit f
~-temperature resistant hochtemperaturbeständig, hochhitzebeständig
~-temperature scale Glühzunder m, Glühhaut f
~-temperature scaling resistance Zunderbeständigkeit f
~-temperature service Einsatz m bei hohen Temperaturen
~-temperature stability (strength) s. ~-temperature resistance
~-temperature testing Hochtemperaturprüfung f
~-temperature water Hochtemperaturwasser n, Heißwasser n
~-temperature water oxidation Heißwasseroxydation f
~-throw bath (solution) (Galv) Elektrolyt m hoher Streukraft
~-tin zinnreich, hochzinnhaltig
~ vacuum Hochvakuum n
~-viscosity hochviskos, hochzähflüssig
~-zinc zinkreich, hochzinkhaltig
higher oxide Oxid n der höheren Wertigkeitsstufe
highly active 1. sehr unedel, hochunedel (Metall); 2. hochaktiv (z. B. hinsichtlich der Haftkraft)
~ alkaline hochalkalisch, stark alkalisch, hochbasisch
~ alloyed hochlegiert
~ basic s. ~ alkaline
~ corrosion-resistant hochkorrosionsbeständig, hochkorrosionsfest
~ corrosive hochkorrosiv
~ pigmented hochpigmentiert
~ resistant hochresistent
~ sensitive hochempfindlich
~ stressed hochbeansprucht

~ susceptible hochempfindlich
~ viscous hochviskos, hochzähflüssig
HIP s. hot isostatic pressing
HIP-clad durch Heißpressen plattiert
HIP cladding Plattieren n durch Heißpressen
history [technische] Vorgeschichte f (z. B. einer Legierung oder Komponente)
hog bristle brush Borstenpinsel m
~ hair brush Borstenpinsel m
hoist (Galv) Hubmechanismus m, Hebezeug n, (i.e.S.) Rahmenaufzug m
~ line Galvanisierstraße f mit Rahmenaufzug
holding primer 1. Anstrichstoff m für Vorkonservierungsanstriche; 2. Vorkonservierungsanstrich m
holiday Fehlstelle f (in einer Schutzschicht)
~ detector Porensuchgerät n, Porenprüfgerät n
hollow Vertiefung f, Talbereich m (im Mikroprofil einer Oberfläche)
~ anode Hohlanode f
~ cathode Hohlkatode f
~ space Hohlraum m
home brew (Galv) im eigenen Betrieb entwikkelter Elektrolytansatz
homo-polymer Homopolymer[es] n, Homopolymerisat n
homogeneity Homogenität f
homogeneous alloy homogene (nichtausscheidungsfähige) Legierung f
~ leading homogenes Verbleien n, Homogenverbleien n, Aufschmelzverbleien n
~ lining verbundfeste Auskleidung f, Verbundauskleidung f
~ reaction homogene Reaktion f
homogenization Homogenisierungsglühen n, homogenisierendes Glühen n, Homogenisieren n, Diffusionsglühen n
homogenize/to homogenisierend glühen, homogenisieren, diffusionsglühen (Stahl)
hone/to ziehschleifen, honen, nacharbeiten
horizontal anode (Kat) Horizontalanode f, Horizontalerder m
~ barrel 1. Horizontaltrommel f, horizontal gelagerte Trommel f, Scheuertrommel f, Rollfaß n; 2. s. ~ plating barrel
~ barrel finishing machine Trommelapparat m
~ closed barrel s. ~ barrel 1.
~ ditch (Kat) Erdungsgraben m, Anodengraben m
~ groundbed (Kat) Horizontalerderanlage f

~ **groundrod** s. horizontal anode
~ **plating barrel** Galvanisiertrommel f, (i.w.S.) Galvanisiertrommelapparat m, Trommelgalvanisierapparat m
~-**return-type machine** Umkehrstraße f, Returnstraße f (z.B. beim Polieren)
~-**type barrel installation** Galvanisiertrommelapparat m, Trommelgalvanisierapparat m
host lattice (Krist) Wirt[s]gitter n, Trägergitter n
hot-air drying Heißlufttrocknung f
~-**air oven** Warmluftofen m
~-**air spraying** Heißspritzen n (mit Druckluft)
~ **airless plant** Airless-Heißspritzanlage f
~ **airless spraying** Airless-Heißspritzen n
~ **airless unit** Airless-Heißspritzanlage f
~ **alkaline cleaner** Abkochentfettungslösung f
~ **alkaline cleaning** Abkochentfettung f
~ **application** Heißauftrag m, Heißverarbeitung f
~-**applied coating** 1. Heißanstrich m; 2. Heißanstrichstoff m, heißverarbeitbarer Anstrichstoff m
~-**applied coating material** s. ~-applied coating 2.
~ **asphalt** (Am) s. ~ bitumen
~ **bitumen** Heißbitumen n
~ **corrosion** Hochtemperaturkorrosion f, Heißkorrosion f, (i.e.S.) Heißgaskorrosion f
~-**corrosion resistance** Beständigkeit f gegen Hochtemperaturkorrosion
~-**corrosion test** Heißgaskorrosionsversuch m
~-**corrosion test stand** Heißgaskorrosionsanlage f
~ **crack** Warmriß m
~ **cracking** Warmrißbildung f
~-**dip aluminium coating** s. 1. ~-dip aluminizing; 2. ~-dipped aluminium coating
~-**dip aluminizing** Feueraluminieren n, Schmelztauchaluminieren n, Heißaluminieren n, Tauchalitieren n, Tauchaluminieren n
~-**dip batch coating** diskontinuierliches Feuermetallisieren (Schmelztauchmetallisieren) n
~-**dip coat** s. ~-dipped coating
~-**dip coated** feuermetallisiert, schmelztauchbeschichtet, schmelztauchmetallisiert, schmelzgetaucht (Werkstück)

~-**dip coating** s. 1. ~ dipping; 2. ~-dipped coating
~-**dip galvanized** feuerverzinkt
~-**dip galvanized coating** Feuerzink[schutz]schicht f, feuermetallische Zinkschicht f
~-**dip galvanized sheet** feuerverzinktes Blech n
~-**dip galvanized steel** feuerverzinkter Stahl m
~-**dip galvanizer** Feuerverzinker m
~-**dip galvanizing** Feuerverzinken n, Schmelztauchverzinken n, Heißverzinken n; schmelzflüssiges Verzinken n
~-**dip lead coating** Feuerverbleien n, Schmelztauchverbleien n
~-**dip metallic coating** s. ~-dipped coating
~-**dip phosphate treatment** Heißphosphatieren n
~-**dip process** s. ~-dipping process
~-**dip tin coating** s. 1. ~-dip tinning; 2. ~-dipped tin coating
~-**dip tin-plate** s. ~-dipped tin-plate
~-**dip tinning** Feuerverzinnen n, Schmelztauchverzinnen n, Tauchverzinnen n
~-**dip tinning installation (unit)** Feuerverzinnungsanlage f
~-**dip zinc coating** s. 1. ~-dip galvanizing; 2. ~-dipped zinc coating
~-**dipped** 1. feuermetallisch, schmelzgetaucht (Schutzschicht); 2. s. ~-dip coated
~-**dipped aluminium coating** Feueraluminium[schutz]schicht f, Schmelztauchaluminium[schutz]schicht f
~-**dipped coating** Feuermetallschutzschicht f, Schmelztauch[schutz]schicht f, feuermetallische (schmelzgetauchte, im Schmelztauchverfahren hergestellte) Schutzschicht f
~-**dipped tin** Feuerzinn n
~-**dipped tin coating** Feuerzinn[schutz]schicht f, Feuerverzinnungsschicht f
~-**dipped tin-plate** feuerverzinntes Blech n (Weißblech) n
~-**dipped zinc coating** Feuerzink[schutz]schicht f, feuermetallische Zinkschicht f
~ **dipping** Feuermetallisieren n, Schmelztauchmetallisieren n, Schmelztauchbeschichten n, Schmelztauchen n, Beschichten n in Metallschmelzen; Heißtauchen n, Schmelztauchen n (zum Aufbringen organischer Schutzschichten); Wirbelsintern n (Plastpulverbeschichten)

hot 98

~-**dipping line** kontinuierliche (kontinuierlich arbeitende) Feuermetallisierungsanlage f
~-**dipping process** Feuermetallisierverfahren n, Schmelztauchverfahren n *(zur Herstellung metallischer Schutzschichten)*; Heißtauchverfahren n *(zum Aufbringen organischer Schutzschichten)*; Wirbelsinterverfahren n *(zur Plastpulverbeschichtung)*
~ **forming** Warmformgebung f, Warmumformung f, *(inkorrekt)* Warmverformung f
~-**galvanize/to** feuerverzinken, schmelzflüssig verzinken
~ **galvanizing** s. ~-dip galvanizing
~ **hardness** Warmhärte f
~ **isostatic pressing** Heißpressen n
~-**melt coating** 1. Heißtauchen n, Schmelztauchen n; 2. Heißtauchmasse f, Schmelztauchmasse f; 3. Heißtauchschutzschicht f
~ **metal spraying** Heißspritzen n von Metallen
~-**phosphatizing** Heißphosphatieren n
~ **rinse** Heißspülen n
~ **roll-bonding** Warmwalzplattieren n
~-**rolled zinc anode** Walzzinkanode f
~ **rolling** Warmwalzen n
~-**salt corrosion (cracking)** Korrosion f in Salzschmelzen
~ **spot** Überwärmungszone f, Überhitzungszone f; Korrosionsschwachstelle f *(besonders korrosionsgefährdete Stelle)*
~-**spot protection** *(Kat)* Hot-spot-Schutz m, örtlicher katodischer Schutz m *(ausgewählter, besonders gefährdeter Stellen)*
~ **spray** s. ~ spraying
~-**spray apparatus** Heißspritzgerät n
~-**spray application** s. ~ spraying
~-**spray gun** Heißspritzpistole f
~-**spray lacquer** Heißspritzlack m *(physikalisch trocknend)*
~-**spray paint** Anstrichstoff m zum Heißspritzen
~-**spray painting** s. ~ spraying
~-**spray plant** Heißspritzanlage f
~-**spray process** Heißspritzverfahren n
~-**spray unit** Heißspritzanlage f
~ **spraying** *(Anstr)* Heißspritzen n
~-**tinned coating** Feuerzinn[schutz]schicht f, Feuerverzinnungsschicht f
~-**tinned sheet** feuerverzinntes Blech (Weißblech) n
~ **tinning** s. ~-dip tinning
~ **trichloroethylene plant** Tri-Heißtauchanlage f

~-**wall effect** durch Chlorionen induzierte Blasenbildung an heißen Behälterwänden mit nachfolgender Lochkorrosion
~ **water** Warmwasser n, Heißwasser n
~-**water oxidation** Heißwasseroxydation f, Heißwasserkorrosion f
~-**water rinse** Heiß[wasser]spülen n, Spülen n in heißem Wasser
~-**water rinsing stage** Heißwasserspülstufe f
~-**water sealing** Heißwasserverdichtung f, Heißwassersealing n, Kochendwasserverdichtung f *(beim Anodisieren)*
~-**water test** Heißwassertest m *(auf Porosität)*
~-**water washing** s. ~-water rinse
~ **working** s. ~ forming
HSCC s. hydrogen-induced stress-corrosion cracking
HSI s. high-silicon iron
Huey [nitric-acid] test Huey-Test m, Salpetersäurekochversuch m, Prüfung f in siedender Salpetersäure *(auf interkristalline Korrosion)*
Hull cell *(Galv)* Hull-Zelle f *(zur Prüfung von Elektrolyten)*
humic acid Huminsäure f, Humussäure f
humid atmospheric corrosion Korrosion f in feuchter Atmosphäre *(ohne sichtbaren Wasserfilm)*
~-**macrothermal climate** feuchtwarmes (warmfeuchtes) Klima n
humidity Feuchtigkeit f, Feuchte f
~ **cabinet** Feuchtekammer f, Feuchtraumkammer f, Klimakammer f, Wetterkammer f
~ **cabinet testing** Feuchtigkeitsprüfung f
~ **chamber** s. ~ cabinet
~ **condensation test** Schwitzwasser[klima]versuch m, Schwitzwassertest m
~ **resistance** Feuchtigkeitsbeständigkeit f, Feuchtebeständigkeit f
~-**resistant** feuchtigkeitsbeständig, feuchtebeständig
~ **test** Feuchtlagerversuch m
~ **testing** Feuchtigkeitsprüfung f
hydrargillite Hydrargillit m *(als Korrosionsprodukt auftretendes γ-Aluminiumhydroxid)*
hydrated ferric oxide Eisen(III)-oxidhydrat n
~ **iron(III) oxide** Eisen(III)-oxidhydrat n
hydration Hydratation f, Hydratisierung f
~ **enthalpy** *(Galv)* Hydratationsenthalpie f
~ **sheath** Hydrathülle f
~ **state** Hydratationszustand m

hydraulic spraying hydraulisches (druckluftloses, luftloses) Spritzen *n*, Airless-Spritzen *n*, Höchstdruckspritzen *n*
hydrazine Hydrazin *n* *(Korrosionsinhibitor)*
hydride formation Hydridbildung *f*
~-forming hydridbildend
hydriding Hydridbildung *f*
hydroblasting Naßstrahlen *n*, Naßsandstrahlen *n*, nasses Sandstrahlen *n*
hydrocarbon resin Kohlenwasserstoffharz *n*
~-soluble kohlenwasserstofflöslich
~ solvent Kohlenwasserstoff-Lösungsmittel *n* *(aus einem oder mehreren Kohlenwasserstoffen)*
hydrochloric acid Salzsäure *f*, Chlorwasserstoffsäure *f*
~-acid pickle Salzsäurebeize *f*
~-acid pickling Salzsäurebeizen *n*, Beizen *n* in Salzsäure
~-acid test Salzsäureversuch *m* *(zur Bestimmung der Kornzerfallsanfälligkeit)*
hydrodesulphurization Hydroentschwefelung *f*, Hydrodesulfurierung *f*, Wasserstoffentschwefelung *f*
hydrofluoric acid Flußsäure *f*, Fluorwasserstoffsäure *f*
hydrofluosilicic acid Fluorokieselsäure *f*
hydrogen Wasserstoff *m*
~-absorption hypothesis Adsorptions-Sprödbruchhypothese *f*, mechanisch-adsorptive Hypothese *f* *(der Spannungsrißkorrosion)*
~ acceptor Wasserstoffakzeptor *m*
~ attack Wasserstoffangriff *m*
~ blister Wasserstoffblase *f* *(im Werkstoff)*
~ blistering Wasserstoffblasenbildung *f (im Werkstoff)*
~ bond Wasserstoffbrückenbindung *f*, H-Bindung *f*
~ bonding parameter Wasserstoffbindungsparameter *m*
~ bubble Wasserstoffbläschen *n*
~ build-up Wasserstoffansammlung *f (im Werkstoff)*
~-caused wasserstoffinduziert, H-induziert
~ charge Wasserstoffbeladung *f*
~-charged wasserstoffbeladen
~ cracking 1. Wasserstoffrißkorrosion *f*, Wasserstoffkrankheit *f*; 2. s. ~ embrittlement
~-cycle cation exchange Wasserstoffaustausch *m (bei der Wasserbehandlung)*
~ damage Wasserstoffschädigung *f (Sammelbezeichnung für Wasserstoffblasenbildung, Wasserstoffversprödung, Entkohlung und Wasserstoffangriff)*
~ deterioration s. ~ embrittlement
~ disease s. ~ cracking 1.
~ electrode Wasserstoffelektrode *f*
~ embrittlement 1. Wasserstoffversprödung *f*, H-Versprödung *f*, katodische Spannungsrißkorrosion *f (Vorgang)*; 2. Wasserstoffbrüchigkeit *f*, Wasserstoffsprödigkeit *f (Ergebnis)*
~-embrittlement relief treatment *(Galv)* Wasserstoffaustreiben *n (durch thermische Nachbehandlung)*
~ entry s. ~ ingress
~ evolution Wasserstoffentwicklung *f*, Wasserstoffabscheidung *f*
~-evolution type of corrosion Wasserstoffkorrosionstyp *m*
~ gas Wasserstoffgas *n*
~ generation s. ~ evolution
~-induced wasserstoffinduziert, H-induziert
~-induced corrosion wasserstoffinduzierte Korrosion *f*
~-induced cracking wasserstoffinduzierte Rißbildung *f*
~-induced stress-corrosion cracking wasserstoffinduzierte Spannungsrißbildung *f*
~ ingress Eindringen (Eindiffundieren) *n* von Wasserstoff
~ ion Wasserstoffion *n*
~-ion concentration Wasserstoffionenkonzentration *f*
~ liberation s. ~ evolution
~ overpotential s. ~ overvoltage
~ overvoltage Wasserstoffüberspannung *f*
~ overvoltage theory Überspannungstheorie *f (der Inhibition)*
~ penetration s. ~ ingress
~ pick-up Wasserstoffaufnahme *f*
~ pocket Wasserstoffblase *f (im Werkstoff)*
~ pressure Wasserstoffdruck *m*
~ probe Wasserstoffsonde *f*
~ resistance Wasserstoffbeständigkeit *f*
~-resistant wasserstoffbeständig
~ scale Wasserstoffskale *f (der Elektrodenpotentiale mit dem Elektrodenpotential der Standard-Wasserstoffelektrode = 0,0000 V)*
~ sulphide Schwefelwasserstoff *m*
~ swell 1. Wasserstoffauftreibung *f (von Konservendosen)*; 2. durch Wasserstoff aufgetriebene Konservendose *f*

hydrogen 100

~-type reaction Wasserstoffkorrosion f, Korrosion f unter Wasserstoffentwicklung, Säurekorrosion f, Korrosion f in Säuren (sauren Lösungen)
~ uptake Wasserstoffaufnahme f
hydrolysis Hydrolyse f
hydrolyzability Hydrolysierbarkeit f
hydrolyzable hydrolysierbar
hydrolyze/to hydrolysieren; der Hydrolyse unterliegen
hydrophile, hydrophilic hydrophil
hydrophilicity Hydrophilie f
hydrophobe, hydrophobic hydrophob, wasserabweisend
hydrophobicity Hydrophobie f
hydrophobing agent hydrophobierendes Mittel n, Hydrophobiermittel n
hydroxyl equivalent weight Hydroxyläquivalent[gewicht] n
~ group[ing] Hydroxylgruppe f, OH-Gruppe f
~ value Hydroxylzahl f, OHZ
hydrozincite Hydrozinkit m (basisches Zinkcarbonat)
hygrometer Hygrometer n
hygroscopic hygroskopisch
hygroscopicity Hygroskopizität f
hypereutectic übereutektisch
hypereutectoid übereutektoid
hyperstoichiometric überstöchiometrisch
hypersusceptible überempfindlich
hypoeutectic untereutektisch
hypoeutectoid untereutektoid
hypostoichiometric unterstöchiometrisch

I

ideal crystal Idealkristall m
identification mark Kennzeichen n, Kennzeichnung f (am Werkstoff)
iding agent (anode) Material zur elektrolytischen Diffusionsbeschichtung über Metallfluoride
idiomorphic (Krist) idiomorph, automorph
idle [boiler] corrosion Stillstandskorrosion f
~ period Stillstandszeit f, Betriebsstillstand m
Ilkovič equation Ilkovič-Gleichung f (für die Beziehungen zwischen Diffusionsstrom, Diffusionskoeffizient und Konzentration)
ill-defined composition schwankende Zusammensetzung f

image force Bildkraft f (auf die Umgebung eines stromdurchflossenen Leiters wirkende elektrostatische Kraft)
imbedded tramp metal Fremdmetalleinschluß m
IMMA s. ion microprobe mass analyzer
immerge/to [ein]tauchen
immerse/to [ein]tauchen
immersed corrosion Korrosion f in Flüssigkeiten (i.e.S.) Korrosion in Wässern, Wasserkorrosion f
~ structures Unterwasserbauten pl
immersible electrode Tauchelektrode f
immersion Tauchen n, Eintauchen n
~ alkaline cleaning Tauchreinigung f mit alkalischen Reinigern
~ application 1. Tauchen n (Anwendung einer Behandlungslösung); 2. Tauchauftrag m
~ cleaning Tauchreinigung f
~ coating (Galv) 1. Abscheiden n im Tauchverfahren, Abscheiden n durch Ionenaustausch (Ladungsaustausch); 2. im Tauchverfahren hergestellte Schutzschicht f, durch Ionenaustausch hergestellte Schutzschicht f
~ coating by chemical reduction reduktives chemisches Abscheiden n
~ degreasing Tauchentfetten n
~ deposit s. ~ coating 2.
~-deposited im Tauchverfahren hergestellt
~ deposition 1. Abscheidung f durch Zementation (unerwünscht); 2. s. ~ coating 1.
~ exposure Tauchlagerung f
~ film s. ~ coating 2.
~ gilding (Galv) Tauchvergolden n, Sudvergolden n (stromlos)
~ gold deposit (Galv) [stromlos] im Tauchverfahren hergestellte Goldschicht f
~ gold solution (Galv) Tauchvergoldungselektrolyt m
~ installation Tauchanlage f
~ metallic deposit (Galv) im Tauchverfahren hergestellte Metallschutzschicht f
~ period Tauchdauer f, Expositionsdauer f
~ phosphate coating s. ~ phosphating
~ phosphating Tauchphosphatieren n
~-phosphating installation Tauchphosphatierungsanlage f
~ pickling Tauchbeizen n
~ plate (Galv) [stromlos] im Tauchverfahren erzeugte Schicht f

~ **plating** *(Galv)* [stromloses] Abscheiden *n* im Tauchverfahren
~ **rate** Eintauchgeschwindigkeit *f*
~ **rinsing** Tauchspülen *n*
~ **tank** Tauchbecken *n*, Tauchwanne *f*
~ **test** Tauchversuch *m*, Immersionsversuch *m*
~ **time** *s.* ~ period
~ **tin coating** *(Galv)* [stromlos] im Tauchverfahren hergestellte Zinnschutzschicht *f*
~ **tin plating** *s.* ~ tinning
~ **tinning** *(Galv)* [stromloses] Tauchverzinnen *n*, *(bei hohen Temperaturen)* Sudverzinnen *n*
~ **treatment** Tauchbehandlung *f*
immiscibility Unmischbarkeit *f*, Nichtmischbarkeit *f*
immiscible unmischbar, nicht mischbar
immune unempfindlich, beständig, *(i.e.S.)* immun *(gegenüber dem nur passiven Zustand)*
~ **to attack** unangreifbar
~ **to corrosion** korrosionsunempfindlich, korrosionsbeständig
~ **to intergranular attack** kornzerfallsbeständig
immunity Unempfindlichkeit *f*, Beständigkeit *f*, *(i.e.S.)* Immunität *f* *(gegenüber bloßer Passivität)*
~ **area** Immunitätsbereich *m* *(im Korrosionsdiagramm)*
impact/to auftreffen, aufprallen
impact Stoß *m*, Aufprall *m*, Anprall *m*; Schlag *m*, Aufschlag *m*
~ **bending strength** Schlagbiegezähigkeit *f*, Schlagbiegefestigkeit *f*
~ **glass beads** Strahl-Glasperlen *fpl*
~ **indentation** Schlagtiefung *f*
~ **loading** Schlagbelastung *f*, Stoßbelastung *f*
~ **machine** Schlagprüfgerät *n*
~ **resistance** Schlagfestigkeit *f*, Schlagzähigkeit *f*
~-**resistant** schlagfest
~ **stress** schlagende Beanspruchung *f*, Stoßbeanspruchung *f*
~ **test** Schlagversuch *m*
~ **test instrument**, ~ **tester** Schlagprüfgerät *n*
~ **testing** Schlagprüfung *f*
~ **tool** Schlaggerät *n*, Klopfgerät *n*
impedance measurement *(Prüf)* Impedanzmessung *f*
impeding action Hemmwirkung *f*

imperfection Fehler *m*
~ **site** *(Krist)* Störstelle *f*, Gitterstörstelle *f*
impermeability Undurchlässigkeit *f*, Dichtheit *f*, Impermeabilität *f*
impermeable undurchlässig, dicht, impermeabel
~ **to gases** gasundurchlässig, gasdicht
~ **to moisture** feuchtigkeitsundurchlässig
impervious undurchlässig, dicht
imperviousness Undurchlässigkeit *f*, Dichtheit *f*
impinge/to auftreffen, aufprallen, anprallen
impingement 1. Aufprall *m*, Anprall *m*; 2. *s.* ~ attack
~ **attack** Aufprallerosion *f*, Tropfenschlagerosion *f*, Flüssigkeitsschlag *m*, Wasserschlag *m*
~ **corrosion** Aufprallkorrosion *f*
~ **pit** durch Flüssigkeitsschlag entstandene Korrosionsgrube
~ **pitting** *s.* ~ corrosion
~ **plate** Prallplatte *f*, Prallblech *n*, Prallfläche *f*
impose/to *(Kat)* aufprägen *(Potential, Strom)*
imposition *(Kat)* Aufprägung *f* *(von Strom)*
impoverish/to verarmen
impoverishment, impoverization Verarmung *f*
impregnant Imprägniermittel *n*
impregnate/to 1. imprägnieren, tränken; 2. diffusionslegieren, diffusionsbeschichten, *(i.e.S.)* diffusionsmetallisieren
impregnated colour durch Tauchen erzielte Färbung *f* *(einer anodisch erzeugten Oxidschicht)*
~ **paper** getränktes (imprägniertes, präpariertes) Papier *n*
impregnating agent Imprägniermittel *n*
impregnation 1. Imprägnieren *n*, Tränken *n*; 2. Diffusionslegieren *n*, Diffusionsbeschichten *n*, *(i.e.S.)* Diffusionsmetallisieren *n*
impress/to *(Kat)* aufprägen *(Potential, Strom)*
impressed-current fremd[strom]gespeist, mit Fremdstrom gespeist
~ **current** *(Kat)* aufgeprägter (aufgezwungener, aufgedrückter) Strom *m*, Fremdstrom *m*
~-**current anode** Fremdstrom[schutz]anode *f*, Daueranode *f*, unlösliche (inerte) Anode *f*, fremdgespeiste Schutzanode *f*
~-**current cathodic protection** katodischer Schutz *m* durch Fremdstrom

impressed

~-**current cathodic protection scheme (system)** katodische Fremdstrom[schutz]anlage f, Fremdstromanlage f für katodischen Schutz
~-**current corrosion** Fremdstromkorrosion f
~-**current installation** Fremdstrom[schutz]anlage f
~-**current method** Fremdstrom[schutz]verfahren n
~-**current protection** Schutz m durch Fremdstrom, Fremdstromschutz m
~-**current scheme (system)** Fremdstrom[schutz]anlage f, fremdgespeiste Schutzstromanlage f
~-**current technique** s. ~-current method
~-**e.m.f. method** s. ~-current method
~ **protection** s. ~-current protection
impurity Verunreinigung f, Fremdbestandteil m, Beimengung f
~ **atom** Fremdatom n, Stör[stellen]atom n, Verunreinigungsatom n
~ **segregation** Segregation f von Fremdatomen
in-house coating Beschichtung f in der Werkstatt, Werksbeschichtung f
~-**line annealing** Glühen n im Durchlauf (beim Schmelztauchverzinken)
~-**plant test** Betriebsversuch m
~ **situ adduct** In-Situ-Addukt n
~ **situ concrete** Ortbeton m
inaccessibility Unzulänglichkeit f (von zu schützenden Oberflächen)
inaccessible unzugänglich (zu schützende Oberflächen)
~ **corner** toter Winkel m
inactive pigment inaktives (passives, inertes) Pigment n
inactivity Inaktivität f
inception of cracks Riß[keim]bildung f
incidence angle Einfall[s]winkel m
inclusion Einschluß m (Vorgang oder Stoff)
incompatibility Unverträglichkeit f, Inkompatibilität f
incompatible unverträglich, inkompatibel
incomplete inhibition unvollständige Inhibition f
incorporate/to einlagern, einschließen, inkorporieren
incorporation Einlagerung f, Einschluß m, Inkorporation f
incorrodibility Korrosionsbeständigkeit f, Korrosionsfestigkeit f, Korrosionssicherheit f

102

incorrodible korrosionsbeständig, korrosionsfest, korrosionssicher, nicht korrodierend, unangreifbar
increase in concentration Konzentrationsanstieg m
~ **in potential** Potentialanstieg m
~ **in strength** Festigkeitszunahme f, Festigkeitsanstieg m, Verfestigung f; Festigkeitssteigerung f
~ **in volume** Volumenzunahme f
~ **in weight** Masse[n]zunahme f; Gewichtszunahme f
increasing corrosion korrosionsfördernd, korrosionsbeschleunigend, korrosionsverstärkend, korrosionsverschärfend
incrustation Inkrustierung f, Inkrustation f
incubation period (time) Inkubationsperiode f, Inkubationszeit f, Inkubationsphase f, Inkubationsdauer f
indent (Prüf) Eindruck m
indentation (Prüf) Eindrücken n; Eindruck m
~ **hardness** Eindruckhärte f, Eindringhärte f
~ **hardness testing** Härteprüfung f nach dem Eindringverfahren, Härteprüfung f mit Eindringkörper, Eindringhärteprüfung f
~ **test** Eindruckversuch m (zur Bestimmung der Haftfestigkeit von Schutzschichten)
indenter Eindringkörper m (zur Messung der Eindringhärte)
independent of pressure druckunabhängig
indestructibility Unzerstörbarkeit f
indestructible unzerstörbar
indicating electrode s. indicator electrode
indicator electrode Indikatorelektrode f, Arbeitselektrode f, Meßelektrode f
~ **paper** Indikatorpapier n, Reagenzpapier n, Prüfpapier n, (i.e.S.) pH-Papier n
indirect corrosion s. electrochemical corrosion
indium bath (Galv) Indiumelektrolyt m
~ **coating** Indium[schutz]schicht f
~ **electrodeposit** elektrochemisch (galvanisch) hergestellte Indiumschutzschicht f
~ **plating solution** s. indium bath
individual coat[ing] Einzelanstrich m; Einzelschicht f
indoor air Raumluft f
~ **atmosphere** Innen[raum]atmosphäre f, Raumatmosphäre f
~ **environment** Innenraumklima n
~ **exposure** Innenraumbeanspruchung f, Innenexponierung f

~ **paint** s. interior paint
~ **protection** Innenraumschutz m
~ **service** Inneneinsatz m
~ **storage** Innenraumlagerung f, Lagerung f in Innenräumen (geschlossenen Räumen)
induce/to induzieren, einleiten, anregen (z. B. eine Reaktion)
induced deposition (Galv) induzierte Abscheidung f
induction hardening Induktionshärten n
~-**heated** induktionsbeheizt
~ **heating** induktives Beheizen n, Induktionsbeheizung f
~ **period (time)** Induktionsperiode f, Induktionsphase f, Induktionszeit f, Anlaufperiode f, Vorbereitungsperiode f; (Anstr) Induktionszeit f, Vorreaktionszeit f, Reifezeit f
industrial air Industrieluft f
~ **alkaline cleaner** alkalischer Industriereiniger m
~ **atmosphere** Industrieatmosphäre f
~ **chromium plate** Hartchrom n
~ **chromium plating** technisches Verchromen n, Hartverchromen n, Starkverchromen n, Dickverchromen n
~ **cleaner** Industriereiniger m
~ **coating** Industrieanstrichstoff m
~ **detergent** Industriereiniger m
~ **dust** Industriestaub m
~ **environment** Industriemilieu n, (i.e.S.) Industrieklima n
~ **exposure** (Prüf) Auslagerung f in Industrieatmosphäre
~ **finish** 1. Industrielack m; 2. s. ~ finishing
~ **finishing** Industrielackierung f, industrielle Lackierung f
~ **fumes** Industrieabgase npl
~ **gas** Industriegas n
~ **methylated spirit** vergällter Alkohol m
~ **paint** Industrieanstrichstoff m
~ **primer** Industrie-Grundanstrichstoff m, Industriegrundierung f
~ **stoving finish** Industriebrennlack m
~ **stoving paint** Industrie-Einbrennanstrichstoff m
~ **waste water** Industrieabwasser n, industrielles Abwasser n
~ **water** Industriewasser n, Betriebswasser n (für Industriebetriebe), [industrielles] Brauchwasser n
inert inert, inaktiv

~ **anode** (Galv, Kat) Daueranode f, inerte (unlösliche) Anode f, [inerte] Fremdstromanode f, (Kat auch) fremdgespeiste Schutzanode f
~ **atmosphere** inerte Atmosphäre f, (i.e.S.) Schutzgasatmosphäre f, Inertgasatmosphäre f
~ **gas** inertes Gas n, Inertgas n, Schutzgas n
~ **gas-shielded arc welding** Schutzgas[lichtbogen]schweißen n mit Edelgas, (mit abschmelzender Elektrode auch) Metall-Inertgasschweißen n, MIG-Schweißen n
~ **pigment** 1. passives (inaktives, inertes) Pigment n; Extender m, Füllstoff m, Verschneidmittel n, Verschnittmittel n, Streckmittel n
inertness 1. Reaktionsträgheit f; 2. vorgeschlagene Benennung für diejenige Form der Passivität, die durch porenfreie Deckschichten aus Salz oder Oxid bedingt ist
inflammability Entflammbarkeit f; Brennbarkeit f
inflammable entflammbar; brennbar
infrared baking s. ~ stoving
~ **drying** Infrarottrocknung f, Strahlungstrocknung f
~ **drying oven** Infrarottrockenofen m
~ **heating** Infrarotheizung f
~ **lamp** Infrarotstrahler m
~ **oven** Infrarotofen m, Infrarotstrahlungsofen m
~ **photography** (Prüf) Infrarotfotografie f
~ **radiation** Infrarotstrahlung f
~ **radiator** Infrarotstrahler m
~-**sensitive film** (Prüf) Infrarotfilm m
~ **spectroscopy** (Prüf) Infrarotspektroskopie f
~ **stoving** Infrarothärtung f
~ **stoving oven** Infrarotaushärteofen m
infusibility Unschmelzbarkeit f
infusible unschmelzbar
ingot iron Flußstahl m
ingress Eindringen n, (von Gasen und Flüssigkeiten auch) Eindiffundieren n, Eindiffusion f
~ **of air** Eindringen n von Luft, Luftzutritt m
inhibit/to inhibieren, hemmen, bremsen, verzögern
inhibited acid Sparbeize f
inhibiting ... s. inhibitive ...
inibition Inhibition f, Inhibierung f, Hemmung f, (i.e.S.) Korrosionshemmung f (Zusammensetzungen s.a. unter inhibitive)

inibition

- ~ **efficiency** Inhibitorwirksamkeit *f*
- ~ **mechanism** Inhibitionsmechanismus *m*, Inhibierungsmechanismus *m*
- ~ **of the mixed type** gemischte Inhibition *f*
- **inhibitive** inhibierend, hemmend
- ~ **action** Hemmwirkung *f*, Inhibierwirkung *f*, Inhibitionswirkung *f*
- ~ **chemical** Korrosionsinhibitor *m*, (i.e.S.) chemischer Inhibitor (Korrosionsinhibitor) *m* (mit dem Werkstoff reagierend)
- ~ **effect** Inhibitionswirkung *f*, Inhibitionseffekt *m*
- ~ **efficiency** Inhibitorwirksamkeit *f*
- ~ **paint** Korrosionsschutzanstrichstoff *m*, Korrosionsschutzfarbe *f*, (für Eisen und Stahl auch) Rostschutzanstrichstoff *m*, Rostschutzfarbe *f*
- ~ **pigment** [aktives] Korrosionsschutzpigment *n*, korrosionsschützendes (aktives, inhibierendes, passivierendes) Pigment *n*, (bei Eisen und Stahl auch) [inhibierendes] Rostschutzpigment *n*, rostschützendes Pigment *n*
- ~ **primer** Korrosions-Grundanstrichstoff *m*, (pigmentiert auch) Korrosionsschutzgrundfarbe *f*, (für Eisen und Stahl auch) Rostschutz-Grundanstrichstoff *m*, (pigmentiert auch) Rostschutzgrundfarbe *f*
- ~ **priming coat** Korrosionsschutzgrundanstrich *m*, Korrosionsschutzgrundierung *f*, (bei Eisen und Stahl auch) Rostschutzgrundanstrich *m*
- ~ **properties** Korrosionsschutzeigenschaften *fpl*
- ~ **protection** Schutz *m* durch Inhibition
- ~ **value** Inhibitorwirksamkeit *f*
- **inhibitor** Inhibitor *m*, Hemmstoff *m*, (i.e.S.) Korrosionsinhibitor *m*
- ~ **action** Inhibitorwirkung *f* (Einwirkung)
- ~ **effect** Inhibitorwirkung *f*, Inhibitoreffekt *m*
- ~ **effectiveness (efficiency)** Inhibitorwirksamkeit *f*
- ~ **mechanism** Inhibitor[wirk]mechanismus *m*
- **inhomogeneity** Inhomogenität *f*
- **inhomogeneous** inhomogen, ungleichartig zusammengesetzt
- **initial concentration** Anfangskonzentration *f*
- ~ **corrosion** Anfangskorrosion *f*
- ~ **current** Anfangsstrom *m*
- ~ **current density** Anfangsstromdichte *f*
- ~ **exposure** Anfangsbeanspruchung *f*
- ~ **load** Anfangslast *f*
- ~ **oxidation** Anfangsoxydation *f*
- ~ **paint coating** Erstanstrich *m*
- ~ **prefabrication primer** 1. Fertigungsanstrichstoff *m*, Grundanstrichstoff *m* für Fertigungsanstriche; 2. Fertigungsanstrich *m*
- ~ **protection** Erstschutz *m*, (i.e. S.) Erstkorrosionsschutz *m*
- ~ **protective coating** Erstanstrich *m*
- ~ **rate** Anfangsgeschwindigkeit *f*
- ~ **rusting** Anrosten *n*, Anrostung *f*
- ~ **stage** Anfangsstadium *n*, Anfangsperiode *f*
- ~ **stress** s. internal stress
- **initiate/to** anregen, einleiten, auslösen, initiieren
- ~ **corrosion** Korrosion auslösen
- ~ **pits** Lochkeime bilden
- ~ **pitting** Lochfraß auslösen (einleiten, erzeugen)
- **initiating pitting** lochfraßauslösend, lochfraßerzeugend, lochkorrosionserzeugend
- ~ **process** Startvorgang *m*
- ~ **reaction** Startreaktion *f*, Primärreaktion *f*, Anfangsreaktion *f*
- ~ **step** Primärschritt *m*, Initialschritt *m* (einer Reaktion)
- **initiation of pits** Lochkeimbildung *f*
- ~ **of pitting [attack]** Lochfraßauslösung *f*; Lochbildungsbeginn *m*
- ~ **period** Induktionsperiode *f*, Induktionsphase *f*, Induktionszeit *f*, Anlaufzeit *f*, Vorbereitungsperiode *f*
- ~ **site** Angriffsstelle *f*, Startplatz *m*, (bei Lochfraß auch) Lochkeim *m*
- ~ **stage** Anfangsstadium *n*
- ~ **time** s. ~ period
- **inland atmosphere** Landatmosphäre *f*
- **inlet-tube corrosion** Erosionskorrosion *f* an Einleitungsrohren
- **inner coating** Innenbeschichtung *f*; Innenschutzschicht *f*
- ~ **Helmholtz plane** innere Helmholtz-Schicht *f*, innere Helmholtz-Fläche *f*
- ~ **lining** 1. Innenbeschichten *n*; Innenauskleiden *n*; 2. Innenschutzschicht *f*; Innenschutzüberzug *m* (vorgefertigt)
- ~ **surface** innere Oberfläche *f*, Innen[ober]fläche *f*
- **inoffensive** nichtangreifend
- **inorganic coating** 1. anorganischer Beschichtungsstoff *m*; anorganischer Anstrichstoff *m*, Anstrichstoff *m* mit anorga-

nischem Bindemittel; 2. anorganische nichtmetallische Schutzschicht f
~ **conversion coating** anorganische Konversionsschicht f
~ **inhibitor** anorganischer Inhibitor m
~ **paint** anorganischer Anstrichstoff m, Anstrichstoff m mit anorganischem Bindemittel
~ **pigment** anorganisches Pigment n
~ **zinc-rich coating** anorganischer Zinkstaub-Anstrichstoff m
~ **zinc-rich paint** anorganischer Zinkstaub-Anstrichstoff m, anorganische Zinkstaubfarbe f
input resistance *(Kat)* Eingangswiderstand m
insensitive unempfindlich
insensitiveness, insensitivity Unempfindlichkeit f
insolation Sonneneinstrahlung f, Insolation f
insolubility Unlöslichkeit f, Nichtlöslichkeit f
insoluble unlöslich, nicht löslich
~ **anode** s. inert anode
inspection area Kontrollfläche f, Beobachtungsfläche f
~ **record** Prüfbericht m
~ **testing** Sichtprüfung f
instability Instabilität f, Unbeständigkeit f
instantaneous fracture zone Restbruch m, Restbruchfläche f
insulate/to 1. isolieren; abdecken; isolieren *(Galvanisiergestelle)*; 2. dämmen *(gegen Schall oder Wärme)*
insulating flange *(Kat)* Isolierflansch m, Isolierstück n
~ **layer** Isolierschicht f
~ **material** 1. Isoliermaterial n, Isolierstoff m; 2. Dämmstoff m *(bei Wärme und Schall)*
~ **paper** Isolierpapier n
~ **paste** *(Galv)* Isolierpaste f
~ **sheet** Isolierfolie f
~ **sleeve** *(Galv)* Isoliermuffe f
~ **tape** *(Galv, Kat)* Isolierbinde f
~ **varnish** Elektroisolierlack m, Isolierlack m
insulation 1. Isolierung f; *(Galv)* Abdeckung f, [isolierende] Schutzabdeckung f, Isolierung f *(für Gestelle oder nicht zu galvanisierende Werkstückteile)*; 2. Dämmung f *(gegen Wärme oder Schall)*; 3. s. insulating material
~ **material** s. insulating material
integral colour Eigenfärbung f *(einer anodisch erzeugten Oxidschicht)*

intensiokinetic galvanokinetisch, galvanodynamisch, intensiokinetisch
intensiostatic galvanostatisch, amperostatisch, intensiostatisch
intensity of attack Angriffsstärke f, Angriffsintensität f
interaction Wechselwirkung f
interatomic interatomar
~ **distance (spacing)** Atomabstand m, Kernabstand m
interchangeability Austauschbarkeit f, Auswechselbarkeit f
interchangeable austauschbar, auswechselbar
intercoat Zwischenanstrich m, Voranstrich m, Zwischenschicht f
~ **adhesion** *(Anstr)* Zwischenschichthaftfestigkeit f
intercrystalline interkristallin, zwischenkristallin *(Zusammensetzungen s. unter intergranular)*
interdendritic corrosion vorzugsweise zwischen Baumkristallen *(Dendriten)* fortschreitende Korrosion
interdiffuse/to ineinanderdiffundieren
interdiffusion wechselseitige (gegenseitige) Diffusion f, Diffusionsausgleich m, Interdiffusion f *(z. B. in Legierungen)*
interdigitate/to miteinander verzahnen; sich ineinander verzahnen
interdigitation Verzahnung f
interelectrode distance Elektrodenabstand m
interface Grenzfläche f, Phasengrenzfläche f
interfacial energy Grenzflächenenergie f, Zwischenphasenenergie f, Oberflächenenergie f
~ **layer** s. intermetallic alloy zone
~ **phenomenon** *(Galv)* Grenzflächenerscheinung f
~ **process** *(Galv)* Grenzflächenvorgang m
~ **tension** Grenzflächenspannung f
interference colours Interferenzfarben fpl, Farben fpl dünner Blättchen
~ **fit** Preßpassung f, Preßsitz m
~ **microscope** Interferenzmikroskop n *(zur Messung geringer Rauhtiefen)*
~ **testing** *(Kat)* Beeinflussungsprüfung f
~ **tint** s. interference colours
intergranular interkristallin, zwischenkristallin
~ **attack** interkristalliner Angriff m, Korngrenzenangriff m

intergranular

- ~ **corrosion** interkristalline Korrosion *f*, Korngrenzenkorrosion *f*, Kornzerfall *m*
- ~ **corrosion susceptibility** Kornzerfallsanfälligkeit *f*, Kornzerfallsempfindlichkeit *f*, Empfindlichkeit *f* gegen Kornzerfall
- ~ **corrosion testing** Prüfung *f* auf interkristalline Korrosion, Kornzerfallsprüfung *f*
- ~ **crack** Korngrenzenriß *m*
- ~ **cracking** interkristallines Aufreißen *n*
- ~ **creep** Korngrenzengleiten *n*, Korngrenzen[ab]gleitung *f*
- ~ **disintegration** *s.* ~ corrosion
- ~ **failure** Ausfall *m* (Versagen *n*) durch interkristalline Korrosion
- ~ **penetration** Eindringen *n* entlang der Korngrenzen
- ~ **stress-corrosion cracking** interkristalline Spannungsrißkorrosion *f*

intergrowth *(Krist)* Verwachsung *f*
interionic action interionische Wechselwirkung *f*, Ionenwechselwirkung *f*
interior coating Innenbeschichtung *f*; Innenschutzschicht *f*

- ~ **emulsion paint** Dispersionsanstrichstoff *m* für innen
- ~ **enamel** Lackfarbe *f* für innen (Innenanstriche)
- ~ **environment** Innenraumklima *n*
- ~ **finish** 1. Anstrichstoff *m* für innen; 2. Innenanstrich *m*
- ~ **lacquer** Lack *m* für innen (Innenanstriche), Innenlack *m* *(physikalisch trocknend)*; Lackfarbe *f* für innen (Innenanstriche)
- ~ **latex paint** Latexfarbe *f* für innen
- ~ **paint** Anstrichstoff *m* für innen, Innenanstrichfarbe *f*
- ~ **pipe coating** 1. Rohrinnenbeschichtung *f*; 2. Rohrinnenschutzschicht *f*
- ~ **surface** Innenfläche *f*

interlock/to sich verhaken *(Teilchen beim Spritzmetallisieren)*
interlocking Verhakung *f* *(von Teilchen beim Spritzmetallisieren)*
intermediate 1. Zwischenverbindung *f*, Intermediärverbindung *f*, intermediäre Verbindung *f*; 2. *s.* ~ product

- ~ **coat[ing]** Zwischenanstrich *m*, Voranstrich *m*, Zwischenschicht *f*
- ~ **compound** *s.* intermediate 1.
- ~ **constituent** *s.* intermetallic compound
- ~-**cyanide** halbcyanidisch *(galvanische Verzinkung)*
- ~ **deposit** *(Galv)* Zwischenschicht *f*
- ~ **drying** Zwischentrocknen *n*
- ~ **electrodeposited coating** *(Galv)* Zwischenschicht *f*
- ~ **layer** Zwischenschicht *f*
- ~ **phase** *s.* intermetallic compound
- ~ **product** Zwischenprodukt *n*, Intermediärprodukt *n*
- ~ **reaction** Zwischenreaktion *f*
- ~ **solvent** mittelflüchtiges Lösungsmittel *n*
- ~ **treatment** Zwischenbehandlung *f*

intermetallic *s.* ~ compound

- ~ **alloy zone** intermetallische Schicht *f*, Legierungs[zwischen]schicht *f*, Mischkristallschicht *f*
- ~ **coating** intermetallische Schutzschicht *f*
- ~ **compound** intermetallische Verbindung (Phase) *f*, Intermetallid *n*

intermittent immersion *(Prüf)* Wechseltauchen *n*

- ~ **immersion apparatus** Wechseltauchgerät *n*
- ~ **immersion test** Wechseltauchversuch *m*, Wechseltauchtest *m*, Wechseltauchprüfung *f*
- ~ **operation** intermittierende Betriebsweise (Fahrweise) *f* *(z. B. beim anodischen Schutz)*
- ~ **spray test** Wechselsprühversuch *m*

intermolecular forces zwischenmolekulare Kräfte *fpl*, Molekularkräfte *fpl*
internal [body] corrosion Innenkorrosion *f*, innere Korrosion *f* *(z. B. von Behältern, Rohren)*

- ~ **electrical potential** inneres elektrisches Potential *n*
- ~ **energy** innere Energie *f*
- ~ **oxidation** innere Oxydation *f*
- ~ **paint coating** Innenschutzanstrich *m*
- ~ **phase** disperse (innere, offene) Phase *f*, Dispersum *n* *(einer Emulsion)*
- ~ **plasticization** innere Weichmachung *f*
- ~ **protection** Innenschutz *m*; Innenkonservierung *f* *(mit temporären Korrosionsschutzmitteln)*
- ~ **resistance** Innenwiderstand *m*, innerer Widerstand *m*, Eigenwiderstand *m*
- ~ **stress** innere Spannung *f*, Restspannung *f*, Eigenspannung *f*
- ~ **sulphidation** innere Schwefelung *f*
- ~ **tensile stress** innere Zugspannung *f*, Zugeigenspannung *f*
- ~ **treatment** Innenbehandlung *f*, *(i.e.S.)* Innenschutz *m* *(z. B. von Behältern)*

internally plasticized innerlich weichgemacht *(Plast)*
interpenetrate/to einander durchdringen
interpenetration gegenseitige Durchdringung *f*
interphase boundary Phasengrenze *f*
interposed zwischengelagert
~ **thin layer** *(Galv)* dünne Zwischenschicht *f*
interrupted-current technique *(Prüf)* Ausschalttechnik *f*
interstitial *(Krist)* interstitiell
~ **atom** Zwischengitteratom *n*
~ **ion** Zwischengitterion *n*
~ **lattice site** Zwischengitterplatz *m*, Zwischengitterstelle *f*
~ **position (site)** *s.* ~ lattice site
~ **solid solution** Einlagerungsmischkristall *m*
intragranular *s.* transgranular
intrusion Intrusion *f*, Materialeinstülpung *f* *(in Gleitbändern)*
intumescence Aufblähen *n*, Aufblähung *f*, Aufschäumen *n* *(z. B. von Schutzschichten bei Wärmeeinwirkung)*
intumescent paint dämmschichtbildende Brandschutzfarbe *f*, Dämmschichtbildner *m*, Schaumschichtbildner *m*
inverse-logarithmic equation (law) reziproklogarithmisches Zeitgesetz *n*
inward diffusion Eindiffundieren *n*, Eindiffusion *f*
~ **migration (movement)** Einwanderung *f*
~ **penetration** Eindringen *n*, Eindiffundieren *n*, Eindiffusion *f*
ion Ion *n* *(Zusammensetzungen s. a. unter ionic)*
~ **activity** Ionenaktivität *f*
~ **bombardment** Ionenbeschuß *m*, Ionenbombardement *n*
~ **cloud** Ionenwolke *f*
~-**concentration cell** Konzentrationszelle *f*, Konzentrationskette *f*, Konzentrationselement *n*, *(bei einzelnen Wassertropfen auch)* Evans-Element *n*, Evans-Konzentrationselement *n*
~ **exchange** Ionenaustausch *m*
~-**exchange resin** Ionenaustausch[er]harz *n*
~ **implantation** Ionenimplantation *f*
~ **microprobe mass analyser** Ionen-Mikrosonden-Analysator *m*
~ **plating** Ionenplattieren *n*
~ **scattering spectroscopy** Ionenreflexionsspektroskopie *f*
~-**sensitive** ionensensitiv *(Elektrode)*
~ **transport** Ionentransport *m*
~ **vapour deposition** Ionenplattieren *n*
ionic ionisch, ional, Ionen... *(Zusammensetzungen s. a. unter ion)*
~ **atmosphere** Ionenwolke *f*
~ **concentration** Ionenkonzentration *f*
~ **conductance** Ionenleitfähigkeit *f*, Elektrolytleitfähigkeit *f*
~ **conduction** Ionenleitung *f*
~ **conductivity** spezifische Ionenleitfähigkeit (Elektrolytleitfähigkeit) *f*
~ **conductor** Ionenleiter *m*, Leiter *m* zweiter Ordnung
~ **crystal** Ionenkristall *m*
~ **current** Ionenstrom *m*
~ **diffusion** Ionendiffusion *f*
~ **equation** Ionengleichung *f*
~ **migration** Ionenwanderung *f*
~ **mobility** Ionenbeweglichkeit *f*
~ **movement** Ionenbewegung *f*
~ **product** Ionenprodukt *n*
~ **reaction** Ionenreaktion *f*
~ **resistance** Ionenwiderstand *m*
~ **speed** Ionen[wanderungs]geschwindigkeit *f*
~ **state** Ionenzustand *m*
~ **strength** Ionenstärke *f*
~ **structure** Ionenstruktur *f*
~ **transport number** Überführungszahl *f*
~ **velocity** *s.* ~ speed
ionically conducting ionenleitend
ionization elektrolytische Dissoziation *f*; Ionisation *f* *(von Gasen)*
~ **chamber** *(Prüf)* Ionisationskammer *f* *(ein Zählrohr)*
~ **constant** Dissoziationskonstante *f*
~ **potential** Ionisierungspotential *n*
ionize/to elektrolytisch dissoziieren; ionisieren *(Gase)*
ionizing power Ionisationsvermögen *n*, Ionisationsfähigkeit *f*
ipy = inches per year *(veraltete Einheit der linearen Korrosionsgeschwindigkeit)*
iR drop, IR drop IR-Abfall *m*, iR-Abfall *m*, [ohmscher] Spannungsabfall *m*, Widerstandspolarisation *f*, Widerstandsüberspannung *f*
iridium plating elektrochemisches (galvanisches) Abscheiden *n* von Iridium; elektrochemisches (galvanisches) Beschichten *n* mit Iridium

iron

iron Eisen *n*
~ **bacteria** Eisenbakterien *npl*
~-**base** auf Eisenbasis (Eisengrundlage)
~-**base alloy** Eisen[basis]legierung *f*, Fe-Basis-Legierung *f*
~-**base material** Eisenwerkstoff *m*
~-**bearing** eisenhaltig
~ **canker** Eisenschwamm *m*, Spongiose *f*, Graphitierung *f*
~-**containing** eisenhaltig
~ **corrosion** Eisenkorrosion *f*
~ **foil** dünnes Eisenblech *n* (weniger als 0,15 mm dick)
~-**free** eisenfrei
~ **oxide** Eisenoxid *n*
~ **phosphate [conversion] coating** Eisenphosphat[schutz]schicht *f*
~ **phosphating** Eisenphosphatierung *f*
~ **phosphating solution** Eisenphosphatierlösung *f*
~ **plating bath (solution)** *(Galv)* Eisenelektrolyt *m*
~-**rich** eisenreich
~ **rust** Eisenrost *m*
~ **scale** Eisenzunder *m*, Zunder *m*
~-**tin alloy layer** Eisen-Zinn-Legierungsschicht *f*
~-**zinc alloy layer** Eisen-Zink-Legierungsschicht *f*, Hartzinkschicht *f*
irradiation Bestrahlung *f*
irregular deposition *(Galv)* irreguläre Abscheidung *f* (von Legierungen)
irritating mist *(Galv)* Badnebel *m*
isocorrosion chart (graph) Diagramm *n* der Isokorrosionslinien (Isokorrosionskurven)
~ **rate line** Isokorrosionslinie *f*, Isokorrosionskurve *f*
isocyanate resin Polyurethanharz *n*
isomorphic, isomorphous isomorph, gleichgestaltig
isothermal isotherm
~ **transformation** isotherme Umwandlung *f*
isotropic *(Krist)* isotrop
isotropy *(Krist)* Isotropie *f*
ISS *s.* ion scattering spectroscopy
***iV* curve** *s.* current-potential curve
Ivadizing, IVD *s.* ion vapour deposition

J

Jacquet electrolyte Glanzelektrolyt aus Perchlorsäure und Essigsäure oder Essigsäureanhydrid nach Jacquet
jagged fracture Terrassenbruch *m*, terrassenartiger Bruch *m*
jam/to sich verklemmen, sich einklemmen (beim Massenteilgalvanisieren)
jet 1. Strahl *m*; 2. Düse *f*
~ **pickling** Spritzbeizen *n*, Spritzbeize *f*
~ **test** Strahlmethode *f*, Strahlverfahren *n* (zur Schichtdickenbestimmung)
~ **test apparatus** Strahlprüfgerät *n* (zur Schichtdickenbestimmung)
~ **washer** Spritzanlage *f* (zum Reinigen und Entfetten)
~ **wear** Düsenverschleiß *m*
jig Abblendeinrichtung *f* (dem Galvanisiergut angepaßt)
job-galvanized diskontinuierlich verzinkt
Joffé effect Joffé-Effekt *m* (erleichterte Verformbarkeit mancher Kristalle in Wasser)
jog *(Krist)* Versetzungssprung *m*
joint bond Verbinder *m*
~ **cathodic protection** Verbundkorrosionsschutz *m*
judder/to schlagen (Lackvorhänge beim Gießen)
junction 1. Grenzfläche *f*, Phasengrenzfläche *f*, Berührungsfläche *f*, Berührungszone *f*; 2. Lötstelle *f*, Lötverbindung *f*
~ **potential** Grenzflächenpotential *n*
juncture Berührungsfläche *f*, Berührungsstelle *f* (zweier Metalle)
junk iron Eisenschrott *m*

K

Kanigen process Kanigen-Verfahren *n* (zum stromlosen Abscheiden von Nickel)
kauri *s.* ~ copal
~-**butanol number (value)** *(Anstr)* Kauri-Butanol-Wert *m*, Kauri-Butanol-Zahl *f*
~ **copal (gum)** Kaurikopal *m*, Kauriharz *n*
KB number (value) *s.* kauri-butanol number
keeping power Lager[ungs]fähigkeit *f*
Kesternich corrosion test cabinet Kesternich-Gerät *n* (zur Schwitzwasserwechselprüfung)
~ **test** Kesternich-Versuch *m*, Schwitzwasserversuch *m* (Schwitzwasserwechselprüfung *f*) mit SO$_2$-Zusatz, Schwitzwasserkorrosionsprüfung *f* mit SO$_2$-Einwirkung

keto group Ketongruppe f, ketonartig gebundene Carbonylgruppe f, (i.w.S.) Carbonylgruppe f, Ketogruppe f
ketone resin Ketonharz n
key/to sich verankern (abgeschiedene Schichten)
key s. keying surface
~ **element** Basismetall n, Grundmetall n (einer Legierung)
keying[-on] [mechanische] Verankerung f (abgeschiedener Schichten)
~ **surface** Haftgrund m, Haftgrundlage f, Verankerungsgrund m, Haftoberfläche f
killed steel beruhigter (beruhigt vergossener) Stahl m
kind of test Prüfmethode f
kinetics of corrosion Korrosionskinetik f
~ **of oxidation** Oxydationskinetik f
kink band (Krist) Knickband n
~ **site** (Krist) Knick m, Mikrostufe f
kinked step s. kink site
kinking (Krist) Knickung f, Knickbildung f
Kirchhoff's current (first) law (Kat) erstes Kirchhoffsches Verteilungsgesetz n, Kirchhoffsche Knotenregel f
Kirkendall effect Kirkendall-Effekt m (Ausbildung unterschiedlicher Diffusionskoeffizienten in Legierungen)
KNA s. knife-line attack
knife-edge attack s. ~-line attack
~ **filling** Spachtelziehen n (zum Ausgleich von Unebenheiten)
~-**line attack (corrosion)** Messerlinienangriff m, Messerlinienkorrosion f, Messerschnittkorrosion f, Nahtrandkorrosion f (neben Schweißnähten)
knifing Aufziehen n, Aufspachteln n (von viskosen Massen)
~ **filler (stopper)** Ziehspachtel m
Knoop diamond tester Härteprüfer m nach Knoop
~ **hardness** Knoophärte f
~ **hardness test** Härteprüfung f nach Knoop
~ **indenter** Knoop-Eindringkörper m
~ **scale** Härteskala f nach Knoop (ähnlich der Vickers-Skala)

L

L s. low-carbon
laboratory atmosphere Laboratmosphäre f, Laborluft f

~ **atmospheric test** Versuch m in künstlicher Atmosphäre
~ **corrosion test** Laborkorrosionsversuch m
~ **corrosion testing** Laborkorrosionsprüfung f, Korrosionsprüfung f unter Laborbedingungen
~ **examination** Laboruntersuchung f
~ **exposure** Versuch m in künstlicher Atmosphäre
~ **investigation** Laboruntersuchung f
~ **testing** Laborprüfung f
lack of adhesion mangelnde Haftfestigkeit f
~ **of moisture** Feuchtigkeitsmangel m
~ **of oxygen** Sauerstoffmangel m
lacquer/to lackieren
lacquer physikalisch trocknender Lack (Klarlack) m, (i.e.S.) Nitrolack m; physikalisch trocknende Lackfarbe f, (i.e.S.) Nitrolackfarbe f
~ **adhesion** Lackhaftung f
~ **coating** Lackanstrich m; Lackfarbenanstrich m
~ **droplet** Lacktröpfchen n
~ **enamel** physikalisch trocknende Emaillelackfarbe f, (i.e.S.) Nitroemaillelackfarbe f
~ **film** Lackfilm m, (i.e.S.) Nitrolackfilm m
~ **remover** Lackentferner m
~ **resin** Lackharz n
~ **solvent** Lacklösungsmittel n
~ **thinner** Nitroverdünner m
~ **vehicle** Lackbindemittel n
lacquering Lackieren n, Lackierung f
lacustrine water Seewasser n
lamellar corrosion Schichtkorrosion f, schichtförmige Korrosion f
~ **structure** lamellare Struktur f, Lamellenstruktur f
laminar pearlite lamellarer Perlit m
laminated structure schichtartige Struktur f, Schichtstruktur f
Langelier index Sättigungsindex m nach Langelier (zur Bestimmung der Kalkaggressivität von Wasser)
Langmuir adsorption Langmuir-Adsorption f
~ **adsorption isotherm** Langmuirsche Adsorptionsisotherme f, Langmuir-Isotherme f, Langmuirsche Beziehung f
~ **equation (isotherm, isotherm equation)** s. ~ adsorption isotherm
lanolin[e] Lanolin n, gereinigtes Wollfett n
lap/to 1. läppen; 2. sich überlappen
lap 1. Überlappung f (als Verbindungsart); 2. Überlappungsgrad m

lap

~ **joint** Überlappungsstelle f, Überlappung f, Überlappstoß m
lapping 1. Läppen n; 2. Überlappung f
~ **compound** Läppmittel n, Läppgemisch n
large-grained grobkörnig
~-**scale climate** Makroklima n, Großklima n
~-**scale test** Großversuch m
~-**spangled** großblumig *(Metallschutzschicht)*
laser cladding Laserbeschichten n
~ **surface alloying** Laseroberflächenlegieren n
~ **surface technology** Laseroberflächentechnik f
latent heat of evaporation Verdampfungswärme f
~ **solvency** latentes Lösungsvermögen (Lösevermögen) n
~ **solvent** latentes Lösungsmittel n, latenter Löser m
lateral exhaust hood *(Galv)* längsseitiger Absaugrahmen m
latex 1. Latex m, Milchsaft m; 2. Latex m, Plastdispersion f, Kunstharzdispersion f
~ **binder** Latexbindemittel n, Dispersionsbindemittel n
~ **coating** Latexanstrichstoff m, Dispersionsanstrichstoff m
~ **paint** Latexfarbe f, *(i.w.S.)* Dispersionsanstrichstoff m
lattice *(Krist)* Gitter n
~ **bonding energy** Gitterenergie f
~ **constant** Gitterkonstante f
~ **contraction** Gitterkontraktion f
~ **defect** Gitterstörung f, Gitter[bau]fehler m, Gitterdefekt m, Kristallbaufehler m, Gitterstörstelle f, Störstelle f
~ **dilatation** s. ~ expansion
~ **disorder** Gitterfehlordnung f
~ **distortion** Gitter[ver]zerrung f
~ **energy** Gitterenergie f
~ **enthalpy** *(Galv)* Gitterenthalpie f
~ **expansion** Gitteraufweitung f, Gitterexpansion f
~ **forces** Gitterkräfte fpl
~-**friction stress** Peierls-Spannung f
~ **imperfection** s. ~ defect
~ **misalignment** Gitterfehlordnung f
~ **plane** Gitterebene f, Netzebene f
~ **position** s. ~ site
~ **site** Gitterplatz m, Gitterstelle f, Gitterposition f

~ **spacing** Gitterabstand m, Gitterperiode f, Netzebenenabstand m
~ **strain** Gitter[ver]spannung f
~ **structure** Gitterstruktur f, Gitter[auf]bau m, Gitterverband m
~ **vacancy** Gitterleerstelle f, Leerstelle f, Gitterlücke f, Gitterfehlstelle f, Schottky-Defekt m
Laves phase Laves-Phase f *(in Legierungen)*
law of mass action Massenwirkungsgesetz n
lay bare/to bloßlegen
~ **down** ablagern, ausfällen, niederschlagen; abscheiden *(elektrolytisch)*
~ **off** verschlichten, vertreiben, gleichmäßig verteilen *(Anstrichstoff)*
layer Schicht f, Lage f
~ **corrosion** Schichtkorrosion f, schichtförmige Korrosion f
~ **lattice** *(Krist)* Schicht[en]gitter n
~-**type dezincification** flächenförmige (lagenförmige) Entzinkung f, Lagenentzinkung f, Schichtentzinkung f
laying-off Verschlichten n, Vertreiben n, gleichmäßiges Verteilen n *(des Anstrichstoffs)*
leach out [preferentially]/to selektiv auflösen
leaching selektive Auflösung f
lead[-coat]/to verbleien
~-**dip** tauchverbleien
lead Blei n
~ **basic sulphate** Sulfatbleiweiß n
~ **bath** 1. Bleischmelze f, Bleibad n *(beim Feuerverbleien oder zur Vorreinigung beim Feueraluminieren)*; 2. *(Galv)* Bleielektrolyt m; 3. Bleibad n *(zur Wärmeübertragung beim Brünieren)*
~ **chromate** Bleichromat n
~-**clad** bleiplattiert
~ **coating** 1. Verbleien n; 2. Blei[schutz]schicht f
~ **content** Bleigehalt m
~-**covered** verbleit
~-**covering** 1. Verbleien n; 2. Blei[schutz]schicht f; Bleiüberzug m *(durch Plattieren)*
~-**dipped coating** im Schmelztauchverfahren hergestellte Bleischutzschicht f
~ **drier** *(Anstr)* Bleitrockenstoff m, Bleitrockner m
~-**free** bleifrei
~-**lined** mit Blei ausgekleidet
~ **lining** 1. Auskleiden n mit Blei, Ausbleien n, *(i.w.S.)* Bleibeschichtung f; 2. Bleiaus-

kleidung f *(Schicht)*, *(i.w.S.)* [dicke] Bleiauflage f, [dicke] Bleischutzschicht f
~ **linoleate** Bleilinoleat n
~ **paint** bleihaltiger Anstrichstoff m, Bleifarbe f
~ **pigment** Bleipigment n
~-**pigmented** bleipigmentiert
~ **plate** elektrochemisch (galvanisch) hergestellte Bleischutzschicht f
~ **plating** Verbleien n *(meist elektrochemisch)*
~-**plating solution** *(Galv)* Bleielektrolyt m
~ **powder** Bleipulver n, Bleistaub m
~-**restricted paint** Anstrichstoff mit geringem Bleigehalt, meist unter 5 % PbO
~-**rich** hochbleihaltig
~ **sheath** Bleimantel m
~-**sheathed** bleiummantelt
~-**sheathed cable** Blei[mantel]kabel n
~ **sheathing** Bleiummantelung f
~ **soap** Bleiseife f
leaded zinc oxide Farbenzinkoxid n, bleihaltiges Zinkoxid n
leaf-like blättchenförmig
leak/to 1. lecken, leck (undicht) sein; durchsickern, entweichen, ausströmen *(Flüssigkeiten)*; 2. austreten *(Streustrom)*
leak 1. Leck n, Undichtigkeit f; 2. s. leakage
~ **detector** Lecksuchgerät n, Lecksucher m
leakage 1. Lecken n, Leckage f; 2. Leckage f, Leckverlust m, Sickerverlust m; 3. Austreten n *(von Streustrom)*
~ **current** Streustrom m, vagabundierende Ströme mpl
~ **path** Diffusionsweg m *(nach außen)*
~ **point** Durchbruchspunkt m *(einer defekten Oxidhaut)*
leakiness Undichtheit f, Undichtigkeit f
leaky undicht, leck
leaving point Stromaustrittsstelle f *(Streustromkorrosion)*
Leclanché cell Leclanché-Element n
LEED s. low-energy electron diffraction
LEL s. lower explosive limit
length of exposure Expositionsdauer f, *(Prüf auch)* Auslagerungsdauer f, Prüfdauer f
~ **of life** Lebensdauer f, Haltbarkeitsdauer f, Standzeit f, *(von Schutzschichten auch)* Schutzdauer f
lenticular linsenförmig
lepidocrocite Lepidokrokit m, Rubinglimmer m *(orthorhombisches Eisenoxidhydroxid)*

level/to 1. *(Galv)* einebnen; 2. s. ~ out
~ **out** verlaufen *(Anstrichstoffe)*
level of corrosion Korrosionsgrad m
leveling s. levelling
leveller Abstreifer m *(beim Schmelztauchmetallisieren)*
levelling 1. *(Galv)* Einebnung f; 2. Verlauf m *(von Anstrichstoffen)*
~ **action** Einebnungswirkung f
~ **additive (agent)** Einebner m, einebnender Zusatz m
~ **characteristics** s. ~ power
~ **effect** Einebnungseffekt m
~ **power (properties)** Einebnungsvermögen n
LFA s. linseed fatty acids
liability to rust Rostanfälligkeit f
liable to be attacked angreifbar
~ **to rust** rostanfällig
liberate/to freisetzen, entwickeln *(Gase)*
liberation Freisetzung f, Entwicklung f *(von Gasen)*
licorice s. liquorice
Liesegang phenomenon Phänomen n der Liesegangschen Ringe
life Lebensdauer f, Standzeit f
~ **expectancy** Lebenserwartung f, zu erwartende Lebensdauer (Standzeit) f, normative Nutzungsdauer f
lifetime s. life
lift/to 1. abheben; sich abheben; *(Anstr)* hochreißen *(durch Quellen und Lösen)*; hochgezogen werden, hochgehen; 2. *(Galv)* ausheben, [heraus]heben; überheben *(in das folgende Gefäß)*
~ **off** s. lift/to 1.
~ **out** *(Galv)* [her]ausheben
lift mechanism s. lifting chassis
lifting chassis (device, frame) *(Galv)* Hubmechanismus m, Hebezeug n; Überhebeeinrichtung f *(in Galvanisierautomaten)*
~ **post** Hubsäule f
ligand-field concept (theory) Ligandenfeldtheorie f
light alloy s. ~ metal alloy
~-**fast** lichtbeständig, lichtecht
~ **fastness** Lichtbeständigkeit f, Lichtechtheit f
~ **metal** Leichtmetall n
~-**metal alloy** Leichtmetallegierung f, Leichtlegierung f
~-**microscopic examination** lichtmikroskopische Untersuchung f

light

- ~ **microscopy** Lichtmikroskopie *f*
- ~ **plate** *(Galv)* Silberauflage von 3,4 mg/cm^2
- ~ **radiation** Lichtstrahlung *f*
- ~ **resistance** Lichtbeständigkeit *f*, Lichtechtheit *f*
- ~-**resistant** lichtbeständig, lichtecht
- ~ **stabilizer** Lichtstabilisator *m*, Lichtschutzmittel *n*, Lichtschutzstoff *m*
- **lightweight coating** 1. Dünnbeschichtung *f*; 2. Dünnschicht *f*
- ~ **concrete** Leichtbeton *m*
- **lime composition** Poliermittel aus gebranntem Dolomit
- ~ **plaster** Kalkmörtel *m*
- **limestone** Kalkstein *m*
- ~ **whiting** Weißkalk *m* *(gemahlener Kalkstein)*
- **limit of proportionality** Proportionalitätsgrenze *f*
- **limited-access** schwerzugänglich
- **limiting concentration** kritische Konzentration *f*, Grenzkonzentration *f*
- ~ **current** Grenzstrom *m*
- ~ **current density** Grenzstromdichte *f*
- ~ **diffusion current** Diffusionsgrenzstrom *m*
- ~ **diffusion current density** Diffusionsgrenzstromdichte *f*
- ~ **range for deposition** *(Galv)* Abscheidungsbereich *m*
- ~ **temperature** kritische Temperatur *f*, Grenztemperatur *f*
- ~ **thickness** Endschichtdicke *f*
- **limy soil** Kalkboden *m*
- **line/to** auskleiden *(mit vorgefertigtem Material)*, *(bei Verwendung von Plasten und Elasten auch)* belegen; beschichten *(mit gestaltlosem Material)*
- **line corrosion** *s.* water-line attack
- ~ **defect** Liniendefekt *m*, Linienfehler *m*, eindimensionaler (linienhafter) Gitterfehler (Defekt) *m*
- ~ **of equal corrosion** Isokorrosionslinie *f*, Isokorrosionskurve *f*
- ~ **speed** Vorschubgeschwindigkeit *f* *(einer kontinuierlichen Feuermetallisierungsanlage)*
- **lineal defect** *s.* line defect
- **linear defect** *s.* line defect
- ~-**elastic fracture mechanics** linear-elastische Bruchmechanik *f*
- ~ **[growth] law** lineares Zeitgesetz *n*
- ~ **polarization** lineare Polarisation *f*

lining 1. Auskleiden *n* *(mit vorgefertigtem Material)*, *(mit Plasten und Elasten auch)* Belegen *n*; Beschichten *n* *(mit gestaltlosem Material)*; 2. Auskleidung *f*, Belag *m*; Schicht *f*, Schutzschicht *f*
- ~ **material** Auskleidungsmaterial *n*, Auskleidungswerkstoff *m*, *(aus Plasten oder Elasten auch)* Belagmaterial *n*; Beschichtungsmaterial *n*
- **linoxy[li]n** Linoxyn *n* *(Oxydations- und Polymerisationsprodukt des Leinöls)*
- **linseed alkyd** Leinölalkyd[harz] *n*
- ~ **fatty acids** Leinölfettsäuren *fpl*
- ~ **oil** Leinöl *n*
- ~ **oil fatty acids** Leinölfettsäuren *fpl*
- ~ **oil paint** Ölanstrichstoff *m*, Ölfarbe *f*
- **lips** Gießlippen *fpl* *(einer Lackgießmaschine)*
- **liquid blast cleaning** *s.* ~ blasting
- ~ **blasting** Naßstrahlen *n*, Naß-Sandstrahlen *n*, nasses Sandstrahlen *n*
- ~ **carburizing** Badaufkohlen *n*, Salzbadaufkohlen *n*, Salzbadzementieren *n*
- ~ **corrosion** elektrochemische (nasse) Korrosion *f*, Naßkorrosion *f* *(durch Elektrolytlösungen)*
- ~ **drier** Sikkativ *n*
- ~ **environment** flüssiges Medium *n*
- ~ **film** Flüssigkeitsfilm *m*
- ~ **junction** *s.* ~-liquid interface
- ~-**junction potential** Flüssigkeits[diffusions]potential *n*, Diffusionspotential *n*, Diffusions[galvani]spannung *f*
- ~-**liquid interface** Grenzfläche *f* flüssig-flüssig, Grenzfläche *f* Flüssigkeit-Flüssigkeit
- ~-**metal attack** Metallschmelzenangriff *m*, Korrosionsangriff *m* schmelzflüssiger Metalle
- ~-**metal corrosion** 1. Korrosion *f* in Metallschmelzen (schmelzflüssigen Metallen), Metallschmelzenkorrosion *f*; 2. *s.* ~-metal attack
- ~-**metal cracking** *s.* ~-metal embrittlement
- ~-**metal embrittlement** 1. Flüssigmetallversprödung *f*, Versprödung *f* durch flüssige Metalle, *(an Schweiß- und Lötstellen)* Lötbrüchigkeit *f*, Lotbrüchigkeit *f*, [selektive] Schweißnahtkorrosion *f*; 2. Lötbruch *m* *(Ergebnis)*
- ~ **paraffin** Paraffinöl *n*, flüssiges Paraffin *n*
- ~-**phase epitaxy** Abscheidung *f* aus der Lösung *oder* Schmelzlösung
- ~ **polishing compound** Polieremulsion *f*

~-**solid interface** Grenzfläche f flüssig-fest, Grenzfläche f Flüssigkeit-Festkörper
~-**vapour-cycle degreaser** Flüssigkeits-Dampf-Entfetter m
~-**vapour degreasing** Flüssigkeits-Dampf-Entfetten n, Tauch-Dampf-Entfetten n
liquidation attack Korrosionsangriff m von Schmelzen
liquidus [curve, line] Liquiduskurve f, Liquiduslinie f, Flüssiglinie f
liquor-finish process Liquor-finish-Verfahren n *(stromloses Abscheiden von Zinn oder Bronze auf Stahldraht als Gleithilfe beim Drahtziehen)*
liquorice Lakritzensaft m, Süßholzsaft m *(Galvanisierhilfsmittel)*
lithopone Lithopone f, Lithopon n *(Weißpigment aus Zinksulfid und Bariumsulfat)*
livering Gelieren n, Gelierung f *(von Anstrichstoffen bis zur Unbrauchbarkeit)*
LME s. liquid-metal embrittlement
load/to 1. belasten *(mechanisch)*; 2. beladen, beschicken *(eine Behandlungsstrecke)*; aufgeben, einlegen *(Behandlungsgut)*; 3. füllen *(mit Füllstoffen)*
load application Belastung f, Lastenaufbringung f
~-**extension curve** Kraft-Verlängerungs-Kurve f
~ **station** *(Galv)* Beschickungsstelle f
~-**unload bay (station)** *(Galv)* Beschickungs- und Entleerungsstelle f, Bedienstelle f
~-**unload unit** *(Galv)* Beschickungs- und Entleerungsvorrichtung f, Be- und Entladevorrichtung f
loadability Belastbarkeit f
loadable belastbar
loader *(Galv)* Beschickungsvorrichtung f, Beladevorrichtung f
loading 1. Belastung f *(mechanisch)*; 2. Beladen n, Beschicken n *(von Behandlungsstrecken)*; Aufgabe f, Einlegen n *(von Behandlungsgut)*; 3. Füllen n *(mit Füllstoffen)*
~ **bolt** Spannschraube f *(zur Prüfung auf Spannungsrißkorrosion)*
~ **conditions** Belastungsbedingungen fpl
~ **cycle** Belastungszyklus m
~ **device** Belastungsvorrichtung f
~ **hopper** *(Galv)* Auffangtrichter m, Einschüttvorrichtung f *(für Kleinteile)*
~ **zone** *(Galv)* Beschickungsstelle f
local action Lokalelementwirkung f, Lokalelementtätigkeit f

~-**action cell** Lokalelement n
~-**action corrosion** Lokalelementkorrosion f
~-**action couple** Lokalelement n
~-**action current** Lokal[element]strom m, Lokalelement-Kurzschlußstrom m
~ **anode** Lokal[element]anode f
~ **attack** s. localized attack
~ **cathode** Lokal[element]katode f
~ **cell** Lokalelement n
~-**cell formation** Lokalelementbildung f
~ **corrosion** s. localized corrosion
~ **corrosion cell** Lokalelement n
~ **electrode** Lokal[element]elektrode f
~ **galvanic [corrosion] couple** Lokalelement n
~ **galvanic element** Lokalelement n
~ **thickness** örtliche (lokale) Schichtdicke f
localized attack örtlicher (lokalisierter, lokaler) Angriff m
~ **corrosion** örtliche Korrosion f, Lokalkorrosion f, ungleichmäßige Korrosion f
~ **depletion** lokale Verarmung f
location of corrosion Korrosionsstelle f
lock up/to binden, festlegen *(z. B. durch Komplexbildung)*
locked-in stress s. ~-up stress
~-**up stress** Restspannung f, innere Spannung f
LOFA s. linseed oil fatty acids
logarithmic growth logarithmisches Wachstum n
~ **law** logarithmisches Gesetz (Zeitgesetz) n
Lomer-Cottrell dislocation *(Krist)* Lomer-Cottrell-Versetzung f, nicht gleitfähige Versetzung f
long cycle *(Galv)* Umpolzyklus mit über 40 Sekunden katodischer Schaltungsperiode
~-**lasting** dauerhaft, haltbar, langlebig
~-**life protection** Langzeitschutz m
~-**line cell** Langstreckenelement n *(z. B. an erdverlegten Rohren)*
~-**line corrosion** Korrosion f durch Langstreckenströme
~-**line current** Langstreckenstrom m *(im Erdreich)*
~-**oil** *(Anstr)* fett, langölig
~-**oil alkyd** fettes Alkydharz n, langöliges Alkyd[harz] n, Langöl-Alkydharz n
~-**oil varnish** fetter Öllack (Lack) m
~-**period test** Langzeitversuch m, Langzeittest m
~-**range order** Fernordnung f *(z. B. in Legierungen)*

long

~-**range performance** s. ~-term behaviour
~-**range structure** s. ~-range order
~-**range test** s. ~-term test
~ **solvent** schwerflüchtiges (langsamflüchtiges) Lösungsmittel n
~-**term atmospheric exposure** Langzeitbewitterung f
~-**term behaviour** Langzeitverhalten n
~-**term corrosion test** Langzeitkorrosionsversuch m
~-**term exposure** 1. Langzeitbeanspruchung f; 2. Langzeitauslagerung f, (an der Luft auch) Langzeitbewitterung f
~-**term field (outdoor) exposure** s. ~-term exposure 2.
~-**term field (outdoor) test** Langzeitauslagerungsversuch m, (an der Luft auch) Langzeitbewitterungsversuch m
~-**term performance** s. ~-term behaviour
~-**term pickling** Langzeitbeizen n
~-**term protection** Langzeitschutz m, Dauerschutz m, permanenter Schutz m
~-**term test** Langzeitversuch m, Langzeittest m
~-**term testing** Langzeitprüfung f
~ **terne** Terne-Blech in Zinkblechabmessungen, ein relativ großes Tafelblech
~-**time** ... s. ~-term ...
longevity Langlebigkeit f, Dauerhaftigkeit f, Haltbarkeit f
longitudinal section Längsschliff m
loop Umlaufapparatur f, Umlaufanlage f, Strömungsapparatur f; Versuchskreislauf m
~ **test** Umlaufversuch m
looped specimen Schlaufenprobe f, Schlaufe f
looping pit Schlingengrube f, [grubenförmiger] Bandspeicher m (einer Bandbeschichtungsanlage)
~ **tower** [turmförmiger] Bandspeicher m (einer Bandbeschichtungsanlage)
loose lose, locker, nichthaftend
~ **abrasive** ungebundenes (loses, freies) Schleifmittel n
~ **lining** lose Auskleidung f
~ **open wheel** lose Polierscheibe f
~ **paint** loser Anstrich m
loosely adherent locker haftend
loss in density Dichteverlust m
~ **in [mechanical] strength** Festigkeitsverlust m, Festigkeitseinbuße f, Festigkeitsabfall m, Festigkeitsminderung f, Entfestigung f

~ **in tensile strength** Zugfestigkeitsverlust m
~ **in thickness** Dickenverlust m, Dickenabnahme f, Dickenminderung f
~ **in weight** Masse[n]verlust m, Masse[n]abnahme f; Gewichtsverlust m
~ **of brightness** Glanzverlust m
~ **of ductility** Duktilitätsverlust m
~ **of electrons** Elektronenverlust m
~ **of gloss** Glanzverlust m
~ **of lustre** Glanzverlust m
~ **of material** Materialverlust m, Materialabtrag m
~ **of metal** Metallverlust m, Metallabtrag m
~ **of plasticizer** Weichmacherverlust m
~ **of thickness** s. ~ in thickness
losses by drag-out Ausschleppverluste mpl, Verschleppungsverluste mpl
louvered box Jalousiehütte f, Jalousiehäuschen n, Schutzhütte f
low-activity wenig aktiv (z. B. hinsichtlich der Haftkraft)
~-**alloy** niedriglegiert, schwachlegiert
~ **boiler**, ~-**boiling solvent** Niedrigsieder m, niedrigsiedendes Lösungsmittel n
~ **brass** Gelbmessingsorte mit einem Zinkgehalt von 20 % Zn
~-**carbon[-content]** niedriggekohlt, kohlenstoffarm, mit niedrigem Kohlenstoffgehalt (C-Gehalt)
~-**chromium** chromarm, niedrig chromhaltig
~-**conducting** schwach leitend, von (mit) geringer Leitfähigkeit
~-**conductivity** von (mit) geringer spezifischer Leitfähigkeit, von (mit) hohem spezifischem Widerstand
~-**copper** kupferarm
~-**cyanide** (Galv) cyanidarm, niedrigcyanidisch
~-**cycle [corrosion] fatigue** Kurzzeit-Korrosionsermüdung f, Ermüdung f bei niedrigen Lastwechselfrequenzen
~-**density bath (solution)** (Galv) metallarmer Elektrolyt m
~ **efficiency bath (solution)** (Galv) langsamarbeitender Elektrolyt m
~-**energy electron diffraction** Beugung f langsamer (niederenergetischer) Elektronen, LEED-Technik f
~-**iron** eisenarm
~-**magnesium** magnesiumarm
~-**maintenance** wartungsarm
~-**melting[-point]** niedrigschmelzend, leicht-

schmelzend, tiefschmelzend, leichtschmelzbar
~-**molybdenum** molybdänarm
~-**nickel** nickelarm
~-**oxygen** sauerstoffarm
~-**phosphorus** phosphorarm
~-**polluting** umweltfreundlich
~-**pressure hot spray apparatus** Niederdruck-Heißspritzgerät *n*
~-**pressure spraying** Druckluftspritzen *n*, pneumatisches Spritzen *n*, Luftspritzen *n*
~-**reflectivity** reflexionsarm
~-**resistance** niederohmig
~-**resistivity** von (mit) niedrigem spezifischem Widerstand
~-**silicon** siliciumarm
~-**spangle** [eis]blumenarm *(Metallschutzschicht), (bei Zink auch)* zinkblumenarm
~-**stress[ed]** spannungsarm
~-**sulphide** sulfidarm
~-**sulphur** schwefelarm
~-**temperature corrosion** Taupunktkorrosion *f*, Rauchgaskorrosion *f*, Tieftemperaturkorrosion *f*
~-**temperature enamel** Tieftemperaturemail *n*
~-**temperature flexibility** Kälteflexibilität *f*
~-**temperature phosphating** Kaltphosphatieren *n*
~-**temperature resistance** Tieftemperaturbeständigkeit *f*
~-**tin** zinnarm
~-**viscosity** niedrigviskos, dünnflüssig
~-**voltage bath** *(Galv)* bei geringer Spannung arbeitender Elektrolyt *m*
~-**zinc** zinkarm
lower explosive limit untere Explosionsgrenze *f*
~ **oxide** Oxid *n* der niederen Wertigkeitsstufe
LPE *s.* liquid-phase epitaxy
lubricant 1. Schmierstoff *m*, Schmiermittel *n*; 2. *(Galv)* Gleitmittel *n (elektrochemisch hergestellte Legierungsschicht zur Erleichterung des Drahtziehens)*
~ **film** *s.* lubricating film
lubricate/to schmieren
lubricating agent *s.* lubricant
~ **film** Schmier[mittel]film *m*, [dünne] Schmierstoffschicht *f*
~ **grease** Schmierfett *n*
~ **oil** Schmieröl *n*

~ **power** Schmierfähigkeit *f*
~ **properties** Schmiereigenschaften *fpl*
lubricity Schmierfähigkeit *f*
Lüders' bands (lines) Lüders-Hartmannsche Linien *fpl*, Lüders-Bänder *npl*, Lüderssche Bänder *npl*
Luggin-Haber capillary (probe) *s.* ~ probe
~ **probe** *(Prüf)* [Haber-]Luggin-Kapillare *f*, [kapillare] Haber-Luggin-Sonde *f*, Kapillarsonde *f*
~ **probe-salt bridge** Sondenbrücke *f (mit Haber-Luggin-Kapillare)*
luster *(Am) s.* lustre
lustre Glanz *m*
~ **loss** Glanzverlust *m*
lustrous glänzend
~ **coating** Glanzschicht *f*
lye Lauge *f*
lyophile, lyophilic lyophil, lösungsmittelanziehend
lyophobe, lyophobic lyophob, lösungsmittelabstoßend

M

MAC *s.* maximum allowable concentration
machinable [maschinell] bearbeitbar
machine cycle time Durchlaufdauer *f*, Gesamtdurchlaufdauer *f*
~ **roller coating** Walzlackieren *n*, Lackwalzen *n*, Walzen *n*
machineable *s.* machinable
macro-environmental die weitere Umgebung betreffend, *(i.e.S.)* makroklimatisch
macroanalysis Makroanalyse *f*
macroanalytical makroanalytisch
macrocell Makro[korrosions]element *n*, [galvanische] Makrozelle *f*, Korrosionsmakroelement *n*
macroclimate Makroklima *n*, Großklima *n*
macroclimatic makroklimatisch
macroconstituent Makrobestandteil *m*, Makrokomponente *f*
macrocouple *s.* macrocell
macrocrack Makroriß *m (mit bloßem Auge sichtbar)*
macrocracked makrorissig
macrocrackedness Makrorissigkeit *f*
macrocracking Makrorißbildung *f*
macrocrystalline makrokristallin, grobkristallin

macroetching Makroätzung f
macrogalvanic cell (couple) s. macrocell
macrograph Abbildung f, Aufnahme f (ohne Mikroskop)
macrohardness Makrohärte f
macropore Makropore f, mit bloßem Auge wahrnehmbare Pore f
macroporosity Makroporosität f
macroporous makroporig, makroporös
macrorange Makrobereich m
macrosegregation Makrophasentrennung f, Makroseigerung f
macrostructure Makrostruktur f, Grobstruktur f, Makrogefüge n, Grobgefüge n
macrothrowing power (Galv) Makrostreukraft f, Makrostreufähigkeit f, Makrostreuvermögen n, Makro[tiefen]streuung f
macrotopography Makrotopographie f (standortbedingte korrosive Grundbelastung)
maghemite Maghemit m (magnetisches γ-Eisen(III)-oxid)
magnesium alloy Magnesiumlegierung f
magnetic magnetisch
~ **oxide** s. magnetite
~ **powder** Magnetpulver n
~ **rust** s. magnetite
~ **susceptibility** magnetische Suszeptibilität f
~ **thickness tester** magnetisches Schichtdikkenmeßgerät n
magnetite Magnetit m, Eisen(II, III)-oxid n
magnetostrictive transducer Magnetostriktionsschwinger m, magnetostriktiver Schwinger m (Ultraschallerzeugung)
magnetron Magnetron n (Vakuumzerstäuben)
main bath (Galv) Grundelektrolyt m
~ **chain** Hauptkette f (eines verzweigten Moleküls)
~ **component** Hauptkomponente f, Hauptbestandteil m
~ **metal** Grundmetall n, Hauptbestandteil m (einer Legierung)
~ **pillar anode** (Kat) Hauptanode f
mains current supply Netzstromversorgung f
~-**operated** netzgespeist
maintain/to instandhalten, unterhalten, warten
maintaining passivity passivitätserhaltend
maintenance Instandhaltung f, Unterhaltung f, Wartung f
~ **coat** Instandhaltungsanstrich m

~ **coating** 1. Anstrichstoff m für Instandhaltungsanstriche; 2. Instandhaltungsanstrich m
~ **cost[s]** Instandhaltungskosten pl, Unterhaltungskosten pl, Wartungskosten pl
~ **finish** s. ~ coating
~-**free** wartungsfrei
~ **monitoring** Überwachung f (von Anlagen)
~ **paint** Anstrichstoff m für Instandhaltungsanstriche
~ **paint system** Anstrichsystem n für Instandhaltungsanstriche
~ **painting** Instandhaltungsanstrich m, Erhaltungsanstrich m
~ **primer** Grundanstrichstoff m für Instandhaltungsanstriche
~ **repaint[ing]** s. ~ painting
~ **solution** Nachfüllösung f, Nachfüllmaterial n
~ **system** s. ~ paint system
~ **treatment** s. maintenance
~ **work** Instandhaltungsarbeiten fpl
major element Grundmetall n, Hauptbestandteil m (einer Legierung)
make good/to 1. ausbessern, (Anstr auch) ausflecken; 2. s. ~ up
~ **up** 1. nachfüllen, nachdosieren, auffüllen, (Galv auch) nachschärfen, nachsättigen, auffrischen; 2. ausgleichen (ein Defizit), decken (Verluste)
make-up 1. Nachfüllen n, Nachdosieren n, Auffüllen n, (Galv auch) Nachschärfen n, Nachsättigen n, Auffrischen n; 2. Nachfüllmaterial n; 3. Ausgleichen n, Ausgleich m (eines Defizits), Deckung f (von Verlusten)
~-**up material** Nachfüllmaterial n
~-**up paint** Nachfüllack m, Zusatzlack m (bei der Tauchlackierung)
~-**up solution** Nachfüllösung f
~-**up water** Zusatz[kesselspeise]wasser n, Zuschußwasser n
making good 1. Ausbessern n, (Anstr auch) Ausflecken n; 2. s. make-up 1.
maleic resin Maleinatharz n
malleability Schmiedbarkeit f, (i.w.S.) Formbarkeit f
malleable schmiedbar, (i.w.S.) formbar
~ **[cast] iron** Temperguß m
~ **iron casting** Tempergußstück n
malleabl[e]ize/to tempern (Gußeisen)
mandrel [bending] test Dornbiegeversuch m (zur Prüfung der Dehnbarkeit von Anstrichen)

manganese Mangan *n*
- ~ **brass** Manganmessing *n*
- ~ **drier** *(Anstr)* Mangantrockenstoff *m*, Mangantrockner *m*
- ~ **phosphate bath** Manganphosphatbad *n*
- ~ **phosphate coating** Manganphosphat[schutz]schicht *f*
- ~ **phosphating** Manganphosphatierung *f*
- ~-**rich** manganreich
- ~ **steel** Mangan[hart]stahl *m*

manipulating roller Führungsrolle *f (einer Feuermetallisierungslinie)*
manual electric arc welding Lichtbogen-Auftragschweißen *n*
- ~ **gun** Handspritzpistole *f*
- ~ **polishing** Polieren *n* von Hand
- ~ **spray application** Handspritzen *n*
- ~ **spray gun** Handspritzpistole *f*
- ~ **spraying** Handspritzen *n*
- ~ **welding** Handschweißen *n*; Handschweißplattieren *n*

manually operated handbetätigt, manuell betätigt *(Vorrichtung)*; handbetrieben, handgesteuert, manuell bedient (gesteuert) *(Anlage)*
manufactured abrasive künstliches Schleifmittel *n*; künstliches Strahlmittel *n*
mar resistance Nagelfestigkeit *f*
~-**resistant** nagelfest
maraging Martensitaushärtung *f*, Martensitaltern *n*
- ~ **steel** martensitaushärtender (martensitgehärteter) Stahl *m*, Maragingstahl *m*

marine antifouling paint Antifouling-Farbe *f*, bewuchsverhindernde (anwuchsverhindernde) Farbe (Schiffsbodenfarbe) *f*
- ~ **atmosphere** Meeresatmosphäre *f*, Meeresluft *f*, Seeatmosphäre *f*, Seeluft *f*
- ~ **climate** Meeresklima *n*, Seeklima *n*, maritimes (ozeanisches) Klima *n*
- ~ **corrosion** Meerwasserkorrosion *f*
- ~ **environment** *s.* ~ **climate**
- ~ **exposure** Auslagerung *f* in Meeresatmosphäre
- ~ **growth** Bewuchs *m (z. B. an Schiffen)*
- ~ **salt** Seesalz *n*, Meersalz *n*
- ~ **service** maritimer Einsatz *m*
- ~ **varnish** Bootslack *m*

maritime climate *s.* marine climate
marker post *(Kat)* Meßsäule *f*
martensite Martensit *m*
- ~ **formation** Martensitbildung *f*
- ~-**free** martensitfrei
- ~ **range** Martensitgebiet *n*

martensitic martensitisch
- ~ **structure** Martensitgefüge *n*
- ~ **transformation** martensitische Umwandlung *f*, Martensitumwandlung *f*

mask/to 1. maskieren *(Kationen durch Komplexbildner binden)*; 2. abdecken *(nicht zu behandelnde Flächen)*
masking 1. Maskierung *f (Bindung von Kationen durch Komplexbildner)*; 2. Abdecken *n (nicht zu behandelnder Flächen)*
- ~ **paper** Abdeckpapier *n*
- ~ **tape** Abdeckband *n*

mass analysis Masseanalyse *f*
- ~ **concrete** Massenbeton *m*
- ~ **loss** Masse[n]verlust *m*, Masse[n]abnahme *f*
- ~-**loss rate** Massenverlustrate *f*
- ~-**production parts** Massenteile *npl*, Kleinteile *npl*
- ~ **transfer** Masse[n]übergang *m*, Stoffübergang *m*
- ~-**transfer coefficient** Stoffübergangszahl *f*
- ~ **transport** Masse[n]transport *m*, Stofftransport *m*

master alloy Grundlegierung *f*
mat *s.* matt
material being sprayed Spritzgut *n (während der Verarbeitung)*
- ~ **being tested** Untersuchungsmaterial *n (während der Prüfung)*
- ~ **selection** Werkstoffauswahl *f*
- ~ **to be sprayed** Spritzgut *n (vor der Verarbeitung)*
- ~ **to be tested** Untersuchungsmaterial *n (vor der Prüfung)*

materials damage Werkstoffschädigung *f*
- ~ **science** Werkstoffkunde *f*, Werkstoffwissenschaft *f*
- ~ **testing** Werkstoffprüfung *f*

matrix Grundmasse *f*, Matrix *f*
matt matt, stumpf, glanzlos
- ~ **dip** 1. Mattierungslösung *f*, *(für Kupfer und Kupferlegierungen auch)* Mattbrenne *f*; 2. *s.* ~ dipping
- ~ **dipping** Mattieren *n*, *(bei Kupfer und Kupferlegierungen auch)* Mattbrennen *n*
- ~ **finish** 1. mattes Aussehen *n*, Matteffekt *m*; 2. matte Schicht *f*
- ~ **nickel deposit** Mattnickelschicht *f*
- ~ **plating** Galvanisieren *n* mit mattarbeiten-

matte

den Elektrolyten *(z. B. Mattvernickeln, Mattverzinken, Mattverchromen)*
matte *s.* **matt**
mattness Mattheit *f*, Stumpfheit *f*, Glanzlosigkeit *f*
maximum allowable concentration maximale Arbeitsplatzkonzentration *f*, MAK-Wert *m* *(eines Schadstoffes als Gas, Staub oder Nebel)*
~ **allowable content** höchstzulässiger Gehalt *m*, Grenzgehalt *m*, obere Toleranzgrenze *f* *(für schädliche Beimengungen in Legierungen)*
~ **depth of attack** maximale Angriffstiefe *f*
~ **penetration rate** maximale Eindringgeschwindigkeit *f*
~ **permissible concentration** Höchstgrenzkonzentration *f*, höchstzulässige Konzentration *f*, obere Toleranzgrenze *f (für schädliche Beimengungen in Legierungen)*
~ **safe continuous temperature** Dauergebrauchstemperatur *f*
~ **shear stress** maximale Scherspannung (Schubspannung) *f*
MBE *s.* molecular-beam epitaxy
MBT *s.* mercaptobenzothiazole
MBV coating MBV-Schicht *f*
MBV process *s.* modified Bauer-Vogel process
MBV solution MBV-Lösung *f*
mc chromium *mikrorissig abgeschiedenes Chrom mit mehr als 250 Rissen auf 10 mm in jeder beliebigen Richtung und einer Mindestschichtdicke von 0,8 µm*
mdd, MDD = milligrams per square decimetre per day *(Einheit der Korrosionsgeschwindigkeit aus dem Masseverlust)*
Meaker process Meaker-Verfahren *n (zum elektrochemischen Verzinken von Stahldraht)*
measurement accuracy Meßgenauigkeit *f*
~ **cell** Meßzelle *f*
~ **station** Meßstation *f*
~ **technique** Meßtechnik *f*
measuring accuracy Meßgenauigkeit *f*
~ **area** Meßfläche *f*
~ **electrode** Meßelektrode *f*, Indikatorelektrode *f*, Arbeitselektrode *f*
~ **point** Meßstelle *f*
mechanical anchorage mechanische Verankerung *f (von Schutzschichten)*
~-**blast cleaning**, ~ **blasting** Schleuder[rad]strahlen *n*

~ **cladding** Plattieren *n*
~ **cleaning** mechanische Reinigung *f*
~ **interlocking (keying)** mechanische Verankerung *f (von Schutzschichten)*
~ **loading** mechanische Belastung *f*
~ **passivity** mechanische Passivität *f*, Bedeckungspassivität *f*
~ **plating** Plattieren *n*
~ **polishing** mechanisches Polieren *n*
~ **treatment** mechanische Behandlung *f*
mechanism of action Wirkungsmechanismus *m*
~ **of deposition** Abscheidungsmechanismus *m*
medium Bindemittellösung *f (im Anstrichstoff)*; Bindemittel *n (im Anstrich)*
~ **boiler**, ~-**boiling solvent** Mittelsieder *m*, mittelsiedendes Lösungsmittel *n*
~-**oil** *(Anstr)* halbfett, mittelölig
~-**oil alkyd** halbfettes Alkydharz *n*, Mittelöl-Alkydharz *n*, mittelöliges Alkyd[harz] *n*
~-**oil varnish** halbfetter (mittelfetter) Öllack (Lack) *m*
~ **pit** Grübchen *n*, Korrosionsgrübchen *n*, Korrosionsgrube *f*
~ **pitting** grubenförmige Korrosion *f*
~ **plate** *(Galv)* Silberauflage von 8,4 mg/cm^2
MEK = methyl ethyl ketone
melamine-alkyd resin Melamin-Alkydharz *n*
~-[**formaldehyde**] **resin** Melamin-Formaldehyd-Harz *n*, Melaminharz *n*
melt 1. Schmelze *f*, Schmelzfluß *m*; Schmelze *f*, Charge *f*; 2. Schmelzen *n*, Einschmelzen *n*
melting range Schmelzbereich *m*
mend/to nachbessern
menders nachbesserungswürdiges fehlerhaftes Weißblech
mercaptobenzothiazole Mercaptobenzothiazol *n (Korrosionsinhibitor)*
mercury Quecksilber *n*
~ **cell** Quecksilberzelle *f*, Amalgamzelle *f*
~ **cracking** Lötbrüchigkeit *f* durch Quecksilber *(i.w.S.)* Flüssigmetallversprödung *f*, Versprödung *f* durch flüssige Metalle
~ **dip (quick)** *(Galv)* 1. Tauchverquicken *n*; 2. Quickbeize *f*, Quicklösung *f*
mesh size Korngröße, ausgedrückt durch die Maschenzahl des Siebs
mesoclimate 1. Mesoklima *n*; 2. gemäßigtes Klima *n*
mesothermal climate gemäßigtes Klima *n*

metal atom Metallatom *n*
- **~ bath** Metallschmelze *f*, *(inkorrekt)* Metallbad *n (beim Feuermetallisieren)*
- **~-bearing** metallhaltig
- **~ being coated** Substratmetall *n*, Grundmetall *n (während der Beschichtung)*
- **~ being sprayed** Spritzmetall *n (während der Verarbeitung)*
- **~-bonded wheel** Schleifscheibe *f* mit metallgebundenem Schleifmittel
- **~ carbide** Metallcarbid *n*
- **~ ceramic** s. cermet
- **~ chemistry** Metallchemie *f*
- **~ cladding** 1. Plattieren *n*; 2. Plattierüberzug *m*, Plattierung *f*, Metallüberzug *m*
- **~ cleaner** Metallreiniger *m*
- **~ cleaning** Metallreinigung *f*
- **~ coating** 1. Beschichtungsstoff *m* für Metalle; Metallanstrichstoff *m*; 2. metallische Schicht (Schutzschicht) *f*
- **~ colouring** Metallfärbung *f*
- **~ degreasing** Metallentfettung *f*
- **~ deposit** metallische Schicht (Schutzschicht) *f*
- **~ deposition** Metallabscheiden *n*
- **~ detector** *(Kat)* Metalldetektor *m*, Metallsuchgerät *n*
- **~ dissolution** Metallauflösung *f*
- **~ distribution ratio** *(Galv)* Metallverteilungsverhältnis *n*
- **~ electrode** Metallelektrode *f*
- **~-electrolyte interface** Grenzfläche *f* Metall-Elektrolyt
- **~-electrolyte system** System *n* Metall-Elektrolyt
- **~-film interface** Grenzfläche *f* Metall-Schutzfilm
- **~ finishing** Oberflächenveredeln *n* von Metallen
- **~ ion** Metallion *n*
- **~-ion cell** durch unterschiedliche Metall-Ionenkonzentration an einer Metallfläche verursachtes Konzentrationselement
- **~-ion electrode** Metallionenelektrode *f*
- **~ lattice** Metallgitter *n*
- **~-like** metallähnlich
- **~ locator** s. ~ detector
- **~ loss** Metallverlust *m*
- **~-medium interface** Grenzfläche *f* Metall-Medium
- **~ oxidation** Metalloxydation *f*
- **~ oxide** Metalloxid *n*
- **~-oxide interface** Grenzfläche *f* Metall-Oxid, Metall-Oxid-Grenzfläche *f*
- **~-paint interface** Grenzfläche *f* Metall-Anstrich
- **~ phosphate** Metallphosphat *n*
- **~ phosphate coating** Metallphosphat[schutz]schicht *f*
- **~ physics** Metallphysik *f*
- **~ pigment** Metallpigment *n*, metallisches Pigment *n*
- **~-pigmented paint** Metallpigmentanstrichstoff *m*, metallpigmentierter Anstrichstoff *m*
- **~-plus-paint protective coating** Duplex[schutz]schicht *f*, kombinierte Schutzschicht *f*
- **~-plus-paint system** Duplexsystem *n*
- **~ powder** Metallpulver *n*
- **~ pre-treatment** Metallvorbehandlung *f*
- **~ primer (priming paint)** Metallgrundanstrichstoff *m*, Metallgrundierung *f*, Metallprimer *m*
- **~ protection** Metallschutz *m*
- **~ protective paint** Metall[schutz]lack *m*
- **~ protective primer** s. ~ primer
- **~ protective undercoat** Metallvoranstrichstoff *m*, Metallzwischenanstrichstoff *m*
- **~ removal** Metallabtragung *f*, Metallabtrag *m*
- **~-salt sealing** Verdichten *n* in wäßrigen Salzlösungen
- **~ sheet** Blech *n* (als Stück)
- **~-sheet specimen** Blechprobe *f*, Blechmuster *n*, Probeblech *n*, Prüfblech *n*
- **~ soap** Metallseife *f*
- **~-soil potential** Objekt-Boden-Potential *n*
- **~-solution interface** Grenzfläche *f* Metall-Lösung
- **~ specimen** Metallprobe *f*
- **~-spray-paint system** Duplexsystem *n* Spritzmetallschicht mit Anstrich
- **~-sprayed** spritzmetallisiert
- **~-sprayed coating** Spritzmetall[schutz]schicht *f*
- **~ sprayer** Metallspritzer *m (Arbeiter)*
- **~ spraying** Metallspritzen *n*; Spritzmetallisieren *n*, Metallspritzbeschichten *n*
- **~-spraying pistol** Metallspritzpistole *f*
- **~-spraying process** Metallspritzverfahren *n*
- **~ strip** Metallband *n*
- **~ substrate** Metalluntergrund *m*
- **~ surface** Metalloberfläche *f*
- **~ swarf** Metallspäne *mpl*

metal

- ~ **to be coated** Substratmetall *n*, Grundmetall *n* *(vor der Beschichtung)*
- ~ **to be sprayed** Spritzmetall *n* *(vor der Verarbeitung)*
- ~ **wastage** Metallabtragung *f*, Metallabtrag *m*, *(bei Eisen und Stahl auch)* Abrostung *f*; Metallverschwendung *f*

metalizing *s.* metallizing
metallic metallisch ● **in the ~ state** in metallischer Form
- ~ **abrasive** metallisches Strahlmittel *n*
- ~**-coated** mit metallischer Schutzschicht
- ~ **coating** metallische Schicht (Schutzschicht) *f*
- ~ **corrosion** Metallkorrosion *f*, Korrosion *f* der Metalle
- ~ **drier** *(Anstr)* Metalltrockenstoff *m*, Metalltrockner *m*, Metallsikkativ *n*
- ~ **electrode** Metallelektrode *f*
- ~ **glass** amorphes Metall *n*
- ~ **lead paint** Bleipulveranstrichstoff *m*
- ~ **lead primer** Bleipulver-Grundanstrichstoff *m*, Bleipulvergrundierung *f*
- ~ **lustre** Metallglanz *m*, metallischer Glanz *m*
- ~ **material** metallischer Werkstoff *m*
- ~ **oxide** Metalloxid *n*
- ~ **paint** Metallpigmentanstrichstoff *m*, metallpigmentierter Anstrichstoff *m*
- ~ **pigment** Metallpigment *n*, metallisches Pigment *n*
- ~ **ring** metallischer Klang *m*
- ~ **soap** Metallseife *f*
- ~ **specimen** Metallprobe *f*
- ~ **substrate** Metalluntergrund *m*
- ~ **surface** Metalloberfläche *f*
- ~ **zinc dust** Zinkstaub *m*
- ~ **zinc paint** Zinkstaubanstrichstoff *m*, zinkstaubpigmentierter (zinkreicher) Anstrichstoff *m*, Zinkstaubfarbe *f*
- ~ **zinc powder** Zinkstaub *m*
- ~ **zinc-rich paint** *s.* ~ zinc paint

metalliding elektrolytisches Diffusionsmetallisieren über Metallfluoride als Zwischenstufe
- ~ **reagent** Material zur elektrolytischen Diffusionsbeschichtung über Metallfluoride als Zwischenstufe

metallike metallähnlich
metallization *s.* metallizing
metallize/to spritzmetallisieren, *(i.w.S.)* metallisieren
metallizing Metallspritzen *n*, Spritzmetallisieren *n*, *(i.w.S.)* Metallisieren *n*

metallographic metallographisch, metallkundlich
- ~ **examination** metallographische Untersuchung *f*
- ~ **microscope** Metallmikroskop *n*

metallographical *s.* metallographic
metallography 1. Metallographie *f*, Metallbeschreibung *f* *(Zweig der Metallkunde)*; 2. metallographische Untersuchung *f*
metalloid 1. Halbmetall *n*; 2. Nichtmetall *n*; 3. mit Metallen legierungsbildendes Nichtmetall, *z. B. Kohlenstoff, Stickstoff*
metallurgical structure Gefügestruktur *f*, Gefügezustand *m*
metallurgy 1. Metallurgie *f*, Hüttenkunde *f*, Hüttenwesen *n*; 2. *s.* metallurgical structure
metastable metastabil
metering pump Dosierpumpe *f*
- ~ **roll** Dosierwalze *f*

method of application Anwendungsverfahren *n*, Applikationsverfahren *n*, *(für Beschichtungsstoffe auch)* Auftragsverfahren *n*, Aufbringungsverfahren *n*; Verarbeitungsverfahren *n*
- ~ **of protection** Schutzverfahren *n*, *(i.e.S.)* Korrosionsschutzverfahren *n*

MF resin *s.* melamine-formaldehyde resin
MFT *s.* minimum filming temperature
micaceous iron ore *s.* ~ iron oxide
- ~ **iron oxide** Eisenglimmer *m*
- ~ **iron oxide paint** Eisenglimmerfarbe *f*

micro-environmental die engere Umgebung betreffend, *(i.e.S.)* mikroklimatisch
microanalysis Mikroanalyse *f*
microanalytical mikroanalytisch
microanode Lokal[element]anode *f*
microbalance Feinwaage *f*
microbial (microbiological) corrosion mikrobielle (mikrobiologische, biologische) Korrosion *f*, Biokorrosion *f*, biogene Korrosion *f*
microcathode Lokal[element]katode *f*
microcell Mikro[korrosions]element *n*, [galvanische] Mikrozelle *f*, Korrosionsmikroelement *n*
microclimate Mikroklima *n*, Kleinklima *n*
microclimatic mikroklimatisch
microconstituent Mikrobestandteil *m*, Mikrokomponente *f*
microcouple *s.* microcell
microcrack Mikroriß *m*

~ pattern Feinrißnetzwerk n, Rißnetzwerk n, Rißanordnung f, Rißbild n (z.B. in Chromschichten)
microcracked mikrorissig
microcrackedness Mikrorissigkeit f
microcracking Mikrorißbildung f
microcrazing Haarrißbildung f
microcrevice Mikrospalte f
microcrystalline mikrokristallin, feinkristallin
microdiscontinuity Mikroriß m; Mikropore f
microdiscontinuous mikrorissig; mikroporig
microelectrode probe Mikromeßsonde f, Meßfühler m
microexamination mikroskopische Untersuchung f
microfissure Mikroriß m
microfissuring Mikrorißbildung f
microgalvanic cell (couple) s. microcell
microgram s. micrograph
micrograph mikroskopische Aufnahme f
microhardness Mikrohärte f
~ tester Mikrohärteprüfer m
~ testing Mikrohärteprüfung f
microheterogeneity Mikroheterogenität f
microheterogeneous mikroheterogen
microinclusions mikroskopisch sichtbare Einschlüsse mpl
microlevelling Mikroeinebnung f
micropore Mikropore f, unter dem Mikroskop sichtbare Pore f
microporosity Mikroporosität f
microporous mikroporig, mikroporös
microprobe Mikrosonde f
~ analysis Mikrosondenuntersuchung f, Mikrosondenanalyse f
microprofile Mikroprofil n
microprominence Erhebung f im Mikroprofil, Rauhigkeitsspitze f, Rauhigkeitspeak m, Profilspitze f, Peak m, Protuberanz f
microradiography Mikroradiographie f
microrange Mikrobereich m
microrecess Vertiefung f im Mikroprofil
microreference electrode s. microelectrode probe
microroughness Mikrorauhigkeit f, mikroskopische Rauhigkeit f
microscopic examination mikroskopische Untersuchung (Prüfung) f
~ stress Mikroeigenspannung f, [innere] Mikrospannung f
microsection Mikroschliff m
microsegregation Mikrophasentrennung f, Mikroseigerung f

microstrain s. microstress
microstress Mikroeigenspannung f, [innere] Mikrospannung f
microstructure Mikrostruktur f, Fein[st]struktur f, Mikrogefüge n, Feingefüge n, Kleingefüge n
microthrowing power Mikrostreukraft f, Mikrostreufähigkeit f, Mikrostreuvermögen n, Mikro[tiefen]streuung f
microtopography Mikrotopographie f (Verteilung der Korrosionsbeanspruchung an einem Objekt)
microvoid Mikrohohlraum m
migrate/to migrieren, wandern (z.B. Ionen)
~ outwards auswandern
migration Migration f, Wanderung f (z.B. von Ionen)
~ number s. transference number
~ rate (velocity) Wanderungsgeschwindigkeit f
milage (Anstr) Ergiebigkeit f, Ausgiebigkeit f
mild steel Weichstahl m, weicher Stahl m, Flußstahl m (Kohlenstoffgehalt höchstens 0,25%)
mildew growth Schimmelpilzwachstum n; Schimmelpilzbewuchs m
~ resistance Schimmelbeständigkeit f
~-resistant schimmelbeständig
mildewcide Schimmelverhütungsmittel n
mildly alkaline schwach alkalisch
~ corrosive schwach korrosiv (korrodierend)
milk of lime Kalkmilch f
milky (Galv) milchig[-matt]
~ finish matter Glanz m, Mattglanz m
mill-primed mit einem Fertigungsanstrich versehen
~ scale Walzzunder m, Walzhaut f, (i.w.S.) Zunder m
~-scale coating [schützende] Walzzunderschicht f
millscale s. mill scale
mine water Grubenwasser n, Schachtwasser n
mineral acid Mineralsäure f, anorganische Säure f
~ fat (jelly) Petrolatum n, Rohvaseline f
~ oil Mineralöl n, mineralisches Öl n
~ pigment Erdpigment n, natürliches [anorganisches] Pigment n
~ scale Kesselstein m, Wasserstein m
~ soil Mineralboden m
~ spirit[s] Testbenzin n, Lackbenzin n

minimum

minimum coating thickness Mindestschichtdicke f
- **current** *(Kat)* Mindeststrom m, Mindeststromstärke f
- **deposit thickness** Mindestschichtdicke f
- **film thickness** Mindestfilmdicke f
- **filming temperature** Mindest-Filmbildungstemperatur f, minimale Filmbildetemperatur f, MFT
- **solids content** Mindestgehalt m an Feststoffen
- **-spangle** [eis]blumenfrei *(Metallschutzschicht), (bei Zink auch)* zinkblumenfrei
- **stress** untere Grenzspannung f
- **thickness** Mindest[schicht]dicke f

minor constituent Nebenbestandteil m
- **element (phase)** Legierungszusatz m, Nebenbestandteil m, Minorelement n *(einer Legierung)*

MIO s. micaceous iron oxide
mirror-bright spiegelglänzend
- **brightness (finish)** s. ~-like finish
- **-like** spiegelglänzend
- **-like finish** Spiegelglanz m, Spitzenglanz m

misaligned *(Krist)* fehlgeordnet
misalignment *(Krist)* Fehlordnung f
misarranged *(Krist)* fehlgeordnet
misarrangement *(Krist)* Fehlordnung f
miscibility Mischbarkeit f
- **gap** Mischungslücke f

miscible mischbar
misfit *(Krist)* Fehlpassung f
mismatch *(Krist)* Fehlpassung f
misorientation *(Krist)* Desorientierung f, Fehlorientierung f, ungünstige Orientierung f
misplating Auftreten ungalvanisierter Stellen
miss Fehlstelle f *(in einer Schutzschicht)*
mist test Sprühnebeltest m, Sprühmustertest m *(zur Prüfung der Reinheit von Oberflächen)*
mix/to [ver]mischen, verrühren, vermengen; sich mischen
mix-ratio Mischungsverhältnis n
mixed acid Mischsäure f *(zum Beizen), (i.e.S.)* Salpeterschwefelsäure f, Nitriersäure f
- **-acid electrolyte** *(Galv)* Mischsäureelektrolyt m
- **-acid pickle** Mischbeize f
- **-aniline point** Mischanilinpunkt m
- **bed** Mischbett n *(zur Wasserentsalzung)*
- **catalyst system** *(Galv)* Fremdsäuregemisch n *(zum Verchromen)*

- **control** gemischte Steuerung f
- **corrosion potential** Korrosionspotential n, Mischpotential n einer Korrosionsreaktion
- **crystal** Mischkristall m
- **-crystal formation** Mischkristallbildung f
- **electrode** Mischelektrode f
- **inhibitor [system]** gemischter Inhibitor m, Inhibitormischung f, Inhibitorgemisch n
- **oxide** Mischoxid n
- **parabolic equation** gemischt-quadratische (gemischt-parabolische) Gleichung f
- **potential** Mischpotential n, Misch[galvani]spannung f
- **-potential theory** Mischpotentialtheorie f, Mischpotentialvorstellung f
- **solvent** Mischlösemittel n, Mischlöser m
- **-solvent system** Chromelektrolyt auf Basis eines Gemisches von Kieselfluorwasserstoffsäure und Schwefelsäure

mixer Mischer m, Mischgerät n, Mischapparat m; Rührer m, Rührwerk n, Rührgerät n
mixing water Anmachwasser n *(für Beton)*
mixture electrode Mischelektrode f
mode of cracking Rißart f
- **of failure** Bruchform f
- **of growth** Wachstumsform f, Wachstumstyp m *(von Schichten)*
- **of loading** Belastungsart f
- **of stressing** Beanspruchungsart f

model experiment Modellversuch m
moderate vacuum Feinvakuum n
modified alkyd resin modifiziertes Alkydharz n
- **Bauer-Vogel process** modifiziertes Bauer-Vogel-Verfahren n, MBV-Verfahren n *(zur chemischen Oxydation von Aluminium)*

modulus of elasticity Elastizitätsmodul m, E-Modul m
- **of rigidity** Schermodul m, Schubmodul m, Gleitmodul m

moist atmospheric corrosion Korrosion f in feuchter Atmosphäre *(ohne sichtbaren Wasserfilm)*
moisture Feuchtigkeit f, Feuchte f
- **absorption** Feuchtigkeitsaufnahme f
- **-carrying** feuchtebeladen
- **content** Feuchtigkeitsgehalt m, Feuchtegehalt m
- **-curing** feuchtigkeitshärtend, durch (mit) Feuchtigkeit härtend
- **desorption** Feuchtigkeitsabgabe f
- **film** Feuchtigkeitsfilm m

~-free wasserfrei, trocken
~ impermeability Feuchtigkeitsundurchlässigkeit f
~ permeability Feuchtigkeitsdurchlässigkeit f
~ pocket s. ~ trap
~-proof wasserdampfundurchlässig, wasserdampfdicht
~ proofness Wasserdampfundurchlässigkeit f
~ resistance Feuchtigkeitsbeständigkeit f, Feuchtebeständigkeit f
~-resistant feuchtigkeitsbeständig, feuchtebeständig
~-set s. ~-curing
~ test Feuchtigkeitsversuch m
~ trap Tasche f (nicht korrosionsschutzgerechte Konstruktion)
~-vapour permeability Wasserdampfdurchlässigkeit f
~-vapour transmission Wasserdampfdurchlässigkeit f
mold (Am) s. mould
molecular-beam epitaxy Abscheidung f aus einem Molekularstrahl
~ chain Molekülkette f
~ diffusion Molekulardiffusion f
~ weight per epoxide Epoxidäquivalent[gewicht] n
~ weight per hydroxyl Hydroxyläquivalent[gewicht] n
molten schmelzflüssig, geschmolzen
~ alkali [bath] Alkalischmelze f, alkalische Schmelze f
~ bath Schmelze f
~-flux blanket Flußmitteldecke f (beim Naßverzinken)
~-metal bath Metallschmelze f (beim Feuermetallisieren)
~-salt bath Salzschmelze f
~-salt carburizing Badaufkohlen n, Salzbadaufkohlen n, Salzbadzementieren n
~-salt corrosion Korrosion f in Salzschmelzen
~-salt crucible test Tiegelversuch m (für Salzschmelzen)
~-salt descaling bath Salzschmelze f zum Beizen
~-tin bath Zinnschmelze f (beim Feuerverzinnen)
molybdenum Molybdän n
~ alloy Molybdänlegierung f
~-bearing molybdänhaltig

~-containing molybdänhaltig
~-free molybdänfrei
~ steel Molybdänstahl m
monatomic einatomig, monoatomar
monitor/to überwachen
monitoring Überwachung f
~ unit Überwachungseinrichtung f
monoaxial loading einachsige Belastung f
~ stress einachsige Beanspruchung f; einachsiger Spannungszustand m
monocrystal Einkristall m
monohydrogen atomarer Wasserstoff m
monolayer monomolekulare Schicht f, Monoschicht f, monomolekularer Film (Oberflächenfilm) m, Monomolekularfilm m
monomer Monomer[es] n, monomere Substanz f; Grundmolekül n
monomolecular layer s. monolayer
monorail system (Galv) Deckenlaufwagenbahn f
mop Schwabbelscheibe f
mordant dye[stuff] Beizenfarbstoff m (zum Färben von Oxidfilmen)
Mössbauer spectroscopy Mößbauer-Spektroskopie f, Gamma-Resonanzspektroskopie f
motionless unbewegt
Mott-Cabrera equation s. inverse-logarithmic equation
mottle 1. Fleck m; fleckiges Aussehen n; 2. netzartiges Eisblumenmuster auf Terne-Blechen
mottling Fleckenbildung f
mould Schimmel m; Schimmelpilz m
~ resistance Schimmelbeständigkeit f
~-resistant schimmelbeständig
mouldicide Schimmelverhütungsmittel n
mountain climate Höhenklima n, Gebirgsklima n
move inwards/to einwandern, nach innen wandern
~ outwards auswandern, nach außen wandern
movement inwards Einwanderung f
~ of ions Ionenbewegung f
~ outwards Auswanderung f
moving-cathode-bar agitation (Galv) Katodenbewegung f, Warenbewegung f
mp s. microporous
mpy = mils [penetration] per year (Einheit der linearen Korrosionsgeschwindigkeit; 1 mil = 0,0254 mm)

multicoat

multicoat system s. multicoating protective system
multicoating protective system Mehrfachschutzschicht f, Mehrschichtsystem n
multicolour paint Multicolorfarbe f
multicompartment[ed] (Galv) mit mehreren Kammern, Mehrkammer...
~ **unit** (Galv) Zellenautomat m
multicomponent alloy Mehrstofflegierung f
~ **coating** Mehrkomponenten[schutz]schicht f
~ **inhibitor** gemischter Inhibitor m, Inhibitormischung f, Inhibitorgemisch n
~ **mixture** Mehrkomponentengemisch n, Mehrstoffgemisch n, Vielstoffgemisch n
~ **system** Mehrkomponentensystem n, Mehrstoffsystem n, polynäres System n
multifinned anode (Kat) Anode f mit Rippen
multilayer multimolekulare Schicht f, Mehrfachschicht f
~ **coating** Mehrfach[schutz]schicht f
~ **film** [dünne] multimolekulare Schicht f
~ **nickel deposit** (Galv) Mehrfachnickel[schutz]schicht f, Mehrfachnickelsystem n
multimolecular layer s. multilayer
multiphase mehrphasig, Mehrphasen...
~ **alloy** Multi-Phasen-Legierung f, MP-Legierung f
multiple countercurrent cascade rinse mehrstufige Spülkaskade f
~ **deposit** galvanisches Schichtsystem n
~ **electrode** mehrfache Elektrode f, Mehrfachelektrode f
~-**file**, ~-**lane** (Galv) mehrsträßig, mehrpfadig (Langautomat)
~-**layer[ed]** mehrschichtig; mehrlagig
~-**layer[ed] coating** Mehrfach[schutz]schicht f
~-**layer[ed] nickel plate** s. ~ nickel deposit
~ **nickel deposit** (Galv) Mehrfachnickel[schutz]schicht f, Mehrfachnickelsystem n
~ **paint coating** mehrschichtiger Anstrich m, Mehrschichtenanstrich m, Mehrschichter m
~ **slip** (Krist) Mehrfachgleitung f
~ **spline rack** Galvanisiergestell (Gestell) n mit vertikalen Werkstückträgern
~ **tip** (Galv) Mehrfachkontakt m (zur Befestigung von Galvanisiergut)
multisegment bracelet assembly (Kat) Anodenkette f

multistage, multistep mehrstufig, Mehrstufen...
municipal water Leitungswasser n
Muntz metal Muntzmetall n (eine Messingsorte)
mushy schwammig
MVT s. moisture vapour transmission

N

n-type conducting n-leitend, überschußleitend
n-type conduction n-Leitung f, n-Halbleitung f, Überschußleitung f, elektronische Halbleitung f
n-type conductivity n-Leitfähigkeit f, Überschußleitfähigkeit f
n-type conductor s. n-type semiconductor
n-type oxide Oxid n mit n-Leitung, Oxid n vom n-Typ
n-type semiconducting n-leitend, überschußleitend
n-type semiconductor n-Halbleiter m, n-Leiter m, Halbleiter m vom n-Typ, Überschuß[halb]leiter m, Elektronenüberschußleiter m
NACE = National Association of Corrosion Engineers
NaMBT = sodium mercaptobenzothiazole
naphtha Benzin n
naphthenic acid Naphthensäure f
narrow pit nadelstichartige Korrosionsstelle (Lochfraßstelle) f
nascent hydrogen atomarer (naszierender) Wasserstoff m
native asphalt s. natural asphalt
natural abrasive natürliches Schleifmittel n; natürliches Strahlmittel n
~ **ag[e]ing** natürliche Alterung f
~ **asphalt** Naturasphalt m, natürlicher Asphalt m
~ **bristle brush** Borstenpinsel m (mit natürlichen Borsten)
~ **climate** Naturklima n
~ **earth pigment** s. ~ pigment
~ **exposure** Naturauslagerung f (s. a. ~ weathering)
~-**forming protective coating** spontan entstehende Deckschicht f
~ **outdoor weathering** s. ~ weathering
~ **petrolatum** natürliche Vaseline f, Naturvaseline f

~ **pigment** Erdpigment n, natürliches [anorganisches] Pigment n
~ **resin** Naturharz n, natürliches Harz n
~ **rubber** Naturkautschuk m
~ **weathering** Frei[luft]bewitterung f, Naturbewitterung f, Außenbewitterung f, Bewitterung f, Bewitterungsbeanspruchung f, atmosphärische Beanspruchung f, Außenbeanspruchung f, (Prüf auch) Auslagerung f im Freiluftklima, Freiluftauslagerung f
naval brass Marinemessing n (ein Sondermessing mit etwa 60 % CU, 39 % Zn, 1 % Sn)
NDT s. non-destructive testing
near-equilibrium gleichgewichtsnahe
~-**neutral**, ~ **neutrality** annähernd neutral, im Neutralbereich
~-**noble** halbedel
~-**surface** oberflächennah
~-**white blast cleaning** Strahlen bis zum Säuberungsgrad SG 2,5
nearly stoichiometric nahstöchiometrisch
neck Einschnürung f (an der Zugprobe)
necking Einschnürung f (während des Zugversuchs)
needle descaler (hammer, scaler) Nadelhammer m, Stahlnadelklopfgerät n, Drahtnadeldruckluftpistole f
negative carrier negativer Ladungsträger m
~ **pole** negativer Pol m, Minuspol m
negatively charged negativ geladen
Nernst bridge Nernst-Brücke f, Nernstsche Brücke f
~ **equation [relationship]** Nernstsche Gleichung f, Nernst-Gleichung f, Nernst-Beziehung f
~ **layer** Nernstsche Diffusionsschicht f, Diffusionssperrschicht f, Diffusionsgrenzfilm m
net current Korrosionsstrom m, Nettostrom m
~ **current density** Korrosionsstromdichte f
~ **reaction** Nettoreaktion f
network of cracks Rißnetzwerk n, Rißanordnung f, Rißbild n (z. B. in Chromschichten)
neutral oil neutrales Öl n, Neutralöl n
~ **point** Neutralpunkt m
~ **range** Neutralbereich m
~ **salt** Neutralsalz n
~ **salt-spray test** Versuch m in neutraler Salznebelatmosphäre, Salzsprühversuch m (in der ursprünglichen Form im Gegensatz zum CASS-Test)
neutralization Neutralisieren n, Neutralisierung f

~ **value** Neutralisationszahl f, Säurezahl f, SZ
neutralize/to neutralisieren, abstumpfen
neutralizer Neutralisationsmittel n
neutralizing bath Neutralisationsbad n
~ **tank** Neutralisationsbecken n
neutron diffraction Neutronenbeugung f
new finish (paint) Neuanstrich m
newly galvanized frischverzinkt
NHE s. normal hydrogen electrode
nickel/to vernickeln
~-**flash** mit einer dünnen Nickelschicht versehen
~-**plate** vernickeln (meist elektrochemisch)
nickel alloy steel nickellegierter Stahl m, Nickelstahl m
~-**base[d] alloy** Nickel[basis]legierung f, Ni-Basis-Legierung f
~ **bath** (Galv) Nickelelektrolyt m, Vernick[e]lungselektrolyt m
~-**bearing** nickelhaltig
~ **brass** s. ~ silver
~ **bronze** Nickelbronze f
~-**chromium alloy** Nickel-Chrom-Legierung f
~-**chromium plate** elektrochemisch (galvanisch) hergestellte Nickel-Chrom-Schutzschicht f
~-**clad** nickelplattiert
~ **coating** Nickel[schutz]schicht f
~-**copper alloy** Nickel-Kupfer-Legierung f
~-**depleted** an Nickel verarmt
~ **depletion** Verarmung f an Nickel
~ **dip** 1. Nickel[tauch]bad n; 2. s. ~ flashing
~ **electroplate** elektrochemisch (galvanisch) hergestellte Nickelschutzschicht f
~ **flash** dünne Nickelschicht f
~ **flashing** Tauchvernickeln n
~-**free** nickelfrei
~ **overplate** (Galv) Endnickelschicht f (z. B. bei Cu-Ni-Schutzschichten)
~ **plate** elektrochemisch (galvanisch) hergestellte Nickelschicht f, (i.w.S.) Nickel[schutz]schicht f
~ **plating** 1. Vernickeln n (meist elektrochemisch); 2. s. ~ plate
~ **plating bath** (Galv) Nickelelektrolyt m, Vernick[e]lungselektrolyt m
~ **plating machine** (Galv) Vernick[e]lungsapparat m
~ **plating solution** s. ~ plating bath
~ **plus chromium coating** Nickel-Chrom-Schicht f, Nickel-Chrom-Schutzschicht f, System n Nickel-Chrom

nickel

~-**rich** nickelreich
~ **silver** Neusilber n (Cu-Ni-Zn-Legierung)
~ **strike** (Galv) 1. Vorvernickeln n; 2. Vorvernicklungselektrolyt m; 3. Nickelstrike m, Vorvernick[e]lungsschicht f
~ **sulphamate** (Galv) Nickelsulfamat n
~ **undercoating (underlayer)** (Galv) Nickelzwischenschicht f (z. B. beim System Cu-Ni-Cr)
Nickel-Seal process (Galv) Nickelsealverfahren n
nickelage Vernickeln n
nickelize/to vernickeln
niobium-stabilized niobstabilisiert
nip roll[er] Andruckwalze f
nital [etch] (Prüf) Salpetersäure-Alkohol-Gemisch; Prozentangaben beziehen sich auf Salpetersäure
nitrate cracking Spannungsrißkorrosion f durch Nitrate
nitric acid Salpetersäure f
~ **acid-hydrofluoric acid test** s. ~-hydrofluoric acid test
~-**acid pickling** Brennen n, Beizen n mit Salpetersäure
~-**acid test** Huey-Test m, Salpetersäurekochversuch m, Prüfung f in siedender Salpetersäure (auf interkristalline Korrosion)
~-**hydrofluoric [acid] test** Kochversuch m in Salpetersäure-Flußsäure-Gemisch
nitridation s. nitriding
nitride/to nitrieren, nitrierhärten (Stahl); aufsticken, versticken (unerwünschter Vorgang)
nitride coating Nitrid-Schutzschicht f, Nitrierschicht f
~ **formation** Nitridbildung f
~ **former** Nitridbildner m
~-**forming** nitridbildend
~-**forming element** Nitridbildner m
~ **hardening** s. nitriding 1.
nitriding 1. Nitrieren n, Nitrierhärten n, Nitridhärten n, Stickstoffhärten n; 2. Aufstickung f (als unerwünschte Erscheinung)
~ **bath** Nitrierbad n
~ **depth** Nitriertiefe f
~ **furnace** Nitrierofen m
~ **salt bath** Nitriersalzbad n
~ **temperature** Nitriertemperatur f
nitrocellulose Cellulosenitrat n, CN, Nitrocellulose f, NC
~ **lacquer** Nitro[cellulose]lack m, NC-Lack m, Cellulosenitratlack m, CN-Lack m

~-**lacquer enamel** Nitroemaillelackfarbe f
~ **stopper** Nitro[cellulose]spachtel m, NC-Spachtel m, Cellulosenitratspachtel m, CN-Spachtel m
nitrogen-bearing stickstoffhaltig
~ **case-hardening** Stickstoffhärten n, Nitrierhärten n, Nitridhärten n, Nitrieren n
nitrous fumes nitrose Gase npl (Dämpfe mpl)
NMR spectroscopy s. nuclear magnetic resonance spectroscopy
nobility edler (stark elektropositiver) Charakter m, Edelkeit f (eines Metalls)
noble edel
~-**carbide model (theory)** Lokalelementtheorie f (des Kornzerfalls)
~ **character** s. nobility
~ **coating** katodisch wirksame Schutzschicht f
~ **metal** edles Metall n (in der Spannungsreihe); Edelmetall n
~ **potential** positives (edles) Potential n
nodular knollig (Kalkrest in Wasserleitungen); (Galv) knospig
~ **cast iron** Kugelgraphit[grau]guß m, sphärolithischer (globularer) Grauguß m
~ **corrosion** knospenartige (nodulare) Korrosion f
~ **graphite** Kugelgraphit m
~ **scale** Rostknollen fpl (in Wasserleitungen)
nodulation (Galv) Knospenbildung f
nodule growths (Galv) Knospen fpl, Randknospen fpl
nominal coating thickness Nennschichtdicke f
~ **[service] stress** Nennspannung f
~ **system thickness** Nennschichtdicke f (des Anstrichsystems)
non-abrasive burnishing Kugelpolieren n
~-**adherent** nichthaftend, lose, locker
~-**ag[e]ing** alterungsbeständig, alterungssicher
~-**aqueous** nichtwäßrig
~-**aqueous corrosion** Korrosion f in nichtwäßrigen Medien
~-**bright** glanzlos, matt, stumpf
~-**carbonate hardness** Nichtkarbonathärte f, NKH, permanente (bleibende) Härte f (des Wassers)
~-**chalking** nichtkreidend
~-**coating phosphate** nichtschichtbildendes Phosphat n
~-**conducting** nichtleitend, dielektrisch

~-**conductor** Nichtleiter m, Dielektrikum n
~-**consumable anode** (Kat, Galv) unlösliche (inerte) Anode f, Daueranode f, Fremdstromanode f, (Kat auch) fremdgespeiste Schutzanode f
~-**convertible** physikalisch trocknend (Anstrichstoff)
~-**corrodible**, ~-**corroding** nichtkorrodierend, korrosionsbeständig, unangreifbar, nichtanfällig (Werkstoff)
~-**corrosive** nichtkorrosiv, nichtaggressiv, korrosionsinaktiv, korrosionsinert (Medium)
~-**crystallographic cracking** transkristalline Rißbildung f
~-**cyanide** (Galv) cyan[id]frei
~-**destructive** zerstörungsfrei
~-**destructive analysis (examination)** s. ~-destructive testing
~-**destructive testing** zerstörungsfreie Prüfung f
~-**drip paint** tropffreier (tropffrei verarbeitbarer) Anstrichstoff m
~-**drying oil** nichttrocknendes Öl n
~-**electrochemical corrosion** nichtelektrochemische Korrosion f, (veraltet) chemische Korrosion f
~-**electrolyte** Nichtelektrolyt m
~-**electrolyte deposition** reduktive chemische Abscheidung f
~-**equilibrium** Ungleichgewicht n, Nichtgleichgewicht n
~-**ferrous metal** Nichteisenmetall n, NE-Metall n
~-**flammability** Nichtentflammbarkeit f, Unentflammbarkeit f
~-**flammable** nichtentflammbar, unentflammbar
~-**fusible** unschmelzbar
~-**glissile dislocation** (Krist) nicht gleitfähige Versetzung f, Lomer-Cottrell-Versetzung f
~-**homogeneous** inhomogen
~-**inflammable** s. ~-flammable
~-**ionic** nichtionogen, nichtionisch, ioneninaktiv
~-**ionic surfactant** nichtionogenes Tensid n
~-**ionized** undissoziiert, (bei Gasen auch) nicht ionisiert
~-**magnetic** nichtmagnetisch, unmagnetisch
~-**metal[lic]** Nichtmetall n
~-**metallic** nichtmetallisch, Nichtmetall...
~-**metallic abrasive** nichtmetallisches Strahlmittel n

~-**metallic coating** nichtmetallische Schutzschicht f
~-**metallics** nichtmetallische Werkstoffe mpl
~-**oxidizing** nichtoxydierend
~-**passivating** nichtpassivierend
~-**passive** nichtpassiv
~-**passivity** Nichtpassivität f
~-**pigmented** unpigmentiert
~-**polar** unpolar, nichtpolar, apolar
~-**polar solvent** unpolares Lösungsmittel n
~-**polarizable** unpolarisierbar, nichtpolarisierbar
~-**porous** porenfrei
~-**protected** ungeschützt
~-**protective** nichtschützend
~-**reactive** reaktionslos; reaktionsträge
~-**reactive pigment** inaktives (passives, inertes) Pigment n
~-**reactivity** Reaktionslosigkeit f, Reaktionsträgheit f
~-**running [reclaim] rinse** Sparspülen n, Standspülen n
~-**sacrificial anode** (Kat) unlösliche (inerte) Anode f, Daueranode f, Fremdstromanode f, fremdgespeiste Schutzanode f
~-**saponifiable** unverseifbar, nicht verseifbar
~-**scale-forming water**, ~-**scaling water** weiches Wasser n, Weichwasser n
~-**setting red lead** nichtabsetzende (hochdisperse) Bleimennige f
~-**solvent** Nichtlöser m, inaktives Lösungsmittel n, inaktiver Löser m
~-**sparking tool** funkenfreies (funkensicheres, nicht funkenreißendes) Werkzeug n
~-**stationary** nichtstationär
~-**stoichiometric** nichtstöchiometrisch
~-**stoichiometry** Unstöchiometrie f, Nichtstöchiometrie f
~-**stressed** ungespannt, spannungsfrei, spannungslos, (i.w.S.) nicht beansprucht
~-**susceptibility** Unempfindlichkeit f, Nichtanfälligkeit f
~-**susceptible** unempfindlich, nichtanfällig
~-**swelling** quellbeständig, quellfest
~-**tarnishing** anlaufbeständig
~-**transfer arc method** Plasmaspritzen n mit indirektem Lichtbogen (innerhalb der Brennerdüse)
~-**transition metal** Nichtübergangsmetall n
~-**uniform corrosion** ungleichmäßige Korrosion f
~-**uniformity** Ungleichmäßigkeit f

non

~-**volatile** nichtflüchtig
~-**volatile** s. ~-volatile matter
~-**volatile concentration** Festkörperkonzentration f, Feststoffkonzentration f
~-**volatile content** Festkörpergehalt m, Festkörperanteil m, Feststoffgehalt m, Feststoffanteil m
~-**volatile matter** nichtflüchtige Bestandteile (Stoffe) mpl, Festkörper mpl, Feststoffe mpl
~-**volatiles** s. ~-volatile matter
~-**volatility** Nichtflüchtigkeit f
~-**wettable** unbenetzbar
~-**yellowing** nicht vergilbend, nichtgilbend, gilbungsfrei
~-**yellowing characteristics (properties)** Gilbungsfreiheit f
normal concrete Normalbeton m
~ **electrode potential** Standardelektrodenpotential n, Normalpotential n
~ **hydrogen electrode** Standardwasserstoffelektrode f
~ **potential** s. ~ electrode potential
~ **salt** neutrales Salz n, Neutralsalz n
~ **stress** Normalspannung f (senkrecht zum Querschnitt)
normalization Normal[isierungs]glühen n
normalize/to normalglühen, normalisieren, normalisierend glühen (Stahl)
normalizing s. normalization
notch/to kerben
notch Kerbe f, Kerb m
~ **base** Kerbgrund m
~-**brittle** kerbspröde
~ **brittleness** Kerbsprödigkeit f
~ **depth** Kerbtiefe f
~ **effect** Kerbwirkung f
~ **fracture strength** Bruchzähigkeit f
~ **impact resistance (strength)** Kerbschlagzähigkeit f
~-**sensitive** kerbempfindlich
~ **sensitivity** Kerbempfindlichkeit f
~ **strength (toughness)** Kerbzähigkeit f
notched-bar test Kerbschlagbiegeversuch m
~ **tensile specimen** Kerbzugprobe f
~ **tensile strength** Kerbzähigkeit f
novolak [resin] Novolak m, Novolakharz n
nozzle Düse f
~ **bore** Düsenbohrung f
~ **efficiency** Wirkungsgrad f der Düse
~ **liner** Düsenfutter n
~ **orifice** Düsenöffnung f, Düsenweite f
~ **plugging** Düsenverstopfung f

~ **size** Düsengröße f
~ **tip** Düsenausgang m
~ **wear** Düsenverschleiß m
NSS s. neutral salt-spray test
nuclear distance Kernabstand m, Atomabstand m
~ **magnetic resonance spectroscopy** Kern[spin]resonanzspektroskopie f, kernmagnetische Resonanzspektroskopie f, NMR-Spektroskopie f
nucleate pits/to Lochkeime bilden
~ **pitting** Lochfraß auslösen (einleiten, erzeugen)
nucleating agent (Galv, Krist) Keimbildner m
~ **site** s. nucleation site
nucleation Kristall[isations]keimbildung f, Keimbildung f
~ **agent** (Galv, Krist) Keimbildner m
~ **energy** Keimbildungsarbeit f
~ **of fracture** Bruchauslösung f
~ **of oxide** Oxidkeimbildung f
~ **rate** Keimbildungsgeschwindigkeit f
~ **site** 1. Rißkeim m; 2. Kristallisationszentrum n; 3. Angriffsstelle f, Startplatz m, (bei Lochfraß auch) Lochkeim m
nucleus Keim m
null electrode Nullelektrode f
number of pits Grübchenzahl f (beim Lochfraß)
~ **of stress reversal** Schwingspielzahl f, (veraltet) Lastspielzahl f, Lastwechselzahl f
Nusselt number Nusseltsche Zahl f (zur Charakterisierung des Massentransports durch Schichten)

O

objects being ... s. articles being ...
~ **to be** ... s. articles to be ...
oblique barrel Galvanisierglocke f, Glocke f, (i.w.S.) Galvanisierglockenapparat m, Glocken[galvanisier]apparat m
~ **chromium plating barrel** (Galv) Chromglocke f, (i.w.S.) Verchromungsglockenapparat m
~ **plating barrel** s. oblique barrel
obliterating power (Anstr) Deckvermögen n, Deckfähigkeit f, Deckkraft f
obstacle (Krist) Versetzungshindernis n
obstructive hemmend
~ **layer** Sperrschicht f

ocean environment s. oceanic climate
oceanic climate Meeresklima n, Seeklima n, ozeanisches (maritimes) Klima n
OFCH anode OFCH-Anode f (sauerstofffreie hochleitende Kupferanode)
off-load Entladung f, Entleerung f (z. B. einer Beschichtungsanlage)
~-**potential** (Kat) Ausschaltpotential n
~-**shore corrosion protection** Korrosionsschutz m von Meerwasserbauten
~-**shore protective coating** Schutzschicht f (Schutzanstrichsystem n) für Bohrinseln
~-**shore structure** Meerwasserbauwerk n, Offshore-Anlage f
offer protection/to Schutz gewähren, schützen
0.2 % offset yield strength (stress) 0,2-Dehngrenze f, 0,2%-Grenze f, 0,2-Grenze f
ohmic ohmsch, ohmisch ● **under ~ control** durch den ohmschen Widerstand bestimmt
~ **component** ohmscher Anteil m
~ **control** ohmsche Steuerung (Polarisation) f, ohmsche Kontrolle f
~ **drop (overpotential, polarization, potential drop)** ohmscher Spannungsabfall m, Widerstandspolarisation f, Widerstandsüberspannung f
~ **resistance** ohmscher Widerstand m, Wirkwiderstand m, Realwiderstand m
Ohm's law Ohmsches Gesetz n
oil/to 1. [ein]ölen; 2. einölen, mit Öl tränken (Phosphatschutzschichten)
~-**harden** ölhärten, in Öl härten (Stahl)
~-**quench** in Öl abschrecken
oil Öl n
~ **absorption** s. ~ value
~ **acid** Ölsäure f
~ **ash** Ölasche f
~-**ash corrosion** Ölasche[n]korrosion f, Vanadiumkorrosion f, Vanadiumpentoxid-Korrosion f (eine Sonderform der Belagskorrosion)
~-**base paint** s. ~ paint
~ **bath** Ölbad n
~ **content** 1. Ölgehalt m; 2. s. ~ length
~ **film** Ölfilm m, [dünne] Ölschicht f
~-**free** ölfrei
~ **globule** Öltröpfchen n
~ **hardening** Ölhärten n (von Stahl)
~-**hardening steel** ölhärtender Stahl m, Ölhärtestahl m, Ölhärter m

~-**in-water emulsion** Öl-in-Wasser-Emulsion f
~ **length** (Anstr) Ölgehalt m (bezogen auf Harz), Öllänge f, Verhältnis n Öl/Harz
~-**modified alkyd [resin]** ölmodifiziertes Alkydharz n, Ölalkyd[harz] n
~ **paint** Ölanstrichstoff m, Ölfarbe f
~ **paper** Ölpapier n
~ **quench[ing]** Ölabschrecken n, Abschrecken n in Öl, Ölablöschen n
~-**reactive resin** ölreaktives Harz n
~ **resistance** Ölbeständigkeit f
~-**resistant** ölbeständig
~ **solubility** Öllöslichkeit f
~-**soluble** öllöslich
~-**soluble inhibitor** öllöslicher Inhibitor m
~ **stopper** Ölspachtel m(f), Ölspachtelmasse f
~ **treatment** Einölen n, Tränken n mit Öl (einer Phosphatschutzschicht)
~ **value** Ölzahl f (eines Pigments)
~ **varnish** s. oleoresinous varnish
~ **vehicle** Ölbindemittel n, öliges Bindemittel n
~-**wet** mit Öl benetzt
oiled paper Ölpapier n
oily ölig
~ **soil** ölige Verunreinigung f
old finish s. ~ paint
~ **paint [coating]** Altanstrich m, alter Anstrich m
Old Sheffield Plate s. Sheffield plate
oleoresinous paint Öllackfarbe f
~ **varnish** Öl[harz]lack m, Öl-Harz-Lack m, (i.e.S.) Öl-Naturharz-Lack m
~ **vehicle** Ölharzbindemittel n
Ollard adhesion test Ollard-Probe f (zur Bestimmung der Haftfestigkeit)
on-load Beschickung f, Beladung f (z. B. einer Beschichtungsanlage)
~-**potential** Einschaltpotential n
~-**site application (coating)** Beschichten n auf der Baustelle, Baustellenbeschichtung f; Baustellenanstrich m
~-**site corrosion treatment** Korrosionsschutzbehandlung f auf der Baustelle
~-**site manufacturing** Baustellenfertigung f, Montagefertigung f
~-**site painting** Baustellenanstrich m
~-**site spraying** Montagespritzen n
~-**site work** s. ~-site manufacturing
once-through boiler Zwang[s]durchlaufkessel m, Zwang[s]durchlaufdampferzeuger m

once

~-**through system** Durchlaufsystem *n*
one-coat baking enamel Einbrenn-Einschichtlackfarbe *f*
~-**coat enamel** Einschichtemail *n*; Einschichtlackfarbe *f*
~-**coat finish** 1. Einschichtlack *m*; 2. Einschichtlackierung *f*
~-**coat paint system** *(Anstr)* Einschichtsystem *n*
~-**component coating** Einkomponentenanstrichstoff *m*
~-**component urethane coating** Einkomponenten-Polyurethan-Anstrichstoff *m*
~-**package coating** Einkomponentenanstrichstoff *m*
~-**package urethane coating** Einkomponenten-Polyurethan-Anstrichstoff *m*
~-**phase** einphasig, Einphasen...
~-**stage test** Einstufenversuch *m*, Wöhler-Versuch *m* *(auf Schwingungsrißkorrosion)*
onium compound Oniumverbindung *f*
Onsager equation Onsager-Gleichung *f (der Äquivalentleitfähigkeit eines Elektrolyten)*
onset of corrosion Korrosionsbeginn *m*
opacifier Trübungsmittel *n*
opacity Undurchsichtigkeit *f*, Opazität *f*; *(Anstr)* Deckvermögen *n*, Deckfähigkeit *f*, Deckkraft *f*
open blast[ing] Freistrahlen *n*
~-**blast[ing] method** Freistrahlverfahren *n*
~-**circuit [corrosion] potential** Ruhepotential *n*
~-**circuit potential difference** Ruhegalvanispannung *f*
~ **cleaning** Freistrahlen *n*
~-**ended blasting** Strahlen *n* mit verlorenem Strahlmittel
~ **exposure** *s.* outdoor exposure
~-**hearth steel** Siemens-Martin-Stahl *m*, SM-Stahl *m*
~ **inclined barrel** Glockenapparat *m*, Scheuerglocke *f*, Glocke *f*
opening mode Rißöffnungsart *f*
~ **period** Anfangsperiode *f*
~ **stage** Anfangsstadium *n*
operable betriebsbereit
operating condition Betriebsbereitschaft *f*
~ **conditions** Arbeitsbedingungen *fpl*, Betriebsbedingungen *fpl*
~ **current** Arbeitsstrom *m*, *(Galv auch)* Galvanisierstrom *m*
~ **current density** Arbeitsstromdichte *f*

~ **emf** Arbeits-EMK *f*
~ **life** Nutzungsdauer *f*, Gebrauchswertdauer *f*, Lebensdauer *f*, Standzeit *f*
~ **parameters** *s.* operation parameters
~ **period** Betriebsdauer *f*
~ **pressure** Arbeitsdruck *m*
~ **range** *(Galv)* Arbeitsbereich *m (eines Elektrolyten)*
~ **speed** Arbeitsgeschwindigkeit *f*; Vorschubgeschwindigkeit *f (z. B. bei der kontinuierlichen Feuermetallisierung)*
~ **stress** Betriebsbeanspruchung *f*
~ **temperature** Arbeitstemperatur *f*
~ **voltage** Arbeitsspannung *f*, Betriebsspannung *f*; *(Galv)* Galvanisierspannung *f*
operation parameters Betriebsdaten *pl*, Betriebsparameter *mpl*
~ **sequence** Arbeitsablauf *m*, Schrittfolge *f*
operational interruption Betriebsunterbrechung *f*
~ **life** *s.* operating life
~ **mode** Betriebsweise *f*, Betriebsablauf *m*
~ **safety** Betriebssicherheit *f*
~ **test** Versuch *m* unter Einsatzbedingungen
opposing reaction Gegenreaktion *f*, Rückreaktion *f*
opposite charge entgegengesetzte Ladung *f*
oppositely charged entgegengesetzt geladen
optical microscopy Lichtmikroskopie *f*
orange peel [appearance, effect, structure] Apfelsinenschalenstruktur *f*, Apfelsinenschaleneffekt *m*, Orangenschalenstruktur *f*, Orangenhaut *f (Oberflächenfehler)*
order/to *(Krist)* ordnen; sich ordnen
ordering energy Ordnungsenergie *f*
organic coating 1. organischer Beschichtungsstoff *m*; organischer Anstrichstoff *m*, Anstrichstoff *m* mit organischem Bindemittel; 2. organische Schutzschicht *f*
~-**coating film** Anstrichfilm *m*
~-**coating stripper** Abbeizmittel *n*, Abbeizstoff *m*, Entlackungsmittel *n*, Lackentferner *m*
~ **finish** organische Schutzschicht *f*
~ **finishing material** organischer Beschichtungsstoff *m*
~ **finishing system** organisches Beschichtungssystem (Schichtsystem) *n*
~ **inhibitor** organischer Inhibitor *m*
~ **paint** organischer Anstrichstoff *m*, Anstrichstoff *m* mit organischem Bindemittel
~ **paint system** Anstrichsystem *n*, Anstrichaufbau *m*

~ **pigment** organisches Pigment *n*
~ **protective coating** *s.* organic coating
~ **solvent** organisches Lösungsmittel *n*
~-**solvent cleaning** Lösungsmittelreinigung *f*
~-**solvent degreasing** Lösungsmittelentfettung *f*
~-**solvent paint stripper** lösendes Abbeizmittel *n*, Lösungsmittel-Abbeizmittel *n*
~ **surface coating** *s.* organic coating
~ **vehicle** organisches Bindemittel *n*
~ **zinc-rich coating** organischer Zinkstaubanstrichstoff *m*
~ **zinc-rich paint** organischer Zinkstaubanstrichstoff *m*, organische Zinkstaubfarbe *f*
organosol Organosol *n*
orientated *(Krist)* orientiert
orientation *(Krist)* Orientierung *f*, Ausrichtung *f*
~ **relationship** Orientierungsbeziehung *f* *(beim Aufwachsen kristalliner Schichten)*
oriented *(Krist)* orientiert
orifice kleine (enge) Öffnung *f*; Bohrung *f* *(z. B. einer Düse)*; Düse *f*
original cross-sectional area ursprüngliche Querschnittsfläche *f (z. B. beim Zugversuch)*
ornamental dekorativ
osmium plating elektrochemisches (galvanisches) Abscheiden *n* von Osmium; elektrochemisches (galvanisches) Beschichten *n* mit Osmium
osmosis Osmose *f*
osmotic osmotisch
~ **blistering** osmotisch bedingte Blasenbildung *f*, Wasserblasenbildung *f*
~ **pressure** osmotischer Druck *m*
out-of-door exposure *s.* outdoor exposure
~-**of-door[s] service** Außeneinsatz *m*
~-**of-line annealing** Glühen *n* außerhalb der Verzinkungslinie *(beim Schmelztauchverzinken)*
outage Ausfall *m*, Versagen *n*
outdoor atmosphere Außenatmosphäre *f*
~ **atmospheric exposure** *s.* ~ exposure
~ **atmospheric weathering station** Bewitterungsstation *f (der Aufstellungskategorie I)*
~ **durability** Außenbeständigkeit *f*
~ **environment** Freiluftklima *n*
~ **exposure** Frei[luft]bewitterung *f*, Naturbewitterung *f*, Außenbewitterung *f*, Bewitterung *f*, Bewitterungsbeanspruchung *f*, atmosphärische Beanspruchung *f*, Außenbeanspruchung *f, (Prüf auch)* Auslagerung *f* im Freiluftklima, Freiluftauslagerung *f*
~ **exposure protected from rain** Auslagerung *f* im Außenraumklima *(Aufstellungskategorie II)*
~ **exposure test** Frei[luft]bewitterungsversuch *m*, Naturbewitterungsversuch *m*, Bewitterungsversuch *m*
~ **exposure testing** Frei[luft]bewitterungsprüfung *f*, Naturbewitterungsprüfung *f*, Bewitterungsprüfung *f*
~ **finish** 1. Anstrichstoff *m* für außen; 2. Außenanstrich *m*
~ **measurement** Feldmessung *f*
~ **paint** Anstrichstoff *m* für außen
~ **performance** Frei[luft]bewitterungsverhalten *n*, Bewitterungsverhalten *n*
~ **service** Außeneinsatz *m*
~ **storage** Lagerung *f* im Freien, Freilagerung *f*
~ **test** Naturversuch *m*, Feldversuch *m*, *(an der Luft auch)* Frei[luft]bewitterungsversuch *m*, Naturbewitterungsversuch *m*, Bewitterungsversuch *m*
~ **weathering** *s.* ~ exposure
outer Helmholtz plane äußere Helmholtz-Schicht (Helmholtz-Fläche) *f*, starre Doppelschicht *f*
~ **wrap[ping]** äußere Bandage *f*
outermost electron Außenelektron *n*, Valenzelektron *n*
outgas/to entgasen *(Werkstoffe, Flüssigkeiten)*; [gasförmig] entweichen, sich verflüchtigen
outgrowth Auswuchs *m*
output amperage *(Kat)* Ausgangsstromstärke *f*
outward diffusion Ausdiffundieren *n*, Aus[wärts]diffusion *f*
~ **migration (movement)** Auswanderung *f*
oven drying Ofentrocknung *f*
over-all conductivity Gesamtleitfähigkeit *f*, Gesamtleitvermögen *n*
~-**all corrosion** Gesamtkorrosion *f*
~-**all corrosion reaction** Korrosionsbruttoreaktion *f*
~-**all current demand** Gesamtstrombedarf *m*
~-**all plant cycle time** Gesamtdurchlaufdauer *f*, Durchlaufdauer *f*
~-**all reaction** Gesamtreaktion *f*, Summenreaktion *f*, Bruttoreaktion *f*
~-**all resistance** Gesamtwiderstand *m*

~-plating elektrolytisches Abscheiden über einer vorhandenen Schutzschicht
overage/to überaltern
overag[e]ing [treatment] Überaltern n, Überalterungs[nach]behandlung f, Dekorieren n
overall attack Allgemeinangriff m, Gesamtangriff m, flächenabtragender Angriff m, Allgemeinabtragung f, Allgemeinabtrag m
~ general corrosion flächenhafte (abtragende) Korrosion f, Flächenkorrosion f
~ oxidation flächenhafte Oxydation f
overalloying Durchwachsen n (der Eisen-Zink-Legierungsschicht beim Feuerverzinken, Fehler)
overbaking (Anstr) Überbrennen n
overcoat/to mit einer zusätzlichen Schutzschicht versehen; überstreichen; überspritzen
~ by brushing überstreichen
~ by spraying überspritzen
overcoat Deckanstrich m, Schlußanstrich m
overcoatability Überstreichbarkeit f, Überspritzbarkeit f
overcoatable überstreichbar; überspritzbar
overcure , overcuring (Anstr) Überhärten n, Überhärtung f
overdosage Überdosierung f
overdose/to überdosieren
overheat/to überhitzen, überwärmen; sich überhitzen, sich überwärmen
overheating Überhitzung f, Überwärmung f
overlap/to sich überlappen
overlap[ping] Überlappung f
overlay Abschlußschicht f (z. B. des Systems Cu-Ni-Cr)
~ cladding 1. Plattieren n; 2. Plattierüberzug m, Plattierung f
overlayer s. overlay
overloading Überbelastung f (mechanisch)
overlying film [dünne] Deckschicht f, Oberflächenfilm m (spontan entstanden)
overpaint/to überstreichen; überspritzen
overpickling Überbeizen n
overpotential s. overvoltage
overprotection übermäßiger Schutz m, Überschutz m
oversaturate/to übersättigen
oversaturation Übersättigung f
overspray Overspray m, Überspray m (vorbeigespritzter Beschichtungsstoff)
~ fog Spritznebel m

~ loss Spritzverlust m
~ powder vorbeigesprühtes Pulver n
overstoving (Anstr) Überbrennen n
overstress/to überbeanspruchen
overstress Überbeanspruchung f
overthinning übermäßiges Verdünnen n
overvoltage Überspannung f, irreversible Polarisation f
~ arrester (Kat) Überspannungsableiter m
~ theory Überspannungstheorie f (der Inhibition)
O/W emulsion Öl-in-Wasser-Emulsion f
oxalate coating Oxalat[schutz]schicht f, Oxalierungsschicht f
oxalic-acid anodizing process Oxalsäure-Anodisationsverfahren n, Oxalsäureverfahren n
~-acid electrolyte Oxalsäureelektrolyt m (beim Anodisieren)
~-acid electrolytic etching test s. ~-acid test
~-acid process s. oxalic-acid anodizing process
~-acid test Streicher-Test m I, Oxalsäuretest m (auf interkristalline Korrosion)
oxidant Oxydationsmittel n
oxidation behaviour Oxydationsverhalten n, (bei Eisen und Stahl auch) Zunderverhalten n, Verzunderungsverhalten n
~ cell s. oxygen-concentration cell
~-conferring material Sauerstoff[über]träger m
~ inhibitor Oxydationsinhibitor m, Oxydationsverhinderer m
~ kinetics Oxydationskinetik f
~ loss Oxydationsverlust m
~ number Oxydationsstufe f, Oxydationszahl f
~ potential Oxydationspotential n
~ process Oxydationsvorgang m, (bei Eisen und Stahl auch) Zunderungsvorgang m, Verzunderungsvorgang m
~ product Oxydationsprodukt n
~-prone oxydationsanfällig
~ protection Oxydationsschutz m
~ rate Oxydationsgeschwindigkeit f, (bei Eisen und Stahl auch) Zunderungsgeschwindigkeit f, Verzunderungsgeschwindigkeit f
~ reaction Oxydationsreaktion f
~-reduction electrode Redoxelektrode f, Oxydations-Reduktions-Elektrode f
~-reduction potential Redoxpotential n, Oxydations-Reduktions-Potential n

oxygen

~-reduction reaction Redoxreaktion f, Oxydations-Reduktions-Reaktion f
~-reduction system Redoxsystem n, Oxydations-Reduktions-System n
~ resistance Oxydationsbeständigkeit f, Oxydationsresistenz f, Beständigkeit f gegen oxydative Einflüsse, (bei Eisen und Stahl auch) Zunderbeständigkeit f, Zunderfestigkeit f
~-resistant oxydationsbeständig, oxydationsresistent, beständig gegen oxydative Einflüsse, (bei Eisen und Stahl auch) zunderbeständig, zunderfest
~ scale Oxidschicht f, (bei Eisen und Stahl auch) Zunder m, Zunderschicht f, Zunderbelag m
~ test Oxydationsversuch m, Oxydationstest m, (bei Eisen und Stahl auch) Zunderversuch m, Verzunderungsversuch m
~ testing Oxydationsprüfung f, (bei Eisen und Stahl auch) Zunderprüfung f, Verzunderungsprüfung f
~-type concentration cell s. oxygen concentration cell
oxidative oxydativ
~ cross-linking oxydative Vernetzung f
~ degradation oxydativer Abbau m
~ drying oxydative Trocknung f, Trocknung f unter Sauerstoffaufnahme
~ photodegradation fotooxydativer Abbau m
oxide bridge Oxidbrücke f
~ ceramic coating Oxidkeramik[schutz]schicht f, oxidkeramische Schutzschicht f
~ coat[ing] Oxidschicht f, oxidische Deckschicht f (spontan entstanden); Oxidschutzschicht f, oxidische Schutzschicht f (künstlich erzeugt oder verstärkt)
~ conduction Oxidleitung f
~ conversion coating Oxidschutzschicht f, oxidische Schutzschicht f
~-covered oxidbedeckt
~ electrode Oxidelektrode f
~ film Oxidfilm m, Oxidhaut f, Oxidbelag m, [dünne] Oxidschicht f
~-film theory (view) Oxidfilmtheorie f, Oxidschichttheorie f, Phasenschichttheorie f (der Passivität)
~ finish Oxidschutzschicht f, oxidische Schutzschicht f
~ formation Oxidbildung f
~ former Oxidbildner m
~-free oxidfrei

~-gas interface Grenzfläche f Oxid-Gas
~ lattice Oxidgitter n
~ layer Oxidschicht f, (bei Eisen und Stahl auch) Zunderschicht f, Zunderbelag m
~-metal interface Grenzfläche f Metall-Oxid
~ nucleus Oxidkeim m
~ scale Oxidschicht f, (bei Eisen und Stahl auch) Zunder m, Zunderschicht f, Zunderbelag m
~-scale adhesion Haftung f der Oxidschicht, (bei Eisen und Stahl auch) Zunderhaftung f
~ skin s. ~ film
~ theory s. ~-film theory
oxidic oxidisch
oxidizability Oxydierbarkeit f
oxidizable oxydierbar
oxidize/to oxydieren
~ to higher valency aufoxydieren
oxidized finish s. oxide finish
oxidizer Oxydationsmittel n
~-free acid nichtoxydierende Säure f
oxidizing acid oxydierende Säure f
~ action oxydierende Wirkung f, Oxydationswirkung f
~ agent Oxydationsmittel n
~ alkyd resin lufttrocknendes Alkydharz n
~ atmosphere oxydierende Atmosphäre f
~ capacity s. ~ power
~ furnace Oxydationsofen m (einer Feuermetallisierungsanlage)
~ power Oxydationskraft f, Oxydationsvermögen n
~ salt bath oxydierende Salzschmelze f
oxy-fuel flame Brenngasflamme f (mit zugeführtem Sauerstoff)
~-fuel spraying Flammspritzen n
oxyacetylene gas Azetylen-Sauerstoff-Gemisch n, Autogen-Gasgemisch n (z. B. für Flammspritzpistolen)
~ gas welding s. ~ welding
~ gun Autogenspritzpistole f
~ welding Azetylen-Sauerstoff-Schweißen n, Autogenschweißen n
oxygen Sauerstoff m ● **in the absence of ~** in Abwesenheit von Sauerstoff, unter Ausschluß von Sauerstoff ● **in the presence of ~** in Anwesenheit von Sauerstoff
~ access Sauerstoffzutritt m
~ adsorption Sauerstoffaufnahme f
~ atmosphere Sauerstoffatmosphäre f
~ attack Sauerstoffangriff m
~ carrier Sauerstoff[über]träger m

oxygen

~ **cell** s. ~-concentration cell
~ **charge** Sauerstoffbeladung f
~-**concentration cell** Sauerstoffkonzentrationszelle f, Belüftungszelle f, Belüftungselement n, Evans-Element n, Evans-Korrosionselement n
~-**consuming** sauerstoffzehrend
~ **consumption** Sauerstoffverbrauch m
~-**containing** sauerstoffhaltig
~ **content** Sauerstoffgehalt m
~-**controlled** sauerstoffgesteuert
~-**deficient** sauerstoffarm
~-**depleted** an Sauerstoff verarmt
~ **depletion** Sauerstoffverarmung f
~ **diffusion** Sauerstoffdiffusion f
~ **effect** Ausbildung schützender Oxidhäute in rasch bewegtem, sauerstoffreichem Wasser
~ **electrode** Sauerstoffelektrode f
~ **evolution** Sauerstoffentwicklung f, Sauerstoffabscheidung f
~ **exhaustion** Sauerstoffverarmung f
~-**free** sauerstofffrei
~ **ion** Sauerstoffion n
~ **level** Sauerstoffgehalt m
~ **liberation** s. ~ evolution
~ **overvoltage** Sauerstoffüberspannung f
~ **partial pressure** Sauerstoffpartialdruck m
~ **penetration** Sauerstoff-Eindiffusion f
~ **pressure at equilibrium** Gleichgewichtssauerstoffdruck m
~ **reduction** Sauerstoffreduktion f
~-**reduction overvoltage** Sauerstoffüberspannung f
~ **removal** Sauerstoffentfernung f
~ **replenishment** Sauerstoffnachlieferung f
~-**saturated** sauerstoffgesättigt
~ **scavenger** Sauerstoffentferner m, Chemikalie f zur Sauerstoffbindung
~ **solubility** Sauerstofflöslichkeit f
~-**starved** s. ~-depleted
~ **supply** Sauerstoffzufuhr f, Sauerstoffantransport m
~ **tarnishing** Anlaufen n (von Metalloberflächen)
~ **type** Sauerstoffkorrosionstyp m, O_2-Typ m
~-**type reaction** Sauerstoffkorrosion f, Korrosion f unter Sauerstoffverbrauch
~ **uptake** Sauerstoffaufnahme f, Sauerstoffeinfang m
ozone resistance Ozonbeständigkeit f, Ozonfestigkeit f
~-**resistant** ozonbeständig, ozonfest

P

p nickel s. dull nickel
p-type conducting p-leitend, defektleitend
p-type conduction p-Leitung f, p-Halbleitung f, Mangelleitung f, Fehlstellenleitung f, Defekt[elektronen]leitung f, Löcherleitung f
p-type conductivity p-Leitfähigkeit f, Mangelleitfähigkeit f, Fehlstellenleitfähigkeit f
p-type conductor s. p-type semiconductor
p-type oxide Oxid n mit p-Leitung, Oxid n vom p-Typ
p-type semiconducting p-leitend, defektleitend
p-type semiconductor p-Halbleiter m, p-Leiter m, Mangel[halb]leiter m, Defekt[halb]leiter m, Löcher[halb]leiter m
pack Plattierpaket n (am Rande verschweißt), Verbundkörper m, Schichtverbundkörper m, Walzschweißpaket n
~ **aluminizing** Abscheidung von Aluminium über die Gasphase mit Aluminiumhalogeniden als Zwischenprodukt
~-**carburize/to** pulveraufkohlen, in festen Mitteln (Einsatzmitteln) zementieren, pulverzementieren
~ **carburizing** Pulveraufkohlen n, Aufkohlen n in festen Mitteln (Einsatzmitteln), Pulverzementieren n
~ **cementation** Diffusionsmetallisieren n, (i.e.S.) Packzementation f, Einpackverfahren n, Pulverpackverfahren n (eine Form der Reaktionsbeschichtung)
~ **cementation coating** 1. s. ~ cementation; 2. Diffusionsmetall[schutz]schicht f, (i.e.S.) durch Packzementation hergestellte Schutzschicht f
~-**cemented coating** s. ~ cementation coating 2.
~ **hardening** Einsatzhärten n mit festen Mitteln
~ **process** s. ~ cementation
~ **rolling** Walz[schweiß]plattieren n
~ **technique** s. ~ cementation
package stability Lagerstabilität f, Lagerbeständigkeit f (z. B. von Anstrichstoffen)
~ **viscosity** Lieferviskosität f
packers' can Weißblech-Konservendose f
paddle wheel Schaufelrad n, Schleuderrad n (einer Strahlanlage)
paint/to [an]streichen
paint 1. pigmentierter Anstrichstoff m, An-

paint

strichfarbe *f, (inkorrekt)* Lackfarbe *f,* Lack *m*; 2. s. ~ coat
- ~ **additive** Anstrichstoffhilfsmittel *n,* Lackhilfsmittel *n,* Additiv *n*
- ~ **adhesion** Anstrichhaftung *f,* Lackhaftung *f*
- ~ **application** Anstrichstoffauftrag *m,* Farbauftrag *m*
- ~-**application method** Auftragsverfahren *n* für Anstrichstoffe, Lackauftragsverfahren *n*
- ~-**application specification** Verarbeitungsvorschrift (Verarbeitungsrichtlinie) *f* für Anstrichstoffe, VAR
- ~ **barrel** Lackiertrommel *f*
- ~ **base [coating]** Grundschicht *f* für Anstriche
- ~ **bath** Anstrichstoffbad *n,* Lackbad *n*
- ~ **binder** Anstrichstoffbindemittel *n*
- ~ **blistering** Blasenbildung *f* im Anstrich
- ~ **bonding** Anstrichhaftung *f,* Lackhaftung *f*
- ~ **brush** Pinsel *m*
- ~ **circulating system** Umlaufsystem *n (beim Farbspritzen)*
- ~ **coat** Anstrich *m,* Anstrichschicht *f*
- ~ **coating** *s.* 1. ~ coat; 2. paint 1.
- ~ **coating roller** Auftragswalze *f*
- ~ **coating section** Beschichtungsabschnitt *m (z. B. einer Walzlackieranlage)*
- ~ **consumption** Anstrichstoffverbrauch *m*
- ~ **container** Anstrichstoffbehälter *m,* Farbbehälter *m*
- ~ **coverage** Ergiebigkeit *f,* Ausgiebigkeit *f (von Anstrichstoffen)*
- ~ **cup** Anstrichstoffbecher *m,* Farbbecher *m (einer Spritzpistole)*
- ~ **deposition** Anstrichstoffabscheidung *f,* Lackabscheidung *f*
- ~ **drier** Trockenstoff *m,* Trocknungsstoff *m,* Trockner *m,* Sikkativ *n*
- ~ **droplet** Anstrichstofftröpfchen *n*
- ~ **drying** Anstrichtrocknung *f*
- ~ **extender** Extender *m,* Füllstoff *m,* Verschneidmittel *n,* Verschnittmittel *n,* Streckmittel *n*
- ~ **failure** Versagen *n* des Anstrichs
- ~ **film** Anstrichfilm *m*
- ~-**film cracking** Reißen *n,* Rißbildung *f (bis zum Anstrichträger)*
- ~-**film degradation** Anstrichabbau *m*
- ~-**film destruction** Anstrichzerstörung *f*
- ~-**film deterioration** Anstrichabbau *m*
- ~-**film holiday detector** Porensuchgerät *n,* Porenprüfgerät *n*
- ~-**film properties** Anstrichfilmeigenschaften *fpl*
- ~-**film surface** Anstrichoberfläche *f*
- ~-**film thickness** Anstrich[schicht]dicke *f*
- ~ **fog** Farbnebel *m*
- ~ **formula** Anstrichstoffrezeptur *f*
- ~ **heater** Anstrichstofferhitzer *m,* Lackerhitzer *m*
- ~ **hose** Anstrichstoffschlauch *m,* Farbschlauch *m*
- ~ **life** Haltbarkeitsdauer (Lebensdauer) *f* des Anstrichs
- ~ **loss** Anstrichstoffverlust *m*
- ~ **maintenance cost[s]** Anstrichunterhaltungskosten *pl*
- ~ **nozzle** Farbdüse *f*
- ~ **particle** Anstrichstoffteilchen *n,* Anstrichstoffpartikel *f*
- ~ **pick-up roll** Schöpfwalze *f,* Tauchwalze *f*
- ~ **pigment** Anstrichpigment *n*
- ~ **pressure** Anstrichstoffdruck *m,* Lackdruck *m*
- ~ **program[me]** Anstrichplan *m*
- ~ **properties** Anstrichstoffeigenschaften *fpl*
- ~ **protection** Schutz *m* durch Anstrichstoffe (Anstriche)
- ~ **pump** Anstrichstoffpumpe *f,* Lackpumpe *f*
- ~ **removal** Entfernen *n* von Anstrichen, Abbeizen *n,* Entlacken *n*
- ~ **remover** Abbeizmittel *n,* Abbeizstoff *m,* Entlackungsmittel *n,* Lackentferner *m*
- ~ **service life** *s.* ~ life
- ~ **shop** Lackiererei *f*
- ~ **solvent** Lösungsmittel *n* für Anstrichstoffe, Lacklösungsmittel *n*
- ~-**spray booth** Spritzkabine *f*
- ~-**spray gun** Farbspritzpistole *f*
- ~-**spray mist** Farbnebel *m*
- ~ **sprayer** Farbspritzpistole *f*
- ~ **spraying** Farbspritzen *n*
- ~-**spraying gun** Farbspritzpistole *f*
- ~ **stream** Anstrichstoffstrahl *m,* Lackstrahl *m*
- ~ **stripper** *s.* ~ remover
- ~ **stripping** *s.* ~ removal
- ~ **system** Anstrichsystem *n,* Anstrichaufbau *m*
- ~ **technology** *s.* painting technology
- ~ **testing** Anstrichprüfung *f*
- ~ **topcoat** Deckanstrich *m,* Schlußanstrich *m*
- ~ **vehicle** 1. Bindemittellösung *f*; 2. *s.* ~ binder
- ~ **viscosity** Anstrichstoffviskosität *f*

paintbrush

paintbrush s. paint brush
painting Streichen n, Anstreichen n
~ **bath** Anstrichstoffbad n, Lackierbad n
~ **conditions** Anstrichbedingungen fpl
~ **failure** Versagen n des Anstrichs (durch Anstrichfehler)
~-**galvanized** mit Zinkstaubanstrich beschichtet
~ **line** Lackierstraße f
~ **plant** Lackieranlage f
~ **scheme** s. paint system
~ **specification** s. paint-application specification
~ **technology** Anstrichtechnologie f, Lackiertechnik f
~ **work** Anstricharbeiten fpl
palladate Palladat n (Komplexsalz mit Palladium im Anion)
palladinize/to palladinieren
palladium coating Palladium[schutz]schicht f
~ **plating** (Galv) Palladinieren n
~ **plating bath (electrolyte)** (Galv) Palladiumelektrolyt m
palm oil Palmöl n
~-**oil cooker** Palmölerhitzer m (einer Feuerverzinnungsanlage)
panel Probeplatte f, Probetafel f, Prüfplatte f, Prüftafel f, Versuchstafel f, Plattenmuster n; Prüfblech n
~ **exposure** (Prüf) Auslagerung f von Probeplatten
~ **[exposure] test** Auslagerungsversuch m mit Probeplatten
parabolic equation s. ~-growth law
~ **growth** parabolisches Wachstum n
~**[-growth] law** parabolisches Gesetz (Zeitgesetz) n
~ **oxidation** parabolische Oxydation f
~ **rate constant** parabolische Geschwindigkeitskonstante f
paraffin/to paraffinieren
paraffin Paraffin n
~ **oil** Paraffinöl n, flüssiges Paraffin n
~ **paper** Paraffinpapier n, paraffiniertes Papier n
~ **slack wax** Paraffingatsch m
~ **wax** Paraffin n
paraffined paper s. paraffin paper
paraffinic oil s. paraffin oil
paraffinize/to paraffinieren
parent s. ~ metal 2.
~ **metal** 1. Substratmetall n, Grundmetall n (unter metallischen Schichten); 2. Grundmetall n, Basismetall n (einer Legierung)
partial conductivity Teilleitfähigkeit f
~ **current** Teilstrom m, Partialstrom m
~-**current density** Teilstromdichte f, Partialstromdichte f
~ **dislocation** (Krist) Teilversetzung f, Halbversetzung f, unvollständige Versetzung f
~-**immersion test** Dauertauchversuch m (mit nur teilweise eingetauchter Probe)
~ **oxidation** partielle (teilweise) Oxydation f, Partialoxydation f
~ **passivation** Teilpassivierung f
~ **pressure** Partialdruck m
~ **pressure of oxygen** Sauerstoffpartialdruck m
~ **process** Teilvorgang m, Teilprozeß m
~ **protection** Teilschutz m
~ **reaction** Teilreaktion f
~ **shelter** (Prüf) Auslagerung f im Außenraumklima (Aufstellungskategorie II)
~ **vacuum** partielles Vakuum n
partially protective Teilschutz gewährend
particle size Teilchengröße f, Korngröße f
~-**size distribution** Korn[größen]verteilung f, Korn[größen]aufbau m
parting 1. selektive Korrosion (Herauslösung) f; 2. Scheidung f (praktische Ausnutzung der selektiven Korrosion in der Naßmetallurgie)
~ **compound** Trennmittel n (für Plattierpakete)
~ **corrosion** s. parting 1.
partitioning Seigerung f, Segregation f (in Legierungen)
parts being ... s. articles being ...
~ **to be** ... s. articles to be ...
PAS s. paint application specification
pass/to:
~ **into solution** in Lösung gehen, sich lösen
pass Spritzbahn f
passage Durchtritt m (z.B. von Elektronen); Durchgang m (von Strom)
~ **of current** Stromdurchgang m
~ **of ions** Durchtritt (Übertritt) m von Ionen, Ionenübergang m
passivatability Passivierbarkeit f
passivatable passivierbar
passivate/to passivieren; passiviert werden, sich passivieren
passivating agent s. passivator
~ **current** Passivierungsstrom m, maximaler Korrosionsstrom m

~-current density Passivierungsstromdichte f
~ dip Passivieren n *(in Chromatlösungen nach dem Beizen oder Phosphatieren)*
~ inhibitor s. passivator
~ potential s. passivation potential
~ solution Passivierlösung f
~ treatment Passivieren n
passivation Passivierung f, Passivation f
● producing ~ passivitätserzeugend ● to undergo ~ sich [selbst] passivieren
~ area passiver Bereich m, Passiv[itäts]bereich m, Passivgebiet n *(im Diagramm)*
~ current s. passivating current
~ period Passivzeit f
~ potential Passivierungspotential n, Passivierungsspannung f, kritische Spannung f
~ process Passivierungsvorgang m, Passivwerden n; Passivierungsverfahren n
~ treatment Passivieren n
~ zone s. ~ area
passivator Passivator m, Passivierungsmittel n, Passivschichtbildner m, passivierender Inhibitor m
passive passiv ● to go ~ passiv werden, sich passivieren
~-active border line s. ~-active boundary
~-active boundary Passiv-Aktiv-Übergangsbereich m, Passiv-Aktiv-Bereich m
~-active cell Aktiv-Passiv-Zelle f, Aktiv-Passiv-Kurzschlußzelle f, Aktiv-Passiv-Korrosionselement n, Aktiv-Passiv-Lokalelement n
~ behaviour Passiv[itäts]verhalten n, Passivierungsverhalten n, Passivität f
~ current density Passivstromdichte f
~ film [dünne] Passivschicht f, Passivfilm m
~ oxide Passivoxid n
~ potential Passivpotential n
~ range Passiv[itäts]bereich m, passiver Bereich m, Passivgebiet n
~-range current Passivstrom m
~ region s. ~ range
~ state passiver Zustand m, Passiv[itäts]zustand m, Passivität f
~-to-active transition Passiv-Aktiv-Übergang m, Übergang m passiv-aktiv
~-[to-]transpassive transition Passiv-Transpassiv-Übergang m, Übergang m passiv-transpassiv
passivity Passivität f ● to exhibit ~ Passivität zeigen (aufweisen), passiv sein, sich passiv verhalten ● maintaining ~ passivitätserhal-
tend ● promoting ~ passivitätsfördernd, passivitätssteigernd, passivitätsbegünstigend
~ breakdown Passivitätszerstörung f
~ region Passiv[itäts]bereich m, passiver Bereich (Zustandsbereich) m, Passivgebiet n
~ treatment Passivieren n
past history Vorgeschichte f *(von Werkstoffen oder Deckschichten)*
paste electrode Graphitelektrode f *(aus Graphitpulver)*
~ filler Ziehspachtel m(f)
patent/to patentieren *(Eisendraht)*
path-independent integral j-Integral n *(ein Konzept der Fließbruchmechanik)*
~ of cracking Rißverlauf m, Rißpfad m
patina Patina f, *(i.w.S.)* schützende Schicht f *(aus Korrosionsprodukten)*
~ formation Patinierung f *(von selbst ablaufend)*
patinable patinierbar
patinate/to patinieren
patination Patinieren n *(Tätigkeit)*; Patinierung f *(Vorgang)*
pattern of cracks Rißanordnung f, Rißbild n, Riß[netz]werk n *(z. B. in Chromschichten)*
~ of dislocations *(Krist)* Versetzungsanordnung f
pay-off reel Abwickelhaspel f, Ablaufhaspel f, Abwickler m
P/B [ratio] s. pigment-binder ratio
P.D. s. potential difference
PE s. porcelain enamel
peak Rauhigkeitsspitze f, Rauhigkeitspeak m, Profilspitze f, Erhebung f, Peak m, Protuberanz f *(im Mikroprofil einer Oberfläche)*
~ temperature Spitzentemperatur f
pearlite Perlit m *(lamellares eutektisches Gemisch aus Ferrit und Zementit)*
~ formation Perlitbildung f
~ structure Perlitgefüge n, perlitisches Gefüge n
pearlitic perlitisch
Peclet number Pecletsche Zahl f, Peclet-Zahl f *(zur Übertragung von Pilotanlagen-Ergebnissen in die Praxis)*
peel [off]/to abziehen, abschälen; abblättern, abplatzen, abspringen, sich abschälen
peel test Schältest m *(zur Bestimmung der Haftfestigkeit)*
peelable coating abziehbare (abstreifbare) Schutzschicht f

peeling

peeling Abziehen *n*, Abschälen *n*; Abblättern *n*, Abplatzen *n*, Abspringen *n*
peen-plated coating im Kaltauftrag hergestellte Pulvermetallschicht *f*
~ plating Kaltauftrag *m* (von Metallpulvern)
pegging-in Verankerung *f* (der Schutzschicht im Werkstoff)
Peierls stress (Krist) Peierls-Spannung *f*
pellet (Galv) kugelige Anode *f*, Pellet *n*, Granalie *f* (für Anodentaschen)
pencil hardness Bleistifthärte *f* (von Anstrichen)
~ hardness test Bleistiftprobe *f* (zur Härteprüfung von Anstrichen)
penetrability Durchdringbarkeit *f*
penetrable durchdringbar
penetrant *s*. penetrating primer
penetrate/to durchdringen, penetrieren, passieren; eindringen, (bei Gasen und Flüssigkeiten auch) eindiffundieren
penetrating ability Durchdringungsvermögen *n*, Durchdringungsfähigkeit *f*; Eindringvermögen *n*, Eindringfähigkeit *f*
~ power Durchdringungskraft *f*
~ primer Penetriermittel *n*, Penetrieranstrichstoff *m*, penetrierender Anstrichstoff *m*, Rostpenetrierer *m*, Rostpenetriermittel *n*
penetration 1. Durchdringen *n*, Penetration *f*; Eindringen *n*, (von Gasen und Flüssigkeiten auch) Eindiffundieren *n*, Eindiffusion *f*; 2. Linearabtragung *f*, Linearabtrag *m* (als Maß der Korrosion); 3. *s*. ~ depth
~ depth Eindringtiefe *f*
~ hardness Eindringhärte *f*, Eindruckhärte *f*
~ per unit time lineare Abtragungsrate *f*, linearer Abtrag *m* je Zeiteinheit
~ polarization *s*. activation polarization
~ rate Eindringgeschwindigkeit *f*, Eindringrate *f*, (veraltet) lineare Korrosionsgeschwindigkeit *f*
peptization Peptisation *f*, Dispergierung *f*, Zerteilung *f*, Entflockung *f* (von Kolloiden)
peptize/to peptisieren, dispergieren, zerteilen, entflocken (Kolloide)
per cent by weight Masseprozent *n*
percentage by weight Masseprozent *n*
~ humidity (saturation) relative Feuchte (Feuchtigkeit) *f*
perchlorate bath (Galv) Perchloratelektrolyt *m*
perfect crystal Idealkristall *m*

~ dislocation (Krist) vollständige Versetzung *f*
~ lattice (Krist) ideales Gitter *n*, Idealgitter *n*
~ solution ideale Lösung *f*
perforate/to durchlöchern, perforieren, durchfressen
perforated barrel (Galv) Lochtrommel *f*
~ basket (Galv) Spülkorb *m*, Tauchkorb *m*
perforation Durchlöcherung *f*, Perforierung *f*, Perforation *f*
~ corrosion durchgehender Lochfraß *m*
~ factor *s*. pitting factor
performance characteristics Gebrauchseigenschaften *fpl*
~ data [praktische] Erprobungsergebnisse *npl*
~ requirements betriebliche Erfordernisse *npl*
~ test Versuch *m* unter Einsatzbedingungen
~ testing Gebrauchswertprüfung *f*
period of exposure Expositionsdauer *f*, (Prüf auch) Auslagerungsdauer *f*, Prüfdauer *f*
~ of protection Schutzdauer *f*
periodic reversal *s*. ~ reverse of current
~ reverse *s*. ~ reverse of current
~-reverse copper plating (Galv) Verkupfern *n* mit Polwechsel, Umpolverkupfern *n*
~-reverse current (Galv) periodisch umgepolter Gleichstrom *m*
~ reverse-current plating Abscheidung *f* mit Polwechsel
~ reverse-current plating process Verfahren *n* der periodischen Stromumpolung, Stromumpolverfahren *n*, Umpolverfahren *n*, Polwechselverfahren *n*
~-reverse cycle (Galv) Umpolzyklus *m*, PR-Zyklus *m*, Umpolrhythmus *m*, Umpoltakt *m*
~ reverse of current (Galv) periodische Stromumkehr *f*, Polwechsel *m*, (als Tätigkeit auch) periodische Stromumpolung *f*, Umpolarisieren *n*, Polwechselschaltung *f*
~-reverse plating *s*. ~ reverse-current plating
permanent action Dauereinwirkung *f*
~ anode (Kat, Galv) Daueranode *f*, unlösliche (inerte) Anode *f*, Fremdstromanode *f*, (Kat auch) fremdgespeiste Schutzanode *f*
~ hardness permanente (bleibende) Härte *f*, Nichtkarbonathärte *f*, NKH
permeability Permeabilität *f*, Durchlässigkeit *f*, Durchdringbarkeit *f*
~ to air Luftdurchlässigkeit *f*

~ **to moisture** Feuchtigkeitsdurchlässigkeit *f*
~ **to water vapour** Wasserdampfdurchlässigkeit *f*
permeable permeabel, durchlässig, durchdringbar
~ **to air** luftdurchlässig
~ **to moisture** feuchtigkeitsdurchlässig
~ **to water vapour** wasserdampfdurchlässig
permeate/to [hin]durchdringen, permeieren; eindringen, [hin]eindiffundieren
permeation Durchdringen *n*, Permeation *f*; Eindringen *n*, Eindiffundieren *n*
peroxide catalyst Peroxidkatalysator *m*
~ **dip** *(Galv)* Nachbehandlung mit Wasserstoffperoxidlösung
petrol resistance Benzinbeständigkeit *f*, Benzinfestigkeit *f*
~-**resistant** benzinbeständig, benzinfest
petrolatum Petrolatum *n*, Rohvaseline *f*
petroleum asphalt Erdölasphalt *m*
~ **jelly** Petrolatum *n*, Rohvaseline *f*
pewter Pewter *m* *(Zinnlegierung mit 20 bis 25% Blei)*
PF resin *s.* phenol-formaldehyde resin
PFZ *s.* precipitation-free zone
pH change pH-Änderung *f*, pH-Verschiebung *f*
pH control pH-Wert-Regulierung *f*, pH-[Wert-]Regelung *f*; pH-Kontrolle *f*, Kontrolle (Überwachung) *f* des pH-Werts
pH controller pH-Regler *m*
pH dependence pH-Abhängigkeit *f*
pH-dependent pH-abhängig
pH determination pH-[Wert-]Bestimmung *f*
pH independence pH-Unabhängigkeit *f*
pH-independent pH-unabhängig
pH level *s.* pH value
pH measurement pH-[Wert-]Messung *f*
pH paper pH-Papier *n*, Indikatorpapier *n*
pH-potential diagram Potential-pH-Diagramm *n*, pH-Potential-Diagramm *n*, Pourbaix-Diagramm *n*
pH range pH-Gebiet *n*, pH-Bereich *m*
pH stabilizer Puffersubstanz *f*
pH value pH-Wert *m*, Wasserstoff[ionen]exponent *m*
phase boundary Phasengrenze *f*
~-**boundary potential** Phasengrenzpotential *n*, Grenzflächenpotential *n*
~-**boundary reaction** Phasengrenzreaktion *f*, Grenzflächenreaktion *f*
~ **change** *s.* ~ transformation

~ **diagram** Phasendiagramm *n*, Zustandsdiagramm *n*, Zustandsschaubild *n*
~ **equilibrium** Phasengleichgewicht *n*
~ **transformation** Phasenumwandlung *f*, *(als Vorgang auch)* Phasenübergang *m*
~ **transition** Phasenübergang *m*, Phasenumwandlung *f*
Γ **phase** Γ-Phase *f*, Großgammaschicht *f* *(eine intermetallische Phase im System Eisen-Zink)*
ζ **phase** ζ-Phase *f* *(eine intermetallische Phase beim Feuerverzinken)*
σ **phase** σ-Phase *f*, Sigmaphase *f* *(in Legierungen)*
phenol-formaldehyde resin Phenol-Formaldehyd-Harz *n*
phenolic coating Phenolharzanstrichstoff *m*
~ **lacquer** Phenolharzlack *m* *(physikalisch trocknend)*
~-**modified alkyd** Phenolalkyd[harz] *n*
~ **resin** Phenolharz *n*
~ **varnish** Phenolharzklarlack *m*
~ **varnish paint** Phenolharzanstrichstoff *m*
phenylacetic acid Phenylessigsäure *f* *(Korrosionsinhibitor)*
phosphate/to phosphatieren
phosphate bath Phosphatier[ungs]lösung *f*
~-**coated** phosphatiert
~ **coating** 1. Phosphat[schutz]schicht *f*, Phosphatierungsschicht *f*; 2. Phosphatieren *n*, Phosphatierung *f*
~ **coating bath** Phosphatier[ungs]lösung *f*
~ **coating process** Phosphatier[ungs]verfahren *n*
~ **coating weight** Phosphatschichtgewicht *n*
~ **conversion coating** *s.* ~ coating 1.
~ **crystal** Phosphatkristall *m*
~ **deposit** Phosphatschicht *f*
~ **dip** Tauchphosphatierung *f*
~ **etch primer** *s.* ~ primer
~ **film** [dünne] Phosphatschicht *f*
~ **film formation** Phosphatschichtbildung *f*
~ **glass** Natriummetaphosphat *n* *(als Lochfraßinhibitor für Wasserleitungen)*
~ **layer** Phosphatschicht *f*
~ **pretreatment** *s.* ~ treatment
~ **primer** Washprimer *m*, Reaktionsprimer *m*, Aktivprimer *m*, Ätzprimer *m*, Reaktionsgrundiermittel *n*
~ **spray** Spritzphosphatierung *f*
~ **surface film** *s.* ~ film
~-**treated** phosphatiert

phosphate

- ~ **treating bath** Phosphatier[ungs]lösung *f*
- ~ **treatment** Phosphatieren *n*
- ~ **treatment bath** Phosphatier[ungs]lösung *f*
- **phosphating** Phosphatieren *n* *(Zusammensetzungen s. a. unter phosphate)*
- ~ **agent** Phosphatier[ungs]mittel *n*
- ~ **chemical** Phosphatierchemikalie *f*
- ~ **installation** *s.* ~ **plant**
- ~ **plant** Phosphatier[ungs]anlage *f*
- ~ **process** Phosphatier[ungs]verfahren *n*
- ~ **solution** Phosphatier[ungs]lösung *f*
- **phosphation** Phosphatieren *n*, Phosphatierung *f*
- **phosphatize/to** *s.* phosphate/to
- **phosphator** [phosphorsäurehaltiger] Härter *m (für Reaktionsprimer)*
- **phosphor bronze** Phosphorbronze *f*
- **phosphoric-acid dip** Tauchphosphatierung *f*
- ~-**acid electrolyte** Phosphorsäureelektrolyt *m (beim Anodisieren)*
- ~-**acid pickle** Phosphorsäurebeize *f*
- ~-**acid pickling** Phosphorsäurebeizen *n*, Beizen *n* mit Phosphorsäure
- **phosphorus-bearing** phosphorhaltig
- **photo-ag[e]ing** Lichtalterung *f*, Alterung *f* durch Licht
- **photochemical degradation** *s.* photolysis
- **photodecomposition** Photozersetzung *f*
- **photodegradation** *s.* photolysis
- **photoelectric effect** Photoeffekt *m*
- **photoelectron spectroscopy** Photoelektronenspektroskopie *f*, PES
- **photolysis** Photolyse *f*, Photodegradation *f*, photochemischer Abbau *m*, Zersetzung *f* durch Licht, Lichtschädigung *f*
- **photolytic degradation** *s.* photolysis
- **photooxidation** Photooxydation *f*, photochemische Oxydation *f*
- **photosensitizer** Photosensibilisator *m*
- **phthalic resin** Phthalatharz *n*
- **physical adsorption** physikalische Adsorption *f*, Physisorption *f*
- ~ **drying** *(Anstr)* physikalische Trocknung *f*
- ~ **sputtering** Vakuumzerstäuben *n*, Ionen-Plasma-Zerstäuben *n (in Inertgasen)*
- ~ **vapour deposition** physikalisches Dampfabscheiden *n*, PVD-Verfahren *n*
- **pick-up point** Stromeintrittsstelle *f (Streustromkorrosion)*
- ~-**up roll** Schöpfwalze *f*, Tauchwalze *f*
- **picking-up** 1. Reiben *n*, Scheuern *n (durch Bewegung gleitender oder rollender Teile gegeneinander)*; 2. Aufreiben *n (eines Anstrichs beim Überstreichen)*
- **pickle/to** beizen *(zur Entfernung von Rost und Zunder)*; dekapieren *(zur Entfernung sehr dünner Oxid- und Flugrostschichten)*; abbeizen *(alte Anstriche)*; sich beizen lassen *(Metalle)*
- **pickle** 1. Beize *f*, Beiz[mittel]lösung *f*, Säurebeize *f*, Beiz[säure]bad *n (zum Entfernen von Rost und Zunder)*; Dekapierlösung *f (zum Entfernen sehr dünner Oxid- und Flugrostschichten)*; 2. *s.* pickling
- ~ **brittleness** Beizsprödigkeit *f*
- ~ **house** Beizerei *f*
- ~ **liquor** Abbeize *f*, ausgebrauchte (verbrauchte) Beizlösung (Beize) *f*
- **pickleability** Beizbarkeit *f*
- **pickleable** beizbar
- **pickling** Beizen *n*, Säurebeizen *n (zum Entfernen von Rost und Zunder)*; Dekapieren *n*, Säuredekapieren *n (zum Entfernen sehr dünner Oxid- und Flugrostschichten)*; Abbeizen *n (alter Anstriche)*
- ~ **accelerator** *s.* ~ **activator**
- ~ **acid** Beizsäure *f*
- ~ **acid attack** Beizsäureangriff *m*
- ~ **action** Beizwirkung *f*
- ~ **activator** Beizaktivator *m*, Beizbeschleuniger *m*
- ~ **additive** Beizadditiv *n*
- ~ **agent** Beizmittel *n*
- ~ **barrel** Beiztrommel *f*
- ~ **basket** Beizkorb *m*
- ~ **bath** *s.* pickle 1.
- ~ **blister** Beizblase *f*
- ~ **chemical** Beizmittel *n*
- ~ **cleaner** Beizentfetter *m*
- ~ **conditions** Beizbedingungen *fpl*
- ~ **defect** Beizfehler *m*
- ~ **inhibitor** Beizinhibitor *m*, Sparbeizzusatz *m*, Sparbeizmittel *n*, Sparbeize *f*
- ~ **line** Beizlinie *f*
- ~ **liquid** Beizflüssigkeit *f*
- ~ **machine** Beizanlage *f*
- ~ **method** Beizverfahren *n*
- ~ **pit** Beizpore *f*
- ~ **plant** Beizanlage *f*
- ~ **process** Beizvorgang *m*
- ~ **rack** Beizgestell *n*
- ~ **rate** Beizgeschwindigkeit *f*
- ~ **reaction** Beizreaktion *f*
- ~ **restrainer** *s.* ~ **inhibitor**

~ **shop** Beizerei f
~ **smut** Beizbast m
~ **solution** s. pickle 1.
~ **speed** s. ~ rate
~ **tank** Beizbehälter m
~ **time** Beizdauer f
~ **treatment** Beiz[vor]behandlung f
~ **unit** Beizanlage f
~ **vat** Beizbottich m
pickup ... s. pick-up ...
piece of work Werkstück n
piezoelectric transducer piezoelektrischer Schwinger m
pig iron Roheisen n, Masseleisen n
~ **lead** Rohblei n, Werkblei n
pigment/to pigmentieren
pigment Pigment n
~-**binder ratio** Pigment-Bindemittel-Verhältnis n
~ **concentration** Pigmentkonzentration f
~ **content** Pigmentgehalt m, Pigmentanteil m
~ **float[ing]** Pigmentausschwimmen n in vertikaler Richtung, vertikales Ausschwimmen n *(Pigmententmischung)*
~ **flooding** Pigmentausschwimmen n in horizontaler Richtung, horizontales Ausschwimmen n *(Pigmententmischung)*
~ **migration** Pigmentwanderung f, Pigmentmigration f
~ **particle** Pigmentteilchen n
~ **settlement (settling)** Pigmentabsetzen n, Absetzen n der Pigmente
~ **surface** Pigmentoberfläche f
~-**to-binder ratio** Pigment-Bindemittel-Verhältnis n
~-**vehicle ratio** Pigment-Bindemittel-Verhältnis n
~-**volume concentration** Pigment-Volumen-Konzentration f, PVK
~ **wettability** Pigmentbenetzbarkeit f
pigmentation Pigmentierung f
pigmented coating pigmentierter Anstrichstoff m
pile up/to *(Krist)* sich aufstauen (anhäufen, aufstapeln) *(Versetzungen)*
pile-up 1. *(Krist)* Aufstau m, Versetzungsaufstauung f, Versetzungsanhäufung f, Aufstapelung f; 2. Plattierpaket n *(vor dem Verschweißen)*, Ausgangsverbundkörper m
piler Stapeleinrichtung f *(z. B. für Bleche)*
pileup s. pile-up
Pilling-Bedworth principle (ratio, rule) Regel f von Pilling und Bedworth, Pilling-Bedworthsche Regel f *(für das Oxydationsverhalten von Metallen)*
pilot-plant approach s. ~-plant test
~-**plant experimentation** Erprobung f im halbtechnischen Maßstab
~-**plant test** Pilot-plant-Versuch m, Technikumsversuch m
pinhole nadelstichartige Vertiefung f, *(i.e.S.)* nadelstichartiges Loch n, nadelstichartige Korrosionsstelle (Lochfraßstelle) f; Stiftloch n, Pore f, Nadelstich m *(in einer Schutzschicht)*
~ **corrosion** Nadelstichkorrosion f, nadelstichartiger Lochfraß m
~-**free** porenfrei
~ **pitting** s. ~ corrosion
~ **rusting** Nadelstichkorrosion f, nadelstichartiger Lochfraß m *(bei Eisen und Stahl)*
pinholing Bildung f nadelstichartiger Korrosionsstellen (Lochfraßstellen); Stiftlöcherbildung f, Porenbildung f *(in einer Schutzschicht)*
pinpoint corrosion nadelstichartiger Lochfraß m
~-**type** nadelstichartig
pipe Rohr n, Rohrleitung f
~ **coating** 1. Rohrbeschichtung f; 2. Rohrschutzschicht f
~ **connection** Rohrverbindung f
~ **material** Rohrwerkstoff m, Rohrmaterial n
~-**soil potential** Rohr-Boden-Potential n *(bei erdverlegten Rohrleitungen)*
~-**type cathode** Rohrkatode f *(anodischer Schutz)*
~ **wall** Rohrwand[ung] f
~-**wall thickness** Rohrwanddicke f
pipeline Rohrleitung f; Rohrfernleitung f, Fernleitung f, Überlandrohrleitung f, Pipeline f
~ **protection** Rohrschutz m
~ **[wrapping] tape** Rohrbandage f
pipewrap Rohrumhüllung f
piston-type impact tool Schlagbolzengerät n
pit/to lochförmig korrodieren (angegriffen werden), durch Lochfraß korrodieren; durch Lochfraß angreifen (korrodieren)
pit Lochfraßstelle f, Grübchen n
~ **anode** Lochanode f *(bei Lochfraßkorrosion)*
~ **area** Grübchenfläche f, Oberfläche f innerhalb (im Inneren) des Lochs
~ **bottom** Grübchengrund m, Lochboden m, Lochgrund m

pit
- ~ **corrosion** s. pitting corrosion
- ~ **damage** s. pitting damage
- ~ **density** Lochdichte f, Lochzahl f (je Flächeneinheit)
- ~ **depth** Grübchentiefe f, Lochtiefe f
- ~ **generation** Grübchenbildung f, Lochkeimbildung f, Lochentstehung f
- ~ **generation intensity** Loch[keim]bildungshäufigkeit f
- ~ **growth** Lochwachstum n, Löcherwachstum n
- ~ **initiation** Lochfraßauslösung f
- ~ **nucleating site** Loch[fraß]keim m, Angriffsstelle f (für Lochfraß)
- ~ **propagation** s. ~ growth
- ~ **resistance** Lochfraßbeständigkeit f
- ~-**resistant** lochfraßbeständig
- ~ **site** Lochfraßstelle f
- ~ **surface** s. ~ area

pitch Pech n
- ~ **paper** Bitumenpapier n, bituminiertes Papier n, Asphaltpapier n, Teerpapier n

pitter Lochfraß auslösendes (erzeugendes) Medium n

pitting 1. Lochfraß m, (im Anfangsstadium auch) punktförmige Anfressung f, Grübchenbildung f, (im fortgeschritteneren Stadium auch) Narbenbildung f (flach), Muldenbildung f (tiefer), (im Endstadium auch) Lochbildung f; 2. Grübchenbildung f (in elektrochemisch abgeschiedenen Schichten) (s. a. gas pitting) ● **initiating** ~ lochfraßauslösend, lochfraßerzeugend, lochkorrosionserzeugend
- ~ **attack** Lochfraßangriff m (im Anfangsstadium auch) punktförmiger Angriff m, (im fortgeschritteneren Stadium auch) narbiger Angriff m (flach), muldenförmiger Angriff m (tieferreichend)
- ~ **behaviour** Lochfraßverhalten n
- ~ **corrosion** Loch[fraß]korrosion f, lochförmige Korrosion f, (im Anfangsstadium auch) punktförmige (grubenförmige) Korrosion f, Grübchenkorrosion f, (im fortgeschritteneren Stadium auch) narbenförmige Korrosion f, Narbenkorrosion f (flach), muldenförmige Korrosion f, Muldenkorrosion f (tieferreichend)
- ~ **corrosion site** Lochfraßstelle f
- ~ **corrosion test** Lochfraßkorrosionsversuch m
- ~ **damage** Lochfraßschaden m
- ~ **factor** Lochfraßfaktor m, Pitting-Faktor m (Verhältnis von größter Eindringtiefe zu mittlerem Abtrag)
- ~ **failure** Ausfall m (Versagen n) durch Lochfraß
- ~ **hazard** Lochfraßgefahr f
- ~ **inhibitor** Lochfraßinhibitor m
- ~ **initial potential** s. ~ initiation potential
- ~ **initiation** Lochfraßauslösung f
- ~ **initiation potential** kritisches Lochfraßpotential n
- ~ **potential** Lochfraßpotential n, Lochkorrosionspotential n, (i.e.S.) kritisches Lochfraßpotential n
- ~ **resistance** Lochfraßbeständigkeit f
- ~-**resistant** lochfraßbeständig
- ~ **susceptibility (tendency)** Lochfraßanfälligkeit f, Lochfraßempfindlichkeit f, Lochfraßneigung f, Lochfraßtendenz f
- ~ **test** Lochfraßkorrosionsversuch m
- ~-**type corrosion** s. ~ corrosion

place of exposure Auslagerungsort m, Expositionsort m, Aufstellungsort m, Versuchsort m, Prüfort m

plain rein, unlegiert; zusatzfrei; unbeschichtet
- ~ **bath** (Galv) einfacher (zusatzfreier) Elektrolyt m

plane strain fracture toughness Bruchzähigkeit f bei ebenem Spannungszustand

plant conditions Betriebsbedingungen fpl
- ~ **corrosion test** Betriebskorrosionsversuch m
- ~ **dross** Hartzink n (meist unerwünschte Fe-Zn-Legierung beim Feuerverzinken)
- ~ **service test** Versuch m unter Einsatzbedingungen
- ~-**soil potential** Anlage-Boden-Potential n
- ~ **test** Betriebsversuch m

plasma-arc spraying s. ~ spraying
- ~-**assisted PVD process** plasmaunterstütztes PVD-Verfahren n
- ~-**assisted vacuum coating process** plasmaunterstütztes Vakuumbeschichtungsverfahren n
- ~ **[flame] gun** s. ~ torch
- ~ **jet** Plasmastrahl m
- ~-**jet spraying** s. ~ spraying
- ~ **metal spraying** Metallspritzen n nach dem Plasmaverfahren, Plasmaspritzen n
- ~ **nitriding** Plasmanitrieren n
- ~ **probe sputtering** Triodenzerstäuben n (Sonderform des Vakuumzerstäubens)

~ **spray** s. ~ spraying
~ **spray metallizing gun** s. ~ torch
~ **spray system** Plasmaspritzanlage f
~ **-sprayed** plasmagespritzt
~ **-sprayed coating** Plasmaspritzschicht f
~ **spraying** Spritzen n nach dem Plasmaverfahren, Plasmaspritzen n
~ **surface technology** Plasma-Oberflächenbehandlungstechnik f
~ **torch** Plasma[spritz]pistole f, Plasmabrenner m, Plasmatron n
~ **welding** Auftragschweißen n mit Plasma
plastic 1. plastisch; 2. aus Plast [hergestellt]
plastic Plast m
~ **bandage** Plastbinde f; Plastbandage f
~ **coating** 1. Plastbeschichten n; 2. Plast[schutz]schicht f
~ **deformation** plastische Verformung f
~ **emulsion paint** Plastdispersionsanstrichstoff m, Plastdispersionsfarbe f
~ **film** Plastfilm m, [dünne] Plastschicht f
~ **finish** Plast[schutz]schicht f
~ **flow** plastisches Fließen n
~ **foil** Plastfolie f
~ **-laminated** plastfolienkaschiert
~ **-laminated coating** Plastfolienkaschierung f
~ **-lined** plastausgekleidet, mit Plast ausgekleidet
~ **lining** Plastauskleidung f
~ **powder** Plastpulver n
~ **-powder coating** 1. Plastpulverbeschichten n, Pulverlackbeschichtung f; 2. Plastbeschichtungspulver n, Pulverlack m; 3. Plastpulverschicht f
~ **range** plastischer Bereich m, plastisches Gebiet n, Plastizitätsbereich m
~ **relaxation** plastische Formänderung (Relaxation) f
~ **shear** (Krist) Gleiten n, Gleitung f
~ **sheathing (sleeve)** Plastmantel m, Plastummantelung f, Plastumhüllung f (z. B. für Rohre)
~ **steel** knetbarer Stahl m
~ **tape** Plastbinde f
plasticity Plastizität f, Bildsamkeit f
plasticization Weichmachung f, Plastifizierung f
plasticize/to weichmachen, plastifizieren
plasticized polyvinyl chloride weichgemachtes (plastifiziertes) Polyvinylchlorid n, Weich-PVC n, PVC-weich n
plasticizer Weichmacher m, Weichmachungsmittel n, Plasti[fi]zier[ungs]mittel n

~ **migration** Weichmacherwanderung f
plasticizing alkyd [resin] elastifizierendes Alkydharz n
~ **efficiency** Weichmacherwirksamkeit f, weichmachende Wirksamkeit f
plastics-coated plastbeschichtet
plastification Weichmachung f, Plastifizierung f
plastigel Plastigel n
plastisol Plastisol n
platable s. plateable
plate/to beschichten (Gegenstände mit Metall), (i.e.S.) elektrochemisch (galvanisch) beschichten, galvanisieren, elektroplattieren; aufbringen (Metalle), (i.e.S.) elektrochemisch (galvanisch) abscheiden; sich abscheiden lassen
~ **bright** glänzend abscheiden
~ **out** sich elektrochemisch (galvanisch) abscheiden (niederschlagen); elektrochemisch (galvanisch) abscheiden
~ **with chromium** verchromen
plate 1. dünne elektrochemisch (galvanisch) hergestellte Schicht (Schutzschicht) f; 2. Blech n, (i.e.S.) Grobblech von über 6,3 mm Dicke
~ **anode** Plattenanode f
plateability 1. Abscheidbarkeit f (von Metallen auf Gegenständen); 2. Galvanisierbarkeit f (von Gegenständen)
plateable 1. abscheidbar (Metall auf Gegenständen); 2. galvanisierbar (Gegenstand)
plated articles Galvanisiergut n
~ **coating** elektrochemisch oder durch Vakuumbedampfung hergestellte Schutzschicht
plater Galvanotechniker m, Galvaniseur m
platinate/to platinieren, mit Platin beschichten
platinated platinum electrode platinierte Platinelektrode f
plating 1. Beschichten n (von Gegenständen mit Metall), (i.e.S.) elektrochemisches (galvanisches) Beschichten n, Galvanisieren n, Elektroplattieren n; Aufbringen n (von metallischen Schutzschichten), (i.e.S.) elektrochemisches (galvanisches) Abscheiden n; 2. s. plate 1.
~ **additive** Elektrolytzusatz m, Zusatz[stoff] m
~ **barrel** Galvanisiertrommel f, (i.w.S.) Galvanisiertrommelapparat m; Galvanisierglocke f, (i.w.S.) Galvanisierglockenapparat m

plating

- ~ **basket** Anodenkorb *m*, Anodenbehälter *m*
- ~ **bath** 1. Elektrolyt *m*, Galvanisierelektrolyt *m*, Elektrolytflüssigkeit *f*, *(inkorrekt)* Galvanisierbad *n*; 2. Galvanisierbehälter *m*, Elektrolytbehälter *m*; Galvanisierbad *n* *(flüssigkeitsgefüllter Behälter)*
- ~-**bath operation** Badführung *f*
- ~ **characteristics** Abscheidungscharakteristik *f*
- ~ **chemical** Galvanochemikalie *f*
- ~ **conditions** *(Galv)* Abscheidungsbedingungen *fpl*, Betriebsdaten *pl*
- ~ **conveyor** *(Galv)* Fördersystem *n*, Fahrsystem *n*
- ~ **current** Galvanisierstrom *m*
- ~-**current density** Galvanisierstromdichte *f*
- ~ **cycle** *s*. ~ sequence
- ~ **cylinder** Galvanisierglocke *f*, Glocke *f*
- ~ **defect** Galvanisierfehler *m*, *(i.e.S.)* Abscheidungsfehler *m*
- ~ **deposit** elektrochemisch (galvanisch) hergestellte Schutzschicht *f*, galvanische Schicht (Schutzschicht) *f*
- ~ **design** galvanisiergerechte Konstruktion *f*
- ~ **electrolyte** Elektrolyt *m*, Galvanisierelektrolyt *m*
- ~ **embrittlement** Versprödung durch Aufnahme von Wasserstoff während der Galvanisierung
- ~ **equipment** Galvanisierzubehör *n*
- ~ **industry** Galvanikindustrie *f*
- ~ **installation** Galvanisieranlage *f*, Galvanisiereinrichtung *f*, galvanische Anlage (Einrichtung) *f*
- ~ **jig** *(Galv)* Federklemme *f*
- ~ **line** Galvanisierstraße *f*
- ~ **machine** Galvanisierautomat *m*
- ~ **mechanism** *(Galv)* Abscheidungsmechanismus *m*
- ~ **operation** Galvanisieren *n*
- ~ **plant** Galvanisieranlage *f*, Galvanik *f*; Galvanisierbetrieb *m*, Galvanikbetrieb *m*, Galvanik *f*
- ~ **portion** katodische Periode (Schaltungsperiode) *f* *(beim Stromumpolverfahren)*
- ~ **practice** galvanotechnische Praxis *f*
- ~ **rack** Galvanisiergestell *n*, Einhängegestell *n*, Aufhängegestell *n*, Warengestell *n*
- ~ **range** *(Galv)* Abscheidungsbereich *m*
- ~ **room** Galvanisierraum *m*, Galvanikraum *m*, Galvanik *f*
- ~ **salt** *(Galv)* Metallsalz *n*

144

- ~ **sequence** *(Galv)* Arbeitsablauf *m*, Arbeitsfolge *f*, Behandlungsfolge *f*, Bäderfolge *f*, Badreihe *f*
- ~ **shop** galvanische Werkstatt *f*, Galvanisierbetrieb *m*, Galvanisieranstalt *f*, Galvanik *f*
- ~ **solution** Elektrolyt *m*, Elektrolytflüssigkeit *f*, Galvanisierelektrolyt *m*
- ~ **speed** *(Galv)* Abscheidungsgeschwindigkeit *f*, Abscheidungsrate *f*
- ~ **stage** *(Galv)* Arbeitsstufe *f*, Behandlungsstufe *f*, Behandlungsschritt *m*, Bearbeitungsschritt *m*
- ~ **tank** Galvanisierbehälter *m*, Elektrolytbehälter *m*
- ~ **thickness** *(Galv)* Schichtdicke *f*
- ~-**thickness measuring fixture** Schichtdickenmeßgerät *n*, Schichtdickenmesser *m* *(stationär)*
- ~ **time** 1. Galvanisierdauer *f*; 2. *s*. ~ portion
- ~ **voltage** Galvanisierspannung *f*
- ~ **waste** Galvanikabwasser *n*

platinization Platinierung *f*
platinize/to platinieren, mit Platin beschichten

platinum bath *(Galv)* Platinelektrolyt *m*
- ~-**clad** platinplattiert
- ~ **coating** Platinschicht *f*
- ~ **deposit** Platinschicht *f* *(besonders elektrochemisch erzeugt)*
- ~ **electrode** Platinelektrode *f*
- ~ **plating** Platinieren *n*

platy-type pigment blättchenförmiges Pigment *n*
plug Pfropfen *m* *(Korrosionsbild)*
- ~-**type attack** pfropfenförmiger Abtrag *m*
- ~-**type dezincification** pfropfenförmige Entzinkung *f*, Pfropf[en]entzinkung *f*

plugging Verstopfung *f* *(von Rissen und Poren durch Korrosionsprodukte)*
plumbosolvency Lösungsvermögen *n* für Blei *(vom Wasser)*
pluviograph Pluviograph *m*, Regenschreiber *m*
PNS system *s*. post-nickel strike system
pocket Tasche *f* *(nicht korrosionsschutzgerechte Konstruktion)*
Poggendorff compensation method Poggendorffsche Kompensationsmethode *f*, Kompensationsschaltung *f* nach Poggendorff
point anode Punktanode *f*
- ~ **cathode** Punktkatode *f*
- ~ **corrosion** punktförmige Korrosion *f*, Punktkorrosion *f*

pollution

~ **defect** *(Krist)* Punktstörung *f*, Punktdefekt *m*, punktförmiger Gitterfehler *m*, nulldimensionaler Defekt *m*
~ **of application** *(Kat)* Einspeisestelle *f*
~ **of attack** Angriffsstelle *f*, Korrosionsstelle *f*, Korrosionspunkt *m*
~ **of current entry** Stromeintrittsstelle *f* *(Streustromkorrosion)*
~ **of neutrality** Neutralpunkt *m*
pointage Punktzahl *f (Maß für die Konzentration von Phosphatierungslösungen)*
Poisson constant (number) Poissonsche Konstante (Zahl) *f*, Querzahl *f (Verhältnis von Dehnung zu Querkürzung)*
~ **ratio** Quer[kontraktions]zahl *f*, Querkontraktionskoeffizient *m*, Poissonsche Zahl *f*, Poissonsches Verhältnis *n (Verhältnis von Querkürzung zu Dehnung)*
polar climate polares Klima *n*
~ **solvent** polares Lösungsmittel *n*
polarigram *s.* polarogram
polarity Polarität *f*
~ **reversal** Pol[aritäts]wechsel *m*, Polumkehr *f*, Potentialumkehr *f*
polarizability Polarisierbarkeit *f*
polarizable polarisierbar
polarization Polarisation *f*, Polarisierung *f*
~ **cell** Polarisationsmeßzelle *f*
~ **change** Polumkehr *f*, Potentialumkehr *f*, Pol[aritäts]wechsel *m*
~ **current** Polarisationsstrom *m*
~ **curve** Polarisationskurve *f*
~ **experiment** Polarisationsversuch *m*
~ **measurement** Polarisationsmessung *f*
~ **potential** Polarisationspotential *n*
~ **resistance** Polarisationswiderstand *m*
~ **-resistance measuring instrument** Polarisationswiderstandsmeßgerät *n*
~ **resistivity** spezifischer Polarisationswiderstand *m*
~ **test** Polarisationsversuch *m*
~ **voltage** Polarisationsspannung *f*, Gegenspannung *f*
polarize/to polarisieren; polarisiert werden
polarized [electrical] drainage gerichtete (polarisierte) Streustromableitung (Drainage) *f*
polarizer polarisierende Substanz *f*
polarizing microscope Polarisationsmikroskop *n*
polarogram Polarogramm *n*
polarograph Polarograph *m*

polarographic polarographisch
polish/to polieren
~ **anodically** anodisch polieren
polish Poliermittel *n*
~ **-etching** Polierätzen *n*
polishability Polierbarkeit *f*
polishable polierbar
polishing Polieren *n*
~ **abrasive** Poliermittel *n*
~ **action** Polierwirkung *f*
~ **agent** Poliermittel *n*
~ **assister** Polierkörper *m (beim Trommelpolieren)*
~ **bath** Polierelektrolyt *m*
~ **buff** Schwabbelscheibe *f*
~ **composition (compound)** Polierpaste *f*, Poliermasse *f*, Polierkomposition *f*; Glanzcompound *m(n) (beim Vibrationsgleitschleifen)*
~ **dirt** Polierschmutz *m*
~ **dust** Polierstaub *m*
~ **film** Elektropolierfilm *m*, Elektropolierschicht *f (in Korrosionsgrübchen)*
~ **head** Polierscheibe *f*
~ **installation** Polierapparat *m*, Poliereinrichtung *f*; Polieranlage *f*
~ **lathe** Poliermotor *m*, Polierbock *m*
~ **lines** Polierspuren *fpl*
~ **machine** Poliermaschine *f*
~ **marks** Polierspuren *fpl*
~ **material** Poliermittel *n*
~ **medium** Poliermittel *n*
~ **oil** Polieröl *n*
~ **paste** Polierpaste *f*
~ **powder** Polierpulver *n*
~ **process** Poliervorgang *m*; Polierverfahren *n*
~ **residues** Polier[mittel]rückstände *mpl*, Poliermittelreste *mpl*
~ **rouge** Polierrot *n*, Englischrot *n*
~ **scratches** Polierspuren *fpl*
~ **time** Polierdauer *f*
~ **wheel** Polierscheibe *f*
pollutant Schmutzstoff *m*, Verschmutzungsstoff *m*, Verunreinigung *f*, Verunreinigungsstoff *m*; Schadstoff *m*
pollute/to verschmutzen, verunreinigen, belasten *(die Umwelt)*
polluting agent *s.* pollutant
pollution Verschmutzung *f*, Verunreinigung *f*, Belastung *f (der Umwelt)*
~ **control** Bekämpfung *f* von Umweltbelastungen

polyamide

polyamide-curing polyamidhärtend
~ **resin** Polyamidharz *n*
polycrystal Polykristall *m*, Vielkristall *m*
polycrystalline polykristallin, vielkristallin
polyelectrolyte Polyelektrolyt *m*
polyester coating 1. Polyesteranstrichstoff *m*; 2. Polyesteranstrich *m*
~ **paint** Polyesteranstrichstoff *m*
~ **powder** Polyesterpulver *n*
~ **resin** Polyesterharz *n*
~ **stopper** Polyesterspachtel *m*
polyethylene Polyethylen *n*, PE
~ **bandage** Polyethylenbinde *f*
~ **coating** Polyethylenschutzschicht *f*
~ **film** Polyethylenfolie *f*
~ **powder** Polyethylenpulver *n*
~ **sheathing (sleeve)** Polyethylenmantel *m*, Polyethylenummantelung *f*, Polyethylenumhüllung *f (z. B. für Rohre)*
~ **tape** Polyethylenbinde *f*
polygonization *(Krist)* Polygonisierung *f (Zellenbildung durch Klettern und Quergleiten von Versetzungen)*
polymer Polymer[es] *n*, Polymerisat *n*
~ **coating** Polymerschutzschicht *f*
~ **emulsion** Polymerdispersion *f*
polymerizate Polymerisat *n*
polymerization Polymerisation *f*, Polymerisierung *f*
polymerize/to polymerisieren
polymerized coating Reaktionsanstrichstoff *m*, reaktiv härtender Anstrichstoff *m*, Mehrkomponentenanstrichstoff *m*
~ **oil** *(Anstr)* polymerisiertes (eingedicktes) Öl *n*, Dicköl *n*
polyorganosiloxane *s.* polysiloxane
polyphase alloy *s.* multiphase alloy
polyphosphate Polyphosphat *n (Inhibitor)*
polypropylene Polypropylen *n*
~ **powder** Polypropylenpulver *n*
polysiloxane Polyorganosiloxan *n*, Silikon *n*
polystyrene Polystyrol *n*, PS
polysulphide rubber Polysulfidkautschuk *m*
polythene *s.* polyethylene
polyurethane Polyurethan *n*, PUR
~ **alkyd** Urethanalkyd[harz] *n*, Urethanöl *n*, Uralkyd *n*
~ **coating** 1. Polyurethan[harz]-Anstrichstoff *m*, PUR-Anstrichstoff *m*; 2. Polyurethananstrich *m*
~ **enamel** Polyurethan[harz]lackfarbe *f*
~ **oil** *s.* ~ alkyd

146

~ **paint** *s.* ~ coating 1.
~ **powder** Polyurethanpulver *n*
~ **resin** Polyurethanharz *n*
~ **varnish** Polyurethanklarlack *m*, PUR-Klarlack *m*
polyvinyl acetate Polyvinylacetat *n*, PVAC
~~**-acetate emulsion** Polyvinylacetatdispersion *f*
~~**-acetate paint** PVAC-Latex-Anstrichstoff *m*, PVAC-Dispersionsfarbe *f*, PVAC-Latexfarbe *f*
~ **butyral** Polyvinylbutyral *n*, PVB
~~**-butyral primer** Polyvinylbutyralgrundierung *f*, Polyvinylbutyralprimer *m*
~~**-butyral wash primer** Polyvinylbutyral-Washprimer *m*
~ **chloride** Polyvinylchlorid *n*, PVC
~~**-chloride film** Polyvinylchloridfolie *f*, PVC-Folie *f*
~~**-chloride plastisol** Polyvinylchloridplastisol *n*, PVC-Plastisol *n*
~~**-chloride powder** Polyvinylchloridpulver *n*, PVC-Pulver *n*
~~**-chloride resin** Polyvinylchlorid *n*, PVC
~~**-chloride tape** Polyvinylchloridbinde *f*, PVC-Binde *f*
poor in aluminium aluminiumarm
~ **in iron** eisenarm
~ **in oxygen** sauerstoffarm
poorly adherent schlechthaftend, schlecht haftend
~ **aerated** schlecht belüftet
~ **conducting** schlechtleitend, schlecht leitend
pop einzelne Explosion beim Explosionsspritzen
~~**-in** pop-in *(sprunghaftes Einreißen der Biegeprobe)*
~~**-out** Durchstoßen *n (einer Versetzung zur Oberfläche)*
porcelain enamel *(Am)* Email *n*, Emaille *f*
~ **enamel coating** Email[schutz]schicht *f*
~ **enamelling** Emaillieren *n*, Emaillierung *f*
~ **on steel** *s.* porcelain enamel
pore Pore *f*
~ **area** Porenfläche *f*
~ **base (bottom)** Porengrund *m*
~ **density** Porendichte *f*, Flächendichte *f* der Poren
~ **depth** Porentiefe *f*
~ **diameter** Porendurchmesser *m*
~ **distribution** Porenverteilung *f*

- ~ **filler** Porenfüller m, Porenfüllmittel n
- ~ **formation** Porenbildung f
- ~-**free** porenfrei, porendicht
- ~ **mouth** Porenmündung f
- ~ **sealing** Porenversiegelung f, Porenabdichtung f
- ~ **size** Porengröße f, Porenweite f
- ~-**size distribution** Porengrößenverteilung f
- ~ **space** Porenraum m
- ~ **volume** Porenvolumen n
- ~ **water** Porenwasser n (im Beton)
- **porosity** Porosität f, Porigkeit f
- ~ **determination (measurement)** Porenbestimmung f, Porositätsbestimmung f, Porigkeitsbestimmung f
- ~ **testing** Porenprüfung f, Porositätsprüfung f, Porigkeitsprüfung f
- **porous** porös, porig, (bei Schichten auch) undicht
- ~ **chromium** Poröschrom n
- ~ **chromium plating** (Galv) Porösverchromung f
- ~ **concrete** Porenbeton m
- **portable barrel** (Galv) tragbare Kleinsttrommel f, Kleinstglockenapparat m, [Galvanisier-]Tischglockenapparat m
- **positive carrier** positiver Ladungsträger m
- ~ **hole** [positives] Loch n, Elektronendefektstelle f, Elektronenloch n, Defektelektron n, Mangelelektron n
- ~ **pole** positiver Pol m, Pluspol m
- **positively charged** positiv geladen
- **post-boiler corrosion** Korrosion f im Rückkühlsystem (von Dampferzeugern)
- ~-**heating** Wärmenachbehandlung f, (bei Plastpulverschichten auch) Nachsintern n
- ~-**mortem examination** Untersuchung f nach Ausfall (Versagen, Unbrauchbarwerden)
- ~-**nickel strike system** Duplex-Nickelschichtsystem mit sehr dünner, stromlos abgeschiedener Endnickelschicht
- ~-**plating bake** (Galv) Warmnachbehandlung an der Luft zum Austreiben von Wasserstoff
- ~-**plating treatment** Nachbehandlung f [der Oberfläche] nach dem elektrochemischen Beschichten
- ~-**plating zone** (Galv) Nachbehandlungsabschnitt m
- ~-**sealing** Nachverdichten n, Nachverdichtung f
- ~-**test examination** Nachuntersuchung f
- ~-**treatment** Nachbehandlung f

- ~-**treatment solution** Nachbehandlungslösung f
- **pot life** Gebrauchsdauer f, Topfzeit f, Verarbeitungszeit f (von Reaktionsanstrichstoffen)
- ~ **yield** Masse des zum Feuerverzinnen verbrauchten Zinns für 40,46 m^2 Schwarzblech
- **potassium stannate** Kaliumstannat n, Kaliumtrioxostannat(IV) n
- ~ **stannate bath** (Galv) Kaliumstannatelektrolyt m
- **potential** [elektrisches] Potential n ● **controlled by ~ regulation** (Kat) potentialgeregelt
- ~ **barrier** Potentialwall m, Potentialschwelle f, Potentialberg m, Potentialbarriere f
- ~ **change** Potentialänderung f, Potentialverschiebung f
- ~ **control** Potentialeinstellung f, Potentialkorrektur f, Potentialregelung f, Potentialkontrolle f
- ~ **controller** Potentiostat m, Potentialkontrollsystem n
- ~-**current curve** Potential-Strom-Kurve f
- ~ **curve** Potentialkurve f
- ~ **dependency** Potentialabhängigkeit f
- ~-**dependent** potentialabhängig, potentialbedingt, potentialgesteuert
- ~ **depression** Potentialmulde f
- ~-**determining** potentialbestimmend
- ~ **difference** Potentialdifferenz f, Potentialunterschied m, Potentialabweichung f, [elektrische] Spannung f
- ~ **distribution** Potentialverteilung f
- ~ **drop** Potentialabfall m
- ~ **energy barrier** s. ~ barrier
- ~ **equalization** Potentialausgleich m
- ~-**forming** potentialbildend
- ~ **gradient** Potentialgefälle n, Potentialgradient m
- ~ **independency** Potentialunabhängigkeit f
- ~-**independent** potentialunabhängig
- ~ **jump** Potentialsprung m
- ~ **lowering** Potentialabsenkung f, Potentialerniedrigung f
- ~ **measurement** Potentialmessung f
- ~ **measurement point** (Kat) Potentialmeßstelle f
- ~-**measuring instrument,** ~-**meter** s. potentiometer
- ~ **monitoring system** Potentialkontrollsystem n, Potentiostat m

potential

- ~ **oscillation** Potentialschwingung *f*
- ~-**pH diagram (plot)** Potential-pH-Diagramm *n*, Pourbaix-Diagramm *n*
- ~ **plateau** Potentialplateau *n*
- ~ **raise** Potentialanhebung *f*, Potentialerhöhung *f*
- ~ **range (region)** Potentialbereich *m*, Potentialgebiet *n*
- ~ **regulation** Potentialeinstellung *f*, Potentialregelung *f*, Potentialkorrektur *f*, Potentialkontrolle *f*
- ~ **reversal** Potentialumkehr[ung] *f*, Polumkehr *f*, Pol[aritäts]wechsel *m*
- ~ **rise** Potentialanstieg *m*, Potentialerhöhung *f*
- ~ **run** Potentialverlauf *m*
- ~ **sensing** Potentialmessung *f*
- ~ **series** [elektrochemische] Spannungsreihe *f*
- ~ **setting control** Potentialbegrenzung *f*
- ~ **shift** Potentialverschiebung *f*, Potentialänderung *f*, Abwandern *n* des Potentials
- ~ **shift in a less noble direction** Potentialveruned[e]lung *f*
- ~ **shift in a noble direction** Potentialvered[e]lung *f*
- ~ **swing** s. ~ range
- ~-**time curve** Potential-Zeit-Kurve *f*
- ~ **trough** Potentialmulde *f*
- ~ **tumble** rascher Potentialabfall *m*
- ~ **value** Potentialwert *m*
- ~ **variation** Potentialschwankung *f*
- ~ **vs current density curve** Potential-Stromdichte-Kurve *f*
- ~ **vs pH diagram** s. ~-pH diagram
- ~ **well** Potentialmulde *f*
- ζ **potential** ζ-Potential *n*, Zeta-Potential *n*, elektrokinetisches Potential *n*

potentiodynamic, potentiokinetic potentiodynamisch, potentiokinetisch
potentiometer Potentiometer *n*
potentiometric potentiometrisch
potentiometry Potentiometrie *f*
potentiostat Potentiostat *m*, Potentialkontrollsystem *n*
potentiostatic potentiostatisch ● under ~
- **control** potentiostatisch gesteuert (kontrolliert)
- ~ **method** *(Prüf)* potentiostatisches Verfahren *n*
- ~ **polarization** potentiostatische Polarisation *f*

potentiostatically controlled potentiostatisch gesteuert (kontrolliert)

148

pour on/to aufgießen
Pourbaix diagram Pourbaix-Diagramm *n*, Potential-pH-Diagramm *n*
powder/to:
- ~-**calorize** kalorisieren, pulveralitieren *(z. B. in Aluminium-Aluminiumoxid-Pulver glühen)*
- ~-**coat** pulverbeschichten

powder application Pulverauftrag *m*
- ~ **calorizing** Kalorisieren *n*, Pulveralitieren *n* *(Glühen z. B. in Aluminium-Aluminiumoxid-Pulver)*
- ~ **cementation** Diffusionslegieren *n*, Diffusionsbeschichten *n*, *(i.e.S.)* Diffusionsmetallisieren *n*
- ~ **coating** 1. Pulverbeschichten *n*, Pulverbeschichtung *f*; Plastpulverbeschichtung *f*, Pulverlackbeschichtung *f*; 2. Pulverbeschichtungsmaterial *n*; Plastbeschichtungspulver *n*, Pulverlack *m*; 3. Pulverschicht *f*; Plastpulverschicht *f*
- ~ **coating plant** Pulverbeschichtungsanlage *f*
- ~ **coating technique** Pulverbeschichtungsverfahren *n*
- ~ **combustion spraying** Pulver[flamm]spritzen *n*
- ~ **feeder** Pulverfördergerät *n*, Pulverförderer *m* *(einer Plasmaspritzanlage)*
- ~ **gun** s. ~ spray gun
- ~ **metallurgy** Pulvermetallurgie *f*
- ~ **method** Pulvermethode *f* *(Röntgenbeugung)*
- ~ **paint** Plastbeschichtungspulver *n*, Pulverlack *m*
- ~ **particle** Pulverteilchen *n*, Pulverpartikel *n*
- ~ **pistol** s. ~ spray gun
- ~ **recovery** Pulverrückgewinnung *f*
- ~-**recovery booth** Beschichtungskabine *f* mit Pulverrückgewinnung
- ~-**recovery plant (unit)** Pulverrückgewinnungsanlage *f*
- ~ **spray gun** Pulversprühpistole *f*, Pulverspritzpistole *f* *(zum elektrostatischen Pulversprühen)*; Flammenpulverspritzpistole *f*, Pulverspritzpistole *f*
- ~ **spray unit** Pulversprühanlage *f*; Flammenpulverspritzanlage *f*
- ~-**sprayed coating** Pulverspritzschicht *f*
- ~ **thermospraying** Pulver[flamm]spritzen *n*

powdered enamel Emailpulver *n*, Emailmehl *n*, Emailpuder *m*, Puderemail *n*
powdery pulv[e]rig, pulverförmig

power consumption Energieverbrauch m, *(i.e.S.)* Stromverbrauch m
~ **failure** Stromausfall m
~-**impressed anode** *(Kat)* Fremdstromanode f, fremdgespeiste Schutzanode f, Daueranode f, unlösliche (inerte) Anode f
~-**impressed cathodic protection** katodischer Schutz m durch Fremdstrom
~-**impressed method** *(Kat)* Fremdstrom[schutz]verfahren n
~-**impressed protection** [katodischer] Schutz m durch Fremdstrom, Fremdstromschutz m
~-**impressed system** *(Kat)* Fremdstrom[schutz]verfahren n
~ **requirement[s]** Strombedarf m
~ **sander** Schleifmaschine f
~ **source** Stromquelle f
~ **spray machine** Sprühanlage f
~ **supply** Stromzufuhr f, Stromversorgung f; Stromquelle f
~-**tool cleaning** maschinelle Entrostung f
pR s. pinpoint corrosion
PR ... s. periodic reverse ...
PR plating s. periodic reverse-current plating
practical test Versuch m unter Einsatzbedingungen
practices of corrosion praktischer (angewandter) Korrosionsschutz m
pre-clean/to vorreinigen, grob reinigen
~-**cleaner** Vorreiniger m
~-**cleaning** Vorreinigen n, Vorreinigung f, Grobreinigung f
~-**coat/to** vorbeschichten
~-**condensate** Vorkondensat n, Vorkondensationsprodukt n
~-**condensation** Vorkondensation f, Präkondensation f
~-**condition/to** vorbehandeln
~-**construction primer** s. prefabrication primer
~-**corrode/to** vorkorrodieren, ankorrodieren
~-**corrosion** Vorkorrosion f
~-**dip** 1. Vormetallisieren n *(meist stromlos)*; Vorspülen n *(zur Schichtverfeinerung beim Phosphatieren)*; 2. Vormetallisierungselektrolyt m
~-**dip treatment,** ~-**dipping** s. ~-dip 1.
~-**electrolysis** *(Galv)* Vorelektrolyse f
~-**exist/to** präexistieren
~-**existence** Präexistenz f
~-**existent** präexistent, präexistierend

~-**flux/to** mit Flußmittel vorbehandeln
~-**fluxing** Vorbehandlung f mit Flußmittel, vorherige Flußmittelbehandlung f
~-**galvanize/to** vorverzinken
~-**heat/to** vorwärmen
~-**heat temperature** Vorwärmtemperatur f
~-**load/to** vorbelasten
~-**load** Vorlast f
~-**loading** Vorbelastung f
~-**oxidation** Voroxydation f
~-**oxidize/to** voroxydieren
~-**paint/to** vorstreichen; vorspritzen
~-**paint coating** 1. Voranstrichstoff m, Zwischenanstrichstoff m; Vorstreichfarbe f; Vorspritzfarbe f; 2. Voranstrich m, Zwischenanstrich m
~-**plated** vor dem Umformen elektrochemisch beschichtet
~-**plating step** *(Galv)* Vorbehandlungsstufe f, Vorbereitungsstufe f
~-**plating treatment** Vorbehandlung f [der Oberfläche] vor dem elektrochemischen Beschichten
~-**rust/to** anrosten
~-**strain** Vorspannung f
~-**stress/to** vorspannen
~-**stressed concrete** Spannbeton m
~-**strike bath** *(Galv)* Vorbehandlungselektrolyt m, Vorbehandlungselektrolyt m
~-**treat/to** vorbehandeln
~-**treating section** s. ~-treatment section
~-**treatment** Vorbehandlung f
~-**treatment line** Vorbehandlungsstrecke f
~-**treatment plant** Vorbehandlungsanlage f
~-**treatment primer** Washprimer m, Reaktionsprimer m, Aktivprimer m, Ätzprimer m, Reaktionsgrundiermittel n
~-**treatment section** Vorbehandlungszone f, Vorbehandlungsabschnitt m
~-**treatment solution** *(Galv)* Vorbehandlungselektrolyt m, Vorbereitungselektrolyt m
~-**treatment stage (step)** Vorbehandlungsstufe f
~-**treatment zone** s. ~-treatment section
precaution Sicherheitsmaßnahme f
precious metal Edelmetall n
precipitate/to ausscheiden *(aus Legierungen)*; [aus]fällen *(aus Lösungen)*; sich ausscheiden, ausfallen, sich ablagern
precipitate Ausscheidung f *(z.B. an Korngrenzen)*; Ablagerung f

precipitate

~-free ausscheidungsfrei
precipitating electrode Niederschlagselektrode f
precipitation 1. Ausscheidung f *(aus Legierungen als Vorgang oder Substanz)*; Ausfällung f *(aus Lösungen)*; 2. [atmosphärischer] Niederschlag m; Niederschlagsmenge f
~ **annealing** Ausscheidungsglühen n
~-free ausscheidungsfrei
~-free zone ausscheidungsfreie Zone f
~-hardenable aus[scheidungs]härtbar
~-hardening aus[scheidungs]härtend
~ **hardening** Aus[scheidungs]härten n
~ **kinetics** Ausscheidungskinetik f
~ **sequence** Ausscheidungsfolge f
~ **strengthening** s. ~ hardening
precipitator s. film-forming inhibitor
precrack Anriß m, Rißkeim m
~ **plane** Anrißfläche f
precracked specimen angerissene (angeschwungene) Probe f
precursor Vorläufer m, Vorstufe f, Präkursor m
Preece [dip] test Preece-Versuch m, Preece-Test m *(auf Gleichmäßigkeit von Schutzschichten mittels Kupfersulfats)*
prefabrication primer 1. Fertigungsanstrichstoff m, Grundanstrichstoff m für Fertigungsanstriche; 2. Fertigungsanstrich m
preferential attack selektiver Angriff m
~ **corrosion** selektive Korrosion f
~ **dissolution** selektive Auflösung f
~ **leaching** selektive Auflösung f
~ **oxidation** selektive Oxydation f
~ **precipitation** selektive Ausscheidung f
preferred[-grain] orientation Vorzugsorientierung f *(der Kristallabscheidung)*
preliminary cleaning Vorreinigen n, Vorreinigung f, Grobreinigung f
~ **coating** Vorkonservierungsanstrich m
~ **degreasing** Vorentfetten n, Vorentfettung f
~ **grinding** Vorschleifen n
~ **orientation test** orientierender Versuch m
~ **pre-treatment** *(Galv)* Vorbrennen n *(von Kupfer und seinen Legierungen)*
~ **test (trial)** Vorversuch m
premature failure vorzeitiger Ausfall m, vorzeitiges Versagen (Unbrauchbarwerden) n
preparation Vorbehandlung f; Vorbereitung f
~ **period** s. incubation period
preparatory treatment s. preparation

prepare/to vorbehandeln; vorbereiten
prepolymer Vorpolymer[es] n, Vorpolymerisat n, Präpolymerisat n
prerequisite Vorbedingung f
presence of air Luftanwesenheit f
preservative [compound] Konservierungsmittel n
~ **oil** Schutzöl n, *(i.e.S.)* Korrosionsschutzöl n, Konservierungsöl n
preserve/to konservieren
pressure blasting Druckstrahlen n
~ **container** s. ~ pot
~ **dependency** Druckabhängigkeit f
~-dependent druckabhängig
~ **feed** Druckspeisung f
~-feed gun Spritzpistole f mit Druckspeisung
~-feed paint tank s. ~ pot
~-feed spray gun Spritzpistole f mit Druckspeisung
~-feed spraying Spritzen n mit Drucksystem
~ **independency** Druckunabhängigkeit f
~-independent druckunabhängig
~ **pot (tank)** Farbdruckgefäß n, Farbdruckkessel m, Lackdruckgefäß n, Förderdruckgefäß n
~ **welding** Preßwalzplattieren n
pressurized water Druckwasser n
preventative ... s. preventive ...
preventing corrosion korrosionsverhütend, korrosionsverhindernd
prevention of corrosion Korrosionsverhütung f
~ **of damage** Schadensverhütung f, Schadensabwehr f
~ **of scale** Zunderschutz m; Verhütung f von Kesselsteinbildung
preventive ability Schutzvermögen n
~ **maintenance** vorbeugende Instandhaltung f
~ **maintenance painting** vorbeugender Instandhaltungsanstrich m
~ **measure** Schutzmaßnahme f, *(i.e.S.)* Korrosionsschutzmaßnahme f
primary brightener *(Galv)* primäres Glanzmittel n, Glanzmittel n 1. Klasse, Glanzträger m
~ **coat** s. primer 2.
~ **creep** primäres Kriechen n, Übergangskriechen n, Bereich m I *(der Kriechkurve)*
~ **distribution [of current]** *(Galv)* Primärstromverteilung f
~ **inhibition** primäre Inhibition f, Primärinhibition f

~ **inhibitor** Primärinhibitor m, physikalischer (physikalisch adsorbierter) Inhibitor m
~ **passivation potential** primäres Passivierungspotential n
~ **phosphate** primäres Phosphat n, Dihydrogen[ortho]phosphat n
~ **pigment** Basispigment n
~ **plasticizer** primärer (lösender) Weichmacher m, Primärweichmacher m
~ **process** Primärvorgang m
~ **reaction** Primärreaktion f, Startreaktion f, Anfangsreaktion f
prime/to *(Anstr)* grundieren
prime coat s. primer 2.
~ **pigment** Basispigment n
~ **sheet** s. primes
~ **Western zinc** *(Am)* Zinksorte mit relativ hohem Blei- und Eisengehalt
primer 1. Grundanstrichstoff m, Grundierung f, Primer m, *(pigmentiert auch)* Grund[anstrich]farbe f; 2. Grundanstrich m, Grundierungsschicht f, Grundierung f
~ **coat** s. primer 2.
~ **coating** s. primer
~ **film** [dünne] Grundierungsschicht f, Grundierungsfilm m
~ **pigment** Pigment n für Grundanstrichstoffe
~ **surfacer** füllendes Grundiermittel n
primes Weißblech n I. Wahl
priming *(Anstr)* Grundieren n, Grundierung f
~ **coat** s. primer 2.
~ **coat material** s. primer 1.
~ **paint** Grund[anstrich]farbe f
~ **pigment** Pigment n für Grundanstrichstoffe
principal component Hauptkomponente f, Hauptbestandteil m
~ **electrode** Hauptelektrode f
probability of failure Ausfallwahrscheinlichkeit f
probe Sonde f
~ **electrode** Mikromeßsonde f, Meßfühler m
process annealing Glühen n unter dem Umwandlungspunkt
~-**competition model** Modell n der konkurrierenden Schadensvorgänge
~ **sequence** Schrittfolge f
~ **tank** Arbeitsbehälter m, Bearbeitungsbehälter m
~ **water** Prozeßwasser n, Produktionswasser n, Fabrikationswasser n

processing Bearbeitung f, Behandlung f; Verarbeitung f; Fertigung f, Herstellung f
~ **bowl** Bearbeitungsbehälter m, Arbeitsbehälter m
~ **characteristics** Verarbeitungseigenschaften *fpl*
~ **conditions** Bearbeitungsbedingungen *fpl*, Arbeitsbedingungen *fpl*
~ **cycle** Behandlungsfolge f, Behandlungsreihe f, Arbeitsfolge f, Arbeitszyklus m, *(Galv auch)* Bäderfolge f, Badreihe f
~ **properties** Verarbeitungseigenschaften *fpl*
~ **section** Behandlungsabschnitt m, Behandlungsstufe f, Behandlungsstrecke f, *(i.e.S.)* Beschichtungsabschnitt m
~ **solution** Behandlungslösung f
~ **time** Behandlungsdauer f, Bearbeitungsdauer f
producer-gas equilibrium Boudouard-Gleichgewicht n
producing passivation passivitätserzeugend
production-line status Produktionsreife f
proeutectoid voreutektoid
profilograph s. profilometer
profilometer Profilograph m, Profilometer n, Profilschreiber m, Profilschreibgerät n, Tastschnittgerät n, Profiltastschnittgerät n, Oberflächentastgerät n
~ **method** Tastschnittverfahren n, Taststiftverfahren n *(zur Rauheits- und Schichtdickenmessung)*
programmed automatic plant programmgesteuerte Anlage f
~ **machine** programmgesteuerter Automat m
progress of corrosion Korrosionsfortgang m, Korrosionsablauf m, Korrosionsverlauf m
projection Vorsprung m *(an Bauteilen)*
prominence s. peak
promontory s. peak
promote corrosion/to die Korrosion beschleunigen (fördern)
promoter Beschleuniger m, Aktivator m, Akzelerator m
promoting passivity passivitätsfördernd, passivitätssteigernd, passivitätsbegünstigend
prone to attack by acids säureempfindlich
~ **to blistering** blasenanfällig
~ **to corrosion** korrosionsanfällig, korrosionsempfindlich
~ **to cracking** rißanfällig, rißempfindlich
~ **to crevice attack** spaltkorrosionsempfindlich

prone 152

~ **to decay** zerfallsanfällig
~ **to embrittlement** versprödungsanfällig
~ **to oxidation** oxydationsanfällig
~ **to peeling** leicht abblätternd (abplatzend, abspringend)
~ **to pitting** lochfraßanfällig, lochfraßempfindlich, lochfraßgefährdet
~ **to rusting** rostanfällig
~ **to segregation** seigerungsanfällig
~ **to stress corrosion cracking** spannungsrißkorrosionsanfällig, SRK-anfällig, spannungsrißkorrosionsempfindlich, SRK-empfindlich
proof stress Dehngrenze f
0,2 % proof stress 0,2 %-Dehngrenze f
propensity for cracking Rißanfälligkeit f, Rißneigung f
~ **for pitting** Lochfraßanfälligkeit f
proper design [for corrosion minimization] korrosionsschutzgerechtes Projektieren (Gestalten) n; korrosionsschutzgerechtes Fertigen n
properly designed [for minimizing corrosion] korrosionsschutzgerecht projektiert (gestaltet); korrosionsschutzgerecht gefertigt
properties data Werkstoffkenndaten pl, Werkstoffkennwerte mpl
property alteration (change) Eigenschaftsänderung f
proportioning pump Dosierpumpe f
protect/to schützen
~ **against corrosion** vor Korrosion schützen
~ **anodically** anodisch schützen
~ **cathodically** katodisch schützen
~ **from corrosion** vor Korrosion schützen
~ **reliably** zuverlässig schützen
~ **sacrificially** durch Aktivanoden (galvanische Anoden, Opferanoden) schützen
protected against (from) corrosion korrosionsgeschützt
~ **from rain** regengeschützt
~ **potential range** Schutzpotentialbereich m
~ **region** Schutzbereich m
~ **structure** Schutzobjekt n
protection Schutz m, (als Tätigkeit auch) Schützen n, Schutzgebung f ● **under** ~ geschützt
~ **against corrosion** Korrosionsschutz m
~ **current** s. protective current
~ **effect** Schutzwirkung f, Schutzeffekt m, (i.e.S.) Korrosionsschutzwirkung f
~ **figure** Schutzwert m (als Kennwert für Inhibitorwirksamkeit)
~ **from corrosion** Korrosionsschutz m
~ **from light** Lichtschutz m
~ **installation** Schutzanlage f
~ **method** Schutzmethode f
~ **potential** Schutzpotential n
~ **range** Schutzbereich m
~ **scheme** 1. Schutzplan m, (i.e.S.) Korrosionsschutzplan m; 2. s. ~ system
~ **system** Schutzsystem n, (i.e.S.) Korrosionsschutzsystem n
~ **technique** Schutzverfahren n, (i.e.S.) Korrosionsschutzverfahren n, Korrosionsschutzmethode f, Korrosionsschutztechnik f
protective schützend, Schutz...
protective Schutzmittel n, Schutzstoff m
~ **ability** Schutzvermögen n
~ **action** Schutzwirkung f
~ **agent** Schutzmittel n, Schutzstoff m
~ **atmosphere** Schutz[gas]atmosphäre f
~ **behaviour** Schutzverhalten n
~ **character** Schutzeigenschaft f
~ **characteristics** Schutzkriterien npl; Schutzeigenschaften fpl
~ **cladding** metallischer Schutzüberzug m (durch Plattieren aufgebracht)
~ **clothing** Schutz[be]kleidung f
~ **coating** 1. Schutzschichtstoff m, Beschichtungsstoff m, Beschichtungsmaterial n; Anstrichstoff m für Schutzanstriche; 2. Schutzschicht f; Schutzanstrich m
~ **coating failure** Versagen n des Anstrichs
~ **colloid** Schutzkolloid n
~ **covering** Schutzüberzug m
~ **cream** Hautschutzsalbe f
~ **criterion** Schutzkriterium n
~ **current** Schutzstrom m, Korrosionsschutzstrom m
~-**current density** Schutzstromdichte f
~-**current requirements** Schutzstrombedarf m
~-**current strength** Schutzstromstärke f
~ **current-supply unit** (Kat) Schutzstromversorgungsgerät n
~ **deposit** Schutzschicht f (meist elektrochemisch hergestellt)
~ **effect** Schutzwirkung f, Schutzeffekt m, (i.e.S.) Korrosionsschutzwirkung f
~ **efficiency** Schutzeffektivität f
~ **film** Schutzfilm m, [dünne] Schutzschicht f, Schutzhaut f

~ **film formation** Schutzschichtbildung f
~ **finish** Schutzschicht f; Schutzanstrich m
~ **finishing** Aufbringen n einer Schutzschicht
~ **function** Schutzfunktion f
~ **gas** Schutzgas n
~-**gas annealing** Schutzgasglühen n
~ **lacquer** Schutzlack m *(physikalisch trocknend)*
~ **layer** Schutzschicht f *(spontan entstanden oder künstlich erzeugt)*
~ **life** Schutzdauer f
~ **lining** Schutzauskleidung f
~ **measure** Schutzmaßnahme f, *(i.e.S.)* Korrosionsschutzmaßnahme f
~ **mechanism** Schutzmechanismus m
~ **metal** Schutzmetall n
~ **metal[lic] coating** metallische Schutzschicht f
~ **method** Schutzmethode f
~ **oil** Schutzöl n, *(i.e.S.)* Korrosionsschutzöl n
~ **oxide film (skin)** [dünne] Oxidschutzschicht f, schützende Oxidschicht f, oxidische Schutzschicht f, Schutzoxidschicht f
~ **paint** 1. Anstrichstoff m für Schutzanstriche, *(i.e.S.)* Korrosionsschutzanstrichstoff m, *(bei Eisen und Stahl auch)* Rostschutzanstrichstoff m; 2. s. ~ paint coating
~ **paint coating** Schutzanstrich m, *(i.e.S.)* Korrosionsschutzanstrich m, *(bei Eisen und Stahl auch)* Rostschutzanstrich m
~ **potential** Schutzpotential n
~-**potential range** *(Kat)* Schutzpotentialbereich m
~ **power** Schutzvermögen n
~ **primer** 1. Grundanstrichstoff m für Schutzanstriche, *(i.e.S.)* Korrosionsschutz-Grundanstrichstoff m; 2. Korrosionsschutzgrundanstrich m
~ **procedure (process)** Schutzverfahren n
~ **program[me]** Schutzplan m, *(i.e.S.)* Korrosionsschutzplan m
~ **properties (qualities)** Schutzeigenschaften fpl
~ **quality** Schutzwert m, *(i.e.S.)* Korrosionsschutzwert m
~ **scale** 1. Kalkrost[schutz]schicht f, Rost-Schutzschicht f *(in Wasserleitungen)*; 2. schützende Zunderschicht f, [natürliche] oxidische Schutzschicht f
~ **scheme** 1. Schutzplan m, *(i.e.S.)* Korrosionsschutzplan m; 2. s. ~ system

~ **service** Schutzfunktion f
~ **sheath** s. ~ sleeve
~ **skin** s. ~ film
~ **sleeve** Schutzhülle f, Mantel m, Hülle f, Ummantelung f, Umhüllung f *(z. B. für Rohre)*
~ **system** Schutzsystem n, *(i.e.S.)* Korrosionsschutzsystem n
~ **tape** Korrosionsschutzbinde f
~ **treatment** Schutzbehandlung f, *(i.e.S.)* Korrosionsschutzbehandlung f
~ **value** Schutzwert m, *(i.e.S.)* Korrosionsschutzwert m
~ **wax** Schutzwachs n, *(i.e.S.)* Korrosionsschutzwachs n
protectiveness, protectivity Schutzvermögen n; Schutzwirkung f
protector slab Aktivanode f, Opferanode f, galvanische Anode f
proton transfer Protonenübertragung f
protuberance s. peak
Prussian blue *(Prüf)* Preußischblau n, [unlösliches] Berliner Blau n
pseudo-alloy Pseudolegierung f
pseudoliquid pseudoflüssig
pseudomorphic pseudomorph
psychrometer Psychrometer n
psychrometric psychrometrisch
pull off/to *(Prüf)* abziehen, losreißen
pulling-up Aufreiben n *(eines Anstrichs beim Überstreichen)*
pulse plating technique Galvanisieren n mit unterbrochenem Strom
pulverulent pulverig; zerbröckelnd, zerkrümelnd
pumice powder Bimsstaub m
puncture/to durchlöchern
pure aluminium Reinaluminium n
~ **copper** Reinkupfer n
~ **iron** Reineisen n
~ **lead** Weichblei n
~ **metal** Reinmetall n, reines Metall n
~ **nickel** Reinnickel n
~ **silver** Feinsilber n, Elektrolytsilber n, E-Silber n
~ **tin** Reinzinn n
~ **water** Reinwasser n
~ **zinc** Reinzink n *(im Gegensatz zu Legierungsphasen beim Feuerverzinken)*
push/to:
~ **up** absprengen *(eine Schutzschicht durch Unterrostung)*

push

push-in test Eindruckversuch *m (zur Härtemessung)*
~-pull machine Zug-Druck-Prüfmaschine *f*
pusher Stoßvorrichtung *f,* Schubstange *f (in Galvanisierautomaten)*
putty Kitt *m*
~ knife Kittmesser *n*
PVA *s.* polyvinyl acetate
PVC *s.* 1. polyvinyl chloride; 2. pigment-volume concentration
PVD *s.* physical vapour deposition
pyrolytic plating Beschichten *n* durch Pyrolyse (Thermolyse)
pyrophosphate copper plating bath *(Galv)* Kupferdiphosphatelektrolyt *m,* Kupferpyrophosphatelektrolyt *m*
~ plating bath (solution) *(Galv)* Diphosphatelektrolyt *m,* Pyrophosphatelektrolyt *m*

~-in residual stress Abschreckspannung *f*
quenching Abschrecken *n,* Abschreckung *f*
~ medium Abschreckmedium *n,* Abschreckmittel *n*
~ stress Abschreckspannung *f*
quick/to *(Galv)* verquicken
quick-curing *(Anstr)* schnellhärtend
~ dip *(Galv)* Quickbeize *f*
~-drying *(Anstr)* schnelltrocknend
~-hardening schnellhärtend
quickening dip *(Galv)* Quickbeize *f*
quicking *(Galv)* Verquicken *n*
~ solution Quickbeize *f,* Quicklösung *f*
quickly corroding zone rasch korrodierende Zone nach der Einteilung von Chilton
quinhydrone electrode Chinhydron-Elektrode *f*
quinoline Chinolin *n (Inhibitor)*

Q

Q-zone *s.* quickly corroding zone
quadruple plate Silberschicht von etwa 28 μm Dicke
qualification test Auswahlprüfung *f*
quarter-volt criterion veraltetes Kriterium zur Zulassung von Metallpaarungen mit weniger als 0,25 V Potentialdifferenz, in Meerwasser gemessen
quasi-crystalline quasikristallin
~-steady-state quasistationär
quaternary alloy quaternäre Legierung *f,* Vierstofflegierung *f*
~ system quaternäres System *n,* Vierstoffsystem *n,* Vierkomponentensystem *n*
quench/to abschrecken, rasch abkühlen
~ and temper vergüten *(Stahl)*
quench ag[e]ing Abschreckalterung *f;* Vergüten *n (Aluminium)*
~-annealing Lösungsglühen *n* mit anschließendem Abschrecken
~ cooling Abschrecken *n,* rasches Abkühlen *n*
~ hardening Abschreckhärten *n,* Umwandlungshärten *n*
~ temperature Abschrecktemperatur *f*
~ test Erwärmungsversuch *m (zur Bestimmung der Haftfestigkeit von Schutzschichten)*
quenched-in defect *(Krist)* eingefrorener Defekt *m (durch Abschrecken)*

R

r chromium *s.* regular chromium
R-zone *s.* resistant zone
Ra value Mittenrauhwert *m,* R_a
rack/to auf Galvanisiergestellen befestigen
rack *(Galv)* Gestell *n,* Galvanisiergestell *n,* Warengestell *n*
~ and work bar Warentragarm *m,* Auslegerarm *m*
~ hook Gestellhaken *m*
~ insulation [equipment] Gestellisolation *f,* Gestellabdeckung *f,* isolierende Schutzabdeckung *f*
~ load Gestellware *f*
~ plating Gestell[teil]galvanisierung *f,* Galvanisiergestelltechnik *f,* Gestelltechnik *f*
~ tip Kontaktspitze *f*
racking Befestigen *n* an (auf) Galvanisiergestellen
~ station Beschickungsstelle *f (für Gestellträger)*
radcure *s.* radiation curing
radial brush Rundbürste *f*
radiant heat Strahlungswärme *f*
~-heat drying Strahlungstrocknung *f,* Infrarot-Trocknung *f*
~-heat drying oven Infrarottrockenofen *m*
~-heat oven Infrarotofen *m,* Infrarotstrahlungsofen *m*
~ source Strahlungsquelle *f*
radiation-backscattering method Rückstreuverfahren *n (zur Schichtdickenmessung)*

~ **cure (curing)** *(Anstr)* Strahlungshärten *n*, Strahlungstrocknen *n*, Strahlenhärten *n*
~ **damage** Strahlungsschaden *m*, Strahlenschaden *m*
~ **detector** Strahlendetektor *m*
~ **resistance** Strahlungsbeständigkeit *f*, Strahlenbeständigkeit *f*, Strahlenresistenz *f*
~-**resistant** strahlungsbeständig, strahlenbeständig, strahlenresistent
~ **source** Strahlenquelle *f*
radioactive tracer radioaktiver Tracer (Indikator) *m*, Radioindikator *m*
~-**tracer test** Versuch *m* mit radioaktiven Isotopen, Tracer-Methode *f (z. B. zur Prüfung der Reinheit von Oberflächen)*
~ **wall-thickness measurement** radiographische Wanddickenmessung *f*
radiotracer Radioindikator *m*, radioaktiver Tracer (Indikator) *m*
rail bond *(Kat)* Schienen[längs]verbinder *m*
rain water Regenwasser *n*
random deposition gleichmäßige Abscheidung *f*
range of current density Stromdichtebereich *m*
~ **of existence** Existenzbereich *m*
~ **of obedience** Gültigkeitsbereich *m*
~ **of passivity** Passiv[itäts]bereich *m*, passiver Bereich *m*, Passivgebiet *n*
~ **of pit nucleating sites** Lochfraßbereich *m*
~ **of stability** Beständigkeitsbereich *m*, Beständigkeitsgebiet *n*
~ **of temperatures** Temperaturbereich *m*
~ **of thickness** Schichtdickenbereich *m*
ranking Bewertung *f*, Benotung *f*
rapid-drying schnelltrocknend
~ **plating bath** *(Galv)* Hochleistungselektrolyt *m*
~ **test** Schnellversuch *m*, Schnelltest *m*, *(i.e.S.)* Schnellkorrosionsversuch *m*
rate/to bewerten
rate constant Geschwindigkeitskonstante *f*
~-**controlling** *s.* ~-determining
~-**determining** geschwindigkeitsbestimmend
~-**limiting** *s.* ~-determining
~ **of attack** Angriffsgeschwindigkeit *f, (bei gleichmäßiger Korrosion auch)* Abtragungsrate *f*
~ **of corrosion** Korrosionsgeschwindigkeit *f*
~ **of corrosive attack** *s.* ~ of attack
~ **of crack growth** Rißwachstumsgeschwindigkeit *f*

~ **of deposition** Abscheidungsgeschwindigkeit *f*, Abscheidungsrate *f*
~ **of dissolution** Auflösungsgeschwindigkeit *f*, Lösungsgeschwindigkeit *f*, Lösegeschwindigkeit *f*
~ **of formation** Bildungsgeschwindigkeit *f*
~ **of migration (movement)** Wanderungsgeschwindigkeit *f*
~ **of oxidation** Oxydationsgeschwindigkeit *f*
~ **of penetration** Eindringgeschwindigkeit *f*, Eindringrate *f, (veraltet)* lineare Korrosionsgeschwindigkeit *f*
~ **of reaction** Reaktionsgeschwindigkeit *f*
~ **of rusting** Rost[ungs]geschwindigkeit *f*
~ **of scaling** Zunder[ungs]geschwindigkeit *f*
~ **of uniform attack** Abtragungsrate *f*
~ **of water change** Wasseraustauschgeschwindigkeit *f*
~ **of withdrawal** Austauchgeschwindigkeit *f (beim Tauchlackieren)*
rating Bewertung *f*
~ **number** Bewertungszahl *f*
~ **scale** Bewertungsskala *f*
~ **scheme (system)** Bewertungsschema *n*, Benotungsschema *n*
ratio of anode-to-cathode area Verhältnis *n* Anoden- zu Katodenoberfläche
~ **of thicknesses** Schichtdickenverhältnis *n*
raw water Rohwasser *n*
re-dress/to nachbeleimen *(ein Schleifband)*
re-evaporation Rückverdampfung *f*
re-form/to sich erneut bilden, sich nachbilden *(Passivschichten)*
re-formation erneute Bildung *f*, Nachbildung *f (von Passivschichten)*
re-growth *s.* re-formation
re-rolled tin-plate doppeltreduziertes Weißblech *n*
reactant Reaktionspartner *m*, Reaktionsteilnehmer *m*, Reaktant *m*
reacting gas Reaktionsgas *n*
reaction coating Reaktionsanstrichstoff *m*, reaktiv härtender Anstrichstoff *m*, Mehrkomponentenanstrichstoff *m*
~ **direction** Reaktionsrichtung *f*
~ **energy** Reaktionsenergie *f*
~ **enthalpy** Reaktionsenthalpie *f*
~ **entropy** Reaktionsentropie *f*
~ **inhibition** Reaktionshemmung *f*
~ **kinetics** Reaktionskinetik *f*, chemische Kinetik *f*
~ **limit** Resistenzgrenze *f*, Einwirkungsgrenze *f (nach Tammann)*

reaction 156

- ~ **mechanism** Reaktionsmechanismus *m*
- ~ **overvoltage** Reaktionsüberspannung *f*
- ~ **path** Reaktionsweg *m*
- ~ **polarization** Reaktionspolarisation *f*
- ~ **polarization resistance** Reaktionswiderstand *m*
- ~ **product** Reaktionsprodukt *n*
- ~ **rate** Reaktionsgeschwindigkeit *f*
- ~ **sequence** Reaktionsverlauf *m*, Reaktionsablauf *m*, Reaktionsfolge *f*
- ~ **site** Reaktionsort *m*, Reaktionsstelle *f*

reactive reaktionsfähig; reaktiv, reaktionsfreudig, unedel *(Metall)*
- ~ **diluent** Reaktivverdünner *m*, reaktiver Verdünner *m*
- ~ **evaporation** reaktives Aufdampfen *n (verdampfbarer Metalle)*; reaktives Bedampfen *n*, Reaktionsbeschichten *n* aus der Gasphase
- ~ **ground coat** Reaktionsgrund *m*
- ~ **ground coat method** Reaktionsgrund-Verfahren *n*, Aktivgrund-Verfahren *n*, Kontaktverfahren *n*, Zweistufenlackierung *f*
- ~ **low-voltage ion plating** reaktives Niederspannungs-Ionenplattieren *n*
- ~ **pigment** aktives Pigment *n*
- ~ **sputtering** reaktives Zerstäuben (Vakuumzerstäuben) *n (in chemisch aktiven Gasen)*

reactivity Reaktionsfähigkeit *f*, Reaktionsvermögen *n*; Reaktivität *f*, Reaktionsfreudigkeit *f*

readily volatile leichtflüchtig, leichtverdampfend

ready for operation betriebsbereit
- ~ **for use** gebrauchsfertig; betriebsbereit *(Anlage)*
- ~-**mixed concrete** Fertigbeton *m*, Transportbeton *m*, Lieferbeton *m*, Frischbeton *m*
- ~-**to-brush** *(Anstr)* streichfertig [eingestellt]
- ~-**to-spray** *(Anstr)* spritzfertig [eingestellt]

rearrangement Umlagerung *f*, Umgruppierung *f (von Atomen oder Atomgruppen)*

reaustenitizing Neuaustenitisierung *f*, Rückumwandlung *f* in Austenit

Rebinder effect *s.* Rehbinder effect

rebound/to zurückprallen *(Material beim Farbspritzen)*

rebound Rückprall *m (Vorgang oder zurückprallendes Material beim Farbspritzen)*
- ~ **hardness** Rücksprunghärte *f*, Rückprallhärte *f*
- ~ **[hardness] testing** Rücksprunghärteprüfung *f*, Rückprallhärteprüfung *f*

rebrush/to überstreichen

receiving electrode Niederschlagselektrode *f*

recent fossil resin rezentfossiles Harz *n*
- ~ **resin** rezentes Harz *n*

recess 1. tiefliegende Kontur *f (einer Konstruktion)*; 2. Vertiefung *f*, Talbereich *m (im Mikroprofil einer Oberfläche)*

recessed area *s.* recess 1.

recirculating blast Strahlen *n* mit im Kreislauf geführtem Strahlmittel
- ~ **test** Umlaufversuch *m*
- ~ **test apparatus** Umlaufapparatur *f*, Umlaufanlage *f*, Strömungsapparatur *f*

reclaim tank *(Galv)* Sparwanne *f*

reclamation Nachbesserung *f (verschlissener Teile)*

recoat/to erneut beschichten, *(i.e.S.)* überstreichen *(oder)* überspritzen

recoat period (time) *s.* recoating period

recoatability Überstreichbarkeit *f*; Überspritzbarkeit *f*

recoatable überstreichbar; überspritzbar

recoating Wiederholungsbeschichtung *f*, *(i.e.S.)* Überstreichen *n (oder)* Überspritzen *n*
- ~ **period (time)** Zwischentrocknungsdauer *f (bis zur frühestmöglichen Überspritz- bzw. Überstreichbarkeit)*

recoil/to aufhaspeln, aufwickeln *(Metallband)*

recoiler Auslaufhaspel *f*, Aufwickelhaspel *f (einer Bandbeschichtungsanlage)*

recombination Wiedervereinigung *f*, Rekombination *f (z. B. der Wasserstoffatome)*

recombine/to wiedervereinigen, rekombinieren; sich wiedervereinigen (rekombinieren) *(z. B. Wasserstoffatome)*

recomplexing erneute Komplexbildung *f*

reconvert/to zurückverwandeln; sich zurückverwandeln

recover/to [zu]rückgewinnen

recovery Rückgewinnung *f*, Wiedergewinnung *f*

recrystallization Rekristallisation *f*, *(Tätigkeit auch)* Umkristallisieren *n*
- ~ **anneal[ing]** Rekristallisationsglühen *n*, rekristallisierendes Glühen *n*

recrystallize/to umkristallisieren; rekristallisieren, wieder auskristallisieren

rectifier groundbed installation Fremdstrom[schutz]anlage *f*

rectilinear growth law lineares Zeitgesetz *n (des Schichtwachstums)*

recycling Kreislaufführung f, zirkulierende Fahrweise f (z. B. von Wasser)
red brass, ~-brass alloy Rotguß m, Rotmetall n, Rotmessing n (85 % Cu, 15 % Zn)
~ iron oxide s. ~ oxide
~ label goods feuergefährliche oder explosive Stoffe mit Flammpunkt unter 27°C
~ lead Mennige f, Bleimennige f
~-lead oil paint Ölbleimennige f, Leinölbleimennige f
~-lead oil primer Öl-Bleimennige-Grundfarbe f
~-lead paint Mennigeanstrichstoff m, Bleimennige[farbe] f
~-lead pigment Bleimennigepigment n
~-lead primer Bleimennige-Grundanstrichstoff m, Bleimennigegrundfarbe f, Bleimennigegrundierung f, Bleimennigeprimer m
~-lead priming coat Bleimennigegrundanstrich m, Bleimennigegrundierung f
~ oxide Eisenoxidrot n, Oxidrot n
~-oxide paint Eisenoxidrot-Anstrichstoff m
~-oxide primer Eisenoxidrot-Grundanstrichstoff m
redeposit/to sich wieder abscheiden
redeposition Wiederabscheidung f
rediffusion Nachdiffusion f (z. B. von Chrom)
redissolution Wiederauflösung f, Rücklösung f
redissolve/to wieder lösen, wiederauflösen; sich wieder [auf]lösen
redistribution Neuverteilung f, Umverteilung f
redox electrode Redoxelektrode f, Oxydations-Reduktions-Elektrode f
~ equilibrium Redoxgleichgewicht n
~ potential Redoxpotential n, Oxydations-Reduktions-Potential n
~ reaction Redoxreaktion f, Oxydations-Reduktions-Reaktion f
~ series [elektrochemische] Spannungsreihe f
~ system Redoxsystem n, Oxydations-Reduktions-System n
reduce/to vermindern, senken; verdünnen (Anstrichstoffe); reduzieren (chemische Verbindungen); sich vermindern, [ab]sinken, abnehmen, [ab]fallen
reduced phenolic harzsäuremodifiziertes Phenol-Formaldehyd-Harz n
reducer (Anstr) Verdünnungsmittel n, Verdünner m

reducibility Reduzierbarkeit f (chemischer Verbindungen); Verdünnbarkeit f (von Anstrichstoffen)
reducible reduzierbar (chemische Verbindungen); verdünnbar (Anstrichstoffe)
reducing action Reduktionswirkung f
~ agent s. reductant
~ bath Reduktionsbad n
~ effect Reduktionswirkung f
~ electrode Reduktionselektrode f
~ furnace Reduktionsofen m (einer Feuermetallisierungsanlage)
~ salt bath reduzierende Salzschmelze f (zum Entzundern)
~ valve Reduzierventil n
reductant Reduktionsmittel n, Reduktor m, Desoxydationsmittel n
reduction Verminderung f, Senkung f; Verdünnen n (von Anstrichstoffen); Reduktion f (von chemischen Verbindungen); Sinken n, Absinken n, Abnahme f, Fallen n, Abfallen n
~ current Reduktionsstrom m
~-current density Reduktionsstromdichte f
~ in strength Festigkeitsabbau m, (als Vorgang auch) Festigkeitsabfall m, Festigkeitseinbuße f (partiell), Festigkeitsverlust m (partiell)
~ potential Reduktionspotential n
~ reaction Reduktionsreaktion f
reductive reduzierend, reduktiv
~ capacity Reduktionsvermögen n, Reduktionsfähigkeit f
~ dissolution reduktive Auflösung f
reference electrode (half-cell) Bezugselektrode f, Vergleichselektrode f, Referenzelektrode f
~ potential Bezugspotential n
refilm/to erneut mit einem Film bedecken; sich erneut mit einem Film bedecken
refinish/to neu lackieren
refinishing Neulackierung f
~ paint Anstrichstoff m für Neulackierungen
~ topcoat Deckanstrichstoff m für Neulackierungen
reflectance s. reflection coefficient
reflection coefficient Reflexionskoeffizient m, Reflexionsgrad m
~ electron diffraction Reflexionsbeugung f (von Elektronen)
~ high-energy electron diffraction Reflexionsbeugung f schneller Elektronen

reflection

~ microscopy Auflichtmikroskopie *f*
reflectivity 1. Reflexionsvermögen *n*, Reflexionsfähigkeit *f*, Reflexionskraft *f*, Rückstrahlungsvermögen *n*; 2. *s.* reflection coefficient
reflow/to aufschmelzen *(galvanisch abgeschiedene Metallschichten)*
reflowing treatment Aufschmelzen *n (galvanisch abgeschiedener Metallschichten)*
refractive index Brechungszahl *f*
refractory [material] feuerfestes Material *n*
refreeze/to wieder erstarren; wieder erstarren lassen
regenerate/to *(Galv)* regenerieren, auffrischen
regeneration Regenerierung *f*, *(Galv auch)* Auffrischung *f*
region between low and high tide Wasserwechselzone *f*, Gezeitenzone *f*
~ of corrosion Korrosionsbereich *m*, Bereich *m* der Korrosion *(im Pourbaix-Diagramm)*
~ of metastability metastabiler Bereich (Zustandsbereich) *m (im Pourbaix-Diagramm)*
~ of passivity Passiv[itäts]bereich *m*, Passivgebiet *n*, passiver Bereich (Zustandsbereich) *m*
regional climate Makroklima *n*, Großklima *n*
~ corrosion ungleichmäßige Korrosion *f*
regular chromium *(Galv)* rißarm abgeschiedenes Chrom mit einer Mindestschichtdicke von 0,3 μm
~ deposition *(Galv)* reguläre Abscheidung *f*
~ soluble nitrocellulose esterlösliches Zellulosenitrat *n*, esterlösliche Kollodiumwolle *f*, E-Wolle *f*
regularly arrayed streng geordnet
Rehbinder effect Re[h]binder-Effekt *m (bei der Oberflächenadsorption)*
reheating Wiedererwärmung *f*
reinforced concrete Stahlbeton *m*, bewehrter Beton *m*
reinforcement Bewehrung *f*, Armierung *f*
reinforcing bar (rod) Bewehrungsstab *m*
~ steel Bewehrungsstahl *m*
~ wire Bewehrungsdraht *m*
~ wrap Armierungsbandage *f*
relative humidity relative Feuchte (Luftfeuchte) *f*
relax/to relaxieren
relaxation Relaxation *f*
release of energy Energiefreisetzung *f*
reliability Zuverlässigkeit *f*, Verläßlichkeit *f*, Betriebssicherheit *f*

remedial bonding *(Kat)* Streustromableitung *f*, Drainage *f*
~ measure Abhilfemaßnahme *f*, Schutzmaßnahme *f*, Gegenmaßnahme *f*
remedy *s.* remedial measure
remote 1. entfernt, Fern...; schwerzugänglich; 2. *s.* remotely controlled
~ control Fernsteuerung *f*, Fernbedienung *f*
~-control unit Fernsteuerelement *n*, Steuergerät *n*
~-controlled *s.* remotely controlled
~ readout Fernablesung *f*
remotely controlled ferngesteuert, fernbedient
removability Entfernbarkeit *f*
removable entfernbar
removal Entfernen *n*, Beseitigung *f*; Abtragen *n*, Abtragung *f*, Abtrag *m (von Metallschichten)*
~ by weathering Abwittern *n (von Zunder)*
~ of material Materialabtrag *m*
~ of water Wasserentzug *m*
remove/to entfernen, beseitigen; abtragen *(Metallschichten)*
render passive/to passivieren
renovation of damaged areas Nachbesserung *f*
reorientate/to sich umorientieren *(Kristalle, Inhibitoren)*
reorientation Umorientierung *f (von Kristallen, Inhibitoren)*
reoxidation Reoxydation *f*, Rückoxydation *f*, erneute Oxydation *f*
reoxidize/to reoxydieren, erneut oxydieren
repaint/to überstreichen; überspritzen; mit einem Erneuerungsanstrich (Wiederholungsanstrich) versehen
repainting Überstreichen *n*; Überspritzen *n*; Erneuerungsanstrich *m*, Wiederholungsanstrich *m*
repair/to:
~ itself von selbst ausheilen *(Passivschichten)*
repair enamel Reparaturlack *m*, Ausbesserungslack *m*
~ process Ausheilung *f*, Selbst[aus]heilung *f*, Nachbildung *f (einer beschädigten Oxidhaut)*
repairability Ausheilungsvermögen *n*, Selbstheilungsvermögen *n*, Nachbildungsvermögen *n (von Oxidhäuten)*
repassivatability Repassivierbarkeit *f*

repassivatable repassivierbar
repassivate/to repassivieren; sich repassivieren, sich wieder passivieren
repassivating pitting repassivierender Lochfraß *m*
repassivation Repassivierung *f*
~ **peak** Repassivierungspeak *m*
repeat unit *(Krist)* Elementarzelle *f*
repeated flexural strength Dauerbiegefestigkeit *f*
replaceability Austauschbarkeit *f*, Auswechselbarkeit *f*
replaceable austauschbar, auswechselbar
replacement reaction Austauschreaktion *f*, Substitutionsreaktion *f*, Verdrängungsreaktion *f*
replating wiederholtes Galvanisieren *n*
replenish/to 1. nachliefern *(z. B. Sauerstoff); (Anstr)* nachfüllen, auffüllen; 2. sich anreichern
replenishment 1. Nachlieferung *f (z. B. von Sauerstoff); (Anstr)* Nachfüllung *f*, Auffüllung *f*; 2. Anreicherung *f*
~ **by diffusion** Nachdiffusion *f*
~ **material** *(Anstr)* Nachfüllmaterial *n*
~ **solution** *(Anstr)* Nachfüllösung *f*
replica Oberflächenabdruck *m*, Abdruck *m* *(Elektronenmikroskopie)*
replicate specimen Parallelprobe *f*
reprecipitate/to wieder ausfällen; wieder (erneut) ausfallen
reprecipitation Wiederausfällen *n*; Wiederausfallen *n*, erneutes Ausfallen *n*
reproducibility Reproduzierbarkeit *f (von Versuchen)*
rerust/to nachrosten
rerusting Nachrosten *n*, Neurostbildung *f*
research scale Versuchsmaßstab *m*
reservoir tank Vorratsbehälter *m*
residual compressive stress innere Druckspannung *f*, Druckeigenspannung *f*
~ **contamination** Restverschmutzung *f*
~ **current** Reststrom *m*, Grundstrom *m*
~ **hardness** Resthärte *f (des Wassers)*
~ **rust** Restrost *m*, Rostrest *m*
~ **soil** Restverschmutzung *f*
~ **stress** Restspannung *f*, innere Spannung *f*, Eigenspannung *f*
~ **tensile (tension) stress** innere Zugspannung *f*, Zugeigenspannung *f*
~ **valence (valency)** Restvalenz *f*
~ **welding stress** Schweiß[rest]spannung *f*, Schweißeigenspannung *f*

residue Rückstand *m*
resilient elastisch
resin Harz *n (natürlich oder synthetisch)*
~ **acid** Harzsäure *f*, Resinosäure *f*
~ **binder** Harzbindemittel *n*
~-**bonded abrasive belt** Schleifband *n* mit Kunstharzbindung
~ **emulsion** Harzemulsion *f*
~ **ester** Harz[säure]ester *m*
~-**modified phenolic** harzsäuremodifiziertes Phenol-Formaldehyd-Harz *n*
~-**oil paint** Öllackfarbe *f*
~ **soap** Harzseife *f*
~ **vehicle** Harzbindemittel *n*
resinify/to verharzen
resinous plasticizer Polymerweichmacher *m*, polymerer Weichmacher *m*
resist *(Galv)* Abdeckung *f*, [isolierende] Schutzabdeckung *f*, Schutzschicht *f*, Isolation *f (für Gestelle oder nicht zu galvanisierende Werkstückteile)*
resistance 1. Beständigkeit *f*, Widerstandsfähigkeit *f*, Resistenz *f*; 2. [elektrischer] Widerstand *m* ● **under ~ control** *s.* ~-controlled
~-**controlled** durch den ohmschen Widerstand bestimmt
~ **heating** elektrische Widerstandserwärmung *f*
~ **overpotential** *s.* ~ polarization
~ **polarization** Widerstandspolarisation *f*, Widerstandsüberspannung *f*
~ **properties** Beständigkeitseigenschaften *fpl*
~-**raising** widerstandserhöhend
~ **to abrasion** Abriebbeständigkeit *f*, Abriebfestigkeit *f*, Abriebwiderstand *m*
~ **to acids** Säurebeständigkeit *f*, Säurefestigkeit *f*
~ **to afteryellowing** *s.* ~ to yellowing
~ **to ag[e]ing** Alterungsbeständigkeit *f*, Alterungswiderstand *m*
~ **to aliphatic hydrocarbons** Aliphatenbeständigkeit *f*
~ **to alkali[es]** Alkali[en]beständigkeit *f*, Laugenbeständigkeit *f*, Alkalifestigkeit *f*, Laugenfestigkeit *f*
~ **to atmospheric attack** Atmosphärilienbeständigkeit *f*
~ **to breakdown** Durchbruch[s]festigkeit *f (einer Passivschicht)*
~ **to chalking** Kreidungsbeständigkeit *f*, Kreidungsresistenz *f*

resistance

- ~ **to chemical attack** chemische Unangreifbarkeit (Beständigkeit) *f*, Beständigkeit *f* gegen chemische Einwirkungen
- ~ **to chemicals** Chemikalienbeständigkeit *f*, Chemikalienfestigkeit *f*, Chemikalienresistenz *f*
- ~ **to cold** Kältebeständigkeit *f*, Kältefestigkeit *f*
- ~ **to corrosion** Korrosionsbeständigkeit *f*, Korrosionsfestigkeit *f*, Korrosionssicherheit *f*; Korrosionswiderstand *m*, Korrosionsbeständigkeit *f (quantitativ)*
- ~ **to corrosion fatigue** Korrosionsermüdungsbeständigkeit *f*, Beständigkeit *f* gegen Ermüdungskorrosion
- ~ **to crevice corrosion** Spaltkorrosionsbeständigkeit *f*, Beständigkeit *f* gegen Spaltkorrosion
- ~ **to detergents** Waschmittelbeständigkeit *f*, Waschmittelfestigkeit *f*
- ~ **to diffusion** Diffusionswiderstand *m*
- ~ **to erosion** Erosionsbeständigkeit *f*
- ~ **to exfoliation [corrosion]** Schichtkorrosionsbeständigkeit *f*, Beständigkeit *f* gegen Schichtkorrosion
- ~ **to extraction** Extraktionsbeständigkeit *f*
- ~ **to fats** *s.* ~ to grease
- ~ **to finger marking** Griffestigkeit *f (von Schutzschichten)*
- ~ **to flame** Flammbeständigkeit *f*, Flammwidrigkeit *f*
- ~ **to fungal attack** Pilzbeständigkeit *f*, Pilzfestigkeit *f*
- ~ **to gasoline** Benzinbeständigkeit *f*, Benzinfestigkeit *f*
- ~ **to grain-boundary corrosion** *s.* ~ to intergranular corrosion
- ~ **to grease** Fettbeständigkeit *f*
- ~ **to heat** Wärmebeständigkeit *f*, Hitzebeständigkeit *f*, Wärmestabilität *f*, thermische Beständigkeit (Stabilität) *f*
- ~ **to high temperatures** Hochtemperaturbeständigkeit *f*, Hochhitzebeständigkeit *f*, Beständigkeit *f* gegen hohe Temperaturen
- ~ **to humidity** *s.* ~ to moisture
- ~ **to hydrogen** Wasserstoffbeständigkeit *f*
- ~ **to impact** Schlagfestigkeit *f*
- ~ **to intergranular corrosion** Kornzerfallsbeständigkeit *f*
- ~ **to light** Lichtbeständigkeit *f*, Lichtechtheit *f*, Lichtstabilität *f*
- ~ **to low temperatures** Tieftemperaturbeständigkeit *f*
- ~ **to marring** Nagelfestigkeit *f*
- ~ **to mildew** Schimmelbeständigkeit *f*
- ~ **to moisture** Feuchtebeständigkeit *f*, Feuchtigkeitsbeständigkeit *f*
- ~ **to oils** Ölbeständigkeit *f*
- ~ **to oxidation** Oxydationsbeständigkeit *f*
- ~ **to petrol** *s.* ~ to gasoline
- ~ **to pitting [attack, corrosion]** Lochfraßbeständigkeit *f*, Beständigkeit *f* gegen Lochfraß
- ~ **to rusting** Rostbeständigkeit *f*, Beständigkeit *f* gegen Rostbefall, Rostwiderstand *m*
- ~ **to salt spray** Salzsprüh[nebel]beständigkeit *f*, Salt-Spray-Beständigkeit *f*, Beständigkeit *f* gegen Salz[sprüh]nebel
- ~ **to salt water** Salzwasserbeständigkeit *f*
- ~ **to scaling** Zunderbeständigkeit *f*, Zunderfestigkeit *f*
- ~ **to scratching** Kratzfestigkeit *f*
- ~ **to sea-water** Meerwasserfestigkeit *f*, Meerwasserresistenz *f*
- ~ **to sensitization** Kornzerfallsbeständigkeit *f*
- ~ **to solvents** Lösungsmittelbeständigkeit *f*, Lösungsmittelfestigkeit *f*, Lösungsmittelresistenz *f*
- ~ **to staining** Fleckenbeständigkeit *f*, Fleckfestigkeit *f*
- ~ **to stress-corrosion cracking** Spannungs[riß]korrosionsbeständigkeit *f*, Beständigkeit *f* gegen Spannungs[riß]korrosion
- ~ **to stripping** Abzugsfestigkeit *f (von Schutzschichten)*
- ~ **to swelling** Quellbeständigkeit *f*, Quellfestigkeit *f*
- ~ **to tarnish[ing]** Anlaufbeständigkeit *f*
- ~ **to tear[ing]** Reißfestigkeit *f*, Zerreißfestigkeit *f*
- ~ **to touch** Griffestigkeit *f (von Schutzschichten)*
- ~ **to tropical conditions** Tropenbeständigkeit *f*, Tropenfestigkeit *f*
- ~ **to water** Wasserbeständigkeit *f*, Wasserfestigkeit *f*, Wasserresistenz *f*
- ~ **to wear** Abriebbeständigkeit *f*, Abriebfestigkeit *f*, Abriebwiderstand *m*, Abnutzungsbeständigkeit *f*, Verschleißwiderstand *m*, Verschleißfestigkeit *f*
- ~ **to weathering** Witterungsbeständigkeit *f*, Wetterbeständigkeit *f*, Wetterfestigkeit *f*
- ~ **to yellowing** Vergilbungsbeständigkeit *f*, Vergilbungsfestigkeit *f*, Vergilbungsresistenz *f*, Gilbungsbeständigkeit *f*

~ **welding** Widerstandsschweißen *n*
resistant beständig, widerstandsfähig, unangreifbar, resistent
~ **to abrasion** abriebbeständig, abriebfest
~ **to acids** säurebeständig, säurefest
~ **to ag[e]ing** alterungsbeständig, alterungssicher
~ **to aliphatic hydrocarbons** aliphatenbeständig
~ **to alkali[es]** alkali[en]beständig, laugenbeständig, alkalifest, laugenfest
~ **to atmospheric attack** atmosphärilienbeständig
~ **to breakdown** durchbruch[s]fest *(Passivschicht)*
~ **to chalking** kreidungsbeständig, kreidungsresistent
~ **to chemicals** chemikalienbeständig, chemikalienfest, chemikalienresistent
~ **to cold** kältebeständig, kältefest
~ **to corrosion** korrosionsbeständig, korrosionsfest, korrosionssicher, korrosionsunempfindlich, nichtanfällig
~ **to corrosion fatigue** korrosionsermüdungsbeständig
~ **to crevice corrosion** spaltkorrosionsbeständig
~ **to detergents** waschmittelbeständig, waschmittelfest
~ **to erosion** erosionsbeständig
~ **to exfoliation** schichtkorrosionsbeständig
~ **to finger marking** griffest *(Schutzschichten)*
~ **to fungal attack** pilzbeständig, pilzfest
~ **to gasoline** benzinbeständig, benzinfest
~ **to grain-boundary corrosion** s. ~ **to intergranular corrosion**
~ **to grease** fettbeständig
~ **to heat** wärmebeständig, hitzebeständig
~ **to high temperatures** hochtemperaturbeständig, hochhitzebeständig
~ **to hydrogen** wasserstoffbeständig
~ **to impact** schlagfest
~ **to intergranular corrosion** kornzerfallsbeständig
~ **to light** lichtbeständig, lichtecht
~ **to low temperatures** tieftemperaturbeständig
~ **to marring** nagelfest
~ **to mildew** schimmelbeständig
~ **to moisture** feuchtebeständig, feuchtigkeitsbeständig
~ **to oils** ölbeständig

~ **to oxidation** oxydationsbeständig
~ **to pitting [attack, corrosion]** lochfraßbeständig
~ **to rusting** rostbeständig, rostsicher, rostfrei, nichtrostend
~ **to salt spray** salzsprüh[nebel]beständig
~ **to salt water** salzwasserbeständig
~ **to scaling** zunderbeständig, zunderfest
~ **to scratching** kratzfest
~ **to sea-water** meerwasserfest, meerwasserresistent
~ **to sensitization** kornzerfallsbeständig, kornzerfallsunempfindlich
~ **to solvents** lösungsmittelbeständig, lösungsmittelfest
~ **to staining** fleckenbeständig
~ **to stress-corrosion cracking** spannungs[riß]korrosionsbeständig
~ **to stripping** abzugsfest *(Schutzschichten)*
~ **to swelling** quellbeständig, quellfest
~ **to tarnish[ing]** anlaufbeständig
~ **to tear[ing]** [zer]reißfest
~ **to touch** griffest *(Schutzschichten)*
~ **to water** wasserbeständig, wasserfest
~ **to wear** abriebbeständig, abriebfest, abnutzungsbeständig, verschleißfest
~ **to weathering** witterungsbeständig, wetterbeständig, wetterfest
~ **to yellowing** vergilbungsbeständig, vergilbungsfest, vergilbungsresistent, gilbungsbeständig
~ **zone** mäßig korrosionsbeständige Zone nach der Einteilung von Chilton
resistivity 1. Widerstandsfähigkeit *f*; 2. spezifischer [elektrischer] Widerstand *m*, Einheitswiderstand *m*
resol Resol[harz] *n*, A-Harz *n*
resolution treatment Lösungsglühen *n*
resolutionizing Wiederauflösen *n*; Aufschmelzen *n* *(galvanisch oder durch Spritzen aufgebrachter Schutzschichten)*
resolved shear strain Dehnung *f* *(in Prozent)*
respirator Atemschutzmaske *f*, Schutzmaske *f*
rest potential Ruhepotential *n*
restrainer Beizinhibitor *m*, Sparbeizzusatz *m*, Sparbeizmittel *n*, Sparbeize *f*
restraining action Hemmwirkung *f*
retard/to verzögern, verlangsamen, bremsen, hemmen
retardation Verzögerung *f*, Verlangsamung *f*, Bremsung *f*, Hemmung *f*

retarder

retarder Verzögerungsmittel *n*, Verzögerer *m*, Hemmstoff *m*, Inhibitor *m*
retarding catalyst negativer Katalysator *m*, Antikatalysator *m*, Verzögerer *m*, Hemmstoff *m*, Inhibitor *m*
retemper/to nachtempern
reticulation Netzbildung *f (Oberflächenfehler bei Lacken)*
retin/to nachverzinnen
retouch/to ausbessern *(Schutzschichten)*
retract/to sich zurückziehen *(Schutzschichten)*
return rail *(Kat)* Rückleitungsschiene *f (von Gleichstrombahnen)*
~ **rotary-type plating machine** *(Galv)* Rundautomat *m*, Umlaufautomat *m*
~-**type automatic plant** *s.* ~-type plating machine 1.
~-**type barrel machine** *(Galv)* Trommelstraße *f*
~-**type plating machine** 1. *(Galv)* Umkehrautomat *m*, Umkehranlage *f*, Langautomat *m*; 2. *s.* ~ rotary-type plating machine
~ **U-type machine** *(Galv)* Umkehrautomat *m (mit U-förmiger Behälteranordnung)*
reversal in (of) polarity Pol[aritäts]wechsel *m*, Polumkehr *f*, Potentialumkehr *f*
~ **portion** *(Galv)* anodische Periode (Schaltungsperiode) *f (beim Stromumpolverfahren)*
reverse cleaning anodische Reinigung *f*; anodische Entfettung *f*
~ **coating** Auftragen *n* im Gegenlauf *(beim Walzlackieren)*
~-**current electrocleaning** *s.* reverse cleaning
~-**current plating** Galvanisieren *n* mit Polwechselschaltung (periodischer Stromumkehr, periodischer Stromumpolung)
~ **reaction** Rückreaktion *f*, Gegenreaktion *f*
~-**wetting inhibitor** Deckschichtenbildner *m (bei Erdölförderanlagen)*
reversed slip *(Krist)* Rückgleiten *n*, Rückgleitung *f*
reversibility Reversibilität *f*, Umkehrbarkeit *f*
reversible reversibel, umkehrbar
~ **cell** reversible Zelle *f*
~ **electrode** reversible (umkehrbare) Elektrode *f*
~ **hydrogen electrode** reversible Wasserstoffelektrode *f*
~ **potential** reversibles Potential *n*
Reynolds number Reynoldssche Zahl *f*

rf sputtering Ionen-Plasma-Zerstäubung *f* in hochfrequenten Wechselfeldern
r.h., RH, R.H. *s.* relative humidity
rH value rH-Wert *m (Maß für die Reduktionskraft eines Stoffes)*
RHE *s.* reversible hydrogen electrode
RHEED *s.* reflection high-energy electron diffraction
rhenium bath *(Galv)* Rheniumelektrolyt *m*
~ **coating (deposit)** Rhenium[schutz]schicht *f*
rhodium bath *(Galv)* Rhodiumelektrolyt *m*
~ **coating (deposit)** Rhodium[schutz]schicht *f*
~-**plated** rhodiniert
~ **plating** Rhodinieren *n*
~-**plating bath (solution)** *(Galv)* Rhodiumelektrolyt *m*
~ **sulphate bath** *(Galv)* Rhodiumsulfatelektrolyt *m*
rhythmic precipitation rhythmische Fällung *f*
ribbon anode *(Kat)* Banderder *m*
rich in iron eisenreich
~ **in nickel** nickelreich
~ **in oxygen** sauerstoffreich
rift Sprung *m*, Riß *m*
rigid polyvinyl chloride weichmacherfreies (unplastiziertes) Polyvinylchlorid *n*, Hart-PVC *n*, PVC-hart *n*
rim tip *(Galv)* durch Speichen versteiftes radkranzähnliches Kontaktelement
rimming steel unberuhigter (unberuhigt vergossener) Stahl *m*
ring Klang *m (eines Metalls)*
~ **pitting** Ringkorrosion *f*
~-**welded specimen** Kreisgrubeneinschweißprobe *f*
ringing-and-bend test Klangprüfung unter Biegebeanspruchung zur Feststellung des Grades interkristalliner Korrosion
rinsability Abspülbarkeit *f*
rinse/to [ab]spülen
~ **away (off)** abspülen
rinse 1. Spülen *n*, Spülung *f*, Abspülen *n*; 2. Spülmittel *n*
~ **bath** Spülbad *n*; Spülkammer *f (einer Lösungsmitteltrocknungsanlage)*
~ **section** Spülzone *f*
~ **stage** Spülstufe *f*; Spülzone *f*
~ **tank** Spülbehälter *m*, *(beim Gegenstromspülen auch)* Spülstufe *f*
~ **water** Spülwasser *n*
~-**water consumption** Spülwasserverbrauch *m*

~ zone Spülzone *f*
rinsing criterion Spülkriterium *n*
ripple *(Galv)* Restwelligkeit *f*, Welligkeit *f (eines gleichgerichteten Wechselstroms)*
risk of corrosion Korrosionsgefahr *f*
rivelling *(Anstr)* Runzeln *n*, Runzelbildung *f*
river[-delta] pattern Korrosionsbild mit fein verästelten Rissen
rivet hole Nietloch *n*
riveted joint Nietverbindung *f*, Nietung *f*
~ seam Nietnaht *f*
road salt Tausalz *n*, Auftausalz *n*
rob/to *(Galv)* ableiten *(Strom von Kanten)*
robber *(Galv)* leitfähige Blende (Stromblende) *f (zum Abschirmen von Kanten)*
Rochelle [copper] bath, ~ cyanide copper solution *(Galv)* Seignettesalzelektrolyt *m*, Rochelle-Cyanid-Kupferelektrolyt *m*
~ salt Seignettesalz *n*, Rochellesalz *n (Kaliumnatriumtartrat)*
rocker-type bulk plater *(Galv)* Schaukelapparat *m*
Rockwell B Rockwellhärte *f* B, HRB *(mittels Stahlkugel von 1,59 mm Durchmesser gemessen)*
~ C Rockwellhärte *f* C, HRC *(mittels 120°-Diamantkegel gemessen)*
~ hardness Rockwellhärte *f*, HR
~ hardness test Rockwellhärteprüfung *f*, Rockwellverfahren *n*
~ superficial-hardness tester *s*. ~ tester
~ tester Härtemeßgerät *n* für Härtemeßverfahren nach Rockwell, Rockwellhärteprüfer *m*
rod coupon Probestab *m*
~ electrode Stabelektrode *f*
roll/to walzen
~ in einwalzen
roll-bonding Walz[schweiß]plattieren *n*
~-cladding Walz[schweiß]plattieren *n*
rolled anode *(Galv)* Walzanode *f*
~ steel Walzstahl *m*
roller 1. Walze *f*, Rolle *f*; 2. *(Anstr)* Streichroller *m*, Farbroller *m*, Roller *m*, Malerrolle *f*, Rolle *f*
~ application *s*. ~ coating application
~-coat/to 1. durch Walzlackieren beschichten, im Lackwalzverfahren beschichten; 2. mit Streichroller beschichten
~ coat application *s*. ~ coating application
~ coater *s*. 1. ~ coating machine; 2. roller 2.
~ coating 1. Walzlackieren *n*; 2. Beschichten *n* mit Streichroller; 3. Walzlack *m*

~ coating application 1. Walz[en]auftrag *m*, Walzen *n*; 2. Rollauftrag *m*, Rollen *n*, Auftragen *n* mit Streichroller
~ coating enamel Walzlack *m*
~ coating finish Walzlack *m*
~ coating machine Lackwalzmaschine *f*
~ leveller Abstreifwalze *f*, Abstreiferrolle *f*, Rollenabstreifvorrichtung *f (beim Feuermetallisieren)*
~ levelling Rollenabstreifverfahren *n (beim Feuermetallisieren)*
rolling scale Walzzunder *m*, Walzhaut *f*
roofing terne (tin) *s*. terne plate
room-temperature cure *(Anstr)* Raumtemperaturhärtung *f*
~-temperature curing *(Anstr)* raumtemperaturhärtend
rosette *(Krist)* Rosette *f*, Röschen *n*
rosin Kolophonium *n*
rotary plating barrel Galvanisiertrommel *f*, *(i.w.S.)* Galvanisiertrommelapparat *m*
~ plating machine *(Galv)* Karussellautomat *m*
~ [return-type] plating machine *(Galv)* Rundautomat *m*, Umlaufautomat *m*
~-table machine Rundtisch *m (Poliereinrichtung)*
~ wire brush Rotationsdrahtbürste *f*, rotierende (umlaufende) Drahtbürste *f*, Metalldrahtrundbürste *f*, Zirkulardrahtbürste *f*
rotating-beam fatigue test Umlaufbiegeversuch *m*
~-beam fatigue testing device (machine) *s*. ~-bending machine
~-bend machine *s*. ~-bending machine
~ bending Umlaufbiegung *f*
~-bending machine Umlaufbiege[prüf]maschine *f*
~-cantilever fatigue test Umlaufbiegeversuch *m*
~-cantilever fatigue test apparatus Umlaufbiege[prüf]maschine *f*
~[-disk] electrode rotierende Scheibenelektrode *f*
~ wire wheel *s*. rotary wire brush
rottenstone *s*. tripoli
rough rauh
~ cleaning Vorreinigen *n*, Vorreinigung *f*, Grobreinigung *f*
~ polishing Vorpolieren *n*
roughen/to aufrauhen
roughening Aufrauhen *n*, Aufrauhung *f*

roughness

roughness Rauhigkeit *f*, Rauheit *f*
~ **peak** Rauhigkeitsspitze *f*, Rauhigkeitspeak *m*, Profilspitze *f*, Peak *m*, Erhebung *f*, Protuberanz *f (im Mikroprofil einer Oberfläche)*
round [off]/to [ab]runden
round bar Rundstab *m*
~-**bar specimen** Rund[stab]probe *f*
~ **brush** Ringpinsel *m*
~ **nozzle** Runddüse *f*
~ **rod** Rundstab *m*
~ **specimen** *s.* ~-bar specimen
~ **tensile bar** Rundzugprobe *f*, Rundzerreißstab *m*
routine testing Routineprüfung *f*
RS nitrocellulose *s.* regular soluble nitrocellulose
rub [down]/to schleifen
rubber/to gummieren
rubber-coated mit Gummi beschichtet, gummiert
~ **coating** 1. Gummibeschichtung *f*, Gummierung *f*; 2. Gummischutzschicht *f*, Gummierung *f*
~ **covering** Gummibelag *m*
~-**lined** mit Gummi ausgekleidet, gummiert
~ **lining** Gummiauskleidung *f*, Gummierung *f*
~ **solution** Gummilösung *f*
rubberize/to gummieren
rubbing[-down] Schleifen *n*
~ **fatigue** *s.* fretting corrosion
~ **surface** Reib[ungs]fläche *f*
~ **varnish** Schleiflack *m*
rumble/to trommeln, rommeln *(Kleinteile)*
rumbling Trommeln *n*, Rommeln *n*, Trommelbearbeitung *f*, Trommelbehandlung *f (von Kleinteilen)*
run/to 1. *(Anstr)* auslaufen; 2. schmelzen, sich verflüssigen *(Metalle)*
~ **away** *(Anstr)* sich zurückziehen *(Lack von scharfen Kanten)*
run Nase *f (Anstrichmangel)*
~-**off** abgelaufener Anstrichstoff *m*
runaway creep beschleunigtes (tertiäres) Kriechen *n*
running-away *(Anstr)* Kantenflucht *f*
~ **rinse** Fließspülen *n*
~ **water** fließendes Wasser *n*
rupture/to aufreißen
rupture Aufreißen *n (z. B. einer Passivschicht)*
~ **dimple** Wabe *f (beim Zähbruch)*
~ **potential** *s.* breakdown potential
~ **strength** Rißzähigkeit *f*

~ **voltage** Durchbruch[s]spannung *f*, Elektrolysespannung *f (beim Elektrotauchlackieren)*
rural atmosphere ländliche Atmosphäre *f*, Landatmosphäre *f*, Landluft *f*
~ **climate** Landklima *n*
rust/to rosten
~ **through** durchrosten
rust Rost *m*, Eisenrost *m*
~ **bloom** Rostanflug *m*, Flugrost *m*
~ **coating** Rostschutzschicht *f*, schützende Rostschicht *f (z. B. durch Einwirkung von Calciumcarbonat oder unter Hartzinkschichten)*
~ **conversion** Rostumwandlung *f*
~ **converter** Rostumwandler *m*
~-**covered** rostbedeckt
~-**creep** Unterrostung *f*
~ **development** Rostbildung *f*
~ **film** [dünne] Rostschicht *f*, Rostbelag *m*
~ **formation** Rostbildung *f*
~-**free** frei von Rost *(zeitweilig)*
~ **grading** Rostgrad *m*
~ **hammer** Entrostungshammer *m*
~-**inhibiting** *s.* ~-inhibitive
~ **inhibition** Rostschutz *m*
~-**inhibitive** rostverhindernd, Rostschutz...
~-**inhibitive capacity** Rostschutzvermögen *n*
~-**inhibitive film** [dünne] Korrosionsschutzschicht *f*, Korrosionsschutzfilm *m*
~-**inhibitive oil** Rostschutzöl *n*
~-**inhibitive paint** Rostschutzanstrichstoff *m*, Rostschutzfarbe *f*
~-**inhibitive paper** Korrosionsschutzpapier *n*
~-**inhibitive pigment** Rostschutzpigment *n*, rostschützendes Pigment *n*
~-**inhibitive primer** Rostschutz-Grundanstrichstoff *m*, Rostschutzgrundierung *f*, *(pigmentiert auch)* Rostschutzgrundfarbe *f*
~-**inhibitive properties** Rostschutzeigenschaften *fpl*
~-**inhibitive undercoat** 1. Rostschutz-Voranstrichstoff *m*, Rostschutz-Vorstreichfarbe *f*; 2. Rostschutzvoranstrich *m*, Rostschutzzwischenanstrich *m*
~ **inhibitor** Rostinhibitor *m*
~ **layer** Rostschicht *f*
~-**like** rostartig, rostähnlich
~ **nodule** Rostknolle *f*
~ **patch** Rostfleck *m*, Roststelle *f*
~-**preventative** *s.* ~-preventive
~-**preventative** temporäres Rostschutzmittel *n (Öl, Fett oder Wachs)*

~-preventing s. ~-preventive
~ prevention Rostschutz m
~-prevention paper Korrosionsschutzpapier n
~-preventive rostverhindernd, Rostschutz... (Zusammensetzungen s. unter ~-inhibitive)
~ preventive, ~-preventive compound temporäres Rostschutzmittel n (Öl, Fett oder Wachs)
~-proofed rostgeschützt
~-proofing rostschützend, Rostschutz...
~-proofing compound s. ~ preventive
~ protection Rostschutz m
~-protective rostschützend, Rostschutz... (Zusammensetzungen s. unter ~-inhibitive)
~ protective s. ~ preventive
~ removal Rostentfernung f
~ remover Entrostungsmittel n, Entroster m, Rostentfernungsmittel n, Rostentferner m
~ residue Rostrest m, Restrost m
~ resistance Rostbeständigkeit f, Beständigkeit f gegen Rostbefall, Rostwiderstand m
~-resistant rostbeständig, rostsicher, rostfrei, nichtrostend
~-retardant rosthemmend
~ ring Rostring m
~ spot Roststelle f, Rostfleck m, Rostpunkt m
~ stabilizer Roststabilisator m, Roststabilisierungsmittel n
~-stabilizing primer s. ~ stabilizer
~ stain Rostfleck m
~-stained rostfleckig
~ staining Rostfleckenbildung f
rusting Rosten n, Verrosten n, Rostvorgang m, Eisenkorrosion f
~ resistance s. rust resistance
~-through Durchrosten n, Durchrostung f
rustproofing Rostschutzbehandlung f
rusty rostig, verrostet
~ chalk Kalkrost m
ruthenium bath (Galv) Rutheniumelektrolyt m
~ plating elektrochemisches (galvanisches) Abscheiden n von Ruthenium; elektrochemisches (galvanisches) Beschichten n mit Ruthenium

S

S-N fatigue curve s. S/N curve
sacrifice/to (Kat) opfern
~ itself (Kat) sich [auf]opfern
sacrificial (Kat) sich opfernd (auflösend), Opfer... ● by ~ means nach dem Opferprinzip
~ action Opferwirkung f, Fernschutzwirkung f (eines unedlen Metalls)
~ anode Aktivanode f, Opferanode f, galvanische Anode f
~-anode cathodic-protection system s. ~-anode scheme
~-anode method Aktivanodenverfahren n
~-anode protection s. ~ protection
~-anode scheme (system) Katodenschutzanlage f mit Aktivanoden (Opferanoden), galvanische Schutzstromanlage f
~ cathodic protection s. ~ protection
~ cathodic protection anode s. ~ anode
~ coat[ing] Opfermetallschicht f, anodisch wirksame Schutzschicht f
~ corrosion Korrosion f eines Opfermetalls (zum Schutz eines edleren Metalls)
~ metal Opfermetall n
~ nature Opfereigenschaft f (eines unedlen Metalls)
~ protection katodischer Schutz m mit Aktivanoden (Opferanoden)
~ scheme (system) s. ~-anode scheme
~ wastage Schrott m für Aktivanoden (Opferanoden)
safe inhibitor sicherer Inhibitor m
safety gloves Schutzhandschuhe mpl
~ goggles Schutzbrille f
sag/to [ab]laufen, absacken (Anstrichstoffe)
sag Läufer m, Vorhang m, Gardine f (Anstrichfehler)
sagging (Anstr) Vorhangbildung f, Gardinenbildung f, Läuferbildung f, Ablaufen n, Laufen n, Absacken n
sal ammoniac s. salmiac
salicylate Salicylat n (Inhibitor)
saline salzhaltig; salzartig
salinity Salzhaltigkeit f, Salzgehalt m (quantitativ)
sally spots Flecke durch anhaftendes Flußmittel auf Zinkschutzschichten
salmiac Salmiak m, Salmiaksalz n (Ammoniumchlorid)
salt Salz n
~ bath Salzbad n
~-bath chromizing Inchromieren n in Salzschmelzen
~-bath cleaning Reinigung f in Salzschmelzen

salt

~-**bath descaling** Entzunderung *f* in Salzschmelzen
~ **bridge** Elektrolytschlüssel *m*, [elektrolytischer] Stromschlüssel *m*, Salzbrücke *f*, Elektrolytbrücke *f*
~-**bridge probe** Sondenbrücke *f*
~ **brine** Sole *f*, Salzlösung *f*
~ **concentration cell** Salzkonzentrationselement *n*
~-**containing** salzhaltig
~ **content** Salzgehalt *m*
~ **corrosion** Korrosion *f* durch Salze
~-**drop experiment** Tropfenkorrosionsversuch *m*, Tropfenversuch *m* [von Evans]
~ **droplet test** *s.* ~-spray test
~ **fog** Salznebel *m*
~-**fog test** *s.* ~-spray test
~-**free** salzfrei
~-**laden fog** Salznebel *m* (an der Küste oder in Industrieatmosphäre)
~ **level** Salzgehalt *m*
~ **mist** Salznebel *m*
~ **passivity** mechanische Passivität *f*, Bedeckungspassivität *f* (im Sinne von W. J. Müller)
~-**saturated** salzgesättigt
~ **sealing** Nickelacetat-Cobaltacetat-Verdichtung *f*, Cobalt-Nickel-Verdichtung *f*
~ **spray** *s.* ~-spray fog
~-**spray box** *s.* ~-spray cabinet
~-**spray cabinet (chamber)** Salznebelkammer *f*, Salzsprühkammer *f*, Prüfkammer *f* für den Salzsprühtest, Aerosol[prüf]kammer *f*, Aerosolsprühkammer *f*
~-**spray exposure** Beanspruchung *f* im Salznebel
~-**spray fog** (Prüf) Salz[sprüh]nebel *m*
~-**spray resistance** Salzsprüh[nebel]beständigkeit *f*, Salt-Spray-Beständigkeit *f*, Beständigkeit *f* gegen Salz[sprüh]nebel
~-**spray room** *s.* ~-spray cabinet
~-**spray test** Salznebelversuch *m*, Salz[wasser]sprühversuch *m*, Salzsprühtest *m*, Aerosolversuch *m*
~-**spray test chamber** *s.* ~-spray cabinet
~-**spray testing** Salznebelprüfung *f*, Prüfung *f* im Salznebel, Salzsprüh[nebel]prüfung *f*, SS, Salzwassersprühprüfung *f*, Aerosolprüfung *f*
~ **water** Salzwasser *n*
~-**water corrosion** Korrosion *f* in Salzwasser
salting-out effect Aussalzeffekt *m*
salty salzhaltig

salvage Regenerierung *f* (verschlissener Werkstücke)
sample 1. Probe *f* (i.w.S.), Muster *n*; Probestück *n* (zur Herstellung von Prüflingen); 2. *s.* specimen
sampling Probe[ent]nahme *f*
sand/to schleifen
~ **off** abschleifen
sand consumption Sandverbrauch *m*
~ **soil** Sandboden *m*
sandblast/to [sand]strahlen
~ **to white metal** metallblank (metallisch blank) sandstrahlen
sandblast Sandstrahl *m*
~ **machine** *s.* sandblasting machine
~ **nozzle** Strahldüse *f*
sandblasted [sand]gestrahlt
sandblaster *s.* sandblasting machine
sandblasting Sandstrahlen *n*, Sandstrahlreinigung *f*, (i.w.S.) Druckluftstrahlen *n*, Strahlen *n*, Reinigungsstrahlen *n*
~ **machine** Sandstrahlgebläse *n*, Sandstrahler *m*
~ **nozzle** Strahldüse *f*
~ **plant** Sandstrahlanlage *f*
sander Schleifmaschine *f*
sanding Schleifen *n*
~ **machine** Schleifmaschine *f*
~ **primer** Schleifgrundfarbe *f*, Schleifgrund *m*
~ **properties** Schleifbarkeit *f* (eines Anstrichs)
sandpaper Sandpapier *n*
sandwich/to einlagern, dazwischenlagern
sandwich Plattierpaket *n* (am Rande verschweißt), Verbundkörper *m*, Schichtverbundkörper *m*, Walzschweißpaket *n*
~ **rolling** Walz[schweiß]plattieren *n*
~ **system** Paket *n* (Kombination von Schutzschichten)
sandy finish rauhe Anstrichoberfläche *f* (Fehler beim Farbspritzen)
saponifiable verseifbar
saponification Verseifen *n*, Verseifung *f*
saponify/to verseifen
saponifying properties verseifende Eigenschaften *fpl*
satin[-textured] nickel durch Mitabscheiden suspendierter Feststoffe satinartig mattglänzendes Nickel
saturated calomel electrode (half-cell) gesättigte Kalomelelektrode *f*, GKE
~ **polyester resin** gesättigtes Polyesterharz *n*

~ **steam** Sattdampf *m*
saturation concentration Sättigungskonzentration *f*
~ **index** Sättigungsindex *m*
~ **pH** Sättigungs-pH-Wert *m*
sawdust drying Spänetrocknung *f (z. B. von Galvanisiergut)*
SBP *s.* special boiling-point spirit
scale/to 1. [ver]zundern; 2. verkrusten, *(i.e.S.)* versteinen *(Wasserleitungen)*; Kesselstein ansetzen; 3. entzundern; 4. *s.* ~ off
~ **off** abblättern, [schalig] abplatzen, abspringen, abschuppen
scale 1. Zunder *m*, Zunderschicht *f*; 2. Kesselstein *m*; 3. Skala *f*, Stufenfolge *f*; Skale *f*, Einteilung *f (an Meßgeräten)*
~ **adherence (adhesion)** Zunderhaftung *f*
~ **coating** schützende Zunderschicht *f*
~ **conditioner** Vorbeize *f (zum Lockern des Zunders)*
~-**covered** verzundert
~ **formation** 1. Zunder[aus]bildung *f*; 2. Kesselsteinbildung *f*
~ **former** Kesselsteinbildner *m*
~-**forming** kesselsteinbildend
~-**forming compound (constituent, salt, substance)** *s.* ~ former
~-**forming water** kalkhaltiges (hartes) Wasser *n*, Hartwasser *n*
~-**free** 1. zunderfrei; 2. frei von Kesselstein
~ **inhibitor** Kesselsteinverhütungsmittel *n*
~ **layer** 1. Zunderschicht *f*; 2. Kesselsteinschicht *f*
~ **nodules** Zunderausblühungen *fpl*
~ **prevention** Kesselsteinverhütung *f*
~ **removal** 1. Zunderentfernung *f*; 2. Kesselsteinentfernung *f*
scaling 1. Zunderung *f*, Verzunderung *f*, Zundern *n*, Zundervorgang *m*; 2. Verkrusten *n*, Verkrustung *f*, *(i.e.S.)* Versteinen *n (von Wasserleitungen)*; 3. Entzundern *n*, Entzunderung *f*; 4. Abblättern *n*, Abplatzen *n*, Abspringen *n*, Abschuppen *n*, Schuppenbildung *f*
~ **resistance** Zunderbeständigkeit *f*, Zunderfestigkeit *f*
~-**resistant** zunderbeständig, zunderfest
scanning electron fractograph Mikrofraktographie *f (mit dem Rasterelektronenmikroskop hergestellte Abbildung)*
~ **electron fractography** Mikrofraktographie *f (Methode)* ● **by scanning electron fractography** mikrofraktographisch

~ **electron micrograph** rasterelektronenmikroskopische Aufnahme (Abbildung) *f*, REM-Aufnahme *f*, rasterelektronenoptische Aufnahme *f*, Rasterbild *n*
~ **electron microscope** Rasterelektronenmikroskop *n*
~ **electron microscope micrograph (photograph)** *s.* ~ electron micrograph
~ **electron microscopy** Rasterelektronenmikroskopie *f*, REM
~ **microscope** *s.* ~ electron microscope
SCC *s.* stress-corrosion cracking
SCC resistance *s.* stress-corrosion resistance
SCC-susceptible *s.* susceptible to stress-corrosion cracking
SCC test Spannungsrißkorrosionsversuch *m*, SpRK-Versuch *m*, SRK-Versuch *m*
SCE *s.* saturated calomel electrode
Schaeffler diagram Schaeffler-Diagramm *n (Schweißtechnik)*
Schikorr reaction Schikorr-Reaktion *f*
Schmid's law Schmidsches Schubspannungsgesetz *n*
schooping gun Flamm[endraht]spritzpistole *f*
science of metals Metallkunde *f*
scleroscope *s.* Shore scleroscope
~ **[hardness] test** *s.* Shore scleroscope hardness test
score mark Schleifspur *f*
scorification Verschlackung *f*, Schlackenbildung *f*
scour/to scheuern
scouring Scheuern *n*
scrap *s.* ~ metal
~ **anode** Schrottanode *f*
~ **iron** Eisenschrott *m*, Alteisen *n*
~ **metal** Schrott *m*, Altmetall *n*
~ **steel** Stahlschrott *m*
scrape off/to abkratzen, abschaben, abstoßen, abheben
scraper 1. Schaber *m*; 2. Abstreifer *m (in Feuerverzinnungsanlagen)*
~ **tool** Ritzgerät *n (zur Prüfung der Abriebfestigkeit von Schutzschichten)*
scratch Kratzer *m*, Riefe *f*, Schramme *f*
~ **brushing** Kratzen *n (zum Mattieren von Metalloberflächen)*
~ **hardness** Ritzhärte *f*
~-**hardness testing** Ritzhärteprüfung *f*
~ **line** *s.* scratch
~ **test** Ritzversuch *m*, Anreißversuch *m (zur Bestimmung der Haftfestigkeit)*

screening

screening [examination, test] Auswahlprüfung f, Vorauswahl f
screw dislocation (Krist) Schraubenversetzung f, Burgers-Versetzung f
~ **joint** Schraubverbindung f
scribe (scribing) test Ritzversuch m, Anreißversuch m (zur Bestimmung der Haftfestigkeit)
scrub/to 1. bürsten, scheuern, reinigen (mittels Bürste); 2. waschen (Gase)
scrubber Wäscher m, Naßabscheider m, Skrubber m
scruff Flußmittelrückstände mpl, Flußmittelablagerungen fpl
sea air Seeluft f, Meeresluft f, maritime Luft f
~ **salt** Seesalz n, Meersalz n
~-**water** Meerwasser n
~-**water corrosion** Korrosion f in (durch) Meerwasser, Meerwasserkorrosion f
~-**water exposure** Auslagerung f in Meerwasser
~-**water immersion test** Meerwassertauchversuch m
~-**water splash zone** Spritzwasserzone f, Spritzwasserbereich m
~-**water test** Meerwasserversuch m
seacoast atmosphere Küstenatmosphäre f
~ **environment** Küstenklima n
seal/to 1. verdichten, sealen (anodisch erzeugte Schichten); 2. versiegeln (poröse Oberflächen)
seal coat[ing] s. sealing coat
sealant s. sealer
sealer 1. Verdichtungsmittel n (für anodisch erzeugte Schichten); 2. Absperrmittel n, Sperrgrund m
~ **coat** s. sealing coat
sealing 1. Verdichten n, Verdichtung f, Sealen n (von anodisch erzeugten Schichten); 2. Versiegeln n, Versiegelung f (von porösen Oberflächen); Verschließen n, Verstopfen n (von Poren)
~ **additive** Sealingzusatz m, Verdichtungszusatz m (für anodisch erzeugte Schichten)
~ **bath** Verdichtungsbad n (beim Anodisieren)
~ **coat** Absperranstrich m; porenschließender Deckanstrich m (z.B. über einer Spritzmetallschicht)
~ **solution** Verdichtungslösung f
~ **treatment** s. sealing
~ **water** Verdichtungswasser n (beim Anodisieren)

seam Naht f
seamless nahtlos
season cracking veralteter Ausdruck für die Spannungsrißkorrosion des Messings
seawater s. sea-water
second-class brightener s. secondary brightener
~-[**grade**] **sheets** s. seconds
~-**surface coating** Innenbeschichtung f
secondary addition agent (Galv) Zusatz m 2. Klasse
~ **brightener** (Galv) sekundäres Glanzmittel n, Glanzmittel n 2. Klasse, Glanzbildner m (i.e.S.)
~ **creep** sekundäres (stationäres) Kriechen n, Bereich m II (der Kriechkurve)
~ **distribution** [**of current**] (Galv) Sekundärstromverteilung f
~ **electron** Sekundärelektron n
~ **ferrous phosphate** Eisen(II)-hydrogenphosphat n
~ **inhibition** sekundäre Inhibition f, Sekundärinhibition f
~ **inhibitor** Sekundärinhibitor m, chemischer (chemisorbierter) Inhibitor m
~-**ion mass spectrometry** Sekundärionen-Massenspektrometrie f, SIMS
~ **passivation** sekundäre Passivierung f
~ **passivity** Sekundärpassivität f
~ **phosphate** sekundäres Phosphat n, Hydrogenphosphat n
~ **plasticizer** sekundärer (nichtlösender) Weichmacher m, Sekundärweichmacher m
~ **reaction** Sekundärreaktion f
seconds Weißblech n II. Wahl
seep away/to versickern
seepage 1. Durchsickern n; 2. Leckflüssigkeit f
segregates Ausscheidungen fpl, (i.e.S.) Korngrenzenausscheidungen fpl (bei Legierungen)
segregation Segregation f, Ausscheidung f, (von Legierungselementen in Schmelzen auch) Seigerung f
seize/to sich festfressen
seizing, seizure Festfressen n
selective attack selektiver Angriff m
~ **corrosion** selektive Korrosion f
~ **deposition** selektive Abscheidung f
~ **dissolution** selektive Auflösung f
~ **leaching** selektive Herauslösung f

~ **oxidation** selektive Oxydation *f*
selectivity Selektivität *f*, selektive Wirkung *f*
selenium rectifier *(Galv)* Selengleichrichter *m*
self-activation Selbstaktivierung *f*
~-**adhesive tape** Selbstklebeband *n*, *(zum Schutz von Rohrleitungen auch)* selbstklebende Binde *f*
~-**corrosion** Eigenkorrosion *f*
~-**curing** selbsthärtend
~-**cross-linking** selbstvernetzend
~-**diffusion** Selbstdiffusion *f*
~-**diffusion coefficient** Selbstdiffusionskoeffizient *m*
~-**energy** innere Energie *f*
~-**etch primer** Washprimer *m*, Reaktionsgrundierung *f*, Reaktionsprimer *m*, Aktivprimer *m*, Ätzprimer *m*
~-**fluxing** selbstgehend, selbstgängig *(ohne Flußmittelzusatz schmelzend)*
~-**healing** selbst[aus]heilend, selbstregenerierend *(Schutzschicht)*
~-**healing** Selbst[aus]heilung *f*, Ausheilung *f* *(von Oxidhäuten)*
~-**healing capacity** Selbstheilungsvermögen *n*, Ausheilungsvermögen *n (von Oxidhäuten)*
~-**passivate/to** sich [selbst] passivieren
~-**passivating** mit Selbstpassivierung, sich selbst passivierend
~-**passivation** Selbstpassivierung *f*, spontane Passivierung *f*
~-**potential** Eigenpotential *n*
~-**protecting** selbstschützend
~-**regulating** *(Galv)* selbstregulierend
~-**regulating bath** selbstregulierender Elektrolyt (Chromelektrolyt) *m*
~-**regulating high-speed bath (solution)** SRHS-Chromelektrolyt *m (ein strontiumsulfathaltiger selbstregulierender Chromelektrolyt)*
~-**regulating solution** *s.* ~-regulating bath
~-**stifling** mit Selbstinhibierung (Selbsthemmung), selbsthemmend
~-**stimulating** sich selbst unterhaltend *(Reaktion)*
~-**suppressing corrosion** Korrosion *f* mit Selbstinhibierung
SEM *s.* 1. scanning electron microscopy; 2. scanning electron microscope; 3. scanning electron micrograph
SEM fractograph *s.* scanning electron fractograph

SEM photomicrograph (picture) *s.* scanning electron micrograph
semi-automatic plating line Galvanisierhalbautomat *m*
~-**bright** halbglänzend, Halbglanz...
~-**bright bath** *(Galv)* Halbglanzelektrolyt *m*
~-**bright coating (deposit)** halbglänzende Schutzschicht (Schicht) *f*
~-**bright nickel** Halbglanznickel *n*
~-**bright nickel coating** Halbglanznickelschicht *f*
~-**bright nickel plating** Halbglanzvernick[e]lung *f*
~-**bright plate** *s.* ~-bright coating
~-**bright [plating] solution** *(Galv)* Halbglanzelektrolyt *m*
~-**drying alkyd** halbtrocknendes Alkydharz *n*
~-**drying oil** halbtrocknendes Öl *n*
~-**drying-oil fatty acid** halbtrocknende Fettsäure *f*
~-**gloss[y]** halbglänzend, Halbglanz...
~-**matt** halbmatt
~-**noble** halbedel
~-**works test** Pilot-plant-Versuch *m*
semiconducting halbleitend, Halbleiter...
semiconduction Halbleitung *f*
semiconductor Halbleiter *m*
semikilled steel halbberuhigter Stahl *m*
semipolar inhibitor Deckschichtenbildner *m (Inhibitortyp)*
Sendzimir installation Breitbandverzinkungsanlage *f (ursprünglich nach Th. Sendzimir)*
~ **process** Sendzimir-Verfahren *n (der Feuerverzinkung), (i.w.S.)* Breitbandverzinkung *f*
sensing electrode Meßelektrode *f*
sensitive to acids säureempfindlich
~ **to attack** korrosionsempfindlich, korrosionsanfällig
~ **to climatic conditions** klimaempfindlich
~ **to copper** kupferempfindlich
~ **to corrosion** korrosionsempfindlich, korrosionsanfällig
~ **to grain-boundary corrosion** korngrenzenkorrosionsempfindlich, kornzerfallsempfindlich, kornzerfallsanfällig
~ **to moisture** feuchtigkeitsempfindlich
sensitivity Empfindlichkeit *f*, Sensibilität *f*
sensitization Sensibilisierung *f (1. Auslösung interkristalliner Korrosion bei Stahl; 2. Erhöhung der Anfälligkeit von Plasten für Photooxydation durch Farbpigmente)*
~ **susceptibility** erhöhte Neigung zu interkristalliner Korrosion

sensitize 170

sensitize/to sensibilisieren *(1. Stahl für Kornzerfall empfindlich machen; 2. Plaste für Photooxydation empfindlich machen)*
sensitized 1. sensibilisiert, korngrenzenkorrosionsempfindlich, kornzerfallsempfindlich, kornzerfallsanfällig *(Stahl)*; 2. sensibilisiert *(Plaste)*
sensitizer Sensibilisator *m*
sensitizing range (zone) Empfindlichkeitsbereich *m*, Empfindlichkeitsgebiet *n*, kritischer Temperaturbereich *m (für Kornzerfall)*, Kornzerfallsbereich *m*
separable abtrennbar, abscheidbar
separate/to trennen *(Stoffgemische)*; abtrennen, abscheiden *(aus Stoffgemischen)*; sich abscheiden (ausscheiden)
separating layer Trennschicht *f*
separation Trennen *n*, Trennung *f*; Abscheiden *n*, Abtrennen *n*; Ausscheidung *f*
sequence of operations Schrittfolge *f*, Arbeitsablauf *m*
sequester/to maskieren *(Ionen)*
sequestering agent Maskierungsmittel *n (für Ionen)*, Sequestiermittel *n*, Komplexbildner *m*
sequestrant *s.* sequestering agent
sequestration Maskierung *f (von Ionen)*, Komplexbildung *f*
service behaviour Betriebsverhalten *n*
~ **conditions** Einsatzbedingungen *fpl*, Betriebsbedingungen *fpl*, Gebrauchsbedingungen *fpl*, Anwendungsbedingungen *fpl*, Praxisbedingungen *fpl*
~ **conditions number** Aggressivitätsklasse *f*, Beanspruchungsstufe *f*
~ **corrosion test** Korrosionsversuch *m* unter Einsatzbedingungen
~ **corrosion testing** Korrosionsprüfung *f* unter Einsatzbedingungen
~ **data** Erprobungsergebnisse *npl*
~ **environment** Einsatzgebiet *n*, Einsatzort *m*, *(i.w.S.)* Einsatzklima *n*, Anwendungsklima *n*
~ **experience** Betriebserfahrungen *fpl*
~ **exposure conditions** *s.* ~ conditions
~ **failure** Ausfall *m*, Versagen *n*, Unbrauchbarwerden *n*
~ **grade number** *s.* conditions number
~ **indoors** Inneneinsatz *m*
~ **life** Gebrauchswertdauer *f*, Nutzungsdauer *f*; Haltbarkeitsdauer *f*, Schutzdauer *f (von Schutzschichten)*
~-**life expectancy** normative Nutzungsdauer *f*, Lebenserwartung *f*, erwartbare Lebensdauer (Standzeit) *f*
~ **load** Betriebsbelastung *f*
~ **outdoors** Außeneinsatz *m*
~ **parameters** Betriebsparameter *mpl*, Betriebsdaten *pl*
~ **performance** Betriebsverhalten *n*, Betriebsbewährung *f*
~ **pipe** Verbrauchsleitung *f*, Verbraucherleitung *f*, Bedarfsträgerleitung *f (Hausinstallation)*
~ **requirements** betriebliche Erfordernisse *npl*
~ **stress** Anwendungsspannung *f*
~ **temperature** Betriebstemperatur *f*, Gebrauchstemperatur *f*, Verwendungstemperatur *f*
~ **test** Versuch *m* unter Einsatzbedingungen
~ **testing** Prüfung *f* unter Einsatzbedingungen
~ **time** Betriebsdauer *f*
~ **trial** *s.* ~ test
~ **variables** veränderliche Betriebsdaten *pl*
~ **water** Brauchwasser *n*, Betriebswasser *n*, Gebrauchswasser *n*, Fabrikationswasser *n*, Nutzwasser *n*
serviceability Einsetzbarkeit *f*, Brauchbarkeit *f*, Verwendbarkeit *f*, *(bei Geräten auch)* Betriebsbereitschaft *f*, Funktionstüchtigkeit *f*, Funktionsfähigkeit *f*
serviceable einsetzbar, brauchbar, verwendbar, *(bei Geräten auch)* betriebsbereit, funktionstüchtig, funktionsfähig
sessile dislocation nicht gleitfähige Versetzung *f*, Lomer-Cottrell-Versetzung *f*
set up/to mit Schleifkorn beleimen *(eine Schleifscheibe)*
set-up abrasive wheel schleifkornbelegte (schleifkornbeleimte) Scheibe *f*
~-**up salt** Stellmittel *n (für Emailmassen)*
setting point Stockpunkt *m (von Ölen)*
~-**up** Beleimen *n* mit Schleifkorn *(von Schleifscheiben)*
settle/to sich absetzen (abscheiden), sich ablagern (ausscheiden)
settling tank Auffangbehälter *m*, Auffanggefäß *n*, Sammelbehälter *m (einer Flutanlage)*
~ **tendency** Absetzneigung *f*
severe corrosion environment hochkorrosive Umgebung *f*
~ **exposure** schwere Beanspruchung *f*

severity of attack Angriffsstärke *f,* Angriffsgrad *m*
shadowing Beschattung *f,* Bedampfung *f* *(von Werkstoffproben zur elektronenmikroskopischen Prüfung)*
shaker *(Prüf)* Schüttelmaschine *f,* Schüttelapparat *m*
shallow pit Korrosionsmulde *f*
~ **pit formation** Muldenkorrosion *f,* Muldenfraß *m*
shape change Gestaltänderung *f,* Formänderung *f*
sharp-cornered scharfkantig *(Schleifmittel)*
shattercrack *s.* flake 2.
SHE *s.* standard hydrogen electrode
shear/to scheren
shear Scherung *f,* Schiebung *f,* Schub *m* *(Gleitung benachbarter parallel liegender Schichten durch tangential wirkende Kräfte), (bei Einkristallen)* Abgleiten *n,* Abgleitung *f*
~ **deflection** *s.* 1. shear; 2. ~ stress
~ **dimple** Scherwabe *f*
~ **modulus** Schermodul *m,* Schubmodul *m,* Gleitmodul *m*
~ **strain** *s.* 1. shear; 2. ~ stress
~ **strength** Scherfestigkeit *f,* Schubfestigkeit *f*; maximale Scherspannung (Schubspannung) *f*
~ **stress** Scherspannung *f,* Schubspannung *f,* Schubbeanspruchung *f,* Tangentialspannung *f*
~ **transformation** martensitische Umwandlung *f,* Martensitumwandlung *f*
shearing stress *s.* shear stress
sheath/to *s.* sheathe/to
sheath Hülle *f,* Mantel *m,* Umhüllung *f,* Ummantelung *f*
~ **current** Mantelstrom *m*
sheathe/to umhüllen, ummanteln
sheathing 1. Umhüllen *n,* Ummanteln *n*; 2. *s.* sheath
~ **material** Umhüllungs[werk]stoff *m*
sheen Glanz *m*
sheet Blech *n (als Stück)*; Plastfolie *f (als Stück; dicker als 0.01 inch = 0,25 mm)*
~ **anode** Plattenanode *f*
~ **conveyor** Blechförderer *m (einer Feuermetallisierungsanlage)*
~ **iron** Eisenblech *n*
~ **metal** Blech *n (als Werkstoff); Blech von weniger als 6,35 mm Dicke*

~-**metal enamel** Blechemail *n*
~-**metal specimen** Blechprobe *f,* Blechmuster *n,* Probeblech *n,* Prüfblech *n*
~-**metal technique** Aufschweißplattieren *n*
~ **plant** Feuermetallisieranlage *f* für Tafelbleche
~ **silver** Silberblech *n*
~ **specimen** *s.* ~-metal specimen
~ **steel** Stahlblech *n*
~ **tinning** Verzinnen *n* von Blech, *(bei Stahl auch)* Weißblechherstellung *f*
~ **zinc** Zinkblech *n (i.e.S.)*
Sheffield plate Sheffield-Plate *(zweischichtiges Kupfer-Silber-Blech für Treibarbeiten)*
shelf dirt *(Galv)* Anwuchs *m (aus Metall an Kontaktelementen)*
~ **life** Lager- und Verarbeitbarkeitsdauer *f,* Gebrauchsfähigkeitsdauer *f (z. B. von Anstrichstoffen)*
shellac Schellack *m*
~ **varnish** Schellacklösung *f,* Schellack-Spirituslack *m*
shelter *(Prüf)* Schutzhütte *f,* Jalousiehütte *f,* Jalousiehäuschen *n*
~ **test rack** überdachtes Auslagerungsgestell *n*
sheltered exposure Auslagerung *f* im Außenraumklima *(Aufstellungskategorie II)*
~ **specimen rack** *s.* shelter test rack
~ **test** Auslagerungsversuch *m* im Außenraumklima
Shepard Cane [resistivity meter] *(Kat)* Shepard-Stab *m (zum Messen des Erdbodenwiderstands)*
sherardization *s.* sherardizing
sherardize/to sherardisieren
sherardized [zinc] coating Sherardisierschicht *f,* aufdiffundierte Zink[schutz]schicht *f*
sherardizing Sherardisieren *n,* Verzinken *n* im Pulver *(Diffusionsverzinken nach Sherard)*
shield/to schützen; *(Galv)* abblenden, abschirmen *(z. B. Kanten des Galvanisierguts)*
shield 1. *(Galv)* Abblendeinrichtung *f*; 2. Blende *f,* Abschirmblende *f (einer Vakuumzerstäubungsanlage)*
shielding effect *(Kat)* Abschirmwirkung *f (z. B. ungünstig angeordneter Stahlbauelemente)*
~ **gas** Schutzgas *n (beim Schweißen)*
shift/to 1. verschieben; 2. abwandern *(Potential)*

shift

shift in a less noble direction Unedlerwerden *n*, Veruned[e]lung *f* (eines Potentials)
~ in a noble direction Vered[e]lung *f* (eines Potentials)
~ of potential Potentialverschiebung *f*, Potentialänderung *f*, Abwandern *n* des Potentials
ship's bottom paint Schiffsbodenanstrichstoff *m*, Schiffsbodenfarbe *f*
~ topside paint Überwasser-Schiffsanstrichstoff *m*, Überwasserschiffsfarbe *f*, Außenbordfarbe *f*
Shirley test Tiegelversuch *m* (für Salzschmelzen)
shock resistance Schlagfestigkeit *f*
~ wave Schockwelle *f* (beim Explosionsplattieren und -spritzen)
shop application Beschichten *n* in der Werkstatt, Werksbeschichtung *f*; Fertigungsanstrich *m*
~-applied priming coat Fertigungsanstrich *m*
~ coat Fertigungsanstrich *m*
~-coated werksbeschichtet; mit einem Fertigungsanstrich versehen
~ coating 1. Beschichten *n* in der Werkstatt, Werksbeschichtung *f*; 2. *s.* ~ primer
~ paint *s.* ~ primer 1.
~ primer 1. Fertigungsanstrichstoff *m*, Grundanstrichstoff *m* für Fertigungsanstriche; 2. Fertigungsanstrich *m*
shore climate Küstenklima *n*
Shore hardness *s.* ~ scleroscope hardness
~ scleroscope Skleroskop *n* nach Shore (zur Prüfung der Rücksprunghärte)
~ scleroscope hardness Shorehärte *f*, Skleroskophärte *f*
~ scleroscope hardness test Rücksprunghärteprüfung *f* nach Shore
short[-circuit]/to kurzschließen
short-circuit current Kurzschlußstrom *m*
~-circuited kurzgeschlossen
~-circuited cell Kurzschlußelement *n*, Kurzschlußzelle *f*
~ cycle (Galv) Umpolzyklus mit höchstens 40 Sekunden katodischer Schaltungsperiode
~-oil (Anstr) mager, kurzölig
~-oil alkyd mageres Alkydharz *n*, kurzöliges Alkyd[harz] *n*, Kurzöl-Alkydharz *n*
~-oil varnish magerer Öllack (Lack) *m*
~-range order Nahordnung *f* (z. B. in Legierungen)
~-range-order domain Nahordnungsbezirk *m*

~-term behaviour Kurzzeitverhalten *n*
~-term corrosion test Kurzzeitkorrosionsversuch *m*
~-term exposure Kurz[zeit]beanspruchung *f*
~-term performance *s.* ~-term behaviour
~-term protection Kurzzeitschutz *m*
~-term study Kurzzeituntersuchung *f*
~-term test Kurzzeitversuch *m*, Kurz[zeit]test *m*
~-term testing Kurz[zeit]prüfung *f*, zeitraffende Prüfung *f*
~ terne Terne-Blech in Weißblechabmessungen
~-time ... *s.* ~-term ...
shot Schrot *n*(*m*)
~ blasting Schrotstrahlen *n*, Schrotstrahlreinigung *f*
~-blasting plant Schrotstrahlgebläse *n*
~ peening Kugelstrahlen *n* (zur Oberflächenverfestigung)
shrink/to schrumpfen, schwinden
shrinkage Schrumpfen *n*, Schrumpfung *f*, Schwinden *n*, Schwindung *f*
~ cavity Schwindungshohlraum *m*
~ crack Schrumpf[ungs]riß *m*, Schwind[ungs]riß *m*
shrinking *s.* shrinkage
shutdown Stillegung *f*
~ period Stillstandszeit *f*, Ausfallzeit *f*, Betriebsunterbrechung *f*
~ potential (Kat) Ausschaltpotential *n*
S.I. *s.* saturation index
siccative Trockenstoff *m*, Trocknungsstoff *m*, Sikkativ *n*
side reaction Nebenreaktion *f*
Sieverts' law Sievertssches Gesetz *n*, Quadraturgesetz *n* von Sieverts (für Partialdrücke)
sigma-containing die Sigmaphase (σ-Phase) enthaltend
~ phase σ-Phase *f*, Sigmaphase *f* (in Legierungen)
~ segregation Sigma[phasen]ausscheidung *f*
~ susceptibility Neigung *f* zur Sigmaphasenversprödung
silica Siliciumdioxid *n*
~ sand Quarzsand *m*
silicate coating Silicat[schutz]schicht *f*
~ paint Silicatanstrichstoff *m*, silicatischer Anstrichstoff *m*, Silicatfarbe *f*
silicide Silicid *n*
~ coating Silicid[schutz]schicht *f* (elektroly-

tisch erzeugte Siliciumdiffusionsschicht über Siliciumfluorid als Zwischenstufe)
siliciding *elektrolytisches Diffusionsbeschichten mit Silicium über Siliciumfluorid als Zwischenstufe*
silicon Silicium *n*
~**-bearing** siliciumhaltig
~ **bronze** Siliciumbronze *f*
~ **carbide** Siliciumcarbid *n*
~ **cast iron** Siliciumguß *m*
~**-containing** siliciumhaltig
~**-iron alloy** Siliciumeisen *n*, Ferrosilicium *n*
~**-killed** siliciumberuhigt, Si-beruhigt, mit Silicium beruhigt *(Stahl)*
silicone Silicon *n*, Polyorganosiloxan *n*
~ **alkyd** Siliconalkyd[harz] *n*
~**-alkyd paint** Siliconalkydanstrichstoff *m*
~ **coating** Silicon[harz]anstrichstoff *m*
~ **elastomer** Siliconelastomer[es] *n*
~ **enamel** Silicon[harz]lack *m*
~ **grease** Siliconfett *n*
~**-modified alkyd** *s.* ~ alkyd
~ **oil** Siliconöl *n*
~ **paint** Silicon[harz]anstrichstoff *m*
~ **polyester** Siliconpolyester *m*
~ **resin** Siliconharz *n*
~ **resin vehicle** Siliconharzbindemittel *n*
~ **rubber gum** Silicon[roh]kautschuk *m*
~ **varnish** Silicon[harz]lack *m*
siliconize/to silizieren
siliconizing Silizieren *n*, Silizierung *f*, Diffusionssilizierung *f*
silver/to versilbern
~**-plate** elektrochemisch (galvanisch) versilbern
silver Silber *n*
~ **bath** *(Galv)* Silberelektrolyt *m*
~ **coating** Silber[schutz]schicht *f*
~ **deposit** Silber[schutz]schicht *f (meist elektrochemisch hergestellt)*
~ **electrode** Silberelektrode *f*
~ **electrodeposit** elektrochemisch (galvanisch) hergestellte Silber[schutz]schicht *f*
~ **foil** Silberfolie *f*; Aluminiumfolie *f*
~**-free** silberfrei
~ **leaf** Blattsilber *n*
~ **lining** Innenversilberung *f*
~ **plate** 1. elektrochemisch (galvanisch) hergestellte Silberschutzschicht *f*, [dünne] Silberauflage *f*; 2. versilbertes Blech *n*
~ **plating** Versilbern *n*
~ **plating copper** schwach zink- und bleihaltiges Kupfer zur Herstellung von „Old Sheffield Plate"
~ **plating solution** *(Galv)* Silberelektrolyt *m*
~ **strike** *(Galv)* 1. Vorversilberungselektrolyt *m*; 2. Vorversilberungsschicht *f*; 3. *s.* ~ striking
~ **striking** *(Galv)* Vorversilbern *n*
silvering Versilbern *n*
silverplating line Versilberungsanlage *f (als Straßenautomat ausgelegt)*
silvery silberhaltig; silbern; silberähnlich; silberglänzend
simple solution attack Korrosion in flüssigen Metallen durch physikalische Auflösung
SIMS *s.* secondary-ion mass spectrometry
simulated corrosion test Versuch *m* mit simulierter Beanspruchung, Korrosionsversuch *m* unter betriebsnaher Korrosionsbelastung
simulation medium Prüfmedium *n* für simulierte Beanspruchung
~ **test** *s.* simulated corrosion test
simultaneous reaction Simultanreaktion *f*
single anode Einzelanode *f*
~**-bath method** Einbadverfahren *n*
~ **cathode** Einzelkatode *f*
~**-clad** einseitig plattiert
~**-coat enamel** Einschichtemail *n*
~**-coat enamelling** Einschicht[direkt]emaillierung *f*
~**-coat finish** 1. Einschichtlack *m*; 2. Einschichtlackierung *f*
~ **crystal** Einkristall *m*
~ **electrode** Einzelelektrode *f*, Einfachelektrode *f*
~**-electrode potential** Einzel[elektroden]potential *n*
~**-file machine** *s.* ~-lane machine
~**-galvanized** abstreifverzinkt *(Stahldraht)*
~**-lane machine (system)** *(Galv)* Einfachstraßen-Umkehrautomat *m*
~**-layer[ed]** einschichtig; einlagig
~**-layer[ed] coating** Einzelschicht *f*
~**-pack etch primer** Einkomponenten-Washprimer *m*, Eintopf-Washprimer *m*
~**-pack primer** Einkomponentenprimer *m*, Eintopfprimer *m*
~**-package epoxy** Einkomponenten-Epoxidharz-Anstrichstoff *m*
~**-phase** einphasig, Einphasen...
~**-phase alloy** Einphasenlegierung *f*, homogene Legierung *f*

single 174

~-phased s. ~-phase
~-row machine *(Galv)* einstraßige (einpfadige) Anlage f, *(i.e.S.)* Einfachstraßen-Umkehrautomat m
~ spline rack s. straight-spline rack
~-stage stressing Einstufenbeanspruchung f
~ step Einzel[reaktions]schritt m
~-sweep tinning Einbadverzinnung f, Einkesselverfahren n
~-track plant *(Galv)* einstraßige (einpfadige) Anlage f
~-track return-type plant *(Galv)* Einfachstraßen-Umkehrautomat m
sinter/to sintern
sintered coating gesinterte Schutzschicht f, Sinterschutzschicht f
~[-powder] metal Sintermetall n, Sinterlegierung f
siphon cup *(Anstr)* Saugbecher m, Saugtopf m
~ feed *(Anstr)* Saugspeisung f
~-feed gun *(Anstr)* Saugbecher[spritz]pistole f
~-feed spraying *(Anstr)* Spritzen n mit Saugsystem
~-feed system *(Anstr)* Saugsystem n
~ spraying s. ~-feed spraying
sisal wheel Sisalscheibe f
site application Beschichten n auf der Baustelle, Baustellenbeschichtung f; Baustellenanstrich m
~-applied coat auf der Baustelle aufgebrachte Schutzschicht f; Baustellenanstrich m
~-coated baustellenbeschichtet
~ coating s. site application
~ conditions Baustellenbedingungen fpl
~ finish Baustellenanstrich m
~ of attack Angriffsstelle f, Korrosionsstelle f, Korrosionspunkt m
~ of growth *(Krist)* Wachstumsstelle f
~ of reaction Reaktionsort m
~ painting Baustellenanstrich m
~-spraying shop Metallspritzwerkstatt f am Montageort
skeleton Gerüst n *(z. B. aus Graphit)*
skimming roll Abstreiferrolle f, Abstreifwalze f *(beim Feuermetallisieren)*
skin Haut f, [dünne] Oberflächenschicht f
~ effect *(Prüf)* Skin-Effekt m, Hautwirkung f
~ formation Hautbildung f
skinning Hautbildung f

~ inhibitor Hautverhinderungsmittel n, Hautverhütungsmittel n, Antihautmittel n
skip Fehlstelle f *(in einer Schutzschicht)*
skipping Auftreten ungalvanisierter Stellen
slack wax Paraffingatsch m
slag off/to abscheiden *(z. B. eine Oxidhaut aus einer Schmelze)*
slag cement Hüttenzement m
sleeving Schutzhülle f, Mantel m, Hülle f, Ummantelung f, Umhüllung f *(z. B. für Rohre)*
sliding suspender Förderer m, Fördereinheit f *(eines Gestellgalvanisierautomaten)*
slightly soluble schwerlöslich, schwer (wenig) löslich
slip 1. *(Krist)* Gleiten n, Gleitung f; 2. Schlikker m *(beim Emaillieren)*
~ area Gleitbereich m
~ band Gleitband n
~ direction Gleitrichtung f
~ line Gleitlinie f
~ plane Gleitebene f
~ step Gleitstufe f *(im Kristallgitter)*
~ system Gleitsystem n
~ trace Gleitspur f
slipped coating Gardine f *(abgerutschte Metallschicht bei zu dickem Auftrag)*
slough off/to sich ablösen
slow down/to verlangsamen, [ab]bremsen *(eine Reaktion)*
slow-drying *(Anstr)* langsam trocknend
~ electron diffraction Beugung f langsamer (niederenergetischer) Elektronen, LEED-Technik f
~ solvent schwerflüchtiges (langsamflüchtiges) Lösungsmittel n
sludge Schlamm m, Sinkschlamm m, Sinkstoff m
~ build-up, ~ formation Schlammbildung f
sludging Schlammbildung f
sluggish träge *(Reaktion)*
slurry fest-flüssige Dispersion f, metallhaltiger Schlicker m
~-applied coat als fest-flüssige Dispersion aufgebrachte Schutzschicht f
~ coating Beschichten n durch fest-flüssige Dispersionen *(mit anschließender Wärmebehandlung)*
~ technique Aufbringen n fest-flüssiger Dispersionen *(mit anschließender Wärmebehandlung)*
slush s. slushing grease

slushing compound temporäres Korrosionsschutzmittel *n*, Konservierungsmittel *n*, *(bei Eisen und Stahl auch)* temporäres Rostschutzmittel *n (Öl, Fett oder Wachs)*
~ **grease** Korrosionsschutzfett *n*, Konservierungsfett *n*, *(bei Eisen und Stahl auch)* Rostschutzfett *n*
~ **oil** Korrosionsschutzöl *n*, Konservierungsöl *n*, *(bei Eisen und Stahl auch)* Rostschutzöl *n*
small-spangled kleinblumig, feinblumig *(Metallschutzschicht)*
smithy scales Hammerschlag *m (Eisen(II, III)-oxid)*
smoke pollution Luftverschmutzung (Luftverunreinigung) *f* durch Rauch
smooth/to glätten
smooth glatt
~ **specimen** blanke Probe *f*
smoothing Glätten *n*, Glättung *f*
smoothness Glätte *f*
smut Schmutzflocke *f*; Beizbast *m*
S/N curve σ/N-Kurve *f*, Wöhler-Kurve *f*
S/N diagram σ/N-Diagramm *n*, Wöhler-Diagramm *n*
snout Tauchrüssel *m (einer Feuerverzinkungsanlage)*
snowflake *s.* flake 2.
SO₂ [cabinet] test *s.* sulphur-dioxide test
soak/to tauchen
soak cleaner Tauchreiniger *m*
~ **cleaning** Tauchreinigung *f*; Tauchentfettung *f*
~ **tank** Tauchbecken *n*
soaking Tauchen *n*
~ **bath** Tauchbad *n*
~ **tank** Tauchbecken *n*
soap Seife *f*
~ **formation** Seifenbildung *f*
soapstone Fettstein *m (zum Abstreifen überschüssigen Zinns)*
socket joint Muffenverbindung *f*
soda ash wasserfreie (kalzinierte) Soda *f*, wasserfreies Natriumcarbonat *n*
~ **bath** Sodabad *n (einer Feuerverzinnungsanlage)*
sodium benzoate Natriumbenzoat *n (Inhibitor)*
~ **chloride** Natriumchlorid *n*
~ **ferroate** Natriumferrat(II) *n*
~-**hydride [salt-bath] process** Natriumhydrid-Verfahren *n (zum Entzundern)*

~ **metaphosphate** Natriummetaphosphat *n (Inhibitor)*
~ **orthophosphate** Natriumorthophosphat *n (Inhibitor)*
~ **polyphosphate** Natriumpolyphosphat *n (Inhibitor)*
~-**stannate bath** *(Galv)* Natriumstannatelektrolyt *m*
~-**tetrachromate bath** *(Galv)* Tetrachromatelektrolyt *m*, Grauchromelektrolyt *m*, D-Chrom-Elektrolyt *m*
~ **zincate** Natriumzinkat *n*
soft buff Schwabbelscheibe *f*
~ **coating** *(Galv)* weiche Schutzschicht *f*
~ **iron** Weicheisen *n*
~ **resin** Weichharz *n*
~ **solder** Weichlot *n*
~ **soldering** Weichlöten *n*
~ **water** weiches Wasser *n*, Weichwasser *n*
soften/to erweichen, aufweichen; weich machen *(Plaste)*; enthärten *(Wasser)*; weich werden, erweichen, aufweichen
softener *s.* softening agent
softening Erweichen *n*, Aufweichen *n*; Weichmachung *f (von Plastwerkstoffen)*; Enthärtung *f (von Wasser)*
~ **agent** Enthärtungsmittel *n*, Enthärter *m (für Wasser)*
~ **installation (plant)** Enthärtungsanlage *f (Wasseraufbereitung)*
~ **range** Erweichungsbereich *m*, Erweichungsintervall *n*
~ **stage** Erweichungszustand *m*
soil 1. Boden *m*, Erdboden *m*; 2. Schmutz *m*
~ **aggressivity** Bodenaggressivität *f*
~ **bacteria** Bodenbakterien *npl*
~ **box** *(Kat)* Bodenwiderstands-Meßzelle *f*, Soil-Box *f*
~ **burial** Erdverlegung *f*, Einerdung *f*; *(Prüf)* Erdvergrabung *f*, Vergraben *n*
~-**burial test** Erdvergrabungsversuch *m*, Erdvergrabungstest *m*
~ **conditions** Bodenverhältnisse *npl*
~ **corrosion** Bodenkorrosion *f*, Erdbodenkorrosion *f*
~ **corrosion test** Bodenkorrosionsversuch *m*
~ **corrosiveness (corrosivity)** Bodenaggressivität *f*, Bodenkorrosivität *f*
~ **current** Erdstrom *m*
~ **deposit** Schmutzablagerung *f*
~ **electrolyte** Bodenelektrolyt *m*
~ **exposure** *s.* ~ burial

soil

~ **fungi** bodenbewohnende Pilze *mpl*
~ **potential** Erdpotential *n*, Bodenpotential *n*
~ **resistance** Bodenwiderstand *m*, Erdbodenwiderstand *m*
~ **resistivity** spezifischer Bodenwiderstand (Erdbodenwiderstand) *m*
~ **test** *s.* ~ corrosion test
soilage pocket Tasche *f (nicht korrosionsschutzgerechte Konstruktion)*
solar wind Sonnenwind *m*
solder/to löten; sich löten lassen
solder Lot *n*, Lötmetall *n*, *(i.e.S.)* Weichlot *n*
solderability Lötbarkeit *f*, *(inkorrekt)* Lötfähigkeit *f*
solderable lötbar, *(inkorrekt)* lötfähig
soldered joint Lötverbindung *f*, Lötstelle *f*
soldering 1. Löten *n*, Lötung *f*; 2. Lötverbindung *f*, Lötstelle *f*
~ **embrittlement** Lotbrüchigkeit *f*, Lötbrüchigkeit *f*
solid Festkörper *m*, Feststoff *m*, Festsubstanz *f*
~ **contamination** feste Verunreinigungen *fpl*
~ **content** *s.* solids content
~-**gas interface** Grenzfläche *f* Festkörper-Gas
~ **grinding wheel** starrgebundene Schleifscheibe *f*
~-**liquid interface** Grenzfläche *f* fest-flüssig, Grenzfläche *f* Festkörper-Flüssigkeit
~ **lubricant** fester Schmierstoff *m*
~ **operation** Solid-Fahrweise *f (Kesselbetrieb mit festen Alkalisierungsmitteln)*
~ **phase** feste Phase *f*, Feststoffphase *f*
~ **point** Stockpunkt *m (von Ölen)*
~ **soils** feste Verunreinigungen *fpl*
~-**solid interface** Grenzfläche *f* fest-fest, Grenzfläche *f* Festkörper-Festkörper
~ **solubility** Festkörperlöslichkeit *f*, Löslichkeit *f* in festem Zustand
~ **solution** feste Lösung *f*; Mischkristall *m*
~-**solution alloy** homogene Legierung *f*
~-**solution hardening** Mischkristallverfestigung *f*, Mischkristallhärtung *f*
~-**state diffusion** Festkörperdiffusion *f*, Diffusion *f* von (in) festen Stoffen
~-**state reaction** Festkörperreaktion *f*
solidification Festwerden *n*, Erstarren *n*
solidify/to fest werden, erstarren
solids Festkörper *mpl*, Feststoffe *mpl*, nichtflüchtige Bestandteile (Stoffe) *mpl*
~ **content** Festkörpergehalt *m*, Festkörperanteil *m*, Feststoffgehalt *m*, Feststoffanteil *m*

176

~ **volume** Volumenfestkörper *m*
100 % solids coating lösungsmittelfreier Anstrichstoff *m*
solidus [curve, line] Soliduskurve *f*, Soliduslinie *f*, Erstarrungskurve *f*
solubility Löslichkeit *f*
~ **coefficient** Löslichkeitskonstante *f*
~ **curve** Löslichkeitskurve *f*
~ **parameter** Löslichkeitsparameter *m*
~ **product** Löslichkeitsprodukt *n*
solubilization Solubilisierung *f*, Solubilisation *f*, Löslichmachung *f*
solubilize/to löslich machen
solubilizer Lösungsvermittler *m*
solubilizing agent Lösungsvermittler *m*
soluble löslich
~ **anode** *(Galv)* Lösungsanode *f*, Lösungselektrode *f*
~ **inhibitor** löslicher Inhibitor *m*
solute gelöster Stoff *m*, Gelöstes *n*
solution Lösung *f* ● **to go (pass) into ~** in Lösung gehen, sich lösen
~ **agitation** *(Galv)* Elektrolytumwälzung *f*, *(inkorrekt)* Badumwälzung *f*, Badbewegung *f*
~-**annealed** lösungsgeglüht
~ **annealing** Lösungsglühen *n*
~ **ceramics** Lösungskeramik *f (Verfahren zur Herstellung dünner Silicatschutzschichten)*
~ **composition** Zusammensetzung *f* der Lösung; *(Galv)* Elektrolytzusammensetzung *f*, *(inkorrekt)* Badzusammensetzung *f*
~ **epoxy** lösungsmittelhaltiger Epoxidharzanstrichstoff *m*
~ **formula** *s.* ~ composition
~ **heat treatment** Lösungsglühbehandlung *f*, Lösungsglühen *n*
~ **paint** lösungsmittelhaltiger Anstrichstoff *m*, Lösungsmittellack *m*
~ **potential** Auflösungspotential *n*, Lösungspotential *n*
~ **pressure** Lösungsdruck *m*, Lösungstension *f*
~ **quenching** Lösungsglühen *n* mit anschließendem Abschrecken
~-**treated** lösungsgeglüht
~ **treatment** *s.* ~ heat treatment
solutionizing heat treatment *s.* solution heat treatment
solvation Solvatation *f*
~ **sheath** Solvathülle *f*
solvency Lösevermögen *n*, Lösungsvermögen *n*, Lösefähigkeit *f*, Lösekraft *f*

solvent Lösungsmittel *n*, Lösemittel *n*, Löser *m*
~ **action** Rücklösewirkung *f*, Rücklösungswirkung *f (beim Anodisieren)*
~ **balance** Lösungsmittelgleichgewicht *n*
~-**based coating (paint)** *s.* ~ coating
~-**bearing coating (paint)** *s.* ~ coating
~ **blend** Lösungsmittelgemisch *n*
~ **boil** *s.* ~ popping
~-**borne primer** lösungsmittelhaltiger Grundanstrichstoff *m*
~ **cleaner** Lösungsmittelreiniger *m*; Reinigungsmittel *n*, Auswaschmittel *n (z. B. für Beschichtungswerkzeuge)*
~ **cleaning** Lösungsmittelreinigung *f*
~ **coating** lösungsmittelhaltiger Anstrichstoff *m*, Lösungsmittellack *m*
~ **degreasing** Lösungsmittelentfettung *f*
~ **dry paint** physikalisch trocknender Anstrichstoff *m*
~ **drying** Trocknung *f* mit Lösungsmitteln *(z. B. mit Tri- oder Perchlorethylen)*
~ **drying plant** Lösungsmitteltrockner *m*
~ **evaporation** Lösungsmittelverdunstung *f*
~ **finish** *s.* ~ coating
~-**free** lösungsmittelfrei
~-**free coating** lösungsmittelfreier Anstrichstoff *m*
~-**free finish (paint)** *s.* ~-free coating
~-**free varnish** lösungsmittelfreier Lack *m*
~ **loss** Lösungsmittelverlust *m*
~ **mixture** Lösungsmittelgemisch *n*
~ **paint** *s.* ~ coating
~ **polarity** Lösungsmittelpolarität *f*
~ **pop** *(Anstr)* Kocher *m*, Auskocher *m (Fehler beim Einbrennen)*
~ **popping** *(Anstr)* Kocherbildung *f*, Kochblasenbildung *f (Fehler beim Einbrennen)*
~ **power** Lösevermögen *n*, Lösungsvermögen *n*, Lösefähigkeit *f*, Lösekraft *f*
~ **recovery** Lösungsmittelrückgewinnung *f*, Lösungsmittelwiedergewinnung *f*
~ **release** Lösungsmittelabgabe *f*, Lösungsmittelfreigabe *f (aus Anstrichfilmen)*
~ **resistance** Lösungsmittelbeständigkeit *f*, Lösungsmittelfestigkeit *f*, Lösungsmittelresistenz *f*
~-**resistant** lösungsmittelbeständig, lösungsmittelfest
~ **retention** Lösungsmittelretention *f*
~-**saturated zone** Lösungsmitteldunstzone *f*, Dunstzone *f*, Sättigungszone *f*

~ **solubility** Lösungsmittellöslichkeit *f*
~-**soluble** lösungsmittellöslich
~ **spraying** Abspritzen *n* mit Lösungsmittel
~ **stripping** lösendes Abbeizen *n (alter Anstriche)*
~-**thinned coating** lösungsmittelhaltiger Anstrichstoff *m*, Lösungsmittellack *m*
~-**type coating** *s.* ~ coating
~-**type [paint] remover** lösendes Abbeizmittel *n*
~ **vapour** Lösungsmitteldampf *m*
~-**vapour degreasing** Dampfentfetten *n*, Dampf[phasen]entfettung *f*
~ **wash[ing]** 1. Lösungsmittelentfettung *f*; 2. Abgewaschenwerden feuchter Anstriche durch kondensierende Lösungsmittel bei der Ofentrocknung
~ **wipe method** Handwischverfahren *n (zur Entfettung)*
solventless lösungsmittelfrei
~ **coating (finish, paint)** lösungsmittelfreier Anstrichstoff *m*
~ **varnish** lösungsmittelfreier Lack *m*
solvolysis Solvolyse *f*
sonic head Schallkopf *m*, Beschallungskopf *m*
soot Ruß *m*
sorb/to sorbieren
sorbite Sorbit *m (feinlamellarer Perlit)*
sorption cracking *s.* stress-sorption cracking
sorting test Auswahlprüfung *f*
sound fehlerfrei
~ **wave** Schallwelle *f*
source of current Stromquelle *f*
~ **of direct current** Gleichstromquelle *f*
soya [bean] oil, soybean oil Soja[bohnen]öl *n*
space-centred *(Krist)* raumzentriert, innenzentriert
~ **charge** Raumladung *f*
spacer Abstandhalter *m*
spall/to 1. [zer]splittern; 2. *s.* ~ off
~ **off** abplatzen, abblättern, absplittern
spallation Splittern *n*, Zersplittern *n*; Abplatzen *n*, Abblättern *n*, Absplittern *n*
spalling resistance Beständigkeit *f* gegen Abblättern (Abplatzen)
spangle Blumenmuster *n*, Eisblumenmuster *n*, Eisblumenstruktur *f, (bei Zink auch)* Zinkblumenmuster *n*
~ **formation** Blumenbildung *f*, Eisblumenbildung *f, (bei Zink auch)* Zinkblumenbildung *f*

spangle 178

~-**free** [eis]blumenfrei *(Metallschutzschicht)*, *(bei Zink auch)* zinkblumenfrei
~ **growth** s. ~ formation
spangled blumig *(Metallschutzschicht)*
~ **surface finish** s. spangle
spangles Eisblumen *fpl, (bei Zink auch)* Zinkblumen *fpl*
spar varnish Bootslack *m*
sparingly soluble schwerlöslich, schwer (wenig) löslich
spark-proof tool funkenfreies (nicht funkenreißendes) Werkzeug *n*
spatter/to spratzen
spatter Spratzen *n*
special boiling-point spirit Siedegrenzenbenzin *n*
~-**property test** Versuch *m* für Sonderbeanspruchungen
specialized primer Spezialgrundanstrichstoff *m*, Spezialgrundierung *f*
specific conductance (conductivity) spezifische [elektrische] Leitfähigkeit *f*, spezifisches Leitvermögen *n*, Einheitsleitfähigkeit *f*
~ **resistance** spezifischer [elektrischer] Widerstand *m*, Einheitswiderstand *m*
~ **surface free energy** s. ~ surface work
~ **surface work** spezifische Oberflächenenergie *f (auf eine Flächeneinheit bezogen)*
specification 1. Einsatzrichtlinie *f*; 2. Prüfungsvorschrift *f*
~ **paint** Spezialanstrichstoff *m*
specimen Probe *f*, Prüfling *m*, Prüfkörper *m*, Probekörper *m*
~ **area** Probenfläche *f*
~ **cleaning** Probenreinigung *f*
~ **dimensions** Probenabmessungen *fpl*
~ **electrode** Arbeitselektrode *f*
~ **geometry** Probengeometrie *f*
~ **holder** Probenhalter *m*, Probenhalterung *f*
~ **material** Probenmaterial *n*, Probenwerkstoff *m*
~ **potential** Probenpotential *n*
~ **preparation** Probenvorbereitung *f*
~ **rack** Probengestell *n*, Versuchsgestell *n*
~ **shape** Probenform *f*, Probengestalt *f*
~ **size** Probengröße *f*
~ **support** s. ~ holder
~ **surface** Probenoberfläche *f*
spectrogram Spektrogramm *n*
spectrograph Spektrograph *m*
spectrographic spektrographisch

spectrography Spektrographie *f*
spectrometer Spektrometer *n*
spectrometric spektrometrisch
spectrometry Spektrometrie *f*
spectroscope Spektroskop *n*
spectroscopic spektroskopisch
spectroscopy Spektroskopie *f*
spectrum of activity Wirkungsspektrum *n*, Wirkungsbreite *f (z. B. von Inhibitoren)*
specular spiegelglänzend
~ **finish (gloss)** Spiegelglanz *m*, Spitzenglanz *m*
~ **reflectance (reflectivity)** s. ~ finish
speculum [alloy] Spekulum[-Metall] *n (eine galvanisch abgeschiedene Cu-Zn-Legierung)*
~ **metal** s. speculum
~ **plating bath (solution)** *(Galv)* Spekulum-Elektrolyt *m*
speed of travel Durchziehgeschwindigkeit *f*, Durchzugsgeschwindigkeit *f (von Beschichtungsanlagen), (beim kontinuierlichen Feuermetallisieren auch)* Band[durchzieh]geschwindigkeit *f*
spelter Rohzink *n*
spent pickle liquor Abbeize *f*, ausgebrauchte (verbrauchte) Beizlösung (Beize) *f*
~ **plating bath** *(Galv)* ausgearbeiteter Elektrolyt *m*
sphere packing *(Krist)* Kugelpackung *f*
spheroidal graphite Kugelgraphit *m*
spheroidization Weichglühen *n*, Sphäroidisierung *f*
spheroidize/to weichglühen
spin off/to abschleudern
spin test Schleuderversuch *m (zur Untersuchung von Werkstoffen in strömenden Medien)*
spinel Spinell *m*
~ **layer** Spinellschicht *f*
~ **structure** Spinellstruktur *f*
spinning disk Sprühscheibe *f*
~ **head** Sprühkopf *m*
spiral contractometer *(Prüf)* Spiralkontraktometer *n*
spirit Spiritus *m*, Sprit *m (gewerblich hergestelltes Ethanol)*
~ **lacquer** Spirituslack *m*, Spritlack *m*
~-**soluble nitrocellulose** alkohollösliches Cellulosenitrat *n*, alkohollösliche Kollodiumwolle *f*, A-Wolle *f*
~ **varnish** s. ~ lacquer

splash zone Spritzwasserzone f, Spritzwasserbereich m
spline *(Galv)* Werkstückträger m
split [spray] pattern Finger mpl im Spritzstrahl *(Fehler beim Airless-Spritzen)*
splotchy fleckig
sponge [of] copper Schwammkupfer n
spongiosis Spongiose f, Eisenschwammbildung f, Graphitierung f, graphitische Korrosion (Zersetzung) f *(selektive Korrosion von Grauguß)*
spongy schwamm[art]ig, locker, porös
~ **copper** Schwammkupfer n
spontaneous oxidation spontane Oxydation f, Autoxydation f
~ **passivation** spontane Passivierung f, Selbstpassivierung f
spot/to:
~ **out** *(Galv)* ausblühen
spot-free drying fleckenfreie Trocknung f
~ **repair [painting]** *(Anstr)* Ausbessern n, Ausbesserung f, Ausflecken n *(kleiner Flächen)*
~ **test** Tüpfelversuch m *(zur Schichtdickenmessung)*
~-**weld/to** punktschweißen
~-**welding** Punktschweißen n
spotting Fleckenbildung f
~-**out** *(Galv)* Ausblühen n, Fleckenbildung f *(nachträglich)*
spray/to [ver]spritzen *(Flüssigkeiten, Schmelzen)*, [ver]sprühen *(in feine Tröpfchen)*; spritzen *(Oberflächen mit Beschichtungsstoffen)*; bespritzen *(Oberflächen mit Flüssigkeiten)*, bedüsen *(mit feinen Tröpfchen)*; abspritzen
~-**apply** durch Spritzen auftragen, [auf]spritzen; verspritzen, versprühen
~-**coat** spritzen *(Oberflächen mit Beschichtungsstoffen)*
~ **on** aufspritzen, aufsprühen, aufdüsen
spray 1. Spritzmittel n, Sprühmittel n; 2. s.
~ **nozzle** *(Zusammensetzungen s.a. unter spraying)*
~ **angle** Spritzwinkel m
~ **apparatus** Spritzgerät n
~ **application** Spritzauftrag m, Aufspritzen n, Spritzen n; Verspritzen n, Versprühen n
~ **booth** Spritzkabine f, *(beim Pulverspritzen)* Sprühkabine f, Beschichtungskabine f
~ **box (cabinet)** *(Prüf)* Sprühkammer f, Sprühraum m

~ **cap** Spritzkappe f, Spritzdüse f
~ **chamber** 1. Spritzkammer f, Reinigungskammer f *(einer Spritzwaschanlage)*; 2. s.
~ **box**
~ **cleaner** Spritzreiniger m
~ **cleaning** Spritzreinigen n, Spritzreinigung f
~ **cleaning machine** Spritzreinigungsanlage f
~ **coating** 1. Spritzen n *(von Oberflächen)*; 2. Spritzschicht f
~ **cone** Spritzkegel m, Spritzstrahl m
~ **degreasing** Spritzentfetten n, Spritzentfettung f
~ **dust** Spritzstaub m, Farbstaub m
~-**dust loss** Spritzverlust m
~ **equipment** Spritzeinrichtung f, Spritzgeräte npl
~ **fan** Spritzstrahl m
~ **gun** Spritzpistole f
~-**gun nozzle** Spritzdüse f, Spritzkappe f
~-**gun stroke** Spritzbahn f
~ **head** Spritzkopf m
~ **installation** Spritzanlage f, Spritzeinrichtung f
~ **jet** 1. Spritzdüse f; 2. Spritzstrahl m
~ **metallizing** Spritzmetallisieren n, Metallspritzen n
~ **mist** Spritznebel m; Sprühnebel m
~ **nozzle** Spritzdüse f, *(Anstr auch)* Spritzkappe f
~-**paint coating** [auf]gespritzter Anstrich m, Spritzfilm m
~ **painting** Spritzen n, Farbspritzen n, Spritzlackieren n
~-**painting booth** Spritzkabine f
~-**painting plant** Farbspritzanlage f, Spritzlackieranlage f
~ **pattern** Spritz[strahl]bild n; *(Prüf)* Sprühmuster n
~-**pattern angle** Spritzwinkel m
~-**pattern test** Sprühnebeltest m *(zur Prüfung der Reinheit von Oberflächen)*
~-**pattern width** Spritzbreite f
~-**phosphate coating** s. ~ **phosphating**
~-**phosphate plant** s. ~-**phosphating plant**
~ **phosphating** Spritzphosphatieren n, Spritzphosphatierung f
~-**phosphating plant** Spritzphosphatier[ungs]anlage f
~-**phosphating solution** Spritzphosphatier[ungs]lösung f
~ **pickling** Spritzbeizen n, Spritzbeizung f, Spritzbeize f

spray

- ~ **plant** Spritzanlage f
- ~ **powder** Spritzpulver n
- ~ **pressure** Spritzdruck m
- ~ **rebound** Rückprall m (zurückprallendes Material beim Farbspritzen)
- ~ **recoating** Überspritzen n
- ~ **rinse (rinsing)** Spritzspülung f, Spülen n mit Brausen
- ~ **solution** (Prüf) Sprühlösung f
- ~ **stroke** Spritzbahn f
- ~ **test** Sprühversuch m
- ~ **testing** Sprühprüfung f
- ~ **tip** Spritzdüse f, Spritzkappe f
- ~ **treatment** Spritzbehandlung f
- ~ **washer (washing machine)** Spritzwaschanlage f, Spritzentfettungsanlage f, Metallwaschmaschine f
- ~ **welding** Spritzschweißen n
- ~ **width** Spritzbreite f
- ~ **wire** Spritzdraht m
- ~ **zone** Spritzzone f

sprayability Verspritzbarkeit f, Spritzbarkeit f
sprayable [ver]spritzbar
sprayed Al metallization Spritzaluminieren n
- ~ **aluminium coating** Aluminiumspritz[schutz]schicht f
- ~ **cadmium coating** Cadmiumspritz[schutz]schicht f
- ~ **coat[ing]** Spritz[schutz]schicht f
- ~ **deposit** Spritzschicht f
- ~ **metal** Spritzmetall n
- ~-**metal coating (deposit)** Spritzmetall[schutz]schicht f, Metallspritzschicht f
- ~-**metal protective coating** s. ~-metal coating
- ~ **metallization** Spritzmetallisieren n, Metallspritzen n
- ~ **particle** Spritzteilchen n
- ~ **zinc coating** Zinkspritzschicht f

spraying ... s.a. spray ...
- ~ **consistency** Spritzkonsistenz f, Spritzviskosität f
- ~ **distance** Spritzabstand m
- ~ **fault** Spritzfehler m
- ~ **loss** Spritzverlust m
- ~ **paint** Anstrichstoff m zum Spritzen
- ~ **pistol** Spritzpistole f
- ~ **shop** Spritzwerkstatt f
- ~ **technique** Spritztechnik f
- ~ **thinner** Spritzverdünner m
- ~ **torch** Plasmaspritzpistole f, Plasmabrenner m; Flammenspritzpistole f; Lichtbogenspritzpistole f
- ~ **viscosity** Spritzviskosität f, Spritzkonsistenz f

spread/to verteilen (Anstrichstoffe); sich ausbreiten
spread of potential (Kat) Potentialverteilung f (über eine zu schützende Oberfläche)
spreader roller (Anstr) Auftragswalze f
spreading capacity (Anstr) Ergiebigkeit f, Ausgiebigkeit f
- ~ **of cracks** Rißausbreitung f
- ~ **rate** s. spreading capacity

spring contact (Galv) Federkontakt m, Federklemme f
- ~-**loaded** federbelastet
- ~ **tip** s. spring contact

sputter/to sputtern (im Vakuum zer- oder aufstäuben)
- ~ **away** abstäuben, absputtern

sputter cleaning Reinigen n durch Glimmentladungen, Sputtercleaning n
- ~ **deposition** Abscheiden n durch Vakuumzerstäubung (Ionen-Plasma-Zerstäubung)

sputtered film gesputterte Schicht f
sputtering Vakuumzerstäuben n, Ionen-Plasma-Zerstäuben n, Sputtern n, Katodenzerstäuben n
square (Galv) quaderförmige Anode f, Quader m, Würfel m (für Anodentaschen)
squeegee Rakel f
- ~ **roller** Abquetschrolle f, Quetschwalze f

S.R.H.S. solution s. self-regulating high-speed bath
S.R.O. domain s. short-range-order domain
SS nitrocellulose s. spirit-soluble nitrocellulose
SSC s. sulphide stress corrosion
SSPC = Steel Structures Painting Council
stability Stabilität f; Immunität f (im Pourbaix-Diagramm)
- ~ **range** Beständigkeitsbereich m, Stabilitätsbereich m

stabilization Stabilisierung f
stabilize/to 1. stabilisieren; 2. stabilglühen, stabilisierend glühen (Stahl)
stabilizer Stabilisator m, Stabilisier[ungs]mittel n
stabilizing agent s. stabilizer
- ~ **anneal** Stabil[isierungs]glühen n, stabilisierendes Glühen n

stable in air luftbeständig
stacking fault (Krist) Stapelfehler m
- ~-**fault energy** Stapelfehlerenergie f

stagnant stagnierend *(Flüssigkeiten)*
~ **pocket** Wassersack *m (nicht korrosionsschutzgerechte Konstruktion)*
stain Verfärbung *f*
~-**free** fleckenfrei
~-**free drying** fleckenfreie Trocknung *f*
~ **resistance** Fleckenbeständigkeit *f*, Fleckfestigkeit *f*
~-**resistant** fleckenbeständig
staining Fleckenbildung *f*
stainless korrosionsbeständig, *(Eisen und Stahl auch)* nichtrostend, rostbeständig, rostfrei, rostsicher
~ **steel** nichtrostender Stahl *m (Sammelbezeichnung für eine große Zahl relativ rostbeständiger, chromreicher Stähle)*
stamping lacquer test Näpfchenprobe *f*
stand oil Standöl *n, (i.e.S.)* Leinöl-Standöl *n*
standard bath *(Galv)* Standardelektrolyt *m (zum Verchromen)*
~ **cell** Normalelement *n*
~ **change in entropy** Standardentropieänderung *f*, Standardreaktionsentropie *f*
~ **change in free energy** *s.* ~ free-energy change
~ **electrode** Standard[bezugs]elektrode *f*, Grund-Bezugselektrode *f*
~ **electrode potential** Standardelektrodenpotential *n*, Standardbezugsspannung *f* einer Elektrode, Normalpotential *n*
~ **entropy** Standardentropie *f*
~ **entropy change** Standardentropieänderung *f*, Standardreaktionsentropie *f*
~ **free energy** freie Standardenthalpie *f*
~ **free-energy change** Änderung *f* der freien Standardenthalpie
~ **free energy of formation** freie Standardbildungsenthalpie *f*
~ **half-cell** Standardhalbelement *n*, Standardhalbzelle *f*, Standard[bezugs]elektrode *f*
~ **half-cell potential** *s.* ~ electrode potential
~ **hydrogen electrode** Standardwasserstoffelektrode *f*, St.H.E.
~ **of cleanliness** Reinheitsgrad *m*, Säuberungsgrad *m*, Reinigungsgrad *m*
~ **of polishing** Polierqualität *f*
~ **oxidation-reduction potential** Standardredoxpotential *n*, Standardelektrodenpotential *n*
~ **plate** Silberschicht *von etwa 4 µm Dicke*
~ **potential** *s.* ~ electrode potential
~ **redox potential** *s.* ~ oxidation-reduction potential

~ **reference electrode** *s.* ~ electrode
~ **specimen** Vergleichsprobe *f*, Standardprobe *f*
~ **Weston cell** Weston-Normalelement *n*
~ **work of reaction** Standardreaktionsarbeit *f*
stannate bath *(Galv)* Stannatelektrolyt *m*
stannic tin vierwertiges Zinn *n*
stannous sulphate bath *(Galv)* schwefelsaurer Zinnelektrolyt *m*
~ **tin** zweiwertiges Zinn *n*
start of corrosion Korrosionsbeginn *m*
~ **of pitting** Lochbildungsbeginn *m*, Lochkeimbildung *f*
starting material Ausgangsmaterial *n*
~ **place** Ausgangsstelle *f*
~ **point** Ausgangspunkt *m*
state of energy Energiezustand *m*
~ **of stress** Spannungszustand *m*
static load konstante Last *f*
~-**load fatigue test** Dauerstandversuch *m*, Zeitstandversuch *m* mit konstanter Last
~-**load test** Versuch *m* mit konstanter Belastung
~ **loading** statische Belastung *f*
~ **rinse** Sparspülen *n*, Standspülen *n*
~-**rinse tank** Sparspülbehälter *m*, Spar[spül]wanne *f*
~ **test** Dauertest *m (als Gegensatz zum Wechseltest)*
steady creep *s.* ~-state creep
~ **state** stationärer (stabiler) Zustand *m*, Beharrungszustand *m*; dynamisches Gleichgewicht *n*, Fließgleichgewicht *n*
~-**state creep** stationäres (sekundäres) Kriechen *n*
~-**state potential** Gleichgewichtspotential *n*, Gleichgewichtsgalvanispannung *f*, Nernst-Potential *n*
steam Dampf *m, (i.e.S.)* Wasserdampf *m*
~ **bubble** Dampfblase *f*
~ **cleaner** Dampfstrahlreiniger *m*
~ **cleaning** Dampfstrahlreinigung *f*
~ **cleaning machine** Dampfstrahlreiniger *m*
~ **deaerator** Dampfentlüfter *m*
~-**jet cleaning** *s.* ~ cleaning
~ **tempering** Dampfanlassen *n*
steel/to *(Galv)* verstählen
steel Stahl *m*
~ **abrasive** Stahlstrahlmittel *n*
~ **cage** *(Galv)* Stahldrahtkorb *m (z.B. für Kugelanoden)*
~-**clad** stahlplattiert

steel

- ~ **corrosion** Stahlkorrosion *f*
- ~ **grit** Stahlkies *m*
- ~-**grit blasting** Strahlen *n* mit Stahlkies
- ~ **pickle** Stahlbeize *f*
- ~ **pickling** Beizen *n* von Stahl
- ~ **pipe** Stahlrohr *n*
- ~ **plate** Stahlblech *n* (von über 0.25 inch = 6,35 mm Dicke)
- ~ **reinforcement** Stahlbewehrung *f*
- ~ **scrap** Stahlschrott *m*
- ~ **sheet** Stahlblech *n* (von unter 0.25 inch = 6,35 mm Dicke)
- ~ **shot** Stahlkugeln *fpl*, Stahlschrot *n(m)*
- ~-**shot blasting** Strahlen *n* mit Stahlkugeln
- ~ **strip** Stahl[blech]band *n*, Bandstahl *m*
- ~-**wire pieces** Stahldrahtkorn *n* (Strahlmittel)

steep slope Steilabfall *m* (einer Kurve)
steepness Steilheit *f* (einer Kurve)
step Teilschritt *m* (einer Reaktion)
- ~ **structure** Stufenstruktur *f* (eine Ätzstruktur)

stepdown transformer (Galv) Abspanntransformator *m*, Abwärtstransformator *m*
steric hindrance (inhibition) sterische Hinderung *f*
Stevenson screen Schutzhütte *f* (mit jalousieartigen Seitenwänden)
stick/to haften, kleben
- ~ **together** zusammenkleben

stick electrode Stabelektrode *f*, (beim Plasmaspritzen auch) Stabkatode *f*
stickiness Klebrigkeit *f*
stifle/to unterdrücken, inhibieren (eine Reaktion)
stifling action Inhibitorwirkung *f*
still plating Galvanisieren *n* in Standanlagen
- ~ **plating tank** Galvanisierbehälter *m*, Elektrolytbehälter *m* (für manuellen Betrieb)
- ~ **solution** (Galv) ruhender (unbewegter) Elektrolyt *m*, Standelektrolyt *m*

stimulant Stimulator *m*
stimulate/to stimulieren, beschleunigen, fördern
stimulation Stimulation *f*, Beschleunigung *f*, Förderung *f*
stimulator Stimulator *m*
stirrer Rührer *m*, Rührgerät *n*, Rührvorrichtung *f*
stitched-piece buff enggesteppte Tuchscheibe *f* (zum Polieren)
- ~ **wheel** gesteppte Scheibe *f* (zum Polieren)

stoichiometric stöchiometrisch
- ~ **number** Stöchiometriezahl *f*, stöchiometrischer Koeffizient *m*

stoichiometry Stöchiometrie *f*; stöchiometrisches Verhalten *n*
stop/to:
- ~ **off** abdecken, abschirmen

stop-and-go propagation Rißfortpflanzung *f* über Rastlinien
- ~-**off [coating]** (Galv) [isolierende] Abdeckung *f*, Schutzabdeckung *f*, Schutzschicht *f*, Isolierung *f* (für Gestelle oder nicht zu galvanisierende Werkstückteile)
- ~-**off lacquer** (Galv) Abdecklack *m*
- ~-**off plating** Galvanisieren *n* zur lokalen Abschirmung (z. B. nicht zu härtender Oberflächenteile)

stopper Kitt *m*
stopping-off s. stop-off plating
storage Lagerung *f*
- ~ **conditions** Lagerbedingungen *fpl*
- ~ **life** Lager- und Verarbeitbarkeitsdauer *f*, Gebrauchsfähigkeitsdauer *f*
- ~ **period** Lager[ungs]dauer *f*
- ~ **protection** Lagerschutz *m*
- ~ **stability** Lagerstabilität *f*, Lagerbeständigkeit *f*
- ~ **tank** Vorratsbehälter *m*, Lagerbehälter *m*

store/to lagern
stove/to (Anstr) einbrennen, im Ofen trocknen (härten)
stoving (Anstr) Einbrennen *n*, Ofentrocknung *f*, Ofenhärtung *f*
- ~ **alkyd [resin]** ofentrocknendes Alkydharz *n*
- ~ **conditions** Einbrennbedingungen *fpl*
- ~ **enamel** Einbrennemaillelack *m*, (i.w.S.) ofentrocknende Lackfarbe *f*
- ~ **finish** 1. Einbrennlack *m*, ofentrocknender Lack *m*; Einbrenndecklack *m*; 2. Einbrennlackierung *f*
- ~ **industrial finish** Industrie-Einbrennlack *m*
- ~ **lacquer** Einbrennlack *m*, ofentrocknender Lack *m* (physikalisch trocknend); ofentrocknende Lackfarbe *f*
- ~ **oven** Einbrennofen *m*, Trockenofen *m*
- ~ **paint** Einbrennanstrichstoff *m*, ofentrocknender Anstrichstoff *m*
- ~ **primer** Einbrenngrundierung *f*, Einbrennprimer *m*
- ~ **range** Einbrennbereich *m*
- ~ **resin** Einbrennharz *n*
- ~ **schedule** Einbrennbedingungen *fpl* (gemäß Vorschrift)
- ~ **synthetic** Alkyd-Aminharz-Einbrennlack *m*, ofentrocknender Alkyd-Aminharz-Lack *m*

~ **temperature** Einbrenntemperatur f
~ **varnish** Einbrennlack m, ofentrocknender Lack m
~ **zone** Einbrennzone f
straight coating Auftragen n im Gleichlauf (beim Walzlackieren)
~-**line machine** Transferstraße f, (beim Polieren auch) Polierstraße f; (Galv) Straßenautomat m
~-**run petroleum asphalt** Destillationsbitumen n
~ **spline** (Galv) Gestellhauptleiter m
~-**spline rack** Galvanisiergestell (Gestell) n mit vertikalem Hauptleiter (der zugleich zum Anhängen des Galvanisierguts dient)
~-**through oven** Durchlaufofen m
~-**through plant** (Galv) Straßenautomat m
~ **vapour[-cycle] degreaser** Dampfentfettungsapparat m, Dampfentfettungsanlage f, Dampfentfetter m
~ **vapour degreasing** Dampfentfetten n, Dampf[phasen]entfettung f
strain/to 1. verformen, deformieren, (bei Zugbeanspruchung auch) dehnen, (bei Druckbeanspruchung auch) stauchen; 2. sieben (Suspensionen), filtern, filtrieren (ohne Druckanwendung)
strain 1. Längenänderung f (in Prozent der ursprünglichen Meßlänge), (bei Zugbeanspruchung auch) Dehnung f, (bei Druckbeanspruchung auch) Stauchung f; 2. s. stress
~ **after fracture** Bruchdehnung f
~ **ag[e]ing** Reckalterung f
~-**assisted** s. stress-assisted
~ **at break** Bruchdehnung f
~ **energy** Formänderungsenergie f, Gestaltänderungsenergie f
~ **field** s. stress field
~ **gauge** Dehnungsmesser m
~-**generated** s. stress-generated
~ **hardening** Kaltverfestigung f
~-**induced corrosion** dehnungsinduzierte Korrosion f
~ **rate** Dehngeschwindigkeit f
strainer Sieb n
stratification Schichtbildung f
stratified rust Plattenrost m, Blattrost m, Blätterrost m
~ **rust scale** Plattenrostschicht f
Strauss test Strauß-Test m (mit Kupfersulfat und Schwefelsäure auf interkristalline Korrosion)

stray a.c. Wechselstrom-Streustrom m
~ **current** Streustrom m, Irrstrom m, vagabundierende Ströme mpl
~-**current area** Streustromgebiet n, Streustrom-Beeinflussungszone f
~-**current attack** s. ~-current corrosion
~-**current corrosion** Streustromkorrosion f
~-**current leakage** Streustromaustritt m
~-**current pick-up** Streustrombeeinflussung f
~-**current system** s. ~-current area
~ **d.c.** Gleichstrom-Streustrom m
~ **electric[al] current** s. ~ current
streak Streifen m (Galvanisierfehler)
streaked streifig
streakiness Streifigkeit f
streaky streifig
streaming potential Strömungspotential n
Streicher test Streicher-Test m [II], Eisen(III)-sulfat-Schwefelsäure-Test m nach Streicher (auf interkristalline Korrosion)
strength Festigkeit f
~ **drop** Festigkeitsabfall m, Festigkeitsminderung f
~ **increase** Festigkeitszunahme f, Festigkeitsanstieg m, Verfestigung f; Festigkeitssteigerung f
~ **loss** Festigkeitsverlust m, Festigkeitseinbuße f, Entfestigung f
~-**related properties** Festigkeitseigenschaften fpl
strengthening effect Verfestigungswirkung f
stress/to [mechanisch] beanspruchen, spannen
~-**corrode** Spannungskorrosion erleiden, der Spannungskorrosion unterliegen
~-**relieve** entspannen
stress Beanspruchung f, Spannung f ● **to relieve stresses** Spannungen abbauen
~-**accelerated** spannungsgefördert
~ **application** Beanspruchung f
~-**assisted** spannungsgefördert
~ **concentration** Spannungskonzentration f, Spannungsanhäufung f
~-**concentration site** Spannungskonzentrationsstelle f
~ **concentrator** s. ~-concentration site
~-**corroded** spannungskorrodiert
~ **corrosion** Spannungskorrosion f, (i.e.S.) Spannungsrißkorrosion f
~-**corrosion behaviour** s. ~-corrosion performance
~-**corrosion cell** Spannungskorrosionszelle f

stress

~-corrosion crack Spannungskorrosionsriß m, SRK-Riß m, SpRK-Riß m
~-corrosion cracking Spannungsrißkorrosion f, SRK, SpRK
~-corrosion cracking cell Spannungsrißkorrosionszelle f, SpRK-Prüfzelle f
~-corrosion cracking failure Spannungskorrosionsbruch m
~-corrosion cracking test Spannungsrißkorrosionsversuch m, SRK-Versuch m, SpRK-Versuch m, SpRK-Experiment n
~-corrosion embrittlement s. ~-corrosion cracking
~-corrosion failure Spannungskorrosionsbruch m
~-corrosion fatigue Spannungskorrosionsermüdung f
~-corrosion fracture Spannungskorrosionsbruch m
~-corrosion-inhibitive spannungskorrosionshemmend
~-corrosion investigation Spannungskorrosionsuntersuchung f
~-corrosion life Spannungskorrosionslebensdauer f
~-corrosion life curve Spannungskorrosionslebensdauerkurve f
~-corrosion performance Spannungskorrosionsverhalten n, (i.e.S.) Spannungsrißkorrosionsverhalten n, SRK-Verhalten n, SpRK-Verhalten n
~-corrosion-promoting spannungskorrosionsfördernd
~-corrosion-prone spannungskorrosionsempfindlich, spannungskorrosionsanfällig, (i.e.S.) spannungsrißkorrosionsempfindlich, SRK-anfällig
~-corrosion resistance Spannungskorrosionsbeständigkeit f, (i.e.S.) Spannungsrißkorrosionsbeständigkeit f; Spannungskorrosionswiderstand m
~-corrosion-resistant spannungskorrosionsbeständig, (i.e.S.) spannungsrißkorrosionsbeständig, SRK-beständig
~-corrosion sample (specimen) Spannungs[korrosions]probe f
~-corrosion study Spannungskorrosionsuntersuchung f
~-corrosion susceptibility Spannungskorrosionsempfindlichkeit f, Spannungskorrosionsanfälligkeit f, (i.e.S.) Spannungsrißkorrosionsempfindlichkeit f, Anfälligkeit f gegen[über] Spannungsrißkorrosion, SRK-Empfindlichkeit f
~-corrosion test Spannungskorrosionsversuch m
~-corrosion test medium Spannungskorrosionsprüfmedium n
~-corrosion test specimen s. ~-corrosion sample
~-corrosion testing Spannungskorrosionsprüfung f
~ crack Spannungsriß m
~ cracking 1. Spannungsrißbildung f; 2. (Galv) Aufreißen n infolge Schrumpfspannungen
~ cycle Schwingspiel n, Spannungszyklus m (mechanisch erzeugt)
~-cycle diagram Wöhler-Diagramm n, σ/N-Diagramm n
~ dependence Spannungsabhängigkeit f
~-dependent spannungsabhängig
~ distribution Spannungsverteilung f
~-enhanced spannungsgefördert
~ field Spannungsfeld n
~-free spannungsfrei, spannungslos, ungespannt
~-generated spannungsinduziert
~ generation Entstehen n von Spannungen
~ independence Spannungsunabhängigkeit f
~-independent spannungsunabhängig
~-induced spannungsinduziert
~-intensified spannungsgefördert
~ intensity Spannungsintensität f
~-intensity-dependent spannungsabhängig
~-intensity factor Spannungsintensitätsfaktor m, Kerbspannungsfaktor m, K-Faktor m
~-intensity-independent spannungsunabhängig
~-intensity level s. ~ intensity
~ level Spannungsniveau n
~ raiser spannungserhöhender Faktor m
~ redistribution Umverteilung f der Spannungen
~-reducing spannungsmindernd
~ relaxation Spannungsrelaxation f, Spannungsrückgang m, Spannungsabbau m, Nachlassen n von Spannungen
~ relief Entspannung f, Spannungsabbau m, (i.e.S.) Spannungsfreiglühen n
~-relief anneal[ing] Spannungsarmglühen n, Spannungsfreiglühen n, Entspannungsglühen n, Stabil[isierungs]glühen n
~-relief heat treatment s. ~-relief annealing

~-relieved entspannt, spannungsfrei, spannungslos
~ relieving s. ~-relieving treatment
~-relieving heat treatment s. ~ relief annealing
~-relieving treatment Entspannen n, Spannungsabbau m, (i.e.S.) Spannungsfreiglühen n
~ rupture Spannungsbruch m
~ sorption Spannungsrißadsorption f
~-sorption crack Spannungs-Adsorptionsriß m
~-sorption cracking Adsorptions-Spannungsrißbildung f
~ source Spannungsursache f, Entstehungsursache f von Spannungen
~ specimen s. ~-corrosion sample
~-strain curve Beanspruchungs-Dehnungs-Linie f, Spannungs-Dehnungs-Linie f; (Krist) Gleitkurve f, Verfestigungskurve f
~-strain diagram (plot) Beanspruchungs-Dehnungs-Diagramm n, Spannungs-Dehnungs-Diagramm n
~ vs. number of cycles curve σ/N-Kurve f, Wöhler-Kurve f
stressing conditions Beanspruchungsbedingungen fpl
~ cycle Beanspruchungszyklus m
~ direction Beanspruchungsrichtung f
~ fixture (frame) Spannrahmen m
~ frequency Beanspruchungshäufigkeit f
stressless spannungsfrei, spannungslos, ungespannt
stretch/to strecken, recken
stretcher-straightened gereckt
~ strains Lüders-Bänder npl, Lüders-Hartmannsche Linien fpl
striae Streifen mpl (im Werkstoffinneren)
striation Streifenbildung f (im Werkstoffinneren)
strike/to (Galv) meist stromlos mit einer dünnen metallischen Zwischenschicht versehen, z. B. vorverkupfern
strike 1. Stromstoß m; 2. (Galv) meist stromloses Abscheiden dünner Zwischenschichten, z. B. Vorverkupfern; 3. (Galv) meist stromlos erzeugte Zwischenschicht; 4. s. ~ bath
~ bath stark verdünnter Elektrolyt zum Abscheiden dünner Zwischenschichten, z. B. Vorverkupferungselektrolyt
~ deposit (plate) s. strike 3.

~ solution s. ~ bath
striking solution s. strike bath
stringing Fadenziehen n, Fadenbildung f (beim Farbspritzen)
strip/to 1. austreiben, desorbieren (sorbierte Gase); 2. s. ~ away
~ away ablösen (chemisch oder mechanisch), abbeizen (Altanstriche); abziehen (als Ganzes)
strip Band n
~ cleaning Bandreinigung f
~ coater s. ~-coating plant
~ coating Bandbeschichtung f, [kontinuierliches] Metallbandbeschichten n
~-coating plant Bandbeschichtungsanlage f
~ coupon s. ~ specimen
~-electroplating line s. ~-plating line
~ galvanizing Bandverzinken n
~-galvanizing bath Verzinkungsstraße f
~ lacquer s. strippable lacquer
~ line Band[beschichtungs]anlage f
~-plating line elektrochemische Bandbeschichtungsanlage f
~ specimen Streifenprobe f, Prüfstreifen m
~ speed Bandgeschwindigkeit f
~ stock Bandvorrat m (einer kontinuierlichen Metallbeschichtungsanlage)
~ width Bandbreite f
striping Streichen der Kanten eines Anstrichobjekts vor Aufbringen des Grundanstrichs
strippable ablösbar (chemisch oder mechanisch), abziehbar (als Ganzes)
~ coating abziehbare (abstreifbare) Schutzschicht f
~ lacquer Abziehlack m
stripping technique Ablöseverfahren n (zur Schichtdickenbestimmung)
stroke Spritzbahn f
strongly corrosion-resistant hochkorrosionsfest, hochkorrosionsbeständig
structural alloy legierter Baustahl m
~ alteration Gefügeveränderung f
~ analysis Strukturanalyse f
~ constituent Gefügebestandteil m
~ corrosion Gefügekorrosion f, Strukturkorrosion f
~ defect (Krist) Baufehler m
~ steel Baustahl m
~-steel paint Anstrichstoff m für Stahlkonstruktionen
~ steelwork Stahlkonstruktionen fpl, Stahlbauten pl

structure

structure being protected Schutzobjekt *n*
~-electrolyte potential *(Kat)* Objekt-Elektrolyt-Potential *n*
~-soil potential Anlage-Boden-Potential *n*
~ to be protected zu schützendes Objekt *n*, Schutzobjekt *n*
~ under protection Schutzobjekt *n*
STU s. submersible test unit
stylus Taststift *m (zur Schichtdickenmessung)*
styrenate/to styrolisieren
styrenated alkyd [resin] styrolisiertes (styrolmodifiziertes) Alkydharz *n*, Styrolalkydharz *n*
~ oil styrolisiertes Öl *n*
styrenation Styrolisierung *f*
sub-sea protection Schutz *m* des Unterwasserbereichs *(von Schiffen und Stahlbauten)*
subacid schwach sauer
subalkaline schwach alkalisch
subcritical unterkritisch *(z. B. Rißwachstum)*
subgrain Subkorn *n*
~ boundary Subkorngrenze *f*, Kleinwinkelkorngrenze *f*
subject to corrosion der Korrosion unterliegend
sublattice *(Krist)* Teilgitter *n*, Untergitter *n*
submerge/to [unter]tauchen
submerged arc welding Lichtbogen-Auftragschweißen *n* unter Flußmittel
~ corrosion Korrosion *f* in Flüssigkeiten, *(i.e.S.)* Korrosion *f* in Wässern, Wasserkorrosion *f*
~ pipeline unter Wasser verlegte Rohrleitung *f*
submersible test unit Unterwasserkorrosionsprüfstand *m*
submersion Tauchen *n*, Untertauchen *n*
submicrocouple Lokalelement *n* im submikroskopischen Bereich
subscale *unter einer unvollkommen schützenden Oxidhaut gebildetes Korrosionsprodukt aus dem Oxid der unedleren Legierungskomponente*
subsequent coat Folgeanstrich *m*
~ reaction Folgereaktion *f*
substitutable austauschaktiv *(Atomgruppe)*
substitute Substitutionswerkstoff *m*
~ ocean water *(Prüf)* künstliches Meerwasser *n*
substitution reaction Substitutionsreaktion *f*, Austauschreaktion *f*, Verdrängungsreaktion *f*

substitutional solid solution Substitutionsmischkristall *m*
substrate Substrat *n*, Untergrund *m*; Anstrichuntergrund *m*, Anstrichträger *m*
~ material Grundwerkstoff *m*, Trägerwerkstoff *m*, Substratwerkstoff *m*, Substratmaterial *n*
~ metal Substratmetall *n*, Grundmetall *n*
~ preparatory treatment Untergrundvorbehandlung *f*, Untergrundvorbereitung *f*
substratum *s.* substrate
substructure *(Krist)* Substruktur *f*
subsurface oberflächennahe Zone *f*
~ corrosion innere Korrosion *f, (durch Schwefel auch)* innere Schwefelung *f, (durch Stickstoff auch)* innere Nitrierung *f, (durch Wasserstoff auch)* innere Hydrierung *f*
~ oxidation innere Oxydation *f*
suburban atmosphere Vorstadtatmosphäre *f*
successive coat Folgeanstrich *m*
~ reaction Folgereaktion *f*
succinic acid *(Galv)* Bernsteinsäure *f*
suction feed *(Anstr)* Saugspeisung *f*
~-feed cup Saugtopf *m*, Saugbecher *m*
~-feed-cup gun Saugtopfpistole *f*, Saugbecherpistole *f*, Spritzpistole *f* mit Saugspeisung (Saugtopf)
~-[-feed spray] gun *s.* ~-feed-cup gun
Sulfinuz process Sulfinuz-Verfahren *n (Nitrieren von Stahl in schwefelhaltigen, cyanidischen Schmelzen)*
sulphamate bath *(Galv)* Sulfamatelektrolyt *m*
~ nickel plating solution *(Galv)* Nickelsulfamatelektrolyt *m*
sulphamic acid *(Galv)* Sulfaminsäure *f*, Sulfamidsäure *f*, Amidosulfonsäure *f*
sulphate attack Sulfatangriff *m*
~ bath *(Galv)* Sulfatelektrolyt *m*
~-bearing sulfathaltig
~-catalyzed chromium bath *(Galv)* Schwefelsäure-Chromelektrolyt *m*, Chromelektrolyt *m* auf Schwefelsäurebasis
~ reducers *s.* ~-reducing bacteria
~-reducing bacteria sulfatreduzierende (desulfurierende) Bakterien *npl*
~-resistant, ~-resisting sulfatresistent
~ sulphur Sulfatschwefel *m*
~ zinc plating bath (solution) *(Galv)* Zinksulfatelektrolyt *m*
sulphidation Sulfidierung *f*, Sulfidation *f*
~ attack *s.* sulphide attack

sulphide attack Sulfidangriff *m*
~-bearing sulfidhaltig
~-containing sulfidhaltig
~ corrosion Sulfidkorrosion *f*, sulfidische Korrosion *f*
~ [corrosion] cracking *s.* **~ stress corrosion**
~ scale Sulfidzunder *m*
~-scale nodules Schwefelpocken *fpl*
~ staining Verfärbung *f* durch Schwefelwasserstoff
~ stress corrosion (cracking) Sulfid-Spannungsrißkorrosion *f*
~ sulphur Sulfidschwefel *m*
~ tarnishing Anlaufen durch Anwesenheit von Sulfiden
sulphidization *s.* sulphidation
sulphonated castor oil *(Galv)* Türkischrotöl *n (Glanzbildner)*
sulphur Schwefel *m*
~ attack Schwefelangriff *m*
~-bearing schwefelhaltig
~-containing schwefelhaltig
~ dioxide Schwefeldioxid *n*
~-dioxide analyser SO₂-Meßgerät *n*
~-dioxide content Schwefeldioxidgehalt *m*
~-dioxide test SO₂-Test *m, (i.e.S.)* Kesternich-Versuch *m*, Schwitzwasserversuch *m* (Schwitzwasserwechselprüfung *f*) mit SO₂-Zusatz, Schwitzwasserkorrosionsprüfung *f* mit SO₂-Einwirkung
~-free schwefelfrei
~-laden schwefelhaltig *(Gas, Luft)*
~-oxidizing bacteria schwefeloxydierende Bakterien *npl*
sulphuric schwefelhaltig; Schwefel..., *(i.e.S.)* Schwefel(VI)-...
~ acid Schwefelsäure *f*
~-acid anodic-oxidation process *s.* **~-acid anodizing process**
~-acid anodizing process Gleichstrom-Schwefelsäure-Anodisationsverfahren *n*, Gleichstrom-Schwefelsäure-Verfahren *n*, GS-Verfahren *n*
~-acid anodizing solution Schwefelsäureelektrolyt *m*, GS-Elektrolyt *m*
~-acid bath Schwefelsäurebad *n*
~-acid-catalyzed chromium bath *(Galv)* Schwefelsäure-Chromelektrolyt *m*, Chromelektrolyt *m* auf Schwefelsäurebasis
~ acid-copper sulphate test *s.* Strauss test
~-acid electrolyte Schwefelsäureelektrolyt *m*

~ acid-ferric sulphate test *s.* Streicher test
~-acid pickle Schwefelsäurebeize *f*
~-acid pickling Schwefelsäurebeizen *n*, Beizen *n* mit Schwefelsäure
~-acid process *s.* **~-acid anodizing process**
sulphurous schwefelhaltig; Schwefel..., *(i.e.S.)* Schwefel(IV)-...
~ acid schweflige Säure *f*
super-passivity *s.* transpassivity
~-purity aluminium Reinstaluminium *n*
~-sulphate[d] slag cement Sulfathüttenzement *m*
superalkaline hochalkalisch, [sehr] stark alkalisch
superalloy Superlegierung *f*, Superalloy *n*
supercooling Unterkühlen *n*, Unterkühlung *f*
supercritical überkritisch
superficial rust Oberflächenrost *m*
superfinishing Feinstbearbeitung *f*
superheated steam überhitzter Dampf *m*, Heißdampf *m*
superimpose/to überlagern
superimposition Überlagerung *f*
superlattice *(Krist)* Übergitter *n*, Überstruktur *f*
supersaturate/to übersättigen
supersaturation Übersättigung *f*
superstrate *(Galv)* Endschicht *f (eines mehrschichtigen Schutzsystems)*
superstructure *(Krist)* Überstruktur *f*, Übergitter *n*
supply/to zuführen, antransportieren, anliefern *(z. B. Elektronen)*; zuführen, aufprägen *(Strom)*
supply Zufuhr *f*, Zuführung *f*, Antransport *m*, Anlieferung *f (z. B. von Elektronen)*; Zufuhr *f*, Aufprägung *f (von Strom)*
~ of electrons Elektronenzuführung *f*
~ tank Vorratsbehälter *m*
support rack Probengestell *n*, Versuchsgestell *n*
~ roller Stützrolle *f*
suppress/to unterdrücken
surface/to die Oberfläche behandeln
~-harden oberflächenhärten, oberflächlich härten
surface Oberfläche *f*
~-active oberflächenaktiv, grenzflächenaktiv, oberflächenwirksam, kapillaraktiv
~-active agent oberflächenaktiver (grenzflächenaktiver) Stoff *m*, *(als synthetischer Stoff auch)* Tensid *n*

surface

- ~ **activity** Oberflächenaktivität *f*, Grenzflächenaktivität *f*
- ~ **alloying** Eindiffundieren *n* *(zur Herstellung von Diffusionsmetallschutzschichten)*
- ~ **analysis** Oberflächenuntersuchung *f*, Oberflächenprüfung *f*
- ~ **anchor** Rauhtiefe *f*
- ~ **appearance** *s.* ~ **condition**
- ~ **attack** Oberflächenangriff *m*
- ~-**bound inhibitor** physikalischer (physikalisch adsorbierter) Inhibitor *m*, Primärinhibitor *m*
- ~ **brightening** Glänzen *n* *(chemisch oder elektrochemisch)*
- ~ **carburization** Aufkohlen *n* in der Randzone (Randschicht)
- ~ **charge** Oberflächenladung *f*
- ~ **cleaning** Oberflächenreinigung *f*
- ~ **cleanliness** Oberflächenreinheit *f*
- ~ **coating** 1. Anstrichstoff *m*; Beschichtungs[werk]stoff *m*, Beschichtungsmaterial *n*; 2. Anstrich *m*; Oberflächen[schutz]schicht *f*
- ~ **coating film** Anstrichfilm *m*
- ~ **concentration** Oberflächenkonzentration *f*
- ~ **condition** Oberflächenzustand *m*, Oberflächenbeschaffenheit *f*, Oberflächengüte *f*
- ~ **conductivity** [elektrische] Oberflächenleitfähigkeit *f*
- ~ **contaminant** Oberflächenverunreinigung *f*
- ~ **contamination** Oberflächenverunreinigung *f*, Oberflächenverschmutzung *f*
- ~ **contour** Oberflächenrelief *n*
- ~-**conversion coating** Konversionsschicht *f*, Umwandlungsschicht *f*
- ~ **corrosion** Oberflächenkorrosion *f*
- ~ **coverage** Oberflächenbedeckung *f*
- ~ **crack** Oberflächenriß *m*
- ~ **damage** Oberflächenschaden *m*
- ~ **defect** Oberflächenfehler *m*
- ~ **diffusion** Oberflächendiffusion *f*
- ~ **dirt** Oberflächenschmutz *m*
- ~ **drier**, ~-**drying catalyst** *(Anstr)* Oberflächentrockner *m*
- ~ **effect** Oberflächeneffekt *m*, Oberflächenwirkung *f*
- ~ **energy** Oberflächenenergie *f*
- ~ **film** Oberflächenfilm *m*, [dünne] Oberflächenschicht *f*
- ~ **finish** 1. Aussehen *n* *(der Oberfläche)*; Oberflächenzustand *m*, Oberflächenbeschaffenheit *f*, Oberflächengüte *f*; 2. Oberflächenveredlung *f*
- ~ **finishing** Oberflächenveredeln *n*, Verbesserung *f* der Oberflächenbeschaffenheit (Oberflächengüte)
- ~ **flaw** Oberflächenriß *m*
- ~ **force** Oberflächenkraft *f*
- ~ **hardening** Oberflächenhärtung *f*, Oberflächenverfestigung *f*
- ~ **hardness** Oberflächenhärte *f*
- ~ **impurity** Oberflächenverunreinigung *f*
- ~ **layer** Oberflächenschicht *f*
- ~ **lustre** Oberflächenglanz *m*
- ~ **migration** *(Krist)* Oberflächenwanderung *f*, Oberflächendiffusion *f*, Volmer-Diffusion *f* *(von Atomen)*
- ~ **of contact** Kontaktfläche *f*
- ~ **oxidation** Oberflächenoxydation *f*, oberflächliche Oxydation *f*
- ~ **oxide film** Oxidfilm *m*, Oxidhaut *f*, Oxidbelag *m*, [dünne] Oxidschicht *f*
- ~ **peening** Oberflächenhämmerung *f*, Hämmern *n*
- ~ **phenomenon** Oberflächenerscheinung *f*
- ~ **pitting** auf die Schutzschicht beschränkte Grübchenbildung
- ~ **polishing** Polieren *n*
- ~ **pollution** *s.* ~ **contamination**
- ~ **potential** Oberflächenpotential *n*, Flächenpotential *n*
- ~ **pre-treatment** Oberflächenvorbehandlung *f*, Oberflächenvorbereitung *f*
- ~ **preparation** Oberflächenvorbehandlung *f*, Oberflächenvorbereitung *f*
- ~ **preparation costs** Kosten *pl* für Oberflächenvorbehandlung; Entrostungskosten *pl*
- ~ **preparation section** Vorbehandlungsabschnitt *m*, Vorbehandlungszone *f*; Wärmebehandlungsabschnitt *m* *(beim Feuerverzinken)*
- ~ **processing** Oberflächenbehandlung *f*, Oberflächenbearbeitung *f*
- ~ **profile** Oberflächenprofil *n*
- ~ **properties** Oberflächeneigenschaften *fpl*
- ~ **protection** Oberflächenschutz *m*
- ~ **reaction** Oberflächenreaktion *f*
- ~ **region** Oberflächenbezirk *m*, Oberflächenbereich *m*, Flächenbezirk *m*
- ~ **removal** Oberflächenabtrag *m*, Oberflächenabtragung *f*, Flächenabtrag *m*, Abtrag *m*, Abtragung *f*
- ~ **removal rate** Abtrag[ung]srate *f*, *(bei Eisen und Stahl auch)* Abrostungsrate *f*
- ~ **resistance** Oberflächenwiderstand *m*

~ **resistivity** spezifischer Oberflächenwiderstand *m*
~ **roughness** Oberflächenrauhigkeit *f*, Oberflächenrauheit *f*
~ **scale** Zunderschicht *f*, Zunder *m*
~ **skin** Oberflächenhaut *f*, [dünne] Oberflächenschicht *f*
~ **soil** Oberflächenschmutz *m*
~ **tarnish** Anlauffilm *m*, Anlaufschicht *f*
~ **tension** Oberflächenspannung *f*, *(bei Festkörpern auch)* spezifische Oberflächenenergie *f*
~ **treatment** Oberflächenbehandlung *f*
~ **water** Oberflächenwasser *n*
~ **welding** Auftragschweißen *n*
surfacer Füller *m* *(z. B. zum Füllen von Rissen und Poren)*
surfacing deckschichtbildend
surfacing Oberflächenbehandlung *f*, Oberflächenveredlung *f*
~ **material** Beschichtungs[werk]stoff *m*, Beschichtungsmaterial *n*
surfactant oberflächenaktiver (grenzflächenaktiver, kapillaraktiver) Stoff *m*, *(als synthetischer Stoff auch)* Tensid *n*
surrosion Korrosion unter haftenden Korrosionsprodukten
susceptibility Anfälligkeit *f*, Empfindlichkeit *f*
~ **to corrosion** Korrosionsanfälligkeit *f*, Korrosionsempfindlichkeit *f*, Korrosionsgefährdung *f*
~ **to cracking** Rißanfälligkeit *f*, Rißempfindlichkeit *f*, Rißneigung *f*
~ **to crevice attack (corrosion)** Spaltkorrosionsanfälligkeit *f*, Spaltkorrosionsempfindlichkeit *f*
~ **to discoloration** Anlaufempfindlichkeit *f*
~ **to exfoliation [corrosion]** Schichtkorrosionsanfälligkeit *f*
~ **to fungal degradation** Pilzanfälligkeit *f*
~ **to hydrogen** Wasserstoffempfindlichkeit *f*
~ **to hydrogen cracking** Wasserstoff-Rißkorrosionsempfindlichkeit *f*
~ **to intergranular attack (corrosion)** Korngrenzenkorrosionsempfindlichkeit *f*, Neigung *f* zu interkristalliner Korrosion, Kornzerfallsempfindlichkeit *f*, Kornzerfallsanfälligkeit *f*
~ **to oxidation** Oxydationsanfälligkeit *f*
~ **to pitting** Lochfraßanfälligkeit *f*, Lochfraßempfindlichkeit *f*, Lochkorrosionsanfälligkeit *f*

~ **to SCC** *s.* ~ **to stress-corrosion cracking**
~ **to sensitization** erhöhte Kornzerfallsanfälligkeit (Kornzerfallsempfindlichkeit) *f*
~ **to stress-corrosion cracking** Spannungsrißkorrosionsanfälligkeit *f*, Spannungsrißkorrosionsempfindlichkeit *f*, Anfälligkeit *f* gegenüber Spannungsrißkorrosion, SRK-Anfälligkeit *f*
susceptible anfällig, empfindlich
~ **path** Pfad *m* leichter Korrosion, Pfad *m* erhöhter Korrosionsfähigkeit
~ **to ag[e]ing** alterungsanfällig
~ **to attack** *s.* ~ **to corrosion**
~ **to corrosion** korrosionsanfällig, korrosionsempfindlich, korrosionsgefährdet
~ **to cracking** rißanfällig, rißempfindlich
~ **to crevice attack (corrosion)** spaltkorrosionsanfällig, spaltkorrosionsempfindlich
~ **to discoloration** anlaufempfindlich
~ **to exfoliation [corrosion]** schichtkorrosionsanfällig
~ **to failure** störanfällig
~ **to fungal degradation** pilzanfällig
~ **to grain-boundary attack** *s.* ~ **to intergranular attack**
~ **to hydrogen** wasserstoffempfindlich
~ **to intergranular attack (corrosion)** korngrenzenkorrosionsempfindlich, kornzerfallsempfindlich, kornzerfallsanfällig
~ **to oxidation** oxydationsanfällig
~ **to pitting** lochfraßanfällig, lochfraßempfindlich, lochfraßgefährdet, lochkorrosionsanfällig
~ **to SCC** *s.* ~ **to stress-corrosion cracking**
~ **to sensitization** stark kornzerfallsanfällig (kornzerfallsempfindlich)
~ **to stress-corrosion cracking** spannungsrißkorrosionsanfällig, spannungsrißkorrosionsempfindlich, SRK-anfällig, SRK-empfindlich
suspender *(Galv)* Werkstückträger *m* *(stationärer Gestelle)*; Förderer *m*, Fördereinheit *f* *(eines Gestellgalvanisierautomaten)*
~ **bar** Tragarm *m*, Ausleger[arm] *m* *(eines Gestellgalvanisierautomaten)*
suspending agent Absetzverhinderungsmittel *n*, absetzverhinderndes Mittel *n*, Antiabsetzmittel *n*, Schwebemittel *n*
suspension agent *s.* **suspending agent**
~ **rack** Probengestell *n*, Versuchsgestell *n*
sustained deformation konstante Gesamtdehnung (Verformung) *f*

sustained

~-**deformation test** Versuch *m* mit konstanter Gesamtdehnung (Verformung) *(Spannungskorrosionsprüfung)*
~ **load** konstante Belastung *f*
~-**load test** Versuch *m* mit konstanter Belastung *(Spannungskorrosionsprüfung)*
Suzuki effect Suzuki-Effekt *m* *(Anreicherung von Atomen einer Legierungskomponente in Stapelfehlerbereichen)*
swabbing Wischen *n* *(z.B. zum Auftragen von Rostschutzmitteln)*
swage/to im Gesenk drücken
sweat/to *(Anstr)* schwitzen
~ **out** ausschwitzen *(Weichmacher)*
sweep off/to abkehren, abfegen *(z.B. Rost)*
swell/to [auf]quellen; [an]quellen
swelling agent Quellmittel *n*
~ **behaviour** Quellverhalten *n*
~ **capacity** Quellfähigkeit *f*, Quellvermögen *n*
~ **effect** Quellwirkung *f*
~ **power** Quellfähigkeit *f*, Quellvermögen *n*
~ **properties** Quellverhalten *n*
~ **resistance** Quellbeständigkeit *f*, Quellfestigkeit *f*
~-**resistant** quellbeständig, quellfest
swill/to [ab]spülen
switch-over potential Umschaltpotential *n*
synergic synergistisch, synergetisch
~ **action** synergistische (synergetische) Wirkung *f*
~ **effect** synergistischer (synergetischer) Effekt *m*
synergism Synergismus *m*
synergistic *s.* synergic
synthetic abrasive künstliches Schleifmittel *n*
~ **atmosphere** *(Prüf)* künstliche Atmosphäre *f*
~ **detergent** Detergens *n*, Syndet *n*, synthetisches Reinigungsmittel *n*; synthetisches Waschmittel *n*
~ **inorganic pigment** Mineralpigment *n*, künstliches anorganisches Pigment *n*
~ **patina** künstliche Patina *f*
~ **resin** Kunstharz *n*, synthetisches Harz *n*
~-**resin cement** Kunstharzkitt *m*
~-**resin paint** Kunstharzanstrichstoff *m*
~-**resin primer** Kunstharzgrundanstrichstoff *m*, Kunstharzgrundierung *f*
~-**resin tape** Plastbinde *f*
~-**resin varnish** Kunstharzklarlack *m*
~-**resin vehicle** Kunstharzbindemittel *n*

190

~ **rubber** synthetischer Kautschuk *m*, Synthesekautschuk *m*, SK
~ **sea-water** *(Prüf)* künstliches Meerwasser *n*
~ **soap** *s.* ~ detergent
~ **wetting agent** synthetisches Netzmittel *n*
syphon feed *s.* siphon feed

T

T-bar *(Galv)* Tragarm *m*, Ausleger[arm] *m*
T-type rack Galvanisiergestell mit vertikalem Hauptleiter und horizontalen Gestellarmen
table of normal potentials [elektrochemische] Spannungsreihe *f*
tack Klebrigkeit *f*
~-**free** nicht klebrig, kleb[e]frei
tackiness Klebrigkeit *f*
tacky klebrig
Tafel behaviour Tafel-Verhalten *n*
~ **coefficient** Tafel-Neigungsfaktor *m*
~ **constant** Tafel-Konstante *f*
~ **diagram** Tafel-Diagramm *n*
~ **equation** Tafel-Gleichung *f*, Tafelsche Gleichung *f*
~ **line** Tafel-Gerade *f*
~ **plot** Tafel-Diagramm *n*
~ **potential** Tafel-Potential *n*
~ **reaction** Tafel-Reaktion *f*
~ **recombination** Tafel-Rekombination *f*, Tafelsche Rekombination *f*
~ **region** Tafel-Bereich *m*
~ **relationship** Tafel-Beziehung *f*, Tafel-Zusammenhang *m*
~ **slope** Tafel-Steigung *f*, Tafel-Neigung *f*, Neigung *f* der Tafel-Geraden
tail *am* schwersten flüchtige Bestandteile bei der Lösungsmittelverdunstung
tailing Auftreten von Fingern im Spritzstrahl
tails Finger *mpl* *(Fehler beim Airless-Spritzen)*
Tainton process *(Galv)* Tainton-Verfahren *n* *(zum Abscheiden von Zink aus Lösungen von Zinkerzen)*
tall oil Tallöl *n*, Kiefernöl *n*, Harzöl *n*
~ **oil-modified alkyd** Tallölalkyd[harz] *n*
tampon plating Tampongalvanisieren *n*
tandem [cold] mill Tandemwalzwerk *n*
tangle/to *(Krist)* Versetzungsknäuel bilden
tangle *(Krist)* Versetzungsknäuel *n*
tangling node *(Krist)* Versetzungsknäuel *n*
tank-deck corrosion Dampfphasenkorrosion *f* in Tankern

~ **factor** *(Galv)* $\frac{1}{16}$ *des Elektrolytbehältervolumens in gallons für den Ansatz von Elektrolytlösungen*
~-**immersion cleaning** Tauchreinigung *f*
~ **lining** Behälterauskleidung *f*
~ **rinsing** Tauchspülen *n*
~-**soil potential** *(Kat)* Tank-Boden-Potential *n*
~ **stability** Badstabilität *f*
~ **voltage** *(Galv)* Betriebsspannung *f*, Bad[betriebs]spannung *f*
~ **volume** Beckeninhalt *m*, Beckenfüllung *f*
~ **wall** Beckenwand *f*
tantaliding *elektrolytisches Diffusionsbeschichten mit Tantal über Tantalfluorid als Zwischenstufe*
tap water Leitungswasser *n*
tape/to umwickeln *(mit einer Binde)*
tape Band *n*, Streifen *m*; Binde *f (zum Schutz von Rohren)*
~ **test** Klebestreifentest *m (zur Prüfung der Haftfestigkeit von Schutzschichten)*; Klebebandtest *m (zur Prüfung der Reinheit von Oberflächen)*
tar/to teeren
tar Teer *m*
~ **paper** Teerpapier *n*, Asphaltpapier *n*, Bitumenpapier *n*, bituminiertes Papier *n*
target Beschichtungsmaterial *n*, Target *n (beim Vakuumzerstäuben)*
tarnish/to anlaufen, blind werden
tarnish *s*. 1. ~ film; 2. tarnishing
~ **film** Anlauffilm *m*, Anlaufschicht *f, (bei Wärmeeinwirkung auch)* Anlaßfilm *m*
~-**free** blank
~ **layer** Anlaufschicht *f*
~ **resistance** Anlaufbeständigkeit *f*
~-**resistant,** ~-**resisting** anlaufbeständig
~-**rupture mechanism** Deckschichtaufreißmechanismus *m (der Spannungsrißkorrosion)*
tarnishing Anlaufen *n*, Blindwerden *n*
~ **theory** Zundertheorie *f (von Wagner)*
tarred [brown] paper *s*. tar paper
tear 1. Tropfen *m*, Lacktropfen *m (beim Tauchlackieren)*; 2. Reißen *n*
~ **resistance (strength)** *s*. tearing resistance
tearing resistance (strength) Reißfestigkeit *f*, Zerreißfestigkeit *f*, Kohäsionsfestigkeit *f*
technical zinc Hütten[roh]zink *n*
TEM *s*. transmission electron microscopy
Temkin [adsorption] isotherm Temkin-Adsorptionsisotherme *f*, Temkin-Isotherme *f*, Temkinsche Adsorptionsisotherme *f*
temper/to thermisch behandeln, *(i.e.S.)* anlassen *(Metalle)*, tempern, spannungsfrei machen *(Plaste)*
temper 1. Härte *f (von Stahl nach dem Anlassen)*; 2. Kohlenstoffgehalt *m (von Stahl)*; 3. Legierungszusatz *m*, Legierungszuschlag *m*
~ **blueing** Blauglühen *n*
~ **brittleness** Anlaßsprödigkeit *f*
~ **colour** Anlaßfarbe *f*, Anlauffarbe *f*
~ **embrittlement** Anlaßversprödung *f*
temperate climate gemäßigtes Klima *n*
temperature-change resistance Temperaturwechselbeständigkeit *f*
~ **coefficient** Temperaturkoeffizient *m*
~ **crayon** Temperatur[meßfarb]stift *m*
~ **dependence** Temperaturabhängigkeit *f*
~-**dependent** temperaturabhängig
~ **fluctuation** Temperaturschwankung *f*
~ **gradient** Temperaturgradient *m*
~ **independence** Temperaturunabhängigkeit *f*
~-**independent** temperaturunabhängig
~ **of operation** Arbeitstemperatur *f*
~-**potential curve** Temperatur-Potential-Kurve *f*
~ **range** Temperaturbereich *m*
~ **resistance** Temperaturbeständigkeit *f*
~-**resistant,** ~-**resisting** temperaturbeständig
~-**sensitive** temperaturempfindlich
~ **sensitivity** Temperaturempfindlichkeit *f*
~ **strength** Temperaturbeständigkeit *f*
temporary corrosion prevent[at]ive *s*. ~ corrosion protective
~ **corrosion protection** temporärer (zeitweiliger) Korrosionsschutz *m*
~ **corrosion protective** temporäres Korrosionsschutzmittel *n*, Konservierungsmittel *n*
~ **hardness** temporäre (vorübergehende) Härte *f*, Karbonathärte *f (des Wassers)*
~ **protection** *s*. ~ corrosion protection
~ **protective** *s*. ~ corrosion protective
~ **protective coating** temporäre Schutzschicht *f*
~ **rust inhibition** temporärer Rostschutz *m*
~ **rust preventive (protective)** temporäres Rostschutzmittel *n*
~ **water hardness** *s*. ~ hardness
tenacious festhaftend; zäh

tenacity

tenacity Zugfestigkeit f; Haftfestigkeit f; Zähigkeit f
tend to corrode/to zur Korrosion neigen
tendency to corrode Korrosionsneigung f, Korrosionstendenz f, Korrosionsbestreben n
~ **to crack** Rißneigung f
~ **to passivate** Passivierungsneigung f, Passivitätsneigung f
~ **to pit[ting]** Lochfraßneigung f
tensile band T-Band n *(ein Gleitbandtyp)*
~ **bar** Zug[prüf]stab m, Zerreißstab m
~ **behaviour** Verhalten n bei Zugbeanspruchung (Zugbelastung)
~ **ductility** Bruchdehnung f
~ **load** Zuglast f
~ **loading** Zugbelastung f
~ **properties** s. ~ strength
~ **specimen** Zugprobe f
~ **strength** Zugfestigkeit f
~ **stress** Zugspannung f, Zugbeanspruchung f
~ **test** Zug[festigkeits]versuch m
~-**test piece (specimen)** Zugprobe f
~ **testing** Zug[festigkeits]prüfung f
~-**testing machine** Zug[festigkeits]prüfmaschine f, Zerreißmaschine f
~ **yield strength** technische Elastizitätsgrenze f, praktische Fließgrenze f, Dehngrenze f *(mit vorgegebener bleibender Dehnung in Prozent)*
tension ... s. tensile ...
tensional stress s. tensile stress
TEP s. triethanolamine phosphate
ternary [alloy] ternäre Legierung f, Dreistofflegierung f
~ **eutectic system** Dreistoffeutektikum n
~ **system** ternäres System n, Dreistoffsystem n, Dreikomponentensystem n
terne s. 1. ~ plate; 2. ~ coating
~-**coated steel** s. ~ plate
~ **coating** *feuermetallisch aufgebrachte Bleischutzschicht mit Zinn- und Antimonzusatz*
~-**coating line** *Anlage zur Herstellung von Terne-Blech*
~ **plate** Terne-Blech n *(unter Zinn- und Antimonzusatz feuerverbleites Stahlblech)*
terpene solvent Terpen-Lösungsmittel n
tertiary creep tertiäres (beschleunigtes) Kriechen n, Bereich m III *(der Kriechkurve)*
~ **ferrous phosphate** [tertiäres] Eisen(II)-phosphat n, Eisen(II)-orthophosphat n
~ **life** s. tertiary creep
~ **phosphate** tertiäres (neutrales) Phosphat n
test apparatus Prüfgerät n
~ **area** Prüffläche f
~ **arrangement (assembly)** s. ~ set-up
~ **cell** Prüfzelle f, Versuchszelle f
~ **chamber** Versuchskammer f, Versuchsraum m
~ **coating thickness** Prüfschichtdicke f
~ **conditions** Prüfbedingungen fpl, Versuchsbedingungen fpl
~ **coupon** s. ~ piece
~ **cycle** Prüfzyklus m, Prüfrunde f
~ **data** Versuchsdaten pl
~ **duration** Prüfdauer f, Versuchsdauer f, Prüfzeitraum m
~ **environment** 1. Prüfatmosphäre f; 2. s. ~ medium
~ **exposure** Versuchsbeanspruchung f; Auslagerung f, *(an der Atmosphäre auch)* Bewitterung f
~ **fluid** s. ~ medium
~ **frame** Spannrahmen m *(für Spannungsrißkorrosionsversuche)*
~ **installation** Prüfstand m, Versuchsstand m
~ **locality (location)** s. ~ site
~ **loop** Umlaufapparatur f, Umlaufanlage f, Strömungsapparatur f; Versuchskreislauf m
~ **material** Versuchswerkstoff m
~ **medium** Prüfmedium n, Versuchsmedium n
~ **panel** Probeplatte f, Probetafel f, Prüfplatte f, Prüftafel f, Versuchstafel f, Plattenmuster n; Prüfblech n, Probeblech n, Versuchsblech n
~ **panel exposure** Auslagerung f von Probeplatten
~ **performance** Prüfverhalten n
~ **period** s. ~ duration
~ **piece** Probe f, Prüfkörper m, Probekörper m, Prüfling m
~ **plating cell** *(Galv)* Prüfzelle f, Meßzelle f
~ **rack** Versuchsgestell n, Probengestell n
~ **record (report)** Prüfbericht m
~ **result** Prüfergebnis n, Prüfbefund m, Versuchsergebnis n, Versuchsbefund m
~ **rig** s. ~ set-up
~ **sample** s. ~ piece
~ **set-up** Versuchsapparatur f, Versuchsaufbau m, Versuchsanordnung f
~ **site** Versuchsort m, Prüfort m, Auslage-

rungsort m, Expositionsort m, Aufstellungsort m
~ **solution** Prüflösung f, Testlösung f
~ **specimen** s. ~ piece
~ **station** Prüfstation f, Prüfstand m
~ **strip** Prüfstreifen m, Streifenprobe f
~ **unit** s. ~ piece
~ **variable** Versuchsveränderliche f
testing engineer Prüfingenieur m
~ **facility** Prüfeinrichtung f
~ **liquid** Prüfflüssigkeit f
~ **machine** Prüfmaschine f
~ **method** Prüfverfahren n
~ **parameter** Prüfparameter m
~ **procedure** Versuchsdurchführung f
~ **program[me]** Prüfprogramm n, Versuchsprogramm n
~ **technique** Prüfmethodik f
~ **time** Prüfdauer f, Versuchsdauer f, Prüfzeitraum m
tetrachromate bath (Galv) Tetrachromatelektrolyt m, Grauchromelektrolyt m, D-Chrom-Elektrolyt m
tetrasodium pyrophosphate Natriumdiphosphat n, Natriumpyrophosphat n
texture Textur f
theory of cathodic action Überspannungstheorie f (der Inhibition)
thermal conductivity Wärmeleitfähigkeit f, Wärmeleitvermögen n
~ **cycling** Temperaturwechselbeanspruchung f
~ **degradation** thermischer Abbau m, Abbau m durch Wärme
~ **diffusion** Thermodiffusion f
~-**diffusion coating** Thermodiffusionsschicht f
~-**diffusion process** Thermodiffusionsverfahren n
~ **diffusivity** Temperaturleitfähigkeit f, Temperaturleitvermögen n
~ **energy** thermische Energie f, Wärmeenergie f
~ **expansion** Wärme[aus]dehnung f, thermische Ausdehnung f
~ **history** vorangegangene Wärmebehandlung f, thermische Vorgeschichte f
~ **plasma** Plasma n
~ **polymerization** Wärmepolymerisation f
~ **shock** thermischer Schock m, Thermoschock m, Temperaturschock m
~-**shock resistance** Wärmeschockbeständigkeit f, Wärmeschockfestigkeit f, Wärmeschockresistenz f, Temperaturwechselbeständigkeit f
~ **spraying** thermisches Spritzen n, Heißspritzen n
~ **stability** Wärmebeständigkeit f, Hitzebeständigkeit f, Wärmestabilität f, thermische Beständigkeit (Stabilität) f
~ **stress** Wärmespannung f, thermische Spannung f
thermionic thermionisch, Thermionen...
thermobalance Thermowaage f
thermochemical thermochemisch
thermocouple Thermoelement n
thermodynamic potential [Gibbssche] freie Enthalpie f, Gibbssche Funktion f, Gibbs-Energie f, thermodynamisches Potential n
thermodynamically favourable thermodynamisch begünstigt
thermoelectric plating gauge s. ~ thickness meter
~ **power** thermoelektrische Kraft f, Thermokraft f, Thermo[ur]spannung f
~ **thickness meter** Prüftaster m (Gerät n) zur thermoelektrischen Schichtdickenmessung
thermogalvanic corrosion thermogalvanische (thermoelektrische) Korrosion f
thermogravimetric analysis thermogravimetrische Analyse f
thermogravimetry Thermogravimetrie f, TG
thermolysis Thermolyse f, Zerfall m (Zersetzung f) durch Wärme
thermooxidative degradation thermooxydativer Abbau m
thermoplastic Thermoplast m, thermoplastischer Kunststoff m
~ **powder** Thermoplastpulver n, thermoplastisches Pulver n
thermoplasticity Thermoplastizität f
thermoregulator Temperaturregler m
thermosenescence thermische Alterung f, Wärmealterung f
thermosetting plastic hitzehärtbarer (wärmehärtbarer) Plast m, Duroplast m, duroplastischer Kunststoff m
~ **powder** duroplastisches (thermoreaktives) Pulver n
thermospray gun Flamm[en]spritzpistole f
thermospraying thermisches Spritzen n
thermostatically controlled thermostatisiert
thick coating Dickschicht f

thick

~ **edge** Fettkante f *(aus herabgelaufenem Anstrichstoff)*
thicken/to 1. eindicken, verdicken, dick[flüssig] machen; eindicken, dick[flüssig] werden; 2. verstärken *(Schichten)*; dicker werden, an Dicke zunehmen *(Schichten)*
thickener s. thickening agent
thickening 1. Eindicken n, Verdicken n; Eindicken n, Dick[flüssig]werden n *(von Anstrichen durch Lösungsmittelverlust)*; 2. Dickenzunahme f *(von Schichten)*
~ **agent** Verdickungsmittel n, viskositätserhöhendes Mittel n
~ **rate** Wachstumsgeschwindigkeit f *(von Schichten)*
thickness Dicke f
~ **determination** Dickenbestimmung f
~ **gauge** Dickenmeßgerät n, Dickenmesser m
~ **increase** Dickenzunahme f
~ **measurement** Dickenmessung f
thief *(Galv)* leitfähige Blende (Stromblende) f *(zum Abschirmen von Kanten)*
thieving *(Galv)* Abschirmen (Abblenden) n durch leitfähige Blenden
thin/to verdünnen
~ **down** vermindern, reduzieren *(Schichtdicke)*
thin electro tin-plate elektrolytisch verzinntes Leichtgewichtsweißblech n
~-**film electron microscopy** Durchstrahlungselektronenmikroskopie f
~-**foil transmission electron microscopy** s. ~-film electron microscopy
~-**layer chromatography** Dünnschichtchromatographie f
~ **section** Dünnschliff m
~ **tin-plate** Leichtgewichtsweißblech n *(mit einer Dicke von 0,15 bis 0,20 mm)*
thinnability Verdünnbarkeit f
thinnable verdünnbar
thinner s. thinning agent
thinning Verdünnen n, Verdünnung f
~ **agent** Verdünnungsmittel n, Verdünner m
thiobenzoic acid Thiobenzoesäure f *(Inhibitor)*
thiourea Thioharnstoff m, Thiocarbamid n
thixotropic thixotrop
~ **behaviour** thixotropes Verhalten n
~ **coating (paint)** thixotroper Anstrichstoff m
thixotroping agent Thixotropiermittel n
thixotropy Thixotropie f

Thoma cavitation coefficient Thoma-Kennzahl f *(zur Beurteilung der Kavitationsgefahr)*
thread-like attack (corrosion) s. filiform corrosion
three-coat [paint] system dreischichtiges (dreifaches) Anstrichsystem n, dreischichtiger (dreifacher) Anstrichaufbau m, Dreischichtaufbau m
~-**compartment degreaser** Dreikammer-Entfettungsapparat m, Dreikammerentfetter m
~-**component alloy** Dreistofflegierung f, ternäre Legierung f
~-**component system** Dreikomponentensystem n, Dreistoffsystem n, ternäres System n
~-**phase boundary** Dreiphasengrenze f
~-**phase rectifier unit** *(Galv)* rotierender Umformer m
~-**point bend (loaded) specimen** Dreipunktbiegeprobe f
~-**point loading** Dreipunktbelastung f, 3-Punkt-Belastung f
threshold energy Schwellenenergie f
~ **level** Grenzwert m
~ **potential** Grenzpotential n, kritisches Potential n
~ **stress [intensity]** kritische Zugspannung f, Grenzspannung f, Grenzwert m der Spannungsintensität, K_{ISCC}
~ **stress intensity factor** kritischer Spannungsintensitätsfaktor m, Rißzähigkeit f, Bruchzähigkeit f
~ **stress level** s. ~ stress
~ **value** Schwellenwert m
through-drier *(Anstr)* Tiefentrockner m, Innentrockner m
~-**dry/to** *(Anstr)* durchtrocknen
~ **dry** *(Anstr)* durchgetrocknet
~-**drying catalyst** s. through-drier
~-**hardening** Durchhärten n
~-**hole plating** Durchkontaktieren n
~-**type [automatic] plant** *(Galv)* Straßenautomat m
throw down/to niederschlagen, [aus]fällen, abscheiden
throw *(Galv)* 1. Streuung f; 2. s. throwing power
throwing power 1. *(Galv)* Streuvermögen n, Streufähigkeit f, Streukraft f, Tiefenstreuung f, Tiefenwirkung f; 2. *(Anstr)* Umgriff m *(eines Elektrotauchanstrichstoffs)*

~ **power test** Umgrifftest *m* *(bei Elektrotauchanstrichstoffen)*
throwout Auswurfeinrichtung *f (einer Feuerverzinnungsanlage)*
thumbograph pattern durch Handschweiß verursachtes Korrosionsbild
tidal zone Wasserwechselzone *f*, Gezeitenzone *f*
tie coat Absperranstrich *m*
tight-wiped abstreifverzinkt *(Stahldraht)*
~ **wiping** Abstreifverzinken *n (von Stahldraht)*
tilt-type barrel *s.* tiltable [tumbling] barrel
tiltable [tumbling] barrel Glockenapparat *m*, Scheuerglocke *f*, Glocke *f*
time-corrosion curve Korrosions-Zeit-Kurve *f*
~ **dependence** Zeitabhängigkeit *f*
~-**dependent** zeitabhängig
~-**extension curve** Kriechkurve *f*
~ **of immersion** Tauchdauer *f*
~ **of treatment** Bearbeitungsdauer *f*, Behandlungsdauer *f, (bei Behandlung mit Chemikalien auch)* Expositionsdauer *f*
~-**of-wetness** Befeuchtungsdauer *f (Zeit, während der die kritische Feuchtigkeit überschritten wird)*
~-**potential curve** Potential-Zeit-Kurve *f*
~-**temperature-sensitivity curve** Zeit-Temperatur-Kornzerfallskurve *f*
~-**temperature-sensitivity diagram** Zeit-Temperatur-Kornzerfallsschaubild *n*
~-**temperature-sensitization curve** *s.* ~-temperature-sensitivity curve
~ **to failure** Standzeit *f, (bei Spannungsrißkorrosion auch)* Bruchzeit *f*
~ **to fracture** Bruchzeit *f (Spannungsrißkorrosion)*
timer, timing mechanism *(Galv)* Zeitrelais *n (für das Stromumpolverfahren); (Kat)* Zeitschaltgerät *n*
tin/to verzinnen
~-**plate** verzinnen, *(i.e.S.)* elektrochemisch (galvanisch) verzinnen
tin Zinn *n*
~-**alloy plating** elektrochemisches (galvanisches) Abscheiden *n* von Zinnlegierungen
~ **bath** 1. Zinnschmelze *f (beim Feuerverzinnen)*; 2. *(Galv)* Zinnelektrolyt *m*, Verzinnungselektrolyt *m*; 3. Zinnbad *n (Gefäß mit Schmelze oder Elektrolyt)*
~-**bearing** zinnhaltig
~ **bronze** Zinnbronze *f*

~ **can** Weißblechdose *f*
~ **coating** Zinn[schutz]schicht *f*
~ **foil** Zinnfolie *f*, Stanniol *n*, Blattzinn *n*
~ **house** Werkhalle für Feuerverzinnung
~ **mill** Verzinnungslinie *f*
~ **pest** Zinnpest *f*
~-**plate** Weißblech *n*, verzinntes Eisenblech *n*
~-**plate can** Weißblechdose *f*
~-**plate foil** Weißblechfolie *f (mit einer Dicke von 0,025 bis 0,075 mm)*
~-**plate manufacture** Weißblechherstellung *f*
~-**plated can** Weißblechdose *f*
~ **plating** Verzinnen *n, (i.e.S.)* elektrochemisches (galvanisches) Verzinnen *n*
~-**plating bath** *(Galv)* Zinnelektrolyt *m*, Verzinnungselektrolyt *m*
~-**plating line** galvanische Verzinnungslinie *f*
~-**rich** zinnreich, hochzinnhaltig
~ **strike** Vorverzinnen *n*; Vorverzinnungsschicht *f*
~ **terne** Terne-Blech mit hohem Zinnanteil
tinned sheets verzinntes Tafelblech mit einer Zinnauflage von 0,025 bis 0,05 mm Dicke
tinning Verzinnen *n*
~ **line** Verzinnungslinie *f*
~ **machine** Verzinnungsmaschine *f*
~ **plant** Verzinnungsanlage *f*
~ **pot** Verzinnungskessel *m*, Zinnkessel *m*
~ **section** Verzinnungsabschnitt *m (einer Feuerverzinnungsanlage)*
tinplate *s.* tin-plate
tip *(Galv)* Kontaktspitze *f*
titania Titan(IV)-oxid *n*, Titandioxid *n*
titaniding elektrolytisches Diffusionsbeschichten mit Titan über Titanfluorid als Zwischenstufe
titanium anode basket *(Galv)* Titankorb *m (für Nickelanodenmaterial)*
~-**clad** titanplattiert
~ **coating** Titan[schutz]schicht *f*
~ **dip** Titanphosphat[vor]tauchen *n (vor dem Phosphatieren)*
~ **enamel** Titanemail *n*
~-**stabilized** titanstabilisiert, Ti-stabilisiert
~ **white** *(Anstr)* Titanweiß *n*
titratable alkali titrierbares Alkali *n (einer alkalischen Reinigungslösung)*
TLV = Threshold Limit Value
tombac, tombak Tombak *m(n) (Cu-Zn-Legierung mit 30% oder mehr Zn)*
tool marks Bearbeitungsspuren *fpl*

top

top coat[ing] s. topcoat
~ layer Abschlußschicht f, Deckschicht f (z. B. eines Systems Cu-Ni-Cr)
~ veneer s. ~ layer
topcoat/to mit einem Deckanstrich versehen
topcoat 1. Deckschicht f, (Anstr auch) Deckanstrich m, Schlußanstrich m; 2. s. ~ paint
~ enamel Deckfarbe f, Lackfarbe f
~ paint Deckanstrichstoff m, Deckfarbe f
~ pigment Pigment n für Deckanstriche, Deckschichtpigment n
topography of corrosion Korrosionstopographie f
topsides paint Überwasser-Schiffsanstrichstoff m, Überwasserschiffsfarbe f, Außenbordfarbe f
torsion resistance Torsionsfestigkeit f
torsional Torsions...
~ deformation Deformation f durch Verdrehung (Verwindung, Torsion)
total alkalinity Gesamtalkalität f
~ coating thickness Gesamtschichtdicke f
~ conductivity Gesamtleitfähigkeit f, Gesamtleitvermögen n
~ corrosion current Gesamtkorrosionsstrom m
~ current Gesamtstrom m
~ cyanide (Galv) Gesamtcyanid n
~ [dry-]film thickness Gesamtschichtdicke f (eines Anstrichsystems)
~ hardness Gesamthärte f (des Wassers)
~ immersion [corrosion] test Tauchversuch m, Dauertauchversuch m (mit vollständig eingetauchter Probe)
~ polarization Gesamtüberspannung f
~ protection Vollschutz m
~ protection current (Kat) Gesamtschutzstrom m
~ solids Festkörpergehalt m, Festkörperanteil m, Feststoffgehalt m, Feststoffanteil m
touch/to:
~ in vorspritzen (z. B. Hohlräume vor dem elektrostatischen Beschichten)
~ up (Anstr) ausbessern, ausflecken
touch-dry (Anstr) griffest
~-up paint Reparaturlack m, Ausbesserungslack m (z. B. für Kraftfahrzeuge)
~-up painting s. touching up
touching up (Anstr) Ausbessern n, Ausbesserung f, Ausflecken n
tough zäh
toughness Zähigkeit f

tower pickler Turmbeizanlage f
trace contamination Verunreinigung f durch Spuren von Fremdstoffen; Dotierung f (beabsichtigt)
traces of rust Rostspuren fpl
trade water main Brauchwasserleitung f
trailing anode (Kat) Schleppanode f (hinter Schiffen)
~ end of the coil [hinteres] Bandende n
~-wire anode s. trailing anode
tramp metal Fremdmetall n
transcrystalline s. transgranular
transducer Ultraschallerzeuger m, Ultraschallschwinger m, Schallschwinger m, Schallerzeuger m, Wandler m
~ head Beschallungskopf m, Schallkopf m
transfer (Galv) 1. Überheben n; 2. Überhebeeinrichtung f; Überhebestelle f
~ arc method Plasmaspritzen n mit direktem Lichtbogen (zwischen Brenner und Werkstück)
~ of electrons Elektronenübertragung f; Elektronenübergang m
~ polarization Durchtrittsüberspannung f
~ roll (Anstr) Auftragswalze f
~ time (Galv) Überhebedauer f
transference number Überführungszahl f
~ number of the anion Anion-Überführungszahl f, Anionenüberführungszahl f
~ number of the cation Kation-Überführungszahl f, Kationenüberführungszahl f
transform/to umwandeln, überführen; sich umwandeln, übergehen (z. B. in eine andere Modifikation)
transformation Umwandlung f, Überführung f; Umwandlung f, Übergang m (z. B. in eine andere Modifikation)
~ product Umwandlungsprodukt n
transformer-rectifier Stromrichtertransformator m
transgranular transkristallin
~ failure transkristalliner Bruch m
~ stress-corrosion cracking transkristalline Spannungsrißkorrosion f
transient creep Übergangskriechen n, primäres Kriechen n, Bereich m I (der Kriechkurve)
~ flow Übergangsfließen n
~ plasticizer temporärer Weichmacher m, temp. WM
transit coating Transportanstrich m, Reiseanstrich m

triple

transition element (metal) Übergangselement n, Übergangsmetall n
~ primer Sperrgrundiermittel n, sperrendes Grundiermittel n, Sperrgrund m
transmission electron diffraction Elektronenbeugung f mit Durchstrahlungsanordnung
~ electron micrograph elektronenmikroskopische Aufnahme f
~ electron microscope Durchstrahlungs[elektronen]mikroskop n
~ electron microscopy Durchstrahlungs[elektronen]mikroskopie f, Transmissions-Elektronenmikroskopie f
~ technique Durchstrahlungsverfahren n
transparent lacquer Klarlack m, Lack m (physikalisch trocknend)
transpassivation Transpassivierung f
~ potential Transpassivierungspotential n
transpassive transpassiv
~ behaviour Transpassivität f
~ corrosion transpassive Korrosion f
~ range (region) Transpassivbereich m, transpassiver Bereich m, Transpassivgebiet n
transpassivity Transpassivität f
transport/to transportieren; herantransportieren (z. B. an eine Oberfläche)
~ away abführen (z. B. Korrosionsprodukte)
transport mechanism Transportmechanismus m
~ number s. transference number
~ of charge Ladungstransport m
~ of matter Stofftransport m
~ processes Transportvorgänge mpl (z. B. in Grenzflächen)
~ reaction Transportreaktion f
transverse contracting strain Querkontraktion f
~ section Querschliff m
~ strength Biegefestigkeit f
trap/to zurückhalten (z. B. korrosive Stoffe in Vertiefungen); einschließen (Gase)
travel coat Transportanstrich m, Reiseanstrich m
travelling mechanism Vorschubgetriebe n (z. B. einer Drahtspritzpistole)
treating s. treatment
~ bath Behandlungsbad n
~ process Behandlungsverfahren n
treatment Behandlung f
~ cycle Behandlungsfolge f, Behandlungsreihe f, Arbeitsfolge f, Arbeitszyklus m, (Galv auch) Bäderfolge f, Badreihe f

~ solution Behandlungslösung f
~ step Behandlungsschritt m, Bearbeitungsschritt m, Behandlungsstufe f, Arbeitsstufe f
~ tank Arbeitsbehälter m
~ temperature Behandlungstemperatur f
~ time Bearbeitungsdauer f, Behandlungsdauer f, (bei Behandlung mit Chemikalien auch) Expositionsdauer f
~ vessel Metallschmelzkessel m (beim Feuermetallisieren)
tree (Galv) Dendrit m
~ growths dendritische Auswüchse mpl, Dendriten mpl
treed verzweigt, verästelt
treeing (Galv) Dendritenbildung f
trenching grabenförmige Korrosion f, Furchenbildung f, Furchungserosion f, Rinnenfraß m
trial-and-error approach empirisches Herangehen n
~-and-error test empirische Prüfung f
~ run Probelauf m
triaxial loading dreiachsige Belastung f
~ stress dreiachsige Beanspruchung f; dreiachsiger Spannungszustand m
trichloroethylene Trichloreth[yl]en n, Tri n
~ degreaser Tri-Entfettungsapparat m, Tri-Entfettungsanlage f
~ degreasing Tri-Entfettung f
~ dip painting s. ~ dipping
~ dip plant Tri-Tauchanlage f
~ dipping Tri-Tauchlackierung f, Tri-Tauchen n
~ dipping paint Tri-Tauchlack m
~ paint Tri-Lack m
~ phosphating Tri-Phosphatierung f
~ vapour Tri-Dampf m
~-vapour bath s. ~-vapour degreaser
~-vapour degreaser Tri-Dampfentfettungsapparat m, Tri-Dampfentfetter m
~-vapour degreasing Tri-Dampfentfettung f
triethanolamine phosphate Triethanolaminphosphat n (Inhibitor)
trigger Abzugsbügel m, Hebel m (einer Spritzpistole)
triode sputtering Triodenzerstäuben n (Sonderform des Vakuumzerstäubens)
triple coating s. ~-layer nickel coating
~-file machine s. ~-lane machine
~-lane machine (Galv) dreistraßiger Automat m

triple

~-**layer nickel** Dreifachnickel n, Trinickel n, Triple-Nickel n
~-**layer nickel coating (deposit)** Dreifachnikkel[schutz]schicht f, Trinickelschicht f
~-**layer nickel plating system** Dreifachvernick[e]lung f
~-**layered** dreischichtig; dreilagig
~ **nickel** s. ~-layer nickel
~ **nickel deposit** s. ~-layer nickel coating
~ **nickel system** Dreifachvernick[e]lung f
~ **plate** Silberschicht von etwa 21 μm Dicke
~ **point** Tripelpunkt m
~-**track plant** (Galv) dreistraßiger Automat m
triplex coating Triplexschicht f
tripoli Tripel m (Poliermittel aus verwittertem Kieselgestein)
~ **composition** Tripelpaste f
trisodium phosphate Trinatriumphosphat n, Natrium[ortho]phosphat n
~ **polyphosphate** Trinatriumpolyphosphat n (Inhibitor)
trolley (Galv) Laufwagen m, (meist) Deckenlaufwagen m
tropical atmosphere Tropenatmosphäre f
~ **climate** Tropenklima n, tropisches Klima n
trouble shooting Fehlersuche f und -beseitigung f, Schadenserfassung f und -bekämpfung f
trowel/to aufspachteln
true corrosion fatigue echte Korrosionsermüdung f (im Gegensatz zur Spannungskorrosionsermüdung)
~ **solvent** aktives (echtes) Lösungsmittel n, aktiver (echter) Löser m
TSP s. trisodium phosphate
TSPP s. tetrasodium pyrophosphate
TTF s. time to failure
tubercle Knolle f (in Wasserleitungen)
~ **formation** s. tuberculation
tuberculation Knollenbildung f (in Wasserleitungen)
tubular anode Rohranode f
tumble/to trommeln, rommeln (Kleinteile)
tumbling Trommeln n, Rommeln n, Trommelbearbeitung f, Trommelbehandlung f (von Kleinteilen)
~ **barrel** Trommel f, Rommelfaß n
tung oil Tungöl n, China-Holzöl n, [chinesisches] Holzöl n
tungsten Wolfram n
~ **silicide** Wolframsilicid n
tuning fork [specimen] Gabelprobe f

tunnel/to unterwandern, unterfressen, (bei Eisen und Stahl auch) unterrosten
tunnel effect Tunneleffekt m (beim Elektronendurchgang durch die Randschicht)
~ **formation** Tunnelbildung f
~ **oven** Tunnelofen m
tunnelling Unterwanderung f, Unterfressung f (von Schutzschichten)
Turkey-red oil (Galv) Türkischrotöl n (Glanzbildner)
turpentine 1. Terpentin n(m) (Balsam); 2. Terpentinöl n
~ **oil** Terpentinöl n
~ **substitute** Terpentin[öl]ersatz m
twin (Krist) Zwilling m
~ **formation** (Krist) Zwillingsbildung f
~-**pack paint** Zweikomponentenanstrichstoff m
~ **plane** (Krist) Zwillingsebene f
~-**wire arc-spraying torch** Lichtbogen-Zweidrahtpistole f, Lichtbogenduopistole f
~-**wire process** Metallspritzen n mit Zweidrahtpistole
~-**wire torch** Zweidrahtpistole f, Duo[spritz]pistole f
twinned crystal growth s. twinning
twinning (Krist) Verzwillingung f
twist (Krist) Verschränkung f (von Subkornbereichen)
~ **roller** Umlenkrolle f (einer Bandbeschichtungsanlage)
twisted (Krist) gegeneinander verschränkt
two-can paint Zweikomponentenanstrichstoff m
~-**coat [paint] system** zweischichtiges (zweifaches) Anstrichsystem n, zweischichtiger (zweifacher) Anstrichaufbau m, Zweischichtaufbau m
~-**compartment degreaser** Zweikammer-Entfettungsapparat m, Zweikammerentfetter m
~-**component alloy** Zweistofflegierung f, binäre Legierung f
~-**component coating (finish)** 1. Zweikomponentenanstrichstoff m; 2. Zweikomponentenanstrich m
~-**component gun** Zweikomponenten-Spritzpistole f
~-**component system** Zweikomponentensystem n, Zweistoffsystem n, binäres System n
~-**component urethane coating** Zweikomponenten-Polyurethan-Anstrichstoff m

~-headed curtain coater *(Anstr)* Zweikopfgießmaschine f
~-headed gun Zweikomponentenspritzpistole f
~-metal corrosion Kontaktkorrosion f, galvanische Korrosion f *(durch Kontakt zweier Metalle)*
~-nozzle [spray] gun Zweikomponentenspritzpistole f
~-pack coating Zweikomponentenanstrichstoff m
~-pack epoxy coating Zweikomponenten-Epoxidharz-Anstrichstoff m
~-pack paint Zweikomponentenanstrichstoff m
~-pack primer Zweikomponentenprimer m, Zweitopfprimer m
~-package coating Zweikomponentenanstrichstoff m
~-phase zweiphasig, Zweiphasen...
~-phase brass zweiphasiges Messing n
~-point bend (loaded) specimen Zweipunktbiegeprobe f
~-point loading Zweipunktbelastung f, 2-Punkt-Belastung f
~-pot coating Zweikomponentenanstrichstoff m
~-row machine s. ~-track machine
~-stage process Zweistufenprozeß m
~-stage resin Novolak m, Novolakharz n
~-stage test Zweistufenversuch m *(zur Prüfung auf Schwingungsrißkorrosion)*
~-track machine *(Galv)* Doppelstraßen-Umkehrautomat m
~-wire electric-arc metallizing Metallspritzen n mit Lichtbogenduopistole
~-wire gun Zweidrahtpistole f, Duo[spritz]pistole f *(zum Spritzmetallisieren)*
type of atmosphere Atmosphärentyp m
~ of attack Angriffsart f
~ of corrosion Korrosionstyp m, Korrosionsart f, Korrosionsform f

U

U-bend [specimen] Bügelprobe f
U-bend stress corrosion test specimen s. U-bend [specimen]
U-type plating line *(Galv)* Umkehrautomat m *(mit U-förmiger Behälteranordnung)*
UEL s. upper explosive limit

UF resin s. urea-formaldehyde resin
ultimate tensile strength (stress) Zugfestigkeit f
ultracentrifugal adhesion test Schleuderversuch m *(zur Bestimmung der Haftfestigkeit von Schutzschichten)*
ultrasonic cleaning Ultraschallreinigung f
~ cleaning plant Ultraschall-Reinigungsanlage f, Ultraschallreiniger m
~ degreasing Ultraschallentfettung f
~ degreasing plant Ultraschall-Entfettungsanlage f
~ energy Ultraschallenergie f
~ head Beschallungskopf m, Schallkopf m
~ probe s. ~ thickness gauge
~ solvent cleaner s. ~ cleaning plant
~ tank Ultraschallreinigungswanne f, Ultraschallschwingwanne f
~ testing Ultraschallprüfung f *(z. B. auf Haftfestigkeit)*
~ thickness gauge Ultraschalldickenmeßgerät n
~ thickness gauging (measurement) Ultraschalldickenmessung f
~ transducer Ultraschallerzeuger m, Ultraschallschwinger m, Schallerzeuger m, Schallschwinger m
~ vibration Ultraschallschwingung f; Ultraschallbehandlung f
~ wall thickness measurement Ultraschall-Wanddickenmessung f
~ wave Ultraschallwelle f
ultraviolet curing Ultravioletthärtung f, UV-Strahlentrocknung f
~ degradation Abbau m durch UV-Strahlung, UV-strahlungsbedingter Abbau m, UV-Abbau m
~-induced photoelectron spectroscopy UV-angeregte Photoelektronenspektroskopie f, Ultraviolett-Photoelektronenspektroskopie f
un-ionized undissoziiert
unaccelerated process Langzeitverfahren n *(beim Phosphatieren)*
unaerated unbelüftet
unalloyed unlegiert, nichtlegiert
unattacked unangegriffen, unversehrt, *(i.e.S.)* nicht korrodiert
unbonded abrasive ungebundenes (loses, freies) Schleifmittel n
uncharged ungeladen, ladungslos, [elektrisch] neutral

uncoil 200

uncoil/to abwickeln *(Metallband)*; entrollen *(Bunde)*
uncoiler Abwickelhaspel *f,* Ablaufhaspel *f,* Abwickler *m,* Entrollvorrichtung *f (einer Bandbeschichtungsanlage)*
uncorroded nicht korrodiert, unangegriffen, unversehrt
uncracked rißfrei
undamaged unbeschädigt, unversehrt
under-deck corrosion Dampfphasenkorrosion *f (in Tankern)*
~-**rusting** Unterrosten *n,* Unterrostung *f*
~-**seal** Unterbodenschutzschicht *f*
underbody coating Unterbodenschutzmasse *f (für Kraftfahrzeuge)*
undercoat 1. Zwischenanstrichstoff *m,* Voranstrichstoff *m;* 2. Zwischenanstrich *m,* Voranstrich *m;* Grundschicht *f (für Anstriche);* 3. *(Galv)* Zwischenschicht *f*
~ **paint** Zwischenanstrichstoff *m,* Voranstrichstoff *m,* Vorstreichfarbe *f*
undercoater *s.* undercoat paint
undercoating *s.* undercoat
undercured *(Anstr)* nicht ausgehärtet, ungenügend gehärtet
underdose/to unterdosieren
underdosing Unterdosierung *f*
underfilm attack *s.* ~ corrosion
~ **corrosion** Unterkorrosion *f, (Anstr auch)* Korrosion *f* unter Anstrichen, *(bei Eisen und Stahl auch)* Unterrosten *n,* Unterrostung *f, (i.e.S.)* Filigrankorrosion *f,* fadenförmige Korrosion *f,* Fadenkorrosion *f*
~ **rusting** Unterrosten *n,* Unterrostung *f*
undergo change/to sich verändern
~ **corrosion** korrodiert werden, der Korrosion unterliegen, korrodieren
~ **deformation** sich verformen
~ **dissolution** sich auflösen
~ **oxidation** oxydieren, der Oxydation unterliegen
~ **passivation** sich [selbst] passivieren
~ **sacrificial attack** geopfert werden *(Anode)*
underground corrosion Bodenkorrosion *f,* Erdbodenkorrosion *f*
~ **installation** erdverlegte (unterirdische) Anlage *f*
~ **pipeline** erdverlegte (unterirdische) Rohrleitung *f*
underlay *s.* underlayer 2.
underlayer 1. Grundschicht *f (für Anstriche);* 2. *(Galv)* Zwischenschicht *f*

underlying metal Substratmetall *n (für Schutzschichten)*
undermine/to unterfressen, *(bei Eisen und Stahl auch)* unterrosten
underpaint coating Grundschicht *f (für Anstriche)*
~ **corrosion** Korrosion *f* unter Anstrichen, Unter[anstrich]korrosion *f, (bei Eisen und Stahl auch)* Unterrosten *n,* Unterrostung *f*
underprotected unzureichend (ungenügend) geschützt
underprotection unzureichender (ungenügender) Schutz *m*
undersaturated untersättigt
undersaturation Untersättigung *f*
undersoftening Teilenthärtung *f,* Teilentsalzung *f (des Wassers)*
underwater application Unterwasserapplikation *f*
~ **corrosion** Wasserkorrosion *f,* Korrosion *f* in Wässern
~ **corrosion protection** Korrosionsschutz *m* unter Wasser, Unterwasserschutz *m*
~ **installations** Unterwasserbauten *pl*
~ **paint** Unterwasseranstrichfarbe *f*
~ **protection** Schutz *m* des Unterwasserbereichs *(von Schiffen und Stahlbauten)*
undistorted unverzerrt *(Kristallgitter)*
undulating wellig
uneven uneben
~ **corrosion** nichtebenmäßige Korrosion *f*
~ **general corrosion** ungleichmäßiger Flächenabtrag *m*
~ **local corrosion** Narbenkorrosion *f,* narbenförmige (narbige) Korrosion *f*
unfilmed nicht bedeckt, ungeschützt *(ohne Oxidhaut)*
unhindered corrosion ungehemmte Korrosion *f*
uniaxial loading einachsige Belastung *f*
~ **stress** einachsige Beanspruchung *f*
unidirection[al] current Gleichstrom *m*
uniform attack gleichmäßiger (ebenmäßiger) Angriff (Abtrag) *m,* gleichmäßige Abtragung *f*
~ **corrosion** gleichmäßige (ebenmäßige) Korrosion *f*
uniformity Gleichförmigkeit *f,* Gleichmäßigkeit *f (z. B. abgeschiedener Schichten)*
uniformly corroded gleichmäßig (ebenmäßig) korrodiert
unimolecular monomolekular, unimolekular, 1molekular

uninhibited nichtinhibiert
unit activity Aktivität f Eins
~ **cell** *(Krist)* Elementarzelle f, Gitterbaustein m
unkilled unberuhigt *(Stahl)*
unload/to entladen; entleeren *(z. B. Galvanisierautomaten)*
unloading zone *(Galv)* Entleerungsstelle f
unnotched ungekerbt
unoriented *(Krist)* unorientiert
unpigmented unpigmentiert
unplasticized polyvinyl chloride weichmacherfreies (unplastifiziertes) Polyvinylchlorid n, Hart-PVC n, PVC-hart n
unpolluted schmutzfrei, verunreinigungsfrei
unprotected ungeschützt, nicht bedeckt *(Metalloberfläche)*
unprotective nichtschützend
unrack/to abnehmen *(vom Galvanisiergestell)*, ausbauen *(aus dem Galvanisiergestell)*
unracking station *(Galv)* Entleerungsstelle f *(für Gestellträger)*
unreactive reaktionslos, reaktionsträge
unsaturated polyester resin ungesättigtes Polyesterharz n, UP-Harz n
unsensitized nichtsensibilisiert, unsensibilisiert, kornzerfallsbeständig
unserviceableness Unbrauchbarkeit f
unsheltered *(Prüf)* ungeschützt *(dem Freiluftklima ausgesetzt)*
~ **exposure** Freibewitterung f
unshielded ungeschützt, nichtbedeckt
unsightly unansehnlich *(Oberfläche)*
unsoiled schmutzfrei, verunreinigungsfrei
unstable instabil, unstabil, unbeständig, labil
unstressed ungespannt, spannungsfrei, spannungslos, *(i.w.S.)* nicht beansprucht
unsusceptible unempfindlich
untarnishable anlaufbeständig
uphill diffusion Bergaufdiffusion f
upper explosive limit obere Explosionsgrenze f
UPS s. ultraviolet-induced photoelectron spectroscopy
uralkyd s. urethane oil
urban air Stadtluft f
~ **atmosphere** Stadtatmosphäre f
~ **climate** Stadtklima n
urea-formaldehyde resin Harnstoff-Formaldehyd-Harz n
~ **resin** Harnstoffharz n, Carbamidharz n,

Harnstoff-Aldehyd-Harz n, *(i.e.S.)* Harnstoff-Formaldehyd-Harz n
urethane-coal tar coating 1. Teer-Polyurethanharz-Anstrichstoff m; 2. Teer-Polyurethanharz-Anstrich m
~-**coal tar paint** Teer-Polyurethanharz-Anstrichstoff m
~ **coating** 1. Polyurethan[harz]-Anstrichstoff m; 2. Polyurethananstrich m
~ **enamel** Polyurethan[harz]lackfarbe f
~ **oil** Urethanalkyd[harz] n, Urethanöl n, Uralkyd n
~ **resin** Polyurethanharz n
usability Brauchbarkeit f, Gebrauchstauglichkeit f, Gebrauchswert m
usable brauchbar, gebrauchstauglich
use up/to aufbrauchen, verbrauchen *(z. B. Sauerstoff)*
useable s. usable
useful life Gebrauchswertdauer f, Nutzungsdauer f; Haltbarkeitsdauer f, Schutzdauer f *(von Schutzschichten)*
~ **maximum work** maximale Nutzarbeit f
~ **service life** s. useful life
uselessness Unbrauchbarkeit f
utilization figure Ausnutzungsgrad m
U.T.S. s. ultimate tensile strength

V

V-notch Spitzkerb m, Spitzkerbe f
V zone s. very quickly corroding zone
vacancy *(Krist)* Leerstelle f, Fehlstelle f, Gitterleerstelle f, Gitterloch n, Gitterlücke f, unbesetzter Gitterplatz m, Schottky-Defekt m
~ **concentration** Leerstellenkonzentration f, Fehlstellenkonzentration f
~ **pair** Leerstellenpaar n
~ **sink** Leerstellensenke f
~ **site** s. vacancy
vacant frei, leer, unbesetzt, vakant
~ **cation[ic] site** Kationenleerstelle f
~ **electron site** Elektronendefektstelle f, [positives] Loch n, Elektronenloch n, Defektelektron n, Mangelelektron n
~ **lattice position**, ~ **site** s. vacancy
vacuum application s. ~ deposition
~ **blasting** staubfreies [trockenes] Strahlen n, stauboses Strahlen n
~ **chamber** Vakuumkammer f

vacuum

- ~ **coating** Vakuumbeschichten *n*
- ~ **coating technique** Vakuumbeschichtungsverfahren *n*
- ~ **degasifier** Vakuumentgaser *m*
- ~ **degassing** Vakuumentgasung *f*
- ~-**deposited coating** im Vakuum hergestellte Schutzschicht *f*, Aufdampfschicht *f*, aufgedampfte Schutzschicht *f*
- ~ **deposition** Abscheiden *n* im Vakuum, Aufdampfen *n* unter vermindertem Druck, Vakuumaufdampfung *f*
- ~ **evaporation** Vakuumverdampfen *n*, Verdampfen *n* im Vakuum
- ~ **metallization (metallizing)** Vakuumbedampfen *n* *(mit Metalldampf)*
- ~ **pack process (technique)** Vakuumeinpackverfahren *n*, Vakuumpulverpackverfahren *n*
- ~ **plating** *s.* 1. ~ vapour plating 1.; 2. ~ deposition
- ~ **vapour plating** 1. Vakuumbedampfen *n*, Vakuumbeschichten *n*; 2. *s.* ~ deposition
- ~ **vessel** Vakuumbehälter *m*

valence Wertigkeit *f*, Valenz[zahl] *f*
- ~ **electron** Valenzelektron *n*, Außenelektron *n*
- ~ **state** Wertigkeitsstufe *f*, Valenzstufe *f*

valency Valenz *f* *(als Einheit der Bindekraft)*
valve metal Sperrschichtmetall *n*
van der Waals equation van-der-Waalssche Gleichung *f*
van der Waals forces [of attraction] van-der-Waals-Kräfte *fpl*, van-der-Waalssche Kräfte (Anziehungskräfte) *fpl*
vanadium-bearing, ~-containing vanadiumhaltig
van't Hoff isotherm van't-Hoffsche Reaktionsisotherme *f*
vaporizable verdampfbar
vaporization Verdampfen *n*, Verdampfung *f*
vaporize/to verdampfen, in Dampf überführen; verdunsten lassen; verdampfen; verdunsten *(unterhalb des normalen Siedepunkts)*
vaporized coating Aufdampfschicht *f*, aufgedampfte Schutzschicht *f*
- ~ **metal coating** Metall-Aufdampfschicht *f*

vaporizer Verdampfer *m*
vapour blasting Naßstrahlen *n*, Naß-Sandstrahlen *n*, nasses Sandstrahlen *n*
- ~ **coating** *s.* ~-phase coating
- ~ **condensation plating** Aufdampfen *n*; Bedampfen *n*
- ~ **degreaser** *s.* ~-degreasing machine
- ~ **degreasing** Dampfentfetten *n*, Dampf[phasen]entfettung *f*
- ~-**degreasing machine (plant)** Dampfentfettungsanlage *f*, Dampfentfettungsapparat *m*, Dampfentfetter *m*
- ~ **density** Dampfdichte *f*
- ~-**deposited coating** *s.* ~-phase coating 2.
- ~ **deposition** Aufdampfen *n*
- ~ **inhibitor** *s.* ~-phase inhibitor
- ~-**phase coating** 1. Bedampfen *n*; 2. Aufdampfschicht *f*, aufgedampfte Schutzschicht *f*
- ~-**phase corrosion** Dampf[phasen]korrosion *f*
- ~-**phase decomposition** pyrolytisches Reaktionsbeschichten *n* aus der Gasphase
- ~-**phase deposition** Aufdampfen *n*
- ~-**phase epitaxy** Abscheidung *f* aus der Gasphase
- ~-**phase inhibition** Dampfphaseninhibition *f*, Gasphaseninhibition *f*
- ~-**phase inhibitor** Dampfphaseninhibitor *m*, Gasphaseninhibitor *m*, VPI-Stoff *m*, VPI
- ~-**phase reduction** reduktives Reaktionsbeschichten *n* aus der Gasphase
- ~ **plant** *s.* ~-degreasing machine
- ~ **plating** *s.* gas plating
- ~ **pressure** Dampfdruck *m*
- ~ **section** Lösemitteldunstzone *f*, Dunstzone *f*, Sättigungszone *f* *(einer Flow-Coating-Anlage)*
- ~ **source** Dampfquelle *f*
- ~-**space corrosion** *s.* ~-phase corrosion
- ~ **tunnel** Draintunnel *m*, Drainkanal *m* *(einer Flow-Coating-Anlage)*
- ~ **zone** 1. Dampfzone *f* *(eines Dampfentfetters)*; 2. *s.* ~ section

varnish/to lackieren
varnish Lack *m*, Klarlack *m*, *(i.e.S.)* oxydativ trocknender Lack (Klarlack) *m*
- ~ **coating** Lackanstrich *m*
- ~ **film** Lackfilm *m*
- ~ **makers' and painters' naphtha** Lackbenzin *n* *(Siedebereich 115 bis 148 °C)*
- ~ **oil** Lacköl *n*
- ~ **remover** Lackentferner *m*, Abbeizmittel *n*
- ~ **resin** Lackharz *n*

VCI *s.* volatile corrosion inhibitor
vegetable fat Pflanzenfett *n*, pflanzliches (vegetabilisches) Fett *n*
- ~ **oil** Pflanzenöl *n*, pflanzliches (vegetabilisches) Öl *n*

vehicle Bindemittellösung *f*; Bindemittel *n*
- ~ **properties** Bindemitteleigenschaften *fpl*
- ~ **solids** Bindemittelgehalt *m*

veiling *(Anstr)* Vorhangbildung *f*, Gardinenbildung *f*, Läuferbildung *f*, Ablaufen *n*, Laufen *n*, Absacken *n*

veneer Auflagewerkstoff *m*, Überzugsmaterial *n* *(vorgefertigt)*
- ~ **of metal** Überzugsmetall *n* *(zum Plattieren)*

ventilate/to belüften

Venturi scrubber (washer) Venturi-Wäscher *m*, Venturi-Abscheider *m*, Venturi-Skrubber *m*

verdigris Grünspan *m* *(Gemisch aus basischen Kupferacetaten)*

vertical anode *(Kat)* Vertikalanode *f*, Vertikalerder *m*
- ~ **groundbed** *(Kat)* Vertikalerderanlage *f*
- ~ **groundrod** *s.* vertical anode

very quickly corroding zone Zone hoher Korrosionsgeschwindigkeit nach der Einteilung von Chilton

vibrator Vibrator *m*, Vibrationsanlage *f*
- ~ **processing bowl** Bearbeitungsbehälter *m*, Arbeitsbehälter *m* *(einer Vibrationsanlage)*

vibratory finishing Vibrations[gleit]schleifen *n*
- ~[-finishing] **machine** Vibrationsanlage *f*, Vibrator *m*
- ~-**needle gun** Drahtnadeldruckluftpistole *f*, Stahlnadelklopfgerät *n*, Nadelhammer *m*

Vickers diamond-pyramid hardness *s.* ~ hardness
- ~ **hardness [number]** Vickershärte *f*, Vickershärtewert *m*, HV
- ~ **hardness tester** Vickershärteprüfer *m*
- ~ **hardness testing** Vickershärteprüfung *f*, Härteprüfung *f* nach Vickers
- ~ **indenter** Vickers-Eindringkörper *m*
- ~ **penetration hardness** *s.* ~ hardness
- ~ **value** *s.* ~ hardness

Vienna lime Wiener Kalk *m* *(Poliermittel)*

vinyl coating 1. Vinylharzanstrichstoff *m*, Vinylpolymerisat-Anstrichstoff *m*; 2. Vinylharzanstrich *m*
- ~ **lacquer** Vinylharzlack *m* *(physikalisch trocknend)*
- ~ **paint** Vinylharzanstrichstoff *m*, Vinylpolymerisat-Anstrichstoff *m*
- ~ **resin** Vinylharz *n*
- ~-**toluenated alkyd** vinyltoluolmodifiziertes Alkydharz *n*
- ~ **toluene-modified alkyd** *s.* ~-toluenated alkyd

viscoelastic viskoelastisch

viscosity Viskosität *f*
- ~ **cup** Auslaufbecher *m*

visible to the unaided eye mit bloßem Auge sichtbar

visual examination (inspection) visuelle Beurteilung (Inspektion, Prüfung) *f*, Sichtprüfung *f*, Augeninspektion *f*

vitreous enamel Email *n*, Emaille *f*
- ~ **enamel coating** Email[schutz]schicht *f*
- ~ **enamelling** Emaillieren *n*, Emaillierung *f*

VMP naphtha *s.* varnish makers' and painters' naphtha

Vogt process Vogt-Verfahren *n* *(zum Abscheiden dünner Messingschichten auf Zink-Zwischenschicht beim Galvanisieren von Aluminium)*

void Hohlraum *m*; Pore *f*; Fehlstelle *f* *(in einer Schutzschicht)*
- ~ **formation** Hohlraumbildung *f*
- ~-**free** ohne Fehlstellen *(Schutzschicht)*

volatile flüchtig
- ~ **component (constituent)** flüchtige Komponente *f*, flüchtiger Bestandteil *m*
- ~ **content** Gehalt *m* an Flüchtigem (flüchtigen Bestandteilen)
- ~ **corrosion inhibitor** flüchtiger Korrosionsinhibitor *m*, Dampfphaseninhibitor *m*
- ~ **matter** flüchtige Bestandteile (Stoffe) *mpl*, Flüchtiges *n*
- ~-**solid operation** Kesselbetrieb mit flüchtigen Alkalisierungsmitteln

volatiles *s.* volatile matter

volatility Flüchtigkeit *f*

volatilize/to verdampfen; sich verflüchtigen, verdampfen, vergasen; verdunsten *(unterhalb des normalen Siedepunkts)*

voltage-carrying spannung[s]führend
- ~ **control adjustment** *(Galv)* Spannungseinstellung *f*
- ~ **dependence** Spannungsabhängigkeit *f*
- ~-**dependent** spannungsabhängig
- ~ **drop** Spannungs[ab]fall *m*
- ~ **gradient** Spannungsgefälle *n*, Spannungsgradient *m*
- ~ **increase** Spannungsanstieg *m*; Spannungserhöhung *f*

voltaic cell galvanisches Element *n*, galvanische Zelle (Kette) *f*

volume change Volumenänderung *f*

volume 204

- ~ **concentration** Volumenkonzentration f
- ~ **growth** Volumenzunahme f
- **VPE** s. vapour-phase epitaxy
- **VPI** s. vapour-phase inhibitor
- **VPN** s. Vickers hardness number
- **vulnerability** Verletzbarkeit f (von Schutzschichten); Angreifbarkeit f, Anfälligkeit f (von Werkstoffen)
- **vulnerable** verletzbar (Schutzschicht); angreifbar (Werkstoff)
- ~ **to attack** angreifbar, anfällig (Werkstoff)

W

- **Wagner equation** parabolisches Zeitgesetz (Gesetz) n (der Oxidschichtbildung)
- ~ **mechanism (model)** s. Wagner's [oxidation] theory
- **Wagner's [oxidation] theory** Theorie f von C. Wagner, Wagnersche Zundertheorie f
- **waiting period** (Anstr) Vorreaktionszeit f, Induktionszeit f, Reifezeit f
- ~ **period between coats** Zwischentrocknungsdauer f
- **wall alkalinity** Wandalkalität f
- ~ **alkali[ni]zation** Wandalkalisierung f
- ~ **reaction** Wandreaktion f
- ~ **thickness** Wanddicke f
- ~-**thickness measurement** Wanddickenmessung f
- **wander/to** wandern, migrieren (z.B. Ionen)
- **Warburg impedance** (Prüf) Warburg-Impedanz f
- **warm rinse** Warmspülen n
- ~ **spray** (Anstr) Warmspritzen n
- **wash/to** [ab]waschen (Oberflächen); auswaschen (Pigmente)
- ~ **away (off)** abspülen, abwaschen (Staub, Elektrolyte)
- **wash coat [primer]** s. ~ primer
- ~ **primer** Washprimer m, Reaktionsgrundiermittel n, Reaktionsprimer m, Aktivprimer m, Ätzprimer m
- ~-**primer coat** Washprimeranstrich m, Reaktionsprimeranstrich m
- ~ **water** Spülwasser n, Waschwasser n
- **washing** Waschen n, Abwaschen n (von Oberflächen); Auswaschen n (von Pigmenten)
- ~ **bath** Spülbad n
- ~ **soda** Waschsoda f, Soda f, Kristallsoda f

- ~ **stage** Spülstufe f
- ~ **tank** Spülbecken n
- **wastage plate** (Kat) Schrottanode f
- **waste** 1. Abfall m; 2. Ausschuß m
- ~ **line** Abwasserleitung f
- ~ **pickle liquor** Abbeize f, ausgebrauchte (verbrauchte) Beizlösung (Beize) f
- ~ **water** Abwasser n
- ~-**water disposal** Abwasserbeseitigung f
- ~-**water treatment** Abwasseraufbereitung f, Abwasserbehandlung f
- **wasters** s. seconds
- **water absorption** Wasseraufnahme f
- ~ **adsorption** Adsorption f von Wasser
- ~-**base coating** wasserverdünnbarer Anstrichstoff m
- ~-**base enamel** wasserverdünnbarer Lack m, Wasserlack m
- ~-**base paint** wasserverdünnbarer Anstrichstoff m
- ~-**base primer** wasserverdünnbarer Grundanstrichstoff m, wasserverdünnbare Grundierung f
- ~-**base protective coating (paint)** wasserverdünnbarer Korrosionsschutzanstrichstoff m
- ~-**based ...** s. ~-base ...
- ~ **blasting** Naßstrahlen n, Naß-Sandstrahlen n, nasses Sandstrahlen n
- ~ **break** Bildung f von Wasserinseln (auf der Metalloberfläche bei mangelhafter Entfettung)
- ~ **break test** Wasserbenetzungstest m, Wasserinseltest m, Wasserbruchtest m, Wasserablaufprobe f (auf Reinheit von Oberflächen)
- ~-**cement ratio** Wasser-Zement-Wert m, W/Z-Wert m, Wasser-Zement-Faktor m, WZ-Faktor m
- ~ **conditioning** Wasseraufbereitung f
- ~ **content** Wassergehalt m
- ~ **cycle** Wasserkreislauf m
- ~-**dispersion coating (paint)** wasserverdünnbarer Anstrichstoff m
- ~-**displacing** wasserverdrängend
- ~-**displacing ability** Wasserverdrängungsvermögen n
- ~-**emulsion paint** Dispersionsanstrichstoff m, Dispersionsfarbe f; Emulsionsfarbe f
- ~ **film** Wasserfilm m
- ~-**fog testing** Wassersprühprüfung f
- ~ **hardening** Wasserhärten n

~ **hardness** Wasserhärte f
~-**immersion service** Unterwassereinsatz m, Unterwasserbeanspruchung f
~-**immersion test** Wassertauchversuch m, Tauchversuch m in Wasser
~-**in-oil emulsion** Wasser-in-Öl-Emulsion f
~ **inlet** Wassereintritt m, Wassereinführstelle f
~ **line** Wasserlinie f
~-**line attack (corrosion, pitting)** Wasserlinienkorrosion f, Korrosion f an (in) der Wasserlinie
~ **main** 1. Hauptleitung f; 2. Versorgungsleitung f (im Fahrbahn- oder Gehwegbereich)
~-**miscible primer** wasserverdünnbarer Grundanstrichstoff m
~ **of hydration** Hydratwasser n
~ **paint** wasserverdünnbarer Anstrichstoff m
~ **permeability** Wasserdurchlässigkeit f, Wasserpermeabilität f
~-**permeable** wasserdurchlässig
~ **pipe** Wasserleitungsrohr n
~ **piping** Wasserleitung f
~ **pollution** Wasserverunreinigung f, Wasserverschmutzung f
~-**pollution control** Wasserreinhaltung f
~ **purification** Wasserreinigung f
~-**purification plant** Wasserreinigungsanlage f
~ **quality** Wasserbeschaffenheit f, Wassergüte f
~-**quench/to** in Wasser abschrecken (auch als Härtungsverfahren)
~ **quench[ing]** Wasserabschrecken n, Wasserabschreckung f, Abschrecken n in Wasser (auch als Härtungsverfahren)
~ **recycle** Wasserkreislauf m
~-**reducible paint** wasserverdünnbarer Anstrichstoff m
~ **resistance** Wasserbeständigkeit f, Wasserfestigkeit f, Wasserresistenz f
~-**resistant** wasserbeständig, wasserfest
~-**saturated** wassergesättigt
~ **sealing** Heißwasserverdichtung f, Heißwassersealing n, Kochendwasserverdichtung f (beim Anodisieren)
~ **separator** Wasserabscheider m
~-**side corrosion** wasserseitige (dampfseitige) Korrosion f (an Kesselanlagen)
~ **softener** s. ~-softening agent
~ **softening** Wasserenthärtung f
~-**softening agent** Wasserenthärtungsmittel n, Wasserenthärter m

~ **solubility** Wasserlöslichkeit f
~-**soluble** wasserlöslich
~-**soluble binder** wasserlösliches Bindemittel n
~ **spot** Wasserfleck m, (auf Metalloberflächen auch) Kalkfleck m
~ **spotting** Fleckenbildung f durch Wasser
~ **stain** s. ~ spot
~-**supply line** Wasser[versorgungs]leitung f
~-**supply pipe** Wasserleitungsrohr n
~-**supply plant** Wasserversorgungsanlage f
~-**thinnable** wasserverdünnbar
~-**thinned baking finish** wasserverdünnbarer Einbrennlack m
~-**thinned coating** wasserverdünnbarer Anstrichstoff m
~-**thinned coating vehicle** wasserverdünnbares Bindemittel n
~-**thinned paint** wasserverdünnbarer Anstrichstoff m
~-**thinned primer** wasserverdünnbarer Grundanstrichstoff m, wasserverdünnbare Grundierung f
~-**tight** wasserdicht
~ **vapour** Wasserdampf m
~-**vapour condensation test** Schwitzwasser[klima]versuch m, Schwitzwassertest m
~-**vapour permeability (transmission)** Wasserdampfdurchlässigkeit f
~-**washed spray booth** Spritzkabine f mit Naßabscheidung
~-**wet** wassernaß, mit Wasser benetzt
waterproof wasserdicht, wasserundurchlässig, wassergeschützt, wasserdicht abgeschlossen, gekapselt
waterwash spray booth Spritzkabine f mit Naßabscheidung
Watts bath Watts-Elektrolyt m (Hauptbestandteile Nickelsulfat und Nickelchlorid)
~ **[nickel] solution** s. Watts bath
wave-like wellig
wax/to [ein]wachsen, mit Wachs tränken
wax Wachs n
~ **paper** Paraffinpapier n, paraffiniertes Papier n
waxed paper s. wax paper
weak place (point, spot) Schwachstelle f, Schwächestelle f
weaken/to entfestigen
weakened spot Schwachstelle f, Schwächestelle f
wear [away]/to abtragen; verschleißen, sich abnutzen

wear

- **~ down (out)** verschleißen, sich abnutzen
- **~ through** durchscheuern, durchschleifen
- **wear** Verschleiß *m*, Abnutzung *f*
- **~ corrosion (oxidation)** Reiboxydation *f*, Reibkorrosion *f*, Tribokorrosion *f*, tribomechanische Anregung *f*, *(i.w.S.)* Verschleißkorrosion *f*
- **~ resistance** Abnutzungsbeständigkeit *f*, Verschleißfestigkeit *f*, Verschleißwiderstand *m*, Abriebbeständigkeit *f*, Abriebfestigkeit *f*, Abriebwiderstand *m*
- **~-resistant, ~-resisting** abnutzungsbeständig, verschleißfest, abriebbeständig, abriebfest

wearing away Abtragen *n*, Abtragung *f*, Abtrag *m* *(mechanisch)*

weather/to 1. bewittern *(z. B. Proben)*; 2. verwittern *(z. B. Anstriche)*

weather exposure s. atmospheric exposure
- **~ resistance** Witterungsbeständigkeit *f*, Wetterbeständigkeit *f*, Wetterfestigkeit *f*
- **~-resistant, ~-resisting** witterungsbeständig, wetterbeständig, wetterfest

weatherability s. weather resistance
weathered product Verwitterungsprodukt *n*
weathering 1. Bewittern *n*, Bewitterung *f* *(z. B. von Proben)*; 2. Verwittern *n*, Verwitterung *f* *(z. B. von Anstrichen)*
- **~ behaviour** Bewitterungsverhalten *n*, Frei[luft]bewitterungsverhalten *n*
- **~ device** Bewitterungsgerät *n*, Bewitterungsvorrichtung *f*
- **~ resistance** s. weather resistance
- **~ steel** korrosionsträger Stahl *m*, KT-Stahl *m*
- **~ test** Bewitterungsversuch *m*

wedge Keil *m*
~-like keilartig
weep hole Ablauföffnung *f*
weight change Masse[nver]änderung *f*; Gewichts[ver]änderung *f*
- **~ gain** Masse[n]zunahme *f*; Gewichtszunahme *f*
- **~ gain per unit area** flächenbezogene Massenzunahme *f*
- **~ increase** s. ~ gain
- **~ loss** Masse[n]verlust *m*, Masse[n]abnahme *f*; Gewichtsverlust *m*
- **~-loss corrosion rate** Korrosionsgeschwindigkeit *f* aus dem Gewichtsverlust (Massenverlust), Massenverlustrate *f*
- **~-loss determination (measurement)** Massenverlustmessung *f*

- **~ loss per unit area** flächenbezogener Massenverlust *m*
- **~ loss per unit area per unit time** flächenbezogene Massenverlustrate *f*
- **~-loss rate** Massenverlustrate *f*
- **~ loss vs. time curve** Massenverlust-Zeit-Kurve *f*
- **~ measurement** Wägung *f*
- **~ per epoxide** Epoxidäquivalent[gewicht] *n*
- **~ per hydroxyl** Hydroxyläquivalent[gewicht] *n*

weld/to schweißen; [miteinander] verschweißen
- **~ on** aufschweißen; aufschmelzen, schmelzflüssig aufbringen *(z. B. Blei)*

weld Schweißnaht *f*; Schweißstelle *f*; Schweißung *f*
- **~ bead** Schweißperle *f*
- **~ corrosion** s. ~ decay
- **~ decay** 1. [selektive] Schweißnahtkorrosion *f*, Lotbrüchigkeit *f*, Lötbrüchigkeit *f* *(Korngrenzenkorrosion bei Schweißverbindungen)*; 2. Lötbruch *m* *(Ergebnis)*
- **~ deposit** Aufschweißung *f*
- **~ joint** Schweißverbindung *f*
- **~ line** Schweißnaht *f*
- **~ metal** Schweißmetall *n*
- **~ primer** s. weldable primer
- **~ puddle** Schweiße *f*
- **~ roll plating** Walzschweißplattieren *n*
- **~ seam** Schweißnahtbereich *m*, Schweißnahtzone *f*
- **~ slag** Schweißschlacke *f*
- **~ test** Schweißversuch *m*
- **~ wire** Schweißdraht *m*

weldability Schweißbarkeit *f*, *(Anstr auch)* Überschweißbarkeit *f*
weldable schweißbar, *(Anstr auch)* überschweißbar
- **~ primer** 1. überschweißbarer Grundanstrichstoff *m*, schweißbare Grundierung *f*; 2. überschweißbarer Grundanstrich *m*

welded joint Schweißverbindung *f*
- **~ specimen (test piece)** Schweißprobe *f*

welder 1. Schweißer *m*; 2. s. welding unit
welding 1. Schweißen *n*; 2. Verschweißung *f* *(von Metallteilchen, z. B. beim Spritzmetallisieren)*
- **~ crack** Schweißriß *m*, Schweißbruch *m*, Rotbruch *m*, Heißbruch *m*
- **~ primer** s. weldable primer
- **~ scale** Schweißschlacke *f*

~ **surfacing powder** Aufschweißpulver *n*
~ **unit** Schweißmaschine *f (z. B. einer Bandbeschichtungsanlage)*
~ **wire** Schweißdraht *m*
weldment geschweißte Konstruktion *f*
well-adherent haftfest, gut haftend
~-**aerated** gut belüftet, sauerstoffreich *(Wasser)*; luftdurchlässig *(Boden)*
Wenner method (technique) Wenner-Verfahren *n*; Widerstandsmessung *f* (Bestimmung *f* des spezifischen Erdbodenwiderstands) nach Wenner, Vierpunkt-Methode *f* [nach Wenner]
Weston standard cell Weston-Normalelement *n*
wet/to [be]netzen
wet abrasive blasting *s.* ~ blasting
~ **analysis** naßchemische Analyse *f*, Naßanalyse *f*
~-**and-dry-bulb hygrometer (thermometer)** Psychrometer *n*
~-**and-dry climate** alternierendes Klima *n*
~ **atmospheric corrosion** atmosphärische Korrosion unter Beteiligung tropfbar flüssigen Wassers
~ **barrel finishing** Naßgleitschleifen *n*, Naßscheuern *n*, Naßtrommeln *n*
~ **blast cleaning** *s.* ~ blasting
~ **blasting** Naßstrahlen *n*, Naß-Sandstrahlen *n*, nasses Sandstrahlen *n*
~ **corrosion** elektrochemische (nasse) Korrosion *f*, Naßkorrosion *f (durch Elektrolytlösungen)*, *(i.e.S.)* Korrosion *f* in Wässern, Wasserkorrosion *f*
~-**edge time** offene Zeit *f (Zeitspanne vom Auftragen eines Anstrichstoffs bis zur Bildung einer Oberflächenhaut)*
~ **enamelling** Naßemaillieren *n*
~ **film** Naßfilm *m*, Naßschicht *f*
~-**film gauge** *s.* ~-film thickness gauge
~-**film thickness** Naßfilmdicke *f*, Naßschichtdicke *f*
~-**film thickness gauge** Naßfilmdickenmesser *m*, Naßschichtdickenmesser *m*
~ **galvanizing** Naßverzinken *n (Schmelztauchverzinken mit auf der Schmelze schwimmendem Flußmittel)*
~ **grinding** Naßschleifen *n*
~ **lime-limestone process** nasses Kalksteinverfahren *n (zur Rauchgasentschwefelung)*
~-**on-wet application** *(Anstr)* Naß-in-Naß-Auftrag *m*

~-**on-wet spraying** *(Anstr)* Naß-in-Naß-Spritzen *n*
~-**on-wet technique** *(Anstr)* Naß-in-Naß-Verfahren *n*
~ **sandblasting** *s.* ~ blasting
~-**screen spray booth** wasserberieselte Spritzkabine *f*, Spritzkabine *f* mit Wasserberieselung
~ **steam** Naßdampf *m*
~ **storage stain** *s.* white rust
wetness Nässe *f*, Feuchtigkeit *f*
wettability 1. Benetzbarkeit *f*, Netzbarkeit *f*; 2. *s.* wetting ability
wettable [be]netzbar
wetting Benetzung *f*
~ **ability** Netzvermögen *n*, Benetzungsvermögen *n*
~ **agent** Netzmittel *n*, Benetzungsmittel *n*
~ **characteristics** *s.* ~ properties
~ **oil** *(Anstr)* Halböl *n*
~-**oil pretreatment** *(Anstr)* Vorölen *n*
~ **period** Benetzungsdauer *f*
~ **properties** Netzeigenschaften *fpl*, netzende Eigenschaften *fpl*
Wheatstone bridge *(Prüf)* Wheatstone-Brücke *f*
wheel blast cleaning *s.* ~ blasting
~ **blasting** Schleuder[rad]strahlen *n*
whip blast leicht gereinigt, überstrahlt *(Reinigungsgrad beim Strahlen entsprechend Säuberungsgrad SG 1)*
whisker Nadelkristall *m*, Haarkristall *m*, Einkristallfaden *m*, Whisker *m*
white arsenic Arsenik *n*, Arsentrioxid *n*
~ **blast** *s.* ~-metal blast
~ **bloom** *s.* ~ rust
~-**bloom corrosion** *s.* ~ rusting
~ **brass** Weißmessing *n*
~ **cast iron** weißes Gußeisen *n*, Weißguß *m*, Hartguß *m*
~ **enamel** Weißlack *m*; Weißemail *n*
~ **lead** Bleiweiß *n*, Karbonatbleiweiß *n*
~-**metal blast** metallisch blank, metallblank *(Reinigungsgrad beim Strahlen entsprechend Säuberungsgrad SG 3)*
~-**metal blast cleaning** metallblankes (metallisch blankes) Strahlen *n (bis zum Säuberungsgrad SG 3)*
~ **pickling** Weißbeize *f*
~ **pigment** Weißpigment *n*
~ **rust** Weißrost *m*, Zinkrost *m (lösliche Form von basischem Zinkcarbonat)*

white

~ **rusting** Weißkorrosion *f (von Zink)*
~ **spirit** Testbenzin *n*, Lackbenzin *n*
~ **stain** *s.* ~ rust
~~**surface sandblasting** metallblankes (metallisch blankes) Sandstrahlen *n (bis zum Säuberungsgrad SG 3)*
whitewash brush Streichbürste *f*
whitewashed area unverchromt gebliebene Stelle mit freiliegendem Nickel
whitewashing unvollständige Verchromung *f (mit stellenweise freiliegender Nickelschicht)*
wicking Aufsaugen *n*
wide pit Lochfraßnarbe *f*, Korrosionsnarbe *f (bei geringer Tiefe)*; Korrosionsmulde *f (tieferreichend)*
~ **pitting** narbenförmige (narbige) Korrosion *f*, Narbenkorrosion *f*, Narbenbildung *f (bei geringer Tiefe)*; Muldenkorrosion *f*, muldenförmige Abtragung (Korrosion) *f (tieferreichend)*
wipe/to 1. abreiben, abwischen *(z. B. mit Reiniger)*; 2. im Wischverfahren auftragen, wischen
~ **off** abwischen, durch Wischen entfernen
wipe test Wischtest *m (zur Bestimmung der Oberflächenreinheit)*
wiped coating im Wischverfahren hergestellte Schutzschicht *f (aus Zinn oder Blei)*
wiper Abstreifer *m (beim Feuermetallisieren)*
wiping test *s.* wipe test
wire/to *(Galv)* anbinden *(mit Kupferdraht)*
~~**brush** mit der Drahtbürste abbürsten (behandeln)
wire Draht *m*
~ **anode** Drahtanode *f*
~ **basket** Drahtkorb *m*
~ **brush** Drahtbürste *f*
~~**brushing** Abbürsten *n* (Behandlung *f*) mit der Drahtbürste
~~**brushing machine** Rotationsdrahtbürste *f*, rotierende (umlaufende) Drahtbürste *f*
~ **cathode** Drahtkatode *f*
~ **combustion spraying** Drahtspritzen *n*
~ **drawing** Rinnenfraß *m*, Furchenbildung *f*, Furchungserosion *f*
~ **drive assembly** *s.* ~ feed mechanism
~ **enamel** Drahtlack *m*
~ **feed** Drahtvorschub *m*
~ **feed mechanism** Drahtvorschubgetriebe *n*, Drahtantrieb *m (in Drahtspritzpistolen)*
~ **feed rate** Drahtvorschubgeschwindigkeit *f*

208

~ **feeder** *s.* ~ feed mechanism
~ **gun (pistol)** Drahtspritzpistole *f*
~ **process** *s.* ~ combustion spraying
~ **specimen** Drahtprobe *f*, drahtförmige Probe *f*
~ **speed** Drahtvorschubgeschwindigkeit *f*, *(beim Feuermetallisieren auch)* Durchziehgeschwindigkeit *f*
~ **spraying** Drahtspritzen *n*
~ **target** Glühdraht *m (einer Vakuumzerstäubungsanlage)*
~ **tray** Drahtnetz *n*
~~**type gun (spraying pistol)** Drahtspritzpistole *f*
wiring-up Befestigen *n*, Anklemmen *n*, Aufklemmen *n*, Anstecken *n (am Galvanisiergestell)*
withdraw/to herausziehen *(getauchte Artikel)*
withdrawal Herausziehen *n (getauchter Artikel)*
~ **rate** Austauchgeschwindigkeit *f*, Ziehgeschwindigkeit *f (beim Tauchbeschichten)*
withstand/to widerstehen, resistent sein gegen
W/O emulsion *s.* water-in-oil emulsion
Wöhler rotating-beam machine Umlaufbiege[prüf]maschine *f*
~ **test** Wöhler-Versuch *m*, Einstufenversuch *m (zur Bestimmung der Dauerschwingfestigkeit)*
wood rosin Wurzelkolophonium *n*, Wurzelharz *n*
~ **turpentine** Wurzelterpentinöl *n*
work/to *s.* ~ in
~~**harden** sich kaltverfestigen; bei Raumtemperatur aushärten
~ **in** *(Galv)* durcharbeiten, einarbeiten, einfahren *(Elektrolyte mit Gleichstrom)*
work *s.* workpiece
~ **bar** *(Galv)* Warenstange *f*, Katodenstange *f*
~ **carrier bar** *(Galv)* Warentragarm *m*, Ausleger *m*
~ **function** 1. Austrittsarbeit *f*, Ablösearbeit *f*, Abtrennungsarbeit *f*; 2. freie Energie *f*, Helmholtzsche Funktion *f*
~ **hardening** Kaltverfestigung *f*, Verfestigung *f (durch Kaltbearbeitung)*, Verformungsverfestigung *f*
~ **of adhesion** Adhäsionsarbeit *f*
~ **of cohesion** Kohäsionsarbeit *f*
~ **of reaction** Reaktionsarbeit *f*

~ **part (piece)** s. workpiece
~ **rack** Galvanisiergestell n, Warengestell n, Einhängegestell n, Aufhängegestell n
~ **suspender** (Galv) Werkstückträger m (stationärer Gestelle); Förderer m, Fördereinheit f (eines Gestellgalvanisierautomaten)
workability Bearbeitbarkeit f; Verarbeitbarkeit f
workable bearbeitbar; verarbeitbar
working current Arbeitsstrom m, (Galv auch) Galvanisierstrom m
~-**current density** Arbeitsstromdichte f
~ **electrode** Arbeitselektrode f, Meßelektrode f, Indikatorelektrode f
~ **life** Nutzungsdauer f, Gebrauchswertdauer f, Lebensdauer f, Standzeit f
~ **load** Betriebsbelastung f
~ **mix** Betriebsgemisch n (Strahlmittel)
~ **pressure** Arbeitsdruck m
~ **properties** Verarbeitungseigenschaften fpl
~ **range** (Galv) Arbeitsbereich m (eines Elektrolyten)
~ **temperature** Arbeitstemperatur f, Betriebstemperatur f
~ **time** Betriebsdauer f
~ **viscosity** Arbeitsviskosität f
~ **voltage** Arbeitsspannung f, Betriebsspannung f, (Galv auch) Galvanisierspannung f
workpiece Werkstück n, Teil n
works-coated mit einem Fertigungsanstrich versehen
~ **effluent** Industrieabwasser n, industrielles Abwasser n
WPE s. weight per epoxide
WPH s. weight per hydroxyl
wrap/to umwickeln (Rohre)
wrap 1. Umwicklung f, Bandage f, Wickelschicht f (für Rohre); 2. s. wrapping material
~-**around** Umgriff m
~-**around characteristics** Umgriffsverhalten n
~-**around effect** (Anstr) Umgriff m
~-**round** ... s. ~-around ...
wrapper s. wrapping material
wrapping 1. Umwickeln n (von Rohren); 2. Umwicklung f, Bandage f, Wickelschicht f (für Rohre); 3. s. ~ material
~ **machine** Wickelmaschine f
~ **material** Wickelstoff m (für Rohre)
~ **tape** Wickelband n
wringer roll Abstreifwalze f, Abstreifrolle f (einer Feuerverzinnungsanlage)

wrinkle varnish Kräusellack m
wrinkling (Anstr) Runzeln n, Runzelbildung f
wrought alloy Knetlegierung f
~ **iron** Schweißstahl m
wüstite Wüstit m (Eisen(II)-oxid)
WVT s. water-vapour transmission

X

X-ray analysis Röntgen[strahl]analyse f, (i.e.S.) Röntgen[fein]strukturanalyse f, Röntgenfeinstrukturuntersuchung f, Strukturanalyse f mit Röntgenstrahlen
X-ray back-reflection Laue technique Laue-Verfahren n, Laue-Aufnahmetechnik f
X-ray diffraction Röntgen[strahl]beugung f, Röntgen[strahl]diffraktion f
X-ray diffraction analysis Röntgendiffraktionsanalyse f
X-ray diffraction apparatus Röntgendiffraktometer n
X-ray diffraction method (technique) Röntgenbeugungsmethode f, Röntgendiffraktionsmethode f
X-ray diffractometer Röntgendiffraktometer n
X-ray examination röntgenographische Untersuchung f
X-ray fluorescence analysis Röntgenfluoreszenzanalyse f
X-ray fluorescence method Röntgenfluoreszenzverfahren n (zur Schichtdickenmessung)
X-ray fluorescence system Röntgenfluoreszenzapparatur f
X-ray induced photoelectron spectroscopy röntgenstrahlangeregte Photoelektronenspektroskopie f
X-ray inspection s. X-ray examination
X-ray pattern Röntgenaufnahme f, Röntgenbild n, Röntgen[phot]ogramm n, Röntgendiagramm n
X-ray photoelectron spectroscopy röntgenstrahlangeregte Photoelektronenspektroskopie f
X-ray photograph s. X-ray pattern
X-ray-photographic röntgenographisch
X-ray powder photograph Pulveraufnahme f
X-ray small-angle scattering Röntgenkleinwinkelstreuung f
xanthate (Galv) Xanthogenat n (Glanzbildner)

XPS

XPS s. X-ray photoelectron spectroscopy
XRD s. X-ray diffraction
XRF ... s. X-ray fluorescence ...
XY recorder Koordinatenschreiber m

Y

yellow/to [ver]gilben
yellow brass Gelbmessing n, gelbes Messing n, Gelbguß m *(Messing mit 30 % Zn)*
yellowing Vergilben n, Gilben n, Gelbwerden n
yield point Fließgrenze f, Streckgrenze f *(im Spannungs-Dehnungs-Diagramm)*
~ **strength** Dehngrenze f, technische Elastizitätsgrenze f, praktische Fließgrenze f *(mit vorgegebener bleibender Dehnung in Prozent)*
~ **stress** Fließspannung f, Streckspannung f
yielding Fließen n *(von Werkstoffen)*
Young's modulus [of elasticity] Youngscher Modul m, Elastizitätsmodul m, E-Modul m
yttriding elektrolytisches Diffusionsbeschichten mit Yttrium über Yttriumfluorid als Zwischenstufe

Z

Z s. crazing
Zener diode *(Kat)* Z-Diode f, Zener-Diode f
~ **mechanism** Ringmechanismus m nach Zener *(der Diffusion)*
zero charge Nulladung f *(Überschußladung = Null)*
~-**charge potential** Nulladungspotential n, Nullpotential n
~-**current** stromlos
~-**current potential** Ruhepotential n
~ **point of charge** Ladungsnullpunkt m
~ **potential** s. ~-charge potential
~ **resistance** Widerstand m Null
~-**solid operation** Kesselbetrieb mit flüchtigen Alkalisierungsmitteln
~ **surface charge** s. ~-charge potential
zeta [alloy] layer ζ-Phase f *(eine intermetallische Phase beim Feuerverzinken)*
~ **potential** Zeta-Potential n, ζ-Potential n, elektrokinetisches Potential n
zinc/to verzinken
~-**plate** elektrochemisch (galvanisch) verzinken; sich elektrochemisch (galvanisch) verzinken lassen
zinc anode Zinkanode f
~-**base alloy** Zink[basis]legierung f
~-**based** auf Zinkbasis
~ **bath** Zinkschmelze f *(beim Feuerverzinken); (Galv)* Zinkelektrolyt m, Zinkbad n, Verzinkungselektrolyt m, Verzinkungsbad n
~-**bath container (kettle)** Verzinkungskessel m, Zinkkessel m, Zinkwanne f *(zum Feuerverzinken)*
~ **block** *(Kat)* Blockanode f aus Zink
~ **cementation** Diffusionsverzinkung f
~ **chromate** Zinkchromat n, Zinkgelb n
~ **chromate paint** Zinkchromatanstrichstoff m
~ **chromate primer** Zinkchromatgrundierung f, Zinkchromatprimer m
~-**coated** verzinkt
~-**coated sheet** verzinktes Blech n
~ **coating** 1. Verzinken n; 2. Zink[schutz]schicht f
~-**containing** zinkhaltig
~ **deposit** Zink[schutz]schicht f
~-**dipped** schmelztauchverzinkt, schmelzflüssig verzinkt, feuerverzinkt
~-**dipped coating** Feuerzink[schutz]schicht f
~ **dipping** Feuerverzinken n, Schmelztauchverzinken n
~ **dross** Hartzink n
~ **dust** Zinkstaub m
~-**dust epoxy-resin primer** Epoxidharz-Zinkstaub-Grundfarbe f, Epoxid-Zinkstaub-Primer m
~-**dust paint** Zinkstaubfarbe f, Zinkstaubanstrichstoff m, zinkstaubpigmentierter (zinkreicher) Anstrichstoff m
~-**dust pigment** Zinkstaubpigment n
~-**dust primer** Zinkstaubgrundfarbe f, Zinkstaubgrundierung f, Zinkstaubprimer m, zinkreiche Grundierung f
~ **electrode** Zinkelektrode f
~-**electroplate coating** elektrochemisch (galvanisch) hergestellte Zink[schutz]schicht f
~ **electroplating** elektrochemisches (galvanisches) Verzinken n
~-**filled inorganic coating** anorganischer Zinkstaubanstrichstoff m
~ **fluoborate bath** *(Galv)* Zinkfluoroboratelektrolyt m
~ **ion** Zinkion n

~ **lining** Innenverzinken *n*
~ **oxide** Zinkoxid *n*, *(als unerwünschtes Produkt beim Feuerverzinken auch)* Zinkasche *f*, *(als Pigment auch)* Zinkweiß *n*
~ **paint** *s.* ~-dust paint
~ **phosphate bath** Zinkphosphatier[ungs]lösung *f*
~ **phosphate [conversion] coating** Zinkphosphat[schutz]schicht *f*
~ **phosphate paint** Zinkphosphatanstrichstoff *m*
~ **phosphate process** Zinkphosphatverfahren *n (zur Phosphatierung von Metallen)*
~-**phosphated** zinkphosphatiert
~ **phosphating** Zinkphosphatierung *f*
~ **phosphating solution** Zinkphosphatier[ungs]lösung *f*
~-**pigmented** zinkstaubpigmentiert
~-**pigmented paint** *s.* ~-dust paint
~-**plated coating** elektrochemisch (galvanisch) hergestellte Zinkschutzschicht *f*
~ **plating** elektrochemisches (galvanisches) Verzinken *n*
~ **plating of strip** Bandverzinken *n*
~ **plating of wire** Drahtverzinken *n*
~ **pot** *s.* ~-bath container
~ **protector block** *s.* ~ block
~-**rich** zinkreich, hochzinkhaltig
~-**rich coat** Zinkstaubanstrich *m*, zinkstaubreicher Anstrich *m*
~-**rich coating (paint)** *s.* ~-dust paint
~-**rich paint coat** *s.* ~-rich coat
~-**rich primer** *s.* ~-dust primer
~ **silicate paint** Zinkstaub-Silicat-Anstrichstoff *m*
~ **silicate primer** Zinkstaub-Silicat-Grundanstrichstoff *m*, Zinkstaub-Silicat-Primer *m*
~ **soap** Zinkseife *f*
~ **spray** Zinkspritzschicht *f*
~-**sprayed** spritzverzinkt
~ **spraying** Spritzverzinken *n*
~ **strike** *(Galv)* 1. Vorverzinken *n*; 2. Vorverzinkungselektrolyt *m*; 3. Vorverzinkungsschicht *f*
~ **sulphate electrolyte** *(Galv)* Zinksulfatelektrolyt *m*
~ **tetrahydroxychromate** Zinktetrahydroxychromat *n*
~ **welding primer** überschweißbare Zinkstaubgrundfarbe *f*, schweißbare Zinkstaubgrundierung *f*
~ **white** Zinkweiß *n*, Zinkoxid *n*
~ **yellow** *s.* ~ chromate
zincate immersion process *Galvanisierverfahren für Aluminium mit Vorbehandlung in Zinkatlösung*
zirconiding *elektrolytisches Diffusionsbeschichten mit Zirconium über Zirconiumfluorid als Zwischenstufe*
zone of passivity Passiv[itäts]bereich *m*, passiver Bereich (Zustandsbereich) *m*, Passivgebiet *n*
~ **of protection** Schutzbereich *m*
ZPC *s.* zero point of charge

Deutsch-Englisch
German-English

A

AAS s. Atomabsorptionsspektroskopie
Abbau m degradation, decomposition, breakdown
~/bakterieller bacterial degradation
~/biologischer biological degradation, biodegradation
~/chemischer chemical degradation
~ durch UV-Strahlung ultraviolet degradation
~ durch Wärme thermal degradation
~/korrosiver corrosive degradation
~/oxydativer oxidative degradation
~/photochemischer photochemical (photolytic) degradation, photodegradation, photolysis
~/photooxydativer oxidative photodegradation
~/thermischer thermal degradation
~/thermooxydativer thermooxidative degradation
abbaubar degradable
~/biologisch biodegradable
abbauen to degrade, to decompose, to break down
~/sich to degrade
~/Spannungen to relieve stresses
Abbaumechanismus m degradation (decomposition) mechanism
Abbauprodukt n degradation (decomposition) product
Abbaureaktion f degradative (decomposition) reaction
Abbauverhalten n degradation behaviour
Abbauvorgang m degradative process
Abbeize f [waste, spent] pickle liquor
abbeizen to strip, to pickle, to remove old paint
Abbeizen n [paint] stripping, pickling, removal of old paint
~/alkalisches chemical stripping
~/lösendes solvent stripping
~/verseifendes chemical stripping
Abbeizmittel n paint stripper (remover), organic-coating stripper
~/alkalisches alkaline (caustic) paint stripper, chemical paint remover
~/lösendes organic-solvent paint stripper, solvent-type paint remover
~/verseifendes s. ~/alkalisches
Abbeizstoff m s. Abbeizmittel

Abbildung f s. Aufnahme 2.
abblasen to blow off
Abblaszone f blow[-off] section (of a dipping plant)
abblättern to peel [off], to flake [off], to scale [off], to spall [off], to exfoliate
Abblätterungsgrad m degree of flaking (scaling)
Abblendeinrichtung f (plat) shield
abblenden (plat) to shield (e.g. edges for avoiding excessive metal deposition)
Abblendstab m (plat) burner bar
abbremsen to slow down, to retard, to inhibit (a reaction)
abbrennen 1. to burn [off] (old paint); 2. to pickle (metal with acid solution for removing scale)
Abbrennen n 1. burning[-off] (of old paint); 2. pickling (of metal with acid solution for removing scale)
abbürsten to brush [off]
~/mit der Drahtbürste to wire-brush
Abdeckband n masking tape
Abdeckeinrichtung f (plat) jig
abdecken to mask (surface regions not to be treated), (plat also) to stop off, to blank, to insulate
Abdecklack m (plat) stop-off lacquer
Abdeckpapier n masking paper
Abdeckung f stop-off [coating], insulation, resist (for plating racks or areas not to be plated)
abdichten to seal (e.g. pores in a protective film)
abdiffundieren to diffuse away
Abdiffusion f diffusing-away
Abdruck m replica (electron microscopy)
abdunsten (paint) to flash off
Abdunsten n (paint) flash-off, flashing-off
Abdunstzone f flash-off zone (section) (of a flow-coating plant)
Abel-Pensky-Flammpunktprüfer m Abel-Pensky flash-point tester
Abfall m 1. waste; 2. s. Abfallen
abfallen to decrease, to reduce, to drop (measuring values)
Abfallen n decrease, reduction, drop (of measuring values)
abfegen to sweep off (e.g. rust)
abführen to lead (carry) off, to transport away (e.g. corrosion products)
Abgas n waste (exit) gas; flue (stack) gas; exhaust gas; combustion gas

abgetragen

abgetragen werden to ablate *(by melting, evaporation, or disintegration)*
Abgleitung *f* shear [strain, deflection] *(of monocrystals)*
abheben to lift [off] *(e.g. coatings)*
~/sich to lift [off]
~/sich blasig to blister
Abhilfemaßnahme *f* remedial (corrective) measure, remedy
Abkochentfetten *n* hot alkaline cleaning
Abkochentfettungslösung *f* hot alkaline cleaner
abkratzen to scrape [off]
abkreiden to chalk
Abkühlen *n*/**rasches** *s.* Abschrecken
ablagern to deposit, to lay down *(of liquids)*
~/sich to deposit, to settle
Ablagerung *f* 1. deposition; 2. deposit
Ablation *f* ablation
Ablationsschicht *f* ablative coating
ablativ ablative
ablaufen to drain [off] *(of liquids)*; to sag, to curtain *(of paint due to faulty application)*
~ lassen to [allow to] drain
Ablaufen *n* drainage *(of liquids)*; sagging, curtaining *(of paint due to faulty application)*
Ablaufhaspel *f* uncoiler, pay-off reel *(of a coil-coating plant)*
Ablauföffnung *f* drainage (draining, weep) hole
ableiten to drain *(stray currents)*; *(plat)* to rob, to thieve *(excess current from edges)*; to lead (carry) off, to transport away *(e.g. corrosion products)*
Ableitung *f* [electrical] drainage *(of stray currents)*; *(plat)* robbing, thieving *(of excess current from edges)*; leading-off, carrying-off *(e.g. of corrosion products)*
ablösbar strippable *(coating)*
Ablösearbeit *f* electron[ic] work function, work function
ablösen to strip [away], to detach *(e.g. coatings)*
~/sich to scale [off], to slough off
Ablöseverfahren *n* [film-]stripping method *(for determining the thickness of coatings)*
~/chemisches chemical stripping method
Abluft *f* exit (outlet) air
Ablüftdauer *f (paint)* flash-off period (time)
ablüften *(paint)* to flash off
Ablüftung *f (paint)* flash[ing]-off

Ablüftzeit *f s.* Ablüftdauer
Abnahmeprüfung *f* acceptance testing
Abnahmeversuch *m* acceptance test
abnehmen 1. to unrack *(plated articles from a plating rack)*; 2. to decrease, to reduce, to drop *(measuring values)*
abnutzen/sich to wear [down, away, out]; to abrade *(by friction)*
Abnutzung *f* wear
~ durch Abrieb (Reibung) abrasive wear, abrasion, attrition
abnutzungsbeständig wear-resistant, *(specif)* abrasion-resistant
Abnutzungsbeständigkeit *f* wear resistance, *(specif)* abrasion resistance
abplatzen to flake [off], to scale [off], to chip [off], to peel [off], to spall [off]
abpuffern to buffer
Abquetschrolle *f* squeegee roller
abreiben 1. to abrade; 2. to wipe *(e.g. a surface with cleaner)*
~/von Hand to hand-wipe
abreißen *s.* abplatzen
Abrieb *m* 1. abrasion, attrition, abrasive wear *(process)*; 2. rubbings, dust *(substance)*
abriebbeständig abrasion-resistant, resistant to abrasion
Abriebbeständigkeit *f* abrasion resistance, resistance to abrasion
abriebfest *s.* abriebbeständig
Abriebkorrosion *f* fretting (chafing, wear) corrosion, friction (wear) oxidation, chafing, false brinelling
Abriebprüfgerät *n* abrasion tester
Abriebsabnutzung *f* abrasive wear, abrasion, attrition
Abriebversuch *m* abrasion test
Abriebwiderstand *m* abrasion resistance, resistance to abrasion
abrosten to corrode away
Abrostungsrate *f s.* Abtragsrate
Abrostungszuschlag *m* corrosion allowance, extra [corrosion] thickness
abrunden to round [off] *(sharp corners)*
absacken to sag, to curtain *(of paint due to faulty application)*
Absatzbecken *n s.* Absetzbecken
Absaugeinrichtung *f* exhausting device
Absaughaube *f* exhaust hood
Absaugleitung *f* exhaust duct
Absaugrahmen *m (plat)* canopy hood *(for removing noxious gases and vapours)*

~/ **längsseitiger** lateral exhaust hood
Absaugung f exhaust ventilation
~ **von Streuströmen** forced [electrical] drainage
Absaugvorrichtung f exhausting device
abschaben to scrape off *(e.g. rust)*
abschälen to peel off
~/**sich** to peel [off], to flake [off], to scale [off], to spall [off], to exfoliate
Abschaltdauer f current-off time
Abschaltzeit f s. Abschaltdauer
abscheidbar depositable *(coating material)*
~/**elektrochemisch** electrodepositable
~/**elektrophoretisch** electrodepositable *(paint)*
~/**galvanisch** s. ~/elektrochemisch
Abscheide... s. Abscheidungs...
abscheiden to deposit *(coating material)*, *(relating to coatings also)* to build up, to lay (throw) down
~/**außenstromlos** s. ~/stromlos
~/**chemisch** to deposit by immersion
~/**elektrochemisch** to electrodeposit, *(relating to metals also)* to [electro]plate
~/**elektrolytisch** s. 1. ~/stromlos; 2. ~/elektrochemisch
~/**elektrophoretisch** to deposit electrophoretically, to electrodeposit *(paint)*
~/**fremdstromlos** s. ~/stromlos
~/**galvanisch** s. ~/elektrochemisch
~/**gemeinsam** to codeposit
~/**glänzend** to plate bright
~ **lassen/sich** to plate
~/**reduktiv-chemisch** to deposit electrolessly
~/**selektiv** to deposit preferentially
~/**sich** to deposit *(coating material)*, *(coatings also)* to build up
~/**sich chemisch** to deposit by immersion
~/**sich elektrochemisch** to plate out
~/**sich elektrolytisch** s. 1. ~/sich stromlos; 2. ~/sich elektrochemisch
~/**sich fremdstromlos** s. ~/sich stromlos
~/**sich galvanisch** s. ~/sich elektrochemisch
~/**sich gemeinsam** to codeposit
~/**sich stromlos** to deposit by immersion
~/**sich wieder** to redeposit
~/**stromlos** to deposit by immersion
Abscheiden n deposition *(of coating material)*, *(relating to coatings also)* building-up, laying-down, throwing-down
~/**anodisches** anodic deposition
~ **aus der Dampfphase** vapour plating

~ **aus der Gasphase** gas plating
~/**außenstromloses** s. ~/stromloses
~/**autokatalytisches** autocatalytic plating
~/**chemisches** chemical deposition
~ **durch Ionenaustausch (Ladungsaustausch)** s. ~ im Tauchverfahren
~/**elektrochemisches** electrodeposition, electrolytic deposition, *(relating to metals also)* [electro]plating
~/**elektrolytisches** s. 1. ~/stromloses; 2. ~/elektrochemisches
~/**elektrophoretisches** electrophoretic deposition, electrodeposition
~/**fremdstromloses** s. ~/stromloses
~/**galvanisches** s. ~/elektrochemisches
~/**gemeinsames** codeposition
~ **im Kontaktverfahren** contact plating
~ **im Tauchverfahren** immersion (displacement) deposition (plating), immersion coating, direct chemical displacement
~/**katodisches** cathodic deposition
~ **mit Polwechsel** periodic-reverse [current] plating, PR plating
~/**reduktiv-chemisches** electroless deposition (plating), immersion coating by chemical reduction
~/**stromloses** chemical deposition
~ **von Legierungen/elektrochemisches** alloy plating
Abscheidung f 1. *(process)* deposition *(of coating material)*; deposition, building-up, laying-down, throwing-down *(of a coating)*; 2. *(substance)* deposit; 3. s. Abscheiden
~/**anomale** anomalous deposition *(of alloys)*
~ **aus der Gasphase** vapour-phase epitaxy
~ **aus der Schmelzlösung** liquid-phase epitaxy, LPE
~ **aus einem Molekularstrahl** molecular-beam epitaxy, MBE
~/**chemische** s. ~ durch Zementation
~ **durch Zementation** immersion deposition *(undesired phenomenon)*
~/**gemeinsame** codeposition
~/**gleichmäßige** random deposition
~/**induzierte** induced deposition *(of alloys)*
~/**irreguläre** irregular deposition *(of alloys)*
~/**reguläre** regular deposition *(of alloys)*
~/**selektive** selective deposition
Abscheidungsbedingungen fpl deposition conditions, conditions of deposition, *(relating to metals also)* plating conditions

Abscheidungsbereich

Abscheidungsbereich *m* limiting range for deposition, *(for metals also)* plating range
Abscheidungscharakteristik *f* deposition characteristics (parameters), *(of plating solutions also)* plating characteristics
Abscheidungsdauer *f* deposition time
Abscheidungsfehler *m* plating defect
Abscheidungsgalvanispannung *f s.* Abscheidungsspannung
Abscheidungsgeschwindigkeit *f* deposition rate, *(of metals also)* plating speed
Abscheidungskennwerte *mpl s.* Abscheidungscharakteristik
Abscheidungsmechanismus *m* mechanism of deposition, *(of metals also)* plating mechanism
Abscheidungsmetall *n* deposit metal
Abscheidungsparameter *mpl s.* Abscheidungscharakteristik
Abscheidungspolarisation *f s.* Aktivierungspolarisation
Abscheidungspotential *n* deposition potential
Abscheidungsrate *f s.* Abscheidungsgeschwindigkeit
Abscheidungsspannung *f* deposition voltage
Abscheidungszeit *f s.* Abscheidungsdauer
Abschichtung *f* delamination *(of laminated material)*
Abschirmblende *f* shield *(of a sputtering system)*
abschirmen 1. to shield; 2. *s.* abdecken
Abschirmwirkung *f (cath)* shielding effect *(as of steel structures)*
abschlagen to chip (scrape) off *(e.g. loose paint)*
abschleifen to grind off, to abrade *(burrs, rust, old paint)*; to grind, to sand off, to rub (cut) down *(a surface)*
~/mit Schmirgelleinen *s.* abschmirgeln
abschleifend abrasive
abschleudern to spin off *(e.g. paint from coated parts)*
Abschlußschicht *f* overlayer, top layer *(as of chromium in a Cu-Ni-Cr sequence)*
abschmirgeln to emery
abschrägen to chamfer *(edges)*
Abschreckalterung *f* quench ag[e]ing
Abschreckbad *n* quench bath
abschrecken to quench
~/in Öl to oil-quench
~/in Wasser to water-quench

Abschrecken *n* quenching, down-quench, quench-cooling, fast cooling
~ in Öl oil quenching
~ in Wasser water quenching
Abschreckhärten *n* quench hardening
Abschreckmedium *n*, **Abschreckmittel** *n* quenching medium
Abschreckspannung *f* quenching stress, quenched-in residual stress
Abschrecktemperatur *f* quench temperature
abschuppen to scale [off], to flake [off], to chip [off]
Absetzbecken *n* settling tank
absetzen/sich to settle [down, out], to sediment
Absetzen *n* settling, settlement, sedimentation
~ der Pigmente pigment settling (settlement)
~/hartes hard settling (sedimentation), caking *(of pigments in a paint)*
Absetzkammer *f* settling chamber *(as for dust removal)*
Absetzneigung *f* settling tendency
Absetzverhinderungsmittel *n* anti-settling agent, suspending (suspension) agent
absinken to decrease, to reduce, to drop *(of measuring values)*
absorbieren to absorb
Absorption *f* absorption
Absorptionsgesetz *n* **/Henrysches** Henry's law [of absorption]
Absorptionskraft *f* absorptive power (force)
Abspanntransformator *m* stepdown transformer
Absperranstrich *m* barrier (block) coat, seal[ing] coat, tie coat
Absperrmittel *n* sealer, sealant
absplittern to spall [off]
Absplittern *n* spallation
absprengen to push up *(coatings by underrusting)*
abspringen to flake [off], to scale [off], to chip [off], to peel [off], to spall [off]
abspritzen to spray
Abspritzen *n* **mit Lösungsmittel** solvent spraying
abspülbar rinsable
Abspülbarkeit *f* rinsability
abspülen to wash (flush) away, to wash (rinse) off *(e.g. electrolytes)*; to wash, to rinse, to flush *(e.g. workpieces)*

absputtern to sputter away *(target material)*
Abstand *m* **Ware-Anode** *(plat)* cathode-anode spacing
Abstandhalter *m* spacer
abstauben to dust off
abstäuben to sputter away *(target material)*
Abstauber *m* dust brush
abstoßen to chip (scrape) off *(e.g. loose paint)*
Abstrahlen *n s.* Strahlen
Abstreifer *m* leveller, scraper, wiper *(hot-dip metallizing)*
Abstreiferrolle *f* roller leveller, skimming (wringer, exit) roll *(hot-dip metallizing)*, *(hot-dip-tinning also)* grease-pot roll
Abstreifverzinken *n* tight wiping, single galvanizing *(of steel wire)*
abstreifverzinkt tight-wiped, single-galvanized *(steel wire)*
Abstreifwalze *f s.* Abstreiferrolle
abstumpfen to neutralize *(acids, lyes)*
Abtönfarbe *f* tinting colour
Abtönpaste *f* tinting paste
Abtrag *m* 1. [surface] removal, eating away, *(if by mechanical forces only also)* wearing [away]; 2. amount of metal wastage
~/ebenmäßiger even general attack
~/gleichförmiger (gleichmäßiger) uniform attack, *(relating to depth of penetration also)* even general attack
~ je Zeiteinheit/linearer penetration per unit time
~/lagenförmiger *s.* **~/schichtförmiger**
~/pfropfenförmiger plug-type attack
~/schichtförmiger layer-type attack
~/ungleichmäßiger uneven attack
abtragen to remove; *(if by mechanical forces only also)* to wear [away]
Abtragsgeschwindigkeit *f s.* Abtragsrate
Abtragsrate *f* surface removal rate, corrosion loss
~/lineare penetration per unit time
Abtragung *f s.* Abtrag 1.
Abtragungsgeschwindigkeit *f s.* Abtragsrate
Abtransport *m* transport *(as from a surface)*
abtransportieren to transport *(as from a surface)*
abtreiben to strip [off, out], to distil off *(gases)*
abtrennbar separable
abtrennen to separate
Abtrennungsarbeit *f* electron[ic] work function, work function

abtropfen to drain [off], to drip [off]
~ lassen to drain [off]
Abtropfen *n* drainage, drip[ping]
Abtropfenlassen *n* drainage
Abtropfstrecke *f,* **Abtropfzone** *f* draining (drain) section (zone), drainage area
Abwandern *n* shift *(as of potential)*; migrating-out *(as of ions)*; leakage *(of stray currents)*
Abwärtstransformator *m* stepdown transformer
abwaschen to wash (flush) away, to wash (rinse) off *(e.g. dirt)*; to wash, to rinse, to flush *(e.g. workpieces)*
Abwasser *n* waste water, *(of domestic origin also)* sewage
~/industrielles industrial waste water
~/städtisches urban (municipal) sewage
Abwasserbehandlung *f* waste-water treatment
Abwasserbeseitigung *f* waste-water disposal
Abwasserleitung *f* waste line
Abwasserreinigung *f* waste-water treatment (purification)
Abwickelhaspel *f* uncoiler, pay-off reel *(of a coil-coating plant)*
abwickeln to uncoil
Abwickler *m s.* Abwickelhaspel
abwischen to wipe off *(e.g. dirt, oil)*; to wipe *(e.g. a surface with cleaner)*
~/von Hand to hand-wipe
abwittern 1. to remove by weathering *(e.g. mill scale)*; 2. to corrode away *(metal)*
abziehbar strippable, peelable *(coating)*
abziehen to strip [away], to peel [off] *(e.g. coatings)*; *(test)* to pull off
Abziehlack *m* strippable (peelable) lacquer
Abzugsbügel *m* trigger *(of a spray gun)*
abzugsfest resistant to stripping
Abzugsfestigkeit *f* resistance to stripping
abzundern to [de]scale
Acetylen-Sauerstoff-Gemisch *n* oxyacetylene gas
Acetylen-Sauerstoff-Schweißen *n* oxyacetylene [gas] welding
Acrylat... *s.* Polyacrylat...
Acrylharz *n s.* Polyacrylatharz
acryliert acrylic-modified
Acryllack *m s.* Polyacrylatharzlack
acrylmodifiziert acrylic-modified
ad-Atom *n* adatom
Additiv *n* additive

adhärierend adherent, adhesive
Adhäsion f adhesion, adherence
Adhäsionsaktivator m activator *(for improving the adherence of a coating)*
Adhäsionsarbeit f adhesional work, work of adhesion
Adhäsionsfestigkeit f adhesive strength
Adhäsionskraft f adherence
Adhäsionsvermögen n adherence
adhäsiv adhesive, adherent
ad-Ion n adion
Adipinsäure f *(plat)* adipic acid
Admiralitätslegierung f, **Admiralitätsmessing** n admiralty brass (metal) *(containing from 0.75 to 1.20 % of tin)*
Admiralitätsmetall n s. Admiralitätslegierung
adsorbierbar adsorbable
Adsorbierbarkeit f adsorbability
adsorbieren to adsorb
~/chemisch to chemisorb
Adsorption f adsorption
~/aktivierte (chemische) chemisorption, chemosorption
~/physikalische physical adsorption
Adsorptionsinhibitor m adsorption inhibitor
Adsorptionsisotherme f adsorption isotherm
~/Freundlichsche Freundlich [adsorption] isotherm
~/Frumkinsche Frumkin adsorption isotherm
~/Langmuirsche Langmuir [adsorption] isotherm
~/Temkinsche Temkin [adsorption] isotherm
Adsorptionsmechanismus m adsorptive mechanism *(as of inhibitor action)*
Adsorptionsschicht f adsorbed layer
Adsorptions-Spannungsrißbildung f stress-sorption cracking
Adsorptions-Sprödbruchhypothese f hydrogen-absorption hypothesis *(of stress-corrosion cracking)*
Adsorptionstheorie f adsorption theory *(of passivity)*
Adsorptionswärme f heat of adsorption
ÄDTE, AeDTE s. Ethylendiamintetraessigsäure
Aerosol[druck]dose f aerosol container
Aerosolkammer f s. Aerosolprüfkammer
Aerosollack m aerosol paint
Aerosolprüfkammer f salt-spray box (cabinet, room), salt-fog box, salt-spray [test] chamber
Aerosolprüfung f salt-spray (salt-fog) testing

Aerosolsprühkammer f s. Aerosolprüfkammer
Aerosolversuch m salt-spray (salt-fog, salt-droplet) test
AES s. Auger-Elektronenspektroskopie
Affinität f affinity, driving force (potential) *(of a reaction)*
Agar[-Agar] m(n) *(plat)* agar[-agar]
Agens n/**aggressives [angreifendes]** aggressive agent (medium)
~/korrodierendes (korrosives) corrosive [agent, medium], corrodent
Agglomeration f agglomeration
agglomerieren to agglomerate
Agglomerierung f agglomeration
Aggressionszone f aggression zone
aggressiv aggressive, *(specif)* corrosive
Aggressivität f aggressivity, aggressiveness, *(specif)* corrosivity, corrosiveness
Aggressivitätsgrad m degree of corrosivity (corrosiveness)
Aggressivitätsklasse f class of corrosivity (corrosiveness), service conditions number
Aggressivitätsstufe f s. Aggressivitätsgrad
A-Harz n A-stage (one-stage) resin, resol
Airless-Düse f airless-spray nozzle (cap, tip), airless nozzle
Airless-Elektrostatiksprühen n airless-electrostatic spraying
Airless-Heißspritzanlage f hot-airless-spray plant (unit)
Airless-Heißspritzen n hot airless spray[ing]
Airless-Hochdruckpumpe f airless[-spray] pump
Airless-Hochdruckschlauch m airless [fluid] hose
Airless-Kaltspritzanlage f cold-airless-spray plant (unit)
Airless-Kaltspritzen n cold airless spray[ing]
Airless-Lackpumpe f airless[-spray] pump
Airless-Lackspritzgerät n airless-spray apparatus
Airless-Spritzanlage f airless-spray plant (unit)
Airless-Spritzbild n airless-spray pattern
Airless-Spritzen n airless (hydraulic) spraying, high-pressure airless spraying, airless spray [application, painting]
Airless-Spritzpistole f airless[-spray] gun
Akaganeit m akaganeite *(one form of iron(III) oxide hydroxide)*
Aktinometer n actinometer *(device for measuring the intensity of radiant energy)*

Aktivanode *f (cath)* sacrificial (galvanic, expendable) anode
Aktivanodenverfahren *n (cath)* sacrificial-anode method
Aktivator *m* accelerator, accelerating agent, activator, promoter; energizer *(pack carburizing)*
Aktivbereich *m* active region (range)
Aktivgrund-Verfahren *n (paint)* reactive ground coat method
aktivierbar activable, capable of being activated
Aktivierbarkeit *f* capability of being activated
aktivieren to activate
Aktivierung *f* activation
Aktivierungsbehandlung *f (plat)* activating treatment
Aktivierungsenergie *f* activation energy
Aktivierungsmittel *n s.* Aktivator
Aktivierungspolarisation *f* activation (transfer) polarization, activation overpotential (overvoltage)
Aktivierungspotential *n*, **Aktivierungsspannung** *f* activation (Flade) potential
Aktivität *f* activity *(1. chemical reactivity; 2. effective concentration)*
~ **Eins** unit activity
Aktivitätenverhältnis *n* ratio of activities
Aktivitätsbereich *m s.* Aktivbereich
Aktivitätskoeffizient *m* activity coefficient
Aktivkohle *f* activated (active) carbon (charcoal)
Aktivkorrosion *f* active corrosion *(as opposed to the passive and transpassive states)*
Aktiv-Passiv-Korrosionselement *n* active-passive cell, passive-active cell
Aktiv-Passiv-Kurzschlußzelle *f*, **Aktiv-Passiv-Lokalelement** *n s.* Aktiv-Passiv-Korrosionselement
Aktiv-Passiv-Übergang *m* active-passive transition, active-to-passive transition
Aktiv-Passiv-Übergangsbereich *m* active-passive boundary (border line), passive-active boundary
Aktiv-Passiv-Zelle *f* active-passive cell, passive-active cell
Aktivprimer *m s.* Ätzprimer
Aktivstelle *f* active site (spot, centre), activation site
Aktivstellendichte *f* activation-site density
Aktivstrom *m* active current

Aktivverhalten *n* active behaviour
Aktivzentrum *n s.* Aktivstelle
Akzelerator *m* accelerator, accelerating agent, activator, promoter
Aliphaten *pl* aliphatic hydrocarbons, aliphatics
aliphatenbeständig resistant to aliphatic hydrocarbons
Aliphatenbeständigkeit *f* resistance to aliphatic hydrocarbons
Aliphatenlöslichkeit *f* aliphatic solubility
alitieren to aluminize
Alkali *n* alkali, caustic
~/**aktives** active (available) alkali
~/**titrierbares** titratable alkali
alkalibeständig resistant to alkali[es], alkali-resistant
Alkalibeständigkeit *f* resistance to alkali[es], alkali resistance
alkalienbeständig, alkalifest *s.* alkalibeständig
alkalihaltig alkali-containing
Alkalireserve *f* alkaline reserve
alkaliresistent *s.* alkalibeständig
alkalisch alkaline, basic
Alkalischmelzbad *n s.* Alkalischmelze
Alkalischmelze *f* molten alkali [bath], alkali[ne] melt
alkalisieren to alkalify, to alkali[ni]ze
Alkalisierung *f* alkali[ni]zation
Alkalisierungsmittel *n* alkali[ni]zing agent
Alkalität *f* alkalinity
~/**freie** free alkalinity
Alkyd *n s.* Alkydharz
Alkyd-Aminharz-Einbrennlack *m* alkyd amino stoving (baking) enamel, stoving synthetic
Alkydepoxidharz *n* epoxidized alkyd
Alkydharz *n* alkyd [resin]
~/**acryliertes (acrylmodifiziertes)** acrylic-modified alkyd
~/**elastifizierendes** plasticizing alkyd
~/**epoxidharzmodifiziertes (epoxidiertes)** epoxidized alkyd
~/**fettes** long-oil alkyd
~/**halbfettes** medium-oil alkyd
~/**halbtrocknendes** semi-drying alkyd
~/**kurzöliges** short-oil alkyd
~/**langöliges** long-oil alkyd
~/**lufttrocknendes** air-drying alkyd, oxidizing alkyd
~/**mageres** short-oil alkyd
~/**mittelöliges** medium-oil alkyd

Alkydharz

~/modifiziertes modified alkyd
~/nichthärtendes non-drying alkyd
~/ofentrocknendes stoving (baking) alkyd
~/ölfreies oil-free alkyd
~/ölmodifiziertes oil-modified alkyd
~/styrolisiertes (styrolmodifiziertes) styrenated alkyd
~/trocknendes drying alkyd
~/vinyltoluolmodifiziertes vinyl toluene-modified alkyd, vinyl-toluenated alkyd
Alkydharzanstrich *m* alkyd coating
Alkydharzanstrichfilm *m* alkyd paint film
Alkydharzanstrichstoff *m* alkyd paint (coating)
Alkydharzbindemittel *n* alkyd vehicle
Alkydharz-Einbrennlack *m* alkyd stoving (baking) enamel
Alkydharzfarbe *f* alkyd paint
Alkydharzklarlack *m* alkyd varnish
Alkydharzlack *m* 1. alkyd enamel; 2. *s.* Alkydharzanstrichstoff
~/ofentrocknender alkyd stoving (baking) enamel
alkydharzmodifiziert alkyd-modified
All-Chlorid-Elektrolyt *m* (plat) all-chloride bath (plating solution)
Alles-oder-Nichts-Gesetz *n* all-or-none law
Allgemeinabtrag *m*, **Allgemeinabtragung** *f s.* Allgemeinangriff
Allgemeinangriff *m* general (overall) attack
allotriomorph *(cryst)* allotriomorphic
allotrop allotropic
Allylharz *n* allyl resin
Aloxydieren *n s.* Eloxieren
Alphamessing *n* alpha brass *(containing no more than 30 % of zinc)*
Altanstrich *m* old paint coating (film)
Alteisen *n* scrap iron
altern to age
Alterung *f* ageing, aging
~/beschleunigte *s.* ~/künstliche
~ durch Licht photo-ag[e]ing
~/künstliche artificial ag[e]ing
~/natürliche natural ag[e]ing
~/thermische heat ag[e]ing, thermosenescence
alterungsanfällig susceptible to ag[e]ing
Alterungsanfälligkeit *f* susceptibility to ag[e]ing
alterungsbeständig resistant to ag[e]ing, non-ag[e]ing
Alterungsbeständigkeit *f* resistance to ag[e]ing, ag[e]ing resistance (stability)

222

alterungsempfindlich *s.* alterungsanfällig
alterungssicher *s.* alterungsbeständig
Alterungsversuch *m* ag[e]ing test
Alterungsvorgang *m* ag[e]ing process
Alterungswiderstand *m s.* Alterungsbeständigkeit
Altmetall *n* scrap [metal]
Alumetieren *n* alumetizing
Aluminid *n* aluminide
aluminieren to aluminize *(without formation of alloy layers)*
aluminiert aluminium-coated
Aluminiumanstrichstoff *m* aluminium paint *(pigmented with aluminium)*
aluminiumarm low-aluminium, poor in aluminium, aluminium-poor
Aluminiumbad *n*/**flüssiges** *s.* Aluminiumschmelze
aluminiumbedampft aluminium-vacuum-coated
aluminiumberuhigt aluminium-killed, Al-killed *(steel)*
Aluminiumbeschichtung *f* aluminium coating
Aluminiumbronze *f* aluminium brass
Aluminiumelektrolyt *m* aluminium plating bath (solution)
aluminiumhaltig aluminium-bearing
Aluminiumlegierung *f* aluminium alloy
Aluminiumoxid *n* aluminium (aluminous) oxide, alumina
Aluminiumoxidschicht *f* aluminium oxide coating, *(if thin)* aluminium oxide film
~/anodisch hergestellte anodized aluminium coating
Aluminiumpaste *f* aluminium paste
Aluminiumpigment *n* aluminium pigment
aluminiumpigmentiert aluminium-pigmented
Aluminiumpigmentierung *f* aluminium pigmentation
aluminiumplattiert alclad
Aluminiumpulver *n* aluminium powder
aluminiumreich high-aluminium, rich in aluminium, aluminium-rich
Aluminiumschmelze *f* aluminium bath
Aluminiumschuppen *fpl* aluminium flakes
Aluminiumspritzen *n* aluminium spraying
Aluminiumspritz[schutz]schicht *f* aluminium spray coating, sprayed aluminium coating, Al-spray coating
amalgamieren to amalgamate, to amalgamize

Amalgamierung f amalgamation
Amalgamzelle f mercury cell
Ameisensäure f formic acid
Amidosulfonsäure f sulphamic acid
Aminaddukt n amine adduct
aminaddukthärtend amine-adduct-curing
Aminäquivalent n equivalent weight of the amine
Aminelektrolyt m *(plat)* amine bath
Amingehalt m amine level
aminhärtend amine-curing
Aminhärter m amine-curing agent
Amin[o]harz n amino resin
Aminoplast m amino resin
Ammoniak n ammonia
~ **der Luft** air-borne ammonia
Ammoniumchlorid n ammonium chloride, sal ammoniac, salmiac
Amperemeter n ammeter, current-measuring instrument
amperostatisch galvanostatic, intensiostatic
Anaphorese f anaphoresis *(migration of positively charged particles or macromolecules toward the anode)*
Anatas m anatase *(tetragonally crystallized titanium dioxide occurring as a passive film)*
anätzen to etch
Anätzen n etching, *(test also)* etch pitting
anbinden *(plat)* to wire *(small articles to be plated)*
anbrennen *(plat)* to burn *(to give dark and rough spots by deposition of very large particles)*
Anbrennung f *(plat)* burn *(defect)*
Änderung f **der freien Energie** [Helmholtz] free-energy change, change in free energy
~ **der freien Enthalpie** [Gibbs] free-energy change, change in free energy
~ **der freien Standardenthalpie** standard free-energy change, standard change in free energy
andiffundieren to arrive *(on a surface by diffusion)*, to diffuse *(as towards a surface)*
Andiffusion f arrival *(of diffusing ions or molecules)*, diffusion *(as towards a surface)*
Andruckwalze f nip roll[er]
Anelektrolyt m non-electrolyte
anfällig susceptible, vulnerable
Anfälligkeit f susceptibility, vulnerability
~ **für Korrosion** susceptibility to corrosion, corrodibility

Anfälligkeitsbereich m range of susceptibility (vulnerability)
Anfangsbeanspruchung f initial exposure
Anfangsgeschwindigkeit f initial rate
Anfangskonzentration f initial concentration
Anfangskorrosion f initial corrosion
Anfangslast f initial load
Anfangsoxydation f initial oxidation
Anfangsperiode f initial (opening) period
Anfangsreaktion f initiating reaction
Anfangsstadium n initial (initiation, opening) stage
Anfangsstrom m initial current
Anfangsstromdichte f initial current density
anfressen to eat, to corrode
Anfressung f eating, corrosion
angebrannt *(plat)* burnt
angreifbar attackable, liable to be attacked, vulnerable to attack
Angreifbarkeit f attackability, liability (vulnerability) to attack
angreifen to attack
~/**durch Lochfraß** to pit
~/**lochförmig** to pit
Angriff m attack
~/**anodischer** anodic attack
~/**atmosphärischer** atmospheric attack
~/**fadenförmiger** filiform attack
~/**flächenabtragender** overall (general) attack
~/**flächenmäßiger** s. ~/flächenabtragender
~/**gleichmäßiger** uniform attack
~/**grubenförmiger** pitting attack *(in an initial stage)*
~/**interkristalliner** intergranular (intercrystalline, grain boundary) attack
~/**korrosiver** corrosive (corrosion) attack
~/**lochförmiger** pitting attack
~/**lokaler (lokalisierter)** local[ized] attack
~/**lösender** dissolving attack
~/**muldenförmiger** pitting attack *(in an initial stage)*
~/**narbenförmiger (narbiger)** pitting attack *(in an initial stage)*
~/**örtlicher** local[ized] attack
~/**punktförmiger** pitting attack *(in an initial stage)*
~/**selektiver** preferential (selective) attack
Angriffsart f form (type) of attack
angriffsfreudig aggressive, corrosive
Angriffsfreudigkeit f aggressiveness, aggressivity, *(specif)* corrosiveness, corrosivity

Angriffsgeschwindigkeit

Angriffsgeschwindigkeit f rate of attack
Angriffsgrad m degree (severity) of attack
Angriffsintensität f intensity of attack
Angriffsmedium n, **Angriffsmittel** n corrodent, corrosive [medium, agent]
Angriffsrichtung f direction of attack
Angriffsstärke f intensity of attack
Angriffsstelle f site of attack, initiation (nucleation, nucleating) site, *(relating to pitting also)* pit nucleating site
Angriffstiefe f depth of attack
~/maximale maximum depth of attack
Angriffsvermögen n aggressiveness, aggressivity
anhaften to adhere
anhaftend adherent, adhesive
Anhaftung f adhesion
Anilinpunkt m, **Anilintrübungspunkt** m *(test)* aniline point
Anion n anion
anion[en]aktiv anion-active, anionic
Anionenaustausch m anion exchange
Anionenaustauscher m anion exchanger, anionite
Anionenaustausch[er]harz n anion-exchange resin
Anionenbewegung f anionic movement
Anionendefektgitter n *(cryst)* anion defect lattice
Anionenfehlordnung f disorder (disarray) of anions
Anionenfehlstelle f, **Anionenleerstelle** f *(cryst)* anion vacancy
Anionenteilgitter n *(cryst)* anion sublattice
Anionenüberführungszahl f transference (transport) number of the anion
Anionit m s. Anionenaustauscher
Anisaldehyd m *(plat)* anisaldehyde *(brightening agent)*
anisotrop anisotropic
Anisotropie f anisotropy
Ankerstellenprofil n anchor pattern *(of a rough surface)*
anklammern to wire up *(on a plating rack)*
ankorrodieren to pre-corrode
Anlage f/**erdverlegte** underground (belowground) installation
~/galvanische plating installation
~/oberirdische (oberirdisch verlegte) aboveground installation
~/unterirdische (unterirdisch verlegte) s. Anlage/erdverlegte

~/vollautomatische fully-automatic plant
Anlage-Boden-Potential n plant-soil (structure-soil) potential
anlagern/sich adsorptiv to adsorb
Anlaßbehandlung f tempering
anlassen to temper
Anlaßfarbe f temper colour
Anlaßsprödigkeit f temper brittleness
Anlaßversprödung f temper embrittlement
anlaufbeständig resistant to tarnish[ing], tarnish-resistant, non-tarnishing, untarnishable
Anlaufbeständigkeit f resistance to tarnish[ing], tarnish resistance
anlaufempfindlich susceptible to tarnishing
Anlaufempfindlichkeit f susceptibility to tarnishing
anlaufen to tarnish; to fog *(nickel)*; to blush *(lacquer films)*; to bloom *(paint or varnish films)*
Anlaufen n tarnishing; fogging *(of nickel)*; blushing *(of lacquer films)*; blooming *(of paint or varnish films)*
~/trockenes dry [atmospheric] corrosion, dry oxidation
Anlauffarbe f s. Anlaßfarbe
Anlauffilm m tarnish [film]
Anlaufperiode f induction period, initiation time
Anlaufschicht f tarnish [layer]
Anlaufschutz m anti-tarnish application
Anlieferung f supply *(as of electrons)*
Anlieferzustand m as-received condition
Anmachwasser n mixing water *(for concrete)*
Anode f anode ● **als ~ wirken** to behave anodically
~/galvanische *(cath)* sacrificial (galvanic, expendable) anode, cathodic protection anode
~/geschmiedete forged anode
~/inerte s. ~/unlösliche
~/kugelige *(plat)* pellet *(for anode bags)*
~ mit Rippen *(cath)* [multi]finned anode
~/quaderförmige *(plat)* square *(for anode bags)*
~/unlösliche permanent (insoluble, inert) anode, *(cath also)* non-sacrificial (non-consumable, impressed-current) anode
Anodenabstand m *(cath)* anode spacing
Anodenanlage f *(cath)* anode installation
Anodenanordnung f *(cath)* anode assembly (placement)

Anodenauflösung f *(plat)* anode corrosion
Anodenbehälter m *(plat)* 1. anode (plating) basket (cage); 2. anode bag
Anodenbelag m anode film *(consisting of reaction products of the anode material)*
Anodenbereich m anodic region
Anodenbett n *(cath)* backfill
Anodenbettverlängerung f *(cath)* anode tail
Anodenbeutel m *(plat)* anode bag
Anodeneinbettung f s. Anodenbett
Anodenfeld n *(cath)* groundbed
Anodenfilm m 1. anodic (anode) film *(portion of solution adjacent to the anode)*; 2. s. Anodenbelag
Anodenfläche f anode area
Anodengebiet n anodic region
Anodengraben m *(cath)* horizontal ditch
Anoden-Katoden-Flächenverhältnis n anode-cathode [area] ratio
Anodenkette f *(cath)* anode bracelet, bracelet anode, multi-segment bracelet assembly
Anodenkorb m *(plat)* anode (plating) basket (cage)
Anodenpotential n anodic (anode) potential
Anodenraum m *(plat)* anode compartment
Anodenreaktion f anodic reaction
Anodensack m *(plat)* anode bag
Anodenschicht f s. Anodenfilm 1.
Anodenschiene f *(plat)* anode rail
Anodenschlamm m anode sludge
Anodenschutz m anodic protection
Anodenspannung f anodic voltage (potential)
Anodensparhalter m *(plat)* anode (plating) basket (cage)
Anodenstange f *(plat)* anode bar (rod)
Anodenstrom m anode (anodic) current
Anodenstromdichte f anode (anodic) current density
Anodentasche f *(plat)* anode bag
Anodenvorgang m anodic process
Anodenzone f anodic zone
Anodisations... s. Anodisier...
anodisch anodic
Anodisierbedingungen fpl anodizing conditions
Anodisierdauer f anodizing time
anodisieren to anodize
Anodisiergestell n anodizing rack
Anodisierschicht f anodic [oxide, conversion] coating, anodized finish, *(if thin)* anodic (anodic) film

Anodisierspannung f anodizing voltage
Anodisierung f anodization, anodic oxidation, anodizing treatment
Anodisierungs... s. Anodisier...
Anodisierverfahren n anodizing (anodic oxidation) process
Anodisiervorgang m anodizing process
Anodisierzeit f anodizing time
Anolyt m anolyte *(electrolyte of the anode compartment)*
Anordnung f/**räumliche** spatial arrangement *(as in a crystal lattice)*; growth pattern *(of a deposit)*
Anprall m impingement, impact
anprallen to impinge, to impact
anquellen to swell
anrauhen to roughen
anregen to initiate, to induce *(a reaction)*
Anregung f initiation, induction *(of a reaction)*
~/tribomechanische fretting [corrosion], friction (wear) oxidation, chafing [corrosion], false brinelling
anreiben to grind *(pigments)*
anreichern to enrich
~/sich to accumulate
Anreicherung f 1. enrichment; 2. accumulation
Anreicherungsschicht f enriched layer
Anreißversuch m scribe (scribing, scratch) test *(for determining the adhesion of coatings)*
Anriß m precrack
Anrißbildung f formation of precracks
Anrißfläche f precrack plane
anrosten to pre-rust
Anrosten n, **Anrostung** f initial rusting
Ansatz m formulation *(as of a treatment solution)*
Ansatzpunkt m **der Korrosion** corrosion nucleation site
ansäuern to acidify
Ansäuerung f acidification
Anschlagverkupferung f copper strike
Anschlußpunkt m *(plat)* contact point
~ zur Streustromableitung drain[age] point
Anschmelzen n flow brightening (melting) *(as of electrolytic tin coatings)*
ansetzen to formulate *(e.g. a treatment solution)*
~/Rost to rust
anstecken to wire up *(on a plating rack)*

anstreichen

anstreichen to paint; to brush[-paint], to brush-coat
Anstreichen *n* painting; brushing, brush painting (coating), hand brushing (painting)
Anstrich *m* 1. paint coat[ing], coat [of paint], [surface] coating, finish; 2. *s.* Anstreichen; 3. *s.* Anstrichstoff
~/**alter** old paint coating
~/**aufgespritzter** spray-paint coating
~/**dekorativer** decorative finish
~/**dickschichtiger** high-build paint coating
~/**gespritzter** spray-paint coating
~/**loser** loose paint coating
~/**mehrschichtiger** multiple paint coating
~/**nicht ausgehärteter** undercured paint coating
~/**überschweißbarer** weldable (welding) paint coating
~/**ungenügend gehärteter** undercured paint coating
~/**zinkstaubreicher** zinc-rich paint coating
Anstrichabbau *m* coating (paint-film) degradation (deterioration)
Anstricharbeiten *fpl* paint[-application] work, painting work
Anstrichaufbau *m s.* Anstrichsystem
Anstrichbedingungen *fpl* painting conditions
Anstrichbindemittel *n s.* Anstrichstoffbindemittel
Anstrichdicke *f* coating (paint-film) thickness
Anstrichfarbe *f* paint, pigmented coating
Anstrichfehler *m* painting failure, application fault
Anstrichfilm *m* paint (surface coating, organic-coating) film
Anstrichfilmeigenschaften *fpl* paint-film properties
Anstrichhaftung *f* paint adhesion (bonding), coating adhesion (adherence)
Anstrichlösungsmittel *n* paint (coating) solvent
Anstrichmangel *m s.* Anstrichschaden
Anstrichoberfläche *f* paint-film surface
~/**rauhe** sandy finish *(spraying fault)*
Anstrichpigment *n* paint pigment
Anstrichplan *m* paint program[me]
Anstrichprüfung *f* paint testing
Anstrichschaden *m* film (coating) defect (fault)
Anstrichschicht *f* paint coat[ing], coat of paint

Anstrichschichtdicke *f* coating (paint film) thickness
Anstrichstoff *m* paint [coating], coating [material], surface coating
~/**abgelaufener** drainage, run-off
~/**aluminiumpigmentierter** aluminium[-pigmented] paint
~/**anorganischer** inorganic paint (coating)
~ **auf Kunstharzbasis** synthetic resin paint
~ **auf Metallpigmentbasis** *s.* ~/metallpigmentierter
~/**bituminöser** bituminous (bitumen) paint, bituminous coating [material], bitumastic
~/**bleihaltiger** lead paint
~/**chemisch härtender (trocknender)** convertible (chemically curing) paint
~/**elektrophoretischer** electrocoating paint, electropaint
~/**feuerhemmender** fire-retardant (fire-retarding) paint
~ **für außen** exterior (outdoor) paint
~ **für Fertigungsanstriche** shop (blast) primer
~ **für harte Beanspruchung** heavy-duty paint (coating)
~ **für innen** interior (indoor) paint
~ **für Instandhaltungsanstriche** maintenance paint (coating)
~ **für Neulackierungen** refinishing paint
~ **für Schutzanstriche** protective paint (coating)
~ **für Stahlkonstruktionen** structural-steel paint
~ **für Vorkonservierungsanstriche** holding primer
~/**heißverarbeitbarer** hot-applied coating [material]
~/**hitzebeständiger** heat-resistant (heat-resisting) paint
~/**kaltverarbeitbarer** cold-applied coating [material]
~/**katalytisch härtender** catalytically curing paint
~/**lösungsmittelarmer** high-solids paint
~/**lösungsmittelfreier** solventless (solvent-free) paint (coating), 100 per cent solids coating
~/**lösungsmittelhaltiger** solvent[-based] paint, solution (solvent-bearing) paint (coating)
~/**lufttrocknender** air-drying paint (coating)
~/**metallpigmentierter** metallic (metal-pigmented) paint

~ **mit anorganischem Bindemittel** s. ~/anorganischer
~ **mit organischem Bindemittel** s. ~/organischer
~/**ofentrocknender** stoving (baking) paint
~/**organischer** [organic] paint, organic [surface, protective] coating
~/**penetrierender** penetrating paint, penetrant
~/**physikalisch trocknender** non-convertible paint, solvent dry paint
~/**pigmentierter** paint, pigmented coating
~/**reaktiv härtender** reaction (catalyzed, polymerized) coating
~/**säurebeständiger** acid-resistant paint
~/**silicatischer** silicate paint
~/**spritzfertig eingestellter** ready-to-spray paint (coating)
~/**thixotroper** thixotropic paint (coating)
~/**tropffreier (tropffrei verarbeitbarer)** non-drip paint
~/**unpigmentierter** clear coating
~/**wasserverdünnbarer** water-thinned paint (coating), water-reducible (water-dispersion) paint, water-base[d] paint
~/**zinkreicher (zinkstaubpigmentierter)** zinc [dust] paint, zinc-pigmented (zinc-rich) paint, metallic zinc[-rich] paint
~ **zum Heißspritzen** hot spray paint
~ **zum Spritzen** spraying paint
Anstrichstoffabscheidung f paint deposition
~/**elektrophoretische** electrodeposition of paint
Anstrichstoffauftrag m paint (coating) application
~/**elektrophoretischer** electrophoretic paint application
Anstrichstoffauftragsverfahren n paint application method
Anstrichstoffbad n paint bath
Anstrichstoffbecher m paint cup (of a spray gun)
Anstrichstoffbehälter m paint container
Anstrichstoffbindemittel n paint (coating) binder (vehicle)
Anstrichstoffdruck m paint pressure
Anstrichstoffeigenschaften fpl paint properties
Anstrichstofferhitzer m paint heater
Anstrichstoffherstellung f paint (coatings) manufacture
Anstrichstoffhilfsmittel n paint additive

Anstrichstofflösungsmittel n paint (coating) solvent
Anstrichstofformulierung f paint (coating) formulation
Anstrichstoffpartikel n paint particle
Anstrichstoffpumpe f paint pump
Anstrichstoffrezeptur f paint (coating) formula (formulation)
Anstrichstoffschlauch m paint hose
Anstrichstoffschleier m curtain of paint (in curtain coating)
Anstrichstoffstrahl m paint stream, jet of paint
Anstrichstoffteilchen n paint particle
Anstrichstofftröpfchen n paint droplet
Anstrichstoffverarbeitung f paint (coating) application
Anstrichstoffverbrauch m paint consumption
Anstrichstoffverlust m paint loss
Anstrichstoffviskosität f paint viscosity
Anstrichsystem n paint (coating) system, finish[ing] system, organic paint (finishing) system
~/**dickschichtiges** high-build paint system
~/**dreifaches (dreischichtiges)** three-coat paint system
~ **für außen** exterior paint system
~ **für Instandhaltungsanstriche** maintenance paint system
~ **vierfaches (vierschichtiges)** four-coat system
~ **zweifaches (zweischichtiges)** two-coat paint system
Anstrichtechnologie f painting technology
Anstrichträger m s. Anstrichuntergrund
Anstrichtrocknung f paint drying
Anstrichuntergrund m substrate, substratum, base, ground
Anstrichunterhaltungskosten pl paint maintenance costs
anstrichverzinkt painting-galvanized
Anstrichzerstörung f paint-film destruction
Anteil m/**ohmscher** ohmic component
Antiablaufmittel n anti-sag agent
Antiabsetzmittel n anti-settling agent, suspending (suspension) agent
antiadhäsiv abhesive
Antiausschwimmmittel n s. Ausschwimmverhinderungsmittel
Antifouling n s. Antifoulinganstrichstoff
Antifoulinganstrich m anti-fouling coating (cover coat)

Antifoulinganstrichstoff

Antifoulinganstrichstoff *m* anti-fouling, anti-fouling coating (composition, compound)
Antifoulingbeschichtung *f* anti-fouling coating
Antifouling-Beschichtungsmaterial *n s.* Antifoulinganstrichstoff
Antifoulingfarbe *f* anti-fouling [marine] paint, marine anti-fouling paint
Antifoulingschicht *f* anti-fouling coating
Antihautmittel *n* anti-skinning agent, skinning inhibitor
Antikatalysator *m* anticatalyst, negative (retarding) catalyst
antikorrosiv anti-corrosive
Antimon *n* antimony
Antimon[schutz]schicht *f* antimony coating
Antimonüberzug *m s.* Antimonschutzschicht
Antioxydans *n* anti-oxidant [agent], anti-oxidizing agent, anti-oxidizer, antioxygen
Antioxydationsmittel *n*, **Antioxygen** *n s.* Antioxydans
Antiphase *f (cryst)* antiphase
Antiphasengrenze *f (cryst)* Bloch wall
Antirostmittel *n* rust-protective compound, rust protective (preventive), rust-inhibitive (rust-preventive, rust-proofing) compound
Antischaummittel *n* anti-foaming agent, anti-foam[er], defoamer
Antistressmittel *n (plat)* anti-stress agent
Antransport *m* supply *(as of electrons)*
Antriebswalze *f* drive roll[er]
anwendbar applicable
Anwendbarkeit *f* applicability
Anwendung *f* application
Anwendungsbedingungen *fpl* service [exposure] conditions
Anwendungsbereich *m*, **Anwendungsgebiet** *n* field of application
Anwendungsklima *n* service environment
Anwendungssicherheit *f* safe use, safety of application
Anwendungsspannung *f* service stress
Anwendungstechnik *f* application technique
Anwendungsverfahren *n* application method (procedure)
Anwuchs *m* 1. *(plat)* shelf dirt *(metal deposited on contacting devices)*; 2. fouling *(of organisms on underwater surfaces)*
anwuchsverhindernd anti-fouling
A.P. *s.* Anilinpunkt
Apfelsinenschaleneffekt *m*, **Apfelsinenschalenstruktur** *f* orange peel [effect, appearance] *(surface defect)*

228

apolar non-polar
Applikation *f* application *(for compounds s.* Aufbringen, Auftragen*)*
applizieren to apply
Äquipotentialfläche *f* equipotential plane (surface)
Äquipotentiallinie *f* equipotential line
Äquivalent *n* / **elektrochemisches** electrochemical (Faraday) equivalent
Äquivalentgewicht *n* equivalent weight
Äquivalentleitfähigkeit *f* equivalent conductivity
Äquivalentmasse *f* equivalent weight
Aquoion *n* aquo-ion
Aquokomplex *m* aquo-complex
Arbeitsablauf *m* operation (process) sequence, sequence of operations, *(plat also)* plating sequence
Arbeitsbehälter *m* 1. *(plat)* process (treatment) tank; 2. vibrator processing bowl *(of a vibratory finishing machine)*
Arbeitsbereich *m* operating (working) range *(of a plating bath)*
Arbeitsdruck *m* operating (working) pressure
Arbeitselektrode *f* working (measuring) electrode
Arbeits-EMK *f* operating emf
Arbeitsfolge *f s.* Arbeitsablauf
Arbeitsgeschwindigkeit *f* operating speed
Arbeitsplatzkonzentration *f* / **maximale** maximum allowable concentration, MAC
Arbeitspotential *n* operating (working) potential
Arbeitsspannung *f* operating (working) voltage
Arbeitsstrom *m* operating (working) current
Arbeitsstromdichte *f* operating (working) current density
Arbeitsstufe *f* operating (working) stage, *(plat also)* plating stage
Arbeitstemperatur *f* operating (working) temperature
Arbeitsviskosität *f* working viscosity
Arbeitszyklus *m* operating (working, treatment) cycle, *(plat also)* plating cycle
Armierung *f* reinforcement
Armierungs... *s. a.* Bewehrungs...
Armierungsbandage *f* reinforcing wrap, armour wrapping
Aromaten *pl* aromatics, aromatic hydrocarbons

Arrhenius-Gleichung f Arrhenius [reaction-rate] equation, Arrhenius relation
Arsen n arsenic
Arsenik n, **Arsentrioxid** n white arsenic, arsenic trioxide
Asphalt m/**natürlicher** natural (native) asphalt
Asphaltanstrich m asphalt[ic] coating
Asphaltanstrichstoff m asphalt (asphaltic) paint (coating)
Asphaltlack m 1. asphalt (asphaltic) enamel, asphalt varnish [paint]; 2. s. Asphaltanstrichstoff
Asphaltpapier n asphalt (tar, pitch) paper, tarred [brown] paper
ASTM-Becher m ASTM cup (for determining the viscosity of paints)
Atemschutzmaske f respirator
Äthylen... s. Ethylen...
Atmosphäre f atmosphere
~/**aufkohlende** carburizing atmosphere
~/**feuchte** damp atmosphere
~/**industrielle** industrial atmosphere
~/**künstliche** synthetic atmosphere
~/**ländliche** rural (country) atmosphere
~/**oxydierende** oxidizing atmosphere
Atmosphärenkorrosion f atmospheric corrosion
Atmosphärentyp m type of atmosphere
Atmosphärilien pl atmospheric constituents
atmosphärilienbeständig resistant to atmospheric attack
Atmosphärilienbeständigkeit f resistance to atmospheric attack
Atom n/**adsorbiertes** adatom
Atomabsorptionsspektroskopie f atomic absorption spectroscopy, AAS
Atomabstand m nuclear (interatomic) distance (spacing)
ätzen to etch
Ätzen n etching
~/**thermisches** facet[t]ing
Ätzfigur f etch figure
Ätzgrübchen n, **Ätzgrube** f etch pit
Ätzkali n caustic potash
Ätzlösung f etch[ing] solution
Ätzmittel n etchant
Ätzmuster n etch pattern
Ätznatron n caustic [soda]
Ätzprimer m etch[ing] primer, wash (self-etch, pretreatment) primer, wash coat [primer], phosphate [etch] primer

Ätzstruktur f etch structure
Ätzung f s. Ätzen
Ätzwirkung f etching action; etching effect
Aufbau m 1. building-up, build-up (of a coating); 2. s. Anstrichsystem
~/**atomarer** [**atomistischer**] atomistics
~ **nach Rezeptur** formulation (as of a treatment solution)
aufbauen to build up (a coating, a paint system)
~/**nach Rezeptur** to formulate (e.g. a treatment solution)
Aufblähung f intumescence (as of coatings on exposure to heat)
aufblättern to exfoliate; to delaminate (laminated material)
Aufblättern n [ex]foliation; delamination (of laminated material)
aufbrauchen to use up, to consume, to exhaust (e.g. oxygen)
aufbrennen to fire on
aufbringen to apply (coatings), (esp relating to metals) to plate
~/**mit dem Pinsel** to brush-apply, to brush on
~/**schmelzflüssig** to burn (weld) on (e.g. lead)
Aufbringen n application (of coatings), (esp relating to metals) plating
~ **an Ort und Stelle** site application
~ **einer Schutzschicht** coating application
~ **eines Anstrichstoffs** paint application
~ **eines Kantenschutzanstrichs** edging
~ **im Werk** shop application
Aufbringetechnik f application technique
Aufbringungsart f mode of application
Aufbringungsverfahren n application method (procedure)
aufchromen to build up with chromium
aufdampfen to deposit from the vapour phase, to deposit by vacuum coating
Aufdampfen n vapour deposition, deposition from vapour (the vapour phase), vapour condensation plating
~ **im Vakuum** vacuum deposition, deposition in vacuo
~/**reaktives** reactive evaporation (of vaporizable metals)
~ **unter vermindertem Druck** s. ~ im Vakuum
Aufdampfschicht f vapour[-phase] coating, vaporized (vapour-deposited) coating, vacuum-deposited coating
Aufdiffundieren n cementation coating (of protective films)

aufdüsen to spray on
Auffangbehälter m, **Auffanggefäß** n settling tank *(of a flow coating plant)*
Auffangtrichter m *(plat)* loading hopper
auffrischen to regenerate, to make up (good) *(plating solutions)*
Auffrischung f regeneration, make-up, making good *(of plating solutions)*
auffüllen to replenish, to make up (good)
Auffüllung f replenishment, make-up, making good
Aufgabe f loading *(of articles to be treated)*
aufgalvanisieren to electrodeposit
aufgeben to load *(articles to be treated)*
aufgespritzt, aufgesprüht spray-applied
aufgießen to pour on
Aufhängehaken m *(plat)* dangler
aufhaspeln to [re]coil
aufklammern *(plat)* to wire up *(on a plating rack)*
aufklemmen *(plat)* to rack
Aufkochen n carbon-boiling *(fault in enamelling)*
aufkohlen to carburize *(low-carbon steel)*
Aufkohlen n carburization *(of low-carbon steel)*
~ **in der Randzone** case carburizing, surface carburization
Aufkohlungsbad n carburizing bath
Aufkohlungsmedium n carburizing medium
Aufkohlungsmittel n carburizing agent (compound), [case-hardening] carburizer
Aufkohlungsofen m carburizing furnace
Aufkohlungsschicht f carburized case
aufkonzentrieren to concentrate
Auflage f s. 1. Auflagegewicht; 2. Schutzschicht
Auflagegewicht n coating weight *(of protective coatings)*
Auflagemetall n facing metal
Auflageschicht f adherent coating without formation of a diffusional layer
Auflagewerkstoff m cladding material, facing, veneer
Auflichtmikroskopie f reflection microscopy
auflösen/selektiv to leach out [preferentially]
~/**sich anodisch** to dissolve anodically
Auflösung f dissolution
~/**aktive** activation dissolution
~/**anodische** anodic dissolution
~/**bevorzugte** s. ~/selektive
~/**katodische** cathodic dissolution
~/**reduktive** reductive dissolution
~/**selektive** preferential (selective) dissolution, *(by solvents also)* leaching
Auflösungsbezirk m area of dissolution
Auflösungsgeschwindigkeit f dissolution rate
Auflösungspotential n dissolution potential
Auflösungsstelle f dissolution site
Auflösungsstrom m dissolution current
Auflösungsstromdichte f dissolution current density
Auflösungsvorgang m dissolution process
Aufnahme f 1. absorption *(as of gases)*; 2. photograph, picture
~/**elektronenmikroskopische** [transmission] electron micrograph, electron microgram
~/**fraktographische** fractograph
~/**mikroskopische** micrograph, microgram
~/**ohne Mikroskop gewonnene** macrograph
~/**rasterelektronenmikroskopische** scanning electron micrograph, SEM, scanning electron microscope micrograph (photograph), SEM photomicrograph (picture)
~/**rasterelektronenoptische (rastermikroskopische)** s. ~/rasterelektronenmikroskopische
aufnehmen 1. to absorb *(e.g. gases)*; 2. to take a photograph
aufopfern/sich *(cath)* to sacrifice itself
Aufoxydation f further oxidation
aufoxydieren to oxidize to higher valency
aufprägen *(cath)* to impose, to impress *(current)*
Aufprägung f *(cath)* imposition, impression *(of current)*
Aufprall m impingement, impact
aufprallen to impinge, to impact
Aufprallerosion f impingement attack
Aufprallkorrosion f impingement (pitting) corrosion
aufpudern to dust *(powder)*
aufquellen to swell
aufrauhen 1. to roughen *(mechanically)*; 2. to activate *(by pickling prior to plating)*
Aufrauhung f 1. roughening *(mechanically)*; 2. activation *(by pickling prior to plating)*
aufreiben to pick (pull) up *(a paint coat when repainting it)*
aufreißen to crack, to rupture, to break away *(oxide films or protective coatings)*
Aufreißen n cracking, disruption, rupture, breakaway *(as of oxide films or protective coatings)*

~ **infolge Schrumpfspannungen** stress-cracking *(of chromium deposits)*
~/interkristallines intergranular cracking
aufschäumen to foam, to froth
Aufschlag *m* impact
aufschmelzen 1. to fuse *(plastic powder or vitreous enamel to form a coating)*; to fuse, to reflow, to resolutionize *(tin coatings)*; 2. to burn (weld) on *(e.g. lead to form a coating)*
Aufschmelzen *n* 1. fusion [treatment] *(of plastic powder or vitreous enamel to form a coating)*; fusion (reflowing) treatment, flow brightening (melting), resolutionizing *(of tin coatings)*; 2. burning-on, welding-on *(as of lead)*
Aufschmelzverbleien *n* homogeneous leading
aufschweißen to weld on
Aufschweißplattieren *n* sheet metal technique
Aufschweißpulver *n* welding surfacing powder
Aufschweißung *f* weld deposit
aufspachteln to knife, to trowel *(mastics)*
Aufspaltung *f* delamination *(of laminated material)*
aufspritzen, aufsprühen to spray on
Aufstapelung *f*, **Aufstau** *m* *(cryst)* pile-up *(of dislocations)*
aufstäuben 1. to dust *(powder)*; 2. to sputter *(coating material in vacuum)*
aufstauen/sich *(cryst)* to pile up *(dislocations)*
aufstecken *(plat)* to rack
Aufstellungskategorie *f* exposure condition
Aufstellungsort *m* exposure site (location, locality), place of exposure, *(test also)* [exposure] test site, test location (locality)
aufsticken to nitride *(steel)*
Aufstickung *f* nitridation, nitriding *(of steel)*
aufstreichen to brush-apply, to brush on
Auftaumittel *n* deicing chemical
Auftausalz *n* deicing (road) salt
Auftrag *m s.* Auftragen
auftragbar applicable
Auftragbarkeit *f* applicability
auftragen to apply *(coating material)*
~/durch Spritzen to spray-apply
~/im Wischverfahren to wipe
~/mit dem Pinsel to brush-apply, to brush on
~/mit Streichroller to roller-coat

Auftragen *n* application *(of coating material)*
~/elektrophoretisches electrophoretic application
~/elektrostatisches electrostatic application
~/galvanisches electrodeposition
~ **im Elektrotauchverfahren** *s.* ~/elektrophoretisches
~ **im Gegenlauf** reverse coating *(roller coating)*
~ **im Gleichlauf** straight coating *(roller coating)*
~ **mit Streichroller** roller application
Auftragschweißen *n* surface (hard-face) welding, hard-facing
~ **mit Plasma** plasma welding
~ **mit Schutzgas im offenen Lichtbogen** gas metal arc welding *(using inert gas)*
auftragsfähig *s.* auftragbar
Auftragsgerät *n* applicator
Auftragstechnologie *f* application technology
Auftragsverfahren *n* application method, method of application
Auftragswalze *f* application (applicator, spreader) roller, [paint] coating roller
auftreffen *s.* aufprallen
Aufwachsen *n*/**epitaktisches** epitaxial growth
Aufwickelhaspel *f* [exit] recoiler *(of a coil-coating plant)*
aufwickeln to [re]coil
aufwölben to force up *(surface layers)*
Aufzehrung *f* consumption *(as of sacrificial anodes)*
aufziehen to knife, to trowel *(mastics)*
Augeninspektion *f s.* Inspektion/visuelle
Auger-Elektron *n* Auger electron
Auger-Elektronenspektrometer *n s.* Auger-Spektrometer
Auger-Elektronenspektroskopie *f s.* Auger-Spektroskopie
Auger-Spektrometer *n* Auger spectrometer
Auger-Spektroskopie *f* Auger [electron] spectroscopy, AES
Auger-Spektrum *n* Auger spectrum
ausbauen to unrack *(plated articles from a plating rack)*
ausbessern to retouch, to touch up, to make good *(protective coatings)*
Ausbesserung *f* retouching, touching-up, making good, spot repair[ing] *(of protective coatings)*, *(paint also)* touch-up painting, spot repair painting

Ausbesserungslack 232

Ausbesserungslack *m* repair enamel, touch-up paint
ausbleichen to fade, to bleach [out]
ausbleien to line with lead
Ausbleien *n* lead lining
ausblühen to effloresce; *(plat)* to spot out *(due to decomposition of entrapped cyanide)*
Ausblühung *f* efflorescence
ausbluten *(paint)* to bleed [off, through]
Ausbreitungswiderstand *m (cath)* earthing (groundbed) resistance
ausbröckeln to drop out *(as from cracks)*
Ausbröckelung *f* grain dropping
Ausdehnungskoeffizient *m* coefficient of expansion
ausdiffundieren to diffuse outwards
Ausdiffusion *f* outward diffusion, diffusion outwards
Ausfall *m* [service] failure, outage, breakdown
~ **durch Ermüdung** fatigue failure
~/vorzeitiger premature failure
ausfallen 1. to fail, to break down; 2. to sediment, to settle [down, out], to come down *(from a solution)*
ausfällen to precipitate, to lay (throw) down; to cement *(a metal by a less noble one)*
Ausfallwahrscheinlichkeit *f* probability of failure
Ausfallzeit *f* shutdown period, downtime
ausflecken *(paint)* to touch up, to retouch, to make good
Ausflecken *n (paint)* touch-up painting, spot repair[ing], spot repair painting, touching up, retouching, making good
ausflocken to flocculate
Auflockung *f* flocculation
ausfüllen to fill in *(pores, cracks)*
Ausgangsfestigkeit *f* initial strength
Ausgangsmaterial *n* starting material
Ausgangspunkt *m* starting point
Ausgangsstelle *f* starting place
Ausgangsstromstärke *f (cath)* output amperage
Ausgangsverbundkörper *m* pile-up *(for manufacturing sandwiches)*
ausgekleidet/mit Beton concrete-lined
~/mit Blei lead-lined
~/mit Glas glass-lined
~/mit Gummi rubber-lined
~/mit Hartgummi hard-rubber-lined
~/mit Plast plastic-lined
Ausgiebigkeit *f* [paint] coverage, covering power, spreading capacity, coverage (spreading) rate
Ausgleich *m* make-up, making good *(of material losses)*
ausgleichen to make up (good) *(material losses)*
Ausgleichsstrom *m* compensating current
aushärtbar age-hardenable, precipitation-hardenable *(metal)*; curable, hardenable *(organic coating material)*
Aushärtebedingungen *fpl* **[/festgelegte]** *(paint)* curing schedule
aushärten to age-harden *(metals)*; to cure, to harden *(organic coating materials)*
Aushärtung *f* age (precipitation) hardening (strengthening) *(of metals)*; curing, cure, hardening *(of organic coating materials)*
ausheben *(plat)* to lift [out]
ausheilen to heal *(defects in protective films)*
~/von selbst to repair itself, to heal *(protective films)*
Ausheilung *f* [self-]healing, repair process *(of protective films)*
Ausheilungsvermögen *n* self-healing capacity, repairability *(of protective films)*
Ausheizen *n* baking *(for relieving residual stress or for expelling embrittling gases)*
Auskehlung *f* fillet
auskleiden to line
Auskleidung *f* lining
~/lose loose lining
~/verbundfeste homogeneous lining
Auskleidungsmaterial *n*, **Auskleidungswerkstoff** *m* lining material
Auskocher *m (paint)* solvent pop *(stoving fault)*
auskorrodieren to corrode out *(e.g. hollows)*
auskristallisieren to crystallize [out]
Auslage *f s.* Auslagerung
auslagern *(test)* to expose
Auslagerung *f* [test] exposure
~ **an der Luft** air (aerial) exposure
~ **im Außenraumklima** sheltered exposure, partial shelter, outdoor exposure protected from rain
~ **im Erdboden** soil exposure
~ **im Freiluftklima** outdoor [atmospheric] exposure, [exterior] atmospheric exposure, open (bold, weather, natural) exposure, outdoor (exterior, natural) weathering

~ in Industrieatmosphäre industrial exposure
~ in Küstenatmosphäre coastal exposure
~ in Meeresatmosphäre marine exposure
~ in Meerwasser sea-water exposure
~ in Wasser water exposure
~ unter 45° forty-five degree exposure, 45° exposure
~ von Probeplatten [test-]panel exposure
Auslagerungsbedingungen *fpl* exposure conditions
Auslagerungsblech *n* [atmospheric-]exposure panel, atmospheric (field) test panel, field[-exposure] panel
Auslagerungsdauer *f* exposure period (time), period (duration) of exposure
Auslagerungsgestell *n* exposure rack, corrosion rack, [corrosion] test rack; exposure structure *(large unit)*
~/**überdachtes** shelter test rack, sheltered specimen rack
Auslagerungsort *m* exposure site (location, locality), place of exposure, [exposure] test site
Auslagerungsprobe *f* exposure (open-exposure, field-test) specimen, atmospheric [test] specimen
Auslagerungsprogramm *n* exposure program[me], atmospheric exposure (test, corrosion) program[me], field testing program[me]
Auslagerungsrichtung *f* exposure direction
Auslagerungsstand *m* atmospheric test installation
Auslagerungsversuch *m* exposure test
~ im Außenraumklima sheltered test
~ mit Probeplatten panel [exposure] test, field panel test
Auslagerungswinkel *m* exposure angle
Auslagerungszeit *f s.* Auslagerungsdauer
Auslaufbecher *m* flow (viscosity) cup
Auslaufdauer *f* flow time
Auslaufhaspel *f* recoiler
Auslaufzeit *f s.* Auslaufdauer
Ausleger *m* carrier arm, T-bar *(of a plating machine)*
auslöschen *(cryst)* to annihilate *(dislocations)*
auslösen to initiate, to induce *(a reaction)*
~/**Korrosion** to initiate corrosion
~/**Lochfraß** to initiate (nucleate) pitting
Ausnutzungsgrad *m* utilization figure
Ausrichtung *f (cryst)* orientation

Aussalzeffekt *m* salting-out effect; common-ion effect *(decrease in solubility in the presence of a second electrolyte with a common ion)*
Ausschaltpotential *n (cath)* off-potential, shutdown potential *(natural structure-soil potential)*
Ausschalttechnik *f (test)* interrupted-current technique
Ausscheidung *f* 1. precipitation, segregation *(as of alloy constituents)*; 2. precipitate, segregate *(as in alloys)*
~/**selektive** preferential precipitation
Ausscheidungsfolge *f* precipitation sequence
ausscheidungsfrei precipitation-free, precipitate-free
Ausscheidungsglühen *n* precipitation annealing
ausscheidungshärtbar precipitation-hardenable
Ausscheidungshärten *n* precipitation hardening (strengthening)
ausscheidungshärtend precipitation-hardening
Ausscheidungskinetik *f* precipitation kinetics
ausschleppen *(plat)* to drag out
Ausschleppen *n (plat)* drag-out
Ausschleppverluste *mpl* drag-out [losses]
Ausschluß *m* exclusion *(as of air, oxygen)*
Ausschwimmen *n*/**horizontales** [pigment] flooding *(separation of pigments)*
~ in horizontaler Richtung *s.* Ausschwimmen/horizontales
~ in vertikaler Richtung *s.* ~/vertikales
~/**vertikales** [pigment] floating, pigment float *(separation of pigments)*
Ausschwimmverhinderungsmittel *n* antiflooding agent *(to avoid separation of pigments in horizontal direction)*; antifloating agent *(to avoid separation of pigments in vertical direction)*
ausschwitzen to sweat out *(of plasticizers)*
Aussehen *n* appearance; surface finish
~/**glänzendes** gloss
~/**graues** greyness *(of tin and zinc coatings)*
~/**mattes** dullness, dull (matt) finish
~/**milchiges** milkiness
Außenanstrich *m* exterior (outdoor) finish
Außenanstrichfarbe *f* exterior paint
Außenanstrichstoff *m* exterior paint (coating)

Außenatmosphäre

Außenatmosphäre *f* outdoor atmosphere
Außenbeanspruchung *f* outdoor (exterior, natural) exposure, [outdoor, exterior] atmospheric exposure, open (bold, weather) exposure
Außenbeschichtung *f* 1. exterior coating; 2. s. Außenschutzschicht
Außenbeständigkeit *f* outdoor (exterior) durability
Außenbewitterung *f* outdoor (exterior, natural) weathering, outdoor (exterior, natural) exposure, [outdoor, exterior] atmospheric exposure, open (bold, weather) exposure
Außenbordfarbe *f* topsides (ship's topside) paint
Außeneinsatz *m* outdoor (out-of-door) service, service outdoors
Außenelektron *n* outermost (valence) electron
Außenfläche *f* exterior surface
Außenkorrosion *f* external corrosion *(as of tanks or pipes)*
Außenkorrosionsschutz *m* external protection [from corrosion]
Außenlack *m* s. 1. Lack für außen; 2. Lackfarbe für außen; 3. Außenanstrichstoff
Außenoberfläche *f* exterior surface
Außenraumklima *n* exterior sheltered atmosphere (environment)
Außenschutz *m* external protection
Außenschutzanstrich *m* external paint coating
Außenschutzschicht *f* external coating
Außenstrom *m* external current, [externally] applied current
außenstromlos electroless
Außenwiderstand *m* external resistance
aussetzen to expose *(to corrosive influences)*
~/der Atmosphäre to expose to the atmosphere
Ausstreichen *n* brushing-out *(of paint)*
Austauchgeschwindigkeit *f* withdrawal rate, rate of withdrawal *(in dip coating)*
austauschaktiv substitutable *(radical)*
austauschbar exchangeable, interchangeable, replaceable
Austauschbarkeit *f* exchangeability, interchangeability, replaceability
Austauschreaktion *f* exchange (replacement, substitution) reaction
Austauschstrom *m* exchange current
Austauschstromdichte *f* exchange current density, exchange CD

Austauschvorgang *m* exchange process
Austenit *m* austenite *(solid solution of carbon in gamma iron)*
Austenitbereich *m* austenite range
Austenitformhärten *n* ausforming
austenitisch austenitic
austenitisieren to austen[it]ize
Austenitisierung *f* austenitization
Austenitisierungstemperatur *f* austenite temperature
Austenitphase *f* austenite (gamma) phase
Austenitstahl *m* austenitic steel
Austragseite *f* exit end *(of a hot-dip metallizing line)*
austreiben to strip [off, out], to distil off *(gases)*
austreten to leak *(stray currents)*
Austrittsarbeit *f* electron[ic] work function, work function
Austrittspotential *n* potential at the stray-current exit location
austrocknen to dry out
Auswachsen *n* build-up *(of deposits on edges)*
Auswahlprüfung *f* qualification (evaluation) test, screening (sorting, elimination) test
auswandern to migrate (move) outwards *(e.g. ions)*
Auswanderung *f* outward migration (movement) *(as of ions)*
Auswärtsdiffusion *f* outward diffusion, diffusion outwards
auswaschen to wash [out]
Auswaschmittel *n* equipment (solvent) cleaner, cleaning solvent *(for painting equipment)*
auswechselbar exchangeable, interchangeable, replaceable
Auswechselbarkeit *f* exchangeability, interchangeability, replaceability
Auswuchs *m* (plat) outgrowth, excrescence
Auswüchse *mpl* / **dendritische** dendritic (tree) growths
Auswurfeinrichtung *f* throwout *(of a hot-dip tinning line)*
auszementieren to cement *(a metal by a less noble one)*
Auszementierung *f* cementation *(of a metal by a less noble one)*
Autodecklack *m* automobile topcoat
Autogen-Gasgemisch *n* oxyacetylene gas
Autogenschweißen *n* oxyacetylene [gas] welding

Autogenspritzpistole f oxyacetylene gun
Autokatalyse f autocatalysis
autokatalytisch autocatalytic
Autoklavenversuch m autoclave immersion test
Autolack m, **Autolackfarbe** f automobile (car) paint (finish)
Automobillack m s. Autolack
automorph (cryst) automorphic, idiomorphic
Autoreparaturlack m automobile (car) refinishing lacquer
Autoxydation f aut[o]oxidation, spontaneous oxidation
A-Wolle f spirit soluble nitrocellulose, SS nitrocellulose
azeotrop azeotropic
Azeotrop n azeotrope
Azetylen... s. Acetylen...
Azidität f acidity

B

backen (plat) to bake
Bad n s. 1. Badbehälter; 2. Badflüssigkeit; 3. Elektrolyt; 4. Metallschmelze; 5. Tauchbad
~/galvanisches (galvanotechnisches) s. Elektrolyt
~/mischsaures s. Mischsäureelektrolyt
Bad... s.a. Elektrolyt...
Badansatz m bath formulation; bath composition
Badaufkohlen n bath (molten-salt, liquid) carburizing
Badbedingungen fpl treatment (processing) conditions
Badbehälter m tank
Badbetriebsspannung f bath (tank) voltage
Badbewegung f s. Elektrolytumwälzung
Bäderfolge f treatment (processing) cycle
Badfestkörper m [coating] bath solids
Badflüssigkeit f bath liquid (fluid)
Badführung f bath control (operation)
Badinhalt m bath volume
Badkomponente f bath ingredient (constituent)
Badnebelabsaugung f exhaust ventilation
Badreihe f s. Bäderfolge
Badspannung f s. Badbetriebsspannung
Badstabilität f bath (tank) stability
Badstreuung f s. Tiefenstreuung
Badstrom m (plat) plating current

Badvolumen n bath volume
Badwerte mpl bath characteristics
Badwiderstand m bath resistance
Badzusammensetzung f bath composition
Bainit m bainite (a transformation product in steel which exhibits an acicular structure)
Bakterien npl/**desulfurierende** sulphate-reducing bacteria, sulphate reducers
~/schwefeloxydierende sulphur-oxidizing bacteria
~/sulfatreduzierende s. Bakterien/desulfurierende
Bakteriostatikum n bacteriostat[ic]
Bakterizid n bactericide
Balsamharz n, **Balsamkolophonium** n gum rosin
Balsamterpentinöl n gum terpentine
Band n 1. strip (of metal); tape (of plastics or textiles); 2. [energy] band; 3. s. Schleifband
~/erlaubtes allowed band
~/verbotenes forbidden band, energy gap
Bandage f wrap[ping]
~/äußere external wrap[ping], outer (final) wrap
Bandanlage f s. Bandbeschichtungsanlage
Bandbeschichtung f strip coating; (paint) coil (strip) coating
Bandbeschichtungsanlage f strip-coating plant (line), strip coater; (paint) coil-coating (strip-coating) plant (line), coil (strip) coater
~/elektrochemische strip-[electro]plating line
Bandbreite f strip width
Banddurchziehgeschwindigkeit f s. Bandgeschwindigkeit
Bandende n end of the strip (leading or trailing end)
Bänder npl/**Lüderssche** Lüders' lines (bands), Hartmann lines, deformation bands, stretcher strains
Banderder m (cath) ribbon anode
Bandgalvanisierung f continuous strip [electro]plating
Bandgeschwindigkeit f strip speed, speed of travel
Bandreinigung f strip cleaning
Bandschleifen n abrasive belt polishing
Bandspeicher m accumulator (of a strip coating line), looping tower (vertical), car looper (horizontal), looping pit

Bandstahl

Bandstahl *m* steel strip
Bandverzinken *n* [continuous-]strip galvanizing, continuous galvanizing
~/diskontinuierliches cut-length galvanizing
Bandvorrat *m* strip stock *(of a strip-coating plant)*
Bandwäscher *m* conveyor-belt spray washing machine
Barrierenwirkung *f* barrier effect
Barriereschicht *f* barrier layer
Basismetall *n* base (basis) metal, parent [metal] *(of an alloy)*
basisorientiert base-oriented *(crystal growth)*
Basispigment *n* primary (prime) pigment
Basizität *f* alkalinity
batteriegespeist battery-powered, battery-operated
Bauer-Vogel-Verfahren *n*/**modifiziertes** modified Bauer-Vogel process, MBV process *(for oxidizing aluminium)*
Baufehler *m* *(cryst)* structural defect
Baumkristall *m* dendrite
Baumwollkernöl *n*, **Baumwollsaatöl** *n* cottonseed oil *(plating additive)*
Baumwollscheibe *f* cotton buff
Baustahl *m* structural steel
~/legierter structural alloy
Baustellenanstrich *m* 1. site (on-site, field) painting; 2. site finish, site-applied coat
Baustellenanwendung *f* site (on-site, field) application
Baustellenbedingungen *fpl* [on-]site conditions
Baustellenbeschichtung *f* [on-]site coating
Baustellenfertigung *f* site (on-site) manufacturing (work)
Bauteilgestaltung *f* design *(of structural elements)*
Bauten[schutz]lack *m* architectural enamel
Bayerit *m* bayerite *(crystalline α-aluminium hydroxide occurring as a passive film)*
beanspruchen 1. to stress; 2. to expose *(to corrosive conditions)*
Beanspruchung *f* 1. stressing, stress application; 2. stress, *(specif)* engineering stress *(load divided by original cross-sectional area)*; 3. exposure *(to corrosive conditions)*
~/atmosphärische [outdoor, exterior] atmospheric exposure, outdoor (exterior, natural) exposure, open (bold, weather) exposure
~/chemische chemical exposure

~/dreiachsige triaxial stress
~/einachsige monoaxial (uniaxial) stress
~ im Salznebel salt-spray exposure
~/korrodierende (korrosive) corrosive (corrosion) exposure, exposure to corrosive conditions
~/mechanische s. Beanspruchung 2.
~/schlagende impact stress
~/schwere severe exposure
~/zweiachsige diaxial stress
~/zyklische cyclic fatigue stress
Beanspruchungsart *f* 1. mode of stressing; 2. exposure type
Beanspruchungsbedingungen *fpl* 1. stressing conditions; 2. exposure conditions
Beanspruchungsdauer *f* 1. stressing time; 2. exposure period (time)
Beanspruchungs-Dehnungs-Diagramm *n* stress-strain diagram (plot)
Beanspruchungs-Dehnungs-Linie *f* stress-strain curve
Beanspruchungshäufigkeit *f* 1. stressing frequency; 2. exposure frequency
Beanspruchungsmedium *n* exposure environment
Beanspruchungsrichtung *f* stressing direction
Beanspruchungsspannung *f* external stress, [externally] applied stress
Beanspruchungszyklus *m* 1. stressing cycle; 2. exposure cycle
bearbeitbar workable
~/maschinell machin[e]able
Bearbeitbarkeit *f* workability
~/maschinelle machinability
bearbeiten to process, to treat, to work
Bearbeitung *f* processing, treatment, working
Bearbeitungsbehälter *m* vibrator processing bowl *(of a vibratory finishing machine)*
Bearbeitungsdauer *f* treating (treatment, processing) time
Bearbeitungsschicht *f s.* Beilby-Schicht
Bearbeitungsschritt *m* treatment step
Bearbeitungsspuren *fpl* tool marks
Bearbeitungsstufe *f* treatment (processing) stage; *(plat)* plating stage
Bearbeitungsverfestigung *f s.* Kaltverfestigung
Beckeninhalt *m* tank volume
Beckenwand *f* tank wall
bedampfen to coat by vacuum deposition

Bedampfen *n* 1. vapour-phase coating, vapour condensation plating; 2. shadowing *(of specimens for electron microscopy)*
~/reaktives reactive evaporation
bedecken to cover
~/sich to cover itself *(as with an oxide film)*
Bedeckung *f* coverage
Bedeckungspassivität *f* mechanical (salt) passivity
Bedeckungstheorie *f* film theory *(of passivity)*
Bedienstelle *f* load-unload bay (station) *(of a plating machine)*
Bedienung *f*/**manuelle** manual operation
~/rein manuelle all-manual operation
Bedingungen *fpl*/**klimatische** climatic conditions
bedüsen to spray
Beeinflussung *f* **durch katodische Schutzanlagen** cathodic-protection interaction (interference), corrosion interaction (interference)
Beeinflussungsprüfung *f* *(cath)* interference testing
Beeinflussungszone *f* *(cath)* stray-current area
befestigen/auf Galvanisiergestellen to rack
Befeuchtungsdauer *f* duration of wetness; time-of-wetness *(period during which the critical humidity is exceeded)*
Befeuchtungsmeßgerät *n* dew detector
befilmt film-covered, filmed[-over]
Begleitreaktion *f* side (concurrent) reaction
Begleitvorgang *m* concomitant process
begünstigt/energetisch energetically favourable
~/thermodynamisch thermodynamically favourable
Behälterauskleidung *f* tank lining
Behälterinnenschutz *m* internal tank protection
behandeln to treat, to process
~/anodisch to anodize
~/chemisch to treat with chemicals, to chemicalize
~/die Oberfläche to surface, to finish
~/mit Hitze to heat-treat
Behandlung *f* treatment, processing
~/anodische anodic treatment, anodization
~/chemische chemical treatment
~/mechanische mechanical treatment
~/thermische heat treatment

Behandlungsbad *n* treating bath
Behandlungsdauer *f* treating (treatment, processing) time
Behandlungsfolge *f* treatment (processing) cycle, *(plat also)* plating cycle (sequence)
Behandlungslösung *f* treating (treatment, processing) solution
Behandlungsreihe *f s.* Behandlungsfolge
Behandlungsschritt *m* treatment step
Behandlungsstrecke *f* processing section
Behandlungsstufe *f* 1. treatment (processing) stage; *(plat)* plating stage; 2. *s.* Behandlungsstrecke
Behandlungstemperatur *f* treatment temperature
Behandlungszeit *f s.* Behandlungsdauer
Beharrungszustand *m* steady state
Behinderung *f*/**sterische** steric hindrance (inhibition)
Beilby-Schicht *f* Beilby [amorphous] layer *(formed on a polished metal surface)*
Beimengung *f* admixture, impurity
Beizadditiv *n* pickling additive
Beizaktivator *m* pickling activator (accelerator)
Beizanlage *f* pickling plant (unit, machine), pickler
~/elektrolytische electrolytic pickler
Beizbad *n s.* 1. Beizlösung; 2. Beizbehälter
beizbar pickleable
Beizbarkeit *f* pickleability
Beizbast *m* pickling smut
Beizbedingungen *fpl* pickling conditions
Beizbehälter *m* pickling tank (vat)
Beizbeschleuniger *m s.* Beizaktivator
Beizblase *f* pickling blister
Beizbottich *m* pickling vat
Beizdauer *f* pickling period (time)
Beize *f s.* 1. Beizen; 2. Beizlösung; 3. Beizanlage
beizen to pickle
~ lassen/sich to pickle
Beizen *n* pickling, acid pickling (dipping), pickle
~/anodisches anodic pickling
~/chemisches chemical pickling
~/elektrolytisches electrolytic pickling
~ in der Gasphase gas-phase pickling
~ in Phosphorsäure phosphoric-acid pickling
~ in Salpetersäure nitric-acid pickling
~ in Salzsäure hydrochloric-acid pickling

Beizen

~ in Schwefelsäure sulphuric-acid pickling
~/katodisches cathodic pickling
Beizenfarbstoff m mordant dye[stuff] *(as for dyeing oxide films)*
Beizentfetter m pickling (acid) cleaner, acidic detergent
Beizentfettung f acid cleaning
Beizerei f pickle house, pickling shop
Beizfarbe f s. Beizenfarbstoff
Beizfehler m pickling defect
Beizflüssigkeit f pickling liquid
Beizgeschwindigkeit f pickling rate (speed)
Beizgestell n pickling rack
Beizgut n articles being *(or* to be*)* pickled
Beizinhibitor m pickling (acid, adsorption) inhibitor, [pickling] restrainer
Beizkorb m pickling basket
Beizlinie f pickling line
Beizlösung f pickling solution (bath), pickle, acid pickle (dip), acid pickling solution (bath)
~/ausgebrauchte (verbrauchte) [waste, spent] pickle liquor
Beizmittel n pickling agent (chemical)
Beizmittellösung f s. Beizlösung
Beizpaste f acid paste
Beizpore f pickling pit
Beizreaktion f pickling reaction
Beizsäure f pickling acid
Beizsäureangriff m pickling acid attack
Beizsäurebad n s. Beizlösung
Beizsprödigkeit f pickle brittleness
Beiztrommel f pickling barrel
Beizverfahren n pickling method
Beizverhalten n pickling behaviour
Beizversprödung f acid embrittlement
Beizvorbehandlung f pickling treatment, *(plat also)* acid preplating treatment
Beizvorgang m pickling process
Beizwirkung f pickling action; pickling effect
Beizzeit f s. Beizdauer
bekämpfen/die Korrosion to combat (counter, control) corrosion
beladen to load, to charge *(a processing line)*
Beladevorrichtung f loader
Beladung f loading, on-load, charging
Belag m 1. deposit *(of foreign substances);* *(paint)* bloom; 2. covering; lining *(for protecting inner surfaces)*
Belagbildung f *(paint)* blooming
Belagmaterial n covering; lining material *(for protecting inner surfaces)*

Belagskorrosion f deposit corrosion (pitting), deposition corrosion
belastbar loadable
Belastbarkeit f loadability
belasten 1. to load; 2. to pollute *(the environment)*
Belastung f 1. loading, load application; 2. load; 3. pollution *(of the environment)*
~/äußere external loading
~/dreiachsige triaxial loading
~/einachsige monoaxial (uniaxial) loading
~/konstante constant (fixed, sustained) loading
~/mechanische mechanical loading
~ mit konstanter Gesamtdehnung (Verformung) constant-deformation loading
~/statische static (dead-weight) loading
~/zweiachsige diaxial loading
~/zyklische cyclic loading
Belastungsart f mode of loading
Belastungsbedingungen fpl loading conditions
Belastungsmethode f method of loading
Belastungsvorrichtung f loading device
Belastungszyklus m loading cycle
beleimen/mit Schleifkorn to dress, to set up *(an abrasive wheel)*
belüften to aerate
belüftet/schlecht poorly aerated
Belüftung f aeration
~/differentielle (unterschiedliche) differential aeration
Belüftungsanlage f aerator
Belüftungselement n [differential] aeration cell, oxygen[-concentration] cell
Belüftungsgrad m degree of aeration
Belüftungskorrosion f differential aeration corrosion, aeration-cell corrosion
Belüftungszelle f s. Belüftungselement
benetzbar wettable
Benetzbarkeit f wettability
benetzen to wet *(with liquids or molten metals)*
Benetzung f wetting
Benetzungsdauer f wetting period
Benetzungsmittel n wetting agent
Benetzungsvermögen n wetting ability, wettability
Bengough-Stuart-Verfahren n Bengough-Stuart process *(anodic oxidation of aluminium in chromic acid)*
Benotungsschema n *(test)* rating system (scheme)

Benzaldehyd *m (plat)* benzaldehyde *(brightening agent)*
benzinbeständig resistant to petrol, petrol-resistant, gasoline-resistant
Benzinbeständigkeit *f* resistance to petrol, petrol resistance, gasoline resistance
benzinfest *s.* benzinbeständig
Benzoguanaminharz *n (paint)* benzoguanamine resin
Beobachtungsfläche *f (test)* inspection area
Bereich *m:*
~ **I** primary creep *(in a time-extension curve)*
~ **II** secondary (steady-state) creep *(in a time-extension curve)*
~ **III** tertiary creep *(in a time-extension curve)*
~/**aktiver** active region (range)
~/**anodischer** anodic area (region)
~ **der Korrosion** region of corrosion *(in a Pourbaix diagram)*
~/**katodischer** cathodic area (region)
~/**korngrenzenferner** grain interior
~/**korngrenzennaher** grain-boundary region (zone), grain margin
~/**metastabiler** region of metastability *(in a Pourbaix diagram)*
~/**passiver** passive range (region), region of passivity, *(in a diagram also)* passivation area (zone)
~/**plastischer** plastic range
~/**transpassiver** transpassive region (range)
~/**Weißscher** *(cryst)* Weiss [molecular magnetic] field
Bergaufdiffusion *f* uphill diffusion
Bernsteinsäure *f (plat)* succinic acid
Berührungsfläche *f* surface (area) of contact; junction, interface *(of phases)*; juncture *(of two metals)*
Berührungskorrosion *f s.* 1. Belagskorrosion; 2. Kontaktkorrosion
Berührungsspannung *f (cath)* contact voltage
Berührungsstelle *f* juncture *(of two metals)*
Berührungszone *f s.* Berührungsfläche
beschädigen to damage
Beschaffenheitsstandard *m* fabrication standard
Beschallungskopf *m* ultrasonic (sonic, transducer) head
beschatten to shadow *(specimens for electron microscopy)*
beschichten to coat
~/**durch Tauchen** to dip-coat

Beschichtungstechnik

~/**durch Walzlackieren** to roller-coat
~/**elektrochemisch** to electroplate
~/**elektrolytisch** to plate electrolessly; *(broadly)* to electroplate
~/**elektrophoretisch** to electrocoat
~/**galvanisch** to electroplate
~/**im Lackwalzverfahren** to roller-coat
Beschichten *n* coating
~ **auf der Baustelle** [on-]site coating
~ **durch Pyrolyse** pyrolytic plating
~/**elektrochemisches** electroplating
~/**elektrolytisches** electroless plating; *(broadly)* electroplating
~/**elektrophoretisches** electrophoretic coating, electrocoating
~/**galvanisches** electroplating
~ **in der Werkstatt** in-house coating, shop application
~ **mittels katodischen Lichtbogens** cathodic-arc plasma deposition
beschichtet/mit Glas glass-coated, glassed
Beschichtung *f s.* 1. Beschichten; 2. Schutzschicht
Beschichtungsabschnitt *m* coating section
Beschichtungsbad *n* coating bath
Beschichtungsfehler *m* coating fault
Beschichtungsgut *n* material being *(or* to be*)* coated
Beschichtungskabine *f* spray booth
~ **mit Pulverrückgewinnung** powder recovery booth
Beschichtungsmaschine *f* coater
Beschichtungsmaterial *n s.* Beschichtungsstoff
Beschichtungsmetall *n* coating metal
Beschichtungsobjekt *n* article (part) being *(or* to be*)* coated
Beschichtungspulver *n* coating powder
Beschichtungsschaden *m* coating imperfection (defect, flaw)
Beschichtungsstoff *m* coating [material]; target *(vacuum deposition)*
~ **für Bandbeschichtung** coil coating [material]
~ **für Metalle** metal coating [material]
~/**organischer** organic coating, organic coating (finishing) material
Beschichtungsstraße *f* coating line
Beschichtungssystem *n* coating system
~/**organisches** organic coating system
Beschichtungstank *m* coating tank
Beschichtungstechnik *f* coating technology

Beschichtungstechnologie

Beschichtungstechnologie f coating technology
Beschichtungsverfahren n coating method
Beschichtungswerkstoff m s. Beschichtungsstoff
beschicken to load, to charge *(a processing line)*
Beschickung f loading, on-load, charging
Beschickungsstelle f load station, loading zone
Beschickungs- und Entleerungsstelle f load-unload bay (station) *(of a plating machine)*
Beschickungsvorrichtung f loader
beschlagen *(paint)* to bloom
Beschleuniger m accelerator, accelerating agent, stimulant, promoter; *(electroless plating)* exaltant
beseitigen to remove
Beseitigung f removal
bespritzen to spray
besprühen to spray
beständig resistant, stable; durable
~ **gegen Korrosion** resistant to corrosion, corrosion-resistant, corrosion-resisting
Beständigkeit f resistance, stability; durability
~/**atmosphärische** resistance to atmospheric attack
~/**chemische** resistance to chemical attack, chemical resistance (stability)
~ **gegen Abblättern (Abplatzen)** spalling resistance
~ **gegen Abrieb** resistance to abrasion (wear)
~ **gegen Atmosphärilien (atmosphärische Einflüsse)** s. ~/atmosphärische
~ **gegen Chemikalien** resistance to chemicals
~ **gegen Ermüdungskorrosion** resistance to corrosion fatigue
~ **gegen Gase** resistance to gases
~ **gegen hohe Temperaturen** resistance to high temperatures, high-temperature resistance (stability, durability)
~ **gegen Korrosion** resistance to corrosion, corrosion resistance
~ **gegen Lochfraß** resistance to pitting [corrosion, attack]
~ **gegen oxydative Einflüsse** oxidation resistance
~ **gegen Rostbefall** resistance to rusting
~ **gegen Schichtkorrosion** resistance to exfoliation corrosion
~ **gegen Spaltkorrosion** resistance to crevice corrosion
~ **gegen Spannungs[riß]korrosion** resistance to stress-corrosion cracking
~/**thermische** resistance to heat, heat resistance, thermal stability
Beständigkeitsbereich m range of stability, domain of stability *(in a graph)*
Beständigkeitseigenschaften fpl resistance properties
Beständigkeitsgebiet n s. Beständigkeitsbereich
Beständigkeitsgrad m degree of resistance
Bestandteile mpl/**flüchtige** volatiles, volatile matter, volatile components (constituents)
~/**nichtflüchtige** non-volatiles, non-volatile matter
bestäuben/**katodisch** to sputter cathodically
Bestäuben n/**katodisches** cathodic (cathode) sputtering
Bestrahlung f irradiation
Betamessing n beta brass *(containing from 45.5 to 50 % of zinc)*
Betarückstreuung f *(test)* electron backscattering
Betarückstreuverfahren n beta backscatter method, β-backscattering technique, electron backscattering spectroscopy *(for determining coating thicknesses)*
Beton m [normal] concrete ● **mit ~ ausgekleidet** concrete-lined
~/**armierter (bewehrter)** reinforced concrete, ferroconcrete
Betonangriff m attack of (on) concrete
Betonauskleidung f concrete lining
Betondeckung f concrete cover *(reinforced concrete)*; depth of [concrete] cover, cover depth *(quantitatively)*
Betonkorrosion f corrosion of concrete
Betonoberfläche f concrete surface
Betonüberdeckung f s. Betondeckung
Betriebsbeanspruchung f operating stress
Betriebsbedingungen fpl service (operating) conditions
Betriebsbelastung f service (working) load
betriebsbereit serviceable, operable, ready for operation (use), in operating condition
Betriebsbereitschaft f serviceability, operability, operating condition
Betriebsdaten pl service (operating, operation) parameters, *(plat also)* plating conditions

~/veränderliche service variables
Betriebsdauer *f* service (working) time, operating period
Betriebserfahrungen *fpl* service experience
Betriebsgemisch *n* working mix *(in blast cleaning)*
Betriebskorrosionsversuch *m* plant corrosion test
Betriebsparameter *mpl s.* Betriebsdaten
Betriebssicherheit *f* operational safety, reliability, reliable service
Betriebsspannung *f* operating (working) voltage, *(plat also)* tank voltage
Betriebsstillstand *m* downtime, down (shutdown, idle) period
Betriebstemperatur *f* operating (working, service) temperature
Betriebsunterbrechung *f* 1. operational interruption; 2. *s.* Betriebsstillstand
Betriebsverhalten *n* service performance (behaviour)
Betriebsverhältnisse *npl* service (operating) conditions
Betriebsversuch *m* [in-]plant test
Betriebswasser *n s.* Brauchwasser
Betriebsweise *f* operational mode
~/intermittierende intermittent operation *(as of anodic protection)*
Bettung *f (cath)* groundbed
Bettungsmasse *f (cath)* backfill
Beugung *f* **hochenergetischer Elektronen** *(test)* high-energy electron diffraction, HEED
~ langsamer (niederenergetischer) Elektronen *(test)* low-energy electron diffraction, LEED, slow electron diffraction
~ schneller Elektronen *(test)* high-energy electron diffraction, HEED
Beugungsbild *n* diffraction pattern
Beugungswinkel *m* diffraction angle
Be- und Entladevorrichtung *f (plat)* load-unload unit
Beurteilung *f/***visuelle** visual examination (inspection, observation)
Beweglichkeit *f/***elektrochemische** rate of migration (movement)
Bewehrung *f* reinforcement *(of concrete)*
Bewehrungsdraht *m* reinforcing wire
Bewehrungsstab *m* reinforcing bar (rod)
Bewehrungsstahl *m* reinforcing steel
bewerten to rate, to evaluate, to assess
Bewertung *f* rating, evaluation, assessment

~ durch Sichtprüfung appearance rating
Bewertungsschema *n* rating system (scheme)
Bewertungsskala *f* rating scale
Bewertungszahl *f* rating number
bewittern to weather
Bewitterung *f* 1. weathering; 2. *s.* Bewitterungsbeanspruchung
~/künstliche artificial (accelerated, controlled) weathering
Bewitterungsbeanspruchung *f* outdoor (exterior, natural) weathering, outdoor (exterior, natural) exposure, [outdoor, exterior] atmospheric exposure, open (bold, weather) exposure
Bewitterungsdauer *f* exposure period (time), period (duration) of exposure
Bewitterungsgerät *n* weathering device
Bewitterungsgestell *n* exposure rack, [atmospheric] corrosion rack, [corrosion] test rack
Bewitterungsort *m* exposure site (location, locality), place of exposure, [exposure] test site
Bewitterungsprobe *f* atmospheric [test] specimen, open-exposure (field-test) specimen
Bewitterungsprüfstand *m* atmospheric test installation
Bewitterungsprüfung *f* [atmospheric] exposure testing, outdoor (exterior) exposure testing
Bewitterungsstand *m* atmospheric test installation
Bewitterungsstation *f* atmospheric exposure (corrosion testing) station, exposure [testing] station, outdoor atmospheric weathering station
Bewitterungstafel *f* [atmospheric-]exposure panel, atmospheric (field) test panel, field[-exposure] panel
Bewitterungsverhalten *n* weathering behaviour, outdoor performance
Bewitterungsversuch *m* weathering test; outdoor (exterior, atmospheric) exposure test, atmospheric [corrosion] test, outdoor (exposure) test
~/beschleunigter accelerated weathering test
Bewitterungsvorrichtung *f* weathering device
Bewuchs *m* fouling, marine growth

bewuchsverhindernd

bewuchsverhindernd anti-fouling
Beziehung f/**Arrheniussche** Arrhenius relationship, Arrhenius [reaction-rate] equation
~/**Langmuirsche** Langmuir relationship, Langmuir [isotherm] equation, Langmuir [adsorption] isotherm
~/**Nernstsche** Nernst relationship (equation)
Bezirk m/**anodischer** anodic area (region)
~/**katodischer** cathodic area (region)
~/**Weißscher** *(cryst)* Weiss [molecular magnetic] field
Bezugselektrode f reference electrode (half-cell)
Bezugspotential n reference potential
Biassputtern n bias sputtering
Bichromatverdichtung f [di]chromate sealing *(of anodized coatings)*
Biegebeanspruchung f bending stress (deflection)
Biegebelastung f flexural loading
Biegefestigkeit f bending (transverse) strength, flexural strength
Biegeprobe f 1. bent-beam specimen; 2. s. Biegeversuch
Biegespannung f bending stress (deflection)
Biegeversuch m bend[ing] test
Biegewechselbeständigkeit f, **Biegewechselfestigkeit** f bend fatigue strength
biegsam bendable, flexible
Biegsamkeit f bendability, flexibility
bilden/sich erneut to re-form
Bildung f/**erneute** re-formation
Bildungsenergie f energy of formation
Bildungsenthalpie f enthalpy of formation, heat of formation at constant pressure
Bildungsgeschwindigkeit f rate of formation
Bimetall n bimetal
bimetallisch bimetallic
Bimsstaub m pumice powder
Bimsstein m pumice [stone]
Binde f tapé *(as for protecting pipes)*
~/**bituminierte** bituminous (bitumen) tape
~/**selbstklebende** self-adhesive tape
Bindekraft f binding force
Bindemittel n binder, binding agent (medium)
~/**öliges** oil binder
~/**organisches** organic binder
~/**wasserlösliches** water-soluble binder
Bindemitteleigenschaften fpl binder properties

Bindemittelgehalt m binder content; vehicle solids *(quantitatively)*
Bindemittellösung f [coating, paint] vehicle, carrier, medium
~/**wasserverdünnbare** water-thinnable coating vehicle
Binder m s. Bindemittel
Bindung f 1. binding; 2. s. ~/chemische
~/**chemische** 1. [chemical] bonding *(process)*; 2. [chemical] bond *(state)*
Bindungskraft f binding force
Bindungsspaltung f bond fission
Binnenklima n continental climate
bioabbaubar biodegradable
Biokorrosion f [micro]biological corrosion, biofouling
Biot-Zahl f Biot number *(for characterizing mass transfer)*
Biozid n biocide *(a pesticide for controlling microbes)*
Bitumen n bitumen, *(Am)* asphalt
~/**geblasenes** blown bitumen, [air-]blown asphalt
Bitumenanstrich m bituminous coating
Bitumenanstrichstoff m bituminous (bitumen) paint, bituminous coating [material], bitumastic
Bitumenband n, **Bitumenbinde** f bituminous (bitumen) tape
Bitumenemulsion f bituminous emulsion
Bitumenlack m 1. bituminous varnish; bituminous lacquer *(physically drying)*; bituminous enamel *(yielding a very hard and glossy finish)*; 2. s. Bitumenanstrichstoff
Bitumenpapier n asphalt (tar, pitch) paper, tarred [brown] paper
Bitumen[schutz]schicht f bituminous coating
Bivernickelung f s. Doppelvernickelung
BK-Anodisationsverfahren n s. Chromsäureanodisationsverfahren
blank bright, tarnish-free *(surface)*
~/**metallisch** bright blast, white[-metal] blast *(degree of blast cleaning)*
Blankglühen n bright annealing
Blasbitumen n blown bitumen, [air-]blown asphalt
Blase f blister *(in material)*; bubble *(of gas in a liquid)* ● **Blasen bilden** to blister; to bubble
blasenanfällig prone to blistering
Blasenbildung f blistering, formation of blisters *(in material)*; bubbling, formation of bubbles *(in a liquid)*

~/osmotisch bedingte osmotic blistering
Blasenbildungsgrad *m* degree of blistering *(in protective coatings)*
Blasenflüssigkeit *f* blister liquid
blasenfrei blister-free
Blasöl *n* blown oil
Blasstahl *m* basic oxygen [furnace] steel
Blaswinkel *m s.* Strahlwinkel
Blaszone *f* blow[-off] section *(of a dipping plant)*
blättchenförmig leaf-like
Blätterrost *m* stratified rust
Blattgold *n* gold leaf
Blattrost *m* stratified rust
Blattsilber *n* silver leaf
Blattzinn *n* tin foil
Blau *n*/[**unlösliches**] **Berliner** *(test)* Prussian (Berlin) blue
Bläuen *n*, **Blaufärben** *n* blueing
Blauglühen *n* [temper] blueing
Blech *n* 1. sheet metal *(material)*; sheet steel; 2. [metal] sheet *(product having definite dimensions)*; plate *(of considerable thickness within limits depending on kind of metal)*
~/elektrochemisch verzinktes electrogalvanized sheet
~/elektrochemisch verzinntes electro[plated] tin-plate
~/feuerverzinktes [hot-dip] galvanized sheet
~/feuerverzinntes hot-dipped tin-plate
~/galvanisch verzinktes *s.* ~/elektrochemisch verzinktes
~/galvanisch verzinntes *s.* ~/elektrochemisch verzinntes
~/plattiertes clad [metal] sheet
~/versilbertes silver plate
~/verzinktes galvanized (zinc-coated) sheet
~/verzinntes tin-plate
Blechemail *n* sheet-metal enamel
Blechmuster *n*, **Blechprobe** *f* sheet[-metal] specimen, metal-sheet specimen
Blei *n* lead ● **mit ~ ausgekleidet** lead-lined
Bleiauftrag *m s.* Bleibeschichtung 1.
Bleiauskleidung *f* lead lining
Bleibad *n* 1. lead bath *(for browning metals)*; 2. *s.* Bleielektrolyt; 3. *s.* Bleischmelze
Bleibeschichtung *f* 1. lead coating, leading; 2. *s.* Bleischutzschicht
Bleichromat *n* lead chromate
Bleielektrolyt *m (plat)* lead[-plating] bath, lead-plating solution

Bleifarbe *f* lead paint
bleifrei lead-free
Bleigehalt *m* lead content
Bleigrau *n* blue lead *(a basic lead sulphate)*
bleihaltig lead-containing
Bleikabel *n* lead-sheathed cable
Bleilinoleat *n* lead linoleate
Bleimantel *m* lead sheath
Bleimantelkabel *n* lead-sheathed cable
Bleimennige *f* red lead
~/hochdisperse (nichtabsetzende) non-setting red lead
Bleimennigefarbe *f* red-lead paint
Bleimennigegrundanstrich *m* red-lead priming coat
Bleimennige-Grundanstrichstoff *m*, **Bleimennigegrundfarbe** *f* red-lead primer
Bleimennigegrundierung *f s.* 1. Bleimennige-Grundanstrichstoff; 2. Bleimennigegrundanstrich
Bleimennigepigment *n* red-lead pigment
Bleimenniprimer *m* red-lead primer
Bleipigment *n* lead pigment
bleipigmentiert lead-pigmented
Bleipulver *n* lead powder
Bleipulveranstrichstoff *m* metallic lead paint
Bleipulver-Grundanstrichstoff *m* metallic lead primer
Bleischmelze *f* [molten] lead bath
Bleischutzschicht *f* lead coating
~/im Schmelztauchverfahren hergestellte lead-dipped coating
Bleiseife *f* lead soap
Bleisilicochromat *n* basic lead silicochromate
Bleistaub *m* lead powder
Bleistifthärte *f* pencil hardness *(of paint coats)*
Bleistiftprobe *f* pencil hardness test *(for determining the hardness of paint coats)*
Bleitrockenstoff *m*, **Bleitrockner** *m* lead drier
Bleiüberzug *m s.* Bleischutzschicht
bleiummantelt lead-sheathed
Bleiummantelung *f* lead sheathing
Bleiweiß *n* [basic carbonate] white lead, ceruse
Blende *f* shield *(as of a sputtering system)*
~/leitfähige *(plat)* anode shield, robber, [current] thief *(for shielding edges from excessive metal deposition)*
blind dull, tarnished *(surface)* ● **~ werden** to tarnish

Blindkatode

Blindkatode f dummy (additional) cathode *(for trapping impurities)*
Blindprobe f s. Blindversuch
Blindversuch m blank [experiment]
Blindwerden n tarnishing
Blitzverdampfung f flash evaporation
Bloch-Wand f *(cryst)* Bloch wall
Blockanode f block anode
blockieren to block *(e.g. a reaction or a surface area)*
bloßlegen to lay bare
blumenarm low-spangle *(metal coating)*
Blumenbildung f spangle formation (growth) *(on metal coatings)*
blumenfrei spangle-free, devoid of spangle, minimum-spangle *(metal coating)*
Blumenmuster n [flower-like] spangle, spangled surface finish *(of metal coatings)*
blumig spangled *(metal coating)*
Bluten n bleeding *(formation of red rust during fretting oxidation of steel)*
Bockris-Mechanismus m Bockris-Kelly mechanism *(of non-catalyzed corrosion)*
Boden m soil
Bodenaggressivität f soil aggressivity (corrosivity, corrosiveness)
Bodenbakterien npl soil bacteria
Bodenelektrolyt m soil electrolyte
Bodenfeuchte f, **Bodenfeuchtigkeit** f soil moisture
Bodenkorrosion f soil (underground) corrosion, corrosion by soils
Bodenkorrosionsversuch m soil [corrosion] test
Bodenkorrosivität f s. Bodenaggressivität
Bodenpotential n soil potential
Bodensatzbildung f/**harte** s. Absetzen/hartes
Bodenverhältnisse npl soil (ground) conditions
Bodenwiderstand m soil (ground) resistance
~/spezifischer [elektrischer] soil (ground) resistivity
Bodenwiderstands-Meßzelle f soil box
Böhmit m boehmite *(crystalline aluminium metahydroxide occurring as a passive film)*
Böhmitschicht f boehmite coating
Böhmitverfahren n boehmite process *(for chemical oxidation of aluminium)*
Bohrung f orifice, bore *(of a nozzle)*
Boltzmann-Konstante f Boltzmann constant
Booster-Anode f *(cath)* booster

Bootslack m marine (spar, boat) varnish
Bor n boron
Boratinhibitor m borate inhibitor
borhaltig boron-containing
borieren to boronize
Borsäure f boric acid
Borstahl m boron steel
Borstenpinsel m [natural] bristle brush, hog bristle (hair) brush
Boudouard-Gleichgewicht n producer-gas equilibrium
BP s. Brennpunkt
Brackwasser n brackish (estuarine) water
Brandschutzfarbe f fire-retardant (fire-retarding) paint
~/dämmschichtbildende intumescent paint
Brauchbarkeit f serviceability, usability
Brauchwasser n plant (industrial) water, mill (commercial) water
bräunen s. brünieren
Braunstein m manganese dioxide
brechen to crop, to chamfer *(edges)*
Brechungsindex m, **Brechungszahl** f refractive (refraction) index
Breitbandverzinkung f continuous sheet galvanizing
Breitbandverzinkungsanlage f continuous-sheet galvanizing line (plant)
~ nach Cook-Norteman Cook-Norteman installation
~ nach Th. Sendzimir Sendzimir installation
bremsen to retard, to inhibit, to slow down *(a reaction)*
Bremsung f retardation, inhibition, slowing-down *(of a reaction)*
Brenne f fire-off dip *(mixture of nitric and sulphuric acid for pretreating copper and its alloys)*
brennen 1. to pickle with nitric acid *(copper)*; 2. to fire, to burn *(vitreous enamel)*
Brennen n 1. nitric-acid pickling *(of copper)*; 2. firing, burning *(of vitreous enamel)*
Brenngas n fuel gas
Brenngasflamme f oxy-fuel flame *(with flame spraying)*
Brennpunkt m fire point
Brillantnickel n brilliant nickel
Brillouin-Zone f *(cryst)* Brillouin zone
Brinellhärte f Brinell hardness [number], B.H.N.
Britannia-Metall n Britannia metal *(a tin alloy)*

Brochantit *m* brochantite *(a basic copper sulphate)*
bröck[e]lig friable *(scale)*
Bröckligkeit *f* friability *(of scale)*
Bronze *f* bronze, *(specif)* tin bronze
Bronzeelektrolyt *m* *(plat)* bronze plating bath
bronzieren to bronze
Bruch *m* 1. failure, fracture *(process)*; 2. fracture *(result)* ● **zu ~ gehen** to fail *(as by stress-corrosion cracking)*
~/katastrophaler catastrophic fracture
~/spröder brittle fracture
~/terrassenartiger jagged fracture
~/transkristalliner transgranular fracture
~/zäher ductile (fibrous) fracture
~/zeitabhängiger fatigue fracture
Bruchauslösung *f* nucleation of fracture
Bruchbild *n* fracture face
Bruchdehnung *f* strain after fracture, strain at break
Bruchebene *f* fracture plane
Bruchfestigkeit *f* fracture strength
Bruchfläche *f* fracture (broken) surface, fracture facet
Bruchflächenenergie *f* fracture surface energy
Bruchform *f* failure mode, mode of failure
brüchig brittle ● **~ machen** to make brittle, to embrittle ● **~ werden** to become embrittled, to embrittle
Brüchigkeit *f* brittleness
Bruchkante *f* fracture edge
Bruchlinien *fpl* fatigue striations
Bruchmechanik *f* fracture mechanics
~/linear-elastische linear-elastic fracture mechanics
Bruchmikrofraktographie *f* s. Mikrofraktographie
Bruchöffnung *f* s. Rißaufweitung
Bruchspannung *f* fracture stress
Bruchverlauf *m*, **Bruchweg** *m* fracture path
Bruchzähigkeit *f* fracture toughness (strength), critical stress intensity
~ bei ebenem Spannungszustand plane-strain fracture toughness
Bruchzeit *f* time to failure (fracture), TTF *(stress-corrosion cracking)*
Brücke *f*/**Nernstsche** Nernst bridge
Brückenbildung *f* bridging *(self-healing as by oxides)*
brunieren *s.* brünieren
brünieren to brown

Brünieren *n* browning treatment, black finishing
Bruttoreaktion *f* over-all reaction
Bügelprobe *f* U-bend specimen
Bullard-Dunn-Verfahren *n* Bullard-Dunn process *(for electrolytic pickling)*
Bund *n* coiled material
Buntmetall *n* a member of a group of non-ferrous metals the ores of which are generally lively coloured
Buntpigment *n* colour[ed] pigment
Burgers-Vektor *m* Burgers vector
Burgers-Versetzung *f* *(cryst)* screw dislocation
Bürste *f* brush
bürsten to brush
Bürstengalvanisieren *n* brush plating
Butyltitanatanstrichstoff *m* butyl titanate paint (coating)

C

CAB *s.* Celluloseacetatbutyrat
Cadmiumbad *n s.* Cadmiumelektrolyt
Cadmiumcyanid *n* cadmium cyanide
Cadmiumelektrolyt *m* cadmium plating bath (solution)
Cadmium[schutz]schicht *f* cadmium coating (deposit)
Cadmiumspritzschicht *f* sprayed cadmium coating
Cadmiumüberzug *m s.* Cadmium[schutz]schicht
Calciumplumbat *n* calcium plumbate *(anticorrosive pigment)*
Carbamidharz *n* urea resin
Carbid *n* carbide
Carbidausscheidung *f* carbide precipitation
carbidbildend carbide-forming
Carbidbildner *m* carbide former, carbide-forming element
Carbidbildung *f* carbide formation
Carbid[schutz]schicht *f* carbide coating
Carbonatbleiweiß *n* [basic carbonate] white lead
carbonathaltig carbonate-containing
Carbonathärte *f* carbonate (temporary) hardness *(of water)*
Carbonatkesselstein *m* carbonate scale
Carbonitrid *n* carbonitride
CASS-Test *m* CASS [corrosion] test, copper-accelerated acetic-acid salt-spray test

Celluloseacetatbutyrat

Celluloseacetatbutyrat *n* cellulose acetate butyrate
Cellulose[ester]lack *m* cellulose lacquer
Cellulosenitrat *n* cellulose nitrate
~/alkohollösliches spirit-soluble cellulose nitrate, SS cellulose nitrate
~/esterlösliches regular soluble cellulose nitrate, RS cellulose nitrate
Cellulosenitratlack *m* cellulose nitrate lacquer
Cermet *n* cer[a]met, metal ceramic
Cermet[schutz]schicht *f* cermet coating (enamelling)
Cermetüberzug *m s.* Cermetschutzschicht
Charakter *m/edler* noble character, nobility *(of a metal or an alloy)*
Charge *f* batch, feed, *(hot dipping also)* melt; batch *(product)*
Chelat *n* chelate [complex, compound]
Chelatbildner *m* chelating agent
Chelatbildung *f,* **Chelation** *f* chelate formation, chelation
Chelatkomplex *m* chelate [complex, compound]
Chelator *m* chelating agent
Chelatverbindung *f* chelate [complex, compound]
chemikalienbeständig resistant to chemicals, chemical-resistant
Chemikalienbeständigkeit *f* resistance to chemicals, chemical resistance
chemikalienfest, chemikalienresistent *s.* chemikalienbeständig
chemisch-reduktiv electroless *(plating)*
chemisorbieren to chemisorb, to chemosorb
Chemisorption *f* chemisorption, chemosorption
Chemisorptionstheorie *f* adsorption theory *(of passivity)*
Chemosorption *f s.* Chemisorption
China-Holzöl *n* chinawood (tung) oil
Chinhydron-Elektrode *f* quinhydrone electrode
Chinolin *n* quinoline *(an inhibitor)*
chloridbeladen chloride-carrying
Chloridelektrolyt *m* **nach Wesley** *(plat)* all-chloride bath (plating solution)
chloridfrei chloride-free
Chloridgehalt *m* chloride content *(of water)*; chlorinity *(in parts per thousand)*
chloridhaltig chloride-containing, chloride-bearing
Chloridkorrosion *f* chloride corrosion
Chlorierung *f* chlorination
Chlorkautschuk *m* chlorinated rubber
Chlorkautschukanstrich *m* chlorinated rubber coating
Chlorkautschukanstrichstoff *m* chlorinated rubber coating (paint), chloro-rubber paint, C.R.P.
Chlorkautschukgrundanstrich *m* chlorinated rubber priming coat
Chlorkautschuk-Grundanstrichstoff *m* chlorinated rubber primer
Chlorkautschukgrundierung *f s.* 1. Chlorkautschuk-Grundanstrichstoff; 2. Chlorkautschukgrundanstrich
Chlorkautschuklack *m* 1. chlorinated rubber lacquer *(physically drying)*; 2. *s.* Chlorkautschukanstrichstoff
Chlorkautschuk-Zinkstaub-Anstrichstoff *m* chlorinated-rubber zinc-rich paint
Chlorkohlenwasserstoff *m* chlorinated hydrocarbon
Chlorwasserstoffsäure *f* hydrochloric acid
Chrom *n* chromium ● **an ~ verarmt** depleted in (of) chromium, chromium-depleted
~/rißarm abgeschiedenes conventional chromium
chromähnlich chromium-like
Chromaluminierung *f* chromaluminizing *(a diffusion process)*
chromarm poor in chromium, low-chromium
Chromatfilm *m* chromate film
Chromatierbad *n* chromating (chromate-treating, chromate-coating) bath
chromatieren to chromat[iz]e
Chromatieren *n* chromat[iz]ing, chromate [conversion] treatment, chromate coating
Chromatierlösung *f* chromating solution
Chromatierschicht *f s.* Chromat[schutz]schicht
chromatiert chromat[iz]ed, chromate-treated
Chromatierungs... *s.* Chromatier...
Chromatierverfahren *n* chromate-treating process
chromatisieren *s.* chromatieren
Chromatpigment *n* chromate pigment
Chromat[schutz]schicht *f* chromate [conversion] coating, chromate film
Chrombad *n s.* Chromelektrolyt
Chromcarbid *n* chromium carbide
chromdiffundieren to chromize
Chromdiffusionsschicht *f* chromized coating

Chromdiffusionsverfahren *n* chromizing process
Chromelektrolyt *m* chromium plating bath (solution)
~ **auf Basis Fluorwasserstoffsäure** fluoride[-type] chromium bath
~ **auf Basis Kieselfluorwasserstoffsäure** fluosilicate[-type] chromium bath
~ **auf Schwefelsäurebasis** sulphuric-acid-catalyzed chromium bath, sulphate-catalyzed chromium bath
~/**selbstregulierender** self-regulating chromium bath
chromfrei chromium-free
Chromgehalt *m* chromium content ● **mit hohem** ~ *s.* chromreich
Chromglocke *f (plat)* oblique chromium plating barrel
chromhaltig chromium-containing, chromium-bearing
chromieren *s.* inchromieren
Chrom(III)-oxid *n* chromium(III) oxide, chromia
Chrompulver *n* chromium powder
chromreich rich in chromium, chromium-rich, high-chromium
Chromsäure *f* chromic acid
Chromsäureanodisationsverfahren *n* chromic acid [anodizing] process
Chromsäureelektrolyt *m s.* Chromelektrolyt
Chromsäure[nach]spülung *f* chromate [passivation] rinse, chromic acid rinse
Chrom[schutz]schicht *f* chromium coating (deposit)
Chromtrioxid *n* chromium trioxide
Chromüberzug *m* 1. chromium cladding; 2. *s.* Chromschutzschicht
chromverarmt depleted in (of) chromium, chromium-depleted
Chromverarmung *f* chromium depletion
Chromverarmungstheorie *f* chromium depletion theory
Chromzementieren *n* chromium cementation *(in Cr powder)*
Citratelektrolyt *m* citrate plating bath (solution)
CK-Anstrichstoff *m s.* Chlorkautschukanstrichstoff
Clusterbildung *f (cryst)* clustering
CN *s.* Cellulosenitrat
Cobaltbad *n s.* Cobaltelektrolyt
Cobaltbeschleuniger *m (paint)* cobalt accelerator

Cobaltelektrolyt *m* cobalt plating bath (solution)
cobalthaltig cobalt-containing
Cobaltlegierung *f* cobalt-base alloy
Cobalt-Nickel-Verdichtung *f* salt sealing *(of anodized coatings)*
Cobalt[schutz]schicht *f* cobalt coating
Cobalttrockner *m (paint)* cobalt drier
COD-Konzept *n*, **COD-Verfahren** *n* crack opening displacement approach *(of fracture toughness)*
Coil-Coating-Anlage *f s.* Bandbeschichtungsanlage
Copolymer[es] *n*, **Copolymerisat** *n* copolymer
Corrodkote-Paste *f* Corrodkote paste (slurry)
Corrodkote-Schicht *f (test)* Corrodkote coating
Corrodkote-Test *m*, **Corrodkote-Versuch** *m* Corrodkote test, CORR test
Cottonöl *n (plat)* cottonseed oil
Coulomb-Gesetz *n* Coulomb law
Coupon *m (test)* coupon
Crapo-Verfahren *n* Crapo process *(for hot-dip galvanizing)*
Cresol-Formaldehyd-Harz *n s.* Cresolharz
Cresolharz *n* cresol (cresylic) resin
Cronak-Verfahren *n* Cronak process *(conversion coating of zinc using acid alkali chromate solution)*
C-Stahl *m* carbon steel
Cumaronharz *n*, **Cumaron-Inden-Harz** *n* coumarone[-indene] resin
CVD-Beschichten *n*, **CVD-Beschichtungstechnik** *f s.* CVD-Technik
CVD-Technik *f*, **CVD-Verfahren** *n* chemical vapour deposition, CVD, gas plating
Cyanbad *n s.* Cyanidelektrolyt
cyanfrei *s.* cyanidfrei
Cyanid *n* cyanide
~/**freies** free cyanide *(uncomplexed)*
cyanidarm poor in cyanide, low-cyanide
Cyanidelektrolyt *m* cyanide plating bath (solution)
cyanidfrei free from cyanide, non-cyanide
cyanidisch cyanide
Cyanidkupferbad *n s.* Kupferelektrolyt/cyanidischer

Dammar

D

Dammar[harz] *n* dammar [gum]
Dämmschichtbildner *m* intumescent paint
Dämmstoff *m* insulation [material]
Dämmung *f* insulation *(for retarding the passage of heat or sound)*
Dampf *m* vapour, *(esp)* steam, water vapour
Dampfanlassen *n* steam tempering
Dampfblase *f* vapour bubble; steam bubble
dampfdicht vapour-tight, *(relating to water also)* steam-tight
Dampfdichte *f* vapour density
Dampfdruck *m* vapour pressure
dampfdurchlässig permeable to vapour
Dampfdurchlässigkeit *f* vapour permeability
Dämpfe *mpl* / **nitrose** nitrous fumes
Dampfentfetten *n* [solvent, straight] vapour degreasing
Dampfentfettungsanlage *f* vapour-degreasing plant, [straight] vapour degreaser
Dampfentlüfter *m* steam deaerator
Dampfkondensat *n* vapour condensate
Dampfkorrosion *f s.* Dampfphasenkorrosion
Dampfphasenentfettung *f s.* Dampfentfetten
Dampfphaseninhibition *f* vapour-phase inhibition
Dampfphaseninhibitor *m* vapour-phase inhibitor, VPI, volatile corrosion inhibitor, VCI
Dampfphasenkorrosion *f* vapour-phase (vapour-space) corrosion *(in tanks)*
Dampfphasenplattierung *f s.* Bedampfen
Dampfquelle *f* vapour (evaporation) source *(as for vapour deposition)*
Dampfstrahlreiniger *m* steam[-jet] cleaner, steam[-jet] cleaning machine
Dampfstrahlreinigung *f* steam[-jet] cleaning
dampfundurchlässig vapour-tight, *(relating to water also)* steam-tight
Dampfzone *f* vapour zone
Daniell-Element *n*, **Daniell-Kette** *f*, **Daniell-Zelle** *f* Daniell cell
Daueranode *f* permanent (inert) anode, insoluble (non-consumable) anode, *(cath also)* non-sacrificial (power-impressed, impressed-current) anode
dauerbelastet dead-loaded
Dauerbelastung *f* dead load
Dauerbiegefestigkeit *f* repeated flexural strength, flex[ing] life
Dauerbruch *m s.* Dauerschwingbruch
Dauerbruchanriß *m* fatigue precrack
Dauereinwirkung *f* permanent action
Dauerfestigkeit *f* fatigue (endurance) limit
Dauerfiltration *f (plat)* continuous filtration
Dauerformgußstück *n* die-casting
Dauergebrauchstemperatur *f* maximum safe continuous temperature
dauerhaft durable, long-lasting
Dauerhaftigkeit *f* durability, longevity
Dauerschutz *m* long-term protection
Dauerschwingbruch *m* fatigue fracture (failure)
Dauerschwingfestigkeit *f* fatigue (endurance) limit
Dauerschwingkorrosion *f* corrosion fatigue [cracking]
Dauerschwingverhalten *n* fatigue behaviour
Dauerschwingversuch *m* fatigue test (experiment), time-to-failure test, TTF test
Dauersprühversuch *m* continuous spray test
Dauerstandversuch *m* static-load fatigue test
Dauertauchversuch *m* continuous-immersion test; partial-immersion test; total-immersion (full-immersion) test
Dauertest *m* static test *(as opposed to a dynamic test)*
dazwischenlagern to sandwich *(between two layers)*
DBSO *s.* Dibenzylsulfoxid
DCB-Probe *f* double cantilever-beam specimen, DCB specimen
D-Chrombad *n s.* D-Chrom-Elektrolyt
D-Chrom-Elektrolyt *m (plat)* [sodium-]tetrachromate bath
Debye-Scherrer-Aufnahme *f*, **Debye-Scherrer-Diagramm** *n (test)* Debye-Scherrer diagram, Debye-Scherrer powder diffraction pattern
Deckanstrich *m* top coat[ing], topcoat, finish[ing] coat, finish, cover[ing] coat, final coat[ing], overcoat ● **mit einem ~ versehen** to topcoat
~/porenschließender seal[ing] coat, sealer coat
Deckanstrichlack *m s.* Deckanstrichstoff
Deckanstrichstoff *m* topcoat (finish, finishing) paint, finisher
Deckenlaufwagen *m (plat)* trolley
Deckenlaufwagenbahn *f (plat)* monorail system
Deckfähigkeit *f s.* Deckvermögen
Deckfarbe *f* topcoat (finish, finishing) paint

Deckkraft f s. Deckvermögen
Decklack m topcoat (finishing) enamel
Deckschicht f 1. top (final, cover) coating (as of a protective coating system); coating (spontaneously formed), (if thin) film (as of oxides); 2. s. Deckanstrich
~/oxidische [overlying] oxide film
Deckschichtaufreißmechanismus m film-rupture (tarnish-rupture) mechanism (theory of stress-corrosion cracking)
Deckschichtbildung f coating formation, (if thin) film formation
Deckschichtenbildner m film-forming inhibitor, [heavy] filming inhibitor, semipolar inhibitor, passivator, (petroleum industry also) reverse-wetting inhibitor
deckschichtenfrei film-free
Deckschichtenhypothese f, **Deckschichtentheorie** f film-rupture (tarnish-rupture) theory (of stress-corrosion cracking)
Deckschichtnachbildung f coating re-formation
Deckschichtpassivität f s. Bedeckungspassivität
Deckschichtpigment n (paint) topcoat pigment
Deckschichtwiderstand m surface-layer resistance
Deckung f s. Betondeckung
Deckvermögen n covering power, coverage, (paint also) hiding (obliterating, opacifying) power, opacity
Deckvermögenprüfer m cryptometer
Defekt m defect, fault, flaw (of material); (cryst) [lattice] defect
~/eindimensionaler line defect
~/eingefrorener (cryst) quenched-in defect
~/nulldimensionaler point defect
Defektelektron n defect electron, positive (electron) hole
Defekt[halb]leiter m s. p-Leiter
Defektstruktur f defect structure
Deformationszwilling m (cryst) deformation twin
deformieren to deform
dehnbar distensible
Dehnbarkeit f distensibility
Dehnfähigkeit f s. Dehnbarkeit
Dehngeschwindigkeit f strain rate
Dehngrenze f proof stress, yield strength
0,2-Dehngrenze f 0.2 % offset yield strength (stress), yield strength 0.2 % offset, 0.2 % proof stress

Dehnung f [resolved shear] strain
~/elastische elastic strain
Dehnungsmesser m strain gauge
Dehydratation f dehydration
Deionisation f deionization (as of water)
deionisieren to deionize (e.g. water)
Deionisierung f s. Deionisation
dekapieren to dip, to pickle (to soak in dilute acid solution for removing oxide films)
Dekapieren n [activation] acid dipping, acid dip, [acid] pickling, pickle (for removing oxide films)
Dekapierlösung f acid dip, pickling solution, pickle (for removing oxide films)
Dekohäsion f decohesion
dekorativ decorative, ornamental
Dekorieren n s. Überaltern
Deltaphase f delta [alloy] layer (an intermetallic phase)
Demineralisation f demineralization (of water)
demineralisieren to demineralize (water)
Dendrit m (cryst) dendrite, (plat also) tree
Dendritenbildung f (plat) treeing
dendritisch (cryst) dendritic
depassivieren to depassivate
Depassivierung f depassivation
Depolarisation f depolarization
Depolarisationsstrom m depolarization current
Depolarisator m depolarizer, depolarizing agent
depolarisieren to depolarize
Depolarisierung f depolarization
Depolymerisation f depolymerization
Deprotonierung f deprotonation
Desaktivator m deactivator
desaktivieren to deactivate
Desaktivierung f deactivation
desensibilisieren to desensitize
desorbieren to desorb
Desorientierung f (cryst) misorientation
Desorption f desorption (escape or removal of sorbed gases)
Desoxydation f deoxidation, reduction
Desoxydationsmittel n deoxidizing (reducing) agent, deoxidant, deoxidizer, reductant
desoxydieren to deoxidize, to reduce
Destillationsbitumen n straight-run petroleum asphalt
Detergens n [synthetic] detergent, synthetic soap

Detonations...

Detonations... s.a. Explosions...
Detonationsfront f detonation [wave] front *(detonation coating)*
Diamantpulver n s. Diamantstaub
Diamantschleifscheibe f diamond wheel
Diamantstaub m diamond dust (powder)
Diatomeenerde f diatomaceous (infusorial) earth *(polishing agent)*
Dibenzylsulfid n dibenzyl sulphide *(inhibitor)*
Dibenzylsulfoxid n dibenzyl sulphoxide *(inhibitor)*
Dichromatverdichtung f dichromate sealing *(of anodized coatings)*
dicht impermeable, impervious; leaktight, leakproof; dense, close-grained, compact *(structure)*
Dichte f density *(mass per unit volume)*; denseness, compactness *(of structure)*
Dichtemesser m densimeter
Dichteverlust m loss in density
dichtgepackt *(cryst)* close-packed
Dichtheit f, **Dichtigkeit** f impermeability, imperviousness
Dichtpaste f s. Dichtungsmasse
Dichtungsmasse f caulking compound (material)
Dickbeschichtung f 1. thick (heavyweight) coating; 2. s. Dickschichtanstrich
Dicke f thickness
Dickenabnahme f loss in thickness
Dickenmeßgerät n thickness gauge
Dickenmessung f thickness measurement (gauging)
Dickenminderung f loss in thickness
Dickenreserve f s. Dickenzuschlag
Dickenverlust m loss in thickness
Dickenzunahme f thickness increase, thickening
Dickenzuschlag m corrosion allowance, extra [corrosion] thickness
dickflüssig viscid, viscous ● ~ **machen** to thicken, to body *(a paint)* ● ~ **werden** *(paint)* to thicken, to body; to fatten *(during storage)*; to feed *(due to chemical reaction of its components)*
Dicköl n *(paint)* bodied oil
Dickschichtanstrich m high-build coating
Dickschichtanstrichstoff m high-build paint (coating)
Dickschichtanstrichsystem n high-build paint system
Dickschichter m s. 1. Dickschichtanstrichstoff; 2. Dickschichtanstrich

Dickschichtfarbe f high-build paint
Dickschichtlack m s. Dickschichtanstrichstoff
Dickschichtsystem n high-build [coating] system
Dickschicht-Zwischenanstrichstoff m high-build undercoat
Dickverchromen n hard (industrial) chromium plating
Dickvernickeln n heavy nickel plating
dickwandig heavy-walled
Dielektrikum n dielectric [material], nonconductor
dielektrisch dielectric, non-conducting
Dielektrizitätskonstante f dielectric constant
Differentialthermoanalyse f differential thermal analysis, DTA
Differentialthermogravimetrie f differential thermogravimetric analysis
Differenzverbleien n differential lead coating (plating)
differenzverbleit differentially lead-coated
Differenzverzinken n differential zinc coating (plating)
differenzverzinkt differentially zinc-coated
Differenzverzinnen n differential tin coating (plating)
differenzverzinnt differentially tin-coated
Diffraktometer n diffractometer
diffraktometrisch diffractometric
diffundieren to diffuse
Diffusion f diffusion
~/gegenseitige interdiffusion *(as in alloys)*
~ von festen Stoffen solid-state diffusion
~/wechselseitige s. ~/gegenseitige
Diffusionsausgleich m interdiffusion *(as in alloys)*
Diffusionsbarriere f diffusion barrier
diffusionsbedingt s. diffusionsgesteuert
Diffusionsbeschichten n s. Diffusionslegieren
diffusionsbestimmt s. diffusionsgesteuert
Diffusionschromieren n chromizing
diffusionsfähig diffusive, diffusible
Diffusionsfähigkeit f diffusivity
Diffusionsfilm m s. Diffusionsschicht 1.
Diffusionsgalvanispannung f liquid-junction potential, diffusion potential
Diffusionsgeschwindigkeit f diffusion rate
Diffusionsgesetz n/**Ficksches** Fick's [diffusion] law
diffusionsgesteuert diffusion-controlled, under diffusion control

Diffusionsglühen *n* diffusion annealing (heat treatment)
Diffusionsgrenzfilm *m s.* Diffusionssperrschicht
Diffusionsgrenzstrom *m* limiting diffusion current
Diffusionsgrenzstromdichte *f* limiting (critical) diffusion current density
Diffusionsgrenzstromstärke *f s.* Diffusionsgrenzstromdichte
diffusionshemmend diffusion-inhibiting
Diffusionshemmung *f* diffusion limitation
Diffusionskoeffizient *m*, **Diffusionskonstante** *f* diffusion coefficient
Diffusionskontrolle *f s.* Diffusionssteuerung
diffusionskontrolliert *s.* diffusionsgesteuert
Diffusionslegieren *n*, **Diffusionsmetallisieren** *n* diffusion coating, powder cementation, impregnation
Diffusionsmetall[schutz]schicht *f* diffusion[al] coating
Diffusionsmetallüberzug *m s.* Diffusionsmetall[schutz]schicht
Diffusionspotential *n s.* Diffusionsgalvanispannung
Diffusionsschicht *f* 1. diffusion layer *(spontaneously formed)*; 2. *s.* Diffusionsschutzschicht
~/Nernstsche Nernst (diffusional boundary) layer
Diffusionsschutzschicht *f* diffusion[al] coating
Diffusionssilizierung *f* siliconizing
Diffusionsspannung *f s.* Diffusionsgalvanispannung
Diffusionssperrschicht *f* diffusion-barrier film
Diffusionssteuerung *f* diffusion control
Diffusionsstrom *m* diffusion current
Diffusionstiefe *f* case depth *(diffusion coating)*
Diffusionsüberspannung *f* diffusion overpotential
Diffusionsüberzug *m s.* Diffusionsschutzschicht
Diffusionsverchromen *n* chromizing
Diffusionsverfahren *n* diffusion process
Diffusionsvermögen *n* diffusivity
Diffusionsverzinken *n* zinc cementation
~ nach Sherard sherardizing, sherardization
Diffusionsvorgang *m* diffusion process
Diffusionsweg *m* diffusion[al] path, *(relating to outward diffusion also)* leakage path

Diffusionswiderstand *m* resistance to diffusion, diffusional resistance
Diffusionszone *f* diffusion zone
Dihydrogen[mono]phosphat *n* dihydrogen phosphate *(phosphating agent)*
Dilatanz *f (paint)* dilatancy
Dimethylformamid *n (plat)* dimethylformamide, DMF
Dimethylketon *n* dimethyl ketone, acetone
Dimethylsulfoxid *n* dimethyl sulphoxide, DMSO
Dinatriumhydrogenphosphat *n* disodium phosphate, DSP
Dioctylsebacat *n* dioctyl sebacate *(inhibitor)*
Diphosphatelektrolyt *m* diphosphate plating bath (solution)
Dipol *m* dipole
Direktemaillierung *f* direct-on enamelling, direct-on PE (porcelain enamel) application
Dispergens *n* 1. dispersant; 2. *s.* Dispersionsphase
dispergierbar dispersible
Dispergierbarkeit *f* dispersibility
dispergieren to disperse; to deflocculate, to peptize *(colloids)*
Dispergier[hilfs]mittel *n* dispersing agent, dispersant, deflocculating agent *(for colloids)*
Dispergierung *f* dispersion; deflocculation, peptization *(of colloids)*
Dispergierungseigenschaften *fpl* dispersion properties
Dispergierungsmittel *n s.* Dispergier[hilfs]mittel
Dispergiervermögen *n* dispersing power; deflocculating power *(relating to colloids)*
Dispersion *f* dispersion
Dispersionsanstrichstoff *m* emulsion (latex) paint (coating), water-emulsion paint (coating)
~ für außen exterior emulsion paint
~ für innen interior emulsion paint
Dispersionsbindemittel *n*, **Dispersionsbinder** *m* emulsion (latex) binder
Dispersionsfarbe *f* emulsion (water-emulsion, latex) paint
Dispersionsgrad *m* degree of dispersion
Dispersionshärtung *f* dispersion hardening (strengthening)
Dispersionsmittel *n s.* Dispergier[hilfs]mittel
Dispersionsphase *f* continuous (external) phase, dispersive medium

Dispersions[schutz]schicht 252

Dispersions[schutz]schicht f composite coating *(made up of non-metallic and metallic components)*
~/elektrochemische electrodeposited composite coating
Dispersum n discontinuous (internal) phase *(of an emulsion)*
Disproportionierung f disproportionation
Disproportionierungsreaktion f disproportionation reaction
Dissoziation f dissociation, *(resulting in the formation of ions)* ionization
Dissoziationsdruck m dissociation pressure
Dissoziationsenergie f dissociation energy
Dissoziationsgleichgewicht n dissociation equilibrium
Dissoziationsgrad m degree of dissociation, *(relating to electrolytes also)* degree of ionization
Dissoziationskonstante f dissociation constant, *(relating to electrolytes also)* ionization constant
Dissoziationswärme f heat of dissociation
dissoziieren to dissociate, *(resulting in the formation of ions)* to ionize
DMF s. Dimethylformamid
Dolomit m dolomite *(calcium magnesium carbonate)*
Domäne f *(cryst)* [antiphase] domain
Donatorelektron n donor electron
Donnan-Effekt m Donnan effect
Donnan-Gleichgewicht n Donnan [membrane] equilibrium
Donnan-Potential n Donnan potential
Doppelbiegeprobe f double-beam specimen
Doppelchrom n duplex (dual) chromium
Doppelchrom[schutz]schicht f duplex (dual) chromium coating (deposit), double chromium plate
Doppelhebelprobe f double cantilever-beam specimen, DCB specimen
Doppelleerstelle f *(cryst)* divacancy
Doppelnickel n duplex (dual) nickel, double-layer nickel [plate], d nickel
Doppelnickel[schutz]schicht f duplex (dual) nickel coating (deposit), double-layer nickel coating
Doppeloxid n double oxide
Doppelschicht f double layer
~/diffuse diffuse[d] double layer, Gouy-Chapman diffuse layer
~/elektrische (elektrochemische) electrical double layer

~/Helmholtzsche Helmholtz (fixed, compact) double layer, Helmholtz plane
~/starre outer Helmholtz plane
Doppelstraßen-Umkehrautomat m *(plat)* double-track return-type plant, two-track (double-lane) machine
Doppeltreduzieren n double rolling (reduction) *(for producing thin tin-plate)*
Doppelverchromen n duplex chromium plating
Doppelvernickeln n duplex nickel plating
Doppelvernick[e]lung f duplex (dual) nickel system, dual-layer (double-layer) nickel plating system
Dornbiegeversuch m mandrel [bending] test *(for determining the adhesion of coatings)*
Dosensprühlack m aerosol paint
Dosierpumpe f dosing pump, metering (proportioning, controlled-volume) pump
Dosierwalze f dosing (metering) roll
Dosisleistung f dose (dosage) rate *(dosage of radiation per unit time)*
dotieren to dope *(e.g. corrosion inhibitors)*
Dotierung f doping *(as of corrosion inhibitors)*
Doublé n s. Dublee
Draht m wire
~/feuerverzinkter hot-galvanized wire
~/verzinkter galvanized wire
Drahtanode f wire anode
Drahtantrieb m s. Drahtvorschubgetriebe
Drahtbeschichtung f wire coating
Drahtbürste f wire brush ● **mit der ~ behandeln** to wire-brush
~/rotierende (umlaufende) rotary wire brush, rotating wire wheel
Drahtkatode f wire cathode
Drahtkorb m wire basket
Drahtlack m wire enamel
Drahtnadeldruckluftpistole f vibratory-needle gun, needle hammer, needle [de]scaler
Drahtprobe f wire specimen
Drahtspritzen n wire combustion spraying
Drahtspritzpistole f wire-type spraying pistol, wire pistol (gun)
Drahtverzinken n zinc plating of wire
Drahtvorschub m wire feed
Drahtvorschubgeschwindigkeit f wire speed *(hot-dip metallizing)*; wire feed rate *(of a wire pistol)*
Drahtvorschubgetriebe n wire drive assem-

bly, wire feed[ing] mechanism, wire feeder *(of a wire pistol)*
Drainage *f* [current] drainage, [remedial] bonding *(for minimizing stray-current corrosion)*
~/polarisierte polarized drainage
Drainageleitung *f* bond *(for draining stray currents)*
Drainagestrom *m (cath)* drainage current
Drainkanal *m* 1. draining (drain) section (zone), drainage area; 2. *s.* Draintunnel
Draintunnel *m* vapour tunnel *(of a flow-coating plant)*
Dränage *f s.* Drainage
Dreifachnickel *n* triple[-layer] nickel
Dreifachnickel[schutz]schicht *f* triple (triple-layer) nickel coating (deposit)
Dreifachvernick[e]lung *f* triple nickel system, triple-layer nickel plating system
Dreikammerentfetter *m* three-compartment degreaser
Dreikomponentensystem *n* ternary (three-component) system
Dreiphasengrenze *f* three-phase boundary
Dreipunkt-Biegeprobe *f* three-point bend (loaded) specimen
Dreischichtaufbau *m* three-coat [paint] system
Dreistoffeutektikum *n* ternary eutectic system
Dreistofflegierung *f* ternary (three-component) alloy
Dreistoffsystem *n* ternary (three-component) system
dreistraßig triple-track, triple-lane, triple-file *(plating plant)*
Druck *m/* **osmotischer** osmotic pressure
druckabhängig pressure-dependent
Druckeigenspannung *f s.* Druckspannung/ innere
drücken to swage *(metal in a die)*
Druckfestigkeit *f* compressive strength
Druckgefäß *n* pressure feed paint tank, pressure pot (tank, container)
Druckgefäßversuch *m* autoclave immersion test
Druckgießen *n*, **Druckguß** *m* die casting
Druckgußstück *n*, **Druckgußteil** *n* die casting
Druckkessel *m s.* Druckgefäß
Druckluft *f* compressed (compression) air
Druckluftdurchmischung *f* air agitation

Druckluftleitung *f* compressed-air line
Druckluftrührung *f* air agitation
Druckluftschlauch *m* air hose
Druckluftspritzen *n* air (atomization) spraying, compressed-air spraying, conventional air spraying, *(relating to surfaces also)* conventional spray painting
Druckluftspritzpistole *f* air[-atomizing] spray gun, compressed air-spray gun
Druckluftstrahlanlage *f* air blast-cleaning machine
Druckluftstrahlen *n* air blast cleaning, air [pressure] blasting
Druckpolieren *n* burnishing
Druckrost *m s.* Passungsrost
Druckspannung *f* compressive (compressional) stress ● **unter ~** compressively stressed
~/innere internal (residual) compressive stress, expansive stress
Druckspeisung *f* pressure feed
Druckstrahlen *n* pressure blasting
druckunabhängig independent of pressure, pressure-independent
Druckwasser *n* pressurized water
DTA *s.* Differentialthermoanalyse
DTG *s.* Differentialthermogravimetrie
Dualvernick[e]lung *f s.* Doppelvernick[e]lung
Dublee *n* gold-filled plate
Dublieren *n* gold-filling
dubliert gold-filled
duktil ductile
Duktilität *f* ductility
Duktilitätsverlust *m* loss of ductility
Dunkelfärbung *f (paint)* darkening
Dunkelraum *m* [Crookes, cathode] dark space *(of a sputtering system)*
Dunkelwerden *n (paint)* darkening
Dünnbeschichtung *f* lightweight coating
dünnflüssig low-viscosity, thin, highly liquid
Dünnschichtchromatographie *f* thin-layer chromatography
Dünnschliff *m* thin section
Dunstabsaugung *f* exhaust ventilation
Dunstzone *f* solvent-saturated zone, vapour section *(of a flow-coating plant)*
Duo[spritz]pistole *f* two-wire gun, twin-wire torch
Duplexnickelschicht *f s.* Doppelnickel-[schutz]schicht
Duplex[schutz]schicht *f* 1. duplex coating *(made by combining different methods)*; 2. *(paint)* metal-plus-paint protective coating

Duplexstahl

Duplexstahl *m* duplex (austenoferritic) steel
Duplexsystem *n (paint)* metal-plus-paint system
~ **Spritzmetallschicht mit Anstrich** metal-spray-paint system
Duplexvernick[e]lung *f s.* Doppelvernick[e]lung
durcharbeiten to work [in], to deal with, to dummy *(a plating bath)*
durchbluten *(paint)* to bleed
Durchbrechen *n,* **Durchbruch** *m* breakdown *(of passivity)*
Durchbruchpotential *n* [critical] breakdown potential, breakdown voltage, breakthrough potential
Durchbruchs... *s. a.* Durchbruch...
durchbruchsfest resistant to breakdown *(passive film)*
Durchbruchsfestigkeit *f* resistance to breakdown *(of a passive film)*
Durchbruchspannung *f* 1. [critical] breakdown potential, breakdown voltage; 2. rupture voltage *(electrocoating)*
Durchbruchspunkt *m* leakage point *(in a passive film)*
durchdringbar penetrable, permeable
Durchdringbarkeit *f* penetrability, permeability
durchdringen to penetrate, to permeate
~/einander to interpenetrate
Durchdringen *n* penetration, permeation *(of a fluid through a solid)*
~/gegenseitiges interpenetration
Durchdringung *f* permeation *(of a solid by a fluid)*
Durchdring[ungs]vermögen *n* penetrating ability, ability to penetrate, penetrativity
Durchfahrverfahren *n s.* Durchlaufverfahren
Durchflußgeschwindigkeit *f* flow rate
durchfressen to eat through, *(pitting corrosion also)* to perforate
Durchgang *m* passage *(of current)*
durchgetrocknet *(paint)* through dry
durchhärten to harden through
Durchhärten *n* through-hardening
Durchkontaktieren *n* through-hole plating
durchkorrodieren *s.* durchfressen
Durchlaufanlage *f* continuous plant (machine)
Durchlaufbeschichtungsanlage *f* continuous coating plant
Durchlaufdauer *f* [over-all plant] cycle time, machine cycle time

Durchlaufgeschwindigkeit *f* 1. speed of travel; 2. *s.* Durchflußgeschwindigkeit
Durchlaufofen *m* continuous oven, straight-through (once-through) oven
Durchlaufstrahlmaschine *f* continuous blast-cleaning machine
Durchlaufsystem *n* continuous system, straight-through (once-through) system
Durchlaufverfahren *n* continuous process
Durchlaufverzinken *n* continuous galvanizing
Durchlaufverzinkungsanlage *f* continuous galvanizing line
Durchlaufzeit *f s.* Durchlaufdauer
durchlöchern to perforate
Durchlöcherung *f* perforation
Durchmischen *n* **mit Druckluft** air agitation
durchrosten to rust through
Durchrosten *n* rusting-through, complete rusting
Durchrostungsgrad *m* degree of rusting *(of paint coats)*
Durchrühren *n* agitation
durchscheuern to wear through *(a coating)*
durchschlagen 1. *(paint)* to bleed; 2. to puncture *(a dielectric)*
Durchschlagen *n* 1. *(paint)* bleeding; 2. puncture *(of a dielectric)*
Durchschlagspannung *f s.* Durchbruchpotential
durchschleifen to wear through *(a coating)*
durchstoßen *(cryst)* to emerge
Durchstoßen *n* **einer Versetzung** *(cryst)* dislocation emergence (egress, pop-out)
Durchstoßpunkt *m,* **Durchstoßstelle** *f (cryst)* emergence point *(of lattice defects)*
Durchstrahlungselektronenmikroskop *n* transmission electron microscope
Durchstrahlungselektronenmikroskopie *f* transmission electron microscopy, TEM, thin-film (thin-foil) electron microscopy
Durchstrahlungsmikroskop *n s.* Durchstrahlungselektronenmikroskop
Durchstrahlungsverfahren *n* transmission technique
durchtränken to impregnate
Durchtritt *m* passage *(as of electrons, ions)*
durchtrittsbestimmt activation-controlled, under activation control *(electrode reaction)*
durchtrittsgehemmt *s.* durchtrittsbestimmt
Durchtrittspolarisation *f,* **Durchtrittsüber-**

spannung *f* transfer polarization, activation polarization (overpotential, overvoltage)
Durchtrittswiderstand *m* activation-polarization resistance
durchtrocknen *(paint)* to dry through
Durchwachsen *n* overalloying *(of iron with zinc during hot-dip galvanizing)*
Durchziehgeschwindigkeit *f* speed of travel *(as of metal strip in continuous metal coating plants)*
Durchzugsanlage *f s.* Durchlaufanlage
Durchzugsgeschwindigkeit *f s.* Durchziehgeschwindigkeit
Duroplast *m* thermosetting plastic
duroplastisch thermosetting
Dur-Vernick[e]lung *f s.* Doppelvernick[e]lung
Düse *f* nozzle, jet
Düsenausgang *m* nozzle tip
Düsenbohrung *f* nozzle bore (orifice)
Düsenfutter *n* nozzle liner
Düsengröße *f* nozzle size
Düsenöffnung *f s.* Düsenbohrung
Düsenverschleiß *m* nozzle wear
Düsenverstopfung *f* nozzle plugging
Düsenweite *f s.* Düsenbohrung

E

eben even *(surface)*
Ebenheit *f* evenness *(of a surface)*
E-Blei *n s.* Elektrolytblei
ECD, ECD-Schicht *f s.* Dispersions[schutz]schicht/elektrochemische
edel noble *(metal)*
Edelkeit *f* nobility *(of a metal)*
Edelmetall *n* noble (precious) metal
Edelrost *m* patina
EDTA *s.* Ethylendiamintetraessigsäure
E-Eisen *n s.* Elektrolyteisen
Effloreszenz *f* efflorescence
Eigenbias *m* floating potential
Eigenfärbung *f* integral colour *(of an anodized coating)*
Eigenion *n* common ion
Eigenkorrosion *f* self-corrosion
Eigenpotential *n* self-potential
Eigenschaftsänderung *f* property change
Eigenspannung *f* residual (internal) stress
eigenspannungsfrei free from residual (internal) stress

Eigenwiderstand *m* internal resistance
einarbeiten to work [in], to deal with, to dummy *(a plating bath)*
einatomig monatomic
Einbadverfahren *n* single-bath method
Einbadverzinnung *f* single-bath (single-sweep) tinning
einbauen to build in *(e.g. into a coating)*
Einbettungsmasse *f* 1. chromizing powder; 2. *(cath)* backfill
Einbrennanstrichstoff *m* stoving (baking) paint
Einbrennbedingungen *fpl* stoving (baking) conditions; stoving (baking) schedule
Einbrennbereich *m* stoving (baking) range
Einbrenndecklack *m* stoving (baking) finish
Einbrenn-Einschichtlackfarbe *f* one-coat stoving (baking) enamel
Einbrennemaillelack *m* stoving (baking) enamel
einbrennen to stove, to bake *(paint)*; to fire, to burn *(vitreous enamel)*
Einbrenngrundanstrichstoff *m*, **Einbrenngrundierung** *f* stoving (baking) primer
Einbrennharz *n* stoving (baking) resin
Einbrennlack *m* stoving (baking) finish; stoving (baking) varnish *(if unpigmented)*, stoving (baking) lacquer *(physically drying)*
~/wasserverdünnbarer water-thinned stoving (baking) finish
Einbrennlackierung *f* stoving (baking) finish
Einbrennofen *m* stoving (baking) oven
Einbrennprimer *m* stoving (baking) primer
Einbrenntemperatur *f* stoving (baking) temperature
Einbrennzone *f* stoving (baking) zone
eindicken *(paint)* to thicken, to body; to fatten *(during storage)*; to feed *(due to chemical reaction of its components)*
Eindicker *m*, **Eindickungsmittel** *n (paint)* thickening agent, thickener
eindiffundieren to diffuse [inwards], to penetrate, to permeate
Eindiffundieren *n* inward diffusion (penetration), diffusion inwards, downward (subsurface) penetration, permeation, ingress, entry
~ von Wasserstoff hydrogen penetration (ingress, entry)
Eindiffusion *f s.* Eindiffundieren
eindringen to penetrate, to permeate

Eindringen

Eindringen *n* [inward, downward, subsurface] penetration, permeation, ingress, entry
~ **entlang der Korngrenzen** intergranular penetration
Eindringfähigkeit *f s.* Eindringvermögen
Eindringgeschwindigkeit *f* rate of penetration, [corrosion] penetration rate
~/**maximale** maximum penetration rate
Eindringhärte *f (test)* penetration (indentation) hardness
Eindringhärteprüfung *f* penetration (indentation) hardness testing
Eindringkörper *m* indenter *(for determining the indentation hardness)*
Eindringrate *f* rate of penetration
Eindringtiefe *f* depth of [subsurface] penetration, penetration depth *(as of liquids or current)*; corrosion depth, depth of corrosion (attack, penetration)
~/**mittlere** *(test)* average penetration
Eindringvermögen *n* penetrating ability, ability to penetrate, penetrativity
Eindruck *m* indent[ation] *(in material)*
Eindruckhärte *f (test)* indentation (penetration) hardness
Eindruckversuch *m* indentation (push-in) test
einebnen *(plat)* to level, to even out; to flatten out *(as by burnishing)*
Einebner *m (plat)* levelling agent (additive)
Einebnung *f (plat)* levelling; flattening-out *(as by burnishing)*
Einebnungseffekt *m (plat)* levelling effect
Einebnungsgrad *m (plat)* degree of levelling
Einebnungsvermögen *n (plat)* levelling power (properties)
Einebnungswirkung *f (plat)* levelling action; levelling effect
einerden to bury *(e.g. tanks)*
Einerdung *f* [soil] burial *(as of tanks)*
Einfachelektrode *f* single electrode
Einfachstraßen-Umkehrautomat *m (plat)* single-track [return-type] plant, single-lane (single-file, single-row) machine
Einfahrbereich *m* entering section *(of an electrocoating tank)*
einfahren to work [in], to deal with, to dummy *(a plating bath)*
Einfall[s]winkel *m* incidence angle
Einfangfläche *f* catchment area
einfärben to dye *(e.g. oxide films)*
einfetten to grease

einfressen/sich to dig [down] *(into the metal)*
Eingangswiderstand *m* input resistance
eingestellt/spritzfertig ready-to-spray, formulated for spraying
~/**streichfertig** ready-to-brush, formulated for brushing
Einhängegestell *n (plat)* plating rack
Einheitsleitfähigkeit *f* [specific] conductivity
Einheitswiderstand *m* resistivity
einklemmen/sich to jam *(articles being plated)*
Einkomponentenanstrichstoff *m* one-component (one-package) coating, single-package (single-pack) coating
Einkomponenten-Epoxidharz-Anstrichstoff *m* one-component epoxy, one-package (single-package) epoxy
Einkomponenten-Polyurethan-Anstrichstoff *m* one-component urethane coating, one-package (single-package) urethane coating
Einkomponentenprimer *m* one-component primer, one-package (single-package) primer
Einkristall *m* monocrystal, single crystal
Einkristallfaden *m* whisker
einlagern to incorporate; to sandwich *(between two layers)*
Einlagerung *f* incorporation; sandwiching *(between two layers)*
einlagig single-layer[ed]
Einlaufabschnitt *m* entry section (stage) *(of a hot-dip metallizing line)*
einlegen to load *(articles to be treated)*
einölen to oil *(surfaces)*
Einölen *n* oil treatment *(of surfaces)*
Einpackverfahren *n* pack cementation [coating]
einpfadig *(plat)* single-track, single-file, single-lane
Einphasenlegierung *f* single-phase alloy
einphasig single-phase, one-phase
Einsatz *m* **bei hohen Temperaturen** high-temperature service
~/**maritimer** marine service
Einsatzbedingungen *fpl* service conditions
Einsatzgebiet *n* service environment
Einsatzgut *n* **für die Diffusionsbeschichtung** cementation-coating pack
Einsatzhärtekasten *m* case-hardening box
Einsatzhärten *n* case-hardening
Einsatzhärtetiefe *f* case depth
Einsatzkasten *m s.* Einsatzhärtekasten
Einsatzmenge *f* dosage [figure]

Einsatzmittel *n* cementing (case-hardening) material (medium)
Einsatzrichtlinie *f* specification
Einsatzschicht *f* carburized case
Einsatzstahl *m* case-hardening steel, carburizing steel; case-hardened steel, carburized steel
Einsatzverchromen *n* chromizing, chromium cementation *(in Cr powder)*
Einschaltdauer *f* current-on time
Einschaltpotential *n* on-potential
Einschichtdirektemaillierung *f s.* Einschichtemaillierung
Einschichtemail *n* one-coat (single-coat) enamel
Einschichtemaillierung *f* one-coat (single-coat) enamelling
einschichtig single-layer[ed]; single-coat, one-coat
Einschichtlack *m* one-coat (single-coat) enamel
Einschichtlackierung *f* one-coat (single-coat) finish
Einschichtsystem *n* one-coat paint system
einschleppen *(plat)* to drag in
Einschleppen *n (plat)* drag-in
einschließen to include, to incorporate *(small particles)*; to [en]trap *(gases)*
Einschluß *m* 1. inclusion, incorporation *(of small particles)*; entrapment *(of gases)*; 2. inclusion *(particles)*
Einschlüsse *mpl / mikroskopisch sichtbare* microinclusions
einschmieren to grease
Einschnürung *f* 1. necking *(in tensile testing)*; 2. neck *(on the tensile specimen)*
Einschüttvorrichtung *f (plat)* loading hopper
einsetzbar serviceable
Einsetzbarkeit *f* serviceability
einsetzen 1. to apply; 2. to carburize *(low-carbon steel)*
Einsetzen *n* carburization *(of low-carbon steel)*
Einspeisepotential *n (cath)* feed potential
Einspeisestelle *f (cath)* point of application
Einspeisungs... *s.* Einspeise...
Einstellung *f* adjustment *(as of pH value or viscosity)*
einstraßig *(plat)* single-track, single-file, single-lane
Einstufenbeanspruchung *f* single-stage stressing

Einstufenversuch *m* Wöhler (one-stage) test *(for determining the fatigue limit)*
eintauchen to dip, to immerse, to immerge; to submerge
Eintauchen *n* dipping, immersion; submersion
Eintauchgeschwindigkeit *f* immersion rate
Eintauchtiefe *f* depth of immersion
Eintopfprimer *m* single-pack[age] primer, one-package (one-component) primer
Eintopf-Washprimer *m* single-pack[age] etch primer, one-package (one-component) etch primer
Eintragseite *f* feed end
Eintrittspotential *n* potential at the stray-current entry location
eintrocknen to dry up
einwachsen to wax
einwalzen to roll in
einwandern to migrate (move) inwards, to enter *(as of ions)*
Einwanderung *f* inward migration (movement), movement inwards, entry *(as of ions)*
Einwirkung *f s.* Wirkung 1.
Einwirkungsdauer *f* duration of exposure
Einwirkungsgrenze *f* reaction limit *(according to Tammann)*
Einwirkungszeit *f s.* Einwirkungsdauer
Einzelanode *f* single anode
Einzelanstrich *m* individual coat
Einzelelektrode *f* single electrode, half-cell
Einzelelektrodenpotential *n* single-electrode (half-cell) potential
Einzelkatode *f* single cathode
Einzelpotential *n s.* Einzelelektrodenpotential
Einzelschicht *f* single-layer[ed] coating; individual coat[ing] *(of a coating system)*
Einzelschritt *m* single step *(of a reaction)*
Eisblumen *fpl* spangles *(on metal coatings)*
Eisblumenbildung *f* 1. spangle formation (growth) *(on metal coatings)*; 2. *(paint)* frosting, *(caused by gas fumes also)* gas checking
eisblumenfrei spangle-free, devoid of spangle, minimum-spangle *(metal coating)*
Eisblumenmuster *n* 1. [flower-like] spangle, spangled surface finish *(of metal coatings)*; 2. *(paint)* frosty finish
Eisen *n* iron
~/dreiwertiges ferric iron
~/zweiwertiges ferrous iron

eisenangreifend

eisenangreifend iron-attacking, attacking iron
eisenarm poor in iron, low-iron
Eisenbakterien *npl* iron bacteria
Eisenbasis/auf iron-base
Eisenbasislegierung *f* iron-base[d] alloy
Eisenblech *n* 1. sheet iron *(material)*; 2. iron sheet *(product)*; iron plate *(thickness over 0.25 inch)*
~/verzinntes tin-plate, tinplate
Eisen(II)-dihydrogenphosphat *n* ferrous dihydrogenphosphate
Eisenelektrolyt *m* iron plating bath (solution)
Eisenfällung *f* precipitation of iron
eisenfrei iron-free
Eisengehalt *m* iron content ● **mit hohem ~** *s.* eisenreich
Eisenglimmer *m* micaceous iron oxide (ore), MIO
Eisenglimmerfarbe *f* micaceous iron oxide paint
eisenhaltig iron-containing, iron-bearing, ferrous, ferric
Eisen(III)-hydroxid *n s.* Eisen(III)-oxidhydrat
Eisen(II)-ion *n* iron(II) ion, ferrous ion
Eisen(III)-ion *n* iron(III)) ion, ferric ion
Eisenkorrosion *f* iron corrosion, rusting
Eisenkrebs *m s.* Eisenschwamm
Eisenlegierung *f* iron-base alloy
Eisenmetall *n* ferrous metal
Eisen(II)-orthophosphat *n* iron(II) orthophosphate, [tertiary] ferrous phosphate
Eisen(III)-orthophosphat *n* iron(III) orthophosphate, [tertiary] ferric phosphate
Eisenoxid *n* iron oxide
Eisen(II,III)-oxid *n* iron(II,III) oxide, triiron tetraoxide, ferroso-ferric oxide, magnetic oxide
Eisen(III)-oxidhydrat *n* hydrated iron(III) oxide, hydrated ferric oxide, ferric hydroxide
Eisenoxidrot *n* iron oxide red, red [iron] oxide, chemical red
Eisenoxidrot-Anstrichstoff *m* red-oxide paint
Eisenoxidrot-Grundanstrichstoff *m* red-oxide primer
Eisen(II)-phosphat *n* ferrous phosphate, *(specif)* iron(II) orthophosphate
Eisen(III)-phosphat *n* ferric phosphate, *(specif)* iron(III) orthophosphate
Eisenphosphatierlösung *f* iron phosphating solution
Eisenphosphatierung *f* iron phosphating

Eisenphosphat[schutz]schicht *f* iron phosphate [conversion] coating
eisenreich rich in iron, iron-rich, high-iron
Eisenrost *m* [iron] rust
Eisenschrott *m* scrap (junk) iron, ferrous wastage
Eisenschrottanode *f* ferrous wastage plate
Eisenschwamm *m* iron canker, corrosion sponge
Eisenschwammbildung *f* graphitization, spongiosis
Eisen(II)-sulfat *n* iron(II) sulphate, ferrous sulphate
Eisen(III)-sulfat *n* iron(III) sulphate, ferric sulphate
Eisen(III)-sulfat-Schwefelsäure-Test *m* **nach Streicher** ferric sulphate-sulphuric acid test, [acid] ferric sulphate test, Streicher test
Eisen(II,III)-Verbindung *f* iron(II,III) compound, ferroso-ferric compound
Eisenvitriol *n* iron (green) vitriol, [green] copperas, iron(II) sulphate 7-water
Eisenwerkstoff *m* iron-base material
Eisen-Zink-Legierungsschicht *f* iron-zinc alloy layer
Eisen-Zinn-Legierungsschicht *f* iron-tin alloy layer
Eisenzunder *m* iron scale
eisern iron, ferrous
EKS-Anlage *f* cathodic-protection installation (system)
E-Kupfer *n s.* Elektrolytkupfer
Elastizität *f* elasticity
Elastizitätsgrenze *f* elastic limit, elastic-plastic boundary
Elastizitätsmodul *m* modulus of elasticity, elastic modulus, Young's modulus [of elasticity]
ELC-Stahl *m* extra low carbon steel *(with carbon content less than 0.03 %)*
Elektroanstrichstoff *m s.* Elektrotauchanstrichstoff
Elektrobeschichtung *f* electrocoating, electrophoretic coating
Elektrochemie *f* electrochemistry
elektrochemisch electrochemical ● **auf elektrochemischem Wege** by an electrochemical route
Elektrode *f* electrode
~/abschmelzende consumable electrode
~/bipolare bipolar electrode (anode, cath-

ode) *(intermediate in a series of electrodes)*
~/**mehrfache** multiple electrode
~/**reversible (umkehrbare)** reversible electrode
~/**zweifache** double electrode
Elektrodenabstand *m* interelectrode distance
Elektrodenanordnung *f* electrode placement (assembly)
Elektrodenfläche *f* electrode area
Elektrodenkinetik *f* electrode kinetics
Elektrodenpotential *n* electrode (half-cell) potential
Elektrodenreaktion *f* electrode (half-cell) reaction
Elektroendosmose *f s.* Elektroosmose
Elektrofilter *n* electrical (electrostatic) precipitator, electrostatic filter
Elektroisolierlack *m* insulating varnish
Elektrokapillarkurve *f* electrocapillary curve
Elektrokoagulation *f* electrocoagulation
Elektrokorund *m* artificial corundum (alumina, aluminium oxide)
Elektrokristallisation *f* electrocrystallization
Elektrolyse *f* electrolysis
Elektrolysespannung *f* rupture voltage *(electrocoating)*
Elektrolysezelle *f* electrolysis (electrolytic) cell
elektrolysieren to electrolyze
Elektrolyt *m* electrolyte, *(plat also)* bath, [electro]plating solution
~/**alkalischer** alkaline bath
~/**anodischer** anolyte
~/**ausgearbeiteter** spent bath
~/**borflußsaurer** *s.* Fluoroboratelektrolyt
~/**cyanidischer** cyanide bath
~/**einebnender** levelling bath
~/**einfacher** plain bath
~/**hochkonzentrierter** high-density bath
~/**katodischer** catholyte
~/**langsamarbeitender** low-efficiency bath
~/**luftbewegter** air-agitated bath
~/**mattarbeitender** dull bath
~/**metallarmer** low-density bath
~/**ruhender** still bath
~/**saurer** acid bath
~/**selbstregulierender** self-regulating bath
~/**unbewegter** still bath
~/**verbrauchter** spent bath
~/**zusatzfreier** plain bath

Elektrolytanode *f* electrolyte anode
Elektrolytansatz *m (plat)* bath formulation
Elektrolytbad *n s.* 1. Elektrolytflüssigkeit; 2. Elektrolytbehälter
Elektrolytbehälter *m* [electro]plating tank
Elektrolytbestandteil *m (plat)* bath constituent (ingredient)
Elektrolytblei *n* electrolytic lead
Elektrolytbrücke *f* salt bridge
Elektrolytchrom *n* chromium plate (electroplates)
Elektrolyteisen *n* electrolytic iron
Elektrolytflüssigkeit *f* [electro]plating solution, plating bath
Elektrolytführung *f (plat)* bath operation
elektrolytisch electrolytic[al]
Elektrolytkupfer *n* electrolytic (cathode) copper
Elektrolytkupferanode *f* electrolytic copper anode
Elektrolytleitfähigkeit *f* ion[ic] conductance
~/**spezifische** ion[ic] conductivity
Elektrolytlösung *f* electrolytic solution, solution of electrolytes; *(plat)* bath, [electro]plating solution
Elektrolytmenge *f*/**eingeschleppte** *(plat)* drag-in
Elektrolytnickel *n* electrolytic nickel
Elektrolytschlüssel *m* salt bridge
Elektrolytsilber *n* electrolytic silver
Elektrolytumwälzung *f (plat)* solution agitation
Elektrolytzink *n* electrolytic zinc
Elektrolytzusammensetzung *f (plat)* bath (electrolyte) composition, solution formula (composition)
Elektrolytzusatz *m* plating additive
elektronegativ electronegative
Elektronegativität *f* electronegativity
Elektronenabgabe *f* electron donation, release of electrons
elektronenabgebend electron-donating, electron-releasing, electron-providing
Elektronenabgeber *m* electron donor
Elektronenakzeptor *m* electron acceptor
Elektronenanordnung *f* electron configuration
Elektronenaufnahme *f* electron acceptance
elektronenaufnehmend electron-accepting, electron-consuming
Elektronenaufnehmer *m* electron acceptor
Elektronenaustausch *m* electron exchange

Elektronenaustrittsarbeit

Elektronenaustrittsarbeit *f* electron[ic] work function
Elektronenbeschuß *m* electron bombardment
Elektronenbeugung *f* electron diffraction
~ **mit Durchstrahlungsanordnung** transmission electron diffraction
Elektronenbeugungsbild *n*, **Elektronenbeugungsdiagramm** *n* electron-diffraction pattern
Elektronenbeugungsuntersuchung *f* electron-diffraction examination
Elektronenbewegung *f* electron movement
Elektronenbombardement *n* s. Elektronenbeschuß
Elektronendefekt *m* electron defect
Elektronendefekt[halb]leiter *m* s. p-Leiter
Elektronendefektstelle *f* vacant electron site, positive (electron) hole, defect electron
Elektronendon[at]or *m* electron donor
Elektroneneinfang *m* capture of electrons, electron capture
Elektronenenergie *f* electron[ic] energy
Elektronenfluß *m* electron flow
Elektronengeber *m* electron donor
Elektronenkanone *f* electron gun
Elektronenkonfiguration *f* electron configuration
Elektronenkonfigurationstheorie *f* electron-configuration theory *(of passivity)*
elektronenleitend electron-conducting
Elektronenleiter *m* electronic conductor
Elektronenleitfähigkeit *f* electron[ic] conductivity
Elektronenleitung *f* electron[ic] conduction
elektronenliefernd *s.* elektronenspendend
Elektronenloch *n* s. Elektronendefektstelle
Elektronenmikrosonde *f* electron [micro]probe
Elektronennehmer *m* electron acceptor
Elektronenresonanzspektroskopie *f* s. Elektronenspinresonanzspektroskopie
Elektronenschlucker *m* electron acceptor
elektronenspendend electron-donating, electron-providing, electron-releasing
Elektronenspender *m* electron donor
Elektronenspinresonanzspektroskopie *f* electron paramagnetic resonance spectroscopy, EPR spectroscopy, electron spin resonance spectroscopy, ESR spectroscopy
Elektronenstrahl *m* electron beam

Elektronenstrahldiffraktion *f* electron diffraction
Elektronenstrahldiffraktograph *m* electron-diffraction camera
Elektronenstrahlhärtung *f (paint)* electron-beam curing
Elektronenstrahlmikroanalysator *m* electron-probe microanalyser
Elektronenstrahlmikroanalyse *f* electron-probe microanalysis
Elektronenstrahl-Mikroanalyseapparatur *f* electron-probe microanalyser
Elektronenstrahlmikrosonde *f* electron [micro]probe
Elektronenstrahloszilloskop *n* cathode-ray oscilloscope
Elektronenstrahlschmelzen *n* electron-beam melting
Elektronenstrahltrocknung *f (paint)* electron-beam curing
Elektronenstrahlverdampfung *f* electron-beam evaporation
Elektronentransport *m* electron transport
Elektronenübergang *m* electron[ic] transition
Elektronenüberschuß[halb]leiter *m* s. n-Leiter
Elektronenübertragung *f* electron transfer
Elektronenübertritt *m* electron[ic] transition
Elektronenverbrauch *m* electron consumption
elektronenverbrauchend electron-consuming, electron-accepting
Elektronenverbraucher *m* electron acceptor
Elektronenverlust *m* loss of electrons
Elektronenwanderung *f* electron migration
Elektronenwiderstand *m* electronic resistance
elektronenziehend *s.* elektronenverbrauchend
Elektronenzuführung *f* supply of electrons
elektroneutral electroneutral, electrically neutral
Elektroneutralität *f* electroneutrality, electrical neutrality
Elektroosmose *f* electroosmosis, electroendosmosis
elektroosmotisch electroosmotic
Elektrophorese *f* electrophoresis
Elektrophoreseanlage *f* electrodeposition plant
Elektrophorese-Anstrichstoff *m* electrodeposition (electrocoating) paint, electropaint

Elektrophoresebad n electrodeposition bath
Elektrophoresebecken n electrodeposition tank
Elektrophoresebeschichtung f electrophoretic coating, electrocoating
Elektrophoreselack m s. Elektrophorese-Anstrichstoff
Elektrophoreselackierung f electrophoretic painting (dipping), electropainting
Elektrophoresetauchanlage f s. Elektrophoreseanlage
Elektrophosphatierung f electrolytic phosphating, electrophosphating
elektroplatieren s. elektroplattieren
Elektroplattierbad n s. Elektrolyt
elektroplattieren to electroplate, *(specif)* to coat (plate) continuously *(steel strip)*
Elektroplattieren n electroplating, *(specif)* continuous strip coating *(of steel)*
Elektropoliereffekt m electrobrightening, electropolishing *(in pits)*
elektropolieren to electropolish, to electrobrighten
Elektropolierfilm m, **Elektropolierschicht** f [electro]polishing film *(unintended phenomenon on pits)*
elektropositiv electropositive
Elektropositivität f electropositivity
Elektrostatik-Handspritzpistole f electrostatic [hand, spray] gun
Elektrostatikspritzen n electrostatic spraying (spray coating)
Elektrostriktion f electrostriction *(deformation as of the hydrate sheath as the result of an applied electric field)*
Elektrotauchanlage f electrocoating (electropainting, electrodip) plant
Elektrotauchanstrichstoff m electrocoating paint, electropaint
Elektrotauchbad n s. Elektrotauchlackierbad
Elektrotauchbecken n electrocoating (electropaint, electrodip) tank
Elektrotauchbeschichtung f, **Elektrotauchen** n s. Elektrotauchlackierung
Elektrotauchgrundanstrichstoff m electrodeposition priming paint, electropaint (electrodeposition, electrophoretic) primer
Elektrotauchgrundieren n electropriming
Elektrotauchgrundierung f s. 1. Elektrotauchgrundieren; 2. Elektrotauchgrundanstrichstoff
Elektrotauchlackfarbe f electrocoating paint, electropaint

Elektrotauchlackieranlage f electrocoating (electropainting, electrodip) plant
Elektrotauchlackierbad n electrocoating (electropainting) bath
elektrotauchlackieren to electrocoat, to electropaint
Elektrotauchlackierstraße f electrocoating (electropainting) line
Elektrotauchlackierung f electrocoating, electropainting, electrophoretic coating (painting, dipping)
~/anodische anodic electrocoating
~/katodische cathodic electrocoating
Elektrotauchlackierverfahren n electrocoating process
Elektrotauchlackschicht f electrocoating paint film, electrocoat[ing]
Element n/**elektrochemisches (galvanisches)** electrochemical cell, galvanic cell (couple)
Elementarzelle f *(cryst)* repeat unit, unit cell
Elementbildung f cell formation
Elementspannung f cell potential (voltage)
Elementstrom m cell (galvanic) current
Elementwirkung f galvanic couple action
Ellipsometer n ellipsometer
Ellipsometrie f ellipsometry, ELF *(for examining surfaces)*
ellipsometrisch ellipsometric
Eloxieren n anodization, anodic oxidation *(of aluminium)*
Email n vitreous enamel, *(Am also)* porcelain enamel, PE
Emailbrennofen m enamelling furnace
Emailhaftung f enamel adhesion
Emaille f s. Email
Emaillelackfarbe f enamel [paint], hard-gloss paint
~/physikalisch trocknende lacquer enamel
emaillieren to enamel
Emaillierer m enameller
Emaillierofen m enamelling furnace
Emaillierung f 1. [vitreous] enamelling; 2. s. Email[schutz]schicht
Emailpuder m, **Emailpulver** n powdered enamel
Email[schutz]schicht f [vitreous] enamel coating
Emissionsquelle f emission source *(for air pollutants)*
EMK s. Kraft/elektromotorische
E-Modul m s. Elastizitätsmodul

empfindlich

empfindlich susceptible, sensitive ● ~ **machen** to sensitize *(as to intergranular corrosion)*
Empfindlichkeit f susceptibility, sensitivity
~ **gegen Kornzerfall** susceptibility to intergranular (grain-boundary) attack (corrosion), intercrystalline corrosion susceptibility
~ **gegen Spannungsrißkorrosion** susceptibility to stress-corrosion cracking, stress-corrosion susceptibility
Empfindlichkeitsbereich m, **Empfindlichkeitsgebiet** n sensitizing range (zone) *(of intergranular corrosion)*
Emulgator m emulsifying agent, emulsifier
emulgierbar emulsifiable
emulgieren to emulsify
Emulgieren n emulsification
Emulgierentfetten n s. Emulsionsentfetten
Emulgierfähigkeit f emulsifying power
Emulgiermittel n emulsifying agent, emulsifier
Emulgierung f emulsification
Emulgiervermögen n emulsifying power
Emulgierwirkung f emulsifying action
Emulsionsanstrichstoff m emulsion coating
Emulsionsbindemittel n emulsion vehicle
Emulsionsentfetten n emulsion degreasing
Emulsionsentfetter m emulsion degreaser
Emulsionsfarbe f [water-]emulsion paint
Emulsionsreiniger m emulsion cleaner, emulsifiable solvent detergent
Emulsionsreinigung f emulsion cleaning
Endnickelschicht f *(plat)* nickel overplate *(as of Cu-Ni coating systems)*
Endphase f end phase
Endschicht f superstrate, finishing layer *(of a multilayer protective system)*
Endschichtdicke f limiting thickness *(as of an anodized coating)*
Endspülung f final rinsing (wash)
Endstadium n final stage
Energie f/**[Helmholtzsche] freie** work (Helmholtz) function, [Helmholtz] free energy
~/**innere** internal energy, self-energy
~/**thermische** thermal energy
Energiebarriere f energy barrier (hump)
Energiebereich m/**verbotener** s. Energielücke
Energieberg m energy hump (barrier)
Energiebilanz f energy balance
Energiedichte f/**kohäsive** cohesive energy density

Energiefreisetzung f release of energy
Energiegewinn m gain in energy
Energielücke f energy gap, forbidden band
Energiequelle f source of energy, energy well
energiereich high-energy, rich in energy, energy-rich, energetic
Energieschranke f, **Energieschwelle** f energy barrier (hump)
Energieverbrauch m energy (power) consumption
Energiezustand m energy state
Englischrot n polishing rouge
engobieren to engobe
E-Nickel n s. Elektrolytnickel
entaluminieren to dealumi[ni]fy, to dealuminize
Entaluminierung f dealumi[ni]fication, dealuminization
enteisenen to deferrize *(water)*
Enteisenung f deferrization *(of water)*
Enteisungsmittel n de-icing chemical
Enteisungssalz n de-icing salt
entfärben to bleach
entfernbar removable
Entfernbarkeit f removability
Entfernen n **von Anstrichen** paint removal (stripping)
entfestigen to weaken
Entfestigung f loss in [mechanical] strength, weakening
entfetten to degrease
Entfetten n degreasing
~/**alkalisches** alkali[ne] degreasing, alkaline solution degreasing
~/**anodisches** anodic (reverse current) electrocleaning, reverse cleaning
~/**elektrochemisches (elektrolytisches)** electrolytic degreasing, electrolytic [alkaline] cleaning, electrocleaning
~/**katodisches** cathodic [electro]cleaning, direct [current] cleaning
Entfetter m s. 1. Entfettungsmittel; 2. Entfettungsapparat; 3. Entfettungsanlage
Entfettungsanlage f degreasing plant, degreaser
Entfettungsapparat m degreasing machine, degreaser
Entfettungsbad n[/**elektrochemisches, elektrolytisches**] s. Entfettungselektrolyt
Entfettungselektrolyt m electrolytic cleaner (cleaning bath), electrocleaner

Entfettungslösung f degreasing solution (fluid), cleaning solution
Entfettungsmittel n degreasing agent, degreaser
~/alkalisches alkali[ne] degreaser
Entfettungswirkung f degreasing (cleaning) action; degreasing (cleaning) effect
entfeuchten to dehumidify
Entfeuchtung f dehumidification
Entfeuchtungsmittel n desiccating agent, desiccant
entflammbar [in]flammable
~/nicht non-[in]flammable
Entflammbarkeit f [in]flammability
entflocken to peptize, to deflocculate (colloids)
Entflockung f peptization, deflocculation (of colloids)
entgasen to degas[ify], to outgas
Entgasen n degasification, degassing
Entgaser m, **Entgasungsgerät** n degasser
entgiften (plat) to detoxicate
Entgiftung f (plat) detoxication
entgraten to deburr, to burr
Entgraten n deburring, burring
~/elektrolytisches electrolytic deburring
Entgratungscompound m(n) deburring compound
Enthalpie f/[Gibbssche] freie Gibbs function (free energy), free energy
Enthalpieänderung f enthalpy change
enthärten to soften (water)
Enthärter m s. Enthärtungsmittel
Enthärtungsanlage f softening plant (installation) (water conditioning)
Enthärtungsmittel n softener, softening agent (for water)
entionisieren to deionize (water)
Entionisierung f deionization (of water)
entkarbonisieren to decarbonize (water)
Entkarbonisierung f decarbonization (of water)
entkobalten to decobaltify
Entkobaltung f decobaltification
entkohlen to decarburize (e.g. iron alloys)
Entkohlung f decarburization (as of iron alloys)
entkupfern to decopperize
Entkupfern n decopperizing
Entlacken n paint removal
Entlackungsmittel n [chemical] paint remover, paint stripper

~/alkalisches caustic [paint] stripper, alkaline [paint] stripper
entladen to discharge
Entladung f discharge
Entladungspotential n discharge potential
Entleerungsstelle f (plat) unloading zone
entlüften to deaerate
Entlüfter m deaerator
Entlüftung f deaeration
Entlüftungsanlage f deaeration plant
Entlüftungsapparat m, **Entlüftungseinrichtung** f deaerator
entmanganen to demanganize (water)
Entmanganung f demanganization (of water)
entmetallisieren (plat) to deplate (an anode)
Entmetallisierung f (plat) deplating (of an anode)
Entmetallisierungselektrolyt m deplating bath
entmineralisieren to demineralize (water)
Entmineralisierung f demineralization (of water)
entmischen/sich to separate, to segregate
Entmischung f separation, segregation; elemental partitioning (of a melt)
entnickeln to denickelify
Entnick[e]lung f denickelification
entpassivieren to depassivate
Entpassivierung f depassivation
entrollen to uncoil
Entrollvorrichtung f uncoiler (of a continuous sheet metallizing line)
Entropie f entropy
Entropieänderung f entropy change
entrosten to derust
Entrosten n derusting, rust removal
~/chemisches chemical derusting
~/maschinelles power-tool derusting (cleaning)
~ von Hand manual derusting, hand [tool] cleaning
Entroster m deruster, rust remover
Entrostungsgrad m degree of derusting
Entrostungshammer m rust hammer
Entrostungslösung f derusting solution
Entrostungsmittel n deruster, rust remover
Entrostungsschaber m hand scraper
entsalzen to desalt, to demineralize (water)
Entsalzung f desalination, demineralization (of water)
entsäuern to deacidify (water)
Entsäuerung f deacidification (of water)

Entschäumer m, Entschäumungsmittel n defoamer, anti-foam[er], defoaming (antifoaming) agent
entschwefeln to desulphurize
Entschwefelung f desulphurization
entspannen to stress-relieve
Entspannen n stress relief [treatment]
Entspanner m (plat) anti-stress agent
entspannt stress-relieved
Entspannungsglühen n stress relief anneal[ing], stress-relieving (stress-relief) heat treatment
Entspannungsverdampfung f flash evaporation
Entstaubung f dedusting, dust elimination
Entstaubungsanlage f dust separator
Entstehungsmechanismus m mechanism of formation (origination)
Enttropfung f/**elektrostatische** (paint) electrostatic detearing
entwässern to dehydrate
Entwässerung f dehydration
Entwässerungsmittel n dehydrating (dehydration, dewatering) agent, dehydrator
Entwicklung f liberation (as of gas)
entzinken to dezincify
Entzinkung f dezincification, (as a corrosion phenomenon also) dezincification corrosion ● ~ **erleiden** to undergo dezincification, to dezincify
~/flächenförmige (lagenförmige) layer-type dezincification
~/pfropfenförmige plug-type dezincification
~/schichtförmige s. ~/flächenförmige
entzinkungsgefährdet susceptible to dezincification
Entzinkungspfropfen m dezincification plug
entzinnen to detin
~/sich to destannify (stanniferous alloys)
Entzinnung f 1. detinning (as of tin cans); 2. destannification (an undesirable process in tin-bearing alloys)
entzundern to descale, to scale
Entzunderung f descaling, scaling
~/chemische chemical descaling
~ in Salzschmelzen salt-bath descaling
Entzunderungsbad n descaling bath
Entzunderungselektrolyt m (plat) descaling bath
Entzunderungsmittel n descaling agent
epitaktisch epitaxial, epitaxic (crystal deposition)

Epitaxie f epitaxy (oriented growth on a different crystalline substrate)
Epoxidalkydharz n epoxidized alkyd
Epoxid-Amin-Anstrichstoff m epoxy amine paint
Epoxidäquivalent[gewicht] n epoxide equivalent [weight], [molecular] weight per epoxide, WPE
Epoxidester m s. Epoxidharzester
Epoxidharz n epoxy (epoxide) resin
Epoxidharzanstrich m epoxy coating
Epoxidharzanstrichstoff m epoxy[-resin] paint, epoxide paint, epoxy coating
~/lösungsmittelhaltiger solution epoxy
Epoxidharzester m epoxy[-resin] ester
Epoxidharzester-Anstrichstoff m epoxy ester paint
Epoxidharzesterlack m epoxy ester enamel
Epoxidharz-Isocyanat-Anstrichstoff m epoxy isocyanate paint
Epoxidharzlack m 1. epoxy enamel; 2. s. Epoxidharzanstrichstoff
Epoxidharz-Polyamid-Anstrichstoff m epoxy polyamide paint
Epoxidharzpulver n epoxy powder
Epoxidharzschutzschicht f epoxy coating
Epoxidharzspachtel m epoxy stopper
Epoxidharz-Zinkstaub-Grundfarbe f zinc-dust epoxy-resin primer
Epoxidlack m 1. epoxy enamel; 2. s. Epoxidharzanstrichstoff
Epoxid-Zinkstaub-Primer m zinc-dust epoxy-resin primer
Epoxy... s. Epoxid...
EPR-Spektroskopie f s. Elektronenspinresonanzspektroskopie
EPS s. Pulverspritzen/elektrostatisches
EP-Spachtel m s. Epoxidharzspachtel
Erdausbreitungswiderstand m s. Erdungswiderstand
Erdboden m soil (for compounds s. Boden)
erden to earth, (Am) to ground
Erder m (cath) buried (ground) anode
Erdölasphalt m petroleum asphalt
Erdpigment n earth (natural, mineral) pigment, natural earth pigment, earth colour
Erdpotential n soil potential
Erdstrom m soil (earth) current
Erdung f earthing
Erdungsgraben m (cath) horizontal ditch
Erdungsleiter m (cath) earthing conductor
Erdungsstab m (cath) groundrod

Erdungssystem n *(cath)* [electrical] earthing system
Erdungswiderstand m *(cath)* earthing (groundbed) resistance
Erdvergrabungsversuch m soil-burial test
erdverlegt buried, below-ground
Erdverlegung f [soil] burial
Erdwiderstand m soil (ground) resistance
~/spezifischer [elektrischer] soil (ground) resistivity
Erftwerk-Glänzverfahren n Erftwerk process *(for brightening aluminium)*
Erftwerk-Verfahren n Erftwerk process, EW process *(for oxidizing aluminium)*
Ergiebigkeit f [paint] coverage, covering power, spreading capacity; coverage (spreading) rate
Erhaltungsanstrich m 1. maintenance [re]painting; 2. maintenance coat (coating, finish)
Erhebung f [micro]prominence, high light, [roughness] peak, protuberance, promontory *(in the microprofile of a surface)*
Erichsen-Tiefung f 1. Erichsen impression; 2. Erichsen value; 3. s. Erichsen-Tiefziehversuch
Erichsen-Tiefziehversuch m Erichsen [cup] test
erlöschen to die away *(e.g. current flow)*
ermüden to fatigue, to undergo (suffer) fatigue
Ermüdung f fatigue
~ bei niedrigen Lastwechselfrequenzen low-cycle fatigue
Ermüdungsanriß m fatigue precrack
Ermüdungsbelastung f fatigue loading
Ermüdungsbeständigkeit f fatigue resistance (strength)
Ermüdungsbruch m fatigue failure
Ermüdungsfestigkeit f fatigue resistance (strength)
Ermüdungsgrenze f fatigue (endurance) limit
Ermüdungskorrosion f corrosion fatigue [cracking]
Ermüdungsmaschine f fatigue [testing] machine
Ermüdungsprüfung f fatigue testing
Ermüdungsrastlinie f crack arrest line *(with fatigue failure)*
Ermüdungsriß m fatigue crack
Ermüdungsrißbildung f fatigue cracking
Ermüdungsschaden m, **Ermüdungsschädigung** f fatigue damage

Ermüdungsversuch m fatigue test (experiment)
Ermüdungswiderstand m fatigue resistance (strength)
Erneuerungsanstrich m 1. repainting; 2. repaint coating ● **mit einem ~ versehen** to repaint
Erosion f erosion
erosionsbeständig resistant to erosion, erosion-resistant
Erosionsbeständigkeit f resistance to erosion, erosion resistance
erosionsgefährdet susceptible to erosion
Erosionskorrosion f erosion-corrosion, corrosion-erosion
Erprobung f experimentation
Erprobungsklima n test environment
Erscheinungsform f **der Korrosion** type (form) of corrosion
erschöpfen to exhaust *(e.g. oxygen or ion exchangers)*
Erschöpfung f exhaustion *(as of oxygen or ion exchangers)*
Erstanstrich m initial paint coating
Erstarren n solidification
Erstarrungskurve f solidus [curve, line]
Erst[korrosions]schutz m initial protection
Erwärmungsversuch m quench test *(for determining the adhesion of coatings)*
erweichen to soften
Erweichungsbereich m, **Erweichungsintervall** m softening range
Erweichungszustand m softening stage
E-Silber n s. Elektrolytsilber
ESMA s. Elektronenstrahlmikroanalyse
ES-Pulver n electrostatic powder
ESR-Spektroskopie f s. Elektronenspinresonanzspektroskopie
ESS s. Essigsäure-Salzsprüh[nebel]prüfung
Essigsäure f acetic acid
Essigsäure-Salzsprüh[nebel]prüfung f acetic-acid salt-spray testing
Essigsäure-Salzsprühtest m acetic-acid salt-spray test, acetic salt test, ASS test
ET-Anstrichstoff m s. Elektrotauchanstrichstoff
Ethylendiamintetraessigsäure f ethylenediamine tetraacetic acid, EDTA
ETL s. Elektrotauchlackierung
ETL-Becken n s. Elektrotauchbecken
ETL-Bindemittel n electrocoating vehicle
ETL-Lack m s. Elektrotauchanstrichstoff

Eutektikum

Eutektikum *n* eutectic [mixture]
eutektisch eutectic
Eutektoid *n* eutectoid
eutektoidisch eutectoid
Evans-Element *n*, **Evans-Korrosionselement** *n* [differential-]aeration cell, oxygen[-concentration] cell
E-Wolle *f* regular soluble nitrocellulose, RS nitrocellulose
EW-Verfahren *n s.* Erftwerk-Verfahren
Exhalation *f* exhalation, outgassing *(of volcanoes)*
Existenzbereich *m* range of existence
Explosionsauftrag *m* detonation [flame] spraying
explosionsgeschützt explosion-proof
explosionsgespritzt detonation-gun applied
Explosionsgrenze *f* explosive limit
~/obere upper explosive limit, UEL
~/untere lower explosive limit, LEL
Explosionsplattieren *n* explosion cladding, explosive bonding
explosionsplattiert explosively clad[ded], explosive-clad
Explosions[schutz]schicht *f* detonation [gun] coating, detonation flame-plated coating
Explosionsspritzen *n* detonation [gun] coating, D-gun coating, detonation [flame] spraying
Explosionsspritzgerät *n* detonation [flame-spray] gun
Explosionsüberzug *m* 1. explosion cladding; 2. *s.* Explosionsschutzschicht
Explosivplattieren *n s.* Explosionsplattieren
exponieren to expose *(to corrosive influences)*
Exponierung *f*, **Exposition** *f* exposure *(for compounds s.* Auslagerung*)*
Extender *m* extender[-pigment], paint extender, [extending] filler, inert pigment
extraktionsbeständig resistant to extraction
Extraktionsbeständigkeit *f* resistance to extraction
Extreme-pressure-Schmiermittel *n* extreme-pressure lubricant
Extrusion *f* extrusion *(in slip bands)*
E-Zink *n s.* Elektrolytzink

F

Fabrikationswasser *n* process[ing] water
Facette *f (cryst)* facet
Facettenbildung *f*, **Facettenwachstum** *n (cryst)* facet formation
Facettierung *f* facet[t]ing
Faden *m / gewundener* coiled hairline *(filiform corrosion)*
Fadenbildung *f s.* Fadenziehen
Fadenkopf *m* filament head *(filiform corrosion)*
Fadenkörper *m* inactive (corrosion product) tail *(filiform corrosion)*
Fadenkorrosion *f* filiform (filamentary, thread-like) corrosion
Fadenziehen *n* cobwebbing, stringing *(fault in paint spraying)*
Fadeometer *n s.* Farbechtheitsprüfer
Fahrsystem *n* plating conveyor *(of an electroplating plant)*
Fahrweise *f / intermittierende* intermittent operation *(as of anodic protection)*
Fahrzeuglack *m*, **Fahrzeuglackfarbe** *f* automotive finish
Fahrzeuglackierung *f* automotive finish[ing]
fällen to precipitate, to throw down
Fällung *f / rhythmische* rhythmic precipitation
Faraday-Äquivalent *n* Faraday equivalent
Faraday-Gesetz *n* Faraday's law
Faraday-Konstante *f*, **Faraday-Zahl** *f* Faraday [constant], Faraday's number
Farbänderung *f* colour change, change in colour, discoloration
Farbanstrich *m* paint coat[ing]
Farbauftrag *m* paint application
Farbbecher *m* paint cup
Farbbehälter *m* paint container
Farbdruck *m* paint pressure
Farbdruckgefäß *n*, **Farbdruckkessel** *m* pressure-feed paint tank, pressure container (pot, tank)
Farbdüse *f* paint nozzle, fluid nozzle (tip)
Farbe *f* 1. colour *(sensation)*; 2. paint, pigmented coating
~/korrosionsschützende corrosion-protective paint, anti-corrosion (anti-corrosive, corrosion-preventive) paint
~/spritzfertige ready-to-spray paint
~/streichfertige ready-to-brush paint
Farbechtheit *f s.* Farbtonbeständigkeit

Farbechtheitsprüfer *m* fadeometer
Farbeindringverfahren *n* dye-penetrant method *(for detecting cracks or other surface defects)*
Färben *n* dyeing *(as of oxide coatings)*
Farbenzinkoxid *n* leaded zinc oxide
Farbnadel *f* fluid needle *(of a spray gun)*
Farbnebel *m* paint fog (spray mist)
Farbroller *m* roller [coater], hand roller
Farbschicht *f* paint coat[ing], coat [of paint]
Farbschlauch *m* fluid (paint) hose *(of a spray gun)*
Farbspritzanlage *f* spray-painting plant
Farbspritzapparat *m s.* Farbspritzgerät
Farbspritzen *n* paint spraying, spray painting, spraying
Farbspritzgerät *n* paint-spray apparatus
Farbspritzkabine *f* paint-spray booth
Farbspritzpistole *f* paint-spray[ing] gun, paint sprayer
Farbsprüh... *s.* Farbspritz...
Farbstaub *m* spray dust
Farbstoff *m* dye
Farbtonbeständigkeit *f* colour fastness (stability, retention), fade resistance
Farbtonechtheit *f*, **Farbtonstabilität** *f s.* Farbtonbeständigkeit
Farbveränderung *f s.* Farbänderung
Faserstruktur *f* fibrous structure
F-Band *n* fatigue band *(one type of slip bands)*
federbelastet spring-loaded
Federklemme *f (plat)* [electro]plating jig, spring contact (tip)
Fehler *m* defect, flaw, fault *(of material); (cryst)* imperfection, defect
fehlerfrei free from defects, sound, faultless
fehlerhaft defective, faulty
Fehlerortung *f* defect detection
Fehlersuche *f* **und -beseitigung** *f* trouble shooting
Fehlersuchgerät *n* defectoscope
fehlgeordnet *(cryst)* disordered, disarrayed, misarranged, misaligned
Fehlordnung *f (cryst)* disorder, disarray, misarrangement, misalignment
Fehlordnungsenergie *f (cryst)* disordering energy
Fehlorientierung *f (cryst)* misorientation
Fehlpassung *f* mismatch, misfit
Fehlstelle *f* 1. holiday, discontinuity, miss, void, skip *(in a coating)*; 2. *(cryst)* [lattice] defect

Ferromagnetikum

Fehlstellenkonzentration *f (cryst)* vacancy concentration
Fehlstellenleitung *f s.* p-Leitung
Feilprobe *f* filing (file) test *(for determining the adhesion of metallic coatings)*
Feinblech *n* sheet metal *(less than 4 mm thick)*
feinblumig small-spangled *(metal coating)*
feindispers finely dispersed
Feinentfettung *f* final degreasing
Feingefüge *n* microstructure
Feingleitung *f* fine slip
feinkörnig fine-grain[ed]
Feinkörnigkeit *f* fine graininess
feinkristallin finely crystalline
feinporig fine-pored
Feinreinigung *f* final cleaning
Feinrißnetzwerk *n* microcrack pattern *(in chromium coatings)*
Feinstbearbeitung *f* superfinishing
Fein[st]struktur *f* microstructure
Feinvakuum *n* moderate vacuum
Feinwaage *f* microbalance
Feinzink *n* high-purity zinc
Feldeffekt *m* field effect
Feldelektronenmikroskopie *f* field-electron emission microscopy
Feldionenmikroskopie *f* field-ion microscopy
Feldmessung *f* outdoor measurement
Feldstärke *f* **/ elektrische** electronic field strength
Feldversuch *m* field test (trial) ● **im ~ geprüft** field-tested
Feldwirkung *f* field effect
fernbedient remotely controlled
Fernbedienung *f* remote control
ferngesteuert remotely controlled
Fernordnung *f* long-range order (structure) *(as in alloys)*
Fernschutzwirkung *f* sacrificial action *(of a base metal, esp zinc)*
Fernsteuerelement *n* remote-control unit
Fernsteuerung *f* remote control
Ferri-Ion *n s.* Eisen(III)-ion
Ferrit *m* ferrite *(a solid solution of carbon in alpha or delta iron)*
ferritfrei ferrite-free
Ferritgefüge *n* ferrite (ferritic) structure
ferritisch ferritic
Ferrochrom *n* ferrochromium
Ferrolegierung *f* ferro-alloy
Ferromagnetikum *n* ferromagnetic [material, substance]

Ferromangan *n* ferromanganese
Ferrosilicium *n* ferrosilicon, silicon-iron alloy
Ferrostan-Linie *f* Ferrostan line *(for electrodepositing tin on steel strip)*
Ferroxylindikator *m* ferroxyl indicator
Ferroxyltest *m* ferroxyl test *(for determining the porosity)*
Fertigbeton *m* ready-mixed concrete
Fertigungsanstrich *m* shop coating (primer, coat), shop-applied (factory-applied) coating, [pre]fabrication primer, preconstruction primer
Fertigungsanstrichstoff *m* shop coating (paint, primer), [pre]fabrication primer, pre-construction primer
Fertigungsspannung *f* fabrication (fit-up) stress
fest werden to solidify
Fest-Fest-Grenzfläche *f* solid-solid interface
Fest-Flüssig-Grenzfläche *f* solid-liquid interface
festfressen:
~/sich to seize, to gall *(metal surfaces in relative motion)*
Festfressen *n* seizing, seizure, galling *(of metal surfaces in relative motion)*
festhaftend tightly adherent (adhering), firmly adhering, tenacious, clinging
Festigkeit *f* stability, firmness, rigidity, tenacity, *(esp in materials testing)* strength
~/dielektrische dielectric strength
Festigkeitsabfall *m* loss in [mechanical] strength
Festigkeitseigenschaften *fpl* strenght-related properties
Festigkeitseinbuße *f* loss in [mechanical] strength
festigkeitsmindernd reducing the [mechanical] strength
Festigkeitsminderung *f* reduction in [mechanical] strength
Festigkeitsprüfung *f* strength testing
Festigkeitsrückgang *m* s. Festigkeitsverlust
festigkeitssteigernd increasing the [mechanical] strength
Festigkeitssteigerung *f* increase in [mechanical] strength
Festigkeitsverlust *m* loss in [mechanical] strength
Festkörper *mpl (paint)* non-volatile matter, non-volatile, non-volatiles, solids
Festkörperanteil *m s.* Festkörpergehalt

Festkörperdiffusion *f* solid-state diffusion
Festkörpergehalt *m (paint)* non-volatile content, solid[s] content, total solids
Festkörperkonzentration *f (paint)* non-volatile concentration
Festkörperlöslichkeit *f* solid solubility
Festkörperreaktion *f* solid-state reaction
Feststoffanteil *m s.* Festkörpergehalt
Feststoffe *mpl s.* Festkörper
Feststoffphase *f* solid phase
Festwerden *n* solidification
fett 1. long-oil *(paint)*; 2. rich *(concrete)*
Fett *n* grease *(technically)*; fat *(chemically)*
~/pflanzliches vegetable fat
~/technisches commercial grease
~/tierisches animal fat
~/vegetabilisches vegetable fat
fettbeständig resistant to grease, grease-resistant
Fettbeständigkeit *f* resistance to grease, grease resistance
fetten to grease
Fettfilm *m* grease film
Fettfluid *n* grease paint
fettfrei grease-free
Fettkante *f* fat (fatty, thick) edge *(formed from drained paint)*
Fettkessel *m* grease pot *(hot-dip tinning)*
Fettlöser *m*, **Fettlösungsmittel** *n* grease solvent
Fettsäure *f* fatty acid
~/halbtrocknende semi-drying oil fatty acid
~/nichttrocknende non-drying oil fatty acid
~/trocknende drying oil fatty acid
Fettschicht *f* grease layer, *(if thin)* grease film
Fettstein *m* soapstone *(as for scraping excess tin in hot-dip tinning)*
feucht moist, damp, wet *(relating to air also)* humid
Feuchte *f* moisture, dampness, wetness, *(relating to air also)* humidity ● **durch (mit) ~ härtend** moisture-curing, moisture-cured, moisture-set
~/absolute absolute humidity *(of air)*
~/kritische critical humidity *(of air)*; critical moisture content *(of solids)*
~/relative relative humidity, r. h., R. H., percentage humidity (saturation) *(of air)*
Feuchte... *s. a.* Feuchtigkeits...
feuchtebeladen moisture-carrying, moisture-laden

Feuchtebeladung f/kritische s. Feuchte/kritische
feuchtebeständig resistant to moisture, moisture-resistant
Feuchtebeständigkeit f resistance to moisture, moisture resistance
feuchteempfindlich sensitive to moisture
Feuchteempfindlichkeit f sensitivity to moisture
Feuchtegehalt m moisture content, (of air also) humidity
Feuchtegrad m degree of moisture
Feuchtekammer f [controlled] humidity cabinet, humidity chamber
Feuchtigkeit f s. Feuchte
~/atmosphärische s. Luftfeuchte
Feuchtigkeits... s. a. Feuchte...
Feuchtigkeitsabgabe f moisture desorption
Feuchtigkeitsaufnahme f moisture absorption
Feuchtigkeitsaufnahmevermögen n moisture-carrying capacity (of air)
Feuchtigkeitsbeanspruchung f exposure to moisture
feuchtigkeitsdurchlässig permeable to moisture
Feuchtigkeitsdurchlässigkeit f permeability to moisture, moisture permeability
Feuchtigkeitsfilm m moisture film
feuchtigkeitsgeschützt moisture-proof
feuchtigkeitshärtend moisture-curing, moisture-cured, moisture-set
Feuchtigkeitsmangel m lack of moisture
Feuchtigkeitsprüfung f humidity [cabinet] testing
Feuchtigkeitsschwelle f/kritische s. Feuchte/kritische
feuchtigkeitsundurchlässig impermeable to moisture
Feuchtigkeitsundurchlässigkeit f impermeability to moisture, moisture impermeability
Feuchtigkeitsversuch m moisture test
Feuchtlagerung f damp storing
Feuchtlagerversuch m humidity test
Feuchtraumkammer f s. Feuchtekammer
Feueraluminieranlage f hot-dip aluminizing installation (line)
Feueraluminieren n hot-dip aluminizing, aluminium-dip coating
feueraluminiert hot-dip aluminized, aluminium-dipped, dip-calorized
Feueraluminium[schutz]schicht f hot-dip[ped] aluminium coating

Feueraluminiumüberzug m s. Feueraluminium[schutz]schicht
feuermetallisch s. feuermetallisiert
Feuermetallisieren n hot dipping, hot-dip coating
~/diskontinuierliches hot-dip batch coating
feuermetallisiert hot-dipped, hot-dip coated
Feuermetallisierungsanlage f/kontinuierliche continuous hot-dipping line
Feuermetall[schutz]schicht f hot-dip metallic coating, hot-dip[ped] coating
Feuerschutzmittel n fire retardant
Feuerverbleien n hot-dip lead coating
Feuervergolden n fire (amalgam) gilding
Feuerverzinken n [hot-dip] galvanizing, zinc dipping
Feuerverzinker m [hot-dip] galvanizer (worker)
Feuerverzinkerei f [hot-dip] galvanizing plant (factory, shop)
feuerverzinkt [hot-dip] galvanized, zinc-dipped
Feuerverzinkungsanlage f [hot-dip] galvanizing installation, [hot-dip] galvanizing line
~/kontinuierliche continuous hot-dip galvanizing line
Feuerverzinkungskessel m galvanizing pot (kettle), zinc-bath kettle (container)
Feuerverzinnen n hot-dip tinning
feuerverzinnt hot-dip tinned
Feuerverzinnungsanlage f hot-dip tinning installation (line)
Feuerverzinnungskessel m tinning pot (kettle)
Feuerverzinnungsschicht f s. Feuerzinn[schutz]schicht
Feuerzink[schutz]schicht f [hot-dip] galvanized coating, hot-dip[ped] zinc coating
Feuerzinküberzug m s. Feuerzink[schutz]schicht
Feuerzinn n hot-dipped tin
Feuerzinn[schutz]schicht f hot-dip[ped] tin coating, hot-tinned coating
Feuerzinnüberzug m s. Feuerzinn[schutz]schicht
Filigrankorrosion f filiform (filamentary, thread-like) corrosion
Filigrankorrosionsfaden m corrosion filament
Film m film
~/monomolekularer monomolecular layer, monolayer

filmbildend

filmbildend film-forming, film-building, filming
Filmbildner *m* film-forming agent (material), film former
Filmbildung *f* film formation (building, build-up)
Filmbildungshilfsmittel *n* filming (coalescing) agent (aid) *(for emulsion coatings)*
Filmbildungstemperatur *f (paint)* filming (coalescing) temperature
~/minimale minimum filming temperature, MFT
Filmdicke *f* film thickness
Filmdickenmesser *m* film thickness gauge
Filmgelierdauer *f (paint)* gel time
Filmnachbildung *f* film repair *(as of oxide films)*
Filmwiderstand *m* film resistance
Filterhilfe *f*, **Filterhilfsmittel** *n (plat)* filter aid
Filtermedium *n*, **Filtermittel** *n* filter medium
filtern, filtrieren to filter, to filtrate, *(without pressure also)* to strain
Filzscheibe *f* felt wheel
Finger *mpl (paint)* fingers, tails, split [spray] pattern
Fingerabdruck *m* finger mark *(plating defect)*
Firnis *m* boiled oil
Fischauge *n* flake, fisheye, snowflake, shattercrack *(internal crack in steel caused by liberation of hydrogen)*
Fischöl *n* fish oil
Fischschuppen *fpl* fish scales *(defect in enamel)*
Fischschuppenbildung *f* fishscaling *(defect in enamel)*
flach flat
Flachbiegeprobe *f* bent panel
Flachdüse *f* fan nozzle
Flächenabtrag *m* surface removal, general [overall] attack
~/gleichmäßiger even general corrosion
~/ungleichmäßiger uneven general corrosion
Flächenbezirk *m* surface region
flächenbezogen per unit area
Flächendichte *f* **der Poren** pore density
~ der Versetzungen *(cryst)* dislocation density
Flächenfraß *m* general corrosion
Flächengewicht *n* coating (film) weight
Flächengewichtsverlust *m* corrosion loss measured gravimetrically
Flächenkorrosion *f* general [overall] corrosion
Flächenpotential *n* surface potential
Flächenregel *f* catchment [area] principle
Flächenverhältnis *n* area ratio
~ Anode zu Katode anode-cathode [area] ratio
Flachpinsel *m* flat brush
Flachprobe *f* test (exposure) panel, flat specimen (panel)
Flachsprühkegeldüse *f* fan nozzle
Flachstrahlbild *n* fan [spray] pattern
Flade-Potential *n*, **Flade-Spannung** *f* Flade potential
flammbeständig flame-resistant, resistant to flame
Flammbeständigkeit *f* flame resistance, resistance to flame
Flammdrahtspritzpistole *f* gas-fired wire gun, schooping gun
Flämmen *n* flame cleaning
Flammenduopistole *f* gas-fired two-wire gun
Flammenentrostung *f* flame cleaning
flammenhemmend flame-retardant, flame-retarding
Flammenpulverspritzpistole *f* powder [spray] gun, powder pistol
Flammenspritzen *n s.* Flammspritzen
Flammenspritzpistole *f s.* Flammspritzpistole
Flammentrostung *f* flame cleaning
flammgespritzt flame-sprayed, gas-sprayed, combustion-sprayed
Flammhärten *n* flame hardening
Flammplattieren *n s.* Flammschockspritzen
Flammpunkt *m* flash point
Flammpunktprüfer *m* flash-point tester
~ nach Abel-Pensky Abel-Pensky flash-point tester
Flammschockspritzen *n* detonation [flame] spraying, detonation [gun] coating, D gun coating
Flammschutzfarbe *f* flame-retardant (flame-retarding) paint
Flammschutzmittel *n* flame retardant
Flammspritzen *n* flame spraying (spray coating), oxy-fuel gas spraying
Flammspritzpistole *f* gas-fired spray gun (pistol), combustion spray gun, flame gun, *(for wire also)* schooping gun
Flammstrahlbrenner *m* flame-cleaning torch

Flammstrahlen *n*, **Flammstrahlentrostung** *f* flame cleaning
Flammstrahler *m* flame-cleaning device
flammwidrig flame-resistant, resistant to flame
Flammwidrigkeit *f* flame resistance, resistance to flame
Flashverdampfung *f* flash evaporation
Fleckenbeständigkeit *f* stain resistance, resistance to staining
Fleckenbildung *f* spotting, staining, mottling
~ **durch Wasser** water spotting
fleckenfrei stain-free
Fleckfestigkeit *f s.* Fleckenbeständigkeit
flexibel flexible
Flexibilität *f* flexibility
Fliehkraftabscheider *m* centrifugal force separator (collector)
Fließbecherspritzpistole *f* gravity-feed spray gun
Fließeigenschaften *fpl* flowing properties
Fließen *n*/**kaltes** cold flow
~/**plastisches** plastic flow
fließfähig flowable
Fließfähigkeit *f* flowability
Fließfertigung *f* flow production
Fließgeschwindigkeit *f* flow rate
Fließgleichgewicht *n* steady state, dynamic equilibrium
Fließgrenze *f* yield point (in a diagram)
~/**praktische** yield strength (with deviation from proportionality of stress and strain specified in per cent)
Fließrichtung *f* direction of flow
Fließspannung *f* flow (yield) stress
Fließspeisung *f* gravity feed
Fließspülen *n* running rinse
Fließtemperatur *f* flow point
Fließverhalten *n* flow behaviour
Fließvermögen *n* fluidity, flowability
Fließzone *f* craze (in metals)
flocken to flocculate
flockig fluffy (oxide scale)
Flockung *f* flocculation
Flokkulation *f s.* Flockung
Flow-Coating-Anlage *f* flow-coat[ing] plant, flow-coater
Flow-Coating-Verfahren *n* flow-coating process (automatic coating by flowing paint over the articles to be coated)
Flüchtiges *n* volatiles
Flüchtigkeit *f* volatility, fugacity

Flugasche *f* fly (flue) ash
Flugrost *m* flash rust, rust bloom, initial (easily removable) rust
Flugrostbefall *m*, **Flugrostbildung** *f* flash rusting
Flugstaub *m* flue dust
Flugzeuganstrichstoff *m* aircraft paint
Fluoboratbad *n s.* Fluoroboratelektrolyt
Fluoreszenzspektroskopie *f* fluorescence spectroscopy
Fluoreszenzspektrum *n* fluorescence spectrum
Fluoreszenztest *m* fluorescence test (for evaluating the cleanliness of surfaces)
fluoridhaltig (plat) fluoride-containing
Fluorierung *f* fluorination
Fluorkohlenwasserstoff *m* fluorocarbon
Fluoroboratelektrolyt *m* (plat) fluoroborate bath
Fluoroborsäure *f* fluoroboric acid
Fluorokieselsäure *f* fluorosilicic acid
Fluorwasserstoffsäure *f* hydrofluoric acid
Fluß *m* 1. (paint) flow; 2. *s.* Flußmittel
~/**kalter** cold flow
Flüssigkeit *f*/**abtropfende** (plat, paint) drip
Flüssigkeit-Flüssigkeit-Grenzfläche *f* liquid-liquid interface, liquid junction
Flüssigkeits-Dampf-Entfetten *n* liquid vapour degreasing
Flüssigkeits-Dampf-Entfetter *m* liquid vapour-cycle degreaser
Flüssigkeitsdiffusionspotential *n* liquid junction potential, diffusion potential
Flüssigkeitsfilm *m* liquid film
Flüssigkeitspotential *n s.* Flüssigkeitsdiffusionspotential
Flüssigkeitsschlag *m* impingement attack (pitting)
Flüssiglinie *f* liquids [curve, line]
Flüssigmetallversprödung *f* liquid-metal embrittlement (cracking), (specif) mercury cracking
Flußmittel *n* flux, fluxing material (reagent)
● **mit ~ behandeln** to flux
Flußmittelablagerungen *fpl* flux residues, scruff
Flußmittelbehandlung *f* fluxing [treatment]
Flußmitteldämpfe *mpl* flux fume[s]
Flußmitteldecke *f* [molten-]flux blanket, flux cover (wet galvanizing)
Flußmitteleinschlüsse *mpl* flux inclusions (pick-up)

Flußmittelfilm *m* flux film
Flußmittelkasten *m* flux box *(hot-dip tinning and galvanizing)*
Flußmittelrückstände *mpl* flux residues, scruff
Flußmittelschicht *f* flux layer
Flußmittelschmelze *f* fluxing bath
Flußsäure *f* hydrofluoric acid
Flußstahl *m* mild (soft) steel, ingot iron *(carbon content less than 0.25 %)*
Flutanlage *f (paint)* flow-coat[ing] plant, flow-coater
Fluten *n (paint)* flow coating
~ **von Hand** flooding-on, hand flooding
Flutkanal *m (paint)* flow-coating chamber
Flutlack *m* flow-coating paint
Flutlackierung *f* flow coating
Flutspülen *n* flood rinse
Fluttunnel *m (paint)* flow-coating chamber
Flutungsanlage *f (paint)* flow-coat[ing] plant, flow-coater
Flutzone *f (paint)* flow-coating section (zone), coating zone
Fluxbad *n* fluxing bath
fluxen to flux
Fluxen *n* fluxing [treatment]
Folgeanstrich *m* successive (subsequent) coat
Folgereaktion *f* successive (subsequent, consecutive) reaction
Folie *f* film, *(if thickness greater than 0.01 inch)* sheeting *(as a web)*, sheet *(as a piece)*; foil *(esp relating to metal)*
Ford-Becher *m* Ford cup *(for determining paint viscosity)*
Förderdruckgefäß *n* pressure feed paint tank, pressure container (pot, tank)
Fördereinheit *f*, **Förderer** *m* [sliding] suspender *(of an electroplating plant)*
fördern 1. to promote *(e.g. corrosion)*, to stimulate *(a reaction)*; 2. to convey *(articles)*
Fördersystem *n* plating conveyor *(of an electroplating plant)*
Förderung *f* promotion *(as of corrosion)*, stimulation *(of a reaction)*
Formänderung *f* change of shape, shape change; *(under the action of applied forces)* strain
~/plastische plastic relaxation
Formänderungsenergie *f* strain energy
formbar formable, ductile

Formbarkeit *f* formability, ductility
Formbeständigkeit *f* dimensional stability
Formel *f* **von Haring und Blum** *(plat)* Haring and Blum's formula
Formierung *f s.* Polarisation
Formstabilität *f* dimensional stability
formulieren *(paint, plat)* to formulate
Formulierung *f (paint, plat)* formulation
Forschungsprogramm *n* **Korrosion** corrosion [research] project, corrosion program[me]
fortspülen to flush away
Foto... *s.* Photo...
FP *s.* Flammpunkt
Fraktographie *f* fractography, fractographic analysis
fraktographisch fractographic
Frank-Read-Generator *m s.* Frank-Read-Quelle
Frank-Read-Quelle *f*, **Frank-Read-Versetzungsquelle** *f (cryst)* Frank-Read [type of dislocation] source
Fraß *m* corrosion
Fraßstelle *f* corrosion site (spot)
freibewittert [fully] exposed outdoors, boldly exposed
Freibewitterung *f* outdoor (exterior, natural) weathering, outdoor (exterior, natural) exposure, [outdoor, exterior] atmospheric exposure, open (bold, weather) exposure
Freibewitterungsprüfung *f* outdoor (exterior) exposure testing, atmospheric exposure (corrosion) testing
Freibewitterungsverhalten *n* outdoor performance, weathering behaviour
Freibewitterungsversuch *m* outdoor (exterior, atmospheric) exposure test, atmospheric [corrosion] test, outdoor (exposure) test
Freilagerung *f* 1. outdoor storage; 2.*s.* Freibewitterung
Freilagerversuch *m s.* Freibewitterungsversuch
Freilandversuch *m* field test ● **im ~ geprüft** field-tested
Freilandwerte *mpl* field data
freilegen to disclose, to expose, to bare *(e.g. the base metal)*
Freilegung *f* disclosure, exposure *(as of base metal)*
Freiluftauslagerung *f*, **Freiluftbewitterung** *f s.* Freibewitterung

Freiluftklima *n* outdoor environment
Freiluft[korrosions]test *m s.* Freibewitterungsversuch
freisetzen to liberate *(e.g. gas)*
Freisetzung *f* liberation *(as of gas)*
Freistrahlen *n* open blast[ing], open cleaning
Freistrahlverfahren *n* open-blast technique
freiwillig spontaneous *(reaction)*
Fremdanion *n* foreign (extraneous) anion
Fremdanode *f s.* Fremdstromanode
Fremdatom *n* foreign (impurity) atom
Fremdbestandteil *m* impurity
Fremdeinspeisung *f (cath)* external power supply
Fremdelektrolyt *m* foreign electrolyte
fremdgespeist *(cath)* impressed-current
fremdgestaltig *(cryst)* allotriomorphic
Fremdion *n* foreign (extraneous) ion
fremdionenhaltig containing foreign (extraneous) ions
Fremdmetall *n* foreign metal; *(if undesired)* tramp metal
Fremdmetallüberzug *m* 1. metal cladding; 2. *s.* Schutzschicht/metallische
Fremdmolekül *n* foreign molecule
fremdorientiert *(cryst)* epitaxial, epitaxic
Fremdsäure *f (plat)* catalyst *(for depositing chromium)*
Fremdsäuregemisch *n (plat)* mixed catalyst system *(for depositing chromium)*
Fremdspannung *f* external voltage
Fremdspannungsquelle *f* external voltage source
Fremdstoffe *mpl* foreign matter, extraneous material (substance)
fremdstofffrei free from foreign matter
fremdstoffhaltig containing foreign matter
Fremdstrom *m (cath)* impressed current
● **mit ~ gespeist** impressed-current
Fremdstromanlage *f s.* Fremdstromschutzanlage
~ für katodischen Korrosionsschutz impressed-current cathodic protection installation
Fremdstromanode *f[/inerte]* inert anode, insoluble (permanent, non-consumable) anode, *(cath also)* non-sacrificial (impressed-current, power-impressed) anode
Fremdstromeinspeisung *f (cath)* external power supply
fremdstromgespeist *(cath)* impressed-current

Fremdstromkorrosion *f* impressed-current corrosion, electrocorrosion
fremdstromlos electroless
Fremdstromschutz *m* impressed-current (power-impressed) protection
Fremdstromschutzanlage *f* impressed-current installation, power-impressed system, rectifier groundbed installation
Fremdstromschutzanode *f s.* Fremdstromanode
Fremdstrom[schutz]verfahren *n* impressed-current (impressed-e.m.f.) method, power-impressed system
fressen to corrode, to eat
Frettingkorrosion *f s.* Reibkorrosion
Frischbeton *m* ready-mixed concrete
frischverzinkt newly galvanized
Frischwasser *n* fresh water
Frostschutzmittel *n* anti-freeze [agent, compound]
Frühstadium *n* early stage
Frumkin-Isotherme *f* Frumkin [adsorption] isotherm
Fugazität *f* fugacity, volatility
Führungsrolle *f* guide roll *(of a strip coating line)*
füllen 1. to fill *(cracks, pores)*; 2. to fill, to load *(e.g. plastics)*
Füller *m* 1. filler, surfacer *(as for closing cracks, pores)*; 2. *s.* Füllstoff
Füllstoff *m* filler *(as for plastics)*; *(paint)* extender[-pigment], paint extender, inert pigment
fungitoxisch fungitoxic
Fungitoxizität *f* fungitoxicity
fungizid fungicidal
Fungizid *n* fungicide
Funktion *f/***Gibbssche** Gibbs function (free energy), free energy G, thermodynamic potential
~/Helmholtzsche Helmholtz (work) function
funktionsfähig serviceable
Furanharz *n* furane resin
Furche *f* groove
Furchenbildung *f* grooving, *(as a type of erosion-corrosion also)* trenching, wire drawing
Furchungserosion *f s.* Furchenbildung

Gabelprobe

G

Gabelprobe f *(test)* tuning fork [specimen]
Galvanik f s. 1. Galvanisierraum; 2. Galvanisieranlage; 3. Galvanisierbetrieb
Galvanikabwasser n plating waste
Galvanikbetrieb m s. Galvanisierbetrieb
Galvanikgleichrichter m plating rectifier unit
Galvanikindustrie f plating industry
Galvanikraum m [electro]plating room
Galvani-Potential n Galvani potential
galvanisch galvanic *(cell, current, anode)*; electroplated, electrodeposited *(coating)*
Galvaniseur m [electro]plater
Galvanisieranlage f [electro]plating installation, plating plant
Galvanisieranstalt f s. Galvanisierbetrieb
Galvanisierautomat m automatic [electro]plating machine, plating machine, automatic plater
~ **für Gestellteile** automatic rack-plating machine
Galvanisierbad n s. 1. Galvanisierelektrolyt; 2. Galvanisierbehälter
galvanisierbar plat[e]able
Galvanisierbarkeit f plat[e]ability
Galvanisierbehälter m [electro]plating tank
Galvanisierbetrieb m [electro]plating plant, *(if small)* [electro]plating shop
Galvanisierdauer f [electro]plating time
Galvanisiereinrichtung f [electro]plating installation
Galvanisierelektrolyt m plating electrolyte (bath), electroplating solution
galvanisieren to [electro]plate
Galvanisieren n [electro]plating
~ **in Standanlagen** still plating
~ **mit Polwechselschaltung** reverse-current plating
~/**wiederholtes** replating
Galvanisierfehler m [electro]plating defect
galvanisiergerecht gestaltet (projektiert) properly designed for being electroplated
Galvanisiergestell n plating (work) rack *(for compounds s. Gestell)*
Galvanisierglocke f oblique (45-degree) plating barrel, plating cylinder, *(broadly)* oblique-type barrel [plating] machine
Galvanisier-Glockenapparat m oblique-type barrel [plating] machine, oblique (45-degree) barrel
Galvanisiergut n articles being *(or* to be*)* plated, work; plated articles (objects)

Galvanisier-Halbautomat m semi-automatic [electro]plating machine, semi-automatic plater
Galvanisierraum m [electro]plating room
Galvanisierspannung f [electro]plating voltage, working voltage
Galvanisierstandanlage f hand-operated plating line
Galvanisierstraße f [automatic] plating line
Galvanisierstrom m [electro]plating current, working current
Galvanisiertrommel f [horizontal] plating barrel
Galvanisier-Trommelapparat m horizontal-type barrel [plating] machine, [horizontal] plating barrel
Galvanisierungs... s. Galvanisier...
Galvanisiervollautomat m fully-automatic plating plant
Galvanisierzeit f s. Galvanisierdauer
Galvanisierzubehör n [electro]plating equipment
Galvani-Spannung f Galvani tension, half-cell potential
Galvanochemikalie f plating chemical
galvanodynamisch, galvanokinetisch galvanodynamic, intensiokinetic
Galvanostat m galvanostat
galvanostatisch galvanostatic, intensiostatic
Galvanostegie f electroplating
Galvanotechnik f electroplating [and electroforming] technology, electroplating engineering
Galvanotechniker m [electro]plater
galvanotechnisch by electroplating
Gamma-Resonanzspektroskopie f s. Mößbauer-Spektroskopie
Gammastrahlung f gamma radiation
Gardine f curtain, slipped coating, sag
Gardinenbildung f curtaining, sagging, *(paint also)* veiling
Gasabscheidung f gas evolution
Gasaufkohlen n gas carburizing
Gasaufkohlungsatmosphäre f carburizing atmosphere
Gasbahnen fpl gas flow streaks *(defect in electrobrightening)*
Gasbeizen n gas-phase pickling
Gasbeton m aerated concrete
Gasbläschen n, **Gasblase** f gas bubble
Gaschromatographie f gas chromatography
gaschromatographisch gas-chromatographic

gasdicht gas-tight, impermeable to gases
Gasdichtigkeit f gas-tightness, impermeability to gases
Gasdruck m gas pressure (drive)
gasdurchlässig permeable to gases
Gasdurchlässigkeit f permeability to gases
Gase npl/**nitrose** nitrous fumes
Gaseinschluß m blister (a flaw in material), (foundry also) gas cavity, blow hole
Gaseinsetzen n gas carburizing
Gaselektrode f gas electrode
Gasentwicklung f gas evolution
Gasinchromieren n gas[eous] chromizing
gaskarbonitrieren to gas-cyanide, to dry-cyanide
Gaskarbonitrieren n gas (dry) cyaniding (cyanization)
Gaskorrosion f gaseous corrosion, corrosion by gases
Gasleitungsrohr n gas pipe
Gasnitrieren n gas nitriding
Gasnitrokarburieren n gas nitrocarburizing
Gasphaseninhibition f vapour-phase inhibition
Gasphaseninhibitor m vapour-phase inhibitor
Gasplattieren n gas plating (chemical vapour deposition)
Gasspritzen n s. Flammspritzen
gasundurchlässig impermeable to gases, gas-tight
Gasundurchlässigkeit f impermeability to gases, gas-tightness
Gaszementieren n gas carburizing
Gaszyanieren n s. Gaskarbonitrieren
gealtert/beschleunigt (künstlich) artificially aged
Gebiet n/**plastisches** plastic range
~/versetzungsarmes (cryst) [dislocation] cell
Gebirgsklima n mountain (high-altitude) climate
Gebrauchsbedingungen fpl conditions of use, service conditions
Gebrauchsdauer f 1. pot life (of a catalyzed coating); 2. s. Gebrauchswertdauer
Gebrauchseigenschaften fpl performance characteristics
Gebrauchsfähigkeitsdauer f (paint) storage (shelf) life
gebrauchsfertig ready for use
gebrauchstauglich usable
Gebrauchstauglichkeit f usability

Gebrauchstemperatur f service temperature
Gebrauchswasser n s. Brauchwasser
Gebrauchswert m usability
Gebrauchswertdauer f service (useful) life, operating (operational) life; (calculated) service life expectancy
Gebrauchswertprüfung f performance testing
gefährden to endanger
Gefrierschutzmittel n anti-freeze [agent, compound]
Gefüge n [grain] structure, grain
~/austenitisches austenitic structure
~/ferritisches ferritic structure
~/lamellares lamellar (laminated) structure
~/perlitisches pearlitic (pearlite) structure
Gefügebestandteil m structural constituent
Gefügeheterogenität f structural heterogeneity
Gefügeinhomogenität f structural inhomogeneity
Gefügestruktur f s. Gefüge
Gefügeveränderung f structural alteration
Gefügezustand m s. Gefüge
Gegenelektrode f counterelectrode, auxiliary electrode
Gegen-EMK f s. Gegenurspannung
Gegenion n counterion
Gegenmaßnahme f counter-measure, remedial measure, remedy
Gegenreaktion f reverse (opposing) reaction, back[ward] reaction
Gegenspannung f countervoltage
Gegenstromspülen n counterflow (countercurrent) rinsing (rinse)
Gegenurspannung f counter (back) electromotive force, counter emf, back emf
Gehalt m **an Flüchtigem (flüchtigen Bestandteilen)** volatile content
~ an freiem Cyanid (plat) free cyanide content
~/höchstzulässiger maximum allowable content
Geist m 1. craze, hairline crack; 2. (cryst) ghost (light band which differs in composition from adjacent zones)
geladen/elektrisch electrically charged
~/entgegengesetzt oppositely charged
~/negativ negatively charged
~/positiv positively charged
gelartig gel-like
Gelatine f gelatin

Gelbguß

Gelbguß *m* yellow brass *(containing 30 % of Zn)*
Gelbwerden *n* [after]yellowing
gelieren to gel; *(paint)* to liver *(to polymerize and thicken in the can)*
Gelieren *n* gelling, gelation; livering *(undue polymerization and thickening of paints)*
Geliermittel *n* gelling agent
Gelose *f* agar[-agar]
Gelöstes *n* solute, dissolved substance
Gemisch *n* / **eutektisches** eutectic [mixture]
Gemischsäurebad *n s.* Mischsäureelektrolyt
geopfert werden to undergo sacrificial attack *(anode)*
geordnet/streng *(cryst)* regularly arrayed, defect-free
Gerät *n* **zur thermoelektrischen Schichtdickenmessung** thermoelectric thickness meter, thermoelectric plating gauge
gereinigt/leicht brush[-off] blast, whip blast *(degree of cleanliness)*
Gesamtalkalität *f* total alkalinity
Gesamtangriff *m* overall (general) attack
Gesamtcyanid *n (plat)* total cyanide
Gesamtdurchlaufdauer *f (plat)* [over-all plant] cycle time, machine cycle time
Gesamthärte *f* total hardness *(of water)*
Gesamtkorrosion *f* over-all corrosion
Gesamtkorrosionsstrom *m* total corrosion current
Gesamtleitfähigkeit *f*, **Gesamtleitvermögen** *n* total (over-all) conductivity
Gesamtporosität *f* gross porosity
Gesamtreaktion *f* over-all reaction
Gesamtsäure *f* total acid
Gesamtschichtdicke *f* total coating thickness; *(paint)* total [dry] film thickness
Gesamtschutzstrom *m (cath)* total protection current
Gesamtstrom *m* total current
Gesamtstrombedarf *m* over-all current demand
Gesamtüberspannung *f* total polarization
Gesamtüberzugsdicke *f s.* Gesamtschichtdicke
Gesamtwiderstand *m* over-all resistance
gesandstrahlt sandblasted
gesättigt saturated
Geschlossenheit *f* continuity *(as of a coating)*
geschmeidig flexible

Geschmeidigkeit *f* flexibility
geschützt protected
~/katodisch cathodically protected
~/mangelhaft (unzureichend) underprotected
geschwindigkeitsbestimmend rate-determining, rate-controlling
Geschwindigkeitskonstante *f* rate constant
~/parabolische parabolic rate constant
Gesetz *n* / **Arrheniussches** Arrhenius equation *(of reaction rate)*
~/Coulombsches Coulomb law
~/Faradaysches Faraday's law *(of electrolysis)*
~/Ficksches Fick's law *(of diffusion)*
~/Henrysches Henry's law *(of absorption)*
~/logarithmisches [direct] logarithmic law *(of crystal growth)*
~/Ohmsches Ohm's law *(of current flow)*
~/parabolisches parabolic[-growth] law, Wagner equation *(of crystal growth)*
~/Sievertssches Sieverts' law *(of partial pressures)*
Gesichtsschutz *m* face shield
Gestaltänderung *f* change of shape, shape change
Gestaltänderungsenergie *f* strain energy
gestaltet/galvanisiergerecht properly designed for being electroplated
~/korrosionsschutzgerecht properly designed for minimizing corrosion
~/verzinkungsgerecht properly designed for being galvanized
Gestaltung *f* / **anstrichgerechte** proper design for painting (paint finishing)
~/galvanisiergerechte proper design for electroplating
~/konstruktive design *(of structural elements)*
~/korrosionsschutzgerechte proper design for corrosion minimization
Gestell *n (plat)* [plating] rack
~ mit geschlossenem Rahmen box-type rack
~ mit vertikalen Werkstückträgern multiple spline rack
Gestellabdeckung *f (plat)* rack insulation [equipment]
Gestellarm *m (plat)* cross spline
Gestellbahn *f (plat)* cathode track
Gestellgalvanisierung *f (plat)* rack plating
Gestellhaken *m (plat)* rack hook
Gestellhauptleiter *m (plat)* straight (central) spline

Gestellisolation f *(plat)* rack insulation [equipment]
Gestelltechnik f, **Gestellteilgalvanisierung** f *(plat)* rack plating
Gestellware f *(plat)* rack load
gesteuert/anodisch anodically controlled, anode-controlled, under anodic control
~/gemischt under mixed control
~/katodisch cathodically controlled, cathode-controlled, under cathodic control
gestrahlt sandblasted
Gewaltbruch m forced rupture, fast [mechanical] fracture
Gewebepapier n reinforced paper, papyrolin *(cloth-faced or cloth-centred paper)*
Gewichts[ver]änderung f change in weight, weight change
Gewichtsverlust m loss in (of) weight, weight loss
Gewichtszunahme f gain in weight, weight gain (increase)
Gezeitenzone f tidal zone, region between low and high tide
Gibbs-Energie f Gibbs free energy, Gibbs function
Gießerei[roh]eisen n foundry [pig] iron
Gießfehler m casting fault *(in metals and alloys)*
Gießharz n casting resin
Gießkopf m *(paint)* coating head *(of a curtain coater)*
Gießlackierung f curtain coating [application]
Gießling m casting
Gießlippen fpl *(paint)* lips *(of a curtain coater)*
Gießmaschine f *(paint)* curtain coater (coating machine)
Gießspalt m *(paint)* gap
Gießverfahren n *(paint)* curtain coating process
gilben to [after]yellow
Gilbung f [after]yellowing
gilbungsbeständig resistant to [after]yellowing, [after]yellowing-resistant
Gilbungsbeständigkeit f resistance to [after]yellowing, [after]yellowing resistance
gilbungsfrei non-yellowing
Gilbungsfreiheit f non-yellowing properties (characteristics)
Gilsonit-Asphalt m gilsonite
Gipsmörtel m gypsum plaster

Gitter n *(cryst)* lattice
~/flächenzentriertes face-centred lattice
~/hexagonales hexagonal lattice
~/ideales perfect lattice
~/innenzentriertes body-centred lattice
~/kubisch flächenzentriertes face-centred cubic lattice
~/raumzentriertes body-centred lattice
Gitterabstand m *(cryst)* lattice spacing
Gitteraufbau m *(cryst)* lattice structure
Gitteraufweitung f *(cryst)* lattice expansion (dilatation)
Gitterbau m *(cryst)* lattice structure
Gitterbaufehler m s. Gitterfehler
Gitterbaustein m *(cryst)* unit cell, repeat unit
Gitterdefekt m s. Gitterfehler
Gitterebene f *(cryst)* lattice plane
Gitterenergie f *(cryst)* lattice [bonding] energy
Gitterenthalpie f *(plat)* lattice enthalpy
Gitterexpansion f *(cryst)* lattice expansion (dilatation)
Gitterfehler m *(cryst)* lattice imperfection (defect)
~/eindimensionaler (linienhafter) line (lineal) defect
~/nulldimensionaler (punktförmiger) point defect
Gitterfehlordnung f *(cryst)* lattice disorder
Gitterfehlstelle f s. Gitterleerstelle
Gitterkonstante f *(cryst)* lattice constant
Gitterkontraktion f *(cryst)* lattice contraction
Gitterkräfte fpl *(cryst)* lattice forces
Gitterleerstelle f *(cryst)* [lattice] vacancy, vacant lattice site (position)
Gitterloch n, **Gitterlücke** f s. Gitterleerstelle
Gitternetz n *(test)* grid
Gitterperiode f s. Gitterabstand
Gitterplatz m *(cryst)* lattice site (position)
~/unbesetzter s. Gitterleerstelle
Gitterposition f s. Gitterplatz
Gitterschnittversuch m grid (cross-cut) test, cross-hatching adhesion test *(for determining the adhesion of coatings)*
Gitterspannung f *(cryst)* lattice strain
Gitterstelle f s. Gitterplatz
Gitterstörstelle f *(cryst)* imperfection site
Gitterstörung f s. Gitterfehler
Gitterstruktur f *(cryst)* lattice structure
Gitterverband m *(cryst)* lattice structure
Gitterverspannung f *(cryst)* lattice strain
Gitter[ver]zerrung f *(cryst)* lattice distortion

GKE

GKE s. Kalomelelektrode/gesättigte
Glanz m lustre, gloss, brightness, sheen
~/metallischer metallic lustre
Glanzabscheidung f (plat) bright plating
Glanzabscheidungsbereich m (plat) bright [plating] range
Glanzbad n s. Glanzelektrolyt
Glänzbad n s. Glänzlösung
Glanzbereich m s. Glanzstromdichtebereich
Glanzbeständigkeit f gloss retention
Glanzbestimmung f s. Glanzmessung
glanzbildend brightening
Glanzbildner m (plat) brightener, brightening agent (additive, compound), (specif) secondary brightener, ductilizer
~/primärer s. Glanzmittel 1. Klasse
~/sekundärer s. Glanzmittel 2. Klasse
Glanzbrenne f bright[ening] dip
Glanzbrennen n bright dipping
Glanzcadmiumelektrolyt m (plat) bright cadmium plating bath (solution)
Glanzchrom n (plat) bright chromium
Glanzchromabscheidung f (plat) bright chromium plating
Glanzchrombad n s. Glanzchromelektrolyt
Glanzchromelektrolyt m (plat) bright chromium solution (plating bath)
Glanzchromschicht f (plat) bright chromium coating (deposit)
Glanzchromüberzug m s. Glanzchromschicht
Glanzcobaltelektrolyt m (plat) bright cobalt plating bath (solution)
Glanzcompound m(n) polishing (burnishing) compound
Glanzeffekt m brightening effect
Glanzeinbuße f s. Glanzverlust
Glanzelektrolyt m (plat) bright plating bath (solution), bright bath, brightening electrolyte
glänzen to brighten (a surface)
~/anodisch s. ~/elektrochemisch
~/elektrochemisch (elektrolytisch) to electrobrighten, to electropolish
Glänzen n [surface] brightening
~/anodisches s. ~/elektrochemisches
~/chemisches chemical brightening
~/elektrochemisches (elektrolytisches) electrobrightening, electropolishing, anodic brightening (polishing)
glänzend lustrous, glossy, bright
glanzgebend brightening

Glanzgrad m degree of brightness
Glanzhaltung f gloss retention
Glanzkupfer n (plat) bright copper
Glanzkupferbad n s. Glanzkupferelektrolyt
Glanzkupferelektrolyt m (plat) bright copper plating bath (solution)
~/cyanidischer bright cyanide copper plating bath (solution)
Glanzkupferschicht f (plat) bright copper coating (deposit)
glanzlos dull, matt, non-bright, lustreless, without lustre (gloss), (paint also) flat
Glanzlosigkeit f dullness, mattness, (paint also) flatness
Glänzlösung f brightening solution, bright dip (bath)
Glanzmesser m, **Glanzmeßgerät** n gloss meter
Glanzmessingelektrolyt m (plat) bright brass solution (plating bath)
Glanzmessung f gloss measurement
Glanzmittel n (plat) brightener, brightening agent (additive, compound)
~ **1. Klasse** primary (first-class) brightener
~ **2. Klasse** secondary (second-class) brightener, ductilizer
Glanznickel n (plat) bright (brilliant) nickel, b nickel
Glanznickelbad n s. Glanznickelelektrolyt
Glanznickelelektrolyt m (plat) bright nickel solution (plating bath)
Glanznickelschicht f (plat) bright nickel coating (deposit)
Glanznickelüberzug m s. Glanznickelschicht
Glanzplatinieren n bright platinum plating
Glanzschicht f (plat) bright coating (deposit), bright [electro]plate, lustrous coating
Glanzsilber n (plat) bright silver
Glanzsilberbad n s. Glanzsilberelektrolyt
Glanzsilberelektrolyt m bright silver solution (plating bath)
Glanzstromdichtebereich m (plat) bright plating [current density] range
Glanztiefenstreuung f (plat) bright-throwing power
Glanzträger m (plat) primary (first-class) brightener
Glanzüberzug m s. Glanzschicht
Glanzverchromen n (plat) bright chromium plating
Glanzverlust m loss of brightness (lustre, gloss)

Glanzvernickeln n *(plat)* bright nickel plating
Glanzversilbern n *(plat)* bright silver plating
Glanzverzinken n *(plat)* bright zinc plating
Glanzverzinnen n *(plat)* bright tin plating
Glanzwert m gloss value
Glanzwinkel m *(test)* Bragg angle
Glanzwirkung f brightening effect
Glanzzink n *(plat)* bright zinc
Glanzzinkbad n s. Glanzzinkelektrolyt
Glanzzinkelektrolyt m *(plat)* bright zinc solution (plating bath)
Glanzzinkschicht f *(plat)* bright zinc coating (deposit)
Glanzzinküberzug m s. Glanzzinkschicht
Glanzzinn n *(plat)* bright tin
Glanzzinnbad n s. Glanzzinnelektrolyt
Glanzzinnelektrolyt m bright tin solution (plating bath)
~/schwefelsaurer bright sulphate tin plating bath (solution), bright stannous sulphate bath
Glanzzinnschicht f *(plat)* bright tin coating (deposit)
Glanzzinnüberzug m s. Glanzzinnschicht
Glanzzusatz m s. Glanzbildner
Glanzzusatzlösung f brightening solution
Glasauskleidung f glass lining
Glasbeschichtung f 1. glass coating; 2. s. Glasschutzschicht
glasbildend glass-forming
Glasbildner m glass-forming substance, glass former
Glasbildung f formation of glass
Glaselektrode f *(plat)* glass electrode
Glasemail n glass enamel
Glasfaser f glass fibre
Glasfasergewebe n glass[-fibre] fabric, woven-glass-fibre cloth, glass cloth
Glasfaserkunststoff m s. Glasfaserplast
Glasfaserlaminat n glass-fibre laminate
Glasfaserplast m glass-fibre reinforced plastic, G.R.P.
Glasfaserschichtstoff m glass-fibre laminate
Glasfaserstoff m fibre glass
glasfaserverstärkt glass[-fibre] reinforced
Glasfaserverstärkung f glass[-fibre] reinforcement
Glasgespinst n s. Glasfaserstoff
Glasgewebe n s. Glasfasergewebe
Glasgewebeschichtstoff m glass cloth laminate
glasieren to glaze

Glaskeramik f devitrified glass, glass ceramic
Glaskugeln fpl glass beads
Glasschutzschicht f glass coating
Glasummantelung f glass sheath[ing]
Glasur f glaze, enamel
~/undurchsichtige opaque glaze
Glasurschicht f glaze coating
Glasurüberzug m s. Glasurschicht
glatt smooth *(surface)*
Glätte f smoothness
glätten to smooth
gleichgestaltig *(cryst)* isomorphic, isomorphous
Gleichgewicht n /**dynamisches** dynamic equilibrium, steady state
Gleichgewichtsabscheidung f *(plat)* equilibrium deposition *(of alloys)*
Gleichgewichtsbedingung f equilibrium condition
Gleichgewichtsdiagramm n equilibrium [phase] diagram
Gleichgewichtsdruck m equilibrium pressure
Gleichgewichtseinstellung f establishment of equilibrium
Gleichgewichtsfugazität f equilibrium fugacity
Gleichgewichtsgalvanispannung f s. Gleichgewichtspotential
Gleichgewichtskonstante f equilibrium constant
Gleichgewichtskonzentration f equilibrium concentration
gleichgewichtsnahe near-equilibrium
Gleichgewichtspotential n equilibrium (steady-state) potential
Gleichgewichtsreaktion f balanced reaction
Gleichgewichtssauerstoffdruck m oxygen pressure at equilibrium
Gleichgewichtswasser n equilibrium water
Gleichgewichtszustand m equilibrium state
Gleichmäßigkeit f uniformity *(as of deposits)*
Gleichstrom m direct current, d.c., dc, D.C., DC
~/periodisch umgepolter *(plat)* periodic reverse current, p.r. current
Gleichstrom-Bahnnetz n direct-current traction system
Gleichstromleistung f direct-current power
Gleichstromnetz n direct-current system (network)

Gleichstromquelle

Gleichstromquelle f direct-current source, d.c. [power] source
Gleichstrom-Schwefelsäure-Anodisationsverfahren n sulphuric acid anodizing process, sulphuric acid [anodic oxidation] process
Gleichstrom-Streustrom m stray direct current, stray d.c.
Gleichstromversorgung f direct-current supply, d.c. [power] supply
Gleichung f **/Arrheniussche** Arrhenius [reaction-rate] equation, Arrhenius relation
~/Debye-Hückel-Onsagersche Debye-Hückel-Onsager equation
~/gemischt-parabolische (gemischt-quadratische) mixed parabolic equation
~/Nernstsche Nernst equation
~/parabolische parabolic equation
~/Tafelsche Tafel equation
~/van-der-Waalssche van der Waals equation
~ von Gibbs-Duhem Gibbs-Duhem equation
Gleitband n *(cryst)* slip band
~/persistentes fatigue band *(one type of slip bands)*
Gleitbereich m *(cryst)* slip area
Gleitbruch m ductile (fibrous) fracture (rupture)
Gleitebene f *(cryst)* slip (glide, gliding) plane
Gleiten n *(cryst)* slip, plastic shear
gleitfähig glissile *(dislocation)*
Gleitkurve f *(test)* stress-strain curve
Gleitlinie f *(cryst)* slip line
Gleitmittel n *(plat)* lubricant *(metal plated for improving drawing properties of steel)*
Gleitmodul m shear modulus, modulus of rigidity
Gleitrichtung f slip direction
Gleitschleifen n abrasive media burnishing
Gleitschritt m *(cryst)* slip step
Gleitspur f *(cryst)* slip trace
Gleitstufe f *(cryst)* slip step
Gleitsystem n *(cryst)* slip system
Gleitung f *(cryst)* slip, plastic shear
Glimmentladung f [electric] glow discharge *(as for cleaning metal surfaces)*
Glocke f 1. tilt-type barrel, tiltable [tumbling] barrel, open inclined barrel *(for polishing)*; 2. *(plat)* oblique (45-degree) plating barrel, plating cylinder
Glockenapparat m 1. tilt-type barrel, tiltable [tumbling] barrel, open inclined barrel *(for polishing)*; 2. s. Glockengalvanisierapparat

Glockenbronze f bell bronze
Glockengalvanisierapparat m oblique-type barrel [plating] machine, oblique (45-degree) barrel
Glühdraht m wire target *(vacuum metallizing)*
glühen to anneal *(metals)*
~/graphitisierend to graphitize
~/homogenisierend to homogenize
~/normalisierend to normalize
~/spannungsarm (spannungsfrei) to anneal *(for removing internal stresses)*
~/stabilisierend to stabilize
Glühen n anneal[ing] *(of metals)*
~ außerhalb der Verzinkungslinie out-of-line annealing *(hot-dip galvanizing)*
~/graphitisierendes s. Graphitglühen
~/homogenisierendes s. Homogenisierungsglühen
~ im Durchlauf in-line annealing *(hot-dip galvanizing)*
~/normalisierendes s. Normalglühen
~/rekristallisierendes recrystallization anneal
~/stabilisierendes s. Stabilglühen
~ unter dem Umwandlungspunkt process annealing
Glühhaut f, **Glühzunder** m annealing (fire) scale, high-temperature (heat-treat) scale
Goethit m goethite *(a constituent of natural rust, chemically iron(III) oxide hydroxide)*
Goldamalgam n gold amalgam
Goldanode f *(plat)* gold anode
Goldbad n s. Goldelektrolyt
Gold(I)-cyanid n gold(I) cyanide, aurous cyanide
Goldelektrolyt m gold plating bath (solution)
Goldfolie f gold foil
Goldniederschlag m gold deposit
Goldschicht f gold coating, *(plat also)* gold plate (deposit)
~/elektrochemisch (galvanisch) hergestellte gold plate (deposit)
~/im Tauchverfahren hergestellte gold immersion deposit
Goldüberzug m 1. gold cladding; 2. s. Goldschicht
Grabenstruktur f ditch structure
Granalie f *(plat)* pellet *(for anode baskets)*
Graphit m graphite
Graphitanstrichstoff m graphite paint
Graphitbildung f graphite formation

Graphitelektrode *f* graphite electrode
Graphitfarbe *f* graphite paint
Graphitgerüst *n* graphite network
Graphitglühen *n* graphitizing
graphitieren to graphitize
Graphitierung *f* graphitization, graphitic corrosion, spongiosis
graphitisch graphitic
Grat *m* flash, fin *(on castings)*; burr *(produced in cutting metal)*
Grauchromelektrolyt *m (plat)* [sodium-]tetrachromate bath
Grauguß *m* grey cast iron
~/globularer (sphärolithischer) nodular cast iron
Graugußeisen *n s.* Grauguß
0,2[%]-Grenze *f s.* 0,2-Dehngrenze
Grenzfläche *f* interface, junction
~ **fest-fest** solid-solid interface
~ **fest-flüssig** solid-liquid interface
~ **fest-gasförmig** solid-gas interface
~ **Festkörper-Festkörper** *s.* ~ fest-fest
~ **flüssig-flüssig** liquid-liquid interface, liquid junction
~ **Grundmetall-Deckschicht** basis-coating interface, coating-substrate interface
~ **Metall-Anstrich** metal-paint interface
~ **Metall-Elektrolyt** metal-electrolyte interface
~ **Metall-Oxid** metal-oxide interface
~ **Metall-Schutzfilm** metal-film interface
~ **Schutzfilm-Lösung** film-solution interface
~ **Substrat-Deckschicht** basis-coating interface, coating-substrate interface
grenzflächenaktiv surface-active
Grenzflächenaktivität *f* surface (interface) activity
Grenzflächenenergie *f* interfacial energy
Grenzflächenerscheinung *f (plat)* interfacial phenomenon
Grenzflächenpotential *n* junction (phase-boundary) potential
Grenzflächenreaktion *f* [phase] boundary reaction, boundary-layer reaction
Grenzflächenspannung *f* interfacial tension
Grenzflächenvorgang *m (plat)* interfacial process
Grenzgehalt *m* maximum allowable content
Grenzkonzentration *f* limiting concentration *(as of halides for inducing pitting corrosion)*; maximum permissible concentration *(as of admixtures in alloys)*
Grenzlastspielzahl *f s.* Grenzschwingspielzahl
Grenzpotential *n* threshold (critical) potential
Grenzschicht *f* barrier (boundary) layer, *(if thin)* barrier film
Grenzschwingspielzahl *f (test)* fatigue life
Grenzspannung *f* threshold stress [intensity, level]
~/obere maximum stress
~/untere minimum stress
Grenzstrom *m* limiting current
Grenzstromdichte *f* limiting current density
Grenztemperatur *f* critical (limiting) temperature
Grenzwert *m* **der Spannungsintensität** *s.* Grenzspannung
griffest resistant to touch (finger marking), *(paint also)* dry to touch, touch-dry
Griffestigkeit *f* resistance to touch (finger marking)
Grobblech *n* plate and sheet of thickness over 4 mm
grobdispers coarse-disperse, coarsely dispersed
Grobgefüge *n* macrostructure
Grobkornglühen *n* coarse grain annealing
grobkörnig coarse-grain[ed], large-grained
Grobkörnigkeit *f* coarse graininess
grobkristallin coarse-crystalline, macro-crystalline
Grobreinigung *f* precleaning, preliminary (rough) cleaning
Grobstruktur *f* macrostructure
großblumig large-spangled
Großgammaschicht *f* gamma alloy layer, Γ phase *(in hot-dip galvanized sheet)*
Großklima *n* macroclimate, regional (large-scale) climate
Großstadtatmosphäre *f* city atmosphere
Großstadtklima *n* city climate
Großstadtluft *f* city air
Großversuch *m* large-scale test
Großwinkel-Korngrenze *f* high-angle grain boundary
Grübchen *n* [medium] pit
Grübchenbildung *f* pit initiation (generation), pitting
Grübchenfläche *f* pit area (surface)
Grübchengrund *m* pit bottom
Grübchenkorrosion *f* pitting corrosion *(in an early stage, characterized by narrow pits)*
Grübchentiefe *f* pit depth, depth of pit[ting]

Grübchenzahl

Grübchenzahl f number of pits
Grubenkorrosion f s. Grübchenkorrosion
Grubenwasser n mine water
Grünchromatierung f chromate-phosphate treatment
Grünchromatierungsverfahren n chromate-phosphate process
Grundanstrich m primer [coat], priming (prime) coat, primary (ground) coat
~/[elektrisch] leitfähiger conductive primer
Grundanstrichfarbe f priming paint
Grundanstrichmittel n s. Grundanstrichstoff
Grundanstrichstoff m primer [coating], priming coat material
- **~ für Fertigungsanstriche** shop (pre-construction) primer, [pre]fabrication primer, *(esp for protecting rolled steel after blast cleaning)* blast primer
- **~ für Instandhaltungsanstriche** maintenance primer
- **~ für Vorkonservierungsanstriche** holding primer
- **~/lösungsmittelhaltiger** solvent-borne primer
- **~/[über]schweißbarer** weld[able] primer, welding primer
- **~/wasserverdünnbarer** water-miscible (water-thinned, water-based) primer
- **~/zinkreicher** zinc dust primer, zinc-pigmented (zinc-rich) primer

Grundbett n *(cath)* groundbed, ground bed
Grund-Bezugselektrode f standard reference electrode
Grundelektrolyt m *(plat)* main bath
Grundemail n ground-coat enamel
grundemailliert ground-coat enamelled
Grundemaillierung f ground-coat enamelling
Grundfarbe f priming paint
Grundieranstrich m s. Grundanstrich
grundieren to prime
Grundieren n priming
Grundierfarbe f s. Grundanstrichfarbe
Grundierlack m s. Grundanstrichstoff
Grundiermittel n primer
~/füllendes primer surfacer
~/sperrendes transition primer
Grundierstoff m s. Grundiermittel
Grundierung f s. 1. Grundieren; 2. Grundanstrichstoff; 3. Grundanstrich
Grundierungsfilm m primer film
Grundierungsschicht f s. Grundanstrich
Grundlack m s. Grundanstrichstoff

Grundlagen fpl **der Korrosion** corrosion principles
Grundlegierung f master alloy
Grundmasse f [grain] matrix *(of an alloy)*
Grundmetall n 1. principal (main, parent, base) metal *(of an alloy)*; 2. metal being *(or* to be*)* coated, substrate (basis, base, underlying) metal; 3. s. Grundwerkstoff 2.
Grundmetalloberfläche f substrate-metal surface
Grundmolekül n basic (fundamental) molecule, repeating unit, monomer, structural element *(of a polymer)*
Grundschicht f ground coat, undercoat[ing], underlayer, *(for applying paints also)* underpaint coating, paint base [coating]
Grundstrom m residual current
Grundwasser n [under]ground water
Grundwerkstoff m 1. substrate (base, basis) material; 2. backing plate, core metal *(cladding)*
Grünfäule f green rot *(of nickel-base alloys)*
Grünspan m verdigris, aerugo *(consisting of basic copper acetates)*
GS-Elektrolyt m sulphuric-acid anodizing solution
GS-Verfahren n sulphuric-acid anodizing process
Guinier-Preston-Zone f Guinier-Preston zone *(grain-boundary segregation)*
Gummi m rubber ● **mit ~ ausgekleidet** rubber-lined ● **mit ~ beschichtet** rubber-coated
Gummiauskleidung f rubber lining
Gummibelag m rubber covering
Gummibeschichtung f rubber coating *(process or result)*
gummieren to rubber[ize], to coat with rubber; to line with rubber *(inner surfaces)*
gummiert rubber-coated; rubber-lined *(inner surfaces)*
Gummierung f rubber coating; rubber lining *(of inner surfaces)*
Gummilösung f rubber solution
Gummi[schutz]schicht f rubber coating
Guß m 1. casting, *(of metal also)* founding, pouring; 2. s. Gußstück
Gußanode f cast anode
Gußeisen n cast iron
~/graues grey cast iron
~/weißes white cast iron
Gußemail n cast iron enamel

Gußgefüge *n* grain flow
Gußgranulat *n* cast shot
Gußhaut *f* casting (surface) skin
Gußkies *m* cast grit
Gußlegierung *f* cast alloy
Gußstahl *m* cast steel
Gußstück *n*, **Gußteil** *n* casting
Gut *n*/**verzinktes** galvanized products

H

Haarkristall *m* whisker
Haarriß *m* hair crack, craze
Haarrißbildung *f* hair-cracking, hair-line cracking, [micro]crazing
Haber-Luggin-Kapillare *f (test)* Luggin capillary (probe), Luggin-Haber probe, Haber-Luggin capillary, capillary probe
Haber-Luggin-Sonde *f*[/**kapillare**] *s.* Haber-Luggin-Kapillare
Hafteigenschaften *fpl* adhesion properties
haften to adhere
haftend adherent
~/**gut** well adherent
~/**locker** loosely adherent
~/**schlecht** poorly adherent
haftfähig adhesive
Haftfähigkeit *f s.* Haftvermögen
haftfest adhesive, well-adherent
Haftfestigkeit *f* adhesive (bond) strength, adherence, adhesion
~/**mangelnde** lack of adhesion
~/**schlechte** poor adhesion
Haftfestigkeitsmessung *f* adhesion measurement
Haftfestigkeitsprüfung *f* adhesion testing
~ **durch Gitterschnitt** grid (cross-cut) testing, cross-hatching adhesion testing
Haftfestigkeitsversuch *m* adhesion test, test for adhesion
Haftfestigkeitswert *m* adhesion value
Haftgrund *m*, **Haftgrundlage** *f* keying surface, key
Haftkraft *f s.* Haftfestigkeit
Haftoberfläche *f s.* Haftgrund
Haftoxid *n* adherent oxide (scale)
Haftung *f* adhesion
Haft[ungs]verlust *m* adhesive failure
Haftvermittler *m* adhesion promoter
Haftvermittlung *f* promotion of adhesion
Haftvermögen *n* adherence, adhesiveness

Halbautomat *m* semi-automatic machine (line)
halbberuhigt semikilled *(steel)*
halbcyanidisch *(plat)* intermediate-cyanide
halbedel semi-noble, near-noble *(metal)*
Halbelement *n* half-cell
Halbglanz *m* semi-gloss
Halbglanzelektrolyt *m* semi-bright plating bath (solution)
halbglänzend semi-bright, semi-gloss
Halbglanznickel *n* semi-bright nickel
Halbglanznickelschicht *f* semi-bright nickel coating (deposit)
Halbglanznickelüberzug *m s.* Halbglanznickelschicht
Halbglanzvernick[e]lung *f* semi-bright nickel plating
Halbkette *f* half-cell
halbleitend semiconducting
Halbleiter *m* semiconductor
~ **vom n-Typ** n-type semiconductor
~ **vom p-Typ** p-type semiconductor
Halbleitung *f* semiconduction
~/**elektronische** n-type semiconduction
halbmatt semi-matt
Halbmetall *n* semimetal, metalloid
Halböl *n* wetting oil
Halbring *m*, **Halbringprobe** *f* C-ring [specimen]
Halbstundenlack *m* half-hour synthetic *(composed of nitrocellulose and alkyd resin)*
Halbversetzung *f (cryst)* half (partial) dislocation
Halbzelle *f* half-cell
Halbzellenpotential *n* half-cell potential
halogenhaltig halogen-containing
Halogenid *n* halide
Halogenierung *f* halogenation
haltbar durable, long-lasting
Haltbarkeit *f* durability
Haltbarkeitsdauer *f* lifetime, service (length of) life
halten/instand to maintain
Hämatit *m* h[a]ematite *(iron(III) oxide)*
hämmerbar ductile
Hämmerbarkeit *f* ductility
Hämmern *n* hammer (surface) peening *(for superficial strengthening of metals)*
Hammerschlag *m* hammer scale, smithy scales *(iron(II, III) oxide)*
Handauftrag *m* hand application

handbetätigt

handbetätigt manually operated, hand-operated *(device)*
handbetrieben manually operated, hand-operated *(plant)*
Handentrosten *n* manual derusting, hand [tool] cleaning
handentrostet manually derusted, hand-cleaned
handgereinigt hand-cleaned
Handpolieren *n* hand polishing
Handreinigung *f* hand [tool] cleaning
Handschweißplattieren *n* [hard facing by] manual welding
Handspritzen *n* hand (manual) spraying
~/elektrostatisches electrostatic hand gun spraying
Handspritzgerät *n* hand sprayer
Handspritzpistole *f* hand [spray] gun, manual gun
~/elektrostatische electrostatic hand gun, hand-held electrostatic gun
Handsprühpistole *f s.* Handspritzpistole
Handstrahlpistole *f* hand blast gun
Handwischverfahren *n* solvent wipe method *(for degreasing)*
Haring-[Blum-]Zelle *f (plat)* Haring[-Blum] cell *(for determining the throwing power of a plating solution)*
Harnstoff-Formaldehyd-Harz *n* urea-formaldehyde resin, UF resin
Harnstoffharz *n* urea resin
Hartanodisation *f*, **Hartanodisieren** *n* hard anodizing
Hartauftragslegierung *f* hardfacing alloy
härtbar hardenable
Härtbarkeit *f* hardenability
Hartblei *n* hard lead
Hartchrom *n s.* Hartchromschicht
Hartchrombad *n s.* Hartchromelektrolyt
Hartchromelektrolyt *m* hard-chromium bath (plating solution)
Hartchromniederschlag *m s.* Hartchromschicht
Hartchromschicht *f (plat)* hard chromium coating (plate), industrial chromium plate
Hartchromüberzug *m s.* Hartchromschicht
Härte *f* hardness
~/bleibende (permanente) permanent hardness *(of water)*
~/temporäre (vorübergehende) temporary (carbonate) hardness *(of water)*
Härtebad *n* hardening (hardener) bath

Härtebestimmung *f* determination of hardness, hardness testing
härtebildend hardness-producing *(substances in water)*
Härtebildner *m* hardness constituent (element), hardness-producing substance *(in water)*
Härtegrad *m* degree of hardness
~/deutscher German degree, degree German *(of water)*
~/englischer English (Clark) degree, degree Clark (British, English) *(of water)*
~/französischer French degree, degree French *(of water)*
Härtemeßgerät *n s.* Härteprüfer
Härtemessung *f* hardness measurement
Härtemittel *n s.* Härter
härten to harden, *(paint also)* to cure
~/im Einsatzverfahren to case-harden
~/im Ofen *(paint)* to stove, to bake
~/oberflächlich to surface-harden
Härten *n* hardening, *(paint also)* curing, cure
Härteprüfer *m* hardness tester
~ nach Knoop Knoop diamond tester
Härteprüfgerät *n s.* Härteprüfer
Härteprüfung *f* hardness testing
~ mit Eindringkörper penetration (indentation) hardness testing
~ nach Brinell Brinell hardness testing
~ nach dem Eindringverfahren *s.* ~ mit Eindringkörper
~ nach Knoop Knoop hardness testing
~ nach Rockwell Rockwell hardness testing
~ nach Vickers Vickers penetration hardness testing
Härter *m (paint)* hardener, hardening (curing) agent
~/phosphorsäurehaltiger phosphator *(for curing wash primers)*
Härteschicht *f* [hardened] case
Härteskala *f* scale of hardness
~ nach Knoop Knoop scale
Härtetiefe *f* depth of hardening
Hartgummi *m* hard rubber, ebonite ● **mit ~ ausgekleidet** hard rubber-lined
Hartguß *m* white cast iron
Hartgußkies *m* chilled-iron grit
Hartharz *n* hard resin
Hartkautschuk *m s.* Hartgummi
Hartlegierung *f s.* Hartmetall
Hartlot *n* braze, brazing alloy, hard solder

hartlöten to braze
Hartmetall *n* hard metal, hard-metal alloy
~/gesintertes cemented hard metal, cemented [hard] carbide
Hartmetallegierung *f s.* Hartmetall
Hartnickelbad *n s.* Hartnickelelektrolyt
Hartnickelelektrolyt *m (plat)* hard-nickel plating bath (solution)
Hartnickelschicht *f (plat)* hard-nickel coating
Hartoxidschicht *f* hard anodic (anodized) coating
Hartoxydation *f* hard anodizing
Hartpanzern *n* hard-facing
Hartpech *n* hard pitch
Hartpolyvinylchlorid *n*, **Hart-PVC** *n* unplasticized (rigid) polyvinyl chloride
Hartstoffschicht *f* hard coating
Harttrockenöl *n* hard oil
Härtung *f* hardening, *(paint also)* curing, cure
Härtungsbeschleuniger *m (paint)* curing accelerator
Härtungskatalysator *m (paint)* curing catalyst
Härtungsmittel *n s.* Härter
Härtungstiefe *f* depth of hardening
hartverchromen to hard-chromium plate
Hartverchromen *n* hard-chromium (hard-chrome) plating, industrial chromium plating
Hartvernickeln *n* hard-nickel plating, *(broadly)* heavy nickel plating
Hartwasser *n* hard (scale-forming) water
Hartzink *n* zinc (plant) dross, hard zinc *(an iron-zinc alloy)*
hartzinkfrei free from zinc dross
Harz *n* resin
~/fossiles fossil resin
~/hitzehärtbares heat-reactive resin
~/künstliches synthetic resin
~/modifiziertes modified resin
~/natürliches natural resin
~/ölreaktives oil-reactive resin
~/rezentes recent resin
~/rezentfossiles recent fossil resin
~/synthetisches synthetic resin
~/thermoreaktives (wärmehärtbares) heat-reactive resin
Harzbindemittel *n* resin binder (vehicle)
Harzemulsion *f* resin emulsion
Harzester *m s.* Harzsäureester
Harzöl *n* tall oil

Harzsäure *f* resin acid
Harzsäureester *m* resin ester, ester gum
Harzseife *f* resin soap
Hauchbildung *f* blushing *(of lacquer films)*; blooming *(of paint or varnish films)*
Hauptanode *f (cath)* main pillar anode
Hauptbestandteil *m* main (chief, principal) component; major element *(of an alloy)*
Hauptelektrode *f* principal electrode
Hauptkette *f* main chain *(of a branched molecule)*
Hauptkomponente *f s.* Hauptbestandteil
Hauptreaktion *f* main (principal, basic, chief) reaction
Hauptrohrleitung *f* main
Haut *f (paint)* skin
Hautbildung *f (paint)* skin formation, skinning
Hautbildungsinhibitor *m s.* Hautverhinderungsmittel
Hautverhinderungsmittel *n*, **Hautverhütungsmittel** *n (paint)* skinning inhibitor, anti-skinning agent
Hautwirkung *f s.* Skin-Effekt
HB *s.* Brinellhärte
H-Bindung *f* hydrogen bond
hb-Stahl *m s.* Stahl/halbberuhigter
Heber *m/elektrischer* salt bridge
Hebezeug *n (plat)* lifting device (chassis, frame), lift mechanism, hoist
Heißaluminieren *n* aluminium-dip coating, hot-dip aluminizing
heißaluminiert aluminium-dipped, dip-calorized
Heißanstrich *m* hot-applied coating
Heißanstrichstoff *m* hot-applied coating [material]
Heißauftrag *m* hot application
Heißbehandlung *f s.* Warmbehandlung
Heißbitumen *n* hot bitumen
Heißbruch *m* welding crack
Heißdampf *m* superheated steam
Heißgaskorrosion *f* high-temperature corrosion, hot corrosion *(by hot gases)*
Heißgaskorrosionsanlage *f* hot-corrosion test stand
Heißgaskorrosionsversuch *m* hot-corrosion test
Heißgasprüfanlage *f s.* Heißgaskorrosionsanlage
heißhärtend thermosetting, heat-curing
Heißluft *f* hot (heated) air

Heißlufttrocknung

Heißlufttrocknung f hot-air drying
Heißphosphatieren n hot phosphatizing, hot-dip phosphate treatment
Heißpressen n hot isostatic pressing, HIP
• **durch ~ plattiert** HIP-clad
Heißspritzanlage f hot-spray plant (unit)
Heißspritzen n hot-metal spraying, thermal spraying, thermospraying; *(paint)* hot [air] spraying, hot-spray painting
Heißspritzgerät n hot-spray apparatus
Heißspritzlack m hot-spray lacquer
Heißspritzpistole f hot-spray gun
Heißspritzverfahren n hot-spray process
Heißspülen n hot rinse
Heißtauchen n hot dipping *(for applying organic coatings for temporary protection)*
Heißtauchmasse f hot-melt coating *(organic coating material for temporary protection)*
Heißtauchschutzschicht f hot-melt coating *(consisting of organic coating material for temporary protection)*
Heißtauchverfahren n hot-dipping process *(for applying organic coatings for temporary protection)*
Heißverarbeitung f hot application
Heißverzinken n hot-dip galvanizing
Heißwasserkorrosion f s. Heißwasseroxydation
Heißwasseroxydation f high-temperature water oxidation
Heißwassersealing n s. Heißwasserverdichtung
Heißwasserspülen n hot-water rinse
Heißwasserspülstufe f hot-water rinsing stage
Heißwassertest m hot-water test *(for porosity)*
Heißwasserverdichtung f [hot-]water sealing, boiling seal *(anodizing)*
Heizschlange f heating coil
Helmholtz-Anteil m **der Doppelschicht** Helmholtz part of the double layer
Helmholtz-Fläche f s. Helmholtz-Schicht
Helmholtz-Schicht f Helmholtz plane, Helmholtz (fixed, compact) double layer
~/äußere outer Helmholtz plane
~/innere inner Helmholtz plane
hemmen to inhibit, to retard, to slow down *(a reaction)*
hemmend inhibitive, retardant, obstructive
Hemmstoff m inhibitor, inhibiting agent, retarding catalyst, retarder

Hemmung f inhibition, retardation, slowing-down *(of a reaction)*
~/unvollständige incomplete inhibition
Hemmwirkung f inhibitive (inhibiting) action, restraining (impeding) action; inhibitive effect
herandiffundieren to diffuse *(as towards a surface)*
Herandiffusion f arrival *(of diffusing ions or molecules)*, diffusion *(as towards a surface)*
herantransportieren to transport *(as to a surface)*
herausdiffundieren to diffuse outwards
herausheben *(plat)* to lift [out]
herauslösen to leach [out]
Herauslösung f**/selektive** selective leaching, parting *(corrosion)*
herausziehen to withdraw *(dipped articles)*
Herausziehen n withdrawal *(of dipped articles)*
hermetisieren to seal hermetically
Heterogenität f heterogeneity
Heusler-Mechanismus m Heusler mechanism *(of catalyzed corrosion)*
Hexametaphosphat n glassy phosphate (inhibitor)
High-solids-Lack m high-solids lacquer
Hilfsanode f auxiliary anode
Hilfsausrüstung f, **Hilfseinrichtung** f auxiliary (ancillary) equipment
Hilfselektrode f auxiliary electrode
Hilfserder m *(cath)* auxiliary anode
Hilfskatode f auxiliary cathode *(anodic protection)*
Hilfsstoff m auxiliary (ancillary) material, additive
Hinderung f**/sterische** steric hindrance (inhibition)
hindurchdringen to permeate
hineindiffundieren to diffuse inwards, to permeate
Hinreaktion f forward reaction
Hinterfüllung f *(cath)* backfill
Hitzebehandlung f heat treatment
hitzebeständig resistant to heat, heat-resistant, thermally stable
Hitzebeständigkeit f resistance to heat, heat resistance, thermal stability
hitzefest s. hitzebeständig
hitzehärtbar, hitzehärtend thermosetting, heat-curing

hochaktiv highly active, high-activity *(e.g. relating to adherence)*
hochalkalisch highly (strongly) alkaline (basic), superalkaline
hochaluminiumhaltig high-aluminium, rich in aluminium, aluminium-rich
hochbasisch *s.* hochalkalisch
hochbeansprucht highly stressed
hochbleihaltig high-lead, rich in lead, lead-rich
hochchloridhaltig high-chloride, rich in chloride
hochchromhaltig high-chromium, rich in chromium, chromium-rich
hochchromlegiert highly chromium-alloyed
hochcyanidisch *(plat)* high-cyanide
hochdispers highly disperse
Hochdruck-Elektrostatiksprühen *n* air electrostatic spraying
Hochdruckpolyethylen *n* high-pressure-process polyethylene, branched polyethylene
Hochdruckpumpe *f* high-pressure pump
Hochdruckschlauch *m* high-pressure hose
Hochdruckspritzen *n*/**luftloses** *s.* Höchstdruckspritzen
hochempfindlich highly sensitive (susceptible)
hochfest high-strength
Hochfrequenzerwärmung *f*/**induktive** high-frequency induction heating
Hochfrequenzplasmatron *n* high-frequency plasma torch
hochgechromt high-chromium *(steel)*
hochgehen to lift *(paint coats by softening)*
Hochgehen *n* lifting *(of paint coats by softening)*
hochgekohlt high-carbon, rich in carbon *(e.g. steel)*
Hochgeschwindigkeitsflammspritzen *n* high-speed flame spraying
Hochglanz *m* full brightness (gloss), high gloss
Hochglanzbad *n s.* Hochglanzelektrolyt
Hochglanzelektrolyt *m* [fully-]bright plating bath, bright plating solution
hochglänzend fully-bright, high-gloss
Hochglanzlack *m* high-gloss finish
Hochglanzlackierung *f* high-gloss finish
Hochglanznickel *n* fully-bright nickel
Hochglanznickel[schutz]schicht *f* fully-bright nickel coating
Hochglanzschicht *f (plat)* fully-bright coating (deposit)

Hochglanzverzinnung *f* double-sweep tinning
Hochglühen *n* full annealing
hochkohlenstoffhaltig high-carbon, rich in carbon *(e.g. steel)*
hochkonzentriert highly concentrated
hochkorrosionsbeständig, hochkorrosionsfest highly (strongly) corrosion-resistant
hochkorrosiv highly corrosive
hochkupferhaltig high-copper, rich in copper, copper-rich
hochlegiert highly alloyed, high-alloy
Hochleistungsbad *n s.* Hochleistungselektrolyt
Hochleistungselektrolyt *m* rapid plating bath (solution), high-speed (high-efficiency) plating bath
Hochleistungsspritzpistole *f* high-capacity (high-performance) spray gun, heavy-duty gun
hochleitfähig high-conducting, high-conductivity
hochmagnesiumhaltig high-magnesium, rich in magnesium
hochmolybdänhaltig high-molybdenum, rich in molybdenum
hochnickelhaltig high-nickel, rich in nickel
Hochofenzement *m* blast-furnace cement
hochohmig high-resistance; high-resistivity *(characteristic of a given material)*
Hochohmigkeit *f* high resistance; high resistivity *(characteristic of a given material)*
hochpigmentiert highly pigmented
hochpolymer highly polymerized
Hochpolymer[es] *n* high polymer
hochrein high-purity, highly purified
hochresistent highly resistant
hochsäurebeständig, hochsäurefest highly acid-resistant
hochschmelzend high-melting
hochschwefelhaltig high-sulphur, rich in sulphur
Hochsieder *m* high boiler, high-boiling solvent
hochsiliciumhaltig high-silicon, rich in silicon
hochsiliziert high-silicon *(alloy)*
Höchstdruckschmiermittel *n* extreme-pressure lubricant
Höchstdruckspritzen *n* airless (hydraulic) spraying, high-pressure airless spraying, airless spray [painting, application]

Höchstdruckspritzpistole

Höchstdruckspritzpistole f airless [spray] gun
Höchstgrenzkonzentration f maximum permissible concentration
hochtemperaturbeständig high-temperature resistant, resistant to high temperatures
Hochtemperaturbeständigkeit f high-temperature resistance (stability, durability, strength), resistance to high temperatures
Hochtemperaturbetrieb m high-temperature operation
Hochtemperaturdiffusion f high-temperature diffusion
Hochtemperaturkorrosion f high-temperature corrosion, dry (hot) corrosion
~ **unter Alkalisulfatablagerungen** alkali-ash corrosion (attack)
Hochtemperaturlegierung f high-temperature alloy
Hochtemperaturoxydation f high-temperature oxidation
Hochtemperaturprüfung f high-temperature testing, testing at high temperature
Hochtemperatur-Schutzschicht f high-temperature coating
Hochtemperaturwasser n high-temperature water
Hochtemperaturwerkstoff m high-temperature material
hochunedel highly active (metal)
Hochvakuum n high vacuum
Hochvakuumaufdampfen n high-vacuum deposition
hochviskos highly viscous, (paint also) heavy-bodied
hochwarmfest resistant to high temperatures
hochwiderstandsfähig highly resistant
hochwirksam highly active
hochzähflüssig s. hochviskos
hochziehen to lift (paint coats by softening)
Hochziehen n lifting (of paint coats by softening)
hochzinkhaltig high-zinc, rich in zinc, zinc-rich
hochzinnhaltig high-tin, rich in tin, tin-rich
Höhenklima n mountain (high-altitude) climate
Hohlanode f hollow anode
Hohldraht m **mit Flußmittelfüllung** cored solder
Hohlkatode f hollow cathode
Hohlraum m cavity, empty (unfilled, hollow) space, void
Hohlraumbildung f cavity formation
Hohlraumkonservierung f anti-rust treatment (of enclosed spaces of car bodies)
Holzöl n [/chinesisches] tung (chinawood) oil
Holzteer m wood tar
homogenisieren to homogenize (metals)
Homogenisierungsglühen n homogenization
Homogenität f homogeneity
Homogenitätsbereich m range of homogeneity
Homogenverbleien n homogeneous leading
Homopolymer[es] n, **Homopolymerisat** n homo-polymer
honen to hone
Horizontalanode f, **Horizontalerder** m (cath) horizontal anode (groundrod)
Horizontaltrommel f horizontal [closed] barrel
Hot-spot-Schutz m (cath) hot-spot protection
HR s. Rockwellhärte
HR B s. Rockwellhärte B
HR C s. Rockwellhärte C
Hubhöhe f (plat) height of lift
Hubmechanismus m s. Hebezeug
Hubsäule f (plat) lifting post
Huey-Test m Huey [nitric-acid] test, [boiling] nitric-acid test (for intergranular corrosion)
Hülle f sheath[ing]; [protective] sleeve, sleeving (prefabricated for application to pipes)
Hull-Zelle f (plat, test) Hull cell
Huminsäure f humic acid
Humusboden n humus soil
Hüttenrohzink n s. Hüttenzink
Hüttenweichblei n chemical lead (containing 99.9 % of lead)
Hüttenzement m slag cement
Hüttenzink n technical zinc
HV s. Vickershärte
H-Versprödung f s. Wasserstoffversprödung
Hydrargillit m hydrargillite (gamma aluminium hydroxide occurring as a corrosion product)
Hydratation f hydration
Hydratationsenergie f hydration energy
Hydratationsenthalpie f (plat) hydration enthalpy
Hydratationsgrad m degree of hydration
Hydratationszahl f hydration number
Hydratationszustand m hydration state
Hydrathülle f hydration sheath
hydratisieren to hydrate
Hydratisierung f hydration

Hydratwasser n water of hydration
Hydrazin n hydrazine *(inhibitor)*
Hydrid n hydride
hydridbildend hydride-forming
Hydridbildung f hydride formation, hydriding
Hydrodesulfurierung f, **Hydroentschwefelung** f hydrodesulphurization
Hydrogenorthophosphat n hydrogen[ortho]phosphate
Hydrolyse f hydrolysis
Hydrolysegrad m degree of hydrolysis
Hydrolysenkonstante f hydrolysis constant
hydrolysierbar hydrolyzable
Hydrolysierbarkeit f hydrolyzability
hydrolysieren to hydrolyze
hydrolytisch hydrolytic
Hydroniumion n hydronium ion
hydrophil hydrophilic, hydrophile
Hydrophilie f hydrophilicity
hydrophob hydrophobic, hydrophobe ● ~ **machen** to render hydrophobic
hydrophobieren to render hydrophobic
Hydrophobier[ungs]mittel n hydrophobing agent, water repellent
Hydroxoniumion n s. Hydroniumion
Hydroxyläquivalent n [molecular] weight per hydroxyl, WPH, hydroxyl equivalent weight
Hydroxylgruppe f hydroxyl group[ing], OH group
Hydroxylgruppenäquivalent n s. Hydroxyläquivalent
Hydroxylzahl f hydroxyl value (number) *(of resins and fatty oils)*
Hydrozinkit m hydrozincite *(basic zinc carbonate)*
Hygrometer n hygrometer
hygroskopisch hygroscopic[al]
Hygroskopizität f hygroscopicity
Hygrostat m [controlled] humidity cabinet, humidity chamber
Hypothese f/**mechanisch-adsorptive** hydrogen-absorption hypothesis *(of stress-corrosion cracking)*

I

ideal *(cryst)* perfect, ideal, defect-free
Idealgitter n *(cryst)* perfect lattice
Idealkristall m perfect (ideal, defect-free) crystal

idiomorph *(cryst)* idiomorphic, automorphic
IK-Stahl m s. Inkromierstahl
Ilkovič-Gleichung f Ilkovič equation *(relationship between diffusion current, diffusion coefficient, and active-substance concentration)*
Immersionsversuch m immersion test
immun immune, stable *(as opposed to passive)*
Immunität f immunity, stability *(as opposed to passivity)*
Immunitätsbereich m range of immunity, *(in a diagram)* immunity area
Impedanzmessung f *(test)* impedance measurement
impermeabel impermeable
Impermeabilität f impermeability
imprägnieren to impregnate
Imprägniermittel n impregnating agent, impregnant
Imprägnierung f impregnation
inaktiv inactive
inaktivieren to deactivate, to inactivate
Inaktivierung f deactivation, inactivation
Inaktivität f inactivity
inchromieren to chromize
Inchromieren n chromizing
~ **aus der Gasphase** gas[eous] chromizing
~ **in Salzschmelzen** salt-bath chromizing
Indikator m/**radioaktiver** radiotracer, radioactive tracer
Indikatorelektrode f indicator (indicating, working, measuring) electrode
Indikatorlösung f indicator solution
Indikatorpapier n indicator paper
Indiumelektrolyt m *(plat)* indium bath (plating solution)
Indium[schutz]schicht f indium coating
~/**elektrochemisch (galvanisch) hergestellte** indium electrodeposit
induktionsbeheizt induction-heated
Induktionshärten n induction hardening
Induktionsperiode f 1. induction (initiation) period (time); 2. *(paint)* waiting (induction) period *(before applying catalyzed coatings)*
Induktionsphase f, **Induktionszeit** f s. Induktionsperiode
Industrieabgase npl industrial fumes
Industrieabwasser n industrial waste water
Industrieanstrichstoff m industrial paint (coating)
Industrieatmosphäre f industrial atmosphere

19 Gross, Korrosion E-D/D-E

Industrieatmosphäre

~/**künstliche** artificial industrial atmosphere
Industrie-Einbrennanstrichstoff *m* industrial stoving (baking) paint
Industrieeinbrennlack *m* industrial stoving (baking) finish
Industriegas *n* industrial gas
Industrie-Grundanstrichstoff *m*, **Industriegrundierung** *f* industrial primer
Industrieklima *n* industrial environment
Industrielack *m* 1. industrial finish; 2. *s.* Industrieanstrichstoff
Industrielackierung *f* industrial finish[ing]
Industrieluft *f* industrial air
Industrieluftprüfung *f s.* Kesternich-Versuch
Industriereife *f* commercial stage
Industriereiniger *m* industrial cleaner
~/**alkalischer** industrial alkaline cleaner
Industriestaub *m* industrial dust
Industriewasser *n* industrial water
induzieren to induce *(a reaction)*
ineinanderdiffundieren to interdiffuse *(alloying constituents)*
inert inert, inactive
Inertgas *n* inert (inactive) gas
Inertgasatmosphäre *f* inert atmosphere
Infrarotaushärteofen *m* infrared stoving (baking) oven
Infrarotfilm *m (test)* infrared-sensitive film
Infrarotfotografie *f* infrared photography
Infrarothärtung *f* infrared stoving (baking)
Infrarotheizung *f* infrared heating
Infrarotofen *m* infrared (radiant-heat) oven
Infrarotspektroskopie *f* infrared spectroscopy
Infrarotstrahler *m* infrared lamp (radiator)
Infrarotstrahlung *f* infrared radiation
Infrarotstrahlungsofen *m* infrared (radiant-heat) oven
Infrarottrockenofen *m*, **Infrarottrockner** *m* infrared (radiant-heat) drying oven
Infrarottrocknung *f* infrared (radiant-heat) drying
Infusorienerde *f* diatomaceous (infusorial) earth *(polishing agent)*
inhibieren to inhibit
inhibierend inhibitive
Inhibierung *f s.* Inhibition
Inhibierwirkung *f* inhibitive action
Inhibition *f* inhibition
~/**anodische** anodic inhibition
~/**gefährliche** dangerous inhibition
~/**gemischte** inhibition of the mixed type
~/**katodische** cathodic inhibition
~/**primäre** primary inhibition
~/**sekundäre** secondary inhibition
Inhibitionseffekt *m* inhibitive effect
Inhibitionsmechanismus *m* inhibition mechanism
Inhibitionswirkung *f* inhibitive action; inhibitive effect
Inhibitor *m* inhibitor, retarder, inhibiting compound, retarding catalyst
~/**anodisch-katodischer** ambiodic inhibitor
~/**anodisch wirksamer** *s.* ~/anodischer
~/**anodischer** anodic inhibitor
~/**anorganischer** inorganic inhibitor
~/**chemischer (chemisorbierter)** secondary inhibitor
~/**filmbildender** film-forming inhibitor, [heavy] filming inhibitor, semipolar inhibitor, passivator, *(petroleum industry also)* reverse-wetting inhibitor
~/**gefährlicher** dangerous inhibitor
~/**gemischter** mixed (multi-component) inhibitor
~/**katodischer (katodisch wirksamer)** cathodic inhibitor
~/**öllöslicher** oil-soluble inhibitor
~/**organischer** organic inhibitor
~/**passivierender** passivating inhibitor, passivator
~/**physikalischer (physikalisch wirksamer)** *s.* ~/primärer
~/**primärer** primary (surface-bound) inhibitor
~/**sekundärer** secondary inhibitor
~/**sicherer** safe inhibitor
Inhibitoreffekt *m* inhibitor effect
Inhibitorgemisch *n s.* Inhibitormischung
Inhibitormechanismus *m* inhibitor mechanism
Inhibitormischung *f* mixed inhibitor [system], multicomponent inhibitor
Inhibitorwirkmechanismus *m* inhibitor mechanism
Inhibitorwirksamkeit *f* inhibitor (inhibitive, inhibition) efficiency, inhibitor effectiveness
Inhibitorwirkung *f* inhibitor action; inhibitor effect
inhomogen inhomogeneous, non-homogeneous
Inhomogenität *f* inhomogeneity
Initialschritt *m* initial step
inkompatibel incompatible

Inkorporation f incorporation
inkorporieren to incorporate
inkromieren s. inchromieren
Inkromierstahl m, **Inkrom-Stahl** m chromized steel
Inkrustation f s. Inkrustierung
inkrustieren to incrust, to encrust
Inkrustierung f incrustation *(process or substance)*
Inkubationsdauer f, **Inkubationsperiode** f incubation period (time)
Inkubationszeit f s. Inkubationsdauer
Inlösunggehen n dissolution
Innenanstrich m interior (indoor) finish
Innenanstrichfarbe f interior (indoor) paint
Innenatmosphäre f indoor atmosphere
Innenauskleidung f [inner] lining
Innenbehandlung f internal treatment
Innenbeschichtung f 1. internal (interior, inner) coating, second-surface coating, [inner] lining; 2. s. Innenschutzschicht
Inneneinsatz m indoor service, service indoors
Innenexponierung f indoor exposure
Innenfläche f inner (interior) surface
Inneninspektion f endoscopy *(as of pipes)*
Innenkonservierung f internal protection *(with temporary corrosion protectives)*
Innenkorrosion f internal [body] corrosion *(as of tanks or pipes)*
Innenlack m interior lacquer
Innenmantel m s. Innenauskleidung
Innenoberfläche f inner (interior) surface
Innenraumatmosphäre f indoor atmosphere
Innenraumbeanspruchung f indoor exposure
Innenraumklima n indoor (interior) environment
Innenraumlagerung f indoor storage
Innenraumschutz m indoor protection
Innenschutz m internal protection *(as of tanks or pipes)*
Innenschutzanstrich m internal paint coating
Innenschutzschicht f internal (inner, interior) coating, second-surface coating, [inner] lining
Innenschutzüberzug m 1. [inner] lining *(preformed material)*; 2. s. Innenschutzschicht
Innensehgerät n endoscope *(as for investigating pipes)*
Innentrockner m through-drier, through-drying catalyst

Innenüberzug m s. Innenschutzüberzug
Innenverchromen n chromium lining
Innenvernickeln n nickel lining
Innenversilbern n silver lining
Innenverzinken n zinc lining
Innenwiderstand m internal resistance
innenzentriert *(cryst)* space-centred
Inoxydieren n blueing
In-situ-Addukt n in situ adduct
Inspektion f/**visuelle** visual inspection (examination, observation)
Inspektionsgerät n endoscope *(as for investigating pipes)*
instabil unstable, instable
Instabilität f instability
instandhalten to maintain
Instandhaltung f maintenance
~/vorbeugende preven[ta]tive maintenance
Instandhaltungsanstrich m 1. maintenance [re]painting; 2. maintenance coat (coating, finish)
~/vorbeugender preven[ta]tive maintenance painting
Instandhaltungsarbeiten fpl maintenance work
Instandhaltungskosten pl maintenance cost[s]
intensiokinetisch intensiokinetic, galvanodynamic
intensiostatisch intensiostatic, galvanostatic
Interdiffusion f interdiffusion *(as in alloys)*
Interferenzfarben fpl interference colours (tint)
Interferenzmikroskop n interference microscope *(as for measuring surface roughness)*
interionisch interionic
interkristallin intergranular, intercrystalline
Intermediärprodukt n intermediate [product]
Intermediärverbindung f intermediate [compound]
Intermetallid n intermetallic compound
intermetallisch intermetallic
interstitiell *(cryst)* interstitial
Intrusion f intrusion *(in slip bands)*
Ion n/**adsorbiertes** adion
~/hydratisiertes aquo-ion
~/komplexes complex ion
ional ionic
Ionenaktivität f ion activity
Ionenaustausch m ion exchange
Ionenaustausch[er]harz n ion-exchange resin

Ionenbeschuß

Ionenbeschuß *m* ion bombardment
Ionenbeweglichkeit *f* ion[ic] mobility
Ionenbewegung *f* ion[ic] movement
Ionenbombardement *n s.* Ionenbeschuß
Ionendiffusion *f* ionic diffusion
Ionengeschwindigkeit *f* ionic speed (velocity)
Ionengleichung *f* ionic equation
Ionenimplantation *f* ion implantation
Ionenkonzentration *f* ionic concentration
Ionenkristall *m* ionic crystal
ionenleitend ionically conducting
Ionenleiter *m* ionic conductor
Ionenleitfähigkeit *f* ion[ic] conductance
~/spezifische ion[ic] conductivity
Ionenleitung *f* ionic conduction
Ionen-Mikrosonden-Analysator *m* ion microprobe mass analyser, IMMA
Ionen-Plasma-Zerstäuben *n* [cathode, cathodic] sputtering
~ im Gleichstromdiodenverfahren d.c. sputtering
~ in hochfrequenten Wechselfeldern rf sputtering
Ionenplattieren *n* ion vapour deposition, IVD, ion plating
Ionenprodukt *n* ionic product
Ionenreaktion *f* ionic reaction
Ionenreflexionsspektroskopie *f* ion scattering spectroscopy, ISS
ionensensitiv ion-sensitive *(electrode)*
Ionenstärke *f* ionic strength
Ionenstrom *m* ionic current
Ionenstruktur *f* ionic structure
Ionentransport *m* ion transport
Ionenübergang *m* passage of ions
Ionenwanderung *f* ion[ic] migration
Ionenwanderungsgeschwindigkeit *f* ionic speed (velocity)
Ionenwechselwirkung *f* interionic action
Ionenwiderstand *m* ionic resistance
Ionenwolke *f* ion cloud, ionic atmosphere
Ionenzustand *m* ionic state
Ionisation *f* ionization
Ionisationsfähigkeit *f* ionizing power
Ionisationskammer *f (test)* ionization chamber *(a particle detector)*
Ionisationsvermögen *n* ionizing power
ionisch ionic
ionisieren to ionize
Ionisierungspotential *n* ionization potential
IR-Abfall *m* IR drop, iR drop
IR-Aushärteofen *m s.* Infrarotaushärteofen
Irrstrom *m s.* Streustrom
Isokorrosionskurve *f*, **Isokorrosionslinie** *f* iso-corrosion rate line, line of equal corrosion
Isolation *f* 1. insulation; 2. *s.* Isoliermaterial
Isolierbinde *f (plat, cath)* insulating tape
isolieren to insulate
Isolieren *n* insulation
Isolierflansch *m (cath)* [electrically] insulating flange
Isolierfolie *f* insulating sheet
Isolierlack *m* insulating varnish
Isoliermaterial *n* insulating (insulation) material
Isoliermuffe *f (plat)* insulating sleeve
Isolierpapier *n* insulating paper
Isolierpaste *f (plat)* insulating paste
Isolierschicht *f* insulating layer
Isolierstoff *m s.* Isoliermaterial
Isolierstück *n (cath)* insulating flange
Isolierung *f* 1. insulation; 2. *s.* Isoliermaterial
isomorph *(cryst)* isomorphic, isomorphous
isotherm isothermal
Isotherme *f/***Freundlichsche** Freundlich [adsorption] isotherm
~/Frumkinsche Frumkin [adsorption] isotherm
Isotropie *f* isotropy
I-U-Kennlinie *f*, **I/U-Kurve** *f* current-potential curve, *iV* curve

J

Jalousiehäuschen *n*, **Jalousiehütte** *f (test)* louvered box, Stevenson screen, shelter
j-Integral *n* path-independent integral *(a fracture-toughness concept)*
Joffé-Effekt *m* Joffé effect *(enhanced deformability of certain crystals in water)*

K

Kabelabdeckplatte *f (cath)* cable tile
Kabelhülle *f*, **Kabelmantel** *m* cable sheath
Kabelpapier *n* cable paper
Kabelverbindung *f* cable connection, *(cath also)* drainage bond
Kabinenstrahlen *n* cabinet blasting
kadmieren to plate with cadmium

Kadmieren n cadmium plating
~/reduktives chemisches electroless cadmium plating
Kaliumstannat n (plat) potassium stannate (potassium trioxostannate(IV))
Kaliumstannatelektrolyt m (plat) potassium stannate bath
Kalk m/**Wiener** Vienna lime (polishing agent)
Kalkboden m calcareous (limy) soil
Kalkfleck m water spot (stain) (on metal surfaces)
kalkhaltig calcareous
Kalkhärte f calcium hardness (of water)
Kalkmilch f milk of lime
Kalkmörtel m lime plaster
Kalkrost m chalky rust, rusty chalk
Kalkrost-Schutzschicht f chalky-rust film, protective scale (as in water supply lines)
Kalkstein m limestone
~/gemahlener limestone whiting
Kalkverfahren n/**nasses** wet lime/limestone process
Kalomelelektrode f calomel electrode (half-cell)
~/gesättigte saturated calomel electrode, SCE
kalorisieren to powder-calorize (to heat-treat esp in aluminium-alumina powder)
Kalorisieren n powder calorizing (heat treatment esp in aluminium-alumina powder)
Kaltanstrich m 1. cold application; 2. cold-applied coating
Kaltanstrichstoff m cold-applied coating [material]
Kaltauftrag m cold application (of paints); peen plating (of metal powder)
~ im Trommelverfahren barrel plating (of metal powder)
Kaltband n cold strip
Kaltbearbeitung f cold work[ing]
kältebeständig resistant to cold, cold-resistant
Kältebeständigkeit f resistance to cold, cold (low-temperature) resistance
kältefest s. kältebeständig
Kälteflexibilität f low-temperature flexibility
Kältemedium n s. Kältemittel
Kältemittel n coolant, cooling medium (agent)
Kaltentfettung f cold[-solvent] cleaning
Kaltformgebung f cold working (forming)
kaltgestreckt cold-reduced (e.g. plate)

Kapillarkondensation

kaltgewalzt cold-rolled
kaltgezogen cold-drawn
kalthärtend (paint) cold-curing, cold-hardening, cold-setting
Kalthärtung f (paint) cold curing (hardening, setting)
Kaltleim m cold adhesive, cold[-setting] cement
Kaltphosphatieren n low-temperature phosphating, cold phosphate surface treatment
Kaltplattieren n s. Kaltschweißplattieren
Kaltreduzieren n cold reduction (as of plates)
kaltreduziert cold-reduced (e.g. plate)
Kaltreiniger m cold[-solvent] cleaner
Kaltreinigung f cold[-solvent] cleaning
Kaltschweißplattieren n cold roll-bonding
Kaltspritzen n cold spray[ing], cold spray application
Kaltspülbad n s. 1. Kaltspülen; 2. Kaltwasserspülbehälter
Kaltspülen n cold rinse
~ in fließendem Wasser cold water rinse, c.w. rinse
Kaltumformen n cold working (forming)
Kaltverarbeitung f cold application
Kaltverfestigung f work hardening (of metals)
Kaltverformung f s. Kaltumformen
Kaltverschweißen n cold welding
~ im Trommelverfahren barrel plating
Kaltverzinken n cold galvanizing (coating with zinc-rich paint)
Kaltwalzen n cold rolling
Kaltwasserspülbehälter m cold water rinse tank
Kaltwasserspülen n cold water rinse
kaltziehen to cold-draw
Kaltziehen n cold drawing
Kammerofen m box oven
Kanigen-Verfahren n Kanigen process (for electroless deposition of nickel)
Kantenausblühung f excrescence
Kanten[be]deckung f edge coverage
Kanteneffekt m edge effect
Kantenflucht f (paint) running-away
Kantenschutz m edge protection
Kantenverrunden n edge radiusing
Kantenversetzung f (cryst) edge dislocation
kapillaraktiv capillary active, surface-active
Kapillaraktivität f capillary (surface) activity
Kapillarkondensation f capillary condensation

Kapillarsonde

Kapillarsonde f *(test)* Luggin capillary (probe), Luggin-Haber probe, Haber-Luggin capillary, capillary probe
Kapillarwirkung f capillary action
Karbid n s. Carbid
Karbonat... s. Carbonat...
Karbonatisierung f carbonatization *(as of concrete)*
karbonieren s. aufkohlen
Karbonitrieratmosphäre f carbonitriding atmosphere
karbonitrieren to carbonitride
Karborundum n silicon carbide
Karosserielack m body enamel (finish)
Karussellautomat m s. Rundautomat
Kaseinfarbe f casein paint
Kaskadenspülung f cascade rinse (rinsing)
Katalysator m catalyst
~/negativer retarding catalyst, retarder, inhibitor
~/saurer acid catalyst
Katalysatorgift n catalyst poison
Katalysatorsäure f *(plat)* catalyst *(for depositing chromium)*
Katalysatorwirkung f catalyst (catalytic) action; catalyzing effect
katalysiert/sauer acid-catalyzed
Kataphorese f cataphoresis
Kation n cation
kationenaktiv cation-active, cationic
Kationenaustausch m cation exchange
Kationenaustauscher m cation exchanger
Kationenaustausch[er]harz n cation-exchange resin
Kationenaustauschverfahren n cation-exchange method
Kationenbewegung f cationic movement
Kationenfehlstelle f, **Kationenleerstelle** f *(cryst)* cation vacancy (hole), vacant cation[ic] site
Kationennachlieferung f, **Kationennachschub** m cation supply (replenishment)
Kationenteilgitter n cation sublattice
Kationenüberführungszahl f transference (transport) number of the cation
Kationenverarmung f cation depletion
Kationit m cation exchanger
Katode f cathode
Katodenabscheidung f s. 1. Abscheiden/katodisches; 2. Katodenniederschlag
Katoden-Anoden-Flächenverhältnis n cathode-anode [area] ratio

Katodenanordnung f cathode assembly (placement) *(anodic protection)*
Katodenbereich m cathodic region
Katodenbewegung f *(plat)* cathode[-rod] agitation, cathode bar agitation
Katodenfilm m cathode film *(liquid film adhering to the cathode)*
Katodenfläche f cathodic (cathode) area
Katodengebiet n cathodic region
Katodenkupfer n electrolytic (cathode) copper
Katodennickel n electrolytic nickel
Katodenniederschlag m cathodic deposit
Katodenoberfläche f cathode surface
Katodenpolarisation f cathodic polarization
Katodenpotential n cathodic (cathode) potential
Katodenprozeß m s. Katodenvorgang
Katodenraum m *(plat)* cathode compartment
Katodenreaktion f cathodic reaction
Katodenschutz m cathodic protection
Katodenschutzanlage f cathodic-protection system (installation), cathodic station
~ mit Aktivanoden (Opferanoden) sacrificial system
Katodenstange f *(plat)* cathode bar (rod), work bar
Katodenstrahloszillograph m *(test)* cathode-ray oscilloscope *(for making visible instantaneous values)*; cathode-ray oscillograph *(for producing permanent records)*
Katodenstrom m cathode (cathodic) current
Katodenstromdichte f cathodic (cathode) current density
Katodenvorgang m cathodic process
Katodenzerstäubung f [cathode] sputtering, cathodic sputtering
Katodenzone f cathodic zone
katodisch cathodic
Katolyt m catholyte *(electrolyte of the cathode compartment)*
Kauri-Butanol-Wert m, **Kauri-Butanol-Zahl** f *(paint)* kauri-butanol number (value), KB number (value)
Kauriharz n, **Kaurikopal** m kauri [copal, gum]
Kautschuk m/**synthetischer** synthetic rubber
Kautschukklebstoff m rubber adhesive
Kautschuklösung f rubber solution (cement)
Kavitation f cavitation, cavity formation
~/selektive preferential cavitation
Kavitationsangriff m cavitation attack

kavitationsbeständig resistant to cavitation, cavitation-resistant
Kavitationsbeständigkeit f resistance to cavitation, cavitation resistance
Kavitationsblase f cavitation bubble
Kavitationserosion f cavitation-erosion
kavitationsfest s. kavitationsbeständig
Kavitationsgefahr f cavitation hazard
Kavitationskorrosion f cavitation-corrosion
Kavitationsschaden m cavitation damage
Kavitationsverhütung f cavitation prevention
Kavitationsversuch m cavitation test
Kehle f fillet
Kehlnahtschweißung f, **Kehlnahtverbindung** f fillet weld
Keil m wedge
keilartig wedge-like
Keim m *(cryst)* growth nucleus
Keimbildner m *(cryst, plat)* nucleating (nucleation) agent
Keimbildung f *(cryst)* nucleation
Keimbildungsarbeit f nucleation energy
Keimbildungsgeschwindigkeit f nucleation rate
Kennzeichen n *(test)* identification mark
Kennzeichnung f *(test)* 1. marking; 2. s. Kennzeichen
Kerametall n s. Cermet
Keramik[schutz]schicht f ceramic coating
Keramiküberzug m s. Keramik[schutz]schicht
Kerb m, **Kerbe** f notch
kerbempfindlich notch-sensitive
Kerbempfindlichkeit f notch sensitivity
kerben to notch
Kerbgrund m notch base
Kerbschlagbiegeversuch m notched-bar test
Kerbschlagzähigkeit f notch impact resistance (strength)
Kerbspannungsfaktor m stress-intensity factor
kerbspröde notch-brittle
Kerbsprödigkeit f notch brittleness
Kerbwirkung f notch effect
Kerbzähigkeit f notched tensile strength, notch toughness
Kerbzugprobe f notched tensile specimen
Kerbzugversuch m notched-bar test
Kern m core *(case hardening)*
Kernabstand m nuclear (interatomic) distance (spacing)
Kernfestigkeit f core strength
Kernhärte f core hardness
Kernpigment n cored pigment
Kern[spin]resonanzspektroskopie f nuclear magnetic resonance spectroscopy, NMR spectroscopy
Kernwerkstoff m core [metal]
Kesselinhaltswasser n boiler water
Kesselspeisewasser n boiler feed[ing] water
Kesselstein m [boiler] scale ● ~ **ansetzen** to scale ● **von ~ befreien** to descale
Kesselsteinbeseitigung f s. Kesselsteinentfernung
kesselsteinbildend scale-forming
Kesselsteinbildner m scale former, scale-forming compound (constituent, salt, substance)
Kesselsteinbildung f scale formation, scaling
Kesselsteinentfernung f scale removal, descaling
Kesselsteingegenmittel n, **Kesselsteinlösemittel** n descaling agent
Kesselsteinschicht f scale layer
Kesselsteinverhütung f scale prevention
Kesselsteinverhütungsmittel n scale inhibitor
Kesternich-Gerät n Kesternich corrosion test cabinet
Kesternich-Versuch m Kesternich test, sulphur dioxide test, SO_2 [cabinet] test
Ketogruppe f keto (oxo, carbonyl) group
Ketonharz n ketone resin
Kette f/**elektrochemische (galvanische)** galvanic cell (couple)
Kettenabbrecher m chain stopper
Kettenabbruch m chain termination (breakage)
Kettenabbruchmittel n chain stopper
Kettenbruchstück n chain segment
Kettenpolymerisation f chain (addition) polymerization
Kettenreaktion f chain reaction
Kettensegment n chain segment
Kettenspaltung f chain scission (splitting)
Kettenspannung f cell voltage (potential)
Kettensprengung f s. Kettenspaltung
Kettenübertragung f chain transfer
K-Faktor m stress-intensity factor
kfz s. kubisch-flächenzentriert
Kiefernöl n tall oil
Kienöl n pine oil
Kies m 1. gravel; 2. grit *(angular material for blast cleaning)* ● **mit ~ strahlen** to grit-blast
Kieselfluorwasserstoffsäure f s. Fluorokieselsäure

Kieselgur

Kieselgur f diatomaceous (infusorial) earth, kieselguhr *(polishing agent)*
Kinetik f/**chemische** chemical (reaction) kinetics
~/elektrochemische electrochemical kinetics
~ von Elektrodenvorgängen electrode kinetics
Kirkendall-Effekt m, **Kirkendall-Erscheinung** f Kirkendall effect
Kitt m putty, *(esp for filling holes and crevices also)* stopper
Kittmesser n putty knife
KKS-Anlage f s. Korrosionsschutzanlage/katodische
Klang m/**metallischer** metallic ring
Klarlack m [clear] varnish *(chemically drying)*; [clear] lacquer *(physically drying)*
~/angefärbter coloured varnish; coloured lacquer
~/oxydativ trocknender [clear] varnish
~/physikalisch trocknender [clear] lacquer
Klebeband n adhesive tape (strip)
Klebebandtest m [adhesive-]tape test *(for determining the cleanliness of surfaces)*
klebefrei tack-free
Klebekraft f s. Klebvermögen
Klebelack m decorators' size
klebend adhesive, adherent
Kleber m s. Klebstoff
Klebestreifentest m [adhesive-]tape test *(for testing the adhesiveness of coatings)*
Klebfähigkeit f s. Klebvermögen
klebfrei tack-free
Klebkraft f s. Klebvermögen
Kleblack m s. Klebelack
Klebstoff m adhesive [agent]
Klebvermögen n adhesive capacity (power), adhesiveness, adherence
Kleie-Putzmaschine f branning machine, branner *(of a hot-dip tinning line)*
kleinblumig small-spangled *(metal coating)*
Kleingefüge n microstructure
Kleinklima n microclimate
Kleinstglockenapparat m (plat) portable barrel
Kleinsttrommel f/**tragbare** (plat) portable barrel
Kleinteile npl mass-production parts
Kleinteilgalvanisierapparat m bulk plating machine
Kleinteilgalvanisieren n bulk plating

Kleinwinkelkorngrenze f subgrain boundary
Klettern n **von Versetzungen** *(cryst)* dislocation climb
Klima n/**alternierendes** wet-and-dry climate
~/feuchtwarmes humid-macrothermal climate
~/gemäßigtes temperate (mesothermal) climate, mesoclimate
~/kontinentales continental climate
~/maritimes (ozeanisches) marine (maritime, oceanic) climate
~/polares polar climate
~/trockenes dry climate
~/tropisches tropical climate
~/warmfeuchtes s. ~/feuchtwarmes
Klimaanlage f air conditioning plant (system, apparatus)
Klimabedingungen fpl climatic conditions
Klimaeinfluß m environmental effect
Klimaeinflußgröße f climatic factor
Klimaelement n climatic element
klimaempfindlich sensitive to climatic conditions
Klimaempfindlichkeit f sensitivity to climatic conditions
Klimafaktor m climatic factor
Klimagebiet n, **Klimagroßraum** m climatic region
Klimaklassifizierung f climatic classification
Klimaprüfkammer f climate (environmental) chamber
Klimaprüfung f climatic (environmental) testing
Klimaprüfverfahren n climatic (environmental) testing procedure
Klimaschutz-Prüfprogramm n climatic (environmental) testing program[me]
klimatisch climatic[al]
Klimatisierung f air conditioning
Klimatisierungsanlage f s. Klimaanlage
Klimatyp m climatic type
Klimaversuch m climatic (environmental) test
Klimazone f climatic zone
Klopfgerät n impact tool
klumpen *(paint)* to agglomerate
Klumpen n *(paint)* agglomeration
Knallgascoulometer n oxygen-hydrogen coulometer
Knetlegierung f wrought alloy
Knick m *(cryst)* kink [site]
Knickband n *(cryst)* kink band

Knickbildung f (cryst) kinking
Knickpunktfeuchte[beladung] f critical moisture content
Knickung f (cryst) kinking
Knolle f tubercle, nodule (in water-supply lines)
Knollenbildung f tuberculation, tubercle formation (in water-supply lines)
knollig nodular (scale in water-supply lines)
Knoop-Eindringkörper m Knoop indenter
Knoophärte f Knoop hardness
Knopfkontakt m (plat) button contact, conducting button
Knospe f (plat) nodule
Knospenbildung f (plat) nodulation
knospig (plat) nodular
Knotenregel f/**Kirchhoffsche** (cath) Kirchhoff's first (current) law
Knüppel m billet
Knüppelanode f (plat) bar anode
Kobalt... s. Cobalt...
Kochblasenbildung f s. Kocherbildung
Kochendwasserverdichtung f [hot] water sealing, boiling seal (anodizing)
Kochentfetten n hot alkaline cleaning
Kocher m (paint) solvent pop (stoving fault)
Kocherbildung f (paint) solvent popping (boil) (stoving fault)
Kochpunkt m boiling point (temperature)
Kochsalz n common salt, sodium chloride
Kochversuch m boiling test
~ **in Salpetersäure-Flußsäure-Gemisch** nitric-hydrofluoric [acid] test, nitric acid-hydrofluoric acid test
Koeffizient m/**stöchiometrischer** stoichiometric number
Koexistenz f coexistence (as of two phases)
koexistieren to coexist (two phases)
Kohäsion f cohesion
Kohäsionsarbeit f work of cohesion
Kohäsionsfestigkeit f cohesive strength, resistance to tear[ing], tear resistance (strength)
Kohäsionsverlust m cohesive failure
Kohle f/**aktive (aktivierte)** active (activated) carbon (charcoal)
kohlen to carburize (low-carbon steel)
Kohlen n carburization (of low-carbon steel)
Kohlendioxid n/**aggressives (überschüssiges)** aggressive carbon dioxide (in water)
Kohlendioxidgehalt m carbon-dioxide content

Kohlendisulfid n carbon disulphide
Kohlensäure f carbonic acid
~/**aggressive (überschüssige)** s. Kohlendioxid/aggressives
Kohlenstoff m carbon ● **mit ~ angereichert** carbon-enriched
kohlenstoffarm low-carbon (e.g. steel)
Kohlenstoffaufnahme f carbon pick-up
kohlenstofffrei free from carbon
Kohlenstoffgehalt m carbon content ● **mit hohem ~** high-carbon, rich in carbon (e.g. steel) ● **mit niedrigem ~** low-carbon, poor in carbon (e.g. steel)
kohlenstoffhaltig carbon-containing, carbon-bearing, carbonaceous
Kohlenstoffpigment n carbon pigment
kohlenstoffreich high-carbon, rich in carbon (e.g. steel)
Kohlenstoffstahl m carbon steel
Kohlenstoffstein m carbon brick
Kohlenwasserstoffharz n hydrocarbon resin
kohlenwasserstofflöslich hydrocarbon-soluble
Kohlenwasserstoff-Lösungsmittel n hydrocarbon solvent
Kohlungsmittel n carburizing agent, [case-hardening] carburizer
Kohlungsofen m carburizing furnace (oven)
Kohlungspulver n carburizing powder
Kokillenguß m die casting
Koksbettung f (cath) coke (carbonaceous) backfill, coke breeze bed (for buried anodes)
Kokseinbettung f, **Koksgrusbettung** f s. Koksbettung
Kollision f collision (as of particles)
Kollodiumwolle f/**alkohollösliche** spirit-soluble nitrocellulose, SS nitrocellulose
~ **esterlösliche** regular soluble nitrocellulose, RS nitrocellulose
kolloiddispers colloid-disperse, colloid[al]
Kolophonium n colophony, rosin
kolumnar (cryst) columnar
Kombinationslack m combination lacquer
kombinierbar compatible
Kombinierbarkeit f compatibility
kompatibel compatible
Kompatibilität f compatibility
Kompensationsmethode (Kompensationsschaltung) f **nach Poggendorff** Poggendorff compensation method
komplexbildend complex-forming, complexing

Komplexbildner

Komplexbildner *m* complexing agent, complexant, sequestering agent, sequestrant
Komplexbildung *f* complex formation, complexation, sequestration
Komplexbildungsenergie *f* complexing energy
Komplexbildungskonstante *f* complex-formation constant
komplexieren to complex
Komplexierung *f s.* Komplexbildung
Komplex-Ion *n* complex ion
Komplexsalz *n* complex salt
Komponente *f*/**flüchtige** volatile component
~/**wasserlösliche** water-soluble component
Komposit[schutz]schicht *f* composite coating *(made up of non-metallic and metallic components)*
Kompressionsmodul *m* bulk modulus
Kondensat *n* condensate
Kondensation *f*/**kapillare** capillary condensation
Kondensationskeim *m* condensation nucleus *(consisting of identical matter)*
Kondensationskern *m* condensation nucleus *(consisting of foreign matter)*
Kondensationszentrum *n* condensation nucleus
kondensierbar condensable
Kondensierbarkeit *f* condensability
kondensieren[/sich] to condense
Kondenswasser *n* condensation (condensed) water
Konduktometrie *f* conductometry, conductimetry, conductivity measurement
konduktometrisch conductometric, conductimetric
Kongokopal *m* Congo copal (gum)
Königswasser *n* aqua regia *(a mixture of chlorohydric and nitric acid)*
Konkurrenzreaktion *f* competing (competitive, concurrent) reaction
Konservendosenlack *m* can coating (lining), can-lining coating
konservieren to preserve, to conserve
Konservierungsfett *n* anti-corrosive grease, slushing grease, *(for iron and steel also)* rust-inhibiting (rust-preventive) grease
Konservierungsmittel *n* preservative [compound], *(esp)* temporary corrosion protective (preventive), *(if consisting of oil, grease, or wax)* slushing compound, *(for iron and steel also)* temporary rust protective (preventive)

Konservierungsöl *n* preservative (slushing) oil, corrosion-protective (anti-corrosive) oil, *(for iron and steel also)* rust-preventive (anti-rust) oil
Konservierungsstoff *m s.* Konservierungsmittel
Konservierungswachs *n* corrosion-protective wax, corrosion-preventive wax
Konsistenz *f* consistency, *(paint also)* body
Konsistenzeinstellung *f* adjustment of the consistency
Konstante *f*/**Boltzmannsche** Boltzmann's constant
~/**Poissonsche** Poisson constant (number) *(ratio of the elongation strain to the transverse contracting strain)*
Konstantspannungsverfahren *n* constant-voltage method *(of electropainting)*
Konstruieren *n*/**galvanisiergerechtes** proper design for plating, plating design
~/**korrosionsschutzgerechtes** proper design for minimizing corrosion, provision in design for corrosion control, corrosion-proof construction
Konstruktionsmaterial *n*, **Konstruktionswerkstoff** *m* material of construction
Kontakt *m* 1. contact; 2. *s.* Kontaktelement
Kontaktabscheidung *f* contact plating
Kontaktarm *m* *(plat)* bus[-bar]
Kontaktband *n* *(plat)* flat bus
Kontaktbandschleifen *n* belt grinding, abrasive belt polishing
Kontaktelement *n* *(plat)* contacting device, [cathode] contact, *(rack plating also)* rack tip
Kontaktfläche *f* surface (area) of contact
Kontaktgabe *f* *(plat)* contacting
Kontaktgift *n* catalyst poison
Kontakthaken *m* *(plat)* contact (anode) hook, dangler
Kontaktknopf *m* *(plat)* conducting button
Kontaktkopf *m s.* Kontaktknopf
Kontaktkorrosion *f* bimetallic (two-metal) corrosion, *(deprecated)* contact corrosion
Kontaktleiste *f* *(plat)* flat bus
Kontaktscheibe *f* contact wheel *(belt polishing)*
Kontaktspitze *f* *(plat)* rack tip
Kontaktstelle *f* site of contact
Kontaktverfahren *n* 1. *(plat)* contact plating method; 2. *(paint)* reactive ground coat method

Kontaktvergolden *n (plat)* contact gilding *(an electroless method)*
Kontaktverkupfern *n (plat)* contact copper plating, copper contact plating
Kontaktverzinnen *n (plat)* contact tinning
Kontaktwinkel *m* contact angle
Kontinentalklima *n* continental climate
Kontrolle f/anodische anodic control
~/katodische cathodic control
~/ohmsche ohmic control
Kontrollfläche *f* inspection area
kontrolliert/anodisch anodically controlled, anode-controlled, under anodic control
~/katodisch cathodically controlled, cathode-controlled, under cathodic control
Kontur f/tiefliegende recessed area, recess
Konvektion *f* convection
Konvektionsheizung *f* convection heating
Konvektionsofen *m* convection oven
Konvektionsstrom *m s.* Konvektionsströmung
Konvektionsströmung *f* convection current
Konvektionstrocknung *f* convection (direct) drying
Konvektions-Umluftofen *m* air (forced-convection) oven, forced-draught [convection, box] oven
Konversions[schutz]schicht *f* [surface-]conversion coating
~/anorganische inorganic conversion coating
~/chemische chemical conversion coating
Konzentration f/höchstzulässige maximum permissible concentration
~/kritische limiting concentration
Konzentrationsänderung *f* concentration change
Konzentrationsanstieg *m* increase in concentration
Konzentrationselement *n s.* Konzentrationszelle
Konzentrationsgefälle *n,* **Konzentrationsgradient** *m* concentration gradient
Konzentrationskette *f s.* Konzentrationszelle
Konzentrationspolarisation *f* concentration polarization
Konzentrationsüberspannung *f* concentration overpotential (overvoltage)
Konzentrationswiderstand *m* concentration polarization resistance
Konzentrationszelle *f* [ion-]concentration cell, concentration corrosion cell

Koordinatenschreiber *m (test)* XY recorder
Kopal *m* copal [resin]
Korb *m* 1. basket *(for articles to be treated);* 2. *s.* Anodenkorb
Kornaufbau *m s.* Korngrößenverteilung
Kornbegrenzungsfläche *f* grain-boundary area (facet)
Kornfeinheitsmesser *m* grind gauge
Kornfläche *f* grain face
Korngrenze *f* grain boundary
~ mit Carbidausscheidungen carbide-decorated grain boundary
Korngrenzenabgleitung *f s.* Korngrenzengleiten
Korngrenzenangriff *m* grain-boundary attack, intergranular (intercrystalline) attack
Korngrenzenausscheidungen *fpl* grain-boundary precipitates, segregates
Korngrenzenbereich *m* grain-boundary region (zone), grain margin
Korngrenzencarbidausscheidungen *fpl* grain-boundary carbides
Korngrenzendiffusion *f* grain-boundary diffusion
Korngrenzenenergie *f* grain-boundary energy
Korngrenzenfurche *f s.* Korngrenzengraben
Korngrenzengebiet *n s.* Korngrenzenbereich
Korngrenzengleiten *n* grain-boundary sliding, intergranular creep
Korngrenzengraben *m* grain-boundary groove (channel)
Korngrenzenkorrosion *f* intergranular (intercrystalline) corrosion, grain-boundary corrosion, intergranular disintegration
korngrenzenkorrosionsbeständig resistant to intergranular (grain-boundary) corrosion, resistant to sensitization
Korngrenzenkorrosionsbeständigkeit *f* resistance to intergranular (grain-boundary) corrosion, resistance to sensitization
korngrenzenkorrosionsempfindlich susceptible to intergranular (grain-boundary) corrosion, sensitive to grain-boundary corrosion, *(relating to steel also)* sensitized
Korngrenzenkorrosionsempfindlichkeit *f* susceptibility to intergranular (grain-boundary) corrosion, sensitivity to grain-boundary corrosion, intercrystalline corrosion susceptibility
Korngrenzenriß *m* intergranular crack
Korngrenzensaum *m* grain-boundary region (zone), grain margin

Korngrenzensegregation

Korngrenzensegregation *f*, **Korngrenzenseigerung** *f* grain-boundary segregation (separation)
Korngrenzenverfestigung *f* grain-boundary strengthening
Korngrenzenverunreinigungen *fpl* grain-boundary impurities
Korngrenzenwanderung *f s.* Korngrenzengleiten
Korngröße *f* grain size
Korngrößenaufbau *m s.* Korngrößenverteilung
Korngrößenverteilung *f* particle-size distribution
Körnigkeit *f* graininess, granularity
Korninneres *n* grain interior (body)
Kornrandzone *f* grain-boundary region (zone), grain margin
Körnung *f s.* 1. Körnigkeit; 2. Korngröße; 3. Korngrößenverteilung
kornverfeinernd grain-refining
Kornverfeinerung *f* grain refinement
Kornvergröberung *f* grain coarsening, excessive grain growth
Kornwachstum *n* grain growth
Kornzerfall *m s.* Korngrenzenkorrosion
kornzerfallsanfällig *s.* korngrenzenkorrosionsempfindlich
Kornzerfallsbereich *m* sensitizing range (zone) *(of intergranular corrosion)*
kornzerfallsbeständig *s.* korngrenzenkorrosionsbeständig
körperverträglich biocompatible *(e.g. implanted material)*
korrodieren to corrode, to eat; to undergo (suffer) corrosion, to corrode
~/durch Lochfraß to pit
~ lassen *(test)* to allow to corrode
~/lochförmig to pit
korrodierend/leicht freely corroding
~ wirkend corrosive
korrodiert/ebenmäßig (gleichmäßig) uniformly corroded
~ werden to undergo (suffer) corrosion, to corrode
Korrosimeter *n* corrosion meter (rate monitor), electrical-resistance corrosion monitor
Korrosion *f* corrosion ● **~ auslösen** to initiate corrosion ● **der ~ unterliegen** to undergo corrosion, to corrode ● **die ~ bekämpfen** to combat (counter, control) corrosion

● **die ~ beschleunigen (fördern)** to accelerate (promote) corrosion ● **die ~ verschärfen** to aggravate (exacerbate) corrosion ● **~ erleiden** to suffer corrosion, to corrode ● **vor ~ schützen** to protect against (from) corrosion ● **zur ~ neigen** to tend to corrode
~/aktive active corrosion *(as opposed to the passive and transpassive states)*
~ an der Wasserlinie water-line corrosion
~/anaerobe anaerobic corrosion
~/anodische anodic corrosion
~/atmosphärische atmospheric corrosion, *(specif)* wet atmospheric corrosion
~/äußere external corrosion *(as of tanks or pipes)*
~/bakterielle bacterial corrosion
~/becherförmige bubble-cup corrosion
~/biochemische (biogene) *s.* ~/biologische
~/biologische [micro]biological corrosion, biofouling
~/chemische [direct] chemical corrosion, direct oxidation
~/dampfseitige *s.* ~/wasserseitige
~/dehnungsinduzierte strain-induced corrosion
~ der Metalle metallic corrosion
~ durch Alkalien alkali corrosion
~ durch äußere Stromeinwirkung electro-corrosion
~ durch Konzentrationsketten concentration[-cell] corrosion
~ durch Langstreckenströme long-line corrosion
~ durch Salze salt corrosion
~ durch Säuren acid corrosion
~ durch unterschiedliche Belüftung *s.* Belüftungskorrosion
~ durch Wechselstrom a.c. corrosion
~/ebenmäßige (ebenmäßig abtragende) uniform (even general) corrosion
~/elektrochemisch-anodische *s.* ~/elektrochemische
~/elektrochemisch-mechanische chemical-mechanical corrosion
~/elektrochemische (elektrolytische) electrochemical (electrolytic) corrosion, wet (liquid) corrosion
~/fadenförmige filiform corrosion, filamentary (thread-like, underfilm) corrosion
~/flächenhafte [overall] general corrosion
~/fleckenförmige [fleckige] even local corrosion

Korrosion

~/**galvanische** galvanic (contact) corrosion, bimetallic (two-metal) corrosion
~/**gleichförmig** s. ~/gleichmäßige
~/**gleichmäßige (gleichmäßig abtragende)** uniform (even general) corrosion
~/**grabenförmige** trenching
~/**graphitische** graphitic corrosion, graphitization, spongiosis
~/**grübchenförmige (grubenförmige)** pitting corrosion *(in an early stage, characterized by narrow pits)*
~ **im Erdboden** soil (underground) corrosion, corrosion by soils
~ **im passiven Zustand** corrosion in the passive state
~ **im Rückkühlsystem** post-boiler corrosion *(with steam generators)*
~ **in der Wasserlinie** water-line corrosion
~ **in feuchter Atmosphäre** moist (humid, damp) atmospheric corrosion *(without participation of visible water)*
~ **in Flüssigkeiten** wet (liquid) corrosion
~ **in Gasen** dry corrosion
~ **in Meerwasser** marine (sea-water) corrosion
~ **in Metallschmelzen** liquid-metal corrosion
~ **in nichtwäßrigen Flüssigkeiten (Medien)** non-aqueous corrosion
~ **in Salzschmelzen** fused-salt (hot-salt, molten-salt) corrosion, corrosion by molten salts, hot-salt cracking
~ **in Salzwasser** salt-water corrosion
~ **in sauren Lösungen** acid corrosion
~ **in Schmelzen** s. 1. ~ in schmelzflüssigen Metallen; 2. ~ in Salzschmelzen
~ **in schmelzflüssigen Metallen** liquid-metal corrosion
~ **in Wässern (wäßrigen Medien)** aqueous (underwater, immersed, submerged) corrosion
~/**innere** 1. subsurface corrosion; 2. s. Innenkorrosion
~/**interkristalline** intergranular (intercrystalline, grain-boundary) corrosion, intergranular disintegration
~/**katastrophale** catastrophic (disastrous) corrosion, breakaway [corrosion]
~/**knospenartige** nodular corrosion
~/**konzentrationsbedingte** concentration[-cell] corrosion
~/**kosmetische** cosmetic corrosion *(deteriorating the appearance only)*

~/**kristalline** crystallographic corrosion
~/**lochförmige** pitting corrosion
~/**mechanisch-elektrolytische** chemical-mechanical corrosion
~/**mikrobielle (mikrobiologische)** s. ~/biologische
~ **mit Selbstinhibierung** self-suppressing corrosion
~/**muldenförmige** wide pitting, shallow pit formation
~/**narbenförmige (narbige)** uneven local corrosion, wide pitting *(in an early stage)*
~/**nasse** wet (liquid) corrosion
~/**nichtebenmäßige** uneven corrosion
~/**nichtelektrochemische** non-electrochemical corrosion, *(deprecated)* chemical corrosion
~/**nodulare** nodular corrosion
~/**örtliche** local[ized] corrosion
~/**punktförmige** point corrosion
~/**rapide** s. ~/katastrophale
~/**rauchgasseitige** fireside corrosion *(as in coal-fired power stations)*
~/**sauerstoffregulierte** oxygen-type corrosion
~/**schichtförmige** layer (exfoliation, lamellar) corrosion
~/**schnelle** s. ~/katastrophale
~/**selektive** selective (preferential) corrosion, parting [corrosion], dealloying
~/**sulfidische** sulphide corrosion
~/**thermoelektrische (thermogalvanische)** thermogalvanic corrosion
~/**transkristalline** transgranular corrosion
~/**transpassive** transpassive corrosion
~/**trockene** dry [atmospheric] corrosion
~/**ungehemmte** unhindered corrosion
~/**ungleichmäßige** non-uniform corrosion, regional (local, localized) corrosion
~ **unter Ablagerungen** deposit corrosion (pitting), deposition corrosion
~ **unter Anstrichen** underfilm (underpaint) corrosion
~ **unter haftenden Korrosionsprodukten** surrosion
~ **unter Spannung** stress corrosion
~ **unter Wasserstoffentwicklung** acid corrosion
~/**wasserseitige** water-side corrosion *(as in coal-fired power stations)*
~/**wasserstoffinduzierte** hydrogen-induced corrosion

Korrosionsablauf

Korrosionsablauf *m* progress of corrosion
Korrosionsabtrag *m* 1. eating away *(for compounds s.* Abtrag*)*; 2. amount of metal wastage
Korrosionsabtragung *f s.* Korrosionsabtrag 1.
korrosionsaggressiv aggressive, corrosive
Korrosionsaggressivität *f* aggressiveness, aggressivity [of corrosion], corrosiveness, corrosivity
korrosionsaktiv corrosive
Korrosionsaktivität *f* corrosion activity, corrosiveness, corrosivity
korrosionsanfällig susceptible to corrosion, corrosion-prone, corrosion-sensitive, sensitive to attack, corrodible, freely corroding
Korrosionsanfälligkeit *f* susceptibility to corrosion, sensitivity to attack, corrodibility
Korrosionsangaben *fpl* corrosion data
Korrosionsangriff *m* corrosive (corrosion) attack
~ **schmelzflüssiger Metalle** liquid-metal attack
~ **von Schmelzen** liquidation attack
korrosionsanregend *s.* korrosionsfördernd
Korrosionsanreger *m* corrosion stimulant (stimulator)
Korrosionsarbeiten *fpl s.* Korrosionsschutzarbeiten
Korrosionsart *f* form (type) of corrosion, corrosion form (type)
korrosionsauslösend corrosion-initiating
Korrosionsauslösung *f* corrosion initiation
korrosionsbeansprucht exposed to corrosion
Korrosionsbeanspruchung *f* corrosion exposure
korrosionsbedingt corrosion-caused, corrosion-produced, corrosion-induced, corrosion-related
Korrosionsbedingungen *fpl* corrosion conditions
korrosionsbeeinflußt corrosion-affected
korrosionsbefallen corroding
Korrosionsbeginn *m* start (onset) of corrosion
korrosionsbegünstigend *s.* korrosionsfördernd
Korrosionsbelag *m* corrosion film
Korrosionsbereich *m* corrosive range *(e.g. pH range)*; domain of corrosion *(in a graphical representation)*

korrosionsbeschleunigend corrosion-accelerating
Korrosionsbeschleuniger *m* corrosion accelerator
Korrosionsbeschleunigung *f* corrosion acceleration
korrosionsbeständig corrosion-resistant, corrosion-resisting, resistant to corrosion, non-corroding, incorrodible
Korrosionsbeständigkeit *f* corrosion resistance, resistance to corrosion, incorrodibility
korrosionsbestimmend corrosion-determining
Korrosionsbestreben *n* corrosion tendency (propensity), tendency to corrode
korrosionsbewußt corrosion-conscious
Korrosionsbezirk *m* corroding region
Korrosionsbild *n* corrosion [distribution] pattern, corrosion morphology (picture)
Korrosionsbruch *m* corrosion failure
Korrosionsbruttoreaktion *f* over-all corrosion reaction
Korrosionsdaten *pl* corrosion data
Korrosionsdauer *f* corrosion period (time)
Korrosionsdauerbruch *m* corrosion fatigue failure
Korrosionseigenschaften *fpl* corrosion properties *(of material)*; corrosive properties *(of an agent)*
Korrosionseinfluß *m* corrosive influence
Korrosionseinwirkung *f* corrosive action
Korrosionselement *n* corrosion cell (couple)
Korrosionselementbildung *f* corrosion-cell formation
Korrosionselementwirkung *f* corrosion-cell action, couple action
korrosionsempfindlich *s.* korrosionsanfällig
Korrosionsermüdung *f* corrosion fatigue [cracking]
~/**echte** true corrosion fatigue *(as opposed to stress corrosion fatigue)*
korrosionsermüdungsbeständig resistant to corrosion fatigue
Korrosionsermüdungsbeständigkeit *f* resistance to corrosion fatigue, corrosion-fatigue resistance
Korrosionsermüdungsriß *m* corrosion-fatigue crack
Korrosionserscheinung *f* corrosion phenomenon, manifestation of corrosion
Korrosionsfachmann *m* corrosion specialist (expert, consultant), corrosionist

Korrosionsfaden *m* corrosion filament
korrosionsfähig corrosive *(agent)*; corrodible *(material)*
Korrosionsfähigkeit *f* corrosivity *(of an agent)*; corrodibility *(of material)*
Korrosionsfaktor *m* corrosive (corrosion-causing) factor
korrosionsfest *s.* korrosionsbeständig
korrosionsfördernd corrosion-promoting, corrosion-increasing, corrosive
Korrosionsform *f s.* Korrosionsart
Korrosionsforscher *m* corrosion researcher (investigator, scientist), corrosionist
Korrosionsforschung *f* corrosion research
Korrosionsforschungslabor[atorium] *n* corrosion research laboratory
Korrosionsfortgang *m* progress (course) of corrosion
korrosionsfreundlich *s.* korrosionsfördernd
Korrosionsfurche *f* corrosion trench
Korrosionsgefahr *f* corrosion hazard (risk, probability)
korrosionsgefährdet susceptible to corrosion, corrodible
korrosionsgeschützt protected against (from) corrosion
Korrosionsgeschwindigkeit *f* corrosion rate (velocity), rate of [corrosive] attack
~ **aus dem Gewichtsverlust** mass-loss (weight-loss) corrosion rate
~/**lineare** penetration rate
Korrosionsgraben *m* corrosion trench
Korrosionsgrad *m* degree (level) of corrosion
Korrosionsgröße *f s.* Korrosionskenngröße
Korrosionsgrübchen *n*, **Korrosionsgrube** *f* medium [corrosion] pit
korrosionshemmend corrosion-inhibiting, corrosion-inhibitive, anti-corrosive, corrosion-stifling
Korrosionshemmer *m*, **Korrosionshemmstoff** *m* corrosion inhibitor, anti-corrosive agent *(for compounds s. Inhibitor)*
Korrosionshemmung *f* corrosion inhibition *(for compounds s. Inhibition)*
Korrosionsherd *m* focus of corrosion
korrosionshindernd *s.* korrosionshemmend
korrosionsinaktiv non-corrosive
korrosionsinduziert corrosion-induced, corrosion-caused
korrosionsinert non-corrosive
Korrosionsingenieur *m s.* Korrosionsschutzingenieur

korrosionsinhibierend *s.* korrosionshemmend
Korrosionsinhibierung *f* corrosion inhibition *(for compounds s. Inhibition)*
Korrosionsinhibitor *m* corrosion inhibitor, anti-corrosive agent *(for compounds s. Inhibitor)*
~/**flüchtiger** vapour-phase inhibitor, VPI, volatile corrosion inhibitor, VCI
Korrosionsintensität *f* corrosion intensity
Korrosionskammer *f* environmental chamber
Korrosionskenngröße *f*, **Korrosionskennziffer** *f* corrosion characteristic (criterion), value of corrosion attack
Korrosionskinetik *f* corrosion kinetics
Korrosionsklima *n* corrosive (corroding, corrosion) environment
Korrosionskrater *m* medium [corrosion] pit
Korrosionskunde *f* corrosion science
Korrosionskurzprüfung *f* accelerated (short-term) corrosion testing
Korrosionskurzschlußzelle *f* corrosion cell (couple)
Korrosionslehre *f* corrosion science
Korrosionslehrgang *m* course in corrosion, corrosion course
Korrosionsloch *n* narrow [corrosion] pit
Korrosionsmakroelement *n* macrocell, macrocouple
Korrosionsmechanismus *m* corrosion mechanism
Korrosionsmedium *n s.* Korrosionsmittel
Korrosionsmessung *f* corrosion measurement
Korrosionsmikroelement *n* microcell, microcouple
Korrosionsmilieu *n* corrosive (corroding, corrosion) environment
korrosionsmindernd corrosion-diminishing
Korrosionsminderung *f* corrosion mitigation (minimization)
Korrosionsmittel *n* corrosive [medium, agent], corrodent
Korrosionsmulde *f* shallow pit, wide [corrosion] pit
Korrosionsnarbe *f* wide [corrosion] pit *(in an early stage)*
Korrosionsneigung *f* corrosion propensity (tendency), tendency to corrode
Korrosionsnest *n* focus of corrosion
Korrosionsort *m s.* Korrosionsstelle

Korrosionsparameter 304

Korrosionsparameter *m* corrosion characteristic (criterion)
Korrosionspotential *n* corrosion potential
~/freies free corrosion potential
Korrosionsprobe *f* corrosion [test] specimen, *(for testing under service conditions also)* corrosion coupon
Korrosionsproblem *n* corrosion problem; corrosion difficulty (trouble)
Korrosionsprodukt *n* corrosion product
Korrosionsproduktschicht *f* corrosion product layer
Korrosionsprozeß *m s.* Korrosionsvorgang
Korrosionsprüfgerät *n* corrosion test apparatus
Korrosionsprüfkammer *f* environmental chamber
Korrosionsprüflabor[atorium] *n* corrosion-testing laboratory
Korrosionsprüfprobe *f s.* Korrosionsprobe
Korrosionsprüfstand *m* corrosion testing installation
Korrosionsprüfstation *f* corrosion testing station
Korrosionsprüfung *f* corrosion testing
~ **unter Betriebsbedingungen (Einsatzbedingungen)** service corrosion testing
~ **unter Labor[atoriums]bedingungen** laboratory corrosion testing
Korrosionsprüfverfahren *n* corrosion testing method
Korrosionspunkt *m* corrosion site (spot), point (site) of attack
Korrosionsrate *f* corrosion rate
Korrosionsreaktion *f* corrosion reaction
Korrosionsrisiko *n* corrosion risk
Korrosionsriß *m* corrosion crack, *(if narrow and of considerable depth also)* corrosion fissure
Korrosionsschaden *m* corrosion (corrosive) damage, corrosion defect ● **~ bekämpfen (einschränken)** to control corrosion damage
Korrosionsschicht *f* corrosion product layer
Korrosionsschutz *m* corrosion control (protection), protection from (against) corrosion, anti-corrosion protection *(for compounds s. a. Schutz)*
~/aktiver collectively for measures influencing the state of a corroding system, as proper design, inhibition, cathodic and anodic protection, conditioning of corrosive media

~/angewandter practices of corrosion [control]
~/anodischer anodic protection
~/atmosphärischer atmospheric corrosion protection
~/direkter *s.* **~/aktiver**
~/indirekter *s.* **~/passiver**
~/katodischer cathodic protection
~/passiver corrosion protection by coatings
~/permanenter long-term corrosion protection
~/praktischer *s.* **~/angewandter**
~/temporärer temporary corrosion protection
~ unter Wasser underwater corrosion protection
~ von Seewasserbauten off-shore corrosion protection
~/zeitweiliger temporary corrosion protection
Korrosionsschutzanlage *f* corrosion-protection system, corrosion prevention facility
~/anodische anodic-protection system (installation)
~/katodische cathodic-protection system (installation)
Korrosionsschutzanstrich *m* corrosion-protective (anti-corrosion, corrosion-preventive) coating, protective (anti-corrosive) paint coating
Korrosionsschutzanstrichfarbe *f s.* Korrosionsschutzfarbe
Korrosionsschutzanstrichstoff *m* corrosion-protective (corrosion-preventive) paint (coating), anti-corrosion (anti-corrosive) paint (coating)
~/wasserverdünnbarer water-base protective paint (coating)
Korrosionsschutz-Anstrichsystem *n* corrosion-protective coating (paint) system, anti-corrosion (anti-corrosive) coating system, corrosion-preven[ta]tive coating system
Korrosionsschutzarbeiten *fpl* corrosion work (activities)
Korrosionsschutzaufbau *m s.* Korrosionsschutzsystem
Korrosionsschutzbeauftragter *m* corrosion technologist
Korrosionsschutzbehandlung *f* anti-corrosion [protection] treatment, corrosion proofing

Korrosionsschutzbinde *f* corrosion-protective tape (bandage), anti-corrosion (corrosion-control) tape
Korrosionsschutzdauer *f* period (duration) of corrosion protection, protective life; life expectancy *(calculated)*
Korrosionsschutzeigenschaften *fpl* corrosion-protective (anti-corrosive, corrosion-inhibitive) properties
Korrosionsschutzempfehlungen *fpl* corrosion advice
korrosionsschützend corrosion-protective, anti-corrosion, anti-corrosive, corrosion-preven[ta]tive, corrosion-inhibiting, corrosion-inhibitive
Korrosionsschutzfachmann *m* corrosion specialist (expert, consultant), corrosionist
Korrosionsschutzfarbe *f* corrosion-protective paint, anti-corrosion (anti-corrosive) paint, corrosion-preven[ta]tive paint
Korrosionsschutzfett *n* anti-corrosive grease, slushing grease
Korrosionsschutzfilm *m* corrosion-protective (anti-corrosive) film
Korrosionsschutzforschung *f* corrosion [protection] research
korrosionsschutzgerecht corrosion-proof *(construction)* ● ~ **gestaltet (projektiert)** properly designed [for minimizing corrosion]
Korrosionsschutzgrundanstrich *m* corrosion-protective (anti-corrosion) priming coat
Korrosionsschutz-Grundanstrichstoff *m* corrosion-protective (anti-corrosion) primer
Korrosionsschutzgrundfarbe *f s.* Korrosionsschutz-Grundanstrichstoff
Korrosionsschutzgrundierung *f s.* 1. Korrosionsschutz-Grundanstrichstoff; 2. Korrosionsschutzgrundanstrich
Korrosionsschutzingenieur *m* corrosion[-control] engineer
Korrosionsschutzinstandhaltungskosten *pl* corrosion maintenance cost[s]
Korrosionsschutzkosten *pl* cost of corrosion protection (prevention)
Korrosionsschutzlack *m* 1. anti-corrosive lacquer *(drying by solvent evaporation)*; 2. *s.* Korrosionsschutzanstrichstoff
Korrosionsschutzlösung *f* corrosion-preven[ta]tive fluid
Korrosionsschutzmaßnahme *f* corrosion-protective measure, anti-corrosion (corrosion-preventive, corrosion-control) measure
Korrosionsschutzmaterial *n* anti-corrosion coating material, corrosion-preven[ta]tive material
Korrosionsschutzmethode *f* method of corrosion protection, corrosion-control method, anti-corrosion method
Korrosionsschutzmittel *n* corrosion-protective (anti-corrosive) agent, corrosion protective (preventative)
~/temporäres temporary corrosion protective (preventative), *(if consisting of oil, grease or wax)* slushing compound
Korrosionsschutzöl *n* corrosion-protective (anti-corrosive) oil, slushing (preservative) oil
Korrosionsschutzpapier *n* corrosion-protective (anti-corrosion, anti-tarnish) paper
Korrosionsschutzpigment *n* [**/aktives**] anti-corrosive pigment
Korrosionsschutzplan *m* corrosion-protective (anti-corrosion) scheme
Korrosionsschutzproblem *n* problem of corrosion protection
Korrosionsschutzsachverständiger *m* corrosion specialist (expert, consultant), corrosionist
Korrosionsschutzschicht *f* corrosion-protective (anti-corrosive, corrosion-preventive) coating
Korrosionsschutzstoff *m s.* Korrosionsschutzmittel
Korrosionsschutzstrom *m* protective (protection) current
Korrosionsschutzsystem *n* corrosion protection system, anti-corrosion system
Korrosionsschutztechnik *f* anti-corrosion (corrosion-control, corrosion-prevention) technology *(esp large-scale)*, anti-corrosion technique *(esp lab-scale)*
Korrosionsschutztechniker *m* corrosion[-control] technician
Korrosionsschutztechnologie *f* anti-corrosion (corrosion-control, corrosion-prevention) technology
Korrosionsschutzüberzug *m* 1. anti-corrosive cladding *(prefabricated material)*; 2. *s.* Korrosionsschutzschicht
Korrosionsschutzumhüllung *f* anti-corrosive sheath[ing]

Korrosionsschutzverfahren *n* method of corrosion protection (control), corrosion-control method; corrosion-protection technique
Korrosionsschutzverhalten *n* anti-corrosion behaviour (performance)
Korrosionsschutzvermögen *n* corrosion-protective (anti-corrosive, corrosion-inhibiting) capacity
Korrosionsschutzvoranstrich *m* corrosion-protective (anti-corrosive, corrosion-inhibitive) undercoat
Korrosionsschutz-Voranstrichstoff *m* corrosion-protective (anti-corrosive, corrosion-inhibitive) undercoat
Korrosionsschutzvorschrift *f* anti-corrosion specification
Korrosionsschutzvorstreichfarbe *f s.* Korrosionsschutz-Voranstrichstoff
Korrosionsschutzwachs *n* corrosion-protective wax, corrosion-preven[ta]tive wax
Korrosionsschutzwert *m* corrosion-protective value
Korrosionsschutzwirkung *f* corrosion-protective (anti-corrosive) action; corrosion-protective (anti-corrosive) effect
Korrosionsschutzzeit *f s.* Korrosionsschutzdauer
Korrosionsschutzzwischenanstrich *m s.* Korrosionsschutzvoranstrich
Korrosionsschwachstelle *f* hot spot
Korrosionsschwingfestigkeit *f* corrosion fatigue limit
korrosionssicher *s.* korrosionsbeständig
Korrosionssonde *f* corrosion-sensing probe, corrosion-measurement probe
Korrosionsstadium *n* corrosion stage
Korrosionsstärke *f* amount of corrosion
Korrosionsstelle *f* corrosion site (spot), point (site) of attack
Korrosionsstimulator *m* corrosion stimulant (stimulator, accelerator), corrosion-accelerating factor
korrosionsstimulierend corrosion-stimulating, corrosion-accelerating, corrosion-promoting
Korrosionsstrom *m* corrosion (net) current
~/maximaler *s.* Passivierungsstrom
Korrosionsstromdichte *f* corrosion-current density, net current density
Korrosionssystem *n* corrosion (corroding) system
Korrosionstendenz *f* corrosion tendency (propensity), tendency to corrode
Korrosionstest *m s.* Korrosionsversuch
Korrosionstestapparatur *f* corrosion test apparatus
Korrosionstherorie *f* corrosion theory
Korrosionstiefe *f* corrosion depth, depth of corrosion (attack, penetration)
Korrosionstopographie *f* topography of corrosion
Korrosionstunnel *m* corrosion tunnel
Korrosionstyp *m* type (form) of corrosion, corrosion form
Korrosionsumgebung *f* corrosive (corroding, corrosion) environment
korrosionsunempfindlich *s.* korrosionsbeständig
Korrosionsuntersuchung *f* corrosion study
Korrosionsursache *f* corrosion cause
Korrosionsverhalten *n* corrosion performance (behaviour)
Korrosionsverhältnisse *npl* corrosion situation
korrosionsverhindernd *s.* korrosionsverhütend
korrosionsverhütend corrosion-preven[ta]tive, corrosion-preventing
Korrosionsverhütung *f* corrosion prevention
Korrosionsverhütungsmaßnahmen *fpl* corrosion-preven[ta]tive measures, corrosion maintenance
Korrosionsverlauf *m* 1. corrosion path, course of corrosion; 2. progress of corrosion
Korrosionsverlust *m* corrosion loss
Korrosionsverminderung *f s.* Korrosionsminderung
Korrosionsvermögen *n* corrosivity, corrosiveness, corrosion activity
korrosionsverringernd *s.* korrosionsmindernd
korrosionsverschärfend corrosion-promoting, corrosion-increasing
Korrosionsverschärfung *f* aggravation of corrosion
Korrosionsverschleiß *m* wear corrosion (oxidation), *(specif)* fretting corrosion
korrosionsverstärkend *s.* korrosionsverschärfend
Korrosionsversuch *m* corrosion test (experiment) *(for compounds s.* Versuch*)*
~ unter betriebsnaher Korrosionsbelastung *s.* Versuch mit simulierter Beanspruchung

Korrosionsversuchsstation f corrosion testing station
korrosionsverursachend corrosion-causing
Korrosionsverursacher m corrodent, corrosive agent
Korrosionsverzögerer m s. Korrosionsinhibitor
Korrosionsverzögerung f s. Korrosionsinhibierung
Korrosionsvorgang m corrosion process
Korrosionswahrscheinlichkeit f corrosion probability
Korrosionswechselfestigkeit f s. Korrosionszeitschwingfestigkeit
Korrosionswiderstand m s. Korrosionsbeständigkeit
korrosionswirksam corrosive, corrosion-causing
Korrosionswirkung f corrosive action; corrosive effect
Korrosionswissenschaft f corrosion science
Korrosionszeit f s. Korrosionsdauer
Korrosionszeitfestigkeit f corrosion fatigue limit
Korrosions-Zeit-Kurve f corrosion rate [vs time] curve, time-corrosion curve
Korrosionszeitschwingfestigkeit f corrosion-fatigue limit
Korrosionszelle f corrosion cell (couple)
Korrosionszentrum n corrosion-nucleation site
Korrosionszone f corrosion zone
Korrosionszuschlag m corrosion allowance, extra [corrosion] thickness
korrosiv corrosive
~/schwach mildly corrosive
~/stark highly corrosive
Korrosivität f corrosivity, corrosiveness, corrosion activity
Korrosivitätsgrad m degree of corrosiveness
Korund m corundum
Kosten pl **durch Korrosionsschäden (Korrosionsverluste)** corrosion costs, cost of corrosion
~ für Korrosionsschutz cost of corrosion protection (prevention)
~ für Oberflächenbehandlung surface preparation costs
KPVK s. Pigment-Volumen-Konzentration/kritische
Kraft f/**bindende** binding force
~/elektromotorische electromotive force, emf, E.M.F.

~/gegenelektromotorische counterelectromotive force, counter emf, back emf
~/treibende driving force (potential), affinity (of a reaction)
Kräfte fpl/**van-der-Waalssche** van der Waals forces [of attraction]
~/zwischenmolekulare intermolecular forces
Kraft-Verlängerungs-Kurve f load-extension curve, force-extension curve
Krater m crater
Kraterbildung f cratering
kraterförmig crateriform
Kratzeisen n hand scraper
Kratzen n scratch brushing (for obtaining a matt surface finish)
Kratzer m scratch [line]
Kratzfestigkeit f resistance to scratching
Kräusellack m wrinkle varnish
kreiden (paint) to chalk
Kreiden n (paint) chalking
~/gesteuertes controlled [film] chalking
kreidungsbeständig (paint) resistant to chalking, chalk-resistant
Kreidungsbeständigkeit f (paint) resistance to chalking, chalk resistance
Kreidungsgrad m (paint) degree of chalking
kreidungsresistent s. kreidungsbeständig
Kreisgrubeneinschweißprobe f ring-welded specimen
Kreislaufsystem n circulating (closed) system
Kresol... s. Cresol...
Kreuzgang m crossing, cross-hatch technique (of brushing or spraying paint)
Kreuzgang-Spritzen n (paint) cross-spray
Kreuzverfahren n s. Kreuzgang
Kriechart f creep mode (of materials)
Kriechdehnung f creep strain
Kriechen n 1. creep (of materials); 2. (paint) creepage, creeping, cessing, cissing, crawling
~/beschleunigtes s. ~/tertiäres
~/primäres primary (transient) creep
~/sekundäres (stationäres) secondary (steady-state, steady) creep
~/tertiäres tertiary (runaway) creep
Kriechfestigkeit f creep strength (resistance)
Kriechgeschwindigkeit f creep rate
Kriechkurve f creep curve
Kriechtyp m creep mode (of materials)
Kriechverformung f creep strain
Kriechverhalten n creep behaviour

Kriechwiderstand

Kriechwiderstand *m s.* Kriechfestigkeit
Kristallabscheidung *f* crystal deposition
Kristallbau *m* crystal structure
Kristallbaufehler *m* lattice imperfection (defect)
Kristallbildung *f* crystal formation
Kristallebene *f* crystal[lographic] plane, crystal face
Kristallfehler *m s.* Kristallbaufehler
Kristallfläche *f s.* Kristallebene
Kristallform *f* crystal form
Kristallgitter *n* crystal lattice
Kristallhabitus *m* crystal habit
Kristallimperfektion *f s.* Kristallbaufehler
kristallin crystalline
Kristallinität *f* crystallinity
Kristallisation *f* crystallization
kristallisationsfähig crystallizable
Kristallisationsfähigkeit *f* crystallizability
Kristallisationsgeschwindigkeit *f* rate of crystallization
kristallisationshemmend crystallization-retarding
Kristallisationshemmung *f* crystallization retardation
Kristallisationskeim *m* crystal nucleus
Kristallisationskeimbildung *f* nucleation
Kristallisationskern *m* crystal nucleus
Kristallisationspolarisation *f* crystallization polarization
Kristallisationsüberspannung *f* crystallization overvoltage
Kristallisationsvermögen *n* crystallizability
Kristallisationszentrum *n* crystal nucleus, nucleation site
kristallisierbar crystallizable
Kristallisierbarkeit *f* crystallizability
kristallisieren to crystallize [out]
Kristallit *m* crystallite
Kristallkeim *m* crystal nucleus
Kristallkeimbildung *f* nucleation
Kristallorientierung *f* crystal (grain) orientation
Kristallsoda *f* washing soda
Kristallstörung *f* crystal imperfection (defect)
Kristallstruktur *f* crystal structure
Kristallwachstum *n* crystal growth
Kristallwachstumsgeschwindigkeit *f* rate of crystal growth
Kristallwasser *n* water of crystallization
Krokodilhautbildung *f (paint)* crocodiling, alligatoring

308

Kruste *f* crust
kryptokristallin cryptocrystalline
krz *s.* kubisch-raumzentriert
KTS, KT-Stahl *m s.* Stahl/korrosionsträger
kubisch-flächenzentriert face-centred cubic, fcc
kubisch-innenzentriert body-centred cubic, bcc
kubisch-raumzentriert body-centred cubic, bcc
Kugelanode *f* ball anode
Kugelgraphit *m* nodular (spheroidal) graphite
Kugelgraphit[grau]guß *m* nodular cast iron
Kugelpackung *f (cryst)* sphere packing ● **in hexagonal dichtester ~** hexagonal close-packed, HCP
~/dichte[ste] close[st] packing
~/hexagonal dichteste hexagonal close[st] packing
Kugelpolieren *n* ball (non-abrasive) burnishing
Kugelstrahlen *n* shot peening
kühlen to cool; to quench *(quickly by immersion)*
Kühlflüssigkeit *f* cooling liquid
Kühlgeschwindigkeit *f* cooling rate
Kühlmedium *n*, **Kühlmittel** *n* coolant, cooling medium (agent)
Kühlschlange *f* cooling (refrigerating) coil
Kühlstrecke *f* cooling line
Kühlwasser *n* cooling water
Kühlwassersystem *n* cooling water system
Kunstharz *n* synthetic resin
Kunstharzanstrichstoff *m* synthetic-resin paint
Kunstharzbindemittel *n* synthetic-resin vehicle
Kunstharzdispersion *f* latex
Kunstharzgrundanstrichstoff *m* synthetic-resin primer
Kunstharzkitt *m* synthetic-resin cement
Kunstharzklarlack *m* synthetic-resin varnish
Kunstharzlack *m s.* 1. Kunstharzklarlack; 2. Kunstharzanstrichstoff
Kunststoff *m* plastic [material]
Kunststoff... *s.* Plast...
Kunstvaseline *f s.* Vaseline/synthetische
Kupfer *n* copper ● **an ~ verarmt** copper-depleted
Kupferanode *f* copper anode
kupferarm poor in copper, low-copper

Kupferbad *n s.* Kupferelektrolyt
Kupferblech *n* 1. sheet copper *(material)*; 2. copper sheet *(product)*, *(if thick)* copper plate
Kupferchlorid-Essigsäure-Salzsprühnebelprüfung *f* copper-accelerated acetic-acid salt-spray (salt-fog) testing
Kupfercyanid *n* copper cyanide
Kupfercyanidbad *n s.* Kupfercyanidelektrolyt
Kupfercyanidelektrolyt *m* copper-cyanide plating bath (solution)
Kupferdiphosphatelektrolyt *m* copper diphosphate plating bath (solution)
Kupferdraht *m* copper wire
Kupferelektrode *f* copper electrode
Kupferelektrolyt *m* copper plating bath (solution)
~/cyanidischer cyanide copper plating bath (solution)
kupferempfindlich sensitive to copper
Kupferfluoroboratelektrolyt *m* copper fluoborate plating bath (solution)
Kupfergehalt *m* copper content
kupferhaltig copper-containing, copper-bearing
Kupfer(II)-ion *n* cupric ion
Kupferköpfe *mpl* copper heads *(fault in enamelling)*
Kupferlegierung *f* copper-base alloy
kupfern copper
Kupfernickel *n s.* Kupfer-Nickel-Legierung
Kupfer-Nickel-Chrom-System *n (plat)* copper-nickel-chromium sequence
Kupfer-Nickel-Legierung *f* cupronickel, cupro-nickel alloy
Kupfer(I)-oxid *n* copper(I) oxide, cuprous oxide
Kupfer(II)-oxid *n* copper(II) oxide, cupric oxide
kupferplattiert copper-clad
Kupferpyrophosphatbad *n s.* Kupferdiphosphatelektrolyt
Kupferpyrophosphatelektrolyt *m s.* Kupferdiphosphatelektrolyt
kupferreich rich in copper, copper-rich, high-copper
Kupferrückgewinnung *f* copper recovery
Kupfer[schutz]schicht *f* copper coating
~/elektrochemisch hergestellte electroplated copper coating
Kupfersulfatbad *n s.* Kupfersulfatelektrolyt
Kupfersulfatelektrolyt *m* copper sulphate plating bath (solution)

Kupfersulfat-Test *m* copper sulphate [dip] test, galvanic copper plating test *(for evaluating the porosity of coatings and the cleanliness of metal surfaces)*
Kupferüberzug *m* 1. copper cladding *(prefabricated material)*; 2. *s.* Kupfer[schutz]schicht
Kupferunterlage *f s.* Kupferzwischenschicht
Kupfer-Zink-Legierung *f* copper-zinc alloy
Kupfer-Zinn-Legierung *f* copper-tin alloy
Kupferzwischenschicht *f (plat)* copper undercoat[ing], copper underlayer *(as for chromium plating)*
σ/N-Kurve *f* S/N curve, stress vs. number of cycles curve, fatigue-life curve
Kurzbeanspruchung *f* short-term (short-time) exposure
Kurzbewitterung *f* accelerated (artificial, controlled) weathering
Kurzbewitterungsversuch *m* accelerated weathering test
kurzgeschlossen short-circuited
Kurzöl-Alkydharz *n* short-oil alkyd
kurzölig short-oil *(paint)*
Kurzprüfung *f s.* Kurzzeitprüfung
kurzschließen to short[-circuit]
Kurzschlußelement *n* short-circuited cell
Kurzschlußstrom *m* short-circuit current
Kurzschlußzelle *f* short-circuited cell
Kurztest *m s.* Kurzzeitversuch
Kurzzeitauslagerung *f* short-term (short-time) field exposure
Kurzzeitauslagerungsversuch *m* short-term (short-time) field exposure test
Kurzzeitbeanspruchung *f* short-term (short-time) exposure
Kurzzeitbewitterung *f* accelerated (artificial, controlled) weathering
Kurzzeitbewitterungsversuch *m* accelerated weathering test
Kurzzeitkorrosionsermüdung *f* low-cycle corrosion fatigue
Kurzzeitkorrosionsprüfung *f* accelerated (short-term) corrosion testing
Kurzzeitkorrosionsversuch *m* accelerated (short-term) corrosion test
Kurzzeitprüfung *f* accelerated (short-term) testing
Kurzzeitschutz *m* short-term protection
Kurzzeittest *m s.* Kurzzeitversuch
Kurzzeituntersuchung *f* short-term study
Kurzzeitverfahren *n* accelerated process *(phosphate treatment)*

Kurzzeitverhalten

Kurzzeitverhalten *n* short-term behaviour (performance)
Kurzzeitversuch *m* accelerated (short-term, short-time) test
Küstenatmosphäre *f* seacoast (coastal) atmosphere
Küstenklima *n* shore climate, seacoast (coastal) environment
Kutub-Säule *f* Delhi pillar

L

Laboratmosphäre *f* laboratory atmosphere
Laboratoriums... *s.* Labor...
Laborkorrosionsprüfung *f* laboratory corrosion testing
Laborkorrosionsversuch *m* laboratory corrosion test
Laborluft *f* laboratory atmosphere
Laboruntersuchung *f* laboratory investigation (examination)
Lack *m* 1. [clear] varnish *(chemically drying)*; [clear] lacquer *(physically drying)*; paint, pigmented coating; 2. *s.* Lackfarbe
~/bituminöser bituminous varnish; bituminous lacquer
~/fetter long-oil varnish
~ für außen (Außenanstriche) exterior varnish; exterior lacquer
~ für innen (Innenanstriche) interior varnish; interior lacquer
~/halbfetter medium-oil varnish
~/lösungsmittelarmer high-solids lacquer
~/lösungsmittelfreier solventless varnish
~/lufttrocknender air-drying varnish; air-drying lacquer
~/magerer short-oil varnish
~/mittelfetter medium-oil varnish
~/ofentrocknender stoving (baking) varnish; stoving (baking) lacquer
~/oxydativ trocknender [clear] varnish
~/physikalisch trocknender [clear] lacquer
Lackanstrich *m* 1. varnish coat[ing] *(chemically dried)*; lacquer coat[ing] *(physically dried)*; paint coat[ing] *(dried pigmented coating)*; 2. *s.* Lackfarbenanstrich
Lackauftrag *m* varnish application; lacquer application; enamel application; paint application
Lackbenzin *n* white (mineral) spirit
Lackdraht *m* enamelled (enamel-insulated) wire

Lackdruckgefäß *n* pressure-feed paint tank, pressure container (pot, tank)
Lackelektrophorese *f* electrodeposition of paint
Lackentferner *m* varnish remover; lacquer remover; paint remover
Lackfarbe *f* topcoat paint, finish[ing] paint; enamel [paint], topcoat enamel *(very smooth, hard, and glossy drying)*; lacquer *(physically drying)*
~ für außen (Außenanstriche) exterior enamel; exterior lacquer
~ für innen (Innenanstriche) interior enamel; interior lacquer
~/hochglänzende [high-gloss] enamel; high-gloss lacquer
~/lufttrocknende air-drying enamel; air-drying lacquer
~/ofentrocknende stoving (baking) enamel; stoving (baking) lacquer
~/oxydativ trocknende enamel
~/physikalisch trocknende lacquer
Lackfarbenanstrich *m* topcoat, finish[ing] coat; enamel coat[ing] *(very smooth, hard, and glossy)*; lacquer coat[ing] *(physically dried)*
Lackfilm *m* varnish film *(chemically dried)*; lacquer film *(physically dried)*; enamel film *(very smooth, hard, and glossy)*; paint film *(consisting of pigmented coating material)*
Lackgießen *n* curtain coating [application]
Lackgießmaschine *f* curtain coater (coating machine)
Lackgießverfahren *n* curtain coating process
Lackhaftung *f* varnish adhesion; lacquer adhesion
Lackharz *n* varnish resin; lacquer resin; coating resin
Lackhilfsmittel *n*, **Lackhilfsstoff** *m* paint additive
Lackieranlage *f* painting plant
~/elektrostatische electrostatic painting plant
Lackierbad *n* painting bath
lackieren to varnish *(using clear coatings)*; to lacquer *(using physically drying coatings)*; to enamel *(using very smooth, hard, and glossy drying coatings)*; to paint *(using pigmented coatings)*
~/elektrophoretisch to electropaint, to electrocoat, to paint by electrodeposition
~/mit Emaillelackfarbe to enamel

Lackiererei *f* paint shop
Lackiergut *n* articles being (or to be) painted
Lackierobjekt *n* article being (or to be) painted
Lackierstraße *f* painting line
~/elektrophoretische electropainting line
Lackiertechnik *f* painting technology
Lackiertrommel *f* paint barrel, barrel coater
Lackierung *f* varnishing *(using clear coatings)*; lacquering *(using physically drying coatings)*; enamelling *(using very smooth, hard, and glossy drying coatings)*; painting *(using pigmented coatings)*
~/elektrophoretische electropainting, electrocoating, electrophoretic coating (painting, dipping)
~ mit Emaillelackfarbe enamelling
Lackkunstharz *n* synthetic coating resin
Lacklösungsmittel *n* lacquer solvent
Lacköl *n* varnish oil
Lackschicht *f s.* Lackanstrich
Lackschichtdicke *f* coating thickness
Lacktropfen *mpl* tears, drip
Lacküberzug *m s.* Lackanstrich
Lackvorhang *m* curtain of paint *(in curtain coating)*
Lackwalzen *n* [machine] roller coating
Lackwalzmaschine *f* roller coating machine, roller coater
Lackwalzverfahren *n* roller coating method
● **im ~ beschichten** to roller-coat
Ladung *f*/**elektrische** electric charge
~/entgegengesetzte opposite charge
~/negative negative charge
~/positive positive charge
~/ungleichnamige unlike charge
Ladungsaustausch *m* charge exchange
Ladungsdichte *f* charge density
Ladungsdoppelschicht *f* electrical double layer
Ladungsdurchtritt *m* charge transfer
Ladungserhaltung *f* charge conservation
ladungslos uncharged
Ladungsnullpunkt *m* zero point of charge, ZPC
Ladungsträger *m* charge carrier
~/negativer negative carrier
~/positiver positive carrier
Ladungstransport *m* transport of charge
Ladungsübertragung *f* charge transfer
Lagenentzinkung *f* layer-type dezincification
Lagerbedingungen *fpl* storage conditions

Lagerbehälter *m* storage tank
Lagerbeständigkeit *f* stability in storage, storage stability, resistance to storage
Lagerdauer *f* storage period
Lagerfähigkeit *f s.* Lagerbeständigkeit
Lagermetall *n* bearing metal
lagern to store
Lagerschutz *m* storage protection
~/zeitweiliger temporary storage protection
Lagerstabilität *f s.* Lagerbeständigkeit
Lager- und Verarbeitbarkeitsdauer *f* storage (shelf) life
Lagerung *f* storage
~ im Freien outdoor storage
~ in geschlossenen Räumen indoor storage
~/langfristige long-term storage
~/überdachte sheltered storage
Lagerungs... *s.* Lager...
Lagerzeit *f s.* Lagerdauer
Lakritzensaft *m* liquorice *(an additive in electroplating)*
Lamellenstruktur *f* lamellar (laminated) structure
Landatmosphäre *f* 1. inland atmosphere *(as opposed to marine atmosphere)*; 2. rural (country) atmosphere *(as opposed to urban atmosphere)*
Landklima *n* 1. continental climate; 2. rural climate
Landluft *f* country air
Landprüfstand *m* atmospheric test installation
Langautomat *m* (plat) [straight-]through-type plant, straight-line machine, automatic plating line
Längenänderung *f* change in length; strain *(under the action of applied forces)*
langlebig long-lasting
Langlebigkeit *f* longevity
Langmuir-Adsorption *f* Langmuir adsorption
Langmuir-Isotherme *f* Langmuir [adsorption] isotherm
Langöl-Alkydharz *n* long-oil alkyd
langölig long-oil *(paint)*
Längsdehnung *f* elongation strain
Längsschliff *m* longitudinal section
Langstreckenelement *n* long-line cell *(as with buried pipelines)*
Langstreckenstrom *m* long-line current *(in the ground)*
Langzeitauslagerung *f* long-term (long-time) field exposure

Langzeitauslagerungsversuch *m* long-term (long-time) field exposure test
Langzeitbeanspruchung *f* long-term (long-time) exposure
Langzeitbeizen *n* long-time pickling
Langzeitbetrieb *m* long-term (long-time) service
Langzeitbewitterung *f* long-term (long-time) atmospheric exposure
Langzeitbewitterungsversuch *m* long-term (long-time) atmospheric exposure test
Langzeiteinsatz *m* long-term (long-time) service
Langzeitkorrosionsprüfung *f* long-term (long-time) corrosion testing
Langzeitkorrosionsversuch *m* long-term (long-time) corrosion test
Langzeitprüfung *f* long-term (long-time) testing
Langzeitschutz *m* long-term (long-life) protection
Langzeittest *m s.* Langzeitversuch
Langzeitverfahren *n* unaccelerated process (of phosphating)
Langzeitverhalten *n* long-term performance (behaviour)
Langzeitversuch *m* long-term test, long-time (long-range, long-period) test
Lanolin *n* lanolin
läppen to lap
Läppgemisch *n*, **Läppmittel** *n* lapping compound
Laserbeschichten *n* laser cladding
Laseroberflächenlegieren *n* laser surface alloying
Laseroberflächentechnik *f* laser surface technology
Last *f/* **konstante** static load
Lastenaufbringung *f* load application
Lastspiel *n s.* Schwingspiel
Lastwechsel *m s.* Schwingspiel
Lastwechselverhältnis *n s.* Schwingspielzahlverhältnis
Lastwechselzahl *f s.* Schwingspielzahl
Latex *m* latex
Latexanstrichstoff *m* latex coating
Latexbindemittel *n* latex binder
Latexfarbe *f* latex paint
~ **für außen** exterior latex paint
~ **für innen** interior latex paint
Laue-Aufnahmetechnik *f*, **Laue-Verfahren** *n* (test) X-ray back-reflection Laue technique

laufen (paint) to sag, to curtain
Läufer *m* (paint) sag, curtain, run (coating fault)
Läuferbildung *f* (paint) sagging, curtaining
Laufwagen *m* (plat) trolley
Lauge *f* 1. lye (alkaline solution); 2. liquor (technically)
Laugenangriff *m* alkali attack
Laugenbeizen *n* alkaline oxide removal
laugenbeständig resistant to alkali[es], alkali-resistant
Laugenbeständigkeit *f* resistance to alkali[es], alkali resistance
Laugenbrüchigkeit *f s.* Laugensprödigkeit
laugenbruchsicher resistant to caustic embrittlement
laugenfest *s.* laugenbeständig
Laugenkorrosion *f* 1. alkali corrosion; 2. *s.* Laugensprödigkeit
Laugenrißkorrosion *f s.* Laugensprödigkeit
Laugensprödigkeit *f* caustic embrittlement, caustic [stress-corrosion] cracking
Laves-Phase *f* Laves phase (in alloys)
L-Band *n* conduction (conducting) band
Lebensdauer *f* operating (service) life, life[time], length of life; life expectancy (calculated)
~ **der Schutzschicht** coating (protective) life
~ **des Anstrichs** paint [service] life, coating (protective) life
~**/erwartbare** life expectancy
~**/geplante** design life
Lebenserwartung *f* life expectancy
leck leaking ● ~ **sein** to leak
Leck *n* leak
Leckage *f s.* Leckverlust
Lecken *n* leakage
Leckflüssigkeit *f* leakage, seepage
Lecksucher *m*, **Lecksuchgerät** *n* leak detector
Leckverlust *m* leakage, seepage
Leclanché-Element *n* Leclanché cell
LEED-Technik *f* (test) low-energy electron diffraction, LEED, slow electron diffraction
leer (cryst) vacant (lattice site)
Leerlaufspannung *f* electromotive force; emf, E.M.F.
Leerstelle *f* (cryst) vacant [lattice] site, vacant lattice position, [lattice] vacancy
Leerstellenkonzentration *f* (cryst) vacancy concentration
Leerstellenpaar *n* (cryst) vacancy pair

Leerstellensenke f (cryst) vacancy sink
legieren to alloy
Legierung f alloy ● **eine ~ eingehen** to alloy
~/ausscheidungsfähige heterogeneous alloy
~/binäre binary (two-component) alloy
~/elektrochemisch (galvanisch) abgeschiedene electrodeposited alloy
~/heterogene heterogeneous alloy
~/hitzebeständige heat-resisting alloy
~/homogene homogeneous (single-phase, solid-solution) alloy
~/nichtausscheidungsfähige s. **~/homogene**
~/quaternäre quaternary (four-component) alloy
~/ternäre ternary (three-component) alloy
Legierungsabscheidung f deposition of alloy coatings
~/elektrochemische (elektrolytische, galvanische) electrodeposition of alloy coatings
Legierungsbad n s. **Legierungselektrolyt**
Legierungsbestandteil m alloying constituent (component, ingredient), alloy[ing] element
Legierungsbildung f alloy formation
Legierungselektrolyt m alloy plating bath (solution)
Legierungselement n s. **Legierungsbestandteil**
Legierungsgrundmasse f alloy matrix
Legierungskomponente f, **Legierungspartner** m s. **Legierungsbestandteil**
Legierungsphase f alloy phase
~ Γ gamma alloy layer
Legierungspulver n alloy powder
Legierungsschicht f s. 1. **Legierungszwischenschicht**; 2. **Legierungsschutzschicht**
Legierungsschutzschicht f alloy coating
~/elektrochemisch (galvanisch) hergestellte electroplated alloy coating
Legierungsspritzen n alloy spraying
Legierungsstahl m alloy steel
Legierungssystem n alloy system
Legierungsüberzug m s. **Legierungsschutzschicht**
Legierungsvergolden n gold-alloy deposition
Legierungszusammensetzung f alloy composition
Legierungszusatz m, **Legierungszuschlag** m alloy[ing] addition, temper, minor element (phase)

Legierungszwischenschicht f alloy [bond] layer, interfacial layer, intermetallic alloy zone (as formed by hot dipping)
Lehmboden m clay soil
Leichtbeton m lightweight concrete
leichtflüchtig highly (readily) volatile, high-volatile
Leichtgewichtsweißblech n thin (double-rolled, double-reduced) tin-plate (thickness from 0.15 to 0.20 mm)
leichtlegiert s. **niedriglegiert**
Leichtlegierung f s. **Leichtmetallegierung**
leichtlöslich readily (freely) soluble
Leichtmetall n light metal
Leichtmetallegierung f light[-metal] alloy
leichtpassivierbar readily (easily) passivatable)
leichtschmelzbar, leichtschmelzend low-melting[-point]
leichtverdampfend s. **leichtflüchtig**
Leinöl n linseed oil
Leinölalkydharz n linseed alkyd
Leinölbleimennige f red-lead oil paint
Leinölfettsäuren fpl linseed[-oil] fatty acids, LOFA, LFA
Leinölfirnis m boiled linseed oil
Leinöl-Standöl n calorized linseed oil, stand oil
Leitblech n 1. baffle [plate]; 2. guide apron (of a hot-dip tinning line)
Leiter m **erster Ordnung** electronic conductor
~ zweiter Ordnung ionic conductor
Leitfähigkeit f[/elektrische] [electrical] conductance, conductivity
~/elektrolytische electrolytic conductance
~/elektronische electronic conductivity
~/molare molar conductance
~/spezifische [specific] conductivity, specific conductance
Leitfähigkeitsband n conduction (conducting) band
Leitfähigkeitselektron n conducting electron
Leitfähigkeitsmessung f [electrical] conductivity measurement
Leitgrund m conductive primer
Leitsalz n (plat) conducting (conductivity) salt
Leitschicht f (plat) conducting layer
Leitung f/**erdverlegte (unterirdische)** buried (underground) line
Leitungsband n conduction (conducting) band

Leitungselektron

Leitungselektron *n* conducting electron
Leitungsmechanismus *m* conduction mechanism
Leitungswasser *n* tap water
Leitvermögen *n s.* Leitfähigkeit
Lepidokrokit *m* lepidocrocite *(orthorhombic iron oxide hydroxide)*
lichtbeständig resistant (fast) to light, light-resistant, light-fast, *(paint also)* fade-resistant
Lichtbeständigkeit *f* resistance to light, light resistance (fastness), *(paint also)* fade resistance
Lichtbogenauftragschweißen *n* manual [electric] arc welding
~ **unter Flußmittel** submerged arc welding
Lichtbogen-Drahtspritzpistole *f* wire arc-spraying gun
Lichtbogenduopistole *f* twin-wire arc-spraying gun (torch)
lichtbogengespritzt arc-sprayed
Lichtbogenpistole *f s.* Lichtbogenspritzpistole
Lichtbogenschweißen *n* [electric] arc welding
Lichtbogenspritzen *n* [electric] arc spraying
Lichtbogenspritzpistole *f* electric spray gun (pistol), electric arc gun
lichtecht *(paint)* fade-resistant
Lichtechtheit *f (paint)* fade resistance
Lichtechtheitsmesser *m (paint)* fadeometer
Lichtmikroskopie *f* optical (light) microscopy
Lichtschutz *m* protection from light
Lichtschutzmittel *n*, **Lichtstabilisator** *m* light stabilizer *(as for plastics)*
Lichtstrahlung *f* light radiation
Lieferbeton *m* ready-mixed concrete
Lieferstandard *m* fabrication standard
Lieferviskosität *f* package viscosity
Ligandenfeldtheorie *f* ligand-field theory (concept)
Linearabtrag *m*, **Linearabtragung** *f* penetration *(measure of corrosion)*
Linien *fpl*/**Lüders-Hartmannsche** Lüders' lines (bands), Hartmann lines, deformation bands, stretcher strains
Liniendefekt *m*, **Linienfehler** *m (cryst)* line (linear, lineal) defect
Linoxyn *n* linoxy[li]n *(a substance obtained by oxidation and polymerization of linseed oil)*
Liquiduskurve *f*, **Liquiduslinie** *f* liquidus [curve, line]

Liquor-finish-Verfahren *n* liquor-finish process *(electroless deposition of tin or bronze on steel wire)*
Lithopon *n*, **Lithopone** *f* lithopone, zinc baryta white, Orr's white *(consisting of zinc sulphide and barium sulphate)*
Loch *n* 1. pit; 2. *s.* ~/positives
~/nadelstichartiges pinhole
~/positives positive (electron) hole, vacant electron site, defect electron
Lochanode *f* pit anode *(pitting corrosion)*
Lochbildung *f* pitting
Lochbildungsbeginn *m* start (initiation) of pitting
Lochbildungshäufigkeit *f* pit generation intensity, frequency of pit generation [in unit time]
Lochbildungspotential *n s.* Lochfraßpotential/kritisches
Lochbildungsrate *f s.* Lochbildungshäufigkeit
Lochboden *m* pit bottom
Lochdichte *f* pit density
Lochentstehung *f* pitting
Löcherleitung *f s.* p-Leitung
Löcherwachstum *n* pit growth
Lochfraß *m* [deep] pitting ● ~ **auslösen** to initiate (nucleate) pitting ● ~ **beschleunigen (fördern)** to accelerate pitting
~/durchgehender perforation corrosion
~/nadelstichartiger pinhole pitting (corrosion), pinpoint corrosion, *(relating to iron also)* pinhole rusting
~/repassivierender repassivating pitting
lochfraßanfällig susceptible (prone) to pitting
Lochfraßanfälligkeit *f* susceptibility (tendency) to pitting, propensity for pitting, pitting tendency
Lochfraßangriff *m* pitting attack
lochfraßauslösend initiating (nucleating) pitting
Lochfraßauslösung *f* pitting initiation (nucleation)
Lochfraßbereich *m* range of pit nucleating sites
lochfraßbeständig resistant to pitting, pit-resistant
Lochfraßbeständigkeit *f* resistance to pitting [corrosion, attack], pitting resistance
Lochfraßbildung *f* start (initiation) of pitting
Lochfraßdurchbruch[s]potential *n* pitting potential
lochfraßempfindlich *s.* lochfraßanfällig

lochfraßerzeugend initiating pitting
Lochfraßfaktor *m* pitting (perforation) factor *(ratio of the depth of the deepest pit to the average penetration as calculated from weight loss)*
Lochfraßgefahr *f* pitting hazard
lochfraßgefährdet *s.* lochfraßanfällig
Lochfraßinhibitor *m* pitting inhibitor
Lochfraßkeim *m* pit nucleating site
Lochfraßkorrosion *f* pitting corrosion
~/kraterförmige crater corrosion, cratering
Lochfraßkorrosionsversuch *m* pitting [corrosion] test
Lochfraßnarbe *f* [wide] corrosion pit
Lochfraßneigung *f s.* Lochfraßanfälligkeit
Lochfraßpotential *n* pitting potential, *(specif) s.* ~/kritisches
~/kritisches critical pitting potential, pitting initiation potential
Lochfraßschaden *m* pitting damage
Lochfraßstelle *f* pit [site], pitting corrosion site
~/halbkugelförmige hemispherical pit
~/nadelstichartige pin-hole, narrow pit
Lochfraßtemperatur *f*/**kritische** critical pitting temperature
Lochfraßtendenz *f s.* Lochfraßanfälligkeit
Lochfraßverhalten *n* pitting behaviour
Lochgrund *m* pit bottom
Lochkeim *m* pit nucleating site
Lochkeimbildung *f* pit generation (initiation)
Lochkeimbildungshäufigkeit *f s.* Lochbildungshäufigkeit
Lochkorrosion *f* pitting corrosion *(for compounds s.* Lochfraß*)*
lochkorrosionsanfällig *s.* lochfraßanfällig
lochkorrosionserzeugend initiating pitting
Lochkorrosionspotential *n* pitting potential
Lochtiefe *f* pit depth
Lochtrommel *f (plat)* perforated barrel
Lochwachstum *n* pit growth
Lochzahl *f* pit density *(per unit area)*
locker loose, non-adherent; spongy *(texture)*; fluffy *(oxide scale)*
Lokalanode *f* local anode, microanode
Lokalelektrode *f* local electrode
Lokalelement *n* local (microgalvanic) cell, local-action cell (couple), local galvanic couple (element, corrosion couple), [corrosion] microcouple, microcell
Lokalelementanode *f* local anode, microanode

Lokalelementbildung *f* local-cell formation
Lokalelementkatode *f* local cathode, microcathode
Lokalelementkorrosion *f* local-action corrosion
Lokalelement[-Kurzschluß]strom *m* local-action current
Lokalelementtätigkeit *f* local action
Lokalelementtheorie *f* noble-carbide theory (model) *(of grain-boundary corrosion)*
Lokalelementwirkung *f* local action
Lokalkatode *f* local cathode, microcathode
Lokalkorrosion *f* local[ized] corrosion
Lokalstrom *m* local-action current
Lomer-Cottrell-Versetzung *f* Lomer-Cottrell dislocation
lose loose, non-adherent
Lösefähigkeit *f s.* Lösevermögen
Lösegeschwindigkeit *f* rate of dissolution
Lösekraft *f s.* Lösevermögen
Lösemittel *n s.* Lösungsmittel
lösen 1. to dissolve *(a substance)*; 2. to detach *(from a surface)*; to disconnect *(a joint)*
~/sich 1. to dissolve, to pass (go) into solution; 2. to slough off, to scale off
~/wieder to redissolve *(a substance)*
Löser *m s.* Lösungsmittel
Lösevermögen *n* dissolving (solvent) power, solvency
~/latentes latent solvency
löslich soluble ● ~ **machen** to solubilize
~/leicht readily (freely) soluble
~/nicht insoluble
~/schwer (wenig) sparingly soluble
Löslichkeit *f* solubility
~ in Wasser water (aqueous) solubility
Löslichkeitskonstante *f* solubility coefficient
Löslichkeitskurve *f* solubility curve
Löslichkeitsparameter *m* solubility parameter
Löslichkeitsprodukt *n* solubility product
Löslichkeitssteigerung *f* increase in solubility
Löslichkeitsunterschied *m* difference in solubility
Löslichkeitsverminderung *f*, **Löslichkeitsverringerung** *f* decrease in solubility; common-ion effect *(in the presence of a second electrolyte with a common ion)*
Löslichmachung *f* solubilization
losreißen *(test)* to pull off *(a coating)*

Lösung

Lösung f solution ● **in ~ gehen** to pass (go) into solution, to dissolve
~/feste solid solution
~/ideale perfect solution
~/nichtwäßrige non-aqueous solution
~/Straußsche (test) standard sulphuric acid-copper sulphate medium
~/wasserverdrängende dewatering fluid
~/wäßrige aqueous solution
Lösungsanode f (plat) soluble anode
Lösungsdruck m [/elektrolytischer] solution pressure (tension)
Lösungselektrode f 1. anode, positive electrode; 2. s. Lösungsanode
Lösungsentfetten n s. Lösungsmittelentfetten
Lösungsfigur f etch figure
lösungsgeglüht solution-annealed, solution-treated
Lösungsgeschwindigkeit f rate of dissolution
Lösungsgleichgewicht n dissolution equilibrium
Lösungsglühen n solution annealing, solution[izing] heat treatment, [re]solution treatment
  ~ mit anschließendem Abschrecken quench-annealing, solution-quenching
Lösungskeramik f solution ceramics (a method for preparing protective silicate films)
Lösungsmittel n solvent
~/aktives active (true) solvent
~/brennbares flammable solvent
~/echtes true (active) solvent
~/für Anstrichstoffe paint (coating) solvent
~/hochsiedendes high-boiling solvent, high boiler
~/inaktives non-solvent
~/langsamflüchtiges slow (long) solvent
~/latentes latent solvent
~/leichtflüchtiges fast solvent
~/mittelflüchtiges intermediate solvent
~/mittelsiedendes medium-boiling solvent, medium boiler
~/niedrigsiedendes low-boiling solvent, low boiler
~/organisches organic solvent
~/polares polar solvent
~/schnellflüchtiges fast solvent
~/schwerflüchtiges slow (long) solvent
~/unpolares non-polar solvent
Lösungsmittel-Abbeizmittel n organic-solvent paint stripper

Lösungsmittelabgabe f solvent release (from paint films)
lösungsmittelabstoßend lyophobe, lyophobic
lösungsmittelanziehend lyophile, lyophilic
lösungsmittelbeständig resistant to solvents, solvent-resistant
Lösungsmittelbeständigkeit f resistance to solvents, solvent resistance
Lösungsmitteldampf m solvent vapour
Lösungsmitteldunstzone f solvent-saturated zone, vapour section (of a flow-coating plant)
Lösungsmittelentfetten n solvent degreasing (washing)
lösungsmittelfest s. lösungsmittelbeständig
lösungsmittelfrei solventless
Lösungsmittelgemisch n solvent blend (mixture)
~/wasserverdrängendes dewatering fluid
Lösungsmittelgleichgewicht n solvent balance
Lösungsmittellack m solvent (solution) paint (coating), solvent-based (solvent-bearing) paint
lösungsmittellöslich solvent-soluble
Lösungsmittellöslichkeit f solvent-solubility
Lösungsmittelpolarität f solvent polarity
Lösungsmittelreiniger m solvent cleaner
Lösungsmittelreinigung f solvent cleaning
Lösungsmittelresistenz f s. Lösungsmittelbeständigkeit
Lösungsmittelretention f solvent retention
Lösungsmittelrückgewinnung f solvent recovery
Lösungsmittelverdunstung f solvent evaporation
Lösungsmittelverlust m solvent loss
Lösungsmittelwiedergewinnung f solvent recovery
Lösungspotential n solution potential
Lösungstension f solution pressure (tension)
Lösungsvermittler m solubilizer, solubilizing agent (chemical)
Lösungsvermögen n s. Lösevermögen
Lösungsvorgang m dissolving process
Lösungswärme f heat of solution
Lösungszusammensetzung f solution composition
lötbar solderable
Lötbarkeit f solderability
Lötbruch m weld decay, liquid-metal embrittlement (cracking)

Lötbrüchigkeit *f* liquid-metal embrittlement (cracking), *(specif)* soldering embrittlement, *(after welding)* weld decay
~ **durch Quecksilber** mercury cracking
löten to solder
lötfähig *s.* lötbar
Lötmetall *n* solder
Lötplattieren *n* close plating
Lötstelle *f*, **Lötverbindung** *f* soldered joint, soldering, junction
LP *s.* Luftporenbildner
LP-Beton *m* air-entrained concrete
lückenlos void-free *(e.g. deposit)*
Lüders-Bänder *npl* Lüders' lines (bands), Hartmann lines, deformation bands, stretcher strains
Luft *f* air ● **an der** ~ on exposure to air ● **an der ~ gewachsen** air-formed *(oxide layer)* ● **an der ~ trocknen** *(paint)* to air-dry ● **in Gegenwart von** ~ in the presence of air
~/atmosphärische atmospheric air
~/maritime marine (sea) air
~/mit Feuchtigkeit beladene moisture-laden air
Luftabschluß *m* exclusion of air ● **unter ~** out of contact with air, in the absence of air, with air excluded
Luftabstreifdüse *f*, **Luftabstreifvorrichtung** *f* air jet, gas knife [jet] *(for removing excess metal after hot dipping)*
Luftabwesenheit *f* absence of air ● **bei ~** in the absence of air
Luftanwesenheit *f* presence of air ● **bei ~** in the presence of air
Luftbedarf *m* air demand, air volume requirements
luftbeständig stable in air
Luftbeständigkeit *f* stability in air
luftbewegt air-agitated *(plating bath)*
Luftbläschen *n*, **Luftblase** *f* air bubble
luftdicht airtight, air-impermeable
Luftdruckspritzen *n* *(paint)* compressed-air spraying
luftdurchlässig permeable to air, air-permeable, *(relating to soils also)* well-aerated
Luftdurchlässigkeit *f* permeability to air, air permeability
Luftdurchwirbelung *f* air agitation
Luftdüse *f* air nozzle, *(of a spray gun also)* air cap
Lufteinblasung *f* *(plat)* air agitation
Lufteinschluß *m* air entrainment (entrapment)

luftempfindlich sensitive to air, air-sensitive
Luftempfindlichkeit *f* sensitivity to air
Lüfter *m* blower, fan; deaerator
Luftfeuchte *f* atmospheric (air) humidity
~/kritische critical [relative] humidity
~/relative relative humidity
Luftfeuchtemesser *m* hygrometer
Luftfeuchtigkeit *f* *s.* Luftfeuchte
Luftfilter *n* air filter
luftfrei air-free
Luftgehalt *m* air content
luftgekühlt air-cooled
luftgesättigt air-saturated
lufthaltig air-containing
Lufthärten *n* air hardening
Lufthärtestahl *m* air-hardening steel
Luftkappe *f* air cap (nozzle) *(of a spray gun)*
Luftkonditionierung *f* air conditioning
Luftkühlung *f* air cooling
Luftmenge *f* air volume
Luftofen *m* air oven
Luftoxidfilm *m*, **Luftoxidhaut** *f* air-formed oxide film *(on aluminium)*
Luftoxydation *f* oxidation by air
Luftpore *f* air void *(as in concrete)*
Luftporenbeton *m* air-entrained concrete
Luftporenbildner *m* air-entraining agent *(for concrete)*
Luftreinhaltung *f* air pollution control
Luftreinigung *f* cleaning of air
Luftsauerstoff *m* atmospheric oxygen
Luftsauerstoffgehalt *m* atmospheric-oxygen content
Luftschlauch *m* air hose
Luftspritzen *n* air [atomization] spraying
lufttrocknend *(paint)* air-drying
Lufttrocknung *f* *(paint)* air drying
Luftumlauf *m* air circulation
Luftumwälzung *f* air recirculation
luftundurchlässig airtight, air-impermeable
Luftundurchlässigkeit *f* air tightness
Lüftungsanlage *f* ventilation system; deaeration plant
Luftventil *n* air [adjusting] valve
Luftverbrauch *m* air consumption
Luftverschmutzung *f* atmospheric (air) pollution
~ durch Rauch smoke pollution
Luftverunreinigung *f* 1. air pollutant *(substance)*; 2. *s.* Luftverschmutzung
Luftzerstäubung *f* air atomization
Luftzutritt *m* access (ingress) of air ● **unter ~** in the presence of air

Luggin-Kapillare f *(test)* Luggin capillary (probe), Luggin-Haber probe, Haber-Luggin capillary, capillary probe
Lunker m pipe *(central cavity in ingots)*
lyophil lyophile, lyophilic
lyophob lyophobe, lyophobic

M

mager 1. short-oil *(paint)*; 2. lean *(concrete)*
Maghemit m maghemite *(magnetic γ-ferric oxide)*
Magnesium n magnesium
magnesiumarm poor in magnesium, low-magnesium
Magnesiumlegierung f magnesium alloy
magnesiumreich rich in magnesium, high-magnesium
magnetisch magnetic
Magnetit m magnetite, magnetic oxide, ferroso-ferric oxide
Magnetostriktionsschwinger m magnetostrictive transducer
Magnetpulver n magnetic powder
Magnetron n magnetron *(sputtering)*
Mahlfeinheit f fineness of grind *(of pigments)*
Makroanalyse f macroanalysis
makroanalytisch macroanalytical
Makroätzung f macroetching, deep-etch[ing]
Makrobereich m macrorange
Makrobestandteil m macroconstituent, macrocomponent
Makroelement n s. Makrokorrosionselement
Makrogefüge n macrostructure
Makrohärte f macrohardness
Makroklima n macroclimate, regional (large-scale) climate
makroklimatisch macroclimatic
Makrokomponente f s. Makrobestandteil
Makrokorrosionselement n macrocell, macrocouple, macrogalvanic (galvanic) cell (couple)
makrokristallin macrocrystalline
Makrophasentrennung f macrosegregation
Makropore f macropore
makroporig, makroporös macroporous
Makroporosität f macroporosity
Makroriß m macrocrack
Makrorißbildung f macrocracking
makrorissig macrocracked

Makrorissigkeit f macrocrackedness
Makroseigerung f macrosegregation
Makrostreufähigkeit f macrothrowing power
Makrostreukraft f, Makrostreuvermögen n s. Makrostreufähigkeit
Makrostruktur f macrostructure
Makrotiefenstreuung f macrothrowing power
Makrotopographie f macrotopography *(basic environmental corrosive load)*
Makrozelle f[/galvanische] s. Makrokorrosionselement
MAK-Wert m s. Arbeitsplatzkonzentration/maximale
Maleinatharz n maleic resin
Malerrolle f roller [coater], hand roller
Mangan n manganese
manganarm poor in manganese, low-manganese
manganhaltig containing manganese
Manganhartstahl m [austenitic] manganese steel
Manganmessing n manganese brass
Manganphosphatbad n manganese phosphate bath
Manganphosphatierung f manganese phosphating
Manganphosphat[schutz]schicht f manganese phosphate coating
manganreich rich in manganese, high-manganese
Manganstahl m [austenitic] manganese steel
Mangantrockenstoff m, Mangantrockner m manganese drier
Mangelelektron n defect electron, electron (positive) hole
Mangelleitung f s. p-Leitung
Manilakopal m manila resin
Mantel m sheath[ing]; [protective] sleeve, sleeving *(prefabricated for application to pipes)*
Mantelstrom m sheath current
Maragingstahl m maraging steel
Marinemessing n naval brass *(containing about 60 % Cu, 39 % Zn, and 1 % Sn)*
Martensit m martensite
Martensitaltern n maraging
martensitaushärtend maraging *(steel)*
Martensitaushärtung f maraging
Martensitbildung f martensite formation
martensitfrei martensite-free
Martensitgebiet n martensite range

Martensitgefüge *n* martensitic structure
martensithaltig containing martensite
martensitisch martensitic
Martensitumwandlung *f* martensitic (shear) transformation
maskieren to mask, to sequester *(to inactivate cations by complexation)*
Maskierung *f* masking, sequestration *(inactivation of cations by complexation)*
Maskierungsmittel *n* masking (sequestering) agent, sequestrant *(for cations)*
Masse f/aktive active mass
Masseanalyse *f* mass analysis
Massenabnahme *f s.* Massenverlust
Massenänderung *f* mass (weight) change, change in mass (weight)
Massenbeton *m* mass concrete
Massengalvanisieren *n* bulk plating
Massengalvanisiergerät *n* bulk-plating machine
Massenteile *npl* mass-production parts
Massenteilgalvanisieren *n* bulk plating
Massentransport *m* mass transport
Massenübergang *m* mass transfer
Massenveränderung *f s.* Massenänderung
Massenverlust *m* mass (weight) loss, loss in mass (weight)
~/flächenbezogener weight loss per unit area
Massenverlustmessung *f* mass-loss measurement (determination), weight-loss measurement
Massenverlustrate *f* mass-loss (weight-loss) rate, *(specif)* mass-loss (weight-loss) corrosion rate
~/flächenbezogene mass (weight) loss per unit area per unit time
Massenverlust-Zeit-Kurve *f* mass (weight) loss vs. time curve
Massenwirkungsgesetz *n* law of mass action
Massenwirkungskonstante *f* equilibrium constant
Massenzunahme *f* mass (weight) gain (increase), gain in mass (weight)
~/flächenbezogene mass (weight) gain per unit area
Masseprozent *n* percentage (per cent) by weight
Maßgalvanisieren *n* build-up *(of worn machine parts)*
Maßtoleranz *f* dimensional tolerance
maßverchromen to build up with chromium

Materialabtrag *m* 1. removal of material; 2. amount of material wastage
Materialabtragung *f* removal of material
Materialauspressung *f* extrusion *(in slip bands)*
Materialeinstülpung *f* intrusion *(in slip bands)*
Materialermüdung *f* fatigue
Materialfehler *m* fault, defect, flaw
Materialprüfung *f s.* Werkstoffprüfung
Materialverlust *m* 1. loss of material; 2. consumption *(as of sacrificial anodes)*
Matrix *f* [alloy] matrix, grain matrix
matt mat[t], dull, lustreless, without lustre (gloss), non-bright, *(with chromium also)* frosty, *(paint also)* flat ● **~ werden** to dull
Mattbrenne *f* matt dip *(for treating copper and its alloys)*
Mattbrennen *n* matt dipping *(of copper and its alloys)*
Mattglanz *m* low lustre; matt (dull, milky) finish
mattglänzend *s.* matt
Mattheit *f* mattness, dullness, *(with chromium also)* frostiness, *(paint also)* flatness
mattieren to mat[t], to dull *(surfaces)*; *(paint)* to flat
Mattierungslösung *f* matt dip
Mattierungsmittel *n (paint)* flatting agent
Mattlack *m* flat varnish
Mattlackfarbe *f* flat enamel
Mattnickel *n* dull (matt) nickel, p nickel; satin nickel *(produced by codeposition of dispersed solids)*
Mattnickelbad *n s.* Mattnickelelektrolyt
Mattnickelelektrolyt *m (plat)* dull (matt) nickel bath
Mattnickelschicht *f* dull (matt) nickel coating (deposit); satin nickel coating (deposit) *(produced by codeposition of dispersed solids)*
Mattnickelüberzug *m s.* Mattnickelschicht
mattschleifen to flat down
~/mit dem Filz *(paint)* to felt down
Mattvernickeln *n* dull (matt) nickel plating (finish); satin nickel plating (finish) *(by codeposition of dispersed solids)*
Mattwerden *n* dulling *(of coatings)*
MBV-Lösung *f* MBV solution *(for oxidizing aluminium)*
MBV-Schicht *f* MBV coating *(of oxidized aluminium)*

MBV-Verfahren

MBV-Verfahren *n s.* Bauer-Vogel-Verfahren/ modifiziertes
Mechanismus *m* /**elektrochemischer** electrochemical cycle *(of corrosion)*
Medium *n* /**aggressives (angreifendes)** aggressive medium (agent)
~/korrodierendes (korrosives) corrosive [medium, agent], corrodent
Meeresatmosphäre *f* marine atmosphere
Meeresklima *n* marine (maritime, oceanic) climate
meeresklimabeständig resistant to marine climate
Meeresklimabeständigkeit *f* resistance to marine climate
Meeresluft *f* sea (marine) air
Meersalz *n* marine (sea) salt
Meerwasser *n* sea-water
~/künstliches synthetic (artificial) sea-water
Meerwasserbauwerk *n* offshore structure
meerwasserbeständig resistant to sea-water
Meerwasserbeständigkeit *f* resistance to sea-water
Meerwasserentsalzung *f* desalination of sea-water
Meerwasserkorrosion *f* marine (sea-water) corrosion
meerwasserresistent *s.* meerwasserbeständig
Meerwassertauchversuch *m* sea-water immersion test
Meerwasserversuch *m* sea-water test
Mehrfachelektrode *f* multiple electrode
Mehrfachgleitung *f (cryst)* multiple slip
Mehrfachkontakt *m (plat)* multiple tip *(for fastening articles to be plated)*
Mehrfachnickelschicht *f*, **Mehrfachnickelsystem** *n (plat)* multilayer (multiple) nickel deposit, multiple-layered nickel plate
Mehrfachschicht *f* 1. multimolecular layer, multilayer *(of absorbed molecules)*; 2. *s.* Mehrfachschutzschicht
Mehrfachschutzschicht *f* multilayer (multiple-layered, multicomponent, combined) coating, multi-coating protective system
Mehrkomponentenanstrichstoff *m* reaction coating
Mehrkomponentenlegierung *f* multicomponent alloy
Mehrkomponentenschutzschicht *f s.* Mehrfachschutzschicht
Mehrkomponentensystem *n* multicomponent system
mehrlagig multiple-layer[ed]
mehrphasig multiphase
Mehrschichtenanstrich *m* multiple paint coating
Mehrschichtensystem *n s.* Mehrfachschutzschicht
Mehrschichter *m s.* Mehrschichtenanstrich
mehrschichtig multiple-layer[ed]; multi-coating, multicoat
Mehrschichtüberzug *m s.* Mehrfachschutzschicht
Mehrstoffdiffusion *f* codiffusion
Mehrstofflegierung *f* multicomponent alloy
Mehrstoffsystem *n* multicomponent system
mehrstraßig multiple-lane, multiple-file *(plating machine)*
mehrstufig multistage, multistep
Meißelversuch *m* chiselling test *(for determining the adhesion of coatings)*
Melamin-Alkydharz *n* melamine-alkyd resin
Melamin-Formaldehyd-Harz *n*, **Melaminharz** *n* melamine[-formaldehyde] resin, MF resin
Melaminharzanstrichstoff *m* melamine paint (coating)
Melaminharzlack *m s.* Melaminharzanstrichstoff
Mennige *f* red lead, minium
Mennigeanstrichstoff *m* red-lead paint
Mesoklima *n* mesoclimate
Meßelektrode *f* measuring (sensing) electrode
Messerlinienangriff *m*, **Messerlinienkorrosion** *f* knife-line attack, KNA, knife-line corrosion *(alongside welds)*
Messerschnittkorrosion *f s.* Messerlinienangriff
Meßfläche *f* measuring area
Meßfühler *m* probe (microreference) electrode, microelectrode probe
Meßgenauigkeit *f* measurement accuracy
Messing *n* brass
~/gelbes yellow brass *(containing 30 % of zinc)*
~ mit hohem Zinkgehalt high brass
~/zweiphasiges two-phase brass
α-Messing *n* alpha brass *(containing no more than 30 % of zinc)*
β-Messing *n* beta brass *(containing from 45.5 to 50 % of zinc)*
Messingbad *n s.* Messingelektrolyt
Messingblech *n* 1. sheet brass *(material)*; 2.

Metallkunde

brass sheet *(product having definite dimensions)*
Messingelektrolyt *m (plat)* brass plating bath
messingen brass
messingplattiert brass-clad
Messing[schutz]schicht *f* brass coating (deposit)
Messingüberzug *m* 1. brass cladding; 2. s. Messingschutzschicht
Meßsäule *f (cath)* marker post *(with facilities for current measurement)*
Meßstation *f* measurement station
Meßstelle *f* measuring point
Meßtechnik *f* measurement technique
Meßzelle *f* 1. measurement cell; 2. *(plat)* test plating cell
Metall *n* metal
~/amorphes metallic glass
~/edles noble metal
~/kontaktierendes contact metal
~/passivierbares active-passive metal
~/reines pure metal
~/schmelzflüssiges molten (fused) metal
~/unedles base metal
Metallabrieb *m* metal swarf
Metallabscheiden *n* metal deposition *(for compounds s. Abscheiden)*
Metallabtrag *m* 1. metal removal *(for compounds s. Abtrag)*; 2. amount of metal wastage
Metallabtragung *f* metal removal *(for compounds s. Abtrag)*
Metallack *m s.* Metallanstrichstoff
Metallackierung *f* metal finishing
metallaggressiv attacking metal
metallähnlich metal-like
metallangreifend attacking metal
Metallanode *f* metal anode
Metallanstrichstoff *m* metal protective paint, metal coating
metallartig metallic
Metallatom *n* metal atom
Metall-Aufdampfschicht *f* vaporized (vacuum deposit) metal coating
Metallauflösung *f* metal dissolution
Metallauflösungsbezirk *m* area of metal dissolution
Metallauftrag *m*, **Metallauftragen** *n* metal application
Metallbad *n s.* Metallschmelze
Metallband *n* metal strip
Metallbandbeschichten *n* [/**kontinuierliches**] strip (coil) coating

Metallbedampfen *n* vapour-phase coating of metals
Metallbeschichten *n* / **chemisches** chemical plating
Metallbeschreibung *f* metallography
metallblank bright blast, white[-metal] blast *(degree of blast cleaning)*
Metallbrenne *f* acid dip *(for pickling brass)*
Metallcarbid *n* metal carbide
Metallchemie *f* metal chemistry
Metalldetektor *m (cath)* buried-metal location instrument, metal detector (locator)
Metalldrahtrundbürste *f* rotary wire brush, rotating wire wheel
Metallelektrode *f* metal electrode
Metall-Elektrolyt-Potential *n* metal-electrolyte potential
metallen metallic
Metallentfettung *f* metal degreasing
Metallfärbung *f* metal colouring
Metallfolie *f* metal foil
Metallgefüge *n* metal structure
Metallgitter *n* metal lattice
Metallglanz *m* metallic lustre
Metallgrundanstrichstoff *m* metal [protective] primer
metallhaltig metal-containing, metal-bearing
Metall-Inertgasschweißen *n* inert gasshielded arc welding
Metallion *n* metal ion
Metallionenelektrode *f* metal-ion electrode
metallisch metallic ● **in metallischer Form** in the metallic state
~ blank bright blast, white[-metal] blast *(degree of blast cleaning)*
~ rein near white metal blast *(degree of blast cleaning)*
metallisieren to coat with metal, *(in a broader sense)* to metallize
Metallisieren *n* coating with metal
~/reduktiv-chemisches electroless coating (plating)
~/schmelzflüssiges hot dipping *(for applying metallic coatings)*
~/stromloses immersion coating (plating); electroless coating *(using reducing chemicals)*
Metallkombination *f s.* Metallpaarung
Metallkorrosion *f* metallic corrosion, corrosion of metals *(for compounds s.* Korrosion*)*
Metallkunde *f* science of metals

Metallmikroskop

Metallmikroskop *n* metallographic microscope
Metalloberfläche *f* metal[lic] surface
Metallographie *f* metallography
metallographisch metallographic[al]
Metalloxid *n* metal[lic] oxide
Metall-Oxid-Grenzfläche *f* metal-oxide interface
Metalloxydation *f* metal oxidation
Metallpaarung *f* 1. coupling of [dissimilar] metals; 2. bimetallic couple *(result)*
Metallpassivität *f* anodic passivity
Metallphosphat *n* metal phosphate
Metallphosphat[schutz]schicht *f* metal-phosphate coating
Metallphysik *f* metal physics
Metallpigment *n* metal[lic] pigment
Metallpigmentanstrichstoff *m* metallic (metal-pigmented) paint
Metallprimer *m* metal [protective] primer
Metallprobe *f* metal[lic] specimen
Metallpulver *n* metal powder
Metallreiniger *m* metal cleaner
Metallreinigung *f* metal cleaning
Metallsalz *n (plat)* plating salt
Metallschaum *m* dross
Metallschicht *f* metal[lic] coating
~/**reduktiv erzeugte** electroless plate
~/**stromlos erzeugte** immersion deposit (coating); electroless plate *(deposited by use of reducing chemicals)*
Metallschmelze *f* [molten-]metal bath
Metallschmelzenangriff *m* liquid-metal attack
Metallschmelzenkorrosion *f* liquid-metal corrosion
Metallschmelzkessel *m* metal-bath container (kettle) *(hot-dip metallizing)*
Metallschmelztauchverfahren *n* hot-dipping process *(for applying metallic coatings)*
Metallschutz *m* metal protection
~ **durch Anstriche (Anstrichstoffe)** paint protection of metals
Metallschutzlack *m* metal protective paint, metal coating
Metallseife *f* metal[lic] soap
Metallsikkativ *n (paint)* metallic drier
Metallspäne *mpl* metal swarf
Metallspritzbeschichten *n* s. Metallspritzen
Metallspritzen *n* metal spraying, [spray] metallizing
~ **nach dem Flammverfahren** flame metal spraying, flame spray coating

322

~ **nach dem Plasmaverfahren** plasma [metal] spraying, plasma-jet (plasma-arc) spraying
Metallspritzer *m* metal sprayer *(worker)*
Metallspritzpistole *f* metal-spraying pistol
Metallspritzschicht *f* sprayed-metal coating (deposit), metal-sprayed coating
Metallspritzverfahren *n* metal-spraying process
Metalltrockenstoff *m*, **Metalltrockner** *m (paint)* metallic drier
Metallüberspannung *f* metal overvoltage (overpotential)
Metallüberzug *m* 1. metal cladding; 2. s. Schutzschicht/metallische
~/**aufgespritzter** s. Metallspritzschicht
~/**elektrolytischer (galvanischer)** s. Schutzschicht/elektrochemisch hergestellte
~/**gespritzter** s. Metallspritzschicht
Metalluntergrund *m*, **Metallunterlage** *f* metal[lic] substrate, underlying metal
Metallurgie *f* metallurgy
metallurgisch metallurgical
Metallverdrängung *f* cementation
Metallverlust *m* metal loss, loss of metal
Metallversprödung *f* metal embrittlement
Metallverteilungsverhältnis *n (plat)* metal distribution ratio
Metallvoranstrichstoff *m* metal protective undercoat
Metallvorbehandlung *f* metal pre-treatment
Metallwaschmaschine *f* spray washer (washing machine)
Metallzerstörung *f* metal destruction
Metallzwischenanstrichstoff *m* metal protective undercoat
metastabil metastable
Methode *f* **der Äquivalenenergie** equivalent-energy method *(a fracture-toughness concept)*
M-Faktor *m* sodium cyanide to zinc ratio in electrogalvanizing
MFT s. Filmbildungstemperatur/minimale
Migration *f* migration *(as of ions)*
migrieren to migrate, to wander *(ions)*
MIG-Schweißen *n* s. Metall-Inertgasschweißen
Mikroanalyse *f* microanalysis
mikroanalytisch microanalytical
Mikrobereich *m* microrange
Mikrobestandteil *m* microconstituent, microcomponent
Mikroeigenspannung *f* microscopic stress, microstress

Mikroeinebnung f microlevelling
Mikroelement n s. Mikrokorrosionselement
Mikrofraktographie f 1. [scanning] electron fractography, SEM fractography; 2. [scanning] electron fractograph, SEM fractograph
mikrofraktographisch by [scanning] electron fractography
Mikrogebirge n s. Mikroprofil
Mikrogefüge n microstructure
Mikrohärte f microhardness
Mikrohärteprüfer m microhardness tester
Mikrohärteprüfung f microhardness testing
mikroheterogen microheterogeneous
Mikroheterogenität f microheterogeneity
Mikrohohlraum m microvoid
Mikrokerb m, **Mikrokerbe** f micronotch
Mikroklima n microclimate
mikroklimatisch microclimatic
Mikrokomponente f s. Mikrobestandteil
Mikrokorrosionselement n [galvanic] microcell, microcouple, microgalvanic cell (couple)
mikrokristallin microcrystalline
Mikromeßsonde f microelectrode probe, probe (microreference) electrode
Mikroorganismen mpl microorganisms
Mikrophasentrennung f microsegregation
Mikropore f micropore
mikroporig, mikroporös microporous, mp
Mikroporosität f microporosity
Mikroprofil n microprofile
Mikroradiographie f microradiography
Mikrorauhigkeit f microroughness
Mikroriß m microcrack, microfissure
Mikrorißbildung f microcracking, microfissuring
mikrorissig microcracked, mc
Mikrorissigkeit f microcrackedness
Mikroschliff m microsection
Mikroseigerung f microsegregation
Mikrosonde f [electron] microprobe, electron probe
Mikrosondenanalyse f, **Mikrosondenuntersuchung** f microprobe analysis, electron-probe microanalysis
Mikrospalte f microcrevice
Mikrospannung f[/innere] s. Mikroeigenspannung
Mikrostreufähigkeit f microthrowing power
Mikrostreukraft f, **Mikrostreuvermögen** n s. Mikrostreufähigkeit

Mikrostruktur f microstructure
Mikrostufe f (cryst) kink [site]
Mikrotiefenstreuung f microthrowing power
Mikrotopographie f microtopography (distribution of corrosive attack on an object)
Mikrounebenheit f s. Mikrorauhigkeit
Mikrozelle f[/galvanische] s. Mikrokorrosionselement
milchig[-matt] milky (metal deposit)
Mindest-Beton[über]deckung f minimum depth of [concrete] cover
Mindest-Filmbildungstemperatur f minimum filming temperature, MFT
Mindestfilmdicke f minimum film thickness
Mindestgehalt m **an Feststoffen** minimum solids content
Mindestkonzentration f minimum concentration
Mindestschichtdicke f minimum coating thickness
Mindestspannung f minimum stress
Mindeststrom m (cath) minimum current
Mindeststromdichte f minimum current density
Mineralboden m mineral soil
Mineralöl n mineral oil
Mineralpigment n synthetic inorganic pigment
Mineralsäure f mineral acid
Minorelement n minor element (of an alloy)
Minuspol m negative pole
Mischanilinpunkt m mixed aniline point
Mischapparat m mixer
mischbar miscible
~/nicht immiscible
Mischbarkeit f miscibility
Mischbeize f mixed-acid pickle
Mischbett n mixed bed (for desalinizing water)
Mischelektrode f mixed (mixture) electrode
Mischelektrolyt m combination electrolyte
mischen to mix
~/sich to mix
Mischer m mixer
Mischgalvanispannung f s. Mischpotential
Mischgerät n mixer
Mischkeramik f cermet, ceramal, metal ceramic
Mischkristall m solid solution, mixed crystal
Mischkristallbildung f formation of solid solution, mixed-crystal formation
Mischkristallhärtung f solid-solution hardening

Mischkristallschicht

Mischkristallschicht f intermetallic alloy zone, interfacial layer, alloy [bond] layer *(as formed by hot dipping)*
Mischkristallsystem n solid-solution system
Mischkristallverfestigung f solid-solution strengthening (hardening)
Mischlösemittel n, **Mischlöser** m mixed solvent
Mischoxid n mixed oxide
Mischpotential n mixed (compromise) potential
~ **der Korrosionsreaktion** mixed corrosion potential
Mischpotentialtheorie f, **Mischpotentialvorstellung** f mixed potential theory
Mischsäure f mixed acid *(generally consisting of concentrated nitric acid and sulphuric acid)*
Mischsäurebad n, **Mischsäure-Chrombad** n s. Mischsäureelektrolyt
Mischsäureelektrolyt m *(plat)* mixed-acid electrolyte
Mischspannung f s. Mischpotential
Mischung f/**azeotrope** azeotropic mixture, azeotrope
Mischungslücke f miscibility gap
Mischungsverhältnis n mixing ratio, mix-ratio
mitabgeschieden codeposited
Mitabscheidung f codeposition
Mitlösung f codissolution
Mitnehmerbolzen m carrier (flight) bar *(in an automatic plating machine)*
Mitreißen n **von Luft** air entrainment *(in liquid streams)*
Mittel n/**absetzverhinderndes** anti-settling agent, suspending (suspension) agent
~/**aggressives (angreifendes)** aggressive agent (medium)
~/**anwuchsverhinderndes** anti-fouling agent
~/**aufkohlendes** carburizing agent (compound), [case-hardening] carburizer
~/**bakterienhemmendes** bacteriostat[ic]
~/**bakterientötendes (bakterizides)** bactericide
~/**bewuchsverhinderndes** anti-fouling agent
~/**dispergierendes** dispersing agent, dispersant
~/**hydrophobierendes** hydrophobing agent
~/**kohlendes** s. ~/aufkohlendes
~/**korrodierendes (korrosives)** corrosive [medium, agent], corrodent

324

~/**oxydierendes** oxidizing agent, oxidant, oxidizer
~/**reduzierendes** reducing agent, reductant
~/**viskositätserhöhendes** thickening agent, thickener
~/**wasserentziehendes** dehydrating agent, dehydrator
Mittelöl-Alkydharz n medium-oil alkyd
Mittelsieder m medium boiler, medium-boiling solvent
Mittenrauhwert m centre-line-average, CLA value, Ra value
Modell n **der konkurrierenden Schadensvorgänge** process-competition model
Modellversuch m model experiment
Modifikation f/**allotrope** allotropic form
Modul m/**Youngscher** Young's modulus [of elasticity], elastic modulus
Molekulardiffusion f molecular diffusion
Molekülkette f molecular chain
Molybdän n molybdenum
molybdänfrei molybdenum-free, free from molybdenum
molybdänhaltig molybdenum-containing, molybdenum-bearing
Molybdänlegierung f molybdenum alloy
molybdänreich rich in molybdenum, molybdenum-rich, high-molybdenum
Molybdänstahl m molybdenum steel
monoatomar mon[o]atomic
Monomer[es] n monomer
monomolekular monomolecular, unimolecular
Monomolekularfilm m, **Monoschicht** f monomolecular (unimolecular) layer, monolayer
Montagefertigung f on-site manufacturing (work)
Montagespannung f assembly stress
Montagespritzen n on-site spraying
Mößbauer-Spektroskopie f Mössbauer spectroscopy
MP-Legierung f s. Multi-Phasen-Legierung
Muffenverbindung f socket joint
Muldenfraß m, **Muldenkorrosion** f wide pitting, shallow pit formation
Multicolorfarbe f multicolour paint
Multi-Phasen-Legierung f multiphase alloy
Muntzmetall n Muntz metal, malleable brass

N

nachbehandeln to aftertreat
Nachbehandlung f aftertreatment, post-treatment
Nachbehandlungsabschnitt m aftertreatment (post-treatment) zone, *(plat also)* post-plating zone
nachbeleimen to re-dress *(an abrasive belt)*
nachbessern to mend, to repair, to renovate *(damaged areas)*; to reclaim *(worn parts)*
Nachbesserung f mending, repair, renovation *(of damaged areas)*; reclamation *(of worn parts)*
nachbilden/sich to re-form *(passive films)*
Nachbildung f re-formation, re-growth *(as of passive films)*
Nachbildungsfähigkeit f repairability *(as of passive films)*
Nachchromat[is]ieren n chromate rinsing (passivation rinse)
nachdichten s. verdichten 1.
nachdiffundieren to rediffuse, to diffuse back
Nachdiffusion f rediffusion, back diffusion, replenishment by diffusion, diffusion to depleted regions
nachdosieren s. nachfüllen
nachdunkeln to darken
Nachfülllack m make-up paint *(dipping)*
nachfüllen to replenish, to make up (good)
Nachfüllmaterial n replenishment (make-up) material
Nachfülllösung f replenishment (make-up, maintenance) solution
Nachfüllung f replenishment, make-up, making good
Nachgiebigkeit f compliance *(of materials)*
nachliefern to replenish *(oxygen)*
Nachlieferung f replenishment *(of oxygen)*
Nachpolieren n final (finish) polishing
Nachreinigen n final cleaning
nachrosten to rerust
Nachrosten n rerusting, afterrusting
nachsättigen *(plat)* to make up (good)
Nachsättigen n *(plat)* make-up, making good
nachschärfen s. nachsättigen
Nachsealung f s. Verdichten 1.
Nachsintern n post-heating *(of powder coatings)*
Nachspülen n aftertreatment rinse
nachtempern to retemper

Nachuntersuchung f post-test examination
nachverdichten s. verdichten 1.
nachverzinnen to retin
nadelförmig needle-like, needle-shaped, acicular
Nadelhammer m needle hammer, needle [de]scaler, vibratory-needle gun
Nadelkristall m whisker
Nadelstellschraube f fluid-needle adjustment *(of a spray gun)*
Nadelstich m pinhole *(coating defect)*
nadelstichartig pinhole-type, pinpoint-type
Nadelstichkorrosion f pinhole corrosion (pitting)
nagelfest resistant to marring, mar-resistant
Nagelfestigkeit f resistance to marring, mar resistance
Nahentmischung f *(cryst)* clustering
Nahordnung f short-range order
Nahordnungsbezirk m short-range-order domain, S.R.O. domain
Nahordnungsgrad m short-range order
nahstöchiometrisch nearly stoichiometric
Naht f seam
nahtlos seamless
Nahtrandkorrosion f knife-line attack, KNA, knife-line corrosion *(alongside welds)*
Näpfchenprobe f stamping lacquer test
Näpfchenziehversuch m cupping test *(for testing the ductility of coatings)*
Naphthensäure f naphthenic acid
Narbenbildung f s. Narbenkorrosion
Narbenkorrosion f uneven local corrosion, wide pitting *(in an early stage)*
Nase f run *(a paint defect)*
naß wet
Naßabscheider m scrubber
Naßanalyse f wet analysis
Naß-auf-Naß-Verfahren n s. Naß-in-Naß-Verfahren
Naßdampf m wet steam
Nässe f wetness
Naßemaillieren n wet enamelling
Naßfilm m wet film
Naßfilmdicke f wet-film thickness
Naßfilmdickenmesser m wet-film [thickness] gauge
Naßgleitschleifen n wet barrel finishing
Naß-in-Naß-Auftrag m *(paint)* wet-on-wet application
Naß-in-Naß-Spritzen n *(paint)* wet-on-wet spraying

Naß-in-Naß-Verfahren

Naß-in-Naß-Verfahren *n* *(paint)* wet-on-wet technique
Naßkorrosion *f* wet corrosion
Naß-Sandstrahlen *n* wet sandblasting
Naßscheuern *n* wet barrel finishing
Naßschicht *f s.* Naßfilm
Naßschleifen *n* wet grinding
Naßstrahlen *n* wet (water, liquid) blasting, wet abrasive blasting, wet blast cleaning, hydroblasting
Naßtrommeln *n* wet barrel finishing
Naßverzinken *n* wet galvanizing
Natriumbenzoat *n* sodium benzoate *(inhibitor)*
Natriumchlorid *n* sodium chloride
Natriumdiphosphat *n* tetrasodium pyrophosphate, TSPP
Natriumhydrid-Verfahren *n* sodium-hydride process *(for descaling)*
Natriumhydrogen[ortho]phosphat *n* disodium phosphate, DSP
Natriumhydroxid *n* sodium hydroxide, caustic soda
Natriummetaphosphat *n* sodium metaphosphate, condensed phosphates *(inhibitor)*
Natrium[ortho]phosphat *n* sodium orthophosphate, trisodium [ortho]phosphate, TSP
Natriumpolyphosphat *n* sodium polyphosphate *(inhibitor)*
Natriumpyrophosphat *n* tetrasodium pyrophosphate, TSPP
Natriumstannatbad *n s.* Natriumstannatelektrolyt
Natriumstannatelektrolyt *m* *(plat)* sodiumstannate bath
Natriumsulfit *n* sodium sulphite
Natriumzinkat *n* sodium zincate
Natronlauge *f* sodium hydroxide solution, caustic-soda solution, caustic lye of soda
Naturasphalt *m* natural (native) asphalt
Naturauslagerung *f* natural (field) exposure
Naturauslagerungsprogramm *n* field testing program[me]
naturbewittert [fully] exposed outdoors, boldly exposed
Naturbewitterung *f* outdoor (exterior, natural) weathering, outdoor (exterior, natural) exposure, [outdoor, exterior], atmospheric exposure, open (bold, weather) exposure
Naturbewitterungsprüfung *f* outdoor (exterior) exposure testing, atmospheric exposure (corrosion) testing
Naturbewitterungsversuch *m* outdoor (exterior, atmospheric) exposure test, atmospheric [corrosion] test, outdoor (exposure) test
Naturharz *n* natural resin
Naturkautschuk *m* natural rubber
Naturklima *n* natural climate
Naturkorrosionsversuch *m* field corrosion test
Naturkorund *m* corundum *(α-aluminium oxide)*
Naturrostversuch *m* field corrosion test
Naturvaseline *f* natural petrolatum
Naturversuch *m* field test (trial)
NC *s.* Nitrocellulose
Nebenbestandteil *m* minor constituent, *(relating to alloys also)* minor element (phase)
Nebenreaktion *f* side (concurrent, secondary) reaction
Neigung *f* **zu interkristalliner Korrosion** susceptibility to intergranular corrosion (attack), susceptibility to grain-boundary attack
~ zur Korrosion *s.* Korrosionsneigung
NE-Metall *n* non-ferrous metal
Nenn[schicht]dicke *f* nominal coating thickness, *(relating to a coating system also)* nominal system thickness
Nennspannung *f* 1. nominal [service] stress; 2. nominal voltage
Nernst-Beziehung *f s.* Nernst-Gleichung
Nernst-Brücke *f* Nernst bridge
Nernst-Gleichung *f* Nernst equation
Nernst-Potential *n s.* Gleichgewichtspotential
Nernst-Potentialreihe *f,* **Nernst-Spannungsreihe** *f s.* Spannungsreihe/elektrochemische
Nettoreaktion *f* net reaction
Nettostrom *m* net current
netzbar wettable
Netzbarkeit *f* wettability
Netzbildung *f* reticulation *(a coating defect)*
Netzebene *f* *(cryst)* lattice plane
Netzebenenabstand *m* *(cryst)* lattice spacing
Netzeigenschaften *fpl* wetting properties (characteristics)
netzen to wet *(with liquids or molten metals)*
Netzfähigkeit *f s.* Netzvermögen
netzgespeist mains-operated
Netzkraft *f s.* Netzvermögen
Netzmittel *n* wetting agent

Netzstromversorgung f mains current supply
Netzvermögen n wetting ability, wettability
Neuanstrich m new finish (paint)
Neuaustenitisierung f reaustenitizing
neugebildet freshly formed
Neulackierung f refinishing
Neurostbildung f rerusting
Neusilber n nickel silver (brass), German silver (an alloy composed of Cu, Ni, and Zn)
neutral/elektrisch uncharged
Neutralbereich m neutral range ● **im ~** near-neutral, near neutrality
Neutralisationsbad n neutralizing bath
Neutralisationsbecken n neutralizing tank
Neutralisationsmittel n neutralizing agent, neutralizer
Neutralisationszahl f neutralization value, acid value (number), A.V.
neutralisieren to neutralize
Neutralisierung f neutralization
Neutralöl n neutral oil
Neutralpunkt m neutral point, point of neutrality
Neutralsalz n neutral (normal) salt
Neutronenbeugung f neutron diffraction
Neuverteilung f redistribution
n-Halbleiter m s. n-Leiter
nichtaggressiv non-aggressive
nichtaktiv non-active
nichtanfällig non-susceptible, (esp) non-corroding, corrosion-resistant, incorrodible
nichtangreifend non-aggressive, inoffensive
nichtbedeckt 1. unprotected, unshielded (area of an article); 2. unfilmed (relating to a metal surface without oxide film)
Nichtcarbonathärte f permanent (non-carbonate) hardness (of water)
Nichteisenmetall n non-ferrous metal
Nichtelektrolyt m non-electrolyte
nichtentflammbar non-[in]flammable
nichtflüchtig non-volatile
Nichtflüchtigkeit f non-volatility
nichtgilbend non-yellowing
Nichtgleichgewicht n non-equilibrium
nichthaftend non-adherent
nichtinhibiert uninhibited
nichtionisch, nichtionogen non-ionic
nichtkorrodierend non-corroding, incorrodible, non-corrodible
nichtkorrosiv non-corrosive
nichtkreidend non-chalking

nichtlegiert unalloyed
nichtleitend non-conducting
Nichtleiter m non-conductor, electrical insulator, dielectric [material]
Nichtlöser m non-solvent
Nichtlöslichkeit f insolubility
nichtmagnetisch non-magnetic
Nichtmetall n non-metal[lic]
nichtmetallisch non-metallic
Nichtmischbarkeit f immiscibility
nichtoxydierend non-oxidizing
nichtpassiv non-passive
nichtpassivierbar non-passivatable
nichtpassivierend non-passivating
Nichtpassivität f non-passivity
nichtpolar non-polar
nichtpolarisierbar non-polarizable
nichtrostend rust-resistant
nichtschützend non-protective, unprotective
nichtsensibilisiert unsensitized
nichtstationär non-stationary
Nichtstöchiometrie f non-stoichiometry
nichtstöchiometrisch non-stoichiometric
Nichtübergangsmetall n non-transition metal
nichtwäßrig non-aqueous
Nickel n nickel ● **an ~ verarmt** nickel-depleted
~/im Tauchverfahren abgeschiedenes displacement nickel
Nickelacetat-Cobaltacetat-Verdichtung f salt sealing (of anodic coatings)
Nickelanode f nickel anode
nickelarm poor in nickel, low-nickel
Nickelbad n s. 1. Nickelelektrolyt; 2. Nickeltauchbad
Nickelbasislegierung f s. Nickellegierung
Nickelbronze f nickel bronze
Nickel-Chrom-Legierung f nickel-chromium alloy
Nickel-Chrom-Schutzschicht f nickel-chromium plate, nickel plus chromium coating
Nickel-Chrom-Überzug m s. Nickel-Chrom-Schutzschicht
Nickelelektrolyt m nickel plating bath (solution)
nickelfrei nickel-free
nickelhaltig nickel-containing, nickel-bearing
~/stark rich in nickel, high-nickel
Nickel-Kupfer-Legierung f nickel-copper alloy

Nickellegierung

Nickellegierung f nickel-base[d] alloy
Nickelniederschlag m nickel deposit
nickelplattiert nickel-clad
nickelreich rich in nickel, nickel-rich, high-nickel
Nickelschicht f nickel coating ● **mit einer dünnen ~ versehen** to nickel-flash
~/elektrochemisch (galvanisch) hergestellte nickel plate
~/reduktiv[-chemisch] hergestellte electroless nickel plate
Nickelschutzschicht f nickel coating
Nickelstahl m nickel alloy steel
Nickelsulfamat n (plat) nickel sulphamate
Nickelsulfamatbad n s. Nickelsulfamatelektrolyt
Nickelsulfamatelektrolyt m sulphamate nickel plating bath (solution)
Nickeltauchbad n nickel dip
Nickelüberzug m 1. nickel cladding (preformed material); 2. s. Nickelschicht
~/chemisch erzeugter s. Nickelschicht/reduktiv-chemisch hergestellte
~/elektrolytischer (galvanisch erzeugter) s. Nickelschicht/elektrochemisch hergestellte
Nickelzwischenschicht f (plat) nickel underlayer (undercoating) (as for chromium plating)
Niederdruck-Heißspritzgerät n low-pressure hot spray apparatus
Niederdruckpolyethylen n low-pressure polyethylene, high-density (linear) polyethylene, H.D. polythene
niederlegiert s. niedriglegiert
niederohmig low-resistance
Niederschlag m 1. condensate (of vapour); 2. precipitation (from the atmosphere); 3. deposit (of coating material)
niederschlagbar 1. depositable (coating material); 2. condensable (vapour)
niederschlagen 1. to deposit (coating material); 2. to condense (vapour)
~/sich 1. to deposit; 2. to condense
Niederschlagselektrode f precipitating (receiving) electrode
Niederschlagsmenge f precipitation
Niederschlagswasser n condensation (condensed) water
Niederspannungs-Ionenplattieren n/**reaktives** reactive low-voltage ion plating
niedrigcyanidisch (plat) low-cyanide

niedriggekohlt low-carbon (steel)
niedriglegiert low-alloy
niedrigschmelzend low-melting[-point]
Niedrigsieder m low boiler, low-boiling solvent
niedrigviskos low-viscosity
Nietloch n rivet hole
Nietnaht f riveted seam
Nietung f, **Nietverbindung** f riveted joint
niobstabilisiert niobium-stabilized
nitridbildend nitride-forming
Nitridbildner m nitride former, nitride-forming element
Nitridbildung f nitride formation
Nitridhärten n s. Nitrieren
Nitrid[schutz]schicht f nitride coating
Nitrierbad n nitriding bath
nitrieren to nitride (steel)
Nitrieren n nitriding, nitride hardening, nitrogen case-hardening (of steel)
nitrierhärten s. nitrieren
Nitrierofen m nitriding furnace
Nitriersalzbad n nitriding salt bath
Nitrierschicht f nitride coating
Nitrierstahl m nitriding steel
Nitriertemperatur f nitriding temperature
Nitriertiefe f nitriding depth
Nitrierung f s. 1. ~/innere; 2. Nitrieren
~/innere subsurface corrosion by inward diffusion of nitrogen
Nitrocellulose f nitrocellulose
Nitrocelluloselack m [nitrocellulose] lacquer
Nitrocelluloselackfarbe f [nitrocellulose] lacquer
Nitrocellulosespachtel m nitrocellulose stopper
Nitroemaillelackfarbe f [nitrocellulose] lacquer enamel
Nitrolack m [nitrocellulose] lacquer
Nitrolackfilm m lacquer film
Nitroverdünner m lacquer thinner
Niveaufläche f equipotential plane (surface)
NKH s. Nichtkarbonathärte
n-leitend n-type [semi]conducting, excess [semi]conducting
n-Leiter m n-type [semi]conductor, excess [semi]conductor
n-Leitfähigkeit f n-type conductivity
n-Leitung f n-type conduction, excess conduction
NMR-Spektroskopie f s. Kernspinresonanzspektroskopie

Normalbeton *m* normal concrete
Normalelektrode *f* normal electrode
Normalelement *n* standard cell
normalglühen to normalize
Normalglühen *n* normalizing, normalization
normalisieren *s.* normalglühen
Normalisierungsglühen *n s.* Normalglühen
Normalpotential *n s.* Standardelektrodenpotential
Normalspannung *f* normal stress *(perpendicular to cross section)*
Normalspannungsreihe *f s.* Spannungsreihe/elektrochemische
Normalwasserstoffelektrode *f s.* Standardwasserstoffelektrode
Novolak *m*, **Novolakharz** *n* novolak [resin], two-stage resin
Nulladung *f* zero charge
Nulladungspotential *n* zero[-charge] potential, zero surface charge, electrocapillary maximum
Nullelektrode *f* null electrode
Nullpotential *n s.* Nulladungspotential
Nullversuch *m* blank [experiment]
Nur-Außen-Beschichtung *f* first-surface coating
Nur-Chlorid-Elektrolyt *m* all-chloride plating bath (solution)
Nutzarbeit *f/maximale* useful maximum work
Nutzungsdauer *f* useful [service] life, service (operational, operating, functional) life
~/normative service-life expectancy
Nutzwasser *n s.* Brauchwasser

O

Oberfläche *f* surface
~/äußere exterior surface
~/innere inner (interior) surface
Oberflächenabdruck *m* replica
Oberflächenabtrag *m* 1. surface removal, eating away, *(if by mechanical forces only also)* wearing [away]; 2. amount of metal wastage
Oberflächenabtragung *f s.* Oberflächenabtrag 1.
oberflächenaktiv surface-active
Oberflächenaktivität *f* surface activity
Oberflächenangriff *m* surface attack
Oberflächenausrüstung *f* surface finish

Oberflächenaussehen *n* [surface] appearance, *(of treated surfaces also)* surface finish
Oberflächenbedeckung *f* surface coverage
Oberflächenbehandlung *f* surface treatment (processing), surfacing
Oberflächenbereich *m* surface region
Oberflächenbeschaffenheit *f* surface condition (appearance), *(of treated surfaces also)* finish
Oberflächenbezirk *m* surface region
Oberflächendiffusion *f* surface diffusion
Oberflächeneffekt *m* surface effect
Oberflächeneigenschaften *fpl* surface properties
Oberflächenenergie *f* surface energy
~/spezifische specific surface work (free energy), surface tension *(of solids)*
Oberflächenerscheinung *f* surface phenomenon
Oberflächenfehler *m* surface defect
Oberflächenfilm *m* surface (overlying) film, surface skin
oberflächengehärtet surface-hardened
~/durch Diffusion cementation-coated
Oberflächenglanz *m* gloss
Oberflächengüte *f* finish
Oberflächenhämmerung *f* surface (hammer) peening
Oberflächenhärte *f* surface hardness
oberflächenhärten to surface-harden
Oberflächenhärten *n* surface hardening
~ durch Diffusion cementation
Oberflächenhaut *f s.* Oberflächenfilm
Oberflächenkonzentration *f* surface concentration
Oberflächenkorrosion *f* surface corrosion
~/ebenmäßige even general corrosion
Oberflächenkraft *f* surface force
Oberflächenladung *f* surface charge
Oberflächenleitfähigkeit *f* surface conductivity
Oberflächennachbehandlung *f* surface aftertreatment
oberflächennah near-surface
Oberflächenoxydation *f* surface oxidation
Oberflächenpotential *n* surface potential
Oberflächenprofil *n* surface profile
Oberflächenprüfung *f* surface analysis
Oberflächenrauhigkeit *f* surface roughness
Oberflächenreaktion *f* surface reaction
Oberflächenreinheit *f* surface cleanliness

Oberflächenreinigung

Oberflächenreinigung f surface cleaning
Oberflächenrelief n surface contour
Oberflächenriß m surface crack (flaw), (paint also) check
Oberflächenrost m superficial rust
Oberflächenschaden m surface damage
Oberflächenschicht f 1. surface layer, (if thin) surface film; 2. s. Schutzschicht
Oberflächenschmutz m surface dirt
Oberflächenschutz m surface protection
~/dekorativer decorative finishing
~/dekorativer galvanischer decorative plating
Oberflächenschutzschicht f s. Schutzschicht
Oberflächenschutzüberzug m s. Schutzüberzug
Oberflächenspannung f surface tension
Oberflächentastgerät n profilometer, profilograph
Oberflächentrockner m (paint) surface drier, surface-drying catalyst
Oberflächenuntersuchung f surface analysis
Oberflächenveredeln n surface finishing
~ von Metallen metal finishing
Oberflächenvered[e]lung f 1. surface finish; 2. s. Oberflächenveredeln
Oberflächenverfestigung f surface hardening
Oberflächenverhältnis n **Anode-Katode** anode-cathode [area] ratio
~ Katode-Anode cathode-anode [area] ratio
Oberflächenverschmutzung f surface contamination (pollution)
Oberflächenverunreinigung f 1. surface contamination (pollution); 2. surface contaminant (impurity, soil)
Oberflächenvorbehandlung f, **Oberflächenvorbereitung** f surface preparation (pretreatment)
Oberflächenwanderung f surface migration (of atoms)
Oberflächenwasser n surface water
Oberflächenwiderstand m surface resistance
~/spezifischer surface resistivity
oberflächenwirksam surface-active
Oberflächenzustand m s. Oberflächenbeschaffenheit
Objekt-Elektrolyt-Potential n (cath) structure-electrolyte potential
Octadecylamin n octadecylamine (inhibitor)
ODA s. Octadecylamin

OFCH-Anode f OFCH anode (oxygen-free high-conductivity copper anode)
Ofenabschnitt m furnace (surface-preparation) section (of a hot-dip metallizing line)
Ofengas n flue gas
Ofenhärtung f (paint) stoving, baking, bake
Ofenkühlung f furnace cooling
Ofenlack m s. 1. Lack/ofentrocknender; 2. Anstrichstoff/ofentrocknender
Ofentrocknung f 1. oven drying; 2. s. Ofenhärtung
OHZ s. Hydroxylzahl
Öl n oil • **in ~ abschrecken** to oil-quench (steel) • **in ~ härten** to oil-harden (steel) • **mit ~ tränken** to oil
~/durch Erhitzen eingedicktes heat-bodied oil
~/eingedicktes bodied (polymerized) oil
~/epoxidiertes epoxidized oil
~/geblasenes blown oil
~/halbtrocknendes semi-drying oil
~/mineralisches mineral oil
~/neutrales neutral oil
~/nichttrocknendes non-drying oil
~/pflanzliches vegetable oil
~/polymerisiertes s. ~/eingedicktes
~/styrolisiertes styrenated oil
~/tierisches animal oil
~/trocknendes drying oil
~/vegetabilisches vegetable oil
Ölablöschen n, **Ölabschrecken** n oil quench[ing] (of steel)
Ölalkyd[harz] n oil-modified alkyd [resin]
Ölanstrich m drying-oil finish
Ölanstrichstoff m oil[-base] paint, drying-oil paint
Ölasche f oil (fuel) ash
Ölaschenkorrosion f oil-ash (fuel-ash) corrosion
Ölbad n oil bath
ölbeständig resistant to oils, oil-resistant
Ölbeständigkeit f resistance to oils, oil resistance
Ölbindemittel n oil vehicle
Ölbleimennige f red-lead oil paint
Öl-Bleimennige-Grundfarbe f red-lead oil primer
ölen to oil
Ölfarbe f oil[-base] paint, drying-oil paint
ölfest s. ölbeständig
Ölfilm m oil film
Ölfirnis m boiled oil

ölfrei oil-free
Ölgehalt m oil content; (paint) oil length (content)
Öl-Grundanstrich m drying-oil priming coat
Öl-Grundfarbe f drying-oil primer
ölhärten to oil-harden (steel)
Ölhärten n oil hardening (of steel)
Ölhärter m s. Ölhärtestahl
Ölhärtestahl m oil-hardening steel
Ölharzlack m oleoresinous varnish
Ölhaut f oil film
ölig oily
Öl-in-Wasser-Emulsion f oil-in-water emulsion, O/W emulsion
Ölkitt m glazing putty
Öllack m oil varnish
~/fetter long-oil varnish
~/halbfetter medium-oil varnish
~/magerer short-oil varnish
~/mittelfetter medium-oil varnish
Öllackfarbe f oleoresinous paint, resin-oil paint
Öllänge f oil length (content)
Ollard-Probe f Ollard adhesion test (for determining the adhesion of coatings)
öllöslich oil-soluble
Öllöslichkeit f oil solubility, solubility in oil
ölmodifiziert oil-modified
Öl-Naturharz-Lack m oleoresinous varnish
Ölpapier n oil[ed] paper
Ölsäure f oil acid
Ölschicht f oil film
Ölspachtel m, **Ölspachtelmasse** f oil stopper
Öltröpfchen n oil globule
Öl-Vorstreichfarbe f drying-oil undercoat
Ölzahl f oil value (absorption) (of a pigment)
Oniumverbindung f onium compound
Onsager-Gleichung f Onsager equation (of the equivalent conductivity of an electrolyte)
Opferanode f (cath) sacrificial (galvanic) anode
Opfereigenschaft f (cath) sacrificial action (nature) (of a metal)
Opfermetall n (cath) sacrificial metal (e.g. zinc)
Opfermetallschicht f galvanic (sacrificial) coating
opfern (cath) to sacrifice
~/sich (cath) to sacrifice itself
Orangenhaut f s. Orangenschalenstruktur
Orangenschalenstruktur f orange peel structure (of a coating)

ordnen (cryst) to order
~/sich to order
Ordnungsenergie f ordering energy
Organosol n organosol
orientiert orient[at]ed (surface structure, crystal growth)
Orientierung f orientation
~/kristallographische crystal[lographic] orientation, grain orientation
~/ungünstige misorientation
Orientierungsbeziehung f orientation relationship (oriented growth on a different crystalline substrate)
Ortbeton m in situ concrete
Orthophosphat n/**neutrales** neutral (normal) orthophosphate (phosphate)
Osmose f osmosis
osmotisch osmotic
Oszilloskop n cathode ray oscilloscope
O₂-Typ m oxygen type (of corrosion)
Oxalat[schutz]schicht f, **Oxalierungsschicht** f oxalate coating
Oxalsäure-Anodisationsverfahren n oxalic-acid [anodizing] process
Oxalsäureelektrolyt m oxalic-acid electrolyte (anodizing)
Oxalsäuretest m oxalic-acid [electrolytic etching] test, electrolytic oxalic-acid etch test
Oxalsäureverfahren n s. Oxalsäure-Anodisationsverfahren
Oxianion n s. Oxyanion
Oxid n oxide
~ **mit n-Leitung** n-type oxide
~ **mit p-Leitung** p-type oxide
Oxidation f s. Oxydation
oxidbedeckt oxide-covered
Oxidbedeckung f, **Oxidbelag** m s. Oxidfilm
Oxidbildner m oxide former, oxide-forming element
Oxidbildung f oxide formation, formation of oxide
Oxidbrücke f oxide bridge
Oxidelektrode f oxide electrode
Oxidfilm m oxide film (skin), surface oxide film
Oxidfilmtheorie f oxide-film theory (view), oxide theory (of passivity)
oxidfrei oxide-free
Oxidgitter n oxide lattice
Oxidhaut f s. Oxidfilm
oxidisch oxidic

Oxidkeim

Oxidkeim *m* oxide nucleus
Oxidkeimbildung *f* nucleation of oxide
Oxidkeramik[schutz]schicht *f* oxide ceramic coating
Oxidleitung *f* oxide conduction
Oxidrot *n* red [iron] oxide
Oxidschicht *f* 1. oxide layer *(spontaneously formed)*, oxide (oxidation) scale *(formed under the influence of heat)*; 2. *s.* Oxidschutzschicht
~/**anodische (anodisch erzeugte)** anodic-oxide film, anodic-oxidation (anodic-conversion) coating
~/**dünne** oxide film (skin)
~/**schützende** *s.* Oxidschutzschicht
Oxidschichttheorie *f s.* Oxidfilmtheorie
Oxidschutzschicht *f* oxide coating, oxide (oxidized) finish, *(if thin)* protective oxide film (skin); protective oxide layer *(spontaneously formed)*
Oxidüberzug *m s.* Oxidschutzschicht
Oxyanion *n* oxy anion
oxydabel *s.* oxydierbar
Oxydans *n s.* Oxydationsmittel
Oxydation *f* oxidation ● **der ~ unterliegen** to undergo oxidation, to oxidize
~/**anodische** anodic oxidation, anodization
~/**beschleunigte** *s.* ~/katastrophale
~/**elektrochemische (elektrolytische)** *s.* ~/anodische
~/**flächenhafte** overall oxidation
~/**innere** internal (subsurface) oxidation
~/**katastrophale** catastrophic (breakaway) oxidation
~/**oberflächliche** surface oxidation
~/**partielle** partial oxidation
~/**photochemische** photooxidation, photodegradation *(as of plastics)*
~/**selektive** selective (preferential) oxidation
~/**spontane** spontaneous oxidation
~/**teilweise** partial oxidation
oxydationsanfällig susceptible to oxidation
Oxydationsanfälligkeit *f* susceptibility to oxidation
oxydationsbeständig resistant to oxidation, oxidation-resistant
Oxydationsbeständigkeit *f* resistance to oxidation, oxidation resistance
Oxydationselektrolyt *m* anodizing electrolyte (solution)
Oxydationsfähigkeit *f s.* Oxydationsvermögen

Oxydationsgeschwindigkeit *f* oxidation rate, rate of oxidation
Oxydationsgrad *m* degree of oxidation
Oxydationsinhibitor *m* oxidation inhibitor, anti-oxidant [agent], anti-oxidizing agent, anti-oxidizer, anti-oxygen
Oxydationskinetik *f* oxidation kinetics
Oxydationskraft *f* oxidizing power (capacity)
Oxydationsmittel *n* oxidizing agent, oxidizer, oxidant
Oxydationsofen *m* oxidizing furnace *(of a hot-dip metallizing line)*
Oxydationspotential *n* oxidation potential
Oxydationsprodukt *n* oxidation product
Oxydationsprüfung *f* oxidation testing
~/**zyklische** cyclic oxidation testing
Oxydationsreaktion *f* oxidation reaction
Oxydations-Reduktions-... *s.* Redox...
oxydationsresistent *s.* oxydationsbeständig
Oxydationsschicht *f s.* Oxidschicht
Oxydationsschutz *m* oxidation protection
Oxydationsstufe *f* oxidation number
Oxydationstest *m s.* Oxydationsversuch
Oxydationsverfahren *n*/**anodisches** anodic-oxidation process, anodizing process
Oxydationsverhalten *n* oxidation (oxidative) behaviour
Oxydationsverhinderer *m s.* Oxydationsinhibitor
Oxydationsverluste *mpl* oxidation losses
Oxydationsvermögen *n* oxidizing capacity (power)
Oxydationsverschleiß *m s.* Korrosionsverschleiß
Oxydationsversuch *m* oxidation test
~/**zyklischer** cyclic oxidation test
Oxydationsvorgang *m* oxidation process
Oxydationswirkung *f* oxidizing action; oxidizing effect
Oxydationszahl *f* oxidation number
Oxydationszelle *f*/**anodische** anodizing (anodic-oxidation) tank
oxydativ oxidative
oxydierbar oxidizable
~/**leicht** readily oxidizable
~/**schwer** poorly oxidizable
Oxydierbarkeit *f* oxidizability
oxydieren to oxidize; to undergo oxidation, to oxidize
~/**anodisch (elektrochemisch, elektrolytisch)** to anodize
~/**erneut** to reoxidize

Oxydieren n/**anodisches (elektrochemisches, elektrolytisches)** anodizing [treatment], anodic oxidation, anodization
ozonbeständig ozone-resistant, resistant to ozone
Ozonbeständigkeit f ozone resistance, resistance to ozone
ozonfest s. ozonbeständig

P

Paarung f coupling (of materials)
Packung f s. Kugelpackung
Packzementation f pack cementation [coating]
Paket n 1. sandwich system (consisting of different coatings); 2. s. Plattierpaket
palisadenartig, palisadenförmig (cryst) columnar
Palladat n palladate (complex salt having palladium in the anion)
palladinieren to palladinize
Palladinieren n palladinizing, (plat also) palladium plating
Palladiumanode f palladium anode
Palladiumelektrolyt m palladium plating bath (solution)
Palladium[schutz]schicht f palladium coating
Palladiumüberzug m s. Palladium[schutz]schicht
Palmöl n palm oil
Palmölerhitzer m palm-oil cooker (of a hot-dip tinning plant)
Papier n/**bituminiertes** asphalt (tar, pitch) paper, tarred [brown] paper
~/**getränktes (imprägniertes)** impregnated paper
~/**korrosionsschützendes** corrosion-protective paper, anti-corrosion (anti-tarnish) paper
~/**paraffiniertes** s. Paraffinpapier
~/**präpariertes** s. ~/getränktes
Paraffin n paraffin [wax]
~/**flüssiges** s. Paraffinöl
Paraffingatsch m [paraffin] slack wax
paraffinieren to paraffin[ize]
Paraffinöl n paraffin[ic] oil, liquid paraffin
Paraffinpapier n paraffin[ed] paper, wax[ed] paper
Parallelprobe f duplicate (replicate) specimen

Parallelreaktion f competing (competitive, concurrent) reaction
Partialdruck m partial pressure
Partialoxydation f partial oxidation
Partialstrom m partial current
Partialstromdichte f partial current density
Paßfehler m assembly mismatch
passiv passive ● **sich ~ verhalten** to exhibit passivity ● **~ werden** to go passive
Passiv-Aktiv-Übergang m passive-to-active transition
Passiv-Aktiv-Übergangsbereich m passive-active boundary (border line), active-passive boundary
Passivation f passivation
Passivator m passivator, passivating agent
~/**anodischer** anodic passivator
Passivbereich m passive range (region), region of passivity, (in a diagram also) passivation area (zone)
Passivfilm m passive film
Passivgebiet n s. Passivbereich
Passivhaut f passive film
passivierbar passivatable
~/**leicht** readily (easily) passivatable
Passivierbarkeit f passivatability
passivieren to passivate, to render passive
~/**sich [selbst]** to undergo passivation, to [self-]passivate, to go passive
~/**sich wieder** to repassivate
passivierend/sich [selbst] self-passivating
Passivierlösung f passivating solution
passiviert werden to undergo passivation, to passivate
Passivierung f passivation, (act also) passivation (passivating) treatment, (by dipping in solutions) passivating dip
~/**farblose** colourless passivation (preferably using chromium salts)
~/**sekundäre** secondary passivation
~/**spontane** spontaneous passivation, self-passivation
Passivierungsmittel n passivating agent, passivator
Passivierungsneigung f tendency to passivate
Passivierungspotential n passivation (passivating) potential, Flade potential
~/**primäres** primary passivation potential
Passivierungsspannung f s. Passivierungspotential
Passivierungsstrom m passivation (passivating) current

Passivierungsstromdichte 334

Passivierungsstromdichte f passivation (passivating, critical) current density
Passivierungsverhalten n passive behaviour
Passivierungsvorgang m passivation process
Passivität f passivity ● ~ **aufweisen (zeigen)** to exhibit passivity
~/**anodische** anodic passivity
~/**chemische** chemical passivity
~/**mechanische** mechanical (salt) passivity
passivitätsbegünstigend promoting passivity
Passivitätsbereich m s. Passivbereich
passivitätserhaltend maintaining passivity
passivitätserzeugend producing passivity (passivation)
passivitätsfördernd promoting passivity
Passivitätsförderung f promotion of passivity
Passivitätsneigung f s. Passivierungsneigung
Passivitätsschicht f passive film
passivitätssteigernd promoting passivity
Passivitätsverhalten n passive behaviour
Passivitätszerstörung f passivity breakdown
Passivitätszustand m passive state
Passivoxid n passive oxide
Passivpotential n passive potential
Passivschicht f passive film
Passivstrom m passive-range current
Passivstromdichte f passive-current density
Passivverhalten n passive behaviour
Passivwerden n passivation process, anodic polarization
Passivzeit f passivation period
Passivzustand m passive state
Passung f fit
Passungsrost m cocoa, fretting rust
Passungsrostbildung f bleeding, formation of cocoa (fretting rust)
Pastenstange f composition bar (polishing)
Pastenzuführungsgerät n composition applicator (polishing)
patentieren to patent (wire)
Patina f patina
~/**künstliche** synthetic patina
patinierbar patinable
patinieren to patinate
Patinierung f patination, (spontaneous process also) patina formation
PE s. Polyethylen
Pech n pitch
Peclet-Zahl f Peclet number (for transferring pilot plant data to full-scale units)
Peierls-Spannung f (cryst) Peierls stress, lattice-friction stress

Pellet n (plat) pellet (for anode bags)
Penetration f penetration
Penetrieranstrichstoff m penetrating primer, penetrant
penetrieren to penetrate
Penetriermittel n s. Penetrieranstrichstoff
Peptisation f peptization, deflocculation
Peptisationsmittel n peptizing (deflocculating) agent, peptizer, deflocculant, deflocculator
Peptisationsvermögen n peptizing (deflocculating) power
Peptisator m s. Peptisationsmittel
peptisieren to peptize, to defloculate
Peptisierung f s. Peptisation
Perchloratelektrolyt m (plat) perchlorate bath
Perchlorethylentrockner m solvent drying plant
Perforation f, **Perforierung** f perforation (by deep pitting)
Periode f/**anodische** (plat) deplating time, deplate (reversal) portion (of a periodic-reverse cycle)
~/**katodische** plating time (portion) (of a periodic-reverse cycle)
Perlen n cissing, cessing, crawling (of paint which does not wet the surface)
Perlit m pearlite
~/**lamellarer** laminar pearlite
Perlitgefüge n pearlitic (pearlite) structure
perlitisch pearlitic
Permeation f permeation
permeieren to permeate
Peroxidkatalysator m peroxide catalyst
PES s. Photoelektronenspektroskopie
Petrolatum n petrolatum, petroleum (mineral) jelly, mineral fat
Pewter m pewter (a tin alloy containing 20 to 25 per cent of lead)
Pfad m **erhöhter Korrosionsfähigkeit** active (easy, susceptible) path (of stress corrosion cracking in grains)
~ **leichter Korrosion** s. Pfad erhöhter Korrosionsfähigkeit
Pflanzenfett n vegetable fat
Pflanzenöl n vegetable oil
Pfropfen m plug (corrosion damage)
Pfropf[en]entzinkung f plug-type dezincification
pH-abhängig pH-dependent
pH-Abhängigkeit f pH dependence

p-Halbleiter m s. p-Leiter
pH-Änderung f pH change
Phase f/**disperse** disperse (discontinuous, internal) phase
~/geschlossene continuous (external) phase
~/innere s. Phase/disperse
~/intermetallische (metallische intermediäre) intermetallic [compound], intermediate constituent (phase)
~/offene s. Phase/disperse
~/zusammenhängende s. ~/geschlossene
α-Phase f (cryst) alpha phase
β-Phase f (cryst) beta phase
γ-Phase f (cryst) gamma phase
Γ-Phase f Γ phase, gamma [alloy] layer (in hot-dipped sheet)
δ-Phase f (cryst) delta phase, (in hot-dipped sheet also) delta [alloy] layer
ζ-Phase f (cryst) zeta phase, (in hot-dipped sheet also) zeta [alloy] layer
η-Phase f (cryst) eta phase
σ-Phase f (cryst) sigma phase
Phasendiagramm n phase diagram, equilibrium [phase] diagram, constitution[al] diagram
Phasengleichgewicht n phase equilibrium
Phasengrenze f [inter]phase boundary
Phasengrenzfläche f interface, junction
Phasengrenzkorrosion f differential-aeration corrosion, aeration-cell corrosion
Phasengrenzpotential n phase-boundary potential
Phasengrenzreaktion f phase-boundary reaction
Phasengrenzschicht f s. Phasengrenzfläche
2-Phasen-Reiniger m diphase [emulsion] cleaner
Phasenschichttheorie f oxide-film theory (view), oxide theory (of passivity)
Phasenübergang m phase transition (change, transformation)
Phasenumwandlung f phase transformation (change), (process also) phase transition
pH-Bereich m pH range
pH-Bestimmung f pH determination
Phenolalkyd[harz] n phenolic-modified alkyd [resin]
Phenol-Formaldehyd-Harz n phenol-formaldehyde resin, PF resin, phenolic [resin]
~/harzsäuremodifiziertes rosin-modified phenolic
Phenolharz n s. Phenol-Formaldehyd-Harz

Phenolharzanstrichstoff m phenolic coating (varnish paint)
Phenolharzklarlack m phenolic varnish; phenolic lacquer (physically drying)
Phenolharzlack m s. 1. Phenolharzklarlack; 2. Phenolharzanstrichstoff
Phenylessigsäure f phenylacetic acid (inhibitor)
pH-Gebiet n pH range
pH-Kontrolle f pH control
pH-Messung f pH measurement
Phosphat n/**neutrales** s. Orthophosphat/neutrales
~/nichtschichtbildendes non-coating phosphate
~/primäres s. Dihydrogenmonophosphat
~/schichtbildendes coating phosphate
~/sekundäres s. Hydrogenorthophosphat
~/tertiäres s. Orthophosphat/neutrales
Phosphatieranlage f phosphating plant (installation)
Phosphatierbad n s. Phosphatierlösung
Phosphatierchemikalie f phosphating chemical
phosphatieren to phosphate, to phosphatize
Phosphatieren n phosphating [treatment], phosphate coating (treatment), phosphatizing
Phosphatierlösung f phosphating solution (bath), phosphate coating bath, phosphate treating (treatment) bath
Phosphatiermittel n phosphating agent
Phosphatierschicht f phosphate [conversion] coating
phosphatiert phosphate-coated, phosphate-treated
Phosphatierungs... s. Phosphatier...
Phosphatierverfahren n phosphating (phosphate coating) process
Phosphatkristall m phosphate crystal
Phosphatschicht f phosphate film (layer, deposit)
Phosphatschichtbildung f phosphate film formation
Phosphatschichtgewicht n phosphate coating weight
Phosphatschutzschicht f phosphate [conversion] coating
Phosphatüberzug m s. Phosphatschutzschicht
phosphorarm poor in phosphorus, low-phosphorus

Phosphorbronze

Phosphorbronze *f* phosphor bronze
phosphorhaltig containing phosphorus, phosphorus-bearing
phosphorreich rich in phosphorus, high-phosphorus
Phosphorsäurebeize *f* phosphoric-acid pickle
Phosphorsäurebeizen *n* phosphoric-acid pickling
Phosphorsäureelektrolyt *m* phosphoric-acid electrolyte *(for anodizing)*
Photodegradation *f s.* Photolyse
Photoeffekt *m* photoelectric effect
Photoelektronenspektroskopie *f* photoelectron spectroscopy
~/röntgenstrahlangeregte X-ray induced photoelectron spectroscopy, XPS, electron spectroscopy for chemical analysis, ESCA
~/UV-angeregte ultraviolet-induced photoelectron spectroscopy, UPS
Photolyse *f* photolysis, photodegradation *(as of plastics)*
Photooxydation *f* photooxidation
Photosensibilisator *m* photosensitizer
Photozersetzung *f* photodecomposition
pH-Papier *n* pH (indicator) paper
pH-Potential-Diagramm *n* pH-potential diagram, potential-pH diagram, Pourbaix diagram
pH-Regelung *f* pH control
pH-Regler *m* pH controller
Phthalatharz *n* phthalic resin
pH-unabhängig pH-independent
pH-Unabhängigkeit *f* pH independence
pH-Verschiebung *f* pH change
pH-Wert *m* pH value
pH-Wert-Bestimmung *f* pH determination
pH-Wert-Korrektur *f* adjustment of pH
pH-Wert-Messung *f* pH measurement
pH-Wert-Regelung *f*, **pH-Wert-Regulierung** *f* pH control
Physisorption *f* physical adsorption
Pigment *n*/**aktives** reactive pigment
~/anorganisches inorganic pigment
~/antikorrosives *s.* ~/inhibierendes
~/basisches basic pigment
~/blättchenförmiges platy-type pigment
~/bleifreies lead-free pigment
~ für Deckanstriche topcoat pigment
~ für Grundanstriche primer (priming) pigment
~/inaktives (inertes) inactive (inert, nonreactive) pigment
~/inhibierendes (korrosionsschützendes) inhibitive (inhibiting) pigment, corrosion-inhibitive (anti-corrosive) pigment
~/künstliches anorganisches synthetic inorganic pigment
~/metallisches metal[lic] pigment
~/natürliches [anorganisches] [natural] earth pigment, natural (mineral) pigment, earth colour
~/organisches organic pigment
~/passives *s.* ~/inaktives
~/passivierendes *s.* ~/inhibierendes
~/rostschützendes rust-inhibitive pigment
Pigmentabsetzen *n* pigment settling (settlement)
Pigmentanteil *m* pigment content
Pigmentausschwimmen *n* **in horizontaler Richtung** pigment flooding *(separation of pigments)*
~ in vertikaler Richtung pigment float[ing]
Pigmentbenetzbarkeit *f* pigment wettability
Pigment-Bindemittel-Verhältnis *n* pigment/binder ratio, P/B
Pigmentdispergierung *f* pigment dispersion (grinding)
Pigmentgehalt *m* pigment content
pigmentieren to pigment
Pigmentierung *f* pigmentation
Pigmentkonzentration *f* pigment concentration
Pigmentmigration *f* pigment migration
Pigment-Netzmittel *n* grinding aid
Pigmentoberfläche *f* pigment surface
Pigmentteilchen *n* pigment particle
Pigmentverträglichkeit *f* compatibility with pigments
Pigment-Volumen-Konzentration *f* pigment-volume concentration, PVC
~/kritische critical pigment-volume concentration, CPVC
Pigmentwanderung *f* pigment migration
Pilot-plant-Versuch *m* pilot-plant test, semiworks test
pilzanfällig susceptible to fungal degradation
Pilzanfälligkeit *f* susceptibility to fungal degradation
Pilzbefall *m* fungus (fungal) attack ● **vor ~ schützen** to protect from fungal attack
pilzbeständig resistant to fungal attack
Pilzbeständigkeit *f* resistance to fungal attack

Pilzbewuchs *m* fungus (fungal) growth
pilzfest *s.* pilzbeständig
Pilzschutz *m* protection from fungal attack
pilztötend fungicidal
Pilzwachstum *n* fungus growth
pilzwidrig anti-fungal
Pinsel *m* [paint] brush
Pinselanstrich *m* brush painting
Pinselauftrag *m* brush application
Pinselfurchen *fpl* brush marks *(coating defect)*
Pinselgalvanisieren *n* brush plating
Pinsellack *m s.* 1. Streichlack 1.; 2. Streichanstrichstoff
Pinseln *n* brushing
Pinselspuren *fpl*, **Pinselstriche** *mpl s.* Pinselfurchen
Pittingbildung *f s.* Lochfraß
Pitting-Faktor *m* pitting (perforation) factor *(ratio of the depth of the deepest pit to the average penetration as calculated from weight loss)*
Plasmabrenner *m s.* Plasmaspritzpistole
plasmagespritzt plasma-sprayed
Plasmanitrieren *n* plasma nitriding
Plasma-Oberflächenbehandlungstechnik *f* plasma surface technology
Plasmapistole *f s.* Plasmaspritzpistole
Plasmaspritzanlage *f* plasma spray system
Plasmaspritzen *n* plasma spray[ing], plasma-jet (plasma-arc) spraying, arc plasma spraying
Plasmaspritzgerät *n* arc plasma device
Plasmaspritzpistole *f* plasma torch, arc plasma spraying torch, plasma spray metallizing gun, plasma [flame] gun
Plasmaspritzschicht *f* plasma-sprayed coating
Plasmastrahl *m* plasma jet
Plasmatron *n s.* Plasmaspritzpistole
Plast *m* plastic [material] ● **mit ~ ausgekleidet** plastic-lined
~/glasfaserverstärkter glass-fibre reinforced plastic, G.R.P.
~/hitzehärtbarer (wärmehärtbarer) thermosetting plastic
plastausgekleidet plastic-lined
Plastauskleidung *f* plastic lining
Plastbandage *f* plastic bandage
Plastbeschichten *n* plastic coating (finishing)
plastbeschichtet plastic-coated
Plastbeschichtungspulver *n* [plastic-]powder coating, powder paint

Plastbinde *f* plastic tape
Plastdispersion *f* plastic emulsion, latex
Plastdispersionsanstrichstoff *m* emulsion coating
Plastdispersionsbindemittel *n* emulsion vehicle
Plastdispersionsfarbe *f* [plastic] emulsion paint, water-emulsion paint, latex [water] paint
Plastfilm *m* plastic film
Plastfolie *f* plastic foil
plastfolienkaschiert plastic-laminated
Plastfolienkaschierung *f* plastic-laminated coating
Plastifikator *m* plasticizer
plastifizieren to plasticize
Plastifiziermittel *n* plasticizer
Plastifizierung *f* plasticization
Plastifizierungsmittel *n* plasticizer
Plastigel *n* plastigel
Plastisol *n* plastisol
plastizieren *s.* plastifizieren
Plastizität *f* plasticity
Plastizitätsbereich *m* plastic range
Plastmantel *m s.* Plastumhüllung
Plastpulver *n* plastic powder
Plastpulverbeschichten *n* [plastic-]powder coating
Plastpulverschicht *f* [plastic-]powder coating
Plast[schutz]schicht *f* plastic coating
Plastüberzug *m* 1. plastic sheathing *(prefabricated)*; 2. *s.* Plast[schutz]schicht
Plastumhüllung *f*, **Plastummantelung** *f* plastic sheathing (sleeve)
Platin *n* platinum ● **mit ~ beschichten** *s.* platinieren
Platinanode *f* platinum anode
Platinbad *n s.* Platinelektrolyt
Platinchlorid *n*/**saures** *s.* Platinchlorwasserstoffsäure
Platinchlorwasserstoffsäure *f* chloroplatinic acid
Platinelektrode *f* platinum electrode
~/platinierte platinated platinum electrode
Platinelektrolyt *m* platinum plating bath (solution)
platinieren to platinize, to platinate
Platinieren *n* platinization, *(esp plat)* platinum plating
~/elektrochemisches platinum [electro]plating
~/elektrolytisches (galvanisches) *s.* ~/elektrochemisches

platinplattiert

platinplattiert platinum-clad
Platin[schutz]schicht f platinum coating (deposit)
Platinüberzug m 1. platinum cladding; 2. s. Platin[schutz]schicht
Plattenanode f plate (sheet) anode
Plattenmuster n [test] panel
Plattenrost m stratified rust
Plattenrostschicht f stratified rust scale
Plattenschwinger m flat transducer *(ultrasonic cleaning)*
plattieren to clad
Plattieren n [metal] cladding, mechanical plating
~/**durch Heißpressen** HIP cladding
~/**galvanisches** electroplating
Plattiermetall n cladding metal
Plattierpaket n pile-up, pileup *(loose)*; sandwich, pack *(ready for being rolled)*
~/**zusammengesetztes** composite billet
~/**zweischichtiges** duplex billet
Plattierschicht f s. Plattierüberzug
Plattierschichtdicke f cladding thickness
Plattierschutzschicht f s. Plattierüberzug
plattiert clad
~/**doppelseitig** double-clad
~/**durch Heißpressen** HIP-clad
~/**einseitig** single-clad
Plattierüberzug m cladding
Plattierungs... s. Plattier...
p-leitend p-type [semi]conducting, defect [semi]conducting
p-Leiter m p-type [semi]conductor, defect [semi]conductor, hole conductor
p-Leitfähigkeit f p-type conductivity
p-Leitung f p-type conduction, defect (hole) conduction
Pluspol m positive pole
Pluviograph m s. Regenschreiber
Pol m/**negativer** negative pole
~/**positiver** positive pole
Polarisation f polarization
~/**anodische** anodic (anode) polarization
~/**chemische** s. Aktivierungspolarisation
~/**irreversible** overpotential, overvoltage
~/**katodische** cathodic (cathode) polarization
~/**lineare** linear polarization
~/**ohmsche** ohmic control
~/**potentiostatische** potentiostatic polarization
~/**übermäßige** excessive polarization

Polarisationskurve f cathode potential versus current density curve, potential/current density curve, *(deprecated)* polarization curve
Polarisationsmessung f polarization measurement
Polarisationsmeßzelle f polarization cell
Polarisationsmikroskop n polarizing microscope
Polarisationsspannung f polarization voltage
Polarisationsstrom m polarization current
Polarisationsversuch m polarization test (experiment)
Polarisationswiderstand m polarization resistance
~/**spezifischer** polarization resistivity
Polarisationswiderstandsmeßgerät n polarization resistance measuring instrument
polarisierbar polarizable
Polarisierbarkeit f polarizability
polarisieren to polarize
polarisiert werden to polarize, to undergo polarization
Polarisierung f polarization
Polarität f polarity
Polaritätswechsel m s. Polumkehr
Polarograph m polarograph
polarographisch polarographic
Polarogramm n polarogram, polarigram
Polieranlage f s. Polierapparat
Polierapparat m polishing installation
~/**elektrolytischer** electropolishing installation
Polierätzen n polish-etching
Polierautomat m automatic polishing machine
Polierbad n s. Polierelektrolyt
polierbar polishable
Polierbarkeit f polishability
Polierbock m polishing lathe
Polierdauer f polishing time
Poliereffekt m electrobrightening, electropolishing *(in pits)*
Poliereinrichtung f polishing installation
Polierelektrolyt m electropolishing electrolyte (bath, solution)
Polierelysieren n s. Polieren/elektrochemisches
Polieremulsion f liquid polishing compound
polieren to polish
~/**anodisch** s. ~/**elektrochemisch**
~/**auf Hochglanz** to brighten

~/elektrochemisch (elektrolytisch) to electropolish, to electrobrighten, to polish anodically
~/mit Polierstahl to burnish
Polieren n polishing
~/anodisches s. ~/elektrochemisches
~ auf Hochglanz brightening
~/automatisches automatic polishing
~/chemisches chemical polishing
~/elektrochemisches (elektrolytisches) electropolishing, electrobrightening, electrolytic (anodic) polishing (brightening)
~/mechanisches mechanical polishing
~ von Hand manual (hand) polishing
polierfähig s. polierbar
Poliergut n articles being (or to be) polished
Polierkomposition f polishing composition (compound)
Polierkörper m polishing assister (barrel burnishing)
Polierlösung f chemical polishing solution
Poliermaschine f polishing machine
Poliermasse f s. Polierpaste
Poliermittel n polishing agent (material, abrasive)
Poliermittelreste mpl, Poliermittelrückstände mpl polishing residues
Poliermotor m polishing lathe
Polieröl n polishing oil
Polierpaste f polishing paste, (for application to a polishing wheel also) polishing composition (compound), bar compound
Polierpulver n polishing powder
Polierqualität f standard of polishing
Polierring m bias buff
Polierrot n polishing rouge
Polierrückstände mpl polishing residues
Polierscheibe f polishing wheel (buff, head)
~/gesteppte stitched wheel
~/lose loose open wheel
~/vollrunde disk buff
Polierschmutz m polishing dirt
Polierspuren fpl polishing marks (lines, scratches)
Polierstaub m polishing dust
Poliertrommel f burnishing barrel
Polierverfahren n polishing process
Poliervorgang m polishing process
Polierwirkung f polishing action; polishing effect
Polierzeit f s. Polierdauer
Polumkehr f polarity (potential) reversal,
reversal in (of) polarity, polarization change
Polwechsel m s. 1. Polumkehr; 2. Polwechselschaltung
Polwechselschaltung f (plat) periodic reverse of current, PR
Polwechselverfahren n (plat) periodic reverse current plating process, PR plating process
Polyacrylat n s. Polyacrylatharz
Polyacrylatdispersion f acrylic emulsion
Polyacrylat-Dispersionsanstrichstoff m acrylic [water-]emulsion paint
Polyacrylat-Dispersionsfarbe f acrylic [water-]emulsion paint
Polyacrylat-Dispersionsgrundfarbe f acrylic emulsion-paint primer
Polyacrylat-Einbrennlack m s. Polyacrylatharzlack/ofentrocknender
Polyacrylatharz n acrylic [resin], acrylate resin
Polyacrylatharzlack m acrylic lacquer (physically drying); acrylic enamel (yielding a very hard and glossy finish)
~/ofentrocknender acrylic stoving (baking) enamel
Polyacrylat-Latexfarbe f acrylic [water-]emulsion paint
Polyacrylatpulver n acrylic powder
Polyaddition f addition polymerization, polyaddition
polyamidhärtend polyamide-curing
Polyamidharz n polyamide resin
Polyäthylen... s. Polyethylen...
Polyelektrolyt m polyelectrolyte
Polyesteranstrich m polyester coating
Polyesteranstrichstoff m polyester coating (paint)
Polyesterharz n polyester resin
~/gesättigtes saturated polyester resin
~/ungesättigtes unsaturated polyester resin
Polyester[harz]pulver n polyester powder
Polyesterspachtel m polyester stopper
Polyethylen n polyethylene, polythene, PE
~/chlorsulfoniertes chlorsulphonated polyethylene
Polyethylenbinde f polyethylene tape (bandage)
Polyethylenfolie f polyethylene film
Polyethylenmantel m s. Polyethylenumhüllung
Polyethylenpulver n polyethylene powder

Polyethylenschutzschicht

Polyethylenschutzschicht *f* polyethylene coating
Polyethylenumhüllung *f*, **Polyethylenummantelung** *f* polyethylene sheathing (sleeve)
Polygonisierung *f (cryst)* polygonization *(formation of polygonal domains by migration of dislocations)*
Polykondensation *f* condensation polymerization, polycondensation
Polykondensationsharz *n* condensation resin
Polykristall *m* polycrystal
polykristallin polycrystalline
Polymer *n s.* Polymeres
Polymerdispersion *f* polymer emulsion
Polymeres *n*, **Polymerisat** *n* polymer, *(relating to the industrial product also)* polymerizate
Polymerisation *f* [addition] polymerization
~/vernetzende cross-linking polymerization
Polymerisationsgrad *m* degree of polymerization
Polymerisationsverzögerung *f* durch Luftsauerstoff air inhibition *(of the hardening of unsaturated polyester coatings)*
polymerisieren to polymerize
Polymerschutzschicht *f* polymer coating
Polymerweichmacher *m* resinous plasticizer
Polyorganosiloxan *n* poly[organo]siloxane, silicone
Polyorganosiloxan... s. Silicon...
Polyphosphat *n* polyphosphate *(inhibitor)*
Polypropylen *n* polypropylene
Polypropylenpulver *n* polypropylene powder
Polystyren *n*, **Polystyrol** *n* polystyrene
Polysulfidkautschuk *m* polysulphide rubber
Polyurethan *n* polyurethane
Polyurethananstrich *m* polyurethane (urethane) coating
Polyurethan-Anstrichstoff *m* polyurethane (urethane) coating (paint)
Polyurethanharz *n* polyurethane (urethane, isocyanate) resin
Polyurethanharz-Anstrichstoff *m s.* Polyurethan-Anstrichstoff
Polyurethanharzlack *m s.* 1. Polyurethanlack 1.; 2. Polyurethan-Anstrichstoff
Polyurethanklarlack *m* polyurethane varnish
Polyurethanlack *m* 1. polyurethane varnish; 2. *s.* Polyurethan-Anstrichstoff
Polyurethanlackfarbe *f* polyurethane enamel
Polyurethanpulver *n* polyurethane powder

Polyvinylacetat *n* polyvinyl acetate, PVA
Polyvinylacetatdispersion *f* polyvinyl-acetate emulsion
Polyvinylacetat-Dispersionsfarbe *f* polyvinyl-acetate paint
Polyvinylacetat-Latex-Anstrichstoff *m* polyvinyl-acetate paint
Polyvinylacetat-Latexfarbe *f* polyvinyl-acetate paint
Polyvinylbutyral *n* polyvinyl butyral
Polyvinylbutyralgrundierung *f* polyvinyl-butyral primer
Polyvinylbutyral-Washprimer *m* polyvinyl-butyral wash primer
Polyvinylchlorid *n* polyvinyl chloride, PVC
~/plastifiziertes *s.* ~/weichgemachtes
~/unplastifiziertes *s.* ~/weichmacherfreies
~/weichgemachtes plasticized (flexible) polyvinyl chloride
~/weichmacherfreies unplasticized (rigid) polyvinyl chloride
Polyvinylchloridbinde *f* polyvinyl-chloride tape (bandage), PVC tape
Polyvinylchloridfolie *f* polyvinyl-chloride film, PVC film
Polyvinylchloridharz *n* polyvinyl-chloride resin
Polyvinylchloridplastisol *n* polyvinyl-chloride plastisol
Polyvinylchloridpulver *n* polyvinyl-chloride powder, PVC powder
Pore *f* pore, *(esp in a coating)* pinhole
~/makroskopisches macropore
~/mikroskopische micropore
~/mit bloßem Auge wahrnehmbare macropore
~/unter dem Mikroskop sichtbare micropore
Porenabdichtung *f* pore sealing
Porenbestimmung *f s.* Porositätsbestimmung
Porenbeton *m* porous (high-porosity) concrete
Porenbildung *f* pore formation, *(esp in a coating)* pinholing
porendicht *s.* porenfrei
Porendichte *f* pore density
Porendurchmesser *m* pore diameter
Porenfläche *f* pore area
porenfrei free from porosity, pore-free, nonporous, *(esp of coatings)* pinhole-free
Porenfreiheit *f* freedom from porosity, absence of porosity
Porenfüller *m*, **Porenfüllmittel** *n* pore filler

Porengröße f pore size
Porengrößenverteilung f pore-size distribution
Porengrund m pore bottom (base)
porenlos s. porenfrei
Porenmündung f pore mouth
Porenprüfgerät n holiday detector
Porenprüfung f s. Porositätsprüfung
Porenraum m pore space
Porensuchgerät n holiday detector
Porentiefe f pore depth
Porenverhütungsmittel n anti-pit[ting] agent, anti-pit[ter]
Porenversiegelung f pore sealing
Porenverteilung f pore distribution
Porenvolumen n pore volume
Porenwasser n pore water *(as in concrete)*
Porenweite f pore size
porig porous
Porigkeit f s. Porosität
porös porous
Poröschrom n porous chromium
Porosität f porosity
Porositätsbestimmung f porosity determination (measurement)
Porositätsgrad m degree of porosity
Porositätsprüfung f porosity testing
~/elektrographische electrographic porosity testing
Porösverchromen n porous chromium plating
Porzellanerde f porcelain (china) clay, kaolin[e]
Potential n potential ● **mit gleichem ~** equipotential
~/chemisches chemical potential
~/edles noble potential
~/elektrisches electric[al] potential
~/elektrochemisches electrochemical potential
~/elektrokinetisches electrokinetic (zeta) potential, ζ potential
~/inneres elektrisches (elektrostatisches) internal electrical potential, Galvani potential
~/kritisches critical (threshold) potential
~/positives noble potential
~/reversibles reversible potential
~/thermodynamisches thermodynamic potential
ζ-Potential n s. Potential/elektrokinetisches
Potentialabfall m potential drop, fall in potential, *(if rapidly occurring)* potential tumble
Potentialabfrage f s. Potentialmessung
potentialabhängig potential-dependent
Potentialabhängigkeit f potential dependency
Potentialabsenkung f potential lowering
Potentialabweichung f potential difference, P.D.
Potentialänderung f potential change (shift), change in potential
Potentialanhebung f potential raise
Potentialanstieg m potential rise, increase in potential
potentialausbildend potential-forming
Potentialausgleich m potential equalization
Potentialbarriere f potential barrier
potentialbedingt potential-dependent
Potentialbegrenzung f potential setting control
Potentialbereich m potential range (region)
Potentialberg m potential barrier
potentialbestimmend potential-determining
potentialbildend potential-forming
Potentialdifferenz f potential difference, P.D.
Potentialeinstellung f potential regulation
Potentialerhöhung f s. 1. Potentialanhebung; 2. Potentialanstieg
Potentialerniedrigung f potential lowering
Potentialgebiet n s. Potentialbereich
Potentialgefälle n potential gradient
potentialgeregelt *(cath)* controlled by potential regulation
potentialgesteuert potential-dependent
Potentialgradient m potential gradient
Potentialkontrolle f 1. potential checking; 2. s. Potentialregelung
Potentialkontrollsystem n s. Potentiostat
Potentialkorrektur f s. Potentialregelung
Potentialkurve f potential curve
Potentialmeßstelle f potential measurement point
Potentialmessung f potential measurement (sensing)
Potentialmulde f potential depression (well, trough)
Potential-pH-Diagramm n potential-pH diagram, Pourbaix diagram
Potentialplateau n potential plateau
Potentialregelung f potential regulation (control)
Potentialschwankung f potential variation, fluctuation of potential

Potentialschwelle 342

Potentialschwelle f potential barrier
Potentialschwingung f potential oscillation
Potentialsprung m potential jump
Potential-Standzeit-Diagramm n chronopotentiogram
Potential-Strom-Kurve f potential-current curve
Potential-Stromdichte-Kurve f potential vs. current density curve
Potentialumkehr f potential (polarity) reversal, reversal in (of) polarity, polarization change
potentialunabhängig potential-independent
Potentialunabhängigkeit f potential independency
Potentialunterschied m potential difference, P.D.
Potentialvered[e]lung f potential shift in a noble direction
Potentialverlauf m potential run
Potentialverschiebung f s. Potentialänderung
Potentialverteilung f potential distribution; *(cath)* spread of potential *(over a surface to be protected)*
Potentialveruned[e]lung f potential shift in a less noble direction
Potentialwall m potential barrier
Potentialwert m potential value
Potential-Zeit-Kurve f potential-time curve
potentiodynamisch, potentiokinetisch potentiokinetic
Potentiometer n potentiometer
Potentiometrie f potentiometry
potentiometrisch potentiometric
Potentiostat m potentiostat, potential controller (monitoring system)
potentiostatisch potentiostatic
Pourbaix-Diagramm n s. Potential-pH-Diagramm
PP s. Polypropylen
präexistent pre-existent
präexistieren to pre-exist
Präkondensation f pre-condensation
Prallblech n, **Prallfläche** f s. Prallplatte
Prallplatte f impingement (baffle) plate, baffle
Praxisbedingungen fpl service [exposure] conditions
Präzisionsmessung f high-precision measurement
PRC-Verfahren n s. Polwechselverfahren
Preece-Test m, **Preece-Versuch** m Preece [dip] test, copper sulphate [dip] test *(for evaluating the uniformity of protective coatings)*
Preßluft f compressed air
Preßluftabstreifvorrichtung f gas knife [jet] *(for removing excess zinc in hot-dip galvanizing)*
Preßpassung f, **Preßsitz** m interference fit
Preßwalzplattieren n pressure welding
Preußischblau n *(test)* Prussian (Berlin) blue
Primärinhibition f primary inhibition
Primärinhibitor m primary (surface-bound) inhibitor
Primärreaktion f primary (initiating) reaction
Primärschritt m initiating step
Primärstromverteilung f primary distribution of current
Primärvorgang m primary process
Primärweichmacher m primary plasticizer
Primer m s. 1. Grundanstrichstoff; 2. Grundanstrich
Prinzip n **der Einfangfläche** catchment [area] principle *(of galvanic corrosion)*
Probe f 1. sample *(in a broader sense)*; 2. [test] specimen, test piece; 3. s. Prüfung
~/angerissene (angeschwungene) precracked specimen
~/drahtförmige wire specimen
~ mit konstanter Verformung constant-deformation-loaded specimen
Probeblech n sheet[-metal] specimen, metal-sheet specimen, test panel
Probeentnahme f sampling
Probekörper m s. Probe 2.
Probelauf m trial (experimental) run
Probelösung f solution to be tested; solution under examination
Probenabmessungen fpl specimen dimensions
Probenahme f sampling
Probenfläche f specimen area
Probenform f specimen shape
Probengeometrie f specimen geometry
Probengestalt f specimen shape
Probengestell n specimen (test, support, suspension) rack
Probengröße f specimen size
Probenhalter m, **Probenhalterung** f specimen holder (support)
Probenmaterial n specimen material
Probenoberfläche f specimen surface
Probenpotential n specimen potential

Probenreinigung f specimen cleaning
Probenschenkel m cantilever
Probenvorbereitung f specimen preparation
Probenwerkstoff m specimen material
Probeplatte f [test] panel
Probestab m rod coupon
Probestück n sample, *(in metallography also)* coupon *(for preparing test specimens)*
Probetafel f [test] panel
Produktionsreife f production-line status
Profilograph m, **Profilometer** n profilograph, profilometer
Profilrahmen m flux box *(hot-dip tinning and galvanizing)*
Profilschreiber m, **Profilschreibgerät** n s. Profilograph
Profilspitze f [roughness] peak, high spot (light), [micro]prominence, protuberance, promontory *(in the microprofile of a surface)*
Profiltastschnittgerät n s. Profilograph
Profiltiefe f height of profile
projektiert/galvanisiergerecht properly designed for being electroplated
~/verzinkungsgerecht properly designed for being galvanized
Projektierung f/**korrosionsschutzgerechte** corrosion design, proper design for minimizing corrosion
Proportionalitätsgrenze f limit of proportionality
Protonenübertragung f proton transfer
Protuberanz f s. Profilspitze
Prüfbedingungen fpl testing conditions
Prüfbericht m test record (report)
Prüfblech n sheet[-metal] specimen, metalsheet specimen, test panel
Prüfdauer f testing time (period)
Prüfeinrichtung f testing facility
prüfen to test
Prüfergebnis n test result
Prüffläche f test area
Prüfflüssigkeit f testing liquid
Prüfgegenstand m article to be tested; article being tested, article under test; article tested
Prüfgerät n testing apparatus, tester
Prüfgut n s. Prüfmaterial
Prüfkammer f test chamber
~ **für den Salzsprühtest** salt-spray [test] chamber, salt-spray cabinet (room, box)

Prüfkörper m, **Prüfling** m s. Probe 2.
Prüflokalität f s. Prüfort
Prüflösung f testing solution
Prüfmaschine f testing machine
Prüfmaterial n test material, material being *(or* to be*)* tested
Prüfmedium n testing medium (environment)
~ **für simulierte Beanspruchung** simulation medium
Prüfmethode f testing method
Prüfmethodik f testing technique (procedure)
Prüfort m test site (location, locality)
Prüfpapier n test (indicator) paper
Prüfparameter m testing parameter
Prüfplatte f [test] panel
Prüfprobe f s. Probe 2.
Prüfprogramm n testing program[me]
Prüfraum m s. Prüfkammer
Prüfrunde f test cycle
Prüfschichtdicke f test coating thickness
Prüfstand m testing installation
Prüfstation f testing station
Prüfstreifen m strip specimen (coupon), test strip
Prüfstück n s. Probe 2.
Prüftafel f [test] panel
Prüftaster m **zur thermoelektrischen Schichtdickenmessung** thermoelectric thickness meter, thermoelectric plating gauge
Prüfung f test[ing]
~ **bei konstanter Dehngeschwindigkeit** constant strain rate testing
~/beschleunigte accelerated testing
~ **im Salznebel** salt-spray (salt-fog) testing
~/klimatische climatic (environmental) testing
~/mikroskopische microscopic examination
~ **mit unbewaffnetem Auge** s. ~/visuelle
~ **unter Einsatzbedingungen** service testing
~ **unter Labor[atoriums]bedingungen** laboratory testing
~/visuelle visual examination
~/zeitraffende accelerated testing
~/zerstörende destructive testing
~/zerstörungsfreie non-destructive testing, NDT
Prüfverfahren n testing method
Prüfverhalten n test performance
Prüfzeit f, **Prüfzeitraum** m s. Prüfdauer

Prüfzelle 344

Prüfzelle f test (experimental) cell; *(plat)* test plating cell
Prüfzyklus m test cycle
PR-Zyklus m *(plat)* PR cycle, periodic reverse cycle
PS s. Polystyrol
pseudoflüssig pseudoliquid
Pseudolegierung f pseudo-alloy
pseudomorph *(cryst)* pseudomorphic, pseudomorphous
Pseudomorphie f *(cryst)* pseudomorphism
Psychrometer n psychrometer, wet-and-dry-bulb hygrometer (thermometer)
psychrometrisch psychrometric
Puderemail n powdered enamel
Puderemaillieren n dry enamelling
pudern to dust *(articles with enamel or plastic powder)*
Pufferion n buffer ion
Pufferkapazität f buffering capacity (power)
Pufferlösung f buffer solution; buffered solution
puffern to buffer
Puffersubstanz f buffering agent (substance), buffer, pH stabilizer
Puffer[ungs]vermögen n s. Pufferkapazität
Pufferwirkung f buffering action; buffering effect
Pulver n/**duroplastisches** thermosetting powder
~/**elektrostatisch versprühbares** electrostatic powder
~/**thermoplastisches** thermoplastic powder
~/**thermoreaktives** thermosetting powder
~/**vorbeigesprühtes** overspray powder
Pulveralitieren n powder calorizing *(heat treatment esp in aluminium-alumina powder)*
pulverartig powdery
Pulveraufkohlen n pack carburizing
Pulveraufnahme f X-ray powder photograph
Pulverauftrag m powder application
Pulverauftragsmaterial n powder coating [material]
pulverbeschichten to powder-coat
Pulverbeschichtung f powder coating
~/**elektrostatische** electrostatic powder coating
~/**im Wirbelbett (Wirbelsinterbad)** fluid[ized]-bed coating
Pulverbeschichtungsanlage f powder coating plant
~/**elektrostatische** electrostatic powder coating plant
Pulverbeschichtungsmaterial n powder coating [material]
Pulverbeschichtungsverfahren n powder coating technique
Pulvereinsetzen n pack carburizing
Pulveremaillieren n dry enamelling
Pulverflammspritzen n powder thermospraying (combustion spraying)
Pulverförderer m, **Pulverfördergerät** n powder feeder *(plasma-arc welding)*
pulverförmig, pulverig powdery
Pulverlack m powder coating (paint)
Pulverlackbeschichtung f powder coating
Pulvermetallschicht f/**im Kaltauftrag hergestellte** peen-plated coating
Pulvermetallurgie f powder metallurgy
Pulvermethode f powder method (technique) *(X-ray diffraction)*
Pulverpackverfahren n pack cementation
Pulverpartikel n powder particle
Pulverrückgewinnung f powder recovery
Pulverrückgewinnungsanlage f powder recovery plant (unit)
Pulverschicht f powder coating
Pulverspritzanlage f powder spray unit
Pulverspritzen n powder spraying
~/**elektrostatisches** electrostatic powder spraying
Pulverspritzpistole f powder [spray] gun, powder pistol
~/**elektrostatische** electrostatic powder spray (hand) gun
Pulverspritzschicht f powder-sprayed coating
Pulversprühen n s. Pulverspritzen
Pulverteilchen n powder particle
Pulverüberzug m s. Pulverschicht
pulverzementieren to pack-carburize
Punktanode f point anode
2-Punkt-Belastung f two-point loading
3-Punkt-Belastung f three-point loading
4-Punkt-Belastung f four-point loading
Punktdefekt m *(cryst)* point defect
Punktkatode f point cathode
Punktkorrosion f point corrosion
punktschweißen to spot-weld
Punktstörung f *(cryst)* point defect
Punktzahl f pointage *(measure of the strength of a phosphating solution)*
PUR s. Polyurethan

Putzmaschine f cleaner
Putztrommel f tumbling barrel
PVAc, PVAC s. Polyvinylacetat
PVB s. Polyvinylbutyral
PVC s. Polyvinylchlorid
PVC-H, PVC-hart n rigid (unplasticized) polyvinyl chloride
PVC-W, PVC-weich n flexible (plasticized) polyvinyl chloride
PVD-Verfahren n physical vapour deposition, PVD [process]
~/plasmaunterstütztes plasma-assisted PVD [process]
PVK s. Pigment-Volumen-Konzentration
Pyramidenhärte f s. Vickershärte
Pyrophosphatbad n s. Pyrophosphatelektrolyt
Pyrophosphatelektrolyt m pyrophosphate plating bath (solution)

Q

Quader m (plat) square (for anode baskets)
Quadraturgesetz n **von Sieverts** Sieverts' law (of partial pressures)
Quadratwurzelgesetz n **[von Sieverts]** s. Quadraturgesetz von Sieverts
Quarzsand m silica (quartz) sand
quasikristallin quasi-crystalline
quasistationär quasi-steady-state
Quecksilberzelle f mercury cell
quellbar capable of swelling
Quellbarkeit f capability of swelling, swelling capacity
quellbeständig resistant to swelling, swell-resistant, non-swelling
Quellbeständigkeit f resistance to swelling, swelling resistance
quellen to swell; to [cause to] swell
quellfähig capable of swelling
Quellfähigkeit f 1. capability of swelling, swelling capacity; 2. swelling power
quellfest s. quellbeständig
Quellmittel n swelling agent
Quellung f swelling
Quellungs... s. Quell...
Quellverhalten n swelling behaviour (properties)
Quellvermögen n s. Quellfähigkeit
Quellwirkung f 1. swelling action; 2. swelling effect

quergleiten (cryst) to cross-slip
Quergleitung f (cryst) cross-slip
Querkontraktion f transverse contracting strain
Querkontraktionskoeffizient m, **Querkontraktionszahl** f s. Querzahl 1.
Querschliff m transverse section
Querschnitt m 1. cross section; 2. s. Querschnittsfläche
Querschnittsfläche f cross-sectional area
~/ursprüngliche original cross-sectional area
Querzahl f 1. Poisson ratio (ratio of the transverse contracting strain to the elongation strain); 2. Poisson number (constant) (reciprocal of Poisson ratio)
Quetschwalze f squeegee roller
Quickbeize f (plat) quick[ening] dip, blue (mercury) dip
Quicklösung f (plat) quicking solution

R

Radioindikator m radiotracer, radioactive tracer
Rahmenaufzug m (plat) hoist
Rakel f squeegee
Rand m s. Randschicht
randaufkohlen to case-carburize
Randaufkohlung f case carburization
Randeffekt m edge effect
Randhärte f case hardness
Randknospen fpl (plat) nodule growths
Randschicht f case
~/aufgekohlte (eingesetzte) carburized case
~/gehärtete hardened case
~/nitrierte nitride[d] case
~/zementierte s. ~/aufgekohlte
Randwinkel m contact angle
Randwirkung f edge effect
Randzone f case
Rasterbild n scanning electron micrograph, SEM, scanning electron microscope micrograph (photograph), SEM photomicrograph (picture)
Rasterelektronenmikroskop n scanning electron microscope, SEM
Rasterelektronenmikroskopie f scanning electron microscopy, SEM
Rastlinie f crack-arrest line

Rauchbildung

Rauchbildung f blushing *(esp of lacquer films)*, blooming *(esp of paint or varnish films)*
Rauchgas n flue gas
Rauchgasentschwefelung f flue-gas desulphurization, FGD
Rauchgasentstauber m fly-ash precipitator
Rauchgaskorrosion f dew-point (low-temperature) corrosion *(caused by flue gases below dew point)*
Rauchgasprüfer m, **Rauchgasprüfgerät** n flue-gas analyser
rauh rough *(surface)*
Rauheit f s. Rauhigkeit
Rauhigkeit f roughness
~/mikroskopische microroughness
Rauhigkeitsgrad m degree of roughness
Rauhigkeitspeak m, **Rauhigkeitsspitze** f [roughness] peak, high spot (light), [micro]prominence, protuberance, promontory *(in the microprofile of a surface)*
Rauhtiefe f maximum height of the profile
Raumatmosphäre f indoor atmosphere
Raumdichte f density
Raumgitter n *(cryst)* space lattice
Raumladung f space charge
Raumluft f indoor (room) air
Raumtemperatur f room (ambient) temperature
raumtemperaturhärtend room-temperature curing
Raumtemperaturhärtung f room-temperature cure
raumzentriert *(cryst)* space-centred
Rauschen n/**elektrochemisches** electrochemical noise
Rauschmessung f/**elektrochemische** electrochemical noise measurement
Reagenzpapier n test (indicator) paper
Reaktion f/**anodische** anodic reaction
~/elektrochemische electrochemical reaction
~/heterogene heterogeneous reaction
~/homogene homogeneous reaction
Reaktionsablauf m reaction course
Reaktionsaffinität f affinity, driving force (potential) *(of a reaction)*
Reaktionsanstrichstoff m reaction (catalyzed, polymerized) coating
Reaktionsarbeit f work of reaction
Reaktionsbeschichten n **aus der Gasphase** chemical vapour deposition, CVD, reactive evaporation

~ aus der Gasphase/pyrolytisches vapour-phase decomposition
~ aus der Gasphase/reduktives vapour-phase reduction
Reaktionsenergie f reaction energy
Reaktionsenthalpie f reaction enthalpy
~/freie change in free energy, free-energy change
Reaktionsentropie f[/**molare**] reaction entropy, change in entropy
reaktionsfähig reactive
Reaktionsfähigkeit f reactivity
Reaktionsfolge f reaction sequence
reaktionsfreudig reactive
Reaktionsfreudigkeit f reactivity
Reaktionsgas n reacting gas
Reaktionsgeschwindigkeit f reaction rate
Reaktionsgeschwindigkeitskonstante f reaction-rate constant, [reaction-]velocity constant, specific reaction rate (velocity)
Reaktionsgrund m *(paint)* reactive ground coat
Reaktionsgrundiermittel n, **Reaktionsgrundierung** f s. Reaktionsprimer
Reaktionshemmung f reaction inhibition
Reaktionsisotherme f/**van't-Hoffsche** van't Hoff [reaction] isotherm
Reaktionskinetik f reaction (chemical) kinetics
reaktionslos s. reaktionsträge
Reaktionsmechanismus m reaction mechanism
Reaktionsort m reaction site
Reaktionspartner m reactant
Reaktionspolarisation f reaction polarization
Reaktionsprimer m wash (etch, etching, self etch, pre-treatment) primer, wash coat [primer], phosphate [etch] primer
Reaktionsprimeranstrich m wash primer coat
Reaktionsprodukt n reaction product
Reaktionsrichtung f reaction direction
Reaktionsschritt m reaction step
Reaktionsstelle f reaction site
Reaktionsteilnehmer m reactant
reaktionsträge inert, non-reactive, unreactive
Reaktionsträgheit f inertness, non-reactivity
Reaktionsüberspannung f reaction overvoltage
Reaktionsverlauf m reaction course
Reaktionsvermögen n reactivity

Reaktionsweg *m* reaction path
Reaktionswiderstand *m* reaction polarization resistance
reaktiv reactive
Reaktivierungstest *m*/**elektrochemischer** electrochemical reactivation test, ERT
~/elektrochemischer potentiodynamischer electrochemical potentiodynamic reactivation test, EPRT
Reaktivität *f* reactivity
Reaktivverdünner *m* *(paint)* reactive diluent
Realwiderstand *m* ohmic resistance
Rebinder-Effekt *m* Re[h]binder effect *(with superficial adsorption)*
Reckalterung *f* strain ag[e]ing
Redoxelektrode *f* redox electrode
Redoxgleichgewicht *n* redox equilibrium
Redoxpotential *n* redox potential
Redoxreaktion *f* redox reaction
Redoxsystem *n* redox system
Redoxvorgang *m* redox process
Reduktion *f* reduction, deoxidation
~/elektrochemische (elektrolytische) electrochemical (electrolytic) reduction
Reduktionsbad *n* reducing bath
Reduktionselektrode *f* reducing electrode
Reduktionsfähigkeit *f* reductive capacity
Reduktionsmittel *n* reducing (deoxidizing) agent, reductant, deoxidant, deoxidizer
Reduktionsofen *m* reducing furnace *(of a hot-dip metallizing line)*
Reduktions-Oxydations-... *s.* Redox...
Reduktionspotential *n* reduction potential
Reduktionsreaktion *f* reduction reaction
Reduktionsstrom *m* reduction current
Reduktionsstromdichte *f* reduction current density
Reduktionsverfahren *n*/**autokatalytisches** chemical reduction (plating) method, electroless (autocatalytic) plating process
Reduktionsverkupfern *n* catalytic (electroless) copper plating
Reduktionsvermögen *n* reductive capacity
Reduktionsvorgang *m* reduction process
Reduktionswirkung *f* 1. reducing action; 2. reducing effect
reduktiv reductive
~-chemisch electroless *(plating)*
Reduktor *m s.* Reduktionsmittel
reduzierbar reducible
Reduzierbarkeit *f* reducibility
reduzieren 1. to reduce, to deoxidize; 2. to

work (thin) down *(the thickness of materials)*; 3. to reduce, to lower, to decrease *(e.g. temperature)*
Reduzierventil *n* reducing valve
Referenzelektrode *f* reference electrode (half-cell)
reflexionsarm low-reflectivity
Reflexionsbeugung *f* reflection electron diffraction
~ schneller Elektronen reflection high-energy electron diffraction, RHEED
Reflexionsfähigkeit *f s.* Reflexionsvermögen 1.
Reflexionsgrad *m*, **Reflexionskoeffizient** *m* reflectance, reflection coefficient (factor)
Reflexionskraft *f s.* Reflexionsvermögen 1.
Reflexionsvermögen *n* 1. reflectivity, reflecting power; 2. *s.* Reflexionsgrad
Regel *f*/**Pilling-Bedworthsche** Pilling-Bedworth rule (principle, ratio)
regenerieren 1. *(plat)* to regenerate *(the bath)*; 2. to build up *(worn parts)*
Regenerierung *f* 1. regeneration *(as of plating baths or ion exchangers)*; 2. build-up, salvage *(of worn parts)*
regengeschützt protected from rain
Regenschreiber *m* pluviograph
Regenwasser *n* rain water
Rehbinder-Effekt *m s.* Rebinder-Effekt
Reibermüdung *f* fretting fatigue
Reibfaktor *m s.* Reibungskoeffizient
Reibfläche *f* rubbing (sliding, contact) surface
Reibkorrosion *f*, **Reiboxydation** *f* fretting [corrosion], friction (wear) oxidation, chafing [corrosion], false brinelling
Reibrost *m* cocoa *(fretting corrosion)*
Reibung *f* friction
Reibungsfläche *f s.* Reibfläche
Reibungskoeffizient *m* coefficient of friction
Reibungskorrosion *f s.* Reibkorrosion
Reibungsverschleiß *m* abrasive wear, abrasion, attrition
Reibwert *m s.* Reibungskoeffizient
Reifezeit *f (paint)* induction (waiting) period *(with catalyzed coatings)*
rein 1. clean *(surface)*; 2. pure *(material)*; plain, unalloyed *(steel)*
~/metallisch near-white metal blast *(degree of blast cleaning)*
Reinaluminium *n* pure aluminium
Reinblei *n* chemical lead

Reinchloridbad *n s.* Nur-Chlorid-Elektrolyt
Reineisen *n* pure iron
Reinhaltung *f* pollution control
Reinheit *f* 1. cleanliness *(of surfaces)*; 2. purity *(of materials)*
Reinheitsgrad *m* 1. degree of cleanliness *(of surfaces)*, *(if specified also)* standard of cleanliness; 2. degree of purity *(of materials)*
reinigen to clean[se], to decontaminate
Reiniger *m s.* Reinigungsmittel
Reinigerlösung *f s.* Reinigungslösung
Reinigermischung *f s.* Reinigungsmischung
Reinigung *f* cleaning, decontamination
~/**alkalische** alkaline [detergent] cleaning, alkali cleaning (washing)
~/**anodische** anodic [electro]cleaning, reverse[-current] cleaning
~/**chemische** chemical cleaning
~ **durch Glimmentladungen** sputter cleaning
~/**elektrochemische (elektrolytische)** electrolytic [alkaline] cleaning, electrocleaning
~ **in Salzschmelzen** salt-bath cleaning
~/**katodische** cathodic [electro]cleaning, direct[-current] cleaning
~/**mechanische** mechanical (abrasive) cleaning
~/**saure** acid cleaning
~ **von Hand** hand [tool] cleaning
Reinigungsanlage *f* cleaning plant
Reinigungsbad *n* cleaning (cleaner) bath
~/**elektrochemisches (elektrolytisches)** *s.* Reinigungselektrolyt
Reinigungsbehälter *m* cleaning tank
Reinigungscompound *m(n)* cleaning compound *(barrel finishing)*
Reinigungselektrolyt *m* electrolytic cleaner (cleaning bath), electrocleaner
Reinigungsflüssigkeit *f* cleaning fluid (liquid)
Reinigungsgrad *m* degree of cleanliness, *(if specified also)* standard of cleanliness
Reinigungsgut *n* articles being *(or to be)* cleaned
Reinigungskraft *f s.* Reinigungsvermögen
Reinigungslauge *f* cleaning liquor
Reinigungslösung *f* cleaning (detergent) solution, cleaning (cleaner) bath
Reinigungsmischung *f* cleaning (cleaner) mixture
Reinigungsmittel *n* cleaning agent (medium), cleaner; detergent; equipment (solvent) cleaner, cleaning solvent *(for cleaning paint equipment)*

~/**alkalisches** alkaline cleaner (cleaning agent, detergent), alkali cleaner
~/**saures** acidic cleaner (cleaning agent, detergent), acid cleaner
~/**synthetisches** [synthetic] detergent, synthetic soap
Reinigungsstrahlen *n* [abrasive] blast cleaning, abrasive blasting
Reinigungsverfahren *n* cleaning method
Reinigungsvermögen *n* detergency, detergent power
Reinigungswirkung *f* cleaning (detergent) action; cleaning (detergent) effect
Reinkupfer *n* pure copper
Reinmetall *n* pure metal
Reinnickel *n* pure nickel
Reinstaluminium *n* super-purity aluminium
Reinwasser *n* pure (clean) water
Reinzink *n* pure zinc *(as opposed to zinc alloy layers in hot-dip galvanized coatings)*
Reinzinkschicht *f* layer of pure zinc
Reinzinn *n* pure (block) tin
Reiseanstrich *m* travel coat
Reißdehnung *f* strain at break
reißen 1. to crack; to check *(forming small cracks on the surface)*; to craze *(forming a pattern of small cracks)*; to alligator, to crocodile *(forming a pattern resembling the hide of a crocodile)*; 2. to break, to rupture, to tear
Reißfestigkeit *f* resistance to tear[ing], tear resistance (strength), cohesive strength
Reißmechanismus *m* crack-propagation mechanism
Reißverschlußreaktion *f* chain unzipping reaction
Rekombination *f*/**Tafelsche** Tafel recombination
rekombinieren/sich to recombine
Rekristallisation *f* recrystallization
Rekristallisationsglühen *n* recrystallization anneal
rekristallisieren to recrystallize
Relaxation *f* relaxation
~/**plastische** plastic relaxation
Relaxationseffekt *m* relaxation (asymmetry) effect
relaxieren to relax
REM *s.* Rasterelektronenmikroskopie
REM-Aufnahme *f s.* Rasterbild
Reoxydation *f* reoxidation
reoxydieren to reoxidize

Reparaturlack *m* repair enamel, touch-up paint
repassivierbar repassivatable
Repassivierbarkeit *f* repassivatability
repassivieren to repassivate
~/sich to repassivate
repassiviert werden to repassivate
Repassivierung *f* repassivation
Repassivierungspeak *m* repassivation peak
Repassivierungspotential *n* critical potential for repassivation
Reproduzierbarkeit *f* reproducibility
Resinosäure *f* resin acid
Resistenz *f* resistance
Resistenzgrenze *f* reaction limit *(according to Tammann)*
Resol[harz] *n* resol, A-stage (one-stage) resin
Resonanzspektroskopie *f*/**kernmagnetische** nuclear magnetic resonance spectroscopy, NMR spectroscopy
Restbruch *m*, **Restbruchfläche** *f* instantaneous fracture zone
Resthärte *f* residual hardness *(of water)*
Restrost *m* residual rust, rust residue
Restspannung *f* residual (internal) stress, locked-up (locked-in) stress
Reststrom *m* residual current
Restvalenz *f* residual valence (valency)
Restverschmutzung *f* residual contamination (soil)
Restwelligkeit *f (plat)* [a.c.] ripple, alternating-current component
Returnstraße *f* horizontal-return-type machine *(as for polishing)*
reversibel reversible
Reversibilität *f* reversibility
Reversiergerät *n (plat)* field-reversing contactor *(for periodic reverse of current)*
Rezept *n* formula
Rezeptformulierung *f* formulation
rezeptieren to formulate
Rezeptur *f* formulation
Rheniumbad *n s*. Rheniumelektrolyt
Rheniumelektrolyt *m* rhenium plating bath (solution)
Rhenium[schutz]schicht *f* rhenium coating (deposit)
Rheniumüberzug *m s*. Rhenium[schutz]schicht
rhodinieren to plate with rhodium
Rhodinieren *n* rhodium plating
rhodiniert rhodium-plated

Rhodiumbad *n s*. Rhodiumelektrolyt
Rhodiumelektrolyt *m* rhodium plating bath (solution)
Rhodium[schutz]schicht *f* rhodium coating (deposit)
Rhodiumsulfatelektrolyt *m* rhodium sulphate plating bath (solution)
Rhodiumüberzug *m s*. Rhodium[schutz]schicht
rH-Wert *m* rH value *(measure of the state of oxidation-reduction of a system)*
Ricinenölalkydharz *n* dehydrated castor oil alkyd
Riefe *f* scratch [line] *(on treated surfaces)*; flute *(caused by fretting corrosion)*
Rieselfähigkeit *f* flowability, free flowing *(of bulk material)*
Rieselung *f* cascading *(water conditioning)*
Riffelung *f* corrugation
Rig-Test *m* burner rig test *(hot-corrosion testing)*
Rille *f* flute *(caused by fretting corrosion)*
Ringkorrosion *f* ring pitting
Ringmechanismus *m* Zener mechanism *(of diffusion)*
Ringpinsel *m* round brush
Rinne *f* groove
Rinnenfraß *m* grooving, *(as a type of erosion-corrosion also)* trenching, wire drawing
Rippe *f* fin
Riß *m* crack, flaw, *(if narrow and deep)* fissure, crevice, *(if small and on the surface also)* check
~/interkristalliner intergranular (intercrystalline) crack
~/transkristalliner transgranular (transcrystalline) crack
rißanfällig susceptible (prone) to cracking
Rißanfälligkeit *f* susceptibility to cracking, cracking susceptibility, propensity for cracking, tendency to crack
Rißanordnung *f* crack pattern
Rißart *f* mode of cracking, crack mode
rißartig cracklike
Rißaufweitung *f* crack-opening displacement, crack blunting (extension)
~/kritische critical crack-opening displacement
Rißausbreitung *f* crack propagation (increment, advance), spreading of cracks
Rißausbreitungsgeschwindigkeit *f* crack-

Rißausbreitungsmechanismus

propagation rate (velocity), crack[-tip] velocity
Rißausbreitungsmechanismus *m* crack-propagation mechanism
Rißausheilung *f* crack heal
rißauslösend crack-initiating, crack-nucleating
Rißauslösung *f* crack initiation
Rißausweitung *f s.* Rißaufweitung
rißbeständig cracking-resistant
Rißbeständigkeit *f* cracking resistance
Rißbild *n* crack pattern
Rißbildung *f* crack formation (nucleation), cracking; checking *(small cracks on the surface)*; crazing *(pattern of small cracks)*; alligatoring, crocodiling *(pattern resembling the hide of a crocodile)*
~/interkristalline intergranular crack formation
~/transkristalline transgranular crack formation
~/wasserstoffinduzierte hydrogen-induced cracking
Rißbildungsgrad *m* degree of cracking
Rißbildungsmechanismus *m* crack-nucleation mechanism
Rißbildungswiderstand *m* resistance to crack formation
Rißboden *m* crack base
Rißebene *f* crack plane
rißempfindlich *s.* rißanfällig
Rißende *n* crack tip (front); crack base
rißerzeugend *s.* rißauslösend
Rißfläche *f* crack plane
Rißflanke *f* crack face
Rißfortpflanzung *f,* **Rißfortschritt** *m s.* Rißausbreitung
rißfrei crack-free, free from cracks, uncracked
Rißfreiheit *f* freedom from cracks
Rißfront *f* crack front (tip)
Rißgrund *m* crack base
rissig cracked, cracky ● ~ werden *s.* reißen 2.
Rissigkeit *f* crackedness
Rißkeim *m* crack nucleus (initiation site), nucleation site, precrack, embryonic crack
Rißkeimbildung *f* crack nucleation (initiation), inception of cracks
Rißlänge *f* crack length
Rißmündung *f* crack mouth
Rißneigung *f s.* Rißanfälligkeit

350

Rißnetzwerk *n* crack pattern, network of cracks
Rißöffnungsart *f* crack-opening mode
Rißöffnungsverschiebung *f* crack-opening displacement
Rißpfad *m s.* Rißverlauf
Rißrichtung *f* crack orientation
Rißseitenfläche *f* crack face
Rißspitze *f* crack tip (front)
Rißtiefe *f* crack depth (penetration), depth of cracking
Rißverlauf *m* crack path (route), path of cracking
Rißwachstum *n* crack growth
~/unterkritisches subcritical crack growth
Rißwachstumsgeschwindigkeit *f* rate of crack growth
Rißwand *f* crack face
Rißwerk *n s.* Rißnetzwerk
Rißwiderstand *m* crack resistance
Rißzähigkeit *f* fracture toughness, rupture strength
Ritzbreite *f* width of the scratch
Ritzgerät *n* scraper tool *(for testing the abrasion resistance of coatings)*
Ritzhärte *f* scratch hardness
Ritzhärteprüfung *f* scratch-hardness testing
Ritzversuch *m* scratch (scribe, scribing) test *(for determining the adhesion of coatings)*
Rochelle-Bad *n s.* Rochelle-Cyanid-Kupferelektrolyt
Rochelle-Cyanid-Kupferelektrolyt *m* Rochelle cyanide copper solution, Rochelle [copper] bath
Rochellesalz *n* Rochelle salt *(potassium sodium tartrate 4-water)*
Rockwellhärte *f* Rockwell hardness
~ B Rockwell B *(determined with steel ball)*
~ C Rockwell C *(determined with 120° conical diamond)*
Rockwellhärteprüfer *m* Rockwell [superficial-hardness] tester
Rockwellhärteprüfung *f* Rockwell hardness test
Rohblei *n* crude (pig) lead
Roheisen *n* pig iron
Rohranode *f* tubular anode
Rohraußenbeschichtung *f* exterior (external) pipe coating
Rohraußenschutzschicht *f* exterior (external) pipe coating
Rohrbandage *f* pipeline [wrapping] tape

Rohrbeschichtung f pipe coating
Rohr-Boden-Potential n pipe-[to-]soil potential *(with buried pipelines)*
Rohrfernleitung f pipeline
Rohrinnenbeschichtung f interior (internal) pipe coating
Rohrinnenschutzschicht f interior (internal) pipe coating
Rohrkatode f pipe[-type] cathode *(anodic protection)*
Rohrleitung f pipeline
~/erdverlegte buried (underground) pipeline
~/unter Wasser verlegte submerged pipeline
~/unterirdische s. **~/erdverlegte**
Rohrmaterial n s. **Rohrwerkstoff**
Rohrschutz m pipeline protection
Rohrumhüllung f pipewrap
~/bituminöse bituminous pipewrap
Rohrverbindung f pipe connection
Rohrwanddicke f pipe-wall thickness
Rohrwandung f pipe wall
Rohrwerkstoff m pipe material
Rohvaseline f petrolatum, petroleum (mineral) jelly, mineral fat
Rohwasser n raw water
Rohzink n spelter, virgin (primary) zinc
Rohzinn n crude tin
Rollauftrag m *(paint)* roller application
Rolle f *(paint)* roller [coater], hand roller
● **mit der ~ auftragen** to roller-coat
Rollen n *(paint)* roller coating, hand rolling
Rollenabstreifverfahren n roller levelling *(hot-dip metallizing)*
Rollenabstreifvorrichtung f roller leveller *(hot-dip metallizing)*
Roller m s. **Rolle**
Rollfaß n, **Rommelfaß** n tumbling barrel, horizontal [closed] barrel
rommeln to tumble, to rumble *(mass-production parts)*
Röntgenaufnahme f X-ray pattern (photograph)
Röntgenbeugung f s. **Röntgendiffraktion**
Röntgenbild n, **Röntgendiagramm** n s. **Röntgenaufnahme**
Röntgendiffraktion f X-ray diffraction, XRD
Röntgendiffraktionsanalyse f X-ray diffraction analysis
Röntgendiffraktionsmethode f X-ray diffraction method (technique)
Röntgendiffraktometer n X-ray diffractometer (diffraction apparatus)

Röntgenfeinstrukturanalyse f X-ray analysis
Röntgenfeinstrukturuntersuchung f X-ray analysis
Röntgenfluoreszenz f X-ray fluorescence, XRF
Röntgenfluoreszenzanalyse f X-ray fluorescence analysis
Röntgenfluoreszenzapparatur f X-ray fluorescence system
Röntgenfluoreszenzverfahren n X-ray fluorescence method *(for determining the thickness of coatings)*
Röntgenkleinwinkelstreuung f X-ray small-angle scattering
röntgenographisch X-ray-photographic
Röntgenphotogramm n s. **Röntgenaufnahme**
Röntgenstrahlbeugung f s. **Röntgendiffraktion**
Röntgenstrukturanalyse f X-ray analysis
Röschen n, **Rosette** f *(plat)* rosette
Rost m rust ● **~ ansetzen** to rust
~/grüner green rust
~/weißer white rust (bloom, stain), wet-storage stain *(basic zinc carbonate)*
rostähnlich rust-like
rostanfällig liable to rust, prone to rusting
Rostanfälligkeit f liability to rust
Rostanflug m rust bloom, flash rust
Rostart f type of rust
rostartig rust-like
rostbedeckt rust-covered
Rostbelag m rust film
rostbeständig resistant to rusting, rust-resistant
Rostbeständigkeit f resistance to rusting, rust[ing] resistance
Rostbildung f rust formation (development)
Rosteigenschaften fpl properties of the rust
rostempfindlich s. **rostanfällig**
rosten to rust
Rosten n rusting
~/atmosphärisches atmospheric rusting
Rostentferner m rust remover
Rostentfernung f rust removal
Rostentfernungsmittel n rust remover
Rostfilm m rust film
Rostfleck m rust stain (spot)
Rostfleckenbildung f rust staining
rostfleckig rust-stained
rostfrei 1. free from rust; 2. s. **rostbeständig**
Rostfreiheit f 1. freedom from rust; 2. s. **Rostbeständigkeit**

rostgeschützt rust-proofed
Rostgeschwindigkeit f rate of rusting
Rostgrad m degree of rusting, rust grading
rosthemmend rust-retardant
Rosthemmstoff m s. Rostinhibitor
rostig rusty
Rostinhibitor m rust inhibitor
Rostknollen fpl rust nodules; nodular scale *(in water pipes)*
Rostpenetrierer m, **Rostpenetriermittel** n penetrating primer, penetrant
Rostpunkt m rust spot
Rostrest m rust residue, residual rust
Rostring m rust ring
Rostschaber m hand-scraper
Rostschicht f rust layer, *(if thin)* rust film
~/stationäre clinging rust
Rostschutz m rust protection (inhibition, prevention)
~/temporärer (zeitweiliger) temporary rust protection
Rostschutzanstrich m rust-protective paint coating, rust-inhibitive (rust-preventive, anti-rust) paint coating
Rostschutzanstrichstoff m rust-protective paint (coating), rust-inhibitive (rust-preventive, anti-rust) paint
Rostschutzbehandlung f anti-rust treatment, rustproofing
Rostschutzeigenschaften fpl rust-protective properties, rust-inhibitive (anti-rust) properties
rostschützend rust-protective, rust-inhibiting, rust-inhibitive, rust-preventing, rust-preventive, rust-proofing, anti-rust
Rostschutzfarbe f rust-protective paint, rust-inhibitive (rust-preventive, anti-rust) paint
Rostschutzfett n rust-protective grease, rust-inhibitive (rust-preventive) grease, slushing grease
Rostschutzgrundanstrich m rust-protective priming coat, rust-inhibitive (rust-preventive, anti-rust) priming coat
Rostschutz-Grundanstrichstoff m rust-protective primer, rust-inhibitive (rust-preventive, anti-rust) primer
Rostschutzgrundfarbe f s. Rostschutz-Grundanstrichstoff
Rostschutzgrundierung f s. 1. Rostschutz-Grundanstrichstoff; 2. Rostschutzgrundanstrich
Rostschutzgrundlack m s. Rostschutz-Grundanstrichstoff

Rostschutzlack m s. Rostschutzanstrichstoff
Rostschutzmittel n rust-protective compound, rust protective (preventive), rust-inhibitive (rust-preventive, rust-proofing) compound
~/temporäres temporary rust protective (preventive); slushing compound *(consisting of oil, grease, or wax)*
Rostschutzöl n rust-protective oil, rust-inhibitive (rust-preventive, anti-rust) oil, slushing oil
Rostschutzpigment n rust-inhibitive pigment
Rostschutzschicht f [continuous] rust coating *(as formed under the influence of dross or calcium carbonate)*
Rostschutzvermögen n rust-protective (rust-inhibitive) capacity
Rostschutzvoranstrich m rust-protective undercoat, rust-inhibitive (rust-preventive) undercoat
Rostschutz-Voranstrichstoff m, **Rostschutz-Vorstreichfarbe** f rust-protective undercoat [paint], rust-inhibitive (rust-preventive) undercoat
Rostschutzzwischenanstrich m s. Rostschutzvoranstrich
rostsicher s. rostbeständig
Rostspuren fpl traces of rust
Roststabilisator m, **Roststabilisierungsmittel** n rust stabilizer
Roststelle f rust spot (point)
Rostüberzug m s. Rostschicht
Rostumwandler m rust converter
Rostumwandlung f rust conversion
Rostung f rusting
Rostungsgeschwindigkeit f rate of rusting
rostverhindernd s. rostschützend
Rostwiderstand m s. Rostbeständigkeit
Rostzusammensetzung f composition of rust
Rostzuschlag m corrosion allowance, extra [corrosion] thickness
Rotationsdrahtbürste f rotary wire brush, rotating wire wheel
Rotbruch m welding crack
Rotguß m red brass, red-brass alloy *(85 % Cu, 15 % Zn)*
Rotmessing n, **Rotmetall** n s. Rotguß
Routineprüfung f routine testing
Rubinglimmer m lepidocrocite *(one form of iron oxide hydroxide)*
Rückgewinnung f recovery
Rückgleitung f *(cryst)* reversed slip

Rückleiteranschlußpunkt m (cath) drainage point (for minimizing stray-current corrosion)
Rückleitungs[sammel]schiene f (cath) return (conductor) rail (of a d.c. traction system)
Rücklösung f redissolution
Rückoxydation f reoxidation
Rückprall m bounce-back, blow-back, rebound (of material being sprayed)
Rückprallhärte f s. Rücksprunghärte
Rückreaktion f reverse (opposing) reaction, back[ward] reaction
Rücksprunghärte f rebound hardness
Rücksprunghärteprüfung f rebound hardness testing
~ **nach Shore** [Shore] scleroscope hardness test
Rückstand m residue
Rückstrahlungsvermögen n reflectivity
Rückstrahlverfahren n back-reflection technique (for examining corrosion products by X-ray diffraction)
Rückstreuelektron n backscattered electron
Rückstreuintensität f degree of backscattering
Rückstreuung f backscattering, backscatter
β-**Rückstreuung** f electron backscattering
Rückstreuverfahren n radiation-backscattering method, backscatter method (radiography) (for determining the coating thickness)
Rückverdampfung f re-evaporation
Ruhegalvanispannung f open-circuit potential difference
Ruhepotential n open-circuit (zero-current) potential, rest potential
Rührapparat m s. Rührer
rühren to agitate, to stir, to mix
Rührer m, **Rührgerät** n agitator, stirrer, mixer
Rundautomat m (plat) return rotary-type machine, rotary return-type machine
Rundbürste f radial brush
Runddüse f round (circular) nozzle
runden to round [off] (sharp corners)
Rundprobe f round[-bar] specimen
Rundstab m round bar (rod)
Rundstabprobe f round[-bar] specimen
Rundtisch m rotary-table machine (for polishing)
Rundzerreißstab m, **Rundzugprobe** f round tensile bar
Runzelbildung f, **Runzeln** n (paint) wrinkling, crinkling, rivelling

Ruß m soot
Rutheniumbad n s. Rutheniumelektrolyt
Rutheniumelektrolyt m ruthenium plating bath (solution)

S

Sackloch n blind hole
Salicylat n salicylate (inhibitor)
Salmiak m salmiac, sal ammoniac, ammonium chloride
Salmiakkasten m flux box (hot-dip tinning and galvanizing)
Salmiaksalz n s. Salmiak
Salpetersäure f nitric acid
~/**rauchende** fuming nitric acid
Salpetersäurekochversuch m, **Salpetersäuretest** m Huey [nitric acid] test, [boiling] nitric acid test (for determining the susceptibility to intergranular corrosion)
Salz n/**Grahamsches** Graham's salt (a sodium polyphosphate)
~/**neutrales** neutral (normal) salt
Salzangriff m salt attack
salzarm poor in salt, low-salt
salzartig saline, salt-like
Salzbad n s. Salzschmelze 2.
Salzbadaufkohlen n, **Salzbadzementieren** n bath (molten-salt, liquid) carburizing
salzbeständig resistant to salt
Salzbeständigkeit f resistance to salt
Salzbrücke f salt bridge
salzfrei salt-free
Salzgehalt m salt content (level), salinity
salzgesättigt salt-saturated
salzhaltig salt-containing, saline, salty
Salzhaltigkeit f salinity
Salzkonzentrationselement n salt concentration cell
Salzlösung f salt (saline) solution
Salznebel m s. Salzsprühnebel
Salznebel... s. Salzsprüh...
Salzsäure f hydrochloric acid
Salzsäurebeize f hydrochloric acid pickle
Salzsäurebeizen n hydrochloric-acid pickling
Salzsäureversuch m hydrochloric-acid test (for determining the susceptibility to intergranular corrosion)
Salzschmelze f 1. fused (molten) salt; 2. fused-salt (molten-salt) bath

Salzschmelze

~/oxydierende oxidizing salt bath
~/reduzierende reducing salt bath
~ zum Beizen descaling salt bath, molten-salt descaling bath
~ zum elektrolytischen Beizen electrolytic salt bath
Salzsole *f* [salt] brine, brine solution
salzsprühbeständig resistant to salt spray
Salzsprühbeständigkeit *f* resistance to salt spray, salt-spray resistance
Salzsprühkammer *f* salt-spray box (cabinet, room), salt-fog box, salt-spray [test] chamber
Salzsprühnebel *m* salt-spray (salt-laden) fog, salt fog (spray, mist), brine fog (spray)
Salzsprühnebelbeständigkeit *f s.* Salzsprühbeständigkeit
Salzsprüh[nebel]prüfung *f* salt-spray testing
Salzsprühversuch *m* [neutral] salt-spray test, NSS, salt-fog (salt-droplet) test
Salzwasser *n* salt water
salzwasserbeständig resistant to salt water
Salzwasserbeständigkeit *f* resistance to salt water
Salzwasser-Essigsäure-Sprühversuch *m* acetic-acid salt-spray test, acetic salt test, ASS test
Salzwassersprühprüfung *f s.* Salzsprüh[nebel]prüfung
Salzwassersprühversuch *m s.* Salzsprühversuch
Sammelbehälter *m* settling tank *(of a flow-coating plant)*
Sandboden *m* sand soil
sandgestrahlt sandblasted
Sandpapier *n* sandpaper
Sandstrahl *m* sandblast, blast (current, stream) of sand
Sandstrahlanlage *f* sandblasting plant
sandstrahlen to sandblast
~/metallblank (metallisch blank) to sandblast to white metal
Sandstrahlen *n* sandblasting
~/metallblankes white-surface sandblasting
~/nasses wet sandblasting
Sandstrahler *m*, **Sandstrahlgebläse** *n* sandblaster, sandblasting machine
Sandstrahlreinigung *f* sandblasting
Sandverbrauch *m* sand consumption
Sattdampf *m* saturated steam
Sättigungsindex *m* saturation index
~ nach Langelier Langelier index

Sättigungskonzentration *f* saturation concentration
Sättigungs-pH-Wert *m* saturation pH
Sättigungszone *f* solvent-saturated zone, vapour section *(of a flow-coating plant)*
sauber clean
Sauberkeit *f* cleanliness
säubern to clean[se], to decontaminate
Säubern *n* cleaning, decontamination
Säuberungsgrad *m* degree of cleanliness, *(if specified also)* standard of cleanliness
sauer acid
~ katalysiert acid-catalyzed
~/schwach weakly (feebly, faintly) acid
~/stark strongly acid
Sauerstoff *m* oxygen ● **an ~ verarmt** oxygen-depleted, oxygen-starved ● **den ~ entziehen** to deoxygenate ● **in Abwesenheit von ~** in the absence of oxygen ● **in Anwesenheit von ~** in the presence of oxygen ● **von ~ befreien** to deoxygenate
~/aktiver active oxygen
~/atmosphärischer atmospheric oxygen
~/atomarer atomic oxygen
~/molekularer molecular oxygen
Sauerstoffabscheidung *f* oxygen evolution (liberation)
Sauerstoffabwesenheit *f* absence of oxygen ● **bei ~** in the absence of oxygen
Sauerstoffadsorption *f* oxygen adsorption
Sauerstoffangriff *m* oxygen attack
Sauerstoffanwesenheit *f* presence of oxygen ● **bei ~** in the presence of oxygen
sauerstoffarm poor in oxygen, low-oxygen, oxygen-deficient
Sauerstoffatmosphäre *f* oxygen atmosphere
Sauerstoffaufnahme *f* oxygen uptake (addition, adsorption)
Sauerstoffausschluß *m* exclusion of oxygen
Sauerstoffbeladung *f* oxygen charge
Sauerstoffblasstahl *m* basic oxygen [furnace] steel
Sauerstoffdiffusion *f* oxygen diffusion
Sauerstoffdruck *m* oxygen pressure
Sauerstoff-Eindiffusion *f* oxygen penetration
Sauerstoffeinfang *m s.* Sauerstoffaufnahme
Sauerstoffelektrode *f* oxygen electrode
Sauerstoffentferner *m* oxygen scavenger *(reagent for binding oxygen)*
Sauerstoffentfernung *f* oxygen removal
Sauerstoffentwicklung *f* oxygen evolution (liberation)

Sauerstoffentzug *m* deoxygenation
sauerstofffrei oxygen-free
Sauerstoffgehalt *m* oxygen content (level)
sauerstoffgesättigt oxygen-saturated
sauerstoffgesteuert oxygen-controlled
Sauerstoffgleichgewicht *n* oxygen equilibrium
sauerstoffhaltig oxygen-containing
Sauerstoffion *n* oxygen ion
Sauerstoffkonzentration *f* oxygen concentration
Sauerstoffkonzentrationszelle *f* oxygen[-concentration] cell, [differential-]aeration cell
Sauerstoffkorrosion *f* oxygen-type corrosion
Sauerstoffkorrosionstyp *m* oxygen type of corrosion
Sauerstofflöslichkeit *f* oxygen solubility
Sauerstoffmangel *m* lack of oxygen
Sauerstoffnachlieferung *f* oxygen replenishment (supply)
Sauerstoffpartialdruck *m* oxygen partial pressure, partial pressure of oxygen
Sauerstoffreduktion *f* oxygen reduction
sauerstoffreich rich in oxygen, high-oxygen, *(relating to liquids also)* well-aerated
Sauerstoffträger *m* oxygen carrier
Sauerstofftyp *m* oxygen type *(of corrosion)*
Sauerstoffüberschuß *m* excess of oxygen
Sauerstoffüberspannung *f* oxygen [reduction] overvoltage
Sauerstoffüberträger *m* oxygen carrier
Sauerstoffübertragung *f* oxygen transfer
Sauerstoffverarmung *f* oxygen depletion (exhaustion)
Sauerstoffverbrauch *m* oxygen consumption
sauerstoffzehrend oxygen-consuming
Sauerstoffzehrung *f* oxygen consumption
Sauerstoffzelle *f* oxygen cell
Sauerstoffzufuhr *f* oxygen supply
Sauerstoffzutritt *m* oxygen access • **unter ~** in the presence of oxygen
Saugbecher *m* siphon (suction-feed) cup
Saugbecher[spritz]pistole *f* siphon-feed gun, suction[-feed-cup] gun
Saugspeisung *f* siphon (suction) feed
Saugtopf *m* *s.* Saugbecher
Saugsystem *n* *(paint)* siphon-feed system
säulenförmig *(cryst)* columnar
Säulenstruktur *f* columnar grain structure
Säure *f* acid • **durch ~ katalysiert** acid-catalyzed

~/anorganische mineral acid
~/nichtoxydierende oxidizer-free acid
~/organische organic acid
~/oxydierende oxidizing acid
~/schweflige sulphurous acid
Säureangriff *m* acid[ic] attack
Säure-Base-Theorie *f* acid-base theory
Säurebehandlung *f* acid treatment
Säurebeize *f* acid pickling solution (bath), acid pickle (dip), pickle
Säurebeizen *n* acid[ic] pickling, acid dip[ping]
säurebeständig resistant to acids, acid-resistant, acid-resisting, acid-proof
Säurebeständigkeit *f* resistance to acids, acid resistance
Säuredämpfe *mpl* acid fumes
Säuredekapieren *n* [activation] acid dipping, acid dip, [acid] pickling, pickle *(for removing thin oxide films)*
Säuredunst *m* acid fumes
Säuredunstabsaugung *f* fume extraction
Säuredunstvernichtung *f* fume dispersal (disposal)
säureempfindlich sensitive to acids, acid-sensitive
Säureempfindlichkeit *f* sensitivity to acids, acid sensitivity
säurefest *s.* säurebeständig
Säuregehalt *m* 1. acid content; 2. *s.* Säuregrad
Säuregemisch *n* acid mixture
Säuregrad *m* [degree of] acidity
säurehaltig acid-containing
säurehärtend acid-curing
Säurehärter *m* acid catalyst
Säurehärtung *f* acid-catalyzed cure, acid catalysis
Säureinhibitor *m* inhibitor for acid solutions
Säureion *n* acid[ic] ion
Säurekatalysator *m* acid catalyst
Säurekatalyse *f* acid catalysis
säurekatalysiert acid-catalyzed
Säurekondensatkorrosion *f* dew-point corrosion
Säurekonstante *f* *(plat)* acidity constant
Säurekonzentration *f* acid concentration
Säurekorrosion *f* acid corrosion
säurelöslich acid-soluble, soluble in acids
Säurelöslichkeit *f* solubility in acids
Säurenebel *m* acid mist
Säureregenerationsanlage *f* acid regeneration (reclamation) plant

säureresistent s. säurebeständig
Säurereste mpl, **Säurerückstände** mpl acid residues
Säureschutz m protection against acids
Säuresprühnebel m acid spray
Säuretaupunkt m acid dew point
Säuretheorie f acid theory (of corrosion)
Säureüberschuß m excess of acid
Säureverbrauch m acid consumption
Säureverhältnis n acid ratio (of a phosphating bath)
Säureverlust m loss of acid
Säurezahl f acid value (number)
Schaber m scraper
Schachtwasser n mine water
Schadausmaß n amount (extent) of damage
Schaden m damage
Schadensabwehr f prevention of damage
Schadenserfassung f und **-bekämpfung** f trouble shooting
Schadensumfang m amount (extent) of damage
Schadensursache f cause of damage
Schadensverhütung f prevention of damage
schadhaft damaged
Schadhaftwerden n damaging
Schädigung f 1. damaging, damage; 2. s. Schaden
~ **durch Korrosion** corrosive damage
schädlich damaging, detrimental, deleterious
Schadstoff m pollutant, polluting agent
~/**aggressiver** corrosive [agent], corrodent
Schadwirkung f damaging (detrimental, deleterious) effect
Schaeffler-Diagramm n Schaeffler diagram (welding)
Schallerzeuger m ultrasonic transducer
Schallkopf m transducer head, ultra[sonic] head
Schallschwinger m ultrasonic transducer
Schallwelle f sound wave
Schältest m peel test (for determining the adhesion of coatings)
Schaltgerät n (plat) field-reversing contactor (for periodic reverse of current)
Schaltungsperiode f/**anodische** (plat) deplating time, reversal portion (of a periodic-reverse cycle)
~/**katodische** plating time (portion) (of a periodic-reverse cycle)
scharfkantig sharp-cornered (abrasive)

Schaufelrad n paddle wheel, [centrifugal] blast wheel (of a blast-cleaning plant)
Schaukel f (plat) cradle
Schaukelapparat m (plat) rocker-type bulk plater, [oscillating] cradle plater
Schaum m foam, froth
Schaumbildung f foaming, frothing
Schaumdämpfer m foam depressant, foam control agent
Schaumdecke f foam blanket (for controlling bath fumes)
schäumen to foam, to froth, to effervesce; to foam, to expand (plastics)
Schaumschicht f s. Schaumdecke
Schaumschichtbildner m intumescent paint
Schaumverhütungsmittel n anti-foaming agent, anti-foam[er], defoamer
Scheibe f s. 1. Polierscheibe; 2. Schleifscheibe
Scheibenelektrode f disk electrode
~/**rotierende** rotating-disk electrode
Scheibenprobe f disk[-shaped] specimen, circular specimen
Schellack m shellac
Schellacklösung f, **Schellack-Spirituslack** m shellac varnish
scheren to shear
Scherenverbindung f chelate [complex, compound]
Scherfestigkeit f shear strength
Schermodul m shear modulus
Scherspannung f shear stress
~/**kritische** critical resolved shear stress, c.r.s.s.
~/**maximale** maximum shear stress
Scherung f shear
Scherwabe f shear dimple
Scheuerglocke f open inclined barrel
scheuern 1. to scour, (esp by using a brush) to scrub; 2. to gall (e.g. moving parts)
Scheuertrommel f horizontal [closed] barrel
Schicht f 1. layer, (if thin) film (of a multiphase system or a multicomponent coating); 2. coating, (if thin) protective film, (if generated by electroplating or vacuum metallization also) deposit (for compounds s. a. Schutzschicht)
~/**angereicherte** enriched layer
~/**anodisch wirksame** anodic coating
~/**aufdiffundierte** cementation coating
~/**aufgekohlte** carburized case
~/**dünne** film

~/**katodisch wirksame** cathodic coating
~/**kristalline** crystal[line] layer; crystal[line] coating
~/**monomolekulare** monomolecular layer, monolayer
~/**multimolekulare** multimolecular layer, multilayer
Γ-Schicht f gamma alloy layer *(in hot-dip galvanized sheet)*
Schichtabbau m coating (film) degradation (deterioration)
Schichtauflage f s. Schichtmasse
schichtbedeckt coated; filmed[-over] *(e.g. with an oxide film)*
schichtbildend forming a coating; film-forming
Schichtbildung f coating formation; film formation (building, build-up)
Schichtbildungsgeschwindigkeit f coating-formation rate
Schichtbildungsmechanismus m coating-formation mechanism
Schichtdicke f layer (film) thickness; coating (film) thickness, *(paint also)* [film] build, *(plat also)* plating thickness
~/**lokale** local thickness
~/**mittlere** average thickness
~/**örtliche** local thickness
Schichtdickenbereich m coating-thickness range, range of thickness
Schichtdickenbestimmung f coating-thickness determination
Schichtdickenmeßgerät n coating-thickness gauge (tester)
~/**coulometrisches** coulometric thickness tester
~/**magnetisches** magnetic thickness tester
Schichtdickenmessung f coating-thickness measurement (gauging)
Schichtdickenverhältnis n ratio of thicknesses
Schichteigenschaften fpl coating properties
Schichtenfolge f sequence of coatings
Schichtengitter n *(cryst)* layer lattice
Schichtenspaltung f, **Schichtentrennung** f delamination
Schichtentzinkung f layer-type dezincification
Schichtfront f coating front
Schichtgewicht n s. Schichtmasse
Schichtgitter n *(cryst)* layer lattice
Schichtkorrosion f exfoliation [corrosion], lamellar (layer) corrosion, foliation

Schimmelpilzbewuchs

schichtkorrosionsanfällig susceptible to exfoliation [corrosion]
Schichtkorrosionsanfälligkeit f susceptibility to exfoliation [corrosion], exfoliation[-corrosion] susceptibility
schichtkorrosionsbeständig resistant to exfoliation [corrosion], exfoliation-resistant
Schichtkorrosionsbeständigkeit f resistance to exfoliation [corrosion], exfoliation[-corrosion] resistance
Schichtmasse f coating (film) weight *(per unit area)*
Schichtmetall n coating metal
Schichtnachbildung f coating re-formation
Schichtrißmechanismus m film-rupture mechanism, tarnish-rupture mechanism *(theory of stress-corrosion cracking)*
Schichtspaltung f delamination
Schichtstruktur f 1. laminar structure; 2. coating structure
Schichtsystem n coating system
~/**elektrochemisch (galvanisch) hergestelltes** electrodeposited [coating] system, multiple (combined) deposit
~/**organisches** organic coating system
Schichtverfeinerer m grain-refinement material
Schichtwachstum n coating (film) growth, *(plat also)* deposit growth
Schichtzerstörung f coating (film) destruction
Schiebung f shear [strain], elastic shear strain
Schienen[längs]verbinder m *(cath)* rail bond
Schiffsbodenanstrichstoff m bottom (ship's bottom) paint (coating)
Schiffsbodenfarbe f [ship's] bottom paint
~/**anwuchsverhindernde (bewuchsverhindernde)** marine anti-fouling paint, antifouling [marine] paint
Schikorr-Reaktion f Schikorr reaction *(theory of corrosion)*
Schimmel m mildew
schimmelbeständig resistant to mildew, mildew-resistant
Schimmelbeständigkeit f resistance to mildew, mildew resistance
schimmelfest s. schimmelbeständig
Schimmelpilz m mildew
schimmelpilzbeständig s. schimmelbeständig
Schimmelpilzbewuchs m mildew growth

Schimmelpilzwachstum *n* mildew growth
Schimmelverhütungsmittel *n* mildewcide
Schlackenbildung *f* slag formation, scorification
Schlag *m* impact
Schlagbelastung *f* impact loading
Schlagbiegefestigkeit *f*, **Schlagbiegezähigkeit** *f* impact bending strength
Schlagbolzengerät *n* piston-type impact tool
schlagfest resistant to impact, impact-resistant
Schlagfestigkeit *f* resistance to impact, impact resistance
Schlaggerät *n* impact tool
Schlagprüfgerät *n* impact tester (test instrument, machine)
Schlagprüfung *f* impact testing
Schlagtiefung *f* impact indentation
Schlagversuch *m* impact test
Schlagzähigkeit *f s.* Schlagfestigkeit
Schlamm *m* sludge
Schlammbildung *f* sludge formation (build-up), sludging
Schlaufe *f*, **Schlaufenprobe** *f* looped specimen
schlechthaftend poorly adherent
schlechtleitend poorly conducting
Schleier *m* fog film *(on nickel)*; blush *(on lacquer films)*; bloom *(on paint or varnish films)*
Schleierbildung *f* fogging *(of nickel)*; blushing *(of lacquer films)*; blooming *(of paint or varnish films)*
Schleifabnutzung *f* abrasive wear, abrasion, attrition
Schleifband *n* abrasive belt
~ **mit Kunstharzbindung** resin-bonded abrasive belt
~ **mit Leimbindung** glue-bonded abrasive belt
schleifbar grindable
Schleifbarkeit *f* grindability; *(paint)* sanding properties
Schleifcompound *m(n)* abrasive (cutting) compound (composition)
schleifen to grind; *(for giving lustre)* to polish, *(esp paint)* to sand, to rub [down], to cut down
Schleifer *m s.* Schleifmaschine
schleiffähig 1. abrasive; 2. *s.* schleifbar
Schleiffähigkeit *f* 1. cutting power, abrasiveness *(of an abrasive)*; 2. *s.* Schleifbarkeit

Schleifgrund *m*, **Schleifgrundfarbe** *f* sanding primer
Schleifkorn *n* abrasive grain (granule) ● **mit ~ beleimen** to dress, to set up *(an abrasive wheel)*
Schleifkörper *m* abrasive chip
Schleiflack *m* rubbing varnish
Schleifleinen *n* abrasive cloth
Schleifleistung *f* abrasiveness
Schleifmaschine *f* grinding machine, grinder; *(paint)* power sander
Schleifmittel *n* abrasive [material, medium], grinding abrasive
~/**freies** *s.* ~/ungebundenes
~/**gebundenes** bonded abrasive
~/**künstliches** manufactured (artificial, synthetic) abrasive
~/**loses** *s.* ~/ungebundenes
~/**natürliches** natural abrasive
~/**ungebundenes** unbonded (loose) abrasive
Schleifmittelkorn *n* abrasive grain (granule)
Schleifmittelkörnung *f* abrasive-grain size
Schleiföl *n* grinding oil
Schleifpapier *n* abrasive paper
Schleifpulver *n* abrasive powder
Schleifriefen *fpl*, **Schleifrisse** *mpl* grinding scratches
Schleifscheibe *f* grinding (abrasive) wheel
~/**beleimte** glued grinding wheel; cemented grinding wheel
~/**elastische** flexible grinding wheel
~ **mit keramisch gebundenem Schleifmittel** ceramic-bonded wheel
~ **mit metallgebundenem Schleifmittel** metal-bonded wheel
~/**schleifkornbelegte (schleifkornbeleimte)** bob, dressed (set-up) wheel
~/**starrgebundene** solid grinding wheel
Schleifspuren *fpl* grinding scratches
Schleifstaub *m* abrasive dust; cocoa *(fretting corrosion)*
Schleifstriche *mpl* grinding scratches
Schleifverfahren *n* chord method *(for determining the thickness of metallic coatings)*
Schleifvermögen *n s.* Schleiffähigkeit
Schleifwirkung *f* 1. abrasive (cutting) action; 2. abrasive (cutting) effect
Schleppanode *f (cath)* trailing anode *(for ships)*
Schleuderrad *n* [centrifugal] blast wheel, paddle wheel *(of a blast-cleaning plant)*
Schleuder[rad]strahlanlage *f* centrifugal [blast-]cleaning plant, centrifugal blasting

(abrasive-cleaning, wheel) plant, airless (centrifugal-wheel) blast-cleaning machine
Schleuder[rad]strahlen *n* centrifugal cleaning (blasting), airless (mechanical) blast cleaning, [centrifugal-]wheel blast cleaning, wheel (mechanical) blasting
Schleuderverfahren *n* centrifuging method *(of painting)*
Schleuderversuch *m* 1. ultracentrifugal adhesion test *(for determining the adhesion of coatings)*; 2. spin test *(for investigating the behaviour of materials in fluids)*
Schlicker *m* slip *(for enamelling)*
Schlingengrube *f* looping pit *(of a strip-coating line)*
Schlingenturm *m* looping tower *(of a strip-coating line)*
Schlußanstrich *m* top coat[ing], topcoat, finish[ing] coat, finish, cover[ing] coat, final coat[ing], overcoat
Schlußspülung *f* final rinsing (wash)
Schmelzbad *n s.* Schmelze 1.
schmelzbar meltable, fusible
Schmelzbarkeit *f* meltability, fusibility
Schmelzbereich *m* melting range
Schmelzdiagramm *n* melting[-point] diagram
Schmelze *f* 1. [molten-]metal bath, coating bath *(hot-dip coating)*; 2. *s.* Salzschmelze
~/alkalische *s.* Alkalischmelze
schmelzen to melt, to fuse
Schmelzfluß *m s.* Schmelze 1.
schmelzflüssig molten, fused
schmelzgeschweißt fusion-welded
schmelzgetaucht hot-dipped, hot-dip coated
Schmelzmittel *n* fluxing material (reagent), flux
Schmelzpunkt *m* melting point
Schmelzschweißen *n* fusion welding
Schmelzschweißplattieren *n* fusion welding *(of cladding material)*
Schmelztauchaluminieren *n* hot-dip aluminizing, aluminium-dip coating
schmelztauchaluminiert hot-dip aluminized, aluminium-dipped
Schmelztauchaluminium[schutz]schicht *f* hot-dip[ped] aluminium coating
Schmelztauchaluminiumüberzug *m s.* Schmelztauchaluminium[schutz]schicht
Schmelztauchbeschichten *n* hot-dip coating, hot dipping
schmelztauchbeschichtet hot-dip coated, hot-dipped

Schmelztauchen *n* hot dipping, hot-dip coating
Schmelztauchmasse *f* hot-melt coating
Schmelztauchmetallisieren *n* hot-dip coating, hot dipping
~/diskontinuierliches hot-dip batch coating
~/kontinuierliches continuous hot-dip coating
schmelztauchmetallisiert hot-dip coated, hot-dipped
Schmelztauchschicht *f* hot-dipped coating
Schmelztauchüberzug *m s.* Schmelztauchschicht
Schmelztauchverfahren *n* hot-dipping process
Schmelztauchverzinken *n* [hot-dip] galvanizing, zinc dipping
schmelztauchverzinkt [hot-dip] galvanized, zinc-dipped
Schmelztauchverzinnen *n* hot[-dip] tinning
Schmelztemperatur *f* melting (fusion) temperature
Schmelztröpfchen *n* droplet of molten material
schmiedbar forgeable, malleable
Schmiedbarkeit *f* forgeability, malleability
Schmiedelegierung *f* forging alloy
schmieden to forge
Schmieden *n* **von Hand** hand forging
Schmiedestück *n* forging
Schmiereigenschaften *fpl* lubricating properties
schmieren 1. to lubricate, to grease; 2. to glaze *(a grinding wheel)*
Schmierfähigkeit *f* lubricating power, lubricity
Schmierfett *f* lubricating grease
Schmierfilm *m* lubricating (lubricant) film
Schmiermittel *n s.* Schmierstoff
Schmieröl *n* lubricating oil
Schmierstoff *m* lubricant, lubricating agent
~/fester solid lubricant
Schmierstoffschicht *f* lubricant (lubricating) film
Schmirgel *m* emery
Schmirgelleinen *n*, **Schmirgelleinwand** *f* emery cloth
schmirgeln to emery
Schmirgelpapier *n* emery paper
Schmirgelpulver *n* emery powder
Schmirgelscheibe *f* emery wheel
Schmutz *m* dirt, soil, grime

Schmutzablagerung

Schmutzablagerung f soil deposit
schmutzfrei free from dirt, unsoiled, *(esp environment)* unpolluted
Schmutzstoff m contaminant, soil, *(esp in environment)* pollutant, polluting agent
Schmutzteilchen npl dirt particles
Schneidfähigkeit f cutting power *(of an abrasive)*
Schneidflüssigkeit f cutting fluid
Schnellanalyse f, **Schnellbestimmung** f rapid analysis (determination)
Schnellbewitterung f accelerated weathering, artificial (controlled) weathering
Schnellbewitterungsapparatur f accelerated-weathering device
Schnellbewitterungsversuch m accelerated-weathering test
schnellhärtend quick-hardening, quick-curing, fast-curing
Schnellkorrosionsversuch m rapid corrosion test
schnelltrocknend quick drying, fast-drying, rapid-drying
Schnelltrocknung f quick (fast, rapid) drying
Schnellversuch m rapid test
Schnittfähigkeit f s. Schneidfähigkeit
Schnittkante f cut edge
Schock m/**thermischer** thermal shock
Schockwelle f shock wave *(explosion cladding and detonation-flame spraying)*
schoopen, schoop[is]ieren s. spritzmetallisieren
Schoopen n, **Schoop[is]ieren** n s. Metallspritzen
Schöpfwalze f [paint] pick-up roll, fountain roll[er]
Schottky-Defekt m *(cryst)* [lattice] vacancy, vacant lattice site (position), vacant site
Schramme f scratch [line]
Schraubenversetzung f *(cryst)* screw dislocation
Schraubverbindung f screw[ed] joint, bolted joint
Schrittfolge f operation (process) sequence, sequence of operations, *(plat also)* plating sequence
Schrot n(m) shot
Schrotstrahlen n shot blasting
Schrotstrahlgebläse n shot-blasting plant
Schrotstrahlreinigung f shot blasting
Schrott m scrap [metal]
~ **für galvanische Anoden,** ~ **für Opferanoden** sacrificial wastage

Schrottanode f scrap anode, wastage plate
schrumpfen to shrink
Schrumpfriß m shrinkage crack
Schrumpfung f shrinkage
Schrumpfungsriß m shrinkage crack
Schub m shear
Schubfestigkeit f shear strength
Schubmodul m shear modulus, modulus of rigidity
Schubspannung f shear stress
~/**kritische** critical resolved shear stress, c.r.s.s.
~/**maximale** maximum shear stress
Schubspannungsgesetz n Schmid's law *(of shear stress)*
Schubstange f pusher *(of an automatic plater)*
Schuppenbildung f flaking, scaling, chipping
schuppenförmig flaky
Schuppenpigment n flake pigment
schuppig flaky
Schüttelapparat m, **Schüttelmaschine** f shaker
Schutz m protection *(for compounds s. a. Korrosionsschutz)* ● ~ **gewähren** to offer protection
~/**anodischer** anodic protection
~ **des Unterwasserbereichs** underwater (sub-sea) protection
~ **durch Aktivanoden[/katodischer]** sacrificial-anode protection, sacrificial cathodic protection
~ **durch Anstriche** paint protection
~ **durch Deckschichtbildung (Filmbildung)** film-forming protection
~ **durch Fremdstrom** power-impressed protection, impressed-current protection
~ **durch Fremdstrom/katodischer** power-impressed (impressed-current) cathodic protection
~ **durch galvanische Anoden/katodischer** s. ~ durch Aktivanoden
~ **durch Inhibition (Korrosionsinhibitoren)** inhibitive protection
~ **durch Opferanoden[/katodischer]** s. ~ durch Aktivanoden
~ **durch Streustromableitung** electrical drainage protection
~ **gegen atmosphärische Korrosion** atmospheric [corrosion] protection
~/**katodischer** cathodic protection
~/**mangelhafter** underprotection

~/örtlicher katodischer hot-spot protection
~/übermäßiger overprotection
~/ungenügender (unzureichender) underprotection
Schutzabdeckung *f*/**isolierende** stop-off [coating], insulation, resist *(for plating racks or areas not to be plated)*
Schutzanlage *f* protection installation
~/anodische anodic-protection installation (system)
~/katodische cathodic-protection installation (system)
Schutzanode *f* cathodic protection anode
~/fremdgespeiste power-impressed (impressed-current) anode, non-sacrificial (non-consumable) anode, permanent (insoluble) anode
Schutzanstrich *m* protective paint coating *(s. a. Korrosionsschutzanstrich)*
~ mit dekorativer Wirkung protective and decorative paint finish
Schutzatmosphäre *f s.* Schutzgasatmosphäre
Schutzauskleidung *f* protective lining
Schutzbehandlung *f* protective treatment
Schutzbekleidung *f* protective clothing
Schutzbelag *m* protective covering
Schutzbereich *m* protection range, zone of protection, protected region
Schutzbeschichtung *f s.* Schutzschicht 1.
Schutzbrille *f* safety goggles
Schutzchemikalie *f* protective chemical
Schutzdauer *f* duration [period] of protection; protective life *(as of a coating)*
~ einer Schutzschicht coating life
Schutzdekoranstrich *m* protective and decorative paint finish
Schutzeffekt *m* protective (protection) effect
Schutzeffektivität *f* protective efficiency
Schutzeigenschaften *fpl* protective properties (qualities, characteristics)
schützen to protect
~/anodisch to protect anodically
~/durch Aktivanoden (galvanische Anoden, Opferanoden) to protect sacrificially
~/katodisch to protect cathodically
~/vor Korrosion to protect against (from) corrosion
~/vor Pilzbefall to protect from fungal attack
~/zuverlässig to protect reliably
schützend protective
Schutzfilm *m* protective film
Schutzfunktion *f* protective function (service)

Schutzgas *n* protective (inert) gas, *(welding also)* shielding gas
Schutzgasatmosphäre *f* protective (inert) atmosphere
Schutzgasglühen *n* protective-gas annealing, bright annealing
Schutzgaslichtbogenschweißen *n* gas metal-arc welding
~ mit Edelgas inert gas-shielded arc welding
Schutzgasmantel *m s.* Schutzgasatmosphäre
Schutzgasschweißen *n* gas metal-arc welding
Schutzgebung *f* protection
Schutzgrad *m* degree of protection, *(if specified)* grade of protection
Schutzhandschuhe *mpl* safety gloves
Schutzhaut *f* protective skin (film)
Schutzhelm *m* **mit Frischluftzuleitung** air-supplied hood
Schutzhülle *f* protective sheath (sleeve)
Schutzhütte *f (test)* louvered box, Stevenson screen, shelter
Schutzkleidung *f* protective clothing
Schutzkolloid *n* protective colloid
Schutzkriterium *n* protective criterion, criterion of protection
Schutzlack *m* protective lacquer *(physically drying)*; protective varnish *(unpigmented)*; *(broadly)* protective paint
Schutzmaske *f* respirator
Schutzmaßnahme *f* protective measure, preven[ta]tive measure
Schutzmechanismus *m* protective mechanism
Schutzmetall *n* protective metal
Schutzmethode *f* protection method
Schutzmittel *n* protective (protecting) agent, protective
Schutzobjekt *n* structure to be protected; structure being protected, *(cath also)* structure under protection; protected structure
Schutzöl *n* protective (preservative) oil
Schutzoxidschicht *f* protective oxide film (skin)
Schutzplan *m* protective scheme, protective program[me]
Schutzpotential *n* protective (protection) potential
Schutzpotentialbereich *m* protective potential range
Schutzschicht *f* 1. [protective] coating, *(esp if spontaneously formed)* protective layer,

Schutzschicht

(if thin) protective film (skin), *(if generated by electroplating or vacuum metallization also)* [protective] deposit; 2. *s.* Schutzabdeckung/isolierende ● **mit metallischer ~** metallic-coated
~/abstreifbare (abziehbare) strippable (peelable) coating
~/anodisch hergestellte anodic-oxidation (anodic-conversion) coating, anodized coating
~/anodische (anodisch wirksame) galvanic (sacrificial) coating *(as of zinc)*
~/anorganische [nichtmetallische] inorganic coating
~/auf der Baustelle aufgebrachte site-applied coating
~/aufgedampfte vaporized (vapour-deposited) coating
~/bituminöse bituminous coating
~/chemisch hergestellte chemical coating (deposit)
~/dekorative decorative coating
~/dünne protective film (skin)
~/durch Ionenaustausch hergestellte *s.* **~/im Tauchverfahren hergestellte**
~/durch Plasmaspritzen hergestellte plasma-sprayed coating
~/elektrochemisch hergestellte electroplated coating (deposit), electrodeposited (galvanic) coating, electroplate, electrodeposit
~/elektrolytisch hergestellte *s.* 1. **~/stromlos hergestellte**; 2. **~/elektrochemisch hergestellte**
~/elektrophoretische (elektrophoretisch hergestellte) electrodeposited (electrodeposition) coating, electrodeposit, electrocoating
~/feuermetallische hot-dip[ped] coating
~/galvanische (galvanisch hergestellte) *s.* **~/elektrochemisch hergestellte**
~/gesinterte sintered coating
~/glänzende bright coating (deposit), lustrous coating
~/glasfaserverstärkte glass-fibre reinforced coating
~/halbglänzende semi-bright coating (deposit)
~/im Kontaktverfahren hergestellte contact coating
~/im Schmelztauchverfahren hergestellte *s.* **~/feuermetallische**
~/im Tauchverfahren hergestellte immersion coating (deposit, plate, film)
~/im Vakuum aufgebrachte vacuum-deposited coating
~/im Werk aufgebrachte shop-applied (factory-applied) coating
~/im Wischverfahren hergestellte wiped coating *(of tin or lead)*
~/intermetallische intermetallic coating
~/katodische (katodisch wirksame) noble coating
~/keramische ceramic coating
~/kombinierte metal-plus-paint coating
~/metallische metallic coating
~/nichtmetallische non-metallic coating
~/nichtmetallische anorganische inorganic coating
~/organische organic coating
~/oxidische oxide coating, oxide (oxidized) finish, *(if thin)* protective oxide film (skin); protective oxide layer *(spontaneously formed)*
~/oxidkeramische oxide ceramic coating
~/reduktiv-chemisch hergestellte electroless coating
~/sich aufopfernde *s.* **~/anodische**
~/stromlos hergestellte electroless coating
~/stromlos im Kontaktverfahren hergestellte contact coating
~/temporäre temporary protective coating
~/weiche soft coating
schutzschichtbildend forming a coating; film-forming
Schutzschichtbildung *f* coating formation, build-up of [protective] coatings, *(if thin)* protective-film formation, build-up of protective films
Schutzschichtdicke *f* coating (film) thickness, *(paint also)* [film] build, *(plat also)* plating thickness
Schutzschichthypothese *f s.* Deckschichtenhypothese
Schutzschichtmetall *n* coating metal
Schutzschichtstoff *m* coating [material]
Schutzschichtsystem *n* coating system *(for compounds s.* Schichtsystem*)*
Schutzstoff *m s.* Schutzmittel
Schutzstrom *m* protective (protection) current
Schutzstromabgabe *f (cath)* anode output
Schutzstromanlage *f/***fremdgespeiste** impressed-current scheme (system)

~/galvanische sacrificial-anode system
Schutzstrombedarf *m* protective-current requirements
Schutzstrombereich *m* protective-current range
Schutzstromdichte *f* protective-current density
Schutzstromeinspeisung *f* protective-current supply
Schutzstromstärke *f* protective-current strength
Schutzstromversorgungsgerät *n (cath)* protective current-supply unit
Schutzsystem *n* protective (protection) system (scheme)
Schutzüberzug *m* 1. protective cover[ing]; 2. *s.* Schutzschicht
~/metallischer 1. protective cladding; 2. *s.* Schutzschicht/metallische
Schutzummantelung *f s.* Schutzhülle
Schutzverfahren *n* method of protection, protective method (procedure, process), protection technique
~/katodisches technique (method) of cathodic protection
Schutzverhalten *n* protective behaviour
Schutzvermögen *n* protective power (ability), protectiveness, protectivity, preventive ability
Schutzwachs *n* protective wax
Schutzwert *m* protective value (quality); protection figure *(quantitatively as for inhibitor efficiency)*
Schutzwirkung *f* protective action; protective (protection) effect
Schutzzeitraum *m s.* Schutzdauer
schwabbeln to buff
Schwabbelscheibe *f* buffing wheel, [polishing] buff, mop
Schwächestelle *f s.* Schwachstelle
schwachlegiert low-alloy
schwachsauer weakly (feebly, faintly) acid
Schwachstelle *f* weak point (spot, place), weakened spot, failure point
schwammartig, schwammig spongy
Schwammkupfer *n* spongy (sponge) copper
Schwarzblech *n* black plate
Schwarzchrom *n* black chromium
Schwarzchrombad *n s.* Schwarzchromelektrolyt
Schwarzchromelektrolyt *m* black chromium plating bath (solution)

Schwefelpocken

Schwarzchromschicht *f* black chromium plate
Schwarzchromüberzug *m s.* Schwarzchromschicht
Schwarzchromverfahren *n* black chromium plating
Schwarzfärben *n* blackening *(of iron and steel)*
Schwarzfleckigkeit *f* black specking *(defect in enamel)*
Schwarzlack *m* black varnish
Schwarznickelbad *n s.* Schwarznickelelektrolyt
Schwarznickelelektrolyt *m* black nickel plating bath (solution)
Schwarznickelschicht *f* black nickel coating (deposit)
Schwarznickelüberzug *m s.* Schwarznickelschicht
Schwarzoxydation *f* black finishing, alkaline blackening treatment, browning treatment *(of iron and steel)*
Schwarzoxydationsschicht *f* black-oxide coating
Schwarzoxydieren *n s.* Schwarzoxydation
Schwarzpigment *n* black pigment
Schwarzverchromen *n* black chromium plating
Schwarzvernickeln *n* black nickel plating
Schwebemittel *n* anti-settling agent, suspending (suspension) agent
Schwebestoff *m s.* Schwebstoff
Schwebeteilchen *n* suspended particle; airborne particle
Schwebstoff *m* suspended material (matter)
Schwefel *m* sulphur
Schwefelangriff *m* sulphur attack
schwefelarm poor in sulphur, low-sulphur
Schwefeldioxid *n* sulphur dioxide
Schwefeldioxidgehalt sulphur-dioxide content
schwefelfrei sulphur-free
Schwefelgehalt *m* sulphur content ● mit geringem ~ *s.* schwefelarm ● mit hohem ~ *s.* schwefelreich
schwefelhaltig sulphur-containing, sulphur-bearing, sulphurous, *(relating to gases)* sulphur-laden
Schwefelkohlenstoff *m* carbon disulphide
Schwefelleber *f (plat)* liver of sulphur, hepar sulfuris *(potassium polysulphide)*
Schwefelpocken *fpl* sulphide-scale nodules

schwefelreich rich in sulphur, high-sulphur
Schwefelsäure f sulphuric acid
Schwefelsäurebad n sulphuric-acid bath
Schwefelsäurebeize f sulphuric-acid pickle
Schwefelsäurebeizen n sulphuric-acid pickling
schwefelsäurebeständig resistant to sulphuric acid
Schwefelsäurebeständigkeit f resistance to sulphuric acid
Schwefelsäure-Chrombad n s. Schwefelsäure-Chromelektrolyt
Schwefelsäure-Chromelektrolyt m sulphuric-acid-catalyzed chromium plating bath (solution)
Schwefelsäureelektrolyt m sulphuric-acid electrolyte, (for anodizing also) sulphuric-acid anodizing solution
Schwefelsäureverfahren n sulphuric-acid process, sulphuric-acid anodizing (anodic oxidation) process
Schwefelung f/**innere** internal sulphidation
schwefelungsbeständig resistant to sulphidation, sulphidation-resistant
Schwefelungsbeständigkeit f resistance to sulphidation, sulphidation resistance
Schwefelwasserstoff m hydrogen sulphide
schwefelwasserstoffempfindlich susceptible to hydrogen sulphide
schwefelwasserstoffhaltig containing hydrogen sulphide
schweißbar weldable
Schweißbarkeit f weldability
Schweißbruch m welding crack
Schweißdraht m weld[ing] wire
Schweiße f weld puddle
Schweißeigenspannung f residual welding stress
schweißen to weld
Schweißlegierung f weld metal
Schweißmaschine f welding unit, welder (as of a strip metallizing line)
Schweißnaht f weld [line]
Schweißnahtbereich m weld seam
Schweißnahtkorrosion f/**selektive** weld decay
Schweißnahtzone f weld seam
Schweißplattieren n fusion welding (of cladding material)
Schweißprobe f welded [test] specimen, welded test piece
Schweißraupe f weld bead

Schweißrestspannung f residual welding stress
Schweißriß m welding crack
Schweißschlacke f welding scale, weld slag
Schweißspannung f residual welding stress
Schweißstahl m wrought iron
Schweißstelle f weld
Schweißung f weld[ing]
Schweißverbindung f weld[ed] joint
Schweißversuch m weld test
Schwellenenergie f threshold energy
Schwellenwert m threshold value
Schwerbeton m heavy concrete
Schweregrad m degree of severity (of damage)
schwerflüchtig difficultly volatile, slow-evaporating
Schwerlegierung f heavy [metal] alloy
schwerlöslich slightly (sparingly) soluble, difficult to dissolve
Schwermetall n heavy metal
Schwermetallegierung f heavy[-metal] alloy
schwermetallhaltig heavy-metal-containing
Schwermetallphosphat n heavy-metal phosphate
schwerschmelzbar, schwerschmelzend high-melting[-point]
schwerzugänglich limited-access, difficult to reach, remote
schwinden to shrink
Schwindriß m shrinkage crack
Schwindung f shrinkage
Schwindungshohlraum m shrinkage cavity
Schwindungsriß m shrinkage crack
Schwingbelastung f fatigue loading
Schwinger m s. Ultraschallschwinger
Schwingprüfmaschine f fatigue[-testing] machine
Schwingprüfung f fatigue testing
Schwingspiel n fatigue cycle (cycling), stress cycle
Schwingspielzahl f number of stress reversal
Schwingspielzahlverhältnis n cycle ratio
Schwingungsfestigkeit f s. Dauerschwingfestigkeit
Schwingungsfurchen fpl fatigue striations
Schwingungskorrosion f s. Schwingungsrißkorrosion
Schwingungsrißkorrosion f corrosion-fatigue cracking, corrosion fatigue
Schwingungsrißkorrosionsprüfung f corrosion-fatigue testing

Schwingungsrißkorrosionsversuch *m* corrosion-fatigue test
Schwingungsstreifen *mpl* fatigue striations
Schwingversuch *m* fatigue test (experiment)
schwitzen *(paint)* to sweat; *(relating to cement)* to weep, to bleed
Schwitzwasser *n* condensation (condensed) water
Schwitzwasserbildung *f* formation of condensation water
Schwitzwassergerät *n* condensing-humidity cabinet (chamber)
Schwitzwasserklimaversuch *m*, **Schwitzwasserkorrosionsversuch** *m s.* Schwitzwasserversuch
Schwitzwasserversuch *m* condensing-humidity test, humidity (water-vapour) condensation test
~ **mit SO$_2$-Zugabe (SO$_2$-Zusatz)** sulphur-dioxide test, SO$_2$ [cabinet] test, Kesternich test
Schwundriß *m* shrinkage crack
ScRK *s.* Schwingungsrißkorrosion
sealen to seal *(anodic coatings)*
Sealen *n* sealing [treatment] *(of anodic coatings)*
Sealingzusatz *m* sealing additive *(for anodically produced films)*
Seeatmosphäre *f* marine atmosphere
Seeklima *n* marine (maritime, oceanic) climate
seeklimabeständig resistant to marine climate
Seeklimabeständigkeit *f* resistance to marine climate
Seeluft *f* sea air
Seesalz *n* marine (sea) salt
Seewasser *n* 1. lacustrine water; 2. *s.* Meerwasser
Segregation *f* segregation, [elemental] partitioning, dealloying
~ **von Fremdatomen** impurity segregation
Seifenbildung *f* soap formation
Seigerung *f s.* Segregation
seigerungsanfällig prone to segregation
Seignettesalz *n* Rochelle (Seignette) salt *(potassium sodium tartrate 4-water)*
Seignettesalzelektrolyt *m (plat)* Rochelle [copper] bath, Rochelle cyanide copper solution
Sekundärelektron *n* secondary electron
Sekundärinhibition *f* secondary inhibition

Sekundärionen-Massenspektrometrie *f* secondary-ion mass spectrometry, SIMS
Sekundärpassivität *f* secondary passivity
Sekundärreaktion *f* secondary reaction
Sekundärstromverteilung *f (plat)* secondary distribution of current
Sekundärweichmacher *m* secondary plasticizer
Selbstaktivierung *f* self-activation
selbstausheilend *s.* selbstheilend
Selbstdiffusion *f* self-diffusion
Selbstdiffusionskoeffizient *m* self-diffusion coefficient
selbstgängig, selbstgehend self-fluxing *(alloy)*
selbsthärtend self-curing *(plastic)*
selbstheilend self-healing *(protective film)*
Selbstheilung *f* self-healing, repair process *(of protective films)*
Selbstheilungsvermögen *n* self-healing capacity, repairability *(of protective films)*
selbsthemmend self-stifling
Selbstklebeband *n* self-adhesive tape
Selbstpassivierung *f*[**/spontane**] self-passivation, spontaneous passivation ● **mit ~** self-passivating
selbstregenerierend *s.* selbstheilend
selbstregulierend *(plat)* self-regulating
selbstschützend self-protecting
selbstvernetzend self-cross-linking *(plastic)*
Selektivität *f* selectivity
Selengleichrichter *m (plat)* selenium rectifier
Sendzimir-Verfahren *n* Sendzimir process *(of hot-dip galvanizing)*
Sensibilisator *m* sensitizer
sensibilisieren to sensitize *(1. to induce intergranular attack with steel; 2. to rise the susceptibility to photooxidation with plastics)*
Sensibilisierung *f* sensitization *(1. of steel, inducing intergranular attack; 2. of plastics by certain pigments, rising the susceptibility to photooxidation)*
Sensibilität *f* sensitivity
Sequestiermittel *n* sequestering agent, sequestrant *(for ions)*
Shepard-Stab *m (cath)* Shepard Cane [resistivity meter] *(for measuring soil resistivity)*
sherardisieren to sherardize *(to coat with zinc by diffusion coating)*
Sherardisieren *n* sherardization, sherardizing *(diffusion coating with zinc)*
Sherardisierschicht *f* sherardized [zinc] coating

Shopprimer

Shopprimer *m* shop (pre-construction) primer, [pre-]fabrication primer, *(esp for protecting rolled steel after blast cleaning)* blast primer
Shorehärte *f* Shore [scleroscope] hardness
Sicherheitsmaßnahme *f* safety measure, precaution
Sicherheitszuschlag *m* corrosion allowance, extra [corrosion] thickness
sichtbar/mit bloßem Auge visible to the unaided eye
Sichtbeton *m* facing concrete
Sichtprüfung *f* inspection testing, visual examination (inspection, observation)
Sickentiefungsversuch *m* beading test
Sickerverlust *m* leakage
Sickerwasser *n* drainage water
sieben to strain *(paint before spraying)*
Siedebereich *m* boiling range
Siedegrenzenbenzin *n* special boiling-point spirit, SBP
Siedepunkt *m*, **Siedetemperatur** *f* boiling point
Siedeversuch *m* boiling test
Siemens-Martin-Stahl *m* open-hearth steel
Sigmaausscheidung *f s.* Sigmaphaseausscheidung
Sigmaphase *f* sigma phase *(in alloys)*
Sigmaphaseausscheidung *f* sigma segregation
Sikkativ *n* liquid drier, *(broadly)* [paint] drier, siccative
Silber *n* silver
Silberauflage *f* 1. weight of silver coating; 2. *s.* Silberschutzschicht/elektrochemisch hergestellte
~/Neunziger *s.* 90-g-Silberauflage
40-g-Silberauflage *f silver plate of 40 g per 1 dozen of teaspoons and forks*
90-g-Silberauflage *f silver plate of 90 g per 1 dozen of teaspoons and forks*
Silberbad *n s.* Silberelektrolyt
Silberblech *n* 1. sheet silver *(material)*; 2. silver sheet *(product having definite dimensions)*
Silbercoulometer *n* silver coulometer (voltameter)
Silberelektrode *f* silver electrode
Silberelektrolyt *m* silver plating bath (solution)
~/zyanidischer cyanide silver bath
Silberfolie *f* silver foil

silberfrei silver-free
silbern silver[y]
Silber[schutz]schicht *f* silver coating (deposit)
~/elektrochemisch (galvanisch) hergestellte silver electrodeposit (plate)
Silberüberzug *m* 1. silver cladding; 2. *s.* Silber[schutz]schicht
Silicatanstrichstoff *m* silicate paint (coating)
Silicatfarbe *f* silicate paint
Silicat[schutz]schicht *f* silicate coating
Silicid *n* silicide
Silicid[schutz]schicht *f* silicide coating
Silicium *n* silicon ● **mit ~ beruhigt** silicon-killed *(steel)*
siliciumarm poor in silicon, low-silicon
siliciumberuhigt silicon-killed *(steel)*
Siliciumbronze *f* silicon bronze
Siliciumcarbid *n* silicon carbide
Siliciumdioxid *n* silicon dioxide, silica
Siliciumeisen *n* ferrosilicon, silicon-iron alloy
Siliciumguß *m* silicon cast iron
siliciumhaltig silicon-containing, silicon-bearing
siliciumreich rich in silicon, high-silicon
Silicon *n* silicone, poly[organo]siloxane
Siliconalkyd *n* silicone[-modified] alkyd
Siliconalkydanstrichstoff *m* silicone-alkyd paint
Siliconalkydharz *n* silicone[-modified] alkyd
Siliconanstrichstoff *m* silicone paint (coating)
Siliconelastomer[es] *n* silicone elastomer
Siliconfett *n* silicone grease
Siliconharz *n* silicone resin
Siliconharzanstrichstoff *m* silicone paint (coating)
Siliconharzbindemittel *n* silicone resin vehicle
Siliconharzlack *m* 1. silicone varnish; 2. *s.* Siliconharzanstrichstoff
Siliconharzlackfarbe *f* silicone enamel
Siliconkautschuk *m* silicone[-rubber] gum
Siliconkunstharz *n s.* Siliconharz
Siliconlack *m* 1. silicone varnish; 2. *s.* Siliconharzanstrichstoff
Siliconöl *n* silicone oil
Siliconpolyester *m* silicone polyester
silizieren to siliconize
Silizieren *n* siliconizing
SIMS *s.* Sekundärionen-Massenspektrometrie

Simultanreaktion f simultaneous reaction
Sinkschlamm m, **Sinkstoff** m sludge
sinterfähig capable of sintering
Sinterfähigkeit f capability of sintering
Sintergut n material being (or to be) sintered; sinter, sintered product
Sinterlegierung f, **Sintermetall** n sintered[-powder] metal
sintern to sinter
Sinterschutzschicht f sintered coating
Sinterungsvermögen n s. Sinterfähigkeit
Sisalscheibe f sisal wheel
SK s. Synthesekautschuk
Skin-Effekt m skin effect
Skleroskop n nach Shore (test) [Shore] scleroscope
Skleroskophärte f s. Shorehärte
Soda f [washing] soda
~/kalzinierte calcined soda, soda ash (anhydrous sodium carbonate)
Sodabad n soda bath (of a hot-dip tinning line)
Sole f [salt] brine, salt (saline) water
Solid-Fahrweise f solid operation (use of solid alkalifying agents for boiler feed water)
Soliduskurve f, **Soliduslinie** f solidus [curve, line]
Solubilisation f, **Solubilisierung** f solubilization
Solvatation f solvation
Solvathülle f solvation sheath
Solvolyse f solvolysis
SO_2-Meßgerät n sulphur-dioxide analyzer
Sonde f probe
Sondenbrücke f salt-bridge probe, Luggin probe-salt bridge
Sonneneinstrahlung f insolation
Sonnenwind m solar wind
Sorbens n s. Sorptionsmittel
sorbieren to sorb
Sorbit m sorbite (fine pearlite)
sorbitisch sorbitic
Sorption f sorption
Sorptionsfähigkeit f s. Sorptionsvermögen
Sorptionsmittel n sorbent [material]
Sorptionsvermögen n sorptive capacity (power)
Sorptiv n sorbate
SO_2-Test m sulphur-dioxide test, SO_2 [cabinet] test
Soutirage f forced [electrical] drainage

Spannungsabbau

Spachtel m(f), **Spachtelmasse** f filler
Spachtelziehen n knife filling
Spalt m crevice
Spaltbreite f crevice width
Spaltbruch m cleavage fracture (failure)
Spaltfläche f (cryst) cleavage facet[t], cleaved face
Spaltkorrosion f crevice (faying-surface, gasket) corrosion
spaltkorrosionsanfällig susceptible (prone) to crevice corrosion
Spaltkorrosionsanfälligkeit f susceptibility to crevice corrosion
spaltkorrosionsbeständig resistant to crevice corrosion
Spaltkorrosionsbeständigkeit f resistance to crevice corrosion
spaltkorrosionsempfindlich s. spaltkorrosionsanfällig
Spaltkorrosionsprüfung f crevice-corrosion testing
Spaltkorrosionstemperatur f/**kritische** critical crevice temperature
Spaltkorrosionsversuch m crevice-corrosion test
Spaltprodukt n cleavage (breakdown) product
Spaltriß m cleavage crack
Spänetrocknung f sawdust drying (e.g. of plated articles)
Spannbeton m pre-stressed concrete
Spannrahmen m stressing frame (fixture), test frame
Spannschraube f loading bolt (stress-corrosion testing)
Spannung f 1. stress (mechanically), (in non-technical use also) strain; 2. voltage, potential difference ● **Spannungen abbauen** to relieve stresses
~/äußere external stress, [externally] applied stress
~/chemische electromotive force, emf
~/innere internal stress, residual (locked-up, locked-in) stress
~/kritische passivation (passivating) potential
~/thermische thermal stress
~/treibende (cath) driving potential (emf, voltage)
~/verborgen elastische s. ~/innere
~/zyklische cyclic stress
Spannungsabbau m stress relief, (process also) stress relaxation

Spannungsabfall

Spannungsabfall *m* voltage (potential) drop, drop in voltage
~/ohmscher ohmic drop, IR drop, ohmic (resistance) polarization (overpotential)
spannungsabhängig 1. stress-dependent; 2. voltage-dependent
Spannungsabhängigkeit *f* 1. stress dependence; 2. voltage dependence
Spannungs-Adsorptionsriß *m* stress-sorption crack
Spannungsänderung *f* voltage change
Spannungsanhäufung *f* stress concentration
Spannungsanstieg *m* voltage increase
spannungsarm low-stress[ed], stress-relieved
Spannungsarmglühen *n* stress-relief anneal[ing], stress-relieving (stress-relief) heat treatment
Spannungsbruch *m* stress rupture
Spannungs-Dehnungs-Diagramm *n* stress-strain diagram (plot)
Spannungs-Dehnungs-Linie *f* stress-strain curve
Spannungseinstellung *f* voltage control adjustment
Spannungsfall *m s.* Spannungsabfall
Spannungsfeld *n* stress field
spannungsfrei stress-free, stressless, unstressed, non-stressed
Spannungsfreiglühen *n s.* Spannungsarmglühen
spannungsführend voltage-carrying
Spannungsgefälle *n* voltage gradient
spannungsgefördert stress-enhanced, stress-intensified, stress-accelerated, stress-assisted
Spannungsgradient *m* voltage gradient
spannungsinduziert stress-induced, stress-generated
Spannungsintensität *f* stress intensity
Spannungsintensitätsfaktor *m* stress-intensity factor (parameter)
~/kritischer threshold stress-intensity factor, fracture toughness (strength)
Spannungskonzentration *f* stress concentration
Spannungskonzentrationsstelle *f* stress-concentration site, stress concentrator
spannungskorrodiert stress-corroded
Spannungskorrosion *f* stress corrosion ● **~ erleiden** to stress-corrode
spannungskorrosionsanfällig susceptible to stress corrosion, stress-corrosion-prone

Spannungskorrosionsanfälligkeit *f* susceptibility to stress corrosion, stress-corrosion susceptibility
spannungskorrosionsbeständig resistant to stress corrosion, stress-corrosion-resistant
Spannungskorrosionsbeständigkeit *f* resistance to stress corrosion, stress-corrosion resistance
Spannungskorrosionsbruch *m* stress-corrosion fracture (rupture, failure)
spannungskorrosionsempfindlich *s.* spannungskorrosionsanfällig
spannungskorrosionsfördernd stress-corrosion-promoting
spannungskorrosionshemmend stress-corrosion-inhibitive
Spannungskorrosionslebensdauer *f* stress-corrosion life
Spannungskorrosionslebensdauerkurve *f* stress-corrosion life curve
Spannungskorrosionsmedium *n* stress-corrosion test medium
Spannungskorrosionsprobe *f* stress-corrosion sample (specimen), stress[-corrosion test] specimen
Spannungskorrosionsprüfung *f* stress-corrosion testing
Spannungskorrosionsriß *m* stress-corrosion crack
spannungskorrosionsunempfindlich *s.* spannungskorrosionsbeständig
Spannungskorrosionsuntersuchung *f* stress-corrosion investigation (study)
Spannungskorrosionsverhalten *n* stress-corrosion performance (behaviour)
Spannungskorrosionsversuch *m* stress-corrosion test
Spannungskorrosionswiderstand *m s.* Spannungskorrosionsbeständigkeit
Spannungskorrosionszelle *f* stress-corrosion cell
spannungslos *s.* spannungsfrei
spannungsmindernd stress-reducing
Spannungsniveau *n* stress level
Spannungsprobe *f s.* Spannungskorrosionsprobe
Spannungsquelle *f* voltage source
Spannungsreihe *f*[/**elektrochemische**] electrochemical (potential, redox) series, electromotive[-force] series, E.M.F. (emf) series, table of normal potentials
~/galvanische (praktische) galvanic series

Spannungsrelaxation f stress relaxation
Spannungsriß m stress crack
Spannungsrißadsorption f stress sorption
spannungsrißanfällig susceptible to stress cracking
Spannungsrißanfälligkeit f susceptibility to stress cracking
Spannungsrißbildung f stress cracking
Spannungsrißkorrosion f stress-corrosion cracking, SCC
~ **durch äußere Spannungen** external stress-corrosion cracking
~ **durch Nitrate** nitrate cracking
~/**interkristalline** intergranular stress-corrosion cracking
~/**katodische** s. Rißbildung/wasserstoffinduzierte
~/**transkristalline** transgranular stress-corrosion cracking
spannungsrißkorrosionsanfällig susceptible to stress-corrosion cracking, SCC-susceptible
Spannungsrißkorrosionsanfälligkeit f susceptibility to stress-corrosion cracking, SCC-susceptibility
spannungsrißkorrosionsbeständig resistant to stress-corrosion cracking, SCC-resistant
Spannungsrißkorrosionsbeständigkeit f resistance to stress-corrosion cracking, SCC resistance
spannungsrißkorrosionsempfindlich s. spannungsrißkorrosionsanfällig
Spannungsrißkorrosionspotential n/**kritisches** threshold potential for stress corrosion cracking
Spannungsrißkorrosionsverhalten n stress-corrosion cracking performance (behaviour)
Spannungsrißkorrosionsversuch m stress-corrosion cracking test, SCC test
Spannungsrißkorrosionszelle f stress-corrosion cracking cell, SCC cell
Spannungsrückgang m stress relaxation
spannungsunabhängig stress-independent
Spannungsunabhängigkeit f stress independence
Spannungsverteilung f stress distribution
Spannungszustand m state of stress
~/**dreiachsiger** triaxial stress
~/**einachsiger** monoaxial stress
~/**zweiachsiger** diaxial stress

Spannungszyklus m stress cycle
Sparanodenhalter m (plat) anode basket (cage)
Sparanodentasche f (plat) anode bag
Sparbeize f 1. pickling (acid, adsorption) inhibitor, [pickling] restrainer; 2. inhibited acid
Sparbeizmittel n, **Sparbeizzusatz** m s. Sparbeize 1.
Sparhalter m s. Sparanodenhalter
Sparspülbehälter m s. Spar[spül]wanne
Sparspülen n static rinse, non-running [reclaim] rinse
Spar[spül]wanne f static-rinse tank, drag-out [recovery] tank, reclaim tank
Speicherturm m looping tower (of a strip-coating line)
speisen to energize (e.g. cathodic-protection systems); to feed (e.g. a reactor)
Speisewasser n feed water
Speisewasseraufbereitung f feed-water conditioning
Spekulum n speculum [alloy, metal] (an electrodeposited Cu-Zn alloy)
Spekulum-Elektrolyt m speculum plating bath (solution)
Sperrgrund m, **Sperrgrundiermittel** n transition primer, sealer, sealant
Sperrmaterial n barrier material
Sperrschicht f barrier (obstructive) layer, (if thin) barrier film
Sperrschichtmaterial n barrier material
Sperrschichtmetall n valve metal
Sperrstoff m barrier material
Sperrwirkung f barrier effect
Spezialanstrichstoff m specification paint
Spezialgrundanstrichstoff m specialized primer
Sphäroidisierung f spheroidization
Spiegelglanz m mirror brightness, mirror[-like] finish, specular gloss (finish)
spiegelglänzend mirror-bright, mirror-like, specular
Spinell m spinel
Spinellschicht f spinel layer
Spinellstruktur f spinel structure
Spiralkontraktometer n spiral contractometer
Spirituslack m spirit lacquer
~ **aus Schellack** shellac varnish
Spitzenglanz m s. Spiegelglanz
Spitzentemperatur f peak temperature

Spitzkerb

Spitzkerb *m*, **Spitzkerbe** *f* V-notch, angle notch
SPK *s.* Stromdichte-Potential-Kurve
Spongiose *f* graphitization, graphitic-corrosion, spongiosis
spratzen to spatter
Spratzen *n* spatter[ing]
Spraydose *f* aerosol container
Sprengplattieren *n* explosion cladding, explosive bonding
Spritlack *m* spirit lacquer
Spritzabstand *m* spraying (gun) distance
Spritzalitieren *n s.* Spritzaluminieren
Spritzaluminieren *n* aluminium spraying, sprayed Al metallization, alumetizing
spritzaluminiert aluminium-sprayed
Spritzanlage *f* spray (spraying) plant (installation)
~/**automatische** automatic spray[ing] plant
Spritzauftrag *m* spray application
Spritzautomat *m* automatic spray[ing] machine
Spritzbahn *f* spray [gun] stroke, stroke, pass
spritzbar sprayable
Spritzbarkeit *f* sprayability
Spritzbehandlung *f* spray treatment
Spritzbeize *f*, **Spritzbeizen** *n* jet (spray) pickling
Spritzbild *n* spray pattern
Spritzbreite *f* spray[-pattern] width, fan width (spread)
Spritzdraht *m* spray (feeding) wire *(metal spraying)*
Spritzdruck *m* spray[ing] pressure, atomizing (atomization) pressure, *(relating to pneumatic spraying also)* atomizing air pressure
Spritzdüse *f* spray[ing] nozzle, *(paint also)* spray-gun nozzle, spray cap (tip)
Spritzeinrichtung *f* spray (spraying) plant (installation); spraying equipment
spritzen to spray, to spray-coat *(surfaces)*; to spray, to spray-apply *(coating material)*
Spritzen *n* spraying, spray coating *(of surfaces)*; spraying, spray application *(of coating material)*
~/**automatisches** automatic spraying
~/**druckluftfreies (druckluftloses)** *s.* ~/hydraulisches
~/**elektrostatisches** electrostatic spraying (spray coating); electrostatic spraying (spray application)

~/**hydraulisches (luftloses)** [high-pressure] airless spraying, hydraulic spraying
~ **mit Drucksystem** pressure-feed spraying
~ **mit Saugsystem** syphon-feed spraying
~ **mit Zweidrahtpistole** twin-wire spraying
~/**pneumatisches** air[-atomization] spraying, compressed-air spraying, conventional air spraying
~/**thermisches** thermal spraying, thermospraying
~ **von Hand** hand spraying
~ **von Reaktionsanstrichstoffen** catalyzed spraying
Spritzentfetten *n* spray degreasing
Spritzentfettungsanlage *f* spray washer (washing machine)
Spritzfehler *m* spraying fault
spritzfertig [eingestellt] ready-to-spray, formulated for spraying
Spritzgerät *n* spray[ing] apparatus
Spritzgeräte *npl* spray equipment
Spritzgut *n s.* Spritzwerkstoff
Spritzkabine *f* spray[ing] booth, paint spray booth, spray-painting booth
~ **mit Naßabscheidung** water-wash[ed] spray booth
~ **mit Wasserberieselung** wet-screen spray booth
~/**trockene** dry[-back] spray booth
~/**wasserberieselte** wet-screen spray booth
Spritzkammer *f* spray chamber
Spritzkappe *f (paint)* spray cap (tip), spray[-gun] nozzle
Spritzkegel *m* spray cone
Spritzkonsistenz *f s.* Spritzviskosität
Spritzkopf *m* spray[ing] head, atomizing head *(of a spray gun)*
Spritzlack *m* spraying paint
Spritzlackieranlage *f* spray-painting plant
~/**elektrostatische** electrostatic spray installation
Spritzlackierautomat *m* automatic spray-painting machine
Spritzlackieren *n* spray painting, spraying
~/**elektrostatisches** electrostatic spray painting
Spritzluft *f* atomizing air
Spritzmetall *n* metal being *(or to be)* sprayed; sprayed metal
spritzmetallisch sprayed-metal *(coating)*
spritzmetallisieren to metallize
Spritzmetallisieren *n* metal spraying, [spray] metallizing

~ nach dem Flammverfahren flame metal spraying, flame spray coating
spritzmetallisiert metal-sprayed
Spritzmetallisierungsschicht f s. Spritzmetall[schutz]schicht
Spritzmetall[schutz]schicht f sprayed-metal coating (deposit), metal-sprayed coating
Spritzmetallüberzug m Spritzmetall[schutz]schicht
Spritznebel m spray mist (fog), (paint also) overspray fog
Spritzphosphatieranlage f spray-phosphating plant
Spritzphosphatieren n spray phosphating (phosphate coating)
Spritzphosphatierlösung f spray-phosphating solution
Spritzpistole f spray (spraying) gun (pistol)
~/elektrische electric spray gun
~/elektrostatische electrostatic spray gun
~/elektrostatisch-pneumatische air-spray electrostatic gun
~ mit Druckspeisung pressure-feed spray gun
~ mit Fließbecher (Fließspeisung) gravity-feed spray gun
~ mit Saugspeisung (Saugtopf) suctionfeed spray (cup) gun
~/pneumatische air[-atomizing] spray gun
Spritzplattieren n s. Spritzmetallisieren
Spritzpulver n spray powder
Spritzreinigen n spray cleaning
Spritzreiniger m spray cleaner
Spritzreinigungsanlage f spray cleaning machine
Spritzschicht f sprayed coating (deposit), spray coating
Spritzschweißen n spray welding
Spritzspülen n spray rinsing (rinse)
Spritzstaub m spray dust
Spritzstrahl m spray jet
Spritzstrahlbild n spray pattern
Spritztechnik f spraying technique
Spritzteilchen n sprayed particle
Spritzüberzug m s. Spritzschicht
Spritzverbleien n lead spraying
Spritzverdünner m spraying thinner
Spritzverlust m spraying (overspray, spraydust) loss
Spritzverzinken n zinc spraying
spritzverzinkt zinc-sprayed
Spritzviskosität f spraying viscosity (consistency)

Spritzwaschanlage f spray washer (washing machine)
Spritzwasserbereich m, Spritzwasserzone f splash zone
Spritzwerkstatt f spraying shop
Spritzwerkstoff m material being (or to be) sprayed
Spritzwinkel m spray[-pattern] angle
Spritzzone f spray zone
SpRK s. Spannungsrißkorrosion
SpRK-Prüfzelle f SCC cell, stress-corrosion cracking cell
SpRK-Versuch m SCC test, stress-corrosion cracking test
Sprödbruch m brittle fracture
spröde brittle ● ~ machen to make brittle, to embrittle ● ~ werden to become embrittled, to embrittle
Spröde f brittleness
Sprödewerden n embrittlement
Sprödigkeit f brittleness
Sprühanlage f power spray machine
Sprühdose f aerosol container
Sprühdosenlack m aerosol paint
Sprühdüse f spray[ing] nozzle
sprühen to spray, to spray-apply
Sprühen n spraying, spray application
Sprüher m atomizer
Sprühglocke f atomizing bell
Sprühkammer f spray chamber; (test) spray (fog) chamber, spray cabinet (box)
Sprühkegel m (paint) spray cone
Sprühkopf m atomizing head
Sprühlösung f spray solution
Sprühmuster n (test) spray pattern
Sprühmustertest m s. Sprühnebeltest
Sprühnebel m spray mist (fog)
Sprühnebeltest m spray-pattern test, mist test (for determining the cleanliness of surfaces)
Sprühorgan n atomizer
Sprühprüfung f spray testing
Sprühraum m s. Sprühkammer
Sprühscheibe f atomizing disk
Sprühversuch m spray test
Sprung m crack, flaw
Sprungbildung f cracking
Spülbad n rinse (rinsing, washing) bath
Spülbecken n, Spülbehälter m rinse (rinsing, washing) tank
Spüldauer f rinsing period (time)
spülen to rinse, to wash, to swill, to flush

Spülen

Spülen *n* rinse, rinsing, washing
~ **in heißem Wasser** hot-water rinse
~ **in kaltem Wasser** cold-water rinse, c.w. rinse
~ **mit Brausen** spray rinse
Spülkammer *f* rinse bath *(of a solvent-drying bath)*
Spülkaskade *f*/**mehrstufige** multiple countercurrent cascade rinse
Spülkorb *m (plat)* perforated basket
Spülmittel *n* rinsing agent, rinse
Spülstufe *f* rinsing (washing) stage, *(counterflow rinsing also)* rinse tank
Spülung *f s*. Spülen
Spülwasser *n* rinse (wash) water
Spülwasserverbrauch *m* rinse-water consumption
Spülzone *f* rinsing section
Spur *f* trace *(as of a dopant)*; remnant *(as of undesired material)*
sputtern to sputter
SRHS-Bad *n s*. SRHS-Chromelektrolyt
SRHS-Chromelektrolyt *m (plat)* S.R.H.S. bath (solution), self-regulating high-speed bath (solution)
SRK *s*. Spannungsrißkorrosion
SRK-Riß *m* stress-corrosion crack
SS *s*. Salzsprüh[nebel]prüfung
Stabanode *f* 1. *(plat)* bar anode; 2. *(cath)* groundrod, continuous-rod anode
Stabeisen *n* bar iron
Stabelektrode *f* rod (stick) electrode
Staberder *m (cath)* groundrod
stabilglühen to stabilize
Stabilglühen *n* stabilizing anneal, stress-relief anneal[ing], stress-relieving (stress-relief) heat treatment
Stabilisator *m s*. Stabilisierungsmittel
stabilisieren to stabilize
Stabilisiermittel *n s*. Stabilisierungsmittel
Stabilisierung *f* stabilization
Stabilisierungsglühen *n s*. Stabilglühen
Stabilisierungsmittel *n* stabilizing agent, stabilizer
Stabilisierungswirkung *f* stabilizing action; stabilizing effect
Stabilität *f*/**thermische** thermal stability, resistance to heat, heat resistance
Stabilitätsbereich *m* stability range, *(in a Pourbaix diagram also)* area of stability
Stabilitätsfeld *n* area of stability *(in a Pourbaix diagram)*

Stabkatode *f* stick electrode *(plasma spraying)*
Stadtatmosphäre *f* urban atmosphere
Stadtklima *n* urban climate
Stadtluft *f* urban air
stagnierend stagnant *(liquids)*
Stahl *m* steel
~/**aufgekohlter** *s*. ~/einsatzgehärteter
~/**austenitischer** austenitic steel
~/**basischer** basic steel
~/**beruhigter (beruhigt vergossener)** [fully-] killed steel
~/**borierter** boronized steel
~/**einsatzgehärteter** case-hardened steel, carburized steel
~/**elektrolytisch spezialverchromter** electrolytic chromium-oxide coated steel
~/**entkohlter** decarburized steel
~/**ferritischer** ferritic steel
~/**feuerverzinkter** hot-dip galvanized steel
~ **für Einsatzhärtung** case-hardening steel, carburizing steel
~ **für Nitrierhärtung** nitriding steel
~/**gekupferter** copper steel *(containing up to 0.3 % Cu)*
~/**halbberuhigter** semikilled steel
~/**herdgefrischter** open-hearth steel
~/**hitzebeständiger** heat-resisting steel
~/**hochchromlegierter** high-chromium steel
~/**hochfester** high-strength steel
~/**hochlegierter** high-alloy steel
~/**inchromierter** chromized steel
~/**kaltgezogener** cold-drawn steel
~/**knetbarer** plastic steel
~/**kohlenstoffarmer** low-carbon steel
~/**korrosionsbeständiger** corrosion-resistant steel, *(with high-chromium alloy also)* stainless steel
~/**korrosionsträger** weathering steel
~/**legierter** alloy steel
~/**leicht legierter** *s*. ~/niedriglegierter
~/**lufthärtender** air-hardening steel
~/**martensitgehärteter** maraging steel
~/**martensitischer** martensitic steel
~ **mit extrem niedrigem Kohlenstoffgehalt** extra low carbon steel, ELC steel *(with carbon content less than 0.03 %)*
~/**nichtrostender** stainless steel *(containing more than 12.5 % Cr)*
~/**nickellegierter** nickel alloy steel
~/**niedrigkohlter** low-carbon steel
~/**niedriglegierter** low-alloy steel

~/**nitriergehärteter (nitrierter)** nitrided steel
~/**ölhärtender** oil-hardening steel
~/**plattierter** clad steel
~/**rostfreier** s. ~/nichtrostender
~/**ruhig vergossener** s. ~/beruhigter
~/**sauerstoffgefrischter** basic oxygen [furnace] steel
~/**saurer** acid steel
~/**schwachlegierter** s. ~/niedriglegierter
~/**silizierter** siliconized steel
~/**übereutektoider** hypereutectoid steel
~/**unberuhigter (unberuhigt vergossener)** rimming (rimmed, wild) steel
~/**unlegierter** [plain] carbon steel, unalloyed steel *(containing up to 2 % C)*
~/**untereutektoider** hypoeutectoid steel
~/**vergüteter** quenched and tempered steel
~/**wasserhärtender** water-hardening steel
~/**wasserstoffbeständiger** hydrogen-resistant steel
~/**weicher** mild (soft) steel *(carbon content not more than 0.25 %)*
~/**windgefrischter** Bessemer (converter) steel
~/**zementierter** s. ~/einsatzgehärteter
Stahlarmierung f s. Stahlbewehrung
Stahlband n steel strip
Stahlbauten pl structural steelwork
Stahlbeize f steel pickle
Stahlbeton m reinforced concrete, ferroconcrete
Stahlbewehrung f steel reinforcement
Stahlblech n 1. sheet steel *(material)*; 2. steel sheet *(product having definite dimensions)*; steel plate *(thickness over 0.25 inch)*
~/**elektrolytisch (galvanisch) verzinntes** electrolytic tin-plate
Stahlblechband n steel strip
Stahldraht m steel wire
Stahldrahtkorb m *(plat)* steel cage *(as for ball anodes)*
Stahldrahtkorn n steel-wire pieces, cut steel wire, cut-wire shot
Stahlguß m 1. steel casting *(act)*; 2. cast steel *(products)*; steel casting *(single part)*
Stahlgußgranulat n cast-steel shot
Stahlgußkies m cast-steel grit
Stahlgußschrot n(m) cast-steel shot
Stahlkies m steel grit
Stahlkonstruktionen fpl structural steelwork
Stahlkorrosion f steel corrosion
Stahlkugeln fpl steel shot

Stahlnadel-Klopfgerät n needle hammer, needle [de]scaler, vibratory-needle gun
stahlplattiert steel-clad
Stahlrohr n steel pipe
Stahlschrot n(m) steel shot
Stahlschrott m steel scrap, scrap steel
Stahlstrahlmittel n steel abrasive
Stammbad n s. Grundelektrolyt
Stammlösung f base solution
Standanlage f *(plat)* hand-operated line
Standardbezugselektrode f standard electrode (reference cell)
Standardbildungsenthalpie f/**freie** standard free energy of formation
Standardelektrode f standard [reference] electrode, standard half-cell
Standardelektrodenpotential n standard electrode (half-cell) potential
Standardenthalpie f/**freie** standard free energy
Standardentropie f standard entropy
Standardentropieänderung f standard change in entropy, standard entropy change
Standardhalbelement n, **Standardhalbzelle** f s. Standardelektrode
Standardpotential n standard (normal, ground) potential
Standardprobe f standard specimen
Standardreaktionsarbeit f standard work of reaction
Standardreaktionsentropie f standard change in entropy, standard entropy change
Standardredoxpotential n standard redox (oxidation-reduction) potential
Standardwasserstoffelektrode f standard (normal) hydrogen electrode, SHE, NHE
Standelektrolyt m *(plat)* still solution
Ständer m hanger *(of a barrel-plating machine)*
Standöl n stand oil
Standspülen n static rinse, non-running [reclaim] rinse
Standzeit f service (operating) life, failure time, time to failure, TTF
~/**erwartbare** life expectancy
Stannatelektrolyt m stannate plating bath (solution)
Stanniol n tin foil
Stapeleinrichtung f piler *(as for sheets)*
Stapelfehler m *(cryst)* stacking fault

Stapelfehlerenergie 374

Stapelfehlerenergie f stacking-fault energy
starksauer strongly acid
Starkverchromen n s. Dickverchromen
Starkvernickeln n s. Dickvernickeln
Startplatz m s. Angriffsstelle
Startreaktion f initiating reaction
Startvorgang m initiating process
Staub m dust
Staubabsaugeanlage f dust extractor
Staubabsaugung f dust extraction
Staubabscheidung f dust elimination (removal)
Staubbildung f dust formation
staubdicht dustproof
Staubentfernungsanlage f dust extractor
Staubfilter-Atemschutzmaske f dust respirator
staubfrei dust-free
staubtrocken dust-dry *(paint coat)*
Steilabfall m steep slope *(of a curve)*
Steilheit f steepness *(of a curve)*
Steinkohlenpech n coal-tar pitch
Steinkohlenteer m coal tar
Steinkohlenteerpech n coal-tar pitch
Steinsalz n rock salt *(sodium chloride)*
Stelle f/**aktive** active site (spot, centre), activation site
~/**anodische** anodic site (point)
~/**gefährdete** danger spot, *(relating to preferential corrosion also)* hot spot
~/**katodische** cathodic site (point)
~/**korrosionsgefährdete** hot spot
~/**rauhe** asperity
~/**schwache** weak point (spot, place), weakened spot, failure point
Stellmittel n set-up salt *(for vitreous enamels)*
stengelförmig *(cryst)* columnar
Stengelkristall m columnar grain *(in hot-dip galvanized coatings)*
stengelkristallinisch columnar
Steuerelektrode f control electrode
Steuergerät n [remote-]control unit
Steuerpotential n control potential
Steuerstrom m control current
Steuerung f/**anodische** anodic control
~/**gemischte** mixed control
~/**katodische** cathodic control
~/**ohmsche** ohmic control
stickstoffhaltig nitrogen-containing, nitrogen-bearing *(alloy)*
Stickstoffhärten n nitride hardening, nitrogen case-hardening, nitriding

Stiftloch n pinhole *(coating defect)*
Stiftlöcherbildung f pinholing
Stillstandskorrosion f downtime corrosion, idle [boiler] corrosion
Stillstandszeit f downtime, shutdown (idle) period
Stimulator m stimulant, stimulator
stimulieren to stimulate *(a reaction)*
Stöchiometrie f stoichiometry
Stöchiometriezahl f stoichiometric number
stöchiometrisch stoichiometric
Stockpunkt m setting (solid) point *(of oils)*
Stoff m/**anion[en]aktiver** anion-active material
~/**gelöster** dissolved substance, solute
~/**grenzflächenaktiver (kapillaraktiver)** s. ~/oberflächenaktiver
~/**kation[en]aktiver** cation-active material
~/**komplexbildender** complexing agent, complexant
~/**korrosiver** corrosion (corrosive) agent, corrodent, corrosive medium
~/**luftverunreinigender** air pollutant
~/**oberflächenaktiver** surface-active agent, surfactant
~/**polarisierender** polarizer
Stoffe mpl/**flüchtige** volatiles, volatile matter, volatile components (constituents)
~/**nichtflüchtige** non-volatiles, non-volatile matter, solids
Stoffscheibe f fabric wheel
Stofftransport m mass transport, transport of matter
Stoffübergang m mass transfer
Stoffübergangszahl f mass-transfer coefficient
störanfällig susceptible to failure
Störanfälligkeit f susceptibility to failure
Störatom n s. Störstellenatom
Störstelle f disturbed site, lattice imperfection (defect)
Störstellenatom n impurity (foreign) atom
Störstellenleitung f impurity (extrinsic) conduction
Stoß m impact
Stoßbeanspruchung f impact stress
Stoßbelastung f impact loading
Stoßvorrichtung f *(plat)* pusher
Strahl m jet *(of paint or cleaner)*; blast, current, stream *(of abrasive material)*
Strahlanlage f blasting plant, abrasive blast-cleaning machine

Strahlbild *n* blast (abrasive) pattern
Strahldruck *m* blasting pressure
Strahldüse *f* blast[ing] nozzle, blast-cleaning nozzle
strahlen to blast[-clean]
~/mit Kies to grit-blast
~/mit Sand to sandblast
Strahlen *n* [abrasive] blasting, [abrasive] blast cleaning
~ **auf der Baustelle** blast cleaning on site
~ **in Kabinen** cabinet (captive) blasting
~/metallisch blankes white-metal blast cleaning
~/metallisch reines commercial blast cleaning
~ **mit Glasperlen** glass-bead blasting
~ **mit im Kreislauf geführtem Strahlmittel** recirculating blast cleaning
~ **mit Kies** grit blasting, gritblast
~ **mit Sand** sandblasting
~ **mit Stahlkies** steel-grit blasting
~ **mit Stahlkugeln** steel-shot blasting
~ **mit verlorenem Strahlmittel** open-ended blasting
~/nasses wet blasting (blast cleaning), water (liquid) blast cleaning, hydroblasting
~/staubfreies (staubloses) trockenes vacuum blasting
~/trockenes dry blasting (blast cleaning)
~/wolkiges commercial blast cleaning
strahlenbeständig radiation-resistant, resistant to radiation
Strahlenbeständigkeit *f* radiation resistance, resistance to radiation
Strahlendetektor *m* radiation detector
Strahlenhärten *n* radiation curing, radcure *(of coatings)*
Strahlenmeßverfahren *n s.* 1. Betarückstreuverfahren; 2. Röntgenfluoreszenzverfahren
Strahlenquelle *f* radiation (radiant) source
strahlenresistent *s.* strahlenbeständig
Strahlenschaden *m* radiation damage
Strahl-Glasperlen *fpl* impact glass beads
Strahlkabine *f* blast cabinet, captive blast plant
Strahlkessel *m* abrasive tank
Strahlmittel *n* abrasive [material, medium], blast-cleaning abrasive, blast medium
~/künstliches artificial (manufactured) abrasive
~/metallisches metallic abrasive

~/natürliches natural abrasive
~/nichtmetallisches non-metallic abrasive
Strahlmittelkammer *f* abrasive tank
Strahlmittelreinheit *f* abrasive purity
Strahlmittelrückgewinnung *f* abrasive recovery
Strahlmittelteilchen *n* abrasive particle
Strahlmittelventil *n* abrasive-flow valve
Strahlpistole *f* blast gun
Strahlprüfgerät *n* jet test apparatus *(for determining the thickness of coatings)*
strahlungsbeständig *s.* strahlenbeständig
Strahlungseinwirkung *f* action of radiation
Strahlungshärtung *f* radiation cure (curing)
Strahlungsintensität *f* radiation (radiant) intensity
Strahlungsquelle *f* radiation (radiant) source
Strahlungstrocknung *f* radiant-heat drying, infrared drying
Strahlungswärme *f* radiant heat
Strahlverfahren *n* 1. blasting method *(for cleaning)*; 2. jet test *(for determining the thickness of coatings)*
Strahlverfahrenstechnik *f* abrasive blast technique
Strahlwinkel *m* blast angle
Straßenautomat *m* through-type [automatic] plant, straight-through-type plant, straight-line machine, *(plat also)* automatic plating line
Strauß-Test *m* Strauss test, [boiling] sulphuric acid-copper sulphate test, acid[ified] copper-sulphate test *(for intergranular corrosion)*
streckbar ductile
Streckbarkeit *f* ductility
strecken to stretch
Streckgrenze *f* yield point *(in a diagram)*
Streckmittel *n* 1. diluent, diluting agent *(for solvents)*; 2. extender[-pigment], paint extender, inert pigment, filler
Streckspannung *f* yield stress
Streichanstrichstoff *m* brush[ing] paint
Streichauftrag *m* brush application, application by brush
streichbar brushable
Streichbarkeit *f* brushability, brushing ability
Streichbürste *f* whitewash brush
streichen to brush[-paint], to brush-coat
Streichen *n* brushing, brush painting (coating), hand brushing (painting)
~ **auf Rost** painting over rust

Streicher-Test

Streicher-Test *m* 1. Streicher test *(for intergranular corrosion)*; 2. *s.* **Streicher-Test II**
~ **I** oxalic-acid [electrolytic-etching] test, electrolytic oxalic-acid etch test
~ **II** Streicher test *(proper)*, sulphuric acid-ferric sulphate test, [acid] ferric-sulphate test
Streichfarbe *f* brush[ing] paint
streichfertig [eingestellt] ready-to-brush, formulated for brushing
Streichlack *m* 1. brushing lacquer *(physically drying)*; 2. *s.* Streichanstrichstoff
Streichroller *m* roller [coater], hand roller
Streichspachtel *m* brush[ing] filler
Streichverfahren *n* brushing method
Streifen *m* streak *(plating defect)*
Streifenbildung *f* striation *(in the interior of materials, as by fatigue)*
Streifenprobe *f* strip specimen (coupon), test strip
streifig streaky, streaked
Streifigkeit *f* streakiness
Streufähigkeit *f*, **Streukraft** *f (plat)* throwing power
Streusalz *n* deicing salt
Streustrom *m* stray (leakage) current, stray electric[al] current
Streustromableitung *f* [current, electrical] drainage, [remedial] bonding
~/**gerichtete (polarisierte)** polarized [electrical] drainage
Streustromabsaugung *f* forced [electrical] drainage
Streustromaustritt *m* stray-current leakage
Streustrombeeinflussung *f* stray-current pick-up; *(cath)* cathodic protection interaction (interference), corrosion interaction (interference)
Streustromgebiet *n* stray-current area
Streustromkorrosion *f* stray-current corrosion, electrocorrosion
Streustromquelle *f* source of stray [electric] current
Streustromzone *f s.* Streustromgebiet
Streuung *f (plat)* throw
Streuvermögen *n (plat)* throwing power
Strom *m* 1. [electric] current; 2. flow, current *(as of a fluid)*
~/**aufgedrückter (aufgeprägter, aufgezwungener)** impressed current
~/**äußerer** *s.* ~/zugeführter
~/**galvanischer** galvanic current
~/**nichtstationärer** non-stationary current
~/**vagabundierender** *s.* Streustrom
~/**zugeführter** [externally] applied current, external current
Stromabgabe *f* current (electrical) output
Stromabgabekapazität *f* current-output capacity
Stromableitung *f s.* Streustromableitung
Stromanstieg *m* current increase (rise)
Stromausbeute *f (plat)* current efficiency
~/**anodische** anode [current] efficiency, dissolution efficiency
~/**katodische** cathode [current] efficiency
Stromausfall *m* current (power) failure
Stromaustritt *m* current leakage
Stromaustrittsstelle *f* leaving point *(stray-current corrosion)*
Strombedarf *m* current (power) requirement (demand)
Strombegrenzung *f* current limitation (limit control)
Stromblende *f*/**leitfähige** *(plat)* thief, robber *(for protecting edges from excess metal deposition)*
Stromdichte *f* current density, c.d.
~/**anodische** anodic (anode) current density; anodizing current density
~/**katodische** cathodic (cathode) current density
~/**kritische** critical current density
Stromdichtebereich *m* current-density range
Stromdichteglanzbereich *m (plat)* bright-plating [current density] range
Stromdichtekonstanthaltung *f* current-density adjustment (control)
Stromdichte-Potential-Kurve *f* current density vs. potential curve
Stromdrainage *f s.* Streustromableitung
Stromdurchgang *m* current passage
Ströme *mpl*/**vagabundierende** *s.* Streustrom
Stromeintritt *m* current entry
Stromeintrittsstelle *f* point of current entry, pick-up point *(stray-current corrosion)*
Stromfluß *m* current flow
stromführend current-carrying
Stromkontrolle *f s.* Stromsteuerung
Stromleiter *m (plat)* bus[-bar]
stromlos electroless, zero-current
Strommesser *m* current-measuring instrument, ammeter
Strom-Potential-Kurve *f* current-potential curve, *iV* curve

Stromquelle *f* current (power) source, source of current
Stromrichtertransformator *m* transformer-rectifier
Stromrichtung *f* 1. current direction, direction of current; 2. *s.* Strömungsrichtung
Stromschattenbildung *f* current attenuation
Stromschlüssel *m* [/elektrolytischer] salt bridge
Stromschwankung *f* fluctuation of current
Strom-Spannungs-Kurve *f* current-potential curve, *iV* curve
stromspendend current-producing
Stromstärke *f* current strength
Stromsteuerung *f* current regulation (control, adjustment)
Stromstoß *m* strike
Stromübertragungskontakt *m (plat)* contacting device, [cathode] contact, electrical connection, *(rack plating also)* rack tip
Stromumkehr *f*/**periodische** *(plat)* periodic reverse of current, PR
Stromumpolung *f* current reversal (reverse)
~/periodische periodic reverse of current, PR
Stromumpolverfahren *n* periodic reverse-current plating process, PR plating process
Strömung *f* flow
~/laminare laminar flow
~/turbulente turbulent flow
Strömungsapparatur *f* recirculating test apparatus, [test] loop
Strömungsgeschwindigkeit *f* flow rate
Strömungskorrosion *f* flow corrosion, erosion-corrosion, corrosion-erosion, impingement corrosion (pitting)
Strömungspotential *n* streaming potential
Strömungsrichtung *f* flow direction, direction of flow
Stromunterbrechung *f* current interruption, cessation of current
Stromverbrauch *m* current (power) consumption
stromverbrauchend current-consuming
Stromversorgung *f* current (power, electricity) supply
Stromverteilung *f* current distribution
~/primäre *s.* Primärstromverteilung
~/sekundäre *s.* Sekundärstromverteilung
Stromwächter *m* current-control[ling] device, current controller

Stromweg *m* current path
Stromwende *f (plat)* current reversal, *(esp)* periodic reverse [of current]
Strom-Zeit-Kurve *f* current-time curve
Stromzufuhr *f* current (power) supply
Struktur *f*/**lamellare** lamellar structure
~/säulenförmige columnar grain structure, fingerlike structure
~/schichtartige laminated structure
~/stäbchenförmige (stengelförmige) *s.* **~/säulenförmige**
Strukturanalyse *f* structural analysis
~ mit Röntgenstrahlen X-ray analysis
Strukturkorrosion *f* structural corrosion
Strukturveränderung *f* structural change, change in structure
Stückbeschichten *n* batch-coating, batch-coat process
stückbeschichtet batch-coated
Stück[gut]verzinken *n* batch galvanizing
Stufenstruktur *f* step structure
Stufenversetzung *f (cryst)* edge (glide) dislocation
stumpf matt, dull, lustreless, without lustre (gloss), non-bright, *(paint also)* flat
Stumpfheit *f* mattness, dullness, *(paint also)* flatness
Stumpfnaht *f*, **Stumpf[naht]verbindung** *f* butt joint
Stumpfwerden *n* dulling *(of a surface)*
Stützrolle *f* support roller
Stützträger *m (plat)* carrier
Styrolalkydharz *n* styrenated alkyd [resin]
Styrolisierung *f* styrenation
Subkorn *n* subgrain
Subkorngrenze *f* subgrain boundary
Substanzverlust *m* mass (weight) loss, loss in (of) mass (weight)
Substitutionsmischkristall *m* substitutional solid solution
Substitutionsreaktion *f* substitution (replacement, exchange) reaction
Substitutionswerkstoff *m* substitute
Substrat *n* substrate, substratum, base, ground
Substratmaterial *n s.* Substratwerkstoff
Substratmetall *n* substrate metal, base (underlying, parent) metal *(under a protective coating)*, metal being *(or to be)* coated
Substratwerkstoff *m* substrate (basis, base) material
Substruktur *f (cryst)* substructure

Sudvergolden

Sudvergolden *n* immersion gilding
Sudverzinnen *n* immersion tinning
Sulfamat *n (plat)* sulphamate
Sulfamatbad *n s.* Sulfamatelektrolyt
Sulfamatelektrolyt *m* sulphamate plating bath (solution)
Sulfamidsäure *f*, **Sulfaminsäure** *f* sulphamic acid
Sulfatangriff *m* sulphate attack
Sulfatbad *n s.* Sulfatelektrolyt
sulfatbeständig resistant to sulphate, sulphate-resistant
Sulfatbeständigkeit *f* resistance to sulphate, sulphate resistance
Sulfatbleiweiß *n* basic sulphate white lead, basic lead sulphate, blue lead
Sulfatelektrolyt *m* sulphate plating bath (solution)
sulfathaltig sulphate-containing, sulphate-bearing
Sulfatkorrosion *f* sulphate corrosion
Sulfatreduzierer *mpl* sulphate reducers, sulphate-reducing bacteria
sulfatresistent *s.* sulfatbeständig
Sulfatschwefel *m* sulphate sulphur
Sulfidangriff *m* sulphide (sulphidation) attack
sulfidhaltig sulphide-containing, sulphide-bearing
Sulfidhaut *f* sulphide film
Sulfidierung *f* sulphidation, sulphidization
Sulfidkorrosion *f* sulphide corrosion
sulfidreich high-sulphide
Sulfidschwefel *m* sulphide sulphur
Sulfid-Spannungsrißkorrosion *f* sulphide stress corrosion (cracking), SSC, sulphide [corrosion] cracking
Sulfidzunder *m* sulphide scale
Sulfinuz-Verfahren *n* Sulfinuz process *(for nitriding steel in sulphur-containing cyanidic melts)*
Summenreaktion *f* overall reaction
Superlegierung *f* superalloy
Süßholzsaft *m* liquorice *(an additive in electroplating)*
Süßwasser *n* fresh water
süßwasserbeständig resistant to fresh water
Süßwasserbeständigkeit *f* resistance to fresh water
Suszeptibilität *f/***magnetische** magnetic susceptibility
Suzuki-Effekt *m* Suzuki effect *(enrichment of atoms of an alloy constituent near stacking faults)*

SwRK *s.* Schwingungsrißkorrosion
Syndet *n* [synthetic] detergent, synthetic soap
synergetisch synergic
Synergismus *m* synergism
synergistisch synergic
Synthesekautschuk *m* synthetic rubber
System *n/***aktiv-passives** active-passive system
~/**binäres** binary (two-component) system
~/**disperses** disperse system
~/**korrodierendes** corrosion system
~ **Kupfer-Nickel-Chrom** copper-nickel-chromium sequence, copper plus nickel plus chromium coating
~ **Metall-Elektrolyt** metal-electrolyte system
~/**polynäres** multicomponent system
~/**quaternäres** quaternary (four-component) system
~/**ternäres** ternary (three-component) system
SZ *s.* Säurezahl

T

Tafel-Bereich *m* Tafel region
Tafel-Beziehung *f* Tafel relationship
Tafel-Diagramm *n* Tafel diagram (plot)
Tafel-Gerade *f* Tafel line
Tafel-Gleichung *f* Tafel equation
Tafel-Konstante *f* Tafel constant
Tafel-Neigung *f* Tafel slope
Tafel-Neigungsfaktor *m* Tafel coefficient
Tafel-Potential *n* Tafel potential
Tafel-Reaktion *f* Tafel reaction
Tafel-Rekombination *f* Tafel recombination
Tafel-Steigung *f* Tafel slope
Tafel-Verhalten *n* Tafel behaviour
Tafel-Zusammenhang *m* Tafel relationship
Tainton-Verfahren *n (plat)* Tainton process *(for depositing zinc from dissolved zinc ores)*
Talbereich *m* hollow, [micro]recess *(in the microprofile of a surface)*
Tallöl *n* tall oil
Tallölalkyd[harz] *n* tall oil-modified alkyd
Tampongalvanisieren *n* tampon plating
Tandem-Walzwerk *n* tandem [cold] mill
Tangentialspannung *f* shear stress
Tank-Boden-Potential *n* tank-soil potential
Tannenbaumkristall *m* dendrite

Tasche f moisture and soilage pocket, moisture trap (improper design)
Tastnadel f s. Taststift
Tastschnittgerät n profilograph, profilometer
Tastschnittverfahren n profilograph (profilometer) method (for determining roughness and coating thickness)
Tastspitze f s. Taststift
Taststift m stylus (of a profilograph)
Taststiftverfahren n s. Tastschnittverfahren
tauchalitieren s. tauchaluminieren
tauchaluminieren to dip-aluminize
Tauchaluminieren n [hot-]dip aluminizing, aluminium-dip coating, dip calorizing
tauchaluminiert aluminium-dipped, dip-aluminized, dip-calorized
Tauchanlage f dipping plant, immersion installation
Tauchanstrichstoff m dip coating, dip[ping] paint
Tauchapparat m (paint) dipping machine
Tauchauftrag m dip (immersion) application
Tauchbad n dipping bath, dip, (for cleaning purposes also) soaking bath
Tauchbecken n dip (immersion) tank, (for cleaning purposes also) soak[ing] tank
Tauchbehandlung f dip[ping], immersion treatment
Tauchbeizen n immersion pickling
Tauchbeschichten n dip coating
Tauch-Dampf-Entfetten n liquid-vapour degreasing
Tauchdauer f dipping (immersion) period (time), duration of immersion
Tauchelektrode f immersible electrode
tauchen to dip, to immerse, to imerge, (for cleaning purposes also) to soak
Tauchen n dipping, immersion, (for cleaning purposes also) soaking • **durch ~ beschichten** to dip-coat
~/elektrophoretisches s. Tauchlackieren/elektrophoretisches
~ in metallische Schmelzen s. Schmelztauchen
~ von Hand hand dipping
Tauchentfetten n dip (immersion) degreasing, soak cleaning
Tauchfarbe f dip[ping] paint
tauchhärten to dip-harden
Tauchhärten n dip hardening
Tauchkorb m (plat) perforated basket

Tauchlack m s. Tauchanstrichstoff
Tauchlackieren n dip painting (coating)
~/elektrophoretisches electrophoretic coating (painting, dipping), electrocoating, electropainting
Tauchlagerung f immersion exposure
tauchpatentieren to dip-patent
Tauchphosphatieren n immersion phosphating (phosphate coating), phosphate (phosphoric-acid) dip
Tauchphosphatierungsanlage f immersion-phosphating installation
Tauchreinigen n [tank-]immersion cleaning, soak cleaning
~ mit alkalischen Reinigern immersion alkaline cleaning
Tauchreiniger m soak cleaner
Tauchrüssel m snout (of a hot-dip galvanizing line)
Tauchschicht f dip coat[ing]
Tauchspülen n immersion (tank, dip) rinsing
tauchverbleien to lead-dip
Tauchverfahren n dipping method
Tauchvergolden n immersion gilding
Tauchvernickeln n nickel flashing (dipping, dip)
Tauchverquicken n (plat) mercury dip[ping]
Tauchversuch m [total] immersion test, full-immersion test
~ in Wasser water-immersion test
~ mit Belüftung aerated total-immersion test
Tauchverzinnen n 1. (plat) immersion tinning; 2. s. Schmelztauchverzinnen
Tauchwalze f [paint] pick-up roll, fountain roll[er]
Tauchwanne f dip (immersion) tank
Tauchzeit f s. Tauchdauer
Tauchzone f dip section (of a dipping plant)
Taupunkt m dew point
Taupunktkorrosion f dew-point (low-temperature) corrosion (caused by flue gases below dew point)
Tausalz n deicing (road) salt
Taylor-Orowan-Versetzung f s. Kantenversetzung
T-Band n (cryst) tensile band (one type of slip bands)
TE-Anstrichstoff m s. Teer-Epoxidharz-Anstrichstoff
Technikumsversuch m pilot-plant test (approach)
Teer m tar, (esp) coal tar

Teeranstrich

Teeranstrich *m* coal-tar coating
Teeranstrichstoff *m* coal-tar coating
teeren to tar
Teer-Epoxidharz-Anstrich *m* coal-tar epoxy coating, epoxy-coal tar coating
Teer-Epoxidharz-Anstrichstoff *m* coal-tar epoxy coating (paint), epoxy-coal tar coating (paint)
Teerlack *m* 1. coal-tar enamel; 2. *s.* Teeranstrichstoff
Teerpapier *n* tar[red] paper
Teerpechanstrich *m* coal-tar pitch coating
Teerpechanstrichstoff *m* coal-tar pitch coating (paint)
Teerpechemulsion *f* coal-tar pitch emulsion
Teerpechlack *m s.* Teerpechanstrichstoff
Teer-Polyurethanharz-Anstrich *m* coal-tar urethane coating, urethane-coal tar coating
Teer-Polyurethanharz-Anstrichstoff *m* coal-tar urethane coating (paint), urethane-coal tar coating (paint)
Teilbezirk *m* /**anodischer** anodic area (region)
~/katodischer cathodic area (region)
Teilchengröße *f* particle size
Teilenthärtung *f*, **Teilentsalzung** *f* undersoftening *(of water)*
Teilgitter *n (cryst)* sublattice
Teilleitfähigkeit *f* partial conductivity
Teilpassivierung *f* partial passivation
Teilprozeß *m* partial process
Teilreaktion *f* partial reaction
Teilschritt *m* step *(of a reaction)*
Teilschutz *m* partial protection ● **~ gewährend** partially protective
Teilstrom *m* partial current
Teilstromdichte *f* partial current density
Teilversetzung *f (cryst)* partial (half) dislocation
Teilvorgang *m* partial process
Temkin-Adsorption *f* Temkin adsorption
Temkin-Adsorptionsisotherme *f*, **Temkin-Isotherme** *f* Temkin [adsorption] isotherm
Temperatur *f*/**kritische** critical (limiting) temperature
temperaturabhängig temperature-dependent
Temperaturabhängigkeit *f* temperature dependence
Temperaturänderung *f* temperature change, change in temperature

Temperaturbereich *m* temperature range, range of temperatures
~/kritischer sensitizing range (zone) *(of intergranular corrosion)*
temperaturbeständig temperature-resistant, temperature-resisting
Temperaturbeständigkeit *f* temperature resistance (strength)
Temperaturdifferenz-Element *n* differential-temperature cell
temperaturempfindlich temperature-sensitive
Temperaturempfindlichkeit *f* temperature sensitivity
Temperaturgefälle *n*, **Temperaturgradient** *m* temperature gradient
Temperaturkoeffizient *m* temperature coefficient
Temperaturleitfähigkeit *f*, **Temperaturleitvermögen** *n* thermal diffusivity
Temperaturmeßfarbstift *m (test)* temperature crayon
Temperatur-Potential-Kurve *f* temperature-potential curve
Temperaturregler *m* thermoregulator
Temperaturschock *m* thermal shock
Temperaturschwankung *f* temperature fluctuation
Temperaturstift *m (test)* temperature crayon
temperaturunabhängig temperature-independent
Temperaturunabhängigkeit *f* temperature independence
Temperaturwechsel *m s.* Temperaturänderung
Temperaturwechselbeanspruchung *f* thermal cycling
temperaturwechselbeständig resistant to temperature change, *(relating to sudden changes also)* resistant to thermal shock
Temperaturwechselbeständigkeit *f* temperature-change resistance, *(relating to sudden changes also)* thermal-shock resistance
Temperguß *m* malleable [cast] iron
Tempergußstück *n* malleable iron casting
tempern to heat-treat, to anneal, *(relating to cast iron also)* to malleablize, *(relating to plastics also)* to temper
Tensid *n* surface-active agent, surfactant, *(for cleaning purposes also)* synthetic detergent (soap)
~/anion[en]aktives anionic surfactant

~/kation[en]aktives cationic surfactant
~/nichtionogenes non-ionic surfactant
Terne-Blech n terne [plate], roofing tin (terne) *(sheet of iron or steel coated with a lead-tin alloy containing small amounts of antimony)*
Terpen-Lösemittel n terpene solvent
Terpentin n(m) 1. turpentine [oleoresin]; 2. s. Terpentinöl
Terpentinersatz m s. Terpentinölersatz
Terpentinöl n turpentine oil, oil (spirit) of turpentine
Terpentinölersatz m turpentine substitute
Terrassenbruch m jagged fracture
Test... s. a. Prüf...
Testbenzin n white spirit, mineral spirit[s]
Tetrachromatbad n s. Tetrachromatelektrolyt
Tetrachromatelektrolyt m tetrachromate plating bath (solution), [sodium-]tetrachromate bath
Textilgewebebinde f fabric tape
Textur f texture
TG s. Thermogravimetrie
Theorie f **der Korrosion** corrosion theory
~ **der Passivität** theory of passivity
~ **von Wagner** Wagner's [oxidation] theory, Wagner's model
thermionisch thermionic
thermochemisch thermochemical
Thermodiffusion f thermal diffusion
Thermodiffusionsschicht f thermal-diffusion coating
Thermodiffusionsüberzug m s. Thermodiffusionsschicht
Thermodiffusionsverfahren n thermal-diffusion process
Thermoelement n thermocouple
Thermogravimetrie f thermogravimetry
thermogravimetrisch thermogravimetric
Thermokraft f thermoelectric power
Thermolyse f thermolysis
Thermoplast m thermoplastic
thermoplastisch thermoplastic
Thermoplastizität f thermoplasticity
Thermoplastpulver n thermoplastic powder
Thermoschock m thermal shock
Thermospannung f thermoelectric power
thermostabil thermostable, thermoresistant
Thermostabilität f thermostability, thermal stability (resistance)
thermostatisiert thermostatically controlled
Thermourspannung f thermoelectric power

Thermowaage f thermobalance
Thiobakterien npl sulphur bacteria
Thiobenzoesäure f thiobenzoic acid *(inhibitor)*
Thiocarbamid n, **Thioharnstoff** m thiourea, thiocarbamide
Thioplast m thioplast, polysulphide rubber
thixotrop thixotropic
Thixotropie f thixotropy
Thixotropiermittel n thixotroping agent
Thoma-Kennzahl f Thoma cavitation coefficient *(for evaluating the risk of cavitation)*
Tiefbettanode f, **Tiefenerder** m *(cath)* deep[well] groundbed
Tiefenstreuung f *(plat)* throwing power
Tiefentrockner m through-drier, through-drying catalyst
Tiefenwirkung f *(plat)* throwing power
tiefschmelzend low-melting[-point]
tieftemperaturbeständig low-temperature-resistant, resistant to cold, cold-resistant
Tieftemperaturbeständigkeit f low-temperature resistance, resistance to cold, cold resistance
Tieftemperaturemail n low-temperature enamel
Tieftemperaturkorrosion f low-temperature (dew-point) corrosion *(caused by flue gases below dew point)*
Tiefung f **nach Erichsen** 1. Erichsen impression; 2. Erichsen value; 3. s. Tiefungsversuch nach Erichsen
Tiefungsversuch m cup[ping] test
~ **nach Erichsen** Erichsen [cup] test
Tiefziehen n deep-drawing
Tiegelversuch m [molten-salt] crucible test, Shirley test
Tierfett n animal fat
Tieröl n animal oil
Tischglockenapparat m *(plat)* portable barrel
Titandioxid n titanium dioxide, titanium(IV) oxide, titania
Titanemail n titanium enamel
titanhaltig titanium-containing
titanieren to clad with titanium; to plate with titanium
Titankorb m *(plat)* titanium anode basket *(for nickel anodes)*
Titanlegierung f titanium alloy
Titan(IV)-oxid n titanium(IV) oxide, titania
Titanphosphat[vor]tauchen n titanium dip *(prior to phosphating)*

titanplattiert

titanplattiert titanium-clad
Titan[schutz]schicht *f* titanium coating
titanstabilisiert titanium-stabilized
Titanüberzug *m* 1. titanium cladding; 2. *s.* Titanschutzschicht
Titanweiß *n (paint)* titanium white
Toleranzgrenze *f/obere* maximum allowable content, maximum permissible concentration
Tombak *m* tombac, tombak *(an alloy chiefly consisting of Cu and Zn)*
Tonboden *m* clay soil
Tonerde *f* alumina
Tonerde[schmelz]zement *m* high-alumina cement
tonhaltig containing clay, clayey, clayish, argilliferous, argillaceous
Topfzeit *f (paint)* pot life *(of two-component coatings)*
topotaktisch epitaxial *(in a narrower sense, including adaptation of at least one crystal dimension)*
Topotaxie *f* epitaxy *(in a narrower sense, including adaptation of at least one crystal dimension)*
Torkretbeton *m* gunned concrete
torkretieren to gunite
Torsionsfestigkeit *f* torsion resistance
Totraum *m* [cathode] dark space, Crookes dark space *(cathodic sputtering)*
Tracer *m/radioaktiver* radioactive tracer, radiotracer
Tracer-Methode *f* radioactive-tracer test *(for evaluating the cleanliness of surfaces)*
Tragarm *m (plat)* carrier arm, suspender bar, T-bar *(of an automatic plant)*
träge sluggish *(reaction)*
Trägergas *n* carrier gas *(gaseous chromizing)*
Trägergitter *n (cryst)* host lattice
Trägerwerkstoff *m* base (substrate) material
Träne *f* tear *(of slipped coating)*
tränken to impregnate
~/mit Öl to oil
~/mit Wachs to wax
Tränken *n* impregnation
Transferstraße *f* straight-line machine
transkristallin transgranular, transcrystalline, intergranular
Transmissions-Elektronenmikroskopie *f* transmission electron microscopy
Transparentchromatieren *n* clear chromate coating, colourless passivation
Transparentchromatierungsschicht *f* clear chromate coating
transpassiv transpassive
Transpassivbereich *m*, **Transpassivgebiet** *n* transpassive region (range)
Transpassivierung *f* transpassivation
Transpassivierungspotential *n* transpassivation potential
Transpassivität *f* transpassivity
Transport *m* **im elektrischen Feld** electric-field transport
Transportanstrich *m* transit coating, travel coat
Transportbeton *m* ready-mixed concrete
Transportmechanismus *m* transport mechanism
Transportreaktion *f* transport reaction
Transportvorgang *m* transport process *(as in phase boundaries)*
Treibspannung *f (cath)* driving potential (e.m.f., voltage)
trennen 1. to separate *(mixtures, phases)*; 2. to part *(sandwiches)*
Trennen *n* 1. separation *(of mixtures, phases)*; 2. parting *(of sandwiches)*
Trennfestigkeit *f theoretische* cohesive strength *(hypothetically)*
Trennmittel *n* parting compound *(for sandwiches)*
Trennschicht *f* separating layer
Tri *n s.* Trichlorethen
Tribokorrosion *f* fretting [corrosion], friction (wear) oxidation, chafing [corrosion], false brinelling
Trichloräthen *n s.* Trichlorethen
Trichlorethen *n*, **Trichlorethylen** *n* trichloroethylene
Trichlorethylen... *s.* Tri-...
Tri-Dampf *m* trichloroethylene vapour
Tri-Dampfentfetter *m* trichloroethylene-vapour degreaser
Tri-Dampfentfettung *f* trichloroethylene-vapour degreasing
Tri-Dampfentfettungsapparat *m* trichloroethylene-vapour degreaser
Triebkraft *f* driving force (potential), affinity *(of a reaction)*
Tri-Entfettung *f* trichloroethylene degreasing
Tri-Entfettungsanlage *f*, **Tri-Entfettungsapparat** *m* trichloroethylene degreaser
Triethanolaminphosphat *n* triethanolamine phosphate, TEP

Tri-Heißtauchanlage *f* hot trichloroethylene plant
Tri-Kalttauchanlage *f* cold trichloroethylene plant
Tri-Lack *m* trichloroethylene paint
Trinatrium[ortho]phosphat *n* trisodium [ortho]phosphate, TSP *(inhibitor)*
Trinatriumpolyphosphat *n* trisodium polyphosphate *(inhibitor)*
Trinickel *n*, **Tri-Nickel** *n* triple[-layer] nickel
Trinickelschicht *f* triple[-layer] nickel coating, triple nickel deposit
Trinickelüberzug *m s.* Trinickelschicht
Trinkwasser *n* drinking (domestic) water
Triodenzerstäuben *n* triode (plasma probe) sputtering
Tripel *m* tripoli, rottenstone *(friable siliceous rock used as polishing powder)*
Tripelpaste *f* tripoli composition
Tripelpunkt *m* triple point
Tri-Phosphatierung *f* trichloroethylene phosphating
Triple-Nickel *n s.* Trinickel
Triplex[schutz]schicht *f* triplex coating
Tri-Tauchanlage *f* trichloroethylene dip plant
Tri-Tauchen *n s.* Tri-Tauchlackierung
Tri-Tauchlack *m* trichloroethylene dipping paint
Tri-Tauchlackierung *f* trichloroethylene dipping (dip painting)
Trockendeckvermögen *n (paint)* dry opacity
Trockenelement *n* dry cell
Trockenemaillieren *n* dry enamelling
Trockenfilm *m* dry (dried) film
Trockenfilmdicke *f* dry-film thickness
Trockenfilmdickenmesser *m* dry-film thickness gauge
Trockenkammer *f* drying chamber; drying bath *(using solvents)*
Trockenkorrosion *f* dry [atmospheric] corrosion
Trockenmittel *n* desiccating agent, desiccant
Trockenofen *m* drying oven; stoving (baking) oven *(for stoving paint)*; drying furnace *(dry galvanizing)*
Trockenraum *m* drying room
Trockenschleuder *f* centrifugal dryer
Trockenschrank *m* dryer cabinet, cabinet dryer
Trockenspritzen *n* dry-spray *(spraying fault)*

Trockenstoff *m* [paint] drier, siccative
Trockenverzinken *n* dry galvanizing *(a hot-dip process)*
Trockenzeit *f s.* Trocknungsdauer
Trockenzentrifuge *f* centrifugal dryer
Trockenzyanieren *n* dry (gas) cyaniding (cyanization)
trocknen to dry
~/**an der Luft** to air-dry
~/**beschleunigt (forciert)** to force-dry
~/**im Ofen** to stove, to bake
trocknend/chemisch (durch chemische Reaktion) convertible *(paint)*
~/**langsam** slow-drying
~/**physikalisch** non-convertible *(paint)*
Trockner *m s.* Trockenstoff
Trocknung *f* drying; dehumidification *(of air or gases)*
~/**beschleunigte** forced drying, force-drying
~/**chemische** chemical drying *(of paints)*
~/**fleckenfreie** stain-free (spot-free) drying
~ **mit Lösungsmitteln** solvent drying
~/**oxydative** oxidative drying
~/**physikalische** physical drying
~ **unter Sauerstoffaufnahme** oxidative drying
Trocknungsanlage *f* drying unit
Trocknungsbedingungen *fpl* drying conditions; drying requirements
Trocknungsdauer *f* drying (dry) time
Trocknungseigenschaften *fpl* drying properties (characteristics)
Trocknungsmittel *n s.* Trockenmittel
Trocknungsstoff *m s.* Trockenstoff
Trocknungsverlauf *m* course of drying
Trocknungszeit *f s.* Trocknungsdauer
Trommel *f* [tumbling] barrel
~/**horizontal gelagerte** horizontal [closed] barrel
Trommelanlage *f* barrel plant
Trommelapparat *m* 1. horizontal barrel finishing machine; 2. *s.* Trommelgalvanisieranlage
Trommelautomat *m (plat)* automatic barrel machine
Trommelbearbeitung *f*, **Trommelbehandlung** *f* barrelling, barrel finishing, rumbling, tumbling
Trommelentrostung *f* barrel derusting (cleaning)
Trommelgalvanisieranlage *f*, **Trommelgalvanisierapparat** *m* horizontal-type bar-

Trommelgalvanisierung

rel installation, barrel [plating] machine, barrel plater
Trommelgalvanisierung f barrel plating
Trommellackieren n barrel painting (coating)
trommeln to barrel, to rumble, to tumble *(mass-production parts)*
Trommelpolieren n barrel polishing (burnishing)
Trommelstraße f *(plat)* return-type barrel machine
Trommeltrockner m drum dryer
Tropenatmosphäre f tropical atmosphere
tropenbeständig resistant to tropical conditions, stable under tropical conditions
Tropenbeständigkeit f resistance to tropical conditions, stability under tropical conditions
tropenfest s. tropenbeständig
Tropenklima n tropical climate
Tropfen mpl tears, beads, drip *(of paint)*
Tropfenabziehen n/**elektrostatisches** *(paint)* electrostatic detearing
Tropfenbildung f drop formation; beading *(at the lower edge of dipped articles)*
Tropfenkondensation f dropwise condensation
Tropfenkorrosion f drop corrosion
Tropfen[korrosions]versuch m [**von Evans**] salt-drop experiment
Tropfversuch m drop[ping] test *(for determining the coating thickness)*
Trübungsmittel n opacifier
Trübungspunkt m cloud point *(of solutions or oils)*
Tuchscheibe f fabric wheel
~/enggesteppte stitched-piece buff
Tungöl n tung (chinawood) oil
Tunnelbildung f tunnel formation
Tunneleffekt m tunnel effect *(as of electrons passing through a boundary layer)*
Tunnelofen m tunnel oven
Tüpfelversuch m spot test *(for determining the coating thickness)*
Türkischrotöl n *(plat)* sulph[on]ated castor oil, Turkey red oil *(brightener)*
Turmbeizanlage f tower pickler

U

überaltern to overage
Überaltern n, **Überalterungs[nach]behandlung** f overag[e]ing [treatment]
überbeanspruchen to overstress
Überbeanspruchung f overstress, excessive stress
Überbeizen n overpickling, excessive pickling
Überbelastung f overloading *(mechanically)*
Überblasen n brush-off blast cleaning
überbrennen to overstove, to overbake, to overcure *(paint coatings)*
überbrücken to bridge [over]
überdosieren to overdose
Überdosierung f overdosage
überempfindlich hypersensitive, hypersusceptible
übereutektisch hypereutectic
übereutektoid[isch] hypereutectoid
überfahren to by-pass *(certain tanks in an automatic electroplating plant)*
Überfahren n by-pass *(of certain tanks in an automatic electroplating plant)*
überführen to convert *(chemically)*; to transform *(into another modification)*; to transfer *(physically)*
Überführung f conversion *(chemically)*; transformation *(into another modification)*; transfer *(physically)*
Überführungszahl f transference (transport) number, *(specif)* ionic transport number
~ des Elektrons electronic transport number
Übergang m transition, transformation *(as into another modification or state)*
~ aktiv-passiv active-[to-]passive transition
~ passiv-aktiv passive-[to-]active transition
Übergangselement n transition element
Übergangsfließen n transient flow
Übergangskriechen n transient (primary) creep
Übergangsmetall n transition metal (element)
Übergangswiderstand m transition (contact) resistance
Übergießen n *(paint)* curtain coating [application]
Übergitter n *(cryst)* superlattice, superstructure
überhärten to overcure *(paint coatings)*
Überhebedauer f *(plat)* transfer time
Überhebeeinrichtung f *(plat)* transfer, lifting device (chassis, frame)
überheben *(plat)* to transfer, to lift *(into a successive tank)*
Überheben n *(plat)* transfer, lifting

Überhebestelle f *(plat)* transfer
Überhebezeit f s. Überhebedauer
überhitzen to overheat
~/sich to overheat
Überhitzung f overheating
Überhitzungszone f hot spot *(in a narrower sense)*
überkritisch supercritical
überlagern to superimpose
Überlagerung f superimposition
Überlandrohrleitung f pipeline
überlappen/sich to [over]lap
Überlappstoß m lap joint
Überlappung f 1. overlap[ping], lap[ping]; 2. lap joint
Überlappungsgrad m lap
Überlappungsstelle f lap joint
übersättigen to oversaturate, to supersaturate
Übersättigung f oversaturation, supersaturation
überschleppen to drag over *(e.g. plating solution)*
Überschleppen n drag-over *(as of plating solution)*
Überschußladung f excess charge
Überschußleitung f s. n-Leitung
Überschutz m overprotection
überschweißbar weldable
Überschweißbarkeit f weldability
Überspannung f overvoltage, overpotential
Überspannungsableiter m *(cath)* overvoltage arrester
Überspannungstheorie f [hydrogen-]overvoltage theory, theory of cathodic action *(of inhibition)*
Überspray m overspray *(sprayed coating material which misses the surface to be coated)*
überspritzbar recoatable (overcoatable) by spraying
Überspritzbarkeit f recoatability (overcoatability) by spraying
überspritzen to recoat (overcoat) by spraying, to repaint (overpaint) by spraying
Überspritzen n spray-recoating, spray-repainting
überstöchiometrisch hyperstoichiometric
Überstrahlen n brush-off blast cleaning
überstrahlt brush[-off] blast, whip blast *(degree of cleanliness)*
überstreichbar recoatable (overcoatable) by brushing

Überstreichbarkeit f recoatability (overcoatability) by brushing
überstreichen to rebrush, to recoat (overcoat) by brushing, to repaint (overpaint) by brushing
Überstreichen n rebrushing, brush-recoating, brush-repainting
Überstruktur f *(cryst)* superstructure, superlattice
Übertritt m **von Ionen** passage of ions
überwachen to monitor
Überwachung f monitoring
~ des pH-Werts pH control
Überwachungseinrichtung f monitoring unit
überwärmen to overheat
Überwärmung f overheating
Überwärmungszone f hot spot *(in a narrower sense)*
Überwasser-Schiffsanstrichstoff m topsides paint (coating), ship's topside paint
Überwasserschiffsfarbe f topsides paint, ship's topside paint
überziehen 1. to cover *(with prefabricated plastic sheet)*; to clad *(with sheet metal)*; 2. s. beschichten
~/sich mit Rost to rust
Überzug m 1. cover[ing] *(consisting of prefabricated plastic sheet)*; cladding *(consisting of sheet metal)*; 2. s. Schutzschicht
~/kombinierter s. Komposit[schutz]schicht
überzugsbildend s. schutzschichtbildend
Überzugskombination f s. Komposit[schutz]schicht
Überzugsmaterial n 1. covering material *(prefabricated plastic)*; cladding material, veneer *(metal)*; 2. s. Beschichtungsstoff
Überzugsmetall n 1. cladding metal, veneer of metal; 2. s. Schutzschichtmetall
Überzugsmetallbad n**/schmelzflüssiges** s. Metallschmelze
Überzugswerkstoff m s. Überzugsmaterial
Ultraschallbehandlung f ultrasonic vibration treatment
Ultraschalldickenmessung f ultrasonic thickness measurement (gauging)
Ultraschallentfetten n ultrasonic degreasing
Ultraschallentfettungsanlage f ultrasonic degreasing plant
Ultraschallerzeuger m s. Ultraschallschwinger
Ultraschallprüfung f ultrasonic testing *(of adherence)*

Ultraschallreiniger 386

Ultraschallreiniger *m s.* Ultraschallreinigungsanlage
Ultraschallreinigung *f* ultrasonic cleaning
Ultraschallreinigungsanlage *f* ultrasonic cleaning plant, ultrasonic solvent cleaner
Ultraschallreinigungswanne *f* ultrasonic tank
Ultraschallschwinger *m* ultrasonic transducer
~/magnetostriktiver magnetostrictive transducer
~/piezoelektrischer piezoelectric transducer
Ultraschallschwingung *f* ultrasonic vibration
Ultraschallschwingwanne *f* ultrasonic tank
Ultraschall-Wanddickenmessung *f* ultrasonic wall thickness measurement, ultrasonic thickness gauging
Ultraschallwelle *f* ultrasonic wave
Ultraviolett... *s.* UV-...
Umformer *m/rotierender (plat)* three-phase rectifier unit
Umgebung *f/hochkorrosive* severe corrosion environment
~/korrodierend wirkende *s.* ~/korrosive
~/korrosive corrosive (corrosion) environment
Umgebungsbedingungen *fpl* environmental conditions
Umgebungseinfluß *m* environmental effect
Umgebungsprüfung *f* environmental testing
Umgebungsprüfverfahren *n* environmental testing procedure
Umgebungstemperatur *f* ambient temperature
umgießen to cast around *(billets or plates for cladding)*
Umgriff *m* wrap-around *(electrostatic spraying)*; throwing power *(electrophoretic painting)*
Umgriffsverhalten *n* wrap-around characteristics *(electrostatic spraying)*
Umgrifftest *m* throwing power test *(for determining the throwing power of an electrocoating paint)*
Umgruppierung *f* rearrangement *(of atoms or atomic groups)*
umhüllen to sheathe
Umhüllen *n* sheathing
Umhüllung *f* 1. sheath[ing]; [protective] sleeve, sleeving *(prefabricated for application to pipes)*; 2. *s.* Umhüllen
Umhüllungs[werk]stoff *m* sheathing material

Umhüllungswiderstand *m/spezifischer* coating resistivity
Umkehranlage *f s.* Umkehrautomat
Umkehrautomat *m (plat)* return-type automatic plant, return-type plating machine, automatic-return installation
Umkehrstraße *f* horizontal-return-type machine *(as for polishing)*
Umkristallisation *f* recrystallization
umkristallisieren to recrystallize
umladen to change the sign of the charge
Umlagerung *f* rearrangement *(of atoms or atomic groups)*
Umlaufanlage *f*, **Umlaufapparatur** *f* recirculating test apparatus, [test] loop
Umlaufautomat *m (plat)* return rotary-type machine, rotary return-type machine
Umlaufbiege[prüf]maschine *f* rotating-bend[ing] machine, rotating-beam fatigue testing machine, rotating-cantilever fatigue test apparatus, Wöhler rotating-beam machine
Umlaufbiegeversuch *m* rotating-beam fatigue test, rotating-cantilever fatigue test
Umlaufbiegung *f (test)* rotating bending
Umlaufsystem *n* circulating (closed) system
Umlaufversuch *m* recirculating test, loop (harp) test
Umlenkrolle *f* twist roller *(of a coil-coating line)*
Umluftofen *m* air (forced-convection) oven, forced-draught [convection, box] oven
ummanteln *s.* umhüllen
umorientieren/sich to reorientate
Umorientierung *f* reorientation
Umpolarisieren *n*, **Umpolen** *n (plat)* current reversal, *(esp)* periodic reverse [of current]
Umpolgerät *n (plat)* field-reversing contactor *(for periodic reverse of current)*
Umpolrhythmus *m*, **Umpoltakt** *m s.* Umpolzyklus
Umpolverfahren *n (plat)* periodic reverse-current plating process, PR plating process
Umpolverkupfern *n* periodic-reverse copper plating, PR copper plating
Umpolzyklus *m (plat)* periodic-reverse cycle, PR cycle
umrühren to agitate
Umrühren *n* agitation
Umschaltpotential *n* switch-over potential

Umverteilung *f* redistribution
umwandeln to convert *(chemically)*; to transform *(into another modification)*
~/sich to convert; to transform
Umwandlung *f* conversion *(chemically)*; transformation *(into another modification)*
~/isotherme isothermal transformation
~/martensitische martensitic (shear) transformation
Umwandlungshärten *n* quench hardening
Umwandlungsprodukt *n* conversion (transformation) product
Umwandlungsschicht *f* [surface-]conversion coating
Umweltabhängigkeit *f* environmental dependence
Umweltbedingungen *fpl* environmental conditions
Umweltbelastung *f* environmental impact
Umwelteinfluß *m* environmental effect
Umweltfaktor *m* environmental factor
umweltfreundlich low-polluting
Umweltschutz *m* environmental protection
Umweltverschmutzung *f* environmental pollution, contamination of the environment
umwickeln to wrap, to tape *(pipes)*
Umwickeln *n* wrapping, taping *(of pipes)*
Umwicklung *f s.* 1. Umwickeln; 2. Wickelschicht
unangegriffen unattacked, *(specif)* uncorroded
unangreifbar immune to attack, *(specif)* non-corroding, incorrodible, non-corrodible, resistant to corrosion
unansehnlich unsightly *(surface)*
unbehandelt untreated, as-received
unbelüftet unaerated
unbenetzbar non-wettable
unberuhigt unkilled *(steel)*
unbeschädigt undamaged
unbeschichtet uncoated, plain
unbesetzt *(cryst)* vacant
unbeständig unstable
Unbeständigkeit *f* instability
unbewegt motionless
unbrauchbar unserviceable, useless
Unbrauchbarkeit *f* unserviceableness, uselessness
Unbrauchbarwerden *n* [service] failure
~/vorzeitiges premature failure
undicht leaky, pervious, untight
Undichtheit *f* leakiness

Undichtigkeit *f* 1. leakiness; 2. leak *(site)*
undissoziiert un-ionized, non-ionized
undurchlässig impermeable, impervious
Undurchlässigkeit *f* impermeability, imperviousness
undurchsichtig opaque, non-transparent
Undurchsichtigkeit *f* opacity, non-transparency
uneben uneven *(surface)*
Unebenheit *f* unevenness *(of a surface)*
unedel base, active *(metal)*
Unedelmetall *n* base metal
Unedlerwerden *n* shift in a less noble direction
unempfindlich non-susceptible, unsusceptible, insensitive
Unempfindlichkeit *f* non-susceptibility, insensitivity, insensitiveness
unentflammbar non-[in]flammable
Unentflammbarkeit *f* non-[in]flammability
ungekerbt unnotched
ungeladen uncharged
ungeschützt unprotected, non-protected, unshielded, bare; *(test)* unsheltered
ungespannt non-stressed, unstressed, stressless, stress-free
Ungleichgewicht *n* non-equilibrium
ungleichmäßig non-uniform
Ungleichmäßigkeit *f* non-uniformity
unimolekular monomolecular, unimolecular *(layer)*
Universalanstrichstoff *m* all-purpose paint
Universalprimer *m* all-purpose primer
unkorrosiv non-corrosive
unlegiert unalloyed, plain
unlöslich insoluble
Unlöslichkeit *f* insolubility
unmagnetisch non-magnetic
unmischbar immiscible
Unmischbarkeit *f* immiscibility
unorientiert *(cryst)* unoriented
unpigmentiert unpigmented, non-pigmented
unpolar non-polar
unpolarisierbar non-polarizable
unschmelzbar non-fusible, infusible
Unschmelzbarkeit *f* non-fusibility, infusibility
unsensibilisiert unsensitized *(steel)*
unstabil unstable
Unstabilität *f* instability
Unstöchiometrie *f* non-stoichiometry
Unterbodenschutz *m* car-body under-floor protection

Unterbodenschutzmasse

Unterbodenschutzmasse f underbody coating
Unterbodenschutzschicht f underbody coating, under-seal
unterdosieren to underdose
unterdrücken to suppress
untereutektisch hypoeutectic
untereutektoid[isch] hypoeutectoid
unterfressen to undermine, to tunnel
Unterfressung f undermining, tunnelling
Untergitter n *(cryst)* sublattice
Untergrund m substrate, substratum, base, ground
Untergrundvorbehandlung f, **Untergrundvorbereitung** f substrate preparatory treatment
unterhalten to maintain
Unterhaltung f maintenance
Unterhaltungskosten pl maintenance cost[s]
unterirdisch buried, below-ground
Unterkorrosion f underfilm corrosion, undermining, *(paint also)* underpaint corrosion
unterkritisch subcritical
unterkühlen to supercool
Unterkühlung f supercooling
Unterlage f 1. basis, base; 2. s. Zwischenschicht 1.
Unterlagemetall n s. Substratmetall
unterrosten to under-rust, to undermine, to tunnel
Unterrostung f underfilm rusting (corrosion), under-rusting, undermining, tunnelling, rust-creep
untersättigt undersaturated
Untersättigung f undersaturation
unterstöchiometrisch hypostoichiometric
Unterstruktur f *(cryst)* substructure
Untersuchung f/**elektronenmikroskopische (elektronenoptische)** electron-microscopic examination
~/lichtmikroskopische light-microscopic examination
~/metallographische metallographic examination
~/mikroskopische microscopic examination, microexamination
~/röntgenographische X-ray examination
Untersuchungsmaterial n test material, material being *(or* to be*)* tested
untertauchen to submerge
Untertauchen n submersion

unterwandern to undermine, to tunnel *(coatings or oxide films)*
Unterwanderung f undermining, tunnelling *(of coatings or oxide films)*
Unterwasseranstrich m underwater paint coating
Unterwasseranstrichfarbe f underwater paint
Unterwasserapplikation f underwater application
Unterwasserbauten pl immersed structures, underwater installations
Unterwasserbeanspruchung f water-immersion service
Unterwasserkorrosion f underwater corrosion
Unterwasserkorrosionsprüfstand m submersible test unit, STU [installation]
unversehrt uncorroded, unattacked, *(mechanically)* undamaged
unverseifbar non-saponifiable
unverträglich incompatible
Unverträglichkeit f incompatibility
unverzerrt undistorted *(crystal lattice)*
unzerstörbar indestructible
Unzerstörbarkeit f indestructibility
unzugänglich inaccessible *(surfaces to be protected)*
Unzugänglichkeit f inaccessibility *(of surfaces to be protected)*
UP-Harz n unsaturated polyester resin
U-Probe f *one type of tuning fork specimen*
Uralkyd n s. Urethanalkydharz
Urethanalkyd[harz] n, **Urethanöl** n urethane (polyurethane) alkyd (oil), uralkyd
Urspannung f[/**elektrische**] electromotive force, E.M.F., emf
u-Stahl m s. Stahl/unberuhigter
US-Wanddickenmessung f s. Ultraschall-Wanddickenmessung
UV-Abbau m ultraviolet degradation
UV-Beständigkeit f ultraviolet resistance
UV-Härtung f ultraviolet curing
UV-Photoelektronenspektroskopie f ultraviolet-induced photoelectron spectroscopy, UPS
UV-Strahlentrocknung f s. UV-Härtung

V

vakant *(cryst)* vacant
Vakuumaufdampfen *n* vacuum deposition, vacuum [vapour] plating
Vakuumbedampfen *n* s. Vakuumbeschichten
Vakuumbehälter *m* vacuum vessel
Vakuumbeschichten *n* vacuum [vapour] plating, *(with metals being the evaporated material also)* vacuum metallizing (metallization)
Vakuumbeschichtungsverfahren *n*/**plasmaunterstütztes** plasma-assisted vacuum coating process
Vakuumeinpackverfahren *n* vacuum pack process (technique)
Vakuumentgasen *n* vacuum degassing
Vakuumentgaser *m* vacuum degasifier
Vakuumkammer *f* vacuum chamber
Vakuumpulverpackverfahren *n* vacuum pack process (technique)
Vakuumverdampfung *f* vacuum evaporation, evaporation in vacuo
Vakuumzerstäuben *n* sputtering
~ in Inertgasen physical sputtering
~/reaktives reactive (chemical) sputtering *(in chemically active gases)*
Valenzstufe *f* valence state
Vanadin... s. Vanadium...
vanadiumhaltig vanadium-containing, vanadium-bearing
Vanadiumkorrosion *f* oil-ash (fuel-ash) corrosion
Vanadiumpentoxid-Korrosion *f* s. Vanadiumkorrosion
van-der-Waals-Kräfte *fpl* van der Waals forces [of attraction]
VAR s. Verarbeitungsrichtlinie
Vaseline *f* petrolatum
~/natürliche natural petrolatum
~/synthetische artificial petrolatum
Venturi-Abscheider *m* Venturi scrubber (washer)
Venturi-Skrubber *m*, **Venturi-Wäscher** *m* s. Venturi-Abscheider
veraluminieren s. aluminieren
verankern to anchor *(coatings)*
~/sich to key, to anchor *(coatings)*
Verankerung *f* anchorage, keying[-on] *(of coatings)*
~/mechanische mechanical anchorage (interlocking)
Verankerungsgrund *m* keying surface, key
Verankerungstiefe *f* anchor [pattern] depth
verarbeitbar processable, workable; *(paint)* applicable
Verarbeitbarkeit *f* processability, workability; *(paint)* applicability
verarbeiten to process, to work; *(paint)* to apply
Verarbeitung *f* processing, working; *(paint)* application
Verarbeitungsbedingungen *fpl* processing (working) conditions; *(paint)* application conditions
Verarbeitungseigenschaften *fpl* processing (working) properties (characteristics); *(paint)* application properties
Verarbeitungsfehler *m* processing fault; *(paint)* application fault
Verarbeitungskosten *pl* processing cost[s]; *(paint)* application cost[s]
Verarbeitungsmerkmale *npl* s. Verarbeitungseigenschaften
Verarbeitungsrichtlinie *f* processing specification; *(paint)* paint-application specification, PAS, painting specification
Verarbeitungstechnologie *f* processing technology; *(paint)* application technology
Verarbeitungstemperatur *f* processing temperature; *(paint)* application temperature
Verarbeitungsviskosität *f* *(paint)* application viscosity (consistency)
Verarbeitungsvorschrift *f* s. Verarbeitungsrichtlinie
Verarbeitungszeit *f* pot life *(of a catalyzed coating)*
verarmen to deplete, to impoverish *(as in an alloy constituent)*
Verarmung *f* depletion, impoverishment, impoverization *(as in an alloy constituent)*
~ an Nickel depletion in nickel, nickel depletion
~/lokale localized depletion
verästelt *(cryst)* dendritic, treed
Verbinder *m* joint bond *(as for minimizing stray currents)*
Verbindung *f*/**intermediäre** intermediate [compound]
~/intermetallische (metallische intermediäre) intermetallic [compound]
verblassen, verbleichen to fade, to bleach
verbleien to lead[-coat]
~/elektrochemisch (galvanisch) to [electro]plate with lead

Verbleien

Verbleien *n* leading, lead-coating
~/elektrochemisches (galvanisches) lead [electro]plating
~/homogenes homogeneous leading
verbleit lead-coated, lead-covered
Verbrauch *m* consumption *(as of oxygen or of sacrificial anodes)*
verbrauchen to consume, to use up, to spend *(e.g. oxygen or sacrificial anodes)*
verbrennen to burn off *(coatings at high temperatures)*
Verbrennen *n* burning-off *(of coatings at high temperatures)*
Verbrennungsgas *n* flue gas
Verbundauskleidung *f* homogeneous lining
Verbundblock *m* duplex ingot *(for cladding)*
Verbundkörper *m* sandwich, pack
Verbundkorrosionsschutz *m* joint cathodic protection
Verbundschicht *f* composite coating *(as of oxidic or ceramic and metallic components)*
Verbundwerkstoff *m* composite
Verbundwirkung *f* conjoint action
verchromen to plate with chromium, to chrome
Verchromen *n* chromium plating
~/dekoratives decorative chromium plating
~/elektrochemisches (galvanisches) chromium [electro]plating
~/technisches hard (industrial) chromium plating
~/unvollständiges whitewashing *(defect)*
verchromt chromium-plated
Verchromung *f s.* Verchromen
Verchromungsautomat *m* automatic chromium plating machine
Verchromungsbad *n s.* Verchromungselektrolyt
Verchromungselektrolyt *m* chromium plating bath (solution)
Verchromungsfehler *m* defect in chromium plating
Verchromungsglockenapparat *m* oblique chromium plating barrel
verdampfbar vapor[iz]able, evaporable
Verdampfbarkeit *f* vaporability, evaporability
verdampfen to vaporize, to evaporate, to volatilize
Verdampfer *m* vaporizer
Verdampfung *f* vaporization, evaporation
Verdampfungsfähigkeit *f s.* Verdampfbarkeit
Verdampfungsgeschwindigkeit *f* rate of evaporation (vaporization)

390

Verdampfungsgut *n* evaporant
Verdampfungstiegel *m* boat *(vacuum deposition)*
Verdampfungsverlust *m* evaporation loss
verdichten 1. to seal *(anodic coatings)*; 2. to compact *(bulk material)*
Verdichten *n* 1. sealing [treatment], postsealing *(of anodic coatings)*; 2. compaction *(of bulk material)*
~ in wäßrigen Salzlösungen metal-salt sealing *(of anodic coatings)*
Verdichtungsbad *n s.* Verdichtungslösung
Verdichtungsgrad *m* 1. degree of sealing *(of anodic coatings)*; 2. degree of compaction *(as of concrete)*
Verdichtungslösung *f* sealing solution *(for anodic coatings)*
Verdichtungsmittel *n* sealer, sealant *(for anodic coatings)*
Verdichtungswasser *n* sealing water *(for anodic coatings)*
Verdichtungszusatz *m* sealing additive *(for anodically produced films)*
verdicken to thicken, to body *(a paint)*
Verdicker *m*, **Verdickungsmittel** *n (paint)* thickening (bodying) agent, thickener
verdrängen to displace *(a liquid or gas)*
Verdrängung *f* displacement *(of a liquid or gas)*
~ durch Ladungsaustausch galvanic displacement
Verdrängungsreaktion *f* substitution (replacement, exchange) reaction
verdünnbar dilutable; *(paint)* thinnable, reducible
~/mit Wasser water-dilutable
Verdünnbarkeit *f* dilutability; *(paint)* thinnability, reducibility
verdünnen to dilute *(for lowering the concentration)*; *(paint)* to thin, to reduce *(for lowering the consistency)*
Verdünnen *n* dilution *(for lowering the concentration)*; *(paint)* thinning, reduction *(for lowering the consistency)*
~/übermäßiges *(paint)* overthinning, excessive thinning
Verdünner *m* diluent, diluting agent; *(paint)* thinner, thinning agent, reducer
~/reaktiver reactive diluent
Verdünnung *f* 1. dilution *(state)*; 2. *s.* Verdünnen; 3. *s.* Verdünner
Verdünnungsmittel *n s.* Verdünner

Verdünnungsverhältnis n dilution ratio *(volume of diluent divided by volume of solvent)*
verdunsten to evaporate, to vaporize, to volatilize *(below normal boiling point)*
Verdunstung f evaporation, vaporization, volatilization *(below normal boiling point)*
Verdunstungsgeschwindigkeit f rate of evaporation (vaporization)
veredeln 1. to finish *(surfaces)*; 2. to ennoble, to shift in a noble direction *(e.g. potentials)*
Vered[e]lung f 1. finishing *(of surfaces)*; 2. ennoblement, ennobling, shift in a noble direction *(as of potentials)*
Veresterungsäquivalentgewicht n esterification equivalent weight, EEW
Verfahren n**/galvanostatisches** *(test)* galvanostatic method
~/**nicht zerstörungsfreies** s. ~/zerstörendes
~/**potentiodynamisches** *(test)* potentiodynamic (potentiokinetic) method
~/**potentiostatisches** *(test)* potentiostatic method
~/**zerstörendes** *(test)* destructive method
~/**zerstörungsfreies** *(test)* non-destructive method
verfärben/sich to discolour, *(esp if locally)* to stain; to fade *(to lose intensity of colour)*
Verfärbung f 1. discoloration, *(esp if locally)* staining; fading *(loss of colour intensity)*; 2. discoloration, stain *(state)*
~ **durch Schwefelwasserstoff** sulphide staining
verfestigen/sich to work-harden *(by cold forming)*
Verfestigung f increase in strength, strength increase, *(esp by cold working)* work hardening
Verfestigungswirkung f strengthening effect
Verfilmung f *(paint)* film formation
verflüchtigen/sich to volatilize, to escape, to outgas
verformbar deformable
Verformbarkeit f deformability
verformen to deform
~/**sich** to undergo deformation, to deform
Verformung f deformation
~/**bleibende** s. ~/plastische
~/**elastische** elastic deformation
~/**irreversible** s. ~/plastische
~/**konstante** sustained deformation
~/**plastische** plastic (permanent, residual) deformation

~/**reversible** s. ~/elastische
Verformungsbruch m ductile (fibrous) fracture
Verformungsfähigkeit f s. Verformbarkeit
Verformungsrest m s. Verformung/plastische
Verformungsverfestigung f work hardening
vergilben to [after]yellow
Vergilbung f [after]yellowing
vergilbungsbeständig resistant to [after]yellowing, [after]yellowing-resistant
Vergilbungsbeständigkeit f resistance to [after]yellowing, [after]yellowing resistance
vergilbungsfest, vergilbungsresistent s. vergilbungsbeständig
verglasen to glass *(metal surfaces)*
Vergleichselektrode f reference electrode (half-cell)
Vergleichsprobe f standard (control) specimen, blank (dummy) specimen
Vergleichstafel f control panel
vergolden to gild *(to overlay with a thin layer of gold)*; *(plat)* to gold-plate
~/**elektrochemisch (galvanisch)** to gold-plate
Vergolden n/**elektrochemisches (galvanisches)** gold [electro-]plating
~/**reduktiv-chemisches** electroless gold plating
~/**stromloses** dip gilding
Vergoldungsbad n s. Vergoldungselektrolyt
Vergoldungselektrolyt m gold plating bath (solution)
vergraben *(test)* to bury
Vergraben n *(test)* burial, soil burial (exposure)
vergüten to quench and temper *(steel)*; to quench-age *(aluminium alloys)*
Vergüten n quenching and tempering *(of steel)*; quench-ag[e]ing *(of aluminium alloys)*
~/**isothermes** austempering
verhaken/sich to interlock *(flame-sprayed particles)*
Verhältnis n **Anode-Katode** ratio of anode-to-cathode area, anode : cathode [area] ratio
~ **Anoden- zu Katodenoberfläche** s. Verhältnis Anode-Katode
~ **Öl-Harz** *(paint)* oil content (length)
~/**Poissonsches** Poisson ratio *(ratio of the transverse contracting strain to the elongation strain)*

verharzen to resinify
verhüten/Korrosionsschaden to prevent corrosion damage
verkadmen to plate with cadmium
Verkadmen *n* cadmium plating
verkleiden to clad
verklemmen/sich to jam [together] *(bulk plating)*
verkobalten to plate with cobalt
Verkobalten *n* cobalt plating
verkrusten to scale
Verkrustung *f* 1. scaling *(act)*; 2. scale *(product)*
verkupfern to copper, *(plat also)* to copperplate
~/elektrochemisch (galvanisch) to copperplate, to copper
Verkupfern *n*/**elektrochemisches (galvanisches)** copper [electro]plating
~ mit Polwechsel periodic-reverse copper plating, PR copper plating
~/reduktiv-chemisches electroless copper plating
verkupfert coppered, copper-coated, *(plat also)* copper-plated
Verkupferungsbad *n s.* Kupferelektrolyt
Verlängerung *f* elongation
verlangsamen to slow down, to retard, to inhibit *(a reaction)*
Verlangsamung *f* slowing-down, retardation, inhibition *(of a reaction)*
Verlauf *m* 1. *(paint)* flow[-out], levelling[-out]; 2. course *(of a reaction)*
~/schlechter *(paint)* bad flow
verlaufen 1. *(paint)* to flow [out], to level out; 2. to proceed *(of a reaction)*
Verlaufmittel *n* *(paint)* flow control agent
Verlaufzone *f* *(paint)* flow-out zone *(of a flow-coating plant)*
verletzbar vulnerable *(protective films)*
Verletzbarkeit *f* vulnerability
verletzen to damage, to injure *(protective films)*
vermessingen to brass
Vermessingen *n*/**elektrochemisches (galvanisches)** brass plating
vernetzen to cross-link
Vernetzer *m s.* Vernetzungsmittel
Vernetzung *f* cross-linking, cross-linkage
~/oxydative oxidative cross-linking
Vernetzungsmittel *n* cross-linking agent
Vernetzungspolymerisation *f* cross-linking polymerization

Vernetzungsreaktion *f* cross-linking reaction
Vernetzungsstelle *f* cross-linking point, cross-link[age]
vernickeln to nickel[ize]; *(plat)* to nickelplate
~/elektrochemisch (galvanisch) to nickelplate
Vernickeln *n* nickel[iz]ing; *(plat)* nickel plating
~/außenstromloses *s.* ~/reduktiv-chemisches
~/elektrochemisches (galvanisches) nickel [electro]plating
~/reduktiv-chemisches electroless nickel plating
~/stromloses *s.* ~/reduktiv-chemisches
Vernickelungs... *s.* Vernicklungs...
Vernicklungsapparat *m* *(plat)* nickel plating machine
Vernicklungsautomat *m* *(plat)* automatic nickel plating machine
Vernicklungsbad *n s.* Vernicklungselektrolyt
Vernicklungselektrolyt *m* nickel plating bath (solution)
Verpackungsmaterial *n* pack[ag]ing material, package, *(relating to paper, plastic film or cloth also)* wrapping
verpilzt fungous, fungused
verquicken *(plat)* to quick
verrieseln to cascade *(water for degasification)*
verrosten to rust
Verrosten *n* rusting
verrostet rusty
Verrostung *f* rusting
Verrostungsgrad *m* degree of rusting
verrühren to mix up
versagen to fail
Versagen *n* [service] failure, *(relating to machines also)* outage
~ des Anstrichs paint (coating) failure
~/sprödes brittle failure
~/vorzeitiges premature failure
verschärfen to aggravate, to exacerbate *(corrosion)*
verschäumen to foam, to expand *(plastics)*
verschieben to shift *(e.g. a potential)*
Verschlackung *f* scorification
Verschleiß *m* wear
~/adhäsiver adhesive wear
~/reibender abrasive wear, abrasion
verschleißbeständig *s.* verschleißfest

verschleißen to wear [down], to wear away (out)
~/durch Abrieb to abrade
verschleißfest resistant to wear, wear-resistant
Verschleißfestigkeit f resistance to wear, wear resistance
Verschleißkorrosion f wear oxidation
Verschleißverhalten n wear performance
Verschleißwiderstand m s. Verschleißfestigkeit
verschleppen to carry over, *(plat also)* to drag out *(or* in*)*
Verschleppen n carry-over, *(plat also)* drag-out *(or)* drag-in
Verschleppungsverluste mpl *(plat)* drag-out [losses]
verschlichten to lay off *(paint)*
Verschlichten n laying-off *(of paint)*
verschließen to seal *(e.g. pores)*
~/hermetisch to seal hermetically
verschmelzen to fuse
verschmutzen to pollute *(esp the environment)*, to contaminate, to soil *(esp material)*
Verschmutzung f pollution *(esp of the environment)*, contamination *(esp of material)*
Verschmutzungsstoff m pollutant, polluting agent *(esp in the environment)*, contaminant *(esp on or in material)*
verschneidbar dilutable
Verschneidbarkeit f 1. dilutability; 2. s. Verdünnungsverhältnis
verschneiden to dilute *(solvents)*; to extend *(pigments)*
Verschneidmittel n diluent, diluting agent *(for solvents)*; extender[-pigment], paint extender, inert pigment, filler
Verschnittbitumen n cut-back bitumen
Verschnittmittel n s. Verschneidmittel
Verschränkung f *(cryst)* twist *(of subgrain regions)*
verschweißen to weld *(e.g. sheet metal)*; to weld *(of metal particles, as in metal spraying)*; to coalesce *(of polymer particles)*; to seize, to gall *(of metal surfaces in relative motion)*
verseifbar saponifiable
verseifen to saponify
verseift werden to undergo saponification, to saponify
Verseifung f saponification

versetzen/mit Flußmittel[n] to flux
~/mit Korrosionsinhibitoren to dope with corrosion inhibitors
Versetzung f *(cryst)* dislocation
~/die Oberfläche durchstoßende (erreichende) emergent dislocation
~/nicht gleitfähige sessile (non-glissile) dislocation, Lomer-Cottrell dislocation
~/präexistente s. ~/vorgebildete
~/unvollständige partial (half) dislocation
~/vollständige perfect dislocation
~/vorgebildete (vorhandene) grown-in dislocation
Versetzungsanhäufung f *(cryst)* [dislocation] pile-up
Versetzungsanordnung f dislocation arrangement (array, distribution), pattern of dislocations
Versetzungsätzgrube f *(cryst)* dislocation etch pit
Versetzungsaufstauung f *(cryst)* [dislocation] pile-up
Versetzungsbeweglichkeit f *(cryst)* dislocation mobility
Versetzungsbewegung f *(cryst)* dislocation motion (movement)
Versetzungsbildung f *(cryst)* dislocation generation (production)
Versetzungsbogen m *(cryst)* dislocation half-loop
Versetzungsdichte f *(cryst)* dislocation density
Versetzungsdipol m *(cryst)* dislocation dipole (loop)
Versetzungsdurchstoßpunkt m *(cryst)* emergence point *(of lattice dislocations)*
versetzungsfrei dislocation-free, free from dislocations
Versetzungsgruppe f *(cryst)* dislocation group
Versetzungshindernis n *(cryst)* dislocation obstacle
Versetzungskern m *(cryst)* dislocation core
Versetzungsknäuel n(m) *(cryst)* dislocation tangle
Versetzungsknäuelbildung f *(cryst)* dislocation tangling
Versetzungskonfiguration f *(cryst)* dislocation arrangement (array, distribution)
Versetzungslinie f *(cryst)* dislocation line
Versetzungsmultiplikation f *(cryst)* dislocation multiplication

Versetzungsnetzwerk 394

Versetzungsnetzwerk n (cryst) dislocation network
Versetzungspaar n (cryst) dislocation pair
Versetzungspaarbildung f (cryst) dislocation pairing
Versetzungsquelle f (cryst) dislocation source (generator)
versetzungsreich (cryst) dislocation-rich, rich in dislocations
Versetzungsring m (cryst) dislocation ring
Versetzungsschlauch m (cryst) dislocation pipe
Versetzungsschleife f (cryst) dislocation loop (dipole)
Versetzungssprung m (cryst) jog (short dislocation line)
Versetzungsstau m (cryst) [dislocation] pile-up
Versetzungsstelle f (cryst) dislocation site
Versetzungsstrang m (cryst) dislocation pipe
Versetzungsstruktur f (cryst) dislocation structure
Versetzungsstück n (cryst) dislocation segment
Versetzungsvervielfachung f (cryst) dislocation multiplication
Versetzungszelle f (cryst) dislocation cell
Versetzungszellwand f (cryst) cell boundary [of dislocations] (approximately linear district of accumulated dislocations)
versickern to seep away
versiegeln to seal (porous substrates)
versilbern to silver; (plat) to silver-plate
~/elektrochemisch (galvanisch) to silver-plate
Versilbern n/**elektrochemisches (galvanisches)** silver [electro]plating
~/reduktiv-chemisches electroless silver plating
Versilberung f/**Neunziger** s. 90-g-Silberauflage
Versilberungsbad n s. Versilberungselektrolyt
Versilberungselektrolyt m silver plating bath (solution)
Versorgungsleitung f water main (water pipe in a street)
verspritzbar sprayable
Verspritzbarkeit f sprayability
verspritzen to spray
verspröden to embrittle, to become brittle; to make brittle, to embrittle

Versprödung f embrittlement
~ durch flüssige Metalle liquid-metal embrittlement (cracking), (esp if caused by mercury) mercury cracking
~ durch Wasserstoffaufnahme hydrogen embrittlement
versprödungsanfällig prone to embrittlement
Versprödungsanfälligkeit f proneness to embrittlement
Versprödungsneigung f embrittling tendency
versprühen to atomize, to spray
Versprühen n atomization, spraying
~/elektrostatisches electrostatic atomization
Versprüher m atomizer
verstählen to plate with steel, to steel
Verstählungselektrolyt m steel plating bath (solution)
verstärken to thicken (e.g. oxide films by anodic oxidation)
Verstärker m energizer (pack carburizing)
versteinen to scale (water-supply lines)
versticken to nitride (steel, unintensionally)
Verstickung f nitridation, nitriding (of steel, unintended process)
verstopfen to clog [up], to plug (e.g. cracks or pores)
~/sich to clog [up], to plug
Versuch m **bei kontrolliertem Potential** controlled-potential test
~ für Sonderbeanspruchungen special-property test
~/galvanodynamischer (galvanokinetischer) galvanodynamic test
~/galvanostatischer galvanostatic test
~ in künstlicher Atmosphäre laboratory atmospheric test
~ in neutraler Salznebelatmosphäre neutral salt-spray test
~ in siedender Salpetersäure Huey [nitric-acid] test, [boiling-]nitric-acid test
~ mit konstanter Belastung constant-load (static-load) test, dead-load (sustained-load) test
~ mit konstanter Dehngeschwindigkeit constant strain rate test
~ mit konstanter Gesamtdehnung (Verformung) constant-deformation (sustained-deformation) test
~ mit radioaktiven Isotopen radioactive-tracer test (for evaluating the cleanliness of surfaces)

~ mit simulierter Beanspruchung simulated test
~/orientierender preliminary orientation test
~ unter Einsatzbedingungen actual-exposure test, service (practical, operational, performance) test
Versuchsanordnung f test arrangement
Versuchsapparatur f test (experimental) setup, test assembly (rig)
Versuchsaufbau m 1. test arrangement; 2. s. Versuchsapparatur
Versuchsbeanspruchung f test exposure
Versuchsbedingungen fpl test conditions
Versuchsbefund m test result
Versuchsblech n test panel
Versuchsdaten pl test data
Versuchsdauer f test duration (period)
Versuchsdurchführung f test procedure
Versuchselektrode f control electrode
Versuchsergebnis n test result
Versuchsgestell n test rack
Versuchskammer f test chamber
Versuchskreislauf m test loop
Versuchsmaßstab m research scale ● **im ~ on a research scale**
Versuchsmaterial n s. Versuchswerkstoff
Versuchsmedium n test medium (environment)
Versuchsort m test site (location, locality)
Versuchsprogramm n test program[me]
Versuchsraum m test chamber
Versuchsstand m test installation
Versuchstafel f test panel
Versuchsveränderliche f test variable
Versuchswerkstoff m test material, material being (or to be) tested
Versuchswerte mpl test data
Versuchszeit f s. Versuchsdauer
Versuchszelle f test (experimental) cell
verteilen to spread (paint over a surface)
~/gleichmäßig to lay off (paint)
Verteilen n/gleichmäßiges laying-off (of paint)
Verteilerrohr n header pipe (flow coating)
Verteilungsgesetz n/erstes Kirchhoffsches (cath) Kirchhoff's first (current) law
Verteilungskoeffizient m distribution (partition) coefficient
Verteilungsverhältnis n distribution ratio
Vertiefung f [micro]recess, hollow (in the microprofile of a surface)
Vertikalanode f, **Vertikalerder** m (cath) vertical anode (groundrod)

Verzinken

Vertikalerderanlage f (cath) vertical (borehole) groundbed
verträglich compatible
Verträglichkeit f compatibility
vertreiben to lay off (paint)
Vertreiben n laying-off (of paint)
verunedeln to shift in a less noble direction (e.g. potentials)
Veruned[e]lung f shift in a less noble direction (as of potentials)
verunreinigen to contaminate, (esp relating to the environment) to pollute
Verunreinigung f 1. contamination, (esp relating to the environment) pollution; 2. impurity, foreign matter (in materials); 3. s. Schmutzstoff
Verunreinigungsatom n impurity atom
Verunreinigungsstoff m s. Schmutzstoff
Vervielfältigung f (cryst) multiplication (of dislocations)
verwachsen/miteinander (cryst) to intergrow
Verwachsung f (cryst) intergrowth
verwendbar serviceable
Verwendbarkeit f serviceability
Verwendungstemperatur f service temperature
verwittern to weather
Verwitterung f weathering
Verwitterungserscheinung f weathering phenomenon
Verwitterungsprodukt n weathered product
verzahnen/miteinander to interdigitate
~/sich [ineinander] to interdigitate
Verzahnung f interdigitation
verziehen/sich to be distorted (deformed), (esp metal) to buckle
verzinken to zinc, (esp by hot-dipping) to galvanize
~/elektrochemisch (galvanisch) to electrogalvanize, to zinc-plate
~/schmelzflüssig to [hot-]galvanize
Verzinken n zinc coating, (esp by hot-dipping) galvanizing, galvanization
~/diskontinuierliches batch galvanizing
~/elektrochemisches (galvanisches) electrogalvanizing, electro zinc plating, zinc electroplating, cold galvanizing
~ im Pulver sherardizing
~ nach dem Sendzimir-Verfahren Sendzimir continuous strip galvanizing
~/schmelzflüssiges [hot-dip] galvanizing, galvanization

Verzinker *m* galvanizer *(worker)*
Verzinkerei *f* galvanizing plant (shop)
Verzinkereibetrieb *m* galvanizing factory
verzinkt zinc-coated
~/elektrochemisch (galvanisch) electrogalvanized, [electro] zinc-plated
~/schmelzflüssig [hot-]galvanized, zinc-dipped
Verzinkungsanlage *f* galvanizing installation
Verzinkungsbad *n*, **Verzinkungselektrolyt** *m s.* Zinkelektrolyt
Verzinkungsfehler *m* galvanizing defect
verzinkungsgerecht gestaltet (projektiert) properly designed for being galvanized
Verzinkungsgut *n* articles being *(or* to be*)* galvanized
Verzinkungskessel *m* galvanizing kettle (pot), zinc-bath kettle (container)
Verzinkungslinie *f* galvanizing line, strip-galvanizing bath
~/elektrochemische (galvanische) electrogalvanizing line
Verzinkungsstraße *f s.* Verzinkungslinie
Verzinkungsvorrichtung *f* galvanizing installation
Verzinkungswanne *f s.* Verzinkungskessel
verzinnen to tin, *(plat also)* to electrotin, to tin-plate
~/elektrochemisch (galvanisch) to electrotin, to tin-plate
Verzinnen *n* tinning, *(plat also)* electrotinning, electrolytic tinning, tin plating
~/elektrochemisches (galvanisches) electrotinning, electrolytic tinning, tin plating
~ im Tauchverfahren immersion tinning (tin plating)
~/reduktiv-chemisches electroless tin plating
~/stromloses *s.* ~/reduktiv-chemisches
Verzinnmaschine *f s.* Verzinnungsanlage
Verzinnungsanlage *f* tinning plant (machine)
Verzinnungsbad *n*, **Verzinnungselektrolyt** *m s.* Zinnelektrolyt
Verzinnungsgut *n* articles being *(or* to be*)* tinned
Verzinnungskessel *m* tinning kettle (pot)
Verzinnungslinie *f* tinning line, tin mill
~/elektrochemische (galvanische) electrotinning (electro tin-plating) line, electrolytic tinning line, tin-plating line
Verzinnungsmaschine *f s.* Verzinnungsanlage

Verzögerer *m* retarder, retarding catalyst
verzögern to retard, to slow down, to inhibit *(a reaction)*
Verzögerung *f* retardation, slowing-down, inhibition *(of a reaction)*
Verzögerungsmittel *n* retarder
verzundern to scale
verzundert scale-covered, scaled
Verzunderung *f* scaling
~/katastrophale catastrophic oxidation
verzweigt *(cryst)* dendritic, treed
Verzweigungsstelle *f* branch point *(of a molecule)*
Verzwillingung *f* twinning, twinned crystal growth
Vibrationsanlage *f* vibratory[-finishing] machine, vibrator
vibrationsfest resistant to vibration
Vibrationsfestigkeit *f* resistance to vibration
Vibrations[gleit]schleifen *n* vibratory finishing
Vibrator *m s.* Vibrationsanlage
Vickers-Eindringkörper *m* Vickers indenter
Vickershärte *f* [Vickers] diamond-pyramid hardness, D.P.H., Vickers penetration hardness, Vickers hardness [number], V.P.N., Vickers value
Vickershärteprüfer *m* Vickers tester
Vickershärteprüfung *f* Vickers penetration-hardness testing
Vickershärtewert *m s.* Vickershärte
Vielkristall *m* polycrystal
vielkristallin polycrystalline
Vielstoffgemisch *n* multicomponent mixture
Vier/die großen collectively for molybdenum, tungsten, niobium, and tantalum
Vierkomponentensystem *n s.* Vierstoffsystem
Vierpunkt-Belastung *f* four-point loading
Vierpunkt-Biegeprobe *f* four-point bend (loaded) specimen
Vierpunkt-Methode *f* **[nach Wenner]** Wenner method (technique) *(of measuring soil resistivities)*
Vierschichtaufbau *m* four-coat [paint] system
Vierstofflegierung *f* quaternary (four-component) alloy
Vierstoffsystem *n* quaternary (four-component) system
Vinylharz *n* vinyl resin
Vinylharzanstrich *m* vinyl coating

Vinylharzanstrichstoff *m* vinyl paint (coating)
Vinylharzlack *m*, **Vinylpolymerisatlack** *m* 1. vinyl lacquer; 2. *s.* Vinylharzanstrichstoff
viskoelastisch viscoelastic
viskos viscous, *(paint also)* heavy-bodied
Viskosität *f* viscosity
Viskositätseinstellung *f* adjustment of the viscosity
Vogt-Verfahren *n* Vogt process *(for depositing thin brass coatings on a zinc underlayer for electroplating aluminium)*
Vollautomat *m* fully-automatic plant
vollentsalzen to deionize
Vollentsalzung *f* deionization
Vollschutz *m* total (complete, full) protection
Volmer-Diffusion *f* surface diffusion *(of atoms)*
Volumenänderung *f* volume change
Volumenausdehnung *f* cubical expansion
Volumencoulometer *n* volumetric coulometer
Volumenfestkörper *m (paint)* solids volume
Volumenkonzentration *f* volume concentration
Volumenzunahme *f* increase in volume, volume growth
Voranstrich *m* undercoat[ing], intermediate (pre-paint) coating, intercoat
Voranstrichstoff *m* undercoat [paint], undercoater, undercoating, pre-paint coating
Vorauswahl *f* screening [examination, test]
Vorbeanspruchung *f* pre-loading
vorbehandeln to pre-treat, to prepare, to pre-condition
~/mit Flußmittel to pre-flux
Vorbehandlung *f* pre-treatment, preparatory treatment, preparation, pre-conditioning
~/chemische chemical pre-treatment
~ mit Flußmittel pre-fluxing
Vorbehandlungsabschnitt *m* pre-treatment section (zone), surface-preparation section
Vorbehandlungsanlage *f* pre-treatment plant
Vorbehandlungselektrolyt *m (plat)* pre-treatment solution
Vorbehandlungsstrecke *f* pre-treatment line
Vorbehandlungsstufe *f* pre-treatment step (stage), *(plat also)* pre-plating step
Vorbehandlungszone *f s.* Vorbehandlungsabschnitt
Vorbeize *f* scale conditioner
vorbelasten to pre-load

Vorbelastung *f* pre-loading
Vorbereitungselektrolyt *m (plat)* pre-treatment solution
Vorbereitungsperiode *f* induction period (time), initiation time
Vorbereitungsstufe *f s.* Vorbehandlungsstufe
vorbeschichten to pre-coat
Vorbeschichtung *f* pre-coating
Vorbrennen *n (plat)* preliminary pre-treatment *(of copper and its alloys)*
Vorelektrolyse *f* pre-electrolysis
Vorentfetten *n* preliminary degreasing
vorerhitzen *s.* vorwärmen
voreutektoid proeutectoid
Vorgeschichte *f*[/technische] [past] history *(as of an alloy or protective film)*
~/thermische thermal history
vorgespannt pre-stressed
Vorhang *m* curtain, sag *(coating fault)*
Vorhangbildung *f* curtaining, sagging, veiling
Vorkondensat *n (paint)* pre-condensate
Vorkondensation *f* pre-condensation
Vorkondensationsprodukt *n (paint)* pre-condensate
Vorkonservierungsanstrich *m* holding primer, preliminary coating
vorkorrodieren to pre-corrode
Vorkorrosion *f* pre-corrosion
Vorlack *m* enamel undercoater
Vorlast *f* pre-load
Vorlegierung *f* basic alloy
vormetallisieren *(plat)* to pre-dip
Vormetallisieren *n (plat)* pre-dip[ping]
Vormetallisierungselektrolyt *m (plat)* pre-dip
vorölen to pre-treat with wetting oil
Vorölen *n* wetting-oil pre-treatment
Voroxydation *f* pre-oxidation
voroxydieren to pre-oxidize
vorpolieren to polish roughly
Vorpolieren *n* rough polishing
Vorpolymer[es] *n*, **Vorpolymerisat** *n* pre-polymer
Vorratsbehälter *m* storage (supply) tank
Vorreaktion *f s.* Hinreaktion
Vorreaktionszeit *f (paint)* waiting (induction) period *(with catalyzed coatings)*
vorreinigen to pre-clean
Vorreiniger *m* pre-cleaner
Vorreinigung *f* pre-cleaning, preliminary (rough) cleaning
Vorschleifen *n* preliminary grinding

Vorschubgeschwindigkeit

Vorschubgeschwindigkeit f line (operating) speed *(of a continuous hot-dipping line)*
Vorschubgetriebe n travelling mechanism *(as of a wire pistol)*
vorspannen to pre-stress
Vorspannung f pre-strain
vorspritzen to pre-paint; to touch in *(e.g. inside corners prior to electrostatic spraying)*
Vorspritzfarbe f pre-paint coating
Vorsprung m projection *(on structural elements)*
vorspülen to pre-dip *(as before phosphate treatment)*
Vorspülen n pre-dipping, pre-dip treatment *(as before phosphate treatment)*
Vorstadtatmosphäre f suburban atmosphere
vorstreichen to pre-paint
Vorstreichfarbe f undercoat paint
vorverchromen *(plat)* to apply a chromium strike
Vorverchromen n *(plat)* chromium striking (strike)
Vorverchromungselektrolyt m *(plat)* chromium strike [bath, solution]
Vorverchromungsschicht f *(plat)* chromium strike
vorverkupfern *(plat)* to apply a copper strike
Vorverkupfern n *(plat)* copper striking (strike)
Vorverkupferungselektrolyt m *(plat)* copper strike [bath, solution]
Vorverkupferungsschicht f *(plat)* copper strike
vorvernickeln *(plat)* to apply a nickel strike
Vorvernickeln n *(plat)* nickel striking (strike)
Vorvernick[e]lungselektrolyt m *(plat)* nickel strike [bath, solution]
Vorvernick[e]lungsschicht f *(plat)* nickel strike
vorversilbern *(plat)* to apply a silver strike
Vorversilbern n *(plat)* silver striking (strike)
Vorversilberungsbad n s. Vorversilberungselektrolyt
Vorversilberungselektrolyt m *(plat)* silver strike [bath, solution]
Vorversilberungsschicht f *(plat)* silver strike
Vorversuch m preliminary test (trial)
vorverzinken *(plat)* to pre-galvanize, to apply a zinc strike
Vorverzinken n *(plat)* zinc striking (strike)
Vorverzinkungselektrolyt m *(plat)* zinc strike [bath, solution]

398

Vorverzinkungsschicht f *(plat)* zinc strike
vorverzinnen *(plat)* to apply a tin strike
Vorverzinnen n *(plat)* tin striking (strike)
Vorverzinnungselektrolyt m *(plat)* tin strike [bath, solution]
Vorverzinnungsschicht f *(plat)* tin strike
vorwärmen to pre-heat
Vorwärmtemperatur f pre-heat temperature
Vorzugsorientierung f preferred[-grain] orientation *(of crystal deposition)*
VPI, VPI-Stoff m s. Dampfphaseninhibitor
VPI-Verfahren n s. Dampfphaseninhibition

W

Wabe f rupture dimple *(with ductile fractures)*
Wabenbruch m dimple fracture
Wachs n wax ● **mit ~ tränken** to wax
wachsen 1. *(cryst)* to grow; 2. to oxidize internally *(cast iron or aluminium)*; 3. to wax
Wachsen n internal oxidation *(of cast iron or aluminium)*
Wachstum n / **logarithmisches** logarithmic growth
~ parabolisches parabolic growth
Wachstumsform f *(cryst)* mode of growth; growth pattern *(result)*
Wachstumsgeschwindigkeit f *(cryst)* growth rate, *(of deposits also)* thickening rate
Wachstumsgesetz n *(cryst)* growth law
Wachstumsstelle f *(cryst)* site of growth, growth site
Wachstumstyp m *(cryst)* mode of growth
Wägung f *(test)* weighing, weight measurement
Walzanode f *(plat)* rolled anode
Walzauftrag m roller coat[ing] application
Walze f roll[er] ● **mit der ~ auftragen** to roller-coat
walzen 1. to roll *(e.g. ingots, billets)*; 2. *(paint)* to roller-coat
Walzen n 1. rolling *(as of ingots, billets)*; 2. *(paint)* [machine] roller coating
Walzenauftrag m roller coat[ing] application
Walzhaut f mill (rolling) scale
Walzlack m roller coating [finish]
Walzlackieren n [machine] roller coating
● **durch ~ beschichten** to roller-coat
Walzplattieren n s. Walzschweißplattieren
Walzschweißpaket n sandwich, pack

Walzschweißplattieren n roll cladding (bonding), sandwich (pack) rolling, weld roll plating
Walzsinter m s. Walzzunder
Walzstahl m rolled steel
Walzzinkanode f hot-rolled zinc anode
Walzzunder m mill (rolling) scale
Wand f/**Blochsche** (cryst) Bloch wall (boundary between two ferromagnetic domains)
Wandalkalisierung f wall alkali[ni]zation
Wandalkalität f wall alkalinity
Wanddicke f wall thickness
Wanddickenmessung f wall-thickness measurement
~/**radiographische** radioactive wall-thickness measurement
Wanddickenverlust m, **Wanddickenverminderung** f loss in wall thickness
Wanddickenzuschlag m extra [corrosion] thickness, corrosion allowance
wandern to migrate, to wander (e.g. ions); to travel (e.g. parts on a processing line)
~/**nach außen** to move outwards
Wandern n migration (as of ions); travel (as of parts on a processing line)
~/**elektrophoretisches** (paint) electrophoretic migration
~ **von Versetzungen** (cryst) dislocation creep
wanderungsfähig mobile
Wanderungsgeschwindigkeit f migration rate (velocity), rate of migration (movement)
Wandler m s. Ultraschallschwinger
Wandreaktion f wall reaction
Warburg-Impedanz f (test) Warburg impedance
Warenbewegung f (plat) cathode agitation
Warengestell n (plat) [plating] rack
Warenschiene f (plat) cathode rail
Warenstange f (plat) cathode bar (rod), work bar
Warentragarm m (plat) work carrier bar, carrier arm
Warmbehandlung f heat treatment
Wärmealterung f heat ag[e]ing, thermo-senescence
Wärmeausdehnung f thermal expansion
Wärmeausdehnungskoeffizient m, **Wärmeausdehnungszahl** f coefficient of thermal expansion
wärmebeeinflußt heat-affected

wärmebehandelbar heat-treatable
wärmebehandeln to heat-treat
Wärmebehandlung f heat treatment
Wärmebehandlungsabschnitt m, **Wärmebehandlungsstrecke** f furnace (surface-preparation) section (of a hot-dip metallizing line)
wärmebeständig resistant to heat, heat-resistant
Wärmebeständigkeit f resistance to heat, heat resistance, thermal stability
wärmebildsam thermoplastic
Wärmebildsamkeit f thermoplasticity
Wärmedehnung f thermal expansion
Wärmeeinflußzone f heat-affected zone (alongside the weld)
Wärmeeinwirkung f action (influence) of heat
wärmeempfindlich heat-sensitive
Wärmeempfindlichkeit f heat sensitivity
Wärmeenergie f thermal energy
Wärmefunktion f/**Gibbssche** Gibbs function, free enthalpy
wärmehärtbar, wärmehärtend thermosetting
Wärmeinhalt m s. Wärmefunktion/Gibbssche
Wärmekapazität f heat (thermal) capacity
Wärmeleitfähigkeit f, **Wärmeleitvermögen** n 1. thermal (heat) conductivity; 2. s. Wärmeleitzahl
Wärmeleitzahl f coefficient of thermal conduction, specific thermal conductivity
Wärmenachbehandlung f post-heating
Wärmepolymerisation f heat (thermal) polymerization
Wärmeschock m thermal shock
wärmeschockbeständig resistant to thermal shock
Wärmeschockbeständigkeit f thermal-shock resistance
Wärmespannung f thermal stress
Wärmespritzen n flame spraying (spray coating) (of plastics)
Wärmestabilisator m heat stabilizer (as for plastics)
Wärmestabilität f s. Wärmebeständigkeit
Warmformgebung f, **Warmformung** f hot forming (working)
warmgehend hot-operating
warmgewalzt hot-rolled
Warmhärte f hot hardness

Warmluftofen

Warmluftofen *m* hot-air oven
Warmriß *m* hot crack
Warmrißbildung *f* hot cracking
warmrißempfindlich susceptible to hot cracking
Warmrißempfindlichkeit *f* susceptibility to hot cracking
Warmspritzen *n* warm spray[ing]
Warmspülen *n* warm rinse (rinsing)
Warmwalzen *n* hot rolling
Warmwalzplattieren *n* hot roll-bonding
warten to maintain *(equipment)*
Wartung *f* maintenance
wartungsarm low-maintenance
wartungsfrei maintenance-free
Wartungskosten *pl* maintenance cost[s]
Wäscher *m* scrubber
Waschlauge *f* detergent solution
Waschmittel *n* washing agent, detergent
~/synthetisches [synthetic] detergent, synthetic soap
waschmittelbeständig resistant to detergents
Waschmittelbeständigkeit *f* resistance to detergents, detergent resistance
waschmittelfest *s.* waschmittelbeständig
Waschsoda *f* washing soda
Waschwasser *n* wash (rinse) water
Waschwirkung *f* detergent action
Washprimer *m* wash primer, etch[ing] primer, pre-treatment (self-etch) primer, wash coat, phosphate [etch] primer
Washprimeranstrich *m* wash-primer coat
Wasser *n* water
~/deionisiertes deionized (demineralized) water
~/destilliertes distilled water
~/entmineralisiertes (entsalztes) *s.* ~/deionisiertes
~/fließendes running water
~/hartes (kalkhaltiges) hard (scale-forming) water
~/vollentsalztes deionized water
~/weiches soft water, non-scaling (non-scale-forming) water
wasserabgeschreckt water-quenched
Wasserablaufprobe *f s.* Wasserbenetzungstest
Wasserabscheider *m* water separator
Wasserabschrecken *n* water quenching
Wasserabsorption *f* water absorption
wasserabstoßend, wasserabweisend water-repellent, hydrophobic

Wasseransammlung *f* collection of water
waseranziehend water-attracting, hygroscopic
Wasseranziehungsfähigkeit *f* hygroscopicity
Wasseraufbereitung *f* water conditioning
Wasseraufbereitungsanlage *f* water-conditioning plant
Wasseraufnahme *f* water absorption
Wasseraustauschgeschwindigkeit *f* rate of water change
Wasserbehandlung *f s.* Wasseraufbereitung
Wasserbenetzungstest *m* water break test *(for evaluating surface cleanliness)*
Wasserbeschaffenheit *f* water quality
wasserbeständig resistant to water, water-resistant
Wasserbeständigkeit *f* resistance to water, water resistance
Wasserblasenbildung *f* osmotic blistering
Wasserbruchtest *m s.* Wasserbenetzungstest
Wasserdampf *m* water vapour, steam
wasserdampfdicht *s.* wasserdampfundurchlässig
wasserdampfdurchlässig permeable to water vapour
Wasserdampfdurchlässigkeit *f* water-vapour transmission, WVT, moisture-vapour transmission, MVT, permeability to water vapour
wasserdampfundurchlässig moisture-proof, impervious to water vapour
Wasserdampfundurchlässigkeit *f* moisture proofness
wasserdicht *s.* wasserundurchlässig
wasserdurchlässig water-permeable
Wasserdurchlässigkeit *f* water permeability
Wassereinführstelle *f*, **Wassereintritt** *m* water inlet
Wassereinwirkung *f* action (influence) of water
Wasserenthärter *m s.* Wasserenthärtungsmittel
Wasserenthärtung *f* water softening
Wasserenthärtungsmittel *n* water softener
Wasserentsalzung *f* desalinization (demineralization) of water
Wasserentsalzungsapparat *m* desalter, demineralizer
Wasserentzug *m* abstraction (removal) of water
wasserfest *s.* wasserbeständig
Wasserfleck *m* water spot (stain)

wasserfrei moisture-free, anhydrous
Wassergehalt m water content
wassergesättigt water-saturated
wassergeschützt waterproof
Wassergüte f water quality
Wasserhärte f water hardness
Wasserhärten n water hardening *(of metals)*
Wasserhärtestahl m water-hardening steel
Wasser-in-Öl-Emulsion f water-in-oil-emulsion, W/O emulsion
Wasserinseltest m s. Wasserbenetzungstest
Wasserkorrosion f aqueous (wet) corrosion, corrosion by water, underwater (submerged, immersed) corrosion
Wasserkreislauf m water [re]cycle
Wasserlack m water-base enamel
Wasserleitung f 1. water[-supply] line; 2. s. Wasserleitungsrohr
Wasserleitungsrohr n water[-supply] pipe
Wasserlinie f water line
Wasserlinienkorrosion f water-line attack (corrosion, pitting)
wasserlöslich water-soluble
Wasserlöslichkeit f water solubility
Wassermischbarkeit f miscibility with water
wassernaß water-wet
Wasserreinigung f water purification
Wasserreinigungsanlage f water-purification plant
wasserresistent s. wasserbeständig
Wassersack m stagnant pocket *(improper design)*
Wasserschlag m impingement attack (corrosion, pitting)
Wassersprühprüfung f water-fog testing
Wasserstein m [mineral] scale
Wasserstoff m hydrogen
~/atomarer atomic hydrogen, monohydrogen
~/molekularer molecular hydrogen
~/naszierender nascent hydrogen
Wasserstoffabscheidung f hydrogen evolution (generation, liberation)
Wasserstoffakzeptor m hydrogen acceptor
Wasserstoffangriff m hydrogen attack
Wasserstoffansammlung f hydrogen build-up *(in materials)*
Wasserstoffaufnahme f hydrogen uptake (pick-up)
Wasserstoffauftreibung f hydrogen swell *(of tin cans)*
Wasserstoffaustausch m hydrogen[-cycle] cation exchange *(in water treatment)*

Wasserstoffaustreiben n *(plat)* hydrogen-embrittlement relief treatment *(a thermal aftertreatment)*
wasserstoffbeladen hydrogen-charged
Wasserstoffbeladung f hydrogen charge
wasserstoffbeständig resistant to hydrogen, hydrogen-resistant
Wasserstoffbeständigkeit f resistance to hydrogen, hydrogen resistance
Wasserstoffbindungsparameter m hydrogen bonding parameter
Wasserstoffbläschen n hydrogen bubble
Wasserstoffblase f hydrogen blister (pocket) *(in metals)*; hydrogen bubble *(in liquids)*
Wasserstoffblasenbildung f hydrogen blistering *(in metals)*
Wasserstoffbrüchigkeit f s. Wasserstoffsprödigkeit
Wasserstoffbrückenbindung f hydrogen bond
Wasserstoffdruck m hydrogen pressure
Wasserstoffelektrode f hydrogen electrode
~/reversible reversible hydrogen electrode, RHE
wasserstoffempfindlich susceptible to hydrogen
Wasserstoffempfindlichkeit f susceptibility to hydrogen
Wasserstoffentschwefelung f hydrodesulphurization
Wasserstoffentwicklung f hydrogen evolution (generation, liberation)
Wasserstoffexponent m pH value
wasserstofffrei hydrogen-free
Wasserstoffgas n hydrogen gas
Wasserstoffgehalt m hydrogen content
wasserstoffhaltig containing hydrogen, hydrogen-containing
wasserstoffinduziert hydrogen-induced, hydrogen-caused
Wasserstoffion n hydrogen ion
Wasserstoffionenaktivität f hydrogen-ion activity
Wasserstoffionenexponent m pH value
Wasserstoffionenkonzentration f hydrogen-ion concentration
Wasserstoffkorrosion f hydrogen-type corrosion, acid corrosion
Wasserstoffkorrosionstyp m hydrogen-evolution type of corrosion
Wasserstoffkrankheit f hydrogen disease (cracking)

Wasserstoffperoxidbehandlung

Wasserstoffperoxidbehandlung f *(plat)* peroxide dip *(for purifying nickel baths)*
Wasserstoffpore f *(plat)* gas pit *(in nickel deposits with lacking wetting agent)*
Wasserstoffpotential n hydrogen potential
Wasserstoffrißkorrosion f hydrogen cracking *(disease)*
Wasserstoff-Rißkorrosionsempfindlichkeit f susceptibility to hydrogen cracking
Wasserstoffschädigung f hydrogen damage *(collectively for hydrogen blistering, hydrogen embrittlement, decarburization, and hydrogen attack)*
Wasserstoffskala f hydrogen scale *(of electrode potentials, referred to the potential of a standard hydrogen electrode = 0.0000 V)*
Wasserstoffsonde f hydrogen probe
Wasserstoffsprödigkeit f acid brittleness
Wasserstoffüberspannung f hydrogen overvoltage (overpotential)
Wasserstoffversprödung f hydrogen embrittlement
Wassertauchversuch m water immersion test
Wassertaupunkt m dew point of water
wasserundurchlässig impermeable to water, water-tight, waterproof
Wasserundurchlässigkeit f impermeability to water, water-tightness, waterproofness
wasserverdrängend water-displacing
Wasserverdränger m dewatering fluid (agent)
Wasserverschmutzung f water pollution
Wasserversorgungsanlage f water-supply plant
Wasserversorgungsleitung f water-supply line
Wasserverunreinigung f 1. water pollution; 2. water impurity *(substance)*
Wasserwechselzone f tidal zone, region between low and high tide
Wasser-Zement-Faktor m, **Wasser-Zement-Wert** m water/cement ratio
Watts-Bad n s. Watts-Elektrolyt
Watts-Elektrolyt m Watts bath, Watts [nickel] solution *(main constituents nickel sulphate and nickel chloride)*
Wechselbeanspruchung f alternating stress
Wechselbelastung f alternating load
Wechselbetauungsversuch m dew cycle test
Wechsellastbeanspruchung f alternating stress

Wechselsprühversuch m intermittent spray test
Wechselstrom m alternating current, a.c., ac., A.C., AC
Wechselstromanteil m *(plat)* alternating current component, [a.c.] ripple
Wechselstromelektrolyse f a.c. electrolysis
Wechselstromkorrosion f a.c. [stray-current] corrosion
Wechselstrom-Streustrom m stray alternating current, stray a.c.
Wechselstromversorgung f a.c. [power] supply
Wechseltauchen n *(test)* alternating (intermittent) immersion
Wechseltauchgerät n alternating (intermittent) immersion apparatus
Wechseltauchprüfung f alternating (intermittent) immersion testing
Wechseltauchversuch m alternating (intermittent) immersion test
Wechseltest m, **Wechselversuch** m alternating (intermittent, dynamic) test
Wechselwirkung f interaction ● **in ~ stehen** to interact
~/interionische ionic interaction, interionic action
~/intermolekulare (zwischenmolekulare) molecular interaction
wegätzen to etch away
wegdiffundieren to diffuse away
Weglänge f/**freie** free path
~/mittlere freie mean free path
Weichblei n pure lead
Weicheisen n soft iron
weichglühen to spheroidize
Weichglühen n spheroidization
Weichharz n soft resin
Weichlot n soft solder
Weichlöten n soft soldering
weichmachen 1. to plasticize, to plastify, to soften *(plastics)*; 2. to soften *(water)*
Weichmacher m plasticizer
~/lösender s. ~/primärer
~/nichtlösender s. ~/sekundärer
~/polymerer resinous plasticizer
~/primärer primary plasticizer
~/sekundärer secondary plasticizer
~/temporärer transient plasticizer
Weichmacherverlust m loss of plasticizer
Weichmacherwanderung f plasticizer migration

Weichmacherwirksamkeit f plasticizing efficiency
Weichmachung f 1. plasticization, plastification, softening (as of plastics); 2. softening (of water)
~/innere internal plasticization
Weichpolyvinylchlorid n, **Weich-PVC** n flexible (plasticized) PVC
Weichstahl m mild (soft) steel (carbon content not more than 0.25 %)
Weichwasser n soft water, non-scaling (non-scale-forming) water
Weinstein m (plat) cream of tartar (potassium hydrogentartrate)
Weißanlaufen n (paint) blooming, blushing
Weißbeize f white pickling
Weiß-Bezirk m (cryst) Weiss [molecular magnetic] field
Weißblech n tin-plate, tinplate
~/elektrochemisch erzeugtes (verzinntes) electro[lytic] tin-plate
~/feuerverzinntes hot-dipped tin-plate, hot-tinned sheet
~ I. Wahl prime sheets, primes
~ II. Wahl second sheets, seconds
Weißblechdose f tin[-plate] can, tinplate (tinplated) can
Weißblechfolie f tin-plate foil (thickness from 0.025 to 0.075 mm)
Weißblechherstellung f tin-plate manufacture, sheet tinning
Weißblech-Konservendose f packers' can
Weißbrennen n bright pickling (of zinc)
Weißemail n white enamel
Weißguß m white cast iron
Weißkorrosion f white-bloom corrosion, white rusting (of zinc)
Weißlack m white enamel
Weißmessing n white brass
Weißmetall n white metal (any of several bearing metals)
Weißpigment n white pigment
Weißrost m white rust (bloom, stain), wet storage stain (basic zinc carbonate)
Weiteroxydation f further oxidation
wellig wavy, wave-like, undulating (surfaces)
Welligkeit f 1. waviness (of surfaces); 2. (plat) [a.c.] ripple (of rectified alternating current)
Wenner-Verfahren n Wenner method (technique) (for measuring soil resistivities)
Werkblei n crude (pig) lead

werksbeschichtet factory-coated, shop-coated
Werksbeschichtung f factory coating, shop (in-house) coating
Werkstatt f/**galvanische** [electro]plating shop
Werkstattgrundanstrich m, **Werkstattgrundierung** f shop-applied priming coat
Werkstoff m material
~/keramometallischer s. **~/metallkeramischer**
~/metallischer metallic material
~/metallkeramischer (mischkeramischer) cermet, ceramal, metal ceramic
~/nichtmetallischer non-metallic material
~/pulvermetallurgischer s. **~/metallkeramischer**
Werkstoffauswahl f material selection, selection of suitable material
Werkstoffkenndaten pl, **Werkstoffkennwerte** mpl materials (properties) data
Werkstoffkombination f couple (of dissimilar materials)
Werkstoffkunde f materials science
Werkstoff-Medium-Potential n material-medium potential
Werkstoffpaarung f 1. coupling of materials; 2. s. Werkstoffkombination
Werkstoffprüfung f materials testing
~/zerstörende destructive materials testing
~/zerstörungsfreie non-destructive materials testing
Werkstoffschädigung f materials damage
Werkstoffwissenschaft f materials science
Werkstoffzerstörung f destruction of materials
Werkstück n workpiece, work [part], piece of work
Werkstückträger m (plat) work suspender, spline
Werksumhüllung f factory sheathing
Werkzeug n/**funkenfreies (funkensicheres)** spark-proof (non-sparking) tool
Werterhaltung f salvage [operation]
Wertigkeit f/**elektrochemische** electrochemical valence, electrovalence
Wertigkeitsstufe f valence state
Wertminderung f deterioration
Weston-Normalelement n Weston [normal, standard] cell, Weston saturated cadmium cell
~/ungesättigtes s. Weston-Standardelement

Weston-Standardelement

Weston-Standardelement *n* unsaturated Weston cell
wetterbeständig, wetterfest *s.* witterungsbeständig
Wetterkammer *f (test)* [controlled] humidity cabinet, humidity chamber
Wetter[prüf]stand *m* atmospheric test installation
Wheatstone-Brücke *f* Wheatstone bridge
Whisker *m (cryst)* whisker
Wickelband *n* wrapping tape
Wickelmaschine *f* wrapping machine
Wickelschicht *f* wrap[ping]
Wickelstoff *m* wrapping [material], wrap[per]
Widerstand *m/elektrischer* electrical resistance
~/innerer internal resistance
~/kapazitiver capacitance
~ Null zero resistance
~/ohmscher ohmic resistance
~/spezifischer [elektrischer] resistivity
Widerstandsänderung *f* change in resistance
widerstanderhöhend resistance-raising
Widerstanderwärmung *f/elektrische* resistance heating
widerstandsfähig durable, stable, resistant
~ gegen Korrosion resistant to corrosion, corrosion-resistant, corrosion-resisting
Widerstandsfähigkeit *f* durability, stability, resistivity, resistance *(for compounds s.* Beständigkeit*)*
Widerstandsmeßgerät *n* electrical-resistance measuring instrument
Widerstandsmeßmethode *f* electrical-resistance method *(for investigating the course of corrosion)*
Widerstandspolarisation *f* resistance (ohmic) polarization (overpotential), IR drop, iR drop
Widerstandsschweißen *n* resistance welding
Widerstandsüberspannung *f s.* Widerstandspolarisation
widerstehen to withstand, to stand up against
Wiederabscheidung *f* redeposition
wiederauflösen to redissolve, to resolutionize *(e.g. a coating)*
Wiederauflösung *f* redissolution, resolutionizing *(as of a coating)*
Wiederausfallen *n*, **Wiederausfällen** *n* reprecipitation

Wiedererwärmung *f* reheating
Wiederholungsanstrich *m* 1. repainting; 2. repaint coating ● **mit einem ~ versehen** to repaint
Wiederholungsbeschichtung *f* recoating
wiedervereinigen/sich to recombine *(e.g. of hydrogen atoms)*
Wiedervereinigung *f* recombination *(as of hydrogen atoms)*
Windkessel *m* air receiver (vessel)
Winkel *m/Braggscher (test)* Bragg angle
~/toter inaccessible corner
Wirbelbett *n* fluid (fluidized) bed
~/elektrostatisches electrofluidized bed, electrostatic fluidized bed
Wirbelschicht *f s.* Wirbelbett
Wirbelsinterbeschichten *n* fluid[ized]-bed coating
Wirbelsintergerät *n* fluid[ized]-bed coater
Wirbelsintern *n s.* Wirbelsinterbeschichten
Wirbelsinterpulver *n* fluid[ized]-bed coating powder
Wirbelstrom *m* eddy current
Wirbelstromgerät *n* eddy-current instrument
Wirbelstromverfahren *n* eddy-current method *(for determining the thickness of coatings)*
Wirkmechanismus *m* mechanism of action
wirksam/katodisch cathodically effective
Wirkstrom *m* active current
Wirkung *f* action, influence; effect
~/andauernde (dauernde) permanent action; permanent effect
~/einebnende *(plat)* levelling action
~/hemmende (inhibierende) inhibitive action
~/kombinierte conjoint action
~/korrodierende (korrosive) corrosive action
~/schützende protective action
~/selektive selectivity
~/stabilisierende stabilizing action
~/synergistische synergistic (synergic, conjoint) action; synerg[ist]ic effect
~/zerstörende destructive action
Wirkungsbereich *m* range of activity *(as of inhibitors)*
Wirkungsbreite *f s.* Wirkungsspektrum
Wirkungsmechanismus *m* mechanism of action
Wirkungsspektrum *n* spectrum of activity *(as of inhibitors)*
Wirkwiderstand *m* ohmic resistance

Wirt[s]gitter *n (cryst)* host lattice
wischen to wipe *(melted metallic coating material over large articles)*; to swab *(rust preventives over metal surfaces)*
Wischtest *m* wiping (wipe) test *(for estimating surface cleanliness)*
wischverbleien to lead-coat by wiping
Wischverfahren *n* wiping process *(for applying tin or lead coatings)*
wischverzinnen to tin by wiping
witterungsbeständig weather-resistant, weather-resisting, resistant to weathering
Witterungsbeständigkeit *f* weather[ing] resistance, resistance to weathering, weatherability
Witterungsverhalten *n* weathering (outdoor) performance
Wöhler-Kurve *f*, **Wöhler-Linie** *f* fatigue[-life] curve, *S/N* [fatigue] curve, stress vs. number of cycles curve
Wöhler-Versuch *m* Wöhler (one-stage) test *(for determining the fatigue limit)*
Wolfram *n* tungsten, wolfram
Wolframbronze *f* tungsten bronze
Wolframsilicid *n* tungsten silicide
wolkig grey (commercial) blast *(degree of blast cleaning)*
Wollfett *n/* **gereinigtes** lanolin[e]
WS-... *s.* Wirbelsinter...
Würfel *m (plat)* square *(for anode bags)*
Wurzelharz *n*, **Wurzelkolophonium** *n* wood rosin
Wurzelterpentinöl *n* wood turpentine
Wüstit *m* wüstite *(iron(II) oxide)*
W-Z-Wert *m s.* Wasser-Zement-Faktor

X

Xanthogenat *n (plat)* xanthate *(brightener)*
xenomorph *(cryst)* xenomorphic, allotriomorphic

Z

zäh tough, tenaceous
Zähbruch *m* ductile (fibrous) fracture (rupture)
~/ebener dimple fracture
zähflüssig viscid, viscous, semiliquid, ropy, thick, *(paint also)* heavy-bodied

Zähflüssigkeit *f* viscidity, viscosity, ropiness, thickness
Zähigkeit *f* toughness, tenacity
Zähigkeitsverlust *m* loss in toughness
Zahl *f/***Faradaysche** Faraday's number, Faraday [constant] *(unit of electric charge)*
~/Nusseltsche Nusselt number *(characterizing mass transfer through a layer)*
~/Pecletsche Peclet number *(for transferring pilot-plant data to full-scale units)*
~/Poissonsche 1. Poisson ratio *(ratio of the transverse contracting strain to the elongation strain)*; 2. Poisson number (constant) *(reciprocal of Poisson ratio)*
~/Reynoldssche Reynolds number *(fluid mechanics)*
Z-Diode *(cath)* Zener diode
Zeit *f/***offene** *(paint)* wet-edge time
zeitabhängig time-dependent
Zeitabhängigkeit *f* time dependence
Zeitbruch *m* delayed (sustained load) failure
Zeitfestigkeit *f s.* Dauerschwingfestigkeit
Zeitgesetz *n (cryst)* growth law
~/kubisches cubic [growth] law
~/lineares linear [growth] law, rectilinear growth law
~/logarithmisches logarithmic [growth] law, direct logarithmic law
~/parabolisches parabolic [growth] law, Wagner equation
~/reziprok-logarithmisches inverse-logarithmic [growth] law, Mott-Cabrera equation
Zeitrelais *n (plat)* timer, timing mechanism *(for periodic reverse of current)*
Zeitschaltgerät *n (cath)* timer
Zeitstandbruch *m s.* Zeitbruch
Zeitstandversuch *m* **mit konstanter Last** static-load fatigue test
Zeit-Temperatur-Kornzerfallskurve *f* time-temperature-sensitivity curve, TTS curve
Zeit-Temperatur-Kornzerfallsschaubild *n* time-temperature-sensitivity diagram, TTS diagram
Zellbildung *f (cryst)* cell formation *(by motion of dislocations)*
Zelle *f* 1. *(cryst)* [dislocation] cell *(an area poor in dislocations)*; 2. *s.* ~/elektrochemische
~/elektrochemische (galvanische) [electrochemical] cell, galvanic cell (couple)
~ nach Haring und Blum *(plat)* Haring[-Blum] cell *(for determining the throwing power of a plating solution)*

Zelle

~/reversible reversible cell
Zellenautomat *m (plat)* multicompartmented unit
Zellenspannung *f s.* Zellspannung
Zellenstruktur *f* cellular structure
Zellgrenze *f (cryst)* cell boundary *(approximately linear district of accumulated dislocations)*
Zellspannung *f* cell potential (voltage)
Zellulose... *s.* Cellulose...
Zement *m* cement
~/hydrophober *s.* ~/wasserabstoßender
~/sulfatbeständiger sulphate-resisting cement
~/wasserabstoßender (wasserabweisender) hydrophobe (water-repellent) cement
~/wasserdichter *s.* ~/wasserabstoßender
Zementanstrichstoff *m* cement paint (finish)
Zementation *f* 1. cementation *(precipitation of a metal from salt solution by the action of a less noble one)*; 2. *s.* Zementieren
Zementationsgas *n* carburizing gas
Zementationshärten *n* case-hardening *(carburizing and subsequent hardening)*
Zementationsmittel *n* carburizing material (medium, agent), cementing material *(for hardening metal surfaces)*
Zementationspulver *n* carburizing powder
Zementationsschicht *f* carburizing case
zementieren 1. to cement *(a metal by a less noble one)*; 2. to carburize *(wrought iron in charcoal powder)*
~/in festen Mitteln to pack-curburize
~/in gasförmigen Mitteln to gas-carburize
Zementieren *n* carburizing, carburization *(of wrought iron in charcoal powder)*
Zementierofen *m* carburizing furnace (oven)
Zementit *m* cementite *(a carbide of iron)*
Zementleim *m* cement paste
Zementmörtel *m* cement mortar (plaster)
Zementmörtelauskleidung *f* cement-mortar lining
Zement[schutz]schicht *f* cement coating
Zentrifugieren *n (paint)* centrifugal painting (finishing)
Zentrum *n/aktives* active site (spot, centre), activation site
Zerfall *m* fragmentation, disintegration *(physically)*; decomposition *(chemically)*
~ durch Wärme thermolysis
zerfallen to fragment, to fall apart, to disintegrate *(physically)*; to decompose *(chemically)*

Zerfallsprodukt *n* fragmentation (disintegration) product; decomposition product
zerfließlich deliquescent
zerfressen to corrode, to eat
Zerreißfestigkeit *f* resistance to tear[ing], tear resistance (strength), cohesive strength
Zerreißmaschine *f* tensile-testing (tension-testing) machine
Zerreißstab *m* tensile bar, tension test bar
zersetzen to decompose
~/sich to decompose, to degrade
Zersetzung *f* decomposition, degradation
~/bakterielle bacterial decomposition (degradation)
~ durch Licht photolysis
~/graphitische graphitization, graphitic corrosion, spongiosis
~/thermische thermal decomposition (degradation)
Zersetzungspotential *n* decomposition potential
Zersetzungsprodukt *n* decomposition (degradation) product
Zersetzungsreaktion *f* decomposition (degradative) reaction
Zersetzungsspannung *f* decomposition voltage
zersplittern to spall
zersprühen to atomize
zerstäuben 1. to atomize; 2. to sputter [cathodically] *(by heavy-ion impact in vacuum)*
Zerstäuben *n* 1. atomization; 2. [cathodic] sputtering *(by heavy-ion impact in vacuum)*
~ ohne Druckluft airless atomization
~/reaktives reactive (chemical) sputtering
Zerstäuber *m* atomizer
Zerstäuberluft *f*, **Zerstäubungsluft** *f* atomizing air
Zerstäubungstest *m* atomizer test *(for evaluating the cleanliness of surfaces)*
zerstören to destroy
zerstörend destructive
zerstört werden to be destroyed, to fail; to break down *(passive films)*
Zerstörung *f* destruction, disintegration; breakdown *(of passive films)*
~/völlige (vollständige) complete destruction
Zerstörungsart *f* mode of destruction
zerstörungsfrei non-destructive
Zerstörungsgrad *m* degree of destruction
Zerstörungsvorgang *m* destruction process

zerteilen to disperse; to peptize, to deflocculate *(colloids)*
Zerteilung f dispersion; peptization, deflocculation *(of colloids)*
Zeta-Potential n zeta (electrokinetic) potential, ζ potential
Ziehbeanspruchung f s. Zugbeanspruchung
ziehen/Fäden to cobweb, to stringe *(paint spraying)*
Ziehgeschwindigkeit f withdrawal rate *(dip coating)*
Zieh[hilfs]mittel n drawing compound
ziehschleifen to hone
Ziehspachtel m knifing (paste) filler, knifing stopper
Ziehspuren fpl draw marks
Zimmerluft f room air
Zimmertemperatur f room temperature
Zimtsäure f cinnamic acid *(corrosion inhibitor)*
Zink n zinc
~/elektrochemisch (galvanisch) abgeschiedenes electrozinc
Zinkanode f zinc anode
zinkarm poor in zinc, low-zinc
Zinkasche f zinc oxide
Zinkauflage f 1. zinc coating weight; 2. s. Zinkschutzschicht
Zinkbad n s. 1. Zinkelektrolyt; 2. Zinkschmelze
~/schmelzflüssiges s. Zinkschmelze
Zinkbasislegierung f zinc-base alloy
Zinkblech n 1. sheet zinc; 2. s. Blech/verzinktes
Zinkblumen fpl spangles
zinkblumenarm low-spangle
Zinkblumenbildung f spangle formation
zinkblumenfrei spangle-free, devoid of spangle, minimum-spangle
Zinkblumenmuster n spangle, spangled surface finish
Zinkchloridelektrolyt m chloride zinc plating bath (solution)
Zinkchromat n zinc chromate, *(paint also)* zinc yellow
Zinkchromatanstrichstoff m zinc chromate paint (coating), zinc yellow paint
Zinkchromat-Grundanstrichstoff m zinc chromate (yellow) primer
Zinkchromatgrundierung f, **Zinkchromatprimer** m s. Zinkchromat-Grundanstrichstoff
Zinkcyanid n zinc cyanide, *(plat also)* double cyanide of zinc

Zinkdiphosphatelektrolyt m diphosphate zinc plating bath (solution)
Zinkeinlaufgrube f s. Zinkkessel
Zinkelektrode f zinc electrode
Zinkelektrolyt m zinc plating bath (solution)
~/cyanidischer cyanide zinc plating bath (solution)
~/saurer acid zinc plating bath (solution)
~/schwefelsaurer s. Zinksulfatelektrolyt
Zinkfluoroboratelektrolyt m zinc fluoroborate plating bath (solution)
zinkfrei zinc-free
Zinkgelb n zinc yellow
zinkhaltig zinc-containing, zinc-bearing
Zinkkessel m galvanizing kettle (pot), zinc-bath kettle (container)
Zinklegierung f zinc-base alloy
Zinkoxid n zinc oxide
~/bleihaltiges *(paint)* leaded zinc oxide
Zinkphosphatanstrichstoff m zinc phosphate paint
Zinkphosphatbad n s. Zinkphosphatierlösung
Zinkphospatierlösung f zinc phosphating solution, zinc phosphate bath
zinkphosphatiert zinc-phosphated
Zinkphosphatierung f zinc phosphating
Zinkphosphat[schutz]schicht f zinc phosphate coat[ing]
Zinkphosphatüberzug m s. Zinkphosphat[schutz]schicht
Zinkphosphatverfahren n zinc phosphate process *(for phosphating metals)*
zinkreich rich in zinc, zinc-rich, high-zinc
Zinkrost m white rust (bloom, stain), wet-storage stain *(basic zinc carbonate)*
Zinkschicht f s. Zinkschutzschicht
Zinkschmelze f zinc (galvanizing) bath, molten zinc
Zinkschutzschicht f zinc (galvanized) coating, zinc deposit
~/elektrochemisch hergestellte zinc-plated (zinc-electroplate) coating
~/feuermetallische hot-dipped zinc coating, hot-dip galvanized coating
~/galvanisch hergestellte s. ~/elektrochemisch hergestellte
~/sherardisierte sherardized [zinc] coating
Zinkseife f zinc soap
Zinkspritzschicht f sprayed zinc coating, zinc spray
Zinkstaub m zinc dust, metallic zinc powder

Zinkstaubanstrich *m* zinc-rich paint coat[ing]
Zinkstaubanstrichstoff *m* zinc-rich paint (coating), zinc (zinc dust, zinc-pigmented) paint, metallic zinc[-rich] paint
~/anorganischer inorganic zinc-rich paint
~/organischer organic zinc-rich paint
Zinkstaubfarbe *f s.* Zinkstaubanstrichstoff
Zinkstaubgrundanstrich *m* zinc-rich (zinc dust) primer coat
~/[über]schweißbarer zinc welding primer coat
Zinkstaubgrundfarbe *f* zinc-rich (zinc dust) primer
~/[über]schweißbare zinc welding primer
Zinkstaubgrundierung *f s.* 1. Zinkstaubgrundfarbe; 2. Zinkstaubgrundanstrich
Zinkstaubgrundlack *m s.* Zinkstaubgrundfarbe
Zinkstaublack *m s.* Zinkstaubanstrichstoff
Zinkstaubpigment *n* zinc-dust pigment
zinkstaubpigmentiert zinc-pigmented
Zinkstaubprimer *m* zinc-rich (zinc dust) primer
Zinkstaub-Rostschutzgrundlack *m s.* Zinkstaubgrundfarbe
Zinkstaub-Silicat-Anstrichstoff *m* zinc-silicate paint
Zinkstaub-Silicat-Grundanstrichstoff *m* zinc-silicate primer
Zinksulfatelektrolyt *m* sulphate zinc plating bath (solution)
Zinktetrahydroxychromat *n* zinc tetrahydroxychromate, basic zinc chromate
Zinküberzug *m s.* Zinkschutzschicht
Zinkwanne *f* galvanizing pit *(of a galvanizing line)*
Zinkweiß *n* zinc white (oxide)
Zinn *n* tin
~/elektrolytisch (galvanisch) abgeschiedenes electrotin
Zinnanode *f* tin anode
zinnarm poor in tin, low-tin
Zinnbad *n s.* 1. Zinnelektrolyt; 2. Zinnschmelze
~/schmelzflüssiges *s.* Zinnschmelze
Zinnbronze *f* tin bronze
Zinnelektrolyt *m* tin plating bath (solution)
~/alkalischer alkaline stannate bath
~/saurer acid tin plating bath (solution)
~/schwefelsaurer *s.* Zinnsulfatelektrolyt
Zinnfolie *f* tin foil

zinnhaltig tin-containing, tin-bearing
Zinnkessel *m* tinning kettle (pot)
Zinnlegierung *f* tin-base alloy
Zinnpest *f* tin pest
zinnreich rich in tin, tin-rich, high-tin
Zinnschicht *f s.* Zinnschutzschicht
Zinnschmelze *f* [molten-]tin bath, molten tin
Zinnschutzschicht *f* tin coating
~/im Tauchverfahren hergestellte immersion tin coating
Zinnsulfatelektrolyt *m* sulphate tin plating bath (solution), stannous sulphate bath
Zinnüberzug *m* 1. tin cladding; 2. *s.* Zinnschutzschicht
Zirconiumlegierung *f* zirconium-base alloy
Zirkulardrahtbürste *f* rotary wire brush, rotating wire wheel
Zirkulationssystem *n* circulating (closed) system
Zone *f/ausscheidungsfreie* precipitation-free (precipitate-free) zone, PFZ
~/oberflächennahe subsurface
~/verarmte denuded zone *(grain-boundary corrosion)*
~/verbotene energy gap, forbidden band
zubereiten to prepare; to formulate *(according to a recipe)*
Zubereitung *f* preparation; formulation *(according to a recipe)*
Zubruchgehen *n* cracking failure
Zudiffusion *f* arrival *(of diffusing ions or molecules)*, diffusion *(as towards a surface)*
zudosieren to charge
Zufuhr *f* supply *(as of current or gas)*
zuführen to supply *(e.g. current, gas)*
zugänglich accessible *(proper design)*
Zugänglichkeit *f* accessibility *(proper design)*
Zugbeanspruchung *f* tensile stress
Zugbelastung *f* tensile loading
Zug-Druck-Prüfmaschine *f* push-pull machine
Zugeigenspannung *f s.* Zugspannung/innere
Zugfestigkeit *f* [ultimate] tensile strength
Zugfestigkeitsprüfmaschine *f* tensile (tension) testing machine
Zugfestigkeitsprüfung *f* tensile (tension) testing
Zugfestigkeitsverlust *m* loss in tensile strength
Zugfestigkeitsversuch *m* tensile (tension) test

Zugkraft f tensile force
Zuglast f tensile load
Zugprobe f tensile-test (tension-test) specimen (piece), tensile (tension) specimen
Zugprüfmaschine f tensile (tension) testing machine
Zugprüfstab m tensile bar, tension test bar
Zugprüfung f tensile (tension) testing
Zugspannung f tensile stress, tension[al] stress
~/innere internal tensile (tension) stress, residual tensile stress, contractive stress
~/kritische threshold stress [intensity, level]
Zugstab m s. Zugprüfstab
Zugversuch m tensile (tension) test
~ mit konstanter Dehngeschwindigkeit constant-extension-rate test
zuheilen to heal *(defects in protective films)*
Zulassungsprüfung f acceptance testing
zulegieren to add *(in order to form an alloy)*
Zunder m scale, oxide (oxidation, surface) scale *(esp on iron)*
Zunderausbildung f s. Zunderbildung
Zunderausblühungen fpl scale nodules
Zunderbelag m s. Zunderschicht
zunderbeständig resistant to scaling, scaling-resistant
Zunderbeständigkeit f resistance to scaling, scaling resistance
Zunderbildung f scale (oxide-scale) formation
Zunderentfernung f scale (oxide-scale) removal (detachment)
zunderfest s. zunderbeständig
zunderfrei free from oxide scale, scale-free
Zundergeschwindigkeit f s. Zunderungsgeschwindigkeit
Zunderhaftung f scale (oxide-scale) adhesion (adherence)
Zundern n scaling
Zunderprüfung f testing for oxide scale, oxidation testing
Zunderschicht f scale (oxide) layer
~/schützende scale coating, protective scale
Zunderschutz m prevention of [oxide] scale
Zundertheorie f/**Wagnersche** Wagner's [oxidation] theory, Wagner's model, Wagner mechanism, tarnishing theory
Zunderung f scaling
zunderungsbeständig s. zunderbeständig
Zunderungsgeschwindigkeit f rate of scaling, oxidation rate

Zunderverhalten n scaling (oxidation) behaviour
Zundervorgang m scaling process
zurückgewinnen to recover
zurückhalten to trap *(e.g. corrosive agents in recesses)*
zurückprallen to rebound *(sprayed particles)*
zurückverwandeln to reconvert
~/sich to reconvert
zurückziehen/sich to retract, to run away *(coatings)*
zusammenbacken to agglomerate
zusammenballen/sich to agglomerate
zusammenbrechen to break down *(potential)*
zusammenfließen to coalesce
Zusammenfließen n coalescence
zusammenfritten to agglomerate *(under the influence of heat)*, to cake
Zusammenhalt m coherence
zusammenkleben to stick together
zusammenschmelzen to melt (fuse) together
Zusammensetzung f 1. composition; 2. *(plat)* formulation *(of a bath)*
~/schwankende ill-defined composition
zusammensintern s. zusammenfritten
Zusammenstoß m collision *(as of particles)*
zusammenstoßen to collide *(e.g. particles)*
zusammenziehen/sich to de-wet *(hot-dipped coatings)*
Zusatz m additive, addition agent; alloying addition, dopant, dope
~ der 2. Klasse *(plat)* secondary additive
~/einebnender *(plat)* levelling additive
~/kornverfeinernder grain-refining additive
Zusatzelektrode f *(cath)* booster
zusatzfrei additive-free, plain
Zusatzkesselspeisewasser n make-up [water] *(for boilers)*
Zusatzlack m make-up paint *(in dipping)*
Zusatzmetall n s. Zuschlagmetall
Zusatzmittel n, **Zusatzstoff** m s. Zusatz
Zusatzwasser n make-up [water] *(for boilers)*
zuschlagen to add, to dope *(alloying constituents)*; to add *(flux)*
Zuschlagmetall n alloying addition, dopant, dope
Zuschußwasser n make-up [water] *(for boilers)*
zusetzen 1. to add, to dope *(e.g. corrosion inhibitors)*; 2. to clog [up] *(apertures)*
~/sich to clog [up] *(apertures)*
Zustand m/**aktiver** active state

Zustand

~/**eutektischer** eutectic state
~/**passiver** passive state
~/**stabiler (stationärer)** steady state
~/**transpassiver** transpassive state
Zustandsänderung f change of (in) state
Zustandsbereich m/**metastabiler** region of metastability *(in a Pourbaix diagram)*
~/**passiver** passive range (region), region of passivity, *(in a Pourbaix diagram also)* passivation area (zone)
Zustandsdiagramm n phase (equilibrium) diagram, constitution[al] diagram
Zustandsgleichung f equation of state
Zutritt m access *(as of moisture, air)*
zuverlässig reliable
Zuverlässigkeit f reliability
Zuwanderung f s. Zudiffusion
Zwangdurchlaufdampferzeuger m, **Zwangdurchlaufkessel** m once-through boiler
Zweibadverfahren n double-sweep method *(of hot-dip tinning)*
Zweibadverzinnung f double-sweep tinning
Zweidrahtpistole f two-wire gun, twin-wire torch
Zweifachelektrode f double electrode
Zweikammerentfetter m, **Zweikammer-Entfettungsapparat** m two-compartment degreaser
Zweikesselverfahren n s. Zweibadverfahren
Zweikomponentenanstrich m two-component coating
Zweikomponentenanstrichstoff m two-component paint (coating), two-pack (two-pot, two-can) paint
Zweikomponenten-Epoxidharz-Anstrichstoff m two-component (two-pack) epoxy coating
Zweikomponenten-Polyurethan-Anstrichstoff m two-component (two-pack) urethane coating
Zweikomponentenprimer m two-pack primer
Zweikomponenten-Spritzanlage f two-component spray plant, catalyst spray plant
Zweikomponenten-Spritzpistole f two-component spray gun, two-nozzle (two-headed) spray gun, catalyst spray gun
Zweikomponentensystem n binary (two-component) system
Zweikopfgießmaschine f two-headed curtain coater
zweilagig double-layer[ed], two-layer
zweipfadig *(plat)* double-track

Zweiphasenreiniger m diphase [emulsion] cleaner
Zweiphasenreinigung f diphase cleaning
zweiphasig two-phase
Zweipol m dipole
Zweipunkt-Biegeprobe f two-point bend (loaded) specimen
Zweischichtaufbau m two-coat [paint] system
zweischichtig double-layer[ed], two-layer; double-coat, two-coat
Zweistoffeutektikum n binary eutectic system
Zweistoffgemisch n binary mixture
Zweistofflegierung f binary alloy
Zweistoffsystem n binary (two-component) system
zweistraßig *(plat)* double-track
Zweistufenlackierung f reactive ground coat method
Zweistufenprozeß m two-stage process
Zweistufenversuch m two-stage test
Zweitopfprimer m two-pack primer
Zweiwagensystem n *(plat)* duplex carriage system
Zwilling m *(cryst)* twin
Zwillingsbildung f *(cryst)* twin formation
Zwillingsebene f *(cryst)* twin plane
Zwischenanstrich m undercoat[ing], intermediate (pre-paint) coating, intercoat
Zwischenanstrichstoff m undercoat [paint], undercoater, undercoating, pre-paint coating
zwischenatomar interatomic
Zwischenbehandlung f intermediate treatment
Zwischenbelag m intermediate layer
zwischengelagert interposed
Zwischengitteratom n interstitial atom
Zwischengitterion n interstitial ion
Zwischengitterplatz m, **Zwischengitterstelle** f interstitial [lattice] site, interstitial position
zwischenkristallin intergranular, intercrystalline
Zwischenphasenenergie f interfacial energy
Zwischenprodukt n intermediate [product]
Zwischenreaktion f intermediate reaction
Zwischenschicht f 1. intermediate coating (layer) *(as of a protective coating system)*, *(plat also)* intermediate deposit, underlayer, undercoat; 2. s. Zwischenanstrich; 3. binder *(for promoting adhesion)*

Zwischenschichthaftfestigkeit f adhesion between coatings, *(paint also)* intercoat adhesion
Zwischenspülen n intermediate rinsing (rinse)
Zwischenstufenbildung f bainite formation
Zwischenstufengefüge n bainite
Zwischenstufenvergüten n austempering
Zwischentrocknen n intermediate drying
Zwischentrocknungsdauer f recoating period (time), waiting period between coats, dry time between coats, dry time to recoat; cure time to recoat *(of catalyzed coatings)*
Zwischenüberzug m s. Zwischenschicht
Zwischenverbindung f intermediate [compound]
Zyan... s. Cyan... *for chemical compounds*
Zyanieren n carbonitriding, cyaniding, cyanization
Zylinderöl n cylinder oil